市政基础设施工程施工技术资料系列丛书

市政基础设施工程
施工组织设计与施工方案

主编单位　北京土木建筑学会

北　京

冶 金 工 业 出 版 社

2015

内 容 提 要

　　施工组织是为保证工程顺利开工和施工活动正常进行而必须事先做好的一项工作。施工组织工作是建筑业企业生产经营管理的重要组成部分，也是施工程序的重要阶段，做好施工组织工作不但能够降低施工风险，还可以提高企业的综合经济效益。在此书的编写过程中我们进行了广泛的调查研究，按照"结合实际、强化管理、过程控制、合理分类"的指导原则，结合市政基础设施工程专业特点，注重施工实践经验的总结。做到通俗易懂，体现知识性、权威性、前瞻性、适用性和可操作性。本书共分7章：第1章施工组织设计类别及特点、第2章 市政工程投标施工组织设计、第3章 道路工程实施性施工组织设计、第4章 桥梁工程实施性施工组织设计、第5章管道及厂站工程实施性施工组织设计、第6章轨道交通工程实施性施工组织设计、第7章 市政基础设施工程施工方案实例。

　　本书内容广泛、插图精致，是施工管理人员和施工技术人员必备的工具书，也可作为培训教材和参考书。

图书在版编目（CIP）数据

　　市政基础设施工程施工组织设计与施工方案／北京

土木建筑学会主编．— 北京：冶金工业出版社，

2015.11

　　（市政基础设施工程施工技术资料系列丛书）

　　ISBN 978-7-5024-7140-8

　　Ⅰ．①市… Ⅱ．①北… Ⅲ．①基础设施－市政工程－

工程施工－施工组织 Ⅳ．①TU99

　　中国版本图书馆 CIP 数据核字（2015）第 273685 号

出 版 人　谭学余
地　　址　北京市东城区嵩祝院北巷 39 号　邮编　100009　电话　(010)64027926
网　　址　www.cnmip.com.cn　电子信箱　yjcbs@cnmip.com.cn
责任编辑　肖　放　　美术编辑　李达宁　　版式设计　付海燕
责任校对　齐丽香　　责任印制　牛晓波
ISBN 978-7-5024-7140-8
冶金工业出版社出版发行；各地新华书店经销；固安华明印业有限公司印刷
2015 年 11 月第 1 版，2015 年 11 月第 1 次印刷
787mm×1092mm　1/16；55 印张；1465 千字；873 页
98.00 元
冶金工业出版社　投稿电话　(010)64027932　投稿信箱　tougao@cnmip.com.cn
冶金工业出版社营销中心　电话　(010)64044283　传真　(010)64027893
冶金书店　地址　北京市东四西大街 46 号(100010)　电话　(010)65289081(兼传真)
冶金工业出版社天猫旗舰店　yjgycbs.tmall.com
（本书如有印装质量问题，本社营销中心负责退换）

市政基础设施工程施工组织设计与施工方案
编 委 会 名 单

主编单位： 北京土木建筑学会

主要编写人员所在单位：

中国建筑业协会工程建设质量监督与检测分会

北京万方建知教育科技有限公司

北京筑业志远软件开发有限公司

北京市政建设集团有限责任公司

北京城建集团有限责任公司

北京城建道桥工程有限公司

北京城建地铁地基市政有限公司

北京建工集团有限责任公司

中铁建设集团有限公司

北京住总第六开发建设有限公司

万方图书建筑资料出版中心

主　　审： 吴松勤　葛恒岳

编写人员：

张　勇	申林虎	刘瑞霞	张　渝	杜永杰	谢　旭
徐宝双	姚亚亚	张童舟	裴　哲	赵　伟	郭　冲
刘兴宇	陈昱文	刘建强	温丽丹	吕珊珊	潘若林
王　峰	王　文	郑立波	刘福利	丛培源	肖明武
欧应辉	黄财杰	孟东辉	曾　方	腾　虎	梁泰臣
张义昆	于栓根	张玉海	宋道霞	崔　铮	白志忠
李连波	李达宁	叶梦泽	杨秀秀	付海燕	齐丽香
蔡　芳	张凤玉	庞灵玲	曹养闻	王佳林	杜　健

前　言

随着我国建设管理体制改革的不断深化，对建设项目的施工组织和管理提出了新的要求。施工组织作为加强建设管理的一门学科，在理论与实践方面得到了越来越多的关注。

施工组织是为保证工程顺利开工和施工活动正常进行而必须事先做好的一项工作。施工组织工作是建筑业企业生产经营管理的重要组成部分，也是施工程序的重要阶段，做好施工组织工作不但能够降低施工风险，还可以提高企业的综合经济效益。实践证明，一个周密的施工组织设计，能够使流动的人员、机具、材料等互相协调配合，使建筑工程施工能有条不紊、连续、均衡地进行。否则，就会给工程的施工带来麻烦和损失，以致造成施工停顿、质量安全事故等恶果。因此，施工组织对于市政工程建设中具有十分重要的意义。

本书对施工组织学的研究对象和任务，施工组织的基本原理以及施工组织的编制内容和方法做了重点阐述，内容详尽，语言通俗易懂，以便于从事市政施工的广大技术工人和管理人员对基本原理有更加深刻的认识，加强对施工的组织管理。全书共分七章，包括：施工组织设计类别及编制、市政基础设施工程投标施工组织设计、道路工程实施性施工组织设计、桥梁工程实施性施工组织设计、管道及厂站工程实施性施工组织设计、轨道交通工程实施性施工组织设计、市政基础设施工程施工方案。

本书在编写过程中阅读、参考了许多文献，书后或许没能全部提及，编者在此向所借鉴或引用参考文献的作者表示衷心地感谢。

由于时间紧张，作者水平有限，书中不足之处在所难免，恳请读者批评指正。

编　者

2015 年 11 月

目　　录

第 1 章　施工组织设计类别及特点

1.1 施工组织设计组成及发展方向

市政基础设施工程是指城市范围内道路、桥梁、给水(含中水)、排水、燃气、供热、各类管(隧)道、轨道交通及厂(场)、站工程。市政基础设施工程在城市基础设施中占着非常重要的地位,具有极其显著的经济效益和社会效益。工程项目的成败,工程质量的优劣,施工周期的长短,与一般工业与民用建筑有着明显区别。

市政基础设施工程项目具有以下特点:

1. 是国家投资或社会法人投资用于社会公益的项目,是基础工程,与人民生活、经济发展息息相关。

2. 工程量大,工期较长,工作内容较多。一个项目中往往是路、沟、桥并举,或在市区进行地下作业。如软土地基处理、路堤路堑、基层路面;开槽埋管、顶管、沉井、深基坑、桩基、钢筋混凝土和预应力混凝土、钢结构等一些项目会同时出现。

3. 不是在全封闭的场地内施工,当地的环境、交通对施工的相互干扰较大。

4. 对季节、气候的依赖性大。

市政基础设施工程施工组织设计是指导一个拟建工程进行施工准备和组织实施施工的基本的技术经济文件。它以工程项目为编制对象,按照施工规律和客观条件,对工、料、机和资金等因素进行统筹和平衡,对施工部署、计划、施工方法和技术措施等进行科学安排,采用先进技术保证工程质量,安全文明生产,环保、节能、降耗,实现设计意图。

施工方案是单位工程或分部(分项)工程中某施工方法的分析,是对施工实施过程所耗用的劳动力、材料、机械、费用以及工期等在合理组织的条件下,进行技术经济的分析,力求采用新技术,从中选择最优施工方法也即最优方案。

1.1.1 施工组织设计的任务和作用

1.1.1.1 施工组织设计的任务

施工组织设计的任务是要对具体的拟建工程的施工准备工作和整个的施工过程,在人力和物力、时间和空间、技术和组织上,做出一个全面而合理、符合好、快、省、安全要求的计划安排。

1.1.1.2 施工组织设计的作用

1. 施工组织设计具有战略部署和战术安排的双重作用。它体现了实现基本建设计划和设计的要求,提供了各阶段的施工准备工作内容(建立施工条件,集结施工力量,解决施工用水、电、交通道路以及其他生产、生活设施,组织资源供应等);协调着施工中各施工单位,各工种之间,资源与时间之间,各项资源之间,在程序、顺序上和现场部署的合理关系。

2. 对于投标施工组织设计,其作用一为投标服务,为工程预算的编制提供依据,向业主提供对要投标项目的整体策划及技术组织工作,为最终中标打下基础;其作用二为施工服务,为工程项目最终能达到预期目标提供可靠的施工保障。

3. 对拟建工程施工全过程进行科学管理。在施工工程的实施过程中,要根据施工组织设计的计划安排,组织现场施工活动,进行各种施工生产要素的落实与管理,进行施工进度、质量、成本、技术与安全的管理等。

4. 使施工人员心中有数,工作处于主动地位。施工组织设计根据工程特点和施工的各种具体条件科学地拟定了施工方案,确定了施工顺序、施工方法和技术组织措施,排定了施工的进度;施工人员可以根据相应的施工方法,在进度计划的控制下,有条不紊地组织施工,保证拟建工程按照合同的要求完成。

1.1.2　施工组织设计的分类及编制原则

1.1.2.1　施工组织设计的分类

根据工程规模、结构特点、技术繁简程度及施工条件的差异,施工组织设计在编制的深度和广度上都有所不同。因此,存在着不同种类的施工组织设计。目前在实际工作中主要有以下几种:施工组织规划设计、施工组织总设计、单位工程施工组织设计、分部、分项工程施工组织设计。

如果按照编制时间,施工组织设计可分为两类:即标前(投标)施工组织设计和中标后的实施性施工组织设计。

1.1.2.2　施工组织设计的编制原则

1. 认真贯彻国家工程建设的法律、法规、规程、方针和政策。

2. 严格执行工程建设程度,坚持合理的施工程序、施工顺序和施工工艺。

3. 采用现代管理原理、流水施工方法和网络计划技术,组织有节奏、均衡和连续地施工。

4. 优先选用先进施工技术,科学确定施工方案;认真编制各项实施计划,严格控制工程质量、工程进度、工程成本和安全施工。

5. 充分利用施工机械和设备,提高施工机械化、自动化程序,改善劳动条件,提高生产率。

6. 扩大预制装配范围,提高工业化程序;科学安排冬期和雨期施工,保证全年施工均衡性和连续性。

7. 坚持"安全第一,预防为主"原则,确保安全生产和文明施工;认真做好生态环境和历史文物保护,严防振动、噪声、粉尘和垃圾污染。

8. 尽可能利用永久性设施和组装式施工设施,努力减少施工设施建造量;科学地规划施工平面,减少施工用地。

9. 优化现场物资储存量,合理确定物资储存方式,尽量减少库存量和物资损耗。

1.1.3　施工组织设计与施工方案的关系及其编制方法的区别

施工方案是施工组织设计的核心内容,是工程施工技术指导文件。大型道路、桥梁结构、厂(场)站、大型设备工程的施工方案更直接关系着工程结构的质量及耐久性,方案必须按相关规范由相应的主管技术负责人负责组织编制,重大工程施工方案的编制应经过专家论证或方案研讨。施工方案有包含在施工组织设计里和独立编制两种形式。

1.1.3.1　施工组织设计与施工方案的关系是整体与局部、指导与被指导的关系

1.1.3.2　施工组织设计和施工方案编制方法的区别

1. 编制目的不同

施工组织设计是一个工程的战略部署,是对工程全局全方面的纲领性文件。要求具有科学性和指导性,突出"组织"二字;施工方案是依据施工组织设计关于某一分部、分项工程的施工方法而编制的具体的施工工艺,它将对此分部、分项工程的材料、机具、人员、工艺进行详细的部署,保证质量要求和安全文明施工要求,它应具有可行性、针对性,符合施工规范、标准。

2. 编制内容不同

施工组织设计编制的对象是工程整体,可以是一个建设项目或一个单位工程。它所包含的

文件内容广泛,涉及工程施工的各个方面。施工方案编制的对象通常指的是分部、分项工程。它是指导具体的一个分部、分项工程施工的实施过程。

　　3. 侧重点不同

　　施工组织设计侧重决策,强调全局规划;施工方案侧重实施,实施讲究可操作性,强调通俗易懂,便于局部具体的施工指导。

　　4. 出发点不同

　　施工组织设计从项目决策层的角度出发,是决策者意志的文件化反映。它更多反映的是方案确定的原则,是如何通过多方案对比确定施工方法的。

　　施工方案从项目管理层的角度出发,是对施工方法的细化,它反映的是如何实施、如何保证质量、如何控制安全的。

1.1.4　施工组织设计(施工方案)的编制与审批

1.1.4.1　施工组织设计的编制,原则上由组织工程实施的单位负责。

1.1.4.2　施工组织总设计、单位工程施工组织设计应由项目经理主持编制,项目经理部有关部门参加,项目技术负责人组织有关人员完成其文本的编写工作;施工组织设计应报上一级总工程师或经总工程师授权的专业技术负责人审批。

　　施工组织设计填写《施工组织设计审批表》(见表1-1),报审批人进行审批。审批内容一般应包括:内容完整性、施工指导性、技术先进性、经济合理性、实施可行性等方面。各相关部门根据职责把关,审批人应签署审查结论、盖章。在施工过程中如有较大的施工措施或方案变动时,还应有变动审批手续。

表 1-1　　　　　　　　　　　　　施工组织设计审批表　　　　　　　　　编号:

工程名称			
施工单位			
编制单位 (章)		编制人	
有关部门会签意见		签字:　　年　月　日	
		签字:　　年　月　日	
		签字:　　年　月　日	
		签字:　　年　月　日	
主管部门 审核意见		负责人签字:　　　年　月　日	
审批结论	审批人签字:　　年　月　日	审批单位 (章)	

本表供施工单位内部审批使用,并作为向监理单位报审的依据,由施工单位保存。

1.1.4.3　规模大、工艺复杂的工程、群体工程或分期出图工程,可分阶段编制、报批施工组织设计。

1.1.4.4　分部(分项)工程施工方案原则上由项目经理部负责编制,项目技术负责人审批;重点、难点分部(分项)工程施工方案应由企业技术部门审批;由专业公司承担的工程项目施工组织设计(施工方案),应由专业公司技术负责人审批。

1.1.4.5　注意事项

编制施工组织设计,特别是编制实施性施工组织设计时,应注意处理好以下几个问题:

1. 根据工程的特点,解决好施工中的主要矛盾,对工程重点部位(如桥梁、涵洞等)在施工组织设计中应重点说明或编制单项的施工组织设计。

2. 认真细致地做好工程排序工作。安排工程进度,各项工程的施工顺序和搭接关系以及保证重点工程等是施工组织设计必须解决的关键问题。

3. 注意为工地运输创造条件,如新建公路可逐段通车,方便工程物资与生活资料的补给。

4. 留有余地,便于调整。由于影响施工的因素很多,所以在计划执行时必然会出现未能预见到的问题,这就要求编制计划时力求可行,执行时又可根据现场具体情况进行修改、调整、补充。施工初期计划安排更应留有余地,以免造成人、财、物的浪费。

1.1.5　施工组织设计的排版与装帧

1.1.5.1　施工组织设计的版式风格

1. 招标文件或相关规定的要求

在确定施工组织设计,特别是投标施工组织设计的版式风格时,首先考虑的是要符合招标文件和相关规定的要求,一定要满足这些要求。否则,也许会被废标。如果没有特殊要求,或者是编制标后施工组织设计,则可根据下述内容确定其版式风格。

2. 纸张大小

一般用 A4 幅面纸张。页边距建议:左边 3.17cm,上、下和右边均为 2.5cm。

3. 页眉和页脚

页眉、页脚的设计应该与企业 CI 一致,而且应该体现该章节的内容。当然,页码是必不可少的。最好每章节的页眉内容不同,但风格应该一致。

4. 字体、字号和行距

字体的选择应该富于变化,让人有新鲜感。但对于同一内容的字体应该一致。同时,字体也不宜过多。一般应选择常用的宋体、仿宋体、楷体和黑体。文本字号不能太大,让人觉得空洞,也不能太小,让人看着费劲。一般建议四号字体。行距一般取为 1.5 倍行距。对于一些特殊的文本,如公式,为了求得行距统一美观,可采用固定行距。

5. 章节间的安排

施工组织设计一般分成多个章节,每章(节)的第一页可用相同或者不同的彩页来分开,打上该章(节)名称。这样可以给人一种变化和一张一弛的节奏感。

6. 章节内的层次

一般来讲,篇、章、节题要居中。文章中的各种小标题应该醒目。

1.1.5.2　施工组织设计的装帧

施工组织设计的装帧,体现一本施工组织设计的整体风格,体现了一个企业的文化传承和审美观点,展示着一个企业的素质。因此,对施工组织设计的装帧必须给予重视。一般应考虑以下的问题:

1. 招标文件或相关规定的要求

与版式风格一样,在确定施工组织设计,特别是投标施工组织设计的装帧时,首先考虑的是要符合招标文件和相关规定的要求。一定要满足这些要求。否则,同样可能会成为废标。如果没有特殊要求,或者是编制标后施工组织设计,则可根据下述内容确定其装帧样式。

2. 封面设计

封面设计应该与企业的 CI 系统一致,体现自己企业的文化。对于投标施工组织设计有特殊要求必须隐去单位的,也可以在封面颜色、格式及图案等方面给予体现。封面的设计既要吸引人的目光,给人以美感,又不能太花哨,让人觉得华而不实。

3. 印刷

若施工组织设计对图片的要求较高,可部分或全部采用彩色印刷。当然成本会高,但效果会很好。对于一般施工组织设计,可以对一些特别的图片,如施工总平面图、网络图等采用彩色印刷以增强效果,而其他则普通印刷。

4. 装订

对于施工组织设计的装订,有两种途径:第一是采用已经定制好的封面夹,对打印好的施工组织设计打孔或穿线与封面夹结合好就行,这种方法简单,成本低,但不是很整齐;另一种方法是直接进装订厂装订,这样出来的施工组织设计装订精美,切边整齐。这会给人良好的印象,在投标中将会占有额外的优势。

1.1.6　施工组织设计的发展方向

1.1.6.1　工程项目管理是国际上通行的工程实施形式。作为现代管理科学的一个重要分支学科"工程项目管理",1982 年引进到我国,1988 年在全国进行应用试点,1993 年正式推广,至今已经十多年了。2002 年,建设部颁发了《建设工程项目管理规范》(GB/T 50326),使得我国的建设项目管理进入了有标准可参照的新阶段。

《建设工程项目管理规范》(以下简称《规范》)规定项目管理的第一步程序就是编制项目管理规划,然后才编制投标书;同时考虑到施工组织设计是我国目前仍在广泛应用的一项管理制度,《规范》规定承包人可以编制施工组织设计代替项目管理规划,但施工组织设计应满足项目管理规划的要求,即项目管理规划将会取代现行的施工组织设计而成为今后工程项目管理的主要文件。

1.1.6.2　与投标施工组织设计和实施性施工组织设计相对应的是项目管理规划大纲和项目管理实施大纲。

1.《规范》明确规定项目管理规划大纲应包括下列内容:

(1)项目概况。

(2)项目实施条件分析。

(3)项目投标活动及签订施工合同的策略。

(4)项目管理目标。

(5)项目组织结构。

(6)质量目标和施工方案。

(7)工期目标和施工总进度计划。

(8)成本目标。

(9)项目风险预测和安全目标。

（10）项目现场管理和施工平面图。

（11）投标和签订施工合同。

（12）文明施工及环境保护。

2. 项目管理实施大纲应包括下列内容：

（1）工程概况。

（2）施工部署。

（3）施工方案。

（4）施工进度计划。

（5）资源供应计划。

（6）施工准备工作计划。

（7）施工平面图。

（8）技术组织措施计划。

（9）项目风险管理。

（10）信息管理。

（11）技术经济指标分析。

通过上述项目管理规划的内容，我们可以看出，与施工组织设计相比，项目管理规划有如下特点：以项目为中心开展工作，强调目标控制，强调成本与经济指标核算，加强风险意识。

1.1.7　施工方案的发展方向

施工方案作为项目管理规划里的一个重要内容，直接反映出项目管理人员对某个工艺的操作指导和操作要求标准等。在方案的编制过程中，不仅体现某个工艺的技术特点和技术处理措施，更为重要的是须体现出作为企业来讲可以满足国家、建设单位等方面的质量要求。

同时，伴随着工程量清单的推广实施，施工方案中的技术措施也成为了竣工决算、月度计量的重要依据。

1.1.7.1　施工方案的标准化

标准化是工业化生产的条件。对市政基础设施行业来说，各种施工程序、过程、工艺和要求的标准化，有利于提高施工质量和速度，有利于实现规模化和专业化施工。

生产的标准化首先要求技术文件的标准化。施工方案的发展，必须为市政基础设施施工的标准化服务，从而使得施工方案的编制也变得标准化。

1.1.7.2　施工方案的创新

创新是企业的生存原动力。具有创新性的施工方案可以体现企业的技术水平和管理水平，进而提升企业的市场竞争能力。

1.1.7.3　施工方案的计算机模拟

随着电子计算机的飞速发展，以及工程项目的日益复杂，计算机将会在建设施工中扮演越来越重要的角色。计算机可以模拟施工的全过程，找出施工中难点和关键点，提前预知施工中可能发生的事情，以便于在施工中提前做好准备，为工程的顺利施工打下基础。

1.1.7.4　施工方案的网络化

随着计算机网络签名、加密解密、数据传输速度和安全性等问题的解决，远程控制工程项目的施工成为了可能。以往必须在现场进行的各种监督检查活动都可以通过网络来完成。施工组织设计和施工方案的编制、审批和实施可以通过网络来实现。

1.2 投标施工组织设计

投标施工组织设计是投标人按招标条件和产品标准,以较短的工期、最佳的方案、合理的报价和较少的投入,向业主提供合格产品,并在方案的实施中自身获取一定效益的经济技术文件。

1.2.1 投标与标后(实施性)施工组织设计的区别和联系

1.2.1.1 投标和标后施工组织设计的相同点

1. 针对的项目相同。若中标,则存在的两份施工组织设计是针对同一项目的。若没中标,则不存在标后施工组织设计了。

2. 最终目的统一,都是为了既好又快地建成该工程项目。

3. 编制的基本原则相同。

4. 编制的基本方法相同。

5. 编制的基本内容相同,都包括有施工方案、施工进度计划、施工平面图和施工技术组织措施。

1.2.1.2 投标和标后施工组织设计的不同点

1. 应用目的不同

投标施工组织设计是投标书的组成部分,是编制投标报价的依据,目的是使招标单位了解投标单位的整体实力以及在本工程中的与众不同之处,进而得以中标。而标后施工组织设计是围绕一个工程项目或一个单项工程,规划整个施工进程、各施工环节相互关系的战略性或战术性布置。

2. 编制条件和时间不同

投标施工组织设计,在投标书编制前着手编写,由于受报送投标书的时间限制,编制投标施工组织设计的时间很短。而中标后的施工组织设计,在签约后开工前着手编写,编制时间相对较长。因此针对这种特点,平时要注重两类施工组织设计的相同素材的搜集与积累。

3. 编制者不同

投标施工组织设计,一般主要由企业经营部门的管理人员编写,文字叙述上规划性、客观性强。标后施工组织设计,一般主要由工程项目部的技术管理人员编写,文字叙述上具体直观、作业性强。

4. 阅读对象不同

投标施工组织设计是供招标单位及相关人员评标、定标的投标文件,阅读者基本上是高水平的专业人员或领导,因此要求施工组织设计要有较高的水准。标后施工组织设计是供工程建设各参建单位的相关人员阅读。

5. 内容结构不同

因投标文件中的施工组织设计编制好坏的最终衡量标准就是看在评标时能否取得最高评分,因此其内容结构与顺序的编排也应吻合招标中文件的要求。招标文件中对施工组织设计明确要求的内容,每一条都不得遗漏,因给出的施工组织设计总分就是所要求的各条之分配分数之和,丢一条,本条得分就等于零。招标文件中没有明确要求但应该包括的内容,编制施工组织设计时要增补进去,这样做既能使施工组织设计更具完整性,又可以避免因招标文件不严谨完善造成投标人丢分的现象发生。同时,施工组织设计的内容顺序、编制序号也最好与招标文件表示的序号一致,这样做的目的主要是为了使评标者在评分时能对照招标文件要求对号入座,不致发生疏忽错误,也能避免投标人在紧张做标时因可能出现的丢缺项错误而失分;对于标后施工组织设计,则无上述限制,也不会引起上述后果。

6. 内容幅度不同

由于投标施工组织设计是投标书的组成部分,而不像标后施工组织设计自成一体,加之其阅读对象的特殊性,因此须根据评标办法和招标文件的要求来确定内容的幅度和深度。

此外,对投标文件中施工组织设计的插图、表格、版面设计、装订等更应该优于中标后的施工组织设计水平。

出于保密的目的,投标施工组织设计涉及的一些施工新技术、新工艺只需点到为止,达到"知其然不知其所以然"的程度即可。而标后施工组织设计则相反,因属于对内使用,是直接用于指导施工,又属新知识,需让操作者明了,这就必须对之详述。

7. 责任水平不同

投标施工组织设计仅用于工程投标,工程中标后,对后续施工组织设计具有一定的指导意义,若没有中标,则完成了其使命。所以,投标施工组织设计可具有一定的先进性,若有关方案一时还未研究成熟,但中标后有能力解决,也可以先进行安排,以求竞争取胜。而标后施工组织设计是在施工阶段中实施并不断加以完善的过程,其施工组织设计必须具有可实施性。

1.2.2 投标施工组织设计的内容

投标施工组织设计的内容一般包括:总体概述,施工进度计划和各阶段进度的保证措施及违约责任承诺,劳动力和材料投入计划及其保证措施,机械设备投入计划及检测设备,施工平面布置和临时设施布置,关键施工技术、工艺及工程项目实施的重点、难点分析和解决方案,安全文明施工措施,质量保证与质量违约责任承诺,新技术应用与违约责任承诺,项目经理业绩,项目班子及管理经验等。

1.2.3 投标施工组织设计的编制要点

1.2.3.1 总体概述的编写

1. 主要要求编写的内容

(1) 主要施工方案选择。

(2) 施工区段的划分。

(3) 施工阶段的划分。

(4) 施工总体流程分析。

(5) 施工准备。

(6) 设备人员的动员周期和设备、主要材料运到施工现场的方法。

(7) 交通组织方案。

(8) 新技术、新工艺、新材料、新设备。

2. 主要施工方案选择的编写办法及要求

文字必须简洁,让专家一目了然知道你所采取的方案;抓住主要的项目进行描述,不能一应俱全;尽量多出现数量等有针对性的文字内容,而不要出现通用性内容。

3. 施工区段的划分

根据工作量大小、现场实际及里程进行分区设计;要求画出分区图;除了写出分区内容外,最好增加些对分区施工组织、流向的描述,使该部分内容更有可读性。

4. 施工阶段的划分

必须根据施工流程来划分施工阶段;划分的阶段必须分明;应考虑流水作业的内容,即并行工序;增加对阶段性的重点施工内容的针对性描述。

5. 施工总体流程分析

该部分是整个方案编写的重点,也是难点。其要求为:应体现分区;抓住主要的工序;增加施工组织部署部分的描述;总体流程图中很难表现出的内容,可增加流程分析说明性文字。

小技巧:先排好进度表,再做施工总体流程图,会事半功倍!

6. 交通疏散方案编写办法

应踏勘现场,根据现场的实际情况选择交通疏解方案;交叉口往往是疏解方案的重点;一般遵循"半边通车,半边围蔽施工"的原则;最好画出交通疏解图,这样会更为清晰。

7. 设备人员的动员周期和设备、主要材料运到施工现场的方法

此部分可不要,主要针对比较大型的工程和离市区远的工程。

根据现场实际写出材料、设备的运输路径及解决方案;需要考察一下主要材料如土料、砂、石料的来源。

1.2.3.2　施工进度计划和各阶段进度的保证措施及违约责任承诺

先开门见山写出工期目标及指标;增加对本工程关键线路的分析;进度表要体现分区;关键线路要正确;要有具体的延期违约承诺(有时一定要满足招标文件或合同条款的要求);工期保证措施应增加针对性的说明文字,增加方案的可读性。

1.2.3.3　劳动力和材料投入计划及其保证措施

劳动力安排合理,数量不能少于实际要求;不能漏掉主要工种;由于现场动态管理的需要,人员分配应分月安排;材料进场应根据进度计划进行调整,并有所提前。

1.2.3.4　机械设备投入计划及检测设备

分为施工机械和检测设备两部分;主要设备不能漏项;每个设备要求写出准确的名称、数量、规格型号、功率、是否租借、进场安排。

1.2.3.5　施工平面布置和临时设施布置

布置原则及布置依据;施工便道、便桥、临时码头、场内运输道路布置及标准;生活、办公用房等临设的布置及标准;供水供电方案及施工用水用电计算与管网布置;料场、仓库、车间及预制场布置及标准;机具布置、吊机、搅拌机布置;文明施工、场地硬化;施工总平面布置图。

1.2.3.6　关键施工技术、工艺及工程项目实施的重点、难点分析和解决方案

比较全面写出重点分析,并有对策;关键技术、工艺的理解:不能像以往施工组织一样照搬,按顺序写出各种工艺技术方案,而是写出关键的技术方案。这一点很多人都会审题审错。

重难点分析编写要求:主题鲜明,言简意赅,不要让专家帮你提炼主题;抓住重点进行论述,增加一些针对性的数据展开论述,但不能太长,一般 100 字以内为宜;有头有尾,不要没有解决措施。

1.2.3.7　安全文明施工措施

安全文明施工目标;公司安全文明 CI 形象设计(最好是能附图);安全文明施工管理体系及安全机构的设置;具体的安全文明施工措施(要分析危险源,然后展开写);违约责任承诺要具体。

1.2.3.8　质量保证与质量违约责任承诺

质量目标要明确并满足或超过招标文件的要求;质量管理体系及质量管理机构的设置;具体的质量保证施工措施;增加质量通病的防治内容;增加创优计划及措施;违约责任承诺要具体。

1.2.4 投标施工组织设计的行文方法

由于投标施工组织设计的阅读对象、使用目的都很特别,因此,在编写时要注意行文方法,主要体现在以下各方面:

1. 摆正作者与读者关系,切忌采用指令性语句,可多采用假设(虚拟)语句,如"若本单位中标,我们将……"等。

2. 在编写过程中,要始终注意维系双边关系,不要掺杂对第三者有褒贬的内容,实事求是地描述本单位的有关情况。

3. 重点突出,针对性强,文体明快。

4. 行文流畅,图文并茂,装帧工整。

5. 不采用仅在本行业或本单位内部使用的语汇;如混凝土、钢筋混凝土等也尽可能写成混凝土、钢筋混凝土,以免产生误会。

6. 与投标书中其他部分的内容协调一致,不出现差异甚至矛盾。

7. 进度表、平面图要用醒目的线型与图例绘制,其内容要以图面清爽为原则,既项目齐全,又整洁美观。

8. 对在投标书中其他已提及的资料,若非需要,不要再重复。

9. 注意招标书中的特殊要求。

1.2.5 投标施工组织设计的效益原则

投标施工组织设计在编制过程中应处理好工期、质量、成本之间的关系,将制定施工组织方案与综合效益紧密结合,使投标书真正起到指导报价、指导施工和争取适度效益的作用。其原则有以下几点。

1.2.5.1 加强投标工作,掌握充分信息

信息是企业管理的基础,要参加投标,就必须了解基建动态,并收集工程所在地与工程施工有关的政治、经济、民事、价格、交通信息,不做好这一工作,参加投标就无从谈起。

投标工作的另一项重要内容是对项目的选择,项目选择的依据有两点:一是完成该项目的专业技术和设备能力,二是可能获取效益的程度。

1.2.5.2 优化施工方案,增进综合效益

施工组织设计草案形成后,对施工方案进一步优化是一项极其重要的工作。在投标阶段做好这项工作,可以增加方案的合理、可行、可靠程度,让建设单位放心满意;对施工组织进一步优化,可以充分调动承建单位自身潜力,充分发挥自身和自我调节功能,合理组织投入,在精心管理、科学运筹中,千方百计确保工期、质量、降低施工成本,增加自身效益。

1.2.5.3 考虑预算外费用,防止效益流失

目前国内大多数建设项目招标,还是根据一定的定额和法定费率编制概算和标价的。尽管有些国资工程和外资工程用工程量计价模式,但最终也不过用到企业定额,有些特殊的工程由于定额缺项,补充定额又来不及,只好套用类似定额的取费办法,必然存在费用考虑不周的现象。

1.2.5.4 适当投入设备,增加技术含量

在现代土建项目施工中,机械设备的投入是一大项,有的占施工总投入的一半以上,在制定

和优化施工组织设计时,应按工程规模、工期要求和技术条件分档次、类型,动态地进行机械设备的配套,尽可能地利用现有设备,充分发挥既有潜能,不要人为地提高设备档次。随着市场竞争日趋激烈和科学技术的不断进步,施工投标文件必须提高质量,施工组织设计必须加大技术含量,因此,作为企业要重视基础工作,建立企业定额,要树立良好的企业形象和社会信誉,要强化全员的竞争意识,用高技术创效益。

1.2.6　投标施工组织设计与报价的配合

投标工作是一项相当复杂的"价值工程",其中投标报价是其最基本、最关键的要求。在投标中,报价＝预算造价±内部因素±市场信息。施工组织设计是投标报价工作的纲,有了这个"纲"才能确定预算造价所涉及的施工方法、工艺流程、劳动组织、临时设施、工期安排、进度要求等,同时,施工组织设计又是对企业的施工技术、后备物资的来源及供应情况,机械规格和总的数量等内部因素的综合反映,只有有了先进、合理、可行的施工组织设计和准确完整的工程数量,才能有合理适度的报价。因此,二者要密切配合,浑然一体。主要做好如下工作:

1.2.6.1　充分认识施工组织设计与报价不可分割的密切关系,二者之间既有分工又有协作,若能由具有丰富经验且一专多能的人进行主持,则更为理想。

1.2.6.2　克服重施工轻经济的思想,加强协作配合,共同参加调查,共同研究施工组织设计与报价的有关问题。不断积累资料,不断更新数据,以提高工作效率,增强竞争能力。

1.2.6.3　针对工程的关键,采用新技术,开发新成果,进行集中讨论,集体攻关。既要在技术工艺上有所创新,同时也要在报价上降低,以增加中标的可能。

1.2.6.4　在投标过程中,投标当事人要把握主动权,一是靠策略,二是靠实力。除了装备实力、经济实力外,编制施工组织设计主要靠技术实力,它是企业的经验展示,也是能力的体现。不同体系、不同类型的标的物在投标报价阶段施工组织设计应有不同侧重。

1.2.6.5　基于报价变化的投标施工组织设计调整

通过一定的计算,可对标的物得出一个底价,底价并不是报价,而是据此从宏观上确定企业在投标工程项目中可能的、恰当的总的利润和效益,做一定幅度的增减调整,相应的施工组织设计也要进行相应的调整。调整从如下三方面考虑:

1. 根据技术的变化加以调整,从而进一步降低报价。
2. 根据建设单位方案性改动或投资变动加以调整。
3. 根据竞争对手的信息、情报资料加以调整。

1.3　实施性施工组织设计

本节按施工组织总设计、单位工程施工组织设计分别叙述。

1.3.1　施工组织总设计

施工组织总设计是以整个建设项目或若干个单项工程为编制对象,是对整个工程施工的全盘规划,它是指导全局、指导全地的施工准备和组织施工的综合性技术文件。它一般是由建设总承包公司或大型工程项目经理部的总工程师主持编制的。

1.3.1.1　编制依据

为了切合实际地编好施工组织总设计,在编制时,应以如下资料为依据:

1. 招标文件、计划文件及合同文件

如国家批准的基本建设计划、可行性研究报告、工程项目一览表、分期分批投产交付使用的期限和投资计划,工程所需设备、材料的订货指标,建设地点所在地区主管部门的批件、施工单位上级主管部门下达的施工任务计划;招投标文件及工程承包合同或协议,引进材料和设备供货合同等。

2. 建设文件

如已批准的设计任务书、初步设计或技术设计或扩大初步设计、设计说明书、建设区域的测量平面图、施工总平面图、总概算或修正概算等。

3. 工程勘察和技术经济资料

如地形、地貌、工程地质及水文地质、气象等自然条件;建设地区的市政企业、预制构件、制品供应情况;工程材料、设备的供应情况;交通运输、水、电供应情况,当地的文化教育、商品服务设施情况等技术经济条件。

4. 类似工程的有关资料、现行规范、规程和法律法规及规章制度及有关技术规定,如类似建设项目的施工组织总设计和有关总结资料;国家现行的相关施工技术规范、标准、规程、定额、技术规定和技术经济指标。

5. 企业 ISO 9001 质量管理体系标准文件、ISO 14001 环境管理体系标准文件、GB/T 28001 职业健康安全管理体系标准文件。

6. 企业的技术力量、施工能力、施工经验、机械设备状况及自有的技术资料等。

1.3.1.2　编制程序(见图 1—1)

1.3.1.3　编制内容

1. 工程概况及特点分析

工程概况及特点分析是对整个建设项目的说明和分析。一般包括下述内容:

(1) 建设项目概况

主要包括:建设地点、工程性质、建设总规模、总工期、分期分批投入使用的项目和期限、占地总面积、总投资额;主要工程工程量、管线和道路长度、设备安装及基数量;生活区的工作量;生产流程和工艺特点;构(建)筑物结构类型特征、新技术、新材料的复杂程度和应用情况以及施工期间的交通疏解方案和运输线路规划等。

(2) 建设地区的自然、技术经济条件

主要包括:气象、地形、地质和水文情况;地区的施工能力、劳动力和生活设施情况;地方建筑构件、制品生产及其材料供应情况;交通运输、水电和其他动力条件。

(3) 其他方面

包括主要设备、特殊物资供应,参加施工的各单位生产能力和技术水平情况,建设单位或上级主管部门对施工的要求,有关建设项目的决议和协议,土地征用范围和居民搬迁情况等。

2. 施工管理项目组织结构。

3. 施工部署。

4. 主要项目施工方案。

5. 施工总进度计划。

6. 总的施工准备工作计划、各项资源需要量计划。

7. 施工总平面图。

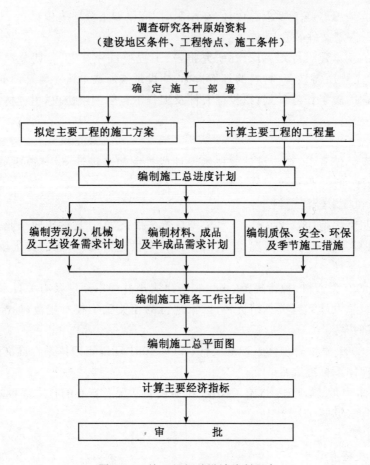

图 1-1　施工组织总设计编制程序

8. 工期、质量、安全、冬雨期施工、环境保护等保障措施。

9. 主要技术经济指标。

1.3.1.4　编制要点

1. 施工部署

施工部署是对整个建设项目的施工全局做出的统筹规划和全面安排,即对影响全局性的重大战略部署做出决策。一般包括以下几项内容:

(1) 确定工程开展程序

确定建设项目中各项工程合理的开展程序,是关系到整个建设项目能否迅速投产或使用的重大问题。对于大中型工程项目,一般均需根据建设项目总目标的要求,分期分批建设。至于分几期施工,各期工程包含哪些项目,则要根据生产工艺要求、建设单位或业主要求、工程规模大小和施工难易程度、资金、技术资源等情况,由建设单位或业主和施工单位共同研究确定。

(2) 施工任务划分与组织安排

在明确施工项目管理体制、机构的条件下,划分各参与施工单位的任务,明确总包与分包的关系,建立施工现场统一的组织领导机构及职能部门,确定综合的和专业化的施工组织,明确各单位之间分工与协作关系,划分施工阶段,确定各单位分期分批的主攻项目和穿插项目。

(3) 主要构(建)筑物施工方案及机械化施工总方案的拟定

　　施工组织总设计应拟定主要构（建）筑物的施工方案和一些特殊的分项工程的施工方案以及机械化施工总方案。其目的是为了进行技术和资源的准备工作，统筹安排施工现场，以保证整个工程的顺利进行。

　　机械化施工是目前任何一个大型工程施工所必需的，机械化施工总方案的确定，应满足如下几点：

　　1）所选主导施工机械的类型和数量应能满足工程的施工需要，又能充分发挥其效能，并能在各工程上实现综合流水作业。

　　2）所选辅助配套或运输机械，其性能和产量应与主导施工机械相适应，以充分发挥其综合施工能力和效率。

　　3）所选机械化施工总方案应是技术上先进和经济上合理的。

　　（4）施工准备工作规划

　　施工准备工作是顺利完成施工任务的保证和前提。应从思想上、组织上、技术上、物资上、现场上，全面规划施工准备。施工准备工作的内容有：安排好场内外运输、施工用道、水、电来源及其引入方案；安排好场地的平整方案和全场性的排水、防洪；安排好生产、生活基地；规划和修建附属生产企业；做好现场测量控制网；对新结构、新技术、新材料组织试制和试验；编制施工组织设计和研究制定可靠的施工技术措施等。

　　2. 施工总进度计划

　　施工总进度计划是根据施工部署，对整个工地上的各项工程做出时间上的安排。其编制方法如下：

　　（1）列出工程项目一览表并计算工程量

　　根据批准的总承建工程项目一览表，分别计算各工程项目的工程量。由于施工总进度计划主要起控制性作用，因此项目划分不宜过细，可按确定的工程项目的开展程序排列，应突出主要项目，一些附属、辅助工程、小型工程及临时建筑物可以合并。

　　计算各工程项目工程量的目的是为了正确选择施工方案和主要的施工、运输、安装机械；初步规划各主要工程的流水施工，计算各项资源的需要量。因此工程量计算只需粗略计算，可按初步（或扩大初步）设计图纸并根据各种定额手册进行计算。

　　（2）确定各构（建）筑物的施工期限

　　构（建）筑物的施工期限，应根据合同工期、施工单位的施工技术力量、管理水平、施工项目的结构特征、工程量、现场施工条件、资金与材料供应等情况综合确定。确定时，还应参考工期定额。

　　（3）确定各构（建）筑物的开竣工时间和相互衔接关系

　　在施工部署中已确定了总的施工期限、总的展开程序，再通过对各构（建）筑物施工期限（即工期）进行分析确定后，就可以进一步安排各构（建）筑物的开竣工时间和相互搭接关系及时间。在安排各项工程搭接施工时间和开竣工时间时，应考虑下列因素：

　　1）同一时间进行的项目不宜过多，避免人力物力分散。

　　2）安排施工进度时，应尽量使各工种施工人员、施工机械在全工地内连续施工，尽量组织流水施工，从而实现人力、材料和施工机械的综合平衡。

　　3）要考虑季节影响，以减少施工措施费。一般大规模土方和深基础施工应避开雨季；大批量的现浇混凝土工程应避开冬季；寒冷地区入冬前应尽量做好围护结构。

　　4）确定一些附属工程或零星项目作为后备项目，作为调节项目，穿插在主要项目的流水施工，以使施工连续均衡。

5）应考虑施工现场空间布置的影响。

（4）安排施工进度

施工总进度计划可以用横道图表达，也可以用网络图表达。由于施工总进度计划只是起控制性作用，因此不必搞得过细。若把计划编得过细，由于在实施过程中情况复杂多变，调整计划反而不便。当用横道图表达总进度计划时，项目的排列可按施工总体方案所确定的工程开展程序排列。横道图上应表达出各施工项目的开竣工时间及其施工持续时间。表1—2所示为施工总进度计划的横道图形式。

表1—2　　　　　　　　　　　　　　　　施工总进度计划

序号	工程项目名称	结构类型	工作量(万元)	工期	××年				××年			
					一	二	三	四	一	二	三	四

（5）施工总进度计划的检查与调整优化

施工总进度计划表绘制完后，应对其进行检查。检查应从以下几个方面进行：

1）是否满足项目总进度计划或施工总承包合同对总工期以及起止时间的要求。

2）各施工项目之间的搭接是否合理。

3）整个建设项目资源需要量动态曲线是否均衡。

4）主体工程与辅助工程、配套工程之间是否平衡。

对上述存在的问题，应通过调整优化来解决。施工总进度计划的调整优化，就是通过改变若干工程项目的工期，提前或推迟某些工程项目的开竣工日期，即通过工期优化，工期—费用优化和资源优化的模式来实现的。

3. 资源需要量计划

施工总进度计划编制好了以后，就可以依此编制各种主要资源需要量计划和施工准备工作计划。

（1）劳动力需求计划

劳动力需求计划是确定暂设工程规模和组织劳动力进场的依据。编制时首先根据工种工程量汇总表中分别列出的各个构（建）筑物专业工种的工程量，根据预算定额或有关资料，求得各个构（建）筑物主要工种的劳动量，再根据总进度计划表中各单位工程工种的持续时间，得到某单位工程在某段时间里的平均劳动力数。同样方法可计算出各个构（建）筑物的各主要工种在各个时期的平均工人数。将总进度计划表纵坐标方向上各单位工程同工种的人数叠加在一起并连成一条曲线，即为本工种的劳动力动态曲线图和计划表。劳动力需要量计划见表1—3。

（2）材料、构件及半成品需求计划

表 1-3　　　　　　　　　　　　　　　劳动力需求计划

序号	工程名称	工种名称	高峰人数	××年				××年				备注
				一	二	三	四	一	二	三	四	
劳动力动态曲线		投入劳动力总数										

根据各工种工程量汇总表所列各构（建）筑物的工程量，查定额或概算指标便可得出各构（建）筑物所需的材料、构件和半成品的需要量。然后根据总进度计划表，大致估计出某些材料在某季度的需要量，从而编制出材料、构件和半成品的需要量计划。见表 1-4 、表 1-5 。

表 1-4　　　　　　　　　　　　　　主要材料需求计划

序号	工程项目	水泥	钢筋	…		
		(t)	(t)	…		
	合计					

表 1-5　　　　　　　　　　　　主要材料、成品及半成品需求计划

序号	材料名称	规格	单位	需求量	材料进场计划							
					××年				××年			
					一	二	三	四	一	二	三	四

（3）施工机具需求计划

主要施工机械、辅助机械根据施工进度计划，主要构（建）筑物施工方案和工程量，并套用机械产量定额或概算指标求得；运输机械的需要量根据运输量计算。参见表 1—6。

表 1—6　　　　　　　　　　　　　主要施工机具、设备需求计划

序号	机具名称	规格	单位	需求量	来源	进场时间	备注

4. 施工准备工作计划

上述计划能否按期实现，很大程度上取决于相应的准备工作能否及时开始、按时完成。因此，必须将准备工作逐一落实，并用文件形式布置下去，以便于在实施中检查和督促。施工准备工作计划一般有以下一些内容：

（1）施工临时用房的确定。

（2）施工场地测量控制网。

（3）临时道路、施工场地清理。

（4）施工用水、用电的来源和状况。

（5）图纸会审。

（6）编制施工组织设计。

（7）大型机械设备进场计划。

（8）原材料、成品、半成品的来源、质量和进场计划。

（9）施工试验段的先期完成。

（10）其他。

5. 施工总平面布置图

施工总平面图是用来表示合理利用整个施工场地的周密规划和布置。它是按照施工部署、施工方案和施工总进度的要求，将施工现场的道路交通、材料仓库或堆场、附属企业或加工厂、临时房屋、临时水、电、动力管线等的合理布置，以图纸形式表现出来，从而正确处理全工地施工期间所需各项设施和永久建筑、拟建工程之间的空间关系，以指导现场进行有组织、有计划的文明施工。

市政基础设施工程施工过程是一个变化的过程，工地上的实际情况随着工程进展不断改变着。为此，对于大型工程项目或施工期限较长或场地狭窄的工程，施工总平面图还应按照施工阶段分别进行设计。

（1）施工总平面图设计的依据

1）招标文件、投标文件及合同文件。

2）各种勘察设计资料，包括总平面图、地形地貌图、区域规划图、市政基础设施工程项目范围内有关的一切已建和拟建的各种设施位置。

3）建设项目的概况、施工部署和拟建主要工程施工方案、施工总进度计划，以便了解各施工阶段情况，合理规划施工场地。

4）各种材料、构件、加工品、施工机械和运输工具需要量一览表，以便规划工地内部的储放场地和运输线路。

5）各构件加工厂规模、仓库及其他临时设施的数量及有关参数。

6）建设地区的自然条件和技术经济条件。

（2）施工总平面图设计的内容与步骤

1）基本平面图的绘制

按比例绘制整个建设场地范围内的及其他设施的位置和尺寸。

2）进场交通的布置

设计施工总平面图时，首先应研究大批材料、成品、半成品及机械设备等进入现场的问题。它们进入现场的方式不外乎铁路、公路和水运。当大批材料由铁路运入工地时，应将总平面图中的永久性铁路专用线提前修建，为工程施工服务；引入时应注意铁路的转弯半径和竖向设计的要求。

当大批材料由水路运入时，应充分利用原有码头的吞吐能力。当需要增设码头时，卸货码头不应少于两个，其宽度应大于2.5m。并可考虑在码头附近布置生产企业或转运仓库。

当大批材料、物资由公路运进现场时，由于公路布置灵活，因此，设计施工总平面图时，应该先将仓库及生产企业布置在最合理、最经济的地方，然后再来布置通向场外的公路线。对公路运输的规划，应统筹考虑，先布置干线，后布置支线。

3）仓库与材料堆场的布置

仓库按其用途分为：

①转运仓库：一般设在火车站、码头附近作为转运之用。

②中心仓库：用以储存整个企业、大型施工现场材料之用。

③现场仓库（或堆场），即为某一工程服务的仓库。

通常在布置仓库时，应尽量利用永久性仓库；仓库和材料堆场应接近使用地点；仓库应位于平坦、宽敞、交通方便之处，且应遵守安全技术和防火规定。

4）加工厂（场）的布置

通常工地加工厂（场）类型主要有：钢筋混凝土预制构件加工厂、木材加工厂、钢筋加工场、金属结构构件加工厂和机械修理厂等。

各种加工厂布置，应以方便使用、安全防火、运输费用最少、不影响工程施工的正常进行为原则。一般应将加工厂集中布置在同一个地区，且多处于工地边缘。各种加工厂应与相应的仓库或材料堆场布置在同一地区。

5）工地的内部运输道路的布置

应根据各加工厂、仓库及各施工对象的位置布置道路，并研究货物周转运行图，以明确各段道路上的运输负担，区别主要道路和次要道路。规划这些道路时要特别注意满足运输车辆的安全行驶。在任何情况下，不致形成交通断绝或阻塞。在规划临时道路时，还应考虑充分利用拟建的永久性道路系统，提前修建或先修建路基及简单路面，作为施工所需的临时道路。道路应有足够的宽度和转弯半径，现场内道路干线应采用环形布置，主要道路宜采用双车道，其宽度不得小于6m，次要道路可为单车道，其宽度不得小于3.5m。临时道路的路面结构，应根据运输情况、运输工具和使用条件来确定。

6）行政与生活福利临时建筑的布置

其临时建筑可分：

①行政管理和辅助生产用房：包括办公室、警卫室、消防站、汽车库以及修理车间等；

②居住用房：包括职工宿舍、招待所等；

③生活福利用房：包括俱乐部、学校、托儿所、图书馆、浴室、理发室、开水房、商店、食堂、邮亭、医务所等。

对于各种生活与行政管理用房应尽量利用建设单位的生活基地或现场附近的其他永久建筑，不足部分另行修建临时建筑物。临时建筑物的设计，应遵循经济、适用、装拆方便的原则，并根据当地的气候条件、工期长短确守其建筑与结构形式。

一般全工地性行政管理用房宜设在全工地入口处，以便对外联系，也可设在工地中部，便于全工地管理；工人用的福利设施应设置在工人较集中的地方或工人必经之路；生活基地应设在场外，距工地 500m～1000m 为宜，并避免设在低洼潮湿、有烟尘和有害健康的地方；食堂宜布置在生活区，也可设在工地与生活区之间。

7）临时水电管网及其他动力设施的布置

①工地临时供水的规划

工地临时供水，包括生产用水（含工程施工用水和施工机械用水）、生活用水（含施工现场生活用水和生活区生活用水）和消防用水三个方面。工地供水规划可按以下步骤进行：

a. 确定供水量

包括工程施工用水量、施工机械用水量、施工现场生活用水量、生活区生活用水量、消防用水量、总用水量等。

b. 选择水源

工地的临时供水水源，应尽量利用现场附近已有的供水管道，只有在现有给水系统供水不足或根本无法利用时，才使用天然水源。

天然水源有：地表水（江河水、湖水、水库水等）；地下水（泉水、井水）。选择水源应考虑下列因素：水量充沛可靠，能满足最大需水量的要求；符合生活饮用水、生产用水的水质要求；取水、输水、净水设施安全可靠；施工、运转、管理、维护方便。

c. 配置临时给水系统

临时给水系统由取水设施、净水设施、储水构筑物（水塔及蓄水池）、输水管及配水管线组成。

通常应尽量先修建永久性给水系统，只有在工期紧迫、修建永久性给水系统难以应急时，才修建临时给水系统。

②工地临时供电的规划

建设工地临时供电的规划包括：计算用电总量，选择电源、确定变压器、确定导线截面面积并布置配电线路。

a. 工地总用电量计算

施工工地的总用电量包括动力用电和照明用电两类。

b. 电源选择

选择电源，比较经济的方案是利用施工现场附近已有的高压线路或发电站及变电所，但事前必须将施工中需要的用电量向供电部门申请，如果在新辟的地区中施工，没有电力系统时。则需自备发电站。通常是将附近的高压电，经设在工地变压器降压后，引入工地。

c. 确定配电导线截面积

导线的截面需根据电流强度进行选择。

③其他设施的布置

施工工地应依据防火要求设置消防站，一般设置在易燃建筑物附近，并须有通畅的出口和消防栓，其间距不得大于100m。

注:相关计算按现行定额手册、工程量计算规定执行。

1.3.2　单位工程施工组织设计

1.3.2.1　单位工程施工组织设计的编制依据

1. 招标文件或合同文件。

2. 设计文件:设计图纸和各类勘察资料和设计说明等资料。

3. 预算文件提供的工程量和预算成本数据。

4. 国家现行的相关施工技术规范、标准、规程、法律法规及规章制度的规定及企业的技术资料。

5. 施工所在地的地方规定及政府文件。

6. 图纸会审资料。

7. 建设单位对该工程项目的有关要求。

8. 施工现场水、电、道路、原材料渠道等调查资料。

9. 上级领导指示精神和有关文件。

10. 企业 ISO 9001 质量管理体系标准文件、ISO 14001 环境管理体系标准文件、GB/T 28001 职业健康安全管理体系标准文件。

11. 企业的技术力量和机械设备情况。

1.3.2.2　编制程序

1. 熟悉合同条款,明确业主书面及潜在要求。

2. 熟悉施工图,会审施工图,到现场进行实地调查并搜集有关施工资料。

3. 计算工程量,注意必须要按分部分项和分层分段分别计算。

4. 拟订该项目的组织机构以及项目分包方式。

5. 拟定施工方案,进行技术经济比较并选择最优施工方案。

6. 分析拟采用的"四新"(新技术、新工艺、新材料、新设备)的措施和方法。

7. 编制施工进度计划,同样要进行方案比较,选择最优进度。

8. 根据施工进度计划和实际条件编制各种工、料、机、运计划表。

9. 计算为施工及生活用临时建筑数量和面积,如材料仓库及堆场面积、工地办公室及临时工棚面积。

10. 对施工临时用水、供电、供气进行设计。

11. 布置施工平面图,并且要进行方案比较,选择最优施工平面方案。

12. 拟订保证工程质量、降低工程成本和确保冬期雨期施工、施工安全和防火措施。

13. 拟订施工期间的环境保护措施和降低噪声、避免扰民等措施。

1.3.2.3　编制内容

根据单位工程的规模和技术复杂程度,其施工组织设计和深度也不尽一致。较完整的内容应包括下列内容:

1. 封面

对投标用施工组织设计的封面。首先要按照国家和地方性规定进行封面设计,否则有可能被废标。若没有特殊要求或者对标后施工组织设计,一般来说封面应包含:单位工程名称、单位工程施工组织设计、编制单位、日期、编制人等、审批人、审批意见。在封面上,可以打上企业标志,作为企业 CI 系统的体现和实施。如果审批人、审批意见等项比较多,可以做在扉页上。

2. 目录

目录是为了让施工组织设计的读者或使用者一目了然地了解其内容,并迅速地找到所需要的内容。目录可繁可简,依情况而定。

3. 编制依据

列举工程合同,施工图,主要图集,主要规范、规程、标准,主要法规及其他要求与相关资料。最好表格化,列清类别、名称、编号、日期等。

4. 工程概况

根据调查所得到的工程项目原始资料、施工图以及施工组织设计文件等,简要阐述工程概况和施工特点,可采用表格化的形式说明工程的主要情况。内容通常应包括:

(1) 工程名称、工程地址、建设单位、设计单位,监理单位,质量监督单位,施工总包、主要分包等基本情况。

(2) 合同范围,合同性质,投资性质,合同工期。

(3) 设计概况,工程的难点与特点等。

(4) 建设地点的特征。包括工程所在位置、地形、工程与水文地质条件、不同深度的土质分析、冻结时间与冻层厚度、地下水位、水质、气温、冬雨期起止时间、主导风向、风力等。

(5) 施工条件。水、电、道路、场地等情况;场地四周环境、材料、构件、加工品的供应来源和加工能力;施工单位的机械和运输工具可供本工程项目使用的程度,施工技术和管理水平等。

通过上述分析,应指出单位工程的施工特点和施工中的关键问题和主要矛盾,并提出解决方案。

5. 施工部署

(1) 项目组织机构

对一个工程项目,首先要给予一个组织保障。以项目经理为核心,各种专业人员配备齐全。同时,随着施工企业专业化程度的提高,一项工程参与的分包商越来越多,应明确总分包的合同关系、承包范围、完善项目管理网络,合理配置各职能部门及岗位,建立健全岗位责任制。项目组织机构可以系统图的形式体现,可以表格的形式注明职能配置、人员分工、人名、职称情况及每个人的职责范围。

(2) 施工部署原则

通过对单位工程的特点及难点的分析,制定出针对单位工程的指导方针,并以指导方针为准则,从时间、空间、工艺、资源等方面围绕单位工程作具体的计划安排。概要说明本工程基础/结构工程等施工阶段的不同特点及相应的施工部署、工期控制;相关专业在各施工阶段如何协作配合;大型机械进、出场与工程进度的时间关系;处理好与季节性施工的关系。

(3) 施工总进度计划安排

根据合同及施工的季节、节假日情况,综合人、机械、材料、环境等编制科学合理的总进度计划。要建立总进度计划的管理制度,严格控制总进度计划的实施,以月进度保证总进度、周进度保证月进度、日进度保证周进度,并制定出具体的保障进度计划的措施及相应的奖惩条例。

(4) 施工组织协调

制定有效的施工现场管理制度,做好和各参建单位的协调工作。概要说明本项目部将通过何种方法组织实现本工程的工期、质量、安全、降低成本的目标,协调、管理好参加工程管理和施工的各方。

(5) 主要经济技术指标

1) 合同工期。

2）工程质量目标。

3）环境目标、指标。

4）职业健康安全目标。

5）施工回访和质量保修计划。

6）成本目标等。

6．施工准备

（1）技术准备

制定专项施工方案编制计划，试验工作计划，新技术、新工艺、新材料、新设备应用计划，坐标点的引入等。

（2）生产准备

1）现场临电、临水设计。

2）施工平面布置图：包括现场施工条件、各阶段施工时现场平面布置图。

3）有关证件的办理、施工扰民问题的解决措施。

4）原材料订货计划，成品及半成品的进场计划。

5）机械、设备进场计划：概要说明工程使用的大型设备及业主、分供方提供的设备的进场时间、运输方法与主要分部工程形象部位的关系。

6）主要项目工程量和主要劳动力计划。

7．主要施工方案和施工方法

（1）各阶段施工流水段的划分。

（2）大型机械的选择。结合工期、各施工阶段的施工任务、现场场地条件等来选择主要施工机械。

（3）主要结构施工方法等。

8．主要施工管理措施

（1）技术管理措施

表述为完成工程的施工而采取的具有较大技术投入的措施、技术措施的实施、管理等。

1）按程序文件要求建立责任制和管理工作流程。

2）明确分工和各业务部的职责，生产必须在技术保证的前提下进行。

3）分部、分项施工方案编制。

4）制定材料试验计划。

5）技术交底编制。

6）加强材料的管理使用，计量管理。

7）加强材料的试验及施工资料的督促报验收集整理工作。

8）新技术、新工艺、新材料、新设备的应用与管理工作。

（2）质量保证措施

表述在常规的质量管理体系基础上如何为将工程建设成为优质工程而采取的管理制度和技术措施。

1）制定工程质量管理体系及质量标准。

2）落实责任制。

3）加强三检制，做好验收工作，突出"严"字。

4）对施工过程及成品发现的质量问题应及时检查及时纠正，做到质检员、工长、技术员、项目工程师、项目经理能及时掌握质量问题,并逐级上报。

5)认真实施解决,对反复出现的质量问题应采取有效对策。

6)严把材料进场、加工订货关,不合格产品坚决退掉。

7)坚持质量否决制度及质量分析例会,并认真对待实施的结果。

(3)冬、雨期施工措施

在冬雨期施工中应该遵循如下原则:雨期应做到设备防潮,管线防锈、防腐蚀,土建装修防浸泡、防冲刷,施工中防触电,防雷击,并制定相应的排水防汛措施,确保施工顺利安全进行。冬期施工尽可能减少湿作业量,管道打压、电缆敷设等工作均应安排在正温进行,对必须施工的项目,应提前做好蓄热保温,避免返工。

(4)工期保证措施

影响工期的因素很多,应该多从外部环境和内部环境分析,制定有效的措施。在外部环境中,交通运输、设计深化、加工订货等都是影响工期的主要方面,例如土方开挖过程中,对于车辆行走路线的设计,卸土场地的调查都是影响土方开挖的关键,应该周密考虑。内部环境中包括物资进出场,塔吊等机械使用,方案,流水段划分等,应该通过交底会、工程例会做好准备工作,减少不必要环节的影响。

1)按工程量,施工人员合现安排进度计划,按进度计划的时间严格控制施工部位,去除不利因素,合理穿插配合。

2)加强施工班组的质量意识及劳动定额意识教育,即定时、定量、定质,做到交底清晰准确、针对性强,并加强过程管理,以期做到不返工,一次合格。

3)加强例会制度,解决矛盾,协调关系,保证按计划实施。

4)对民工较多的工程,还必须考虑农忙季节的工期保障措施。

(5)安全文明施工、现场 CI 的保证措施

主要明确安全管理方法和主要安全措施、CI 形象设计,确定标志的尺寸、书写和悬挂的位置。例如,采用何种安全网,安全通道、安全防护、安全检查制度、安全责任制等如何实施。

对于安全施工,可采取以下措施:

1)贯彻国家、省市的有关法规,建立项目部的安全责任制及相关管理办法。

2)与分包方签订安全责任协议书。

3)执行公司有关安全标准。

4)建立定期联检。

5)建立分阶段交底制。

6)架子搭设、使用验收要求。

7)临边防护要求。

8)特殊需注意的部位及要求。

9)临电的要求、使用及防护。

(6)消防保卫措施

消防管理上,建立消防保证体系和消防管理责任制,成立义务消防队,编制消防方案,明确消火栓系统、灭火器的布置。保卫工作可根据工程的重要性,对门卫、现场巡视采取相应的措施。

1)贯彻国家、省市的有关法规,建立消防保卫责任制,制定现场消防管理及安全保卫制度。

2)编制消防方案。

3)建立义务消防队。

4）执行用火申请审批制度。

5）签订总、分包消防责任协议书。

6）现场消火栓，消防通道的要求。

7）对现场吸烟问题，现场易燃、易爆材料的使用制定有针对性的措施。

8）消防器具设置及使用。

9）暂设用房的要求。

（7）环境保护措施

在环保方面项目经理部建立的管理制度。

1）贯彻国家、省市的有关法规，建立环保责任制。

2）开工前进行排污申报登记。

3）现场防尘措施，垃圾及厕所的管理。

4）排污措施。

5）噪声防治。

6）现场场容管理。

（8）成品保护措施

首先明确哪些部位需要成品保护，建立相应管理制度，由专人负责，各使用单位按区段部位划分责任区。

（9）降低成本措施

降低成本主要应从技术引进、科学管理、程序制度等方面制定措施。

1.3.2.4　编制要点

编制单位工程施工组织设计，重点在施工方案、施工进度计划表、资源（劳动力、材料、机械）需求计划和施工平面图四大部分。

1. 施工方案的编写

单位工程施工方案设计是施工组织设计的核心问题。它是在对工程概况和施工特点分析的基础上，确定施工程序和顺序，施工起点流向，主要分部分项工程的施工方法和选择施工机械。

（1）确定施工起点流向

施工起点确定就是确定单位工程在平面和竖向上施工开始的部位和开展的方向。施工流向涉及一系列施工活动的展开和进程，是组织施工的重要环节。确定单位工程施工起点流向时，应考虑以下因素：

1）满足用户使用上的需要。

2）生产性房屋应首先注意生产工艺流程。

3）单位工程中技术复杂而且对工期有影响的关键部位。

4）施工技术和施工组织的要求。

（2）确定施工顺序

施工顺序是指分部分项工程施工的先后次序。确定施工顺序时，一般应考虑以下因素：

1）遵循施工程序。

2）符合施工技术、施工工艺的要求。

3）满足施工组织的要求，使施工顺序与选择的施工方法和施工机械相互协调。

4）必须确保工程质量和安全施工的要求。

5）必须适应工程建设地点气候变化规律的要求。

（3）施工方法和施工机械的选择

正确地拟定施工方法和选择施工机械是施工组织设计的关键，它直接影响施工进度、施工质量和安全，以及工程成本。

一个工程的施工过程、施工方法和建筑机械均可采用多种形式。施工组织设计的任务是在若干个可行方案中选取适合客观实际的较先进合理又经济的施工方案。

施工方法的选择，应着重考虑影响整个单位工程的分部分项工程，如工程量大、施工技术复杂或采用新技术、新工艺及对工程质量起关键作用的分部分项工程。

对常规做法和工人熟悉的项目，则不必详细拟定，只要提具体要求。

选择施工方法必然涉及施工机械的选择。在选择时应注意以下几点：

1）首先选择主导工程的施工机械，如结构工程的垂直、水平运输机械。

2）各种辅助机械或运输工具应与主导机械的生产能力协调配套，以充分发挥主导机械效率。

3）在同一工地上，应力求机械的种类和型号尽可能少一些，以利于机械管理和降低成本；尽量使机械少而配件多，一机多能，提高机械使用效率。

4）机械选用应考虑充分发挥施工单位现有机械的能力，当本单位的机械能力不能满足工程需要时，则应购置或租赁所需新型机械或多用机械。

（4）施工方案的技术经济比较

见"1.4　施工方案"第1.4.3条。

2. 施工进度计划

编制施工进度计划及资源需求量计划是在选定的施工方案基础上，确定单位工程的各个施工过程的施工顺序、施工持续时间、相互配合的衔接关系及反映各种资源的需求状况。它编制的是否合理、优化，反映了投标和施工单位施工技术水平和施工管理水平的高低。

编制的依据：业主提供的施工图及地质、地形图、采用的各种标准图等图纸及技术资料；施工工期要求及开、竣工日期；施工条件、劳动力、材料、构件及机械的供应条件、分包单位的情况；确定的重要分部分项工程的施工方案包括施工顺序、施工段划分、施工起点流向方法及质量安全措施；劳动定额及机械台班定额；招标文件中的其他要求。

（1）施工进度计划的形式

施工进度计划一般采用横道图、斜道图、图像表示和网络图四种形式，其各有特点。通常是综合使用两种或两种以上来描述进度计划（此处以网络图为例作简要说明）。

进度计划可用横道图表示，也可用网络图表示。网络计划是由一系列箭杆和圆圈（节点）所组成的网状图形来表示各施工过程先后顺序的逻辑关系。

横道图计划具有编制比较容易，绘图比较简单，排列整齐有序，表达形象直观，便于统计劳动力、材料及机具的需要量等优点。这种方法已为施工管理人员所熟悉和掌握，目前仍被广泛采用。但它还存在如下的缺点：

不能反映各施工过程之间的相互制约、相互联系、相互依赖的逻辑关系；

不能明确指出哪些施工过程是关键的，哪些不是关键的，即不能明确表明某个施工过程的推迟或提前完成对整个工程任务完成的影响程度；

不能计算每个施工过程的各项时间指标，不能指出在总施工期限不变的情况下，某些施工过程存在的机动时间，也不能指出计划安排的潜力有多大；

不能应用电子计算机进行计算，更不能对计划进行科学的调整与优化。

这些缺点可以在网络计划中得到解决。

1) 网络图的要素

网络图是一种表示整个计划中各道工序（或工作）的先后次序所需要时间的逻辑关系的工序流程图。网络图又分为双代号网络图和单代号网络图。

①双代号网络图

用两个数字符号代表一个工序的方法，称为双代号法。双代号网络图是有箭杆、节点和线路三个要素组成。

a. 箭杆

（a）一个箭杆表示一个施工过程（或一件工作、一项活动）。箭杆表示的施工过程可大可小：在总控制性网络计划中，箭杆可表示一个单位工程或一个工程项目；在单位工程的控制性网络计划中，一个箭杆可表示一个分部工程；在实施性网络计划中，一个箭杆可表示一个分项工程。

（b）每个施工过程的完成都要消耗一定的时间及资源。只消耗时间不消耗资源的混凝土养护、砂浆找平层干燥等技术问题，如单独考虑时，也应作为一个施工过程来对待。各施工过程均用实箭杆来表示。

（c）在双代号网络图中，为了正确表达施工过程的逻辑关系，有时必须使用一种虚箭杆。如图1—6(b)中的③→④、②→④等。虚箭杆是既不消耗时间，也不消耗资源的一个虚设的施工过程，一般不标注名称，持续时间为零。它在双代号网络图中起施工过程之间逻辑连接或逻辑间断作用。

（d）箭杆的长短一般不表示所需时间的长短（时标网络例外）。箭杆的方向原则上是任意的，但为使图形整齐，一般宜将其画成水平方向或垂直方向。

（e）网络图中，凡是紧接于某施工过程箭杆箭尾端的各过程，叫做该过程的"紧前过程"；紧接于某施工过程箭头端的各过程，叫做该过程的"紧后过程"。

b. 节点

在双代号网络图中，箭杆前后的圆圈，称为节点。节点表示前面施工过程结束和后面施工过程开始的瞬间。节点不需要消耗时间和资源。

（a）节点的分类

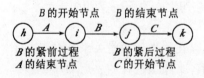

图1—2 开始节点和结束节点

网络图的节点有起点节点、终点节点、中间节点。网络图的第一个节点为起点节点，它表示一项计划（或工程）的开始。网络图的最后一个节点称为终点节点，它表示一项计划（或工程）的结束。其余节点都称为中间节点，任何一个中间节点既是其紧前各施工过程的结束节点，又是其紧后各施工过程的开始节点，见图1—2。

（b）节点的编号

网络图中的每一个节点都要编号。编号的顺序是：从起点节点开始，依次向终点节点进行、编号的原则是：每一个箭杆箭尾节点的号码 i 必须小于箭头节点的号码 j（即 $i < j$），所有节点的编号不能重复出现。

（c）线路

从网络图的起点节点到终点节点，沿着箭杆的指向所构成的若干条通道，即为线路。每条不同的线路所需的时间之和往往各不相等，其中时间之和最大者称为"关键线路"，其余的线路为"非关键线路"。位于关键线路上的施工过程称为关键施工过程，这些施工过程完成的快慢直接影响整个计划完成的时间，关键施工过程在网络图中通常用粗线或双线箭杆表示。有时，在一个网络图中也可能出现几条关键线路,即这几条关键线路的施工持续时间相等。

关键线路不是一成不变的。在一定条件下,关键线路和非关键线路可以互相转换。例如,当关键施工过程时间缩短或非关键施工过程的时间延长时,就有可能使关键线路转移。

②单代号网络图

用一个数字符号代表一个工序的方法叫单代号法。用一个圆圈表示一个施工过程,其代号、名称和时间都写在圆圈内,用箭杆表示施工过程之间的逻辑关系。

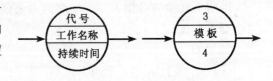

图1－3　单代号表示方法

一单代号网络图也由节点、箭杆和线路组成。见图1－3。

a. 节点用圆圈表示,一个圆圈代表一个施工过程(或一件工作,一项活动),其范围、内容与双代号网络图箭杆基本相同。当有两个以上施工过程同时开始或同时结束时一般要设一个"开始节点"和"结束节点",以完善其逻辑关系。节点的编号同双代号网络图。

b. 逻辑关系箭杆

单代号网络图中的每条箭杆均表达各施工过程之间先后顺序的逻辑关系。箭杆箭头所指方向表示施工过程的进行方向,即同一箭杆箭尾节点所表示的施工过程为箭头节点所表示的施工过程的紧前过程。在单代号网络图中,逻辑关系箭杆均为实箭杆,没有虚箭杆。

c. 线路

从起点节点到终点节点,沿着联系箭杆的指向所构成的若干"通道",即称为线路。单代号网络图也有关键的线路及施工过程,非关键的线路、施工过程及其时差等。

2)网络图绘制规则和要求

这里主要讲双代号网络图的绘制规则和要求。对于单代号网络图,可以通过表1－7的表示方法的比较进行绘制。

①逻辑关系

逻辑关系是指网络计划中所表示的各个施工过程在施工中存在的先后顺序关系。这种顺序关系可划分为两大类:一类是施工工艺的关系,称为工艺逻辑;另一类是组织上的关系,称为组织逻辑。

a. 工艺逻辑

工艺逻辑是由施工工艺所决定的各个施工过程之间客观上存在的先后顺序关系。对于一个具体的分部工程来说,当确定了施工方法以后,则该分部工程的各个施工过程的先后顺序一般是固定的,有的是绝对不能颠倒的。

b. 组织逻辑

组织逻辑是施工组织安排中,考虑劳动力、机具、材料或工期等影响,在各施工过程之间主观上安排的先后顺序关系。这种关系不受施工工艺的限制,不是工程性质本身决定的,而是在保证施工质量、安全和工期等前提下,可以人为安排的顺序关系。

在网络图中,各施工过程之间有多种逻辑关系。在绘制网络图时,必须正确反映各施工过程之间的逻辑关系。见表1－7。

②网络图绘制的基本规则

a. 在一个网络图中,只允许有一个起点节点和一个终点节点。

图1－4中,出现⑦、⑧两个终点节点是错误的。

表 1-7　　　　　　　　　　　双代号与单代号网络逻辑关系表达示例

序号	工作间的逻辑关系	网络图上的表示方法		说　明
		双代号	单代号	
1	A、B 两项工作依次进行施工			B 依赖 A，A 约束 B
2	A、B、C 三项工作同时开始施工			A、B、C 三项工作为平行施工
3	A、B、C 三项工作同时结束施工			A、B、C 三项工作为平行施工
4	A、B、C 三项工作，只有 A 完成后 B、C 才能开始			A 制约 B、C 的开始，B、C 为平行施工
5	A、B、C 三项工作，C 只有 A、B 完成后才能开始			C 依赖 A、B，A、B 为平行施工
6	A、B、C、D 四项工作，C、D 只有 A、B 完成后才能开始			双代号法是以中间事件把四项工作的逻辑关系表达出来
7	A、B、C、D 四项工作，A 完成后 C 才能开始，A、B 完成后，D 才能开始			A 制约 C、D 的开始，B 只制约 D 的开始，A、D 之间引入虚工作
8	A、B、C、D、E 五项工作，A、B 完成后 D 才能开始，B、C 完成后，E 才能开始			D 依赖 A、B，E 依赖 B、C；双代号法以虚工作表达 A、B、C 之间的逻辑关系
9	A、B、C、D、E 五项工作，A、B、C 完成后 D 才能开始，B、C 完成后 E 才能开始			A、B、C 制约 D 的开始，B、C 制约 E 的开始，双代号法以虚工作表达上述逻辑关系
10	A、B 两项工作，按三个施工段流水作业			两个施工队在三个施工段上流水作业双代号法以虚工作表达工种间关系

b. 在网络图中,不允许出现闭合回路,即不允许从一个节点出发,沿箭杆形成回路,再返回到原来的节点。在图 1—5 中,②、③、⑤就组成了闭合回路,导致违背逻辑关系的错误。

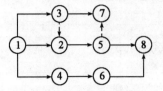

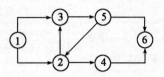

图 1—4　只允许一个起点　　　　　　图 1—5　不允许出现

(结束)节点　　　　　　　　　　　　　　闭合回路

c. 在一个网络图中,不允许出现同样编号的节点或箭杆。在图 1—6(a)中,A、B、C 三个施工过程均用①→②代号表示是错误的,正确的表达应如图 1—6(b)或(c)所示。

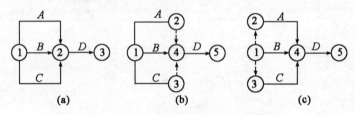

图 1—6　不允许出现相同编号的节点或箭杆

(a)错误;(b)、(c)正确

d. 在一个网络图中,不允许出现一个代号代表一个施工过程。如图 1—7(a)中,施工过程 D 与 A 的表达是错误的,正确的表达应如图 1—7(b)所示。

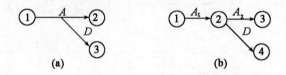

图 1—7　不允许一个代号代表一个施工过程

(a)错误;(b)正确

e. 在网络图中,不允许出现无指向箭头或有双向箭头的箭杆。在图 1—8 中③—⑤箭杆无指向,②—⑤箭杆有双向箭头,均是错误的。

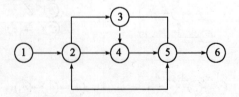

图 1—8　不允许出现双向箭头及无箭头

f. 在网络图中,应尽量减少交叉箭杆,当无法避免时,应采用"暗桥"连接或断线法表示。见

图1—9。

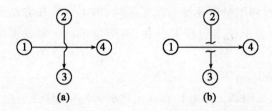

图1—9　箭杆交叉的处理办法

(a)暗桥法；(b)断线法

③网络图绘制的要求

a. 通常网络图箭杆画成直线或折线，不宜画成曲线，如图1—10。

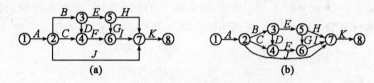

图1—10　绘制要求(一)

(a)较好；(b)较乱

b. 在网络图中尽量避免反向箭杆，如图1—11。

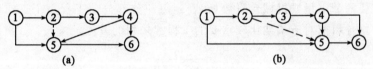

图1—11　绘制要求(二)

(a)较差；(b)较好

c. 在网络图中，力求少用不必要的虚箭杆，如图1—12。

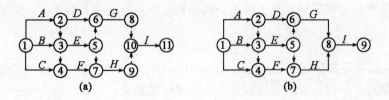

图1—12　绘制要求(三)

(2) 编制施工进度计划的一般步骤

1) 划分施工过程

编制施工进度计划时，首先应按照施工图的施工顺序将单位工程的各个施工过程列出，项目包括从准备工作直到交付使用的所有土建、设备安装工程，将其逐项填入表中工程名称栏内。

划分施工过程的粗细程度，要根据进度计划的需要进行。对控制性进度计划，其划分可较粗,列出分部工程即可;对实施性进度计划,其划分较细,特别是对主导工程和主要分部工程,要详细具体。此外,施工过程的划分还要结合施工条件、施工方法和劳动组织等因素。凡在同一时期可由同一施工队完成的若干施工过程可合并,否则应单列。对次要零星工程,可合并为其他工程。

　　2) 计算工程量,查出相应定额

　　计算工程量应根据施工图和工程量计算规定进行,计算时应注意以下问题:

　　① 计算工程量的单位与定额手册所规定单位相一致。

　　② 结合选定的施工方法和安全技术要求计算工程量。

　　③ 结合施工组织要求,分区、分段、分层计算工程量。

　　根据所计算工程量的项目,在定额手册中查出相应的定额。

　　3) 确定劳动量和机械台班数量

　　根据计算出的各分部分项的工程量 q 和查出相应的时间定额或产量定额、计算出各施工过程的劳动量或机械台班数 p。若 s、h 分别为该分项工程的产量定额和时间定额,则有:

$$p=q/s \quad (工日、台班) \tag{1-1}$$

或

$$p=q \times h \quad (工日、台班) \tag{1-2}$$

　　4) 计算各分项工程施工天数

　　计算各分项工程施工天数的方法有两种:

　　① 反算法

　　根据合同规定的总工期和本企业的施工经验,确定各分部分项工程的施工时间。然后按各分部分项工程需要的劳动量或机械台班数量,确定每一分部分项工程每个工作班所需要的工人数或机械数量。这是目前对于工期比较重要的工程常采用的方法。

$$t=\frac{q}{s \times n \times b} \tag{1-3}$$

式中: n——所需工人数或机械数量;

　　　　t——要求的工期;

　　　　b——每天工作的班次。

　　② 正算法

　　按计划配备在各分部分项工程上的施工机械数量和各专业工人数确定工期即

$$t=\frac{q}{s \times n \times b} \tag{1-4}$$

式中: t——完成某分部分项工程的施工工期;

　　　　n——某分部分项工程配置的所需工人数或机械数量;

　　　　b——每天工作的班次。

　　在安排每班工人数和机械台数时,应综合考虑各分项工程各班组的每个工人都应有足够的工作面,以发挥高效率并保证施工安全;在安排班次时宜采用一班制;如工期要求紧时,可采用二班制或三班制,以加快施工速度,充分利用施工机械。

　　5) 编制施工进度计划的初步方案

　　各分部分项工程的施工顺序和施工天数确定后,应按照流水施工的原则,力求主导工程连续施工;在满足工艺和工期要求的前提下,尽可能使最大多数工作能平行地进行,使各个施工队的工人尽可能地搭接起来,其方法步骤如下:

①首先划分主要施工阶段,组织流水施工。要安排其中主导施工过程的施工进度,使其尽可能连续施工,然后安排其余分部工程,并使其与主导分部工程最大可能平行进行或最大限度搭接施工。

②按照工艺的合理性和工序间尽量穿插、搭接或平行作业方法,将各施工阶段流水作业用横线在表的右边最大限度地搭接起来,即得单位工程施工进度计划的初始方案。

6) 施工进度计划的检查与调整

对于初步编制的施工进度计划要进行全面检查,看各个施工过程的施工顺序、平行搭接及技术间歇是否合理;编制的工期能否满足合同规定的工期要求;劳动力及物资资源方面是否能连续、均衡施工等方面进行检查并初步调整,使不满足变为满足,使一般满足变成优化满足。调整的方法一般有:增加或缩短某些分项工程的施工时间;在施工顺序允许的条件下将某些分项工程的施工时间向前或向后移动;必要时可以改变施工方法或施工组织。总之,通过调整,在工期能满足要求的条件下,使劳动力、材料、设备需要趋于均衡,主要施工机械利用率比较合理。

3. 资源需求计划编制

在单位工程施工进度计划编定以后,可根据各工序每天及持续期间所需资源量编制出材料、劳动力、构件、加工品、施工机具等资源需要量计划,以确定工地临时设施并作为有关职能部门按计划调配供应资源的依据。

(1) 劳动力需要量计划:它是将单位工程施工进度表内所列各施工过程每天(d)所安排的工人人数按工种进行汇总而成,用于劳动力调配和工地生活设施的安排。其格式见表 1—8。

表 1—8　　　　　　　　　　　　　　劳动力需求计划

序号	工种	总工日	需 要 人 数 计 划					
			×月			×月		
			上旬	中旬	下旬	上旬	中旬	下旬

(2) 主要材料需要量计划:它是单位工程进度计划表中各个施工过程的工程量按组成材料的名称、规格、使用时间和消耗、储备分别进行汇总而成,以用于掌握材料的使用,储备动态,确定仓库堆场面积和组织材料运输,其格式见表 1—9。

表 1—9　　　　　　　　　　　　　　材料需求计划

序号	材料名称	规格	需 要 量		供应时间	备注
			单位	数量		

(3) 构件、加工品需要量计算:它是根据施工图和进度计划进行编制,主要是用于构件制作单位签订供货合同,确定堆场和组织运输等。其格式见表 1—10。

表 1－10 构件和半成品需求计划

序号	名 称	规 格	需 要 量		使用部位	加工单位	供应日期	备注
			单位	数量				

（4）施工机械需要量计划：是根据施工方案和进度计划所确定的施工机具类型、数量、进场时间将其汇总而成，以供设备部门调配和现场道路场地布置之用。其格式见表 1－6。

4. 单位工程施工平面布置图的设计

单位工程施工平面布置图是施工组织设计的主要组成部分，是布置施工现场的依据。如果施工平面图设计不好或贯彻不力，将会导致施工现场混乱的局面，直接影响到施工进度、生产效率和经济效果。如果单位工程是拟建建设项目的一个组成部分，则还须根据建设项目的施工总平面图所提供的条件来设计。一般单位工程施工平面图采用的比例是 1：200 至 1：500。其内容包括：地上一切建筑物、构筑物及地下管线；测量放线标桩、地形等高线、土方取弃场地；起重机轨道和运行路线；材料、加工半成品、构件和机具堆场；生产、生活用临时设施；安全、防火设施等。

相关内容参见第 1.3.1.4 条第 5 款。

1.4　施工方案

施工方案是单位工程施工组织设计的核心，它是某分部或分项工程或某项工序在施工过程中由于难度大、工艺新或比较复杂，质量与安全性能要求高等原因，所需采取的施工技术措施，以确保施工的进度、质量、安全目标和技术经济效果。

1.4.1　施工方案的编制内容

1.4.1.1　《建设工程项目管理规范》（GB/T 50326）规定，施工方案应包括下列内容：

1. 施工流向和施工顺序。

2. 施工阶段划分。

3. 施工方法和施工机械选择。

4. 安全施工设计。

5. 环境保护内容及方法。

1.4.1.2　如果该方案是包含在项目管理规划大纲或项目管理实施大纲中，上述内容能满足施工的要求。如果对一分部、分项工程单独编制施工方案，则上述内容略显单薄。通常来讲，对一分部、分项工程单独编制的施工方案应主要包括以下内容：

1. 编制依据。

2. 分部、分项工程概况和施工条件，说明分部、分项工程的具体情况，选择本方案的优点、因素以及在方案实施前应具备的作业条件。

3. 施工总体安排。包括施工准备、劳动力计划、材料计划、人员安排、施工时间、现场布置及流水段的划分等。

4. 施工方法工艺流程,施工工序,"四新"项目详细介绍。可以附图附表直观说明,有必要的进行设计计算。

5. 质量标准。阐明基本要求、实测项目、外观鉴定或主控项目、一般项目及允许偏差项目的具体根据和要求,注明检查工具和检验方法。

6. 质量管理点及控制措施。分析分部、分项工程的重点难点,制定针对性的施工及控制措施及成品保护措施。

7. 安全、文明及环境保护措施。通过危险源辨识,确定相应的对策,制定安全技术和措施;防止违章指挥和违章操作;必要时设立危险区域,做出标志或监护;明确文明施工及保护环境方面的要求和措施。

8. 其他事项。

1.4.1.3　大型桥梁、厂(场)、站等土建及设备安装复杂的工程应有针对单项工程需要的专项工艺技术设计。如模板及支架设计;地下基坑、沟槽支护设计;降水设计;施工便桥、便线设计;管涵顶进、暗挖、盾构法等工艺技术设计;现浇混凝土结构及(预制构件)预应力张拉设计;大型预制钢构件混凝土构件吊装设计;混凝土施工浇筑方案设计;机电设备安装方案设计;各类工艺管道、给排水工艺处理系统的调试运行方案;轨道交通系统及其自动控制、信号、监控、通信、通风系统安装调试方案等。

1.4.2　施工方案的编制要点与要求

1.4.2.1　编制依据

施工方案的编制依据主要是:施工图纸,施工组织设计、施工现场勘察调查得来的资料和信息,施工验收规范,质量检验评定标准,安装操作规程,施工及机械性能手册,新技术,新工艺、新设备等。还要依靠施工组织设计人员本身的施工经验、技术素质及创造能力。

在"编制依据"章节中描述时,不一定按上述内容一一列举,但要将主要的编制依据必须描述出来,编制时可以做一简单的选择。

1.4.2.2　施工工序的准备

做好施工工序的准备工作是很好地完成一项工序的开始。方案的准备工作不同于施工组织的准备工作,工序的施工准备工作内容较多,大致可分为以下几个方面:

1. 技术规划准备。包括熟悉、审查图纸,调查活动,编制技术措施,组织交底等。

2. 现场施工准备。包括测量、放线、现场作业条件、临时设施准备、施工机械和物资准备、季节性施工准备等。

施工机械选择应遵循切实需要、实际可能、经济合理的原则,具体要考虑以下几点:

(1)技术条件。包括技术性能、工作效率、工作质量、能源耗费、劳动力的节约、使用安全性和灵活性、通用性和专用性、维修的难易程度、耐用程度等。

(2)经济条件。包括原始价值、使用寿命、使用费用、维修费用等。如果是租赁机械应考虑其租赁费。

(3)要进行定量的技术经济分析比较,以使机械选择最优。

3. 施工人员及有关组织准备。施工方案为现场具体实施提供依据,当我们为方案进行策划时,对自身来说,要集结施工力量,调整、健全和充实施工组织机构,进行特殊工种的培训及人员的培训教育的准备等工作。

4. 材料的准备。方案中一般要描述出本工序所要提供的主要材料,同时说明该材料的主要性能。

1.4.2.3　主要项目的施工方法

主要项目的施工方法是施工方案的核心。编制时首先要根据本工序的特点和难点,找出哪些项目是主要控制点,以便选择施工方法有针对性,能解决关键问题。主要项目的工序的重点随工程的不同而异,不能千篇一律。同一类工程的相同工序又各有不同的主要控制点,应分别对待。

在选择施工方法时,应遵循以下原则:

1. 方法可行,条件允许,可以满足施工工艺要求。

2. 符合国家颁发的现行施工规范、标准的有关规定。

3. 尽量选择那些经过试验鉴定的科学、先进、节约的方法,尽可能进行技术经济分析。

4. 要与选择的施工机械及划分的流水段相协调。

5. 必须能够找出关键控制工序,专门重点编制措施。

1.4.2.4　技术组织措施

技术组织措施是指在技术、组织方面对保证质量、安全、节约和季节施工所采用的方法,确定这些方法是施工方案编制者带有创造性的工作。一般在方案编制中,均对质量、安全、文明施工做专门章节描述。

1. 保证质量措施

保证质量的关键是对施工方案的工程对象经常发生的质量通病制定防治措施,要从全面质量管理的角度,把措施落到实处,建立质量管理体系,保证"PDCA 循环"的正常运转。对采用的新技术、新工艺、新材料、新设备和新结构,须制定有针对性的技术措施,以保证工程质量。在方案编制中,还应该认真分析本方案的特点和难点,针对特点和难点中存在的质量通病进行分析和预防。

2. 安全施工措施

由于市政基础设施工程的结构复杂多变,各施工工程所处地理位置、环境条件不尽相同,无统一的安全技术措施,所以编制时应结合本企业的经验教训,工程所处位置和结构特点,以及既定的安全目标,并仔细分析该方案在实施中主要的安全控制点来专门描述。

安全技术措施编制内容不拘一格,按其施工项目的复杂、难易程度、结构特点及施工环境条件,选择其安全防患重点,但施工方案的通篇必须贯彻"安全施工"的原则。为了进一步明确编制施工安全技术措施的重点,根据多发性事故的类别,应抓住以下 6 种伤害的防患,制定相应的措施,内容要翔实,有针对性:(1)防高空坠落;(2)防物体打击;(3)防坍塌;(4)防触电;(5)防机械伤害;(6)防中毒事故。

同时,在编制专项方案时,还要进一步针对方案本身的特点和安全要点进行分析描述。

3. 降低成本措施

降低成本措施的制定应以施工预算为尺度,以企业(或基层施工单位)年度、季度降低成本计划和技术组织措施计划为依据进行编制。要针对工程施工中降低成本潜力大的(工程量大、有采取措施的可能性、有条件的)项目,充分开动脑筋,把措施提出来,并计算出经济效果和指标,加以评价、决策。这些措施必须是不影响质量的,能保证施工的,能保证安全的。降低成本措施应包括节约劳动力、节约材料、节约机械设备费用,节约工具费,节约间接费,节约临时设施费,节约资金等措施。一定要正确处理降低成本、提高质量和缩短工期三者的关系,对措施要计算经济效果。

　　4. 季节性施工措施

　　当工程施工跨越冬期和雨期时，就要制定冬期施工措施和雨期施工措施。制定这些措施的目的是保质量、保安全、保工期、保节约。

　　雨期施工措施要根据工程所在地的雨量、雨期及施工工程的特点（如深基础，大量土方，使用的设备，施工设施，工程部位等）进行制定。要在防淋、防潮、防泡、防淹、防拖延工期等方面，分别采用"疏导"、"堵挡"、"遮盖"、"排水"、"防雷"、"合理储存"、"改变施工顺序"、"避雨施工"、"加固防陷"等措施。

　　冬季因为气温、降雪量不同，工程部位及施工内容不同，施工单位的条件不同，则应采用不同的冬期施工措施，以达到保温、防冻，改善操作环境、保证质量、控制工期、安全施工，减少浪费的目的。

　　在编制施工方案时，除了根据工程特点并结合本企业的施工工艺标准进行组织外，还必须满足相应规范强制性条文的要求。

1.4.3　施工方案技术经济评价与优选

　　施工方案包括施工方法、施工顺序、作业组织形式、投入项目生产要素的组合以及降低成本、提高工程质量、加快工程速度、保证施工安全等各种技术措施。施工方案的优劣直接影响施工成本的高低。因此，施工方案制定及施工技术手段的采用，必须要考虑施工组织和经济方面的因素。选用经济手段对施工方案的优劣进行的评价比较，可以克服以往制定方案只考虑施工技术先进，很少考虑制定方案的施工成本高低，是否突破承包额的缺点。确定后的施工方案应使得其施工成本最小化，至少要少于承包费用，施工方案方可确定，否则须重新修改和调整方案直到满足为止。

1.4.3.1　施工方案评价基本原则

　　施工方案的评价是建立在优化基础上的科学的决策过程，需要对备选方案进行"可能—可行—最优"步步深入地分析、比选，避免由于依据不足、方法不当、盲目决策造成失误。为此，对施工方案进行评价应坚持三项原则：技术分析与经济分析相结合原则，定量分析与定性分析相结合原则，动态分析与静态分析相结合原则。

1.4.3.2　施工方案评价主要内容与步骤

　　施工方案技术经济评价的主要内容是施工工艺方案和施工组织方案的评价。施工工艺方案是指对主要施工过程的施工技术、方法和相应施工机械的选择，以及施工中采用的新技术、新工艺等。施工组织方案主要指工程项目的施工组织方法，如平行作业、立体交叉作业等组织形式。

　　施工企业在完成一项工程项目时，可根据企业的技术力量、施工能力及建设地点的条件等，采用不同的施工方案进行施工。各方案都有其优缺点，在进行方案比较时，可采用下列步骤进行分析、评价、择优。

　　1. 拟定若干可行方案

　　如果只有惟一可行的方案，则无法进行对比和鉴别，更不能确定其优劣。因此，必须拟定两个或两个以上技术上可行、质量达到基本要求的施工方案作为评价对象。

　　2. 建立评价指标体系

　　从方案的技术、经济、效果指标中选取能全面反映方案基本特征的几项主要指标进行评价。

　　3. 计算、分析各项指标

在确定了对比方案的评价指标以后,应对各方案的指标值进行分析计算。计算时要求数据可靠,各方案间具有可比性,即计算时应采用统一的计算规则、方法和计量单位。

4. 综合分析、评价、优选

在对各个方案的各项指标进行分析的基础上,再对整个指标体系进行综合分析、评价,排列出方案的优劣顺序,并优选出总体效果最好的方案。

1.4.3.3 评价指标体系的建立

施工方案的评价应当把若干可行方案放在某种特定的经济背景下,考察其未来的效果,这是一个系统的综合评价问题,其指标体系可划分为三类:技术性指标、经济性指标和效果性指标。

1. 技术性指标

技术性指标是用来反映施工方案的技术特征或适用条件的指标。为减轻手工劳动强度,提高劳动生产率,应鼓励使用新材料、新技术,大力提倡机械化施工。为此,可选择新材料、新技术应用参数、施工机械参数、施工机械化程度和施工机械停歇率等指标。其中,施工机械参数区别不同机械类型具体确定,如挖土机械的斗容量、起重机械的起重高度等,施工机械化程度和施工机械停歇率的计算分别见式(1—5)、式(1—6)。

$$施工机械化程度＝(机械完成实物量/全部实物量)×100\% \tag{1—5}$$

$$施工机械停歇率＝(施工机械停歇时间/施工机械作业时间)×100\% \tag{1—6}$$

2. 经济性指标

经济性指标是用来反映施工方案资源消耗的指标,由一系列价值指标、实物指标及劳动指标组成。

3. 效果性指标

效果性指标是用来反映施工方案完成后达到预期效果的指标,可选择质量保证度、工期提前值、成本降低额和成本降低率等指标。其中,质量保证度为定性指标,表示达到预定质量的程度,可根据以往同类工程的质量评定结果,进行类比分析得出。工期提前值、成本降低额和成本降低率的计算见式(1—7)~式(1—9)。

$$工期提前值＝计划工期－预算工期 \tag{1—7}$$

$$计划成本降低额＝工程预算成本－计划成本 \tag{1—8}$$

$$计划成本降低率＝\frac{计划成本降低额}{预算成本}×100\% \tag{1—9}$$

施工方案评价指标体系如图1—13所示,实际评价时,可根据施工对象的复杂程度,选择其中的部分或全部指标。

1.4.3.4 施工方案评价方法及优选

施工方案的技术经济分析评价方法,一般来讲有定性评价、定量评价和综合评价三种方法。

1. 定性评价

当影响施工方案的某些因素无法用数量指标衡量或获取数据较困难时,可定性分析评价施工方案的优劣。如施工操作上的难易程度和安全性,冬雨季施工带来的困难等,可以采用优缺点列举法进行评价。首先,详细列举各方案的优缺点;分析缺点能否克服;再根据各方案的优缺点进行对比、评价、优选。

2. 定量评价

对工期、成本、劳动力等可以用数量指标衡量的因素进行分析、计算,得出定量分析结果,再对各方案进行对比、择优。在定量评价时,可以选择一项或者几项反映方案主要特征的指标进行分析、计算、比较。如常用的利润指标评价、工期指标评价等。

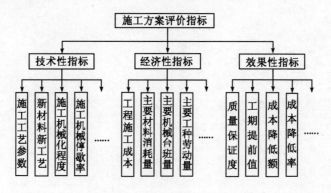

图 1－13　施工方案评价指标

3. 综合评价

上述两种方法各有优缺点，因此必须综合起来应用。可以采取一种基于系统工程多目标决策过程的施工方案评价方法，即综合评价法。

第 2 章　市政工程投标施工组织设计

2.1　高速公路工程施工组织设计实例

<u>　　××道路××标段工程　　</u>

项

目

管

理

规

划

编制单位(盖公章)：<u>　　　　　　　　　　　　　　　</u>

法人或受委托人(签字或盖章)：<u>　　　　　　　　　　</u>

编制日期：<u>　　　　</u>年<u>　　</u>月<u>　　</u>日

目　录

2.1.1 工程概况

2.1.1.1 地理位置及线路走向

106 国道××道路××标段工程,起点××立交,向南经××区至市界××大桥与××省段相接,全长 42.52km。本标段起点位于现况××桥南侧,桩号为 K5+200,终点位于××镇北侧,桩号 K11+500,路线全长 6.3km。

2.1.1.2 地形地貌

106 国道××道路××标段位于××区境内。××区位于××市正南,东临××区,西隔××河为××区,南接××县。地势较平坦。公路沿线均属同一地貌地质单元,即××河冲击扇的中部平原地区,地形一般平坦,地势北高南低,地面标高 36m~44m。

2.1.1.3 工程地质及水文

与本公路相关的主要构造带位××~××断裂带。该断裂带展布于××~××一线,北段沿至××农场,南段经××至××,全长约 54km。

本路段处在××河河洪冲击扇的中部,其第四系沉积物上部为约 7m~20m 厚(北薄南厚)的黏性土为主,间或有砂夹层,7m~20m 以下为厚层卵石地层。

公路沿线浅部地层,2.0m 以上一般以低液限粉土为主,局部地段约 1.0m~2.0m 处分布有低液限黏土。

本路沿线地下水位较深,根据岩土工程勘察报告,在 2m 深度范围内无地下水,土层含水量偏低,属暂时潮湿水文地带类型。本路地下静止水位在 8m~10m 以下,对施工无影响。

2.1.1.4 设计情况

1. 路基

(1) 横断面布置

主路标准横断面为三上三下加连续停车带。正常单侧断面型式为 0.5+3×3.75+3.25＝15m。分离式立交处高填方路段,单侧断面型式为 0.5+3×3.75+4.25＝16m。中央分隔带宽 2m,外侧分隔带宽 6.25m。除平曲线部分外,主路路拱横坡均为向外侧倾斜 2%的直线一面坡,平曲线部分设置超高段。高填方路基两侧按 1：1.5 放坡,下设挡墙。

辅路宽度 7m~10.5m,路拱横坡为单向一面坡 1.5%。桩号(K5+200)~(K8+306.51)段辅路宽度为 7m,桩号(K8+306.51)~(K11+500)段辅路宽度为 10.5m。辅路外侧设 2m~3m 宽人行步道。

(2) 路基排水

(K5+200)~(K8+306.51)段采取边沟排水,(K8+306.51)~(K11+500)段采取管道排水。边沟为底宽 80cm,最小深度 50cm 的梯形沟,边坡 1：1,采用 M7.5 水泥砂浆砌片石砌筑。

(3) 路基防护

本段设置浆砌片石贴面坡脚挡土墙 3 处,在挡墙顶以上护坡,分别设置在 A# 立交、B# 立交和 C# 立交两侧引道上。护坡采用网格护坡铺草皮防护。

2. 路面

(1) 路面结构

1) 新建路面

表面层:4cm 厚沥青玛琋脂碎石混合料(SMA－16);

中面层:6cm 厚密级配粗粒式沥青混凝土(AC－25);

底面层:8cm 厚粗粒式沥青混凝土(AC—30);

基层:40cm 厚石灰粉煤灰稳定砂砾;

底基层:30cm 厚 12％石灰土。

2) 利用现况路

表面层:4cm 厚沥青玛琋脂碎石混合料(SMA—16);

中面层:6cm 厚密级配粗粒式沥青混凝土(AC—25);

底面层:8cm 厚粗粒式沥青混凝土(AC—30);

基层:40cm 厚石灰粉煤灰稳定砂砾;

底基层:由现况路基层代替。

3) 辅路及相交次干道

表面层:5cm 厚中粒式沥青混凝土;

底面层:6cm 厚粗粒式沥青混凝土(AC—30);

基层:30cm 厚石灰粉煤灰稳定砂砾;

底基层:15cm 厚 12％石灰土。

4) 收费站

路面:25cm 厚水泥混凝土;

基层:35cm 厚石灰粉煤灰稳定砂砾;

底基层:15cm 厚 12％石灰土。

5) 人行步道

混凝土小方砖(25×25×5cm);

1∶3 石灰砂浆卧底;

20cm 厚 12％石灰土。

(2) 路面排水

一般路段的排水通过路拱横坡排除,管道排水路段,主辅路水通过雨水算排入雨水井内。非管道排水路段,主路每隔 30m 或 40m 设置开口排出路面水。辅路的人行步道外侧设边沟。

3. 桥涵

本合同段内设分离式立交 2 座,互通立交 1 座,天桥 8 座,主路管涵 2 道,板涵 5 道,边沟过道涵 28 道。分别简述如下:

(1) A#分离式立交

A#分离式立交为 106 国道××道路与××路交点处的立交。106 国道上跨××路,交叉中心桩号为 K6+647.45,与主路交角为 88°5′20″。立交起讫点桩号为 K6+300 和 K7+050。跨线桥上部结构为 25+30+25=80m 的预应力钢筋混凝土简支 T 梁;下部结构桥台为 U 型桥台、钻孔灌注桩基础,中墩为双柱预应力钢筋混凝土盖梁、钻孔灌注桩基础。

(2) B#分离式立交

B#分离式立交为××道路与××路交点处的立交。交叉中心桩号为 K8+306.51,与主路交角为 86°23′20.5″。立交起讫点桩号为 K7+800 和 K8+750,跨线桥上部结构为 25+30+25=80m 的预应力钢筋混凝土简支 T 梁;下部结构桥台为 U 型桥台、钻孔灌注桩基础,中墩为双柱预应力钢筋混凝土盖梁、钻孔灌注桩基础。

(3) C#互通立交

C#立交位于 106 国道与××大街相交处,采用 106 国道上跨××大街型式,为菱形互通立交。主线交叉中心桩号 K9＋772.42,起讫点桩号为 K8＋830 和 K10＋800。

跨线桥与被交路的交角为 86°23′20.5″,上部构造为 25＋30＋25＝80m 的预应力钢筋混凝土简支 T 梁;下部构造桥台为 U 型桥台、钻孔灌注桩基础,中墩为双柱预应力钢筋混凝土盖梁,钻孔灌注桩基础。

（4）天桥

本标段内设有 8 座人行过街天桥。上部结构,主梁采用预制预应力混凝土空心板,其中部分悬臂需二次现浇,梁端设有预留锚栓孔。桥面采用 C30 混凝土铺装,桥跨间采用连续桥面,主梁与梯道间采用 TST 伸缩缝。梯道采用钢筋混凝土简支梁,梯道坡度分为 1∶2.5 和 1∶4 两种。下部结构、各平台均为现浇结构,墩柱为预制薄壁墩,下接带杯口式承台,承台下接钻孔灌注桩。人行天桥见表 2－1。

表 2－1　　　　　　　　　　　　　　人行天桥一览表

序号	位置桩号	交角(°)	跨径(m)	净宽(m)	桥下净空
1	K5＋481.42	90	15＋2～21＋15	3	
2	K6＋694.63	90	15＋2～21＋15	3	
3	K7＋480	90	15＋2～21＋15	3	
4	K8＋800	90	15.5＋2～21＋15.5	3	主路及辅路
5	K9＋100	90	18.2＋2～21＋18.2	3	均大于 5m
6	K10＋190	90	18.2＋2～21＋18.2	3	
7	K10＋840	90	18.2＋2～21＋18.2	3	
8	K11＋210	90	18.2＋2～21＋18.2	3	

（5）涵洞

本段内设主涵(穿主路)7 道,分别为 K5＋663.45 钢筋混凝土管涵,K6＋674、K8＋306.45 钢筋混凝土板涵、K9＋016 钢筋混凝土预埋管涵、K9＋800、K10＋260、K10＋895 三道钢筋混凝土预埋板涵。另外,本段设了 24 道钢筋混凝土过道圆管涵,4 道钢筋混凝土边沟过道盖板涵。除预埋涵洞为规划要求外,其他的涵洞均为配合道路设计排水而新设或为旧涵加长部分的设计。

4. 管线

本段设计有雨水管线、污水管线、电信管线。

在××路以南至本标段终点的东西辅路下设钢筋混凝土雨水管排水,管线总长 6 871m;在 K9＋025 和 K10＋555 处设计预留了 2 道污水管线,各长 80m;在全线的辅路下东侧为改移 24 孔电信,由电信专业队伍施工,西侧为新建 36 孔电信,由我单位挖槽与回填,结构由电信专业队伍施工。

2.1.1.5　主要工程数量

主要工程项目及其数量见表 2－2。

2.1.2　项目实施条件分析

2.1.2.1　工程特点

表 2—2　　　　　　　　　　　主要工程项目数量一览表

序号	工程项目名称	单位	数量	备注
1	$D=1.2$m 钻孔灌注桩	m	2 488	
2	$D=1.5$m 钻孔灌注桩	m	596.8	
3	30m 预制 T 型梁	片	60	
4	25m 预制 T 型梁	片	120	
5	15m 预应力空心板	块	6	
6	15.5m 预应力空心板	块	2	
7	18.2m 预应力空心板	块	8	
8	21m 预应力空心板	块	16	
9	钢筋工程	t	1 622	
10	混凝土工程	m³	2.65 万	
11	砌筑工程	m³	4.2 万	浆砌片石
12	雨水管线	m	6 871	
13	污水管线	m	160	
14	挖方	m³	11.9 万	
15	填方	m³	37.3 万	
16	底基层	m³	8.3 万	约 16 万 t
17	基层	m³	13.1 万	约 29 万 t
18	沥青路面	m²	32.7 万	约 10 万 t
19	水泥混凝土路面	m²	1.28 万	厚度 25cm

1. 由于本工程施工不能断交通,要进行多次交通导流才能够施工主路,而作为交通导流道路的新建辅路,地下新建与现况管线纵横交织,施工难度较大,制约着辅路的施工进度,进而影响主路的全面施工。因此工期紧是本工程的一个重要特点。

2. 本工程的质量要求高。

3. 由于本工程为改建工程,在原有主路上加高加宽形成新主路,因此新旧道路的结合、拆旧建新、交通导流等工作成为本工程的难点项目。

4. 现况 106 国道为省际交通主干道,本合同段又处于城郊结合部,交通流量大,又有平交路口,因此交通导流与交通组织成为制约工程进展的关键因素之一。

5. 本段填方工程量大,且集中在分离式立交的引桥处,工作面小是制约土方施工进度的因素之一;据调查就近的土源大部分为粉土,碾压成活较为困难,因此做好土源准备是本工程的重点工作之一。

6. 本段的砌石工程量也很大,石料较近的来源大部分在××市××区,运距均在 35km 以上,因此石料准备将是本工程的又一重点工作。

2.1.2.2　工程造价与业主工期要求

本工程造价约×亿元。业主要求 2012 年 5 月 1 日开工,2013 年 6 月 30 日竣工,总工期 14

个月。业主要求辅路在 2012 年 4 月 30 日前开工,用 2～5 个月的时间贯通两侧辅路(完成沥青表面层),完成主路交通向辅路导流。在 2012 年 11 月 15 日前,主路桥下部结构完成,主路底基层完成(不含挡墙段),挡墙完成 60%。2013 年 6 月 15 日前,主路具备铺表面层条件。

2.1.3 项目投标活动及签订施工合同的策略

(略)

2.1.4 施工部署

2.1.4.1 部署原则

紧紧围绕项目工期目标,以质量为中心,以交通导流为先导,以阶段目标为控制点,先辅路后主路,先地下后地上,抓住重点,把握难点进行施工组织。

2.1.4.2 施工作业段划分

为保证工期,拟将本标段的路基、结构工程分成三个施工作业段同时进行施工。

第一作业段:(K5+200)～(K7+100),长度为 1.9km;

第二作业段:(K7+100)～(K9+100),长度为 2.0km;

第三作业段:(K9+100)～(K11+500),长度为 2.4km。

路面基层及面层统一安排施工。

各段主要工程项目与工程量见表 2—3。

表 2—3　　　　　　　　各段主要工程项目与数量表

序号	主要工程项目	工程数量		
		第一作业段	第二作业段	第三作业段
1	主收费站	1 处	—	—
2	互通立交	—	—	1 座
3	分离式立交	1 座	1 座	—
4	天　桥	2 座	3 座	3 座
5	主路涵洞	2 道	2 道	3 道
6	边沟过道涵	20 道	8 道	—
7	挖方	3.7 万 m³	3.8 万 m³	4.6 万 m³
8	填方	10 万 m³	13.2 万 m³	14.1 万 m³
9	底基层	10.5 万 m²	11.6 万 m²	13.3 万 m²
10	砌筑工程	1.3 万 m³	1.5 万 m³	1.4 万 m³
11	雨水管线	—	1 726m	5 315m
12	二灰基层	13.1 万 m³		
13	沥青路面	32.7 万 m²		

2.1.4.3 人员、机械配备配置

1. 主要机械设备配置

主要机械设备配置见表 2—4。

表 2—4　　　　　　　　　　　　　主要机械设备配置表

序号	设备名称与型号、产地	配 置 数 量（台）			备　注
		一段	二段	三段	
1	PC400 挖掘机	2	2	2	
2	PY180A 平地机	1	1	1	
3	T140 推土机	1	1	1	
4	T160 推土机	1	1	1	
5	ZL50 装载机	1	1	1	
6	压路机 CA25	1	1	1	
7	压路机 YZT16	1	1	1	
8	压路机 VV170	1	1	1	
9	自卸运输车	30	30	30	
10	洒水车	1	1	1	
11	JH300 反循环钻机	2	2	2	
12	旋挖钻机		2		深桩使用
13	BLAW—KNOX. PF510		1		基层使用
14	BLAW—KNOX. PF550		1		
15	V ÖGELE1800		1		沥青路面使用
16	V ÖGELE2000		1		
17	Ingersoll-Rand. DD110		2		
18	CC21 钢轮压路机		2		
19	YL9/16 胶轮压路机		2		

2. 劳动力配置

每个作业段各设一个土方作业队和一个结构作业队分段同时施工，全线成立一个路面作业队，统一安排基层与沥青路面施工。

第一段土方队配备劳动力×人，结构作业队×人；第二段土方队×人，结构队×人；第三段土方队×人，结构队×人。路面施工队配备劳动力×人。

2.1.4.4　主要材料供应与工地试验室建设

1. 路面材料

本工程的黑料由经过监理工程师认可的黑料专业厂家购买。白料初拟在现场建站集中搅拌，若现场条件不允许，则在经过监理工程师认可的专业厂家购买。

距现场较近的厂家主要有××白料厂。

2. 混凝土及预制构件

本工程的大批量混凝土及预制构件拟选用具有资质、生产质量高、经过监理工程师认可的厂家供应。构件生产时,设驻厂代表监督检查其生产全过程,并约监理工程师进行定期和不定期抽查。施工现场设 350L 滚筒式移动搅拌机,供零星混凝土搅拌使用。

3. 钢材

钢材由与我公司有长期合作关系的合格的供应商提供。

4. 填筑材料

取土场使用设计给定位置的原通黄路取土坑,可取量××万 m³,可以满足本工程需要。我们同时做好其他土源的调查工作,确定可用后备土源。

5. 石材

对于石材,我们选择多家石场供料,在现场提前储存备料,防止出现生产高峰期石料供应不足的问题。对于同一座桥的挡墙,使用同一石场的石料,避免因产地差异而造成外观颜色不一致的现象。

6. 工地中心试验室

在主线 K9+750 东侧约 100m 处建立工地中心试验室,供现场试验检测使用。在工地试验室投入使用之前的试验工作可由本公司具有一级资质的中心试验室承担。(公司试验室距工地约 30km)

2.1.4.5 阶段施工安排及工期控制

由于辅路施工,交通导流及桥梁与引桥填土是本工程控制工期的关键项目,所以,在施工安排上要及早进行。根据业主"辅路 4 月 30 日前开工,用 2～5 个月的时间使辅路贯通(完成沥青表面层),完成主路交通向辅路导流"的要求,结合现场实际情况,将施工安排如下:

1. 施工准备(在 2012 年 4 月 25 日前完成)

主要内容包括接桩,基准点复测,原状地面线测量,施工临时用房、物资设备订购、人员、机械设备进场、建立工地试验室等工作。

2. 辅路(在 2012 年 8 月 10 日前完成)

(1)首先安排地下管线的拆迁、加固、加长、新建的施工。此项工作约 2 个月的时间,计划 2012 年 4 月 25 日开工,2012 年 6 月 13 日前完成。安排施工时,东西辅路同时进行。由桥区开始,向南北两侧施工,为桥区辅路施工创造条件。

(2)在桥区管线完成后立即进行辅路施工,顺序同样由桥区向两侧施工。在具备通车条件后进行交通导流。

(3)辅路外的边沟过道涵与主涵在辅路下的部分在 6 月 13 日前完成。

3. 主线立交桥(在 2013 年 4 月 25 日前完成)

(1)立交桥结构工程

1) B# 分离式立交(2012 年 8 月 31 日前完成)

由于 B# 分离式立交设计平面定线在现况路西侧,现况交通与施工互不干扰,因此 B# 分离式立交的钻孔桩计划在 2012 年 4 月 15 日开工,整个桥梁结构在 2012 年 8 月 31 日前完成。

2) C# 互通式立交(2013 年 4 月 24 日前完成)

C# 互通立交的开工要在辅路完成,主路交通向辅路导流后开始。钻孔桩计划在 2012 年 8 月 7 日开工,桥梁下部结构控制在 2012 年 10 月 14 日前完成;T 梁吊装控制在 2012 年 11 月 8 日前完成。桥面系控制在 2013 年 4 月 24 日前完成。

3) A# 分离式立交(2013 年 4 月 25 日前完成)

A# 分离式立交要在交通导流和拆除现况旧通道后才能进行施工。钻孔桩计划 2012 年 8 月

22 日开工,桥梁下部结构在 2012 年 10 月 29 日前完成,梁板吊装在 2012 年 11 月 18 日前完成,桥面系控制在 2013 年 4 月 25 日前完成。

（2）引桥填筑

1）本段的填方工作量集中在引桥,是控制工期的关键。B# 分离式立交南引桥在现况路西侧,可以先施工,计划在 2012 年 5 月 8 日开始施工,2012 年 6 月 26 日前完成。北引桥土方填筑要在交通导流后才能进行,计划 2012 年 8 月 21 日开工,2012 年 10 月 3 日完成。

2）C# 互通立交引桥填筑要在桥区两侧辅路完成,进行交通导流后才能够施工。计划 2012 年 8 月 11 日开工,2012 年 10 月 30 日前完 80%,冬期不施工,在 2013 年 3 月中旬复工,利用 2～3 周时间即 2013 年 3 月 24 日前完成剩余土方。

3）A# 分离式立交引桥填筑施工除需要交通导流外,还需要将旧挡墙拆除,将原路基补宽。因此该引桥填筑计划在 2012 年 8 月 27 日开工,2012 年 10 月底完成总填方量的 80%,剩余土方在下年开春后施工,控制在 2013 年 3 月 29 日前完成。

（3）引桥路面

除 B# 分离式立交引桥在 2012 年 10 月 10 日前完成路面底基层外,其他两座桥引桥路面底基层均在 2013 年开工。具体计划如下:

1）B# 分离式立交南引桥底基层 2012 年 6 月 27 日开工,2012 年 7 月 4 日结束;并在 7 月 19 日前完成主路二灰试验段。北引桥底基层 2012 年 10 月 2 日开工,2012 年 10 月 9 日完工。基层 2013 年 3 月 16 日开始施工,3 月 30 日完成。

2）C# 分离式立交引桥底基层计划在 2013 年 3 月 20 日开工,4 月 3 日完成;基层在 2013 年 4 月 4 日开工,4 月 18 日前完成。

3）A# 分离式立交引桥底基层安排在 2013 年 3 月 30 日开始施工,4 月 10 日完成;基层施工从 2013 年 4 月 11 日开始,4 月 25 日结束。

4）沥青面层全线统一安排施工。

4. 人行过街天桥（在 2012 年 9 月 30 日前完成）

天桥先施工辅路外侧的钻孔桩,待主路交通完成向辅路导流后,进行中央及两侧分隔带内钻孔桩的施工。天桥基桩以上均为预制件,因此,天桥施工对总工期无较大影响。

5. 主要大型构件预制（在 2012 年 11 月 11 日前完成）

本段全线共计 180 片 T 梁,其中 25m 长的计 120 片,30m 长的计 60 片。因梁较长,为了缓解 T 梁张拉后起拱过大的影响,在施工安排上,采取缩短成品存放时间和加长养生时间然后再张拉的措施。初步安排在 2012 年 4 月 26 日开始进行预制。先预制 B# 分离式立交桥的梁,然后预制其他两座桥的梁。T 型梁预制在 2012 年 11 月 11 日前完成。天桥空心板与梯道预制在 2012 年 8 月 28 日前完成。

6. 主路其他部分底基层（在 2012 年 10 月 10 日前完成）

根据石灰土的施工气温不低于 5℃,并在第一次重冰冻到来前一个月完成的技术要求,计划在 2012 年 10 月 10 日前完成。

7. 主路基层（在 2013 年 5 月 15 日前完工）

2012 年冬期基层不施工。计划在 2013 年 3 月 16 日开工,2013 年 5 月 15 日前完工。

8. 沥青面层（在 2013 年 6 月 1 日前完工）

根据招标中本段只进行沥青底面层与中面层施工的要求,计划在 2013 年 5 月 1 日开始安排沥青底面层施工,2013 年 6 月 1 日前完成中面层施工,为表面层施工交出工作面。

9. 附属工程施工(在 2013 年 6 月 25 日前完成)

此项工作安排在整个工程进展过程当中穿插进行施工。在 2013 年 6 月 25 日前完成。

10. 交工验收(在 2013 年 6 月 30 日前完成)

在各项工作均已完成后,于 2013 年 6 月 25 日起,开始组织交工验收工作,并在 2013 年 6 月 30 日前完成。

2.1.4.6　施工组织机构

为确保合同中质量和工期的要求,结合本标段的实际情况,由公司派出一个高效、精干的项目经理部共×人来履行合同条款职责。本标段施工组织机构图 (略)。

2.1.4.7　计算机和配套设备及相关软件应用

(略)

2.1.5　施工准备

2.1.5.1　施工用水、用电

根据本工程特点,只在结构钻孔灌注桩施工与混凝土养生时用水较多,因此施工用水拟采用三种方法解决。一是在有条件的情况下由就近的给水管线上接入;二是水车运送;三是我们已经和就近村政府协商好,对在 C# 立交东 30m 和 B# 分离式立交西 80m 的 2 口水井买下使用权。

施工用电由就近的高压电网接入,在三个桥区生产生活基地分别设置变压器。

主要用电设备见表 2—5。

表 2—5　　　　　　　　　　　　　主要用电设备

序号	设备名称	规格型号	功率(kW)	单位	数量
1	钻机	JH—300	40	台	2
2	搅拌机	JS500	19	台	2
3	卷扬机	JJK	7.5	台	2
4	交流电焊机	BX500	42	台	2
5	交流电焊机	ZXS400	10	台	3
6	钢筋切断机	DJ5—40	15	台	2
7	钢筋弯曲机	GT7—40	6	台	2
8	钢筋调直机	GT4—14	5.5	台	1
9	电锯	MJ—106	10	台	1
10	电刨	MB 503A	6	台	1
11	振捣器	HZ 6X—50	1.5	台	15
12	水泵		1.5	台	2
13	水泵		7.2	台	3

经计算,用电总量为 341.5kVA。

考虑主要是桩施工用电量较大,因此在三个基地各选用 1 台 SL7—315/10 变压器即可满足施工需要。其额定容量 315kVA,高压 10kV,低压 0.4kV。

2.1.5.2　施工临时道路

　　由于本工程为改建工程,施工时不能断交通,因此施工现场运输可利用现况路作为施工临时道路。

2.1.5.3　施工临时用地

　　全线共征 4 块地,作为生产生活基地,面积为 11 988m²。

　　临时用地计划见表 2—6。

表 2—6　　　　　　　　　　　　　　　临时用地计划

序号	位　　置	面　积 (m²)	用　　　　　途
1	K6+400	1 998	施工作业队基地
2	K8+250	1 998	施工作业队生活基地
3	K9+700	6 660	经理部、驻地办、中心试验室、施工作业队基地
4	K10+900	1 332	施工作业队基地

2.1.5.4　人员、机械设备及物资进场

　　按总体施工计划,陆续组织各种技术工人、机械司机等人进场。所有人员在上岗前 15 天到位,以便组织工程情况交底、设备调试等工作。各种机械设备根据工程需要由拖车运入现场。所有主要物资本公司物资部统一采购供应。

2.1.5.5　做好开工项目的材料试验

　　在经理部建立工地试验室,配齐工程需要的各种试验设备,提前进行调试,经检测合格后及时按要求的项目做出各种试验。由于工地试验室在 2012 年 4 月 25 日才能投入使用,因此先开工的试验项目拟由本公司具有一级资质的试验室承担。

2.1.5.6　建立测量控制系统

　　根据设计文件所要求的精度,对导线点进行复测。按施工要求加密控制点,并做出测量方案。对重要控制点进行加固保护。在每年春融后和雨季结束后进行复测,每个结构物处设 2 个以上水准点,以利校核。

2.1.5.7　现场情况调查摸底

　　在施工前,调查现况管线等地下障碍物情况,分析与新建结构物相对的位置关系,制定保护措施,尤其是对现况路东侧通信光缆的保护。及时与各专业管线管理部门取得联系,并积极配合管线的拆迁、改移工作。根据我们调查,在现况东辅路上有一条通信光缆,不影响辅路及管线施工,在现况边沟位置有一条光缆,边沟外侧有一条长话线。三条线分属××长话局、××军线、××供电局,均为直埋。在与雨水管线重叠或交叉的地段,可采用悬吊方法施工,人工开挖基槽。

2.1.5.8　编制开工报告,申请开工

　　在人员、机械设备进场,材料试验、测量复核等各项准备工作完成后,编制开工报告,申请正式开工。

2.1.6　主要工程项目施工方案

2.1.6.1　施工测量

　　1. 准备工作

　　(1)图纸审核

　　会同技术人员对图中大样尺寸进行校核,确保工程整体尺寸吻合无误,以便施工顺利进行,

如有疑义直接同设计部门商洽。

（2）班组建立

设测量主管 1 人，班长 1 人，测量工 10 人。

（3）仪器、用具的配备及鉴定情况（见表 2—7）

表 2—7　　　　　　　　　　　　仪器、用具的配备一览表

名　称	规格型号	检定情况	产　地	单　位	备　注
全站仪	TOPCON Ⅲ—05	合　格	日　本	套	1
经纬仪	DJ2	合　格	北　京	套	3
水准仪	DZS3—1	合　格	北　京	套	6
钢　尺	50/30m	合　格	哈尔滨	把	各 3
塔　尺	5m	合　格	哈尔滨	把	2
盒　尺	5m	合　格	北　京	只	6
线　坠	0.5kg	合　格	北　京	只	3
袖珍计算机	Sharp PC 1500	合　格	日　本	套	1
对讲机	摩托罗拉	合　格	美　国	只	4

（4）接桩复测

以业主单位提供的现场点位及书面成果为定线依据。接桩后，立即对所接点位进行复核（包括书面资料数据计算复核、现场桩位实测坐标高程值与资料数值的复核）。将复核结果整理成书面材料上报监理，差值大于规范要求的，应再次复查，若情况属实，则在征得监理及业主同意的情况下，修正数值或将其作废。核对完毕，根据现场情况砌池护桩，并引出拴桩，做好拴桩图，以便日后桩点破坏的再恢复。

（5）平面控制点加密

由于本段全线较长，不宜采用单个桥体的控制方法，为保证全线管、道、桥的整体统一，拟定采用城市二级附合导线做平面控制，每边平均边长设为 200m，点位要求在路两侧交错埋设。内业计算使用计算机，采用工程附合导线近似平差程序，结果打印并保存。

（6）高程控制点加密

在施工区线路两侧每隔 100m 均匀布设施工水准点，采用四等附合水准方法。内业计算应用袖珍计算机 Sharp PC—1500 采用工程附合水准近似平差程序，成果打印并保存。

2. 施工测量放线

（1）放线方法

1）平面定位　（略）

2）高程测设　（略）

（2）重点部位

放线工作自始至终随工程进程进行相应测放、验线，其中应特别注意：

1）灌注桩和承台的定测、盖梁上支座标高的测设、T 型梁吊装十字线弹线等工作在桥梁施工放线中占有重要地位，直接影响整体工程质量的优劣，必须严格控制，杜绝错误和超限偏差的产生。

　　2）道路及配套管线中，道路高程要符合设计，确保路面成型后无积水现象，雨污水管、沟要杜绝返坡现象。

2.1.6.2　排水工程

　　本标段管道排水设计为（K8＋300）～（K11＋650）。雨水排水系统共分两个流域。（K8＋300）～（K8＋650）段属××河流域，（K8＋700）～（K11＋650）段属于另一流域。排水管径及长度见表2－8。

表 2－8　　　　　　　　　　　　　　排水管径及长度一览表

序号	管　径(mm)	单位	数量	序号	管　径(mm)	单位	数量
1	$D=500$	m	80	8	$D=1\,200$	m	1\,244
2	$D=600$	m	136	9	$D=1\,400$	m	603
3	$D=700$	m	426	10	$D=1\,600$	m	145
4	$D=800$	m	409	11	$D=1\,800$	m	678
5	$D=900$	m	1\,132	12	$D=2\,000$	m	1\,239
6	$D=1\,000$	m	70	合计			6\,871
7	$D=1\,100$	m	709				

　　雨水井室共184座，见表2－9。

表 2－9　　　　　　　　　　　　　　雨水井室一览表

序号	井　型	单位	数量	序号	井　型	单位	数量
1	PT02－J01	座	112	6	PT02－Y08	座	28
2	PT02－J02	座	27	7	PT02－S02	座	1
3	PT02－J03	座	1	8	PT02－S04	座	10
4	PT02－J04	座	1	合计			184
5	PT03－J01	座	4				

　　在桩号 K9＋025 和 K10＋555 分别为××污水三干线和××工业开发区预留污水管，见表2－10。

表 2－10　　　　　　　　　　　　　　污水管径及长度

序号	桩　号	管径(mm)	长度(m)	井　型	井室数量	备　注
1	K9＋025	1\,400	80	PT03－J01	2座	顶管管径采用$D=1\,350$
2	K10＋555	1\,100	80	PT05－J01	2座	顶管管径采用$D=1\,050$

1. 施工方案的确定

　　（1）本着管线施工为道路、桥梁施工创造条件的原则进行安排作业。交通导流的完成是桥梁工程施工的关键。为了给辅路和桥梁施工创造条件，根据该工程管线单一，施工速度快的特点，决定先施工桥区管线。管线分三个施工段，同时开工。

1) 第一施工段:(K8+300)~(K9+100)施工方向由北向南,先做 B# 立交桥区管线。段长 800m。

2) 第二施工段:(K9+100)~(K10+300)施工方向由 C# 立交桥区向南北两端施工。段长 1 200m。

3) 第三施工段:(K10+300)~(K11+500)施工方向由南向北,段长 1 200m。

(2) 横穿主路预留污水管线,由于埋深较大,且本路段内地下水位较深,为了不影响地面交通,采用顶管施工。顶管施工与明挖铺管同时进行。

(3) 本标段管道施工计划投入 3 个雨水施工班组,每个班组 40 人。一个顶管班组 20 人。

(4) 本标段计划使用的机具排水工程机械及设备见表 2-11。

表 2-11　　　　　　　　　　排水工程机械及设备一览表

序号	名　称	规　格	数量(台)	序号	名　称	规　格	数量(台)
1	挖土机(小松)	PC400	3	9	砂浆搅拌机	—	2
2	液压千斤顶	320t	2	10	吊　车	16t	1
3	电焊机	BX500	2	11	吊　车	25t	1
4	气　焊		2	12	推土机	T220	3
5	卷扬机	3t	2	13	运输车	东风	3
6	压浆泵		2	14	水　泵	2吋	4
7	泥浆泵		1	15	水　泵	4吋	2
8	振捣棒		10				

2. 施工程序

(1) 明开槽施工程序

测量放线 → 基槽开挖 → 测量定位 → 平基法铺管 → 井室砌筑 → 回填土

(2) 顶管施工程序

开挖工作坑 → 测量复核 → 设备安装 → 顶管 → 压浆 → 井室砌筑 → 回填 → 闭水试验

3. 施工方法

(1) 明开槽施工

1) 挖槽

雨水管线埋深 2.3m~5m 左右,根据土质情况,开挖放坡坡度 1:0.5,在放出基槽开挖线后,使用机械开挖。挖槽时机械挖至距底面 20cm 时用人工检底,不得超挖,严禁扰动槽底原状土。

2) 测量定位

挖槽后进行高程和中线复核,并打出边桩,控制标高和中线,使管线做在正确位置。

3) 平基法施工

① 施工程序

支平基模板 → 平基混凝土 → 稳管 → 支管座模板 → 管座混凝土 → 抹带接口 → 养护

② 平基

验槽合格后,应及时浇筑平基混凝土,严格控制平基顶面标高,不能高于或低于设计高程

10mm,平基混凝土终凝前不能泡水。

③下管、安管

管节安装前进行外观检查,发现管节存在裂缝、保护层脱落、空鼓、接口处掉灰等缺陷,应修补合格后才可进行安装。平基混凝土强度达到 5MPa 以上时,方可下管。下管前在平基面上弹线,以控制安管中心线。

安管的对口间隙:管径≥700mm,允许偏差±10mm,管径<700mm,可不留间隙。

稳较大的管子时,先进入管内检查对口,减少错口现象。管内底高程偏差在±10mm 内,中心偏差不超过 10mm,相邻管内底错口不大于 3mm。

④管座

浇筑前平基应凿毛,并用水冲刷干净。对平基与管子接触的三角部分,选用同强度等级的捡渣灰,先行填捣密实。浇筑混凝土时应两侧同时进行,防止将管子挤偏,较大管子浇筑时同时进行配合勾捻内缝,$D<700mm$,用麻袋球在管内来回拖动,将流入管内的灰浆拉平。

⑤抹带接口

管道抹带前,管口处应凿毛并冲刷干净。企口管用膨胀水泥砂浆接口。

4)井室砌筑

①井底混凝土基础与管道基础同时浇筑,井底基础混凝土强度达到 5MPa 以上方可砌筑井壁。

②流槽与井壁同时进行砌筑,流槽与上下游管道底部接顺,并应砌抹成与上下游管径相同的半圆弧形,表面用砂浆分层压实抹光。

③踏步和脚窝要随砌随安,在砌筑砂浆未达到规定强度前不得踩踏。

④检查井接入较大直径管道时,管顶砌砖旋加固。

⑤井室、井筒内壁用原浆勾缝。井室内抹灰要分层压实。

5)回填土

在管座混凝土和抹带砂浆养护一定时间后,可进行回填土。回填土要求土质符合要求,胸腔及管顶 50cm 内使用蛙夯夯实,每层土虚铺厚度不大于 15cm,回填时不得混入石块、碎砖头等杂物。

(2)顶管法施工

1)开挖工作坑

①工作坑尺寸

顶管工作坑为矩形尺寸,按下式计算宽度(B)和长度(L):

$$B = D_1 + 2b + 2c \quad \text{(m)} \tag{2-1}$$

式中：　D_1——管外径(m);

　　　　b——管两侧操作空间(m),一般每侧 1.2m～1.6m;

　　　　c——撑板厚度(m),一般采用 0.2m。

$$L = L_1 + L_2 + L_3 + L_4 + L_5 \quad \text{(m)} \tag{2-2}$$

式中：　L_1——管节长度(m);

　　　　L_2——顶镐机长度(m);

　　　　L_3——出土工作间长度(m);

　　　　L_4——后背墙厚度(m);

　　　　L_5——稳管时,已顶进管节留在导轨上的最小长度(m),一般为 0.3m～0.6m。

根据上式,最后确定,顶 $D1\,350$ 管,$B\times L=5\times6m$

顶 $D1\,050$ 管,$B\times L=4.5\times5.5m$

②工作坑开挖

在测量定位后,开挖工作坑。当挖到 2m 以下后,应随挖工作坑随支立侧墙板撑,并应在板撑外加两道工字钢圈梁(20 号工字钢)加固,起固定板撑和抗土侧压力作用。开挖工作坑时应随时注意对地下其他管线的保护。

③工作坑挖至设计流水面后,再往下挖出混凝土基础的深度(一般为 20cm~30cm),在后背位置往下挖 50cm~80cm,以使后背横木和立铁稳定。

④工作坑挖到 3m 深处,土方已经无法用人力运到地面上,开始做地面平台和吊管架子。地面平台采用 45 工字钢做横向支撑,在它之上担 4 条 $I\,28$ 工字钢,然后在 $I\,28$ 工字钢上支四脚架,并安装卷扬机。

2)测量复核

在工作坑基础打完后,进行测量复核,从地面水准点和中心点向下导水准点和中心线。复核后才能安装导轨。

3)设备安装

在测量复核后铺设导轨,并安装液压千斤顶,检查千斤顶工作状态是否良好。

4)顶管

①下管采用人工滚管,卷扬机下管,第一节管下到导轨上,要测量管中线和管前、后端高程,确认合格后方可顶进。

②顶进采用人工挖土、机械顶进。要求管前、管四周不得超挖,修边圆顺,顶进时要勤检查,细致操作,尤其前三节管,严禁出现大波动。

③在顶第一节管时每 20cm~30cm 校核一次,在正常顶进时应每 50cm~100cm 测量一次。中心线测量,根据工作坑内设置的中心桩或中心线,架经纬仪,利用特制中心尺,测量中心偏差。高程测量使用水准仪和特制高程尺,与坑中心水准点比较,测量管头和管尾高程偏差。

④管口、外接口采用油麻辫接口,内接口为石棉水泥打口。

5)顶管推力和后背尺寸校核

①按理论公式验算顶管推力

$$P=k[f(2P_v+P_0)+RA] \tag{2-3}$$

式中: k——安全系数,取 1.2;

f——管壁与土间的摩擦系数,取 0.3;

P_v——管顶上垂直土压力(kN),$P_v=\gamma\times h\times D\times L$;

P_0——管子自重(kN);

RA——由于采用先挖后顶,RA 忽略不计。

对 $D1\,350$

$P_1=1.2\{0.3\times[2\times18\times4.65\times1.62\times80+25\times PI\times(0.81^2-0.675^2)\times80]\}=8\,263kN$

对 $D1\,050$

$P_2=1.2\{0.3\times[2\times18\times4\times1.27\times80+25\times PI\times(0.635^2-0.525^2)\times80]\}=5\,555kN$

注:此公式中选管顶覆土 h 最大段及相应管长度。

②后背验算

对 $D1\,350$ 宽×高$=4\times4m$

$$R_c = K_\gamma \times B \times H \times (h + H/2) \times K_\gamma \times K$$
$$= 1.33 \times 4 \times 4 \times (4.65 + 2) \times 18 \times 2.46 = 6266\text{kN} < P_1 = 8263\text{kN}$$

对 $D1\,050$　　　　　宽×高 $= 4 \times 4\text{m}$

$$R_c = K_\gamma \times B \times H \times (h + H/2) \times K_\gamma \times K$$
$$= 1.33 \times 4 \times 4 \times (4 + 2) \times 18 \times 2.46 = 5654\text{kN} > P_2 = 5555\text{kN}$$

③经验算 $D1\,350$ 顶管后背尺寸不满足要求。在工作坑尺寸和埋深条件限制下，后背尺寸不可能加大，只能采用顶进期间压注触变泥浆的方法减小顶进推力。一般地，注入触变泥浆可减少 $1/3$ 阻力，这样 $P_1 \times 2/3 = 5\,509\text{kN} < R_c = 6\,266\text{kN}$，满足要求。

6）压浆

①压注触变泥浆

触变泥浆主要成分为膨润土，掺入碱（碳酸钠）和水配制而成。顶进三节管后开始压浆，压浆孔 $50\text{mm} \sim 60\text{mm}$，孔距 $3\text{m} \sim 4\text{m}$，两侧均匀布孔。搅拌均匀的泥浆静置一定时间方可使用。灌浆前检查灌浆设备，正常后方可使用。灌浆压力可按不大于 0.1MPa 开始加压，在灌浆过程中按实际情况调整。灌浆时按灌浆孔断面位置前后顺序依次进行，并与顶进同时进行。

②在一个工作程序完成后，为保证道路不下沉并使管道与土的缝隙填密实，要采取压填充浆（水泥加固浆）措施，压浆材料选用水泥和粉煤灰，按 $1:4$ 配制而成。压浆孔布置按梅花排列，保证密实，但压力应控制在 $<0.4\text{MPa}$。

7）井室砌筑

顶管完成后，应按设计要求砌筑井室。井室要求方正，井室内抹灰表面平整光滑，预留管线在井室内侧砌筑管堵，以防漏水。

8）回填土

回填土要求土质符合要求，不得混填大块碎石或砖头。夯实使用蛙夯，每层虚铺厚度不大于 15cm。

9）闭水试验

井室砌筑完成后，进行闭水试验。在管道两头砌筑管堵，等砂浆达到一定强度后，可灌水，浸泡 24h 之后观察渗水量。闭水试验应包括井室。闭水试验中进行外观检查，管道接口、井壁等处均不得有渗水现象。

2.1.6.3　道路工程

1. 施工方案的确定

本工程为改建工程，施工时要保证交通不能断路，因此根据设计要求并结合现场实际情况，决定按照"先辅路，后主路"的顺序进行施工，辅路从桥区向南北两侧进行。

由于桥梁工程要尽早开工，因此，辅路施工安排要本着为主路桥梁施工创造条件的原则进行。本标段中有两座桥，即 $A^\#$ 立交和 $C^\#$ 立交的定线位置基本在现况 106 国道中线处，所以必须先使桥区两侧的辅路达到通车条件，进而通过将交通导流至辅路才能开始桥梁下部结构施工。$B^\#$ 立交定线在现况路中线西侧，桥梁下部结构施工不影响现况交通。而桥区东侧辅路由于有交通无法施工，所以先施工西侧辅路，待达到通行条件后，将出××市方向车辆导至此路，进××市方向车辆从 $K8 + 950$ 进入东侧非机动车道行驶，绕过桥区后在 $K8 + 100$ 处驶入现况主路进××市，然后再施工桥区东侧辅路。

全线辅路贯通之后，将现况交通导至两侧辅路呈单向行驶，主路便可以全面施工。施工时，将主路分为三段同步进行，分别为 $(K5 + 200) \sim (K7 + 300)$、$(K7 + 300) \sim (K9 + 100)$ 和 $(K9 +$

100)～(K11＋500)，这三段分别包括了三座桥梁结构两侧的高填方。

2. 主要项目施工方法 （略）

2.1.7 冬雨季施工技术措施 （略）

2.1.8 质量和工期保证措施

2.1.8.1 质量目标：合格。

2.1.8.2 质量保证措施

项目部依据 ISO 9001:2001 标准、公司管理体系手册、程序文件建立健全质量管理体系（见图2－1）。制定各部门人员的岗位职责，做到责任明确、目标清楚、任务到人。

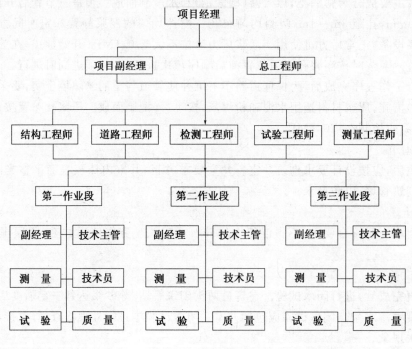

图 2－1 质量管理体系

1. 岗位职责

（1）项目经理

1）对××道路××标段工程质量负全面责任，代表公司经理保证实现所承担工程项目的质量目标。

2）按质量管理体系手册、程序文件和质量计划的要求，保证质量管理体系在××道路工程项目上有效实施与运行。

3）组织管理、执行和验证人员进行工程质量检查、评定和竣工交验工作。

（2）项目副经理

1）在项目经理领导下工作，严格按照质量管理体系手册、程序文件和质量计划的要求组织施工。

2）负责物资进场验收，工程分包和劳务分包工作。

3) 负责对施工过程的控制。

4) 对施工质量负责,保证工程质量达到合同要求。

5) 负责搬运、储存、防护、交付及服务工作。

(3) 总工程师

1) 监督施工现场各级人员履行质量职责,向公司总工程师和项目经理报告工作。

2) 协助项目经理实施公司质量管理体系文件,主持编制项目施工组织设计和质量计划。

3) 对工程质量进行监督、管理、控制。对工程质量定期检查、评议、整改及进行工程验评,指导监督施工现场做好质量记录,按规定由技术资料员进行归档。

4) 对施工中容易出现的质量问题,拟定纠正和预防措施,如发生重大的质量事故及时报告公司质量管理部。

(4) 工程部长

1) 负责组织工程分包工作,选择供方,登记合格供方名录,定期进行评定。

2) 负责施工过程控制,参与编制施工组织设计和质量计划,协调落实文明现场管理。

3) 负责施工中的成品、半成品的保护,组织竣工交验,办理竣工交验手续。

4) 对已交付的工程做好回防、保修和服务的组织工作。

5) 组织隐蔽工程检查及工序交接检查,参加质量分析会及质量检验评定工作。

(5) 技术部长

1) 负责质量管理体系文件、工程技术文件以及质量记录的控制。

2) 组织有关人员编制施工组织设计、施工方案,并负责组织实施,对确定后的方案如有变更,应及时上报、修改、审批。

3) 负责纠正与预防措施的管理和统计技术的选用与检查。

4) 负责推广新技术、新工艺、新材料、新设备的技术管理工作。

(6) 技术员

1) 负责编制一般工程施工组织设计、施工方案和技术措施,工艺流程操作方法,负责向班组(操作者)进行详细交底,负责好日常技术工作,对单位工程负有技术质量监督责任。

2) 认真熟悉、审核图纸,及时办理技术变更签字手续。

3) 经常深入地检查栋号和班组是否按图、规范、规程施工,是否达到质量要求,对未按图纸、工艺标准、施工技术规范操作的班组和个人有权给予停工、返工处理。

4) 积极参加栋号的质量检查活动,对关键的结构部位的放线、定位、样板项目进行检查,必须做好隐检记录和内业资料,因没有及时检查、及时制止而造成的质量问题负技术质量监督失职责任。

5) 建立健全施工资料各种内业台账,原始资料的收集、整理工作,资料的整理要及时、具体、项目齐全,必须参加结构和竣工工程的质量检查和评定工作。

6) 协助组织新技术开发和 ISO 9000 活动,积极采用新技术、新工艺,提高劳动效率。

(7) 质量员

1) 认真执行国家和上级颁发、制定的各类技术规范、规程、工艺标准、质量验评标准和各种质量管理制度和措施。

2) 对进场的原材料、半成品进行检查,杜绝不合格原材料、半成品的使用。

3) 负责本项目在施工过程中的经常检查和定期检查,对重要部位、隐蔽部位进行检查和施工班组间交接检查。

4）加强工程质量业务管理，及时积累各种质量技术资料，建立分项、分部、单位工程质量台账（隐患通知书台账、工程质量奖罚台账、质量事故台账）。

5）参加工程质量事故的调查分析，并及时上报。

6）负责对本工程项目内的分项、分部、单位工程进行质量检查和评定，对工程进行预隐检查，办理主体结构的完工和签字手续。

7）参加上级质量部门对本项目的质量检查和现场会，并负责介绍情况和提供所需的各项质量资料。

8）及时上报年、季、月工程质量统计报表和工程质量小结。

2．加强教育，建立健全规章制度

（1）强化质量责任意识教育，组织施工人员学习设计图纸、质量标准及施工技术规范。

（2）坚持岗位培训及持证上岗制度。坚持"三检、四按、五不准、六做到"。

三检：自检、专检、交接检。

四按：按图纸、按规范、按工艺、按标准。

五不准：资料不全不准开工，材料不合格不准进场，测量不闭合不准使用，上道工序不合格不准进行下道工序，达不到质量标准不准交工验收。

六做到：方案做到合理，施工资料做到齐全，质量检验做到可靠，施工试验做到真实，测量数据做到准确，施工方法做到正确。

3．质量保证技术措施

（1）路基工程

1）严格控制填料虚铺厚度，每层不大于 30cm，确保碾压密实与均匀。

2）路基填土采用大吨位的振动压力机，保证碾压设备满足施工质量要求。

3）控制填料的含水量，过湿或过干时，采取翻晒或洒水措施。

4）严格控制台背填料虚铺厚度，加长台背回填长度，便于重型振动压路机碾压，对于边角等压路机碾压不到的地方，使用液压夯或手扶式蛙夯进行夯实处理。

（2）路面工程

1）做好施工准备工作，组织好混合料的生产与运输，调试好摊铺机，做到均匀连续摊铺，减少起停机次数，保证平整度。

2）路面施工高程测量采取多次复核，施工严格按照给定高程施工，保证路面各结构层厚度。

3）控制碾压速度，保证各层顶面平整度。

4）运输车辆倒车时设专人指挥，不准碰撞摊铺机，防止摊铺面出现波浪。

5）每台摊铺机设双基准线进行施工。

6）压路机不得在未经压实的混合料上倒轴，必须沿着同一轮迹返回，先压实接缝和边棱，再由低向高碾压，每一轮迹与前一轮迹重叠 30cm，并在前一轮迹的端头以外 1m 处停机，不允许急驶急停。

7）对于沥青路面横接缝要与铺筑方向大致垂直，在相连层次与相临行程间错开 1m，立茬相接。继续摊铺时，使用××型压路机进行处理，先将接缝横压几次，再做纵向碾压。

（3）排水工程

为了防止井室周围下沉，井室四周 1m 范围使用二灰砂砾进行回填，沥青混合料面层以下 30cm 厚度内浇筑 C15 混凝土。

（4）桥涵工程

1）钻孔灌注桩在松散易坍孔粉砂地层钻进时，要控制进尺，轻压，低档慢速，减少对粉细砂的扰动，同时加大泥浆比重和提高水头，以加强护壁，防止坍孔。钻进过程中每进尺 5～8 尺（约 1.7m～2.7m），采用与设计桩径相同，长度为桩径 4 倍的圆钢筋笼，吊入孔内检查孔径和竖直度。

2）灌注桩钢筋笼在井口处焊接采用帮条焊时，可在地下两节笼子接头处各施焊一半，在起吊对接时焊完另一半，以减少井口停留时间。

3）桩钢筋笼与钻机底座平台暂时连接。水下混凝土灌注，当混凝土顶面接近钢筋笼底时，降低混凝土浇筑速度，以减少对钢筋笼的冲击。灌注过程中，适当减小管埋深，降低上浮力，防止钢筋笼上浮。

4）勤测混凝土面，确定导管埋深与折管长度。在灌注过程中，导管最小埋深保证不小于 2m。当混凝土灌注后期灌孔内泥浆较稠时，向孔内注清水稀释泥浆或使用吸泥泵吸泥，保证桩顶混凝土的灌注。测混凝土面时，加大测锤重量，保证探测的混凝土面准确，防止拔冒管。

5）桩顶的混凝土要比设计多灌出 1m，然后凿除，保证桩头混凝土质量；在灌注结束后，提升导管时，要缓慢进行，防止因过快在导管中心形成负压，使泥浆涌入混凝土中。

6）圆形墩柱模板施工，要预先在地下拼装，检查接缝与接茬错台情况，提前进行修整，也可在地下拼装合格后整体吊装。所有模板接缝均使用单面胶海绵条堵塞，防止漏浆。

7）盖梁底模进行预压，以减少沉降。盖梁与圆形墩柱节点处使用特制柱箍，即下部为 30cm 高圆形柱模，上部为与梁底模板同宽的钢模，施工时，在柱上打出梁底标高，然后将柱箍顶部与梁底齐平安装，柱箍与柱子接触面垫上柔性胶带，防止漏浆。

8）对于预应力钢绞线张拉，采取控制应力与伸长值的双控措施。

4. 严把原材料及半成品的质量关，各种原材料应有出厂合格证，原材料的材质、规格、型号应符合设计文件规定，及时送检验室。

5. 加强质量检测手段，采用先进的试验和检验仪器设备，进行检查和验收。

6. 加强施工过程控制，把隐患消灭于未然。

7. 质量检验程序与奖惩措施

工序检查由工长组织，经检验合格后报专业质量检查员进行检查，复查合格后报监理工程师验收。专业质量检测工程师对工程质量有否决权。工长在工序检查中对于不合格的工序直接予以返工处理。在专业质量检验工程师检查验收中对于 1 个月内累计 3 次检验不合格的生产班组，给予停工整顿，并视情节轻重对工长处以 100～500 元的罚款，对施工班组处以 500～3 000 元的罚款。对于出现一般质量事故的施工队伍，专业质量检验工程师有权给予其开除出场的处罚，并对工长处以扣除 1～3 个月奖金的处罚，若由于工长玩忽职守造成的，则给予待岗学习处理。

2.1.8.3　工期保证措施

1. 材料保证

（1）保证料源充足。对于路基工程，在清表、路基横断面复核完毕后，详细计算实际土方用量，调查土场可取用量，积极考察土源，选出备用土场。对于结构工程，开工前做出一次性备料计划，提前考察各种材料的货源、储量、运距等，详细制定出进料计划，保证各种物资的供应。

（2）严把原材料质量关。在经过考察的基础上，采购合格的原材料与半成品，并事先得到监理工程师的认可，防止因不合格材料而影响工期。

（3）每月做出具体的材料使用与进场计划，若有遗漏，及时做出追补计划。

2. 劳动力保证

　　根据总体施工控制进度计划,逐季、逐月做出劳动力使用计划,保证劳动力充足。劳务队伍除要选择生产质量高,信誉好的外,还要兼顾因地域差别农作物收割时间的问题,保持好夏收、秋收季节劳动力的相对稳定。

　　3. 机械保证

　　路基路面工程是影响工期的关键,因此要配备足够的运输、摊铺、碾压等机械设备(见表2—4)。

　　4. 技术保证

　　(1)提前做好图纸会审工作,对图纸中有疑问的地方,与设计人联系及时解决,避免耽误施工。

　　(2)组织技术、质量人员学习招标文件、技术规范与施工监理程序,准确掌握××道路上要求的标准与程序。

　　(3)提前做好各分项工程的施工方案与材料试验,及时申报开工。

　　(4)测量采取两级复核制。即作业队测量放样、复核完成后,再由经理部专业测量工程师进行验线。做到定位准确。

　　(5)抓紧做好填料的土工试验与试验段铺筑工作,为全面施工创造条件。

　　5. 施工组织

　　(1)优先组织路基施工,保证关键线路的工期。

　　(2)抓紧灰土拌合站的建站与机械调试工作,保证灰土施工。

　　(3)抓紧辅路施工,做好交通导流,为主路施工创造条件。

　　(4)优先组织分离式立桥区处辅路的施工,具备通行条件后立即组织桥梁结构及引道的施工。

　　(5)安排进行小桥涵的施工,保证路基连通。

2.1.9　技术节约措施

2.1.9.1　推广钢筋连接冷挤压技术,节约钢材。模板采用多层胶合板和竹编板,节约能源。

2.1.9.2　混凝土内掺加磨细粉煤灰,减少水泥用量。

2.1.9.3　对分项工程施工方案进行分析对比,择优选用,减少投资。

2.1.9.4　合理安排施工进度计划与材料进场的关系,加快周转材料的使用。

2.1.9.5　合理安排机械的使用,避免机械闲置。

2.1.9.6　加强材料管理,建立材料出入台账。实行限额领料,减少材料消耗,降低成本。

2.1.9.7　做好土方填挖平衡,以减少土方的运输费用。

2.1.9.8　加强现场管理,合理安排场地,以减少材料二次搬运费。

2.1.9.9　加强质量管理,确保一次成活,消灭返工造成的浪费。

2.1.10　施工资料管理

2.1.10.1　资料管理体系(见图2—2)

2.1.10.2　编制数量及标准

　　1. 数量

　　成套数量4套,分别为:城建档案馆:1套;建设单位:2套;施工单位:1套。

　　2. 标准

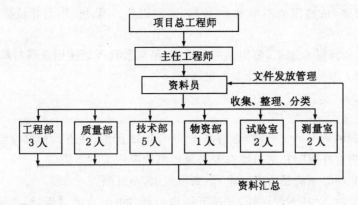

图 2-2　资料管理体系

严格按《市政基础设施工程资料管理规程》(DBJ 01-71)执行。

2.1.10.3　施工资料管理目标

各种资料编制及归档及时率 100%。

2.1.10.4　施工资料管理措施

设专职资料管理员,建立资料管理体系,制定奖罚措施,将资料管理的优劣与奖金挂钩,以增强各级有关人员的资料管理重要性意识。

2.1.11　安全及文明施工措施

2.1.11.1　安全目标

1. 职工因工伤亡指数为零。

2. 工伤频率控制在 3‰ 以下。

3. 机电设备、电气设备、小型机电检查率达 100%。

4. 特种作业人员持证上岗率达 100%。

2.1.11.2　安全措施

1. 严格执行现行有关公路工程施工安全技术规范、规程和市建委下发的有关文明安全施工及环境保护规定。

2. 加强安全生产教育,提高职工安全意识,牢固树立"安全第一"的思想,建立健全安全管理体系和安全生产责任制,制定行之有效的安全技术措施。

3. 特种作业人员持证上岗。

4. 由于施工时要进行交通导流,配置专人协助交管部门做好交通疏导工作,保证行人、车辆安全。

5. 顶管施工中严禁在工作坑中打闹,施工人员必须佩戴安全帽。卷扬机和液压千斤顶必须专人负责。顶进挖土严禁超挖,防止塌方伤人。

6. 土方及基础工程

(1) 施工前必须按照地质勘察报告编制施工方案,凡槽、坑、沟深度超过 1.5m,必须按规定放坡或加可靠支撑,并设置人员上下坡道或爬梯。开挖深度超过 2m 的,必须在边缘处设置两道不低于 1.2m 高的护身栏,刷红白间隔油漆,并设专用人员马道,马道周边用密目网封闭。槽、坑、沟施工期间白天设警示牌,夜间设红色标志灯。

（2）槽、坑、沟边 1m 范围内不准堆土、堆料、停放机具。槽、坑、沟与建筑物、构筑物的距离不得小于 1.5m。

（3）土方基础的降排水施工，要加强用电管理，吊泵索具严禁使用金属材料。

（4）施工用的大型施工机械要设专人指挥。

7. 结构工程

（1）脚手架安全

1）结构施工现场使用的安全网，必须符合 GB 16909 标准，并进行抽样检测。

2）承重支架横立杆间距和剪刀撑布置必须严格按照施工方案搭设。

3）脚手架的基础必须满足方案要求，做到不积水，不沉陷。

4）支搭脚手架时，立杆下设底托，底托下铺 5cm 厚，20cm 宽的通板，至少保证 2 根立杆在同一块板上。

5）作业用的脚手架立杆间距不大于 1.5m，横杆间距不大于 1.2m，作业层满铺脚手板，作业层顶部要有不低于 1.2m 的护身栏，底部设挡脚板，脚手板铺设不得有探头板、飞跳板。

6）坡道横、立杆间距不得大于 1.5m，排木间距不得大于 1m；人行坡道宽度不小于 1m，坡度不大于 1：3.5，运料坡道宽度不小于 1.5m，坡度不大于 1：6；在坡道两侧、平台四周要设置剪刀撑；排木上的板要铺严、铺牢，对头搭接时端部用双排木，并用铁丝绑牢，板面上铺设 3×3cm 的木质防滑条，间距不大于 30cm。

7）脚手架施工人员作业时必须系安全带，不得穿易滑鞋。

（2）施工机械设备安全防护

1）所有设备的皮带传动、链条转动和开式齿轮传动等都必须有防护罩，并固定牢固。

2）不准带电对机械设备进行保养，不允许触摸设备的转动部位。女工操作必须戴好工作帽。

3）用电做动力的中、小型机具设备，要求将保护零线引出，并紧固在设备的明显部位，保护零线不允许有接头，也不允许用单股线做保护零线。

4）蛙式打夯机必须使用定向开关，严禁使用倒顺开关。

5）机械、设备的操作工操作设备时，必须严格遵守操作规程，做到持证上岗。

6）机械、设备和机械、设备的钢丝绳，定期进行检查、保养。经检查对已达到报废标准的钢丝绳及时报废更换，安装新钢丝绳应符合要求。

（3）临时用电安全

1）配电线路

①电缆不得沿地面明敷，埋地敷设时过路及穿过建筑物时必须穿保护管，保护管内径不小于电缆外径的 1.5 倍，过路保护管两端与电缆间做绝缘固定，在转弯处和直线段每隔 20m 处设电缆走向标示桩。

②电缆不得沿钢管、脚手架等金属构筑物敷设，必要时需用绝缘子做隔离固定或穿管敷设。严禁用金属裸线绑扎加固电缆。

③电缆接头连接要牢固可靠，并做绝缘包扎、保持绝缘强度，接头不得受张力。沿地埋设的电缆接头放在地面接线盒内，接线盒要防雨水。

④生活区、办公区等室内配线必须用绝缘子固定，过墙要穿保护管。

⑤停用的配电线路、设备要切断电源。工程竣工后的配电线路设备及时拆除。当外单位需利用时必须及时办理移交手续，明确责任。

⑥不得在高压输电线上下方从事任何吊装作业。在架空线附近吊装作业时,设专人监护至工作完毕。其安全距离为:吊装作业绳和吊装物侧向与 10kV 高压线的水平安全距离不得小于 2m。

2)变压器

施工现场的变压器应安装在高于地面 0.5m 的基础上或杆上。室外变压器四周应装设不低于 1.7m 的固定围栏,围栏应严密,围栏内应保持整洁,无杂物、杂草等,变压器外廓与围栏的净距不得小于 1m,有操作面时不宜小于 2m,围栏设向外开的门配上锁,并在围栏周围的明显位置悬挂"止步,高压危险!"、"禁止靠近"等警告标志牌。

3)电动机械和手持电动工具安全

①按照三相五线制,实行两级漏电保护。

②搬运、停用、检修打夯机时,切断电源,雨雪天停止使用,并作防雨水措施。打夯机开关必须使用定向开关且固定牢固,操作灵活,进出线口要有绝缘圈。

③电焊机、钢筋埋弧对焊机使用时,焊把线、地线应同时拉到施焊点,二次线与焊机连接用线鼻子,二次线及焊钳绝缘应完好无损。电焊机均装设"安全节电器"焊机室外使用时要有防雨水措施。

④振捣器使用前检查外观和电缆线接线是否正确、有无破损、有无漏电、空载运行是否正常;使用时设移动式配电箱;检修或作业间断时切断电源;移动时严禁用电缆线拖拉振捣器,电源线长不得大于 30m。作业人员必须穿绝缘靴和戴绝缘手套,一人理线,一人操作,电源线不得拖地,不得敷设在水中。

⑤手持电动工具的使用人员要按规定戴绝缘手套、穿绝缘鞋等防护用品,工具本身的电源线应使用橡套电缆,且无接头,长度一般为 3m 左右,需加长时应增设移动箱(盘),一般场所宜选用 Ⅱ 类手持电动工具。

⑥手持电动工具除定期检查外,每次使用前后,均进行检查。日常检查外壳是否完好,保护零(地)线连接是否牢固、可靠,漏电保护装置要灵敏有效,电缆线无破损,绝缘良好,机械防护装置齐全可靠。非专职人员不得擅自拆卸和修理电动工具。

4)照明

①根据安装场所环境,选择灯具和电源电压,电压在 220V 及以上时,所有灯具的金属外壳,金属支架均做接零(地)保护。

②木工房、库房等易燃、易爆场所不得使用碘钨灯等高热型灯具。道路、路口、出入口等处夜间设红灯示警,且应选用安全电压。

2.1.11.3 消防、保卫

1. 建立消防保卫领导小组,建立健全消防保卫制度。

2. 施工现场设立明显防火标志。

3. 消防设施、工具、器材设置符合规定。

4. 施工现场严禁吸烟,只得在设置的吸烟室内吸烟。

5. 冬施用的保温材料采用阻燃型草帘。

6. 易燃、剧毒物品要分类专库管理,严格进出库手续。

7. 仓库内易燃性油料和料具不得混放。

8. 油漆库和油工配料房分开设置。

9. 施工现场未经批准,不准使用电热器具。

10. 电、气焊工必须经过专门培训,掌握焊割消防技术,并经考试合格后,持证上岗操作。

11. 乙炔瓶、液化气瓶与氧气瓶间距不小于 5m,乙炔瓶、氧气瓶与电、气焊用火地点不得小于 10m。

12. 临设使用木板房搭设时,要分组布置,每组最多不得超过 12 幢,组与组的防火距离不小于 1.5m。

13. 可燃建筑每幢的面积不应超过 $75m^2$,组距、幢距不足时,必须砌防火隔墙。防火隔墙要超出可燃建筑前、后及屋顶 40cm～50cm。

14. 每幢可燃建筑居住人数最多不超过 100 人。

15. 在施工现场的办公区、生活区、材料库(场)、木工房、变配电室(器)、加工区等处配备与场所相适应数量的轻便灭火器材,并应放置在器材架内、地点明显,取用方便的地方。

16. 施工现场要进行围挡,门卫必须建立门卫出入制度。

17. 施工现场必须设警卫巡逻。

18. 施工人员进场前,必须进行遵纪守法教育。进场后要定期进行遵纪守法教育。

19. 对使用的外包队人员做到底数清楚,"三证"齐全。

20. 施工现场严禁赌博、嫖娼等违法犯罪行为。

21. 建立旬检制度,做到掌握工程进展情况,问题认真确定,隐患整改及时。

2.1.11.4　现场管理

1. 生活区要设牢固整齐的围挡。

2. 工地主要出入口设施工单位标牌。

3. 大门内设一图二牌三板,即"施工平面布置图"、"安全计数牌"、"施工现场管理体系牌"、"安全生产管理制度板"、"消防保卫管理制度板"、"场容卫生环保制度板"。

4. 现场道路平整畅通,有排水措施。

5. 施工现场料具构件码放整齐,施工垃圾必须及时清除,做到活完脚下清。

2.1.11.5　料具管理

1. 料具必须按照平面布置图指定位置分类码放整齐。

2. 应入库管理的材料露天临时存放时,必须上苫下垫,下垫高度不小于 40cm,并有排水措施。

3. 水泥入库上锁,设专人管理,垛高不超过 12 袋,袋装水泥与墙间隙不小于 15cm。

4. 贵重物品、易燃易爆和有毒物品要及时入库,专库专管,并有明显标志。

5. 现场用料按计划进场,剩余材料及时清退,减少浪费。

2.1.11.6　环卫、卫生

1. 施工现场要整齐清洁,做到无积水。

2. 车辆出现场不得遗撒和夹带泥砂。

3. 办公用房要做到窗明几净。

4. 生活用房不得私搭乱建,要保证基本居住、使用条件。

5. 工地建立红十字卫生救护组织,现场有情况能及时进行抢救。

6. 生活区周围不得随意泼污水、倒污物,设立封闭式垃圾站,保持卫生。

7. 施工现场不得随意乱设零散伙房,伙房由项目经理部统一设计、统一管理。

8. 伙房必须办理卫生许可证,炊事人员要有身体健康证和卫生知识培训证。

9. 厕所采用水冲式,要有专人清扫保洁,有灭蝇、灭蛆等消毒措施。

2.1.11.7　环境保护

1. 防止大气污染

(1) 施工道路每天根据实际情况采用洒水车洒水降尘。

(2) 粉状材料露天堆置用苫布覆盖,石灰、水泥入库。

(3) 生活垃圾和施工垃圾分别清运,运输车外封闭加盖。

(4) 生活区大灶用液化气灶,锅炉采用清洁燃料。

2. 防止水污染

生活区食堂下水设置隔油池,除油后外排。

3. 防止噪声污染

(1) 严格执行早七晚十作业时间,强噪声机械布置在远离居民区的区域,尽量避免噪声扰民,控制强噪声机械的夜间作业。

(2) 木工加工棚采用全封闭式,合理安排施工时间,施工中尽量降低噪声,减少扰民。

(3) 教育施工人员尽可能减少人为噪声。

(4) 振动机械施工时拉开一定距离,避免振动重叠。

2.1.12　新科技、新成果在工程中的推广应用

针对本标段全线处于城乡结合部,环境复杂,同时高速路的发展对设计、施工的要求越来越高,为保证路与桥的耐久性、安全性、舒适性,初步确定推广如下项目:

1. 高性能混凝土技术。

2. 路面改性沥青。

3. 路面抗滑技术应用。

4. 预应力混凝土技术。

5. 粗直径钢筋连接技术。

6. 新型模板和脚手架应用。

7. 新型建筑防水。

8. 大型构件吊装技术。

9. 混凝土外加剂和高效隔离剂。

10. 废渣应用。

11. 导向钻进非开挖顶小直径管。

12. 焊接卷网应用。

13. 聚合物砂浆应用。

14. 计算机及其外设应用。

2.2 校区路桥工程施工组织设计实例

<u>××高校××校区路桥工程</u>

技

术

标

书

投标单位(盖公章):_____

法人或受委托人(签字或盖章):_____

编制日期:_____年____月____日

目　录

2.2.1　工程概述

2.2.1.1　工程概况

1. 工程量情况

(1) 区域土石方工程:教学区挖 2 014 693m³,填方 3 756 781m³,借方 1 742 088m³。

(2) 道路工程

1) 横断面形式区内主干道:道路宽 15m 双向车道,3m(人行道)＋9m(车行道)＋3m(人行道)。区内次干道:6m～7m,以步行、自行车交通为主。

2) 路基分层压实(每层厚度不大于 30cm)其密实度要求:路床稳定层以下 80cm,不小于 95％,80cm 以上不小于 90％(包括人行道路基)。

3) 地基回弹模量 $Ea<30MPa$ 时需进行地基处理。

××大学区内道路包括生活区和教学区区内道路

4) 生活区区内道路:

A 线:941.902m,最大纵坡:6.43％;

A1 线:86.627m,最大纵坡:0.3％;

B 线:193.734m,最大纵坡:−0.32％;

C 线:177.21m,最大纵坡:−2.36％;

D 线:231.655m,最大纵坡:−2.65％;

E 线:739.992m,最大纵坡:1％;

F 线:490.206m,最大纵坡:2.66％;

F1 线:167.967m,最大纵坡:1.44％;

G 线:138.530m,最大纵坡:0％;

H 线:241.296m,最大纵坡:−1.48％;

I 线:150.66m,最大纵坡:1.27％;

J 线:555.055m,最大纵坡:1.75％;

K 线:367.04m,最大纵坡:0.49％;

L 线:229.086m,最大纵坡:0.3％;

M 线:498.077m,最大纵坡:0.3％;

N 线:95.2m,最大纵坡:0.3％;

O 线:233.894m,最大纵坡:0.64％;

P 线:95.2m,最大纵坡:0.3％;

Q 线:371.605m,最大纵坡:−0.65％;

R 线:315.779m,最大纵坡:−3.72％;

S 线:202.199m,最大纵坡:−0.61％。

5) 教学区区内道路:

A 线:1 764.208m。B 线:2 742.532m,C 线:921.178m,D 线:704.873m,E 线:694.535m,F 线:477.153m,G 线:301.70m,H 线:301.7m,I 线:870.158m,J 线:179.666m,K 线:213.723m。

6) 主要工程数量:

路基土石方工程:挖方 244 244m³,填方 174 967.5m³,弃方 69 276.5m³;

换填砂、石粉、碎石砂、山渣泥等,共计:168 776m³;

抛石挤淤：7 398m³；

土工布：2 178m²；

水泥搅拌桩：98 524m；

塑料排盲沟：23 409m；

砂垫层：15 840m³。

（3）路面工程

道路系统场地内道路路面结构：采用水泥混凝土路面，路面结构为 C35 水泥混凝土路面 20cm(18cm) 和 6% 水泥石屑稳定层 20cm(15cm)。人行道系统：人行道上采用 30 号互锁型彩色人行道预制块，人行道上设置导盲带，并在岛轮交叉口、人行横道以及被侧石隔断处设无障碍通道。

1）混凝土路面每隔 5m 设置缩缝 1 道，每隔 100m 设胀缝 1 道，抗折强度不小于 4.5MPa。

2）道路人行道采用 25×25×6cm 毛面自锁型预制人行道块，预制混凝土强度等级为 C30，道路人行道铺装时先将 13cm 厚的 6% 水泥石屑稳定层压实，再用 2cm 的 6% 水泥稳定层压实摊铺平整后，再铺人行道预制板。

3）路面压纹处理。

4）主要工程数量：

水泥稳定石屑层：195 207m²；沥青混凝土：1 847.4m³；侧石、平石：29 409m；人行道面：(彩色混凝土块料)48 660m²。

（4）桥涵工程

××大学校区区内道路共有 3 座桥梁，均为预应力钢筋混凝土空心板梁。

1）1♯桥位于 SHF0＋349.50～SHF0＋369.50，1m～20m 预应力钢筋混凝土空心板梁，桥宽 7.0m。桩基础为 ϕ1000 钻孔桩，轻型桥台，桥面由 5 片预应力空心板梁组成，桥面铺装：10cm 厚 C40 现浇混凝土桥面板、8cm 厚铺装层。

2）2♯桥位于 SHJ0＋023.28～SHF0＋043.63，1m～20m 预应力钢筋混凝土空心板梁，桥宽 15m。桩基础为 ϕ1000 钻孔桩，轻型桥台，桥面由 11 片预应力空心板梁组成，桥面铺装：10cm 厚 C40 现浇混凝土桥面板、8cm 厚铺装层。一端桥台采用桥搭板与路基相连接。

3）3♯桥位于：BK0＋940.00～BK1＋010.20，3m～25m 预应力钢筋混凝土空心板梁，桥宽 15m。桩基础为 ϕ1000 钻孔桩，轻型桥台，桥面由 9 片预应力空心板梁组成，桥面铺装：10cm 厚 C40 现浇混凝土桥面板、8cm 厚铺装层。

4）主要工程数量

D100cm 钻孔灌注桩：408m。

D120cm 钻孔灌注桩：408m。

混凝土：4 048m³。

钢材：273.04t。

（5）排水工程

土方工程：挖方：95 123.6m³；

污水管工程：UPVC 管 9 420.4m，HDPE 管 424.3m；

雨水管工程：UPVC 管 9 063.7m，HDPE 管 6 275.3m，RPM 管 1 331.4m，钢筋混凝土管 819.5m，及配套设施。

（6）防护工程、给水工程及排涝工程。

2. 地质情况及软基处理方法

本区工程大部分路段地质条件较好，区内岩层、土体的岩土力学性质良好，仅需清除路床表层耕植土等，即可作为路床基础使用，部分地段有一层厚度 0.5m～5m 的淤泥需进行软基处理。

处理方法：淤泥深度不超过 1m 的路段，采用全部换填，软土或淤泥为 1m～3m 时采用抛石换填法，软土或淤泥超过 3m 路段采用插塑料排水板及堆载预压法处理。

全部换填时填土材料采用中粗砂或碎石土，抛石换填时，采用水稳性好的石块，并适当采用中粗砂填充空隙。

插塑料排水板时，塑料排水板间距 S 及堆载高度 H：当软土厚度小于 4m 时，$S=1.2m$，堆载高度为设计路基填筑高度再超高 1m。

3. 路灯控制系统

路灯二次控制系统分人工、光电和时间 3 种控制方式，三者各自独立，互不干扰，其中时间光电控制采用集中控制稳压软启动、降压节能等运行方式。

远程端子仅为预留接口供日后需要时之用，施工时暂不敷设该用途的线管。

2.2.1.2　本工程特点与重点分析

1. 工程量大，施工任务重，工期紧

本校区道路总长约 6km，既要进行石方开挖施工，又要进行软土地基处理，土方开挖、回填工作量大、工期紧，施工任务重是本工程的显著特点。因此，精心设计、施工组织、科学管理，合理划分施工区段，安排施工顺序，调配充足的人、机、物、料，是保证工程按期完成的关键。一旦中标，我公司将集中施工的优势，并挑选施工经验丰富、责任心强的人员作为施工骨干力量，组成项目经理部，严格按项目法组织施工，确保这项工程优质、安全、高效、低耗、按期完成。

2. 工程地质条件复杂，安全文明施工有一定的难度

本校区有软土地基的技术处理，且施工沿线有厂区及村庄，确保施工过程的安全可靠是本工程施工的关键。

为确保工程在确保施工安全的前提下，能按期完成，我公司将设置专业安全指挥部，指挥长由施工技术负责人担任，同时制定合理可行的施工措施，编制科学合理、切实可行的施工组织设计，作为指导整个施工过程的纲领性文件，提前反馈给设计、监理工程师，并及时采取相应技术措施，确保整个工程质量和安全。

本工程存在软土地基处理及沟槽开挖回填等土方工程，且不可避免在雨期施工，为保证工程质量，必须制定出科学合理的雨期施工措施和合理、科学的施工方法，合理安排工期计划，严格按规范的要求进行。

3. 施工沿线长、场地狭窄，施工组织难度较大

本工程施工沿线长约 6km，场地起伏变化大，既有农田、沟塘，又有山坡，沿线周边环境复杂，须协调的单位、部门多，施工组织难度较大。施工时必须制定切实可行的进度网络计划，合理划分施工区、段（本工程划分为 2 大施工区），配备足够的机械、材料和人力资源，按"分区平行施工，分段流水作业"的原则组织施工，确保工期目标的实现。

同时对整个项目实施智能化、信息化管理，对现场各关键施工点进行监控，掌握施工现场情况。对内发挥施工管理的经验，定期召开工程例会，协调好各专业施工队之间的关系，合理高效地组织施工；对外成立协调小组，积极与业主、监理单位、设计单位、质量监督站及各协作单位沟通，保证解决现场问题的渠道畅通无阻；协调好与施工场地周边部队、地方以及政府有关部门的关系，减少不利因素对施工的干扰。

4. 施工场地附近道路交通繁忙,交通疏解难度大

本校区施工中环路工程正在施工时,势必会影响交通。对此,我们把它作为本工程重点应解决的问题之一,仔细考察现场后经反复研究,制订了详尽、切实可行的交通疏解方案和有效的施工方案,以确保施工顺利进行。

5. 施工场地沿线各种管线复杂,须做好施工保护措施

在本校区施工范围内,存在着架空供电线路和部分地下排水管线、供电、通信电缆沟,但由于周围的地下管线位置未知,分布情况复杂。因此施工前我公司将先查明地下各种管线的位置、规格、走向及埋深,预先制订保护方案。

6. 施工现场离厂区、生活区近,文明施工要求高

本校区沿线经过附近村庄,施工过程中各种机械运转产生的噪声、扬尘、污水等都将影响附近工厂的生产和居民生活。按公司企业形象建设的要求,搞好文明施工,提高环境保护意识,树立良好的工地形象,是本工程的重点。文明施工历来是我公司工作的重点,所以,一方面我公司将采取措施尽量减少施工噪声,认真做好文明施工围蔽,污水经三级沉淀处理后排放;另一方面,我们积极与当地居民联系,争取他们的谅解,并制定切实可行的文明施工措施。

2.2.1.3　技术重点与主要施工对策

1. 工程位置及环境

(1) 工程位置

××大学城西邻××岛、北邻××岛,与××岛相望,规划范围 43.2km²。距××市中心约 17km,距××市桥约 13km。

A 岛四面滨水,岛周围地势低平,岛内以低丘陵冲积平原为主,多为农业用地和林地。岛上自然植被茂密,景色宜人,环境优美。

本工程综合区一标地理位置在 A 岛东北部 45°角方位,正对××岛。

(2) 交通现状

A 岛现阶段对外交通为 1 座临时便桥和 3 座简易码头。为了高校××校区工程施工需要,业主建造了 1 条临时便道及 1 座临时便桥,临时便道从××市快速干线土华出口开始,穿过××区××公园,经临时便桥进入 A 岛直至北亭码头。目前施工人员、材料、机械设备的进出可以靠搭乘渡船及通过轮渡码头和临时便道、便桥进入施工现场。

(3) 地质水文

1) 地质简况

A 岛场地地下水主要为第四系松散覆盖层的孔隙性潜水,主要含水层为砂层。本区地处河口滩涂,属潮间地带,地面高程低,地下水位高。地下水受降水补给外,还深受径流和潮流影响,尤其后者,直接影响着地下水的补给、排泄和动态。

××地区位于东南沿海地震带的中部,根据 1990 年《××省地震烈度区划图》,本场地地震基本烈度为Ⅶ度。

2) 水文简况

本标段地貌主要属低丘陵地带。沿线主要为丘陵冲积平原,地势开阔低平,地面标高一般为 5.5m～26.1m。地下水较发育,堆积层中含上层滞水及孔隙水,水量丰富,与珠江水系相通,地下水位埋深 10m～10.9m。

年最高潮位多年平均值:1.89m(黄铺水位站),多年平均高潮位:0.73m;年最低潮位多年平均值:-1.74m,多年平均高潮位:-0.89m;历史最高潮位:2.38m,历史最低潮位:-1.93m。

3）气象简况

××地处南亚热带,热带季风季节,且背靠大海,海洋性气候特别显著,温暖多雨、光热充足、温差较小、夏季长、霜期短而不冷,雨量充沛。××市多年平均气温为 21.8℃,以 7、8 月最高,1 月最低。平均年降雨量为 1 699.8mm,集中在 4、5、6 月梅雨季节和 7、8、9 月台风季节,日最大降雨量为 284.9mm。最长连续降雨日数为 33d,最长连续无雨日数为 69d。

市区常见主导风向为北风,平均风速为 1.9m/s,××市在 7、8、9 月份常遭受 6 级以上大风袭击或影响,台风最大风力在 9 级以上,并带来暴雨,破坏力极大。

2. 技术重点与主要施工对策(见表 2-12)。

表 2-12　　　　　　　　　　　　　　技术重点与主要对策

技术重点	主要内容	主要对策
文明施工及城市生态保护	做好文明施工和城市生态保护措施,确保达到文明施工工地,主要有以下方面: 一、噪声 二、振动 三、城市生态 四、水污染 五、大气污染 六、固体废弃物	一、噪声 1. 来源:施工机械、车辆、施工活动 2. 控制措施:施工机械或活动若噪声超标时,其作业时间安排在 7~12 时和 14~22 时;施工现场使用现场搅拌混凝土;施工场地合理布置、优化作业方案和运输方案,尽量减少施工对居民生活的影响,减少噪声的强度和敏感点受到干扰的时间。对大噪声机械采用隔声措施 二、振动 1. 来源:重型机械等施工活动 2. 控制措施:执行《城市区域环境振动标准》(GB 10070)、《机械工业环境保护设计规定》(JB 16) 三、城市生态 1. 来源:施工活动 2. 控制措施:施工前做好管线调查工作,施工中做好防护,防止施工破坏管线;执行××市有关文明施工规定,按规定的现场组织施工,不乱占地、不多占地;施工场地周围出示安民告示,得到附近居民的理解和配合;施工场地边界处设护栏围蔽,不在围蔽外堆放物料、废料 四、水污染 1. 来源:施工泥浆水、车辆冲洗水、生活污水及地表雨水 2. 控制措施:废水排入附近排污水网前,按《污水综合排放标准》(GB 8978)中的规定标准进行处理,根据排水网的走向和承载能力,选择合适的排口位置和排放方式,做到现场无积水、排水不外溢、不阻塞、水质达标 五、大气污染 1. 来源:运输、开挖机械等 2. 控制措施:对易产生粉尘、扬尘的作业面和装卸、运输过程,采取洒水降尘措施;合理组织施工,扬尘的作业、运输避开敏感点和敏感时段;现场不焚烧废弃物和会产生有毒害气体、烟尘、臭气的物质,熔融沥青等有毒物质使用封闭和带有烟气处理装置的设备;工程使用集中搅拌稳定层,对水泥等易飞扬细粒散体物料尽量存放在库区,堆土区、散料露天堆放时进行压实、覆盖处理。散体物料运输过程不散落,车辆出场冲洗车轮

技术重点	主要内容	主要对策
文明施工及城市生态保护		六、固体废弃物 　1. 来源：工程弃土、建筑废料 　2. 控制措施：执行××市有关管理规定；选择对外环境影响较小的出土口、运输路线和运输时间；尽量利用回收废弃物，如碎混凝土块的利用，各类垃圾及清运。保护施工场内无废弃砂浆和混凝土，运输道路和操作面落地料及时清除，砂浆、混凝土倒运时采用防洒落措施；教育施工人员养成良好的环境卫生习惯，不乱倒、乱卸，保持工地施工环境整洁
施工组织	一、施工场地布置：充分考虑施工需要，科学进行现场布置、灵活安排 二、环境保护：做足环保措施，从施工组织上落实环境保护	一、施工场地布置 　1. 考虑空心板梁的预制需要和运输架设的便利，经现场勘测，预制场设在桥梁附近，并本着满足施工要求、减少施工占地、减少污染，文明大方的原则布置各项临时设施 　2. 充分利用现有城市道路和村道作施工道路并作为现场对外交通通道，场内沿拟建道路按需要修建施工便道，跨河流要架设钢贝雷型钢便桥，使全线贯通 　3. 在交汇路口，设置围闭、施工标志牌及交通疏导指示牌 二、环境保护 　1. 防护排水工程紧跟路基的施工进度，并专门制订临时排水防护方案，减少水土流失 　2. 教育全体施工人员爱护每一棵树木、每一处植被，对上级同意砍伐的树木，尽量迁移到闲置地方重新种植，并大力开展义务植树活动 　3. 对清理的淤泥、钻桩泥浆进行干化处理后，作种植土使用 　4. 做足防火措施，进入林区严禁携带火种，防止森林火灾
路基施工	本校区有多段高回填路基，且局部路基经过沟谷、水塘等软基地段	1. 全部清理表土，沟涌、水沟段设置围堰，抽干水，进行全面清淤，再晒 2～3 天，局部软弱段进行抛石挤淤加固，最后按设计先深后浅的顺序分层换填、分层压实 　2. 对于吹填砂深度大于 5m 的路段，按 100m 一个断面设路基沉降及位移观测点，分层吹填，分层观测，发现中桩日垂直的沉降量大于 1cm 或边桩日水平位移大于 0.5cm（以后者控制为主），立即停止回填，分析原因后，采取措施，确保路基的稳定 　3. 采用重型压路机（30t）进行碾压 　4. 重点控制分层摊铺厚度不大于 30cm，加强密实度检测，发现不合格的路段，马上返工处理，使路基密实度满足设计要求

2.2.2 组织机构

2.2.2.1 项目组织机构(见图2—3)。

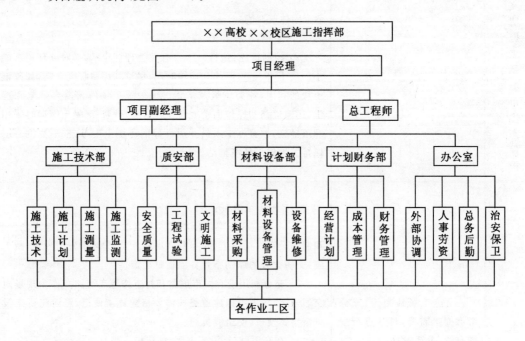

图2—3 施工组织架构图

2.2.2.2 生产及质量、安全、文明施工达标监控系统

1. 项目经理部施工组织机构人员配备(见表2—13)。

表2—13 项目经理部施工组织机构人员配备表

职 务	技术职称	从事担任类似工程职务年限	备 注
项目经理(一级项目经理)	高级工程师	××	
总工程师	高级工程师	××	
项目副经理(一级项目经理)	工程师	××	
施工计划部负责人	高级工程师	××	
质量安全工程师	工程师	××	
材料设备负责人	助理经济师	××	
财务负责人	会计师	××	
桥梁结构工程师	高级工程师	××	
桥梁结构工程师	工程师	××	
道路工程师	工程师	××	
道路工程师	助理工程师	××	
质检工程师	工程师	××	

职　务	技术职称	从事担任类似工程职务年限	备　注
试验工程师	高级工程师	××	
地质工程师	高级工程师	××	
机械工程师	高级工程师	××	
机械工程师	高级工程师	××	
测量工程师	工程师	××	
测量工程师	工程师	××	
安全管理工程师	经济师	××	
资料整理负责人	工程师	××	

2. 质量管理体系

(1) 建立内部监理制度,将所有工序施工置于内部监理的监控下实施。

(2) 各施工班长及现场技术人员向内部监理报送工序检查单,由内部监理检查验收并签字负责,旁站监理。

(3) 内部监理向监理工程师报送工序检查单,并配合监理工程师对工程施工全过程的检查。

(4) 定期报告工程质量检查结果,并协助施工班组提出质量保证措施。

(5) 对检查不合格的产品有质量否决权,并按公司《质量管理体系程序文件》要求进行不合格品的评审、纠正及预防措施。

(6) 施工中全面推行全面质量管理(TQC)活动,推动整个工程质量管理。

(7) 项目部设立专职质保员和专职质检员,各施工队、工区、班组设立专职质检员,共同全面负责施工过程的质量检验和质量保证措施的实施。

3. 安全管理体系

工地现场设立各种安全警示宣传牌及标语。建立专职安全检查员制,每天进行安全检查生产。安全员实行安全否决制度,奖励安全工作有功人员。

实行专职安全检查员巡视制度,对工地现场不遵守安全操作规程的施工及管理人员进行制止及罚款。定期进行安全教育,树立"安全第一"的意识。每周五在指挥部会议室内进行安全生产教育。安全员的奖罚与工程安全直接挂钩。安全员随时向项目经理提交安全隐患的报告,并提请项目部重视及杜绝安全事故的发生。

4. 文明施工管理

(1) 按照"适用、整洁、安全、少占地"的原则,合理利用征地红线内场地,有规则布置临设,避免到处"开花"。材料分类存放并标上牌号,机械根据不同用途分类停放。

(2) 施工现场汽车出入口设洗车槽,将出场车辆轮胎、底盘冲洗干净方允许上路行驶。

(3) 选用合格的散体物料运输车运土石方。外弃土运输车装载量适当留余量,防止散落。

(4) 进入现场的施工人员要佩戴工作胸卡,加强对进场人员管理工作,接收外来人员按公安部门规定办理相关手续。

(5) 根据现场情况和道路网络,合理组织交通,确保原有道路畅通,提高场内运输效率。

5. 质量达标措施

"以质量求生存,以质量求效益,以质量求发展"是我们必须遵循的工作准则。为了确保本项目的工程质量,使产品在形成过程中质量始终处于受控状态,实现该项目的管理目标,为确保全线达到合格工程,特制定本措施。

（1）加强领导

建立项目经理部、施工队两级领导小组,由第一管理者任组长,项目总工程师任副组长,各部门负责人参加,负责制定规划,组织实施,监督检查,总结评审。

（2）制定质量规划

明确质量目标及相应的保证措施。制定一套系统完整的质量管理制度,包括工作程序性管理（重要工作程序用制度形式固定）制度和专项质量检查、验收制度。坚持样板引路,以点带面,确保本校区工程一次达标。

实行挂牌施工。认真贯彻实施 GB/T 19001（idt ISO 9001）标准,坚持预防为主的方针,做到施工有标准,过程能控制,把质量管理由事后检查变为事先预控和过程控制,把好质量自检关。

（3）广泛开展 QC 小组活动

针对施工实际,对确保施工质量、墩台混凝土外观质量及膨胀土路基施工等课题进行攻关。

2.2.2.3　生产调度联络协调

1. 项目部实行生产调度会制度,每天由项目经理主持召开。

2. 各职能部门及生产班组汇报工程进展情况,提出合理化建议。

3. 由项目经理下达任务单,明确任务名称、责任人、完成指标、限时要求、配合班组及人员、完成结果等,并作为考核业绩的指标。

4. 项目经理部通过有效管理,控制整体进度和质量,协调各方存在的因素,使工程项目按既定的目标推进。

2.2.3　施工总平面图布置及临时工程

施工场地的规划布置尽可能按照标书要求及业主提供的条件进行;其规模和容量按施工总进度及施工强度的需要进行规划设计。

施工场地及营地均按有关规范要求配置足够的环保及消防设施。布置时尽量在指定的红线以内布置,对必须占用红线以外土地的部分,由我方与当地村镇政府协商解决。

办公区、宿舍采用活动板房,厕所采用砖砌墙体,厕所内墙裙铺贴高 1.5m 白瓷砖;对出入口、办公区、宿舍、厕所、材料堆放、加工场、仓库等场所进行硬化,并对周围环境进行适当的绿化。

2.2.3.1　布置原则及布置依据

1. 布置原则

（1）充分利用设计文件规划的施工场地,本着满足施工需求、减少施工占地、减少污染,文明大方的原则布置施工现场。

（2）以满足施工生产需要为前提,尽可能地利用场内交通条件,减少对周围环境影响。

2. 布置依据

（1）招标文件的有关规定。

（2）××市关于环保、安全、文明施工的有关规定。

（3）本投标人在实施本工程过程中的项目管理目标。

2.2.3.2　施工便道、便桥、临时码头、场内运输道路布置及标准

沿施工道路修筑施工便道,与外场联络道路基宽 7m,路面宽 6m,场内便道基宽 5m,路面宽

4m,每隔 100m 设 1 个长 25m,宽 4m(路面)错车台,便道路面均采用 40cm 厚片石上铺 10cm 厚石粉找平层,并设好排水沟防止水淹。

施工便道为方便材料、机械的运输,在线路中间设置 5m 宽的施工便道,便道在整个标段内通长设置。

施工便道在平整压实的土路基上铺设 20cm 4‰水泥碎石稳定层。路面设 2‰横坡,两边设排水边沟,以防止便道受水浸泡。便道每 100m 设 3m 的加宽段,作为避车点。

2.2.3.3　生活、办公用房等临设的布置及标准

1. 建设方代表现场办公室和住宿设施

我公司提供×m² 的房屋供建设方代表现场办公,提供×m² 的房屋供建设方代表值班住宿。

负担建设方代表所需之供水、供电、供冷暖、工程用车等一切服务,并为建设方代表提供现场的办公室、椅子、绘图桌、文件柜、电热水器、空调、风扇及卧室内所有生活用品等。

2. 监理工程师现场办公室和住宿设施

我公司提供×m² 的房屋供监理工程师现场办公,提供×m² 的房屋供监理工程师值班住宿。

负责监理工程师所需之供水、供电、供冷暖、工程用车等一切服务,并为监理工程师提供现场的办公室、椅子、绘图桌、文件柜、电热水器、空调、风扇及卧室内所有生活用品等。

3. 项目总部的部署

为了便于管理以及交通运输,本工程基本项目总部计划布置在里程 K0+650,并沿线路设置,同时为活跃职工的文化生活,配备一些文娱活动设施,设职工文化室和宣传栏。具体位置详见总平面布置图。

生活设施见表 2-14。

表 2-14　　　　　　　　　　　　生活设施一览表

序号	名　称	面积	单位	备　注
1	项目经理办公室	40	m²	活动板房,设有电脑及空调
2	建设方办公室、住宿	40	m²	活动板房,设有电脑及空调
3	监理办公室、住宿	110	m²	活动板房,设有电脑及空调
4	项目部办公室	60	m²	活动板房,设有电脑及空调
5	职工宿舍	400	m²	活动板房
6	试验室	40	m²	活动板房
7	医务室	20	m²	活动板房
8	储物室	30	m²	活动板房
9	厕所	60	m²	砌砖、内外墙体刷白
10	冲凉房	80	m²	砌砖、内外墙体刷白
11	食堂	60	m²	砌砖、内外墙体刷白
12	职工之家(文化、娱乐)	80	m²	活动板房
合计		1 020	m²	

2.2.3.4　供水供电方案及施工用水用电计算与管网布置

本工程临设附近均有用电线路通过,施工用电可联系当地从此处接驳,另在现场配备发电机,保证施工用电。施工用水主要从附近建筑物接水。

1. 施工用电计算及电网布置

施工、生活用电,与当地联系就近接驳。设变压器2个,不足部分将自行发电。我公司设置1台250kW和1台150kW发电机,作为现场备用电源。

取 $K_1=0.7, K_2=0.7, \cos\varphi=0.65$,生活照明用电按总用电量10%考虑:

$$P_{总}=1.1\times(0.7\times330.3/0.65+0.7\times30)\times1.1=455.82kW。$$

施工现场向供电部门申请600kW的电源,施工用电网主要按路线走向布置。

2. 施工用水计算及水网布置

施工用水向当地供水部门申请用水接驳,生活用水主要在附近借用。

(1) 施工机械及施工用水量

施工用水每天46 300L/台班,也即 $Q_{机}=1.52L/S$。

(2) 消防用水

$$Q_{消}=10L/S$$

(3) 生活用水按消防用水的10%考虑

$$Q_{总}=10\times1.1+1.52=12.52L/S$$

$$D=\sqrt{(4\times12.52\times1000)/1.2\pi}=115mm$$

现场供水管管径采用 $D=110mm$ 基本能满足要求,施工用水网主要按路线走向布置。

2.2.3.5　料场、仓库、车间及预制场布置及标准

在施工场地内分别布设砂石料场以及水泥、钢筋存放、加工场以及混凝土搅拌机等。碎石、卵石、砂堆放场地采用空心砖墙或75♯浆砌块石砌筑作为分隔隔墙,以节约用地。场地所有地面均采用C15素混凝土15cm进行硬化,保证混凝土运输车辆的通行。

在施工场地内布置仓库。为了使用及管理的方便,仓库布置于生活区旁侧,集中放置材料。

机械维修厂在预制场生产区内布置。机械修配车间承担机械的中小维修及保养任务,其规模按承修15t东风车能力设置。机电车间内设少量车床及机电设备,以加工模板拉筋及其他小型构件,其规模也按其功能要求设置。

在项目部旁设置桥梁空心板小型预制场,用于跨××中桥吊装施工。

2.2.3.6　机具布置、吊机、搅拌机布置

本工程使用设备较多,在项目部旁边的生产区内设一临时停放场和机械维修厂,作为主要机械如挖掘机、压路机、自卸车等停放地。搅拌站则相对比较稳定,主要设在预制块生产区内,其他设备可就近停放在各施工队营地附近的路基上。

2.2.3.7　文明施工、场地硬化

本工程所有加工场、维修厂、仓库等均采用四周围蔽的砖砌瓦房,其他场地根据需要设置砖基础绿色镀锌钢瓦围挡,并在周围进行绿化设施,场地范围均采用15cm厚混凝土进行硬化,具体见平面布置图。

2.2.3.8　施工总平面布置图

限于篇幅,此处略。

2.2.3.9　交通疏解方案

1. 地面交通组织

沿线主要经过鱼塘、蕉林、水田区域,路基施工对交通影响不大。但桥涵施工对交通影响较

大。在土方开挖、路基吹填砂及材料运输时才考虑内部施工车辆的交通疏导问题,在桥梁施工过程中要考虑与外部车辆的交通问题。施工过程要注意施工时派专人指挥来往之车辆,以保安全。

2. 交通管理体系及一些措施

交通顺畅与否,主要依赖行车是否有序,管理是否到位。因此,为解决施工期间的交通问题,我公司计划成立专门交通疏解小组(设组长 1 名,成员 2 名),制订科学合理的交通疏解方案和应急措施,建立交通疏解管理制度,实行专人负责制和奖罚制度,明确工作重点和每日的工作要点,并派管理成员到交警队进行交通规则和疏导技巧培训,协助交警进行交通疏解工作。

路口设置明显的交通标志,指导车辆渠化分流。交通疏解员分班全天候指挥交通。疏解员上班时按要求穿反光马甲,佩戴袖章,装备指挥旗和对讲机,按交通指示牌和交警部门批准的疏解方案指挥车辆行驶。建立与交警部门联系的直通道,及时反馈现场交通状况,在交通高峰期请交警到现场帮助指挥,当严重塞车或突发事件塞车时,及时请交警到现场指挥并按应急方案进行分流。根据工程分段布置情况,施工场地合理安排进、出车道,做到各行其道;工程车严格按指示和交通指挥员指挥行驶,礼让其他车辆。干道上禁止白天占道装卸施工材料。

交通疏解小组每天由组长根据项目总工程师的进度安排布置交通组织方案,副组长负责各自管理范围内交通组织落实、管理、巡查。发现有阻碍交通的障碍物或道路损坏时,及时进行清理,维修。处理不了的问题,及时反馈到项目经理部,并与交警部门沟通。

散体物料运输严格按市政府相关文件规定对物料进行覆盖,严禁物料散落污染路面,影响交通。

若材料吊装时,机械需占用道路,则在夜间进材料。

所有材料不得占用道路堆放。材料供应在保证质量的前提下按“就近、就便”的原则采购。

加强与当地居委会、沿线单位的沟通、联系,听取他们的意见,取得他们的支持。

2.2.3.10　设备人员及主要材料运到施工现场的方法

1. 施工人员的动员周期及运输到现场的方法

(1) 施工人员分为先遣人员、项目经理部人员和各工程队人员三类,将按施工进度需要分批进入施工现场。

(2) 先遣人员主要从事驻地和施工场地内的“三通一平”工作,及与当地接洽有关事宜,熟悉有关情况,为施工队伍全面进场做好准备。项目部主要为管理人员,即本合同段指挥机构的人员,对本合同段施工的内、外工作全面负责。他们将作为先遣人员准备好进场。

(3) 各工程队主要是指本合同段中各分项工程的具体施工人员,如施工员、现场工程师、技术员、机械操作员等,他们将在其施工范围内搭建临时工棚作为人员和设备驻地、材料存储。一旦中标并下达了开工令,我们将在 15 天内对以上各方面做好开工准备。

(4) 施工中,若因施工需要,我公司计划从其他工地调来熟练工人,按劳动力进场计划分批进场。施工中如因雨期或不可抗力因素影响工期的我公司将适当调整人力进场计划。

(5) 主要施工管理人员运送到现场的方法:我公司计划采用 2 部三菱吉普车运送到现场。

(6) 各工程队人员:计划采用卡车 5 部,每车 15 人,计划按照上述路线进入施工现场。

2. 主要设备运输到现场的方法

钻孔灌注桩机由我公司的仓库通过重型运输车运抵现场。振动压路机、推土机、钢筋加工设备、挖掘机亦由我公司的仓库运抵施工现场。

汽车吊机等设备我公司计划在附近租借。由租借方负责运抵施工现场。

2.2.4　施工方案、施工方法

2.2.4.1　施工总体安排

根据本工程特点和合同工期要求,确立"强攻路基和桥梁、防护排水跟进"的施工原则,通过网络控制,以下 4 大项目为施工主线,优化资源配置,采用机械化施工、提高工程质量、减少水土流失,确保总体施工目标的实现(见图 2—4)。

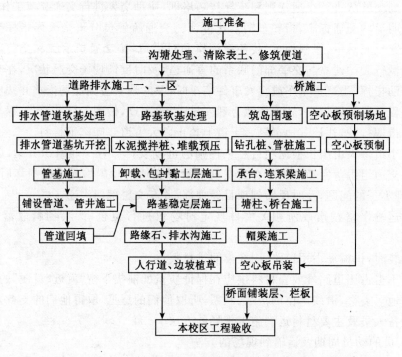

图 2—4　施工安排

路基填筑施工:作为前期施工的重点项目,在施工准备期间,做好修筑施工便道的工作,机械化作业清理表土、植物。分层开挖、分层填筑,严格控制每层回填厚度,确保开挖和回填的施工安全。

防护排水、排水管道工程:跟进路基的施工,做好临时排水设施,做好深开挖、高回填的边坡防护,尽量减少水土流失。

桥涵工程:抓好桩基工程及空心板梁的预制吊装施工,其余管涵以不影响路基为原则尽早组织施工,确保原来排水体系的顺畅。

路面工程:本招标范围包括水泥稳定碎石基层、缘石及人行道施工,待路基、防护排水和桥涵工程完成后即开始全线路面底基层及基层工程施工。

2.2.4.2　总体施工顺序流程

1. 分项工程施工顺序流程

(1) 路基填筑施工工艺流程(见图 2—5)。

(2) 路面底基层、基层施工工艺流程(见图 2—6)。

(3) 桥梁钻孔桩施工工艺流程(见图 2—7)。

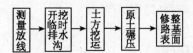

图 2—5　路基填筑施工工艺流程

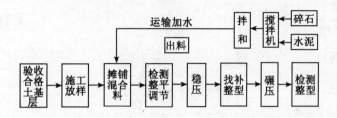

图 2—6　路面底基层、基层施工工艺流程

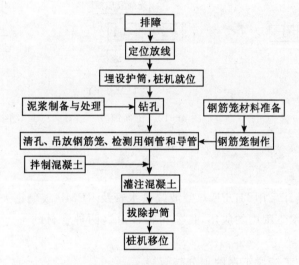

图 2—7　桥梁钻孔桩施工工艺流程

（4）桥梁墩台施工工艺流程（见图 2—8）。

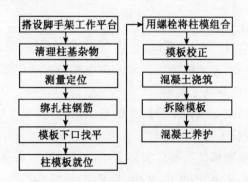

图 2—8　桥梁墩台施工工艺流程

(5) 预制空心板梁施工工艺流程(见图 2—9)。

(6) 桥面铺装施工工艺流程(见图 2—10)。

(7) 排水工程施工工艺流程见(图 2—11)。

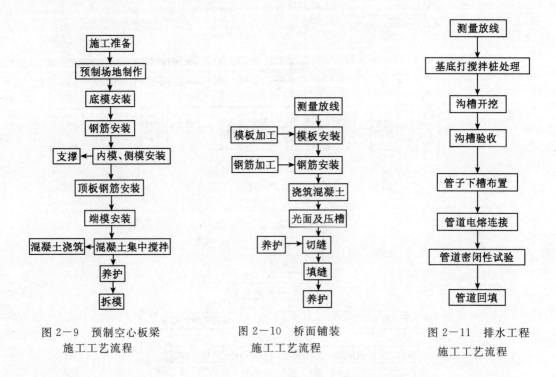

图 2—9 预制空心板梁
施工工艺流程

图 2—10 桥面铺装
施工工艺流程

图 2—11 排水工程
施工工艺流程

2. 新技术应用

本项目排水工程设计采用 HDPE 双壁波纹排水管及 RPMP 玻璃钢夹砂排水管,这两种管材是新技术、新材料在排水工程中的应用,我公司将针对这两种管材的特点,制订相应施工方案和施工技术控制措施。

2.2.4.3 施工区段、施工阶段工序的划分与衔接

1. 施工区段的划分

为了便于施工管理,同时为有利于合理安排施工流水,本工程的区段划分如下:以教学区、生活区各分为一施工区。

2. 施工阶段工序的划分与衔接

第一阶段:施工临设的搭设。有施工临设搭建、施工便道铺设、清淤、围堰。

第二阶段:软基处理、桥梁、管涵的施工。本阶段主要为砂垫层施工、钻孔灌注桩基础施工、管涵施工。软基处理是本阶段的施工关键。

第三阶段:路基工程及桥梁工程。本阶段主要施工内容为:填土填筑路堤、桥下部结构及上部结构施工。路基回填及桥施工是本阶段的施工关键。

第四阶段:防护工程及桥面铺装工程。实际上本阶段的施工贯穿于第三阶段的施工中。本施工阶段的主要工作内容有:集水井、集水管、排水渗沟、横向排水管、涵洞及桥梁锥坡浆砌片石施工、道路两侧排水沟的施工、桥面钢筋混凝土的铺装等。

第五阶段:水泥稳定土基层、缘石及人行道施工阶段。

第六阶段：为收尾施工阶段，路基上封层及其他收尾项目。

3. 主要分项工程施工方案

（1）软基处理

进行软基处理前，在鱼塘地段的施工，应先围堰、抽干塘水和清淤，之后填土至塘堤标高处，然后铺设 0.5m 砂垫层。清除的淤泥晾干后可作为包边土。

砂垫层：砂垫层施工前应先平整场地、清除杂草、浮泥。为利于排水，砂垫层离地面应有 0.3m 以上的高度，砂垫层在横向上应留有一定的预拱度。砂垫层材料宜采用洁净中粗砂，砂垫层应分层压实，每层压厚度宜为 150mm～200mm。

（2）路基填筑施工方案的选择

本校区路基工程施工分 2 个施工区段，采用平行流水方式组织施工。

路基填砂所用材料采用中粗砂，含泥量不宜大于 15%，分层的第一层不得大于 1m，其后每层大于 80cm。为加快路基的沉降固结，在填砂高度离地面 2m 前，应在路基边坡坡脚旁挖出深 0.5m，宽 1m 的临时纵向排水沟，使路基水尽快排出。包边土的施工与填砂路堤同步进行，其填筑不能迟于同高程填砂完成的 90d 后完成。包边土采用黏土，液限 W_L 小于 50%，包边土应分层压实或夯实，压实度不低于 90%。包边土和干砌石护脚应在沉降基本完成后修建，干砌片石护脚的空隙用粗砂填塞。填砂上部须封层，封层可用填石屑的方式进行。

（3）桥梁施工方案选择

1）上部结构

预制厂设置：其场地应先进行换土垫层，然后铺 200mm 厚 C15 素混凝土垫层做硬地处理。

空心板梁预制构件顶面混凝土要按施工规范进行凿毛处理，浇筑上层混凝土前用水冲净，不留积水，以利现浇层混凝土与其结合，预制板侧面铰缝处要凿毛。

预制构件采用 2 台汽车吊进行吊装，吊装时应注意吊装安全。

2）下部结构

浇筑盖梁混凝土时，应采用先浇筑跨中和悬臂，逐渐向支点靠拢。

防撞栏沿纵向 5m 应进行切缝，缝宽 2mm，深 20mm。护栏座钢筋骨架与边板预埋外伸筋绑扎或焊接。

（4）底基层、基层、缘石及人行道工程

全校区统一施工，安排一支施工作业队，采用半机械化施工，配备水泥稳定混合料拌合场、自卸汽车、装载机、压路机、洒水车等设备；级配碎石、水泥稳定碎石基层采用分段、分层施工。混合料采用搅拌机集中拌和，自卸汽车运输，推土机、人工配合机械摊铺，压路机压实。侧石采用人工砌筑施工。

2.2.4.4　测量放线施工方法与技术措施

测量先行是施工管理中的要求，测量工作的质量直接影响到工程的质量，我公司在工程施工管理中，历来注重测量管理工作。除建立两级测量复核制度外，对本工程还将成立专职测量小组，以确保测量工作高效、优质。

1. 测量工作程序

开工前对业主和设计单位移交的导线点和水准点进行闭合复测，复测合格并经业主和监理工程师签认后方能施工。

测点交接 → 测点复测 → 建立施工导线网布水准控制点 → 测定雨污管线 → 局部放样

2. 控制系统的建立

针对本校区的工程规模及特点,建立现场平面及高程控制系统,以便于在施工全过程中进行测量的控制。

(1) 平面控制系统

采用导线测量方法建立一级导线平面控制系统,系统布设以建设单位提供的控制点为导线起始方向,沿本校区外围采用测角精度为 $2''$、测距精度为 $2mm+2ppm$ 测距仪或全站仪,布设一环形闭合导线并联测建设单位提供的控制点。导线点的位置应通视条件良好,间距 50m～100m,不易受道路交通的影响,并保护好定位桩。

(2) 高程控制系统

建立以导线点为基础,等级为 4 等的高程控制系统,采用精密水准仪由建设单位提供的水准点将标高引至各导线点上。

3. 放线控制

本校区的放线控制主要项目包括以下几个方面:污水管、井中心、平面、高程控制。

(1) 施工流程

根据导线、高程控制点放出道路的中线,纵向每隔 5m 设置 1 个中桩和 1 对边桩,用水准仪在中桩和边桩上分别标记填挖高度,在路床平整后,根据纵坡和路拱纵向每隔离 5m 设置高程控制点控制基层面的标高。

根据道路中线放出侧平石边线,设置边桩,在路口圆弧测设中,在保证准确度和精度的前提下,为施工方便可采用市政部门较为通用的"中央纵距离法"。

根据施工图每 10m 设置侧石顶面标高控制点,通线进行铺砌,平石则根据图纸纵坡每隔 10m 或在锯齿型边沟变坡点设置高程控制点。在人行道边线每隔 10m 设边桩,并标记上基层和面层面的标高,设立标志牌,联合侧石顶面线控制人行道的横坡及面层的高程。

(2) 施工方法

1) 在本工程开工前,会同监理对业主及设计单位提供的平面坐标及高程控制点、网进行闭合复测,并在条件允许的情况下,尽快与相邻工程的测量控制点、网进行联测,测量记录及结果由业主及监理审核签认后方可进入正式施工。

2) 根据已有的高级控制点、网,结合各条施工线路走向及需要,加密布置施工控制网,施工控制网各点之间应保持良好的通视状况,以方便随时进行闭合复测,所有的测量记录及结果应在报送监理审核签认后方可使用。

3) 做好各施工控制点的保护工作,竖立明显的标志牌,以防止损坏。

4) 根据施工控制点测放出中线控制桩位置,并进行各部位水准测量。

5) 路基施工采用线路中线桩控制,并根据线路曲线的特点,加密至每 5m 一点作控制,以确保曲线段线型流畅。

(3) 保证测量准确度和精度的措施

1) 施工中应尽量保护所有标志,对施工中不移动的中桩及距中线较近的中线水准固定点用石堆或浇注混凝土或其他措施予以保护。对于施工中无法保留的标志和水准固定点,将其移至路床范围之外。

2) 施工期间应定时对导线,高程控制网进行复测,保证其位置没有发生位移。

3) 具体测量方法和使用的仪器以简练、实用、保证精度为原则,建立复核制度,复核人员可用不同的方法进行检查。

4. 放线方法

（1）排水工程

1）根据已建立控制系统，进行局部放线控制点的测设。

2）根据设计已提供的管线控制点、井点的坐标，管线及井点平面放线采用坐标放线方法测设。

3）各井段用红外测距仪或全站仪进行测量，放出井中心位置、管道线中心位置，在相应位置设置里程桩号，方便施工及防止出现错误，便于复测。

4）必须先复测数据无误后方可进行下一工序的施工，不合格的工序必须返工保质量。

（2）距离测量

仪器采用全站仪，测量时照射 2 次，读数取平均值为距离测量值（导线测量时须反方向测量作为校核），2 次读数差不大于 10mm。小范围距离测量采用普通钢尺测距，主要技术要求须满足《工程测量规范》（GB 50026）中表 2.4.10 的规定。

本工程测量工程大，线形较复杂，测量内容主要有平面坐标控制测量、高程控制测量等。

1）采用坐标、全站仪测量法，测速快、准确和操作简便；能在超远距离内和不同标高位置直接进行施测，不用在施测过程中移动仪器，从而可加快速度，缩短施测工期。在本工程开工前，会同监理单位及业主对设计单位提供的平面坐标及高程控制网进行闭合复测。根据已有的高级控制网，结合各施工段走向及需要，加密布置施工控制网，施工控制网各点之间应保持良好的通视状况，以方便随时进行闭合复测，所有的测量记录及结果应在报送监理审核签认后方可使用。

2）采用全站仪的后方交会专项功能，通过对 2 个已知点的观测，得出仪器点的坐标；采用全站仪的测量距离专项功能，在测临时站点到两已知观测点的距离时加测 1 个角度，即测站点放在待定点上，在测距离的同时观测该点到 2 个已知控制点的夹角，这样也可以得出仪器点的坐标。施工控制网的测量成果为满足要求宜采用较高精密度等级，平面控制网按一级导线网控制；高程控制网按 4 等水准测量控制。做好各施工控制点的保护工作，竖立明显的标志牌，以防止损坏。根据施工控制网测放出排水沟中心线的位置，并进行各部位水准测量工作。控制桩采用双后视极坐标测量的方法进行测放，测量精密度需满足招标文件的有关技术要求，所有测量数据及成果报送监理审核签认方可使用。

3）管道的起点、终点及转折点称为管道的重点，管道中线定位就是将主点位置测设到地面上去，并用本桩标定。管线起点及各转折点定出以后，从线路起点开始量距，沿管道中线每隔 50m 钉一个木桩（里程桩）。

根据管线的起点和各沟的挖土中心线，一般每 20m 测设 1 点，中心线的投点容许偏差为 ±10mm，量灰线标明开挖边界。在测设中线时应同时定出井位等附属结构的位置。

每隔 20m 或 30m 槽口上设置 1 个坡度板。作为施工中控制管道中线和位置，掌握管道设计高程的标志，坡度板必须稳定、牢固，其顶面应保持水平，用经纬仪将中心线位置测设到坡度板上，钉上中心钉，安装管道时，可在中心任务钉上悬挂锤球，确定管中线位置。以中心钉为准，放出混凝土垫层边线，开挖边线及沟底边线。

（3）高程测量

高差不大时采用 S1 级水准仪，测量时往返各 1 次，取闭合差 $\leqslant 12\sqrt{L}$，L 为往返测量水准线路长度（km）。高差较大时标高的测量采用全站仪三角高程测量，主要技术要求须满足《工程测量规范》（GB 50026）中表 3.3.3 的规定，内业计算垂直角度的取值应精确到 0.1″，高程取值应精确到 1mm。

（4）内业计算

导线点平面控制网测量后,水平角及距离应进行平差,并以平差后坐标反算的角度和边长作为成果。内业计算中数字取值精度应满足《工程测量规范》(GB 50026)的要求。

(5)土方测量

1)测放施工控制线:根据道路平、纵、横,计算每一桩号对应的路基宽,通常的计算公式为:

$$B=2a+b+2c+2×0.3 \tag{2-3}$$

路基宽度见图2—12。

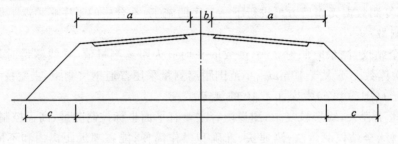

图2—12　路基宽度计算示意图

2)B 值根据路基的边坡及路肩的高度 h 而定,为保证施工机械碾压时的安全,每侧加0.3m,用白灰撒出道路填方的边线,中心桩应随填方逐层向上引。

测量现状地面高程,作为原始资料存档,并确定填土层数及顶层标高。

(6)基层施工测量

土路基最后一层填土要严格控制顶面高程,平整度在规范要求范围内,并经监理认可,即进行基层放线。根据路面结构基础的宽度,放出边线做土路肩,然后铺筑基层混合料,上基层料之前,在每侧边线外0.2m处,每隔10m设置高程桩1排,指导平地机整平。

(7)桥梁施工测量

基础施工测量,根据设计图纸计算出墩台中心坐标,用智能全站经纬仪测设,同时放出桥墩台的纵横轴线,再根据桩中心线交点坐标及桩号里程及基线放出每根桩的中心,每根桩为施工方便要拴"十"字形桩,并在桩上测出高程;在墩台帽上测放支座的位置。

2.2.4.5　软基处理施工方法及技术措施

1. 工程概述

从工程量清单上显示,本工程软基处理水泥搅拌桩($\phi500$,浆喷):98 524m^2。碎石间隔回填土58 932m^2,土工布21 780m^2。

先进行测量定位,定出须换填的边界,围堰采用M7.5砂浆砌筑片石,抽水采用潜水泵若干台抽水,等水抽干后,人工配合挖掘机清淤,将含淤泥质土全部清除,并超挖50cm,视土质情况,适当采用灰土垫层20cm,并夯压密实,然后换填沙砾,每30cm分一层,每层夯压或碾压到规定密实度后,再填下一层,直至到路床标高。同时应注意对垂直路轴线方向的接缝采用斜面相接,坡度采用1:5。纵向接缝采用平台和斜坡相间形式,铺料前应将旧路坡挖成台阶状,结合面的新老土料应拉毛。上、下层的分段接缝位置应错开。尽量做到作业面均衡上升,减少施工接缝。

2. 土工布施工

土工布搭接固定(见图2—13)。

土工合成材料铺筑时,应先将一端用固定器固定,然后用机械或人力拉紧,张拉伸长率宜为1.0%～1.5%,并用固定器固定另一端。

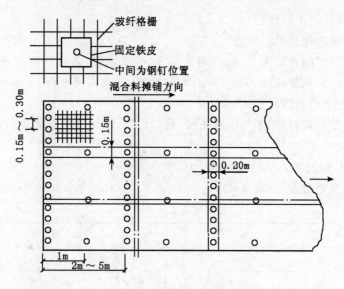

图 2-13　土工布搭接固定示意图

固定器包括固定钉和固定铁皮,钉长 8cm~10cm,固定铁皮可用厚 1mm,宽 3cm 的铁皮条。

土工织物横向应搭接 4cm~5cm,并根据摊铺方向,将后一端压在前一端部之下;纵向应搭接 4cm~5cm。横向搭接处应采用固定器固定,纵向搭接处可采用尼龙绳或铅丝绑扎固定,固定间距不超过 1.5m。

应在平整好的下承层上按全断面铺设,摊铺时应拉直平顺,紧贴下承层,不应出现扭曲、褶皱、重叠。

铺设土工聚合物,应留足够的锚固长度,回折覆裹在压实的填料面上,平整顺适,外侧用土覆盖,以免人为破坏,在锚固长度内,其上、下面与土的摩擦力之和 P_f 与织物设计拉力 P_j 之比必须满足下式:

$$P_f/P_j > 1.5 \qquad (2-4)$$

应保证土工合成材料的整体性,当采用搭接法连接时,搭接长度宜为 30cm~90cm;采用缝接法时,缝接宽度应不小于 5cm,采用黏结法时,黏结宽度不应小于 5cm,黏结强度应不低于土工合成材料的抗拉强度。

现场施工时发现土工合成材料有破损时必须立即修补好。

土工合成材料在存放以及施工铺设过程中应尽量避免长时间暴晒或暴露,以免其性质劣化。

双层土工合成材料上、下层接缝应交替错开、错开长度不应小于 0.5m。土工合成材料铺设质量要求应符合表 2-15 规定。

表 2-15　　　　　　　　　　　　　土工合成材料施工质量要求

项　次	项　目	施工质量要求	检查方法和频率
1	下承层平整度、拱度	符合设计要求	每 200m 检查 4 处
2	搭接宽度	应符合上述要求	抽查 2%
3	搭接缝错开距离	应符合上述要求	抽查 2%

3. 水泥深层搅拌桩软基处理

（1）水泥深层搅拌桩工程概述

1）搅拌桩施工前清理并平整场地。

2）采用"四搅二拌"的施工工艺，加固剂采用32.5级水泥，水灰比控制范围为0.4～0.5之间，成桩桩径为600mm，每米水泥用量70kg，均匀搅拌，停灰面离地面500mm，桩身强度30d龄期达到650kPa，单桩承载力设计值120kN。

3）严格控制喷浆停灰时间，不得中断喷浆，确保桩长，严禁在尚未喷浆的情况下进行钻探提升工作。

水泥搅拌桩桩长穿过淤泥层，并进入持力层0.5m。

4）搅拌桩施工允许偏差（见表2—16）。

表2—16 搅拌桩施工允许偏差

项 目	桩 距	桩 径	垂直度	桩 长	单桩喷粉量
单位	cm	mm	%	m	%
允许偏差	±10	不少于设计	不大于1.5%	不少于设计	不少于7

5）在搅拌桩施工7d内可验收桩身直径，挖去桩周土，露出1m桩长，要求桩身的最少直径不得少于600mm的设计桩径，抽检桩数为总桩数的5%，并用轻便触探器钻取桩身加固土样，观察搅拌均匀程度，同时根据轻便触探的击数用对比法判断桩身强度，抽检桩数不少于已完成桩数的2%。

6）桩长验收用抽心法检查桩长。

7）如搅拌桩与排水管线互相干扰时，要确定管线的平面位置和纵断面高程，待搅拌桩施工至管线基础底面标高时即停止喷浆搅拌，以避免管线施工时重复处理。

8）为避免人行道不均匀沉降，保证路基整体稳定，在人行道处同样进行软基处理。

9）为保证路基整体稳定，保证搅拌桩进入绿化带内至少2排。

10）全线施工前，在现场选取典型路段，做出试桩，现场检测得出单桩承载力和复合地基承载力，搅拌桩施工后地基承载力标准值不少于120kPa。

（2）施工条件

工作场地表层硬壳很薄时，需先铺填砂、砾石垫层，以便机械在场内顺利移动和施钻，如场内桩位有障碍物，例如木桩、石块应排除。

根据地质资料，通过原位测试及室内试验取得地基土、灰土物理力学指标、化学性能，选取最佳含水量，作为设计掺灰量，决定设置搅拌范围，选取桩长、截面及根数。

（3）施工机具

深层搅拌机：PH—5A型包括电气控制装置，15台；

灰浆泵：HB6—3型柱塞式灰浆泵，15台；

灰浆拌制机：容积200L，15台；

灰浆集料斗：容积大于400L；

其他：冷却水泵、电缆、压力胶管、普通胶管。

（4）施工流程图（见图2—14）

（5）施工工艺

1）深层搅拌桩成桩根据设计要求采用"四搅四喷"方法，即每条桩下沉及提升2次，使桩身

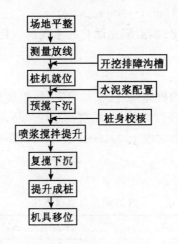

图 2—14　施工流程图

搅拌充分均匀,满足桩体强度要求。

2) 桩机就位:检查桩机是否偏位,校一桩机垂直度利用支腿油缸调平桩机。

3) 预搅下沉:启动深层搅拌桩机电机,放松起吊钢丝绳,使搅拌机沿导机架搅拌下沉,下沉速度由电气控制装置的电流控制,工作电压不应大于额定值。搅拌下沉分为预搅下沉和重复下沉,要求钻头直径小于 570mm,以Ⅰ、Ⅱ、Ⅲ挡逐级加速,正转钻进设计深度,应用低速慢转,原位钻动 1~2min,从预搅一沉至喷浆结束,应连续输送水泥浆液。

4) 制备固化剂浆液:深层搅拌机下沉时,后台拌制固化剂浆液,待压浆前将浆液倒入集料斗中。

5) 喷浆搅拌提升:深层搅拌机每次下沉到设计深度后,开启灰浆泵,待浆液到达喷浆口,再按照设计确定的提升速度边喷浆边提升深层搅拌机,机械提升速度<80cm/min。

6) 重复搅拌:深层搅拌即喷浆提升至设计顶标高时,关闭灰浆泵,这时集料斗中的浆液应正好排空,为使软土灰浆液搅拌均匀,再次将深层搅拌下沉,至设计要求后,再补浆将深层搅拌机提升出地面。

7) 移位:重复上述 5 个步骤进行下一根桩的施工。

8) 每次提升结束时应将搅拌头上包裹的黏土清除干净,搅拌刀采用"十"字形。

(6) 施工技术要点

1) 在保证施工总工期的情况下,根据设计要求,确保桩身早期强度,水泥浆液掺加适量早强剂。

2) 场地平整,注意导向架对地面的垂直度,以保证桩垂直度偏差不超过 0.5%。

3) 搅拌机下沉时应尽量不用冲水下沉,当遇到硬土层下沉太慢时,方可适量冲水,且提升前需排清管内积水,同时考虑冲水对桩强度影响。

4) 前台操作与后台供浆应密切配合。前台搅拌机喷浆提升的次数和速度必须符合已定的施工工艺,后台供浆必须连续,一旦停浆必须立即通知前台,为防断桩和缺浆,宜将搅拌机下沉停浆点以下 0.5m,待重新供浆时再喷浆提升。如因故停机超过 3h,宜拆卸清洗输浆管路。

5) 搅拌机提升至距桩顶设计标高尚有 0.5m 时,应慢速提升 1m,且于设计标高处停止提升搅拌数秒,以保证桩头密实。实际桩长超过设计桩长 0.5m,基坑开挖时挖去。

6) 搅拌桩终孔深度须确认进入设计层,否则搅拌到搅拌不动地层止。桩底处应停止提升,搅拌数秒,桩底应超过设计深度 10mm～20mm。

7) 施工时需在现场做配合比试验,配比试验的水泥掺入比为 15％～17％。

8) 深层搅拌桩水灰比 0.5。

(7) 质量标准

1) 一般成桩后对开挖出来的桩体,测量其桩身直径,桩体连续均匀程度,黏结牢固,无孔洞、无松散、无裂缝、桩质坚硬,桩体强度高,无法用灰铲挖除。

2) 在开挖出来的桩(墙)体中切取 100×100×100mm 试件,在正常养护下进行强度、无侧限抗压强度、压缩试验。

容许偏差项目:按桩数抽查 5％。见表 2—17。

表 2—17　　　　　　　　　　　　　　　允许偏差及检验方法

项　次	项　目	容许偏差（mm）	检验方法
1	桩位中心位置	10	拉线及尺量检查
2	凿出浮浆后桩顶标高		
3	桩体垂直度	$1H/100$	吊线检查

(8) 垫层验收

垫层摊铺必须根据预先埋设的标高控制桩控制面层高度,垫层厚度满足设计要求。

2.2.4.6　排水管道工程

本工程排水体制采用完全分流制。管材有 HDPE 管、RPM 管(玻璃夹砂管)以及钢筋混凝土管材。

道路两旁各分布 1 条雨水管道和 1 条污水管道。环内侧雨水管道及污水管道均分布于慢车道下;环外侧雨水管道分布于人行道绿化带以下,污水管道分布于人行道以下。

1. 基坑开挖与支护

(1) 开挖与支护形式(见图 2—15、图 2—16)

本工程线路较长,根据管道的不同埋深,以不同的支护形式进行基坑开挖。

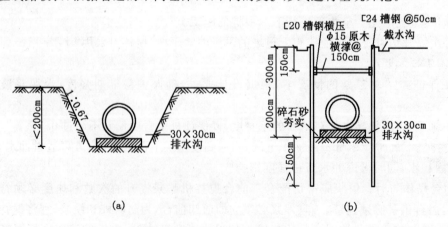

图 2—15　基坑支护示意图(一)

(2) 主要施工方法

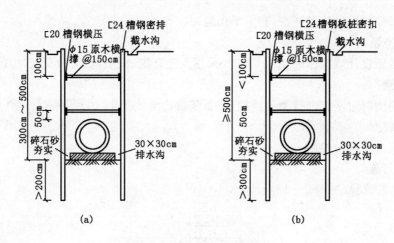

图 2-16　基坑支护示意图(二)

1) 施工测量放线

①按规范建立测量控制网,确定控制线和施工红线。

②加密首级控制网,加密的施工导线控制网及水准控制网必须经监理工程师签认后方可作为施工的依据。利用加密控制网对施工定位、放样进行控制。控制过程:首级导线、高程网→施工导线控制网、水准控制网→渠箱里程及渠箱中线定位控制桩→局部部位放线。

③测量控制网布置

a. 平面导线控制网

采用一级导线测量的方法和技术要求建立加密平面控制系统。系统布置时,以建设单位提供的导线点为导线起始点,沿征地红线做 1 个闭合导线控制网,减少系统误差,仪器采用全站仪(主要技术参数为:方位角闭合差$\leqslant 10n^{1/2}$(n 为测站数)、相对闭合差$\leqslant 1/15000$,测距相对中误差$\leqslant 1/30000$)。本工程的控制以平面系统中的导线加密点控制且通视情况良好,所有加密桩均应做好定制桩,防止人为破坏。

平面定位放线主要采用极坐标法,根据设计的特征点坐标值计算。

b. 高程控制网

以首级水准点为基础,建立 4 等水准高程控制系统,系统与堤岸道路连为一体。技术要求为:环形闭合差为 $20L^{1/2}$(L 为环形的水准线路长度,单位为 km),测量仪器为水准仪。

④测量质量控制点:测量放线精确性。

2) 打钢板桩

①场地准备。施工前挖探管坑探测地下管线的埋设情况,有管线的地方进行管线迁移或对管线进行实施保护后,进行场地的平整。

②打桩设备的准备。采用 VH2000 挖掘机装配液压振锤的打桩设备,其具有液压夹压装置,能与钢板桩自动做刚性联结,既能打桩又能拔桩。振锤运到工地后检查其工作、安全性能是否达到要求。

③钢板桩打拔。钢板桩采用挖掘机吊液压振锤施打,拉森钢板桩采用小锁扣扣打施工法逐块打设。从一端向另一端,逐块打设至结束。

④质量控制点。在打桩过程中,保证钢板桩垂直度。

3) 基坑土方开挖

基坑土方采用挖掘机传递开挖,弃土采用运泥车外运至指定地点。

4)基坑底换填

机械开挖至距设计坑底标高 20cm 厚时,采用人工开挖、检平,尽量避免超挖现象。

5)基坑观测

开挖过程中随时对基坑进行测量监控,注意基坑边土体变化,出现问题及时处理。

6)质量控制点

基坑底标高和承载力控制。

2. HDPE 管施工

(1)施工工艺流程(见图 2-17)

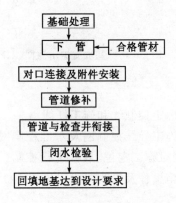

图 2-17   HDPE 管施工工艺流程图

(2)主要施工方法

1)基础处理。基坑找平后,铺填 50cm 粗砂垫层,垫层与槽底同宽,采用人工夯实并找平。

2)管道安装

①先在接口部位的垫层挖成凹槽,凹槽随铺随挖,见图 2-18。

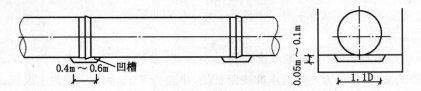

图 2-18   管道接口处的凹槽

②管道安装采用人工或吊机吊装。管道用非金属绳索溜管入槽。承插口安装时使插入方与水流方向一致,并由低点往高点依次安装。

③ 管道接口:管道采用橡胶圈连接。检查橡胶圈是否配套完好,橡胶圈内径一般选用插口端径的 0.85~0.90,橡胶圈断面直径压缩率采用 40%。清理干净承口内橡胶圈沟槽,插口端工作面及橡胶圈不得有土或其他杂物,将橡胶圈正确安装在承口的橡胶区中,不得装反或扭曲。橡胶圈连接的管材在施工中被切断时,应在插口端倒角,并画出插口长度标线,然后再进行连接。用毛刷将润滑剂均匀地涂在装嵌在承口处的橡胶圈和管插口端外表面上,但不得将润滑剂涂到承口的橡胶圈沟槽内。

将连接管道的插口对准承口,保持插入管道的平直,用手动葫芦将管一次插入至标线,插入后用塞尺顺承口间隙插入,接口合龙时,管材两侧的手葫芦同步拉动,使橡胶圈正确就位,不扭曲、不脱落。

④稳管措施:为防止接口合龙时已排设管道轴线位置移动,采用砂包压在已铺管的顶部,管道接口后,检查管道的轴线和标高,如有偏差,进行调整。

⑤防浮漂措施:如为雨期施工,应采取防浮漂措施:先用土回填到管顶一倍管以上的高度。管安装完毕尚未回土时,一旦遭水泡,进行管中心线和管底高程复测和外观检查,如发现位移、漂浮、拔口现象,返工处理。

3)管道修补

管道敷设后,如意外发生局部损坏,当损坏部位的长或宽不超过管周长的 1/12 时,采取修补的措施。处理如下:

管道外壁发生局部或较小部位裂缝或孔洞在 0.02m 以内时,先将管内水排除,用棉纱将损坏部位清理干净,然后用环己酮清理干净,刷耐水性能好的塑料黏合剂;再从相同管材相应的部位取下相似形状大小的板材,进行黏结,用土工布包缠固定,固化 24h 后即可覆土。

管道外壁损坏部位呈现管壁破碎或长 0.1m 以内孔洞时,用刮刀将破碎的管壁或孔洞完全剔除,剔除部位周围 0.05m 以内用环己酮清理干净,刷耐水性能好的塑料黏合剂;再从相同管材相应部位取下相当损坏面积 2 倍的弧形板,内壁涂黏结剂扣贴在损坏部位,用铅丝包扎固定。如管壁有肋,将损坏部位周围 0.05m 以内的肋去除,刮平,不带肋迹,采取上述相同的方法补救。

4)管道与检查井的接口处理

管件与检查井的衔接,采用中介做法:先用毛刷或棉纱将管壁的外表面清理干净,然后均匀地涂一层聚氯乙烯黏结剂,紧接着在上面刷 1 层干糙的粗砂,固化 10~20min,即形成表面粗糙的中介层。中介的长度为 0.24m。见图 2—19。

5)回填

管道安装完毕,经验收合格后(污水管道要进行闭水检验),进行基坑回填。管沟回填可采用石屑对称分层进行,回填石屑至管顶 50cm,管顶 50cm 至路基底回填坚土。在回填过程中,管道下部与管底间的空隙处必须填实。采用机械回填时,要从管道的两侧同时回填,机械不得在管道上行驶,管道两侧的回填土采用蛙式打夯机夯实。

3. RPM 管施工

(1)安装前的准备

1)施工前熟悉图纸,了解工程目的内容和质量要求,及时提出设计存在的问题。

2)了解管道的出厂说明,检查产品的合格证,并检查是否符合相应的标准,并向厂家请教安装方法,了解厂家的要求,掌握管道出厂的全部资料。

①验收全部管子的规格尺寸、压力等级要求,应与设计图纸相吻合。

②管子的存放地点应选择较为平坦的地方。

③备好组装机具,对于不同的规格所使用的设备不同。

④配置好所有的管路附件,如弯头、排气阀三通、排水阀三通及与之相配的阀门等。

⑤在装配管道之前,首先应对土方施工的基础尺寸等进行检查,以确认是否符合设计要求。

(2)布管

1)从堆放点将管道及管件,沿已开挖的基槽顺线排开,便于安装。将每根管沿管沟摆放,摆放时应特别注意的地方是将每根管的承口方向朝向设计水流方向的相反方向,如图 2—20 所示。

2)管子吊装及布置时应注意:每一根管的吊装均要当心,必须用纤维绳双点起吊,不得架空

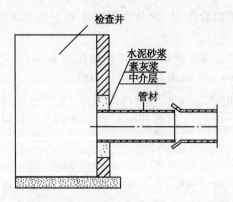

管道与检查井的接口处理

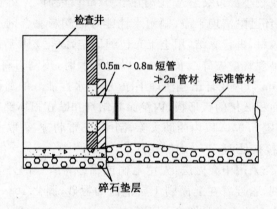

图 2—19　软土地基上管道与检查井的接口处理

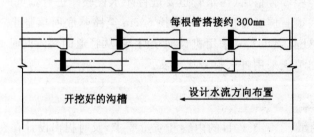

图 2—20　布管

放置或放在有尖锐石头的地面。

（3）管道的连接

1）玻璃钢夹砂管采用橡胶圈接口。连接时应逆水流方向连接,连接前在基础上对应承插口的位置要挖1个凹槽,承插安装后,用砂子填实。如图2—21所示。

2）连接时再检查1遍承口和插口,在承口上安装上打压嘴,在承口内表面上均匀涂液体润滑剂,然后把2个"O"型胶圈分别套装在插口上,并涂上液体润滑剂。

3）管道连接时采用合适的机械辅助设备,一般来说,对于大口径管,其插口端的管子要吊离地面,以减少管子与土面的摩擦,减少安装力。使用挖掘机作为顶进设备,切记不要采用起臂的方法进行安装,而应采用转动挖掘机头的方法缓慢安装。玻璃钢夹砂管道管与管之间的接口型

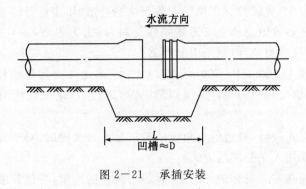

图 2—21　承插安装

式,采用的是承插式双"O"型密封圈连接,其组装方式类同于承插式的铸铁管安装。

（4）承插口之间打压检查

1）安装完毕的每一道承插口之间,均设置了试压孔,其双"O"型密封圈设置的优良特性,使得每一节管道在安装之后均可以检验承插安装之后的质量,以确保整个管路安装完毕之后的气密性。

2）每一道承插接口,可以用手动打压泵,将水压打至 1.5 倍的管路的工作压力,保压 3min,以确认不泄漏。

3）玻璃钢管道承插安装后,进行打压试验,如因安装操作不当,在承插安装后,打不住压,胶圈之间出现泄漏,就需将承插完毕的不合格接口退出来,重新安装。

（5）回填

1）回填材料

玻璃钢夹砂管道安装完毕后,应立即回填,以防止浮管。管区范围回填材料采用中粗砂。软黏土、膨胀黏土、不规则岩石、大颗粒碎石和饱和土壤不适合用做基础回填材料。在离管道 150mm 以内,不得有直径大于 25mm 的岩石土块。管区回填材料必须与管沟的自然土壤相协调,以防止管中的自然土和回填材料相互迁移。

2）回填

沟槽回填之前应排除沟槽的积水。首先用回填材料将管道两侧拱腋下均匀回填,然后管子两侧同时进行分层夯实,要求压实度≥95%,以形成完全支撑,管侧支撑土壤要夯实,否则会造成管道挠度增加。主回填管区每层回填 200mm 并夯实,夯实后压实度≥95%。次回填管区用较干的松土回填,不能重夯,只能轻夯,要求压实度≥95%。

3）回填质量的控制

回填后的管道,小于设计要求的挠曲是允许的,当工程中实际测量的 24h 后的挠曲值与设计要求或标准给出的值不符时,应做返工处理,一般玻璃钢夹砂压力管道在覆土埋深≤3.3m 时,在回填 24h 后,测挠曲值在 2.5%～3%。

4）对于超过允许挠曲值管道的处理

①当变形量为 3%～8%,应细心将回填料挖开后,检查管道是否损坏,并进行处理后重新回填。

②当变形量超过 8%,应由厂家专业技术人员分析判断管道是否已损坏,并确定采取何种办法处理。

5）管道回填时的注意事项

①在管沟回填过程中,应保护管道免受下落石块的冲击、压实设备的直接碰撞和避免其他有潜在的破坏。玻璃钢夹砂管道总体上来讲是脆性材料,冲击力很小,一旦遭到冲击的破坏,很容易受损坏,出现内衬部分的裂纹,以至于引起泄漏。

②在管顶上具有覆土 300mm~500mm 及以上时,才允许直接用滚压设备或重夯,但这一点,应取得厂家允许或给出相应的允许厚度以后,方可进行,以避免在使用这些设备后致使管道被破坏。

③无论采用什么夯实设备,管道的三角区的夯实是十分关键的,对于管道的挠曲变形起着关键性的作用。三角区采用人工夯实的方法。

④管道的回填必须在左右对称的情况下回填,不对称的回填,导致管道偏移。

⑤在地下水位较高或雨期施工之中,要及时排水,玻璃钢管单重较轻,很容易被浮力浮起,为了防止浮管,采用相应的防护措施。

⑥由于管道接口采用双"O"型密封圈形式,且进行了现场接头水压试验,一般情况下接口安装合格后,及时回填,以防破坏。

4. 钢筋混凝土排水管道安装

(1)施工工艺流程(见图 2-22)

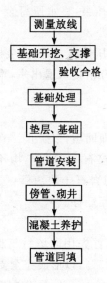

图 2-22　钢筋混凝土排水管道安装施工工艺流程

(2)主要施工方法

1)基坑开挖、支护

①对监理工程师提供的轴线桩、水准基点桩等按图纸进行复测,若发现标志不足、被移动或精度不符合要求时,进行补测、加桩,并将复测资料报监理工程师核准。

②施工测量:施工前由测量人员先校核图纸,根据甲方提供的测量控制点和水准点及图上的线点位置,以及施工地段的地形地物,确定施测方法,布设测量控制网,并报监理工程师批准。由测量人员根据设计图纸放出管线及井位,再根据中线及基坑开挖横断面图要求,放出打钢板桩或基坑边的线位。注意预留工作位宽度。将施工地段的原地标高复测 1 次,以确定该施工地段的开挖深度。在施工过程中,施工人员要注意保护测量控制点,如发现测量控制点被破坏,及时知会测量人员补测,以保证测量精确度。

③土方开挖采用机械纵向分层进行,人力配合,自卸车运输。

④土方随挖随转运,基坑顶距基坑边 3m 范围内不得堆土,以免加重土坑边坡压力和阻碍施工操作和运输。回填土方在指定位置堆放,弃方全部外运至业主指定的位置。

⑤机械开挖至距设计坑底标高 30cm 左右时,改用人工开挖、检平,尽量避免超挖现象。

⑥防水、排水措施。基坑四周设置 30×40cm 的截水沟,并与附近排水系统连通,防止雨水流入基坑。基坑底用 2cm～4cm 碎石做成盲沟和集水井(50×50cm),配置抽水机抽水。施工过程密切检查边坡的稳定,如发现滑坡、塌方迹象,及时采用措施进行补救。

⑦开挖时,随时测量监控,保证开挖边坡、基坑尺寸、支护达到施工方案及设计的要求。注意边坡土体变化,出现问题及时处理。

⑧基坑底土面层尽量避免不超挖或扰动,若发生超挖或扰动,即将扰动部分清除,并将超挖和清除位置回填石屑或碎石、砂,并夯实。若基底为淤泥,则需进行换土,保证其地基承载力不小于设计要求。基坑挖至设计标高时,迅速复核中线和水平,无误后即施工垫层、基础,防止基坑底长期暴露,而被地下水或雨水浸泡。

⑨基坑开挖后检查基底的承载力,如不符合要求或遇到软土,即知会监理工程师,做出换填或其他加固处理。

⑩ 基坑开挖质量标准(见表 2-18)。

表 2-18　　　　　　　　　　　　　基坑开挖质量标准

项　目	允许偏差	检 验 频 率		检 验 方 法
		范围	点数	
轴线位移	50mm	每井段	4	用经纬仪测量
基底高程	±30mm		5	用水准仪测量
基坑尺寸	不小于规定		4	用尺量

⑪质量控制点

地基承载力是排水工程质量控制的关键。地基承载力必须满足设计要求。其质量保证措施如下:

a. 严禁扰动坑底土壤,避免发生超挖。预先测出基坑底标高,并在沿线钢板桩上用红油漆在相应位置上标出。

b. 机械挖土时,在距基底尚有 20cm 左右时,改用人工挖土、平整坑底。

c. 如发生超挖,严禁用土回填,超挖地段要用碎石砂或砖碎砂回填并夯实。

d. 如基底土质达不到设计要求,采用换填碎石砂或石屑,并用水冲实。

2) 管道安装

①排水管垫层基础

a. 按基础的结构尺寸,测量放样出垫层面标高,设置高程木桩,5m 一桩。按垫层面标高挂线,人工摊铺碎石垫层,垫层两边比管基各放宽 10cm。检平垫层面,人工夯实或用小型压路机碾压密实,并做做垫层验收记录。

b. 垫层验收合格后,即开始基础混凝土现浇施工,采用 C20 混凝土,混凝土运输车运输至基坑边,通过溜槽送至坑底,人工摊铺。按设计基础面高程检平,用振动棒和平板振动器交替振捣密实,混凝土密实的标准是混凝土混合料停止下沉,不冒气泡,表面层平坦、泛浆。送至现场的混凝土,进行质量检验,控制混凝土的坍落度在 9cm～12cm。如发现混凝土混合料有离析现象不予使用,并随机抽取样品制作抗压试件,以备抗压试验所用。

　　c. 基础混凝土初凝前,抹平基础面,初凝后及时淋水养护。

　　②管道安装

　　a. 基础混凝土养护 2～3d 后,进行管道安装。如遇污水管和雨水管相互交叉时,须先进行最下部的管道施工,然后再进行上部的管道施工,并保证两管间的最小垂直净距。复测基础面标高符合设计规范要求后,在基础面上测量放样,测放出检查井的中心点及管道中线,根据检查井中心点及管道中线挂设管道边线,利用边线来控制管道的走向和高程。

　　b. 按设计图纸要求,采用预制管构件,按设计管道尺寸、质量要求,验收预制管。预制管收货时,需具备构件出厂合格证,并对其外观进行检查。确保预制管无裂缝、掉边等现象。

　　c. 预制管机械运输到现场基坑旁边,用汽车吊吊装到基坑底,人工配合管道就位、安装。下管前要清理沟内杂物,并清洗混凝土平基面。

　　d. 下管及安装从下游向上游进行,吊车下管前先勘查进出通道和吊放场地是否坚实,吊臂能否伸到沟中线。

　　e. 吊管工具,包括吊管钢丝绳及专用吊钩、卡环等,使用前专门检查及校核是否符合安全规定。捆扎管子找好重点,务使起吊平稳,吊车下管时,专人指挥,有明确、统一的指挥信号。放管时下降速度均匀,到达沟底时低速轻放。

　　f. 下管以后,将管排好,然后对线校正。校正时注意管内流水位是否相平,不相平时垫平。全井段管子移正垫平后,在管底两旁用石子楔稳,不使移动。

　　g. 凡同一井段的管道,因工作条件而需分段作业时,严格控制中线和标高,每次续装时必须校核中线和标高,并和已安装管道段取直取顺。自下游开始装管时,圆形检查井应使管外径两端刚与井内壁接触为好,管顶部突入井内部分可不凿去,而装到上游井时,若管长不适合,亦以伸入到管外径两侧能接触井内壁为止,超长部分截除,其余不需凿除。

　　h. 管道稳定后,再复核一次流水高程,符合设计标高后才进行接口抹带工作。

　　3)接口、傍管

　　①水泥砂浆接口,采用 1:2 水泥砂浆,平口管或榫口管在接口前将渠道抹带处洗刷干净及凿毛,充分润湿,然后抹上约 1/3 左右厚度的底层砂浆,压实并取粗糙面,待底层砂浆初凝,然后抹上第二层砂浆,并按设计尺寸抹足,第二层初凝后,再用灰匙压实抹光。管径 $\phi \geqslant 700$ 的要抹接内平缝。

　　②接口抹接完成后,覆盖淋水保养,开始稳管。按设计图尺寸,安装模板,稳管嵌边混凝土及按套环混凝土模板均采用定型钢模板。模板按图纸要求到厂家制作,验收合格即可使用。模板安装拼缝紧密,模板支撑牢固、稳定,并在内侧涂隔离剂。

　　③采用钢筋混凝土套环接口。先将管口凿毛并扫水泥油二度,安装模板。混凝土现浇前,检查模板及按套环钢筋箍安装是否符合设计规范要求。在基础面洒适量水润湿其表面,清除模板内杂物。混凝土现浇要求同基础混凝土现浇要求。混凝土初凝后及时进行养护。

　　5. 检查井砌筑

　　(1)砌筑前将井位基础面洗刷干净,定出井中点,划上砌筑位置和砌筑高度,以便操作。

　　(2)砌筑检查井所用页岩砖质量符合设计、规范要求。砌砖前,让页岩砖吃透水,表面润湿。页岩砖搬运小心堆放,避免不必要的破损。

　　(3)砌筑圆井时注意圆度,挂线校核内径,收口段要每皮检查,看有无偏移。在井下部干管伸入处,特别是管底两侧,用砂浆碎砖捣插密实,其余逐层錾砖砌包妥当,务使不渗漏。

(4)砌筑圆形检查井勿使上下皮对缝。检查井内外批挡,每砌筑 50cm 高即批挡 1 次,做到随砌随抹灰。

(5)管伸入进水井和检查井内的部分,把它凿到与内壁齐平,并用砂浆抹修平整。

(6)当天砌筑的高度不能超过 2m,每天砌筑结束时,清除跌落在井内的灰浆砖碎。整个井砌筑完成后,清除井内脚手架,垫脚砖、临时堵水基或导槽,并封堵脚手眼。

(7)井砌筑完成后,及时装上预制井环,安装前校核井环面标高与路面标高是否一致。无误后,再坐浆垫稳。

(8)检查井砌筑质量要求:圆井井身内径圆顺,有足够的圆度。砖壁砌结保证灰浆饱满、平整;抹灰抹实压光,无空鼓、裂缝等现象;井内流槽平顺;内、外批挡光亮;井环、井盖完整无损,安装平稳,位置正确。

2.2.4.7　路基填筑施工方法及技术措施

1. 土方回填

场地清理完成后,复测地面标高,对还没达到设计标高的路基进行回填土处理。

(1)施工工艺流程(见图 2—23)

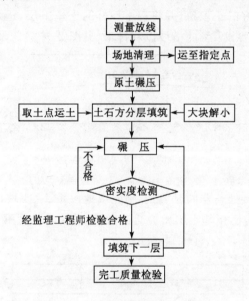

图 2—23　土方回填施工工艺流程

(2)主要施工方法说明

1)施工准备

路基土方回填前,先进行场地清理,清除施工范围内的草皮、垃圾、烂泥、积水及地面上影响施工的构筑物。

2)施工测量

①复测路线高程。测放好中线后,进行纵横断面的水平标高测量,以确定土路基的回填高度。

②路基放样。根据路线中桩、横坡、路肩边线、路堤坡脚线等定出路基轮廓,每隔 5m 设置标志桩。

③施工过程注意保护好有关的测量点、桩志,并随时进行检查,如发现测量网点及其他测量

点有变动或下沉,及时通知测量监测组进行检测,并报给监理检查和复核。

④资料整理。如实详细记录测量结果,每段测量完成后,测量记录本及成果资料由测量工程师和技术组负责人共同签字后报监理工程师审核认可。

3）土方填筑

①对已设好的标志桩进行拉线,使线顶的高度即为设计路床高。

②检查填土的质量,选用透水性较好的土,以保证路堤的稳定性。

③在填筑前,对填料进行含水量等指标的试验,填筑时检查填料的含水量,使之在最佳含水量下进行。填筑高度小于80cm或不填不挖时,将原地清理后,表面翻松30cm深,然后整平压实;填土高度大于80cm时,将原地表整平后压实,并经监理工程师验收后才开始填筑。

④填筑时采用水平分级分层卸料、摊铺,最大松铺层厚不超过30cm,最小松铺厚度不小于10cm。并按照横断面全宽分成水平层次,逐层向上填筑。

⑤填筑由路中向路边进行,先填低洼地段,后填一般路段,使路基保持一定的路拱和纵坡,横坡坡度为2%～4%。

⑥在同一路段上要用到不同性质的填料时,应注意:

a. 不同性质的填料分层填筑,不能混填,以免内部形成水囊或薄弱面,影响路堤的稳定。

b. 尽量采用水稳性较好的土填筑,并将透水性好的土填下层,透水性较小的土填上层;如透水性小的土填下层时,层面要设4%的横坡以利排水(见图2—24)。

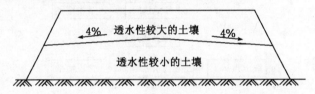

图2—24　填筑

c. 填方相邻作业段交接处若非同时填筑,则先填地段按1∶1坡度分层留好阶梯;若同时填筑,则采用分层相互覆盖法,使相邻土层相护交迭衔接,搭接的长度不少于2m(见图2—25)。

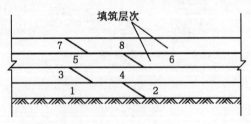

图2—25　填筑搭接

d. 按施工计划安排,靠快慢车道分隔带一侧的2条车行道先进行施工。路基填筑时进行阶梯形放坡(见图2—26),已保证后填筑的路基段与其能紧密相接,符合密实度要求。没条件进行阶梯形放坡的,后填路基修筑时,先将已完的路基逐层按阶梯形开挖,并逐层填筑新的土路基。

e. 填土分层的压实厚度和压实遍数与压路机、土的种类和压实度要求有关,通过现场试压来确定。

4）土方的碾压

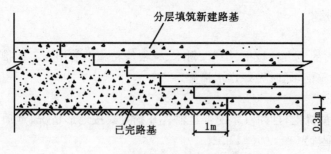

图 2—26　放坡

①碾压时,按先边缘,后中间的顺序进行。注意纵横向碾压的接头必须重叠。横向接头对振动压路机一般重叠 40cm～50cm,三轮压路机一般重叠后轮的 1/2,前后相邻两区段的纵向接头处重叠 1m～1.5m。碾压时做到无漏压、无死角并确保碾压均匀。

②开始碾压时,土体较疏松,强度低,先轻压,随着土体密度的增加,再逐步提高压强。推运摊铺土料时,机械车辆均匀分布行驶在整个路堤宽度内,以便填土得到均匀预压。否则要采用轻型光轮压路机(8～12t)进行预压。正式碾压时,用振动压路机,第一遍静压,然后由弱到强。

③碾压时如土质的含水量小于或大于最佳含水量的要洒水或晾晒才能进行压实。压实时出现弹簧土的,要将弹簧土清挖掉,用碎石砂换填后再继续压实。

④路堤边缘压实不到的地方,仍处于松散状态,雨后容易滑坍,土方填筑时两侧多填宽 40cm～50cm 并压实,压实工作完成后再按设计宽度和坡度刷齐整平。

⑤路基填料的最小强度最大粒径及土方压实度严格按规范进行施工。

⑥雨期施工的措施:雨期填土应当天碾压,以免填土含水量过大。如遇下雨应停止填土,以免形成橡皮土。

5)水塘填筑

当路基穿过水塘、河涌时,先在路基两边坡脚外采用砂包、纤维布相结合的形式,修筑 1 条砂包防水堤,抽干积水,将淤泥全部清除。在水塘底原状土上铺 1 层砂砾混合料作为隔离层,摊铺整平,用推土机碾压或夯实。见图 2—27。

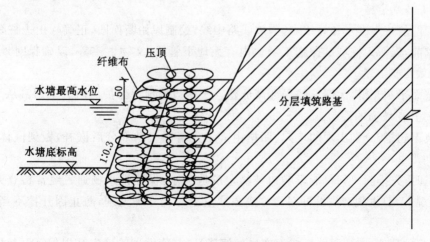

图 2—27　水塘填筑路堤施工图

2. 路基土方开挖

（1）清除场地

开挖施工范围内的地表种植土、杂草、树木、树根等在施工前用人工或推土机予清除，运至指定地点弃置，并堆放整洁，同时做好排水措施。

（2）施工作业

1）开挖采用挖掘机挖，自卸汽车配合运输。开挖方式按地形情况、地质情况、挖方断面及其长度并结合土方调配确定。

2）路堑施工前先做好截、排水设施，并随时注意检查。堑顶为土质或弱夹层岩石时，及时做好天沟等防渗措施，确保边坡稳定。

3）土方工程施工期间的临时排水设施应注意与永久性排水设施相结合。水不得对路基产生危害，不得排入农田，也不得引起淤积或冲刷。

4）土方开挖均自上而下进行，采用逐层顺坡开挖方法，用挖掘机沿纵向顺坡取土，自卸汽车运土，不乱挖超挖，严禁掏底开挖。

5）施工工艺流程如图2-28所示。

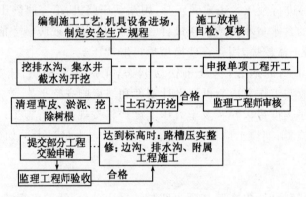

图2-28　路基开挖施工工艺流程图

（3）施工技术措施

1）施工前复核水准点和导线点，测放线路中线，绘制原始断面图，正确标出边桩线。

2）开挖前，先派人挖坑试探施工场地内有无地下管线、文物古迹等，以确保对地下管线、文物古迹等有效保护。

3）边坡面平顺光滑，无明显的局部高低差。土质边坡预留保护层由人工用镐从上至下顺坡修整，确保对开挖坡面的控制。

4）边坡不超挖，个别出现的坑穴、凹槽由人工先清除松动部分后嵌补，做到嵌体稳定，表面平顺，周边封严。

5）施工时，先排除一切可能影响边坡稳定的地面水，保证排水畅通。经常检查开挖坡度和坡面稳定情况，一旦发现有裂缝开口坍方迹象或危土等应立即处理，防止因开挖不当引起失稳、坍塌。

6）土方开挖路段应预留因压实而产生的沉降量（其值由试验确定），以保证开挖路段的顶面标高。

7）路基挖方至设计断面后，如仍留有不适用材料或发现土层性质有变化时，及时报请甲方、监理,并按要求的开挖宽度、深度继续开挖,并按批准的填料回填压实,路床顶面以下 30cm 的压实度,或路床顶面以下换土超过 30cm 时,其压实度均≥95%。

8)雨期,集中人力、机械分段突击开挖、压实,本着完成一段再开挖一段的原则,当日进度当日完成。开挖路堑,设置纵向或横向排水沟,以便水能及时排出,防止积水浸泡路基。

3. 路基沉降及稳定的监测

根据规范的要求,填筑的路堤,要进行沉降和稳定的监测。

(1)监测的仪器(见表 2-19)。

表 2-19　　　　　　　　　　　　　　　监测仪器

观测项目	仪器名称	观 测 目 的
地表沉降量	沉降板、S_1 水准仪	用于沉降管理。根据测定数据调整填土速率;预测沉降趋势,确定预压卸载时间和结构物及路面的施工时间;提供施工期间沉降土方量的计算依据
地表水平位移及隆起量	边桩、J_2 经纬仪、全站仪	用于稳定管理。监测地表水平位移及隆起量情况,以确保路堤施工的安全和稳定
地下土体分层水平位移量	测斜管、测斜仪	用于稳定管理与研究,用作掌握分层位移量,推定土体剪切破坏的位置
地基孔隙水压力	孔隙水压力计、频率计、应变仪	用于观测地基孔隙水压力变化,分析地基土固结情况

(2)监测断面的布置

一般路段每隔 50m～100m 设置观测断面,每个断面设置 3 处,分别位于两侧路堤边坡坡趾(见图 2-29、图 2-30)。

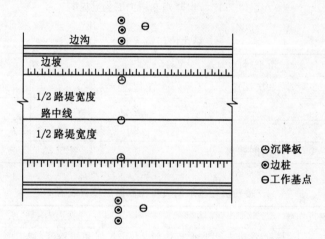

图 2-29　沉降观测点平面布置

(3)沉降观测施工工艺流程(见图 2-31)

(4)监测方法

1)观测频率(原则上按位移变化率与孔压变化率控制),一般情况如下:

①填土预压情况(见表 2-20)。

②复合地基情况(见表 2-21)。

2)稳定性观测:路基稳定性通过观测地表面位移边桩的水平位移和地表隆起量计算得出。

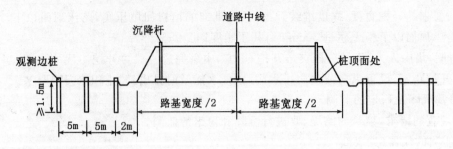

图 2—30 道路横断面

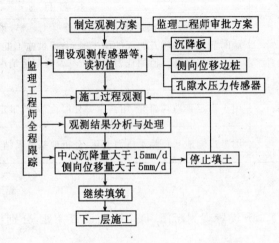

图 2—31 沉降观测施工工艺流程图

表 2—20 填土预压情况表

仪 器	填土时间	预压期（d/次）			
	（次/d）	1 周内	1 月内	3 个月内	3 个月后
沉降板	1	2	4	7	15
测斜	2	2	7	15	15
孔压	不间断监测	1	2	4	7

表 2—21 喷粉桩地基加固质量控制监测项目表

监测项目	测点布置	测试器件	测试频率	反馈基本信息
孔隙水压力	每200m一测孔，每孔根据软土层厚度埋设1~3个孔压计	孔隙水压力计、频率仪/应变仪等	施工前测初始值，施工中每天1次以上，工后观测至验收	地基中含水量，有效应力及土性变化等情况
竖向位移（沉降）	每200m一测试断面，每断面中3个点，分别在路中轴线及两侧布置	沉降板、水准仪等	施工前测初始值，施工中每2天测1次，后根据位移变化比速率情况测试	位移变化及土性变化情况
水平位移	每200m测试面（同沉降），道路侧旁各设置2个边桩	边桩、全站仪等	同沉降测读要求	位移变化及土性变化情况
动力触探	按成桩数的1%~3%进行自检	轻便动力触探仪	成桩后的2~4d内	成桩质量

①位移观测边桩的埋设

位移观测边桩埋设在路堤两侧边坡趾部共 6m 处，观测桩采用 C25 钢筋混凝土预制桩，长度为 1.50m，断面采用正方形，桩径为 15cm，桩顶露出 1 节 ϕ22 钢筋头作为测点。边桩的埋设深度为地表以下不小于 1.2m，露出地面的高度不大于 10cm。边桩采用打入，桩周上部 50cm 用混凝土浇筑固定，确保边桩埋置稳固。

②位移观测边桩的观测

a. 观测的方法：水平位移观测采用单三角前方交会法观测，地表隆起的观测采用高程观测法。观测系统由位移标点和用以控制标点的工作基点以及用以控制工作基点的校核基点三部分组成。在位移边桩的附近设置工作基点桩，基点桩构成三角网，并且相互通视。工作基点设置在两侧边桩的纵向延长轴线上，且在地基变形影响区以外，用以控制边桩。位移边桩与工作基点的最小距离为 2 倍路基底宽即 100m。校核基点要求设置在远离施工现场和工作基点而且地基稳定的位置。工作基点桩采用预制的钢筋混凝土桩，埋设时打入硬土层中 2m 以上，在软土地基中打入的深度大于 10m。桩周顶部 50cm 采用现浇混凝土加以固定，并在地面上浇筑 1×1×0.2m 的观测平台，桩顶露出平台 15cm，在顶部固定好基点侧头。校核基点采用预制钢筋混凝土桩打入具有一定深度的硬土层中。控制点四周采用浇筑混凝土，观测期间定期与工作基点校核。

b. 观测的频率：1 次/d。

3）沉降观测

观测板的埋设及观测。沉降板埋置于路堤两侧趾部 5m 处。沉降板由钢板、金属测杆和保护套管组成。底板尺寸为 60×60×1cm，测杆为 ϕ22 钢筋，保护套管采用 ϕ50 钢套管，在观测期间，随着填土的增高，测杆和套管相应接高，每节长度 50cm～100cm，接高后的测杆顶面略高于套管上口，套管上口加盖封住管口，避免填料落入管内而影响测杆的下沉自由度，盖顶高出碾压面高度 30cm～60cm。

观测期间，利用水平位移观测的基点桩和校核基点桩作为观测基桩（见图 2—32）。

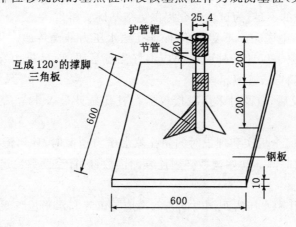

图 2—32　沉降板大样图

4）水平位移观测

土体水平位移量在观测点埋设测斜管，由测斜仪测得。

测斜管在每个断面设置 2 处，分别位于两侧路堤边坡坡趾，纵向方向间隔 200m 设一断面。测斜管采用弯曲性能以适应被测土体的位移情况的塑料管。测斜管内纵向的"十"字导槽应润滑顺直,管端接口密合。测斜管埋设时采用钻机导孔,导孔要求垂直,偏差率不大于 1.5%。测斜管底部置于深度方向水平位移为零的硬土层中至少 50cm 或基岩上,管内的"十"字导槽必须对准路基的纵横方向。

水平位移观测断面应与沉降观测断面位置吻合,观测断面设于与路线垂直的轴线上。

5)孔隙水压力观测

①孔隙水压力测试系统由孔隙水压力计和量测仪器两部分组成。孔隙水压力计必须具备以下条件:

a. 有足够的强度和耐久性。

b. 读数稳定,测量延滞时间短。

c. 外形光滑平整,体积小。

d. 测量方便,精度符合观测要求。

孔隙水压力计布设于路中心,并与沉降、水平位移观测点位于同一观测断面上。孔隙水压力测点沿深度布设在原地面以下 8m~10m 内的土层中,布设竖向间距为 1.5m~4m,土层较厚时,埋置深度应及至压缩层底。

②孔隙水压力计埋设原则

a. 合理布置在压缩土层,反映多土层情况。

b. 对原地基土扰动尽量小。

c. 不影响正常施工。

③孔隙水压力计埋设方法

a. 孔隙水压力计采用钻孔埋设,埋设时孔隙水压计紧密贴合测点土层,采用干燥膨胀土和高液限黏土泥球缝孔密闭,使测点土层孔隙与上部土层孔隙完全隔绝。埋设时,采用一孔单只孔压计埋设方法为宜。

b. 钻孔埋设时,做好钻孔详细记录,必要时,可采取土样进行土工试验,以补充或校核原土工试验资料或土质参数的不足,为试验研究提供更多基础资料。

c. 保护孔压计外引电缆完好不受损坏,保证孔隙水压力准确传递。待同一观测断面的全部孔压计埋设后,所有孔隙水压计的外引电缆应编好测点号码,而后集中穿入硬塑料管埋入电缆沟,引出路基外进入观测房或观测箱内。

d. 每只孔压计埋设后,应及时采用联接仪器检查孔压计是否正常;若发现异常,不能修复,应及时补埋。

e. 埋设后,待钻孔完全填实和埋设时的超孔隙水压力消散时,才可测读孔压计的初始读数,一般需要 3~4d 的稳定时间。初始读数必须连续测读数日,直至读数稳定为止,以稳定的读数作为初始读数。

在路堤施工期间,孔隙水压力观测时间与频率应与沉降和水平位移观测要求相同。

(5)测点的保护

工作点桩、沉降板观测标、工作基点桩、校核基点桩、测斜管在观测期间设置醒目的警示标志和派专人看管。测量标志一旦遭受破损,立即复位并复测。测斜管除防止碰撞外,还必须做好管口的封口工作,以防异物落入管内造成堵塞而报废。

(6)监测结果指导施工

施工时,路基的填土速率要严格控制,并以侧向位移为控制数据。在日沉降量不大于 2.0cm 的情况下,才能连续填筑,当日侧向位移大于 5mm 时,应立即停止填筑,当侧向位移停止并得到监理工程师批准后才能继续填筑。每次观测后，及时整理汇总测量结果，报送监理工程师留档。观测稳定标准按中心沉降小于 $2cm/d$，侧向位移 $0.5cm/d$，孔压系数$（B=u/p）$小于 0.6 来控制。

2.2.4.8　级配碎石、稳定层

1. 级配碎石施工

（1）材料准备

用于底基层的碎石最大粒径不超过 $37.5mm$，压碎值不应大于 30%。碎石中不应有黏土块、植物等物质，针片状颗粒总含量不应超过 20%，级配碎石颗粒组成和塑性指数应符合有关规范要求。

（2）路基准备

在铺筑级配碎石底基层之前，应从填筑好的路基上将所有浮土、杂物清除干净，并严格整形和压实使其符合图纸及有关规范的要求。

路床面上的车辙或松软部分和压实不足的地方以及任何不符合规定要求的表面都应翻松，清除或掺添同类材料重新进行整修碾压。

（3）摊铺

路床经验收合格后，可在其上铺筑级配碎石底基层。采用平地机摊铺人工配合施工。图纸设计级配碎石层总厚度为 $20cm$，因此采用一层摊铺完成。松铺系数在正式开工前由试验确定。

到达工地的集料，其含水量应稍高于最佳含水量，以弥补碾压过程中的水分损耗。

在整型过程中，禁止任何车辆通行。

（4）压实

摊铺整形后，随即用压路基在全宽上进行碾压。碾压方向均与中心平行，其顺序是：直线段由边到中，超高段由内侧向外侧，依此连续均匀进行碾压。碾压时，后轮应重叠 $1/2$ 轮宽，后轮必须超过两段的接缝处，使每个摊铺碾压层整个厚度和宽度完全均匀地压实到规定的压实度为止。压实后表面应平整、无轮迹或隆起，并有正确的断面和适度的路拱。

压路机碾压速度，头两遍采用 $1.5\sim1.7km/h$，以后用 $2.0\sim2.5km/h$。凡在压路机压不到的地方，用机夯夯实，直到达到规定的压实度为止。

任何未压实或部分压实的集料被雨淋湿，应翻松晾晒至要求含水量，重新整平碾压成型。

（5）质量要求

1）取样与试验

在即将压实前，每天或每一压实段随机取样 1 次，进行集料含水量、筛分、塑性指数的试验，每 $200m$ 随机取样 4 处，进行压实度试验。

2）实测项目

级配碎石底基层的铺筑质量应符合表 2—22 所列规定。

表 2—22　　　　　　　　　　级配碎石底基层实测项目

项次	检查项目		规定值或允许偏差	检查方法和频率
1△	压实度（%）	代表值	96	按 JTG F80/1 附录 B 检查，每 200m 每车道 2 处
		极值	92	
2	弯沉值(0.01mm)		符合设计要求	按 JTG F80/1 附录 I 检查
3	平整度(mm)		12	3m 直尺：每 200m 测 2 处×10 尺

项次	检查项目		规定值或允许偏差	检查方法和频率
4	纵断高程(mm)		+5,-15	水准仪:每200m测4个断面
5	宽度(mm)		符合设计要求	尺量:每200m测4处
6△	厚度 (mm)	代表值	-10	按JTG F80/1附录H检查,每200m每车道1点
		合格值	-25	
7	横坡(%)		±0.3	水准仪:每200m测4个断面

3）外观鉴定

表面平整密实,边线整齐,无松散。

2. 稳定层施工

（1）施工工艺流程（见图 2—33）

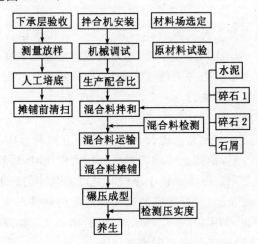

图 2—33　稳定层施工工艺流程图

（2）主要施工方法

1）材料的准备

水泥:采用普通硅酸盐水泥、矿渣硅酸盐水泥,应选用终凝时间较长（在 6h 以上）的水泥。水泥进场时,检查水泥的出厂合格证及厂家的检验报告,严禁使用没有出厂合格证及厂家检验报告的水泥。水泥使用前,对其进行检验,以确定其性能是否满足使用要求。

石屑:石屑坚硬、耐久、干净无杂物,含泥量不大于 3％,最大粒径不超过 1cm。

拌和采用自来水,不含有害杂质。

2）机械的准备

检查拌和机及压路机是否运行正常,计量设备是否准确。

3）试验路段

工程开工前 56d,将拟用的材料样品委托实验室进行混合料组成设计,并将结果报监理工程师审批。

在未开始铺筑水泥稳定石屑基层至少 28d 前,先在监理工程师批准的地点试铺 1 段 800m²

的试验路段。

试验路段试验方案包括采用不同设备类型及技术,用不同的压实方法,以检验所采用的设备能满足备料、拌和、摊铺和压实的效率以及施工方法和施工组织的可靠性。并确定压实次数、层厚、压实时材料的含水量范围、干密度等数据。

4)拌和

在现场设搅拌站,拌合料使用机械进行搅拌。拌合料搅拌前应先检查所用的水泥、石屑、水等是否合符规范及设计的要求;拌好后由运输车运到施工段摊铺。水泥、石屑、水按设计配合比规定用量采用自动计量装置进行计量,确保拌合料达到最佳含水量。

5)摊铺

对土路基或底基层进行验收,合格后才进行稳定层的摊铺。摊铺时气温在+8℃以上和非雨天才能进行施工。

施工前根据稳定层的设计厚度用边桩拉横断面线,根据试验路段得出的数据,分层摊铺。摊铺主要采用机械进行,人工配合找平及成拱。在摊铺机无法工作的部位,如井位四周、挡土墙边等,采用人工摊铺,用蛙式打夯机夯实。

6)碾压

混合料摊铺、整平后,立即使用压路机进行压实。碾压遵循"先轻后重,先边后中,先慢后快"的原则,并在水泥终凝前完成。即先用8t压路机对路基进行稳压,稳压次数2遍,再用12t的压路机碾压6~8遍。碾压速度先慢后快,头两遍的碾压速度为1.5~1.7km/h,后6~8遍为2.0~2.5km/h。相邻碾压的轮迹每次重叠的宽度为1/2后轮宽。碾压的顺序由两侧向路中推进,先压路边2~3遍后逐渐移向中心,并检测横断面及纵断面高程。

碾压过程从稳压至碾压成型,设置施工警示牌,禁止一切车辆驶入稳定层施工范围。

若碾压中局部有"弹软"现象,立即停止碾压,待翻松晾干或处理后再压,若出现推移则适量洒水,整平压实。碾压至表面平整,无明显轮迹,压实度大于设计规定值,抗压强度>4.5MPa。

若分段进行施工,衔接处留一段不压,供下一段施工回转机械之用。接缝施工时,将前一段施工末端的斜口铲除,使稳定层端头面与路床垂直,再进行下一段摊铺;或预留50cm不碾压,待重新连接铺筑后一并压实。

7)养护

摊铺完,压实度达到要求后,即采用淋水养护。若分两层摊铺,底层水泥稳定层碾压完后,底层铺筑碾压完成后洒水养护24h,再铺筑上层水泥稳定层。整个基层完成后,养护7d,期间禁止车辆驶入。

(3)质量要求

1)水泥稳定碎石基层实测项目(见表2-23)

表2-23　　　　　　　　　　　　　　水泥稳定碎石基层实测项目

项次	检查项目		规定值或允许偏差	检查方法和频率
1△	压实度 (%)	代表值	95	按JTG F80/1附录B检查,每200m每车道2处
		极值	91	
2	平整度(mm)		12	3m直尺:每200m测2处×10尺
3	纵断高程(mm)		+5,-15	水准仪:每200m测4个断面

项次	检查项目		规定值或允许偏差	检查方法和频率
4	宽度(mm)		符合设计要求	尺量:每200m测4个断面
5△	厚度 (mm)	代表值	−10	按JTG F80/1附录H检查,每200m每车道1点
		合格值	−25	
6	横坡(%)		±0.3	水准仪:每200m测4个断面
7△	强度(MPa)		符合设计要求	按JTG F80/1附录G检查

2) 外观鉴定

表面平整密实、无坑注,无明显离析。施工接茬平整、稳定。

2.2.4.9　侧平石、人行道砖块

1. 侧平石安装

(1) 施工工艺流程(见图2−34)

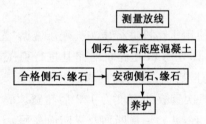

图2−34　侧平石安装施工工艺流程图

(2) 主要施工方法

1) 测放道路中线和高程,按设计边线引出侧、平石、缘石边桩,直线部分桩距为10m~15m,曲线部分为5m~10m,路口转弯弧位为1m~5m,在边桩测放侧平石的高程。

2) 侧石安装

检查侧石的质量,合格的方可采用。侧石铺筑前先挂线,在稳定层上浇筑侧石底座混凝土,混凝土找平后安砌侧石,安砌时卧底砂浆虚厚2cm,内侧上角挂线,让线5cm,缝宽1cm。经校核边线及高程无误后,勾缝并浇侧石后背混凝土,并用振棒振捣至密实。安砌时卧底砂浆虚厚2cm,内侧上角挂线,让线5cm,缝宽1cm。

3) 浇筑后淋水养护14d。

2. 人行道块铺砌

(1) 施工工艺流程(见图2−35)

(2) 主要施工方法

1) 检查稳定层的密实度、平整度及标高,符合要求后方可进行面层铺筑。

2) 铺筑时先在C15水泥混凝土上虚铺2cm厚10％水泥干砂,然后开始铺砌人行道预制件。

3) 铺设前放出纵横坡及边线,每5m进行纵横挂线,然后3~5先铺1块作控制点,以后跟线在中间铺砌。

4) 铺砌时应轻轻平放,用木锤或橡胶锤轻敲压平。

5) 铺砌时若发现预制块松动或高低不平时,将预制块取起,重新整平夯实砂垫层,然后再铺

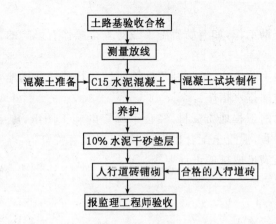

图 2—35　人行道块铺砌施工工艺流程图

回预制块。不许向预制块底塞垫碎砖石。

6）人行道块铺砌不勾缝。铺砌后养护 3d 方可通行。铺砌必须平整稳定，不得有翘动的现象。

7）人行道面层与其他构筑物应接顺，不得有积水现象。

8）人行道面的横坡控制在 1%。

9）预制块人行道安装允许偏差符合表 2—24 规定。

表 2—24　　　　　　　　　　预制块人行道安装允许偏差及检验方法

项　目		允许偏差（mm）	检验频率		检验方法
			范围	点数	
压实度	路床	≥90%	100m	2	用环刀法或灌砂法检验
	基层	≥95%			
平整度		5	20m	1	用 3m 直尺量取最大值
相邻块高差		3	20m	1	用尺量取最大值
横坡		±0.3%	20m	1	用水准仪测量
纵缝直顺		10	40m	1	拉 20m 小线量取最大值
横缝直顺		10	20m	1	沿路宽拉小线量取最大值
井框与路面高差		5	每座	1	用尺量

2.2.4.10　桥梁工程施工方法及技术措施

1. 钻孔桩施工

本工程共有 φ120 钻孔灌注桩 24 根。

（1）施工准备

1）材料准备

①水泥：采用抗腐蚀和业主推荐厂家品牌水泥，有出厂合格证并经试验合格。

②砂：中砂或粗砂，含泥量不大于 3%。

③碎石：粒径 10mm～40mm，含泥量不大于 2%。

④钢筋：采用业主推荐厂家品牌钢筋，并有出厂合格证和按规定试验合格后才能使用。

2) 技术准备

①施工前应做场地查勘工作,如有妨碍施工或对安全操作有影响的,应先做妥善处理后方能开工。

②施工前应做好场地平整工作,对不利于施工机械运行的松散场地,必须采取有效的措施进行处理。场地要采取有效的排水措施。

③应具备施工区域内的工程地质资料,经会审确定的施工图纸,施工组织设计(或方案),各种原材料及其抽检试验报告,混凝土配合比设计报告,以及有关资料。

④施工机械性能必须满足成桩的设计要求。

(2) 施工方法

1) 施工安排

①拟投入 4 台钻机进行施工。

②钻孔桩施工时,拟投入 2 台吊机配合钢筋笼等的施工。

2) 泥浆循环处理

在钻孔灌注桩施工过程中,每天有大量的泥浆需进行处理,如处理不当,势必影响进度及现场文明施工,为此在每座桥的施工范围内各设置 1 个泥浆处理点。每个泥浆处理点设有泥浆沉淀池及净浆池,并配备 1 台 SNZ-3 型泥浆处理设备。钻孔时泥浆循环净化处理过程:桩孔泥浆经过泥浆沟流入沉淀池后用泵送到泥浆处理设备进行净化,净化后的浆液流入净浆池作循环使用,渣土装车运走。该设备净化泥浆的最大能力为 $180m^3/h$,泥浆通过旋流和振动筛二级净化处理,固液分离效果相当好,分离出来的固体含水量较低,净化效果较理想。

3) 钢筋笼制作安装:桩钢筋笼在现场一次制作,使用吊机吊入孔内安装。

4) 混凝土灌注供应:在现场设搅拌站拌制混凝土,混凝土运输车把混凝土运至浇筑点进行混凝土灌注。

(3) 施工工艺

1) 工艺流程(见图 2-36)

2) 操作工艺

①桩位测量复核

根据施工图及测量有关资料放线定桩位,会同有关人员对轴线、桩进行测复核。经复核桩位正确无误,并进行地下管线探测、处理后方可埋设护筒。

②护筒制作和埋设

护筒采用 8mm 厚的钢板加工制作,其内径比直大 200mm。在埋护筒时,护筒底部和四周所填黏质土必须分层夯实,护筒中心竖直线应桩中心线重合,平面允许误差为 50mm。护筒埋设深度不小于 2m。其顶部高出地面 0.3m。当钻孔内有承压水时,应高于稳定后的承压水位 2.0m以上。

③制作及其性能要求

a. 开孔时使用的泥浆用优质黏土制作,泥浆的相对密度控制在 1.2~1.45;当钻孔至黏土层时应注入清水,以原土造浆护壁,泥浆密度应控制在 1.1~1.3。

b. 泥浆控制的指标:黏度率为 8%~4%;胶体率≥96%。

c. 施工中应经常测定泥浆的相对密度、黏度、含砂率和胶体率。为了使泥浆有较好的技术性能,必要时可在泥浆中投入适量的添加剂。

④钻头的使用

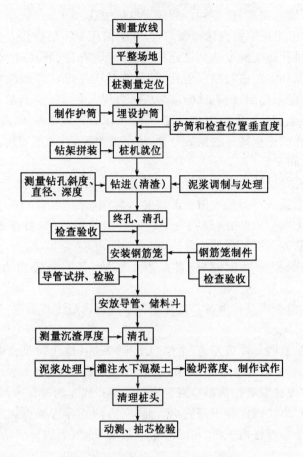

图 2—36　钻孔桩施工工艺流程图

a. 在软土层采用笼式钻头；

b. 在岩层用镶焊硬质合金的冲击钻头。

⑤泥浆循环

泥浆循环为正循环，其循环路线是：净浆池的泥浆（通过泥泵的动力）→桩孔底→护筒出浆口→泥浆沟（管）输送泥浆→泥浆沉淀池—泥浆净化系统→净浆池→桩底孔。

⑥钻孔施工

a. 开钻时应慢速钻进，待钻头全部进入地层后，方可加速钻进。

b. 钻孔时应采用减压钻进，即钻机的主吊钩始终要承受部分钻具的重力，而孔底承受的钻压不超过钻具之和（扣除浮力）的 80%。

c. 在钻孔排渣、提钻头除土或故停钻时，应保持孔内具有规定的水位的要求的泥浆相对密度和黏度。

d. 异常情况的处理

在钻孔的过程中，如发现斜孔、弯孔、缩颈、塌孔或沿护筒周围冒浆以及地面沉陷等情况，应立即停止钻孔，经采取下列有效措施后，方可继续施工。

（a）当桩孔倾斜时，可反复修孔纠正，如纠正无效，应在孔内回填黏土（冲孔时回填夹片石的黏土）至偏孔处以上 0.5m 再重新钻孔。

（b）钻孔过程中如遇孔，应立即停止钻孔，钻孔时回填黏土，待孔壁稳定后再钻，冲孔时回填夹片石的黏土,加大泥浆的密度,反复冲击造壁后继续成孔。

(c)护筒周围冒浆可用稻草黄泥堵塞洞口,并在护筒压上一层砂包。

(d)验孔和清孔:桩孔施工深度达到设计标高后,应对孔深、孔径进行检查,符合规范要求后方可清孔。拟使用正循环方法进行换浆清孔,使沉渣处于悬浮状态随泥浆排走。清孔后从孔底提出泥浆试样,进行性能指标的试验,试验结果应符合规范要求。清孔后沉渣厚度应符合设计规定,并必须在灌注混凝土前复测孔底沉渣厚度,符合要求方可灌混凝土,如沉渣厚度超过规定者,可在灌注混凝土前对孔底进行高压射风数分钟,使沉渣飘浮后,才能灌注混凝土。

(e)钢筋笼的制作和安装

钢筋笼的制作应符合设计要求和规范有关规定。钢筋净距必须大于混凝土粗料粒径3倍,钢筋直径区段范围内的接头不得超过钢筋总数的一半。

钢筋笼吊运时应采取措施防止扭转、弯曲。安装钢筋笼时,应对准孔位,吊直扶稳,缓缓下沉,避免碰撞孔壁,钢筋笼下沉到设计位置后,应立即固定,防止移动。

为了保证钢筋的保护层厚度,拟设置混凝土垫块,其间距竖向为2m,横向圆周不得少于4处。

钢筋笼安装完毕,应会同设计单位和监理工程师进行隐蔽工程验收,验收合格及时灌注水下混凝土。

钢筋笼的制作和吊放的允许偏差为:主筋间距±10mm;箍筋间距或螺旋筋螺距±20mm;骨架中心平面位置20mm;骨架顶端高程±20mm,骨架底面高程±50mm。

下钢筋笼时,须按设计要求把桩基检测管同时下至孔底。为确保声测管的位置正确及完整,须按设计要求把声测管焊接固定在钢筋笼内。此外,为防止导管碰撞声测管,在安装导管时,应把导管垂直置于桩孔中心缓慢地下落,在灌注水下混凝土时,抽拔导管的速度不要太快,并使导管垂直置于桩孔中心。

(f)灌注混凝土应执行下列规定:

开始灌注时,为避免混凝土离析,采用ϕ500导管进行垂直下落,最下端到孔底的距离为0.3m~0.5m。

灌注的桩顶标高应比设计高出一定高度,一般为0.5m~1.0m,以保证混凝土强度。

在灌注将近结束时,应核对混凝土的灌入数量,以确定测混凝土的灌注高度是否正确。

(4)施工技术要点

1)钻孔施工

①桩机就位要严格对中,保证桩机垂直下钻。施工时要经常检查钻机的钻杆或冲孔机的冲击钻钢丝绳的使用情况,发现钻杆弯曲或冲击钻钢丝绳不能继续使用时要及时修理或更换。

②钻孔过程中要经常检查钻头磨损程度,发现钻头磨损严重,直径小于规定值应及时补焊修复,以确保直径符合设计要求。

③钻孔过程中应根据土层类别、孔径大小、钻孔深度及供浆量确定相应的进钻速度或冲孔机相应的冲击高度,并应符合下列规定:

a. 研钻机施工时,在淤泥层钻进速度不宜大于1m/min;在松散砂层应根据泥浆补给情况严格控制钻进速度,一般不宜超过3m/h;在硬土层的钻进速度以钻机不发生跳动为准。

b. 冲孔机械施工时,在硬土层用2m~3m高的中高冲程;在基岩用3m~4m高的高冲程。

④为了确保桩和垂直度偏差小于0.5%,钻孔施工时,经常对钻孔桩机进行水平测量,以保证钻孔桩机处于水平状态下工作。

⑤施工至岩层时,要按规定及时取岩样,取出岩样装入尼龙胶袋存放好备查,并详细记录入岩情况,终孔时要会同现场监理及有关人员验孔,符合终孔要求后迅速清孔,尽快灌注混凝土。

2) 钢筋笼制作

①制作场地要平整,制作时先将主筋的加劲箍焊接好形成骨架,然后焊接螺旋筋。钢筋笼在运输和起吊过程中,要在钢筋笼上每隔 3m～4m 装上可拆卸的"十"字形临时加劲架,以防止变形。

②对在运输、堆放和起吊过程中发生变形的钢筋笼,必须修复后才可使用。

3) 混凝土浇注

①混凝土灌注前要进行坍落度检验,符合要求方可灌注。

②灌注混凝土时每桩留置试件不得少于 2 组。

4) 出现土、溶洞桩孔柱的施工措施

①设置长护筒:根据桩内土、溶洞的洞高埋设长护筒,以防钻穿土、溶洞时桩孔内大量失浆,一时补浆不及而造成地面坍塌事故,洞高小于 3m 的桩孔,护筒长度 6m～8m,洞高 3m 以上的桩孔,护筒长度 8m～10m。长护筒直径为设计桩径加 20cm,用 10mm 厚钢板制作,并沿护筒周边竖向设置 8 条通长、宽度为 150mm 的钢板加强带,板带厚度 8mm。长护筒埋设前,先把桩孔钻 3m～7m 的厚度,再使用 45kW 或 75kW 振动锤把长护筒沉下。

②储备足量泥浆:在现场储备足量的泥浆,以防钻机钻穿土、溶洞而使孔内出现失浆时,能及时补充孔内泥浆,保持孔壁稳定。

5) 质量控制

①灌注桩用的原材料和混凝土强度必须符合设计要求和施工规范的规定。

②成孔深度必须符合设计院要求。沉渣厚度不得大于 20mm。

③实际浇筑混凝土量严禁小于计算体积。

④浇筑后的桩顶标高及浮浆的处理必须符合设计要求和施工规范的规定。

6) 钻孔灌注桩施工的允许偏差

①桩径 D 容许偏差为 ±100。

②垂直度容许偏差为 1/100。

③桩位容许偏差:单排桩、条形桩基沿垂直轴线方向和群桩基础边桩的偏差为 $D/6$,但相邻两桩不能往同一方向。

(5) 产品保护

1) 混凝土灌注标高低于地面标高的桩孔,灌注混凝土完毕立即回填砂石至地面标高。严禁用大石、砖墩等大件材料回填桩孔。

2) 严禁汽车、吊机、桩机等大型机械碾压桩位。

3) 严禁把桩体作锚固桩使用。

2. 承台施工

(1) 承台基坑开挖方法

桥台或墩柱的钻孔桩施工完毕,随即进行承台基坑的开挖(对于埋深较大的承台)。开挖基坑采取用小型挖掘机配合人工挖掘的方法。基坑开挖完毕,待打凿桩头混凝土和验桩合格后才进行承台各道工序的施工。本工程地质报告显示地下水不丰富,所以暂不考虑基坑开挖时的防水施工。

(2) 模板及支架的选用

承台用 18mm 厚木夹板,支架使用 φ48 钢管搭设。

(3) 钢筋加工及混凝土输送方式

1) 钢筋在现场加工及安装。

2) 混凝土输送方式:泵车泵送。

(4) 操作工艺

承台施工工艺流程见图 2-37。

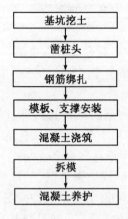

图 2-37　承台施工工艺流程图

1) 使用小型挖掘机配合人工挖掘基坑,达到承台底施工标高后,然后打凿桩头。

2) 施工采用 18mm 厚木夹板。钢筋绑扎必须严格按图纸设计及施工规范进行施工,承台混凝土浇筑时采用泵车泵送施工,一次浇筑完毕。承台浇筑前应先预埋柱筋,并用木方和钢管固定。

3) 养护采用储水养护即可。

3. 桥墩(柱)、桥台施工

(1) 桥墩(柱)施工

1) 材料和设备准备

①模板

面板采用 4mm 厚钢板,圆柱钢模板上下连接弧肋采用 8mm 厚钢板,2 个半边圆对接采用 70×70 角钢。模板安装时由 2 个半圆钢模板合龙而成,模板长度为 1.5m。混凝土圆柱钢模板委托专业公司钢模板厂制作,在模板验收合格后,由公司材料设备公司负责运进施工现场。

②辅助材料

间距为 900×900mm 的碗扣式脚手架作工作平台;M10mm 螺栓、M10mm 螺母;φ10mm 钢丝绳四边斜拉;花篮螺丝;预埋[14 槽钢压脚(用木楔楔实);100×120mm 垫脚木枋。

③工具

水平尺、扳手、钢卷尺、线锤。

2) 工艺流程(见图 2-38)

3) 施工方法

①模板施工

a. 钢模板安装前必须清理干净,并均匀地涂刷 2 道隔离剂。

图 2—38 桥墩(柱)施工工艺流程图

b. 钢筋绑扎完后,首先在柱脚处摊铺护脚砂浆,在模板下口找平。

c. 借助吊机将 2 个半边圆钢模板拼成一整体,然后吊装就位。

d. 用螺栓将模板组合起来,并逐个拧紧。

e. 利用线垂和经纬仪沿纵横两个方向控制和测设柱的垂直度,并进行多次测设、复核、校正。垂直固定用钢丝绳加花篮螺栓四边固定,钢丝绳由下至上每 3m 一道,上端固定在水平方向按 90°夹角分开,并预埋钢筋作为地锚和钢丝绳连接,钢丝绳的延长线要通过圆柱模板的中心。利用预埋的[14 槽钢作柱底脚校正和水平方向的固定,在柱垂直度校正后用木尖顶紧钢柱模板,确保浇筑混凝土时柱脚不发生水平位移。

f. 由于混凝土圆柱高度较高,所以采用多节拼接的方法。多节拼接法是将多节柱模拼接一起使用。要注意上下对齐,然后在模板周围沿竖向设置若干通长钢管,外边设几道铁丝箍箍紧,使之成为一个整体。要求钢柱模对接处平滑、尺寸精确。

②浇筑混凝土

浇筑混凝土时使用泵车,利用泵管将混凝土导入模中,振捣密实。浇灌时使用钢串筒,因设计要求桥墩混凝土需一次浇灌完成,而最高的桥墩高达 20 余米,混凝土的振捣需采取措施。拟采取每隔 4 节圆柱模板留 1 个 1/4 大的特制振捣口,由特制加长振捣棒加混凝土的自重完成混凝土的密实。

③拆模及养护

当圆柱混凝土强度达规范要求(2.5MPa)时,可开始拆模,采用吊机拆除。首先拆除钢丝绳,然后拆开组合模板的螺栓,将模板从柱面拉开即可。拆开的模板严禁摔撞,并应及时清理干净,将两半模板拼好,上好螺栓,竖向放置,严禁叠压横放。

拆模后,应对柱面进行检查,混凝土养护采用塑料布覆盖养护。

④质量保证措施

a. 模板应具有必要的强度、刚度和稳定性,且板面平整,接缝严密不漏浆。

b. 重复使用的模板应始终保持其表面平整、形状准确,不漏浆,有足够的强度、刚度等,任何翘曲、隆起或破损的模板,在重复使用之前必须进行修整,直至符合要求后才可以使用。

c. 灌注混凝土前,模板应涂刷隔离剂,隔离剂应采用同一品种,以利于保持混凝土表面色泽一致,但容易黏结在混凝土上或使混凝土变色的油料不得使用。

d. 模板安装完毕,应保持位置正确,不论在灌注混凝土之前还是在灌注时,当发现模板有超过允许偏差变形值的可能时,应即时停工,进行纠正。

e. 浇筑混凝土前,会同驻工地监理工程师对支架、模板、钢筋和预埋件等进行检查和验收。

f. 混凝土浇筑前,应将模板内的杂物和钢筋上的油污清除干净,模板内不得有积水,如有缝隙或孔洞,应予以嵌塞,经驻工地监理工程师检查认可后,方能浇筑混凝土。

g. 自高处向模板内倾卸混凝土时,为防混凝土离析,应符合下列规定:

从高处直接倾卸时,其自由倾落高度不超过 2m,对钢筋密集的混凝土结构不宜超过 0.6m。

当倾落高度超过 2m 时,应通过串筒下落;倾落高度超过 10m 时,应设置减速装置。

（2）桥台施工

桥台按如下步骤施工(见图 2—39)。

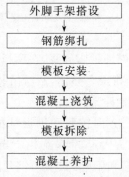

図 2—39　桥台施工工艺流程图

1) 施工方法

① 模板施工:考虑到桥台的侧面压力较大,拟采用特制钢模板(钢板厚 4mm)体系,加设对拉螺栓,为了减少螺栓的数量,适当加大钢模板的强度系数,增大材料的规格。纵横向的模板支撑采用双角钢,分纵横两层通过对拉螺栓收紧。另外,为了确保模板安装及施工安全,应在墩柱四周用 ϕ51 钢管搭设工作平台,并作为模板支架,沿墩柱四周每边设两道斜拉杆,以加强其整体性。模板安装和拆除的全过程都需要有吊车协助进行。

② 钢筋施工:按照设计图纸要求抽料,制作钢筋,成品运输到墩柱附近后,由人力通过脚手架传递到位绑扎,先固定竖向钢筋,再安装箍筋等副筋。

③ 混凝土施工:浇筑混凝土时采用混凝土泵车,利用导管将混凝土导入模具中,振捣密实,侧模 2d 后即可拆除,并且塑料薄膜包裹养护。

2) 质量保证措施

同本款(1)项 3)中④。

4. 墩(台)帽的施工(见图 2—40)

墩(台)帽模板采用 20mm 厚大夹板配 ϕ16 对拉螺杆,支撑体系采用门式架支顶组成。钢筋采用现场绑扎,须严格按图纸及施工规范施工。墩帽模板安装成形后,用 ϕ51 钢管斜撑杆和斜拉钢索固定,以防止墩帽在浇筑混凝土时产生偏移,墩帽混凝土浇筑也利用吊机吊运混凝土斗,不留施工缝一次浇筑完成。采用插入式振动器进行振实,侧模在混凝土强度达到 1.2MPa 以后拆除,底模须待混凝土强度达到 70％以后方可拆除,混凝土养护采用自然淋水养护。

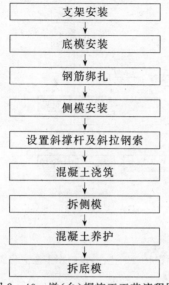

图 2-40　墩(台)帽施工工艺流程图

5. 支座安装

(1) 墩台支座位置处的混凝土表面,应当光滑、平整和清洁,以保证全部面积上压力均匀。为了支座更换方便,应采用绝对固定的装置。

(2) 认真检查所有表面、底座或支座垫石标高、安装的桥梁支座的标高。如与图示不同,调整下部构造标高,使完成后的上部构造达到要求的标高。所有这些标高调整,应得到监理工程师批准。支座垫石的标高允许误差连续梁为±5mm。

(3) 支座与梁体及墩采用预埋螺栓连接,必要时也可采用与预埋钢板焊接,焊接时要防止支座钢板过热,以免烧坏硅酯及聚四氟乙烯板和支座本身的变形;支座安装要保证支承面的水平及平整,支座支承面四角高差不得大于 2mm;支座垫板应平整、光洁、安装准确;先用环氧树脂把支座黏紧在支座垫石上,再在四氟板上涂上硅油,4 个角黏上双面胶,然后把不锈钢板贴上去,待梁吊装前先在不锈钢板上涂上黏胶砂浆,再吊装梁。

6. 预制空心板制作

(1) 空心板施工工艺(见图 2-41)

桥梁上部结构为 30m 后张法预制预应力钢筋混凝土空心板结构。预制空心板板高 135cm,板面为 10cm 现浇桥面连续层,与空心板共同受力。空心板采用预制场预制,分批运至现场吊装或架桥机安装,然后施工桥面现浇层及路面附属工程。

预制板制板完成后,须抽取 1 片板做静载试验,工程完成后,要做动荷试验。

50 号空心板:120 块,尺寸为 1.35×1.49m。

(2) 主要施工方法

1) 施工准备:选择本工程教学区设置预制场地,约 300m² ,并在附近设置混凝土搅拌站及砂、石、钢筋堆料场及加工厂。详见《施工总平面图》(略)。

2) 预制场地施工

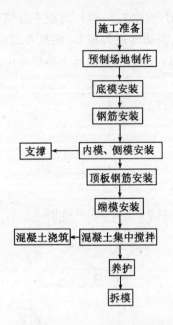

图 2−41　空心板制作工艺流程图

①由于预制场地选择在蕉林位置，为使场地有足够的地基承载力，避免出现制梁板时地面下沉，影响梁板体质量，先回填 80cm 以上山渣土，并且振动压路机分层压实，再铺筑 20cm 厚 6％水泥石屑稳定层。

②预制场设能生产 1 条空心梁板的生产线，并且预留足够的空地作堆叠成品区或必要时增加生产线。

③底模采用大型钢模板，并根据设计要求，在台座面定出梁板的中心线及起拱标高，将底模按标高安装好。

3）侧模采用专门设计的大块定型钢模板，侧模的顶面用卡具拉结牢固。

模板制作、安装技术要求见表 2−25。

表 2−25　　　　　　　　　　　　　模板制作、安装技术要求

工程种类	项　目	技术要求	检验频率	检验方法
装配式模板安装	相邻两板表面高差	2mm	每套模板检查 5 点	直尺丈量
	表面平整度	5mm	每套模板检查 5 点	2m 直尺丈量
	模内尺寸	长度：梁板＋5mm，−0	每套模板长、宽、高各量 1 处	尺量
		宽度：梁板＋5mm，−0		
		箱梁板顶宽：＋5mm，−0		
		拱肋：＋5mm，−0		
		高：梁板＋5mm，−0		
	侧向弯曲	小于长度 1/5 000	纵向量 1 处	尺量
	预留孔位置	预应力梁板孔道 3mm		尺量

　　模具设计原则主要基于:保证构件各部分形状,尺寸和相互间位置的正确;具有足够的稳定性,刚度及强度;装拆方便,接缝严密,不易漏浆等。

　　预制梁板内模用橡胶气囊,安装与拆卸均以人工为主。

　　模板应坚固,在施工荷载作用下不应变形,模板应准确地符合结构处尺寸,同时表面平整和接缝紧密。每次拆下模板,应认真清洁和整理。保证下次良好地周转使用。使用的模板油,应是浅色石蜡基石油制品,不能使混凝土表面变色。

　　支架:支架处地基应充分整平压实,不至下沉。

　　支架应根据混凝土的重量及支架本身的弹性及非弹性变形设置施工预拱度。

　　在混凝土浇筑全过程中不致失稳变形。

　　4)钢筋

　　钢筋表面应洁净,成盘的钢筋和弯曲的钢筋均应调直,按设计图纸弯折成型。

　　在梁板的最大弯矩处,钢筋接头与钢筋弯曲处距离不小于$10d$(d为钢筋直径)。

　　钢筋的接头采用焊接,双面焊接焊缝长度不应小于$5d$,单面焊接焊缝长度不应小于$10d$。合理布置长短钢筋,使受力钢筋接头设置在内力较小处,并错开布置,使接头的截面面积占总截面面积的百分比符合设计要求。

　　为了保证混凝土保护层的必需厚度,在钢筋与模板之间设置水泥砂浆垫块,垫块用埋设其中的铁丝与钢筋绑扎紧,并互相错开,分散布置。

　　5)预应力筋施工

　　①张拉作业区设置危险警示标志,禁止无关人员进入作业区。

　　②张拉设备(千斤顶、油泵与油表)应配套标定检验,检验合格后才能投入使用,并按规定周期进行重新标定。

　　③张拉设备实行专人使用和管理,并注意经常维护。

　　④张拉设备应与锚具配套使用。

　　⑤预应力张拉中出现断丝、千斤顶漏油、油压表不回零或调换千斤顶油压表时,所有的设备应重新进行校核。

　　6)浇筑混凝土

　　现浇混凝土前对模板标高截面尺寸、构件的预埋、铁位置尺寸、模板的支架稳定及刚度,拼缝的紧密程度,以及对拉螺栓间距紧固情况等进行全面验收。

　　混凝土采用粒径小于2.5cm粗骨料配制,坍落度控制在10cm左右。为增加混凝土流动性、和易性,在混凝土试配时在配合比中掺入适量的粉煤灰或其他外加剂,确保混凝土浇筑质量。浇筑时,在梁板底部先垫约5cm厚与混凝土相同成分的砂浆,再分层下料,厚度30cm左右,严格振捣,确保混凝土浇筑质量。

　　预制空心板振捣以插入式振捣器和附着式振捣器,混凝土从下至上分层浇筑,混凝土下料范围必在附着式振捣器作用范围内,下料范围一旦超出,应立即在下一个点启动附着式振捣器。混凝土浇筑至腹板时,可用插入式振捣器振实,直至浇筑至梁板面抹平。

　　7)构件养护

　　构件浇筑终凝后立即进行养护,在养护期间用麻袋覆盖,使其保持湿润,避免日晒。洒水养护时间不少于7d。构件强度达到设计值100%即可进行运输、吊装。

　　8)封端

　　封端钢筋应与梁板体钢筋焊接,梁板端表面凿毛,立模浇筑混凝土应注意封端混凝土的密实度。

7. 预制空心板的运输与吊装

（1）施工准备：安装前要用全站仪精确放出支座横向和轴向中心线，实测出支座位置处标高，与设计标高比较后，高的凿除，低的用砂浆补平，将桥梁支座放好。墩、台帽放置支座处必须保持平整、清洁。

采用汽车运输，汽车吊吊梁。陆地架设法，采用 2 台吊机进行吊装。其步骤为：起吊→纵移→横移→落梁。

（2）安装：简支空心板在预制场地生产后用运梁拖车运到桥位处，采用 2 台 60t 大型吊车装梁准确安装就位。

（3）保证安全措施

1）起重工应经专门培训，持证上岗。做好安全技术交底，严格执行施工方案。作业时，指挥员站在能够照顾全面工作的地点，做到信号统一、清楚、正确、及时。

2）吊装区域内严禁非作业人员入内，进入吊装现场的工作人员必须戴安全帽。

3）戴安全帽进行高空作业，安全带挂在牢固可靠的地方。

4）高空作业人员不准穿硬底鞋、塑料鞋和拖鞋。

5）保证夜间吊装或运输构件有足够照明。

6）起重作业中做到"六不吊"：指挥手势或信号不清不吊；重量、重心不明不吊；超载荷不吊；视线不明不吊；捆绑不牢不吊；挂钩方法不对不吊。

（4）施工要点

1）起重吊车在安装吊装前，要对其传动部分进行试运转，要求各操纵系统完全正常，并检查所有起重索具要符合规定，发现有不符合要求或损坏的索具要立即更换，方可使用。

2）吊车的行下通道和停机位置，均须事先检查检修，必要时采用加固措施（如松软地段的地基加固），以满足起重机的工作稳定性和对地下管线的维护，免至损坏。

3）在起重机工作有限半径和有限高度，特别是在有输电架空线路时，要加高安全高度，在起重机的工作范围内不得有障碍，否则必须清理完后，才可以吊装施工。

4）在起吊时，要进行试吊检查，具体施工时按设计规定的吊点位置挂钩或绑扎，吊起构件离地 20cm～30cm 时，检查机身是否稳定，吊点是否牢固，在情况良好的前提下，方可继续工作；

5）汽车吊机不得斜拉或作卷扬牵引使用，必须垂直吊升，起吊安装时，必须以支腿放下支撑稳固。

6）起吊构件的速度要均匀，平衡升降。

7）尽量不安排在夜间吊装，如果确需在夜间进行吊装，要保证夜间吊装或运输构件时有足够照明。

8. 防撞栏的施工

（1）工艺流程

定位、放线 → 钢筋制作与安装 → 支模板 → 浇筑混凝土 → 养护、拆模

（2）主要施工方法

1）支架和模板

①为保证防撞栏外观质量，防撞栏模板采用大块定型钢模板。钢模板事先进行设计，并按设计要求制作和验收。

②预制空心板吊装完成并完成铺装层后，即可安装防撞栏模板。

③模板均匀涂刷隔离剂,以免混凝土产生麻面现象。

④栏杆内、外模板均采用整体钢模板,于翼板混凝土及栏杆下半部分混凝土下完后才安装。内模采用斜撑,在翼板上预埋地钉以通长杆作地龙,外模采用斜撑,支顶架顶面做固定地龙杆,内外斜撑的上方均在栏杆顶面下。栏杆顶面设定位卡,间距 600mm,定位卡可用钢板或圆钢制作。

2) 钢筋制作与安装

①在桥面结构层上放出桥梁纵轴线,复核控制点标高,并校正结构层伸入防撞栏底部的钢筋,敷设排水管道,并对敷设位置、坡度逐项进行检查验收。

②根据放出的线位,先每隔一定距离安置 1 个防撞栏箍筋,箍筋底部与结构层伸入防撞栏的钢筋绑扎。在箍筋上划好分档标志,然后绑扎纵向钢筋,在纵向钢筋上按箍筋间距划好分档标志,接着绑其余箍筋,并将其与伸入防撞栏的钢筋绑扎。

③逐点绑扎防撞栏钢筋,绑扎时部分采用反"十"字扣或套扣绑扎,避免一面顺扣。钢筋搭接长度及位置要符合设计和规范要求,钢筋搭接的中心和两端用铁丝绑牢。

④纵向钢筋在真缝处断开,并在真缝两侧点焊支撑真缝模板的"7"字形施工用钢筋。

⑤在钢筋外侧绑扎砂浆垫块,以保证保护层的厚度。

3) 浇筑防撞栏混凝土

①混凝土采用自拌混凝土。派专人对每车混凝土进行质量检验,包括坍落度、离析情况等,满足要求才投入使用,并预备试块以做强度检查。

②混凝土分两层浇筑,第一层浇至中部,第二层浇至顶线。

③浇灌混凝土采用斜面推进法,由专人统一指挥。用较慢速度浇灌,并用插入式振动器和附着式振动器配合振捣密实,振动点间距大于 50cm。插入式振动器难以插进的个别部位,应用小铁条伸入补插。每点振插时间不超过 30s,防止漏振。

④随振捣随按标高抹平混凝土顶面,并检查防撞栏的顶宽。如顶宽或标高的偏差超过允许偏差时,及时采取措施纠正。

4) 养护

混凝土终凝后,以麻袋覆盖并浇水养护,浇水次数以保持混凝土湿润状态为度,养护时间不少于 7d。

9. 铰缝及铺装层施工

铺装层在很大程度上直接影响到桥梁的使用效果,它除了要求外观平顺,满足行车舒适外,还应耐磨,且与预制空心板共同受力。

(1) 施工顺序

铰缝施工→铺装层施工

具体施工工艺

铰缝: 模板安装 → 钢筋安装 → 浇筑混凝土 → 养护

现浇铺装层。

(2) 主要施工方法(见图 2—42)

1) 预制梁吊装完成后,安装铰缝模板及钢筋,浇筑铰缝混凝土。为节约工程投资,铰缝的施工采用模板倒吊法施工。

2) 铰缝完成后,根据设计标高在板面纵向每 5m、横向每 4m 放 1 个标高点,以作为铺装层浇筑混凝土控制标高用。

3) 采用定型钢模板,模板的顶面为桥面铺装层的设计标高,模板拼接紧密,支撑牢固,内侧

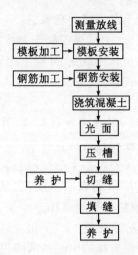

图 2—42　铰缝及铺装层施工方法

及顶面平顺,板底与梁面结合紧密,必要时先用水泥砂浆在外侧封堵,使浇捣混凝土时不至于漏浆,拆模时将其清除。模板装好后进行复测,使其高度误差在±2mm 范围内,以保证桥面铺装层的平整。

4) 清扫干净预制板表面,并用水湿润。

5) 桥面铺装层钢筋网绑扎好之后即浇筑桥面铺装层混凝土。

6) 施工人员施工时在走桥上操作,对钢筋网加强支垫,以保证钢筋网的保护层与设计要求相符。

7) 混凝土采用自拌混凝土,C35 防水混凝土。混凝土质量检查同防撞栏,混凝土的浇筑在纵向由下向上分边进行。

8) 混凝土表面抹光后进行压槽,控制压槽时间,保证压槽质量。

9) 混凝土强度达到 6~12MPa 后即可切缝,切缝前弹切缝线,切缝后清理缝内泥沙,缝内干燥后即可填缝。

10) 桥面铺装层混凝土终凝后即进行淋水养护,时间不少于 7d。

拆模时轻撬轻敲,防止损坏混凝土表面和边角。

10. 桥上人行道栏杆

栏杆压顶采用 C25 混凝土,钢材采用 Q235 钢。

角钢栏杆选材要正品优质材料,电焊饱满密实、造型按设计大样图。

(1) 金属围栏制作

1) 放样:核对图纸的安装尺寸和孔距;以 1∶1 的大样放出节点,核对各部分的尺寸;制作样板和样杆作为下料、弯制、铣、刨、制孔等加工的依据。放样时,铣、刨、制孔等加工的依据。放样时,铣、刨的工件要考虑加工余量、焊接构件要按工艺要求预留焊接收缩余量。

2) 号料:检查核对材料;在材料上划出切割、铣、刨、弯曲、钻孔等加工位置;打冲孔及标出零件编号等。号料时应尽可能做到合理用材。

3) 切割:钢材下料的方法有气割、机剪、冲模落料和锯切等。零件的切割线与号料线的容许偏差应符合如下规定:自动、半自动切割±1.5mm。切割前应将钢材表面切割区域的铁锈、油污等清除干净;切割后断口上不得有裂纹和大于 1.0mm 的缺棱,并应清除边缘上的熔瘤和飞溅物等。

(2) 钢结构焊接工程

1) 焊条使用前,必须按照质量证明书的规定进行烘焙,焊丝应除净锈蚀和油污。

2) 首次采用的钢种和焊接材料,必须进行焊接工艺性能和物理性能试验,符合要求后,才可使用。

3) 多层焊接应连续施焊,其中每一层焊道焊完后应及时清理,如发现有影响焊接质量的缺陷,必须清除后再焊。

4) 焊缝出现裂纹时,焊工不得擅自处理,应申报焊接技术负责人查清原因,订出修补措施后,才可处理,低合金结构钢在同一处的返修不得超过 2 次。

5) 严禁在焊缝区以外的母材上打火引弧。在坡口内引起弧的局部面积应熔焊 1 次,不得留下弧坑。

6) 要求等强度的对接和丁字接头焊缝,除按设计要求开坡口外,为了确保焊缝质量,焊接前宜采用碳弧气刨刨焊根,并清理根部氧化物后才进行焊接。

7) 为了减少焊接变形与应力必须采取如下措施:

①焊接时尽量使焊缝能自由变形,大型构件的焊接要从中间向四周对称进行。

②收缩量大的焊缝先焊接。

③对称布置的焊缝应由成双数的焊工同时焊接。

④长焊缝焊接可采用分中逐步退焊法。

(3) 主要安全技术

1) 防止触电

①焊接设备外壳必须有效接地或接零。

②焊接电缆、焊钳及连接部分,应有良好的接触和可靠的绝缘。

③装拆焊接设备与电力网连接部分时,必须切断电源。

④焊工工作时必须穿戴防护用品,如工作服、手套、胶鞋,并应保证干燥和完整。

⑤焊机应设漏电开关,即"一机一制一漏电开关"。

2) 防止弧光辐射

①焊工必须戴防护面罩(内镶滤光玻璃)。

②在公众场所焊接,须装置活动挡光屏。

③焊接工作场所应该有良好的通风、排气装置、良好的照明。

④焊接工作场所周围 5m 以内不得存在有易燃、易爆物品。

⑤焊工高空作业时要戴安全带,随身工具及焊条均应放在专门皮袋中。

(4) 金属围栏施涂工程

1) 施工准备

①金属围栏安装分道工序完成后,经质量检查均符合要求。

②油漆基层面经清理已无铁锈、油污、焊渣灰尘等杂质。

③有关油漆调配的各配合比已由试验室送至施工现场,并经调试检查均符合现场施工使用及验收要求。

2) 操作工艺

①一般规定

a. 涂刷应分两次进行:涂底层应于构件制作完毕组装之前进行;涂面层应在金属围栏安装完成并固定后才进行。

b. 涂刷之后在 4h 以内应严防雨水淋洒。

②操作顺序：一般的操作顺序应该是从上而下,从内到外;先浅后深的分层次进行。

③操作方法

a. 组装前涂底层漆

构件表面的清理工作经现场有关人员复检合格后,即可均匀地涂刷上 1 层已调制好的红丹;待红丹充分干燥后,便把已调制好的腻子抹在构件低凹不平之处刮光;待腻子干透后,即用磨砂纸打磨光滑,并把磨出的粉尘拭除干净;打磨时要注意不能磨穿油底,更不能磨损棱角。然后开始涂刷底层油漆 2～3 遍;涂刷时每遍均要做到横平竖直,纵横交错厚度均匀一致。

底层涂刷完毕后,应在构件上按原编号标注。

b. 安装完成后涂面层漆

构件安装完成经检查均符合施工图的要求及规范的规定后,便对构件在运输和安装过程被破坏的涂底层部分以及留作安装的连接处和焊缝,应按组装前涂底层漆的有关规定补漆。涂刷醇酸磁漆 2 度。最后应做全面的检查,确保做到无漏涂、欠涂或少涂;并且符合设计要求及施工要求。

3) 主要安全技术

①各类油漆和其他易燃、有毒材料应存放在专用库房内,不得与其他材料混放。挥发性油料应装入密闭容器内,妥善保管。

②库房应通风良好,不准住人,并设置消防器材和"严禁烟火"明显标志。库房与其他建筑物保持一定的安全距离。

③使用煤油、汽油、松香水、酮等调配油料,戴好防护用品,严禁吸烟。

2.2.4.11　水泥石屑(碎石)稳定层与侧石及人行道工程

1. 水泥石屑(碎石)稳定层施工

150mm 厚 6％水泥石屑稳定基层及 150mm 厚 4％水泥石屑稳定基层摊铺机一次性摊铺完成,350mm 厚 5％水泥稳定碎石基层采用摊铺机分 2 次摊铺完成,具体的施工方法如下:

(1) 工艺流程(见图 2—43)

(2) 预先试验

在水泥稳定碎石基层铺筑前的 1 个月,经监理工程师批准,在施工场地内选 400～800m² 作预先试验场地,并将计划用于主体工程的材料、配合比、拌合机、摊铺机、压实设备和施工工艺用上,当试验结果达到规定的要求并取得监理工程师批准,才可以成为本工程的组成部分,否则重新试验。

试验合格后即开始水泥石屑(碎石)稳定层的大面积施工。

(3) 主要施工方法

1) 拌和及运输

采用强制式搅拌机拌和,拌合料按设计配合比所规定的用量每槽过秤,确保拌合料达到最佳含水量,采用翻斗车运至施工点。拌制时含水量可控制在稍大于最佳含水量,以保证运输过程中的水分散失及碾压时的最佳含水量,运输车辆适当覆盖。

2) 摊铺

150mm 厚 6％水泥石屑稳定基层及 150mm 厚 4％水泥石屑稳定基层摊铺机一次性摊铺完成,300mm 厚 5％水泥稳定碎石基层采用摊铺机分 2 次摊铺完成。控制基层的松铺厚度:压实系数约为 1.3～1.5(松铺厚度应为设计厚度乘以压实系数)。专人跟在摊铺机后,消除粗集料窝,

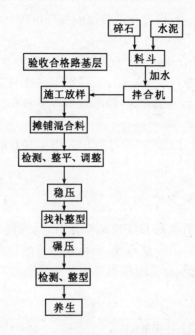

图 2-43　水泥碎石稳定层施工工艺流程图

并用新拌混合料填补。

对明显高出部分,用耙子耙松后,铲出高出部分。为控制平整度,用不小于 6m 的铝合金尺专人检测平整度。

3）碾压

①混合料松铺大致整平后,立即使用机械压实。使用 8~12t 压路机碾压,碾压次数不少于 6 次,头两遍的碾压速度为 1.5~1.7km/h,以后用 2.0~2.5km/h 的速度碾压。

②由两侧向路中碾压,先压路边 2~3 遍后逐渐移向中心。纵坡较大的路段,由低处向高处碾压,随即检测横断面及纵段面高程。

③碾压过程从稳压至碾压成活,设置施工警示牌,确保不让机动车在上面调头、转弯、刹车,以防表面松动。

④碾压至表面平整,无明显轮迹,压实密度≥设计要求密度。

⑤若碾压中局部出现"弹软"现象,立即停止碾压,待翻松晾干或处理后再压,若出现推移则适量洒水,整平压实。

⑥分段进行施工,衔接处留一段不压,供下一段施工回转机械之用。

⑦基层碾压后,根据基层标高,对基层表面进行挖高填低,再进行碾压,如此反复,直至基层满足验收规范要求。严禁采用"薄层贴补"。

4）接缝施工时,将前一段施工末端的斜口铲除,使基层端头面与路床垂直,再进行下一段摊铺;或预留 50cm 不碾压,待连接铺筑后一并压实。

5）用灌砂法对基层进行压实度试验。静力压实法制取试件,专人检测,7d 强度作为下一道工序的依据。

6）碾压合格后及时采用洒水养护。整个养护期间应始终保持稳土层表面湿润,必要时再用两轮压路机压实。养护期间必须限制车辆通行。

7）按照《公路工程质量检验评定标准(土建工程)》(JTG F80/1-2004)有关内容对基层进行

质量验收,并填写隐蔽工程验收记录,经监理工程师验收合格后方可进入下一道工序施工。

(4)关键工序

1)水泥碎石层所用的材料符合规定,并用强制式搅拌机拌和,每槽拌和时间不少于 2min。松铺厚度为设计厚度乘以压实系数(1.3~1.5),基层铺上路床后应大致整平,以便滚压,用压路机在松铺 2h 以内碾压,碾压次数不少于 6 次,碾压后要求平整密实无明显轮迹。随后及时洒水养护。

2)采用摊铺机进行拌和摊铺,摊铺按"设计厚度×压实系数的松铺厚度",检测虚铺厚高程及横断面,使之边线整齐符合设计要求。

2.路侧石施工

(1)施工方法

侧石的安装在下层水泥稳定石屑层施工完成后进行,首先浇筑混凝土侧石基础,再安装侧石,侧石安装时用经纬仪定位,水准仪测量高程,确保快车道侧石安装顺直。安装完成的侧石经检验合格后再浇筑侧石后座混凝土,施工时模板采用定制钢模。

(2)侧石安装(见图 2-44)

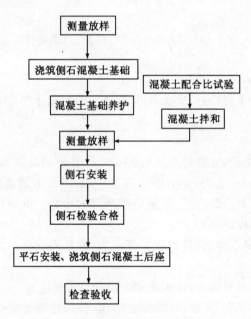

图 2-44　侧石安装施工工艺流程图

1)侧石标高及平面位置控制

侧石平面位置控制:侧石放线时应按道路的路线方向进行放线。对于直线段,可直接用全站仪放出直线;全站仪放线时每 10m 设置 1 个平面控制桩,用以挂线控制侧石的平面位置,安装侧石时,从控制桩量出,挂线进行施工。

侧石高程控制:在用全站仪设置平面控制桩的时候,同时根据原路中线标高测设平面控制桩的高程,作为侧石安装的标高控制基点。安装时根据桩位处的侧石设计标高,从高程控制点量起高程差值进行标高控制。

2)侧石排砌施工方法和要求:侧石施工根据施工图确定的平面位置和顶面标高所放出的样线执行。侧石灌缝,必须用水泥砂浆(强度应大于 10MPa)灌缝饱满密实,勾缝可为平缝或凹缝。

侧石的排砌必须稳定,侧石背后的回填必须密实。

3) 水泥混凝土侧石质量标准见表 2—26。

表 2—26　　　　　　　　　　　　　水泥混凝土侧石质量标准

序号	项目	允许偏差 (mm)	检查频率		检验方法
			范围	点数	
1	直顺度	10	100m	1	拉 20m 小线量取最大值
2	相邻块高差	3	20m	1	用 1m 直尺和塞尺量取最大值
3	接缝宽	直线段±5,曲线段±5	20m	1	用钢尺量
4	直线段断裂数	≤1	10m	—	目测计量
5	侧石顶面高程	±10	20m	1	用水准仪测量

3. 人行道施工

(1) 工艺流程

基层素土夯实 → 水泥碎石稳定层 → 1∶2.5 水泥砂浆 → 面铺砌人行道混凝土砌块

(2) 水泥(石屑)碎石稳定层:见第 2.2.4.11 条第 1 款。

(3) 安装侧石

1) 测放出道路中线和高程后,引出侧石后边桩,桩距为 10m~15m,路口转弯处为 5m,并在边桩顶上测放出高程,令边桩顶为侧石顶标高。

2) 挂线,然后在基层座上水泥砂浆,铺上侧石,经校核边线及高程无误后施工侧石后座,固定侧石,然后向前铺砌。

3) 缝宽为 0.5cm,用 1∶3 水泥砂浆勾缝。

(4) 人行道砖施工

1) 工艺流程

测量放线 → 粗砂卧层 → 铺砌人行道砖

2) 主要施工方法

①水泥碎石稳定层施工完成并经验收合格后,放出人行道外边线,并约隔 5m 左右测放水平桩,以控制方向及高程。

②用粗砂垫底湿砌人行道预制块。

③人行道铺砌不勾缝,但要求板块之间紧凑、纵横缝整洁、通直。一般先铺设人行道中间的彩色盲人导向砖。

2.2.5　施工进度计划及各种资源配置计划

2.2.5.1　施工期限及依据

招标文件的要求工期为 210 个日历天,即从 2010 年 10 月 10 日开始施工。为加快进度,我公司拟采用先进的施工机械,组织精干的队伍,精心组织,科学管理,并运用网络技术开展多作业面平行、流水生产,确保在 210 个日历天内完成招标文件要求的全部工作内容。施工过程中将按计划进行施工,当遇上特殊情况不能按计划完成时,我公司将根据具体情况,增大投入并相应调整施工计划,但竣工工期不改变。

2.2.5.2 关键项目的工期限制

本工程必须保证桩机按要求的数量及时进场,尽快开始桩基础的施工;同时按要求的规模修建预制场,尽快形成生产能力。随着征地工作的进展,见缝插针地开展土方开挖和软基处理,然后分段进行路基填筑和路面工程,从而确保工期的实现。

确定了关键工序和一般工序,并明确了关键项目和关键工序的施工起止日期。施工过程中,要紧紧抓住关键工序,给予足够的人力和物力资源,保证关键工序的施工按计划进行,从而确保关键项目和工程的总工期。对于一般工序,可以在保证总工期的前提下,合理调配人力、物资。协调好关键工序和一般工序的关系,对材料、机械设备、资金进行优化,以最省的投入按期优质地完成本合同工程的施工。

2.2.5.3 劳动力工种、数量(见表 2-27)。

表 2-27 劳动力安排表

序号	工种 时间 数量	计划人数	2010 年					2011 年					
			8月	9月	10月	11月	12月	1月	2月	3月	4月	5月	6月
1	管理人员	20			20	20	20	20	20	20	20		
2	交通疏解员	3			3	3	3	3	3	3	3		
3	材料员	8			8	8	8	8	8	8	8		
4	测量工	10			10	10	10	10	10	10	10		
5	钻孔桩队	16			16	6	0	0	0	0	0		
6	管道工	40			0	40	40	40	40	20	0		
7	防水工	12			0	6	12	12	12	12	0		
8	机械操作员	20			20	20	20	20	20	20	20		
9	电焊工	15			15	15	15	15	15	15	15		
10	钢筋工	140			60	60	140	140	60	60	60		
11	张拉班	30			0	30	30	30	0	0	0		
12	模板工	100			50	50	100	100	50	50	50		
13	混凝土工	80			30	30	80	80	30	30	30		
14	砌筑工	50			0	0	0	0	0	0	0		
15	电工、机修工	10			10	10	10	10	10	10	10		
16	司机	30			30	30	30	30	30	30	30		
17	普通工	80			80	80	80	80	80	80	80		
18	吊装施工队	20						20	20				
	合计	748			476	616	566	578	408	388	356		

2.2.5.4 机械的安排与调度 (略)

2.2.5.5　主要材料使用计划　（略）

2.2.6　质量、安全、文明环保目标及管理体系

2.2.6.1　目标

本工程基本目标及违约承诺见表 2—28。

表 2—28　　　　　　　　　　　基本目标及违约承诺

项　　目	目　　标	项　　目	目　　标
工期	按 210 天计划完成	文明施工	××市文明样板工地
施工质量	合格工程	环境保护	受政府部门书面投诉率为零
安全生产	责任事故死亡率为零		

2.2.6.2　组织机构及人员

本工程实行项目法施工，根据本工程的特点，为便于管理和组织施工，我们将组织精干的施工管理人员和技术人员，调集精良设备投入到本工程项目之中。并成立由主管生产、安全、文明施工的项目副经理领导的，由组织路桥施工经验丰富的人员担任调度员的生产指挥调度室，加强施工现场的协调和指导。由各施工队主管生产的负责人为调度员，以各工段班组为生产实施对象，形成一个从上而下的主管施工进度的组织体系。

建立以项目经理为核心的责权利体系，定岗、定人、授权，各负其责。

2.2.6.3　管理体系及制度

1. 质量管理体系

项目部依据 ISO 9001 标准、公司质量管理体系手册、程序文件建立健全质量管理体系，并组织实施运行，保证其有效性、符合性。

质量管理体系图　（略）。

2. 质量责任制

（1）项目经理

项目经理作为项目经理部的最高领导者，应对所辖项目的质量全面负责，并在保证质量的前提下，平衡进度计划，经济效益等各项指标的完成，并督促本项目所有管理人员树立"质量第一"的观念，确保《质量计划》的实施与落实。

（2）项目总工程师

项目总工程师作为项目的质量控制及管理的执行者，应对本项目的质量工作全面管理，从项目质量计划的编制到质量体系的建立、运行等，均由项目总工程师负责。同时，应组织编写施工组织设计、各种方案、作业指导书，监督本项目施工管理人员质量职责的落实。

（3）项目副经理

项目副经理作为负责生产的项目主管领导，应把抓项目质量作为首要任务，在布置施工任务时，充分考虑施工难度对施工质量带来的影响，在检查正常生产工作时，严格按方案、作业指导书等进行操作检查，按规范、标准组织自检、专检、交接检等的内部验收。

（4）质检人员

质检人员作为项目对工程质量进行全面检查的主要人员应有相当的施工经验和吃苦耐劳的精神，并对发现的质量问题有独立的处理能力，在质量检查过程中有相当的预见性，提供准确而

齐备的检查数据,对出现的质量隐患及时发出整改通知单,并监督整改以达到相应的质量要求。

(5)施工工长

施工工长作为施工现场的直接指挥者,首先其自身应树立"质量第一"的观念,并在施工过程中随时对作业班组进行质量检查随时指出作业班组的不规范操作和质量达不到要求的施工内容,并督促整改。施工工长亦是各分项施工方案、作业指导书的主要编制者,并应做好技术交底工作。

3. 安全文明生产管理体系(见图 2—45)。

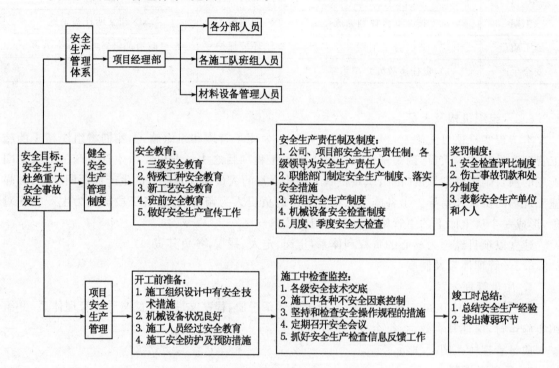

图 2—45　安全文明生产管理体系

4. 环境保护管理制度

(1)根据现场实际情况,核实、确定环境敏感点、环境目标、指标和对应的环保法规及其他要求。

(2)对工程施工全过程中各施工阶段的环境因素进行识别、分析与预测,评价重要环境因素,制定可行的环境管理方案,并向建设单位报审。在施工过程中,若因工程内容、环境要求发生变化,则要相应调整环境管理方案,并重新报审。

(3)根据环境管理方案和施工内容,制定本工程的环保培训计划,增强环保意识。

(4)施工现场设环保负责人,负责日常的环境保护管理工作。环保负责人组织每周对施工现场的环保工作进行一次检查并填写环保周报,对检查中发现的问题及时通知有关部门整改,重大问题报告项目经理。环保周报定期在现场公告栏公布,并开展文明施工、环保施工劳动竞赛,建立奖罚制度,用经济手段推动施工期环境管理的深入开展。

(5)施工过程中若发生污染事故,应视情况立即采取有效措施减少或消除污染影响。

(6)建立施工环保档案,将环保日常管理工作的自查记录和各主管理部门的检查、审核记录一并归档,工程完工后作为竣工环境审核的资料移交给甲方。

(7) 对分项分部工程衔接处的环保工作要明确分工,各作业工区的环保工作分工和交接要有记录,每个工序(作业)结束后由环保负责人进行评定,相应资料应归档管理。

(8) 在工地门口设置公众投诉信箱,并公布投诉电话,主动接受群众的监督,对群众投诉要及时处理并在 3 天内给予答复。

(9) 积极配合业主环境审核组在现场进行审核,并提交相关资料和证明文件。对审核中提出的不符合项及时作出整改计划,内容包括纠正措施、方案、负责人、完成时间、要达到的环境标准等。整改计划经审核组审查批准后实施,对整改计划和措施的落实情况进行跟踪检查及做好登记。

(10) 工程完成后在合同规定的时限内清理好场地,恢复市政设施和绿化,并对环保工作进行全面总结和资料整理,向有关单位申请环保工作完工审定,并按审定意见整改,直至合格。

2.2.6.4　实现工期、质量、安全、文明环保目标的措施和方法

1. 工期保证措施

(1) 一旦中标,本工程将列为我公司的重点工程,调配高素质、道桥施工经验丰富、战斗力强的项目部管理人员,提供充足的物资、设备保证。

(2) 严格按项目法管理,建立完善的管理体系,健全内部经济承包责任制,制定明确的奖罚制度,使效益分配与质量、安全、进度挂钩,激发职工的生产积极性。

(3) 按照批准的施工组织、总工期要求,细化月、旬、周的施工生产计划,对照实际进度、客观条件进行分析、调整,不断完善管理,当实际进度拖后时,在保证质量的前提下,想方设法予以补回,确保工程质量、进度。

(4) 根据设计图、地质勘察报告和现场情况,结合交通疏解,土方调配要求科学、周密地划分工作面,有效地组织均衡生产,提高效率。

(5) 施工机具按施工组织计划和实际进度需求及时进场,配备足够的易损件和消耗材料,制定机操规程,严格管理,设立机修小组对机械进行保养、维修、管理。因沿线较长,现场配备发电机组,以应付停电及用电高峰期供电不足和不同施工段的需要。

(6) 本工程预制材料较多,根据施工组织、进度计划,制定周密的材料需求计划、用款计划,按时进场,避免发生停工待料现象。

(7) 定期对工人进行技术培训,做好新进场工人和新工序开工前的技术交底,提高工人的素质和技术水平,提高工作效率,加快施工进度。

(8) 对进度、劳动力、材料、投资等方面的信息进行信息化动态管理,优化、深化施工组织,以科学为依据,运用统筹方法、网络技术合理配置资源。

(9) 积极与业主、设计、监理及各协作单位沟通,不等不靠,配合业主做好前期准备工作并创造良好的外部环境,减少对施工的干扰。成立协调小组负责协调周边各村镇、企事业单位与施工的关系。

(10) ××地区 5~8 月份是台风、暴雨多发季节,制定严密的雨期施工措施和应急方法,确保排水工程顺利、按时完成,从而保证全部工程按计划完成。

与市气象台建立固定联系,由该台提供每周和每天天气预报,根据天气变化合理安排生产和预防措施。

(11) 成立专门班组,对所有排水管沟、砂井和农田灌溉渠进行 24h 巡查,及时疏浚、排除险情,确保现场排水畅通,不积水。

（12）管沟开挖后,淤泥及时运出场外,管沟内设置集水、排水沟井;边坡根据深度、土质调整放坡比例并适当加强支护。路基两外侧浅挖截水、排水沟,组织定向排水。

（13）路基在检验前适当向两侧走坡,减少路床积水,确保施工便道安全、畅通。

（14）合理布置施工现场的平面和空间,减少各工序、各工点之间的相互干扰和搭接时间,提高效率;虚心听取、接受多方面的合理化建议,完善施工技术和管理,提高工作质量,加快施工进度。

2. 质量保证措施

（1）质量管理措施

为全面实现招标书质量目标,在施工全过程中,我们将始终坚持"百年大计,质量第一"的原则,视工程质量为企业的生命,认真依照各项施工技术规范、规则和各项质量验收评定标准去组织实施。

1）质量管理措施

①组建高素质的施工队伍

a. 选拔质量意识强、领导水平高、施工经验丰富、身体素质好的人员担任项目经理部、工区现场指挥机构的第一管理者,并对工程质量终身负责。并配备功能齐全,业务熟练,配合默契的精干工作班子,具体做好质量管理和监察工作。

b. 组建一支精干、技术过硬、工种齐全、作风顽强、能打硬仗的施工队伍,加强队伍思想建设,提高全员质量意识。

②加强施工技术管理

科学、规范、经济合理的施工技术措施是保工期、保质量、保安全、求效益的重要条件,我们要做到:

a. 建立技术管理体系和岗位责任制。实行以项目总工程师为主的项目经理部技术责任制,同时建立各级技术人员的岗位责任制,逐级签订技术包保责任状,做到分工明确,责任到人,严格遵守基建施工程序,坚决执行现行施工规范。

b. 认真编制施工组织设计及各项施工工艺。运用统筹法、网络计划技术等现代化管理方法,在经过周密调查研究取得可靠数据的基础上,编制可行的施工组织设计,并严格按网络计划组织实施,坚决杜绝计划执行过程中的随意性。整个施工过程必须时时处于受控状态,做到环环相扣,井然有序。

认真编制施工技术方案。由单项工程技术负责人牵头,针对所承担工程的技术难易程度和环境特点,拟定两个以上的施工技术方案,提交给项目总工程师。项目总工程师组织有关人员,对所提出的施工技术方案进行对比分析、优化,最后确定一个实施方案。

③保证技术力量。我们将挑选具有丰富施工经验的优秀队伍,精良的设备投入本工程施工。同时选派有施工经验、责任心强的工程技术人员参加该工程施工,以确保技术工作顺利进行。

④做好施工前的技术准备工作

a. 认真核对设计文件和图纸资料,切实领会设计意图,查找是否有碰、错、漏等现象,及时会同设计部门和建设单位解决所发现的问题。

b. 认真进行技术交底。图纸会审后,由项目经理部的总工程师、工程技术部长、工区技术主管、单项工程技术人员逐级进行书面及口头技术交底,确保操作人员掌握各项施工工艺及操作要点、质量标准等。

c. 认真进行复测,补齐定测时设置的点桩、用地界桩。复测工作要核对,并换人复测。

⑤抓好施工资料管理。施工过程要做好详细记录,各种原始资料搜集齐全,用以组织后期施工、编制竣工文件,并进行施工技术总结,为做好技术档案和技术情报工作打下坚实的基础。

⑥设立工地试验室,配备符合任职资格的试验人员和经过计量检定的仪器设备,确保填料、原材料、半成品和成品符合技术标准。

⑦制定工艺标准,实行标准化作业。使沉井、承台、明挖基础、墩身帽、路基土方、站场、房屋、给排水等施工均按工艺标准进行。

2)强化监督检查

①项目经理部、工区设专职的质量检查工程师。由坚持原则、不徇私情、秉公办事的质检工程师担任,严把工程质量关。

②严格执行工程质量检查签认制度,凡需检查的工序经检查签认后才能转入下道工序施工。

③主动配合支持监理工程师的工作,积极征求监理工程师的意见和建议,坚决执行监理工程师的决定。

3)实行工程质量包保责任制

①项目经理部与工区签订质量包保责任状,保证合格率达100%,无大及重大质量事故,每月一考核,每季一总结,奖优罚劣,奖罚兑现。

②工区对班组实行与工程质量挂钩的计件工资制,并使工程质量在工资分配上占重要的发言权,体现重奖重罚,优质优价。

③建立内部竞争机制,实行优胜劣汰,对工程质量好的班组和个人,在评先进、晋级、调资等问题上予以优先考虑,对工程质量差的班组和个人,予以行政和经济处罚,以示鞭策。

④严格制度狠抓落实

在质量管理工作中,我们一定要坚持贯彻执行八项制度。即:

a. 工程测量双检复检制度。

b. 隐蔽工程检查签证制度。

c. 质量责任挂牌制度。

d. 质量评定奖罚制度。

e. 质量定期检查制度。

f. 质量报告制度。

g. 验工质量签证制度。

h. 重点工序把关制度。

努力做到质量管理工作规范化、制度化,使工程质量处于受控状态。坚持做到定期质量检查,对每次检查的工程质量情况及时总结通报,奖优罚劣,使工程质量通过定期检查得到有效控制。各级质检人员要明确岗位责任制和工作职责标准,坚持做好经常性的质量检查监督工作,及时解决施工中存在的质量问题。

4)全面科学地组织施工

①合理安排施工组织顺序,最大限度地开展平行作业,组织好流水作业,发挥好专业队伍的优势。

②合理使用施工机械和机具,为保证工程质量提供物质条件。

③加强施工队伍的管理。

对承包范围内的工程,工前认真搞好技术交底,工中循环检查,工后总结评比。使广大职工熟悉和掌握有关的施工规范、规程和质量标准。在施工中,加强质量监督和技术指导,保证人人准确操作,确保工程质量。

(2)质量控制措施

1)测量放线质量控制措施

①所有测量仪器必须满足工程精度要求,并经有关部门校正检验,有检验合格证,在有效期内使用。仪器由专人保管、维护,并建立维护保养制度和档案,随时备查。

②测量工程师为本专业毕业,并取得测量工程师职称,有多个相应工程的施工测量经验。测量员经过专业培训,有一定的测量基本知识和实际操作技能、经验,持证上岗。

③在监理工程师的参与下,办好业主提供的城市测量控制系统和工程坐标、水准控制桩位交接手续,并进行校核,发现不符之处,即时提请监理工程师解决,并由监理工程师签认。

④控制桩有明显标志,采取加固、围蔽等保护措施。加设的控制桩,按要求牢固设置。建立定期复测制度。

⑤每半个月复测1遍,遇大风暴雨随时复测,并做好记录,报监理工程师签认。坚持每日巡视制度,随时发现问题,及时采取纠正措施。

⑥道路、管渠中心桩、线路交点、转点、圆曲线和缓和曲线的起点、讫点,本工程的起点、讫点等为重点控制部位,加密临时控制桩,以保证在任何情况下都能使上述部位的控制桩符合设计要求,达到规定的精度。

2)保证钻孔桩施工质量措施

①钻孔施工所用的护筒必须有足够的强度和刚度,保证施工时不会产生变形,场地平整并夯实,以防桩机不均匀沉陷。

②认真熟悉设计提供的地质资料,结合实际及时调整钻机参数。

③钻孔过程中,保证孔内泥浆面高于潜水位,防止坍孔。

④为防钻孔偏斜,开钻前对立轴进行垂直度检查、校正,开始钻进时做到稳、准、慢。

⑤钻孔深度达到设计要求后,对孔径、深度、斜度和孔底岩石全面仔细检查,符合要求且在监理工程师同意后方可浇筑混凝土。

⑥钢筋笼应符合图纸设计尺寸,笼体应完整牢固,并采用垫块保证钢筋笼有适当的保护层。

⑦灌注首批混凝土后导管埋入混凝土深度不小于10m,灌注过程中保持导管埋入混凝土深度在2m~4m。浇筑完成并达到强度后,凿除0.5m~1.0m的桩头混凝土至设计标高。

3)保证混凝土质量的措施

①严格控制原材料质量。

②精心配制混凝土配合比,充分考虑混凝土强度和和易性,通过试验选择最佳配合比。

③安排试验人员进驻预拌混凝土搅拌站,对混凝土搅拌质量进行监控。

④选择最佳混凝土运输线路,尽量减小混凝土在运输过程中的坍落度损失,以保证混凝土在灌注时具有足够的和易性。

⑤加强对混凝土搅拌、运输和灌注过程中的协调和控制,以确保混凝土灌注的连续性。

⑥灌注过程中,严格按照施工规范和操作工艺进行操作,杜绝野蛮施工,防止质量事故的发生。

⑦按规范要求制作混凝土试件。

4)保证墩柱外观质量的措施

①每次灌注前,用角向磨光机将钢模内表面磨光并清洗干净,拼缝处用玻璃胶密封,然后均匀涂刷隔离剂。

②严格控制混凝土水灰比,在不影响混凝土运输和下料的前提下,尽量采用较小的水灰比。

③在选用外加剂时,严格控制外加剂的泌水率和发泡性。

④严格控制下料厚度,一般不超过50cm。

⑤选派具有丰富经验的混凝土工进行振捣。

⑥所有墩柱一次灌注成型。

5)保证现场预制箱梁质量的措施

①严格控制钢筋、钢丝、钢绞线、锚具等材料的质量,绝不使用没有合格质量证明的钢材。

②制梁所用水泥、砂、石必须符合有关规定要求。

③所用预应力系统满足图纸要求,所有张拉设备在使用前都须经过严格检查和检验,确保能满足系统要求。

④各施工工序开始前都要监理到场,经得允许后方可施工。

⑤施工人员在施工前都必须经过学习培训后才能上岗。

⑥做好预制空板梁的搬运、存放、防腐工作。

⑦做好施工全过程的检验实验。

6)防止现浇梁出现裂纹的措施

①严格控制原材料质量,重点控制骨料的级配和含污量。

②严格控制水灰比,尽量采用较小的水灰比。

③适量掺加粉煤灰,以改善混凝土和易性,减小混凝土收缩。

④适量掺入膨胀剂,以控制混凝土收缩。

⑤加强对混凝土搅拌、运输和灌注过程中的质量控制,确保混凝土施工质量。

⑥加强对梁体混凝土的养护,顶板混凝土灌注完毕后,及时对表面进行覆盖和洒水养护,养护期14d。

⑦严格控制脱模时间和脱模强度,混凝土强度达到设计强度的80%且经养护14d后方可脱去底模。

⑧严格按照拟定的施工方案进行基础处理,以确保基础承载力符合现浇梁施工要求。在灌注混凝土过程中和混凝土达到脱模强度之前,注意对支架和底模的观测,严防因支架不均匀沉降而导致现浇箱梁出现裂纹。

⑨加强对成品的保护,在梁体混凝土强度达到设计强度之前,严格控制施工荷载,在施工过程中,应绝对避免翼板承受过大施工荷载,特别是集中荷载。

7)排水管工程质量控制措施

①施工前向有关部门询查、了解地下管线类型、数量、位置、走向,并评估对本工程的影响程度。

②认真熟悉图纸,弄清道路、管渠、排水构筑物和原有明、暗排水系统的坐标位置、高程关系,了解施工要求,并详细标注到每一施工段的平剖面施工图上,以防错漏。

③通过控制网,把管、渠中心线、转角、沟槽开挖宽度、深度,以中心桩、控制桩、龙门桩的形式设置并固定,复测无误后,报监理工程师核准。

④开挖土方时以人工配合机械开挖,以便保护地下未知管线,当机械挖至设计基槽断面底时,留下20cm左右由人工修整以保证设计高程及边坡坡度,控制误差在规范允许范围内。基底留置100mm左右余土,管、渠垫层施工前铲除,以保证基底为未搅动的原状土。

基槽上下设置排水沟、集水井;地下水位高时,采取降低水位措施,防止地基土浸泡,严禁在水中开挖基槽。

对基槽底宽度、深度、中心线、标高、坡度和检查井、沉砂井中心位置进行测量,设置控制桩并做好记录,及时验收。

⑤依据平基、渠箱垫层厚度选定相应槽钢作侧模,严格控制侧模距离、槽钢顶部标高、中心线走向和坡度,以保证平基、渠箱垫层厚度、标高、中心线位置、流水坡度达到设计要求,其误差不超过规范允许范围。自检合格后,报监理工程师复检签认。

⑥混凝土用溜槽送到仓内,用振动器振实至表面有水泥浆即可,然后用钢管沿两侧槽钢来回碾压平整,接近初凝时再用扫平压实。

⑦在混凝土初凝前,复测平基、渠箱垫层宽度、顶部标高、中心线、坡度线,如与图纸不符或超出规范允许偏差,及时纠正。

⑧管道安装质量控制措施

a. 清扫平基面,无泥浆、杂物,修补损坏处,在测量组配合下,设置管道中心线(中心桩)。

b. 用机械吊装安管,以保护管道不损坏和保证安装质量。当管道初步就位后,在管道承插口端面上下两边各划出管口中心线,下边中心线对准平基面中心线(中心桩),上面中心线通过挂线对准已安管道上边中心线,最终就位后临时固定,并清理管内泥砂杂物,检查相邻两管管底高低差,报请监理工程师验收确认。

c. 材料按设计规定,并经检验达到要求后报监理工程师验收签认后使用。按管座肩高,选定相应槽钢支模浇筑,以保证管座混凝土的设计尺寸、允许误差和密实度符合设计要求和规范规定。

8)箱涵施工质量控制措施

①项目部测量组配合技术员,将相应施工段渠箱的中心线、渠壁内、外边线、伸缩缝、沉降缝、沉砂井位置测放于渠箱垫层上,并在施工段终止点、弧度控制点打钉,以便在施工过程中复核。

②以带止水片的 $\phi12$ 对拉螺杆固定模板,保证混凝土截面尺寸。专人控制预留洞口中心线位置,把好管、渠交接处的质量关。

③准确无误制定钢筋下料单,并以此作为钢筋下料加工、验收依据。严格控制钢筋间距和焊接质量。

④金属止水带尺寸符合设计要求,接缝双面满焊,并涂防锈漆2度,钢筋需要穿过止水片时,接缝需双面焊接,涂防锈漆2度,止水片通过焊接固定在钢筋骨架上,保持正确位置。

⑤混凝土质量控制:混凝土落差高度控制在2m以内;浇筑厚度控制在450mm左右。

振捣控制:插入式振动器,振动深度以插入下层深度不超过5cm为准,落点距离不超过有效振动半径的2倍,振动时要快插慢拔,以免产生空洞。振捣直至混凝土表面开始出现水泥浆,不再冒气泡为止。严禁振动棒振动钢筋和已达初凝时间的混凝土,不得用振动棒驱赶混凝土。重点把握好钢筋密集处、拐角处、预留孔洞下部的振动,防止出现露筋。在浇捣过程中,派专人用木锤敲击模板(已达初凝时间的混凝土,模板不得敲击),使混凝土表面与模板之间的气泡排出,以防麻面现象。在整个浇筑过程派木工、钢筋工值班检查,重点为预留洞处,管渠交接处,防止意外发生。按规范要求制作抗压、抗渗试块,并多留1组试块现场养护,为拆模时间提供可靠依据。

⑥复测检查:在整个混凝土浇筑过程中,在初凝时间内,应对渠箱轴线、各部尺寸、底板面、顶板面标高、侧壁垂直度进行检查。发现问题,在混凝土初凝前处理纠正。

⑦养护:已捣制完的混凝土防止暴晒和雨淋,6h后进行覆盖养护,保持98%湿度,养护时间不少于14d。侧模拆卸时间不小于3d,顶板底模待混凝土强度达到设计值的75%时拆卸。

9) 土方回填质量控制措施

①鉴于排水系统处于道路之中,因此沟、渠土方回填应按道路土方回填质量要求进行。道路基层底面下 0～80cm 深度范围内的回填土,压实度不少于 95％,80cm 以下不少于 92％。管底基础底至管顶回填石屑,其余回填坚土,石屑要求级配良好,坚土无淤泥、腐殖土和杂质。回填至道路稳定层底。

②管渠外观进行了检查,试验合格,混凝土、砂浆强度达到设计值的 75％ 以上,隐蔽工程验收,并经监理工程师签认后进行回填。

③测定最佳压实度的含水率,以此为标准控制现场回填土含水率,当达不到此标准时,采取晒干、掺干土、洒水等方式解决,坚持上、下午各测含水率 1 次。

④分层摊铺,分层夯实,每层夯实厚度不超过 20cm～30cm。管、渠两侧、井室四周同时分层对称回填夯实,以防管、渠单向填筑而变形或开裂。

10) 道路工程质量控制措施

①高程横纵坡度控制:由项目部测量组负责,按施工地段、图纸要求设置纵、横断面高程坡度控制桩,并与已建测量控制网校核。

②挖方顶部压实度控制:按设计要求,挖方顶部 0～30cm 范围内压实度不少于 95％(按重型击实标准,下同),通过土的压实试验确定;当达不到设计要求时,采取补解救方案,经监理工程师签认后实施,直至达到压实度 95％ 以上。

③回填土质为坚土,无淤泥、腐殖土、杂物,每天测定土含水率,必要时做土质分析。分层回填,控制每层厚度为 30cm。

④软弹、起皮、推挤、波浪及裂纹等现象的处理。查清原因,制定处理方案经监理工程师签认后实施,并做好详细记录。

⑤当边坡过大影响到设计范围内路基土压实度时,制定处理方案,报监理工程师签认实施,以保证路基土压实度符合设计要求。

⑥稳定层质量控制措施

a. 原材料质量控制。

水泥:有出厂合格证,并取样试验,结果报监理工程师签认。

石屑:坚硬耐久、无杂质、级配良好,其压碎值不大于 30％,按照 JTJ 057 标准抽样试验,试验结果报监理工程师签认。

b. 水泥石屑混合料配合比设计。

设计规定水泥掺量为石屑重量的 6％,通过试验,确定最佳压实度(95％以上)的含水率,以指导施工。试验结果报监理工程师签认。

c. 现场水泥石屑混合料配合比、拌和质量的控制。由项目部试验室派员现场值班,对原材料称量,拌合料均匀度监控,并每天上、下午各测定 1 次石屑含水率,以便及时调整混合料的用水量。

d. 压实厚度和压实度的控制。水泥石屑稳定层厚度为 30cm,分两层压实到设计标高。按设计和规范要求做压实试验,压实度不符合要求的,重新压实,直至合格,并将结果报监理工程师签认。

e. 养护:碾压完成后,立即养护,时间不少于 7d。养护期内禁止车辆行驶。

⑦混凝土面层质量控制措施

a. 道路中心线、纵横向坡度,路面高程厚度、宽度控制,由项目部测量配合,在已建控制网内,按图纸要求,加密控制桩,其间距不超过 5m,并为已建控制网校核。

用[24 槽钢作侧模,经精确测量以控制混凝土路面宽度、厚度、高程等项。

b. 混凝土浇筑质量控制措施。

坍落度、和易性的控制。坚持每车做坍落度试验,发现坍落度、和易性不合要求,经监理工程师同意,如能采取措施改进,可继续使用,否则退货。

按规范要求制作 7d、28d 混凝土试块,以保证设计强度。

压纹在混凝土接近初凝时进行,为保证压纹平直、方向正确,用轻便槽钢作导向杆,使压纹器靠着槽钢行走。

c. 各种板缝的质量控制。

纵缝:本工程为平缝纵缝,且与混凝土浇筑施工块重合,故纵缝的平直度或弧度通过校正侧模的高程、坡度、垂直度、平直度来控制。

横缩缝:缩缝形式、尺寸、间距按图纸规定设置。开缝方式为切缝法,当混凝土强度达到设计强度的 25%～30% 时,采用切缝机切割。为使缩缝平直、中心线垂直,用轻便槽钢做切缝机导向。

横胀缝:胀缝形式、尺寸、间距按图纸规定设置。宽度的两面涂刷沥青厚度为 2cm 的塑料泡沫板嵌于混凝土中控制,待缝的两侧有一定强度后,凿去泡沫板,用浸沥青的马粪纸和沥青填缝。缝两侧各 30cm 搁置于混凝土垫板上。路面板与垫板之间垫放两层涂抹沥青的水泥袋纸,以保证胀缝两侧混凝土面板自由伸缩。胀缝两侧路面混凝土板内,按设计要求放置钢筋笼,以提高胀缝两侧混凝土抗弯、抗冲击能力。严格控制缝两侧模板顶面高度和与中心线的垂直度,保证胀缝两侧路面高差小于 3mm。制作胀缝两侧混凝土的抗折强度试块。

d. 检查井、侧入式进水井顶部标高控制。

混凝土路面层捣制前,根据井位处路面坡度、高程计算出井顶高程,然后调整井圈座浆高度控制井顶高程。道路弯曲部、交叉处的侧入式进水井设置在最低处。当道路纵坡小于 0.3% 时,两座水井之间设置锯齿形排水沟。当捣制井圈周围路面混凝土时,放置加强筋。

⑧道路附属构筑物质量控制

a. 平石和侧石安装。

侧平石尺寸符合设计要求,允许误差:长、宽各 ±3mm,厚(最窄一面)±2mm。

预制块顶部高程和侧面平直度,弧度控制。通过控制预制块的混凝土垫层(人行道为水泥石屑稳定层)高程来控制侧、平石顶部高程,其误差不超过 ±3mm,通过高程桩(间距 2m)来保证。平直度通过挂线,弧度通过模板来控制。

b. 人行道预制块安装质量控制。

预制块几何尺寸控制:尺寸符合设计要求,误差不超过 ±2mm。

板面高程坡度控制:在已捣水泥石屑稳定层上每 2m 间距设置高程桩(兼坡度控制),铺设 2cm 水泥石屑层,用 3m 刮尺,依据高程桩平整,符合设计高程。

控制板块拼缝宽窄和平直度:用厚度一致的卡标和拉线控制拼缝宽窄和平直度。

3. 施工安全技术措施

(1) 安全管理措施

1) 施工中认真执行国家《施工安全检查评分标准》、《施工现场临时用电安全技术规范》,以及省、市主管部门颁布的防雨、防滑、防雷、防暑降温和防毒安全保护措施。

2) 建立强有力的安全管理体系,从组织上给予安全保证。

3）各种施工作业人员持证上岗,配备相应的足够的安全防护用具和劳保用品,严禁工作人员违章作业,管理人员违章指挥。

4）施工所用的机械、电器设备必须达到国家安全防护标准,各种自制设备、机电设备必须通过施工前安全检验及性能检验合格后方可使用。

5）基坑开挖严格按照安全技术规程及措施方案执行,加强施工安全管理和监控。

6）施工现场照明设施齐全,经常检修,保证正常的生产和生活。

7）在工地重点部位悬挂安全标志,基坑四周加设护栏,夜晚在基坑边设置危险信号灯。危险地段设置明显的警示标志,施工场地四周按文明施工要求围蔽。

8）施工期间,加强监控量测,及时反馈量测信息,发现问题及时采取措施,确保施工安全及地面建筑物安全。

（2）用电安全措施

1）施工用电必须按规定沿施工便道边设置三相五线的安全用电网。配电系统实行分线配电,设总、分配电箱,动力、照明配电箱,不同用途的电箱加注相应的文字标识,箱体外观完整、牢固、防雨防尘。配电箱必须固定或架高,并重复接地。

2）基地照明用电必须配备漏电开关及配设地极,并采用 36V 以下的低压供电线路。施工行灯必须采用 36V 以下的低压供电系统。

3）施工段施工及道路照明用灯必须高架,做到灯距合理。

4）所有用电线路都必须高架,高度不低于 3m,严禁乱拉乱接。

5）各施工人员必须掌握安全用电的基本常识和所用设备性能,用电人员各自保护好设备的负荷线、地线和开关,发现问题及时找电工解决,严禁非专业电气操作人员乱动电气设备。

6）所有用电设备,按规定设置漏电保护装置,金属外壳、构架设置可靠地接零及接地保护,定期检查,发现问题及时处理解决。

7）加强对使用电焊、电热设备、电动工具的安全管理,维修保管由专人负责。

（3）机械安全措施

1）各种机械设专人负责维修、保养,并经常对机械运行的关键部位进行检查,保证安全防护装置完好,设备装置附近设标志牌及安全使用规则牌。

2）各种机械设备视其工作性质、性能的不同搭设防尘、防雨、防砸、防噪音工棚等装置。

3）机械安装基础必须稳固,桩机就位必须平稳,吊装机械臂下不得站人,操作时,机械臂距架空线要符合安全规定。

4）运输车辆服从指挥,信号灯齐全,制动器机械性能良好。

5）大型机械的操作范围内严禁非生产人员进入。

（4）防火安全措施

1）贯彻"预防为主、防消结合"的消防方针,施工中认真执行《中华人民共和国消防法》和省市有关消防防火管理规定。

2）落实"谁主管、谁负责"的原则,成立消防领导小组,明确任命工程各部门防火责任人,各司其职。实行逐级消防责任制并检查执行,处理隐患,奖罚分明。

3）施工现场和生活区临设搭建符合消防要求,水源配置合理,消防器材按规定配备齐全。

4）大型施工机械停放场、加油站远离生活区,设专人进行防火安全管理,消防器材按规定配备齐全。

（5）施工场地安全防护

1）施工现场必须认真围蔽,并在出口设专人看管,基槽边必须设 1.2m 高围护栏。

在临近居民区的地段,路一侧的围板必须牢固、完好,以防过往行人进入施工场地,发生安全事故。

2）施工现场内设立明显指示牌和安全警示牌。

3）派安全员全天候巡视施工现场,注意检查井(拍门井)完成后井口必须及时加盖,管沟必须及时回填土方,防止小孩入内玩耍而造成安全事故。

4）材料堆放整齐、安全,特别是排水管,径大量重,必须放稳垫好,管两侧用三角木块固定,防止滚动伤人。

4. 环境保护措施

（1）控制大气污染措施

1）易产生粉尘、扬尘的作业面和装卸、运输过程,采取防尘措施,如派专人洒水降尘、出场运输车加盖篷布、堆土场堆放时表面压实和加盖编织布等。

2）现场禁止焚烧垃圾、固体废弃物和产生有毒有害烟尘气体的物质,熔融沥青等有毒物质使用封闭和带烟气处理装置的设置。

3）使用清洁能源,定期维护机械,内燃机添加燃油添加剂,有效地提高机械工作效率,并降低废气排放量。

（2）控制水污染措施

1）对桩基施工中排出的泥浆要引入泥浆池、沉淀池,不得直接排放,污染农田及其灌溉水系统。用泥浆槽车将泥浆外运至指定地排放。

2）生活污水排入化粪池、沉砂井处理后排入农田灌溉系统。

3）土方开挖后沟坑四周设置截水沟,防止泥水和雨季地表径流污染农田,施工现场和沟坑有组织排水。

4）设置专用油料库,油料库墙、地面抹水泥砂浆,四周砌筑明沟并填满中砂,防止油料外漏。

5）根据施工场地、工程进度,及时调整农田灌溉系统走向,连接畅通。指派专人对排水、废水处理设施和农田灌溉系统进行日常维护、清疏。暴雨期设立突击队,日夜巡视,及时排除险情,保持系统畅通。

（3）噪声振动控制措施

1）选用性质优良的机械,安装消声器,加强对施工机械的维护,减少噪声对附近居民的影响。

2）回填土、路基碾压时,接近居民区的选在白天施工,加强对较近建筑物,特别是危房的监测,对可能的危害采取有效的预防措施。

3）禁止工人夜间施工时大声喧哗,使用临时发电机组时加设隔声屏蔽。

（4）环境管理和控制固体废弃物措施

1）设立专人组织交通疏导,选择对外部环境影响小的出土口、运输路线和运输时间。

2）及时对道路进行维护、清扫。

3）精心计算、调配土方,外弃土方及时外运,建立登记制度,防止发生中途倾倒事件,并做到运输途中不洒落。

4）现场布置垃圾桶,教育工人养成良好卫生习惯,不乱丢垃圾、杂物,废弃物分类收集,由环卫部门每日清运。

2.2.6.5　实施方法与措施

上条已详细介绍了测量、钻孔、混凝土、箱涵等施工方法和技术措施,本条主要描述模板、钢筋、预应力、路基等施工方法与措施。

1. 模板及支架施工方法与措施

(1) 模板要经过结构设计,保证有足够的强度和刚度,并要装拆方便。

(2) 加工钢模板要严格按技术规范施工,实行三级验收程序。

(3) 钢模板统一调拨,安装时要涂隔离剂,加贴防漏胶条,并注意控制高差、平整度、轴线位置、尺寸、垂直度等技术要求,流水作业,逐一检查,防止漏浆、错装等错误。

(4) 拆卸模板,应按规定顺序拆除,小心轻放,决不允许猛烈敲打和拧扭,并将配件收集堆放,保修钢模板。

(5) 为确保外观质量,外模板均采用大块定型模板。

2. 钢筋质量保证措施

(1) 钢筋采购:必须要有出厂质量证明书,没有出厂质量证明书的钢筋,不能采购。对使用的钢筋,要严格按规定取样试验合格后方能使用。

(2) 钢筋焊接:必须持证上岗,焊接接头要经过试验合格后,才允许正式作业,在 1 批焊件之中,进行随机抽样检查,并以此作为加强对焊接作业质量的监督考核。

(3) 钢筋配料卡必须经过技术主管审核后,才准开料。开料成型的钢筋,应按图纸编号顺序挂牌,堆放整齐,钢筋的堆放场地要采取防锈措施。

(4) 专人负责钢筋垫块(保护层)制作,要确保规格准确,数量充足,并达到足够的设计强度,垫块的安放要疏密均匀,可靠地起到保护作用。

(5) 钢筋绑扎后,要经过监理工程师验收合格后,方可浇筑混凝土,在混凝土浇筑过程中,必须派钢筋工值班,以便处理在施工过程中发生的钢筋及预埋移位等问题。

3. 预应力施工质量保证措施

(1) 波纹管采用定位网固定位置,孔道顺直无死弯。

(2) 制定专门的张拉工艺及操作细则,并严格执行。

(3) 预应力张拉设备性能要始终保持良好,严格按规定校检。

(4) 记录资料齐全、完整。

4. 路基施工

根据已认可的填料,由中心试验室作出最大干密度及最佳含水率试验数据,根据规范确定的压实密度系数,选段路基进行试填,经核子密度仪测试,确定保证路基不同部位检测数据达到要求的碾压遍数和最大摊铺厚度。试验结束后,下达作业指导书,作业指导书要规定填料来源、施工机具、压实遍数、断面尺寸和检测方法。按照试验路段取得的参数,区别不同的土质类别配备各类施工机械,并留有一定备用余地。机械要配套,能力和型号符合规定,按试验和规范要求决定路堤填筑层的松铺厚度、最佳含水量和压实遍数,以保证每层都达到规范要求的压实度标准。施工中按透水性大小分层填筑碾压,透水性小的留双向排水坡,不合格填料不得用作填料。预留沉落度符合规范规定及低温和雨期施工规定。

(1) 开工前,进行施工测量,准确确定线路中桩、边桩的位置和高程。路基施工前,对将要破坏的桩要由项目总工程师组织埋设护桩,护桩不少于 3 个方向,每个方向不少于 3 个桩,并在现场画出护桩埋设平面示意图。

(2) 在填方地段,认真进行基底处理,挖树根、铲表土等。按设计要求挖淤填片石等。当地面横坡为 1∶5∼1∶7.5 时,须挖台阶。

（3）路堤填料须符合要求，施工前对路堤填料进行抽样检验，取一定数量的土样进行土工试验，以检验其是否符合设计要求。不能使用风化软石、有机土作为路堤填料。

使用不同填料填筑路堤时，须分层进行。每一层全宽采用同一种填料。特殊设计地段、高填地段须按设计要求认真处理，并经检查签证后方可继续施工。

（4）路堤填土分层进行，推土机碾压时，层厚不得大于 25cm，振动压路机碾压时厚度为30cm～50cm，最大厚度须由试验确定。路堤填筑时，随时进行压实密实度和含水量检测。边坡平顺、密实；按设计要求修筑护道；取土坑外形整齐，边坡稳定。

（5）路基宽度及纵横向坡度符合设计要求，基面平整，不积水，路拱明显，坡面平顺。路肩边缘线条清晰顺直，无缺损、坑洼、裂纹。

（6）路基防护工程的各种混凝土和砌体基础牢固、无开裂，灰缝饱满，外形美观；边坡植物符合设计要求，并沿坡面连续覆盖，成活率不低于 90％。

（7）排水、截水系统完善，排水通畅；地面水沟位置符合设计及实际地形情况，沟底、边坡平顺、整齐，砌筑牢固。

5. 质量保修回访

（1）在该工程施工全过程中，建立健全质量管理体系，广泛开展 QC 小组活动，认真执行交通部的施工验收规范及技术规范，严格执行有关工程质量管理条例。

（2）工程竣工验收后，采取《质量回访制度》，发现工程质量问题，及时维修整改。

（3）设立专门机构，负责解决工程质量问题，并设回访、来访工程质量登记簿，设专人接待来访人员的投诉。

（4）在保修期内，对投诉的质量问题，及时派人到现场查看，并由维修小组负责维修处理，直至用户达到满意。

2.2.6.6 计量及检测试验

计量管理涉及到施工生产、经营管理、能源管理等诸多方面，要保证工程质量和安全生产，必须严格进行施工生产、经营生产的计量检测。

1. 计量检测工作管理职责

（1）计量管理方针

加强计量管理，确保质量安全。

（2）部门及人员计量管理职责

1）项目总工程师

①认真贯彻执行国家计量法律、法规、规定、标准和企业《计量管理手册》。

②负责建立健全项目计量管理机构，安排有资质人员担任相应工作，完善项目的计量检测体系。

③负责组织项目计量策划工作，审查项目《测量设备计划》，报指挥部审批后执行。

④负责督促项目测量设备的配备工作以及定期检定并落实所需的各项经费。

⑤负责监督检查项目计量管理员和各部门的计量管理工作情况，做好协调工作。

2）项目计量管理员

①负责本项目的计量管理工作，指导施工、质检、材料等人员正确开展计量检测工作，发现问题及时向主管领导汇报。

②根据本项目生产、经营工作的需要，负责绘制各项计量网络图，制定《测量设备计划》，报公司调剂使用或采购。

③建立和管理项目测量设备台账,负责本项目在用测量设备的送检联系工作,制定测量设备的送检、周检计划,确保所有测量设备都能按期周检。

④对需要自行校验的机械设备,负责组织有关人员进行校验。

⑤监督项目计量检测人员收集和保存全部计量检测记录并对其准确性进行检查,做到分类装订,工程竣工后按规定移交业主或存档。对各项检测数据做好分析、反馈工作并向主管领导汇报。

⑥负责收集保存测量设备说明书、出厂合格证、维修记录、检定证书等测量设备技术文件,并定期归档。

⑦检查项目计量工作执行情况,对违反国家计量法律、法规和其他计量管理规定的行为有权制止,并提出处理意见报项目或工程指挥部主管领导,也可直接向公司质量部汇报。

⑧收集本项目有关计量资料,并按时上报。

⑨根据测量设备检定结果黏贴相应的校准状态标识。

⑩参加报废测量设备的技术鉴定。

3）计量检测人员

①认真学习国家计量法规和计量检测规程,不断提高计量检测业务技能。

②各项计量检测工作必须按国家、行业现行的检测规程进行。

③对各项计量检测结果应按规定表格认真进行记录。

④有关检测数据及时向有关部门反馈,并按规定对检测数据进行分析、汇总和上报。

2．计量器具管理规定

（1）计量器具流转规定

1）计量器具的配置应根据计量网络图规定的数量、计量特性进行。各种计量器具的购置应以经批准的计量器具计划为依据,由材料部门统一组织采购。采购回的计量器具,由计量管理员进行登记、编号,不合格的计量器具敦促退货。凡新购的计量器具,必须要有计量器具生产许可证标志 CMC 和计量部门的验收单、库管部门方能验收入库。

2）凡采购的计量器具,应先送检后入库。在用计量器具如有损坏,或精度、灵敏度降低的,应及时送检。经检定单位修理、检定后,计量器具的性能降低,但仍能继续使用的,应核定后降级发放使用。经检定单位修理检定,不能达到最低等级的计量器具性能的,由检定部门出具报废通知,不得再发放使用。

（2）计量器具分类管理

为做好计量器具重点管理,要执行计量器具分类管理法。A 类计量器具的检定周期,如属强检器具的,必须按国家和地方政府计量检定机构规定的周期送检;B 类计量器具按公司规定的周期送检;C 类计量器具购进后,实行一次性检定或有效期管理。

（3）计量器具的配备

1）能源:施工现场配齐一、二级水、电表、高耗能单位和职工住房力争配齐三级表。

2）物料:必须配足大型材料进出场用的长度、检重所需的计量器具。

3）施工工艺及质量检测计量器具,根据施工技术规范及市政基础设施工程质量检验评定标准的参数要求,配备相应准确度的计量器具。

（4）计量器具的维护、保养

计量人员对各自使用的计量器具,必须按照使用说明书要求,正确使用、精心维护、妥善保管。计量器具使用完毕,及时回收其附属件,以免丢失,露天使用的计量器具应作必要的防护,以免影响计量性能,要责成专人保养。计量器具在使用前必须检查,防止失准,使用后必须及时清理,达到其要求的非工作状态,以保证量值准确,延长使用寿命。

3. 计量数据的管理

(1) 数据的采集

1) 水、电的消耗量必须以抄表数据为准,不得估算或摊销在工程内。

2) 袋装水泥进场按 2% 抽包检测,以平均重量乘以总包数件为实测量,为有效数据。散装水泥使用汽车衡称重的实测量为有效的数据。

3) 砂、石进场按 20% 抽检同型车次平均量计算实测量,为有效数据。

4) 钢材按逐根量长度换算或过秤检重的实测量为有效数据。

5) 木材要有逐根检尺量方的实测量为有效数据。

6) 预拌混凝土使用汽车衡称重的实测量为有效数据。

7) 施工工艺,按施工验收规范的要求,分部分项控制部位和主要技术参数要有计量检测原始记录,数据可靠实用。

8) 工程质量按有关技术规范、标准要求检测,所有进场的原材料进行试验检验,并以试验机构发出的试验报告、数据为准。

(2) 数据的应用

1) 能源计量检测数据的一级计量用于财务结算,二、三级检测数据用于项目内部的成本核算。

2) 物料计量检测、数据,用于与供料单位进行材料价款结算和进行内部成本核算。

3) 正确采集工艺控制,质量检测数据,为分析工程质量应用。

4) 数据采集后,反馈各职能部门,为降低能源消耗,原材料消耗,提高工程质量,提高经济效益起作用。

4. 检验和试验

(1) 目标及原则

1) 检验及试验的目标

①通过对原材料、半成品的检验和试验,保证在工程施工过程中使用合格的原材料、半成品。

②通过对施工过程的检验,及时发现质量缺陷,保证各工序质量符合要求。

③通过对完工工程的检验,保证交付给业主的工程项目均能满足设计和合同的要求。

2) 检验及试验的原则

①只有经过外观检查和物理力学试验被确认为合格的原材料、半成品才能被允许现场用于施工。

②只有上道工序经检验合格后才能进入下道工序施工。

③所有分项工程经检验证实质量合格后才能进行分部(子分部)工程质量检验。

④所有分部(子分部)工程的质量经检验合格后才能进行单位工程的最终检验。

(2) 试验人员设置及相关人员职责

1) 项目总指挥部配备试验组长 1 人,各校区项目经理部各配备试验员 1 人(共 3 人),其从事试验工作的年限不少于 3 年。

2) 项目有关管理人员的试验检测工作职责

①项目总工程师:负责主管项目的试验检测工作,配齐试验人员,购置必要的试验仪器设备,督促各部门管理人员做好试验检测工作;负责组织项目试验检测计划的编制,并委托有关试验检

测机构进行检测;负责检查、督促项目试验员的工作,发现问题及时处理解决;根据试验检测工作反馈的资料和信息,促进新材料、新工艺、新技术的试验和推广应用;负责组织原材料、半成品的质量鉴定、检验工作,并对配合比、焊接等工艺参数及施工过程进行有效控制。

②施工员:严格执行国家、行业标准、规范,未经试验检验或检验不合格的原材料、半成品不得在工程中使用。领用原材料时,向材料部门索取出厂合格证或试验报告(副本或复印件)。在材料使用时应认真核对品种、规格、型号并检查外观质量,发现有误应及时提出,不得随意使用,防止错用、乱用和任意降低标准;按照设计、施工要求,及时办理混凝土、砂浆配合比申请手续,无试验室提供的配合比不得施工;施工中必须严格按规定的配合比或工艺要求进行,调整配合比必须征得试验员同意;钢筋焊接或机械连接施工,必须按规定的焊接工艺参数或连接工艺要求进行质量控制,未经试验不得修改工艺参数;会同项目试验员进行施工半成品(如钢筋焊接接头)的抽检取样工作,并提供部位、批量等有关内容。

③试验员:在项目总工程师领导下,负责现场的原材料、半成品的取样、试验、送检工作,并及时将试验结果通报有关人员;做好砂石含水率、混凝土坍落度、砂浆稠度等试验的现场测定,为施工过程的质量控制提供及时、准确的数据;做好混凝土、砂浆试块的取样、成型和养护工作,并按规定试压龄期送检;熟悉常用材料的性能指标及试验方法,掌握所用仪器设备的性能,做好维护保养工作;负责向公司试验室或其他试验检测机构申请混凝土、砂浆的施工配合比。在施工过程中应根据砂、石含水率的变化及时调整配合比;配合有关管理人员对原材料的采购、保管、标识、检验及使用进行检查和监督;认真整理有关的试验资料,做到及时、准确、不遗漏;根据项目新材料、新工艺、新技术推广计划的要求,做好有关的试验工作,以推动科技进步。

④材料员:原材料采购前应征询有关人员意见,并做好材料供应商的质量调查;负责对现场原材料按规定要求及时抽样(可会同试验员共同进行);提供原材料出厂合格证及产地、批量等资料;发放原材料时,应同时提供出厂合格证或检验报告(副本或复印件);未经检验和检验不合格的材料,不得随意发放;对现场原材料应按品种、规格及检验状态的不同做好相应的标识,避免混用、乱用。

(3) 检验和试验工作内容

1) 施工准备阶段

①外观质量检验:原材料、半成品进场后,由项目材料员负责按照材料质量标准的规定进行外观质量的检验;现场加工的半成品,由主管施工员负责进行外观质量检验。

②取样与送检:对进场的各种原材料(水泥、钢筋、砂、石、砖、防水材料等)由材料员会同试验员进行取样。取样后由试验员进行样品缩分密封、捆扎,做好取样记录和试件包装物上的标记。然后由试验员送公司内试验室或其他试验检测机构进行试验检测,并办理委托手续;钢筋(材)焊接试件由钢筋施工员会同试验员共同取样,取样方法及数量见表 2-29 规定。取样后应做好取样记录,由试验员捆扎做好标记后,送试验检测机构进行试验检验,并办理委托手续;混凝土、砂浆配合比的申请由施工员以书面形式提供设计要求和施工要求,材料部门提供材料样品,试验员将样品及设计要求一起送试验室进行试配并办理委托手续;砂浆、混凝土施工时,由试验员在施工地点取样,制作试块,试块上应有明确的标记,同时做好取样记录,按规定进行标准养护或同条件养护,到标准龄期后送试验检测机构进行试验。当现场无标准养护条件时,可以在拆模后送试验室进行养护。

2) 施工过程试验控制

①对试验室发出的混凝土、砂浆配合比,应在施工前按现场使用材料进行试拌复核,以确认

该配合比可以满足设计要求和施工要求。

②混凝土、砂浆施工前应对现场的砂、石含水率进行测定,并根据含水率情况对混凝土的施工配合比进行调整。含水率的测定每台班应不少于 1 次,在阴雨天时应适当增加测定次数。含水率发生变化时应随时调整配合比。

③混凝土施工时,应对外加剂的浓度和掺量进行控制,确保掺量准确。

④混凝土施工中,应随时对搅拌时间进行控制;对混凝土坍落度的测定,每台班检查次数不少于 2 次;混凝土所用原材料的品种、规格和用量的检查,每台班不少于 2 次。

⑤根据特殊施工工艺的要求,在必要时还应进行下列试验检验工作:混凝土温度、风向、风速、混凝土凝结时间等。

3) 工程质量验收

①分项工程质量验收:分项工程施工完后,由班组长根据施工的各项内容对照质量检验评定标准的有关内容进行自检,经自检合格后向施工负责人申请质量评定;施工负责人组织施工员及有关人员进行质量评定,由施工员填写《分项工程质量检验记录》,交项目质量检查员进行质量等级核定,并向监理单位报送《分项工程施工报验表》,监理工程师(建设单位项目技术负责人)按照建设工程监理规范的规定进行验收。

②分部工程质量验收:分部工程由项目部自检合格后,填写《分部工程质量检验记录》并向监理单位报送《分部工程施工报验表》,总监理工程师(建设单位项目技术负责人)组织工程施工项目部的技术质量负责人及有关方面负责人进行验收。

③单位工程质量验收:单位工程完工后,项目部自行组织有关人员进行检验,填写《单位工程质量检验记录》,并向监理单位报送《单位工程竣工预验收报验表》,并提交规定的资料,经监理工程师签认并同意验收。建设单位接到监理工程师同意正式验收的报告后,由建设单位(项目)负责人组织施工、设计、监理单位(项目)负责人进行验收,并填写《单位工程质量竣工验收记录》。

4) 资料整理

①各种试验报告应分类后按时间顺序进行整理。

②对混凝土试验报告应按《混凝土强度检验评定标准》(GBJ 107)的要求进行数理统计,并按统计结果判断是否合格。

(4) 工程材料及成品的检测与检验

1) 材料的检测与检验(见表 2-29)

表 2-29　　　　　　　　　　　　　材料检测与检验

序号	名称	必试项目	验收批划分及取样数量	备注
1	水泥	安定性、凝结时间、胶砂强度(抗压、抗折)	1)以同一水泥厂、同品牌、同强度等级、同一出厂编号,袋装水泥每≤200t 为一验收批,散装水泥每≤500t 为一验收批,每批抽样不少于 12kg。 2)从 20 个以上不同部位或 20 袋中取得等量样品拌和均匀	
2	砂	筛分析、含泥量、泥块含量	1)以同一产地、同一规格每≤400m³ 或 600t 为一验收批,每一验收批取样一组(20kg)。 2)当质量比较稳定、进料量较大时,可定期检验。 3)取样部位应均匀分布,在料堆上从 8 个不同部位抽取等量试样(每份 11kg)。然后用四分法缩至 20kg,取样前先将取样部位表面铲除	

序号	名　称	必 试 项 目	验收批划分及取样数量	备 注
3	石	筛分析、含泥量、泥块含量、针片状颗粒含量、压碎指标用于≥C50 混凝土时为必试项目，用于抗冻混凝土，需进行冻凝和坚固性试验	1)以同一产地、同一规格每≤400m³ 或 600t 为一验收批，每一验收批取样一组。 2)当质量比较稳定、进料量较大时，可定期检验。 3)取样一组 40kg(最大粒径 10mm、16mm、20mm)或 60kg(最大粒径 31.5mm、40mm)取样部位应均匀分布，在料堆上从五个不同的部位抽取大致相等的试样 15 份(料堆的顶部、中部、底部)，每份 5～40kg，然后缩分到 40kg 或 60kg 送试	
4	普通混凝土	稠度 抗压强度 抗折强度(需要时)	试块留置 1)普通混凝土强度试验以同一混凝土强度等级、同一配合比、同种原材料： ①浇筑一般体积的结构物(如基础、墩台等)时，每一单元结构物应制取 2 组。 ②连续浇筑大体积结构时，每 80～200m³ 或每一工作班应制取 2 组。 ③上部结构，主要构件长 16m 以下应制取 1 组，16m～30m 制取 2 组，31m～50m 制取 3 组，50m 以上者不少于 5 组。小型构件每批或每工作班至少应制取 2 组。 ④每根钻孔桩至少应制取 2 组；桩长 20m 以上者不少于 3 组；桩径大、浇筑时间很长时，不少于 4 组。如换工作班时，每工作班应制取 2 组。 ⑤构筑物(小桥涵、挡土墙)每座、每处或每工作班制取不少于 2 组。当原材料和配合比相同并由同一拌合站拌制时，可几座或几处合并制取 2 组。 ⑥应根据施工需要，另制取几组与结构物同条件养生的试件，作为拆模、吊装、张拉预应力、承受荷载等施工阶段的强度依据。 2)取样方法及数量：用于检查结构构件混凝土质量的试件，不同强度等级及不同配合比的混凝土应在浇筑地点或拌合地点分别随机制取试件；每组试件所用的拌合物应从同一盘搅拌或同一车运送的混凝土中取出，对于预拌混凝土还应在卸料过程中卸料量的 1/4～3/4 之间取样，每个试样量应满足混凝土质量检验项目所需用量的 1.5 倍，但不少于 0.02m³	
5	砌筑砂浆 ①配合比设计与试配 ②工程施工试验	稠度 抗压强度 分层度 稠度 抗压强度	现场检验 ①以同一砂浆强度等级、同一配合比、同种原材料 250m³ 砌体为一个取样单位，每取样单位标准养护试块的留置不得少于 1 组(每组 6 块)。 ②干拌砂浆：同强度等级每≤400t 为一验收批。每批从 20 个以上不同部位取等量样品，总质量不少于 15kg，取样两份，一份送试、一份备用	

序号	名 称	必 试 项 目	验收批划分及取样数量	备 注
6	热轧带肋钢筋、热轧光圆钢筋	拉伸试验(σ_s、σ_b、σ_5)弯曲试验	同一厂别、同一炉罐号、同一规格、同一交货状态每≤60t为一验收批。每一验收批取1组试件(拉伸、弯曲各2个)	
7	电弧焊接头		同牌号钢筋、同型式接头300个接头作为一验收批,每批3个接头做拉伸试验。试件应从成品中随机切取。当初试结果不符合要求时,应再取6个试件进行复试	

2) 成品、半成品的检测与检验(见表2-30)。

表 2-30　　　　　　　　　　　　　**成品、半成品检测与检验**

序号	成品半成品名称	检测部位及检测频率	检测方法	备 注
1	袋装砂井	井径、井距抽查2%	开挖检测	
2	搅拌桩	单桩复合地基承载力试验抽样频率0.25%～0.5%;钻孔抽芯频率2%	单桩复合地基承载力试验;钻孔抽芯	
3	回填土密实度	柱基:抽总数的10%,但不少于5点;管沟、基槽:每长20m取1点,但不少于1点;基坑、室内:每200m² 取1点,但每层不少于1点;室外平整场地:每400m² 取1点,但不少于1点	根据土质情况确定取样方法:环刀法、灌水法、灌砂法等	
4	土工隔栅	密实度检测。每2 000m取8点	灌砂法	
5	水稳层	压实度每2 000m取6处,无侧限抗压强度每10 000m取6处	压实度(重型击实)试验,无侧限抗压强度试验	
6	路基面及水稳层面	每车道每km 80～100个点	整体承载力弯沉试验,贝克曼梁测量法	
7	桩基	30%桩基(根数)进行超声波检测,剩余70%桩基进行小应变检测	超声波检测,小应变检测	重要部位根据设计要求检测
8	预应力空心板	生产期不超过3个月的每1 000件产品为1批(连续检验10批均合格的生产厂家可以2 000件为1批)	在外观检验合格的构件中随机抽取3件,其中1件试验,2件备用	

2.2.6.7　对业主招标文件工程施工要求及管理规定等文件的响应

完全响应业主招标文件中有关工程施工要求及管理规定的文件,在实施该项目过程中,切实执行,并无条件接受业主的监督。

1. 本工程基本目标及违约承诺(见表2-31)

表 2－31　　　　　　　　　　　　　基本目标及违约承诺

项　目	基本目标	未达标赔偿
工期	210 天	延误 1 天按合同总价的 1‰赔偿
施工质量	合格工程	赔偿工程合同总价的 1%的违约金
安全生产	责任事故死亡率为零	每死亡 1 人赔偿×万元
文明施工	受政府部门通报批评率为零	每次受通报批评赔偿×万元
环境保护	受政府部门书面投诉率为零	每次受投诉赔偿×万元

2. 质量违约处理规定

(1) 凡因我方原因造成的施工质量不合格的工程,我方保证在建设单位规定的时间内无偿返工,达到工程质量验收标准,并接受招标文件中有关工程施工要求及管理规定的文件的处罚。

(2) 在保修期内,我方无偿负责对工程的保修。

(3) 本工程实行工程质量终生负责制。

2.2.6.8　施工节约措施

1. 认真熟悉图纸,加强施工放线的复核工作,减少施工放线的误差所造成的损失。

2. 合理安排施工顺序,避免交叉作业所引起的产品损坏的返工损失。

3. 加强对各类模板的管理。模板拆除后及时现场保养,并涂刷隔离剂,加快周转速度,提高完好率。

4. 认真实行现场工料核算制和限额领料制度。做到收料数量准确,限额领料,施工做到工完料尽,场地清理。

5. 加强各类材料进场的验收工作。使材料能保证量足质量好,实施计划指导生产,合理组织,科学安排,避免一切返工、窝工现象。

6. 材料堆放应严格按规定,为使用方便,避免材料堆放混乱,造成误工、误时,影响使用。

7. 严格计量工作,确保施工资源投入量准确,不浪费。

8. 加强管理、采取科学的施工方法以及充分发挥项目班子每个管理人员的积极性是降低工程成本的根本措施。

9. 工资管理:搞好工资管理首先抓好劳动力的合理安排,减少窝工现象,劳动力的计划安排要合理,防止重复用工,并派专人负责工时管理。

10. 采用先进施工技术,提高生产效率,从而提高生产进度,降低成本,提高生产效益和社会经济效益。

2.2.6.9　成品保护措施

做好成品保护工作,能节约投资,减少浪费,否则会加大成本,影响工期,因此,加强成品保护意义重大。

1. 合理安排施工顺序,避免工序间的损伤和污染,凡下道工序对上道工序会产生损伤和污染的,必须先采取有效的保护措施,否则,不允许进入下道工序施工。

2. 在基层班组设成品保护员,负责成品、半成品的保护工作,发现问题及时上报并果断处理,并定期对职工进行成品保护教育。

3. 对成品保护采取护、包、盖、封等措施,即视不同情况,分别对成品进行栏杆隔离保护,用塑料布、纸包裹覆盖,或对已完工部位进行局部封闭。

　　4. 现场的钢材、水泥、防水材料等半成品及原材料须放置于有盖仓库内,并加以支垫,防止雨淋、暴晒及受潮。

　　5. 严禁践踏埋件或将其作为施工受力构件。

2.2.6.10　管线、房屋保护方案及措施

　　本工程施工过程中可能遇厂房、民居建筑物以及原有排水管道和管线等地下障碍物,施工前必须对附近地下情况做好充分的调查,如遇有障碍物,及时上报监理、业主和设计单位,采取适当的处理措施。施工前加强与有关管线部门联系,掌握各种管线的位置和走向,开挖施工过程派专人监控。原布置种植的树木长成一定规模,本工程施工路线及其靠近堤岸和花木,施工过程中要坚持"保护为主,迁移恢复为辅"的原则切实保护好堤岸和花木。

　　1. 原有管线保护方案及措施

　　工程开工前安排专业人员对施工范围内原有地下管线及其他障碍物做全面探查,了解地下原有市政排水管道、供水供电、电力电信等管线的走向和位置,以及附近建筑物基础的位置和埋深,对应设计图纸,如地下管线或其他障碍物与设计污水管道相碰,则及时知会现场监理、业主和设计单位,决定合理的方案后才进行开挖施工。

　　(1) 首先利用地质雷达探测出地下原有管线的位置和高程,在现场用木桩或灰线标识清楚,并绘制管线分布图,为日后管线恢复提供技术支持。

　　(2) 在沟槽开挖至地下管线附近时,则停止机械开挖,采用人工开挖,并对开挖出的管线及时进行支护和保护。

　　(3) 由于部分排水管正处于沟槽开挖区域,对此部分管道,我公司将根据实际情况进行导流,或予以拆除,并进行妥善保管,待管道安装完毕和回填至管基底时,再按照原设计要求进行恢复。

　　(4) 对于开挖出的通信电缆和高压电缆,我公司将采用如下方法进行保护:在管沟槽顶部架立槽钢,电缆下方垫木板,用绳将电缆悬挂保护。当电线杆与基槽较近时,则通过钢管支撑或拉绳加固电线杆。

　　(5) 对其他管线等,我公司将根据管线具体情况采取包裹、悬吊或顶托的方法进行支撑保护。所有管线位置,都将设立管线保护警示标牌,确保管线不被破坏。

　　(6) 定期开展管线保护专项教育,增强职工管线保护意识,并建立起管线保护责任制,对破坏管线,尤其是破坏原有管线的责任人进行处罚。

　　(7) 管线均按照原样、原貌进行恢复。

　　2. 房屋保护方案及措施

　　本校区道路两侧建筑物较多,我公司将采取如下方法及措施对房屋进行保护。

　　(1) 测放出管沟槽开挖边线后,量测附近建筑物至开挖边线的最小距离,若小于规范规定,则及时报告业主、设计及监理单位,协商、调整管线走向或建筑物位置。

　　(2) 施工过程中,加强对周边建筑物的位移沉降观测,做好监测工作,如发现情况异常,则及时报告并采取保护措施。

　　(3) 对需保护的周边建筑物,我公司拟在建筑物的基础周围施打钢板桩,进行支护,并设立围栏,禁止车辆和行人通行。如果建筑物基础沉降较大,可以在基础周围灌注地下混凝土,防止基础继续沉降。

　　(4) 施工期间出现附近建筑物明显沉降或位移时,立即停止施工,用钢木结构支撑牢固及采取适当的措施后,才继续进行施工。

（5）禁止振动机械在房屋周围近距离(1.5m)进行施工作业。

3. 花木保护方案及措施

在职工中开展"花草有生命,人人应爱护"为主题的专项教育,并把此项工作贯穿于整个施工过程中,坚决杜绝乱砍、乱拆和乱踩等破坏花木行为。

在施工过程中需要移开的花木应夹有原植被土,制定花木移植措施并报绿化委员会审批,派专人对花木进行浇灌培植。对不需迁移但可能影响施工的花木,采用竹围栏、包裹或网兜进行保护。

施工完毕后,均按照原样原貌原则进行恢复。

2.3 道路排水工程施工组织设计实例

封面 （略）

目 录

2.3.1　综合说明

2.3.1.1　施工组织设计编制说明

1. 编制依据

（1）××年×月×日××市××招标公司组织的现场勘察和交底答疑。

（2）国家和部颁的有关施工、设计规范、规程和标准及地方政府及业主颁布的有关法规性文件。

（3）××设计研究院对市××路排水招标设计图纸。

（4）××路排水工程的西部工程招标文件。

2. 编制原则

（1）施工总体布置体现统筹规划、布局合理、节约用地、减少干扰和避免环境污染的原则。

（2）施工环境保护工作，必须贯彻"全面规划，合理布局，预防为主，综合治理，强化管理"的方针和"谁污染谁治理，谁破坏谁恢复"的原则。

（3）遵循《合同文件》的原则，严格按招标文件中的工期、质量、安全目标等要求编制施工组织设计，使建设单位各项要求均得到有效保障。

（4）遵循施工设计图纸的原则，在编制施工组织设计时，认真阅读核对所获得的设计文件资料，理解设计意图，掌握现场情况，严格按设计资料和设计原则编制施工组织设计，满足设计标准和要求。

（5）遵循施工技术规范和验收标准原则，在编制施工组织设计时，严格按施工技术规范要求优化施工方案，认真执行工程质量检验及验收标准。

（6）遵循实事求是的原则，在编制施工组织设计时，根据工程特点，从实际出发，科学组织，均衡施工，达到快速、有序、优质、高效。

（7）遵循"安全第一，预防为主"的原则，从制度、管理、方案、资源等方面制定切实可行的措施，确保安全施工，服从建设单位及监理工程师的监督、监理，严肃安全纪律，严格按规章程序办事。

（8）遵循"科技是第一生产力"的原则，在编写施工组织设计文件时，广泛应用"四新"（新技术、新工艺、新材料、新设备）成果，充分发挥科技在施工生产中的先导、保障作用。

（9）遵循专业化队伍施工和综合管理的原则，在组织施工时，以专业队伍为基本形式，配备充足的施工机械设备，同时采取综合管理手段合理调配施工资源，以达到整体优化的目的。

（10）本项目各项工作严格按 ISO 9001 质量管理体系标准自始至终受控有效运行。

2.3.1.2　工程概况

1. 简述

本工程为××市××路以南排水工程，该工程位于××市××区境内，该地区是××市新建的文教、体育、旅游中心和住宅区，已建有水上公园、干部疗养院、市图书馆、社会科学院等 30 多个企事业单位。但是该地区基础设施滞后，特别是排水设施系统建设滞后，雨污水没有出路，给该地区企事业单位及居民的正常生活带来不便，而且严重污染了环境，××路以南排水项目内容是解决××路以南地区排水问题。

××路以南排水工程收水范围为：雨水，北起××路以南 150m，南至××道××中路，西起××南路，东至××南路，总收水面积 275 公顷。污水修建区收水范围：北起××路以南 150m，南至××道、水上北路，西起××南路，东至××南路，总收水面积 270 公顷，污水工程服务区包括××路以南、××大学以西等 8 个片区污水的出水干管,最终送至×× 路污水处理厂进行集中处理。建成后××路以南污水处理系统最终服务范围约 4 194 公顷。

本项工程为××路以南排水工程的西部工程,包括××道(西段)雨水及污水管道工程、××路污水泵站、××污水泵站、水上公园西路雨水泵站。

(1)××道××南路以东部分

雨水管道:位于道路中心线,管径 $D1000$mm、$D700$mm,管道基础为 90°砂石基础。坡度在 $0.82‰\sim1.15‰$ 之间。

污水管道:位于道路中心线两侧 3m 范围之内。管径为 $D800$mm,管道基础为 120°的砂石基础,坡度为 0.96‰。

(2)××道××南路以西部分

该段道路只有一条污水管道,一般情况下位于道路中线北侧 2m 左右。穿越××铁路支线时,过渡到距路中线 20.5m,而后移到道路范围以外。穿越××河时,管线也移至道路范围以外。管径 $D900$mm$\sim D1800$mm,其中 $D900$mm 为 90°混凝土基础,$D1100$mm 为 135°砂石基础,$D1500$mm 为 90°混凝土基础,$D1650$mm 为 135°混凝土基础,$D1800$mm 为 120°混凝土基础。坡度在 $0.6‰\sim1.0‰$ 之间。

2. 工程总体设计方案简介

本标段是××路以南排水工程的一部分,工程范围涉及污水工程和雨水工程两大部分,分为 A、B 两个标段。下面对总体设计方案作一简要介绍。

(1)污水工程

整体工程内容包括修建范围污水工程和服务范围污水工程两部分。修建范围污水工程包括区内污水管网及泵站两部分;服务范围污水工程包括区内污水泵站的出水管及终点泵站两部分。

修建范围内污水工程:根据××市总体规划,结合道路规范布局,小区管网主干管分别设在水上北路、水上西路及××道,干管管径为 $D400\sim D1\,100$。干管走向:水上北路由东向西至水上西路,再由北向南与西片干管汇合后,直向西进入泵站,经泵站提升后入××污水泵站。区内泵站规模为 0.58m^3/s,占地面积为 $1\,000$m^2。

修建范围外污水工程:区内泵站出水管道沿××道设 $D1\,000\sim D1\,800$ 管道一直向西,穿越××排水河后将××路泵站、$D1\,200$ 出水管及××居住区等的污水接入此管,拟在××道与外环线交口处建一座规模为 2.4m^3/s 的泵站,经提升后沿外环线经 $D1\,800$ 压力管向北进入拟建××路污水厂。

(2)雨水工程

根据××路以南地区内道路布局将东、西两片雨水合建一座泵站,经提升排入××河,东片干管设在水上东路,××南路,干管管径 $D500\sim D2\,200$,干管走向由南向北汇入水上北路干管再由东向西至水上西路进入泵站,西片收水干管设在水上西路及迎水道,管径 $D500\sim D2\,200$,其中××道、水上西路设双排干管,干管走向水上西路管道由南向北至××道与××道干管汇流后再由西向东至水上公园门前,沿水上西路向北至泵站前与东片雨水干管汇合后进入泵站,由泵站提升后经 $D2\,000$ 出水管沿水上西路一直向北就近排入××河,泵站规模为 9.7m^3/s,泵站位置在水上北路××纪念馆对面,占地面积 $3\,000$m^2。

3. 工程环境

该工程位于××市××区××道,为××市交通主干道。该地区为××市繁华区,周围环境错综复杂,分布着大量的居民楼、宾馆和各种企事业单位。××道更是通向外环线的干道,交通比较繁忙,行人络绎不绝,这给施工造成了一定的难度。

4. 地下障碍情况

工程施工范围内地下管线有雨水、污水、电力、通信等管线,各种管线埋设深度不一,虽然招标图中已有各种管线的平面布置和具体走向,但在施工时首先应对地下管线进行详细调研,采取有效措施进行保护,对必须切改的管线按规划管线部门确定的线路就位。所以我们在投标方案中计划采取常规保护方法,待开工后将根据设计图纸要求和实际情况对地下管线具体进行拆改、吊挂、迁移、改迁。

5. 自然条件

(1) 地质构造:本区域内土层均为第四系沉积层。

1) 杂质土层(Qml)

杂质土层。沿线孔距较大,原地形变化较大,主要为坑塘,由于近年来修建居住小区和城市道路,现已填平,因此沿线的填土成分和厚度变化较大。成分主要为建筑垃圾,局部填垫有素填土,杂色,土质不均,不可利用。地层厚度为 1.10m～4.70m。层底埋深 1.10m～4.70m,层底标高 $-3.20m～-0.98m$。

2) 第 I 陆相(Q_3^3al)

粉质黏土和黏土层。灰褐色至褐色,可塑状态,含铁质,云母。地层厚度为 1.00m～3.90m 左右,层底深度为 4.50m～5.00m,层底标高 $-1.35m～-0.99m$。

3) 第 I 海相层(Q_3^2m)

该层沿线土质变化较大,粉质黏土、粉土和粉砂层,中间夹有淤泥质粉质黏土,地层厚度为 9.30m～11.00m,层底深度 14.0m～16.0m,层底标高 $-11.99m～-10.28m$。

4) 第 II 陆相(Q_3^1al)

粉质黏土和粉土层,揭露地层厚度为 4.00m～6.00m 左右,层底深度 20.00m。

(2) 地形地貌

××市位于华北平原东北部,东临渤海,北依燕山,地跨××河两岸,四周与××省接壤,地势高程从××县北部山区向南逐渐下降,西部从××县××河冲积扇下部向东缓缓倾斜,南部从××县××河向××河口渐渐降低,地貌形态似簸箕状,地貌分为平原和山区两大基本类型。

(3) 水文

建设区、服务区内涉及的河道有××路河段、××排污河。

××路河段:西起××路,东至××河,全长约 2.5km,是调蓄、排放其周边地区的雨水河道,自 2000 年整治后,河道断面达到:上口宽 30m,下口宽 15m,边坡 1:2,岸(堤)顶高程 3.5m,河堤高程 $-0.3m$,河道规划流量为 20m³/s。

××排水河:河道功能是解决城市排水和农田排水与用水、城乡兼顾的一条骨干河道,从 1972 年春开挖,共分四期,至 1974 年 5 月竣工。然而截至 1990 年,该河由于有部分污水窜入,水质日益恶化,水中含有大量有害物质,给农田造成潜在的危害因素。

为了改变现状河道的排污,本工程的污水工程将有关各片排水均收集进来,经泵站提升拟建××路污水处理厂,为××河截污水、换清流奠定基础,使之成为城市风貌的新景观。

(4) 气象

1) 气温

××市气候类型属于暖温带半湿润季风气候,全年四季分明,春季干旱多风,夏季炎热多雨,秋季干燥寒冷。本地区的年平均气温 11℃～12℃,最低月(1月)平均气温为 $-7℃$。最高气温(7

月)平均气温为 29℃,极端最低气温为－22.9℃,极端最高气温为 39.7℃,平均最大冻深 60cm。

2)降雨量

××市平均降雨量 550mm～680mm,降水日数 63～73 天。全市降水量分布不均匀,总的趋势由北向南递减。降水的季节特点是春雨水渐增、夏雨集中、秋雨骤减、冬雪稀少。春秋雨季的降水量分别占全年的 10％和 13％,夏季 6 月中旬为雨季(汛期),平均雨日 34 天左右,雨量 403mm～516mm,占全年总降水量的 73％以上,冬季雨雪量只占全年总降水量的 1％～3％。

3)蒸发量

××市全年蒸发量为 1 688mm～1 917mm,冬季最小,只占全年的 9％,春季最大,占全年的 36％。5 月最多,占全年的 16％。

4)日照天数

全市年平均日照天数为 2 614～3 090h,年日照百分率为 59％～70％,东部沿海日照时数最多,5 月份的日照百分率高达 73％,为全年之冠。5、6 月份日照时数最多,12 月份日照时数最少,夏季的 7、8 月份白昼时间最长,但因云雨较多,日照时数反而较少。

5)风

××市大部分地区西南风频率最高,风向有明显的季节性变化,冬季盛行西北风,夏季盛行东南风,春、秋季盛行西南风。年平均风速 2～5m/s,全市各地瞬时最大风速 22m/s,年平均日数为 31～53 天,项目服务范围段大风日数较全市年平均日数多。

6)地震

××市及周围地区,在历史上增发生多次地震,地震灾害从宏观材料表明,东部沿海许多地区及××县某些地区存在裂度异常区,在几次地震中表现出极强的地区上的重复性。

本地区基本裂度均为 7 度,工程设计按 7 度设防。

6. 主要工程量

主要工程量见表 2－32、表 2－33。

表 2－32　　　　　　　　　　　雨水工程工程量清单

项　目	单位	数量	项　目	单位	数量
D300 平口钢筋混凝土管	m	138	乙型检查井	座	4
D400 承插口钢筋混凝土管	m	96	丙型检查井	座	2
D700 承插口钢筋混凝土管	m	50	丁型检查井	座	1
D1 000 承插口钢筋混凝土管	m	50	双排 2200×2400mm 方涵	m	20
大型平箅收水井	座	6			

表 2－33　　　　　　　　　　　污水工程工程量清单

项　目	单位	数量	项　目	单位	数量
D300 承插口钢筋混凝土管	m	440	乙型检查井	座	20
D800 承插口钢筋混凝土管	m	303	丙型检查井	座	6
D900 钢筋混凝土压力管	m	1 631	丁型检查井	座	17

续表

项　目	单位	数量	项　目	单位	数量
D1 100 承插口钢筋混凝土管	m	112	戊型检查井	座	6
D1 500 承插口钢筋混凝土管	m	712	135° 转弯井	座	2
D1 650 承插口钢筋混凝土管	m	243	三通直线交汇井	座	1
D1 800 承插口钢筋混凝土管	m	410	压力井	座	36
D2 150 顶管专用钢筋混凝土管	m	212			

7. 合同工期

开工日期:2013 年 4 月 10 日,竣工日期:2014 年 4 月 5 日,合同总工期:362 天。

8. 工程特点

(1) 工程分布比较散,施工安排比较困难。

(2) 施工环境复杂,施工时交通行车问题。

(3) 地下管线复杂,平行管线的线路长,横穿管线数量较多。

(4) 管线槽深最大达 7m,施工难度大。

(5) 泵站基坑达 10m 以上,深槽施工难度较大。

9. 主要施工对策

(1) 工程开工前,积极与各相邻建筑物的业主及管理单位联系,将工程的施工方案、时间、安全保证、文明施工措施与其沟通、协调、研究,取得他们的理解、支持,做好周围管线的迁移和相邻建筑物的保护、监控工作。

(2) 及时与管线迁移单位沟通,共同研究迁移方案,从设备、人员等方面积极配合迁移工作,加快管线迁移进度,及时迁移及时恢复,减小其对工程施工的制约。

(3) 根据现场施工的需要,进行施工现场交通疏解,将施工与交通运行的相互影响减小到最低限度。

(4) 针对工程比较分散的特点,施工成立协调小组,统一协调,合理安排施工,使施工按正常情况运转,保证工程正常完工。

(5) 合理选择施工工艺,采用多方案比较,选择最佳方案。

(6) 管线与环境保护

1) 采用数值分析法,预测施工对地层及地面的影响程度和范围,有目的地采取针对性控制措施。制定科学的施工方案和严密的安全、质量管理体系及措施,严格各项工艺标准,做到万无一失。

2) 详细了解各类环境物(地下管线、周围建筑物和运营道路等)的现状情况及安全控制标准,制定施工控制标准,采取预先加固、跟踪保护、长期观测等方法,使环境物的变化始终处于可知可控状态。

3) 建立技术全面、经验丰富、管理有力的项目班子,组建专家顾问小组,建立完善的工程、环境监控体系,随时对工程环境的任何变化能清楚掌握,正确应对,措施及时。

2.3.2　施工总体平面布置

2.3.2.1　施工总体平面布置原则

1. 既要满足施工,方便施工管理,又要能确保施工质量、安全、进度和环保的要求,不能顾此失彼。

2. 应在允许的施工用地范围内布置,避免扩大用地范围,合理安排施工程序,分期进行施工场地规划,将施工道口交通及周围环境影响程度降至最小,将现有场地的作用发挥到最大化。

3. 处理好交通线路与临时道路的关系,保证该地区交通运行通畅,避免拥挤和塞车现象发生。

4. 施工布置需整洁、有序,同时做好施工废水净化、排放措施、防尘、防噪声措施,创建文明施工工地。

5. 场地布置还应遵循"三防"原则,消除不安定因素,防火、防水、防盗设施齐全且布置合理。

2.3.2.2　施工总平面布置

该工程位于××市××区,该地区属××市繁华地带,用地紧张,施工时通过合理的施工部署安排施工占地、施工生活区及施工现场,尽量减少施工占地。视施工实际需要布置施工便道,以满足交通需要。本工程在施工占地内设置临建设施,作为施工的主营地,布置现场主要的临时生产、生活设施、施工人员宿舍,不足部分就近租房补充。其他临时设施视工程实际需要,利用空地因地制宜布置。

在施工设施布置时,为满足环保的需要,在各主要施工场地设置垃圾池、洗车槽、废水沉淀池,确保工地卫生、出场车辆和废水排放满足环保卫生要求。空压机房、备用发电机房等设置双层围蔽并采取消音措施,以减小噪声和粉尘污染。所有临时设施按国家和××市有关消防安全法规配齐消防装置。具体情况见现场平面布置示意图、项目经理部平面布置图　(图略)。

2.3.2.3　施工临时设施布置

1. 施工道路

本工程排水管道位置处××路以东部分为三管道平排,其余均为单管道,施工时采用半幅导行,半幅作为施工路。

2. 施工用水和生活用水

施工用水和生活用水均采用自来水,就近从城市供水管引入进水水表,在生活区内要设置若干个消防栓,以满足消防要求。

3. 施工用电

根据现场生产、生活和机械配备及运作情况,平均功率因素选 $\cos\varphi=0.8$,需要系数 $K_1=0.6$,$K_2=0.8$,$K_3=1$,ΣP_1 电动机额定功率为 500kW,ΣP_2 室内照明用电: $400\text{m}^2\times6\text{W/m}^2=2.4\text{kW}$,$\Sigma P_3$ 室外照明用量为 25kW,总需用电量为 $P=1.05\times(K_1\times P_1/\cos\varphi+K_2\times P_2+K_3\times P_3)=422\text{kVA}$。

用电线路由总配电房向外引,沿建筑周围设置,立杆架空铺设,立杆间距为15m,立杆高度为6m,从立杆向下引线,需用软管绝缘保护,每机边设分配电箱、闸刀和插座,做到一机一闸,所有配电箱均为铁壳,并上锁,须符合安全生产需要。

为防止意外停电对工程施工造成影响,在现场配备 1 台 $120\text{kW}\cdot\text{h}$ 发电机、2 台 $75\text{kW}\cdot\text{h}$ 发电机备用。

4. 施工排水设施

施工区排水:施工区域设沟槽排水,局部设集水井,用潜水泵将工作面的积水抽至集水坑内,再用离心式污水泵将井内的水抽到地面的主排水沟内,经污水沉淀池净化处理符合城市排放标准,再排入市政排水系统。

地面排水：在泵站基坑施工场区内设一条 400×300mm 的主排水沟，在基坑围护桩周边设地面排水截水沟，确保地表水不流入施工基坑；各种房屋四周设分支排水沟，与主排水沟相通，排水沟边壁用砖砌筑，流水面用 2cm 厚 M10 水泥砂浆抹面。场区内的地面积水、车辆冲洗废水及施工废水排入主排水沟内，经沉淀池净化处理后，符合城市废水排放标准，再排入市政排水管道。

5. 基坑口安全围护

泵站基坑采用明挖法施工，挖深大，为了地面施工人员的安全，同时，为防止地面石渣和地面积水落入内部，威胁坑内施工人员的安全，要在坑口周边用 1.0m 高铁栏杆围护。见图 2－46。管道开槽部分围护采用活动铁栏杆围挡。

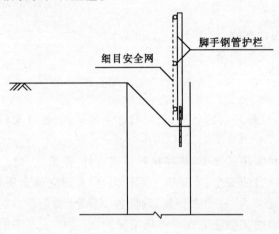

图 2－46　基坑口安全围护

6. 项目经理部（生活区）及生活点的建设

项目经理部总部考虑利用现场空地搭建，其中要有一间 80m² 以上的房间作会议室，并设置一间试验室，以便进行小型的常规试验。

施工现场设 3 个项目经理分部（泵站分部、排水分部、设备安装分部），均在总部大院内办公。现场项目经理部办公用房采用轻钢结构活动房，各约 240m²。泵站和排水工地设活动房，作为施工及夜间看守人员的休息室。

2.3.3　组织机构

健全有效的组织机构将对保证工期和工程质量、安全文明施工起到关键性的作用。鉴于此，将采取以下组织部署。

2.3.3.1　项目组织机构

为全面完成本工程的各项施工任务，针对本工程的特点及规模，采用"项目法"施工模式组织施工。在项目组织机构上将设项目经理 1 名，总工程师 1 名，总经济师 1 名，下设施工技术部、安质部、计划调度室、物资设备部、环保部、计财部、综合办公室 7 个部室。人员安排：高级工程师 3～4 人，工程师 5～7 人，助工 7～10 人。委派一级项目经理担任项目经理，委派经验丰富的高级工程师担任总工程师。

项目部组织机构　（略）

2.3.3.2　管理目标

根据招标文件的有关要求，结合我公司多年市政工程施工及管理经验，认真贯彻执行公司的质量方针和质量管理体系。拟制订下列管理目标和措施,定岗定责,在工程施工过程中,严格执行。

1. 质量目标

合格,杜绝重大质量事故的发生。

2. 工期目标

严格按合同工期要求,合理安排,确保工程按期竣工。

3. 施工现场管理目标

根据业主有关要求,结合本公司的管理水平,初步拟订在施工现场管理中制定下列管理目标:

安全生产目标:杜绝伤亡事故,负伤率3‰以下。

文明施工目标:××市文明安全工地。

2.3.3.3　职责与分工

1. 项目经理

(1) 对工程总体负责,以我公司的名义,负责与业主的谈判、签订文件、组织并执行一切与此相关的事务。

(2) 在本标段工程项目实施过程中,贯彻执行国家方针、政策、法规。

(3) 作为本标段工程项目的安全、质量第一责任人,负责建立健全质量、安全管理体系,确保本项目安全、质量目标,实施安全、质量责任制,确保各项安全、质量活动的正常开展。

(4) 负责施工现场全面的文明施工管理和环境保护,组建施工现场的文明施工小组,并结合本标段工程项目的特点,制定和实施文明施工管理和环境保护细则。

(5) 负责工程的组织指挥,传达业主、监理的指令并组织实施,对工程项目进行资源配置,保证本项目管理体系的有效运行及所需人、材、物、机资源的需要,根据工程需要对现场人员任免、聘用、奖罚。对工程项目成本负责。

2. 项目总工程师

(1) 对本标段施工技术、工程质量、安全生产、计量测试负直接技术责任,负责组织指导工程施工技术人员开展有效的技术管理工作。

(2) 负责组织编制本标段工程项目的《实施性施工组织设计》和保证工程质量、安全生产的技术措施。

(3) 负责组织本项目的"四新"推广。

(4) 对本工程施工中可能存在的质量隐患及其预防和纠正措施进行考核,组织解决工程施工中技术难题的科研攻关。

(5) 负责解决竣工资料编制和技术总结,组织竣工交验。

3. 施工技术部

(1) 负责《施工技术管理办法》和《质量管理办法》的实施,根据工程进展进行技术、质量过程监控,解决施工技术疑难问题。

(2) 负责生产调度工作,定期进行工程进度统计并编写《工程进度分析报告》。

(3) 负责本标段工程施工控制测量、施工放样、复核工作。

(4) 负责产品标识和可追溯性、最终检验和试验及原材料进场和混凝土的样品采集和送检,负责工程项目的计量测试工作。

(5) 根据工程进度及时形成各项质量记录,并分类归档。

（6）负责编制本项目有关的交通疏解、环境保护、市政设施和管线保护的方案并监督实施。

（7）负责全面质量管理工作,组织工程项目的 QC 小组活动。

4. 安质部

（1）根据公司安全、质量目标和管理规定,制定本标段工程《文明施工质量管理工作规划》,负责安全、质量综合管理。

（2）编制和报送《安全、质量工作计划》、安全质量技术方案、安全质量措施,并在施工过程中监督、检查和落实。

（3）负责本标段工程项目的质量检验评定控制,按有关施工技术规范、标准实施检查、监督和质量验收。

（4）定期组织安全、质量检查,及时发现事故隐患,下发《安全、质量整改通知书》,并监督整改。

（5）负责收集各种安全、质量活动记录,填报有关报表并进行统计,对有关安全、质量隐患的问题制定预防或纠正措施,并制定补充安全、质量管理办法。

5. 计划调度室

（1）负责编制施工进度计划及督促进度计划的执行。并根据现场实际情况调整施工进度计划。

（2）组织现场人力、机械的调度。

6. 物资设备部

（1）负责本标段工程项目设备、物资采购和管理,制定设备管理办法并落实。

（2）负责本标段工程项目全部施工设备的管理工作,制定施工机械、设备管理制度并监督落实,负责设备的安装、检验、验证、标识、使用、维护和记录。

（3）负责对本标段工程机械设备的使用费用及材料消耗情况进行分析和管理。

7. 环保部

（1）根据国家及地方环保法律、法规,制定本工程的环境保护措施。

（2）督促环境保护措施的有效执行。

（3）与有关部门协调合作,共同搞好施工现场的环境保护工作。

8. 计财部

（1）负责本工程的计量结算工作。

（2）负责本工程的财务管理及财务计划。

9. 综合办公室

（1）负责项目经理部文秘、接待、后勤及对外关系协调等工作。

（2）负责本标段工程项目的综合治安管理工作。

（3）负责项目经理部的人事、劳资、教育工作,组织职工的学习和培训工作。

2.3.3.4　施工管理工作主要内容

1. 目标管理

在实施目标管理活动中,采用目标管理循环,即:制定目标（P）→实施目标（D）→检查、评价目标（C）→处理目标（A）→再制定新目标（P）的 PDCA 循环复始,推动目标不断前进。

2. 计划管理

（1）工程总进度计划及分阶段作业计划（包括月、旬、周的详细计划）。

（2）劳动力计划（编制和准备专业工程用人数及进退场时间）。

（3）材料供应计划（根据工程进度和工程量,决定需用各种材料及进场时间）。

（4）技术组织措施计划（推行新技术、采用新材料、改善施工工艺和操作方法，提高工程质量，防止发生工伤事故，改善机械设备使用情况，提高机械化水平等内容）。

（5）降低成本计划。

（6）财务计划（合理、有效地用好资金，做到专款专用原则，编制用款计划）。

3. 技术管理

（1）技术责任制。对各级技术人员建立明确的职责、权限及接口关系，做到各负其责，各司其职，责权明确。

（2）施工技术管理制。为把工程项目技术管理工作科学地组织起来，保证各项技术工作有目的、有计划、有条理地开展，必须建立以下主要的技术管理制度：

1）施工图学习、自审、会审制。

2）技术核定，设计变更签证制。

3）工程施工资料管理岗位责任制等制度。

4. 质量管理

质量管理是施工管理的根本所在。为确保工程质量，实现质量目标，严格依据 ISO9001 标准建立健全质量管理体系并有效实施与运行，抓好"人、机、料、法、环"的控制。

5. 施工现场标准化管理

对本工程的安全生产、文明施工切实做到安全生产制度化、文明施工标准化。

（1）按总平面图和施工现场客观条件，编制高标准的现场施工总平面布置图并建立管理标准。

（2）现场系统标志标准化，建立"四牌一图"（如单位工程名称概况牌、工地主要管理人员名单牌、安全生产宣传和安全生产无事故竞赛牌、安全标志牌、施工总平面图等）。

（3）安全（防火）措施标准。

（4）施工机具、机电设备管理制度标准化。

（5）进入现场的半成品及设备储存、保管标准。

（6）施工现场"落手清、日日清、层层清"标准。

（7）工程施工资料和安全技术资料编制、记录、签证等管理标准。

6. 材料管理

材料管理是保证工程质量和确保工期的关键之一，材料管理应制定管理制度，其主要管理工作有：

（1）根据工程进度计划提前编制季、月、旬等需用各种材料计划报表。

（2）组织材料供应方案，组织材料的采购、订货、运输、验收入库保管工作。

（3）建立材料的领发料制度。

（4）材料的成本核算管理。

（5）原材料、成品、半成品、设备的质量验收制度。

（6）材料的检验和测试制度。

2.3.4　劳动力计划

本工程采用 3 个施工队进行施工：一个施工队进行管道施工，一个施工队进行泵站施工，一个施工队进行机电安装。根据施工任务的不同，劳动力分段进场，满足施工的要求。具体的劳动力计划见表 2—34。

表 2-34　　　　　　　　　××路(西部)排水工程劳动力计划表

序号	工种名称	2013 年									2014 年				备注
		4月	5月	6月	7月	8月	9月	10月	11月	12月	1月	2月	3月	4月	
1	木工	4	8	20	20	20	20	20	20	20	20	20	0		
2	钢筋工	4	20	20	20	20	20	20	20	20	10	5	0		
3	瓦工	15	15	30	30	30	30	30	30	30	30	30	0		
4	混凝土工	4	4	10	10	10	10	10	10	10	5	5	0		
5	架子工	8	8	20	20	20	20	20	20	10	10	10	0		
6	测量工	3	3	6	6	6	6	9	9	9	9	4	0		
7	电工	4	4	10	10	30	30	30	30	30	30	4	6		
8	机械工	25	25	40	40	40	40	40	40	40	10	10	0		
9	电焊工	4	4	4	4	4	4	4	4	4	4	4	0		
10	维修工	5	5	5	5	5	5	5	5	5	5	5	5		
11	起重工	6	6	12	12	12	12	12	12	12	12	5	10		
12	普工	100	100	150	150	150	150	150	150	150	100	100	50		
13	钳工	15	0	0	0	0	0	15	15	15	15	15	0		

2.3.5　施工进度计划

2.3.5.1　施工部署

1. 开工前部署

(1) 如承蒙中标,在接到建设方的开工通知 2 天内进场,落实施工及生活用房,联系有关单位,协商、协调解决好材料堆场、排水施工等前期工作。

(2) 安排就绪施工用各种机械设备,安排落实施工班组等问题。

(3) 办妥各项有关施工证件手续,按规定制度和当地有关规定条例做到有准备开工,按规范施工。

(4) 计划主材来源,对地方材料、半成品等材料经发包方同意后签办订货供料合同。

(5) 按照平面布置图拟将本工程作一次性定位放样。建立测量控制网,以便在泵站和排水管道施工过程中准确控制位置及标高。

2. 施工阶段部署

(1) 施工部署目标

整体施工中合理地进行流水施工,施工各阶段劳动力安排相对均衡,各班组分工明确,搭接紧密,在保证质量和工期的前提下,做到成本的最优化。

(2) 工段划分

本工程的施工范围为××路以东 152m 至外环线的迎水道排水工程;××路污水泵站;水上西路雨水泵站;华苑污水泵站。

根据现场实际情况和工程特点,拟将本工程划分为 4 个部分:即迎水道排水工程、××路污水泵站工程、水上西路雨水泵站工程、华苑污水泵站工程 4 个部分。管道工程使用 1 个施工队进行施工,泵站工程拟采用一个施工队,根据 3 个泵站工序特点,充分利用资源,进行穿插施工。

（3）施工总体安排及进度计划

在施工安排上,做好各施工队的协调工作,各个工序安排紧凑,建立立体网络化控制。只有控制住关键点,带动全线,抓住整体才能确保工程按期优质完工。

施工在机械设备上配备充足,进行机械化施工。

主要材料供应方面,可就地取材,使材料供应充足。料场距施工现场很近,可节约材料堆放场地。

施工准备阶段与业主和当地有关部门积极配合,力争在最短的时间内,完成前期准备工作,为各项目分部开工创造条件。

2.3.5.2 影响施工进度的因素

1. 交通导行

迎水道为城市主干道,来往车辆众多,交通繁忙,不允许采用断交施工。考虑到管道铺设的位置并根据现场具体情况,拟采用以下导行方案:

（1）迎水道××南路以东部分

该部分涉及到 3 条平行管线的施工,工作面几乎占据整个路面,而现场有条件采用断交施工。故本段道路采用断交施工,过往车辆绕行××路、××道。

（2）迎水道××南路以西部分

该部分只有一条管线施工,位于道路中心线以北。故考虑采用半幅施工,封闭路中线以北部分,利用路中线以南路面及拆除的绿化带、人行道,铺设 20m 双向 4 车道辅道,并设专人维持交通（交通导行示意图略）。

2. 管线切改

本工程涉及的管线错综复杂,施工前应刨验,确定管线的具体位置和形式,会同有关部门对各种管线采取相应的措施进行保护和切改,不使因管线的因素影响工程施工进度。

3. 拆迁

本工程拆迁范围广,如拆迁不到位,将严重影响工程的施工进度。

4. 做好冬、雨季的各项准备

排水工程施工时,冬、雨季对施工的影响特别大,做好冬、雨季施工前的各种准备工作,施工时合理安排各道工序,把冬、雨季对施工的影响降到最小。

2.3.5.3 施工总体计划

为能按拟订的工期如期完工,从本工程开工前就必须做好充分的施工准备工作,在开工后狠抓每个施工环节,在确保质量及文明施工的前提下,加大力量投入,要有苦干、大干精神,从组织落实到设备配备等方面全力以赴。

1. 进度计划按施工阶段节点控制,具体分管道沟槽、基础、下管、检查井、还填,道路恢复;泵站的开挖、沉井施工、泵站主体施工、附属结构施工、机电安装等。

2. 各专业项目施工分部按专业工程项目组织人员合理安排,进行工序穿插与平行流水施工。各施工班组合理地、充分地实行平面流水施工作业和部分立体交叉施工作业。

施工计划安排按建设单位要求,本工程计划工期暂定为 2013 年 4 月 10 日至 2014 年 4 月 5 日,工期为 362 天。为了保证工期,我们拟作初步安排如下:

（1）施工准备阶段:2013 年 4 月 10 日至 2013 年 4 月 25 日,包括施工基地建设、测量放线、人员设备进场、建立试验室等各项准备工作。

（2）管道工程施工：本工程的所有管线施工。从 2013 年 4 月 26 日至 2013 年 12 月 31 日。

（3）××路污水泵站工程：从 2013 年 5 月 1 日至 2013 年 11 月 16 日。

（4）水上西路雨水泵站工程：从 2013 年 5 月 15 日至 2013 年 11 月 21 日。

（5）华苑污水泵站工程：从 2013 年 9 月 1 日至 2014 年 2 月 17 日。

（6）施工退场：从 2014 年 2 月 18 日至 2014 年 3 月 15 日。

具体施工进度计划见施工进度图　（略）。

为了尽早竣工，使工程尽早投入使用，在施工过程中，我们加大机械、人员、资金的投入，各个工序合理安排，紧密衔接，整个施工计划比业主规定的计划提前 20 天完工。

2.3.6　进度、施工工期保证措施

根据合同的要求，结合本工程的特点和我集团公司的实际机械、人员等情况，在施工中，我们将采取以下措施确保此工期目标的实现。

2.3.6.1　从组织管理上保证工期

1. 本工程实行项目法施工，根据本项工程的特点，我单位将组织充足精干人员，调集精良设备于本工程项目之中，并成立由主管生产的负责人为总调度，由施工经验丰富的人员担任生产指挥的调度员，加强施工现场的协调和指导。由各作业队主管生产的负责人任调度员，以各施工队为生产实施单位，形成一个从上而下的主管施工进度的组织体系。

2. 建立以项目为核心的责、权、利体系，定岗、定人、授权，各负其责。

3. 各施工队应坚持每天一次的生产布置会，做到当天的问题不留到下一天，并让每个生产者清楚明天的工作，及时安排布置。

4. 项目经理每周定期召开一次由各生产队负责人参加的生产调度会，及时协调各队伍之间的生产关系，合理调配机械设备、物资和人力，及时解决施工生产中出现的问题，并积极参与协调好工程施工外部的关系。

5. 每月召开由项目经理或主管生产的负责人主持的生产调度会，总结上个月的施工进度情况，安排下个月的施工生产工作。及时解决工程施工内部矛盾，及时协调各队伍之间的生产关系，对施工机械设备、生产物资和劳动力安排计划；并对资金进行合理分配，保证施工进度的落实和完成。

6. 建立严格的《施工日志》制度，每日详细记录工程进度、质量、工程洽商等问题，以及施工过程中必须记录的有关问题。

7. 各级领导必须"干一观二计划三"，提前为下道工序的施工，做好人力、物力和机械设备的准备，确保工程一环扣一环地进行。对于影响工程总进度的关键项目、关键工序，主要领导者和有关管理人员必须跟班作业，必要时组织有效力量，加班加点突破难关，以确保工程总进度计划的实现。

8. 建立奖罚严明的经济责任制，每季每月进行一次总结，对提前完成任务的相关责任人进行奖励；未能按时完成任务的按拖延的天数进行罚款，谁拖延谁受罚。多次完成任务不力者调离岗位，同时广泛开展"劳动竞赛"、"流动××评比"等活动，激发广大职工的工作热情和创造性，提高劳动效率，确保工期的实现。

2.3.6.2　从计划安排上保证工期

1. 在工程开工前，就严格按照《工程施工承包合同》的总工期要求，提出工程总进度计划，并

对其科学性和合理性,以及能否满足合同工期的要求等问题,进行认真审查。

2. 在工程施工总进度计划的控制下,坚持逐周、逐旬、逐月编制出具体施工计划和工作安排。

3. 制定周密详细的施工季度计划,抓住关键工序,对影响到总工期的工序和作业给予人力和物力的充分保证,确保总进度计划的顺利完成。

4. 对生产要素认真进行优化组合、动态管理。灵活机动地对人员、设备、物资进行调度安排,及时组织施工所需的人员、物资进场,保障后勤供应,满足施工需要,保证连续施工作业。

5. 缩短进场后的筹备时间,边筹备、边施工。全线施工,多头并进。

6. 工程计划执行过程中,如发现未能按期完成计划的情况时,必须及时检查分析原因,立即采取有效的措施,调整下周的工作计划,使上周延误的工期在下周赶回来,在整个工程的实施过程中,坚持"以日保周,以周保月"的进度保证方针,实行"雨天的损失晴天补,白天的损失晚上补,本周的损失下周补,本月的损失下月补"的补赶意外耽误工期的措施,确保工期进度计划的实现。

2.3.6.3 从资源上保证工期

1. 将该工程作为我集团公司的重点工程,该工程所需的机械、设备、技术人员、劳动力、材料、资金等资源给予优先保证。同时成立一个施工经验丰富、组织管理能力强,机构行使合理的项目领导班子,配备一批优秀的技术骨干、生产骨干和性能卓越、状况良好的施工机械、组成一个高素质、高效率的施工队伍。

2. 制定严格的材料供应计划,根据现场的施工进度情况,保证各施工段材料的及时供应,杜绝停工待料的情况的出现以免耽误时期。

3. 财务保障,工程资金实行专款专用,保障资金的运作。如一旦业主资金不能及时到账,我们在必要时拟以投入 300 万~500 万元的备用资金以保证本合同段工程的正常运行。

2.3.6.4 从技术上保证工期

1. 由项目部总工程师全面负责该项目的施工技术管理,项目经理部设置工程技术部,负责制定施工方案,编制施工工艺,及时解决施工中出现的问题,以方案指导施工,防止出现返工现象而影响工期。

2. 实行图纸会审制度,在工程开工前已由总工程师组织有关技术人员进行设计图纸会审,并及时向业主和监理工程师提出施工图纸、技术规范和其他技术文件中的错误和不足之处,使工程能顺利进行。

3. 采用新技术、新工艺,尽量压缩工序时间,安排好供需衔接,统一调度指挥,使工程有条不紊地进行施工。

4. 实行技术交底制度,施工技术人员在施工前认真做好详细的技术交底。

5. 施工用计算机进行网络管理,确保关键线路上的工序按计划进行,若有滞后,立即采取措施予以弥补。计算机的硬件和软件应满足项目管理需要,符合业主统一的管理规定。

2.3.6.5 其他保证措施

1. 关心员工的生活,根据不同的气候条件、施工强度相应调剂员工的饮食,加强饮食卫生管理,减少疾病。保证各个员工以健康的体魄,充沛体力,良好的精神状况投入施工中。现场设立医务室,定期做好饮食卫生的消毒工作,防止恶性传染病的发生而影响施工。

2. 做好冬雨季、夜间施工的措施和周密的准备工作以及防洪抗灾等保证工作,确保施工顺利进行。

2.3.6.6 建立施工进度的控制系统(见图 2-47)。

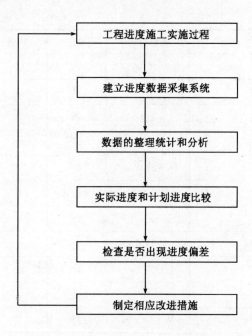

图 2—47　施工进度控制系统

2.3.7　主要施工机械、设备配备情况

施工机械、器具的合理配备是确保整体工程顺利进展和缩短工期的重要保证,配备得太少,势必会影响施工进度;配备得太多,又会使资源闲置,造成不必要的浪费。根据施工需要,确定主要机械设备合理的进场时间,具体布置如下。

2.3.7.1　施工主要机械设备

施工主要机械设备见表 2—35。

表 2—35　　　　　　　　　　施工主要机械设备

序号	机械或设备名称	规格型号	单位	数量	使用性能	备注
1	挖掘机	1m³	辆	4	良好	
2	推土机	50kW	辆	2	良好	
3	推土机	60kW	辆	1	良好	
4	推土机	75kW	辆	1	良好	
5	装载机	1m³	辆	2	良好	
6	装载机	2m³	辆	1	良好	
7	洒水车	LS10—8	辆	1	良好	
8	自卸汽车	10t	辆	8	良好	
9	自卸汽车	8t	辆	2	良好	
10	自卸汽车	4t	辆	4	良好	
11	载重汽车	4t	辆	1	良好	

序号	机械或设备名称	规格型号	单位	数量	使用性能	备注
12	载重汽车	6t	辆	1	良好	
13	汽车式起重机	5t	辆	5	良好	
14	汽车式起重机	16t	辆	3	良好	
15	汽车式起重机	20t	辆	3	良好	
16	发电机	75kW	台	2	良好	
17	电焊机	30kVA	台	5	良好	
18	对焊机	75kVA	台	1	良好	
19	对焊机	150kVA	台	1	良好	
20	点焊机	DN-75	台	1	良好	
21	钢筋切断机	CT-6/40	台	1	良好	
22	钢筋弯曲机	WT1-6/40	台	1	良好	
23	钢筋冷弯机		台	1	良好	
24	机动翻斗车	1t	辆	5	良好	
25	混凝土搅拌机	500t	台	5	良好	
26	卷扬机	3t	台	4	良好	
27	卷扬机	5t	台	6	良好	
28	倒链	5t	台	2	良好	
29	倒链	3t	台	6	良好	
30	台钻		台	2	良好	
31	云石机		台	2	良好	
32	木工圈锯机		台	1	良好	
33	平刨床	M506	台	1	良好	
34	压刨床	B600	台	1	良好	
35	打眼机		台	1	良好	
36	母线成型器		台	2	良好	
37	电动夯实机		台	8	良好	
38	电动清水泵	ϕ50mm	台	6	良好	
39	电动清水泵	ϕ100mm	台	15	良好	
40	电动清水泵	ϕ150mm	台	4	良好	
41	回旋钻机		台	3	良好	
42	井点钻机		台	1	良好	

序号	机械或设备名称	规格型号	单位	数量	使用性能	备　注
43	泥浆泵	φ100mm	台	6	良好	
44	高压油泵	50MPa	台	6	良好	
45	注浆泵		台	1	良好	
46	液压千斤顶	200t	台	12	良好	
47	液压千斤顶	300t	台	12	良好	
48	射流井点泵		台	3	良好	
49	装载车	5t	辆	4	良好	
50	空压机	9m³	台	4	良好	
51	柴油打桩机	1.2t	台	3	良好	
52	工程钻机		台	1	良好	
53	灰浆搅拌机		台	1	良好	
54	灰浆输送泵	3m³/h	台	1	良好	
55	水泥搅拌桩机	GZB—600	台	1	良好	
56	胶轮压路机		辆	1	良好	
57	钢轮压路机		辆	1	良好	
58	压路机		辆	2	良好	
59	沥青摊铺机		辆	1	良好	

2.3.7.2　试验、测量器具配备计划

试验、测量器具配备计划见表 2—36。

表 2—36　　　　　　　　　　　试验、测量器具配备计划

序号	仪器设备名称	规格型号	单位	数量	备　注
1	碎石筛	5mm～100mm	套	1	
2	砂子筛	0.8mm～5mm	套	1	
3	天平	100～1'000g	台	1	
4	案秤	10kg	台	2	
5	台秤	50kg	台	1	
6	分析天平	1/10 000	台	1	
7	干燥箱		台	1	
8	试模	150×150×150mm	个	30	
9	振动台	1m²	台	1	
10	混凝土回弹仪		台	1	
11	击实仪	电动	台	1	

序号	仪器设备名称	规格型号	单位	数量	备　注
12	脱模器	电动	台	1	
13	全站仪		台	1	
14	经纬仪		台	2	
15	水准仪		台	5	
16	标　尺		个	3	
17	测　绳		根	5	
18	钢卷尺	30/50m	个	1/3	
19	环　刀		套	10	

2.3.8　主要施工方案

2.3.8.1　施工组织

根据我集团公司多年城市基础设施的建设经验,工程建设施工要统一规划,协调配套,统一组织,坚持先地下、后地上的施工原则,避免由于反复刨槽带来的经济损失。

2.3.8.2　施工准备

沟槽施工前先对现有管线及其他的地下障碍进行细致的现场调查,并进行现场刨验,同时请有关管线部门进行现场监督,若发现有本次设计管线发生冲突的情况,及时通知监理、业主和设计进行解决。

2.3.8.3　排水施工(明挖)

1. 工艺流程(见图 2—48)

2. 主要施工方法

(1) 施工放线

1) 根据设计给定的规划桩,用经纬仪测量雨污水管道中心线检查井的位置,放线时应以雨污水管道起始点检查井的位置作为管道位置控制点,在曲线段首先计算出曲线的要素,再确定管线位置,检查井位置做好栓桩记录。

2) 沿管线位置引设临时水准点,做好记录,并加以保护,沿管线每 80m 设置临时水准点,并经常闭合校合。

3) 测量放线的技术标准应达到 $h \leqslant \pm 6\sqrt{n}$ mm。

(2) 挖槽

根据现场条件,施工管道都处于现状道路上,施工无放坡开挖的条件,因此全部采用支撑开槽,机械开挖。当设计槽深≤4.5m 时采用排板支撑开槽法;设计槽深>4.5m 时采用钢板桩嵌板支撑开槽法,钢板桩中心间距 800mm。

1) 排板支撑开槽(开槽断面如图 2—49 所示)。

①撑杠水平距离≥2.5m,垂直距离为 1.0m～1.5m,最后 1 道应比基面高 20cm,下管前替撑应比管顶高出 20cm。

②支撑时每块立木必须支 2 根撑杠,如属临时点撑,立木上部应用扒锯钉牢,防止转动脱落。

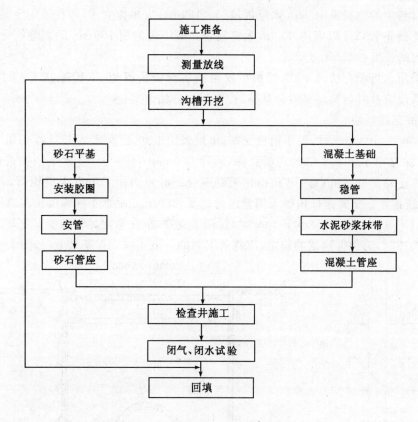

图 2—48　排水施工(明挖)工艺流程

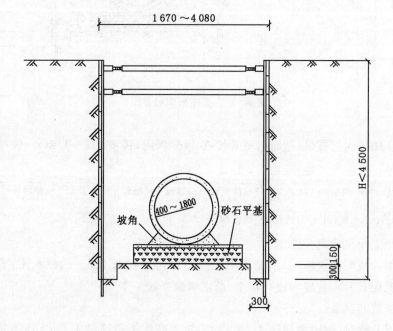

图 2—49　支撑断面示意图

③支撑材料中的撑板采用5cm木撑板,150×150mm方木作立木,撑杠采用金属撑杠,2m以内用65mm无缝钢管,3m以内用80mm无缝钢管,4m以内的用100mm的无缝钢管。金属撑杠角插入钢管内的长度≮20cm。

④挖土采用人机配合法施工,当挖掘机挖至槽底时应预留20cm的原状土,采用人工清底,如遇有特殊情况应及时与监理和设计联系,商议解决办法。

2)钢板桩支撑开槽

①开槽深度大于4.5m时,采用钢桩支撑,钢桩采用Ⅰ36工字钢,桩长计算采用$L=1.5×$沟槽总深,入土深度不小于0.5倍的沟槽总深,间距800mm～1000mm。水平围檩采用Ⅰ20工字钢。撑杠采用金属撑杠,2m以内用65mm无缝钢管,3m以内用80mm无缝钢管,4m以内的用100mm的无缝钢管。金属撑杠角插入钢管内的长度≮20cm。根据不同深度设多道撑杠,第一道撑支在桩顶以下0.8m处,槽深小于10m时,设两道支撑,但注意要尽量减少安置管道时的冲突。当管道安装换撑时,为保证沟槽的稳定,应将最下面的一道支撑支在基础上(如图2-50所示)。

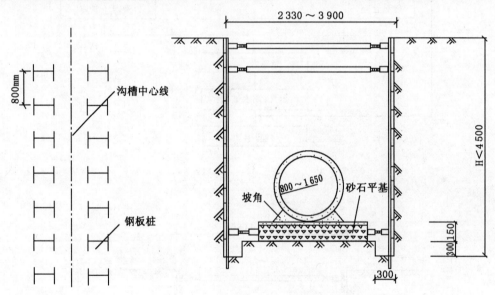

图2-50　支撑断面示意图

②打钢桩使用柴油打桩机,适合打桩长度在14m以内,锤重0.6～1.8t,一般控制在桩重的3倍。打桩程序是:

走架子 → 就位 → 调整 → 固定架子 → 挂桩帽 → 起锤 → 吊桩 → 入龙口 → 踏桩 → 调正 → 踏锤 →

调桩 → 试打 → 打入 → 踏锤 → 摘桩帽 → 固定锤 → 走架子

要严格按照安全操作规程施工。

③挖土采用人机配合法施工,当挖掘机挖至槽底时应预留20cm的原状土,采用人工清底,如遇有特殊情况应及时与监理和设计联系,商议解决办法。

④土方的堆放和弃运

非压力管道开槽时,堆土距槽边1.5m以外,堆土高度不得超过1.5m。压力管道开槽时,土甩到槽上口10m以外。符合要求的土用于回填,其余用运输车外运。吊车下管时一侧堆土,一侧走车。

（3）施工排水和降水

1）排水采用明排法（＜4.5m 槽深）时，施工时先挖好两侧排水沟（30×30cm），且每 20m 设置一个集水井（深度比排水沟深 1.5m）用砖砌筑。

2）在土质较差处，或开挖＞4.5m 槽深时，应在槽侧设置大口井进行降水（每 10m 设置一个），开槽前使地下水位降低至槽底 0.5m 以下，大口井管材采用 ϕ500mm 无砂管，井底深度要在槽底以下 5m 处，纵向间距为 10m，横向垂直间距视实际情况确定（具体形式见图 2－51、图 2－52）。

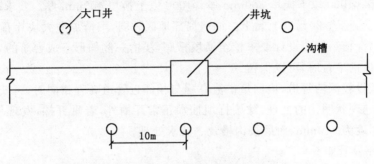

图 2－51　大口井平面布置图

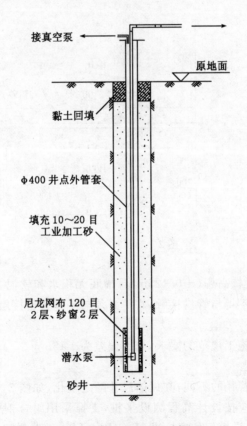

图 2－52　降水井点剖面布置图

3）施工排水排入旧管道或临时排水管道，如果现场没有排水系统，应首先施做主干管道，并在相应的位置做临时排水管沟，以确保排水使用，最后汇集排入主干管道内，再排入外管网。如果水质浑浊在排入城市管网之前可先排入沉淀池简单处理,再排入城市管网。

4)拆撑时应遵循先下后上的原则,拆一步撑还土,夯实后再拆撑还土,拆撑时禁止大挑撑。

5)沟槽应达到质量标准:沟底标高允许偏差 0,-15mm,宽度每侧不小于设计规定,坡度不陡于设计规定,排水沟宽度允许偏差±5cm。

(4)基础处理(软基)

为便于施工操作和减少软基沉降,承插口管道砂石基础下超挖换填矿渣,其中 φ600 以下管道换填 300mm 厚;φ1000 以下换填 350mm 厚;φ1000 以上换填 400mm 厚。要求矿渣粒径不大于50mm,应以级配为准,含 20% 以上黏土。如遇局部地区软弱,酌情加抛大块片石处理。

同槽施工时,深槽一侧按设计要求挖至换填槽底,浅槽一侧如形不成台阶的,一并挖除,能形成不小于管基宽度的平台时,可以保留。

施工时,先铺设较深的管道,当同填矿渣高程与相邻近管道高程相同时,再安装相邻管道。

雨污水管道遇现状明沟的处理:除按打坝抽水正常开槽外,着重钎探,发现软弱地区及时抛片石处理,抛石厚度为500mm,而后按沟槽统一要求处理。

(5)砂石平基及管座

砂石基础的形式随管径的不同,其具体尺寸随之变化,如图 2-53~图 2-55 所示。

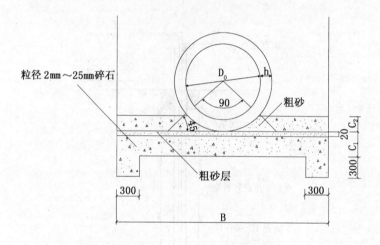

图 2-53　90°砂石基础

砂石基础施工前,应复核高程(+0.125m)且槽底无积水和软泥。铺设时防止砂石进入集水井。砂石平基及管座石子不得与管皮接触,管底必须与平基紧密接触。砂及砂石基础要夯实,控制密实度90%。

平基厚度满足设计及施工规范的要求,允许偏差为±15mm。

(6)混凝土基础及管座

混凝土基础的形式随管径的不同,其具体尺寸随之变化,如图 2-56、图 2-57 所示。

1)混凝土基础支模前应按设计高程测设平桩,支撑采用组合钢模板,钢模板内侧用木桩加固,外侧用木拉杠支撑。支设模板位置应准确、牢固、可靠,板缝拼接严密,并在模板上弹出基础垂直面的高度,在浇筑前进行校核。

2)混凝土浇筑前应做到平基内无积水。混凝土搅拌采用搅拌机搅拌,翻斗车运输。槽深超过 2m 时槽内应设置串桶。采用插入式振捣器振捣,振捣时应做到"快插慢拔"。振捣棒每次移动的距离不应大于振捣棒作用半径的 1.5 倍,避免混凝土分层离析和漏振。浇筑混凝土后用木

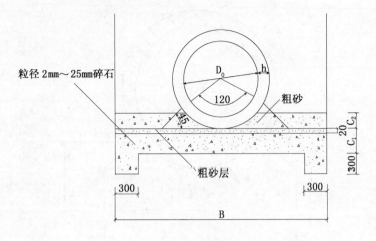

图 2-54　120°砂石基础

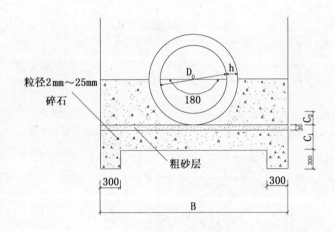

图 2-55　180°砂石基础

抹子找平。

3) 浇筑混凝土时振捣应密实,不漏振。后盘搅拌应均匀,并及时检查坍落度。

4) 初凝后覆盖草袋片或麻袋片并洒水养护,保持混凝土表面湿润。平基混凝土施工缝应预留坡茬,下次施工前应做凿毛处理。

5) 待基础混凝土和平口管安装后再进行管座混凝土。混凝土管座施工时,应在管内两侧同时浇筑。初凝前抹好八字。施工时尽量避免设置施工缝,浇筑前应用自来水冲净模内污物。

6) 混凝土基础表面平整顺直,无蜂窝麻面。施工前应复核土基标高,以确定厚度。

(7) 铺设管道

1) 管道铺设前的检查

①沟底标高、底宽、回填土厚度是否达到施工标准。

②管材、管件、胶圈、黏接剂的质量是否合格。

2) 管道铺设采用预留沉降量的处理方法,即管道铺设时的高程控制为:设计标高+0.125m =铺设标高。管道的一般铺设过程:下管、稳管、安装、部分回填、试压、全部回填。

①下管

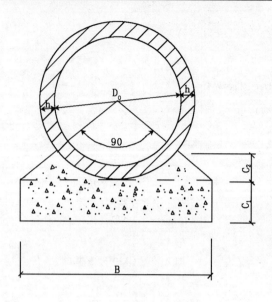

图 2—56 90°混凝土基础

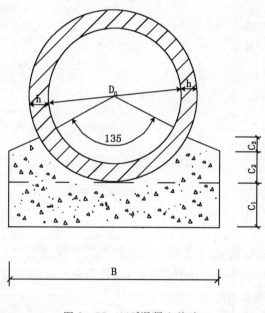

图 2—57 135°混凝土基础

根据管径的不同,分别采用不同吨位的吊车下管,下管应注意以下事项:

a. 下管时,吊车沿沟槽开行时,距沟边应间隔 1m 的距离,以避免沟壁坍塌。

b. 吊车不得在架空输电线路下作业,在架空线路附近作业时,其安全距离应符合当地电业管理部门的规定。

c. 下管时派专人指挥,指挥人员必须熟悉机械吊装的有关安全操作规程和指挥信号,驾驶员必须听从信号进行操作。

d. 搬(套)管子应找好重心,平吊轻放,不得忽快忽慢和突然制动。

e. 起吊及搬运管材、配件时,管材承插口工作面应采取保护措施。

f. 在起吊作业区内,任何人不得在吊钩或被起吊的重物下面通过或站立。

g. 管节入沟槽时,不得与槽壁支撑及槽下的管道相互碰撞,沟槽运管不得扰动天然土。

②稳管与安装

a. 管道铺设采用预留沉降量的处理方法,即管道铺设时的高程控制为:设计标高+0.125m＝铺设标高。稳管时逐节测量高程和管道中心线,管内底高程允许偏差(±10mm)。管道必须稳固无倒坡,管材无裂缝破损,管道内无杂物。

b. 管道轴线控制采用中心线法或边线法。

c. 橡胶圈:承插口管道均采用胶圈接口(材料为氯丁橡胶),胶圈的物理性能应满足下列条件:

(a)拉断强度≥16MPa;

(b)邵氏硬度 45°～55°;

(c)伸长率≥500%;

(d)永久变形<20%;

(e)老化系数>0.8(70℃ 1.44h);

(f)压缩率 30% 为宜,即(胶圈截面直径、接口间隙)/胶圈截面直径＝30%;

(g)胶圈由管材生产厂家按规格配套供应,施工接口时应使胶圈压缩均匀,避免出现胶圈扭曲,接口回弹等现象。

d. 混凝土承插口管安装的动力可采用手动葫芦或卷扬机。

e. 平口管道应在平基混凝土强度达到 50%,且复核高程后方可下管。

f. 采用水泥砂浆抹带接口,接口前应进行凿毛处理保证接口的严密。具体如图 2—58、图 2—59 所示。

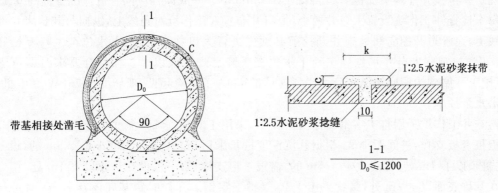

图 2—58　90°混凝土基础

管道交叉时,要使承插口之接口避开交叉处,上下层管道交叉时,两管间隙采用砂石填充,以留出管道不均匀沉降的空间。管道就位后要及时进行验收和闭水检验。

(8)闭水试验

管道采用闭水试验检验。闭水试验必须在回填土之前进行,并应在管道、沟渠浸泡72h 后进行,闭水试验的水位,是试验管段上游管内顶以上 2m,如小于 2m 时闭水试验的水位可至井口为止,对渗水量的测定时间不小于 2h。D700 以上管道每 3 段抽检 1 段,试验不合格者,全线闭水试验,D700mm 以下管道,每井段全部检验,压力管道全数打压检验。试验要求如下:

1)闭水试验必须在回填土回填之前且无积水情况下进行。

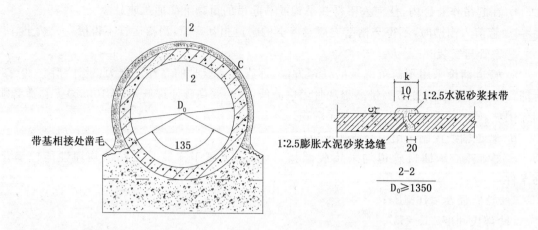

图 2—59　135°混凝土基础

2) 闭水试验必须在管道安装完成后,各项技术指标经检验均合格的前提下进行。

3) 全部预留孔应封堵,且不得渗水。

4) 管道两端堵板承载力经核算应大于水压力合力,且应封堵严密不渗水。

5) 对渗水量的测定时间不少于 2h。

(9) 检查井施工

在铺设管道后要及时施工检查井。检查井井底要进行超挖换填,非卧(沉)泥井,一般控制换填 300mm,卧(沉)泥井控制换填 400mm。矿渣最大粒径控制为 50mm,表面铺细料,以便井基混凝土浇筑。检查井井基下加铺 C15 混凝土 100mm 厚。井底高程应同管道预沉量提高 0.125m。

每个检查井工作坑设置大口井两个,大口井布置在工作坑对角线上,纵向与其他大口井在同一直线上,在管道开挖前和检查井开挖前必须先进行大口井降水,地下水位至少降至槽底以下 50cm,可通过观察大口井水位确定地下水位是否降至规定线以下。在符合要求时即可进行开挖,从施工开始到沟槽回填结束降水必须连续进行,为了保险起见,现场配备 75kW 发电机 1 台,使用潜水泵抽水。

检查井工作坑采用打工字钢支撑围护施工,采用 I 36 工字钢,深度小于 4.5m 的工作坑,采用钢板桩卡板支撑,桩间距 1m。根据基坑深度桩长采用 6m~9m。深度小于 4.5m 的,设一道支撑,在桩顶以下 1m 处,深度大于 4.5m 的,需设 2 道支撑,第一道设在桩顶以下 1m 处,第二道支撑设在基坑底面以上 2m 处,腰梁采用 I 36 双拼工字钢。开挖时距基底还有 20cm 时进行人工清底,在达到设计标高并做好盲沟后,立即进行垫层混凝土的浇筑。

本工程的检查井均按有地下结构防水要求的施做,水泥砂浆要求加入防水剂制成防水砂浆。其中砂浆强度要求为 5N/mm²,防水剂按产品要求和国家现行标准施加。砌筑时做灌浆,井壁与混凝土管接触部分填满砂浆。井身外壁应用砂浆搓缝,井外壁管口处做好管箍。预留支管,收水支管按设计高程放置短管,在还土前砌好(均采用 M7.5 水泥砂浆)管堵。井壁砂浆饱满,灰缝平整,井壁内砂浆抹面平整、圆顺、坚实,不得有空鼓、裂缝、脱落现象。

管道与检查井接口采用直接砌筑的方法,但要采用短节相边,在入井段双侧管外壁加一橡胶圈入井壁,以后用防水砂浆双侧塞填孔隙。距检查井两侧各 1m 处,各留一管道接口,以减轻管与井不均匀沉降的影响。凡遇新旧管道,由于沉降造成铺管需调高时,通常旧井接管处不调整标高;旧管接井时,允许井内调整标高,即两管标高不同,但必须控制上游管比下游高。为便于管理和管道疏通,在污水接户支管井、干管入路口前一个井和倒虹吸处以及雨水接户支管倒虹接入的检查井设沉泥斗,深度 50cm。

(10) 回填

沟槽回填应在管道隐蔽工程验收合格后进行。凡具备回填条件,均应及时回填,防止管道暴露时间过长造成损失。

1) 沟槽回填前的检查

①现浇混凝土基础强度、接口抹带或预制构件现场装配的接缝水泥砂浆强度不小于 $5N/mm^2$。

②压力管道水压试验前,除接口外,管道两侧及管顶以上回填碎石高度不应小于 40cm,水压试验合格后,及时回填其余部分。

③回填时必须将槽底杂物(草皮、模板及支撑设备等)清理干净。

④回填时沟槽内部不得有积水,严禁带水作业。

⑤回填材料必须符合设计和有关规范的要求。

2) 回填施工

基槽回填时应按基底排水方向由高至低分层进行,同时管腔两侧同时回填。管道两侧和管顶以上 40cm 范围内的回填石屑,采用薄铺轻夯夯实,管道两侧夯实的高度不应超过 30cm。管顶 40cm 以上回填时,每 20cm 一层,分层整平和夯实,使用中型压实机械压实或较重车辆在回填土上行使时,管道顶部以上必须有一定厚度的压时回填土,其厚度通常不小于 70cm。

回填土的压实度不得小于 90%。

3) 回填的施工要点和注意事项

①管道两侧和顶管以上 40cm 的范围回填时,应由沟槽两侧对称进行,不得直接扔在管道上。

②需要拌和的回填材料,应在运入槽内前拌和均匀,不得在槽内拌和。

③管道基础围弧土基础时,管道于基础之间的三角区应填实。夯实时,管道两侧应对称进行,且不得使管道位移和损伤。

④采用木夯、蛙式夯等压实工具时,应夯夯相连,采用压路机时,碾压的重叠宽度不得小于 20cm。

(11) 成品保护措施

1) 目的:保护成品与半成品、确保工程质量。

2) 范围:贯穿于整个施工过程以及竣工交验前。

3) 施工过程中成品与半成品的保护应做好以下几个方面:

①管材应码放整齐、立标识牌并注明产品规格。装卸、搬运做到轻挪轻放,避免碰撞。码放地点应选择较软土质或硬质土路面上垫一些草等软物质,最好单层码放,最多不超过 3 层。

②胶圈应摆放在干燥、透气条件好的地方,并注明产品规格,设专人保管,以免变质腐坏或被虫类蛀咬,起不到应有的作用,影响工程质量。

③新砌成的检查井,其各个方面的强度都未达到最佳,若提前碾压将被破坏。可在井盖上方铺设盖板或避免重型车辆碾压,直到达到规定要求。

④水泥、砂、石等应避免与雨雪接触,以免失效、流失,造成不必要的损失。水泥具体的保护措施为:距地面 40cm～50cm 码放,距墙 30cm～50cm 码放;水泥表面应覆盖苫布加以保护,并设专人保管。

⑤对已砌好的检查井做好栓桩,为以后的筑路做准备。

2.3.8.4　顶管施工

在 Wa32、Wa33 段,因为穿过××铁路支线,施工时采用顶管施工工艺。顶管采用顶进 ϕ1800mm 的混凝土管,然后在其内安装 ϕ900mm 的压力管,该段地形如图 2—60 所示。

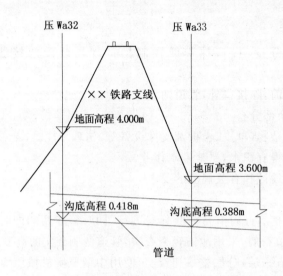

压 Wa32　　　　　　压 Wa33

××铁路支线

地面高程 4.000m

地面高程 3.600m

沟底高程 0.418m　　沟底高程 0.388m

管道

图 2—60　Wa32～Wa33 段地形图

1. 工艺流程(见图 2—61)

2. 主要施工方法

(1) 准备工作

架设动力线路时,与有关单位联系提供借用动力电源挂表计量,按照三相五线制标准合理架设线路。并配制 3 台 120kW 发电机以备线路发生故障时或停电时使用。

(2) 工作坑制作

1) 打桩

Wa32、Wa33 工作坑在两侧面采用钢板桩支撑,工字钢间距为 800mm;工作坑后背采用打钢板桩,钢板桩桩中间距为 400mm,桩长为 7m;在龙门口打钢板桩,钢板桩桩中间距为 800mm,桩长为 7m。打桩机采用 0.6t 柴油打桩机。打桩前先挖桩沟,摸清地下其他设施,桩沟深 500mm。工作坑、接收坑平面尺寸及支护见图 2—62、表 2—37。

2) 施工降水和排水

沿管线两侧每 10m 打大口井 1 眼,井直径 500mm,采用无砂管,井深 9m,两侧交错布置。抽出的水集中进入沉淀井,然后排入市政管道。

基坑开挖后,沿基坑四周挖一条 40×40cm 的排水沟,在对角线设一砖砌水窝子,直径为 ϕ800mm。施工期间不间断抽水。

3) 挖坑与支撑

采用人机复合挖坑,边挖坑边卡板支撑,支撑方法选用钢框架。采用二步框架,第一步由地面下反 1m,第二步框架设在井底上反 300mm,顶管前拆除,两侧桩根与混凝土底板支撑顶严。挖出的土方外运,卡板用竹跳板。

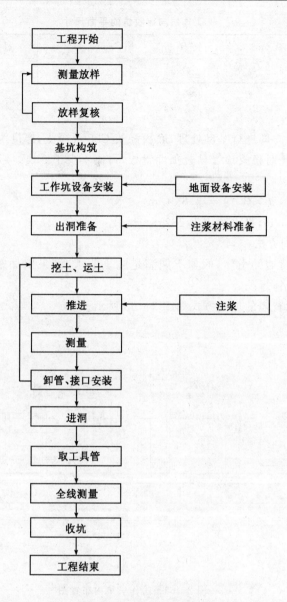

图 2-61　顶管施工工艺流程

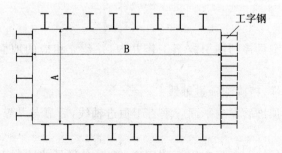

图 2-62　工作坑、接收坑平面尺寸及支护

表 2—37　　　　　　　　　　　工作坑与接收坑的平面尺寸

井号	宽 A（m）	长 B（m）	井号	宽 A（m）	长 B（m）
Wa32	5.5	6.5	Wa33	5.5	6.5

4）坑基础

基坑开挖完毕后，立即进行基础处理，底板浇筑 C25 混凝土，厚度为 300mm。底板混凝土采用预拌混凝土。在浇筑时稳放顶管导轨预埋钢板，每侧不少于 5 块。

（3）顶力计算

$$P = K \times D \times L \times f \times 3.14 = 5.65 \text{ t/m}$$

本工程最大顶距 50m，最大顶力为 282.5t。

（4）后背墙的加固方法

施工前先检验后背墙的土体，假如不能满足施工要求时，采用加密注浆。加强墙后背的土体，避免施工时造成土体塌陷。

根据顶力计算，后背墙的加固方式如图 2—63 所示。

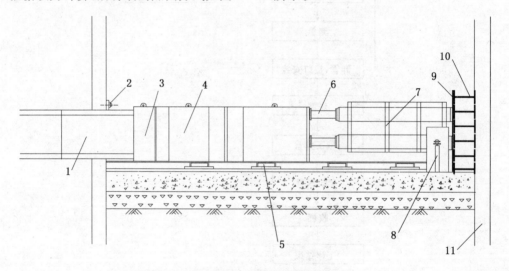

图 2—63　工作坑坑内布置图

1—混凝土管；2—洞口止水系统；3—环形顶铁；4—弧形顶铁；5—导轨；6—主顶油缸；
7—主顶油缸架；8—测量系统；9—钢板；10—Ⅰ36 工字钢；11—工作井

（5）顶进设备安装

1）把地面上建立的测量控制网引放至工作井内，并建立相应的地面控制点，便于顶进施工时复测。

2）工作井内测量放样，精确测顶进轴线。

3）安装顶进后靠。顶进后靠的平面应垂直于顶进轴线，后靠与井壁结构之间的空隙要用砂浆或混凝土填筑密实。

4）安装主顶装置和导轨。先将它们大致固定，然后在测量的监测下，精确它们的位置及坡度，直至满足要求为止，随即将其固定牢靠。

5）工作井内的平面布置。搭建井内工作平台、安装配电箱、主顶动力箱、控制台等，铺设各种电缆、管线、油路等。井内平面布置要求布局合理,保证安全、方便施工。

7）地面辅助设备的安装及平面布置。辅助设备主要有搅拌系统、供电系统、电瓶车充电设备等的安装调试,此外还有轨道拼装、管节堆场、临时弃土场的安排以及吊车泊位、安全护栏等的布置。

7）地面辅助工作及工作井内安装结束后,吊放顶管工具管,接通电气、液压等系统,进行出洞前的调试。

（6）出洞的技术措施

出洞前,先在洞口外安装止水带,其作用是防止工具管出洞时正面的水土涌入工作井内,其另一作用是防止顶进施工时的减阻泥浆从此处流失,保证能够形成完整有效的泥浆套。

顶进出洞前的降水措施结合沉井下沉时的降水措施一并考虑。

顶进工作井采用沉静施工法,对顶进后靠出的土体造成了一定的影响,因此根据现场情况对顶进后靠的土体进行压密注浆加固。

（7）工具管出洞

1）在预留洞内接长顶进导向轨。

2）迅速拆除砖封门。

3）工具管推入。

4）工具管适量顶进土体内,静待 6～8h,测量土体实际静止土压力。

5）继续顶进,以实测和理论土压综合控制工具管正面土压。

6）在工具管尾部烧焊限位块,防止主千斤顶缩回时,工具管在正面土体作用下退回。

7）缩回主千斤顶,吊放混凝土管节。

8）割除限位块,刚性连接工具管管节后继续顶进。

9）出洞后,工具管和其后的第一至第三混凝土管接连在一起后增加了稳定性,对出洞后的一个阶段的顶进施工十分有利,同时也便于在以后的顶进施工中对工具管进行控制。

（8）顶进施工

出洞阶段结束后,即可进行正常的顶进施工。正常顶进时,开挖面处土体经小刀盘切削,由螺旋输送机排土至土箱内,土箱装满后,运至工作井内,再吊至地面弃土。螺旋机的出土口在端部提高了出土口的高度能有效增加土箱的容积。控制出土速度可调节小刀盘的转速合螺旋机的转速。

一节管节顶进结束后,缩回主千斤顶,拆除洞口处的管线,吊放一节管节,然后连接洞口处的管线,再继续顶进。

顶进施工期间,管道内的动力、照明、控制电缆等均应结合中间管的布置分段接入。接头要可靠。管道内的各种管线应分门别类的布置,并固定好,防止松动滑落。

在工具管处应放置应急照明灯,保证断电或停电时管道内的工作人员能顺利撤出。

管道内的设备安装和管线布置,可采用预埋件或膨胀螺栓固定,凡采用预埋件固定的,应在混凝土管节生产前,将预埋件图纸提交给混凝土管生产厂家。

顶进中还需注意地层扰动,顶管引起地层形变的主要因素有:工具管开挖面引起的地层损失,工具管纠偏引起的地层损失,工具管后面管道外周空隙因注浆填充不足引起地面损失,管道在顶进中与地面摩擦而引起的地层扰动。所以在顶管施工中要根据不同土质、覆土厚度及地面建筑物等,配合监测信息的分析,及时调整土压平衡值,同时要求坡度保持相对稳定,控制纠偏量,减少对土体的扰动。根据顶进速度,控制出土量和地层变形的信息数据,从而将轴线的地层变形控制在最佳状态。

(9) 减阻泥浆的运用

顶进施工中,减阻泥浆的运用是减少阻力的主要措施,顶进时通过管节的压浆孔,向管道外壁压入一定量的减阻泥浆,在管道外围形成 1 个泥浆环套,减少管节外壁和土层间的摩擦力,从而减少顶进时的顶力,泥浆套形成的好坏,直接关系到减阻的效果。

为了做好压浆工作,在工具管尾部环向均匀布置了 4 只压浆孔,用于顶进时跟踪注浆。混凝土管节上布置 4 只压浆孔,4 只压浆孔成 90°,环向交叉布置。工具管后面的 3 节混凝土管都有压浆孔,其后每 3 节管节里有 1 节上有压浆孔,压浆总管用"耐压橡胶管",除工具管及随后的 3 节混凝土管节外,压浆总管每隔 6m 装 1 个三通,再用压浆软管接至压浆孔处,顶进时,工具管尾部的压浆孔要及时有效地跟踪注浆,确保能形成完整有效的泥浆环套,混凝土管节上的压浆孔是供补压浆用的,补压浆的次数及压浆量根据施工时的具体情况确定。

减阻泥浆的性能要稳定,施工期间要求泥浆不失水,不沉淀,不固结,既要有良好的流动性,又要有一定的稠度。顶进施工前要做泥浆配合比试验,找出适合施工的最佳配合比。

减阻泥浆的拌制制度要严格按操作规程进行。催化剂、化学添加剂等要搅拌均匀,使之均匀化开,膨润土加入后要充分搅拌,使其充分水化。泥浆拌好后,应放置一定的时间才能使用。压浆是通过储蓄池的压浆泵将泥浆压制管道内的压浆总管,然后经由压浆孔压制管壁外。施工中,在压浆泵、工具管尾部等处装有压力表,便于观察,控制和调整压浆压力。在压浆支管处的浆液压力一般应控制略高于土体静止土压力,约为 1.1MPa。

顶进施工中,减阻泥浆的用量主要取决于管道周围空隙的大小及周围土层的特征,一般按管壁空隙的 5cm 计算理论压浆量,由于泥浆的流失及地下水的作用,泥浆的实际用量要比理论用量打得多,一般可达理论值得 4~5 倍,但在施工中还要根据土质情况、顶进情况、地面沉降的要求等做适当的调整。

(10) 井下测量及轴线控制

为了使顶进轴线和设计轴线相吻合。24h 专人观测,在顶进过程中,要经常对顶进轴线井下测量。在正常情况下,每顶进 1m 测量一次,在出洞、纠偏、进洞时,适当增加测量的次数。施工时还要经常对测量控制点进行复测,以保证测量精度。

在施工中,要根据测量报表绘制顶进轴线的单值控制图,直接反映顶进轴线的偏差情况,使操作人员及时了解纠偏方向,保证工具管处于良好的工作状态。

在实际顶进中,顶进轴线和设计轴线经常发生偏差,因而要采取纠偏措施,减小顶进轴线和设计轴线的偏差值。

(11) 顶进机头的具体操作方法

顶进轴线偏差时,通过调节纠偏千斤顶的伸缩量,使偏差值逐渐减小并回至设计轴线位置。在施工过程中应贯彻勤测、勤纠、缓纠的原则,不能剧烈纠偏,以免对混凝土管节和顶进施工造成不利影响。

本工程测量所用的仪器有全站仪、激光经纬仪和高精度的水准仪。工具管内设有坡度板和光靶,坡度板用于读取工具管的坡度和转角,反映工具管的姿态,光靶用于激光经纬仪进行轴线的跟踪测量。

(12) 沉降观测点的布置和观测

顶进施工的每个顶程都要布置地面沉降观测点。出洞后的 15m 范围内,每隔 3m 设置 1 个沉降观测点,15m 以外每隔 5m 布置 1 个沉降观测点,在顶进施工影响范围内的地面建筑物及地下管线处适当增加沉降观测点布置,在每个顶程中还要布置 2 道断面沉降观测点。

沉降观测点布置必须做到安全、可靠,对测量所用的仪器要经常校核,确保测量数据准确反馈到施工人员手中,便于指导顶进施工。

(13) 工具管进洞的技术措施

为保证工具管能顺利进入接收井预留洞,在离接收井 15m 左右时要加强对顶进轴线的观测,及时纠正顶进轴线的偏差,保证工具管能顺利地按设计轴线进入预留洞。

为防止预留洞封门打开后洞口外的水土涌入接收井内,可以考虑在工具管达到接收井前,先对预留洞口的土体进行加固,加固采用压密注浆法。除进行土体加固外,在井内预留洞处装置 1 道橡胶防水止水带,以防止工具管进洞时水土涌入井内。

工具管进洞后,尽快把工具管和混凝土管节分离,并把管节和工作井的接头做刚性接头。

(14) 顶管施工的质量检验

1) 管内清洁,管节无破损。

2) 管道的接口的填料饱满、密实,且与管节接口内侧表面齐平,接口套环对正管缝、贴紧,不脱落。

3) 顶管时经常检查地面情况,地面沉降或隆起的允许量应符合施工设计的要求。

4) 顶进管道的允许偏差见表 2－38。

表 2－38　　　　　　　　　　　顶进管道允许偏差

序号	项　　目		允许偏差（mm）	检验频率		检验方法
				范围	点数	
1	中线位移	$D<1\ 500$	≤30	每节管	1	测量并查阅测量记录,有错口时测 2 点
2		$D\geqslant 1\ 500$	≤50			
3	管内底高程	$D<1\ 500$	＋10,－20	每节管	1	用水准仪测量,有错口时测 2 点
4		$D\geqslant 1\ 500$	＋20,－40			
5	相邻管间错口	$D<1\ 500$	≤10	每个接口	1	用尺量
6		$D\geqslant 1\ 500$	≤20			
7		钢管	≤2			
8		钢筋混凝土管	15%壁厚且≯20			
9	对顶时管节错口		≤30	对顶接口	1	用尺量

2.3.8.5　泵站主体工程施工

1. 沉井法泵站施工

××路污水泵站泵房为现浇钢筋混凝土沉井,尺寸为 22.4×6.40m。顶板标高为 4.000m,刃脚底标高为－6.565m,总高度为 10.565m。沉井外壁厚度为 500mm;底板厚度 600mm,顶板厚度 200mm,采用 C25P6 混凝土。

(1) 工艺流程

大口井降水 → 基坑开挖 → 地基加固 → 刃脚基础加固 → 刃脚施工 → 第一步井壁 → 第二步井壁 →

沉井下沉 → 第三部井壁 → 沉井下沉 → 沉井封底 → 井内结构 → 沉井封顶 → 附属结构施工

（2）主要施工方法

1）污水泵站施工顺序

沉井采取三节制作二次下沉，施工顺序为：

制作大口井 → 挖基槽 → 制作混凝土垫层 → 制作底节沉井 → 拆除模板 → 制作第二节沉井 →
拆除模板、垫层 → 挖土下沉 → 制作第三节沉井 → 拆除模板 → 沉井下沉 → 沉井封底 →
浇筑钢筋混凝土底板 → 安装钢梯 → 用明开法铺设进、出水管和制作压口井 → 浇筑隔墙、设备基础 → 粉刷
→ 动力照明线路 → 土建收尾

2）施工降水

沿泵站周围和中间设大口井 7 眼，大口井距基坑边 1.5m，井深 15m，直径 $\phi500mm$。井体材料选用无砂管；下管后在管身与井壁间用净石屑填满，起到过滤层的作用。

3）基坑开挖

经大口井降水后，开始组织进行基坑的开挖。开挖前，首先根据设计图纸进行放线工作，即在地面上定出沉井纵横两个方向的中心轴线和井壁的轴线，基坑的轮廓线，以及临时水准点，作为施工的依据。

基坑的底部尺寸比沉井的平面尺寸大一些，即在沉井四周各加宽 1.5m，以保证支模，搭设脚手架及排水沟等项工作的需要。其中施工排水沟沿井身环向布置，尺寸为 $300\times500mm$，并设置集水井 4 座，尺寸为 $1.0\times1.0m$，采用钢筋笼捆绑双层钢丝网，内部用机砖交错码放。井周用竹席包裹围成。

考虑到现场的土质情况，基坑开挖深度为 1.5m，即将表层的土挖出后，运到存土处，留做还填材料使用；基坑开挖的边坡为 1∶0.75。

准备工作完成后，开始挖土，基坑的开挖采用挖掘机，挖出的土方运到泵站南侧，距围墙 15m 以外的存放点堆放（该部分的土留做回填），随后在沉井下沉的过程中挖出的土分运到泵站东侧距围墙 30m 以外的存放点堆放，夜间运走。

4）刃脚基础加固

加固方法为两部分，即下部采用砂垫层，上部采用混凝土垫层。根据荷载计算，砂垫层厚度为 750mm，混凝土垫层厚度为 250mm。

5）垫层制作

采用中砂作为砂垫层，地基清理整平后，将砂均匀铺在地面上，用平板振捣器振捣并洒水，保持砂垫层表面平整和密实，用水准仪控制其标高偏差在 15mm 以内。

砂垫层制作完成后，在上面浇筑一层 C15 混凝土，浇筑过程中要振捣密实，浇筑后用钢抹整平，使顶面保持在同一水平面上，平整度用 3m 直尺量测后，其偏差控制在 7mm 以内，标高偏差控制在 10mm 以内。

6）刃脚制作

混凝土垫层制作完成后其强度达到 75％时进行刃脚制作，刃脚内侧采用砌筑砖模的形式，外侧采用木模板。

7）沉井井壁制作

①模板支设（见图 2—64、图 2—65）

沉井模板与一般现浇混凝土结构的模板基本相同。但为了减少混凝土与土之间的摩阻力，模板表面必须平整光滑。

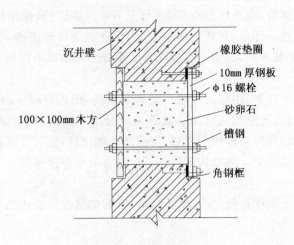

图 2—64　预留孔工艺图

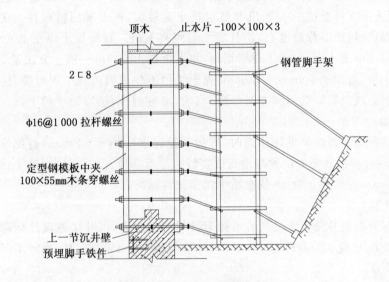

图 2—65　模板安装示意图

沉井井壁采用规格为 1 500(1 200)×300×55mm 的定型模板组装,在井壁与隔墙连接部位(预留查筋处)以及墙壁穿对拉螺栓处,均采用非标准木模板。考虑到浇筑速度快,对木模板产生很大的侧压力,以 φ16mm 对拉螺栓固定,穿螺栓部位用 1 500(1 200)×100×55mm 木模,螺栓纵横间距均为 1m,中间设止水片,与螺栓接触的一圈满焊。槽钢圈按井壁曲率制作,用螺栓连接,并用适当支撑支顶在外脚手架上保持模板稳定,同时利用上一节沉井模板固定下一节沉井模板。

外壁支模和混凝土浇筑,在井外搭设双排钢管脚手架。内壁模板支设,采取在下节沉井上预埋铁件的办法焊悬臂脚手架,随着沉井下沉,而不影响井内挖土、运土等作业。对于井壁上预留管道孔,为防止下沉的重量不等,影响重心偏移和泥水涌入井内,施工中采取在洞口内外预埋钢框和螺栓,用钢板、木板封闭,中间填与孔洞重量相等的砂石配重。

②钢筋绑扎

钢筋在加工场机械成型,成型后运至现场,用吊车进行垂直吊装就位,人工绑扎。隔墙、沉井顶部梁、板可采用钢筋网片和骨架,在沉井一侧绑扎成型,用吊车进行大块安装,以加快速度。

每节井壁竖筋一次绑好,水平筋分段绑扎,与上节井壁连接处,伸出插筋,接头错开,并采用焊接连接方法。与隔墙连接部位,预留连接钢筋,为保证钢筋位置正确,垂直钢筋间距采用开出槽口的木卡尺控制,水平筋间距,选用一批竖筋按间距焊上短钢筋头控制。

③混凝土浇筑

混凝土在搅拌站集中拌制,用混凝土罐车运送到现场,倒入混凝土料斗内,用起重机吊送至沉井浇筑部位,通过串筒沿井壁均匀浇筑。浇筑采用分层平铺法,每层厚 300mm。将沉井沿周长分成若干段,同时浇筑,保持对称均匀下料,以避免一侧浇筑,使沉井倾斜。

混凝土采用洒水覆盖养护。为加快拆模、下沉,在混凝土中掺加复合型减水剂。

8）刃脚垫层拆除

沉井侧模板在混凝土强度达到 25% 即可拆除,刃脚垫层在混凝土达到 100% 强度时可拆除破土下沉。

9）沉井下沉

待第一、二步井壁制作完成后(浇筑高度 7.5m),进行沉井下沉;下沉前先进行结构外观检查,应达到混凝土强度等级的 70%。沉井每层挖土量较大,挖土采用机械和人工配合进行。从中间开始挖向四周,均衡对称地进行,使其能均匀竖直下沉。每层挖土厚度 0.4m~1.5m,在刃脚处留 1.2m~1.5m 宽土台,用人工逐层切削,每人负责 2m~3m 一段。方法是顺序分层逐渐往刃脚方向削薄土层,每次削 50mm~150mm,当土埂挡不住刃脚的积压而破裂时,沉井便在自重作用下破土下沉。削土时应沿刃脚方向全面、均匀、对称进行,使均匀平稳下沉。刃脚下部土方必须边挖边清理。

在沉井开始下沉和将沉至设计标高时,周边开挖深度应小于 300mm,避免发生倾斜。尤其在开始下沉 5m 以内时,其平面位置与垂直度要特别注意保持正确,否则继续下沉不易调整。在离设计深度 200mm 左右停止取土,依自重下沉至设计标高。

10）下沉计算

沉井下沉时要克服井壁与土之间的摩擦力及刃脚的阻力,沉井接近设计标高时阻力达到最大值,通过公式 $[K=(Q-B)/(F+R)>1.25]$ 计算得到 $K=3.0>1.25$,确定了沉井在任何下沉阶段都能顺利下沉。

11）沉井测量控制与观测

沉井测量控制是通过在沉井外部地面及沉井井壁设置的十字交叉线水准点来控制。沉井内壁分划出垂直轴线。坠线进行四面观测,每班至少测量 2 次,接近设计标高,加强观测每 2h 一次,预防突沉,安排专人负责记录。距离底板 0.2m,停止土方开挖,进行沉井中观测,靠其自沉达到设计位置,经观测 8h,等到下沉量不大于 10mm 时进行沉井封底。

12）下沉倾斜、位移、扭转的预防及纠正

沉井下沉过程中,有时会出现倾斜、位移及扭转等情况,应加强观测,及时发现并采取措施纠正。

对倾斜产生的可能原因有:

①刃脚下土质软硬不均。

②拆刃脚垫架,承垫木抽出未对称进行,或未及时回填。

③挖土不均,使井内土面高低悬殊。

④刃脚下掏空许多,使沉井不均匀突然下沉。

⑤排水下沉,井内一侧出现流沙现象。

⑥刃脚局部被大石块或埋设搁住。

⑦井内弃土或施工荷载对沉井一侧产生偏压。

操作中可针对原因予以预防。如沉井已经倾斜,可采取在刃脚较高一侧加强挖土,并可在较低的一侧适当回填砂石,必要时配以井外射水,或局部偏心压载,都可使偏斜得到纠正。待其正位后,再均匀分层取土下沉。如倾斜是由于大石块或破损污物搁住,可用风镐破碎或爆破成小块取出,炮孔须与刃脚斜面平行,每次药量控制在 200g 以内。

位移产生的原因多由于倾斜导致的,如沉井在倾斜情况下下沉,则沉井向倾斜相反方向位移,或在倾斜纠正时,如倾斜一侧土质较松软时,由于重力作用,有时也沿倾斜方向伴随产生一定位移。因此预防位移应避免在倾斜情况下下沉,加强观测,及时纠正倾斜。位移纠正措施一般是有意使沉井向位移相反方向倾斜,再沿倾斜方向下沉,至刃脚中心与设计中心位置吻合时,再纠正倾斜;因纠正倾斜重力作用产生的位移,可有意向位移的一方倾斜,纠正倾斜后,使其向位移相反方向产生位移纠正。

沉井下沉产生扭转的原因是多次不同倾斜和位移的复合作用引起的,可按上述纠正位移倾斜方法先纠正位移,然后纠正倾斜,使偏差在允许范围以内。

13)沉井封底

在沉井停止下沉,一昼夜沉降不超过 10mm 后,即可进行混凝土施工。先将新老混凝土的接触面冲刷干净,对沉井整个底部修整成锅底形,底部深 0.5m,由刃脚向中心挖放射性排水沟,以碎石作滤水暗沟,暗沟尺寸 400×400mm,中部设钢法兰集水井,和暗沟连通,使井底水流汇集至井中,由潜水泵排水,集水井设置在前池二次混凝土处及出水池底下部,封底先铺上一层碎石,然后浇筑混凝土垫层,刃脚处切实填实,保证沉井稳定,浇筑底板在沉井整个面积上分割进行,养护期间要不间断抽水,待混凝土达到 70% 强度后,停止抽水。先用快硬性混凝土捣实,然后上法兰,再浇筑混凝土。

14)抗浮验算

当沉井浇筑封底混凝土及钢筋混凝土底板完成后,处于施工阶段抗浮最不利状态。需要进行抗浮验算,通过公式 $[K_w=(G+R_f)/S>1.1]$ 计算出抗浮安全系数 $K_w=2.1>1.1$,沉井具有抗浮稳定性。

15)结构施工

①井内结构及沉井封顶

待沉井封底完好后,开始进行井内结构工程的施工,按由下层到上层的顺序浇筑混凝土、严格控制各层标高。混凝土要振捣密实尤其是钢筋密集的梁板连接处,防止渗漏,确保进出水口的标高。后浇构件与池壁连接时应先按后浇构件截面尺寸,将沉井池壁凿毛,刷净后伸其池壁的预埋钢筋,方可浇筑混凝土。井内结构完成后即可进行封顶。

②沉降缝施工

先按施工图纸的设计把钢筋加工好,在绑扎前对管道接口进行凿毛,钢筋绑扎好后,将橡胶止水带沿厚度中心将橡胶止水带两翼均匀放入,止水带中心对准变形中央,同时将沥青木丝板固定好,然后浇筑混凝土,浇筑时保证止水带和混凝土结合牢固,结合处不得出现固料集中和漏振现象,支模和振捣时不得破坏止水带。

2.现浇泵站施工

(1)工艺流程(见图 2—66)

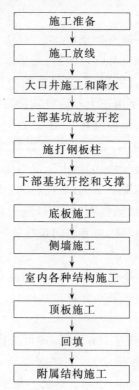

图 2—66　现浇泵站施工工艺流程图

（2）主要施工方法

1）施工降水和排水

施工降水：采用大口井降水，沿基坑周边每 10m 设一大口井，距基坑边为 1.5m，基坑开挖前使地下水位降低至基坑底 0.5m 以下，大口井管材采用 φ500mm 无砂管，井底深度要在槽底以下 5m 处。在基坑开挖前 5 天进行施工降水，把水位降至底板以下 0.5m 处。为保证底板混凝土养护期间能较好降低地下水位，在地板中间打大口井一眼，随养护期结束，将大口井填死，在浇筑混凝土时，预埋一铁制集水井，目的在于养护期间由于降雨等形成的井内积水以及由于底板面积大，综合考虑浮力造成底板养护期间破坏，排水均采用 2 寸潜水泵，降水经处理后排入市政排水管道。

施工排水：在基坑内四周挖 400×300mm 的排水沟，在角部设两集水井，集水井尺寸为 1 000×1 000mm。为防止降雨等原因形成的地面水流入基坑，施工前在基坑四周挖 400×300mm 的排水沟，在角部设一集水井，集水井为砖砌，长×宽＝1 000×1 000mm，深度为 1.5m。

2）一步基坑开挖

考虑该基坑较深，工作面窄，考虑上部进行放坡开挖，下部采用钢板桩围护，直槽开挖。

在地面上放出泵站的开挖范围，根据泵站的基础尺寸，上部放坡开挖，放坡深度 3m，坡度比 1∶1。留出二步工作台 2m 宽，然后施打钢板桩，钢板桩的位置外放 1.5m，作为以后施工的工作量。施工前对挖土范围内的树木、地上、地下构筑物进行拆除和加固，土方应随挖随装车运走，应回填的土堆放到离基坑壁 5m 以外处，以保证基坑的稳定。

3）钢板桩施工

钢板桩的中心间距为 800mm，深度比基坑开挖深度长 4m，钢板桩施工采用 0.6t 柴油打桩机。

4）二步基坑开挖和支撑

开挖采用人机结合开挖。当开挖至基坑底 20cm 时，保留原状土由人工开挖至设计高程。遇到特殊底基，及时提出处理方案，报监理工程师处理。

为了基坑四周土体的稳定，在开挖的同时及时进行支撑和卡板，采用两道支撑，第一道支撑在地面下 4.5m，第二道支撑在底板以上 1m 处，水平间距 3m。在钢板桩上焊接腰梁，腰梁用Ⅰ36工字钢。横支撑采用 φ600 的钢管。如图 2－67 所示。

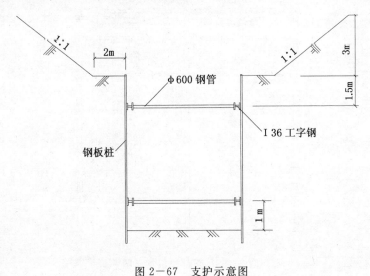

图 2－67　支护示意图

5）钢筋绑扎

对于 φ10 以下的钢筋拉直采用卷扬机，伸长率控制在 0.5％ 左右，φ10 以上的钢筋在运输过程中可能造成局部弯曲，可用人工调直的办法调直。粗钢筋用钢筋切断机切断，钢筋弯曲机加工，细钢筋配合用手工切断、加工。

钢筋接头采用焊接的形式，受力钢筋的接头位置应该错开，搭接长度区段内，受力钢筋的接头面积允许百分率如下：分布钢筋受压区不限制，受拉区不大于 50％，梁、柱的受拉区不大于 25％，受压区不大于 50％，有焊接接头的截面之间的距离不得小于 30d（纵向钢筋的最大直径，即本工程内不小于 50cm），箍筋的钢筋末端弯钩的净空直径不小于钢筋直径的 2.5 倍，梁高于 700mm，弯起钢筋的弯起角为 60°。

在底板钢筋绑扎时，考虑到主梁、次梁以及分布钢筋的关系，预先绑扎主梁钢筋，根据梁的长度，设置 4 个三角架，先绑扎受拉钢筋，同时布置好弯起钢筋，最后绑扎架立筋和弯起钢筋。用钢筋运输架吊运钢筋骨架，选择正确的吊点，防止运输过程中变形。主梁放置到位后，可现场绑扎次梁钢筋和分布钢筋，底板绑扎时，甩出墙壁钢筋。底板绑扎时应设定几个轴线，防止钢筋绑扎时倾斜，从几个头绑扎一层内的钢筋。

池壁钢筋绑扎时，先安装内模板，在内模板上划线，先通过内壁固定几条内侧竖向钢筋，然后绑扎内侧水平钢筋，内侧钢筋绑扎完毕后，通过外脚手架，绑扎外侧钢筋，先水平后竖向，钢筋绑扎完毕后及时安放水泥砂浆垫块，注意绑扎过程中从四面对称进行。

绑扎立柱时，计算箍筋数量，按位置、间距套到位与竖向钢筋绑扎好。

掌握好钢筋保护层的厚度，垫块的摆放间距 0.8m，放在钢筋的交叉位置。

6）搭设脚手架

本工程采用扣件钢管脚手架,结构形式采用双排,距离墙体0.5m,双排脚手架宽12m,先将地基平整,脚手架钢管立于加设的底座和垫木上,垫木厚度不小于5cm,第二步浇筑时,需要架斜撑一道,浇筑顶板时,需要架设满堂红脚手架,泵站基础可做脚手架基础,因此,不用垫加木块,根据桁架(或方木)的尺寸和模板的结构尺寸,设计立杆两个方向的间距。为了加强脚手架的整体稳定性,需要加设多道横撑和斜撑,在立杆的顶部配有顶部丝杠和旋把(见图2-68)。

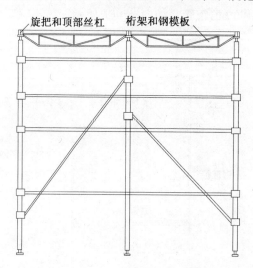

图2-68　顶部模板支设图

7)支设模板

为了控制模板的整体稳定性,加强模板的刚度,采用定型模板,支撑采用钢管龙骨、花梁,连接采用对拉螺栓,对于池壁顶板的支设,采用桁架(也可用方木代替)和支撑杆件,边角用木模补差。

对拉螺栓的计算:对拉螺栓的水平间距0.6m,竖向间距0.9m,施工时混凝土浇筑侧压力按$100kN/m^2$,振捣混凝土产生的侧压力$4kN/m^2$,采用$\phi20$的对拉螺栓。其他部位采用$\phi16$的对拉螺栓,间距为0.4m。

采用整体模板结构,小肋、桁架的跨中最大挠度都控制在1.5mm以内,足以满足水泵安装梁的结构要求。

为了便于硬化后混凝土和模板的脱离,应在浇筑前将模板涂刷隔离剂,对隔离剂的选用以不影响外观及面层黏接为原则。

8)浇筑混凝土

主体结构采用预拌混凝土,选择具有一定生产规模、符合设计要求、质量稳定、信誉良好的预拌混凝土厂供给混凝土。防水混凝土抗压强度、抗渗等级须满足设计要求,并具有良好的抗裂性能。混凝土由搅拌车运输,泵送入模,用插入式或平板式振捣器振捣混凝土。

①结构混凝土的材料

a. 水泥

使用生产质量比较稳定的旋窑水泥;含碱量(Na_2O)不超过0.6%;设计无特殊要求时,一般不宜采用高强度等级及早强水泥;在不受冻融和侵蚀性介质作用下,宜采用普通、火山灰质、粉煤灰硅酸盐水泥,不得使用受潮或过期水泥,不同品种或不同强度等级不得混用。

b. 水

采用洁净饮用水。

c. 砂、石

除符合现行的《普通混凝土用砂质量标准及检验方法》(JGJ 52)和《普通混凝土用碎石或卵石质量标准及检验方法》(JGJ 53)的规定外,石子最大粒径不宜大于 40mm,所含泥土不得呈块状或包裹石子表面,吸水率不大于 1.5%。

d. 外加剂

除含氯离子的外加剂外,可根据需要掺引气剂、减水剂、防水剂、膨胀剂等。

②混凝土的试配

a. 在混凝土浇筑前至少 28 天,做好试配拌和的一切准备工作,并在试验室中试拌,做抗压强度试验。试拌所用的材料应与批准材料相同。

所有立方体试件的制作、浇筑、振捣、养生及试验均在监理工程师的监督下进行。

b. 当试验已满足规范要求时,将每种配合比的全部内容包括强度、各种集料的级配、混合料级配、水灰比、集料与水泥的比例、坍落度等以及建议的混合料的配合比设计,报监理工程师批准。

试配批准后,对所有施工的混凝土均使用这种配合比,未经监理工程师的批准,混合料的比例、水泥料源、砂石粒径和级配范围均不得变动。

③混凝土的拌制

a. 必须采用机械搅拌并加外加剂。

b. 配合料混合均匀,颜色一致,称量准确,其允许偏差:水泥、水、外加剂、掺合料均为±1%;砂、石±2%。

c. 外加剂溶成较小浓度加入搅拌机内。

d. 搅拌时间根据外加剂的技术要求确定。

e. 混凝土一律不得使用人工拌和。

④混凝土的运输

a. 在条件允许的情况下,混凝土浇筑时间尽量错开场外交通高峰期,为混凝土连续供应提供保证。

b. 从拌合站运至施工现场的混凝土应先检查随车提供的配合比通知单是否符合现场当前所需的混凝土配合比要求,再检查混凝土的坍落度等是否满足入模要求,否则不得在本工程中使用,重新处理合格后才能使用。

⑤混凝土灌筑

a. 混凝土到现场后需做坍落度试验,与入模方式要求的坍落度值应在允许误差 1cm～2cm 内,同时进行温度检验,控制入模温度不高于 30℃。若不符应立即返回。从混凝土搅拌运输车卸出的混凝土不得发生离析现象,控制出口到浇筑面的距离小于 1.5m,否则需重新搅拌合格后方能卸料。

b. 混凝土生产后,必须在规定时间内灌注,若由于交通、车辆、现场等原因造成延误,超出时间的不准采用,也不允许二次加水搅拌使用。

c. 浇灌前将模板内的积物、积水清理干净,东、西各布置 1 台混凝土输送泵车,从南向北连续浇筑完毕。

d. 池壁浇筑分层进行,一层控制在 40cm 左右,浇筑 1 周的时间控制在 10h 以内,在与上部水泵梁连接的部分,在浇筑 2h 以后,进行补浇灌。

e. 水平施工缝浇筑时,在施工缝中间设靠槽 1 个,槽深 3cm,宽度为池壁的 1/3,二次浇灌时,用水浇湿,刷成粗糙面,上铺水泥砂浆 1.5cm。

f. 入模时应对称下料,插入式振捣器振捣,振捣时"快插慢拔",振捣至混凝土不再下沉且表面不冒气泡为止,一般为 15min。振捣器移距不宜大于作用半径 1 倍,插入下层混凝土深度不小于 5cm,振捣时不得碰撞钢筋、模板、预埋件等;振捣混凝土搭接宽度不小于 10cm,同时不宜过振,以免引起混凝土离析。

g. 混凝土灌注时其自由倾落度不大于 2m,混凝土灌注时从低处向高处分层连续进行。如必须间歇时,其间歇时间应尽量缩短,并应在前层混凝土凝结前将次层混凝土灌注完毕。

h. 混凝土灌注时应采取防暴晒和雨淋措施。

i. 混凝土灌注过程中应有专人随时观测模板、支架、钢筋、预埋件和预留孔洞的情况,发现问题,及时处理。

j. 混凝土终凝后应及时进行养生,结构混凝土养生期不少于 14d。混凝土养生可采用湿麻袋、草袋、砂覆盖以及蓄水养护。

k. 混凝土抗压、抗渗试件应在灌注地点制作,试件的制作和数量应满足规范的要求。

9) 模板拆除及回填

当混凝土各部位强度达到规定的要求时,可拆除模板,拆除模板时先编好拆除顺序,一张一张依次拆除,拆除时注意安全,工人戴好安全帽,拆除的模板分类摆放整齐。模板拆除后,再拆脚手架。

回填必须严格遵守质量规范,达到设计规定的密实度,回填土不得含有有机物及大于 50mm 的砖块。回填土应分层回填,每层厚度 30cm 并压实,相邻段应呈阶梯状,压实面积大,施工面宽,施工时用压路机压实。

10) 预埋件、预留孔洞控制

①预埋件、预留孔洞控制的保证措施

为保证各类预埋件、预留孔洞的几何尺寸、位置的准确性及牢固性,应遵循专业工种负责,相关工种配合,严格执行"三检"制度,并按照 ISO 9001 标准过程控制的要求,做好每道工序的追溯记录。

②预埋件及预留空洞的内模制作

a. 各专业工种的技术负责人在制作之前必须熟悉施工图纸并召集相关的专业人员、供货厂家及具体的操作人员,对相关的图纸进行会审,并做好记录。

b. 根据设计及施工规范要求,绘制出预埋件及孔洞模型小样图,并应详细标明质量要求、规格尺寸、预埋件数量及防腐要求,然后上报项目经理部技术部门复核后,经总工程师批准后方为有效小样图纸。

c. 预埋件所使用的原材料必须选择合格的厂家并应有材质合格证、出厂合格证、生产许可证,如遇有关规范及地方法规所规定有特殊要求的还必须复验。

d. 制作之前,应由专业工种技术负责人向全体操作班组做技术交底,并做好交底记录。

e. 制作出的成品预埋件,应进库房分类码放,标识明确,并应严格执行收发制度。

③施工预埋前的控制

a. 施工之前,主管工程师应对施工图纸进行详细的审查,并应组织专业技术负责人及设备提供厂家的技术负责人进行图纸的会审。对图纸中反映的预埋件、预留孔洞的位置、几何尺寸、数量进行反复的复核、校对。根据具体情况做出可能的预埋件、预留孔洞工序的分项工程施工方案,并落实到人员。

b. 当发现预埋件、预留孔洞的位置影响主体结构及管线位置发生重复交叉、无法施工及将影响其使用功能时,应及时向驻地监理工程师及有关设计人员反映,并以设计或驻地监理工程师所下达的书面技术文件为实施依据,不得私自变更原设计。

c. 预埋件、预留孔洞的应严格按其中心线位置及标高位置用红色油漆标识于模板内侧或钢筋架上。

d 所标识的预埋件及预留孔洞位置应由项目经理部的技术部门进行技术复核,并做好记录。

e. 预埋件应按施工工序流水段内的小样单领用。预埋后如发现数量或种类有误(即出现剩余或缺量)应重新全部进行核对。

④施工过程中的控制

a. 在预埋之前,现场主管工程师必须会同质检员及操作人员共同对埋件、预留孔洞的标高、位置进行复核检查。检查无误后由主管工程师签发放行单方可转入下道工序。

b. 埋件的稳固方法,采用焊接法稳固,所使用的焊条应符合施工规范和设计要求,对于50mm 以下的埋件也可采用绑扎法进行稳固,必要时采用点焊。

c. 就位以后的埋件,应按“三检”制度进行验收,验收合格后,可转入下道工序。

d. 在混凝土的浇筑过程中,应由专职人员进行跟班检查,发现有移位现象,应及时处理,纠正合格后,方可继续浇筑。

e. 浇筑后的混凝土在初凝之前,质检人员必须对所下的埋件再进行一次检查验收,避免给下道工序留下隐患。混凝土终凝后,有条件的立即进行标识;无条件的在拆模以后立即进行标识。

2.3.8.6　泵站机电安装工程

1. 施工组织

(1) 施工前必须审核图纸,组织设计交底,理解设计标准及要求,坚持“谁施工,谁负责”的原则。

(2) 坚持按图纸施工,不能随意变更图纸中的要求,如发现问题应及时与设计单位联系,经设计同意,才能按设计及变更图进行施工。

(3) 施工管理人员在施工前必须进行技术、安全交底,并做好记录,以备存档。施工管理人员应按时组织和做好工程隐蔽验收的签证手续。

(4) 施工中做好各项技术资料的收集和整理工作。

2. 施工准备

(1) 熟悉图纸资料,弄清设计图纸的设计内容,对图纸中选用的电气、机械设备和主要材料等进行统计,注意图纸提出的施工要求。

(2) 准备施工机具材料。考虑与主体工程和其他工程的配合问题,确保工程施工时,不破坏建筑物的强度和损害建筑物的美观,确定施工方法。

(3) 施工前要求认真听取工程人员的技术交底,弄清施工工艺、质量标准。

(4) 必须熟悉有关电气、设备安装工程的技术规范。

(5) 屋顶、门窗不得渗漏。

(6) 结束室内地面工作时,高压开关柜室地面的水平必须在1‰允许偏差范围内。

(7) 预埋件及预留孔位置应符合设计要求，预埋件应牢固。

(8) 设备安装后，不能再进行有可能损坏已安装设备的装饰工作。

3. 机械电气安装施工工序

(1) 准备阶段

看图 → 图纸会审 → 提出设备、材料加工件计划 → 验收入库和保管 → 提出设备、材料代用 → 编制施工技术方案 → 施工机具和设备的准备

(2) 施工阶段

开工报告 → 技术交底 → 材料发放 → 配合预埋件 → 起重设备安装 → 机械电气设备安装 → 设备附件安装 → 电缆支架和槽架制安 → 电缆敷设 → 电缆头施工 → 芯线联接 → 设备检查调整 → 设备传动

(3) 调试阶段

机械设备调试、电气设备和单元器件调试（耐压试验、操作电源送电、开关柜等系统联动操作试验、模拟试验）、自动控制。

(4) 交工阶段

检查各段相序、高压柜分段送电，水泵运转，验收交工。

4. 安装程序

(1) 施工前的准备。

(2) 配合土建预埋电气管道。

(3) 闸门及启闭机的安装。

(4) 接地及制安。

(5) 机电设备基础制安，电气支架制安。

(6) 接地母线敷设和设备接地支线敷设。

(7) 机电设备安装。

(8) 机电设备一次母线安装。

(9) 电缆敷设（包括预防、交接试验）。

(10) 校线和接线。

(11) 自动控制系统安装及调试。

(12) 机旁操作箱及控制箱安装。

(13) 全部电气设备的交接试验。

(14) 机械电气设备传动。

(15) 完工验收、送电、运行。

2.3.8.7　××路污水泵站机电安装

1. 工程概况

在进水闸算井内设置 1.1×1.1m 铸铁方闸门，采用手电两用启闭机，算台板处设置 B=1500mm 回转式机械格栅，并配有螺旋输送机。主机房内安装 4 台立式污水泵（3 用 1 备），自灌式安装，主机房内设置 2t 电动单梁悬挂式起重机。闸阀井内设置 DN900 电动闸阀，以泵站检修之用。

供电电源为双路 10kV 电缆进线，选用 1 台 SC－125kVA/10/0.4kV 变压器，10kV 采用单母线接线方式，两路进线开关之间及进线总柜开关之间加联锁装置。0.4kV 采用单母线接线方

式。10kV 进线采用熔断器保护。10kV 开关柜选用 KYN－18 型中置式移开金属铠装全封闭开关柜,0.4kV 低压柜选用 GGD 型开关柜。主水泵电机采用软启动方式,设有电流、速断、过负荷、缺相保护。

本泵站采用 10kV 高压计量方式,在进户处设专用计量柜。照明回路上单独设有照明计量。在低压母线上设有集中式无功功率自动补偿装置,补偿容量为 48kVar,补偿后 $\cos\varphi$ 可达到 0.9以上。

泵站内全部配电电缆均采用铜导体。变电站至水泵房的电缆采用电缆沟和直埋方式敷设;室外电缆以直埋方式敷设,室内电缆以穿管方式敷设。直埋电缆选用 YJV 22 型铠装电缆,沿缆沟和室内敷设的电缆均选用 YJV 型电缆。

泵站接地采用 TN-S 系统(即三相五线制系统),中性线与保护接地线分开设置。站内所有电气设备的金属外壳及金属支架必须可靠接地,接地电阻不大于 4Ω,站内的接地共用一组接地系统。院内照明选用高雅、新颖的庭院灯。

泵站实现自动控制,超声波液位机的信号、水泵的工作电压、电流及运行状态、故障信号、出水管设有多普乐流量计出水流量信号、管道压力计的压力信号等均引入 PLC,由上位机对信号进行处理计算并按照已经编制好的程序控制不同数量水泵的开、停;在运行中,按实际运行的时间自动循环倒换空闲的水泵;并且控制格栅除污机和皮带输送机的开停。另外,泵站的 PLC 已预留通信接口,可以完成泵站之间、上级与泵站之间的数据、信息的传输,可以实现泵站的通信、遥测、遥控和远程监控等。

2. 工程主要数量

工程主要数量见表 2－39。

表 2－39　　　　　　　　　　　工程主要数量一览表

序号	施工项目	规格、主要技术参数	单位	工程数量	备注
1	镶铜铸铁方闸门	1 100×1 100mm	台	1	
2	手电两用启闭机	N=2.2kW	台	1	
3	回转式机械格栅	B=1 500mm b=25mm	台	1	
4	螺旋输送机	L=4.0m	台	1	
5	立式排污泵	Q=0.187m³/s H=8.5m	台	6	
6	手动闸阀	DN400	台	6	
7	止回阀	DN350	套	6	
8	电动闸阀	DN350	台	6	
9	电动单梁起重机	LK=4m,2t	台	1	
10	电动闸阀	DN900	台	1	
11	除臭设备		套	1	
12	干式变压器	125kVA/10/0.4	台	1	
13	10kV 高压柜	KYN-18	面	5	
14	10kV 高压柜	GG1Z	面	8	开闭间
15	低压配电柜	GGD	面	4	

序号	施工项目	规格、主要技术参数	单位	工程数量	备注
16	软启动器	30kW	套	6	
17	PLC柜		面	1	
18	工控机		台	1	
19	UPS		台	1	
20	电源避雷器		台	1	
21	电话专用避雷器		个	1	
22	调制解调器		个	1	
23	照明配电箱		面	3	
24	污水闸门控制箱		面	3	工艺配套
25	格栅机控制箱		面	2	工艺配套
26	多普乐流量计	DN900	台	6	
27	超声波液位差计		套	1	
28	压力计		台	6	
29	铁壳开关		台	1	
30	母线箱		m	4	
31	各种电缆		m	1 240	
32	荧光灯		套	10	
33	双火壁灯		套	8	
34	庭院花灯		套	3	
35	马路弯灯		套	2	
36	吸顶灯		套	2	

3. 技术措施

(1) 起重设备安装

1) 电动葫芦安装

①开箱后仔细检查在运输中有无损坏等情况。

②调整运行机构走轮的宽度,调整时就保持车轮轮缘与工字钢下侧面每边有 4mm～5mm 的间隙。

③将电动葫芦套入单梁上使其钩入并移至中间,在轨道两端装止销及弹性的缓冲装置,以防止葫芦脱轨或碰撞损坏机体。

④在工字钢梁或其连接的梁上设地线,可用 4mm～5mm 裸铜线或截面不小于 $25mm^2$ 的金属导线。

2) 检查与试验

①所有润湿部分是否加足够润滑油脂。

②单梁轨道接合是否可靠。

③空载开动正反转试验,检查控制按钮、限位器、导绳装置等设备工作正常可靠,操作线路正确,各机构工作应正常。

④以额定荷载开动起升和运行机构,看运转是否正常,检查下滑距离是否符合规定,减速器是否漏油。

(2) 水泵机组安装

1) 水泵安装前准备

①检查进出水流道有无杂物,如有应予以清除。

②检查水泵主体和电机有无损坏,若轴有弯曲必须与制造厂联系。

③检查泵的零部件是否齐全、运输过程中有无损坏。

④检查和测取主要零部件的尺寸及与安装有关的实际尺寸。

⑤准备好安装过程中需要的工具、起重机械及绳索。

⑥要根据水泵的总装图对水泵的配合面进行尺寸复检。

⑦用水准仪校正底座的水平度,扳紧各地脚螺栓的螺母,测量水平度使水平度偏差≤0.04mm/1 000mm,检查底座标高与设计标高是否一致。

⑧电动机试运转,检查电动机的方向。

2) 水泵的安装

立式排污泵由三相异步电动机和流道式全扬程排污泵组成,单级、单吸,电机和泵之间通过联轴器连接;泵采用无堵塞防缠绕叶轮和大通道流道设计,污物通过能力强,泵体上设有检量孔;泵采用先进的机械密封,密封可靠;泵采用优质国产轴承并轴套座上设有油杯,以便补充轴承内的润湿脂。

通过自动耦合装置的导轨滑杆可使潜水泵从泵井顶部至出水连接之间的 2 根导杆向下,自由滑落并自动与水泵底座紧密耦合,连接至出水管路上,潜污泵机组通过出水管由地面垂直挂到集水井中。自动安装装置底座法兰泵体的法兰通过加工时金属对金属的紧密接触完成,无 O 型垫圈或隔膜一类的密封,靠泵的重量和出口压力使密封更紧密。通过提升链上的电缆保护夹和链上的吊环引出水泵电缆接入电机启动柜。

(3) 格栅除污机、皮带输送机的安装

回转式机械格栅 1 台、皮带输送机 1 台,用于泵站将垃圾、污杂物运出的作用。安装时,将格栅吊入进水池内,按设计图纸的安装角度就位。调整设备的平直度,并与土建的预埋铁可靠焊接,根据格栅除污机的安装位置配套安装皮带输送机。

(4) 镶铜铸铁闸门的安装

1) 检查设备的规格、型号是否符合设计要求,说明书、合格证等证明文件是否齐全。

2) 仔细检查设备外观是否受损,零部件是否齐全完好。

3) 复核土建工程实测数据是否与闸门相关尺寸相符。

4) 闸槽的安装轴线应与土建预留孔口轴线同轴。

5) 安装闸门时应注意不要将密封面的表面破坏擦伤,在吊装时应注意保护。

6) 导轨面与铅垂线平行,导轨全长允许偏差 2mm,确认位置准确后再固定,垫铁应焊牢。

7) 在完成上述工序后,对闸门进行全面支撑加固以防倒扶及灌浆时产生位移。

8) 安装好丝杠托架。

9) 基础螺栓预留孔、门框与导轨的四周间隙要用水泥灌浆封闭,不能有漏水、渗水现象。

10）主体部分安装后进行丝杠及传动装置的安装,首先将丝杠与闸板组装,并将启闭机支座安装在基础上,当丝杠与传动支座里的丝杠螺母旋合好后,再将电动装置安装到位,然后再向闸门开启方向旋转手轮,消除丝杠与丝杠螺母之间的间隙。

11）在电动装置的行程控制器以及过载保护调整完毕后,应在空载情况下进行开启与关闭闸门试验,确认闸门开关轻便灵活,位置正确之后,方可允许通水。

（5）电动蝶阀的安装

1）将蝶阀表面的杂物清除干净。

2）将安装阀门的底座清理干净。

3）测量蝶阀的法兰尺寸、蝶孔开挡尺寸及地脚螺孔尺寸。

4）测量蝶阀的高度。

5）将蝶阀吊入阀座,套入地脚螺栓内。

6）放入垫块将蝶阀放稳。

7）放入垫圈入螺母,旋到与垫圈刚接触,垫圈能平移即可。

8）测量蝶阀与出水管两中心高度,使其一致,并与出水管的平面平行。

9）完成上述工作后,进行开挡尺寸、阀泵出水管平面的平行与垂直度调整（半精调）。

10）浇筑混凝土,进行养护。

（6）干式变压器的安装

变压器进场安装,在装卸和运输中,不应有冲击和严重振动,变压器基础的轨道安装应水平,土建施工预埋铁件应可靠接地,就位方向正确,严格按照相关施工技术规范要求执行。进入变电室前应核对高低压侧方向,避免安装时发生困难。变压器本体接地,用 $40 \times 4mm$ 矩形铜母线接于变压器的接地螺栓上,另一头与基础预埋件做可靠连接,变压器就位后安装电压器防护外壳,要求安装平直,符合设计图纸要求。

（7）高、低压开关柜及电机启动柜的安装

1）基础槽钢安装允许偏差 0.1‰,总长偏差 ±3mm;6kV 的基础槽钢与地面平;电容柜、PK柜、直流屏的基础槽钢不高于地面。

2）成列安装时,配电柜垂直度应小于 1.5mm,水平度偏差:相邻柜顶部小于 2mm,成列柜顶部小于 5mm;不平度偏差:相邻柜小于 1mm;成列盘面小于 5mm;盘间接缝小于 2mm。

3）开关柜的接地应牢固良好。

4）手车柜的手车应推拉灵活,无卡阻现象,触头位置正确,接触可靠、机械闭锁动作准确。

5）进入柜内的电缆应固定好,电缆钢带不应进入柜内,二次接线排列整齐、端子排不受机械应力。

6）柜面的漆层应完整、无损坏。

（8）电缆的敷设

1）电缆敷设前先检查敷设准备工作情况,电缆支架、预埋管、电缆沟符合敷设要求、电缆型号、规格、质量应符合设计要求,未受损伤,电缆盘不准平放,滚动方向必须顺着电缆缠紧方向。

2）电缆展放采用专用车进行。从平面上经直埋穿入泵房建筑物的电缆一般由地面向泵房敷设,泵房与变电所之间的电缆从泵房向变电所敷设,主要电缆的敷设应在吊物孔封闭之前完成。电缆的终端和直埋段应在全长上留有少量余量。

3）电缆支架应安装牢固,横平竖直,同一水平横档高低偏差不应大于 5mm,支架层距不大于 20mm,最上层离楼板大于 300mm,最下层离沟底不大于 100mm。

4）电力电缆支持点间距在水平方向不大于 0.8m，垂直方向不大于 1m，电缆最小允许弯曲半径为 10 倍电缆外径。

5）电缆敷设时，电缆应从盘上端引出，并避免在支架及地面上摩擦拖拉。电缆到位切断后应采用橡胶自黏带封头，电缆敷设应挂列整齐，两端及转弯处应固定并装设标志牌。在桥架上施放时不得受牵引力。

6）进入建筑物、穿越墙壁、引至地表时，距地高度 2m 以下一段应穿管保护，管内径大于电缆外径 1.5，埋入地面深度不应大于 100mm，管口应封闭。

7）直埋电缆表面距地面的距离不应小于 0.7m，直埋电缆上下须铺以不小于 100mm 厚的软土或砂层，并加盖混凝土盖板保护。直埋电缆隐蔽前应做隐蔽工程记录，按规定做好标记，经监理工程师检查后方可隐蔽。

（9）电缆终端头的施工

1）电缆终端头和中间头采用热收缩电缆材料。

2）热收缩电缆附件的安装应在 0℃以上、相对湿度 70％以下完成。

3）电缆芯线连接时，其连接管和接线端子的规格应与线芯相符，采用压接时，压模的尺寸应与导线的规格相符。

4）电缆终端头、电缆接头、电缆支架等的金属部位，油漆完好，相色正确。

5）1kV 以下的小动力电缆头采用干包法。

（10）接地装置施工

1）本工程接地体全部采用 50mm 镀锌钢管接地桩，接地桩布置按设计图纸，接地桩顶部离地 600mm，接地桩桩长 2 500mm。

2）室外接地线采用 40×4mm 镀锌扁铁，埋设深度为 600mm，室内接地线采用 25×4mm 镀锌扁铁。

3）接地线连接采用电焊焊接，其焊接长度为扁钢宽度的 2 倍，且有 3 个棱边焊接。临时接地桩桩头位置应符合设计图纸。

4）电气设备到金属构架、电缆桥架、均应采用 25×4mm 镀锌扁铁连接成一体。其中电缆桥架的槽架部分，每两片槽架连接部位都要用裸铜线做跨接，在桥架的终端逐一引出至接地干线。

（11）泵站自动控制系统的安装

1）现场 PLC 柜基础施工

①按设计要求做好 PLC 柜的专用地线。

②按设计要求做好 PLC 柜的地脚螺栓。

2）现场电缆施工

①PLC 柜与进水闸就地控制箱之间暗敷 2 条 φ25 的金属穿线管，1 条作为强电控制信号线管，内敷设 1 根 VVP1.0×5 多芯电缆；另 1 条作为信号线线管，敷设 1 根 RVVP1.0×4 屏蔽电缆。

②PLC 柜与出水闸就地控制箱之间暗敷 2 条 φ25 的金属穿线管，1 条作为强电控制信号线管，内敷设 1 根 VVP1.0×5 多芯电缆；另 1 条作为信号线线管，敷设 1 根 RVVP1.0×4 屏蔽电缆。

③PLC 柜与刮算机就地控制箱之间暗敷 2 条 φ25 的金属穿线管，1 条作为强电控制信号线管，内敷设 1 根 VVP1.0×5 多芯电缆；另 1 条作为信号线线管，敷设 1 根 RVVP 1.0×4屏蔽

电缆。

④PLC 柜与每个水泵出水管之间暗敷 1 条 $\phi25$ 的金属穿线管,作为信号线线管,敷设 1 根 RVVP1.0×4 屏蔽电缆。

⑤PLC 柜与积水井之间暗敷 1 条 $\phi25$ 的金属穿线管,作为信号线线管,敷设 2 根 RVVP1.0×4 屏蔽电缆。

⑥PLC 柜与变电柜之间暗敷 1 条 $\phi25$ 的金属穿线管,作为信号线线管,敷设 1 根 PROFI-BUS 系统总线屏蔽电缆。

3)PLC 柜安装与调试

①PLC 机架使用 19 寸机柜,机柜内使用 1.6kW 机架式在线 UPS、DC24V20A 直流线性电源,将 PLC 模块插入 PLC 机架。

②在实验室根据设计图完成 PLC 柜布线。

③使用专用模拟设备仿真仪表与启动柜运行、故障状态进行 PLC 柜无负载调试。

④PLC 柜安装的同时,在现场进行同系统的各种仪表的安装。

⑤PLC 柜安装到现场,进行 PLC 柜与启动柜之间的线连接。

⑥根据设计图检查线路的正确性。

4)自动化泵站联机有负载试运行

①将每台泵启动柜调到手动状态,单独启动水泵,观察 PLC 显示状态是否正确。

②将整个系统调整到自动状态,观察整个系统的运行情况。

③在中央监控站上观察现场状态的变化,中央监控站屏幕上的状态数据是否不断被刷新及其响应时间。

④通过中央监控站控制下属系统模拟输出量或数字输出量,观察现场执行机构或对象是否动作正确、有效及动作响应返回中央监控站的时间。

⑤人为制造故障,观察在中央监控站屏幕是否有报警故障数据登陆,并发出声响提示及其响应时间。

⑥人为制造中央监控站失电,重新恢复送电后,中央监控站能否自动恢复全部监控管理功能。

⑦检测中央监控站是否对进行操作的人员赋予操作权限,以确保 BA 系统的安全。应从非法操作、越权操作的拒绝,给以证实。

⑧人机界面是否汉化,由中央监控站屏幕以画面查询、控制设备状态、观察设备运防过程是否直观操作方便,以证实界面的友好性。

⑨检测中央监控站是否具有设备组的状态自诊断功能。

⑩检测中央监控站显示器和打印机是否能以报表图形及趋势图方式,提供所有或重要设备运行的时间、区域、编号和状态的信息。

⑪检测中央监控站显示各设备运行状态数据是否完整、准确。

⑫检测中央监控站所设的控制对象参数,与现场所测得对象参数是否与设计精度相符。

⑬检测中央监控站与排水管理处信息中心的 GIS 系统接口是否正确,数据传输是否传输稳定。

2.3.8.8　华苑污水泵站机电安装

1. 工程特点

在进水闸算井内设置 2 台 1.2×1.2m 矩形闸门,启闭机采用手电两用,算台板处设置

2 台 $B=2000mm$ 回转式机械格栅,并配有螺旋输送机。主机房内安装 6 台立式污水泵(5 用 1 备),自灌式安装,为了便于水泵的检修,主机房内设置 4t 电动单梁悬挂式起重机。闸阀井安 $DN1800$ 电动蝶阀,以备检修泵站之用。

供电电源为双路 10kV 电缆进线,选用 1 台 SC－400kVA/10/0.4kV 变压器,10kV 采用单母线接线方式,两路进线开关之间及进线总柜开关间要加联锁装置。0.4kV 采用单母线接线方式。10kV 进线设过电流、速断保护。10kV 开关柜选用 KYN－18 型中置式移开工金属铠装全封闭开关柜,0.4kV 低压柜选用 GGD 型固定金属开关柜。开关柜采用交流操作系统。主水泵电机采用软启动方式,设有电流、速断、过负荷、缺相保护。

泵站其他概况同第 2.3.8.7 条第 1 款。

2. 工程主要数量　(略)。

3. 技术措施同第 2.3.8.7 条第 3 款。

2.3.8.9　水上公园污水泵站机电安装

1. 工程特点

雨水泵站设计流量 $9.7m^3/s$,水泵采用 4 台立式混流泵。供电方式为双路 10kV 电缆进线,设 2 台容量 1 000kVA/10/6.3kV 干式变压器,专供主水泵电机电源,只在雨季投入运行,1 台 50kVA/10/0.4kV 干式变压器,长年运行。10kV 采用单母线接线方式,两路进线开关之间及进线总柜开关间要加联锁装置。6kV 采用单母线分段方式,低压设备及照明用电由所用变压器引出。6kV、10kV 高压柜采用交流操作方式。10kV 进线设过电流、速断保护。1 000kVA/10/6.3kV 干式变压器采用零序、过电流、速断及过负荷保护,50kVA/10/0.4kV 干式变压器采用熔断器保护。6kV 电机起动采用频敏降压起动方式。6kV 电容器柜设速断、过电压保护。

10kV 开关柜选用中置式金属铠装全封闭开关柜 8 面,6kV 开关柜选用固定金属开关柜,均配用真空断路器,操作机构采用弹簧操作机构。6kV 的配电装置及 6kV 电机启动装置安装在泵房。

计量方式均采用 10kV 高压计量,进户处设专用计量柜。照明回路上单独设有照明计量。在 6kV 母线上设有高压集中式无功率补偿装置,补偿容量为 600kVar,补偿后 $\cos\varphi$ 可达到 0.9 以上。

泵站内全部配电缆均采用铜导体。变电站至水泵房的电缆采用电缆沟和直埋方式敷设;室外电缆以直埋方式敷设,室内电缆以穿管方式敷设。直埋电缆选用 YJV 22 型铠装电缆,沿缆沟和室内敷设的电缆均选用 YJV 型电缆。

泵站接地采用 TN－S 系统(即三相五线制系统),中性线与保护接地线分开设置。站内所有电气设备的金属外壳及金属支架必须可靠接地,以确保用电安全。院内照明选用高雅、新颖的庭院灯。泵站实现自动控制,超声波液位机的信号、水泵的工作电压、电流及运行状态、故障信号、出水管设有多普乐流量计出水流量信号、管道压力计的压力信号等均引入 PLC,由上位机对信号进行处理、计算并按照已经编制好的程序控制不同数量水泵的开、停;在运行中,按实际运行的时间自动循环倒换空闲的水泵。另外,泵站的 PLC 已预留通信接口,可以完成泵站之间、上级与泵站之间的数据、信息的传输,可以实现泵站的通信、遥测、遥控和远程监控等。

2. 工程主要数量

工程主要数量见表 2－40。

3. 技术措施

（1）起重设备安装

同第 2.3.8.7 条第 3 款第（1）项。

（2）水泵机组安装

1）水泵安装前准备

表 2—40　　　　　　　　　　　　　工程主要数量一览表

序号	施工项目	规格、主要技术参数	单位	工程数量	备注
1	立式混流泵		台	4	
2	配套电机	JRL15-10	台	4	
3	配套拍门		个	4	
4	回转式机械格栅	B＝2 000mm	台	4	
5	皮带运输机	L＝11.5m，B＝0.5m	个	1	
6	镶铜铸铁方闸门	2 200×2 400mm	个	2	
7	手电两用启闭机	N＝4.0kW	个	2	
8	电动单梁起重机	起重量 8t，LK＝8.5m	台	1	
9	电动蝶阀	DN 2 000	台	2	
10	干式变压器	1 000kVA/10/6.3kV	台	2	
11	干式变压器	50kVA/10/0.4kV	台	1	
12	10kV 高压柜	KYN-18	面	8	
13	10kV 高压柜	GG1Z	面	8	开闭间
14	6kV 高压柜		面	6	
15	6kV 高压综合启动柜	400kW	面	4	
16	高压电容自动补偿装置	300Kar	套	2	
17	动力配电箱		面	1	
18	照明配电箱		面	1	
19	PLC 柜		面	1	
20	工控机		台	1	
21	UPS		台	1	
22	电源避雷器		台	1	
23	电话专用避雷器		个	1	
24	调制解调器		个	1	
25	雨水闸门控制箱		面	2	
26	格栅机控制箱		面	2	
27	多普乐流量计		台	4	
28	超声波液位差计		套	1	
29	压力计		台	4	
30	铁壳开关		台	4	
31	母线箱		m	44	
32	各种电缆		m	1 080	
33	荧光灯		套	10	

续表

序号	施工项目	规格、主要技术参数	单位	工程数量	备注
34	双火壁灯		套	8	
35	庭院花灯		套	5	
36	马路弯灯		套	2	
37	吸顶灯		套	2	

同第 2.3.8.7 条第 3 款第(2)项 1)。

2）水泵的安装

将水泵底盘用天车就位,调整其水平、高程,达到设计质量标准后,进行水泵基础盘的灌浆。等灌注混凝土强度达到 80％后进行水泵安装的下一道工序。

将水泵本体用天车吊装就位,紧固基础螺栓,重新检查水泵本体的水平度、然后进行泵轴与传动轴的连接,其同轴度误差＜0.06mm。

在水泵本体就位后与之相配安装的是活接头和锥管及出水拍门,用天车将水泵出水管通过吊物孔吊至水泵层进行组装,采用吊索和倒链通过电机层的吊装孔安装,将出水管用螺栓与水泵主体连接固定,在安装过程中出水管用木材做临时支撑。复测中心线符合设计要求后进行浇筑混凝土,浇筑混凝土要用模板将两边封死,只留灌浆孔和冒气孔,养护达到 100％。

3）水泵配套电机的安装

将电机座用天车吊装就位,调整电机座水平、高程及水泵泵轴的同心,达到质量要求后,进行电机座基础的灌浆。等灌注的混凝土强度达到 80％后,检查电机座与水泵的高程、水平及它们的之间是否同心。用天车将配套电机吊装就位,紧固基础螺栓,重新检查电机的水平度,然后进行电机轴与传动轴的连接,其同轴度偏差＜0.15mm。

（3）格栅除污机、皮带输送机的安装

回转式机械格栅 4 台、皮带输送机 1 台,用于泵站将垃圾、污杂物运出的作用。安装时,分别将 4 台格栅吊入进水池内,按设计图纸的安装角度就位。调整设备的平直度,并与土建的预埋铁可靠焊接,根据格栅除污机的安装位置配套安装皮带输送机。

（4）镶铜铸铁闸门的安装,电动蝶阀的安装,干式变压器的安装,高低压开关柜及电机启动柜的安装,电缆的敷设,电缆终端头的施工和接地装置施工

同第 2.3.8.7 条第 3 款第(4)～(10)项。

（5）母线的安装

1）安装前应按下列要求进行检查:

①母线表面应光洁平整,没有裂纹、折皱、夹杂物及变形和扭曲现象。

②与低压开关柜配套供应的空气型母线槽,其各段应标志清晰,附件齐全,外壳无变形,内部无损伤。

2）母线的安装符合下列要求:

①母线涂漆防腐,相色油漆涂漆均匀,无起层和皱皮缺陷。

②母线矫正平直,切断面应平整。

③母线按实际需要整根剪裁。

④室内母线在安装时,其安全距离符合国家标准。

⑤矩形母线应进行冷弯,弯曲处不得有裂纹和显著的折皱,弯曲半径不小于母线2倍厚度,多片母线的弯曲度一致。

⑥母线的搭接面搪锡,并涂以复合脂。

⑦母线的紧固件采用符合国家标准的镀锌螺栓、螺母和垫圈。

(6)泵站自动控制系统的安装

同第2.3.8.7条第3款第(11)项。

2.3.9　质量保证措施

2.3.9.1　质量目标

合格,工程质量和服务领先于同行业。

2.3.9.2　质量管理体系

1. 概述

本集团依据ISO 9001标准及集团特点建立质量管理体系,其目的是加强质量管理,实施生产全过程的质量控制,以确保工程质量,适用于集团建立和实施质量管理体系,适用于集团承建的国内外工程项目。

针对本工程特定的项目制定质量计划及专项质量措施等工程技术文件。

2. 质量管理手册

质量管理手册是质量管理体系中纲领性文件,本手册阐述了集团质量方针、目标,并描述了质量管理体系。

3. 程序文件

程序文件是质量管理手册的细化,是质量管理活动的支持性文件,按集团质量体系所含要素相应编制了××个程序文件,程序文件与集团质量方针、目标相一致,具体规定了体系实施与运行的要求。

4. 本工程质量管理体系　(图略)

2.3.9.3　质量保证措施

建立以集团为首的核心层,项目部为实施层的质量管理体系,成立各工种的QC小组,对本工程实行全面质量管理。

项目部设置专职质量员,对本工程的质量进行管理、督促和检查,对质量控制的重点部位设置质量监控点。

1. 质量检查监督制度

工程质量实行两级检查、三方监督,即在班组自检的基础上现场质量员与施工员负责复检,集团抽检和定期质量大检查,工程质量由建设单位、监理单位和本集团三方监督。

2. 质量标准

严格按工程建设规范、规程、施工图纸及本集团有关确保质量技术措施、工艺标准等文件施工和质量检验与验收。

3. 质量管理制度

为保证工程质量,施工前应认真学习本集团"企业标准",强化质量意识,质量"三检制"、"工序交接检",在工程质量控制和检查过程中,要认真执行,上道工序不达标不进入下道工序,确保施工资料和工程进度同步。

(1)明确本工程项目经理部各有关职能部门、人员在保证和提高工程质量中所承担的职责、任务和权限。

1) 项目领导班子要围绕本工程质量目标,贯彻和执行质量责任制,确保工程质量目标的实现。

2) 项目经理是工程质量的第一责任者,要坚持"质量第一"的方针,通过严格的质量管理工作,确保工程质量目标的实现,向业主交付符合质量标准和合同规定的工程。

3) 项目总工程师负责组织编制工程质量计划,组织相关人员进行图纸会审、技术交底,加强施工监控,负责对工程关键技术和难点部位提出超前预防措施和处理质量事故中的技术问题。

4) 质量主管负责组织物资,试验人员对工程原材料、半成品和成品的检测,并及时提供质量合格证明;负责组织工程施工质量检测和隐蔽工程验收。

5) 施工主管负责编制施工计划安排,合理进行施工部署,处理常规技术问题。在计划、布置、检查生产工作时坚持把质量放在首位。

(2) 施工准备阶段质量控制

1) 针对本工程质量目标和施工特点,对全体人员进行质量教育,提高全员质量意识。

2) 认真做好各项技术准备,针对本工程设计意图进行图纸会审,制定施工组织设计、技术交底。组织相关人员加深对有关施工技术规范、标准全面而准确地理解和掌握。

3) 做好物资、设备准备。编制落实物资、设备进场计划,保证机械设备的完好。特别重视质量检测仪器的采购和检定,以确保施工质量检测的准确性。

4) 施工现场准备。做好测量放线工作,划出施工范围,协助业主完成地下障碍管线的查检和改迁工作,做好施工现场平面布置及水、电、施工道路的准备工作,制定好交通疏导方案和文明施工措施。

(3) 施工过程质量控制

1) 做好原材料进场检验工作

对采购的原材料必须具有质量证明文件,并由试验员对原材料进行抽样检测和试验。复试合格后,方可使用。对复试后不合格材料,须做好明确标识,并隔离存放或由物资负责人组织更换,以保证原材料质量合格。

2) 加强检测试验工作

①项目经理部质量员、试验员、测量人员应依据施工方案或合同规定的规范、标准要求对每道工序实施检验和试验,并做好验证记录。

②由项目经理部质量主管组织有关人员进行隐蔽工程的自检,在自检合格的基础上,由质量主管通知业主或监理单位参加隐蔽工程验收。

③执行验证的人员均有"质量否决权",并有权向项目总工程师、项目经理汇报。对不合格品执行集团《不合格品控制程序》文件。

3) 加强测量与监测控制

①测量员必须坚持双检复核,通过自检和专检,制定协同完成施工全过程的测量任务。

②测量人员必须对测量成果认真记录计算,并对设置的控制点做好保护工作,定期对测量仪器进行校验和维护保养。

4) 加强技术人员施工过程中的指导和检查,使施工过程完全受控。

①由项目总工程师领导下的相关技术人员必须履行设计交底、图纸会审、技术交底的有关规定,认真做好记录。

②施工人员严格按照《施工方案》制定的施工措施、方法操作,操作班组执行自检和互检。

③质量主管组织质量员、试验员、测量员进行工序交接和隐检,做到不合格品的工序不转序,并按规定认真记录。

5)加强对关键工序的管理

各分项工程、各工序施工前应做好一切准备工作,包括施工人员、机械设备、材料的准备,施工计划和实施方案的制定,施工中应严格按照设计图纸、技术规范及有关规定进行把关,对本工程关键技术和难点部位由项目总工程师组织人员提出预防措施。特别是对工程质量通病进行事先预防,通过采取合理措施将质量问题消灭在萌芽状态,具体措施如下:

① 排水

a. 沟槽开挖与支撑

(a)沟槽开挖中控制好槽底高程,不得扰动天然地基,槽底预留 20cm 采用人工开挖,严禁超挖。挖出的土方严禁堆高,一般不大于 1.5m,且距槽口边缘不宜小于 0.8m,以保证基坑的稳定。

(b)槽底中线每侧净宽不应小于管道沟槽底部开挖宽度的 1/2。

(c)开挖土方时的槽底高程的允许偏差为 ±20mm。

(d)设专人清理排水沟,看管抽水设备正常运转,避免泡槽。

(e)施工时应先撑后挖,支撑应及时,纵向和横向间距应严格控制,并派专人看管支撑是否稳定,以防支撑失稳造成不必要的事故。

b. 管道基础

管道基础的所有原材料必须严把质量关,按规范要求进行抽检,不合格的原材料一律不准进场。

砂石管道基础的厚度应符合设计要求,石子不得与管道相接触,避免损坏管道。

混凝土管道基础的尺寸严格按图纸或规范进行施工,严格控制混凝土的各项指标,保证施工质量。

c. 管道安装

管道吊装时必须设专人指挥,严防任何物件碰撞管道,避免管道受到损伤,同时按照吊装操作规程操作,避免安全事故的发生。超过 D1 000mm 的管道须采用卷扬机装管,所有胶圈必须与直径相符,且安装准确,管道安装前管道口处,由于脱模造成的毛茬,用砂纸打磨光滑。

d. 检查井

检查井的所有材料必须经过检测方能使用,混凝土、砂浆必须按配合比拌和,砖在使用前淋水,砌井后注意养护。

e. 闭气

管堵安装与管道内壁间隙均匀,管堵充气在 1.5～2.0MPa 之间,以能达到密封最好。

f. 回填

(a)槽底至管顶以上 50cm 范围内,不得含有有机物、冻土以及大于 50mm 的砖、石等硬块;在抹带接口处、防腐绝缘层或电缆周围,应采用细粒土回填。

(b)冬季回填时管道以上 50cm 范围以外可均匀渗入冻土,其数量不得超过填土总体积的 15%,且冻块尺寸不得超过 100mm。

(c)边回填边拆撑,避免槽内积水和泥土砖块混入,并保持坑壁的稳定,回填的厚度必须符合规范的要求。

② 混凝土

a. 混凝土施工组织质量保证措施

本工程结构混凝土采用预拌混凝土。混凝土的形成过程分为:原材料的选定、配合比设计试验、拌和及运输、浇筑四个阶段。其中原材料的选定和混凝土配合比设计是混凝土本身质量形成的重要阶段,要采取科学、严格的试验、检查手段和管理措施,使混凝土的本身质量得到有效的控制;而混凝土的拌和和运输,以及浇筑阶段影响混凝土质量的因素较多,为确保本工程结构的混凝土质量,我公司拟对混凝土施工过程的各个环节均采取相应的保证措施。

确立管理人员岗位责任制,负责混凝土施工有关的组织管理工作,保证混凝土的连续供应和按施工工艺组织施工,从而保证混凝土的质量。

浇筑混凝土前,首先组织施工人员按施工组织设计制定的混凝土施工工艺、施工技术性能等特点和施工条件,实行班组技术交底。有关负责人负责组织相应施工机具,为混凝土施工的实施做提前布置。项目部的质量、技术部门指定专人负责相应部位的混凝土浇筑质量和混凝土的质量检验及监督。

组织现场小组专职负责落实混凝土拌合站配料的施工质量。

将预拌混凝土拌合站质量管理纳入本工程质量目标管理范围,专职混凝土试验人员进驻预拌混凝土拌合站,协助拌合站根据混凝土的技术性能要求制定相应的质量控制措施,并监督拌合站按选定的配合比实施质量控制,同时协助组织运输。

混凝土灌注施工实行质量承包责任制,项目经理部制定个人利益与工程施工的经济效益直接挂钩,制定相应的奖励措施。

b. 混凝土配合比试验设计与管理

根据我公司在类似工程施工中取得的施工经验,并结合一些外掺剂的性能和混凝土所在部位的特点,结构拟采用低水化热抗裂防渗混凝土。

(a)混凝土配合比设计

根据《招标文件》要求,墙(桩)体混凝土及立柱混凝土采用预拌混凝土。在需用混凝土以前,与预拌混凝土拌合站取得联系。根据混凝土的施工技术性能提供多种混凝土的理论配合比,并通过现场试验选定最优配合比,报业主、监理审定方能作为工程使用配合比。

(b)混凝土配合比的管理

在施工期间,由试验室对整个混凝土拌制及运输实施全过程监督管理。

混凝土配合比确定后,其作为拌合站拌制混凝土的配料单,由我公司试验室和拌合站共同采取相应的管理措施,保证配合比的正确使用。

预拌混凝土拌合站必须向项目部提供质量合格的混凝土,并随车提供预拌混凝土发货单,于45天之内提供预拌混凝土出厂合格证。预拌混凝土运到施工现场经检验合格后,方能进行灌注施工。

c. 原材料质量保证

(a)水泥

配置混凝土所使用的水泥,采用普通硅酸盐水泥,有特殊要求时可采用其他品种水泥。水泥进场应有出厂合格证或出厂试验报告,并按其品种、强度等级、包装或散装仓号、出厂日期等进行检查验收,进场后进行复试,试验合格后使用。

(b)水

拌合用水采用饮用水,满足质量要求。

(c)砂、石

砂、石按照国家现行标准《普通混凝土用砂质量标准及检验方法》(JGJ 52)和《普通混凝土用碎石或卵石质量标准及检验方法》(JGJ 53)中的规定进行检验,不合格的材料拒绝进场。

（d）外加剂

必须经有关部门检验并附有检验合格证明,使用前进行复验,确认合格后使用,使用方法应符合产品说明书及现行国家有关标准的规定。

（e）掺合料

可采用粉煤灰、矿粉等,进场时应附有产品出厂检验报告,进场后按有关标准规定进行复试,确认合格后使用。

d. 混凝土施工过程质量保证

（a）混凝土的拌和

配合料均匀、颜色一致、计量准确,其允许偏差:水泥、水、外加剂、掺合料均为±1%,砂、石为±2%。

外加剂溶解成较小浓度液加入搅拌机内,拌和时间按要求确定,为减少混凝土收缩、减少水泥用量,混凝土中掺加粉煤灰,掺量根据试验确定。

拌合站每次搅拌前,应检查拌合计量控制设备的技术状态,以保证按施工配合比计量拌和,还应根据材料的状况及时调整施工配合比,准确调整各种材料的使用量,接受使用单位及业主的监督。

（b）混凝土的运输

预拌混凝土由拌合站制定运输线路,保证运输准时,入场能连续使用。我公司将认真检查运输线路,使影响混凝土结构质量的因素得到控制,混凝土能畅通无阻地进入施工工作面,进行灌注施工。

（c）混凝土灌注质量控制

预拌混凝土到现场后需做坍落度试验,与入模方式要求的坍落度值应在允许偏差 1cm～2cm 内,同时进行温度检验,控制混凝土入模温度不高于 30℃。若不符应退回并通知拌合站调整。从混凝土搅拌运输车卸出的混凝土不得发生离析现象,否则需重新搅拌合格后方能卸料。

混凝土生产后,必须在规定时间内灌注,若由于交通、车辆、现场等原因造成延误,超出时间的不准采用,也不允许二次加水搅拌使用。

混凝土灌注前需对模板工程进行认真全面检查,模板必须支撑牢固、稳定,拼缝严密。

混凝土灌注时其自由倾落度不大于 2m,从低处向高处分层连续进行。如必须间歇时,其间歇时间应尽量缩短,并应在前层混凝土凝结前将次层混凝土灌注完毕。

入模混凝土应对称下料,且必须采用振捣器振捣密实,振捣时间宜为 10～30s,并以混凝土开始泛浆不冒泡为准。

结构施工缝应留置在受剪力或弯矩最小处。

③设备安装质量保证措施

a. 水泵机组的安装

水泵是泵站最重要的设备,提高安装质量。水泵正常运行,是安装单位应尽的职责,为确保质量、一次性试车成功,特制定以下措施:

（a）技术负责人必须对水泵的构造、技术要求有清楚的了解、认识,编制的安装施工方案必须经过详细讨论、反复推敲,应是成熟的。必须有一定数量的熟练安装工人参加。

（b）每道工序做到自检、专检、交接检;对隐蔽工程必须有记录、有签证;对各种测量、校验数据必须有技术负责人和检验员在场做记录。

(c)尊重监理工程师的监督和指导,碰到问题多与监理工程师协商,尊重设计人员,严格按施工工艺图施工。

b. 电动闸门的安装

主管技术人员在施工前必须进行技术交底;施工人员必须了解有关的技术规范、标准;设备质量证明文件必须齐全,方能进行现场安装;安装质量的检查实行自检、专检相结合的方法,技术人员负责对上述内容的执行情况进行监督;做好安装记录,需要有实测数据,要凭数据说话,并做好签证手续;施工过程中的变更必须经设计人员签认,不得擅自变更设计意图。

c. 电动葫芦、单轨梁的安装

技术负责人必须熟悉电动葫芦的结构、技术要求、规范、编制的安装施工方案必须经过详细讨论。

安装主管技术人员必须向安装工人进行技术交底,安装人员必须按施工图和技术人员的交底施工,并接受建设(监理)单位人员的管理。

工程质量的检查实行工程自检、专检相结合,隐蔽工程必须有记录并签证。所有安装程序均有实测的数据,工程交验时具备完整的竣工资料。

机构设备安装参见电动葫芦技术条件和电动葫芦制造厂的产品说明书和有关技术资料。

d. 格栅除污机、皮带输送机的安装

到设备生产厂了解制造工艺及现场测试验收;随机文件、说明书、合格证应齐全,方可安装;工程技术人员应向安装工人讲解设备的概况及安装关键点;安装质量的检查实行"三检制";做好施工过程中的记录,若有变更,必须有设计人员的变更通知单或变更图纸。

e. 排水泵的安装

技术安装人员均须对图纸安装位置、走向了解,交底后安装人员必须按图施工,并接受建设(监理)单位人员的监督,所有安装程序有实测数据,工程验收具备完整竣工资料。

4. 施工期间对隐蔽工程的质量保证措施

隐蔽工程在隐蔽前必须进行隐蔽工程质量检查,健全和严格执行各项质量检验制度,使整个工程质量处于受控状态。

制定质量责任制、定岗定责,按施工部位专人负责,加强现场管理。

(1)对隐蔽工程的质量,以班组自检与专职检查相结合,自检发现不合格的及时纠正,避免带入下一工序造成大的损失。

(2)自检合格后由分管该工序质量的专职人员进行检查,不合格的坚决返工,上道工序不合格不准进入下道工序施工。

(3)每道工序自检合格后,由施工项目负责人组织施工人员、质检人员并请监理(建设)单位代表参加,必要时请设计人员参加,并做好隐蔽工程检查记录,经监理工程师认可签证后才能进行下一工序施工。

(4)隐蔽工程须按规定表格认真填写隐检项目、隐检部位、隐检内容,其检查结果应具体明确,检查手续及时办理,不得后补。需复验的应办理复验手续,填写复查日期并由复查人做出结论,各方签认齐全。

5. 质量检测试验和质量保证措施

(1)建立科学、先进的试验手段,落实职责,确保工程质量

1)建立项目部试验室,由×人组成,且均经考核合格持证上岗。

2)职责分工

试验室主任对试验室的技术、检测、仪器、安全等工作全面负责。

试验员具体工作如下：

①检测仪器设备的管理，原材料的检验和试验，资料检查。

②预拌混凝土的检验和试验、钢筋焊接的试验和检验及相关资料。

③现场混凝土施工检验、试验及相关资料管理工作。

3）配备满足工程需要的检测试验设备。

（2）认真落实各项管理制度，强化检测试验手段

1）健全检测设备管理制度，建立台账并设专人管理。

2）检测仪器定期检定，检定不合格或超出检定有效期的仪器不能投入使用。

3）建立仪器设备使用、维护管理制度，对设备损坏或认为检测精度不符合要求时，要及时进行维修。

4）文件、资料管理设专人负责，提高内业文档工作水平。

5）试验人员定期培训，提高工作责任心和业务技术水平。

（3）明确检测项目及措施　（略）

（4）检测工作质量控制措施

1）技术负责人对检测质量和报告的审查负责，并保证各项工作制度的执行。

2）检测工作由检验人员、各专业管理人员负责并按照检验程序进行；检验人员对检测过程及原始记录、计算结果负责；技术室对检测报告的编制结论及质量制度负责；业务室对检验报告的打印发放负责；综合室对计量器具、检测设备的正常工作负责。

3）检测依据均采用现行国家或地方相应的标准。

4）用于检测所需的标准物质，均采用国家有证标准物质。

5）用于检测的全部计量器具，按规定标准定期检定，合格后方可使用。

6）受检单位对检测结果有异议时，有妥善的处理办法。

2.3.10　基础排水和防止沉降措施

2.3.10.1　基坑排水措施

在基坑施工过程中，降水与排水的控制是非常重要的一环，是确保基坑安全的关键因素，措施是否得当是决定基坑工程能否顺利进行的关键。在本工程中，将采用基底降水、基坑内排水与基坑外排水相结合的办法，对施工范围内的地下水和地表水进行有效控制。

1. 基坑内基底降水

地下连续墙施工封闭后，在基坑开挖之前首先应进行基坑的基底降水工作。本工程降水采用大口井降水方法，在基坑内两侧设置大口井点，每侧间距 15m，呈平行布置，采用大扬程的深井泵抽水。大口井抽水在土方开挖前 15 天进行，并在降水期间按以下要求进行严格管理。

（1）为保证降水的连续性，降水井点系统设双电路电源供电。

（2）大口井开始降水后，根据设计要求随时监测地下水位的动态变化，进行监控量测，监测基坑周围土体的变化，地表沉降量及对临近建筑物或管道等的影响。必要时，采取加固措施，防止发生事故。

（3）降水抽出的地下水含泥量应符合规定，发现水质浑浊时，要分析原因，及时处理。

（4）雨季施工时，地面水不得渗漏和流入基坑，遇大雨或暴雨时及时将基坑内积水排除，并在雨季增加观测密度。

2. 基坑内排水

(1) 基坑在开挖过程中,沿基坑壁四周做临时排水沟和集水井,将大口井的排水和基坑内地表排水汇集后排到基坑上面的临时排水系统,排水沟断面为 $1 \times 1m$,集水井 $20m \sim 30m$ 左右各1座。

(2) 基坑壁的渗水可采用"引流"的方法,将水汇入排水沟排出。

3. 基坑外排水

在靠近搅拌桩或钢板桩的外侧,沿四周挖 $30 \times 40cm$ 的排水沟,四周设集水井,及时汇集地表降水和基坑内排出的水。

2.3.10.2　防止基坑沉降措施

因降低地下水位,要正确估计对周围建筑物的影响,计划好补救和加固措施。设一定数量的沉降和位移观测点,专人负责昼夜连续观测,并做好记录,分析对周围建筑物的影响,发生情况随时采取措施。在施工排水过程中不得间断排水,并应对排水系统经常检查和维护。

2.3.10.3　施工监测

××路以南排水工程位于××市繁华地带,周围建筑物林立,地质条件差,施工开槽深度大,施工时必须降水,降水时对周围环境的影响较大,为了安全起见,项目部派专人负责,对施工全过程进行监测,并根据监测成果及时反馈,以确保构、(建)筑物及居民的安全和工程施工的安全。

1. 基槽及基坑顶面地表及地下管线的水平位移、沉降监测

通过该项目的量测更好地掌握施工过程中槽及基坑周边土体的沉降、水平位移及地下管线的变形规律,保护周围环境。具体量测时,在地面上每 25m 布置一个量测断面,每 3m～5m 埋设一个测点,每断面布设 6 个测点。在松软地基上钻(或挖)20cm～50cm 的孔,竖直放入 $\phi 22$ 左右的钢筋,钢筋和孔壁之间填充水泥砂浆,钢筋头露出地面 10mm 左右,并在钢筋顶面刻"十"字作为测点,在混凝土或建筑物基础等比较坚硬的结构面上打一水泥钉或直接在混凝土面上刻"十"字,并用红油漆标记,作为测点。混凝土路面地表测点用冲击钻穿透混凝土路面,然后打入长为80cm 的 $\phi 16$ 钢筋作为测点,用水泥砂浆回填密实。

地下管线施工前进行调查,在需量测的管线顶部埋设测点,用套管引点至地表面进行量测。采用精密水准仪和钢塔尺量测。地面建筑观测点在建筑物的基础外缘上埋设水准沉降点进行监测,通过量测判断周边建筑物的变形情况,指导施工。

每次量测完后,及时对量测数据进行回归分析和信息反馈,指导施工,以便及时采取措施,保证周围建筑物安全。

2. 明挖基坑围护结构受力、位移量测

通过对基坑围护结构受力的量测,掌握开挖施工过程中基坑围护结构的受力情况,量测选择槽钢为对象,用电阻应变仪和频率接收仪进行量测。在基坑两侧布置两个断面,每断面布置 2 个监测控制点,槽钢上安装测点。通过以上量测结果判断围护结构的稳定性,从而更好地指导施工,必要时调整基坑围护结构。

3. 地下水位变化监测

在基坑南北两侧及中间各设地下水位观测孔 1 个,测定地下水位的变动情况。用地质钻机钻 $\phi 89mm$ 孔,坑外孔深同基底,坑内孔深达到基底下的 1m～2m,作业中保持孔壁稳定,钻孔完成后,孔中安放直径 $\phi 42mm$ 钢管(见图 2－69),通过地下水位仪测得地下水位标高,及时进行预测。

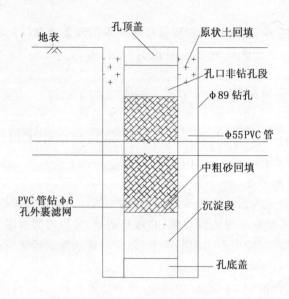

图 2—69　水位观测孔埋设示意图

2.3.11　地下管线、地上设施、周围建筑物保护措施

开工前,由建设单位组织本工程的设计交底会议和各配套单位的协调会议,并走访各配套单位,以利工程顺利进行。

由于本工程地处市区,工程周边居民住房和企事业单位十分密集,所以地下各类管线也必将多而复杂,施工时必须保证地下管线的完好通畅。

开工前,组织各有关人员实地勘察,搞清施工范围内现状的地上建筑和地下障碍物:地下的自来水、煤气、电力、通信管线的具体位置,地上的未拆迁的房屋、构筑物、电杆等相关障碍的位置,必要处进行地下物探工作和拿出迁改或保护方案。待施工进场后,还须与有关管理部门协商、研究,进一步摸清地下管线的情况,做好管线位置标志,并刨验以确定其准确位置,在此基础上,与有关部门研究制定更为具体、完善、切实可行的改移及防护措施,施工过程中,采取先进的施工方式,并辅以科学严密的管线施工监测,确保施工区各管线完好,运行通畅,管线露出后,密切配合有关单位和部门安全、完整无缺地迁移、保护管线,为后续工程施工创造条件。

1. 摸清管线的功能作用和结构形式,依据这些功能作用和结构形式计算出管线的重量和管线本身固有的缺点(如怕碰撞、怕挤压和怕冻、怕滚等等),因地制宜进行加固和防护措施。

2. 自来水、煤气等管线,横向过沟槽的可采用钢丝绳、木桩上部吊固的办法进行加固,必要时进行水泥搅拌桩、钢板桩进行加固,如沿路方向管道进行加固,用钢丝索套牢后布置地锚进行加固,以防止滚管,自来水管线应有保温措施。

3. 电缆管线应由人工挖探沟并立牌标注于上以警示工人和机械防碰撞或挤压。

4. 电缆杆用沙镐或型钢先撑住后并在危险方向上设置斜撑加以保护。

5. 混凝土排水管道可采用下部砌砖基的方法,对其加固。

2.3.12　各工序的协调措施

各工序的协调工作是项目管理的重点,是做好工程实施的关键。在整个施工过程中,工序与工序之间,以及与周围环境和其他市政建设间存在着联系、相互制约的关系。本工程工期紧迫,特制定下列措施,以保证总工期目标的实现。

2.3.12.1　内部协调

1. 每周召开协调会议,及时暴露设计和施工中的问题,解决各施工部位之间的矛盾,以及各施工队之间的干扰。同时检查工程的完成情况,调整计划,确保总目标的实现。

2. 严密编制每道工序的施工计划,对相关工序的平行作业、流水作业进行可行性论证,尤其是各道工序间交接部分的时间、空间及人、机、材安排上的冲突要仔细考虑,统筹安排,确保计划的可行性、严肃性。

3. 项目经理部成立一个生产应急小组,解决施工中的突发问题,保证各工序正常施工。

4. 劳务人员、周转材按主体计划合理安排实现均衡施工;机械设备按总体计划配置,确保各工序各工作面同时进行。提前制定雨季施工措施,防止因措施不当造成返工而影响工期,在条件允许的情况下,昼夜施工抢进度,做好施工的安全防护与夜间照明,在保证质量和安全的情况下抢进度。

2.3.12.2　外部协调

成立一个专门对外协调小组,做好环保消防、交通工作,协助有关单位组织好地面建筑及地下管线的拆迁工作,及时解决在施工过程中产生的矛盾。

1. 联系设计、业主、监理单位做好施工中发生的设计变更,隐蔽验收等经常性的工作。

2. 密切建设单位与施工单位的联系,承办执行协议、合同过程中遇到的问题。

3. 申请施工的有关执照,许可证明,如施工许可证、交通封锁证等。

4. 联系有关拆迁、迁移、切改等工作,密切配合业主并积极督促业主、监理等单位为保证工程进度而努力。

2.3.13　冬、雨季施工措施

2.3.13.1　雨季施工措施

1. 雨季施工的准备工作

(1) 进入夏季以后,基本上就进入了雨季施工阶段,各施工作业队进入各施工现场前,有专人负责每天收集气象资料,及时向工地负责人提供天气变化情况。

(2) 作业队进入现场前,详细了解现场的实际情况,确定车辆的停放位置,绝不能使设备遭雨水的浸泡,也不能将车辆停在有可能出现滑坡的地段。特别是施工现场四周空旷,大型设备应有必要的避雷装置,防止人员设备遭到损失。

(3) 因为我们的设备多为进口设备,所以施工期间设备保养、保护非常重要,特别注意防止因电路受潮产生故障而影响设备正常运行。

(4) 施工现场有临时的防雨设施,对关键施工部位在突然下雨期间加以保护。

(5) 建立雨季施工期间的人员管理体系,项目部上上下下在每一个环节上都有专人负责,保证施工一线的工作顺利进行。

2. 雨季施工措施

(1) 充分利用两次降雨间隙,保证整个工程进度。

(2) 运料自卸车和工地备有防雨设施,并做好现场排水措施。

(3) 浇筑混凝土应及时收集气象信息,大雨时不准浇筑。

(4) 混凝土施工要充分做好运输、劳力准备,缩短浇筑、振捣等各道工序。若中间遇雨,应盖上篷布继续施工,必须完成一个阶段的混凝土施工后再停止浇筑,避免发生纵向冷缝。

(5)切实做好避雷装置和防漏电措施。

(6)雨季挖土挖到近基坑底时,应多听气象报告,若有雨,则不宜挖底层土至基地标高,应安排无雨间隙在挖基底土的同时紧跟着浇捣混凝土垫层。

(7)基坑底两侧的排水沟和集水坑应加大、加深,以适应大体积抽水的需要,尽量做到雨停基坑内无积水。

(8)雨季对基坑作业,脚手架、缆风索、支撑均应加强,严加检查,防止危险。

(9)做好地面排水工作,防止地面汇水淹泡沟槽以及暴雨冲刷造成土方塌方。及时检查支撑情况及沟槽附近的沉降情况,发现隐患及时处理。

(10)暴雨过后,应对施工水准点进行校核,防止质量事故的发生。

(11)合理缩短井槽的长度,及时砌筑检查井,已安装管道验收后及时回填,已安装管道两端不能同时砌堵,防止发生漂管事故。

(12)钢筋及木工加工厂不得露天作业,及时搭设施工棚,保证按期完成加工任务。

3.夏季施工措施

(1)夏季施工气温高,水分蒸发快,混凝土表面应防止阳光暴晒使产生收缩裂缝。应缩短工艺流程,及时浇筑、覆盖和湿润养护。

(2)在夏季施工,应和监理工程师商定,尽量利用18时至次日10时之间浇筑混凝土。

(3)在高温季节施工时,要准备好足够的覆盖物品,并在必要时采用遮阳篷架设在混凝土浇筑地段,防止阳光直晒。

2.3.13.2　冬季施工措施

1.在温度达到0℃以下时不宜浇捣混凝土。混凝土施工采取严格的防冻措施,混凝土搅拌时加防冻剂,并且施工时混凝土强度等级比设计混凝土强度等级提高一个等级。混凝土搅拌时采用加热后的水(10℃以上)并加一定数量的防冻剂,刚成型的混凝土采取有效的养生手段,如覆盖草包或其他防冻养护方法,保证混凝土在养生期间不受冻,使混凝土强度正常增长。

2.在浇筑混凝土施工前应及时收集气象信息,如有特大寒流来临,应改期浇捣混凝土,若在浇捣好后遇特大寒流侵袭,则应采取保温等特殊措施。

3.现场内机械要有具体的防冻措施,夜里不用的机械要按规定放水。

4.做好防滑、防冻、防煤气中毒工作。脚手架、人行跳板要采取防滑措施。霜雪天后及时清扫。

5.施工现场电气线路等均必须由专职电工负责,严禁使用裸线,电线敷设要防砸、防碾压、防止电线冻结在冻雪之中,遇大风雪前后都要及时对供电线路进行检查。

6.冬季施工时,现场应配备好防冻保暖物品,临时自来水管应做好防冻保温工作,采用稻草泥纸筋包裹。

2.3.14　施工安全保证措施

"百年大计,质量第一,工程建设,安全为本",安全施工始终是工程项目管理的头等大事,必须认真贯彻执行国家的安全法律法规和有关安全施工的各项规定,加强工程建设中安全施工的领导和管理,以保证建设者的安全与健康,促进施工。

2.3.14.1　安全管理体系

1.本合同工程拟建立安全文明生产管理体系(同图2—45)。成立以项目经理为组长的安全施工领导小组,全面负责并领导本项目的安全施工工作。

2. 本项目实行安全施工三级管理,即一级管理由项目经理负责,项目经理是施工项目安全管理第一责任人;二级管理由项目部专职安全员负责;三级管理由施工作业队班组长负责。

3. 按照《安全施工责任制》的要求,落实各级管理人员和操作人员的安全施工负责制,全员承担安全施工责任,做到纵向到底,横向到边,一环不漏,人人做好本岗位的安全工作。

4. 开工前项目经理部组织有关人员编制实施性安全施工组织设计,对沟槽开挖、回填、支撑作业、混凝土结构施工、沉井下沉、机械施工、运输、垂直起吊、脚手架工程、土方外运等作业项目,编制和实施专项安全措施设计,确保施工安全。

5. 实行逐级安全技术交底制,由项目经理部组织有关人员进行详细的安全技术交底,凡参加安全技术交底的人员要履行签字手续,并保存资料,项目部专职安全员对安全技术措施的执行情况进行监督检查,并做好记录。

6. 加强施工现场安全教育

(1) 针对本工程特点,对所有从事管理和生产的人员,施工前进行全面的安全教育,重点对专职安全员、班组长、从事特殊作业的架子工、起重工、电工、焊接工、机械工、机动车辆驾驶员等进行培训教育。

(2) 未经安全教育的施工管理人员和生产人员,不准上岗,未进行三级教育的新工人不准上岗,变换工种或采用新技术、新工艺、新材料、新设备而没有进行培训的人员不准上岗。

(3) 特殊工种的操作人员的安全教育、考核、复验,严格按照《特种作业人员安全技术考核管理规定》考核合格,获取操作证方能持证上岗。对已取得上岗证的特种作业人员要进行登记,按期复审,并要设专人管理。

(4) 通过安全教育,增强职工安全意识,树立"安全第一,预防为主"的思想,并提高职工遵守施工安全纪律的自觉性,认真执行安全检查操作规程,做到:不违章指挥,不违章操作,不伤害自己,不伤害他人,不被他人伤害,提高职工整体安全防护意识和自我防护能力。

(5) 对从事有尘有毒危害作业工人进行必要的防治知识和技术的安全教育。

7. 认真执行安全检查制度

项目经理部要保证安全检查制度的落实,规定定期检查日期、参加检查人员,项目经理部每周进行一次,作业班组每天进行一次,做定期检查。应视工程情况,如施工准备前、施工危险性大、采取新工艺、季节性变化、节假日前后等要进行检查,并要有项目部领导值班。对检查中发现的安全问题,按照"三不放过"的原则立即制定整改措施,定人限期进行整改,保证"管生产必须管安全"的原则落实。

2.3.14.2　安全管理目标和安全防范重点

1. 安全管理目标:"三无、一杜"和"一创建"。"三无"即无工伤死亡事故,负伤率 3‰ 以下;无交通死亡事故;无火灾、洪灾事故;"一杜"即杜绝重伤事故;"一创建"即创建文明安全工地。

2. 安全防范重点

根据集团公司以往施工经验,结合工程特点,本工程施工安全防范重点有以下七个方面:

(1) 防周边建筑物出现变形、下沉、开裂。

(2) 防开槽坍塌事故。

(3) 防地下水过量流失造成的地面沉陷。

(4) 防开槽、起重机械事故。

(5) 防用电、火灾事故。

(6) 防高处坠落事故。

（7）防道路行车事故。

2.3.14.3 主要施工项目安全技术措施

1. 施工现场安全技术措施

（1）所有工程在开工前必须编制有安全措施的施工组织设计，技术复杂的专题方案必须严格审核批准手续、程序。

（2）施工现场除应设置安全宣传标语牌外，危险地点挂牌按照《安全色》（GB 2893）和《安全标志》（GB 2894）的规定执行，夜间有人经过的施工区等还应设红灯示警。

（3）现场的生产、生活区要设足够的消防水源和消防器材，消防器材应有专人管理不能乱拿乱动，要组成一个 15～20 人的义务消防队，所有施工人员和管理人员要熟悉并掌握消防设备的性能和使用方法。

（4）各类房屋、库棚、料场等的消防安全距离应符合公安部门的规定，室内不能堆放易燃品；严禁在易燃易爆物品附近吸烟，现场的易燃杂物，应随时清除，严禁在有火种的场所或近旁堆放。

（5）氧气瓶不得沾染油脂，乙炔发生器必须有防止回火的安全装置，氧气与乙炔发生器要隔离存放。

（6）施工现场临时用电要有临时用电方案设计，应按《施工现场临时用电安全技术规范》（JGJ 46）的要求进行设计、施工、验收和检查。临时用电还要有安全技术交底及验收表，健全安全用电管理制度和安全技术档案。

（7）施工现场应实施机械安全管理及安装验收制度，机械安装要按照规定的安全技术标准进行检测。所有操作人员要持证上岗。使用期间定机、定人，保证设备完好率。

（8）各类脚手架、井架的搭设要有图纸和计算，搭设完成验收合格后方可使用。使用中定人定期检查，定人负责维修，并做好记录。

（9）对深槽等技术复杂又涉及不安全因素较多的工程，开工前必须编制专项安全技术措施，并经监理单位批准后方可开工。

（10）必须抓好施工现场平面布置和场地设施管理，做到图物相符，井然有序。此外，还应做好环保、消防、材料、卫生、设备等文明施工管理工作。

（11）施工现场安全设施主要包括安全网、围护、洞口盖板、防护罩、护栏等，各种限制装置必须齐全、有效，不得擅自移动。

（12）根据设计文件复查地下构造（如地下电缆、给排水管道等）的埋设位置及走向，并采取防护措施，施工中如发现危及地下构造物、地面建筑物或有危险品、文物时，应立即停止施工，待处理完毕后方可恢复。

（13）井下作业点的作业位置须悬挂醒目安全标志。

2. 工程施工安全控制措施

（1）土方施工

1）施工前，对邻近建筑物及地下管线等，进行认真检查，并采取有效的防护、加固措施，以确保其安全。

2）机具进场要防止碰撞电杆电线及市政房屋设施。

3）施工场地必须认真平整、压实，必要时铺盖碾压碎石，四周做好排水沟以利排水。

4）施工过程中遇到地坪隆起或下陷时，应及时根据现场实际情况，采取相应的措施修补。

5）作业司机持证上岗，操作时需精力集中，服从指挥信号，不得随便离开机位，并注意异常情况及时加以纠正。

6）施工过程中,机械须平稳操作,防止其倾斜影响成槽质量。

7）施工期间禁止闲人进入工作面,非施工期间设明显标志,机具四周临时围护,夜晚设红灯示警。

8）施工提升架及钢丝绳各班组上班后认真检查,发现问题及时加以修配、更换。

（2）供电设备

1）非专职电气人员不得操作电气设备。

2）检修、搬迁电气设备时应切断电源,并悬挂"有人工作,不准送电"的警告牌,并派专人看护。

3）操作高压电气设备主回路时,必须戴绝缘手套,穿电工绝缘靴并站在绝缘板上。

4）手持式电气设备的操作手柄和工作中接触的部分,应有良好绝缘,使用前应进行绝缘检查。

5）低压电气设备宜加装触电检查。

6）电气设备外露的转动和传动部位必须加装遮栏或防护罩。

7）36V 以上的电气设备和由于绝缘损坏可能带有危险电压的金属外壳、构架等,必须有保护接地。

（3）沉井施工

1）施工现场除应设置安全宣传标语排外,危险地点挂牌按照《安全色》（GB 2893）和《安全标志》（GB 2894）的规定执行,夜间有人经过的施工区还应设红灯示警。

2）施工现场临时用电要有设计方案,应按《施工现场临时用电安全技术规范》（JGJ 46）的要求进行设计、施工、验收和检查。临时用电还要有安全技术交底及验收表,健全安全用电管理制度和安全技术档案。

3）施工现场应实施机械安全管理及安装验收制度,机械安装要按照规定的安全技术标准进行检测。所有操作人员要持证上岗。使用期间定机、定人,保证设备完好率。

4）各类脚手架要有图纸和计算,搭设完成验收合格后方可使用。使用中定人定期检查、维修,并做好记录。

5）必须抓好施工现场平面布置和场地设施管理,做到图物相符,井然有序。此外,还应做好环保、消防、材料、卫生、设备等文明施工管理工作。

6）施工现场安全设施主要包括:围护、洞口盖板、护栏等,各种限制装置必须齐全、有效,不得擅自移动。

7）非专职电气人员不得操作电气设备。检修、搬迁电气设备时应切断电源。

2.3.15　文明施工保证措施

为了加强工程施工现场的管理,提高文明施工水平,创造文明工地,根据有关规定,结合工程的特点,我们将加大投入力度,下大力量抓好文明施工。

2.3.15.1　文明施工管理体系

项目经理部成立文明施工领导小组,专门指派 1 名负责人主抓文明施工、环境保护工作,并实行责任承包制,将文明施工和环境保护与各作业班组和管理人员工资考核挂钩。

2.3.15.2　文明施工管理目标及措施

本工程的文明施工管理目标是争创"市级文明安全工地",施工管理严格按××市有关文件办理,主要采取以下保证措施:

1. 按施工总平面布置图实施布置管理,施工现场内所有临时设施均按平面图布置,使施工现场处于有序状态。场地围栏设置施工标示牌,标明建设工程名称、规模、建设、设计、监理及施工单位名称和负责人以及工程开、竣工日期、施工许可证等,同时在适当的位置设"一图五板"。

2. 围蔽围墙的外观尺寸、墙面装饰按市政府有关规定办理,围墙顶部每隔一定距离安装一盏具有充足亮度的路灯,以供夜间照明。

3. 施工现场设置的临时设施,包括办公室、宿舍、食堂、厕所等均采用砖砌墙体,镀锌铁瓦盖顶,所有墙体及柱均刷白涂料,并按有关规定对办公区域进行绿化,做到"晚上亮起来,白天绿起来",建立文明、卫生、防火责任制,按规定布置防火设施,并落实相关责任人管理。

4. 现场临时工地厕所设置三级化粪池净化后,经新建的地下管道排入就近的城市污水管道。设置垃圾箱,每日专人清运。工地范围内由保健医生负责定期消毒。

5. 除加工房外,其他临时设施均按标准硬化地面,四周设置砖砌排水沟,生活污水经设于场地内过滤沉淀池处理后,排入城市下水道。

6. 工地的原材料和半成品不得堆放于围墙外,材料及半成品的堆放严格按××市及建设单位《文明施工管理办法》的要求分类堆放,并用标识牌标识清楚。

7. 施工现场内道路平整畅通,排水出口良好。施工临时场地出入口设置洗车槽,出施工场地的机动车辆,必须在工地内冲洗干净后才能上路行驶。

8. 所有施工管理人员和操作人员必须佩戴证明其身份的标识牌,施工场地出入口设专职安全保卫。

9. 土方开挖施工前,先设置好防止水土流失的临时排水的沟渠,避免污染道路和堵塞下水管道。土方开挖施工若发现有不明物体或发现文物迹象,先应停工,并设临时保护设施,及时报有关部门处理后,方可继续施工。

10. 散件物料运输严格执行××市及建设单位的有关要求,运输车及作业场地应及时清除和冲洗,以保证车辆和场地清洁。

11. 本项目施工工序将安排在夜间车少时进行,应避免和减少夜间施工对周围环境的影响。

12. 采取严密措施,确保施工场地周围各种公共设施的安全。

13. 工程完工后,按要求及时拆除所有工地围墙、安全防护设施和其他临时设施,将工地及周围环境清理整洁,做到工完、料清、场地净。

14. 本工程的车辆较多,交通安全的问题是十分重要的,项目部专门设置专职的安全交通领导小组,负责与交管部门协调有关交通问题。并加强司机的安全教育,遵守××市的交通法规,严格对车辆执行"三检"制度。

15. 要做好生活区内的卫生防疫工作,项目部设专职卫生员,并定期对施工人员进行体检。

2.3.15.3　对外来工的管理

对于外来工采取规范化管理,并制定相应的奖罚措施,具体规定如下:

1. 组织机构

项目部设文明施工领导小组,负责本项目文明施工的组织与管理工作。

2. 外来工队伍以项目为单位成立文明施工规范化管理执行小组,具体负责外来工队伍施工现场、生活区文明施工和规范化管理多项措施的贯彻落实。

3. 工作责任

(1) 项目部文明施工负责人(领导小组):负责本工程项目文明施工的组织、推动、领导和检查工作。

（2）项目办公室负责人：做好文明施工的宣传布置，组织文明施工的检查与评比，具体落实奖惩措施。

（3）外来工文明施工负责人（执行小组）：全面负责本队文明施工管理，落实安全生产的各项措施，指导各工种落实文明施工措施，负责落实检查整改工作，具体领导现场文明施工监督和宿舍、食堂规范化管理组的日常工作。

（4）各工种负责人：具体负责本工种各部位的文明施工和安全生产，负责各项检查整改要求的贯彻与落实。

4．施工标准

工程项目文明工地建设管理工作标准按集团《文明工地建设管理办法》的相关要求执行。

5．外来工文明管理标准

（1）个人形象标准

1）遵守××市市民公德，讲文明、讲礼貌，保持个人清洁，搞好环境卫生。

2）上工要统一着装，佩带胸卡。

3）工作要精神集中，不准大声喧哗，做到施工便民不扰民。

4）施工中杜绝乱丢、乱抛，养成勤俭节约，爱护公物的好习惯。

5）不违章指挥、违章操作，增强安全意识和自我保护意识。

6）积极参与健康的业余文化活动，杜绝打架斗殴等现象的发生。

（2）集体宿舍标准

1）床位整齐，统一床单和凉席，被子叠好，蚊帐一致，床下工整。生产工具及闲杂物品不准带入室内。

2）通道干净无杂物，采用 36V 照明，不乱接电线，电器插座规范安全，地面无污物和脏衣服。

3）门窗无损坏，厕所干净，楼道整洁，热水器具专人管理。

4）集体宿舍内一律不许住家属，不允许宿舍内起火烧饭。

5）宿舍内人员名单（照片）上墙，各种制度、表格上墙。

（3）集体食堂标准

1）食堂卫生清洁，上下水通道畅通，节约用水，并有防蝇设施。

2）垃圾定点倒放，剩饭不乱泼乱倒，并有专人打扫卫生。

3）入口食物要保持卫生，防止食物中毒发生。

（4）各工种加工场、施工现场标准

1）钢筋加工场

①机具、设备整齐排放，电闸箱规范并有防潮、防雨设施。

②各机具设备的《安全操作规程》放在明显位置，各种警示标识齐全、明确。

③原料钢筋卸放整齐，成品或半成品应分类码放，进出料专人管理。

④中间通道畅通，电焊棚及危险品库规范，并有防火及防灼设施。

2）钢筋工工地现场

①钢筋卸放整齐，绑扎规范。

②临时设备、电闸箱安放符合规范要求，并有防潮、防雨设施，各机具《安全操作规程》随机移动。

③现场工作完毕，做到活完料净场地清，没有剩余钢筋、绑丝、电焊条及其他物品。

④现场或加工区有条件的设立工具及零材库房，将电焊线及电焊条、绑丝等存放进去，要有人管理，防盗防丢失。

3）木工加工场

①机具、设备整齐排放,电闸箱规范,各机具《安全操作规程》安放明显位置,并有醒目的"加工区内严禁吸烟"的警示牌和防火消防设施。

②原料木料码放规范,成品半成品应分类码放,进出料设专人管理。

③机具上安装安全防护设施,机具每日工作完毕,必须清除干净,刨花和锯末应清至指定地点。

4）木工工地现场

①成品、半成品及小型机具放置整齐,电闸箱规范且有安全防护设施和《安全操作规程》的标牌及警示牌。

②每日工作完毕,将刨花、锯末及边角木料集中收集,做到活完料净场地清,工序完毕,现场不应剩有钉子、海绵条及其他杂物。

③海绵条存放应设专门库房,防火防盗。

5）架子工工地现场

①库区和现场所用材料、钢管、支架等应分类卸放,保持整齐规范。

②当日未用完的料具下班前要重新码放,少批量要集中运回库区,局部工作完毕要清理一遍,将多余的管材、上下托、扣卡等收集运回。库区和现场的材料要设专人看管,防止丢失。

6）施工工地现场

①设立库房,存放工具,并设专人管理。

②工作前除工序检查外,还应进行安全设施检查。

③泥土不乱铲乱投,不向地面排水,保证行人安全,弘扬职业道德。

④散料要计量使用,不浪费和乱卸乱倒,保持现场整洁。

⑤现场施工做到完工料完,施工工地整洁。

⑥挖完槽后要及时做好安全防护栏,并设有照明和警示装置防止发生意外。

2.3.16　施工环境保护

由于此项工程规模大、工期长,施工过程不可避免地会产生一系列的环境问题,给这些地区群众的生活、工作、交通造成暂时不便,同时,施工生产的噪声、振动、扬尘等污染也会影响当地的环境问题,为使施工期的环保工作有序、有效地进行,尽量减少施工过程对周围环境造成的不利影响,我们将针对工程施工期面临的敏感环境问题、敏感点和生产的重要环境因素影响,依照国家及地方相关环境法律法规的要求确定出施工过程中环保工作的具体安排,依照××市有关环境保护的规定执行。将环保工作规范、系统地贯穿施工期的全过程,使施工期的环境影响达到相关法规、标准和环评报告的要求。

2.3.16.1　环境管理体系

本工程环境管理体系见图2－70、图2－71。

2.3.16.2　施工期内的重要环境因素

1. 噪声

施工噪声包括现场施工生产的噪声和车辆运输产生的噪声。

施工过程将动用挖掘机、空压机、发电机、风镐、打夯机等施工机械,这些施工机械在进行施工作业时产生噪声,成为对临近敏感区域有较大影响的噪声源。这些噪声源有的是固定源,有的是现场区域的流动源。此外,一些施工作业,如安装、搬卸、拆除等也产生噪声。而且,有些工序必须连续施工,夜间施工噪声扰民问题会比较突出。

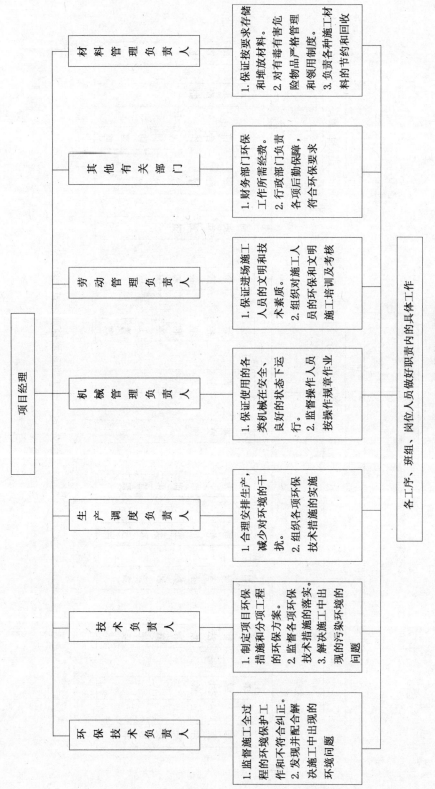

图 2-70　环境管理体系

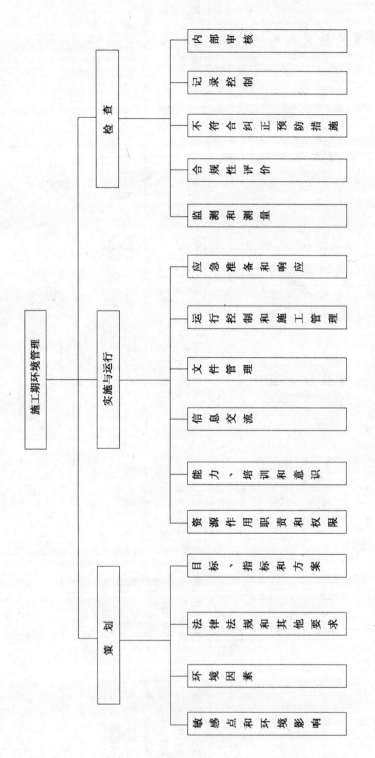

图 2-71 施工期环境管理逻辑框图

2. 振动

主要来源于重型施工机械的运转，重型运输车辆行驶，挖土、夯实等作业产生的振动。

3. 大气污染

挖土、拆卸、装卸、运输、回填、夯实等施工过程和开挖面、露天堆放等区域会产生大量扬尘，扬尘在大风天气和旱季较为严重，是施工期的主要大气污染。此外，各种施工机械、运输车辆和炉灶等燃具也排放废气。

4. 水污染

施工期产生的废水主要有施工废水、地下水、雨水径流、施工人员生活污水，其中施工废水含泥砂量高，须经沉淀后排放。由于施工开挖面广，出土量大，在雨季土方的挖掘、运输、堆放等过程会引起泥土流失，大量泥砂可能阻塞市政下水系统。

5. 固体废弃物

施工期产生的固体废弃物主要包括工程弃土、建筑废料和施工人员的生活垃圾等。

2.3.16.3　施工期内环境标准

1. 强制性标准

《建筑施工场界噪声限值》(GB 12593)具体要求：在敏感区对场界处的噪声限值见表2－41。

表 2－41　　　　　　　　　不同施工阶段的噪声限值　　　　等效声级 leq［dB(A)］

施工阶段	主要噪声源	噪声限值	
		昼间	夜间
土石方	推土机、挖掘机、装载机等	75	55
打桩	各种打桩机等	85	禁止施工
结构	振捣棒、电锯等	70	55
装修	吊车、升降机等	65	55

2. 评价性标准

(1)《城市区域环境噪声标准》(GB 3096)具体要求：施工场地周围区域的环境噪声标准值见表2－42。

(2)《城市区域环境振动标准》(GB 10070)具体要求：施工场地周围区域的环境振动标准值见表2－43。

(3)《城市空气质量标准》(GB 3095)具体要求：总悬浮颗粒物(TSP)日平均 1.30mg/m³(二级标准)。

表 2－42　　　　　　　　　　　　环境噪声标准值　　　　　　等效声级 leq［dB(A)］

功能区类别	适用地带范围	昼间	夜间
1	居住、文教区、机关、旅游风景区	55	45
2	混合区、商业中心区	60	50
3	交通干线道路两侧	70	55

表 2—43	环境振动标准值	铅垂向 Z 振级 VLZ10[dB]
适用地带范围	昼 间	夜 间
居住、文教区	70	67
混合区、商业中心区	75	72
交通干线道路两侧	75	72

3. 参考性标准

(1)《民用建筑隔声设计规范》(GBJ 118)具体要求:学校教室昼间 60dBA,夜间 50dBA(室外)。

(2)《污水综合排放标准》(GB 8978)具体要求:悬浮物(SS)二级标准 150mg/L(排入自然水体);三级标准 400mg/L(排入设污水处理厂的城市排水系统)。

2.3.16.4　重要环境因素的控制

1. 噪声

(1) 施工场界噪声控制按《建筑施工场界噪声限值》(GB 12593)要求。

(2) 对可固定的机械设备如空压机、备用发电机等设置在施工场地临时房屋内,房屋内设隔音板,最大限度地降低其噪声。

(3) 对噪声超标造成环境污染的机械,其作业时间限制在 7 时至 12 时和 14 时至 22 时之内。

(4) 各项施工均选用低噪声的机械设备和施工工艺。施工场地布局要合理,尽量减少施工对居民生活的影响,减少噪声强度和敏感点受噪声干扰时间。

2. 振动

(1) 施工振动对环境的影响按《城市区域环境振动标准》(GB 10070)要求。

(2) 对振动超标造成环境污染的机械,其作业时间限制在 7 时至 12 时和 14 时至 22 时之内。

(3) 本工程施工可能会对地层产生扰动,引起建筑变形或沉陷。因此,对临近建(构)筑物应事先详查,做好记录,对可能的危害采取加固等预防措施。

3. 对城市生态的保护

(1) 对城市绿化,在施工范围内严格按法规执行,临时占用绿地要报批并及时恢复,砍伐或迁移树木要报批,不得随意修剪树木,古树木按要求进行特殊保护。

(2) 施工照明灯的悬挂高度和方向要考虑不影响居民夜间休息。

(3) 严格履行各类用地手续,按划定的施工场地组织施工,不乱占地、不多占地。

(4) 在施工场地周围出安民告示,以求得附近居民的理解和配合。

(5) 在施工工地场界处设实体围蔽,不得在围蔽外堆放物料、废料。

(6) 施工时如发现文物古迹,不得移动和收藏,施工人员保护好现场,防止文物流失,并暂时停止作业,立即向有关部门汇报。

4. 水污染

(1) 废水排入城市下水道,悬浮物(SS)执行《污水综合排放标准》(GB 8978)的三级标准 400mg/L;废水排入自然水体,悬浮物(SS)执行《污水综合排放标准》(GB 8978)中的二级标准 150mg/L。

(2) 根据不同施工地区排水网的走向和过载能力,选择合适的排口位置和排放方式。

(3) 要在开工之前完成工地排水和废水处理设施的建设,并保证工地排水和废水处理设施在整个过程的有效性,做到现场无积水、排水不外溢、不堵塞、水质达标。

(4) 泥浆水产生处设沉淀池,沉淀池的大小根据排水量和所需要的沉淀时间确定。

(5) 考虑××市降水特征,制定雨季,特别是汛期排水措施,避免废水无组织排放。

(6) 在施工期间,应始终保持工地的良好排水状态,修建一些临时排水渠道,并与永久性排水设施连接,且不得引起淤积和冲刷。

5. 大气污染

(1) 对易产生粉尘的作业面和装卸、运输过程,制定操作规程和洒水降尘制度,在旱季和大风天气适当洒水,保持湿度。对易于引起粉尘的细料或松散料应予以遮盖或适当洒水湿润,运输时应用帆布、盖套及类似遮盖物遮盖。

(2) 合理组织施工,优化工地布局,尽量避开敏感点和敏感时段。

(3) 严禁在施工现场焚烧任何废弃物和会产生有毒有害气体、烟尘的物质。

(4) 水泥等易飞扬细颗粒尽量安排在库内存放。

(5) 车辆出场冲洗车轮,减少车轮携土污染路面。

(6) 拆除结构物时要防尘遮挡,在旱季适量洒水。

(7) 使用清洁能源,炉灶符合烟尘排放规定。

(8) 施工现场要在施工前做好施工道路的规划和设置,临时施工道路基层要夯实,路面要硬化。

6. 固体废弃物

(1) 施工中应减少回填土方的堆放时间和堆放量,堆土场周围加护墙护板。

(2) 制定泥浆和废渣的处理、处置方案。按照法规要求选择有资质的运输单位,及时清运施工弃土和渣土,建立登记制度,防止中途倾倒事件发生并做到运输途中不洒落。

(3) 选择对外环境影响小的出土口、运输路线和运输时间。

(4) 材料库剩余料具、包装及时回收、清退。对可再利用的废弃物尽量回收利用。各类垃圾要及时清扫、清运,不得随意倾倒,做到每班清扫、每日清运。

(5) 保证回填土的质量,不得将有害物质和其他工地废料、垃圾用于回填。

(6) 施工现场内无废弃砂浆和混凝土,运输道路和操作面落地料及时清运,砂浆、混凝土倒运时应采取防洒落措施。

(7) 教育施工人员养成良好的卫生习惯,不随地乱丢垃圾、杂物,保持工作和生活环境的整洁。

2.3.17　施工现场维护

对于每一个工程项目来说,组织好现场的维护都是非常重要的,它为整个工程顺利开展奠定坚实的基础,对此应采取以下措施:

2.3.17.1　安排一位具有丰富经验的职工负责疏导交通,他直接对项目经理负责,如有情况及时向项目经理反馈信息,以便随时调整工作重点、施工进度计划,采取必要应付措施,做到有备无患。导行负责人根据交管部门要求,配合所需人员协助交警维持交通秩序,尽量保证过往车辆、人员尽快通过路口。协助维护交通人员必须具有一定的交通法规知识,应培训上岗。

2.3.17.2　施工现场内部的施工机械类型、数量较多,包括运输机械、开挖机械、吊装机械、基础施工机械、混凝土运输及输送机械等,在有限的施工作业面上容纳如此多的机械,如果没有统一调度与协调,势必造成施工现场的混乱,机械利用率的降低,严重影响施工进度。因此项目部根据施工情况具体安排机械,做到交叉作业,互不影响,合理组织,井然有序。为此项目部制定机械使用计划,安排专职人员具体负责实施。暂时没有利用的机械,停放到指定位置上,尽量不占用施工现场的作业面。

2.3.17.3　现场施工作业狭小,而各工序操作人员非常集中,为区别各自职能,要求各工种人员带有不同标志,便于区分识别,做到各就各位。工作期间严格遵守施工劳动纪律,如没有工作,应立即撤离施工现场,严禁在施工现场逗留。

2.3.17.4　现场维护措施:施工现场的四周插旗,并做好各种施工标志,在开槽施工时,在四周采用铁栅栏围护,防止行人和工作人员不慎而出现事故。材料堆放区及钢木加工区用砖墙围护,并准备苫布覆盖易飞扬的材料,以防污染现场环境。

2.3.17.5　施工现场经常保持清洁。按现场平面布置图划分物料堆放区、现场加工区、机械停放区、现场办公区,现场堆土应符合安全规定,工程弃土及时清运,人行通道和消防通道保持路面平整畅通。

2.3.17.6　施工现场附近的公共场所门前及居民住宅门前不堆放土和材料。

2.3.18　工程交验后服务措施

2.3.18.1　在工程竣工交验后的 1 年内,我公司将严格按照合同文本要求及国际惯例,定期组织工程技术、质量人员现场检查构筑物的应用状况及质量状况,对应用损坏和不符合要求的施工部位,积极采取先进的技术措施予以修复,确保工程的正常使用。

2.3.18.2　在工程交验 1 年以后,我公司将严格按照集团质量部门制定的质量回访制度,定期对工程开展质量回访工作,对于那些的确由于施工质量不足所造成的质量问题,我公司将积极采取措施予以维修;对由于其他原因所造成的问题,我公司仍采取积极的态度,予以高度重视,并积极配合有关方面开展工作。

第3章 道路工程实施性施工组织设计

3.1　新建道路工程施工组织设计实例

封面(略)

目　录

3.1.1　编制说明

3.1.1.1　编制依据

1. 设计文件

(1)××市市政基础设施工程招标文件、施工招标答疑。

(2)《××市 A 路道路排水施工设计图》(××设计研究院,2009 年 5 月)。

(3)《××市 B 路排水施工设计图》(××设计研究院,2009 年 5 月)。

(4)《××市 C 路排水施工设计图》(××设计研究院,2009 年 3 月)。

2. 中华人民共和国现行法律、法规

(1)中华人民共和国宪法

(2)中华人民共和国标准化法

(3)中华人民共和国安全生产法

(4)中华人民共和国劳动法

(5)中华人民共和国消防法

(6)中华人民共和国职业病防治法

(7)中华人民共和国环境保护法

(8)中华人民共和国建筑法

(9)中华人民共和国全民所有制工业企业法

(10)中华人民共和国合同法

(11)中华人民共和国文物保护法

(12)中华人民共和国道路交通管理条例

(13)湖北省建设工程安全生产管理办法

(14)建设项目环境保护管理条例

(15)国务院《全国生态环境保护纲要》

(16)劳动部《粉尘危害分级监察规定》

3. 规范、规则、规程、办法

(1)《城市道路设计规范》(CJJ37—90)

(2)《城市快速路设计规程》(征求意见稿)

(3)《城市道路交叉口规划设计规范》(征求意见稿)

(4)《城市道路交通规划设计规范》(GB50220—95)

(5)《公路工程技术标准》(JTGB01—2003)

(6)《公路工程施工安全技术规程》(JTJ076—95)

(7)《公路路基设计规范》(JTGD30—2004)

(8)《公路路基施工技术规范》(JTJF10—2006)

(9)《道路工程术语标准》GBJ124—88

(10)《道路工程制图标准》GB50162—92

(11)《建筑抗震设计规范》GB50011—2001

(12)《钢结构设计规范》GB50017—2003

(13)《道路交通标志和标线》(GB5768—1999)

(14)关于《全国统一市政工程预算定额》的通知建标[1999]221 号

(15)《建设工程工程量清单价规范》GB505000－2008

(16)《城市测量规范》CJJ8－99

(17)《市政工程勘察规范》CJJ56－94

(18)《公路工程水泥及水泥混凝土试验规程》(JTGE30—2005)

(19)《城市道路绿化规划与设计规范》(CJJ75－97)

(20)《城市道路和建筑物无障碍设计规范》(JGJ50－2001)

(21)《城镇道路工程施工与质量验收规范》(CJJ1－2008)

(22)《城市道路路基工程施工及验收规范》(CJJ44－91)

(23)《市政排水管渠工程质量检验评定标准》(CJJ3－90)

(24)《公路工程集料试验规程》(JTJ058—2000)

(25)《公路工程质量检验评定标准》(JTGF80/1－2004)

(26)《公路桥涵钢结构及木结构设计规范》(JTJ025－86)

(27)《钢结构设计规范》(GB50017－2003)

(28)《钢结构工程施工质量验收规范》(GB50205－2001)

(29)《钢筋机械连接通用技术规程》(JGJ107－2003)

(30)《钢筋焊接及验收规程》(JGJ18－2003)

(31)《钢筋混凝土用钢筋焊网》(GB/T1499.3－2002)

(32)《混凝土泵送施工技术规程》(JGJ/T10－95)

(33)《公路桥涵地基与基础设计规范》(JTJ024－85);

(34)《混凝土结构工程施工质量验收规范》(GB50204－2002)

(35)《公路桥涵施工技术规范》(JTJ041－2000)

(36)《工程测量规范》(GB50026－93)

(37)《城市公共交通标志—公共交通总标志》(GB58451－86)

(38)《建筑结构荷载规范》(GB50009－2001)

(39)《建筑地基基础设计规范》(B50007－2002)

(40)城市道路照明工程施工及验收规范》(CJJ89－2001)

(41)《建筑边坡工程技术规范》(B50330－2002)

(42)《建筑基坑支护技术规范》(B50330－2002)

3.1.1.2 编制原则

(1)满足招标文件要求的工期、质量、安全环保等目标。

(2)遵循设计文件要求,满足设计标准和要求。

(3)坚持科学性、先进性、经济性、合理性与实用性相结合的原则。

(4)整体推进,均衡生产,优化资源配置,实行动态管理,确保工期。

(5)保证重点、难点工程,确保施工质量。

(6)遵循贯标机制的原则。确保质量、安全、环境三体系在本工程施工中自始至终得到有效运行。

3.1.1.3 编制范围

(1)××市 A 路 (k0＋036.999～k0＋127.956、k0＋187.956～k0＋326.784,全长229.785m)道路工程、排水工程及附属工程。

(2)××市 B 路(k0＋048.772～k0＋656.398,全长 607.626m)道路工程、排水工程及附属

工程。

(3)××市 C 路(k0+773.749～k0+825.87、k0+896.87～k1+041.558)全长 710.558m。

3.1.2　工程概况

3.1.2.1　工程技术指标

1. 道路工程

道路等级：城市支路Ⅰ级，设计车速 V=30km/h。

道路抗震设防标准：Ⅵ度，不设防。

路面结构计算荷载：BZZ-100

2. 排水工程

排水体制：采用雨、污分流制。

城市污水量按最高日给水量的 80％计。

居住区人口毛密度 565 人/ha；居住生活用水量为 180L/d。

3. 交通标志结构

交通标志主要结构设计基准期为 30 年，设计安全等级按三级执行。

设计时，××市地区基本风压取值为：0.35KN/m^2。

3.1.2.2　工程基本概况

××市市政道排工程(第二标段)由 A、B、C 号路组成。

××市 A 号路位于××路和××路之间、是××市的一条生活性的城市Ⅰ级支路，道路自西向东延伸，依次与××路、××路、×× 相交。道路设计全长 356.784m(除去由其它单位设计的路口范围，实际长度为 229.785m)，道路路幅宽 20m。工程范围为道路红线范围内的全部区域。

××市 B 号路工程南起××路，北至××路，扣除已设计的××路道口范围，施工全长 196m。

××市 C 号路工程西起××路，途径××路，东至××路，道路全长 706m(除去其它单位设计的路口范围，实际长度为 607.626m)，路幅宽 30m，全线共 4 个交叉口，工程范围为道路红线范围内的全部区域。

道路结构形式如下：

1. A 号路

在道路北侧机动车道距中线 2m 处布置污水管，雨水在道路南侧机动车道下距道路中线 2m 处布置雨水管。

道路横断面为：4.5m(人行道)+5.5m(车行道)+5.5m(车行道)+4.5m(人行道)，路幅全宽 20m。

车行道结构层为：22cm 水泥混凝土面层+15cm 厚 6％水泥稳定碎石+15cm 厚级配碎石。人行道：6cm 厚(20＊10＊6)C30 彩色轮步砖+2cm1：3 水泥砂浆垫层+15cm 厚 6％水泥稳定碎石。

2. B 号路

雨水管道布置在道路中心线以西 2m 处，污水管道布置在道路中心线以东 2m 处。

道路横断面为：5m(人行道)+15m(车行道)+5m(人行道)，路幅全宽 25m。

车行道结构层为：22cm 水泥混凝土面层+15cm 厚 5：95 水泥稳定碎石+15cm 厚 5：95 水泥稳定碎石。人行道：6cm 厚(20＊10＊6)C30 彩色混凝土步砖+2cmM10 水泥砂浆垫层+15cm

厚 5：95 水泥稳定碎石。

3. C 号路

污水在道路北侧机动车道距道路中心线 2m 处布置污水管道。在道路南侧机动车道下距道路中心线 2m 处布置雨水管。

道路横断面为：4.5m（人行道）＋3m（绿化带）＋7.5m（车行道）＋7.5m（车行道）＋4.5m（人行道），路幅全宽 30m。

车行道结构层为：22cm 水泥混凝土面层＋15cm 厚 6％水泥稳定碎石＋15cm 厚级配碎石。人行道：6cm 厚（20＊10＊6）C30 彩色轮步砖＋2cm1：3 水泥砂浆垫层＋15cm 厚 5％水泥稳定碎石。

3.1.2.3　自然条件

1. 气象、气候

拟建道路沿线所经地区位××平原东部边缘，属亚热带气候，冬暖夏凉，春湿秋旱，夏季多雨，冬季少雪，四季分明。多年平均气温 16.3℃，7～9 月尾高温季节，极端最高气温 41.3℃；12 月至来年 2 月 3 为低温期，并伴有霜冻和降雪发生，极端最低气温－18.1℃。多年平均降雨量 1248.5mm，年平均蒸发量为 1447.9mm，绝对湿度年平均 16.4mb，绝对湿度为 75.7％。

2. 水文条件

拟建道路沿线地下水据其埋藏条件和含水层性质分析，工程设计道路沿线主要由上层滞水及孔隙承压水两种类型构成。上层滞水主要赋存于上部（1－1）层杂填土、（1－2）层素填土及（1－3）层淤泥中，水量有限而不稳定，且水位分布不连续，主要接受降雨及地表散水垂直下渗的补给，以蒸发和逐步下渗的方式排泄，水量较少，易于疏干。沿线场地上层滞水初见水位埋深在现地面下 1.0～1.70m，静止水位埋深在现地面下 1.2～1.60m。

孔隙承压水主要赋存于（3）及（4）单元层粉土及砂土层中，具较稳定的承压水头，水量丰富，连通性较好。场地承压水头标高为 18.5m，根据××市地区一级阶地承压水头长期记录观测记录，孔隙承压水头标高一般在 17.0～21.0m，年变幅 3～4m。

工程建设场地沿线无污染源，根据取地下水试样的水质分析结果资料，可以判定拟建道路沿线场区上层滞水对混凝土及钢筋混凝土结构中的钢筋无腐蚀性，对钢结构有弱腐蚀性。

3. 地质情况

××市位于淮阳山字型构造南弧西翼，主要受控于燕山期构造运动，表现为一系列走向近东西至北西西的线形褶皱，以及北西、北西西、北东和近东西的正断层，逆断层及逆掩断层。

市区分布地层有古生界砂岩、页岩、灰岩及泥岩；中生界的砂粒岩、砂岩、页岩及泥岩；新生界的粘性土、砂、砂砾岩等，志留系页岩常组成背斜轴部，背斜两翼依次为泥盆、石炭、二迭、三迭各岩层。三迭系地层常组成向斜的槽部。由于强烈的南北向压应力作用，形成了东西走向的紧密褶皱，并伴随压扭性断裂。在南北向主应力支配下，还发育有其它次一级的构造，即北北东及北北西两组张扭性断裂。

拟建工程沿线场地地层自上而下可为 4 个不同的单元层，各单元层因物理力学性质的差异又可分为不同的亚层，具体为：（1－1）层杂填土（Qml）、（1－2）层素填土（Qml）、（1－3）层淤泥（Ql）、（2－1）层为第四系全新冲统冲积粘土（Q4al）、（2－2）层为第四系全新统冲积粘土（Q4al）、（2－3）层为第四系全新统冲积粘土（Q4al）、（2－4）层为第四系全新统冲积淤泥质粉粘土（Q4al）、（2－5）层为第四系全新统冲积淤泥质粉粘土夹粉土（Q4al）、（2－5a）层为第四系全新统冲积淤泥质粉粘土（Q4al）、（3）层为第四全新统冲积淤泥质粉质粘土、粉土、粉砂互层（Q4al）、

（4）层第四全新统冲积粉砂夹粉土（Q4al）。

3.1.2.4　主要工程量

主要工程数量表

序号	项目名称	单位	数量	备注
1	挖沟槽土方	m³	382.71	
2	挖一般土方	m³	10672.185	
3	外运土方	m³	31301.965	
4	填方	m³	12351.775	路基
5	外购土方回填	m³	39841.80	
7	沟槽回填土	m³	118.54	
8	水泥稳定碎石	m²	18123.66	30cm
9	C30 水泥混凝土路	m²	16995.244	22cm
10	站、卧、边缘石	m	2129.1	
11	雨、污检查井	座	92	
12	雨水口	座	85	

以上表格中工程量参照业主提供的清单,不作为以后计量依据。

3.1.2.5　工程重点难点分析

1. 施工区域大

情况说明:整个标段由 3 条道路组成,各条路分散布置、战线较长施工管理难度相对较大。

相应对策:根据各段道路特点,进行施工区域划分,多采用机械化施工班组。

2. 沟槽开挖深度较大

情况说明:沟槽开挖面大,对沟槽回填土压实质量要求高;施工范围内土质较差,沟槽开挖深度大于 5m,属深基坑开挖,基坑防护措施是本工程的关键。

相应对策:

（1）在设计支护图的基础上,严格控制坡比,不随意缩小坡比值。

（2）挂网及支护,严格按照设计要求及规范施工,混凝土挂网施工一方面保证坡面尽量夯实,另一方面保证混凝土厚度不小于设计要求,预留好泄水孔。钢板桩采用槽钢正反密扣,检查合格后再施工。

（3）对坡周围进行监控,一有危险信号出现,立即停止施工,采取处理措施。

3. 检查井周围回填质量控制

情况说明:检查井周围回填质量影响路面混凝土使用寿命及道路美观,是为道路检查井的一个质量通病,我单位将进行 QC 公关。

相应对策:在道路路基回填过程中严格控制检查井周围的压实质量,并在道路路面集成施工完成后,再对检查井周围 2m 范围内进行反开挖,开挖深度为 1.5m～2m 再进行砂研、回填,并采用水密法夯实。

4. 环境保护要求高

情况说明：业主编制了专门的环境保护计划，安排了专门的环境监管机构进行环境保护监测，环境保护和水土保持工作标准高、要求严。

相应对策：我单位将学习深化建设单位的专项环保方案及计划，并组织工人对方案进行学习，签订人人为环保贡献一份力的责任状。

3.1.3　施工部署

3.1.3.1　工程目标及方针

1. 管理方针

本着以诚信守法为准则，以科学的管理、先进的技术、精良的设备、精心组织施工，建造精品工程，以人为本，预防为主，注重环境、职业安全健康管理，提高员工素质，不断改善员工和外来人员的工作环境及职业安全健康状况并持续改进，超越自我，提供优质服务以达业主及相关方的要求。

2. 项目管理目标、指标

根据 GB/T19001－2000 标准、GB/T24001－2004 标准、《职业安全健康管理体系审核规范》建立了质量、环境、职业安全健康的一体化管理体系，充分体现了以顾客为关注焦点、领导作用、全员参与、过程控制。本工程按项目法管理进行施工，为使本工程达到"安全、优质、高效"的预期目标，成立"××市市政基础设施工程二标段项目经理部"，全权负责本工程项目的组织、实施及管理。

（1）质量管理目标

1）工程施工质量达到合格标准，争创优良工程。满足业主针对本工程制定的有关规定和要求，建立并保持一个健全的工程质量保证体系，完善质量管理制度，建立质量控制流程，合同履约率 100％；工程（产品）合格率 100％；单位工程合格率 100％，分项工程合格率 100％。

2）质量控制活动符合 ISO 9001 质量体系各种文件的规定。

3）遵守合同并按照有关标准进行组织施工。

4）各分部分项工程质量标准按城镇道路工程质量检验评定标准及相关规范执行。

（2）工期管理目标

招标文件要求工期 100 个工作日，我司在确保工程质量、安全、文明施工的前提下 100 个工作日内完成合同内的全部工作内容，暂定 2010 年 8 月 21 日开工，2010 年 11 月 28 日竣工。为确保整个工程总工期，我们将加大资源投入，优化施工方案，加强科学管理，认真安排施工关键部位的工期节点。

（3）安全管理目标、指标

本工程安全生产目标为：杜绝因工死亡事故。全面贯彻"安全第一，预防为主，综合治理"的管理方针和坚持"管生产必须管安全"的原则进行安全生产管理，加强安全生产宣传教育，增强安全生产意识，建立健全各项安全生产管理机构和安全生产管理制度，创建安全文明工地的安全管理目标。

（4）文明施工目标

按国家和商务区现场建设标准以及各项管理标准和管理办法进行现场管理，编制项目 CI 策划并组织实施，争创市、省级施工现场文明工地和 Cl 创优样板工地。

（5）环境保护目标

按 ISO14000 环境管理标准进行管理,采取预防为主,防治结合的办法,尽最大努力控制废水、废气、废渣的排放标准以及声、色、光的污染;实现绿色工地、绿色建筑,最大限度地保持施工现场周边良好环境。

职业安全健康目标和指标序号目标指标

序号	目　　　标	指　　　标
1	无因工死亡事故,不发生重大机损事故。	①因工死亡责任事故为:0。 ②重大机损责任事故为:0。
2	不发生重大火灾责任事故。	重大火灾次数为:0。
3	1级和2级危害源得到控制和消除。	1级和2级危害源整改合格率100%。
4	工作环境符合国家规定。	①照明、通风、止水、噪声符合标准规定。 ②目测无较浓扬尘,矽肺得病率为0。 ③劳动防护用品利用率达90%以上。
5	特种设备运行和操作人员符合国家规定。	①特种设备获得国家运行许可证获证率:100%。 ②特种工作人员持证上岗持证率:100%。

环境目标和指标

序号	目　　　标	指　　　标
1	生活、生产污水排放符合当地环保部门的规定。	污水排放符合标准及相关方的规定。减少污水排放量。
2	减少污染气体排放及扬尘污染。	废气排放符合标准规定:达标率90%以上。有害毒烟经当地环保部门批准排放。目测无较浓扬尘。相关方投诉为0。
3	生活、生产垃圾分类处理。	生活垃圾,统一收集整理。建筑垃圾、废弃材料统一集中处理。
4	噪声排放符合要求。	噪声排放符合标准规定。 按规定时间施工,相关方投诉为0。
5	危险废弃物处理符合法规要求。	分类管理,合理处置,处理率100%。
6	节约水、电能源。	按规定使用,按时计量。

3.1.3.2　项目经理部组织机构

1. 项目组织机构

项目经理部设置"六原则"(即:高效、精干的原则;管理跨度和管理分层统一的原则;责、权一致的原则;命令一致的原则;协调原则;弹性原则)组建以能够胜任本工程要求的同志为项目经理及项目技术负责人,精心选配有类似工程施工经验、综合素质高的各级技术管理人员,在公司设立本工程的施工指挥部,项目整体为一个项目经理部,设置一个项目经理全面管理,分别设置一个技术负责人、一个施工负责人、一个项目书记、一个质量负责人、一个安全负责人协助项目经理工作。下设"五部二室",即:工程技术部、质安部、动力物资部、财务部、经营部、工地试验室和综合办公室。

项目经理部的职能主要有:负责组织本标段的施工,编制施工计划、施工图纸的深化设计、资

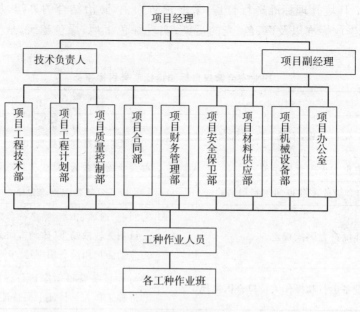

项目组织机构图

金计划、物资计划,负责机械设备的调配、劳动力的调配,制定施工方案、工期目标、安全质量目标,督促计划执行,协调解决生产过程中出现的问题,与业主、监理工程师、设计单位密切配合,搞好组织和协调工作。

项目部代表公司对业主全面履约,同时向建设单位承诺:针对此工程项目,我单位推选的项目班子一律持证上岗,实行项目经理责任制,项目经理将对质量、工期、安全、成本及文明施工全面负责。各施工管理职能部门在项目经理部的直接指导下做到有计划的组织施工,确保工程质量、工期、安全等方面达到目标要求。

2. 各类管理人员配备

项目部管理人员配备(略)。

3. **管理责任人及部门职责**

(1)项目经理

全面负责本项目经理部施工范围内所有工程的实施、完成与缺陷修复等方面以及与此有关的事务。对本工程安全、质量、工期、环境保护、水土保持、劳动卫生等工作全面负责。

(2)项目书记

贯彻执行党和国家的路线、方针、政策和上级党委的指示、决议,围绕施工生产开展工作。负责项目党建工作、职工思想政治工作和精神文明建设,为建精品工程提供思想和组织保证。负责项目部领导班子建设和干部的思想政治教育,合理选拔使用干部,重视人才培养,积极培养年轻干部。

参与项目部生产与管理中各类重大问题的研究和决策,支持和维护项目经理行使项目负责人的职权。负责项目部宣传教育工作,发挥宣传报道和舆论监督作用,充分调动各方面的积极因素,为建精品工程加油鼓劲。领导工会、共青团工作,不断改善职工的物质文化生活。受项目经理委托,分管项目部综合办公室和保卫工作。

(3)项目技术负责人

对本工程质量、施工技术、计量测试等负直接技术责任,带领并指导所有技术人员开展技术管理工作;提出并贯彻改进工程质量的技术措施。

负责组织工程的图纸会审,组织重大技术方案的审查,对施工组织设计的审查及批准,负责质量计划的编制,检测标准方案的制定。

负责新技术、新工艺、新设备、新材料及先进科技成果的推广和应用。具体负责组织对本工程施工方案、施工组织设计及质量计划进行编制及批准后的实施。对施工中可能出现的质量通病及其纠正、预防措施进行审核。

组织科研攻关项目,解决工程施工中的关键施工技术和重大技术难题。负责本工程项目的验工计价。对本工程的环境保护、劳动保护和安全生产的技术工作负责,结合本工程的作业环境和施工特点,科学周密地制定并下达安全生产的技术方案、劳动保护措施和环境保护的具体措施,并认真贯彻落实。负责本工程材料供应计划的审核。

(4)工程技术部

解决施工中的关键、难点技术问题,为工程的顺利进展提供技术保障。针对本工程进行技术攻关,对重点工艺进行研究、试验,制订稳妥的施工方案,确保工程建设的顺利进行。

负责本工程施工技术工作;编制实施性施工组织设计和施工方案;负责本工程的监测工作,并服从指挥部对监测工作的统一协调。组织落实路面沉降观测和数据处理。负责对设计图纸进行核对、技术交底、过程监控,解决施工技术疑难问题;负责编制竣工资料和技术总结,组织实施工程竣工后保修及后期服务;组织推广应用"四新"技术,开发新成果。按照合同规定,与业主协作配合,协调各工程队做好与其它各承包单位、前后专业工序之间的联系与配合。

(5)质量、安全部

依据质量方针和质量目标,制定质量管理规划,负责质量综合管理,行使质量监察职能。按照质量检验评定标准,对本工程质量进行检查指导;负责全面质量管理,指导工程项目的 QC 小组活动,对试验技术工作进行指导。

依据安全目标制定本项目的安全管理规划,负责安全综合管理,编制和呈报安全计划、安全技术方案等具体安全措施,并认真贯彻落实。组织定期安全检查和安全抽查,发现事故隐患,及时监督整改。负责安全检查督促,对危险源提出预防措施,制定救险预案。定期组织对所有参建员工进行安全教育。

负责本项目的工程环境保护和水土保持工作。建立健全环境保护责任体系。依据国家和当地环保部门的有关规定,针对环境特点,制定具体详细的环保、水保规划与措施,并督促各工程队抓好贯彻落实,确保施工不对当地环境造成损害。

(6)动力物资部

贯彻执行公司设备管理制度,保障本项目部设备系统科学运行。制订设备的购置、租赁、使用、保养、维修及核算等规章制度,按程序报批并组织实施与考核。建立机械设备的台帐,掌握各台套设备的使用状态和技术状况,保证设备安全可靠、技术先进、经济配置、合理使用。

进行设备市场调查,编制机械设备的购置、租赁、维修、保养、配件和油料的计划,报项目部审批后监督实施。随时提供设备的备品、备件的库存量,避免重复采购,减少积压。

定期检查设备的使用保养维修情况,制定改进方案,控制成本费用,按规定督导设备成本核算。建立机械设备的使用、保养、维修技术档案,做好原始记录,按规定向上级有关部门报送各类报表。做好各种设备的清点、验收、调拨及报废等工作,做好工程竣工后设备的维修、保养及退场工作。

新设备到场后,按有关规定验收,并将设备性能、操作及保养规程等对操作和检修人员技术交底,组织技术培训和安全教育;管好设备的技术档案(包括使用说明书、配件目录、维修手册等)。

负责采购合同落实,采购资料的收集,采购产品的验证以及对采购活动的现场控制。负责根据施工生产计划,确保符合质量、环境、职业安全健康物资产品的及时供应,满足施工需要。负责采购、进货标识和可追溯性的归口管理。

负责制定材料验收和领用制度。负责物资采购、储存、运输过程的环境因素、危险源识别,确定相关重要环境因素和重大危害源,制定措施并组织实施。

(7)财务部

负责本项目经理部工程项目的财务管理、承包合同、成本控制、成本核算工作。参与合同评审,组织开展成本预算、计划、核算、分析、控制、考核工作。按照财务法负责本项目经理部的工程资金管理,确保项目建设资金专款专用。

(8)经营部

负责本项目经理部合同的谈判管理,依照合同法负责与各施工队进行劳务合同、内部承包合同的制定、签订和管理。负责本项目经理部工程进度目标的分析和论证、编制进度计划、定期跟踪进度计划的执行情况、采取纠偏措施,并根据施工进度计划和工期要求,适时提出计划修正意见报项目经理批准执行。

负责验工计价工作,指导各工程队开展责任成本核算工作。负责按时向指挥部报送有关报表和资料。对工程各工序进行定额测定及分析,适时算出各工序定额并分析各项目定额单价。

(9)综合办公室

负责处理项目经理部一切日常工作,负责党政、文秘、接待及对外关系协调等工作。下设治安室配合当地公安部门做好本标段内工程的安全保卫工作;负责工地的消毒、员工医疗、事故救治及流行病预防。

(10)工地试验室

工地试验室负责本项目经理部工程项目的检验、试验、交验,按检验评定标准对施工过程实施监督并对检验结果负责。

指导做好现场各种原材料试件和混凝土试件的样品采集。审批各种混和料的施工配合比等试验数据。负责现场各种原材料试件和混凝土试件的测试、检验及质量记录。根据现场试验资料,提出各种混和料的施工配合比等试验数据,并在施工过程中提出修正意见报批准执行。配合设计院和工程技术部门的工作。配合完成各科研项目试验工作,作好资料整理及分析。

3.1.3.3　施工部署

1. 施工顺序

施工准备 → 污水管沟施工 → 雨水管沟施工 → 路基施工 → 基层水泥稳定碎石施工 → 路面混凝土施工 → 附属工程施竣工验收

2. 施工任务划分

根据工程特点和工程量,以 2 条路划分为二个施工区。

第一施工区:C 号路、B 号路管网、路基、基层、人行道、面层施工。

第二施工区:A 号路管网、路基、基层、人行道、面层施工。

3. 施工队伍配置

根据现场情况和工区划分拟对 2 工区配置施工队伍如下:

第一施工区(C 号路、B 号路)配置 2 个管网、1 个路基施工队,负责 C 号路和 B 号路整个管网、路基施工。

第二施工区(A 号路)配置 1 个管网、路基施工队,负责 A 号路整个管网、路基施工。

水泥稳定碎石基层施工整个标段安排 1 个施工队施工。

水泥混凝土路面、人行道及交通工程安排 2 个作业施工队(C、B 号路安排 1 个施工队,A 号路安排 1 个施工队)。

现场配置 1 个综合队,负责全场材料转运、施工区域内的卫生及交通疏导。

3.1.3.4　施工准备

1. 技术准备

(1)图纸会审及深化施工组织设计大纲

中标后,我部对施工图进行内部自审并形成记录,协助业主组织专业会审及综合会审。施工组织设计的编制按本方案确定的原则在图纸会审后进行。对于结构重要部位或特殊部位,将编制详细施工作业指导书。审批后的施工组织设计、作业指导书是指导与规范施工行为的具有权威性的施工技术文件。

(2)进场前进行三级技术交底,即技术负责人—管理人员—施工班组长。

交底以书面形式表达,随同任务单一起下达到班组,班组长在接受交底后,认真贯彻施工意图。

(3)建立测量控制网

根据业主提供的测量基准点进行平面轴线及高程复核,重要控制点要做成相对永久性的标记。

(4)做好各类原材料的进场检验及水稳(砂浆)的试配工作。

(5)确定工程中即将使用的"四新"技术类型、内容及施工注意事项。

2. 临时设施的修建

接到中标通知书后,立即组织先头队伍到达工地,按照总平面布置设计,开展临时用地规划和修建临时设施,尽快完成必不可少的生产、生活、办公设施。

现场修建项目部 1 处,占地面积约 2000 平方米;工人住宿区采取附近租赁;搅拌站两处,总占地面积约 1500 平方米。

3. 临时用施工方案

工程施工用电情况根据施工工区划分及进度安排,整个机械设备投入及使用主要集中搅拌站、路面等施工阶段。其中水稳施工阶段施工用电设备最多、用电量最大,在各阶段施工用电负荷值最大,因此,搅拌站施工阶段考虑就可以满足项目的总体临时用电量。

临时施工用电设备统计

序号	名称	数量	功率	总功率(kW)	需用系数	视在功率
1	电焊机	10	16	160	0.5	80
2	振动梁	2	5	10	0.7	70
3	水稳搅拌站	1	100	100	0.7	70
4	办公区	1	100	100	0.5	50
5	照明	20		20	0.5	10

序号	名称	数量	功率	总功率(kW)	需用系数	视在功率
6	振动棒	10	1.5	15	0.7	10.5
7	钢筋弯曲机	3	2.2	6.6	0.7	8.9
8	钢筋调直机	3	2.2	6.6	0.7	8.9
9	钢筋切断机	3	2.2	6.6	0.7	8.9
10	圆盘锯	4	2.2	8.8	0.7	6.16
11	Σ					323.36

根据现场用电量计算用电高峰期达到323.36千伏安,现场安装1台400千伏安的变压器满足施工、生活用电。

4. 主要人员、机械进场

接到中标通知书后,各主要管理人员(项目经理、技术负责人、机械设备、材料测量、试验工程师)立即进驻施工现场,展开前期各项施工准备。

项目经理部指派一名领导,专门负责机械设备的调遣工作,按照投标书承诺、工程进度安排,组织施工设备分期分批进场,进场前对机械设备进行鉴定、维修和保养,确保设备完好。同时配足维修人员和常用易损配件,作好开工前的一切准备。以提高机械化施工来保证投标书承诺的工期、质量、安全、文明施工等各项目标的全面实现。

5. 主要材料准备

物资部门根据技术上提供的材料及设备供应计划,一方面积极与业主和监理工程师取得联系,申报甲控乙供材料计划,在获得批准后进行甲控材料和自购材料供应。其中,混凝土采用业主指定的商品混凝土公司统一供应。

3.1.4 总体施工计划安排

3.1.4.1 工期目标

业主工期要求及我方工期目标详见下表。

工期目标表

序号	形象进度	自开工起	备注
1	施工准备	10天	
2	完成排水工程施工	25天	
3	完成路基工程施工	63天	
4	完成路面混凝土	87天	
5	竣工验收	100天	

3.1.4.2 工期计划

为确保全线整体总工期,我部将加大资源投入,优化施工方案,加强科学管理,认真重点安排关键部位的工期节点施工。

本工程招标文件未规定开工日期和竣工日期,我单位暂定开工日期为2010年8月21日,竣工日期为 2010 年 11 月 28 日,总工期 100 天,并以此来编制《××市基础工程二标段施工进度计划横道图》。

3.1.5　各分部分项工程的主要施工方法

3.1.5.1　测量工程

1. 道路平面控制

(1)根据建设单位提供导线点及道路定位图,用检验校正好的仪器,对所有坐标点及主要道路控制点进行全面复测,确认无误后报请监理及业主认可,然后在施工范围内布设一定有代表性的控制点,连接各点组成测区骨干网,成为控制网,用高精度全站仪测定各点的相互位置再以控制网为基础,测定道路各部点位,如:曲线起讫点、转点、曲线交点、曲中点、道路内的构筑物等,新增设导线点及道路定位点必须与相邻施工段各导线点闭合。并埋设护桩。护桩必须埋设在施工场地以外,便于架设仪器的地方。

(2)新增导线点与相邻要通视良好,以便于角度及边长测量。导线点必须建在土质坚硬的地方和便于保存之处,以便安置仪器,使点位保持稳定,导线的边长,根据实际地形尽量不使其相差悬殊。导线点布设要满足施工需要,密度要均匀,便于控制整个测区。精确测量各导线点的边长及角度,并根据起始边的方向求出个新增导线点的坐标并进行严密平差,绘制图表报请监理工程师或业主批准后,投入使用。

(3)测量精度应满足规范要求,角度闭合差符合施工测量规范要求,坐标相对闭合差为±1/10000。

2. 道路高程控制

(1)按线路起点附近的国家水准点,用水准测量的方法,沿道路前进方向,增设水准基点,作为整个路线高路控制点,水平测量水准基点的布设密度,应根据实际地形布置,高差太大,应适当加密,以满足施工需要。并测定出高程。

(2)使用 DS_3 水准仪,采用一组往返或两组单程测量其高差在允许范围内,用高差法计算,记录并将闭合差调整到各个水准点高程中,经严密平差后,编绘图表,并报现场监理工程师及业主。

3. 施工测量

(1)根据平面控制测量所布置导线点及图纸道路主要控制点设计坐标,进行实地放线工作,其操作步骤:将经纬仪架设任一导线点上,后视相邻其它导线点,算出道路 ZY 点,YZ 点,JD 点方位角距离,用极坐标法,分别定出以上各点。以上各点定出后,架设仪器于 ZY 点或 YZ 点后视交点,进行路线的直线部分的中桩测放工作,直线段每 20 米测放一中心桩,直线部分测放完毕后,用同样的方法将仪器设于 ZY 点或 YZ 点,后视转点或交点桩用偏角法根据曲线要素算出曲线部分每 10 米的偏角进行拨角定出曲线中心桩。并按道路前进方向对中桩进行里程标注,注明断链距离及桩号。

(2)路线中线工作测试完成后,在基平测量基础上沿路线的前进方向测量出各中桩高程,采用 DS_3 仪器单程观测由一水准点开始符合到另一个水准点上。用仪高法记录和计算出各中桩高程,以供路基填挖施工使用。按照先整体后局部、先控制后细部的原则,根据已放好的路线中心桩,按照设计行车道及人行道的宽度测道路边线、污水管沟、雨水管沟、人行道道位置,并做上坡度架或坡度板边施工边跟踪检查,也可在每隔 10～20 米在沟内外边缘钉设木桩并注明里程及开挖深度。在截水沟,边沟及边坡施工完毕后,对线路中桩进行全面复测一次,并根据行车道设计宽度及路拱抛物线形式在垂直于道路前进的方向,定出行车道位置线,按设计图定出横向路拱高程及横向起拱高度,在路基基层每层施工完毕后,用同样的方法进行定测一次,满足路基基层的精度要求。

(3)道路内构筑物测量控制

利用道路中心桩及所布设导线点根据道路内构筑物的里程及设计图表推算出检查井、排水出水口的位置,并在构筑物的中心线上,定设龙门板,在龙门板上测算出高程以此来控制开挖宽度及下挖深度,以防超挖与欠挖,此工作完成后及时报监理工程师进行校核后,方可用于施工,在施工过程中对龙门桩要加强保护,防止碰桩产生误差,定期用仪器复核,并在开槽铺设管道的沿线布设临时水准点,每100米不少于一个,以便随时检查开挖深度及坡度。

3.1.5.2　路基土石方

1. 工程概况

A 号路全长 229.785m,挖方 4825.485m³,挖沟槽土方 88.45m³,外借土方 6759.76m³;填方 12300.99m³。

B 号路全长 196m,挖方 5846m³,挖沟槽土方 3170m³,挖淤泥 1036m³;填方 3438m³。

C 号路全长 607.626m,挖方 22261.48m³,挖沟槽土方 267.26m³,外借土方 33082.04m³;填方 36454.48m³。

2. 路基总体施工方案

(1)路基填料及压实度

道路路基填料的选择必须满足《城镇道路工程施工与质量验收规范》(CJJ1—2008)的有关要求。路基压实度应满足《城镇道路工程施工与质量验收规范》(CJJ1—2008)表 6.3.12-2 要求。

(2)施工部署

结合本工程土石方工程特点,气象情况及工期要求,根据工程量、难易程度、土石方调配设计排定路基工程施工顺序,优先安排清淤和路基填筑试验段施工。以 3 条路为界拟分为 4 个作业面平行施工的方式进行。清表完成后组织四台挖机分别开始对 A、B、C 号路进行挖除腐殖土和淤泥及建筑垃圾。挖除的土方堆积在我单位事先联系好的堆积场内,土方外借填筑和改良在开挖一定工作面后穿插进行施工。

3. 开工准备

(1)路基正式开工前,认真搞好线路复测和现场核对,发现问题按有关程序及时提出修改意见并上报审批,同时把中桩和水准点基桩增设加密至满足和方便施工生产的需要。

(2)组织沿线施工调查,为土石方调配和编制实施性施工组织设计收集资料,着重调查收集下列资料:

①特殊土地区和特殊条件下路基的地质及雨季等情况。

②核对土类别及其分布情况,进行填料复查和试验,调查高填、深挖地段的施工环境条件及取、弃土困难地段的填料来源、弃土位置和运输条件(包括运距、道路交通情况)。

③对将用于填筑路基的土按规范要求取样,并按 JTJ《公路土工试验规程》规定的试验方法进行土的液限、塑限、塑性指数、天然稠度和液性指数试验,颗粒大小分析试验、含水量试验、土的密度试验、相对密度试验、土的击实试验、土的承载比试验(CBR 值)、有机质含量及易溶盐含量试验、膨胀试验等,提出报告报监理工程师。

4. 软基处理

(1)原地面处理

路堤填筑前,清除基底表层植被,挖除树根,做好临时排水设施。雨、污水管在填方段的,路基填筑至管顶以上 50cm 然后进行管道施工。

原地面处理后的外观符合下列要求：基底无草皮、树根等杂物，且无积水；原地面基底密实达路堤本体压实标准、平整，坑穴处理彻底，无质量隐患；横坡符合设计要求。

（2）软基处理

道路施工范围内局部为原沟、塘沉积物，流塑土，工程力学性能极差在施工时先予以清除杂填土及淤泥土，按照先深后浅的顺序进行换填施工，回填前先铺 30cm 厚碎石，最后逐层填筑砂性土至设计路床，并碾压达到设计要求。如粘土含水量较大，施工时做好施工排水。达不到压实度要求的路段需进行含量 8％的饿灰处理。

5. 填方路基施工

（1）施工特征

路基填筑工程可用配套的机械化施工，形成挖、装、运、摊、平、压机械化流水作业，可保证路基填筑高质量、高速度的完成。

（2）施工方法

1）恢复路基中线并加密中桩，测标高度，放出坡脚桩，桩上注明桩号，标上填筑高度。主要机械设备：推土机、铲运机、挖土机、装载机、平地机、压路机、水车、自卸汽车、冲击夯等。清除填方范围内的草皮、树根、淤泥、积水并翻松平整压实地基。经监理工程师认可，实测填前标高后，方能上土填筑路基。

2）选择适宜的取料场，选择适宜的填筑材料，提前作好标准击实试验并经监理工程师批准。

3）采用水平分层的方法填筑路堤，根据压实设备和技术规范确定压实厚度，控制每层压实厚度 30cm。土方的挖、装、运均采用机械化施工，用挖装机械配备自卸汽车运土，按每延米用土量严格控制卸土，推土机把土摊开，平地机整平。当路基填土含水量大于最佳含水量时可在路外晾、晒也可在路基上用挖机翻拌晾晒；当含水量不足时，可用水车洒水补充，使填土达到最佳含水量的要求，确保达到压实度标准。

4）当路堤宽度、厚度和填土含水量等符合要求后，用压路机从路边向路中，从低侧向高侧顺序碾压。压实遵照先轻后重的原则，直到达到设计的压实度为止。根据路堤的填筑高度，严格按规范要求检查压实度，每层填土都要资料齐全，并经监理工程师签认或旁站。在雨季施工中，严防路堤积水，填筑层表面应适当加大横坡度，以利于排水，并注意天气预报，及时碾压成型，防止填土被雨水泡软。达到设计标高时要抓紧按设计要求整理路槽，修整边坡，防护，确保路堤填筑质量和稳定性。

5）半填半挖路基和填挖交界处的路基，要结合挖方路基的施工要求进行，填一般从低处开始，按距路基顶面的不同高度控制压实度标准，最后一层要翻松挖方地段，平整后和填方路段一起碾压成型路基。施工中采取横断面全宽、纵向分层填筑方法施工。

6）填料采用挖掘机配合自卸汽车运输，推土机、平地机进行摊铺，分层填筑，振动压路机碾压。合理安排施工顺序、工序进度和关键工序的作业循环，做到挖、装、运、卸、压实等工序紧密衔接连续作业，尽量避免施工干扰，做到路基施工的正规化、标准化。

7）填方路基按路基平行线分层控制填土标高，分层进行平行摊铺，保证路基压实度。每层填料铺设的宽度每侧超出路堤设计宽度的 30cm，以保证修整路基边缘有足够的压实度。不同土质的填料分层填筑，且尽量减少层数，每种填料层总厚不得小于 50cm，路堤填筑至路床顶面最后一层的压实层厚度不小于 10cm。

8）路基填土高度小 80cm（包括零填）时，对于原地清理与挖除之后的土质基底，将表面翻松深 30cm,然后整平压实,其压实度不小于 90％。路基填土高度(不包括路面厚度)大于 80cm 时,路堤基底整平处理并在填筑前进行碾压,其压实度不小于 87％。地面自然横坡或纵坡陡于 1：5 时,将原地面挖成台阶,台阶宽度不小于 1m,用小型夯实机具加以夯实。台阶顶作 2％的内倾斜坡,且台阶保持无水。加宽旧路堤时,沿旧路堤边坡挖成内倾 2％、高 1m、宽 2m 的台阶。所用填料与旧路堤相同或选用透水性较好的材料。

9)路基填筑分几个作业段施工时,两个相邻段交接处不在同一时间填筑,则先填段按 1：1 坡度分层留台阶;如两段同时施工,则分层相互交叠衔接,其搭接长度不小于 2m。用透水性较小的土填筑路堤时,将含水量控制在最佳含水量士 2％范围内,当填筑路堤下层时,其顶部做成 4％的双向横坡,填筑上层时,不覆盖在由透水性较好的土质所填筑的下层边坡上。路基填土要求洒水至最佳含水量碾压,对路基填土的土质严格按设计要求取用,对土质不满足 CBR 值要求的进行换填,在指定的取土场取土进行路基填筑。

10)在填筑顶面以下 0～80cm 范围内的压密度不小于 90％。如果不符合要求,翻松再压实,使压实度达到规定的要求。有层间水的挖方段落,底基层以下换填 60cm 砂砾垫层并设盲沟;土质不良地段,将旧路基全部挖除,然后填筑满足 CBR 值的填料。

6. 土质路基的压实

(1)铺筑试验路段确定路基压实的方案。影响路基压实的主要因素有土的力学性质和压实功能、土的含水量、铺层厚度、土的级配以及底层的强度和压实度。路基碾压时,并不是这些因素独立起作用,而是这些因素共同起作用。因此公路在进行路基施工时,应用不同的施工方案做试验路段,从中选出路基压实的最佳方案。

(2)铺筑试验段需制订试验方案,其目的是在给定压路机的情况下,找出达到压实标准的最经济的铺层厚度和碾压次数。确切地说,就是寻求铺层厚度与碾压次数之比的极大值。试验路段位置应选择在地质件、断面形式均具有代表性的地段,路段长度不宜小于 100cm。具体实施可以按以下步骤进行。

(3)取代表性土样做重型击实试验,确定土的最佳含水量 w 和最大干密度 pmax,并绘制干密度与含水量的关系曲线。根据土的干密度与含水量关系曲线控制土的含水量,确定铺层厚度和碾压遍数。一般可根据压路机械的功能及土质情况确定铺层厚度,按着高速公路松铺厚度 30cm 进行试验,以确保压实层的匀质性。砂性土需碾压次数少,粘性土需碾压次数多。光轮压路机碾压次数较高,轮胎式压路机次之,振动式压路机和夯击机次数最少。通过试验段的铺筑及有关数据的检测,写出试验报告,最后确定土的适宜铺筑厚度、所需压实遍数及不合格填土的实际含水量,以利施工中掌握控制。

(4)根据土壤性质,选择确定压实机械土壤的性质不同,有效的压实机械也不同。正常情况下,碾压砂性土采用振动压路机效果最好,夯击式压路机次之,光轮压路机最差;碾压粘性土采用捣实式和夯击式最好,振动式稍差。各种压路机都有其特点,可以根据土质情况合理选用。对于高等公路路基填土压实宜采用振动压路机或轮胎压路机进行。

(5)含水量的检测与控制

强度与稳定性主要是通过压实得以提高,压实度受含水量的制约,保证压实最佳的含水量才能取得最大干密度,也就是有效地控制含水量后,才能可靠地压实到压实度标准。土的含水量控制在高于压实最佳含水量碾压是确保正常施工的条件,但不能超过最佳含水量 1％,这时所得效果最好,施工中必要时可对土采用人工加水达到最佳含水量。需要加的水宜在取土的前一天浇洒在取土坑内的表面,使其均匀渗入土中,也可将土运至路堤上后,用水车均匀适量地浇洒在土中,并用拌和设备拌和均匀。

（6）压实施工

1)通过上述的准备工作,在确定了所采用的压实机械、需要的压实遍数、最佳含水率,最后即可对路基进行压实施工。

2)碾压前,检查土的含水量是否合适,如果不合适,不要急于碾压,而是要采取处理措施,过湿就摊铺晾晒,过干则撒水润湿。开始时宜用慢速,最大速度不宜超过 4km/h;碾压时直线段由两边向中间,小半径曲线段由内侧向外侧,纵向进退式进行;横向接头对振动压路机一般重叠0.4～0.5m,对三轮压路机一般重叠后轮宽的 1/2,前后相邻两区段（碾压区段之前的平整预压区段与其后的检验区段）宜纵向重叠 1.0～1.5m。应达到无漏压、无死角,确保碾压均匀。

3)采用振动压路机碾压时,第一遍应不振动静压,然后先慢后快,由弱振至强振。

4)有大型运载车辆应合理安排行车路线,充分利用大型车辆对路基的压实作用。大型车辆轴载大,对路基具有压实作用,但是长时间在同一路线上行驶,会导致过度碾压,形成车辙,反而对路基有害。因此,施工时应尽量让车辆在路基全幅宽度内分开行驶。

7. 路堑开挖

路堑开挖后根据设计土石方调配方案进行调配,在填料满足路堤填筑技术条件的情况下,移挖作填。对于多余的路堑开挖土方作为弃方,运至弃土场。采用挖掘机、装载机挖装,自卸汽车运输,推土机辅助作业。对地形较平缓的浅路堑,采用全断面纵向开挖方法;当路堑长度较短,挖深较大时,采取横向分台阶开挖方法;路堑较长且深度较大时,采取纵向分层分台阶开挖方法;地形起伏,且路堑长度大、开挖深时,采取纵横向分台阶结合的开挖方法。

路堑开挖前,首先核对地质资料,开挖后如发现与地质资料不符,及时反馈设计和监理单位。同时做好堑顶防排水设施,临时排水设施与永久性排水设施相结合,并与原排水系统顺接。路堑开挖过程中为保证雨水不冲刷边坡,每侧预留 50cm 待开挖至设计标高或平台位置时一次刷坡完成。刷坡保证边坡坡度及平整度,对特殊部位做好边坡防护工作。对影响边坡稳定的地面水和地下水及时采取措施引排,并在路堑的表面设置排水坡,以利排水。路堑开挖前对坡顶、坡面的危石、裂缝等其它不稳定情况进行检查,并根据情况采取措施妥善处理,保证施工安全。路堑开挖时自上而下进行,防止出现掏底开挖。

8. 清淤施工

局部低凹地方,可采用人工挖沟流入集水井集中排水,待水完全排净后,即可清淤,利用铲车和反铲挖掘机装车外运到指定地方,装载淤泥车要密闭,只能装载车容量的 80%,确保不污染环境。

3.1.5.3　高密度聚乙烯(IIDPE)管道工程

管径 d≤800mm 的污水管道采用 HDPE 中空壁换热管缠绕管,环刚度 S＞8KN/m²,电热熔带连接,为 180°中粗砂基础,管道底铺 15cm 厚碎石＋15cm 厚中粗砂基础垫层,要求假砂回填至管顶以上 50cm 后方可回填粘土。

1. 沟槽土方开挖

开工前由测量员校核图纸,以测量控制点和水准点,由测量员根据设计图纸测设管道中心线及沟槽开挖线,在施工过程中,如发现测设的点被破坏,应及时通知测量员补测。

沟槽开挖采用挖掘机开挖,因标段内土质稳定性较差严禁将土堆积在沟槽周围,采用自卸汽车外运至堆放离沟槽10m 以外的区域。

沟槽土方开挖至距设计标高 20cm 时,用人工开挖至设计标高。沟槽两侧设置 30cm * 40cm

的排水沟,并与附近排水系统连通,设置截水沟防止雨水流入沟槽。沟槽底用粒径 4cm 碎石做成盲沟和集水井,井深 1.5m,布置潜水泵降水。

开挖时,应测量监控,保证开挖边坡及沟槽尺寸准确。基槽底土若发生超挖或扰动应立即用人工清除扰动部分清除,清除后回填碎石或砂粒并夯实。沟槽挖至设计标高后,迅速复核中线和高程,自检合格后报监理工程师,验槽合格后进行下道工序施工,沟槽不可长期暴露,防止被地下水或雨水浸泡。

2. 基础施工

基坑找平后,铺 30cm 中粗砂垫层,垫层宽度与槽底宽度等同,采用人工夯实并找平。先在接口部位的垫层完成凹槽,凹槽随铺随挖,管道用非金属绳索吊入沟槽,由下游向上游顺序安装。

3. 管道连接

管道连接前,应确认橡胶密封安放及配套材料完好,二根管材端面中心轴对齐。接口时,先将管材承插口配合面清理干净,然后涂上专用润滑剂。

DN400 及以下管道在管端部中心位置设横档板,用撬棒抵住横档板将管道徐徐插入至预定位置;DN400 以上管道,用手拉葫芦等工具将管材徐徐拉入承插口内。

管道与检查井的连接采用混凝土圈梁加膨胀橡胶圈及特制短管连接。连接时圈梁的混凝土强度等级不低于 20MPa。圈梁的内径按相应管外径尺寸确定,圈梁应与井壁同厚,其中心位置必须与管道轴线对准。安装时可将自膨胀橡胶密圈先套在管端与管子一起插入井壁。对于软土地基,为防止不均匀沉降,与检查井连接的管子采用 0.8m 的短管。

4. 管道修补

管道敷设后,如受意外发生局部损坏,当损坏部位的长或宽不超过管周长的 1/12 时,采取以下修补措施:

(1)管道外壁发生局部或较小部位裂缝或孔洞在 0.02m 以内时,先将管内水排除,用棉纱将损坏部位清理干净,然后用环已酮清理干净,刷耐水性能好的塑料黏合剂从相同的管材取形状大小的板材进行黏结,用土工布包缠固定,固化 24h 后即可。

(2)管道外壁损坏部位呈现管壁破碎或 0.1m 以内孔洞时,用刮刀将破碎的管壁或孔洞完全剔除,剔除部位周围 0.05m 以内用环已酮清理干净,刷耐水性能好的塑料黏合剂;再从相同管材相应部位取下相当损坏面积 2 倍的弧形板,内壁涂黏结剂扣贴在损坏部位,用铁丝包扎固定。如管壁有肋,将损坏部位周围 0.05m 以内的肋去除,刮平,不带肋迹。采取(1)办法补救。

5. 中介层作法

先用毛刷或棉纱将管壁的外表清理干净,然后均匀地涂一层聚氯乙烯粘接剂,紧接着在上面撒一层干燥的粗砂,固化 10—20min,即形成表面粗糙的中介层。中介层的长度视管道砌入检查井内的长度而定。

3.1.5.4　雨水管道工程

1. 施工准备

根据现场的实际情况及总体施工进度应适时插入排水管道施工。施工前对进场的机械、材料进行检修报验,现场施工人员及技术员要熟悉图纸;组织施工作业人员,进行施工技术交底、图纸交底、安全交底等交底工作。让每个施工操作人员对施工程序、施工方案有具体的了解和认识。

在管道施工前,应根据现场施工需要,对原有管道进行调查研究,并掌握施工沿线的情况和资料。

2. 测量放样

(1)施工前对建设单位的交桩,进行复核。临时水准点和管道轴线控制桩的设置应便于观测且必须牢固,并应采取保护措施。开槽铺设管道沿线的临时水准点,每 100 米不少于 1 个。临时水准点、管道轴线控制桩、高程桩,并经过复核校正后方可使用。

(2)在测量过程中,沿管道线路应设临时水准点,水准点间距不大于 100m 并与原水准点相闭合。施工水准点应按顺序编号,并测定相应高程。

(3)若管道线路与地下原有构筑物交叉,必须在地面上用标志标明位置。

(4)定线测量过程应作好准确记录,并标明全部水准点和连接线。

(5)根据图纸和现场交底的控制点,进行管道和井位的复测,做好中心桩、方向桩固定井位桩的验桩、定点工作,测量高程闭合差要满足规范要求。

(6)施工过程中发现控制桩松动或丢失应及时复测和补桩。

3. 管道基础施工

(1)在基坑开挖完成后,进行沟槽报验,经监理工程师确认后,进行管道基础的施工。地基承载力应达到设计要求,否则应进行地基处理。

(2)当部分管道基底位于素填土及淤泥质粘土层时,先将基底压实,超挖 30cm 以砂石混合料填实到管基底,软基深度不深时全部清除。承插口管道地基的原状土层不得扰动。

(3)回填砂石基础时,应根据砂石基础的厚度分层回填、夯实,整平砂石后用水穷加振捣棒穷头。

(4)管道基础施工时先进行平基施工,安管完成后再进行围管施工。

4. 管道安装

(1)管道铺设前的准备工作

安装前准备好施工机具、工具、吊运设备、承插管、橡胶圈、润滑剂等材料。清除承口内表面和插口外表面的油污、杂物。并复核沟槽中心线和基础标高。

按管径选用相应的橡胶圈,并检查橡胶圈外观应无气泡、裂缝及碰伤等缺陷。准备好润滑剂,用刷子、布头沿插口涂刷一遍,然后将橡胶圈平滑套入,橡胶密封圈放置位置。

(2)管道采用 12T 吊车兜身吊装,在装卸时应轻装轻放,运输时应垫稳、绑牢,不得相互撞击,在运输、储存中不得长期受挤压。管节堆放宜选择使用方便、平整坚实的场地,堆放时应垫稳。用汽车吊进行吊装,在吊装的工程中要有专人指挥,确保施工安全。

(3)安管顺序

1)从下游排向上游,插口向下游,承口向上游。以吊车系下第一节管,将管头放在已弹好线的检查井井墙内壁处(承口放在来水方向,若是插口则放在出水方向),按照井中测桩(既是中心桩又是高程桩)找好中心线及两端高程后,才能松吊回臂。

2)继续系稳第二、第三节管并随稳随测后端中线和高程直到另一检查井。带承口的半节管排在检查井的进水方向,带插口的半节管排在检查井的出水方向。

3)为准确控制管位,须在第一节管的两端用支撑控制并固定。

4)并以此做为调节下一节管端头中线位置及调整后的管头固定方法。

(4)管节合拢采用两只 3t 手扳葫芦方法

手扳葫芦一端用钢丝绳与承口拉钩连接,另一端作为固定反力端,管节合拢时两只手扳葫芦应放置在管节水平直径处,拉钩勾在被合拢管节的承口壁,手扳葫芦反力端可用钢丝绳,卡扣等固定于临时方术,合拢时两只手扳葫芦应同步拉动,使管节合拢。

(5)管子承插就位,放松钢丝绳时应进行下列检查:

1)复核管节的高程(标高)和中心线;

2)高程有误差时利用吊车系住管点找准;

3)高时用特别小铲除去砂层,低时塞入砂料并用小锤击实。

4)检查承插口之间的间隙为 9mm～15mm。

5. 围管管基施工

管道安装完成后,将管道用混凝土垫块进行临时固定,再从管道两侧对称填筑砂石基础。夯实时要求两侧对称进行,防止管道偏移。

6. 检查井施工

(1)在管道开挖过程中,根据设计要求放出检查井的尺寸,进行轴线和边线的控制。对沿线原有排水管道在施工中接入新建排水管道中的,应对原管线标高进行复测,是否能顺利的衔接。对于井底及接入的支管超挖部分用级配砂石,混凝土或砖填实。

(2)排水干管井盖采用业主制定的厂家的检查井井盖、支座,0700 重型球墨铸铁井盖及支座,并采用防盗井盖。接户检查井可采用球墨铸铁或符合国际的复合材料制成的重型井盖及支座。雨、污水井盖应分别用雨水、污水标记。

为了避免城市道路排水检查井的沉陷,车道下设计排水检查井井墙材料改用 M10 页岩砖;井基础混凝土为 C25,井基下加铺 10cm 厚碎石垫层,墙体内外壁采用 1：2 防水砂浆抹面至顶。

(3)根据不同的管道直径,测量放线定出检查井的中心线和边线,并用白线拉出边线位置,利于进行砖砌。井墙砖砌时要错缝砌筑,不得同缝。在直线段砌筑时要随时进行垂直度检测,随时进行纠正。

(4)井盖加固处理

井盖下面的加固处理采用 C30 钢筋混凝土,在水泥稳定碎石路面基础完成后,进行反开挖,重新调整井盖的高度,浇筑加固处理的水泥稳定碎石及混凝土。

3.1.5.5　闭水试验

管道及检查井的外观质量及"量测"检验均已合格后;在管道两端的管堵(砖砌筑)应封堵严密、牢固,下有管堵设置放水管和截门,管堵经核算可以承受压力;现场的水源满足闭水需要,不影响其它用水;选好排放水的位置。

试验从上游往下游分段进行,上游试验完毕后,可往下游充水,倒段试验以节约用水和避免雨水场内排放。

闭水试验的水位,应为试验段上游管内顶以上 2m 水头的压力,将水灌至接近上游井口高度;对于直径大于 0.8m 的管材在进行闭水试验时,若管内顶部与检查井顶部高度不足 2m 时,则水头高度应至检查井顶部标高。注水过程应检查管堵、管道、井身,无漏水和严重渗水;将水灌至规定的水位,开始记录,对渗水量的测定时间,不少于 30 分钟,根据井内水面的下降值计算渗水量,渗水量不超过规定的允许渗水量即为合格。经监理工程师检验合格后,才能进行下道工序的施工。

3.1.5.6　沟槽回填

由于管线工程完成后即进行道路工程施工,所以回填质量是把握整体工程质量的关键,是施工的重点。管线结构验收合格后方可进行回填施工,且回填尽可能与沟槽开挖施工形成流水作业。

(1)回填土的含水量必须符合要求,当回填土的含水量过大时,根据天气、现场情况,采用晾晒或按照设计要求的措施,以达到回填土的最佳含水量。

(2)为了避免井室周围下沉的质量通病,在回填施工中应采用双填法进行施工,即井室周围必须与管道回填同时进行。待回填施工完成后对井室周围进行 2 次台阶形开挖,然后重新进行回填。

(3)管顶以上 0.5m 范围内用人工夯填,每层压实厚度不大于 15cm。管顶 1.5m 以上用推土机配合压路机进行回填。具体施工操作应严格按操作规程进行。

(4)回填土中不得有碎砖、石块。

3.1.5.7　路面排水施工

1. 路面排水设计情况

本工程道路路面排水是通过雨水口收集,经雨水支管排入干管,集中排水。路面雨水管均采用 d300 钢筋混凝土平口管,水泥砂浆抹带接口,120°混凝土基础。连接管覆土小于 0.7m 时采用 C15 混凝土满包处理。雨水口采用偏沟式单蓖雨水口,雨水井箅高程比周围混凝土路面低 1.5～2cm,以利于收水。雨水支管纵坡不小于 0.3%,雨水口接入检查井的支管纵坡不小于 1%。

2. 路面排水施工工艺

测量放线→挖槽→混凝土基础→管道安装→围管混凝土→沟槽回填

3. 路面排水施工要点

(1)基槽开挖

路基施工完成后,雨水口支管及雨水支管井采用小挖掘进行开挖,人工配合修整,开挖雨水口基槽,按照所放开挖边线进行开挖。开挖过程中,核对雨水口位置,有误差时以支管为准,平行于路边修正位置。

(2)混凝土基础

混凝土浇注过程中,采用人工振捣,表面用木抹子抹毛面。浇筑完成后,及时进行养护。

(3)井室砌筑及勾缝

1)雨水口混凝土基础强度达到 5MPa 后,方可进行雨水口砌筑。根据试验室提供的水泥砂浆配合比,现场搅拌水泥砂浆。

2)测放雨水墙体的内外边线、角桩,据此进行墙体砌筑。按雨水口墙体位置挂线,先砌筑一层砖,根据长度尺寸,核对对角线尺寸,核对方正。墙体砌筑,灰缝上、下错缝,相互搭接。

3)雨水口砌筑灰缝控制在 8～12mm。灰缝须饱满,随砌随勾缝。每砌筑 300mm 将墙体肥槽及时回填夯实。回填材料采用二灰混合料或低标号混凝土。

4)雨水支管与墙体间砂浆须饱满,管顶发 125mm 砖券,管口与墙面齐平。支管与墙体斜交时,管口入墙 20mm,另一侧凸出 20mm,管端面完整无破损,超过此限时考虑调整雨水口位置。

5)为确保雨水口与路面顶面的平顺,按照设计高程,在路面上面层施工前,安装完成雨水口井圈及井盖。

(4)混凝土泛水找坡

雨水口砌筑完成后,底部用 10MPa 混凝土抹出向雨水支管集水的泛水坡。混凝土厚度最大 50mm,最小 30mm。

(5)井箅安装

雨水口井箅安装时要位置准确,顶面高程符合要求;安装牢固、平稳。安装固定到现浇井圈钢筋上。

（6）过梁、井圈施工

1）雨水口井箅安装完成后，同时浇筑现浇 C30 混凝土井圈及周边加固梁。

2）浇筑混凝土时，严格控制好井箅的高程和位置。

3）混凝土采用商品混凝土，振捣采用插入式振动泵振捣密实。

（7）接口施工

钢筋混凝土管采用钢丝网水泥砂浆抹带接口，抹带前将接口的管壁凿毛、洗净，抹带分两次完成。钢丝网端头应在浇注混凝土管座时插入混凝土内，不小于 10mm，在混凝土初凝前，分层抹压钢丝网和水泥砂浆；抹带前，管周管带位置凿毛，清扫干净并刷水泥浆一道，铺垫砂浆后拧紧钢丝网，并使钢丝网与砂浆结合密实，分层用水泥砂浆抹带，砂浆初凝后压实，立即用平软材覆盖，3～4h 后洒水养护。

3.1.5.8　水稳基层施工方案

1. 水泥稳定碎石施工工艺

水泥稳定碎石基础厚度为 30cm，水泥稳定碎石（重量比 5：95）7 天饱水抗压强度大于 3.0MPa，压实度 95％。基层材料采用现场拌合楼搅拌运输车运至施工现场采用摊铺机分两层铺筑施工。

2. 施工放样

（1）在路床顶面恢复中线，直线段每 20m，曲线段每 10m 设一中心桩，并在两侧路面外边缘 0.5m 处用长钢筋设立钢筋指示桩。

（2）进行水平测量，在两侧指示桩上，用明显标记标出水泥稳定碎石底基层边缘设计标高及松铺厚度的位置。

3. 材料的选择及配合比设计

（1）原材料试验

水泥稳定用碎石：颗粒分析、含泥量、针片状颗粒含量、压碎值等。

（2）混合料试验

混合料配合比、重型击实试验、无侧限抗压强度试验及混合料延迟时间。

4. 混合料的拌和

先试拌，测定混合料级配、含水量及结合料剂量，如有误差，则个别调整后再拌，直至达到要求。拌和生产中，含水量应大于最佳值，使混合料运到现场摊铺后碾压时的含水量应不小于最佳值。拌和后的混合料出厂前应检验其级配、含水量、水泥剂量，合格后方可出厂。

5. 混合料的运输

（1）混合料的运输采用自卸汽车运输。

（2）尽快将拌成的混合料运到铺筑现场，车上混合料用蓬布覆盖，以防水分损失过多。

（3）到达摊铺现场后，目测混合料上下颜色是否均匀一致，有无灰团、夹心、花面等以判断其是否拌和均匀，如出现拌和不均匀现象，不允许摊铺。

（4）在运输车辆进入摊铺区域后，应缓慢行驶，直线行走，在倒料时严禁急刹车、打急弯，以免扰动下承层。

6. 混合料的摊铺

（1）基层采用摊铺机摊铺混合料，纵向接缝在接合部位设置钢模板，使纵缝垂直，不垂直的部位采用切齐处理。铺上层时避免纵缝在同一位置。

（2）摊铺前，根据施工要求调整摊铺机的结构参数和运行参数，结构参数包括平板宽度和拱度、摊铺厚度与熨平板的初始工作仰角；运行参数即指摊铺速度。

（3）摊铺时，采用走钢筋丝来控制摊铺厚度及纵坡、横坡。先选择好纵坡基准，其具体作法是：在路面基础边线外 0.5m 处的钢筋桩上设置与基层顶面纵坡一致的弦线，弦线采用弹簧钢丝，固定在间距为 20m 的钢筋桩上，用张拉器拉紧，每段长度按 100m 进行拉紧，摊铺的导向线以土模边部为准。同时在路基的中线也拉一道钢丝绳，两条钢丝绳的高差为横坡的高度。

（4）摊铺机是通过传感器来控制摊铺厚度，摊铺机工作时，使传感器的触件沿弦线移动，只要给定设计的纵坡及横坡值，能自动控制铺层面的坡度。

（5）摊铺起点处理：摊铺机起动前，用方枋将熨平板垫高到虚铺厚度，然后用料将两侧螺旋区域布满，保证端部起点混合料的厚度。

7. 混合料的碾压

（1）本工程采用 20T 光轮压路机进行水稳的压时，压实时采用先轻后重，先慢后快的原则；先内后外，先低后高的原则。

（2）先轻后重；先用压路机不开振动静压一遍，然后再开振动进行碾压。速度先慢后快：最大速度不宜超过 4km/h，以免把松散混合料被推走。静压时的速度控制较慢进行，振动碾压时前两遍的碾压速度采用 1.5～1.7km/h，以后的碾压速度采用 2.0～2.5km/h。

（3）压实机具、工作线路要合理，碾压时直线和不设超高的平曲线段，由路肩向路中心碾压；超高段由内侧路肩向外侧路肩碾压，纵向进退式进行。碾压时，应重叠 1/2 轮宽，钢轮必须超过两段的接缝处。

（4）碾压结束后，迅速进行压实度检测，如果压实度不够，立即进行补压，直至达到规定的压实度。

8. 混合料的接缝

（1）纵向接缝缝采用垂直接缝，凿除松散粒料，水泥净浆抹面后进行接缝摊铺，控制虚铺厚度，压实后使基层保持同一平面。

（2）横向接缝。摊铺结束后，如不在结构物搭接处时，需作横缝处理，压路机碾压结束，用 3m 直尺检查接头平整度，不符合要求的，垂直路线方向全部凿除成一条直线，接茬垂直。下次摊铺前在接茬处涂抹水泥浆，摊铺机熨平板座上前一次摊铺好的基层，垫上虚铺厚度方木，即可使接缝平直。

9. 养生及交通管制

每一段碾压完成并经压实度检查合格后，立即开始养生。先覆盖草袋或麻袋，然后用洒水车洒水养生。每天洒水次数应保证养生期间始终保持稳定粒料表面潮湿，养生期不少于 7 天。养生期内除洒水车外，禁止其它车辆通行，封闭交通。

3.1.5.9　混凝土路面施工方案

路面混凝土采用商品混凝土，购买业主指定商混生产厂家生产的商品混凝土。混凝土标号为 C30。路面混凝土厚度为 22cm，施工时一次成型。

1. 施工放样

施工放样是路面工程施工的一项重要工作，采用全站仪进行测量放线、水准仪进行测量标高，以确保线形平顺、标高准确。

（1）根据设计图纸地现场放样出道路中心线及边桩，直线段每 15～20m 设一桩，平曲线段每 10～15m（路面 5～10m）设一桩，并在两侧路肩边缘外设指示桩；放样中，把缓和曲线、圆曲线及平交路口作为重点,做到"计算精确无误,放线一丝不苟",确保放样质量。

(2)水泥混凝土面层施工前,放好的中心线及边线,在现场根据施工图纸对混凝土进行分块划线。为了保证曲线地段中线内外侧行车道混凝土块有效合理的划分,必须保持横向分块线与线线路中心线切线垂直。水泥混凝土面层受行车荷载的重复作用及环境因素(温度和湿度)的影响较大,其施工质量的好坏将直接关系道路的正常运营和使用寿命。

2. 钢模板安装

安装钢模板是保证线形、平整度、路拱度,纵缝顺直度,板厚度宽度等各项技术指标的重要环节。

钢模板采用标准槽钢加工而成,槽钢高度与混凝土板厚一致,长度 5 米,接头处用专用配件牢固固定,接头要紧密,不能有离缝、前后错茬和高低不平现象。模板就位后用"T"型道钉嵌入基层进行固定。将固定好的模板底部用砂浆填塞密实,保证钢模稳固。

保持钢模顶部标高的准确,用水准仪检查顶面标高平度误差控制在毫米以内。检查无误后,在钢模内侧面均匀涂刷一薄层机油。

3. 运输、卸料、摊铺混凝土

混凝土拌合物采用混凝土输送车运送到铺筑地点进行摊铺、振捣、搓面。混凝土拌合物摊铺前,要对模板的间隔、高度、润滑、支撑稳定情况和基层的平整、润湿情况、以及钢筋的位置和传力杆装置等进行全面检查。

混凝土输送车抵达铺筑现场后,采用侧向或纵向方式将混凝土混合料直接卸在安装好侧模的凹槽内。卸料时,尽可能均匀,如发现有个别离析现象,立即翻拌均匀。

摊铺时,将倾卸在路槽内的混凝土按摊铺厚度均匀地充满在模板范围内。在模板附近摊铺时,用铁锹插捣几下,使灰浆捣出,以免发生蜂窝。

4. 加强钢筋安放

按设计要求,板角小于 88°的混凝土面板,须用角隅钢筋进行补强。安放角隅钢筋时,先在安放钢筋的角隅处摊铺一层混凝土拌合物,摊铺高度比钢筋设计位置预加一定的沉落度,钢筋安放距板顶不小于 5cm,角隅钢筋就位后,用混凝土拌合物压住。

5. 混凝土捣固与成型

首先,采用插入式振动器按顺序插振一次。插入式振捣器的移动间距不宜大于其作用半径的 1.5 倍,其至模板的距离也不应大于振捣器作用半径的 0.5 倍,插点间距要均匀,防止漏振,在振捣时要避免与钢模和钢筋碰撞。振捣时间以拌和物停止下沉、不再冒气泡并泛出水泥浆为准,不宜过振。

其次,采用功率不小于 2.2kw 的平板振捣器全面振捣。振捣时应重叠 10～20cm,同一位置不宜少于 15 秒,以不再冒气泡并泛出水泥浆为准。最后,采用振动梁进一步拖拉、振实,并初步整平。振动往返拖拉 2～3 遍,使表面泛浆,并赶出气泡,振动梁移动的速度要缓慢而均匀,前进速度控制在每分钟 1.5m 左右。对不平之处辅以人工补填找平,补填时用较细的混合料原浆,严禁用纯砂浆填补。振动梁行进时,不允许中途停留。牵引绳不可过短,以减少振动梁底部的倾斜。振动梁底缘应经常校正,保持设计线形。

6. 机械抹光

混凝土面采用圆盘抹光机对其进行全面粗抹。抹光时尽量顺路方向进行,这样易保证纵向的平整;抹光过程中,将混凝土表面的高处多磨、低处补浆(原浆)的方式进行边抹边找平,同时采用直尺配合进行纵横检测。

7. 人工精修

精修是保证路面平整度的把关工序。为达到要求的平整度,采取"量"、"抹"结合的人工精修方法。

"量"即用具有标准线且不易变形的铝合金直尺,紧贴模板顶面进行拉锯式搓刮,一边横向搓、一边纵向刮移,作最后一次检测混凝土顶面的平整度。一旦发现误差较大,立即进行修补。搓刮前,将模板顶面清理干净。搓刮后即可用直尺于两侧边部及中间三处紧贴浆面各轻按一下,低凹处不出现压痕或印痕不明显,较高处印痕较深,据此进行找补精平。

"抹"即人工用抹子将表面抹平。分两次进行,先找补精平,等混凝土表面收浆无泌水时,再作第二次精抹,以达到规范要求的路面平整度要求。

8. 抗滑构造制作

抗滑构造是提高水泥混凝土路面行车安全性的重要措施之一。其制作采用拉毛方式进行。我们采用压纹机进行拉毛,拉毛时保持纹理均匀、顺直、深度适宜;并控制纹理走向与路面前进方向垂直,相邻板的纹理要相互衔接,横向邻板的纹理要沟通以利于排水。拉毛以混凝土表面无波纹水迹、混凝土初凝前较为合适。过早和过晚都会影响制作质量。

9. 养生

混凝土板抗滑构造制作完毕待混凝土凝固后应立即养生,拟采用覆盖旧麻袋、草袋等洒水湿养生方式。每天一般洒水 4~6 次,但必须保证在任何气候条件下,覆盖物底部在养生期间始终处于潮湿状态,以此确定每天洒水遍数。养生时间根据混凝土强度增长情况而定,一般宜为 14~21 天。养护期满后方可将覆盖物清除,板面不留有痕迹。

10. 接缝施工

(1)接缝:按设计要求拉杆为(P14 钢筋,长度为 80cm,施工前根据设计要求的间距预先在模板上制作拉杆置放孔,并在缝壁一侧涂刷隔离剂,施工时将拉杆置入。纵缝必须与路中心线平行。

(2)横向施工缝:每天摊铺结束或摊铺过程因故中断,且中断时间超过混凝土初凝时间的 2/3 时,应设置横向施工缝。横向施工缝位置与胀缝或缩缝相重合,横向施工缝与路中心线垂直。其构造采用平缝加传力杆,传力杆(P28 钢筋,长度为 50cm,传力杆一端涂沥青。

(3)胀缝:先按设计要求在设计混凝土下浇筑混凝土枕垫,表面涂满沥青,设置 2.5cm 宽缝隙。

11. 切缝

掌握好切缝时机是防止初期断板的重要措施。根据施工经验,当混凝土达到强度 6.0~12.0MPa 时是进行切缝的最佳时机,但气温突变时,我们将适当提早切缝时间,以防止混凝土面板产生不规则裂缝。

12. 填缝

填缝采用聚氯乙烯胶泥填缝。填缝前,采用压缩水和压缩空气彻底清除接缝中砂石及其它污染物,确保缝壁及内部清洁、干燥。灌注在缝槽口干燥清洁状态下进行,缝壁检验以擦不出灰尘为可灌标准。聚氯乙烯胶泥的灌注高度,夏天宜与板面齐平,冬天宜低于板面填缝要求饱满、均匀、连续贯通。施工完毕后,仔细检查填缝料与缝壁粘结情况,在有脱开处,用喷灯小火烘烤,使其粘结紧密。施工前对进场站卧石进行半成品检查,不合要求的不得使用,施工时根据设计要求放出施工控制点,放样清理地基,铺设基层并挂线排砌站卧石,缝间采用砂浆嵌实并勾成凹缝,覆盖洒水养护。施工中随时进行检查,保证线型圆顺,缝宽均匀。

3.1.5.10　路缘石施工

1. 测量放线

(1)车行道缘石利用机动车道中 5‰水泥级配碎石稳定层两侧部分作为基础垫层。

(2)路面中线校核后,在路面边缘与缘石交界处放出缘石线,直线部位每 10m、曲线部位每 5～10m、路口及分隔带、安全岛等圆弧每 1～5m 设一桩,也可用皮尺画圆并在桩上标明缘石顶面标尚。

2. 刨槽

按桩的位置打白灰线,以线为准,按设计要求宽度向外刨槽。靠近路面一侧,比线位宽出少许,一般不大于 5cm。刨槽深度可比设计加深 1～2cm,以保证基础厚度,槽底要修理平整。

3. 安装缘石

(1)安装缘石时,先用 2cm 厚 1:3 水泥砂浆找平,再按设计标高安装缘石。

(2)缘石要安正,切忌前倾后仰,缘石顶线应顺直圆滑平顺,无凹进凸出前后高低错牙现象。站卧石线要求顺直圆滑、顶面平整,符合设计标高要求。

(3)缘石安装经检查合格后,即浇筑缘石后座,并振捣密实,淋水养护。

4. 缘石勾缝

(1)两缘石间用 1:2 水泥砂浆挤浆,先把缘石缝内的土及杂物剔除干净,并用水润湿,然后用 1:2 水泥砂浆勾缝,水泥砂浆灌缝必须饱满嵌实。

(2)缘石勾缝为凹缝,缝宽 1cm。

(3)砂浆初凝后,用软扫帚扫除多余灰浆,并适当洒水养护,不少于 3 天,最后达到整齐美观。

(4)不得直接在路面上拌制砂浆。

(5)缘石施工完后要注意保护,防止人为破坏。

3.1.6　机械进场及管理

3.1.6.1　拟投入的主要施工机械设备

根据本标段的任务特点和施工进度安排情况,施工机械设备配置原则是:满足要求、性能良好、相互配套。各专业队配备相应的专用机械设备,形成机械化施工流水作业线。

主要施工机械设备在施工高峰期将根据实际施工情况进行适当增加,各机械设备均在开工后 3d 内依施工进度需要分批进场,以满足现场施工需要。

施工机械全部由公司总部安排调运至工地,根据施工的先后顺序及组织计划,各分项工程所用机械在其开工前五天全部运至工地,除自卸汽车以外的主要的大型机械设备拟采用公路平板车或工具车运至工地。

3.1.6.2　设备管理控制

公司通过对生产设备的控制管理,确保设备保持良好的技术状况,满足工程需要,保证工程质量,使工程产品达到规定的要求。

公司工程部编制机械设备购置计划,办理设备的购置、验收、入帐、报废手续,主持实施公司机械技术改造,制定本公司机械管理补充规定和实施办法。

建立主要机械技术档案,及时准确做好各项资料。定期检查设备的使用情况,处理机械大事故和重大事故。

主持大型起重机械的拆装、调试、验收工作。制订机械设备保养维修计划并组织实施。

根据需要,组织机械人员进行岗位培训。组织机修人员对未上项目的设备进行日常的保养、维修。严禁机械带病作业。

落实定人、定机、定岗位的责任制,教育、检查机械操作人员严格执行安全技术操作规程,定期组织人员检查机械设备的使用情况。

机械设备进场后,项目机械管理员应组织相关人员安装、验收,对验收结果进行记录,并组织操作人员进行安全技术交底。

项目机械管理员要认真落实定人、定机、定岗位的"三定"制度,凡规定必须有操作证才能操作的机械设备,操作人员必须持有效证件上岗。

主要大中型机械设备的操作人员要认填写《机械设备运转记录》。多班作业时,要严格执行交接班制度,填写《机械交接班记录》。

公司工程部每个月对各项目的机械设备使用情况进行一次检查,项目组机械管理员每个月进行两次机械设备使用情况检查,将检查情况填写在《机械设备人查记录表》中。

凡机械设备已经达到大修理时间,应按《建筑机械设备管理规定》中的规定要求组织实施。拟投入本工程的主要机械设备见"拟投入的主要施工机械设备表"。

3.1.7　劳动力管理

3.1.7.1　劳动力计划

1. 劳动力安排

根据工程各阶段的实际情况,我司合理组织劳动力,确保工程工期如期完成。具体劳动力安排详见《劳动力安排计划表》。

2. 保证措施

依托我公司人力资源部,成立王家墩商务中心市政道排工程劳动力管理领导小组,项目经理任组长,各施工队为组员单位。

(1)加强思想教育,完善用工制度。加强政治思想工作,树立主人翁责任感,激发作业队工作人员的工作热情。急之所急,想劳动者之所想,解除劳动者后顾之忧,稳定劳动者思想,减少特殊季节及节假日劳动力的缺失。制定农忙季节及节假日劳动力保障措施,实现全员经济承包责任制,坚持多劳多得的分配原则,实行季节浮动工资制,采取经济手段稳定劳动力。

(2)关心职工,丰富职工业余文化生活,稳定在岗职工。建立职工之家,搞好业余文化生活,活跃业余生活气氛,缓解劳动者工作压力,稳定劳动者情绪,减少特殊季节及节假日劳动力缺失。做好节假日业余文化生活,搞好工地食堂伙食。

(3)安排好反探亲。建立员工家属区,鼓励员工家属反探亲并给予适当补助,减少员工的探亲人数,以减少节假日期间的劳动力缺失;对农忙季节和节假日不能回家的员工,除向其家人发慰问信外,给予适当补助,以人性化的管理,减少劳动力的缺失。

(4)合理安排职工休假,实现均衡生产。根据施工生产情况,合理有序地安排职工休假。施工生产大忙季节尽量不安排休假,职工休假尽量安排在冬季。

(5)掌握劳动力动态。掌握劳动力大省的农忙季节,了解当地劳动力供求情况,与有关劳动力市场保持联系,掌握劳动力动态。

(6)做好劳动用工合同管理。选择长期合作有诚信的劳务人员,对劳动力单价实施动态管理,农忙季节适当提高工费,严格劳务用工合同管理。

3.1.7.2　主要材料投入计划

1. 材料投入计划

主要材料根据工程实际情况每年、每月、每周、每天编制计划,并按时进场。

2. 保证措施

为优质、高效、快速、有序地完成本工程任务,本项目物资材料实行"统一管理,分级采购,优化配置,严格核算"的管理模式。

(1)成立物资采购领导小组

根据招标文件有关条款规定要求,结合物流体系运作流程安排,本项目成立物资采购领导小组,领导小组由项目经理任组长,物资设备部部长任副组长,各施工队队长为组员构成。

(2)工作职责与分工

由项目经理部物资设备部为主管部门,在物资采购领导小组的领导下全面负责机械物资管理工作,负责甲供物资和甲控物资、设备的接收、采购、储存、运输、发放等管理职能。作业队物资人员配合物资设备部进行机械物资管理,同时负责除甲供物资和甲控物资外物资的采购、储存、运输、发放等管理职能,接受项目经理部、业主、监理的有效监控,在最短时间内对相关方意见做出积极有效响应;同时建立微机信息管理系统,实现对物资计划、采购、储备与配送、等环节的动态监控。

(3)物资、材料供应保证措施

由项目经理部物资部门根据招标文件采购供应办法,结合实施性施工组织设计中的进度计划安排,各主要料、当地料、大堆料等要提前落实料源、运输方式和储存场地,提前签订供货合同,及时办理材料的采购定货、发货运输、仓储、保管和材料的现场发放等工作,并做好材料检验和试验,把好材料数量、质量关。保证按时供货,避免因停工待料贻误工期。

3.1.8　质量保证措施

3.1.8.1　质量目标

达到市政工程现行的质量验收标准和设计要求,一次验收合格率达到100%,争创市政优良工程。如我单位在工程完工后达不到上述承诺,除自行整改外,愿意接受业主对我单位的处罚。

3.1.8.2　技术组织措施

1. 保证工程质量的四个原则

坚持质量第一的原则:在成本、进度、质量三者关系矛盾时,坚持"百年大计,质量第一",在施工中自始至终把"质量第一"作为对工程质量控制的基本原则。坚持以人为核心的原则:人是实现工程质量的决策者、组织者、管理者和操作者。在质量控制中,要以人为核心,重点控制人的素质和人的行为,充分发挥人的积极性和创造性,以人的工作质量保证工程质量。

坚持以预防为主的原则:工程质量控制要重点做好质量的事先控制和事中控制,以预防为主,加强过程和中间产品的质量检查和控制。坚持质量标准的原则:质量标准是评价产品质量的尺度,施工中严格执行合同质量标准,按照市政工程有关的标准、规定组织施工,通过质量检验并和质量标准对照,对不符合质量标准要求的必须返工处理。

2. 建立和完善工程质量管理制度

施工图复核制度:开工前,对所有施工图进行复核,深入施工现场进行踏勘,对于发现的"错、漏、碰、缺"问题及时反应。内部质量监督机制:建立项目部、施工队、班组三级质量监督控制网,各级质量监督机构配足、配齐具有相应资格和能力的专业质检工程师。编制重点工程质量控制方案,实行层层质量监控。工程质量检验试验制度:对工程所用的原材料、混凝土、砂浆、构件和路基填料等按照检测频次抽样检测,检测不合格的严禁使用,做好标识并清理出场。工程质量保修制度:工程交工验收后,在规定的保修期限内,无论是勘察、设计、施工、材料等原因造成的质量问题,均无条件进行维修和更换。送交竣工验收报告时,向建设单位出具工程质量保修书,质量保修书中明确建设工程保修范围、保修期限和保修责任。

3. 施工质量的系统控制

加强工程质量的资源和条件控制,从投入到生产过程及各环节质量进行控制,直到对工程产出品的质量检验与控制为止的全过程的系统控制。

施工准备控制:技术交底和图纸复核;施工组织设计及项目质量计划的审核,施工方案、方法、工艺、流程的审核把关,施工进度计划对质量的保证,施工平面布置对质量的影响,施工措施对质量的保证,健全质量控制系统的组织;完善质量管理体系,优选具有市政施工的资格和能力的管理人员和作业人员;建立原材料、成品、半成品的控制措施;把好机械设备配置质量关;创造良好工程施工技术环境;做好现场施工环境管理;“四新”应用的把关审核;测量工作的审核把关;开工把关,不具备条件的不可勉强开工。

施工过程控制:做好技术交底工作,交底要明确具体,注明施工工艺和质量标准,质量控制要点,交底手续齐全并形成质量记录;重视施工过程质量控制,过程是形成实体质量的关键环节,加强过程控制的检验试验和工序交接检工作;加强中间产品的质量控制,检验批、分项分部工程质量验收,严格工程变更控制。

竣工验收控制:即竣工质量验收把关,严格工程质量评定,竣工文件的编制、归档工作。

4. 组织技术培训,掌握质量控制标准

收集有关资料,组织经常性的岗位培训。包括工程合同文件;设计图纸和技术说明书;国家颁布的有关质量管理方面的法律、法规性文件(包括标准、规范、规程或规定);市政工程有关质量检验与控制的技术法规性文件等。

5. 现场施工准备的质量控制

测量放线质量控制:对给定的原始基准点、基准线和标高等测量控制点进行复核,并将复测结果报监理工程师审核,经批准后据以进行准确的测量放线,建立施工精测控制网,并对其正确性负责,同时做好基桩的保护。定期复测施工精测控制网。

施工平面布置的控制:施工现场总体布置合理,有利于保证施工的正常、顺利进行,有利于保证质量,特别是要对场区的道路、防洪排水、器材存放、给水及供电、混凝土供应及主要垂直水平运输机械设备布置等方面予以重视,场地合理布置。

原材料、成品、构配件采购控制:采购的原材料、半成品或构配件,在采购订货前向监理工程师申报;经监理工程师审查认可后,方可进行订货采购。对于半成品或构配件,按经过审批认可的设计文件和图纸要求采购订货,质量满足验收标准和设计的要求,交货期满足使用进度安排的需要。大宗材料和机械设备实行招标采购,通过考查,优选合格的供货厂家,保证采购、订货质量。在半成品和构配件的采购、订货中,尊重业主和监理工程师提出的意见。出厂合格证或产品说明书等质量文件齐全,优选经过权威性质量认证的供方。主要材料订货时争取一次订齐和备足货源,以免由于分批而出现色泽不一的质量问题。

施工机械配置的控制:施工机械设备的选择,除考虑施工机械的技术性能、工作效率,工作质量,可靠性及维修难易、能源消耗,以及安全、灵活等方面对施工质量的影响与保证外,还考虑其数量配置对施工质量的影响与保证条件。此外,要注意设备型式与施工对象的特点及施工质量要求相适应。在选择机械性能参数方面,也要与施工对象特点及质量要求相适应。

施工图纸的现场核对:为充分了解工程特点、设计要求,减少图纸的差错,确保工程质量,减少工程变更,必须做好施工图的现场核对工作。核对图纸与说明书是否齐全,分期出图的图纸供应是否满足需要。地下文物、障碍物、管线是否探明并标注清楚。图纸中有无遗漏、差错或相互矛盾之处。地址及水文地质等基础资料是否充分、可靠,地形、地貌与现场实际情况是否相符。所需材料的来源有无保证,是否替代;新材料、新技术的采用有无问题。所提出的施工工艺、方法是否合理,是否切合实际,是否存在不便于施工之处,能否保证质量要求。施工图或说明书中所涉及的各种标准、图册、规范、规程等是否具备。对于存在的问题,以书面形式提出,在设计单位以书面形式进行解释或确认后,才能进行施工。

6. 施工过程质量控制

为确保施工质量,施工过程要进行全过程全方位的质量监督、控制与检查。做好事前、事中、事后的控制。

技术准备的质量控制:各项施工准备工作在正式开展作业技术活动前,按预先计划的安排落实到位。设置质量控制点,重点控制对象、关键部位或薄弱环节设置质量控制点,事先分析可能造成质量问题的原因,针对原因制定对策和措施,进行预控。施工前列出质量控制点明细表,在此基础上实施质量预控。作为质量控制点重点控制的对象有人的行为、物的质量与性能、关键的操作、施工技术参数、施工顺序、技术间歇、新工艺、新技术、新材料的应用等。把产品质量不稳定,不合格率较高及易发生质量通病的工序列为重点,仔细分析,严格控制;对工程质量产生重大影响的施工方法,认真研究,进行技术攻关。

技术交底的质量控制:每一项工程开始实施前均要进行交底。主管技术人员编制技术交底书,经项目技术负责人批准。技术交底的内容包括施工方法、质量要求和验收标准,施工过程中需注意的问题,可能出现意外的措施及应急方案。技术交底要紧紧围绕和具体施工有关的操作者、机械设备、使用的材料、构配件、工艺、工法、施工环境、具体管理措施等方面进行,交底中要明确做什么、谁来做、如何做、作业标准和要求、什么时间完成等。关键部位,或技术难度大,施工复杂的检验批,分项工程施工前,技术交底书(作业指导书)要报监理工程师审查。没有做好技术交底的工序或分项工程,不得施工。

进场材料构配件的质量控制:凡运到施工现场的原材料、半成品或构配件,进场前检查产品出厂合格证及技术说明书,按规定要求进行检验或试验,确认其质量合格后,方准进场,否则不得进场。加强材料构配件存放条件的控制,考虑防潮、防雨、防冻、防风雪措施,妥善保管。

施工环境的质量控制:保证水、电或动力供应,施工照明、安全防护设备、施工场地空间条件和通道以及交通运输和道路满足要求。这些条件直接影响到施工能否顺利进行,以及施工质量。质量管理体系和质量控制自检系统有序运行;完善和明确的组织结构、管理制度、检测制度、检测标准,人员配备到位,落实质量责任制。自然环境条件可能出现对施工作业质量的不利影响时,做好充足的准备并制定有效措施与对策以保证工程质量(如冬季施工)。

进场施工机械设备性能质量控制:保证施工现场作业机械设备的技术性能及工作状态。施工机械设备进场要检查。机械设备工作时要检查。特殊设备、大型设备要进行安全运行审核。进入现场后在使用前,必须经当地劳动安全部门鉴定,符合要求并办好相关手续后投入使用。大型临时设备也要进行检查。

施工测量及计量器具性能、精度的控制:施工前,向业主、监理工程师本试验室所开展的试验、检测项目、主要仪器、设备;法定计量部门对计量器具的标定证明文件;试验检测人员上岗资质证明;试验室管理制度等。施工测量开始前,向监理工程师提交测量仪器的型号、技术指标、精度等级、法定计量部门的标定证明,测量工的上岗证明,经审核确认后,方可进行正式测量作业。在作业过程中经常检查了解计量仪器、测量设备的性能、精度状况,使其处于良好的状态之中。

人员上岗资格的控制:管理人员到位,技术人员,专职质检人员,安全员,测量人员、材料员、试验员、领工员、工班长必须经过培训,取得合格证后上岗。从事特殊作业的人员(如电焊工、电工、起重工、架子工、爆破工),必须持证上岗。

7. 主要施工过程中的控制

(1)测量工作的质量保证措施

对所有施工用的测量仪器,要按计量要求定期到指定单位进行标定,施工过程中,如发现仪器误差过大,应立即送去修理,并重新标定,满足要求精度后使用。

对设计单位交付的测量资料进行检查、校对,如发现有问题及时补测加固,重设或重新测校,并通知设计单位及现场监理工程师。施工基线、水准线、测量控制点,应定期半月校核一次,各工序开工前,应校核所有的测量点。

(2)夜间施工的质量保证措施

施工安排时,尽量避免或减少夜间作业。需要连续施工的工程,夜间施工将采取如下措施,确保工程质量和安全。各级组织机构建立夜间值班制度,亲临现场指挥和检查施工。

夜间施工,加强复检制度,确保技术资料准确无误。严格进行隐蔽工程检查制度,夜间必须进行隐蔽工程施工时,事先通知监理工程师以便检查,并办理签字手续。未经监理工程师验收签字,坚决不允许进行下一道工序施工。

安装足够的照明设备,保证夜间工作有良好的照明条件,确保安全和质量。

夜间施工,严格按照环境保护的有关规定,在工程施工现场周围配备、架立并维修必要路灯灯标,为施工人员和公众提供安全和方便。

8. 质量检查制度

(1)原材料、半成品和各种加工预制品的检验保管制度

材料产品质量的优劣是保证工程质量的基础,在订货时应依据质量标准签订合同,必要时应先鉴定样品,经过鉴定合格的样子应予以封存,作为以后材料验收的依据。必须保证材料符合质量标准和设计要求方可使用。

(2)班组自检和交接制度

按照生产者负责质量的原则,所有升班班组必须对本班组的操作质量负责。完成部分完成施工任务时,应及时进行自检,如有不合格的基础上应及时进行返工处理,使其达到合格的标准。而后,经施工负责人组织质量检查员和下道工序的生产班组进行交接检查,确认质量合格后,方可进行下道工序施工。按实填写相应的分项工程质量评定表,进行评(核)定等级并签名。

(3)隐蔽工程验收制度

隐蔽工程验收是指将被其它分项工程所隐蔽的分部或分项工程,在隐蔽前所进行的验收。坚持隐蔽工程验收制度是防止质量隐患,保证工程项目质量的主要措施。隐蔽工厂内各的验收应请建设单位和监理工程师参加,并签署书面记录。重要的隐蔽工程项目,如基坑、闭水试验等,应由工程项目的技术负责人主持,邀请建设单位、监理单位、设计单位和质量监督部门共同进行验收。

隐蔽工程验收后,要办理隐蔽工程验收手续,列入工程档案馆。对于隐蔽工程验收中提出不符合质量标准的问题要认真整改,整改完成后要经符合格并写明处理情况。未经隐蔽工程验收不合格的,不得进行下道工序施工。

(4)预检制度

预检是指该分项工程在未施工前所进行的预先检查,预检是保证工程质量,防止可能发生差

错造成重大事故的重要措施。一般承检项目由施工负责人主持,请质量检查员、有关班组长参加(如果质量监督站指定的检查项目,应请质量监督员参加)。重要的预检项目应由项目经理或技术负责人主持,请设计单位、建设单位、质量监督站的代表参加。

预检后要办理预检手续,列入工程档案馆。对于预检中提出的不符合质量标准的问题,要认真处理,处理后经复核合格并写明处理情况,未经预检或预检不合格的,不得进行下一道工序施工。

9. 主要分项工程的施工质量检查方法

(1)钢筋工程

按设计和规范要求进行材料的取样送验,施工前全数检查原材料的保证资料,出厂日期、证号、试验报告等。

钢筋绑扎完成后,按设计图纸和规范的要求,对钢筋的规格、种类、形状、数量、搭接及弯钩等情况进行目测检查,搭接长度、位置用尺、线等工具量测。

混凝土浇筑完成后,采用国内先进的钢筋探测仪探测及符合钢筋保护层厚度,并针对各部位钢筋保护层的探测情况,及时调整施工工艺与操作方法,确保钢筋保护层的准确位置。

(2)模板

采用观察和工具检查模板的接缝宽度、各种模板支撑的强度、刚度和稳定性。

检查模板表面的清理工作和表面隔离剂,保证清理干净,隔离剂无漏刷。

对照施工图纸用尺量和观察认真检查预留洞口和预埋件的位置、标高的准确性。

(3)混凝土

对现场搅拌的混凝土所有原材料必须送验,同时检查其他保证资料。

施工中随机抽查混凝土的级配和塌落度,并按要求检查试块的养护、制作和试压结果。

混凝土构件采用尺和方格网全数检查。

3.1.8.3　特殊工序质量保证措施

1. 成品保护措施

本工程量大,为确保工期,必须有许多工序提前插入,且会与主体工程的施工进行交叉作业。所以工程在施工过程中,有些分项、分部工程可能会提前完成,如果下道工序对已施工的成品不加注意,或不采取妥善的措施加以保护,就会造成既有成品的损坏或破坏,影响工程质量。就会造成增加修补工作量,浪费工料,拖延工期;更严重的是有的损伤难以恢复到原样,成为永久性的缺陷。在施工过程中要做好成品防护措施。

针对成品保护做一下工作:

(1)首先教育全体职工树立质量观念,对国家、对业主负责、自觉爱护公物、尊重他人和自己的劳动成果,施工操作时珍惜已完成的和部分完成的成品。

(2)合理安排施工顺序,按正确的施工流程组织施工,即合理的施工程序、客观上起到成品保护作用,是进行成品保护的有效途径之一。

(3)对成品进行直接保护,按照施工经验,比较有效的成品保护措施主要有护、包、盖、封四种措施。

护:就是提前进行保护,以防止成品可能发生的探伤和污染。

包:包就是进行包裹,以防止成品被损坏或污染。

盖:就是表面进行覆盖,以防止堵塞、损伤。

封:就是局部封闭。

（4）加强成品保护的监督检查工作

在工程项目施工中，必须充分重视成品保护工作。即使生产出来的产品是优质的，若保护不好，遭受损伤或污染，那也将成为次品和不合格品。所以在施工过程中加强对成品保护，除合理安排施工顺序和采取有效的对策、措施外，还必须加强对成品保护，除合理安排施工顺序和采取有效的对策、措施外，还必须加强对成品保护工作的监督检查。此项工作由项目经理指定负责施工生产的负责人和技术负责人直接负责管理。在成品交付业主使用前，项目经理指派专人看护。

2. 履行合同的技术措施

（1）切实落实施工技术分工责任制，技术负责人负责制，保证技术工作的制度化、规范化、标准化。

（2）严把"三关"

1）严把"图纸"关，对施工设计图纸进行认真复核、审查，并做好技术交底工作。

2）严把"测量"关，配备先进的测量仪器，如全站仪、精密水准仪等，成立专业测量组，严格按照测量复核制度进行施工、施工过程及施工验收等阶段的测量工作，保证工程质量。

3）严把"试验"关，建立工地试验室，配备齐全的设备器具和经验丰富的试验工程师，负责本工程的试验检查和原材料送检工作。严格进行各种土工试验和压实度检验工作，积极配合现场监理工程师完成其他试验工作。

（3）建立工程档案室、配备专职资料员，负责做好整个施工工程中，无论使用单位何时对工程质量提出意见，我司将及时予以解决。

3.1.8.4　质量通病的防治

工程质量好坏很大部分取决于防治"渗、漏、壳、裂、堵"等质量通病，对质量通病，我司将参照以往施工经验主要做法是：减少质量通病的出现除了要有必要的技术措施外，需要有严密的质量管理措施和监控措施，要求施工现场各层管理人员及施工人员对工作质量引起重视，对重点防治基础上成立 QC 专题公关小组，有针对性地予以防治，以下是我们列出本工程重点质量通病的防治措施，如本公司中标，我们将进一步编制科学、合理、先进、经济、详细、周密的专项质量通病防治方案。

1. 防止管道工程中线定位及高程控制的防治

（1）现象

管道空间定位位置及高程控制不准，坡度方向偏差。

（2）分析原因

1）设计图上未全部明确标出管道的起点、终点及转折点与地下物的数据关系，图纸设计深度不够。

2）设计图上同时给出了管道的主点和控制点，与实际道路中心线或建筑物轴线不平或不垂直、相互矛盾。

3）管线主点之间线段定位偏位。

4）管线高程控制临时水准间距太大。

5）高程控制网精度选择不够。

（3）预防措施

1）加强图纸交底，仔细地阅读图纸并进行图纸会审。

2）在管线走向与道路中心线轴线平行或成角度时，严格根据设计提供的数据进行管线定位。

3）当管道规划设计图纸上同时给出管道主点坐标和主点控制点时，应根据控制点定位。

4)当管道规划设计图纸上给出管道主点坐标而无控制点时,应于管道线近处布设控制导线,采取极坐标法与角度交汇法定位。

5)在管道施工时,要沿管线敷设方向布置临时水准点,如现场无固定物时,应提前埋设标桩作为水准点,临时水准点可根据现场地形进行布置。临时水准点间距,自流管道和架空管道应不大于200m,其他管线埋置距离不大于300m。

2. 防止路基回填密实度不足的控制

加强技术交底工作,使施工技术人员和施工作业人员了解基本操作规程严格控制回填厚度,按设计或规范要求的虚铺厚度进行回填。并按设计或按设计规范要求进行分层碾压。在施工过程中严格管理,在填土前技术交底中项操作人员讲明夹带有大块及有机杂物的危害,使用前操作人员能自觉遵守。沟槽回填时应将槽底木料、旱帘等杂物清楚干净,路基填筑前清楚地面杂草、淤泥等,过湿土及含有机质的土一律不得使用,过湿的土经晾晒和饿灰处理,接近至最佳含水量时再摊铺压实。

按段分层夯实,对容易造成接茬处压实不密实,分层超厚而达不到密实度要求。为此在施工中按规范要求分段、水平、分层回填,段落的断头每倒退台阶长度不小于1m,在接填下一段时碾轮要与下一段碾压过的端头重叠。槽边弯曲不齐,应将槽边切齐,使碾轮靠近碾压,对于检查井四周边或其它构筑物附近的边角部位,应用冲击夯进行夯实。

3. 混凝土质量通病的防治

(1)蜂窝

1)现象

混凝土结构物出现蜂窝。

2)原因

混凝土配合比不当或砂、石子、水泥材料加水计量不准,造成砂浆少,石子多。

混凝土搅拌时间不够,未搅拌均匀,和易性差,振捣不密实。

下料不当或下料过高,未设串筒使石子集中,造成石子砂浆离析。

混凝土未分层下料,振捣不密,或漏振、振捣时间不够。

模板缝隙未堵严,水泥浆流失。

钢筋较密,使用的石子粒径过大或塌落度过小。

3)防护措施

认真设计、严格控制混凝土配合比,经常检查,做到计量准确,混凝土搅拌均匀,塌落度适合。混凝土下料高度超过2m应设串筒或溜槽。浇灌应分层下料,分层振捣,防止漏振。模板缝应堵严密实,浇灌中,应随时检查模板的支撑情况防止漏浆。

如有出现局部有小蜂窝现象,将蜂窝处清洗干净后,用1:2的水泥砂浆抹平压实,较大蜂窝,凿去蜂窝处薄弱松散颗粒,刷洗干净后,支模用高一级细石混凝土仔细填塞捣实,较深蜂窝,如清除困难,可埋压灌浆管、排气管,表面抹砂浆或灌筑混凝土封闭后,进行混凝土压浆处理。

(2)表面不平整

1)现象

混凝土表面凹凸不平,或板厚薄不一,表面不平。

2)产生原因

混凝土浇筑后,表面仅用铁锹拍子,未用抹子找平压光,造成表面粗糙不平。

模板未支撑在坚硬的土层上,或支撑面不足,或支撑松动、泡水,导致新浇筑混凝土早期养护时发生不均匀沉降。

混凝土未达到一定强度时,上人工操作或周转材料,使表面出现凹陷不平或印痕。

3)防治措施

严格按施工规范操作,灌注混凝土后,根据水平控制标准或弹线用抹子找平、压光,终凝后浇水养护。模板应有足够的强度、刚度和稳定性,应支撑在坚实的地基上,有足够的支撑面积,并防止浸水,以保证不发生下沉;在浇筑混凝土时,加强检查,混凝土强度达到强度后,方可在已浇筑的结构物上走动。

(3)强度不够、均匀性差

1)现象

同批混凝土试块的抗压强度平均值低于设计要求强度等级。

2)产生的原因

水泥过期或者受潮,和易性差,砂石集料级配不好,孔隙大,含泥量大,杂物多,外加剂使用不当,掺量不准确。

混凝土配合比不当,计量不准确,搅拌过程中随意加水,使水灰比增大。

混凝土加料顺序颠倒,搅拌时间不够,搅拌不均匀。

冬季施工,拆模时间过早或早期受冻。

混凝土试块制作未振捣密实,养护管理不善,或养护条件下不符合要求,在同条件养护时,早期脱水或受外力砸坏。

3)防治措施

水泥应有出厂合格证,新鲜无结块,过期水泥经试验合格后才可使用,砂、石子粒径、级配、含泥量等应符合要求,严格控制混凝土配合比,保证计量准确,混凝土应按顺序搅制,保证搅拌时间和拌匀,防止混凝土早期受冻,冬季施工用普通水泥拌制,强度达到 45% 以上时,如混凝土遭受冻结,按规范要求认真制作混凝土试块,并加强对试块的管理和养护。

当混凝土强度偏低,可用非破损方法(如回弹仪、超声波法)进行测定混凝土结构物的实际强度,仍不能满足要求,可按实际强度校核结构的安全度,研究处理方案,采取相应的加固和补强措施。

3.1.8.5　质量奖惩措施

工程开工前,分别由公司对本工程项目经理部,签定工程质量包保责任合同,通过合同的形式明确各级的质量责任和奖惩条件,以强化质量管理,进一步明确工程质量责任制和工程质量终负责人负责制,使本工程项目确保创优良工程质量等级。

1. 完善质量管理制度

(1)认真贯彻国务院办公厅国办发[1999]16 号"国务院办公厅关于加强基础设施工程质量管理的通知"精神,严格实行质量负责制和质量终身责任制,实行企业法人代表、项目负责人、各级技术人员及工班负责人对工程质量负相应责任,层层签定质量责任书,对工程质量实行终身负责制。

(2)建立健全各项质量管理制度,即"技术岗位责任制"、"图纸会审制"、"方案评审制"、"技术交接制"、"测量复测制"等,使技术管理标准化规范化。

(3)严格执行各项质量检验程序,通过全方、全过程的质量控制,确保创优目标的实现。对生产过程进行有效的质量监控。检测工作按照"跟踪检测"、"复检"、"抽检"三个程序进行。坚持严格的质量评定和验收制度。并实行"三工三查"制,即工前交底,工中检查指导和工后总结评比,并做好自查互查交接检查等工作。

（4）建立挂牌施工制度，每个工程开工时都要有主管领导亲自挂牌，明确创优目标，明确创优责任人，把施工负责人、技术负责人、质量监控负责人写在施工牌上。

2. 现场质量监控措施

（1）根据制定的质量目标，开展目标管理。制定各项管理指标，从项目部到处、班组逐步分解，层层抓落实，保证质量总目标的实现。

（2）开展程序化、规范化作业，对生产的全过程进行质量监控，在施工的各个环节上严把质量关，特别加强对关键部位的质量控制，施工人员必须进行岗位培训，严格执行持证上岗制度，同时项目部质检人员自始至终对关键部位的施工进度跟踪检查，做好质量管理的事先预控工作。

（3）做好现场质量监控记录，做到真实、准确、具有追溯性。

3. 材料进货检验措施

加强对施工材料的管理。所有工程材料均从合格的供应方购入。同时做好材料的检测验证工作，所有进入工地的材料需经检验认可后方可用于施工。

如遇下列情况之一者，必须经试验合格后方准使用：

（1）由于运输保管不当或超期储存可能发生变质。

（2）材料外观有变质现象。

（3）对材料的性能和效果不熟悉或有疑问。

（4）由于工程结构重要或设计上有特殊要求。

3.1.9　安全生产保证措施

3.1.9.1　安全生产目标及措施

1. 安全生产目标

杜绝较大（及以上）施工安全事故；杜绝较大（及以上）道路交通责任事故；杜绝较大（及以上）火灾事故；控制和减少一般责任事故。如发生安全事故愿意接受建设单位处罚，并自行妥善处理好安全事故。

2. 安全保证体系

坚持"安全第一，预防为主，综合整理"的方针，按照 GB/T28001 职业健康安全管理体系标准的要求建立安全生产保证体系。

（1）安全生产管理组织机构

为实现安全目标，本工程设立以项目经理为第一责任者的安全生产领导小组，对本工程的安全生产工作负总责；施工现场负责人为安全生产的直接责任人；技术负责人为安全生产的技术负责人；项目经理部分别设安全部，配备安全工程师；工程队配兼职安全员，自上而下形成安全生产监督、保证体系。

（2）建立健全安全生产管理制度

三级管理制度

实行安全生产三级管理，即一级管理由项目经理负责，二级管理由安全工程师负责，三级管理由工程队队长负责。

安全生产责任制度

贯彻国家有关安全生产的法律、法规，严格执行现行《市政工程施工安全技术规程》，突出安全管理重点，划分安全责任区，制定安全包保责任制，逐级签订安全承包合同，明确各级岗位职责,同时建立与经济挂钩的激励约束机制。使参建员工都能遵守安全规定,互相监督,协调配合,尽职尽责,堵塞漏洞,消除不安全因素,充分体现"安全生产、事事相关、人人有责",达到全员参与、全面管理,实现安全生产目标。

3. 安全保证措施

(1)保证安全生产组织措施

根据安全保证体系,建立健全安全生产管理机构,成立以项目经理为组长的安全生产领导小组,全面负责并领导本标段的安全生产工作。施工现场负责人为安全生产的直接责任人,技术负责人为安全生产的技术负责人。

(2)保证安全生产管理措施

1)建立健全安全管理制度

根据工程特点,制定有针对性的安全管理制度:各种机械的安全作业制度;安全用电制度;施工现场安全作业制度;防洪、防火、防风措施;城区作业安全措施;跨线作业安全措施;起重作业安全制度;各种安全标志的设置及维护措施等。

2)做好安全生产教育与培训

根据安全保证体系要求,开工前,对所有施工人员进行岗前安全教育。主要内容包括安全生产思想教育、安全生产法律法规教育、安全生产技术培训、事故案例分析等。全体施工人员每年必须接受不少于两次的安全教育,无正当理由不得拒绝安全教育和培训。安全教育必须有记录。对于从事电器、起重、高空作业、焊接等特殊工种的人员,经过专业培训,获得《安全操作合格证》后,方准持证上岗。安全部门组织实施安全教育和培训,不定期地组织安全宣传活动。

因公出差或因病请假等原因不能按时接受安全教育的员工,必须在回来后两周内到安全部门进行安全教育的补课,并有安全教育记录。

(3)搞好安全生产检查

1)开工前的安全检查

主要内容包括:施工组织设计是否有安全措施,机械设备是否配齐安全防护装置,安全防护设施是否符合要求,施工人员是否经过安全教育和培训,安全责任制是否建立,施工中潜在的事故和紧急情况是否有应急预案等。

2)定期组织安全生产检查

每月组织安全生产大检查,积极配合上级进行专项和重点检查;作业队每周进行安全检查,班组每日进行自检、互检、交接班检查。

3)经常性的安全检查

安全工程师、安全员日常巡回安全检查。检查重点 .? 油库及危爆物品管理、施工用电、机械设备、模板工程、高处作业等。

4)专业性的安全检查

针对施工现场的重大危险源,对施工现场的特种作业安全、现场的施工技术安全、现场大中型设备的使用、运转、维修进行检查。

5)季节性、节假日安全生产专项检查

针对冻害、洪灾等季节性灾害的安全防护措施、设施的检查;在节假日前后,进行生产现场和生活驻地全面安全检查,确保安全度过节日,并顺利进行下一步施工。

(4)做好危险性较大工程的安全技术方案的编制审批

开工前制订安全生产保证计划,编制安全技术措施,并逐级上报审批,确保施工方案的安全可靠。对于基坑工程、临时支架工程、模板工程及施工用电等安全重点防范工程，由项目经理部技术负责人组织安全环保部和工程技术部以及作业队的安全、技术人员结合现场和实际情况，单独编制安全技术方案，报项目经理审批后方可进行施工。

4. 施工过程安全措施

(1)根据本标段路基施工的特点，我们对于每一道工序在开工作出详细的施工方案和相应的安全措施，并在施工过程中督促检查，严格落实执行。

(2)在路基开挖施工中，对坡度较大的断面应认真测量放线，做到不超挖，在作业过程中，随时观察土质动向，防止滑坡，确保机械与人身安全。

(3)对手持电动工具应随时检查，不得使用不合格电动工具。

(4)进入施工现场必须佩戴安全帽，服从现场指挥。

(5)所有机械设备做到定期检查维修保养，对机械操作人员进行经常性的业务技术培训，使其不断提高操作水平。

(6)对机械司机加强班前班后教育，严禁酒后开车，做到文明行车，安全驾驶，确保设备及人身安全。

3.1.9.2　交通安全措施

(1)施工前积极主动与当地政府、公路交通主管部门、建设单位等部门共同制订在施工期间保护公路设施，维护交通安全畅通协议，接受商务区、交通、社会、政府部门的监督。

(2)施工期间，确保舒畅既有交通线路与正常施工两不误，决不封道施工或停工疏导交通车辆，必要时采用临时便道、架空施工、增设车辆会让场所等措施。对既有道路、临时便道要经常检查，加强日常养护，保证施工期间正常使用，确保路面平整、无坑槽，路拱适度，无积水，边沟排水畅通。干燥路面应经常洒水养护，泥泞路段应及时换填材料，以确保施工期间交通安全，道路畅通。

(3)施工期间利用当地公路运输施工用料的车辆应遵守交通规则。决不乱停乱放，随意装卸。

(4)刮风天要加强对施工地段所有交通道路的巡回检查，发现险情立即组织抢险队伍进行妥善处理。

(5)本合同段交叉路口多，各路口设置醒目安全标志牌并派专人进行警戒。各交叉路口与桥涵施工处除派专人进行警戒外，增设照明设施，保证夜间行车安全。

3.1.9.3　其它安全保护措施

1. 技术措施

(1)在编制施工组织设计和各分项工程的施工方案时，必须有切实可行的安全保证措施。

(2)做好洞口的安全防护工作。

(3)施工现场全面实行施工证制度作业人员凭证进场施工，施工证做到醒目、整齐、标准、配戴一致。

(4)加大安全宣传力度。施工现场要悬挂醒目的安全标语，危险地方要挂安全警示牌，实行班前喊安全语制度，定期举办安全板报，在职工中广泛开展"安全周"、"安全月"、"百日安全无事故"活动，提高全员安全意识。

(5)对高温季节、冬、雨季要制定专项的安全技术保证措施，确保施工安全。

(6)夜间施工通道均搭设安全防护棚。

(7)加大安全生产奖罚力度，严厉处罚各种违章行为，消灭违章作业现象。

(8)严格依照《中华人民共和国消防条例》的规定,在施工现场设置符合消防要求的消防设施,并保持完好的备用状态。

2. 机械安全

(1)所有进场施工机械设备均由项目动力物资部主管,安排人员在投入使用之前进行检修保养,确保机械性能符合操作要求,在施工中按公司规定定期进行保养。

(2)操作人员在操作时,如遇到危险场地,应要求现场指挥人员安排安全措施,现场指挥在作业过程中,不得离开现场。

(3)土方施工时,同时作业的相邻机械设备之间应有一定距离的安全空间,否则,不得同时作业。

(4)机械操作人员如怀疑机械有故障,应及时报告,动力部安排人员进行检修,合格后方可投入使用。

(5)机械操作手在操作机械的过程中,应完全按照相应安全操作规程进行操作,因操作不当,造成事故的,要追究其责任。现场指挥人员不得指挥操作手违反操作规程,操作人员对指挥人员违反操作规程瞎指挥的,有权予以拒绝,并向项目生产副经理报告。

(6)对拌和站等需在施工现场进行组装的大型机械,须由专业人员组装或指导协助组装,组装完毕应进行调试,调试合格后方可投入使用。调试时不仅要调试机械的使用性能,还应检查机械各部位的运行情况和安全性。

3. 用电安全

(1)加强施工现场临时用电的管理。首先是编制临时用电施工组织设计,严格按照"三相五线制"搭设,做到三级配电,二级保护线上全面采用标准铁壳配电箱,所有机电设备必须安装漏电保护装置,做到一机一闸,电气开关有门有锁。

(2)施工前对施工现场通过的高空、地下电力线路进行详细调查,探明其电压、离地高度、埋设深度、外线线缆类型等,绘制分布图,在施工组织设计中落实安全方案。施工时,作业机械如挖掘机等应与高空线路保持安全距离,并不得用挖掘机直接挖开地下电力线路。

(3)所有现场配电线路均应由专业电工完成安装、调试,其他人员不得私搭乱接,一经发现,予以重罚。

(4)所有现场配电线路均采用 TN-S 系统,设置专门的保护零线,防止触电事故的发生。

(5)照明灯具的外壳也必须做保护接零,单相回路的照明开关箱内必须装设漏电保护器。

(6)施工中,对现场配电线路的选择要进行安全计算,计算书必须经项目技术负责人审核。架设好的现场配电线路应进行保护,防止施工过程中,损坏线路造成事故。

(7)每个作业班组每天必须做用电记录,对现场发电机还应按规定做好机械运转记录。

(8)电工在安装、调试、使用过程中,对用电线路本身的安全负有主要责任,每天必须做好例检记录,定期检测接地电阻值、保护器的可靠性等。每次维修还应做好维修记录,包括损坏原因分析、维修内容、维修时间地点、采取的措施、维修结果等。对于安全事故的维修还应提出原因分析、隐患排查、处理建议等。

4. 用电保护措施

(1)严格执行国家颁布的《电业安全管理工作规程》中的有关条列,由项目部成立电力安全管理小组,设专职人员负责整个工程的用电管理。定期或不定期地对用电线路及用电设备进行检查,如发现问题及时处理和纠正,将事故隐患消灭在萌芽状态。

(2)照明电路的架设符合《电业安全管理工作规程》及安全供电标准,电线悬挂高度距人行地面的距离,220V 大于 2m,380V 时大于 3.5m,夜间施工时,工地照明满足规程及安全施工要求,施工人员均配备照明用具。

(3)对各种电器设备和输电线路有专人经常进行检查维修,并严格按《电业安全管理工作规程》的规定作业。

(4)施工用的是内外电动机械、照明、电力线路、开关等,必须接线、布线正确、牢靠、符合有关规范要求规定,绝缘性能可靠,负荷适度。各电器设备应配有专用开关,室外开关应装有防水箱。露天安装的动力开关,必须使用自动空气开关。电动机械必须有接地保护。对用电设备应做到定期检查,按期保养,做到对故障排除要及时、彻底。

(5)对电器电路维修必须停电作业。

5. 防火安全措施

对易燃、易爆物品要妥善管理,专人负责。对各电路、用电设备要经常检查,消灭火灾隐患,防火设施要齐全,做到有备无患。木材等易燃物品的堆放,必须远离电器设施。

制定防火安全措施。严守安全操作规程,注意生产生活用电、用气的安全,避免责任事故的发生,在节假日提高警惕,严防犯罪分子纵火破坏。

施工现场的临时库房、易燃料堆放场,配备足够的干粉灭火器、沙箱等必须的灭火器具。施工区周围易引起火灾的杂草等易燃物品,必须事先清理。及时组织人力,消除"三库"库内外的杂草以及易燃物,严禁在库内外生火,严禁使用不合格的电器设备,生活区严禁使用电炉。

定期对消防器材设备进行维修与保养,定期对义务消防队进行防火知识培训,提高灭火能力。

3.1.9.4　保证道路交通畅通措施

(1)本合同段交叉路口多,保证既有通道行车安全非常重要,交叉路口除派专人进行警戒外,同时增设照明设施,保证夜间行车安全。当地交通主管部门的有关规定,把对既有公路交通的影响及确保既有公路畅通做为一项重要内容。

(2)对既有公路交通有影响的工点,配合建设单位,同当地政府、公安交警部门及公路管理部门在程起点设立通告,说明工程情况、交通维护的措施及对行车车辆通过施工地段的具体要求等。

(3)在施工地段的两端竖立显示正在施工的警告标志,施工标志牌。

(4)对既有道路、临时便道要经常检查,加强日常维护,保证施工期间的正常使用,做到路面平整、无坑槽,路拱适度、无积水,边沟排水畅通。干燥路段经常洒水养护,泥泞路段及时换填材料整修,便桥要保证泄洪排水畅通。

(5)施工现场,夜间必须设置照明设备,以确保行人行车安全。

(6)在单车道维持通车地段的适当地点放置会让处,如交通量大时,实行交通管制,配置专人和通讯设备,指挥交通,疏导车辆。

(7)施工所用的工程材料,严禁堆放在既有公路上,各种施工机械、设备不得在既有公路上停置。

3.1.9.5　安全管理

建立、健全各级各部门的安全生产责任制,责任落实到人。各项经济承包有明确的安全指标和包括奖惩办法在内的保证措施。有劳务使用和机械租用安全生产协议书。工人应掌握本工种操作技能,熟悉本工种安全技术操作规程。遵章守纪、佩戴标记。施工组织设计应有针对性的安全技术措施,经技术负责人审查批准。进行全面的针对性的安全技术交底,受交底者履行签字手续。安全管理组织机构详见后附图。

1. 安全检查

建立定期安全检查制度。有时间、有要求,明确重点部位、危险岗位。

2. 安全检查有记录

对查出的隐患应及时整改,做到定人、定时间、定措施。班组"三上岗、一讲评"活动:班组在班前须进行上岗交底、上岗检查、上岗记录的"三上岗"和每周一次的"一讲评"安全活动。对班组的安全活动,要有考核措施。

3. 安全管理网络

安全管理网络由项目经理牵头负责,由现场施工负责人、技术负责人、书记三条线分管共抓。现场负责人分管安全工程师和材料、机务部,具体进行安全措施的制订落实;技术负责人分管工程部、质检部,从技术方案角度来落实安全生产措施;书记分管财务部,主要考虑安全生产措施的预结算和资金。项目经理通过安全工程师,还要建立专职安全员和分包安全员责任制度,并由他们去抓好班组长和兼职安全员,将安全生产落实到人,保证项目的顺利实施。

3.1.10　施工的保证措施

为树立企业良好形象,达到业主文明施工要求,争创文明施工形象标兵,我们将在施工现场合适位置显示下列等文明施工宣传标语:

(1)"百年大计,质量第一"

(2)"质量占市场,安全创效益"

(3)"前方施工,请您绕行"

(4)"为了您家人的幸福,请您注意安全"

(5)"进入施工现场,请您服从指挥"

(6)"为了您的安全,请不要在此逗留"

3.1.10.1　文明施工目标

现场布局合理,环境整洁,物流有序,标识醒目;达到"一通、二无、三整齐、四清洁、五不漏"的标准,创建省、市级文明工地。具体内容如下:

一通:交通平整畅通,交通标志明显。

二无:无头(无砖头、无木材头、无钢筋头、无焊接头、无电线电缆头、无管子头、无钢筋头),无底(无砂底、无碎石底、无灰底、无砂浆底、无垃圾废土底)。

三整齐:钢材、水泥、砂石料等材料按规格、型号、品种堆放整齐;构件、模板、方木、脚手架、堆码整齐;机械设备、车辆摆置整齐。

四清洁:施工现场清洁,环境道路清洁,机具设备清洁,现场办公室,休息室、库房内外清洁。

五不漏:不漏油、不漏水、不漏风、不漏气、不漏电。

为正确贯彻执行安全生产、文明施工的方针和我单位"干一项工程,交一方朋友,树一座丰碑"的文明形象,特制定以下措施:

(1)开展文明施工现场竞赛活动,规范现场管理,实行奖惩制度。

(2)施工现场所有电动机械必须一机一闸,一闸一箱,一箱一锁,专人使用,专人看管。

(3)派有经验的专人协调周围的关系,给工程施工创造一个良好的外部环境,土方运输避免尘土飞扬;施工场地做到工完料净。

(4)施工前积极主动与公路交通主管部门,建设单位等部门,共同制订在施工期间保证交通安全畅通的协议,接受公路、交通、社会等部门的监督,积极推动两个文明建设。

(5)施工人员驻地实行公寓化建设,统一配备生活、卫生设施,认真开展爱国卫生运动,接受当地卫生部门的检查监督。

(6)施工现场场地平整,材料设备堆放整齐有序,标志齐全、醒目。在施工现场必须做到工完场清,按原来标准迅速恢复被破坏的设施。

(7)加强施工生产的环境保护工作,根据地区特点,针对性的采取措施,以最大限度地减少对施工环境的破坏。对环境绿化生态体系的保护,除非必要时不得破坏,已破坏的应尽可能预以恢复。堆土临时用地尽量少占农田、耕地。

(8)建设文明工地,采取有效措施,消除施工污染。

3.1.10.2　文明施工管理体系

项目经理部成立以项目经理为组长的文明施工领导组,各工程队成立文明施工小组,共同组成上下级一体的文明施工管理体系。按照国家、建设部、建设单位以及当地政府的规定和要求,对现场文明施工进行监督、检查、指导,实行全员参与、全过程控制。对违反文明施工的行为,责令限期整改或停工整顿,必要时对责任人进行处罚。

3.1.10.3　文明施工措施

1. 组织领导

成立以项目经理为组长的文明施工领导组,党政工团齐抓共管,项目经理部的工作人员也要经常深入施工一线,对现场文明施工进行监督、检查、指导,对违反文明施工的行为,责令限期整改或停工整顿,必要时对责任人进行处罚。各工程队成立以队长为组长的现场文明施工小组,负责各施工区域内的现场施工管理工作,并结合实际情况制定文明施工管理细则。

2. 健全管理制度

项目经理部要明确文明施工的目标、规划以及文明施工措施,定期和不定期召集相关人员进行现场检查,总结学习和交流经验,并针对检查中发现的问题展开讨论,确定整改原则和方向。

结合本工程实际情况,各工程队文明施工小组成员明确分工,落实现场文明施工责任区,制定相应规章制度,确保现场文明施工管理有章可循。

3. 加强思想政治工作

加强思想政治工作,大力开展文明施工宣传活动,统一思想,使全体员工认识到文明施工是企业形象、队伍素质的反映,是安全生产的保证,是工程优质快速施工的前提,增强全员文明施工意识。

对施工人员进行文明施工教育,建立健全岗位责任制,签订文明施工责任书,把文明施工责任落到实处,提高全体施工人员文明施工的自觉性,增强文明施工意识,树立企业文明施工形象。

施工期间,认真了解、切实尊重当地群众的宗教信仰和民族风俗、习惯,遵守国家有关的法律、法规,积极主动搞好民族团结。

4. 文明施工技术措施

施工现场悬挂"四牌三标",悬挂时要齐全、美观、整齐,各种标牌按照规定的材料、式样、颜色、内容等标准格式统一加工制作。

现场施工作业人员在工作期间统一着装,佩戴安全帽。施工负责人、质量、安全检查人员佩戴红色袖标。各级负责人及施工人员一律挂统一制作的胸卡上岗。

作业场所有安全操作规章制度,现场的水、电、油、气及取暖设施安装规范、安全、可靠,建设安全文明标准工地。

按照批准的施工组织设计平面布置图修建生产生活设施,认真搞好施工现场规划,严格按照施工组织设计平面布置图划定的位置堆放成品、半成品及原材料。

施工现场内加工场地、预制场地、材料堆放场地采用混凝土硬化。所有材料分类存放、堆码整齐,并悬挂标识牌。做到布局合理,井然有序,尽量少占或不占农田,对施工中破坏的植被,施工完后予以恢复。

驻地生产区及生活区分片规划,房屋布局合理,符合消防环保和卫生要求。做到场地平整、排水畅通。各种设施安装符合安全规定,并定期进行检查。办公室的墙面悬挂(张贴)现场总平面布置图、施工形象进度图,组织机构、工作职责、工作制度。各种福利设施、活动场所设置齐全,并有专人管理,为参建员工提供良好的娱乐和休息环境。

施工所用机械设备、材料存放避免侵入已完工路面限界,且不影响交通。如需占用其它路面,要征得商务区公司同意并办好有关手续,占用路面地点前后按规定设置警示牌及夜间警示灯。

施工机动车辆按规定进行维护保养,保持良好工作状态。工作时遵守地方政府及交警部门的管理规定,遵守《中华人民共和国道路交通安全法》,自觉维护交通秩序,文明驾驶,礼让三先,保证运输畅通。

大型机械施工噪音较大的施工场所,限定作业时间或采取相应的降噪措施,给居民以良好的休息环境。

工地油库、料库等设于远离居民区和施工点,并设置围栏等防护措施,派专人看守防护。

每项作业完工后,及时清理施工场地,周转材料及时返库,做到工完料净、场地清洁。工程完工后,工程队伍文明撤离。

5. 环境卫生管理

制定生活和环境卫生管理制度,搞好职工宿舍卫生和食堂的饮食卫生,生活区专人打扫卫生,水沟定时清扫,区内设置垃圾箱。

食堂申办卫生许可证,生、熟食分开操作,熟食设防蝇罩,炊事员持有效的健康证明上岗。

对地区性的疫病和卫生防疫状况进行调查了解,制定应急预案,当有疫情发生时启动应急预案。

工地设置能冲洗的厕所,派专门人员清理打扫,并定期喷药消毒,以防蚊蝇滋生、病毒传播。

6. 城区文明施工措施

(1)做好社区服务工作。工地有专人负责协调与周围居民、所在地居委会、市政交通、环卫等单位的横向关系,听取他们对工程建设的有关意见,保证工程文明施工,使工程成为爱民工程、便民工程。

(2)施工区域与非施工区域设置钢围挡,并做到连续稳固、整洁、美观和线型和顺。施工区域的围护设施如有损坏要及时修复。

(3)在施工的路段要有保证车辆通行宽度的车行道、人行道和沿街居民出行的安全便道。

(4)凡在施工道路的交叉路口,均应按规定设置交通标志(牌),夜间设示警灯及照明灯,便于车辆行人通行。如遇大风、暴雨季节要派人值班,确保安全。

(5)不得侵占车行道、人行道。施工中要加强对各种管线的监护。

(6)施工中必须采取有效措施,防止渣土洒落,泥浆、废水流溢,控制粉尘飞扬,减少施工对市区环境和绿化的污染,严格控制噪音。

(7)在靠近居民区进行挖土、支撑和浇捣混凝土时,要尽量避免夜间施工,保证在晚上十点至凌晨六点期间内,噪声不大于50dB。

(8)在无法避免的施工噪声影响居民和行人的情况下,施工管理人员要耐心地做好群众的解释和安抚工作,并针对具体情况做出合理安排。

(9)现场吊装和拆除支架构件时,由专人指挥,做到稳吊轻放,严禁从高空抛扔,减少噪声。

(10)晚间施工照明要防止灯光直射居民区,以减少对居民的影响。夜间要配有足够的照明,保证行人安全。临时道路转弯处夜间要设置警示灯,保证车辆行驶安全。夜间埋设管线开挖道路时,应设置临时围栏,并在围栏顶挂上警示灯。

(11)配合市区环卫工人搞好周边环境、街道卫生等工作。制定生活和环境卫生管理制度,生活垃圾集中纳入城市垃圾处理系统。所有生活和其它污水必须分别处理后方能经排水管道排入市政排水管网。

(12)不随意丢弃一次性塑料餐具和塑料袋废弃物,应将其统一收集并投放于城市垃圾处理系统的垃圾收集站、点。

3.1.11　环境保护措施

3.1.11.1　环境保护措施

(1)切实贯彻环保法规,严格执行国家及地方政府颁布的有关环境保护、水土保护的法规、方针、政策和法令。在编制实施性施工组织设计时,把施工生产的环保工作作为一项内容,并认真贯彻执行。

(2)加强施工生产中的环境保护工作,根据地区特点,针对性的采取措施,以最大限度地减少对施工环境的破坏,绿化生态体系实现最大程度的保护。

(3)创建文明工地,采取有效措施,消除施工污染。对工程垃圾、生活垃圾等要及时处理。拌和站在施工要尽量降低施工噪声污染,减少对当地居民正常工作和生活的影响。

(4)运输砂石和弃碴在夜间进行,车载不得过满,采取遮挡措施,防止在运输过程中沿途抛洒扬尘。

(5)沙漠地区植被稀疏,在施工作业中应妥善保护,路线两侧尚存植被不得随意损坏,注意保护沙漠环境。

(6)临时占用道路、人行道,必须严格执行申报审批规定,经批准后,按要求占用,完工后及时恢复。在路基施工中路基两侧植被尽可能的保留,以免对自然景观的破坏。

(7)强化环保管理。建立健全企业的环保管理机制,定期进行环保检查,加强对环保知识、环保政策的宣传教育,及时处理违章事宜,并与地方环保部门建立工作联系,接受社会及有关部门的监督。

(8)按施工总平面布置图设置各项临时设施。堆放大宗材料、成品、半成品和机具设备,不得侵占场内道路及安全防护等设施。

施工现场设置明显的标牌,标明工程项目名称、建设单位、设计单位、施工单位、项目经理和施工现场总代表人的姓名,工程开、竣工日期。

(9)沿路基右侧设贯通全线的施工便道以及利用的村道应有专人养护,经常洒水,杜绝扬尘。

(10)施工机械进场必须经过安全检查,合格后方可使用;机械操作手必须建立机组责任制,并持证上岗;机械按规定的位置行驶和停放,不得任意侵占场内其他位置。

(11)保证现场道路畅通,排水系统处于良好使用状态;保持场容场貌整洁,随时清理建筑垃圾,在车辆、行人通行地方施工应设置沟井坎穴覆盖物和施工标志。

（12）在施工场地设置围挡，非施工人员不得擅自进入施工现场。各类必要的职工生活设施，并符合卫生、通风、照明等要求，职工的膳食、饮水供应等应符合卫生要求。

3.1.11.2　消防

消除一切可能造成火灾、爆炸事故的根源，严格控制火源、易燃物和易爆物品的贮存。生活区及施工现场特别是材料场配备足够的灭火器材，并同当地消防部门联系，加强消防工作。

工地及生活区的动力及照明系统派人随时检查维修养护，防止漏电失火引起火灾。

3.1.11.3　治安

现场设派出所，进场后与当地治安部门取得联系，与地方治安部门成立联防小组，维护施工期间治安。同时加强职工内部教育、管理，防止与周围群众发生冲突、打架等。

3.1.11.4　防大气污染措施

（1）水泥、石灰等易飞扬的细颗粒散体材料应采用封闭式库房存放。搬运时必须采取有效措施，防止遗洒飞扬，禁止露天存放。

（2）回填土时，土壤上必须经常洒水，石灰的熟化和灰土施工必须与洒水配合，防止扬尘。

（3）严禁烧煤、木材等发烟物质。

（4）现场严禁使用敞口锅熬制沥青，必要时要使用密闭和带有烟尘处理装置的加热设备，并严禁在现场焚烧油毡、油漆以及其它可能产生有毒有害烟尘和气体的物质。

3.1.11.5　防水污染措施

（1）现场作业产生污水禁止随地排放，必须定量引入沉淀池沉淀后方可排入市政管线。

（2）食堂必须按规定设置隔油池，并加强管理，定期掏油，污水经沉淀后再排入市政管线。

（3）现场设置专用的油漆油料库。油库内禁止放置其它物品，库房地面和墙面要做防渗漏的特殊处理。储存、使用和保管要专人负责，防止油料的跑、冒、滴，污染水源。

（4）现场内禁止使用乙炔发生器。

（5）现场厕所必须采用封闭式，粪便必须经化粪池后方可外排。

3.1.11.6　防噪声污染措施

（1）现场施工时间一般控制在早六点至晚十点之间。如特殊情况必须与当地府部门和群众协商后方可施工，施工中必须严格控制噪声扰民。

（2）现场的噪声机械必须设置封闭的机械棚，经减少噪声污染，或采用消声降噪的施工机械。

（3）经常性地对工人进行环保知识教育，加强管理，减少人为噪声扰民。

（4）定期对施工现场的噪声进行监测，对不符合要求的超标现象，必须采取措施进行整改，以保障施工现场的环境保护工作正常运行。

3.1.12　进度保证措施

3.1.12.1　工期保证体系

根据招标文件要求，结合本工程的特点、重点、难点，为确保施工进度计划和工期安排得以顺利实现，中标后立即成立××市市政工程二标段项目经理部，抽调责任心强、技术过硬、类似工程施工经验丰富、精于管理的骨干人员，组建精干高效的项目指挥机构及专业化的施工作业队伍，专业化施工作业。投入足够施工资源、提高机械化作业程度、采用新技术、新材料、新设备、新工艺、精心组织，合理安排、精心施工，确保优质、高效、快速、有序地完成项目施工任务。确保 270 个工作日内完成合同内的全部内容，达不到上述承诺愿意接受业主对我单位的处罚。

3.1.12.2　技术组织措施

1. 施工准备工作

超前作好思想准备、组织准备、技术准备和物质准备。为了对本工程项目标前竞争和标后实施作好超前准备,我单位已落实项目班子和主要管理人员以及由各类工种组成的基本队伍,提前做好全员技术培训,实行先培训再考核上岗制度,提高全体参战员工的技术素质;对于重点和难点工程,已有足够的技术储备;拟投入的主要机械设备进行了保养维修;测量、项目前站人员作好出发准备。一旦中标,保证在最短时间内进场开展工作,积极参加建设单位、监理单位对水准点与坐标控制点的移交工作,办理施工范围内施工临时用地等工作,严格按照施工组织设计合理布置临时工程设施,做好水、电、路、场地内"三通一平"、确保进场快、安点快和开工快,抓住有利施工季节,为施工创造良好开端。

2. 组建一个精干高效的项目班子

由有丰富施工经验和管理经验的长期从事市政工程项目管理且具有一级建造师资质的人员担任项目经理,并且授予项目经理在本标段人事、机械设备、物资和资金的调配、使用和管理权力;选派经验丰富、事业心强的专家担任本项目的技术负责人;选派长期在各个项目指挥岗位、具有丰富生产组织指挥经验的中职人员担任项目各主要部门负责人,确保项目顺利实施。

3. 投入专业化的施工队伍,组织快速施工

抽调技术熟练、曾经施工过市政工程的队伍投入施工。挑选具有长期类似工程施工操作经验,较强的技术素质和专业技能的青壮技工担任现场主要工序操作手和工班技术骨干;安排年富力强有较强管理能力的技术人员组成一线管理队伍,对所有参加施工人员进行岗前培训,提高技术素质和工作效率。

4. 技术保证工期

根据本工程的技术难点和环境特点,选择先进的施工方法。对于深基坑的施工,需根据现场勘探,提出几种比选方案,保证质量,优化工期,确定切实可行的实施性施工方案。施工中,广泛开展"小发明、小创造、小革新、小建议、小改进"五小活动,充分发挥科技生产力作用,加快施工进度。在施工过程中,运用统筹法和网络计划技术,对整个工程实施动态管理。在经过周密调查研究,取得可靠资料的基础上,编制可行的施工计划。合理安排工序,紧紧抓住关键工序不放,正确处理各工序之间的矛盾,做到环环相扣,井然有序。坚决杜绝计划执行过程中的随意性,使整个施工过程时时处于受控状态。

5. 做好施工保障工作

首先协调好与地方政府和群众的关系,把工作做到前面,以减少对群众的干扰,为施工全面展开创造条件;其次,细致了解掌握当地水文天气等方面的信息,制定可行的特殊季节施工措施,合理安排施工顺序,落实到位,保证进度。再次,做好设备的选型和配件供应工作,贯彻高效耐用和宜修的原则,型号宜少不宜多,备足易损件。

3.1.13　施工总平面布置图

3.1.13.1　施工总平面布置

根据工程规模和工期进度的要求,拟安排 3 个管网作业队、2 个路基作业队、1 个基层作业队、2 个路面作业队、1 个综合作业队,共计 9 个专业工程施工队承担本标段的施工任务。施工队伍部署及任务划分详见下表:

施工队伍部署及任务划分表

工程队	人数	任务划分	备注
路基、管网作业队	150 人	承担本工程路基土石方工程,包括沟槽土方。雨、污水管安装,检查井、进水井的砌筑工程。	
综合作业队	50 人	承担本工程路基防护、路面清扫、便道维护、交通指挥。	
基层作业队	90 人	承担道路、人行道基层水稳定基层施工。	
路面作业队	120 人	承担混凝土路面、人行道步砖、交通工程基础施工。	

3.1.13.2 临时设施布置

1. 施工便道

本工程位于王家墩中央商务区内,区内有部分道路已完工,可通行至本工程各工区,材料运输及施工车辆通道按王家墩中央商务区建设投资股份有限公司指定行驶路线,各施工区由已完工通行道路引入。

道路红线范围内,为配合管网施工时大型设备调运材料,根据现场实际情况修筑砖渣便道。砖渣便道采用 30cm 厚砖渣,路面宽 6.0m。横向双侧排水,横坡 4%。便道两侧设排水沟。

2. 生产、生活房屋

本工程驻地办公生活区及稳定碎石拌合站设在 C 号路终点处,设办公室、宿舍、食堂、浴室、厕所等办公生活设施,生产用房主要是在稳定碎石拌合站内搭设简易工棚,

3. 施工及生活用电

本工程施工及生活用电从商务区公司指定变压器接入,现场施工用电由商务区公司指接入点,自发电为辅的方案。

4. 施工及生活用水

本工程采用商品混凝土,施工用水只需满足设备清洗、水稳、混凝土养生及水稳拌合站等生产用水和消防用水需要,生活及生产用水由我单位与当地水务部门协调接入。

3.1.14 季节性施工方案

3.1.14.1 施工准备工作

据本工程的施工项目编制季节性施工方案,报监理和有关管理部门。

建立以项目经理为首的工作领导组织,实行值班制度,落实其责任制和劳动组织,建立在冬雨季施工期间不定期的检查制度。

3.1.14.2 冬季施工措施

当室外日平均气温连续 5d 稳定低于 5℃时,采取冬季施工措施。

1. 混凝土工程

(1)水泥混凝土结构冬季施工,重点要防止混凝土早期受冻,增强混凝土的抗冻能力,加快各工序的操作,缩短暴露时间,减少散热,减少各项热损失。

(2)根据对混凝土的技术要求重新对混凝土配合比进行计算设计,对露天的砂石料,半成品,用彩条布覆盖保温。结构混凝土优先使用普通硅酸盐水泥配制,标号不低于 42.5,最少水泥用量不少于 $300kg/m^3$,水灰比不大于 0.6。

(3)混凝土掺加复合早强减水剂,以保证混凝土早强,不受冻。混凝土浇筑前应先对粗细骨

料进行过筛处理,并用加热水的方法对骨料进行加热。查询从开始浇筑起 7 天内的气温,以便确定混凝土的强度及工地应采取的保温措施、外加剂、加热等有关措施,确保混凝土施工质量。

(4)混凝土入仓前,应先清理模板、钢筋上的冰雪和污垢,且混凝土入模温度不得低于 2℃。

(5)混凝土收浆时,增加收浆次数,不能少于三遍,混凝土终凝后,立即覆盖一层塑料薄膜,并加盖一层麻袋进行保湿保温养护。

(6)拆模应待混凝土达到一定强度才能进行,以免因拆模而损坏混凝土边角。

2. 钢筋工程

(1)钢筋堆放时应下铺垫木,垫木高度至少 20cm,以便于钢筋的取运和冬季积雪的清扫,并保持堆放钢筋的场地干燥,而且钢筋堆放时间不应过长;

(2)钢筋的焊接首先对焊工进行冬季焊接培训,合格后方可进行钢筋焊接操作施工。焊条在存放时要确保防止受潮变质,并在施工中不得使用受潮变质的焊条。焊条在使用前必须烘焙。当焊条在施工时未用完,剩余的应í回室内,并在下次使用前重新烘焙。

(3)冬季焊接前要根据气温状况进行试焊,并调整焊接参数及焊接工艺,在试验合格后再批量焊接施工。

(4)钢筋在闪光对焊后不要立即松开钳口,应使钢筋在焊机上停留片刻,使接头自然降温到常温时,再将钢筋从焊机上取下堆放。

(5)电渣压力焊接过程中应随时检查夹具,发现钳口及夹紧装置有毛病或不太灵活好用时,及时更换或修理。夹钢筋时使夹具夹紧不产生晃动并使上下两根钢筋轴线在一根直线上。焊接后不要立即拆卸夹具和保温盒,停留一段时间冷却后再拆卸。

3. 道路工程

冬季进行路基施工时,对于填方施工,选用透水性良好的土,按横断面全宽平填,使每侧宽于填方设计宽度 30～50cm,最后进行削坡,并将当天填的土当天碾压完成;对于路堑施工,其土方开挖连续分层进行,中间停顿的时间不要太长。

3.1.14.3 雨季施工措施

1. 施工组织措施

针对雨季施工的特点,组成雨季施工领导小组,全面进行雨季施工组织管理,保证雨季施工在紧张有序状态下进行。

2. 施工准备措施

(1)施工便道进行硬化处理,达到全天候行车通畅,做到晴天勤洒水不扬尘,雨天不积水,有利于车辆的通行和材料的运输。

(2)临时住地、库房、车辆机具停放场地、生产设施设在不易被水流冲蚀的地点或高地上,并做到场区内排水通畅。

(3)修建临时排水设施,保证雨季作业的场地不被水淹没并能及时排除地面水。

(4)结合施工场地实际情况和沿线原有水系,尽快形成排水系统,保障原有水系的通畅。

3. 结构物雨季施工措施

(1)准备好雨季施工的防洪材料、机具和必要的遮雨设施(如彩条布、油布等)。

(2)工程材料特别是水泥应防水、防潮;机电设备安装漏电保护装置。

(3)基础施工防止雨水浸泡基坑,若被浸泡,挖除被浸泡部分,采用监理认可的方法或碎石回填。基坑设挡水埝,防止地面水流入。基坑内设集水井,配备足够的水泵,如有积水及时抽排。基坑挖好后及时浇筑混凝土或垫层,防止被水浸泡。

（4）混凝土搅拌前根据砂、石含水率的变化，合理调整水泥混凝土施工配合比，适当减少用水量。

（5）结构物使用的钢材存放时采用支垫，水泥仓库做到防潮、防雨，防止水泥受潮结块。

（6）施工前做好排水系统，并对排水系统进行检查、疏通或加固。雨后模板及钢筋上的淤泥、杂物，在浇筑混凝土前清除干净，保证混凝土施工质量。

4. 路基雨季施工措施

进入雨季施工的路基工程，按集中力量、分段突出，完成一段再开工另一段的原则，合理安排机具和劳力，组织快速实施。对路基填土施工段，施工时按 2～4％ 以上的横坡整平压实，以防积水，对当日不能填筑的土，采取大堆存放并覆盖，以防雨水浸泡；对于路堑开挖段，先行开挖纵向或横向排水明沟，使雨水及时排出后再按由边到中，保持一定的坡度进行开挖。

3.1.14.4　高温季节施工措施

当施工现场的气温高于 30℃，混凝土拌和物施工温度为 30－35℃，同时空气相对湿度在 80％ 以下时，工程施工按高温季节施工规定进行。

（1）当施工现场的气温高于 35℃，混凝土拌和物施工温度高于 35℃，同时空气相对湿度在 40％ 以下时，不应进行铺装混凝土的施工。

（2）高温施工时，搅拌站塔设遮阳棚。集料使用时，尽可能在料堆内部取用，对当天使用的粗集料亦可采用适当洒水降温。

（3）混凝土拌和物搅拌根据施工要求掺入适量缓凝剂或减水剂。混凝土结构成型之后尽快予以覆盖保湿养护，设专班加强养护措施。

（4）混凝土施工中尽量缩短运输、铺筑等工序时间，注意混合料的施工时限，泵送混凝土的输送管采用湿麻袋遮盖，尽量减少稠度损失。

（5）施工温度过高时，宜避开中午施工，可在早晨、傍晚或夜间施工。夜间施工要有足够的照明设备。

3.1.15　消防、防洪组织措施

其它突发事件应急预案措施根据"关于国家重点建设项目施工现场安全保卫工作的八项基本要求的通知"（国家计委、公安部(85)公发 10 号文)、"××市施工宣传防火规定"等消防、治安管理文件，结合本项工程特点，有针对性地制定××市市政二标工程项目消防、防洪措施。

3.1.15.1　消防措施

（1）严格贯彻执行《消防法》。

（2）制定确实可行的防火制度，明确各项目组、各部门、各岗位的防火责任人，落实各项目组的防火措施，防火工作管理网络上墙。

（3）各项目组的消管员要持证上岗，建立"防火档案"，按照"环境管理体系"的管理要求，制定应急预案，组建义务消防队，并进行必要的演练。

（4）工地的消防设备配备合理，保持性能完好。重点部位配备足够数量各类合适的灭火器。木工间、油漆间等每 25m² 建筑面积配备一台灭火器，其它建筑区域每 100m² 配备两只 3kg 二氧化碳灭火器，地下坑内每 100m 配备二台 3kg 二氧化碳灭火器。

（5）消防栓、灭火器等消防器材周围保持畅通，所有的消防器材有专人负责检查、维护、管理，并做到定期更新、保证完整、临警好用，并做好书面记录。

（6）氧气瓶和乙炔瓶仓库的间距不得少于 2m，与其它易燃易爆物品的距离不得少于 30m。

使用时两瓶的间距不得少于5m,焊接作业点与两瓶的间距不得少于10m。氧气瓶、乙炔瓶不得同车混放,安全附件完整有效。动火作业落实三级动火审批手续,作业人员持证上岗,遵守"二证一器一监护"规定。

(7)严格执行消防条例的有关规定和执行各级《安全防火规定》;

(8)现场组建以项目经理为第一责任人的防火领导小组和义务消防队员、班组防火员,消防干部持证上岗。

(9)工地有消防管理网络(上墙),消防制度齐全,落实三级动火审批

(10)层层签订消防责任书,把消防责任书落实到重点防火班组、重点工作岗位。

(11)对分发包队伍进入施工前,必须办理消防资格审查手续,签订治安消防协议书;

(12)划分动火区域,现场的动火作业执行审批制度,并明确一、二、三级动火作业手续,落实好防火监护人员。

(13)电焊工在动用明火时随身带好"二证"(电焊工操作证、动火许可证),"一器"(消防灭火器)、"一监护"(监护人职责交底书)。

(14)制定灭火施救预案,在自救的同时及时报警。

(15)加强与周边有关单位的联系和沟通,共同建立应急机制,并定期进行碰头,相互通报有关情况。

3.1.15.2　防洪组织措施

本市地处长江中游处,为全国重点防洪城市。同时暴雨季节,市区内有可能局部形成内涝,制定严密的防洪措施和防洪预案,有利于保证施工安全。

1. 防洪形势、设防范围和标准

(1)工程地理位置特征

本市长江河段位于长江中游。境内大小湖泊140余个,河道两岸建有堤防,在城区两岸筑有防洪墙。近期本已开始对江边边滩进行综合整治。这些工程的兴建对防洪有不同程度的影响。

(2)本市地区暴雨特征

本市位处长江中游,长江中上游暴雨大多出现在4～10月,多年平均暴雨日数为3.8天,暴雨主要集中在5～8月,占全年暴雨日数的76.8%,其中6月出现暴雨的机会较多;暴雨日数年际变化也较大,如1983年暴雨日达10天之多,而1974年却无一日暴雨。暴雨天气系统主要是低祸、梅雨锋和台风。

长江流域洪水主要由暴雨形成,洪水发生的时间和地区分布与暴雨一致。长江上游干流受上游各支流洪水的影响,洪水主要发生时间为7～9月,长江中游干流因承泄上游和中游支流的洪水,汛期为5～10月。

(3)堤防标准及标高

依据《防洪标准》(GB50201—2014)及《堤防工程设计规范》(GB50286—2013)的有关规定,每年五月一日至十月十五为本市地区防汛期。

据各堤段保护面积、人口、企业、效能及耕地面积等有关参数,确定堤段的级别,城区堤防为确保干堤,堤防工程(含穿堤建筑物)级别为1级。据《长江流域综合利用规划报告》中的规划,本市河段依靠堤防可防御20年一遇洪水,考虑上游及本河段的分蓄洪区比较理想地使用,基本满足1954年实际洪水的防洪需要。1级堤防堤顶高程为设计洪水位加2.0m的超尚。

2. 防洪组织机构

(1)抢险队伍

防汛期间,严格按照本市防汛指挥部的要求,组织起一支训练有素的抢险队伍,配备足够的防汛器材,并制订合理的联络方案,听从本市防汛指挥部指挥,按设防范围和标准上岗值班或接通知参加抢险。

(2)在主汛期的高水位期和有暴雨警报时,各级领导(负责人)必须到位值班加强巡查,并安排好值班车辆和驾驶员,随时准备执行防汛任务。

(3)凡预报强降雨警报和防洪紧急警报将影响本市时,各级领导和防汛领导小组成员、抢险队伍必须到位参加值班,同时车辆和抢险物资、设备必须到位,遇有险情及时进行抢险工作。

3. 防洪设备

(1)器材

各项目组应根据本工地的实际情况,配齐配足抽水泵、水带、蛇皮袋、煤撬、电箱、应急灯等防汛防洪器材;值班期间,配好交通工具。

(2)保管要求

1)设专用仓库存放,不得挪作他用。

2)库门前挂牌,标明器材名称、数量及检查日期。

3)库房钥匙分别由值班人员和料库保管,并放于明显处作好标示。

4)定期检查,清点防汛器材,做好保养措施。

5)水泵定期进行空车运转,若发现故障及时维修,同时用同类型运转良好的泵替代,保证库存内水泵数量。

6)检查泵的电线插头与电箱插座是否相配。

防洪、防汛期间,负责人的手机 24 小时待机,工作人员备 4～6 台对讲机及相关配套附件,防汛值班室设一部防汛专用电话,24 小时专人值班,保持信息畅通。

4. 防洪具体措施

根据本次投标方案,汉口地势较高。因此,从改善施工场内防水、排水畅通方面着手制订措施。

(1)施工围场自身防水

工地围场用砖砌筑 30cm 以上的围墙,开挖至原状土砌筑基础,外侧表面涂抹防水砂浆。墙背后挖沟,然后用粘土加石灰的搅拌土回填,不让地表水渗入工地。

(2)排水畅通

环场设置排水明沟,且每隔 20～30m 设置集水坑,汇集到大沉淀池中。结合地面道路排水的设计,在修筑施工便道的同时考虑场内排水要求,设置排水系统,排入市政管网。

(3)每逢汛期来临之前都要对下水道及场内各排水系统进行疏通,根据施工现场排放废水的水质情况,采用三级排放系统。排放含泥量较多的水应流入基坑、施工便道旁的沉淀池内,必须经过沉淀处理后排入社会污水管,严禁直接排入社会污水管。

(4)灾害处置

1)平时汛期有 2 名工作小组成员值班,随时和上级部门保持联络。

2)发生险情后,立即报告现场防汛总值班。

3)防汛值班负责人立即组织现场人员进行抢险,派人到防汛器材专用仓库提取防汛器材,布置就位。防汛值班负责人有权调动当班上岗人员和抢险机动人员。

4)同时联络及时通知本队伍领导赶赴现场,并将情况汇报给上级部门值班室。

5)单位负责人赶到现场,组织指挥抢险。

3.1.15.3　突发事件应急预案措施

1. 方针与原则

坚持"安全第一,预防为主,综合治理"、"保护人员安全优先,保护环境优先"的方针,贯彻"常备不懈、统一指挥、高效协调、持续改进"的原则。更好地适应法律和经济活动的要求;给企业员工的工作和施工场区周围居民提供更好更安全的环境;保证各种应急资源处于良好的备战状态;指导应急行动按计划有序地进行;防止因应急行动组织不力或现场救援工作的无序和混乱而延误事故的应急救援;有效地避免或降低人员伤亡和财产损失;帮助实现应急行动的快速、有序、高效;充分体现应急救援的"应急精神"。

2. 应急策划

(1)突发事件、紧急情况及风险分析

根据本工程特点,并充分考虑到施工技术难度和困难、不利条件等,经多方讨论和分析,确定本项目的突发事件、风险或紧急情况为基坑坍塌、地下涌水等。

(2)突发事件及风险预防措施

从以上风险情况的分析看,如果不采取相应有效的预防措施,不仅给施工造成很大影响,而且对施工人员的安全造成威胁。

1)项目部加大科研力度和资金投入,组织国内外专家研究防治方案,项目部购买先进设备,探测地质情况。

2)施工前期和施工过程中详细了解工程的地形地质和水文地质情况,并密切注意地质条件的变化及地下水出水的迹象,发现异常情况及时采取措施。

3)加强地质探测,根据开挖面揭露的地质条件及对地下水的观察情况,对开挖面前方地下水的赋存情况做出详细准确的超前地下水预报,并根据超前预报资料制定详细的防治方案。并按监理人员批准的格式填写预报报监理。

3. 应急资源分析

(1)应急力量的组成及分布:项目部成员、顾问专家组、业主、监理等。

(2)应急设备、物资准备:医疗设备、救护车辆充足,药品齐全,各施工小分队配有对讲机。

(3)上级救援机构:公司应急领导小组,地方可用的主要应急资源是救护车。

4. 应急预案程序

(1)、机构与职责

成立应急领导小组和应急处理小组,明确职责。

(2)应急资源

应急资源的准备是应急救援工作的重要保障,根据潜在事性质和后果分析,配备应急救援中所需的救援机械和设备、交通工具、医疗设备和药品、生活保障物资。

1)在坑内显著位置配备适当的应急器具,如:安全绳等;

2)内部电话、对讲机等联系工具保持畅通;

3)自备发电机和照明专线保持良好工作状态;

4)坑内和通道口预备沙袋等物,利于堵水和引导水流方向。

(4)教育、训练

为全面提高应急能力,项目部应对抢险人员进行必要的抢险知识教育,制定出相应的规定,包括应急内容、计划、组织与准备、效果评估等。

(5)互相协议

事先与地方医院、宾馆建立正式的互相协议，以便在事故发生后及时得到外部救援力量和资源的援助。

(6)应急响应

施工过程中施工现场或驻地发生无法预料的需要紧急抢救处理的危险时，应迅速逐级上报，次序为现场、办公室、抢险领导小组、上级主管部门。收集、记录、整理紧急情况信息并向小组及时传递，由小组组长或副组长主持紧急情况处理会议，协调、派遣和统一指挥所有车辆、设备、人员、物资等实施紧急抢救和向上级汇报。

1)项目部实行昼夜值班制度，公布值班人员电话。

2)紧急情况发生后，现场要做好警戒和疏散工作，保护现场，及时抢救伤员和财产，并由在现场的项目部最高级别负责人指挥，在 3 分钟内电话通报到值班室，主要说明紧急情况性质、地点、发生时间、有无伤亡、是否需要派救护车、消防车或警力支援到现场实施抢救，如需可直接拨打 120、110 等求救电话。

3)值班人员在接到紧急情况报告后必须在 2 分钟内将情况报告到紧急情况领导小组。小组组长组织讨论后在最短的时间内发出如何进行现场处置的指令。分派人员车辆等到现场进行抢救、警戒、疏散和保护现场等。

4)遇到紧急情况，应特事特办、急事急办，主动积极地投身到紧急情况的处理中去。各种设备、车辆、器材、物资等应统一调遣，各类人员必须坚决无条件服从组长或副组长的命令和安排，不得拖延、推诿、阻碍紧急情况的处理。

5. 突发事件应急预案

(1)施工过程中若发现渗水管涌等情况现象，立即报告应急组织领导，现场施工人员可根据现场实际情况迅速进行排水，并及时喷锚加固。

(2)施工过程中若发生基坑坍塌，应立即尽可能地撤离人员和机械设备，确保安全。及时向现场应急领导小组汇报，根据实际情况迅速组织救护工作。

(3)由工程部技术干部和各工班指定人员加强日常观测，确保在第一时间确认险情，提前发出预警提示。

(4)安全撤离

当确认出现严重紧急事故时，由项目部领导下令，立即电话通知值班室，组织所有现场施工人员将施工机械加以安置保护，坑内施工人员由班组长带队全部撤离。被困施工人员来不及撤离的，应选择安全平台进行自我保护，等待公司组织救援。

(5)组织抢险。各班组及时清点人员，确认有无被困人员，并集结待命，不得私自外出；组织抢险突击队，由各工班抽调精壮工人组成，在配备充分照明、救生设备时，由项目部决定组织身体素质好的工人进坑执行搜索救援活动；

(6)警戒与治安在发生险情时，保安应加强坑外巡视，隔离安全地带，禁止闲杂人员围观，禁止一切人员进入危险区域，禁止地方老百姓进入施工现场；加强看护，未经公司统一组织不得放入任何人员。

(7)人群疏散与安置

疏散人员工作要有秩序的服从指挥人员的疏导要求进行疏散，做到不惊慌失措，勿混乱、拥挤，减少人员伤亡。

(8)公共关系

项目部为事故信息收集和发布的组织机构，对事故的处理、控制、进展、升级等情况进行信息收集,有针对性定期和不定期的向外界和内部如实的报道,向内部报道主要是向项目部内部的报道等,外部报道主要是向业主、监理、设计等单位的报道。

(9)现场恢复

充分辩识恢复过程中存在的危险,当安全隐患彻底清除,方可恢复正常工作状态。

3.1.16 总分包的配合、协调、管理

3.1.16.1 总承包管理模式

1. 总承包管理主要依据

主要依据企业关于项目管理的若干手册和文件,包括项目管理手册、方针目标管理手册、质量保证手册和程序文件、安全文明施工管理手册、CI 手册、技术管理手册、资料管理手册、合约管理手册、用户服务手册、环境保护管理手册和程序文件、项目成本管理手册等及各种支持性文件。企业项目管理定位是走工程总承包为核心的发展道路。

2. 项目管理遵循的模式

(1)总部服务控制

企业建立了完整的管理体系和决策机构,对项目进行全方位的监督、调节,完善的服务和有效控制,使项目管理步入了正规、高层次的良性发展阶段。

(2)项目授权管理

企业法人对项目实行授权管理,项目经理作为企业法人代表在授权范围内行使职权,实现工程项目综合目标,实现总部的决策意图和企业对业主的合约承诺。

(3)专业施工保障

企业内部专业化公司为项目施工和总承包管理提供专业化施工保障,这在项目上体现的相当充分。

(4)社会协力合作

充分利用社会化专业分工与协作,组合国内外优秀的专业承包商和劳务队伍以及合格供应商及优良资源,实现工程项目的总承包管理,全面实现工程项目的综合目标。

3.1.16.2 工程项目的总承包管理

如何做好对工程各分包商的管理和协调,使整个工程如期高质量的完成是本工程总承包商的重要管理工作内容。多年来,我公司在总承包大型工程管理方面已积累了相当丰富的实践经验。在本工程实施中,我们将严格按照公司管理手册和业主合同要求,加强对各分包商的管理和协调,交给业主一个满意的高质量精品工程。

1. 对各专业分包商提供服务措施

我公司将严格履行总包责任、权力和义务,为各专业承包商提供优质、高效的措施服务,保证工程关键工序和关键线路,在保证质量的前提下,保证总体工期。

2. 对各专业承包商的组织、管理、协调和控制

项目管理的核心环节是对现场各分包的管理和协调。我们将针对本工程的特点和运作模式以及各专业承包商的情况,严格执行招标制,严格控制各专业承包商的综合能力和素质,制定完备有效的分包管理规定,在项目上实施,做到了各项工作有章可循,减少了管理过程中的随意性。

对于业主指定的独立分包商,虽不需我方配合进行选择,但我们仍将以站在整个工程全局的高度协助业主做好相关配合工作。根据工程总进度计划安排,向独立承包商提出相关要求和配合措施,做好提前策划工作显得尤为重要。

我公司将以总包的高度、姿态和意识,既要严格管理控制分包,又要帮助协助好分包,使总分包形成一个有机的工程实施实体,从而实现工程的综合目标。在该工程上,我公司的具体做法是:

(1)对各专业承包商的服务与支持

我公司会十分珍惜业主赋予我们总承包的机会,在对各专业承包商进行组织、管理、协调和控制的同时,积极主动对其进行服务与支持,协助其解决施工过程中的困难,支持其与工程相关的工作,只有所有专业承包商及时解决工程中的一切困难,高效完成各项工作,尊重和服从我方统一的现场协调和照管,才能保证各承包商相互之间衔接紧密,工程进展顺利。反过来讲,只有这样,我方对各专业承包商的现场协调管理才能有序、有效,才能得心应手,使工程步入健康良性运行的轨道。

(2)现场资源和机械设备的协调

根据各专业承包商的作业内容主次不同,合理分配现场各项资源(包括场地道路)和机械设备和安排施工顺序,确保关键施工线路得以保障。当不同专业之间交叉施工发生矛盾时,优先保证关键线路,并处理好各承包商的利益,保证总体施工正常进行。

(3)对质量的管理和控制

1)根据项目质量计划和质量保证体系,协助、要求和敦促各专业承包商建立起完善的各专业承包商的质量计划和质量保证体系,将各专业承包商纳入统一的项目管理和质量保证体系,确保质量体系的有效运行,并定期检查质量保证体系的运行情况;

2)制订质量通病预防及纠正措施,实现对通病的预控,进行有针对性的质量会诊、质量讲评;

3)质量的控制包括对深化设计和施工详图设计图纸的质量控制;施工方案的质量控制;设备材料的质量控制;现场施工的质量控制;工程资料的质量控制等各个方面。

4)严格程序控制和过程控制,同样使各专业承包商的专业工程质量实现"过程精品"。

5)对各专业承包商严格质量管理,严格实行样板制、三检制、和"一案三工序",严格实行工序交接制度。

6)最大限度地协调好各专业承包商的立体交叉作业和正确的工序衔接。

7)严格检验程序和检验、报验和试验工作。

8)制定切实可行的成品保护方案和管理细则,统一部署、与各专业承包商一道做好成品保护工作。

9)协助、检查、敦促各承专业包商做好工程资料管理和竣工图、竣工资料的工作,要求竣工图、竣工资料与工程竣工同步。

(4)对工期计划管理和控制

1)要求各专业承包商根据合同工期,按照工程总体进度计划编制专业施工总进度计划、月、周进度计划计划程送我方,并确定上报日期。

2)各专业总进度计划、月进度计应包括与之相应的配套计划,包括设计进度计划、设备材料供应计划、劳动力计划、机械设备使用和投入计划、施工条件落实计划、技术准备工作计划、质量检验控制计划、安全消防控制计划、工程款资金计划等配套计划以及施工工序。

3)周计划包含施工生产进度计划、劳动力、机械设备使用和投入计划、设备材料进场计划和施工条件落实计划等关键配套计划以及上周计划完情况及分析。

4)日计划,包括当天工程施工完成情况及分析,第二天计划安排,存在的主要问题和所需的主要施工条件、现场资源和机械设备、当天材料进场安排等。

5）计划落实与实施：通过项目经理部的统一计划协调和每月、每周、每日的施工生产计划协调会，对计划进行组织、安排、检查、敦促和落实。

按照合同要求，明确责任和责任单位（或责任人）、明确内容和任务、明确完成时间，确立计划的调整程序。

（5）对专业承包商深化设计和详图设计的协调和管理

1）除按照合同严格管理各专业承包商之外，要协助、指导各专业承包商深化设计和详图设计工作，并贯彻设计意图，保证设计图纸的质量，督促设计进度满足工程进度的要求；

2）协调各专业承包商与设计单位的关系，及时有效地解决与工程设计和技术相关的一切问题；

3）协调好不同专业承包商在设计上的关系，最大限度地消除各专业设计之间的矛盾。

（6）对安全、环保、文明施工、消防和保卫的协调和管理

1）首先是协助、要求和敦促各专业承包商建立起完善的各专业承包商的管理体系，将各专业承包商纳入统一的项目管理，确保各项工作的有效开展和运行，并定期检查执行情况；

2）分解每一目标，按照合同严格管理和要求各专业承包商，责任到位、工作内容到位、措施到位，实行严格的奖罚制度；

3）严格按照专项方案和措施实施，定期检查、定期诊断、及时整改，确保各个目标的实现。

（7）对其它方面的组织、管理、协调和控制

对各专业承包商的组织、管理、协调和控制还包括很多方面，诸如技术、工程设备和材料、工程统计报表、检验和试验等诸多方面，针对上述各个方面，我们均有成熟的分包管理办法和严格的管理规定和措施，一旦我单位中标，将针对本工程的特点和各专业承包商及其承包内容，通过实施切实可行的管理办法和实施细则，以确保工程项目综合目标的全面实现，忠实实现对业主的合同承诺。

3.1.16.3　对分包队伍的具体管理措施

1. 与分包商签订合同后，总承包商应向分包商提供一册《分包商入场须知》。

该《须知》是为了保证在工程管理中总分包之间能统一管理程序，便于工程协调，加强相互间密切配合。其内容包括：工程概况；进场程序；分包入场安全管理程序；物资、机械管理及验证程序；质量控制验收程序；技术管理程序；工程管理程序，工程款结算程序等。

2. 计划管理程序

（1）分包商须根据总包制定的总控进度计划和月度施工计划编报周计划，周计划编制为每周一至下周一，以横道图形式编写，于每周五下午三点交于总包单位责任师。

（2）专业分包商须在进场前编制完整的单项工程施工进度计划并报总包审批。

（3）分包商编制的周计划得到总包单位审批后，应依据周计划分解制订《工程日计划》，于每日下午3点将次日《工程日计划》报主管责任师审批。

（4）分包商每日填报《工程日报》，于次日九点前交于总包责任师。

（5）分包商负责人须按总包工程部颁布的《工程例会制度》要求，于指定时间和地点参加由总包单位主持工程协调会。

3. 质量管理

（1）分包商应设专职质检员，并于进场前将质量保证体系框图交总包方质量总监。

（2）质量教育

序号	内容	责任单位(人)	受训单位	时间
1	质量意识,质量目标教育	现场经理	项目各部门,分包队伍	开工前
2	质量控制要点,评比办法	质量总监	项目各部门,分包队伍	开工前
3	施工验收规范,质量标准培训	质量总监	项目各部门,分包队伍,一线工作人员	根据工程进度分阶段培训教育
4	月、周质量专题会,总结上周工作,安排下周质量工作,制订质量验收计划	工程部经理质量总监	项目各部门,分包队伍,一线工作人员	每周五下午 2:00
5	质量、技术、创优计划教育	现场经理	项目各部门,分包队伍,全体管理人员	开工前
6	分包队伍质量体系建立、培训、指导	质量总监	分包队伍,全体管理人员	开工前

(3)样板制:各分项工程开工前,由项目工程管理专业责任师,根据专项施工方案和技术交底及现行的国家规范、标准要求,组织人、机、料进行样板分项(工序)施工,并由配属队伍填写分项(工序)样板记录,项目复检后,报监理、业主验收合格后,组织全面施工。

(4)质量资料:总包方设专职资料管理员,负责技术资料收集、整理、标识、编目、归档;总包方资料管理员,将依据政府有关文件和《质量计划》的要求指导专业分包商完成技术资料的管理工作。

(5)施工过程中的质量控制:过程中的质量控制是质量管理的一项实质性工作,项目责任工程师根据项目《质量计划》、《施工组织设计》、《分项工程工艺规程》的要求,组织和监督施工,明确各自区域的质量管理点和管理措施,执行"三过程"管理。编制工艺流程图及质量控制点,如:质量管理点和保证措施,。在施工过程中严把工序质量、交接手续,避免返工、误工,建立工程联检制。

(6)试验管理

1)项目经理部设置专职试验员一名,对项目的整个试验工作负具体责任,同时将相关信息以书面方式反馈到技术、质量部门。

2)依据本市试验工作的规定及时准确的指导、督促分包单位的各项原材施工试件的制作和送检工作。

3)依据规范和公司试验部门的相关规定建立、建全各项试验台帐,收集、统计、整理各项试验资料,及时将检验结果通告工程、技术、质量部门,并负责向监理申报。

4)总包负责三方见证取样和送样工作。

5)每周将相关资料上交技术部,并与其交圈。

(7)检验报验程序

1)验收部位原则按独立施工段报验,如有特殊情况可分部位验收统一填写报验单,但严禁在上道工序未经验收情况下进入下道工序施工。

2)实施三级检验制度,即验收工序完成后由分包商进行自检,自检合格后报总包责任师和质保部验收,由总包验收合格后报监理核验。对质量验收未通过或未经质量验收的分项工程,工程款期度结算时不予以考虑。

3)工序与分项工程完成后须办理工序交接单,分项工程验收合格后由总包责任师签发分项认可书,总包质检员签认。

4)针对现场施工中存在的质量问题和质量隐患,我方将以口头或质量整改通知单形式通知分包商,分包商须按总包方指示如期整改。

5)有关工程质量报验资料的样板由质保部提供。

4. 技术管理程序

(1)分包商须在进场前将其承包范围内施工组织设计报于主管责任师,由责任师审核后报技术部审批后方可依照施工。

施工组织设计应包括的内容:工程概况;施工条件、组织机构、施工总体布置(含机械运输,施工部位及流水划分)、劳动力计划、机械设备及材料进场计划、施工进度计划;施工工艺及措施;质量控制方法及标准;安全保卫、消防管理措施、文明施工及成品保护措施。

(2)分包商在施工过程中所发现的图纸、洽商等重大技术问题以《技术问题联系单》,报总包方责任师,责任师以《技术问题回执单》回复分包商。

(3)分包商应按本市建委颁布的文件要求进行技术资料的收集和整理,总包商不定期对技术资料进行检查,如发现不合格项将对分包商下发《技术资料整改通知单》,如分包商整改仍不合格,总承包商技术部有权向分包商开据罚款单。

5. 物资采购程序

(1)物资管理

材料质量是保证工程质量的基础,项目制定以下控制措施来加强对分包材料的质量控制。

1)工程所选用各种材料均需提供样品,报业主、监理审批后方可进行批量采购。

2)专业分包商根据经理部审定的材料,成品计划组织采购供应,进场时由专业分包商会同项目物资部共同验证,由专业厂商提供出厂合格证、材质证明,由项目记录验证结果。

3)进入施工现场的 A 类(钢材、商混凝土、砂石、构件、防水建材等)、B 类(模板、木材等)物资一律由物资部组织验证。

4)验证不合格的物资由验证人填写"不合格品通知单",报项目主管经理,按有关规定进行处理。

5)凡进入现场物资均须按规范进行检验和试验,合格后方可使用。

6)物资部根据技术部的有关要求和现行规范规定,对分包方进场材料、半成品取样和进行检验、试验工作由项目委托有资质试验室进行。对业主和监理单位要求认可的检验、试验结果,由质量部负责会同物资部选择、报验和实地检查。技术部按规格、批量记录、试验结果进行整理,并保存有关资料。

(2)物资计划管理

本工程所需物资,严格按照经总包方审查认可的物资进场计划执行,进场前由分承包方提出进场申请,申请表应明确物资的名称、规格、型号、单位、数量,必要时还要附上有关详图,同时还要附上一份供货时间进度表。

验证资料不齐或对质量有怀疑的物资,要单独堆放,待资料齐全和复验合格后方可使用,对堆放的各类物资要予以明确标识。验证的计量检测设备必须经过检定、校对。

3.1.16.4 协调

1. 施工中的协调

在工程施工中要注意以下几种关系的协调工作:与监理单位的协调;与业主的协调;与政府

部门的协调；与居民的协调。协调工作的好坏直接影响到工程能否顺利进行施工，是项目主要领导应着力抓好的一件大事。

(1)与业主的协调

业主单位是整个工程的设计者，施工中必须一切为了业主，真正做到想业主之所想，急业主之所急，按业主之所需，解业主之所难，按照业主的要求进行施工。对施工中图纸不清，或业主有意进行变更的部分，要及时和业主、监理工程师一起进行商定。既保证工程进度，又符合业主要求。

(2)与监理单位的协调

在施工过程中，与监理单位的合作是做好工作、干好工程的关键，在平常的职工教育活动中，一定要教育全体职工树立"业主是我们的衣食父母，监理是业主的全权代表"的观念，对于施工中各种手续的办理严格按照国家现行的有关法律法规和技术标准、规范、规程执行。

1)各种技术文件需要监理工程师签字的应及时或提前报送监理工程师审查，给监理工程师足够的时间进行审阅。

2)日常工作及时向监理工程师进行通报，使监理工程师能随时掌握整个工程的进展和我们的工作安排。

3)对监理工程师的指令要及时按要求进行处理，对不能立即进行处理的要立即回复，定下执行计划和执行时限。

4)对需要监理工程师同步进行加班作业的，要提前报告，便于其做好工作安排，并在加班期间照顾好他们的生活，按施工作业要求提供劳动保护用品，安排其休息。

(3)与政府部门的协调

在工程施工中，要和政府建立良好的合作关系，总体原则是要按国家法律和地方法规办事，做到依法办事，切忌知法犯法。

在施工中，及时和政府部门沟通，提出我们的想法和要求，请政府部门帮忙协助解决。对政府部门要求提供的资料要及时提供。

对周边居民提出的不合理要求要尽可能地找政府部门出面协调解决，坚决防止打群架、以黑制黑、群死群伤事件。

(4)与群众的协调

在施工中，与群众的协调，要在开工前安排好，委派专人进行调查，根据调查情况进行协调规划，协助业主进行征地拆迁工作。对业主单位已完成征地拆迁的，要了解遗留问题，合理制定材料进场方案、临建设施搭设方案。需租用民房的，要在开工前办理完毕。

对能协助他们进行生产生活的，应尽量提供方便。对居民提出不合理要求的，要婉转回绝，对无理取闹的要及时汇报给政府部门或公安机关进行解决。

2. 各工种之间的协调

为了保证工程进行顺利施工，现场工种较多，做好各工种之间的协调工作相当重要。如何才能做好各工种之间的协调呢，主要是做计划工作，每一项分项工程实施过程都要在开工前进行周密的计划安排并下发至各部门负责人、工长手中，让他们及时进行工作安排。对需要进行计划调整的，要通知项目各主要管理人员一起制定调整计划，并在会后通报全体职工，拟在项目工地设置工期计划标志牌，让全体职工都能了解进度计划，自己知道今天要干什么，还有哪些工作，要在什么时间内完成。

工种之间要互相创造条件，对相互关联的工种，要召集在一起进行技术作业交底，确保工作衔接的连续性。

3. 1. 17　附表

(一)拟投入的主要施工机械设备表表

序号	机械或设备名称	型号规格	数量	国别产地	制造年份	额定功率(kW)	生产能力	用于施工部位
1	挖掘机	PC300-7	8	徐州	2007	224	1.4m³	路基沟槽
2	推土机	TY220	3	济宁	2007	162	2.2m³	路基
3	光轮压路机	2Y8140	3	洛阳	2006	73	良好	路基
4	装载机	ZL50	3	柳州	2006	117	3m³	路基
5	冲击夯	15KW	20	徐州	2007			回填
6	灰土拌和机		3	洛阳	2007			路基改良
7	自卸汽车	ACCORTS3340	40	内蒙	2004	160	20t	路基
8	平地机	PY180D	3	天津	2004	132		路基
9	洒水车	8t	3	北京	2005		8t	全过程
10	柴油发电机	DF50	3	太原	2004	50	50kw	全过程
11	水泵		15	济南	2 006	15kW		路基沟槽
12	稳定碎石搅拌楼	WD500	1	成都	2004	120	500t/h	道路基层
13	摊铺机	WTU75D	1	徐州	2006	112		道路基层
14	平面振动器	ZJ-1-50	4	济南	2008	2kW		道路结构
15	插入式振动器	YN-100	15	内蒙	2008	1kW		道路结构
16	振捣梁		2	北京	2007	5kW		路面
17	钢筋调直机	GT6-12	2	洛阳	2004	2.2		道路结构
18	钢筋切断机	GQ40	2	洛阳	2004	4		道路结构
19	钢筋弯曲机	GW40	2	洛阳	2004	4		道路结构
20	电焊机	UN-75	2	重庆	2007	75kW		结构
21	吊车	12T	2	徐州	2005			管网结构
22	水准仪	DSZZ00	3	天津	2008			全过程
23	全站仪	TPS-V2	1	上海	2008			全过程

(二)劳动力 安排计划表

工种	按工程施工阶段投入劳动力情况					
	施工准备	清表便道	市政管网	路基土方	道路工程	附属工程
普工	18	20	25	20	60	30
管道工	0	10	32	0	0	0
泥瓦工	20	20	50	0	0	36
钢筋工	0	0	0	0	20	0
木工	0	0	10	0	20	0
混凝土工	0	0	30	0	20	6
焊工	0	0	0	0	0	0
电工	2	2	2	2	2	3
机械操作手	10	30	10	38	18	15
合计	50	82	154	62	160	90

注:1.投标人应按所列格式提交包括分包人在内的估计劳动力计划表。

2.本计划是以每班八小时工作制为基础编制。

(三)××市市政基础工程二标段施工进度计划横道图

标识号	任务名称	工期	开始时间	完成时间
1	施工进度横道图	100 工作日	2010年8月21日	2010年11月28日
2	施工准备	10 工作日	2010年8月21日	2010年8月30日
3	软基处理	7 工作日	2010年8月24日	2010年8月30日
4	排水工程	25 工作日	2010年8月31日	2010年9月24日
5	第二施工区雨、污水管施工	15 工作日	2010年8月31日	2010年9月14日
6	第一施工区雨、污水施工	25 工作日	2010年8月31日	2010年9月24日
7	路基施工	35 工作日	2010年9月18日	2010年10月22日
8	第二施工区路基施工	18 工作日	2010年9月18日	2010年10月5日
9	第一施工区路基施工	25 工作日	2010年9月28日	2010年10月22日
10	路面施工	52 工作日	2010年9月25日	2010年11月15日
11	第二施工区水稳层施工	15 工作日	2010年9月25日	2010年10月9日
12	第二施工区水泥砼路面施工	15 工作日	2010年10月13日	2010年10月27日
13	第一施工区水稳施工	25 工作日	2010年10月5日	2010年10月29日
14	第一施工区水泥砼路面施工	30 工作日	2010年10月17日	2010年11月15日
15	块石及碎石施工	15 工作日	2010年11月6日	2010年11月20日
16	人行道施工	15 工作日	2010年11月9日	2010年11月23日
17	交通工程施工	17 工作日	2010年11月9日	2010年11月25日
18	竣工验收	3 工作日	2010年11月26日	2010年11月28日

(四)施工总平面布置图

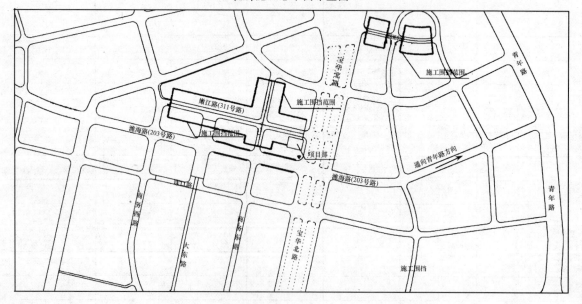

(五)临时用地表

用途	面积(m²)	位置	需用时间
水稳搅拌站	1500	见施工总平面布置图	40 天
项目部	2000	见施工总平面布置图	100 天
现场库房	80	见施工总平面布置图	80 天
人工宿舍	3500	附近租赁	100 天
合计	7080		

注:1.投标人应逐项填写本表,提出全部临时设施用地面积及详细用途。

　　2.若本表不够,可加附页。

3.2 园区道路工程施工组织设计实例

封面(略)

目　录

3.2.1 编制依据及原则

3.2.1.1 编制依据

1. 工程招标文件

《××园区××路招标文件》

2. 现行工程施工技术规范、标准、图集

《工程测量规范》GB50026—2007

《城镇道路工程施工与质量验收规范》CJJ1—2008

《给水排水管道工程施工及验收规范》GB50268—2008

《沥青路面施工及验收规范》GB 50092—1996

《钢筋机械连接通用技术规程》JGJ107—2010

《钢筋焊接及验收规程》JGJ18—2012

《混凝土强度检验评定标准》GB/T 50107—2010

3. 国家相关法律、法规

3.2.2.2 编制原则

1. 在充分理解招标文件的基础上,以设计文件及有关规范为依据,紧密结合现场实际情况,编制经济科学、切实可行的施工方案。做到施工部署、施工方案、施工方法及工艺先进科学。

2. 施工中做到保护环境、保护文物,文明施工,整个工地达到当地文明施工工地标准。

3.2.2 工程概况

××路市政工程位于××镇,本次招标范围从××东路与本次设计××路交点桩号 1+100 至发展路与科技路交点桩号 1+850 处,全长 750m。本工程包括道路及雨、污水工程。

3.2.3 施工部署

3.2.3.1 项目总体目标设计

1. 质量目标

工程质量目标:合格。

2. 安全目标

遵纪守法,规范施工,达到零死亡,无重伤事故,减少轻伤事故,力争安全生产无事故。

3. 文明施工和环境保护目标

严格按照《北京市建设工程施工现场生活区设置和管理标准》与《北京市文明工地标准》进行管理;施工中认真执行关于文明施工和环境保护的措施,杜绝扬尘、遗撒,场界噪声达标。

4. 工程进度目标

在施工中严格按照招标文件要求,确保本工程在 2012 年 10 月 10 日开工,2012 年 12 月 8 日前完成。工期为 60 日历天。

3.2.3.2 施工组织机构

1. 施工组织分工及框图

为确保工程项目总体目标的实现,全面履行我方对本工程的承诺,我公司将组建高素质高水平的项目经理部对本工程实施管理。项目部内设项目经理、生产副经理、项目总工程师、项目总经济师各一人;下设工程管理部、技术质量部、物资设备部、安全保卫部、经营合同部及项目办公

室。施工组织结构框图见附件

2. 项目部岗位职责和部门职责

(1)项目经理:

1)全面负责本项目的施工组织管理及决定本项目的重大决策,对工程的质量、安全、进度、成本、文明施工及环保等全面负责,满足合同的各项要求;

2)确定并调配项目经理部的组织机构及人员,制定项目部的规章制度,明确有关人员职责;

3)与业主、监理单位保持密切的联系,随时解决施工过程中的各种问题,保证施工进度计划的实施,确保按期或提前完成施工任务,确保业主的利益;

4)主动积极的处理好项目部和所在街道及当地政府的关系;处理好和各个专业管理部门的关系,保证施工期间及竣工交验的及时、方便;

5)直接领导项目部综合办公室并积极与业主协调解决拆迁工作,确保施工顺利进行。

(2)项目部总工程师:

1)在项目经理的领导下,负责建立项目质量保证体系,并进行质量职能分配,落实质量责任制,对工程技术质量管理负全面责任;

2)负责组织编制施工组织设计、单项施工方案、特殊技术施工措施,并监督各项技术方案的实施;

3)负责与业主、设计、监理等单位保持密切联系,在施工中贯彻落实业主、设计、监理的要求与指令,确保本项目工程的顺利进行;

4)负责本项目关键技术难题的攻关工作,积极进行新工艺、新技术的研究和实施,不断提高工程质量;

5)负责提供本工程的材料供应计划;对所订材料、设备进行考察、验收、监督,进行质量把关。

(3)项目部生产副经理:

1)在项目经理的领导下,全面组织现场施工生产工作,负责工程总体部署,总体施工进度计划的管理,协调各部门的关系,合理安排生产;

2)负责项目部的安全生产工作,保证施工期间安全生产无事故;

3)负责施工期间的文明施工和环境保护工作,加强对职工文明施工的教育工作;

4)负责施工现场的标准化管理,负责调控项目经理部的计划进度、实际进度,确保工程如期完工。

(4)项目部总经济师:

1)在项目经理的领导下,负责合同管理工作并主持本项目工程的合同评审;

2)在进行经营决策和经营计划时,对项目经营效益负责;

3)负责工程的计量报量工作,并加强财务管理和全面经济核算,严格项目资金管理和使用;

4)开展成本管理,组织落实项目质量管理中的质量成本制度。

(5)工程管理部:

1)由专业工程师、施工员、带工员、电工等组成,由主管生产的副经理负责;

2)职责范围:负责施工生产和成本控制工作;作好技术交底,详细记录施工日志;加强现场管理,协调外界关系。

(6)技术质量部:

1)由技术工程师、质量工程师、测量工程师、资料员、试验员组成,由项目总工程师负责;

2)职责范围:负责编制施工组织设计、方案、措施;各种质量计划,图纸会审,测量放线工作;负责施工进度计划、工料机动态计划的编制报批,进场材料的抽检;负责施工技术洽商,施工过程中的技术质量控制,监督,报验工作及各种工程试验内容的落实;组织编制竣工资料;负责

ISO9000、14000、18000 的实施及落实。

(7)材料设备部:

1)由采购员、材料员和保管员组成,由材料部部长负责,由生产副经理和总工程师共同领导;

2)职责范围:负责施工所需材料的采购、供应、管理工作并提供相应的质量证明;负责施工过程中的材料和周转料的调配,材料的标识管理、搬运及储运工作;负责机械使用和租赁管理,保证自有和租赁设备的维护保养,提高机械设备的正常使用率。

(8)安全保卫部:

1)由安全员、环保协调员、经警组成,由安全部部长负责,由生产副经理和总工程师共同领导;

2)职责范围:负责安全交底和环保措施的制订;作好安全检查和环保监督工作;保证文明施工和环境保护工作的落实。

(9)经营合同部:

1)由预算员、计量员、统计员组成,由主任经济师负责;

2)职责范围:编制工程的降低成本计划,分析成本的升降原因,找出存在的问题;审核任务单、协议书;工程施工过程中工、料、机的成本控制及结算;负责请监理工程师签认中间计量与计量支付报表工作;负责对单项工程分包合同的签定与结算工程的最终结算工作;负责施工过程的工程量完成情况统计以及分包工程完成情况的统计。

(10)综合办公室及拆迁协调小组:

1)由劳资人员、行政人员组成,由项目经理直接领导;

2)职责范围:负责与业主协调拆迁工作;负责劳务队的入场教育、业绩考核、日常检查;对劳务人员的资格进行审查;负责项目部的后勤保障工作。

3.2.3.3　施工总平面设计

1. 施工平面布置的特点及原则

为保证施工方便,生产、生活区拟选择在道路桩号 1+140 东侧空地处。

2. 施工占地用途和数量

依据现场实际情况,经勘察选定临时用地在规划红线东侧道路桩号 1+140 处,占地面积及用途详见附表

3. 临时办公区和生活工棚设计

(1)临时办公区

临时办公区为项目经理部各职能机构办公地点;设在道路施工桩号 1+140 处道路北侧,具体见施工总平面布置图;

(2)生活工棚设计

生活工棚为职工生活用房;设在道路施工桩号 1+140 路北侧,具体见施工总平面布置图;

(3)料站及镑房、小型模板材料堆场、砂浆搅拌站;此三处共占地 500 平方米,具体见附件施工总平面布置图;

4. 施工临时水设计

为满足工程施工、消防、生活等用水需要,建立施工临时用水设施;生活和办公区、料站及镑房、小型模板材料堆场、砂浆搅拌站用水接自市政供水干线,引水管采用镀锌钢管,丝扣连接,埋地铺设。

5. 施工临时用电

施工现场用电,包括生产用电和生活用电,其中生活用电主要是照明用电、办公设备用电;生

产用电包括各种生产设施用电、施工临时用电和其它临时设施用电等;根据本标段内的工程量情况和施工用电区域、用电设施的用电量统计分析。

6. 现场围护设计

为了保证综合管线和道路的安全施工,树立工程良好形象,在施工前采用新型喷塑围挡板进行围挡,围挡高度 2.5 米。为保证文明施工和环保要求,各施工区域内应严格用围挡进行全封闭施工;做到有施工即有围挡封闭。

3.2.3.4 总体施工方案

根据工程重点难点,本标段整体部署如下:

先进行雨水专业管线施工,大部分管线施工时按照先深后浅、有压管道让无压管道的原则进行施工,然后进行道路路基施工,最后进行道路面层施工。

3.2.3.5 施工计划

1. 施工进度计划

本工程计划于 2012 年 10 月 10 日开工,于 2012 年 12 月 5 日竣工,实际使用工期 57 日历天,比招标文件要求工期提前 3 天完工;

2012 年 10 月 10 日～2012 年 10 月 12 日施工准备阶段;

2012 年 10 月 13 日～2012 年 11 月 5 日进行雨、污水施工

2012 年 11 月 6 日～－2012 年 12 月 1 日进行道路施工

2012 年 12 月 1 日～2012 年 12 月 5 日竣工验收。

2. 施工劳动力安排计划

(1)用工工种说明

根据本标段各工程需要应包括各工种为:机械操作员、测量员、质量员、电工、木工、瓦工、管道安装工、筑路工、杂工;

(2)用工计划表见附件

3. 施工机械计划

(1)机械使用计划说明

由于本工程的施工重点为道路工程,因此各类施工机械利用率较高且机械使用种类较多。

(2)机械计划表见附件

3.2.4 施工技术方案

3.2.4.1 道路施工

1. 路床施工

(1)路床下各管道沟槽回填至路床高程,各层回填土密实度验收达标后,进行路床施工。

(2)依道路线形(道路定线关系图)测放道路中线、边线,定设中线标志、边线桩(兼起高程桩作用),桩间距 10m,曲线段加密至 5m。

(3)以机械为主,人工为辅,清除路床范围内腐植土、垃圾等杂物,全部外弃于甲方指定的弃土点。对管线施工回填处,按北京市城市道路工程施工技术规程的要求分层回填至路床标高处。

(4)路床土方开挖时,在整个道路范围内进行土方调配、平衡,多余部分弃于指定弃土点,路床底以上预留 20cm 厚土层,由平地机粗平至路床标高以上 3cm,形成路床。路床整形施工采用平地机刮平,经 8t 光轮压路机初压,挂线,或用水准仪逐个断面(间距 10m),进行核测路床中线高程及路拱成型情况,并及时检查厚度、路床平整度,反复用平地机刮平,人工修整,直至每个断面

的纵、横坡符合设计要求,最后采用 YZ14J 压路机碾压至要求的密实度(现场实测确定,设计文件标准:机动车道＞97％,非机动车道＞95％)。按本工程的施工部署情况,路床分段成型,加强保护措施;及时进行上层结构施工。

2. 石灰粉煤灰砂砾基层施工

(1)路床检验合格后,即可进行上层石灰粉煤灰砂砾层施工。

(2)石灰粉煤灰砂砾层施工

道路主路石灰粉煤灰砂砾厚35cm,分二层施工;底层厚17cm,虚铺19cm;第二层厚18cm,虚铺20cm。第一层采用推土机、压路机、挂平机联合作业施工;上层采用摊铺机施工。

(3)施工放线

恢复道路中线及边桩线。

(4)石灰粉煤灰稳定砂砾进场

1)混合料进场分段按量上料,并在道路两侧加宽15cm,避免场内重复运输。

2)混合料进场后在 24h 内完成摊铺碾压施工,否则视为废料处置。

(5)整型

1)混合料拌和均匀后,立即用平地机初步整平和整型。在直线段,平地机由两侧向路中心进行刮平;在曲线段,平地机由内侧向外侧进行刮平。必要时再返回刮一遍。

2)用 8t 压路机在初平的路段上快速碾压一遍,以暴露潜在的不平整。

3)对局部低洼处,人工齿耙将其表面10cm以上耙松,并进行找补整平。

4)再用平地机整形一次。

5)每次整形都应按照规定的坡度和路拱进行。应特别注意接缝必须顺适平整。

6)在整型过程中,严禁人和车辆通行,并配合人工消除粗细集料窝。

(6)碾压

1)压路机在各部分碾压的次数尽量相同(路面的两侧影多碾压2～3遍)。

2)整型后,当回填的含水量等于或略大于最佳含水量,立即用 12t 以上三轮压路机在路基全宽内进行碾压。直线段,由两侧路肩向路中心碾压;平曲线段,由内侧路肩向外侧路肩进行碾压。碾压时,应重叠 1/2 轮宽;后轮必须超过两段的接缝处,后轮压完路面全宽时,即为一遍。应在规定的时间内碾压到要求的密实度。同时没有明显的轮痕。一般需碾压 6～8 遍,压路机的碾压速度,头两遍的碾压速度采用 1.5～1.7km/h;以后采用 2.0～2.5km/h 的碾压速度。

3)严禁压路机在已完成或正在碾压的路段上"调头",和急刹车,应保证稳定土层表面不受破坏。

4)碾压过程中,灰土表面始终保持试验湿润状态,如表层水蒸发太快,应及时洒水,严禁洒大水碾压。

5)在检查井、雨水口、构筑物、等难以使用压路机的部位,采用小型机具或人力夯加强压实。

6)碾压过程中,如有"弹簧"、松散、起皮等现象,应及时翻开重新拌和。

7)在碾压结束之前,用压路机再终压一次,使其纵向顺适,路拱和超高符合设计要求,终平必须仔细进行,必须将局部高出部分刮出并扫出路外。

(7)接缝和调头处处理

1)横纵接缝采用直茬相结。方法是在已碾完的石灰粉煤灰砂砾层末端,沿砂砾层挖一条约30cm的直槽,直到灰土层顶面。此槽与路中线垂直,且靠稳定土一面切成垂直面。

2)将两根方木(其长度为路宽的一半,厚度为18cm)放在槽内,并紧靠已完成的沙砾层,以保护其边缘不致遭到破坏。

3)如机械在已完成的砂砾层上调头,采取下面的保护措施:准备出 8～10m 长的砂砾层,在其上覆盖一张厚油毡,然后在油毡上盖约 10cm 的沙砾。

4)第二天,完成下一段砂砾层施工后,将方木取出,人工用沙砾回填。一般接缝处回填较其他处高出 2cm,以便刮平机能刮出一个平顺的接缝。

(8)养生

1)碾压成型并检验符合标准的混合料层,在潮湿状态下养生。养生期为 7 天。

2)采用水车洒水养生,24h 不间断保持混合料表面湿润。

3)成活后的石灰粉煤灰砂砾层其上喷乳化沥青封层,用量 1.2kg/m²;再撒布 5～10mm 石屑,用量为 3～5m³/1000m²,其间中断一切交通。

3. 雨水口、雨水连接管施工

工程所用材料必须按规定严格检测,合格者方可使用。本道路雨水口雨水管在石灰粉煤灰砂砾层施工完毕后进行施工;要求雨水口砌筑外形方正,几何尺寸符合设计要求。

为保证新建路面质量,所有开挖肥槽部分及无法夯实至要求密实度的部分均采用低标号混凝土填筑。雨水连接管采用满包混凝土加固。雨水口上覆铁板,以防路面施工中破坏。

4. 沥青混凝土面层施工

机动车道各采用两台摊铺机作业,在施工中不留纵向施工接缝。

(1)检验石灰粉煤灰砂砾层

在石灰粉煤灰砂砾基层验收合格,且在道路路缘石、雨水口连接管施工完毕验收合格后,进行面层施工。

(2)测设高程网

1)在石灰粉煤灰基层表面测设方格网(5m×5m),路口加密至 2.5m×2.5m),加强对路面平整度及高程控制。

2)沿路缘石顶布设钢丝基力准线,每 10m 间距核测路缘石高程,使钢丝基准线方向,高程满足精度。

(3)卸料、摊铺

1)沥青混合料施工中加强来料质量,施工操作、松铺厚度、混合料温度等环节的检测;并采取相应措施。其中对沥青混合料各施工阶段的油温必须按符合要求。

2)路边的雨水口等按设计标高调整标高,周围夯填石灰土或灌注低标号混凝土。在摊铺底面层时,路中的各类检查井高程低于底面层顶面,在摊铺面层时,在升高至设计标高,四周用 C15 级混凝土填实。在路缘石、雨水口、检查井盖上临时覆盖保护层。

3)透层油喷洒在成活基层表面稍干后进行,用油量 1.20L/m²,喷洒后立即撒布石屑(3m³/1000m²)。

4)摊铺机沿拟定的行程示意图进行摊铺。摊铺作业中,沥青碎石层摊铺系数控制在 1.2～1.3;沥青面层松铺系数控制在 1.15～1.35。施工横缝设横垫木,接茬侧面刷乳化沥青,保证接茬直顺,上下层横缝相互错开 60cm。

5)摊铺连续作业,开始摊铺时供料车不少于 5 辆,在摊铺作业中,不少于 3 辆。

6)派专人随时观察摊铺效果及机械运行情况,及时与司机联系、调整。

(4)稳压、找补

1)当沥青混合料摊铺一段后,及时测温,温度符合碾压要求时,开始碾压。先用 10t 压路机碾压,压至混合料稳定后,再用 12t 压路机碾压,碾压至无明显轮痕,密实度达到质量要求。

2)碾压过程中,混合料表面发生裂纹或有移动现象时,应停止碾压,待温度适度时,再进行碾压。

3)碾压与摊铺密切配合,随摊铺随碾压,碾压自路边开始,倒轴碾压,每次错半轴重叠宽度约25cm,路边加强碾压。

4)碾压过程,压路机在慢速行进中改变行驶方向,不得在原地重复倒轴,不得枴死弯,不得碰撞路缘石。

5)及时清刷碾轮,向碾轮喷洒防粘液时,应少喷、勤喷、雾状喷匀,不得过量。

6)沥青混合料碾压一遍后,应检查面层,发现局部推挤裂缝、粗集料集中(睁眼)等现象,及时一次修整完毕,压完后面层应均匀一致。

7)路面层边缘、雨水口及检查井周围等压路机不易压实的部位,用小型机械补充夯实、熨平,雨水口做收坡。

8)碾压完成后,表面稳定、平整、无明显轮痕,压实密度达到质量要求。

(5)接茬处理

1)路面施工横缝接茬采用直茬热接处理,接茬处设明显标志,以便控制面层摊铺厚度;

2)切割茬口时,茬口须与路面垂直。茬口面涂刷一层粘层油。

3)接茬时茬口先预热,碾压过程中,用小型机具对接查处辅助碾压,

4)沥青混凝土面层的纵向接茬与基层的纵向接茬应错开,错开距离不得小于 30cm,机动车道面层接茬上下层错开距离也不得小于 30cm。

5)面层碾压成活后,其温度降至大气温度时,方可开放通行。

5. 路缘石

所有路缘石、方砖预制件进场前严格进行质量检查,其强度及几何尺寸满足质量标准者方可使用。路缘石、安砌必须挂线操作,清除下面松散料。高程桩(兼边线桩),间距 10m,路口处加密至 lm。

砂浆按设计配比一律采用机械拌制,卧底砂浆铺筑密实平整,厚度 2cm,块料安砌稳固,缝隙均匀(缝宽 1cm)。要求外观平整直顺,弯道半径准确,无折角及错台现象,缘石底层及后背灰土分层回填夯实,密实度>90%,路缘石成活后,要加强保护,严禁碰撞。

路缘石施工质量符合《市政工程质量检验规范》(DBJ01－11－95)。

6. 人行步道、树池铺砌

所有步道方砖预制件及树池边框进场前除出具生产合格证外,严格进行质量检查,对其几何尺寸、强度进行抽样检测,合格者方可使用。

步道下素土层及灰土层必须分层回填(每层厚度<20cm),蛙夯夯实,经现场环刀法检测其压实度>95%方可进行步道方砖铺砌。

树池、步道方砖铺砌,必须挂线操作,以两侧路缘石顶为准挂纵向与横向高程线(兼作边线,横向高程线间距不得>l0m);首先按设计图纸要求安砌混凝土树池边框,要求其中心位置准确,外形方正,顶面与步道方砖平齐。步道方砖严格按设计要求铺砌,要求卧底砂浆平整密实,方砖安砌平整(用橡皮锤逐块锤击平稳),嵌挤稳固。

3.2.4.2　雨、污水管道施工

雨、污水管为钢筋混凝土承插口管(Ⅱ级),滑动胶圈接口,150mm 砂垫层基础。

1. 开槽

根据施工特点及现场土质情况,过路段槽边坡度定为 1∶0.33。

2. 砂基础施工

1)本工程管道基础均为砂基。

2)用砂选用粗砂。

3)验槽合格后,摊铺管下铺砂垫层,管道承插口部位砂垫层必须与管身下砂垫层同厚。摊铺分层厚度不大于20cm,使用平板振捣器夯实,夯实过程中适量洒水。

4)待夯实达标后,进行安管。之后回填管体两侧砂层,特别对管下砂三角加强夯实,其余沟槽对称回填,两侧高差不得大于30cm。

3. 混凝土管安装

1)密封橡胶圈使用前必须逐个检查,不得有割裂、破损、气泡、飞边等缺陷;其硬度、压缩率、几何尺寸等均应符合有关设计规定。

2)密封橡胶圈保存在干燥、阴凉处,避免阳光辐射,以免密封橡胶圈老化。

3)下管前,应将管底杂物清除干净,砂基底宽及高程验收合格。

4)下管时,应使管节承口迎向流水方向。

5)安管时,承、插口工作面应清理干净。之后将密封橡胶圈平顺、无扭曲套在插口上,在承口内及胶圈面均匀涂抹肥皂水;。

6)安装机具视管径大小选3t、5t手板葫芦。橡胶圈应均匀就位,放松外力后管体回弹不得大于10mm;橡胶圈就位后应位于承、插口工作面上。

7)每一管节安装完成后,应校核管体曲线位置与高程。符合设计要求后,即进行管体轴向锁定和两侧支固。

4. 检查井砌筑

1)检查井砌筑:控制用砖质量,不得用缺边掉角的砖砌筑。检查井砌筑必须砂浆饱满,层层挂浆,随砌随量几何尺寸,内外抹面。

2)检查井井室、井筒为M10水泥砂浆页岩砖砌体。

3)砌筑砂浆采用机械搅拌,严格按配比上料拌制,其流动性、控制在10cm左右,每盘砂浆在2小时内使用完毕。对砌筑范围内的基础混凝土表面清扫干净。

5. 回填土

1)沟槽回填按照工联公司城市道路工程地下管线回填技术标准进行操作,回填过程必须确保结构安全,保持管线稳定,保护好管道接口。

2)填土前先清理沟槽,槽底不准有积水,腐殖物。

3)回填密实度:胸腔大于等于97%(重型击实),管顶50cm范围大于等于87%(轻型击实),管顶50cm以上部分必须满足道路分层重型击实标准。填土时不得将土直接砸在抹带接口部位。

4)回填土全部采用9%灰土,回填到管顶60cm,然后根据到路面的距离大于150cm时可采用素土回填。

5)管道对称回填,高差不大于30cm,搭接处不得形成陡坎,留成台阶状,阶梯的长度大于层厚的2倍。

6)各种情况的回填要求按照公联的标准执行。

7)还土虚铺厚度使用蛙夯时不大于20cm;使用压路机不大于30cm。

8)管道胸腔及管顶50cm范围内使用蛙式夯击夯实,管顶50cm以外使用压路机压实。

9)对于管道下三角不易使用机械夯实部位,使用蒜头夯人工认真夯实。

3.2.5　冬季施工保证措施

3.2.5.1　施工准备

及时收听天气预报,在恶劣天气前后,要专门检查临设、棚架、支顶、围护、设备、电器的安全,发现隐患要立即整改。本工程进入冬季施工的是道路工程。

3.2.5.2　土方工程

1. 沟槽开挖至设计标高后,如不能立刻进行下道工序,槽底用盐棉被或用塑料布上覆草帘(厚度在 3cm 以上)铺盖,并且加强地表水排放工作,严防槽底及草帘受水浸泡。

2. 土方回填时,不得用冻土,沟槽回填土随拉随回填,当天工作结束后,必须做覆盖保温处理。

3. 现场砌筑砂浆搅拌搀加防冻剂,并延长搅拌时间,同时使用热水(但水温不得超过 60℃)及控制出盘温度(不低于 8℃)和入仓温度(不低于 5℃)。

4. 管道安装完成后对井口、管口进行封堵防风防冻。

5. 做好防滑、防冻工作,上下沟槽采取必要的防滑措施,及时清理施工工作面及人员、车辆经常过往的通道,特别是险陡地段,防止冰雪路滑造成人员、车辆发生意外事故。

6. 冬季施工,临时性水准点应筑混凝土墩保护起来,在使用此水准点前,必须先进行复测。

3.2.6　施工进度保证措施

为保证工程按期完工,根据本工程特点编制科学合理的进度计划,采取分解进度总目标,分阶段组织施工。以各施工阶段的进度的控制点为目标,合理安排劳力、资金、材料、机械设备的使用计划,保障供给。以施工质量、安全为重点,严格管理,以总进度计划为依据,确保工程按期完成,圆满实现工程总进度计划。

3.2.6.1　组织保证措施

1. 根据施工网络计划的要求,按施工总体部署,将施工总进度计划分解成月、旬进度计划,使其更为明确,更为具体。

2. 根据施工计划,按专业工种进行分解,确定完成日期。同专业、同工种的施工任务由项目经理部统一调度,不同专业或不同工种之间的任务,在下达施工任务时要强调两工种之间的相互衔接和配合,确定交接日期。

3. 加强施工作业层管理,每道工序必须为下道工序按时、保质完成创造有利条件。强调计划的严肃性,确保各道工序按期完成,为实现总进度计划打下坚实基础。

4. 加强日常施工管理,检查当天生产进度情况,及时解决施工中出现的问题,搞好生产调配及协调工作,确保旬、月、季度、总计划完成。

3.2.6.2　资金保证措施

本工程计划于 2012 年 10 月 10 日开工,在工程初期希望甲方会提供启动资金,用于施工现场临设的搭建、一些原材料的购入以及所需的办公用品等;施工期间主要为甲方拨款和我方垫付。

3.2.6.3　劳动力保证

本工程施工中需配备的施工人员由我公司劳动资源部根据注册施工队的情况统一调配,保证满足工程用工的需要。工力计划表详见前表。

3.2.6.4　机械保证

本工程利用我公司现有和长期合作单位的专业施工机械进场施工,能满足大型工程施工要求。

　　加强对工程机械的检修保养工作,保证不因机械设备故障影响施工,提高施工设备的利用率和完好率。

3.2.6.5　材料保证

　　材料设备部根据工程总进度计划编制材料供应计划,提前备好工程所需材料。

　　提前对材料厂家进行考察,每种材料至少选择三家。根据厂家材料质量和供货能力进行选择。在一个厂家无法保证供应的情况下,可以分段采用不同厂家材料。

　　在工程施工中所用构件均选择专业厂家预制,随工程进度提前预定,保证工程需要。

3.2.6.6　技术支持

　　1. 技术及管理人员

　　本项目部曾参加过多项重点工程建设,施工经验丰富,技术力量雄厚,管理人员由具有高级工程师、工程师及助理工程师等职称的专业人员组成,为高质、高效完成本工程提供了坚实的技术保障。

　　2. 建立完善各项技术标准和管理标准

　　(1)本工程严格按项目法进行施工管理,将 ISO9001 工作程序贯穿整个施工过程,认真贯彻公司的质量方针和质量目标,采取切实有效的措施,不断提高质量管理水平,搞好质量管理的基础工作,保证质量体系的有效运行。

　　(2)由工程负责人在质量管理职能部门配合下管理和掌握工程中各项标准化工程程序的实施情况,并建设、监理及政府监督部门及时进行信息沟通,确保其相关质量要求得到准确传达并执行。

　　(3)实施质量目标管理,使质量目标层层分解,落实到岗位和个人,建立质量目标奖罚制度,以保证总体目标的最终实现。

　　(4)施工过程中,建立和完善工程质量数据库,利用计算机对工程质量情况实行动态管理,保证对工程质量总体状况的把握,以利用工程质量的进一步改进和提高。

　　(5)加强施工人员进场前培训工作,签定质量保证责任书,尤其是特殊过程的执行者以及各专业工种,必须按要求持证上岗,严禁无证作业。

3.2.7　施工质量保证措施

3.2.7.1　建立健全质量管理制度

　　1. 工程质量控制框图见附件

　　2. 建立全员质量负责制的质量保证体系。将工程的各项质量目标层层分配到各部门,落实到人。加强质控力量,本工程选派 4 名专职质量检控人员负责现场实时监控。全体施工人员持证上岗,开工前对所有管理人员及施工队组进行培训。

　　3. 特别加强工程材料控制,保证所有进入施工现场的材料为合格品;施工中所用的三材、管材、设备应具有出厂合格证,无合格证一律不允许使用,所有材料应会同甲方监理和施工单位共同对进场材料进行外观检验,该做试验的要在指定的试验室做试验,以免不合格的材料用于工程上,造成工程质量的先天性缺陷,进场的材料应进行标识,对合格品与不合格品进行区分。

　　4. 严格执行施工交底工作程序,由项目部技术人员负责施工总体交底,施工员负责每道工序的交底工作,所有交底必须由技术负责人审核批准;以事前控制为主,严格进行事中控制,认真落实质量纠正措施。

5. 总工程师负责监督、落实质量管理工作,提出每项工程的具体质量目标,协调质量与进度,质量与效益的关系,牢固树立质量第一的思想。

6. 专职质量检查员直接受总工程师领导,具体负责在施工程的工程质量检控,监督工长的工作,要作到防微杜渐,从小事做起,不放过一点一滴的质量隐患,认真如实填好各种质检单,及时准确地进行现场各种实验,对进入现场的材料及时取样送交试验室,对未经检查的材料,绝不允许使用,以防伪劣产品被使用造成质量隐患。

7. 施工工长必须清楚各项工作的质量标准、施工规范;及各单项工程的质量控制目标,要在交底单中交待清楚,并随时检查落实情况,对于违规的施工人员立即停止其工作,及时纠正错误。

8. 每个施工队的质检员对其所在的施工队所进行的施工工作,实行全天候全方位的质量监管,不漏掉任何一处的监控,认真填写自检记录,对工程所用的建筑材料,进行质量控制,对所有一线工人进行质量监督,及时发现问题,报工长或专职质检员,特别对一些容易忽视的地方,更不可掉以轻心。

9. 质量检查验收制度

对每个施工部位和每道工序,均由该项目的施工负责人提出书面的技术交底,技术交底单必须包含工程质量检收标准。每道工序完毕后必须由施工队质检员进行自检合格后,填写自检表申请专职人员和工长复核。并交由现场监理检测合格后方可进行下道工序,工长必须及时填写工序质量评定表由专职检查员复核评定质量等级签字认可。

建立交接班制度,每天对上一道工序的质量进行评定,对于上道工序不合格的,下道工序有权责令其返工。

10. 执行奖优罚劣制度

工程质量必须和经济挂钩,实行"优质优价,劣质受罚"制度,收入上拉开挡次,决不允许不合格产品存在。不合格工程必须推倒重做,并执行 1000 元以上的经济处罚。

3.2.7.2　试验、检验方案

1. 重点试验内容

(1)原材料使用前的检测试验,重点加强水泥、砂、石、砖、钢筋及焊接试件的试验;

(2)施工试验,重点为混凝土及砂浆试块制作及强度试验,土壤、路面结构层压实度试验,砖的抽检试验等;

2. 试验措施

(1)根据工程特点及施工进度,做好试验计划准备工作。

(2)按施工规范规定,对原材及时取样,及时送样,根据使用部位,按批量取样,并督促有关人员索取合格证。

(3)按规定对回填土分层,分步取样做压实度试验。

(4)对工作要认真负责,试验,取样和试件制作要真实,具有代表性,填写的资料要清楚齐全。

(5)及时回收试验资料交给技术部资料员,并做好交接记录。

(6)每天做好试验日记,将每天的试验取样进行分析,试验取样项目填写清楚,编好号。

(7)分段做好混凝土强度的统计,对混凝土强度进行分析,试验上出现问题时,要及时向技术主管及有关领导汇报,然后进行原因分析,对整个工程的试验及材料,结构质量情况,用数据进行评定说明。

3.2.7.3　质量通病防治措施

市政工程在施工中经常会出现各种质量问题,下面就本工程可能出现的质量问题提出具体的防治措施。

1. 排水管道工程

沟槽回填中经常出现的质量通病主要是沟槽沉陷和管渠结构碰、挤变形。沟槽沉陷主要原因是因为回填土的密实度不够,回填土土质不好造成的。

主要预防措施:保证回填土土质要求,每种土做出标准密度。在试验人员和专职质检员的监督下进行分层回填,保证回填土密实度符合要求。

管道结构碰、挤变形主要原因是因为回填过程中对管道造成局部作用力过大,在回填土土压力的作用下发生碰、挤变形造成的。

主要防治措施:对沟槽回填土按工序要求回填,注意对成品的保护,保证施工过程中管道的安全,结构不被损坏。管顶以上50cm范围内要用木夯夯实。

2. 道路工程

检查井四周路基的处理

由于检查井四周不易碾压,路基的压实度一般不好保证,因此经常发生在井口四周出现下陷、沉降等现象。

处理办法:根据本工程实际,为保证井口四周不出现下沉现象,将井口四周另做处理,检查井四周用石灰粉煤灰碎石进行处理,处理深度为路面下50cm,井口四周范围50cm。

灰土路基灰土拌和不均匀

形成原因:参灰比例不合适;原地翻拌或梨拌。

预防措施:严格按体积比参灰,采用灰土拌和机对9%灰土处理路基进行灰土拌和,以保证施工质量的要求。

路面有掉渣、烂边,纵向、横向接茬不直顺、开裂

形成原因:平整度找细筛油时跟的不紧,碾压不及时,井圈雨水口,道牙边墩锤的不到家;纵横接茬处碾压不到边,密实度差,接缝未切齐,接茬时刷热沥青不及时。

预防措施:设专人找细筛油、墩锤;使用大型摊铺机,尽量连续作业,减少接茬;接茬时切齐接缝,严格按直茬热接办法做;路边、接茬处加强碾压。

道路雨水口及支管

出现雨水口位置与路边线不平行,雨水口内支管管头外露过多或破口朝外,支管安装不直顺、反坡、错口等现象。解决办法是:在设雨水口的道路边线应使用经纬仪定出路边基准线,雨水口位置完全以次基准线控制。砌筑雨水口时,应将支管截断的破口朝向雨水口以外,用抹带砂浆做好接口;完整的管头与井墙齐平。雨水支管施工采用"四合一"稳管法,对管道纵坡、管道直顺度、管内底高程、管内底错口等质量指标也要进行控制。雨水连接管施工完,用5%~10%水泥拌和无机料回填、夯实至路床,也可用C15混凝土填至路床。

3.2.8　施工安保证措施

3.2.8.1　建立安全生产规章制度

在工程项目现场建立完善的保证安全生产的规章制度,并严格监督实施。认真执行国家有关劳动保护标准的安全技术规程,作业人员必须遵守本工种的安全操作规程。对全体工人进行安全技术知识培训,使进场的工人了解工种的要求,掌握施工安全技术,提高安全处置能力。

3.2.8.2　建立安全生产奖惩规则

项目经理部根据工程项目的具体情况,制订具体的奖罚规定:从经济上奖励安全生产好的班

组和个人,并对违章作业、造成工伤事故者进行处罚。项目经理部每月对各施工班组或个人的安全生产状况进行检查,促进各工种、各工程部位的安全生产,使可能发生的工伤事故消灭在无形之中,对预防重大事故的有功人员,予以奖励。

3.2.8.3　加强安全教育

1. 施工中必须遵照执行各项管理制度,施工管理人员必须对所有作业人员进行安全教育、纪律教育,不断提高各级施工管理人员的安全业务责任和自我安全防范意识。

2. 施工员必须及时下达每项工序的施工安全交底单,并向每个施工人员将安全施工交底内容交代清楚。

3. 严格执行班前会制度。班前讲话必须强调安全,作到"无违章、无隐患、无事故"的文明工程。

3.2.8.4　加强安全保证措施

1. 人身、设备安全保证措施

(1)人身安全

1)加强安全教育,定期组织职工学习安全生产知识和各种规章制度、安全操作规程。新工人上岗前必须先进行安全知识培训,经考试合格后方准上岗。

2)给参与施工人员配齐安全防护用具,进入现场前检查,不按规定着装、防护用具不全者不得进入现场。

3)沟槽上口 1 米处搭设 1.2 米高护身栏。护身栏不得随意拆改。

4)不得高处向下投物,防止高空坠物伤人。

5)冬施操作、修理机电设备应戴手套。

6)现场采用下料溜子进行下料时下面不得站人,基坑内运料时上面停止下料。

7)护身栏内不准进入,一米以内不得堆料。

8)装吊时应按负荷选择索具。严禁吊钩吊人,起吊物体不准在吊物下站人,更不得在物体上站人。

9)抬运重物时,必须统一口号,同起同落,以免碰人。机台上的泥、水要及时清除,以免滑倒碰伤。

(2)用电安全措施

1)现场配电、接线必须由电工进行,电工必须持证上岗。电工操作必须穿戴必要的绝缘保护用品。

2)现场使用的电气设备、线缆等,在使用前均需进行检查其绝缘性能,不符合要求者,严禁使用。导洞内施工时采用低压照明。全部照明灯具安装防暴网。

3)机械设备所用电缆均要按规范要求布设,并采取安全措施,避免破损,防止人员触电。

4)配电系统必须实行分级配电。各类配电箱、开关箱的安装和内部设计必须符合有关规定。箱内电器必须可靠、完好,其选型、定值要符合规定。配电电器、电缆应满足用电荷载要求,严禁超负荷用电。

5)电气设备要采取防雨、防水措施,以免因雨、水损坏绝缘。

6)独立的配电系统必须采用三相五线制的接零保护系统,非独立系统可根据现场实际情况采取相应的接地或接零保护方式。各种电气设备和电力施工机械的金属外壳必须采取可靠的接零或接地保护。

7)电焊机应单独设开关。外壳必须做接零或接地保护。一次线长度应小于 5 米,二次线长度应小于 30 米,两侧接线应压接牢固,并安装可靠的防护罩。焊把线应双线到位,不得借用其它金属物。焊把线应绝缘良好。电焊机设置地点应防雨、防潮、防砸。从事电焊操作人员必须配戴符合规定的绝缘防护用品。

8)手持电动工具应符合国家有关标准和规定。工具的电源线、插头和插座应完好,其外绝缘应完好无损。

9)现场照明必须按规定布线和装设灯具,并在电源一侧加装漏电保护器。

10)移动、检修电器设备必须先切断电源,严禁带电操作。

11)现场施工人员不得随意操作与自己工作无关的电器设备。对现场用电线路、设施进行定期检查,及时发现、消除事故隐患。

(3)机械设备安全措施

1)现场机械设备要布局合一理。必须安装牢固,周正,清洁,符合规范要求。

2)定期对使用设备维护保养、保证不带病运转,设备完好率达到规定标准。

3)严格按规程进行操作,发现机械故障及时处理,不得硬行运转,以免损坏或降低设备使用寿命。

4)吊装设备必须安装牢固,设定安全保险,不得超重、快起。

5)施工中遇地下障碍物,必须清除后方可钻进,不得强行钻进,防止损坏设备。

6)严禁将砖头、石块等杂物混入泥浆池。

2. 消防、保卫措施

(1)施工现场严格执行北京市及当地的治安保卫管理规定,安排专职警卫人员和一名专职保卫干部加强管理。施工现场和生活区建立门卫和巡逻护场制度,设专人值勤,凭证出入现场,外部人员不得随意出入。

(2)现场消防工作,严格执行消防条例,施工现场按规定布置消火栓,并保证消防道路畅通。

(3)加强对施工队的日常管理,掌握人员数量等基本情况,签定治安消防协议。

(4)施工现场和生活区临设搭建符合消防要求,水源配置合理;消防器材要按有关规定配备齐全,在易燃物品处要有专门的消防设施。

(5)经常对职工进行治安、防火教育,培训消防人员;现场设消防通道。

(6)木材厂等施工场所严禁吸烟,现场及生活区不得乱拉电线及使用大功率电热器具。

(7)易燃易爆、剧毒等物品必须按国家有关规定存储和处理。

(8)严格执行现场使用明火取证制度,电气焊工必须持证上岗,氧气瓶和乙炔瓶不得混放,距用火处要有一定的安全距离。

(9)施工现场及生活区内要设置消火栓,对木工场,材料场的灭火器具要定期检查其完好性,施工中严禁挤占消火栓及灭火通道。

3. 交通安全

(1)设专人指挥车辆进出现场,避免交通堵塞。

(2)司机要严格遵守交通法规。

(3)现场周边设置围挡,并设置照明、警示灯、应急灯;设置安全警示牌、导行标识。

(4)占路施工前先报批,做好导行方案后才能实施。

(5)施工时先按导行方案设置导行标志、安全警示牌,夜间施工并设置照明;施工导行现场不得离人。

3.2.9　环境保护及文明施工保证措施

3.2.9.1　现场管理

1. 必须严格按施工组织设计施工部署，并经常检查现场。如果施组与实际施工矛盾，及时调整方案，报原部门审批后实施。

2. 施工区域及职责严格划分，设立职责区，立标志牌分片包干到人。

3. 采用封闭式围挡驻地，施工现场围挡和大门要封闭严密，牢固美观。

4. 在施工现场明显设置统一样式的施工标牌，注明工程名称、建筑面积、建设单位、设计单位、监理单位、施工单位、工地负责人、开竣工日期、施工许可证批准号等内容，字体清晰，保持整洁。

5. 场地内设有施工平面图，安全生产管理制度、消防保卫管理制度、场容卫生环境制度、管理职责等，内容详细、字迹整洁。

6. 施工现场和道路平整畅通，并设有排水设施，现场内土方、零散碎料、垃圾及时清理，所有物料及设备摆放整齐。

7. 施工现场应有施工日志和施工管理各方面专业资料。

8. 本工程设洒水车两台，随时洒水降尘。

9. 所需的水泥、石灰等易扬尘的原材料，全部采用袋装，并要存放在干燥、封闭的仓库内或用毡布盖严，防止扬尘。

10. 对各种进出现场的施工车辆要求在工地入口处铺垫草带，并检查散料覆盖情况。为防止水污染，车辆清洗处设沉淀池，废水经沉淀后回收用于洒水降尘。

11. 本工程施工驻地设生活垃圾集中存放点，定时清运。设专人清扫施工现场，负责保证现场整洁及卫生工作。

12. 材料堆放场地，派专人负责平整夯实，各种材料按规格码放整齐、稳固，并有明显标志。

3.2.9.2　环境卫生

1. 现场及生活区划分责任区，各部门派人负责清扫，建立值日制度；

2. 饮食管理人员持证上岗，注意个人卫生，定期检查身体；公用食具要有消毒设备，食堂内有上、下水，餐具洗涤设备；食品来源渠道正规，有合格证，新鲜卫生并注意保存；

3. 现场内不得随地大小便、吐痰及乱扔赃物；

4. 保证现场内排水设施及现场污水畅通；

5. 易燃易爆剧毒及其他污染废物，必须按国家有关规定处理。

6. 现场内存放油料及其他污物时，仓库要进行防渗处理，防止跑、冒、滴、漏污染水体和空气。

3.2.9.3　施工现场环境保护措施

1. 搞好现场的文明施工和环境保护工作，是一个企业素质的体现，他有利于创造良好的内部施工环境，并对企业形象的树立起到不可忽视的作用。把环保指标责任书层层分解到有关单位和个人，列入承包合同和岗位责任制，建立环保自我监控体系。项目经理是环保工作的第一责任人，是施工现场环境保护自我监控体系的领导者和责任者。

2. 加强检查和监控工作，加强对施工现场粉尘、噪音、废气监测和监控工作，与文明施工现场管理一起检查、考核、奖罚。

3. 进行综合治理，保护和改善施工现场环境施工中一方面采取有效措施控制人为噪音、粉尘的污染,另一方面,及时协调外部关系,做好宣传教育工作,认真对待来信来访,凡能解决的问题,立即解决,一时不能解决的扰民问题,也要说明情况,求得谅解限期解决。

4. 制定完善技术措施,严格执行国家的法律、法规在编制总体、单项、施工方案时,必须有环境保护的技术措施。在施工现场平面布置和组织施工过程中都要执行国家、地区、行业和企业有关防治空气污染、水源污染、噪音污染等环境保护的法律、法规和规章制度。

5. 采取措施防止大气污染

(1)施工现场垃圾及时清理出场,严禁随意抛洒。

(2)施工现场临时道路采用级配砂石铺筑,并指定专人定期撒水清扫,形成制度,防止道路扬尘。

(3)袋装水泥、白灰等细粒散体材料,库内存放。运输水泥、白灰等细粒粉状材料时,采取遮盖措施,卸运时,采取洒水降尘措施。

(4)车辆不带水、带泥出现场。在工地大门口定期清理,并冲刷车轮,人工拍车,清扫车轮、车帮;挖土装车不超装,车辆行使不猛拐,不紧急刹车,防止洒土,卸土后注意关好车厢门,场区场外安排人清扫洒水,基本上作到不洒土、不扬尘、减少对周围环境污染。

(5)禁止在施工现场焚烧产生有毒、有害烟尘和恶臭气的物质。

(6)拆除旧有建筑物时,适当洒水,防止扬尘。

6. 防止水源污染措施

(1)禁止将有毒有害废弃物作土方回填。

(2)施工现场废水首先进行沉淀,并将沉淀水用于工地洒水降尘,上述污水经过处理后方可排入河渠。

7. 防止噪音污染措施

(1)严格控制人为噪音,进入施工现场不得高声喊叫,无故摔打模板、乱吹哨,限制高音喇叭的使用,最大限度的减少噪音扰民。

(2)本工程施工中空压机采用低噪音的电动空压机,并在施工现场搭建防噪棚。施工现场设烟尘、噪音、环境保护的专检自检机构,发现问题及时反馈处理;施工中争取周围村庄、居民配合,尽量为居民生活提供方便。

(3)施工现场靠近居民区的地方,对主要噪音采用有效的吸声、隔音材料,使其对居民的干扰降至规定标准。

(4)加强对操作人员的教育,早晚施工不大声喧哗。建筑物资轻拿轻放,不从上往下扔东西,并做好施工中的计划调控,打混凝土使用低频振捣器,降低施工噪音。

8. 防止运输遗撒、泄露措施

(1)上路行驶的车辆保持车辆整洁,装载均衡平稳,捆扎牢固,密封覆盖,不得沿途泄漏,严禁超载。

(2)在工程出入口处,使用级配砂石对施工道路硬化处理,出口处硬化面积不小于出口宽度。各种进出现场车辆在出口处冲洗车轮及槽帮。检查覆盖情况。

9. 现场保洁与清理

(1)施工现场设立垃圾站,及时集中分拣、回收、清运垃圾。垃圾运出施工场地按照批准路线和时间到指定的消纳场所倾倒,严禁乱倒乱卸。

(2)各类设备和材料妥善保管,存放并及时将废料、垃圾及不需要的临时设施清运出场。

(3)施工中的废水泥、砂浆等应指定地点排放,并定时清理,场内注意及时洒水降尘。

（4）在工程交工时，从施工现场运出全部设备、剩余材料、垃圾和各种临时工程设施，保证整个施工现场的清洁。

10. 现况设施、文物保护

（1）在工程施工中，根据现况的设施、文物，制定相应措施进行保护。如施工中发现文物，立即停止施工并报告相关部门。

（2）所有工程中使用的运输车辆严格按照车辆允许的装载量进行装载、运输，按照桥梁、道路允许通过的载重量进行运输，严禁超载。

3.2.10　相关附件

附件 1　项目部组织机构

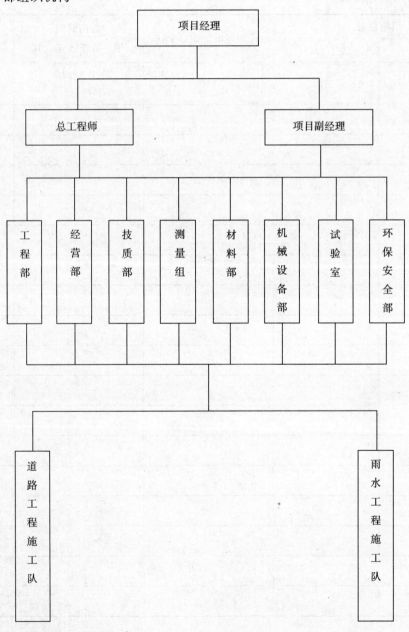

附件 2   施工场地用地表

用途	面积(m²)	位置	需用时间
办公区	500	1+140 道路北侧	57 天
生活工棚	1000	1+140 道路北侧	57 天
料站、磅房、砂浆搅拌站	500	1+140 道路北侧	57 天

附件 3   临时用电计划表

用电位置		计划用电负荷(kVa)	需用时间 年 月至 年 月	备 注
桩号	左右(M)			
1+140	左	150	2012.10.10~ 2012.12.8	

附件 4　劳动力计划表

工种	按工程施工阶段投入劳动力情况		
	2012 年 10 月	2012 年 11 月	2012 年 12 月
测工	3	3	3
电工	2	2	2
瓦工	10	15	10
管道工	5	10	5
模板工	5	5	5
架子工	5	5	5
混凝土工	5	5	5
路工	0	20	20
壮工	20	30	20
合计	55	95	75

附件 5　机械计划表

序号	名　称	型号规格	数量	国别产地	已使用年限	设备状况	设备价值（万元）	自有或租用	目前存放地点，计划安排
1	挖掘机	PC300	1	日本	5	良好	137	自有	沙河
4	装载机	ZL50	1	中国	2	良好	34	自有	沙河
5	推土机	T140	1	中国	3	良好	31.5	自有	沙河
6	水车	SZQ5130GSS	1	中国	5	良好	16	自有	沙河
7	压路机	YZ16B	1	中国	5	良好	47.6	自有	沙河
8	压路机	BW202AD-2	1	德国	2	良好		租用	
9	压路机	BW161AD-2	1	德国	2	良好		租用	
10	平地机	PW180	1	中国	5	良好	47.6	自有	沙河
11	沥青摊铺机	DEMACE 140CS	1	德国	2	良好		租用	
12	无机料摊铺机	VOGELE1800	1	德国	2	良好		租用	
13	压边机	BW80AD-2	1	德国	2	良好		租用	
19	自卸汽车	斯太尔 19.77	5	中国	8	良好	30	自有	沙河

附件 6　工程质量控制图

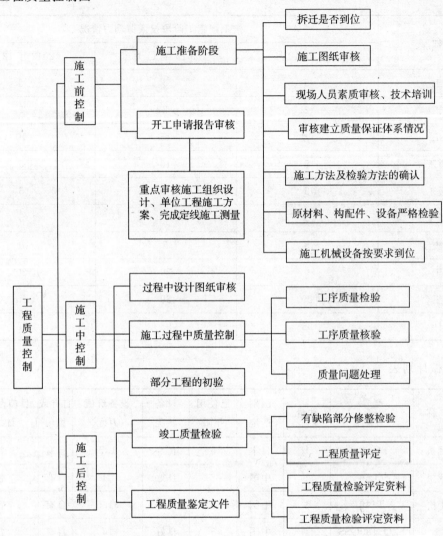

附件 7　项目经理部试验检测设备一览表

设备名称	型号及规格	国别及产地	数量	已使用年限	自有或租用
混凝土抗渗仪	HS40	台	1	5	自有
电动抗折仪	DKZ-5000	台	1	5	自有
干燥箱	202-2	台	1	5	自有
养护养生箱	YH-408	台	1	5	自有
混凝土阻弹仪	HT2254	台	4	5	自有
回弹仪		台	2	2	自有
全站仪	拓普康 800 型	台	1	1	自有
激光经纬仪	北光 J2	台	2	2	自有
精密水准仪	索佳 C32	台	2	2	自有

3.3　改建道路工程施工组织设计实例

封面(略)

目　录

3.3.1　编制说明及工程概况

3.3.1.1　编制依据

1. 依据××市××道路改造工程 A 标段招标文件和招标答疑、补遗文件。

2. 依据××市××道路改造工程 A 标段招标文件的总平面布置图和设计施工图。

3. 依据××市××道路改造工程 A 标段招标文件的招标文件介绍及现场实地踏勘所了解的情况。

4. 依据国家现行有关××市××道路改造工程施工及验收规范、规程、标准以及省、市对××市××道路改造工程施工管理的有关规定。

5. 依据我公司实际技术力量、机具设备、施工技术管理水平和类似工程的施工经验。

7. 依据我公司的质量手册、程序文件及各项管理制度。

8. 依据省、市有关××市××道路改造工程建设管理、质量、安全、文明施工、防噪、质检、监理等的相关规定。

3.3.1.2　编制原则

1. 本施工组织设计以确保施工安全、确保施工工期、确保工程质量、创一流管理的指导思想进行编制。

2. 在施工组织机构建立上立足专业化,选用最有经验的管理人员和具有技术专长的技术人员组成强有力的施工组织管理的核心层,全面负责工程的施工进度、工程质量以及人力、物力、财力的分配和安全保证等。

3. 在机械及检测仪器配置方面加强管理,不断提高机械化施工和劳动生产力,为保证工程质量、工程工期提供有力的物资条件。

4. 在工程施工上,仔细分析,合理安排施工计划,用统筹方法组织平衡流水作业和立体交叉作业,不断加快工程进度。

5. 在施工方案的制定、施工工艺的选择、施工技术的实施方面立足规范化、标准化,落实各项施工技术措施,确保工程质量和工程工期。

6. 精心进行现场布置,节约施工用地,组织文明施工,搞好环境保护。

7. 严格执行施工验收规范、有关操作技术规程,加强生产管理,确保工程质量、工程工期和施工安全。

8. 实施"精品工程"战略,通过精心组织、精心施工,保优质、创信誉,向业主交一个质量合格,用户满意的工程。

9. 遵守党和国家及政府的有关政策方针,为当地的经济、交通、农业发展作出贡献。

3.3.1.3　编制说明

1. 本施工组织设计是根据工程设计特点、功能要求,并本着对业主资金的合理利用和对工程质量高度负责进行编制。

2. 编制的原则是:经济、合理、优质、高效、技术先进。

3. 本施工组织设计采用先进的施工工艺,使工程质量与工期控制措施到位,确保工程施工质量、工期与施工合同一致。

4. 本施工组织设计采用文字与图表相结合的形式,对各分部分项工程的施工方法、拟投入的施工机械、设备、劳动力计划作了说明。

5. 本施工组织设计结合工程特点拟出了切实可行的工程质量、安全生产、文明施工、工期保证等方面的技术措施;同时对关键工序、复杂环节重点提出了相应技术措施,如季节施工措施、减少扰民噪音、降低环境污染技术措施以及交通组织措施等进行了阐述。

3.3.1.4　工程概况

1. 工程简介

(1)工程名称:××市××道路改造工程 A 标段招标文件 2010 年第二批中央预算内投资项目。

(2)工程位置:本工程位于××乡镇。

(3)工程质量:符合国家现行相关质量要求达到合格标准。

(4)标段划分:本工程共分为两个标段,本标段为第一标段。本施工组织设计是针对一标段所作。

(5)建设工期:120 日历天。

(6)工程:符合《国家验收规范》并达到合格标准。

2. 地形、地貌

项目区属亚热带湿润季风气候,气候温热,四季分明,热量丰富,光热适宜,雨量充沛,降水集中。县道从项目区内通过,各村均有村道与干道相联,交通较为便利,村社间均有生产道路。电力、通讯、邮电等设施配套齐全,固定、移动电话通讯可覆盖项目区内各村社。

3. 交通、电力、通讯、生产及生活用水

(1)交通:根据招标文件提供的资料,结合现场考察结果,本工程沿现有道路铺以临时道路运输至现场。

(2)电力来源:场内用电可从业主指定地点接入,搭当地电网供电,同时我公司投入 120kw 发电机一台,以保证不致因停电而影响工程施工的连续作业。

(3)通讯:本合同段沿线均有中国移动和中国联通的信号覆盖,可采用移动电话和对讲机通讯,在项目经理部安装一台固定电话,以保证联络。

(4)用水来源:路线所经过地区水源丰富,可满足工程用水和生活用水的需要。

(5)主要材料:本工程材料均在附近市、县购买,汽车运输至现场。

3.3.1.5　工程特点

1. 特点概述

(1)本工程为××市××路道路改造工程。具有工程线路长、面积大、项目多、工期短、相对工程量大的特点,合理地安排施工组织是工程顺利进行的关键。

(2)本工程位于××市,合理解决施工期间施工区段道路顺畅和土方合理调配、材料有序堆放是确保工程顺利进行和文明施工的关键。

(3)在工程施工期间,加强与相关单位的联系,合理利用材料进出场道路是保证工程顺利进行和安全施工的关键。

(4)由于本工程位于××市,道路为土路,进场后应先维修进场道路及跨沟小桥,以便于材料、机械进场,为全面开工作好准备。

(5)由于本工程地处××市,为了提高质量,确保工期,我公司施工队伍在施工过程中,主动与各相关部门及时联系。与周边居民、当地部门积极沟通,协调好各方面问题,为高质量的施工提供和谐的环境。

2. 基于以上特点,施工中应着重抓好以下几项工作:

(1)作好现场的安全保卫工作,确保施工道路顺畅,材料供应及时。

(2)作好与各施工队伍的协调工作,特别是施工测量衔接和合理的共用场地、施工便道。

(3)作好土方回填、夯实的质量控制工作,为下道工序施工作好准备。

(4)合理组织好工程的流水施工,特别是管道安装、农田水利及道路工程的流水作业,以确保工期。

(5)合理进行平面布置,确保施工正常进行和现场文明施工。

(6)在业主及监理的协助下,作好与当地政府、村民的关系,及时解决施工用水、用电,尊重当地村民的生活习俗。

3.3.2　施工组织管理

3.3.2.1　项目施工组织概要

1. 项目施工组织机构的建立

·根据本工程的特点及施工的具体要求组织精干高效的项目经理部,严格实行项目经理责任制,组织实施本合同工程的施工管理,并与建设、设计、监理等单位通力配合,全面履行合同,使业主满意。项目部设项目经理、技术负责人、行政办公室、计划财务处、物资装备处、工程处、质检处,项目部下设各专业工程施工队,以作业班组为基本作业单位,在项目部的统一管理下,负责工程的具体施工作业。

2. 施工队伍布置及任务划分

根据本合同工程数量、工期要求,结合本单位的综合实力及现有的具体情况,充分发挥动态管理,弹性编制,灵活组织,实现流水、平行、交叉作业。本工程拟安排挖运工程施工队、砌体施工队、模板钢筋施工队、管道安装施工队、电力及设备安装施工队等多个专业工程施工队伍。项目机构组织情况及任务划分详见下表。

拟为承包本合同工程设立的项目组织机构框图

3. 明确项目经理部的责、权、利

(1)根据项目经理部的工作实际,具体明确每个项目管理人员的责、权、利,使全体管理人员有条不紊,紧张有序地开展工作,从而较大幅度提高项目经理部的工作效率。有效促进管理整体实力的强化,使项目管理班子有更多的精力和时间来分析运筹较为复杂的环节,做到下活项目整体一盘棋,充分发挥每个棋子的作用,成竹在胸,不打无把握之仗,无准备之仗。

(2)项目经理受公司法人委托,全权处理本工程施工过程中的一切事务,并享有人事权、劳动力选择权、材料采购权以及资金使用权。根据本工程各方面情况及特点,有针对性的组建项目班子,并且入选一旦经过甲、乙双方确认,全班人选将处于启动状态,末进场之前可根据设计要求积极为本工程做好开工前的准备工作(材料、机械、技术等准备工作和策划工作),并且以无条件满足本工程需要为前提。

(3)项目经理部设有资金专用帐户,项目上的一切开支由项目经理签字后方能支付;项目经理有权奖罚管理人员及施工班组。

(4)为加强竞争机制,本项目部的管理人员均受聘于项目经理,并与项目经理签订工作合同,项目经理有权按合同要求解聘不称职的管理人员及施工班组。

(5)以已制定的各项目管理制度来指导、督促、规范每个管理人员的工作质量、效率。变"人管人"、"人盯人"为"制度管理人"做到项目管理"有章可循、执法必严、违章必纠",这样形成军令如山,赏罚分明的先进管理模式。

(6)项目所需的材料、机械设备、周转材料由项目经理部按工程进度在公司的配合下组织进场。

(7)项目经理部必须按质量体系进行全面管理,组织好各工种、各专业的施工协调配合,实现决策准、指挥灵、落实快的工作方针。确保工程按照既定质量、进度目标交付使用。

4. 树企业形象、创工程精品

市场需要精品,用户需要精品。精品工程是由施工管理的全过程及各分项工程质量组成的。同时职业道德也是精品工程不可分割的重要部分,我公司为此建立了"职业道德考核机制",并在项目中大力推广和运用,具体作法是将考核标准具体落实到人头并与他们的收入直接挂钩,以形成自觉抵制施工质量和材料质量的以次充好、偷工减料、弄虚作假等不良行为,实施用户满意工程。

3.3.2.2　施工组织机构高效运作的保证措施

1. 项目经理部直接隶属公司总部,由公司法人代表授权项目经理处理施工现场一切事务。

2. 组织强有力的项目班子,由项目经理选用思想好、业务精、能力强、善合作、服务好的管理人员进入项目管理班子。

3. 建立健全项目管理、施工、内业、材料、机械、试验、测量、劳资等岗位责任制,定期对各专业进行考核。项目经理、业主或监理认为不称职的管理人员及施工班组立即更换。

4. 强化激励与约束机制,制定业绩评比,奖罚办法,定期组织项目经理部管理人员会议,检查工作质量。

5. 每月召开一次现场办公会,重点解决项目的资金、质量、进度等难题,以确保资金为前提,带动项目各项工作的高效运转。

6. 每天下午召开由项目经理主持的班子碰头会,对次日的工作进行协调安排。

7. 实行劳动用工管理,选用组织能力强,技术水平高,能打硬仗的人员,建立连续作战的精神,确保工期按合同工期完成。

8. 实施目标考核,公司针对本项目制定"工程项目管理责任目标考核法",以推动项目整体管理水平的提高,激发全体管理人员的工作积极性。

9. 工程资金由项目经理部在银行设专用帐户,由项目经理直接支配。若施工过程中出现一时资金短缺,公司提供周转资金确保工程连续施工。

10. 项目经理部加强对项目职工进行素质教育,强化敬业精神,提高工作技能。鼓励参战人员艰苦创业,同时提高其福利待遇,让他们以旺盛的精力积极投入工程建设。

11. 项目经理部加强同业主、质检站、设计院、监理单位的联系,及时解决工程中的重点、难点问题,保证工程有条不紊地进行。

12. 在全面熟悉施工图,充分领会设计意图的前提下,建立以公司总经理、总工程师为首的质量、安全管理、检查保证体系、全面控制施工项目的工程质量。

3.3.2.3　工程管理目标

施工项目的管理目标包括:质量管理目标、进度管理目标、安全管理目标、现场文明施工管理目标、成本管理目标等。

1. 工程质量管理目标

我公司以"科学、求实、创新"的态度确保工程质量先进、质量可靠、优质低耗。对工程全过程的施工管理严格按质量体系运行;有实力、有信心将本工程建设成为一个精品工程,为此,公司确定的质量目标是:杜绝重大质量事故发生,确保工程合格率100%。

2. 工程进度管理目标

在确保工程质量的原则下缩短工期,提高投资效益,尽早交付使用是业主和施工方共同的心愿,我公司有施工同类工程的丰富经验,经反复测算、科学编排,从各方面考虑,我公司最后确定本工程的工期目标为120日历天。

本工程计划开工日期为 2011 年 6 月 22 日,计划竣工日期为 2011 年 10 月 17 日,总工期为120 日历天(实际开工日期以监理工程师发出的开工令为准)

3. 工程安全管理目标

建立以公司领导挂帅,各职能负责人组成公司安全领导小组,监督施工中安全防范措施的实施。在施工中认真执行"安全第一、预防为主"的方针,结合本工程具体情况,制定严密的安全管理制度,以保证安全生产,

杜绝发生重大安全事故,争创"安全施工标准化现场"。

4. 工程文明施工管理目标

严格遵守国家颁布的《建筑法》,按标准化文明工地管理,达到建设部《××市××路道路改造工程施工现场管理规定》的标准。在施工现场总体规划上充分考虑了施工环境,把文明施工,降低噪音,妥善安排施工时间,保证良好的周边环境,各项环保指标达到环保部门的控制要求,做到让业主放心,让群众满意。

5. 工程成本管理目标

本工程工期短,相对工程量大,采取不同的管理模式,不同的施工安排和组织,采取何种技术措施、施工手段和机械设备等,都对工程的成本和造价的影响较大。我公司一贯非常重视工程成本造价的控制,在此次投标的施工组织设计和各种施工方案的制订过程中,都经过认真研究、多方案比选,充分考虑施工组织设计和方案的技术可行性和经济合理性,追求技术经济综合指标的最优化选择。

6. 生产要素的管理目标

生产要素的管理是施工项目目标得以实现的保证,生产要素主要包括劳动力、材料、设备、资金、技术五方面,生产要素的管理的内容包括:

(1)分析各生产要素的特点。

(2)按照一定的原则、方法对施工项目生产管理的要素进行优化配置,并对配置状况进行评价。

(3)对施工项目的各生产要素进行动态管理。

7. 档案资料管理目标

技术管理责任明确,资料管理微机化,确保内业资料完备、及时、美观、先进,在工程项目技术管理中实现施工信息化、工作流程标准化、技术管理规范化。

8. 服务目标

信守合同及服务承诺,密切配合业主做好工程实施,树立市场经济体制下的"用户第一、质量第一"的质量意识,认真协调与各方关系,自觉接受甲方、监理单位的控制与监督,项目经理善始善终的负责保修期间和保修期后的检查维修,并经常与业主保持联系,严格遵守工程保修和售后服务承诺。

3.3.2.4　施工部署

1. 施工指导方针

建立精品战略、用户满意工程、科技进步受益,按质量体系有效运行。针对本工程工作量较大、工期紧、质量要求高的特点,以优质、快速、安全、文明生产为目标,狠抓施工准备,加强过程管理,努力做好协调工作,围绕满足合同工期、工程质量合格的目的采取各种技术措施,严格监督、检查、验收各工序施工质量,自觉接受建设单位、监理、设计、质检站等单位的监督、检查,顺利实现施工的预期目标。

2. 本工程实施名牌精品工程质量战略

(1)抓目标管理和生产要素的优化组合

项目建立"目标责任考核机制",按"管理绩效＝目标方向×工作效率"的原理,明确各项目标,优化组合生产要素,既对完成施工任务提出要求,又对工作效率提出要求,以目标指导行动。做到人人职责明确、目标清楚,并定期考核,督促落实。

(2)抓过程控制

1)加强过程策划,做到计划、实施、控制、总结联动,不放过任何一个可改进和提高的机会。

2)区别特殊、关键与一般工序,在保证一般工序的同时,对特殊、关键工序重点布置。

3)做好日常的人、机、料、法、环的记录与分析,以此作为衡量工作质量的晴雨表进行监控。

(3)抓动态管理

尤其是各生产要素的动态管理,把好生产要素的验收、使用、评定三关,加强对劳动力的控制,进场考核不合格的坚决不收,使用中技术达不到要求或责任心不强的清理出场。将评定时发现不足,又不加以改进的工人清理出场,从而调动生产工人的积极性,保证使用合格的劳务人员,进而保证工程质量。

(4)抓监督保障

从公司质量体系和工程施工过程两个角度加强质量监督,定期开展质量体系审核,注重质量管理实施和实施过程的有效性,严格把好工程质量监督关,对工程从开工至竣工全过程的各工序、各操作过程进行监控,杜绝不合格品流入下道工序。

(5)加大科技进步的投入力度,建立形成技术管理,促进质量提高的动力机制。"技术是质量的保证,质量是技术的体现",在工程项目施工中,我们把科技进步作为质量体系有效运行的一个基本要素,创出精品工程。努力把质量上的可靠性,技术上的先进性,经济上的合理性融合在一起,把企业传统的施工工艺与新技术融为一体,在工程上开展技术革新,既保证质量目标的实现,又丰富和完善了公司的技术保证体系。

(6)做好服务工作

搞好服务是实施名牌精品工程的一个不可忽视的重要环节,尤其是交工后的服务。我们对已交付使用的工程严格按国家规定的要求作好工程回访,搞好技术服务。通过工程回访,不但可以了解业主需求,而且也可以了解工程施工过程中质量控制的薄弱环节,有针对性地改进我们的工作。也只有认真作好回访,才能取得业主充分信任,进而巩固市场。

(7)用户满意的工程服务体系

1)我公司木着诚实守信、用户至上的服务宗旨,向业主庄严承诺:本工程实施用户完全满意工程,公司全体员工将不断更新质量观念,想业主所想,急业主所急,为业主提供优质服务,树立市场经济体制下的"用户第一、质量第一"的质量观念,使用户满意工程服务体系全面实施。

2)项目经理是实施用户满意工程的主体,该项目部全体管理人员必须牢固树立"一切为了用户"、"悉心听取用户的意见"的管理思想,从一点一滴做起,使用户满意工程真正落到实处,落实在工作中、服务中、质量中。

3. 依靠技术进步降低造价、创造精品

本工程投资大、技术要求高,为了用好资金,又搞好工程质量,我公司愿用自身特有的各种优势,如用建造过类似工程所积累施工经验,瞄准技术难点,组织技术攻关,在保证经济性与合理性的同时,充分利用新技术、新工艺、新材料,为业主降低工程造价创造精品。本着企业的承受能力,最大限度的为业主提供优惠承诺。

4. 按质量体系有效运行

在施工过程中,通过对各种产品质量过程的控制、生产的精心策划,科学组织实施,严格控制影响质量的所有因素,保证"以一流的技术、一流的质量、一流的服务"为业主建造一流工程。

3.3.3 资源配备计划及施工总平面布置

3.3.3.1 施工准备

施工准备是一项细致而较为复杂的工作,它包括各个方面,建筑有句行话"七分准备,三分施工,不打无准备之仗"。因此,施工准备工作是整个工作的关键,它的好坏直接影响施工进度、质量与安全。因此各业务部门务必做好各项施工准备工作。施工准备工作包括施工准备阶段和全面施工阶段。

1. 施工准备工作流程图

2. 现场准备

(1)按施工总平面布置图,(经建设单位及监理工程师同意)搞好现场的"三通一平",按标准化施工现场要求,修建现场临时设施、水电线路及施工便道。

(2)协调处理好与其他相关单位的关系,办理各种手续为开工做好准备。

(3)根据业主或设计单位提供的水准点、导线点和相关资料,作导线、水准闭合测量检测,做出复测成果资料报监理工程师审查。

(4)根据场地的具体情况,修筑专门的施工道路及生产、生活、办公等用房。

(5)项目部组织人员、机械、材料陆续进场。

施工准备工作流程框图

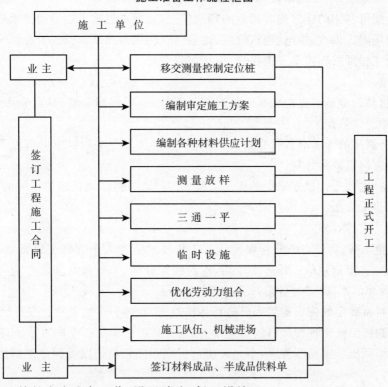

(6)做好施工前的安全准备工作,设置消防、保卫设施。

3. 技术准备

(1)研究和熟悉设计文件并进行现场核对。

在工程开工前组织有关人员学习设计文件,是为了对设计文件、图纸等资料进行了解和研究,使施工人员明确设计者的设计意图,熟悉设计图纸的细节,掌握设计人员收集的各种原始资料,对设计文件和图纸进行现场核对。其主要内容是:

1)各项计划的布置、安排是否符合国家有关方针政策和规定。

2)设计文件依据的水文、气象、土壤等资料是否准确、可靠、齐全;对水土流失、环境影响的处理措施。

3)流水沟渠的流水标高;沟渠的中线位置、断面是否合理,相互之间是否有错误或矛盾。

4)道路中线、主要控制点、水准点、三角点、基线等是否准确无误。能否采用更先进的技术或使用新型材料。

5)对地质不良地段采取的措施是否合理适用。

6)主要材料、劳动力、机械台班等计算是否准确。

7)施工方法、料场分布、运输工具等是否符合实际情况。

8)临时便道、房屋布设是否合理,电力、电信设备、临时用电、用水、场地布置是否恰当。

9)各项协议文件是否齐备、完善。

(2)图纸的熟悉和自审工作完成后,由建设单位主持图纸的会审,设计、监理单位和施工单位共同参加形成图纸会审纪要。

(3)工程开工前,需落实有关人员编制更加完善可行的施工组织设计和分项工程施工方案。

(4)编制好各种原材料、成品及半成品需用量计划、施工周转材料计划、施工机具计划,并进行落实。

（5）了解沿线缺土、余土的地段和数量以及可供弃土的地点等。

（6）摸清沿线可利用的排水沟和雨后的积水情况，以便考虑施工期间的排水措施。

（7）了解现场附近供水、供电、通信设施、运输、路线、场地及其他设施情况。

（8）向监理工程师书面报审开工报告，申请工程开工。

4. 物资准备

（1）、建筑材料的准备。提前编制出材料需要量计划，为组织备料、确定仓库、场地堆放所需面积和组织运输提供依据。

（2）构配件、制品的加工准备。根据设计要求，确定加工方案和供应渠道以及进场后的储存地点和方式，编制出需要量计划。

（3）施工机械的准备。根据采用的施工方案，安排施工进度，确保施工机械的类型、数量和进场时间，以确保供应方法。

3.3.3.2 劳动力安排计划

1. 选派经验丰富、责任心强的管理人员及工程技术负责人干部到工地负责，根据招标资料确定的工程数量，依据审定的工程进度计划，本着统筹兼顾，平行流水交叉作业，充分发挥人员、机械设备工作效率的原则，进行各阶段劳动力计划分配。

2. 开工前对所确定的施工班组人员进行体格检查，对体弱多病者禁止安排到施工中去。

3. 对现场的施工队伍进行严格的资格审查，施工班组必须配备专职质量员，监督施工质量。

4. 已进场的队伍实施动态管理，不允许擅自扩充和随意抽调以确保施工队伍的素质和人员的相对稳定。

5. 加强对劳务单位的管理，凡进场的劳务单位必须配备一定数量的专职协调、质量、安全的管理人员。

6. 施工现场项目经理及主办工长做到全盘考虑认真学习和研究施工图纸领会设计意图，拟定出本工程各阶段施工所需投入的人力什么时间进场、什么时间退场，做到心中有数，减少盲目性，以免造成人员紧缺或窝工现象。

7. 在使用人力上执行竞争上岗的制度，防止出现不力和返工现象的发生。

8. 本工程施工工作量较大，面积广，在收尾阶段，要教育好我们的工人，特别重视成品保护，防止已完成的部位被损坏和污染，组织足够人员参加保护工作。

9. 具体劳动力分配详见后附的《劳动力计划表》。

3.3.3.3 施工机械、设备的配置

1. 由于本工程任务艰巨，为了加大施工力度，大力提高机械化施工，挖土方以机械施工为主，在机械保障上满足工程施工需要。根据工地实际情况进行机械配置。

2. 本工程施工机械、设备配置情况详见附表《拟投入本工程的主要施工机械设备表》。

3.3.3.4 材料供应计划

1. 工程在施工过程中应严格控制所用材料质量，对于一切材料，无论使用哪家产品，都要坚持两条原则：一是质量合格并有完整的材质证明；二是初步选定供货商家后，报请业主和监理工程师进行审查，共同把关，严格杜绝不合格厂家和劣质产品进入施工现场。在施工过程中，材料员和质检员应会同监理工程师对每批到场材料进行质量抽验，决不允许不合格产品的进入和使用，从而保证工程质量。

2. 对于工程材料的供应，在联系好材料供应商后，我们将和供应商签定合同，按时按量的供应材料，保证工程不会出现因材料未到场和材料质量原因而造成的工程停工，返工现象的出现。

3. 材料负责人严格管理好材料,做好材料的进出厂计划;并根据工程的进度情况及现场施工情况及时调整各种材料的供补,使工程不因材料而出现拖延工期的现象。

3.3.3.5　施工总平面布置

1. 施工平面布置的原则

(1)施工平面布置的总体原则为:经济适用、合理方便、美观大方。

(2)保持场内交通运输畅通和满足施工对材料要求的前提下,最大限度地减少二次运输,在平面交通上尽量避免生产相互干扰。

(3)充分利用施工现场及建设单位提供得空地,再根据各施工阶段搭设部分临设。

2. 项目部、施工处驻地布置

根据招标文件提供的资料并结合现场实际情况和工程实施各阶段的条件,为了有效地保护环境,减少对原有环境的破坏,尽量减少工程成本,项目经理部和施工队设于规划区内的一块空地上。办公区和生活区用房采用搭设活动板房和修建简易砖房。加工区和生产区采用轻钢结构搭设简易工棚。同时可租用附近部分民房作为生活住房。具体位置详见后(附件:施工总平面布置图)

3. 施工便道

根据招标文件及现场考察情况,进场后要对原有田间道和生产路进行维护,材料和机械从原有道路运入工地。

4. 施工用电

通过业主协调,从指定的电源接入施工临时配电箱,作为项目部临时生产生活用电。综合考虑本工程的特殊性,项目多,现场用电量大,因此现场用电配置 1 台 120KW 发电机供现场施工使用。各作业线路全部采用三相五线制。

5. 施工用水

根据现场考察情况,现场水源丰富,施工及生活用水可就近用抽水泵抽至各用水点,以保证整个工程施工及生活用水。

6. 施工围护

根据施工现场的具体情况和工程量、工程地址,结合文明施工,创"绿色环保工地"的具体要求,在进场道路入口,设公司宣传牌,必要地段设置护栏,护栏上悬挂醒目的安全警示牌和红色安全警示灯,并安排专人巡视,使本工程尽可能的达到封闭施工要求。

7. 现场排水

为保证雨水及地表水不渗入沟槽破坏土壁,并保证整个现场的文明施工,现场设置排水沟,水排向建设单位指定的排污地点。

8. 工地防火、防风安全设施

工地临建房屋加设缆绳,并采用一些不易下滑的重物压顶,以防大风天气损坏房屋,危及人员安全。在施工现场采取一切有效的防火与消防措施,配备一定数量得灭火器材,如干粉灭火器、砂桶、砂坑、铁锹、高压喷水管等。

3.3.4　施工进度计划及工期保证措施

3.3.4.1　施工进度计划安排

1. 遵照有关法律、法规的规定,根据招标文件的要求,经我公司现场实际踏勘的情况,研究决定施工总工期为 120 日历天,结合我公司的技术实力,通过采用的技术措施,在保证工程质量的前提下,我公司完全有能力完成本工程的施工任务,并将工期控制在更少范围内完成。

2. 工程施工进度计划的具体安排

本工程拟计划 2011 年 6 月 22 日为暂定开工日期,按总工期 120 日历天进行工期安排,若与实际开工日期不一致,则工期在总工期不变的原则下按实际开工日期进行相应的顺延调整。

3.3.4.2 工期保证措施

1. 工期保证方案框图

工期保证方案框图

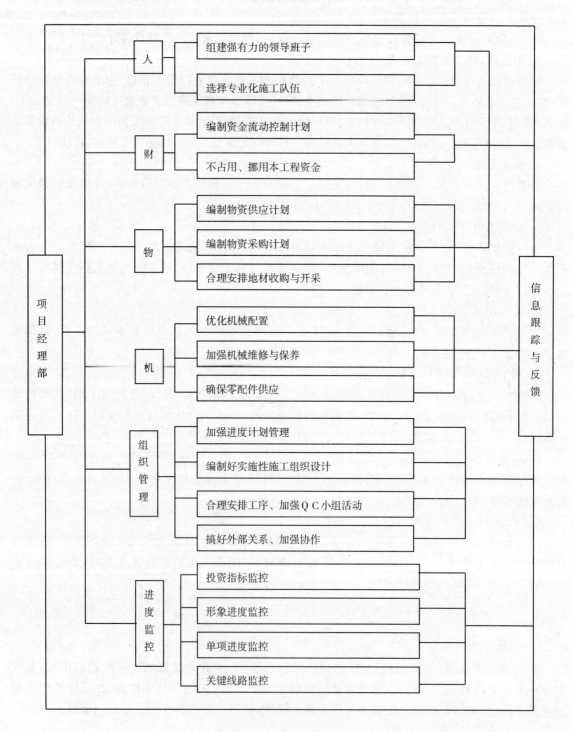

2．工期保证措施

(1)从施工组织上予以保证

1)严格实行项目施工管理,成立一个具有丰富管理经验和拼搏精神的项目经理部,实行项目经理负责制,并与建设、设计、监理等单位紧密配合,严格按照施工组织设计进行,保证总进度计划如期实行。

2)实行目标分解,责任到人。项目经理全面负责进度计划,项目部各部门管理人员具体执行。操作人员则服从安排,积极投入具体工作,并保质、按时完成各自任务;内业人员每周按实填写工程进度表,并负责上报项目经理;公司生产部门每月定时核实工程进度,并督促其按进度执行。实行责任与利益挂钩的办法,做到奖先进罚落后的制度,奖惩兑现,以调动全体工作人员的工作热情和劳动积极性。

3)建立每周一次的现场例会制度,由公司各有关部门、项目班子人员、各分包单位负责人参加,总结前一周工作,安排落实下一步工作。同时能及时解决施工生产中出现的问题。以总进度计划为框架,做到月有目标,周有计划,阶段有检查。遇有工期拖后的问题,及时分析原因,寻求办法,尽快弥补。

4)定期检查计划的完成情况,包括工程形象进度、资源供应情况及管理进度情况等;及时发现、处理影响进度的因素;对于滞后的进度及时采取措施,组织力量限期跟上,切实避免因滞后累计,而导致无法保证工期的现象发生。抓好重点与关键,不让局部问题成为妨碍全局的"瓶颈"。要以"主战者"姿态,主动联系,积极支援,避免互相妨碍,浪费时间。

(2)从完善资金和材料供应上予以保证

公司将在人、财、物方面给予充分保证,财务部门负责生产资金调配,并做到支付及时、专款专用;材料部门全力保证各种建材的供应,做到材料质量优良,满足工程进度的需要。

(3)从施工管理上予以保证

1)从宣布中标后,在业主许可的情况下,我公司就立即组织人员前往工地现场,并着手开始进行现场临设和临时用水、用电布设,劳动力和机械设备的进场、各种施工证件的办理、施工进度的安排等。

2)我公司进驻现场后,将首先根据设计给定水准点和坐标点,对场区中线、标高进行复测,并建立场区轴线网和现场测量布点,同时对业主提供的测量基准点进行核实。

3)合理配置施工机械,提高机械利用率,并在平面上合理布置,周转材料、工程材料、机动翻斗车、人力斗车运输到位,可加快工程施工进度。

4)加强各工种之间的协调配合,共同搞好施工方案和工序的插入安排,力求协调一致,合理利用空间。

5)安排足够劳动力,加快工程进度,如有拖延情况应及时分析原因,采取有效措施补救,力求每周计划按期完成,以确保月计划实现,从而保证工程按总工期要求完成。

6)机械设备选用性能良好的机械,进场前全面检修,保养一次,并配足易损备件,以便发生故障时及时更换。

7)周转材料可在使用的前一天下班后,安排人员周转至使用部位,避免因运输不及时造成有效工作时间降低。

8)加强各分项工序施工质量监督和管理,保证施工工序各分部分项一次成优。

(4)从施工技术上予以保证

1)为保证施工的顺利进行,开工后现场技术人员要时时与设计单位取得联系。现场如需设计变更的,从施工的角度给设计出谋划策,保证工程优质高速完成。

2)加强技术管理的力度,以适应施工进度的需要。已经确定的方案,及时通知施工工长和施工班组;临时性的修改,要立即制定相应的技术处理措施;对可能影响工程质量和进度的问题,要主动向监理、甲方及早提出,尽量避免事后处理。

3)及时制定、核实材料备料计划、预埋铁件加工计划,以满足订货、加工的必要时间,保证构件能按期交付安装、使用。

4)在不影响建筑使用功能,不增加甲方投资的原则下,根据工期要求和实际施工情况,会同设计、甲方、监理一道,采取灵活、可行的技术措施,及时解决施工中的种种技术问题。

5)加强施工的预见性,所有施工技术准备工作均应比现场进度提前半个月,所有材料及半成品供应较实际进度提前3—5天进场,确保施工顺利进行,各种材料及半成品检验资料均应同料进场。

6)科学地组织劳动力,对其实行动态管理,针对各阶段施工情况投入足够的劳动力。

7)充分发挥本企业的技术优势,积极采用先进的施工技术工艺,缩短施工周期。

8)为保证合同工期和提前竣工交付使用,在安排任务时要抓分抢秒。互相影响的工序应不讲时间地抢回来,一个工种下,一个工种接上。晴天为阴雨天储备施工项目,开展平行、立体交叉流水作业,使工作面展开。

9)充分利用机械设备减轻劳动强度,节约时间。

10)针对施工任务开展技术革新,小改小革提高工效。

11)配备专业操作技术较强的各工种操作人员,各班组长具备一定的组织能力,组织工人操作、自检,减少因质量不合格返工造成误工而影响工期。

(5)从进度跟踪控制的方法上予以保证

以项目部为核心,以客观条件为依据,统筹安排、周密计划、科学管理。具体方法是:以日计划保证周计划;以周计划保证月计划;以月计划保证整个工程的总进度得以实施。本工程除用横道计划进行进度管理外,还将运用网络计划进行动态管理。网络计划的优点是逻辑严密、层次清晰、关键问题明确、便于优化,在计划执行过程中可进行有效的控制与调整,在施工运用中,可以缩短工期、节约成本、保证以较小的消耗取得最佳的经济效益和社会效益,在施工过程中,狠抓关键线路,同时根据现场实际情况随时对计划进行调整,从而使得进度管理工作更有针对性,更加科学合理,为工程按期竣工创造有利条件。

3.3.5　主要分项工程施工方案及施工工艺

3.3.5.1　测量放线施工

1. 测量前的技术准备工作

(1)施工测量人员应全面熟悉施工总平面图和各种结构物的顶面标高、相互关系,根据现场条件制定各阶段的施测操作方案。

(2)施工测量人员使用的测量仪器应做好校验工作,并在校验有效期内。

(3)测量前会同建设单位、监理单位相关人员核对各部位的标高、座标位置有无变化。

(4)本工程的沟渠流水标高、场区控制线的引测和传递由项目专职测量工程师进行施测。

2. 施工测量控制

(1)测量控制:针对本工程的特点,现场建立平面及高程控制系统,以便在整个施工期间针对其他工程项目的施工进行测量控制。

(2)平面控制系统:拟采用导线测量的方法建立平面控制系统,测量仪器采用 SET2100 全站仪及 100m 钢卷尺。用业主提供的控制点进行控制,设置直线控制桩,控制桩位置应在稳定可靠处,便于施工期间保护及使用方便。

(3)高程控制系统:测量仪器采用 S3 水准仪,根据业主提供的水准点,将标高引至水准点上,临时水准点必须坚固稳定,距离不得大于 100m 且前后通视,临时水准点与设计水准点复测闭合。

(4)施工控制网的观测时间选在通视条件良好,成像清晰稳定,无大气折光的影响下进行观测。在观测过程中重新调平仪器,使对中系统误差变为测组间的偶然误差。施工控制点采用混凝土桩埋入地下约 1m,施工控制点选在易于扩展,通视良好且能长期保存的地方。

3. 测量临时水准点

工程施工之前,应根据图纸指定水准系统的已知水准点,引导至施工范围内,设置临时水准点,当施工牵涉到的水准系统不是一个标准时,应同意换算为工程的施工水准系统,据此设立临时水准点。

临时水准点设置后,要逐一编号,其精度要求闭合差不得超过规范要求,并标在图纸上。根据需要和设置的牢固程度应定期进行复测。临时水准点的设置要求是:

(1)应设置在坚硬的固定建筑物、构筑物上,或者设置在不受影响和外界干扰的稳定土层内。

(2)每 100m 设置一个水准点。

(3)两水准点之间能保持通视。

4. 平面放线

根据工程的起点、终点、导线桩和转折点的设计坐标,计算出这些点与附近控制点或建筑物之间的关系,然后根据这些关系把各个放线点用标桩固定在地面上。为了避免差错,每个点在接到监理的交点后都要进行复核,并将复核结果报于监理。

平面放线时,在工程的起点、导线桩、终点和转折点均已打桩核定后,再进行中心线和转角测量。中心线测量时,应每隔 20～30m 打一中心桩,中心桩的间距应统一,以便于统计距离和施工取料。然后根据工程规定需要的宽度用白灰撒出开挖边线。

5. 纵断面水准测量

纵断面水准测量之前,应先沿工程的施工线路每隔 100m 的距离设置临时水准点,以此水准点测出中心各桩位地面的高程,以检查设计图地面高程和实际地面高程是否相同,并以次来确定土方开挖的深度。

本工程道路、沟渠的计量采用断面法。为此,本工程对于道路、沟渠的测量要由专人负责进行,并及时予以签证。放线时要控制好导线桩,以及起点和终点桩的监测和保护。

6. 复测、定位

施工方应根据监理的现场交桩和书面资料,对主要原始基准点(包括导线桩、水准点)进行认真复测,在交桩后 7 天内,将结果报甲方认定后,作为永久保护,复测中如发现有超出容许范围的误差,要及时报告甲方、监理复测、纠正,在重新交桩后,施工方应再次按上述程序上报,直至准确无误,甲方认定为止。

7. 竣工测量

工程施工结束后,即进行竣工测量,包括平面测量、断面测量、平面控制系统的复核。

1. 为防止施工过程中控制桩位移引起测量误差,竣工测量前须重新施测。

2. 根据控制桩施测排水沟渠、道路的中心线,并在原施工图断面位置上布桩,定出断面线,测量方法同放样,即:室内计算测放数据,现场用全站仪极坐标法施测,并进行校核。

3. 根据规范及设计要求,检查路面宽度、轴线偏移、坡度情况、沟渠底宽、边坡、高程、中心线,对不合格的进行整修,合格后进行断面测量。

4. 用两架水准仪测量横断面,按原设计断面位置测量,测点间距用视距仪测量,高差较大的采用经纬仪测视距,并测渠身、道路纵断面图,通过内业计算绘图,采用设计图纸比例,以便比较工程实现设计意图的程度。

5. 地形图的测绘,因工程施工精度在规范标准以内,用原设计图可以作为竣工图,但对有变化及修改设计的部分需另行增测补充。

6. 所有测量、计算、绘图资料要项目齐全,数据准确,图表清晰,符合质量要求。

3.3.5.2 管道及阀门安装工程施工

管道及阀门安装工程主要包括:管道沟槽土石方开挖和回填、闸阀井砌筑、管道及阀门安装。

1. 管道施工

施工工艺: 测量放线 → 沟槽土方开挖 → 基坑验收 → 砌体施工 → 管道及阀门安装 → 沟土回填 → 单项工程交验

(1)测量放线

根据设计图纸定出沟槽开挖中线,再根据沟渠大小、合理的放坡系数及工作面宽度,确定出沟槽开挖边线。

(2)沟槽土方开挖

1)沟槽开挖之前,应清除开挖路线范围内的各种地上障碍物,如不能清除或拆迁,开挖时应采取必要的防护措施。

2)沟槽开挖放坡应按照沟槽深度及土质情况进行掌握,遇土质不良地段应采取必要的安全防护措施。

3)沟槽开挖应做好降水排水工作,保证槽底土壤不受水浸泡,以保证沟槽的施工质量优良。

4)沟槽开挖采用机械开挖和人工开挖相结合的施工方法,机械开挖沟槽到距设计槽底标高20厘米时,采用人工进行槽底修边检平,沟槽严禁超挖,槽内土严禁扰动。

5)沟槽开挖好,经承载力及隐蔽验收合格后,方能进入下一道工序的施工。

2. 砌体施工

(1)雨水口施工

1)准备工作:准备材料、工具,完成基层、按照设计图中的边线高程放线挖槽,控制位置、方向和高程。

2)按道路设计边线及支管位置,量出雨水口中心线桩,使雨水口长边必须重合道路边线(弯道部分除外);

3)暗藏雨水口中心线桩,挖槽注意留有掌柜肥槽,如核对雨水口位置有误差时以支管为准,平行于路边修正位置,并挖至深度位置;

4)槽底要仔细夯实如有水应排除并浇注 C10 混凝土基础。

5)砌井墙:按井墙位置挂线,先砌筑井墙一层,用对角线核对方正;井墙随砌随刮平缝,每砌30 cm 应将墙外肥槽及时回填夯实;砌至雨水支管处应满卧沙浆,砌砖已包满支管时应将管口周围用沙浆抹严抹平,不能有缝隙,管顶砌半圆砖卷,管口应与井墙面齐平,支管与井墙必须斜交时,允许管口入墙 2 cm,另一侧凸出 2 cm。超过此一侧限时须考虑调整雨水口位置;井口应与路面施工配合同时升高;井底用 C10 细石混凝土抹出向雨水支管集水的泛水坡。

(2)排水检查井的施工及注意事项

1)流槽:检查井的流槽,应在井壁砌到管顶以下即行砌筑,采用红砖砌筑时,表面应用沙浆分层压实抹光'

2)井室内的踏步应随砌随安(留),其尺寸应符号设计规定,踏步和脚窝在砌沙浆或混凝土未达到规定强度前不得踩踏。混凝土井壁的踏步在预制或现浇时安装。

3)预留支管:预留支管应随砌随安,井口应深入井 3 cm,预留管的管径、方向、标高应符号设计要求,管与井壁衔接从应严密不得漏水。

4)井室、井筒:砌筑检查井的井室、井筒内壁应用原浆勾缝,井室内有抹面要求时,内壁抹面应分层压实,外壁应用沙浆搓缝严实。盖板下的井室最上一层砖须是丁砖。

5)井外回填:检查井应边砌边回填土,每层高不宜超过 30 cm,必要时用强度较低混凝土、灰土或填砂处理。

(3)检查井的质量标准

1)井壁必须互相垂直,不得有通缝,必须保证灰浆饱满,灰缝平整,抹面压光,不得有空鼓,裂缝等现象。

2)井内流槽应平顺,踏步安装应牢固,位置准确,不得有建筑垃圾等杂物。

3)井框、井盖必须完整无缺、安装平稳,位置正确。

3. 管道和阀门等安装工程

(1)PE 管安装方案

1)管材现场由人工搬运,搬运时轻抬轻放。

2)下管前,凡规定需进行管道变形检测的断面管材,预先量出该断面管道的实际直径并做出记号。

3)下管用人工或起重机吊装进行。人工下管时,由地面人员将管材传递给沟槽内的施工人员,对放坡开挖的沟槽也可用非金属绳系住管身两端,保持管身平衡均匀溜放至沟槽内,严禁将管材由槽顶边滚入槽内;起重机下管吊装时,用非金属绳索扣系住,不串心吊装。

4)PE 大径塑管主要采用机械装卸,装卸时应采用柔韧性好的皮带、吊带或吊绳进行安装,不得采用钢丝绳和链条来装卸或运输管道。

5)管道装卸时应采用两个支撑吊点,其两支撑吊点位置宜放在管长的四分点一处,以保持管道稳定。

6)在管道装卸过程中应防止管道撞击或摔跌,尤其应注意对管端保护,如有擦伤应及时与厂方联系,以便妥善处理。

7)管材将插口顺水流方向、承口逆水流方向安装、安装由下游往上游进行。管材接口前,先检查橡胶圈是否配套完好,确认橡胶圈安放位置及插口的插入深度。接口时,先将承口内壁清理干净,并在承口及插口橡胶圈上涂润滑剂(首选硅油),然后将承插口端面的中心轴线对齐。接口方法按下述程序进行:De400mm 以下管道,先由一人用棉纱绳吊住被安装管道的插口,另一人用长撬棒斜插入基础,并抵住该管端部中心位置的横挡板,然后用力将该管缓缓插入原管的承口至预定位置;De500mm 以上管道可由 2 个 0.5 吨手板葫芦将管材拉动就位。接口合拢时,管材两端的手板葫芦同步拉动,使橡胶密封圈同步就位,不扭曲、不脱落,再用热熔聚乙烯焊接。为防接口合拢时已排设管道轴线位置移动,采用稳管措施。具体方法可在编织袋内灌满黄砂,封口后压在已排设管道的顶部,其数量视管径大小而异。管道接口后,复核管道的高程和轴线位置使其符合要求。

8)雨季施工时采取防止管材漂浮措施。先回填到管顶以上一倍管以上的高度。管安装完毕尚未回填土时一旦遭到水泡,进行管中心线和管底高程复测和外观检查,如发现位移、漂浮、拔口现象,立即返工处理。在管道铺设过程中,若发现管道损坏,应将损坏的管道整根更换,重新铺设。

(2)镀锌钢管连接应符合以下要求:

1)镀锌钢管连接严禁采用焊接,统一采用丝扣连接方式。

2)管螺纹加工时应规整,如有断丝或缺丝,不得大于螺纹全扣数的10%。管螺纹的有效长度允许偏差一扣。

3)管螺纹连接填料采用细麻丝加厚白漆或聚四氟乙烯生料带。填料缠绕时应顺螺纹紧缠3~4层,严禁填料挤入管内。

4)管件紧固后应将外露的填料清理干净,外露螺纹刷防锈漆。

(3)U-PVC管连接应符合以下要求:

1)管材的管口应用中号板锉锉成近15度坡口,并将残屑清除干净。

2)管件承口内侧和管材插口外侧的粘接面,应擦拭干净,如有油污时,应用有机溶剂擦净。

3)管材插入承口深度,应试插一次,划出粘结面深度标记。要求插入深度不小于规范要求的深度。

4)胶粘接剂涂刷时,先涂承口,后涂插口,涂抹均匀、适量,不得漏涂。承插口环形间隙较大时,允许涂刷两道,但需等第一道胶粘剂干燥后,再涂刷第二道。若环行间隙过小时,允许用砂纸略加打磨,打磨后应祛除残屑。

5)承插口连接时,应注意管件方位准确,轴线准直,挤压到标记深度后保持2~3分钟。固化时间为24小时。

6)热熔接时温度控制应按要求,严禁过热或温度过低。

(4)阀门安装

螺纹阀门:连接阀门的管子连接时不得偏斜,以保证管子和阀门的连接在一条中心线上。当出现偏斜时,在阀门处严禁冷调,以免损伤阀门。

法兰阀门:由于法兰阀门一般上铸铁的,其角度明显小于钢法兰,故两侧和管道连接的钢法兰必须焊正,以保证管道与阀门同心,铸铁法兰和钢法阀的间隙平行,加力均匀,否则,试图在法兰连接处强力调直已经偏斜的管子将使阀体法兰损坏。

所有阀门均应装在易于操作和检漏修理处,严禁埋于地下。地下敷设阀门时,阀门处应砌井室,以便于阀门开闭。阀门在安装应保持关闭状态,丝扣闸阀安装时常需要卸掉阀杆、阀蕊和手轮,以便阀体转动,此时,需拆卸阀门的压盖,拆卸压盖时先转动手轮使闸阀处于

逐渐开启状态。如阀芯紧紧关闭时用轩转动压盖丝扣,则会将阀杆扭断。施工现场使用的阀门应有出厂合格证。

4.回填

回填之前需进行带井闭水试验,管道及检查井具备了闭水条件,即可进行管道带井闭水试验

(1)注水浸泡

管道两端管堵如用砖砌,必须养护3~4d达到一定强度后,再向闭水段的检查井内注水,闭水试验的水位,应为试验段上游管内顶以上2m,如井高不足2m,

将水灌至接近上游井口高度,实测其距管内顶的高度并记录,注水过程同时检查管堵、管道、

井身,无漏水和严重渗水,浸泡管和井 1～2d 后进行闭水试验。

(2)闭水试验

将水灌至规定的水位,开始记录,对惨水量的测定时间,不少于 30min,根据井内水面下降值计算渗水量,惨水量不超过规定的游戏惨水量即为合格。

管道经隐蔽工程验收合格后,准许沟槽回填。排水管槽在胸腔及管顶以上 40cm 回填石屑,并回填工程土至道路结构层底部,分层夯实,密度要求达到 90%。

(3)沟槽回填土,对于不同的部位有不同的要求,以达到既保护管道安全,又满足上部承受动、静荷载;既要保证施工过程中管道安全又保证上部修路、交通放行后的安全。

(4)沟槽回填的技术要求和质量保证措施:

1)管道工程的主体结构经验收合格,凡已具备还土条件均及时还上,尤其先将胸腔部分还好。

2)沟槽回填前应先选好合格土源,复土时沟槽内保证积水排除干净,严禁带水作业,并不得回填淤泥腐植土及有机物质,大于 10cm 的石料等硬块也应剔除,大的泥块要敲碎。

3)为了保证工程质量,严格按照相应规范进行施工。当管道铺设好之后,回填石屑至管顶以上 40cm,再在上面进行工程好好土回填碾压。

4)待填土达到规定的密实度之后,方可拔除钢板桩。拔除时,应采取措施,减少板桩槽内带土。钢板桩应间隔拔除,并及时灌砂,可适当冲水以帮助砂下沉。对于建筑物至沟槽边距离与沟槽深度之比小于 1:1.5 的地方,钢板桩拔除之后应及时灌注黄砂,并适当冲水帮助砂下沉以填充钢板桩拔除后留下的空隙。拨桩派专人指挥,谨慎操作,确保安全。拔桩派专人指挥,谨慎操作,确保安全。拔出的钢板桩应及时清理、保养,并按长度和规格分别堆放,一头并齐,弯曲过大的钢板桩应分开堆放。沟槽拔出或拆除支撑后,原地面不应发生明显沉陷或开裂,沟管接口无裂缝和渗漏。

5)沟槽回填顺序,应按沟槽排水方向由高到低分层进行;沟槽两侧同时回填夯实,以防管道位移;回填土不得将土直接砸在抹带接口上;窨井待附属构造物回填土应四周同时进行;在与其它管道交叉的地方,回填土时,要做妥善处理。

6)胸腔以上复土时,应分层整平和夯实,不得漏夯,每层厚度应根据采用的夯实工具和密实度要求而定。在使用压路机碾压时,管顶以上的复土厚度不小于 70cm。

7)拆下的钢管、原木、槽钢等设备应及时清理、保养,并堆放整齐,做到工完场清。

8)回填土的质量按回填土的密实度进行控制。

(5)胸腔以上部位的回填措施:

1)非同时进行的两个回填土段的搭接处,不得形成陡坎,应随铺土将夯实层留成阶梯状,阶梯的长度应大于高度的两倍。

2)管顶 50 厘米以上直至道路垫层底部范围内,应采用塘渣和土各 50%分层整平夯实。

3)井室等附属构筑物回填土应四周同时进行,车道内井室四周 80 厘米范围内的塘渣层改用水泥稳定碎石回填。

4)填土夯实应夯夯相连,不得漏夯。压路机压实时,碾办重叠宽度应大于 20 厘米。

5)管顶以下 25cm 范围内回填土表层压实度不小于 87%。

3.3.5.4 道路施工

1. 路基开挖

路基土方开挖采用横挖法和纵挖法两种方法。

横挖法:以路堑整个横断面的宽度和深度,从一端或两端向前开挖。横挖法适用于短而深的路堑。

①采用挖掘机按横挖法挖路堑且弃土运距较远时,用挖掘机配合自卸汽车进行。每层台阶高度可增至3.0~4.0m。

②若弃土或移挖作填运距超过推土机的经济运距时,用推土机积土,再用装载机配合自卸汽车运土。

③机械开挖路时,边坡配以人工修刮平整。

纵挖法:

①当采用分层纵挖法挖掘的路堑长度较短(不超100m),开挖深度不大于3m,地面坡度较缓时,优先采用推土机作业。

②当采用分层纵挖法挖掘的路堑长度较长(超过100m)时,采用挖掘机配合自卸车作业。

③路堑开挖接近设计标高后,预留20cm厚土层,以弥补路基压实后的沉降量。

2. 土方回填

(1)基底处理

对清除表层碎石的地面用核子密度仪测定地基碎石层的密实度和含水量,判定地基碎石的承载力情况,并将试验报告监理工程师审查。对承载力不符合要求的进行填前碾压,压实度达到90%以上,再进行填筑施工。

路线通过沟谷底、冲田、水塘时,在填筑路堤前应清除地表耕植碎石及淤泥,开挖纵、横向排水沟排水、疏干、晾晒表碎石。对于潮湿路基段的处理,采用清除表层碎石30cm厚,分层填筑砂砾的措施进行处理。

基底符合要求且自然横坡陡于1:5时,应清除表碎石,并在基岩面开挖2~3m宽的台阶,设置盲沟或涵洞排除地下泉水和地表水,以保证填料和地基结合紧密,以利填方稳定增长。

施工前,根据施工现场情况,结合设计的永久性排水设施,综合做好排水设施,避免施工场地积水,影响填筑质量,耽误工期。

(2)填筑施工

填筑路基前规划好作业程序和机械作业路线。

根据我公司路堤填筑经验,路基填筑按纵向分段横向分层进行施工,松铺厚度由试验确定。分层时,按路基顶面平行线分层控制填碎石标高。填筑宽度较设计每侧各加宽30~50cm,以保证路堤边坡的压实度。路堤填筑按"三阶段、四区段、八流程"(三阶段:准备阶段、施工阶段、竣工阶段;四区段:填筑区、平整区、压实区、检测区;八流程:施工准备→基底处理→分层填筑→摊铺平整→机械碾压→检验签证→路基整形→边坡修整)的流水作业方式施工,并在各区作出明显标牌标识。填筑时,按试验路段所取得的各项参数进行全断面水平分层填筑。

(3)不同种类的填料,不混杂填筑,使用不同种类的填料填筑路堤时,按设计规定和要求进行。

(4)填料发生变化时,及时对填料进行试验,并通过现场填筑试验确定施工参数,进行施工。

(5)层厚填筑控制:每层填筑前均恢复路基中线及边桩,并将下一层填筑标高用油漆刻画在中桩及填碎石边桩上,边界桩除油漆刻画外,还应采用挂线控制。测放边桩时,每20m一个断面。

(6)卸碎石控制:在路基上用石灰划出5×5m的方格,根据每车碎石数量,计算出填碎石每格内卸碎石车数,现场派专人指挥。

（7）雨季施工：雨季施工时,不在雨中或连绵雨天施工。路堤施工的每一层压实层面均应平整无凹坑,且排水系统畅通无阻。收工前,将松铺的碎石层压实完毕,重新填筑前,局部采用人工疏排晾干后才可进行。

3. 水泥混凝土路面施工

（1）钢筋制作

根据混凝土的型号,做好钢筋翻样,钢筋制作根据翻样图进行制作,要求尺寸、数量、钢筋型号准确,每种不同型号的半成品挂牌标明,便于绑扎人员的分类施工。

（2）钢筋绑扎

钢筋绑扎按图纸要求,钢筋的级别、直径、数量、间距均应符合设计要求。绑扎的钢筋骨架不得有变形、松脱,偏差不得超过规范规定。钢筋绑扎后,钢筋负责人进行自检,对有偏差的改进后进行隐蔽验收。

（3）隐蔽工程验收

现场施工员、质检员对绑扎钢筋骨架进行隐蔽工程验收,填好验收单,改正错误,达到符合设计及施工规范要求后,由监理工程师签字同意后,才能浇捣混凝碎石。

（4）模板施工

侧面端头采用钢模板,钢模应先涂钢模油,安装侧模防止模板移位,端头模板支撑必须牢固、位置正确。控制好混凝碎石保护层。模板立模拼装完毕后,进行侧向弯曲、垂直度等检查,经质检监理同意后才能进行下道工序的施工工作。

（5）浇捣

施工中严格控制坍落度,不得任意加水,不得有离析现象,超过初凝时间的混凝碎石,不得使用(加缓凝减水剂后可适当延长)。

浇捣用插入式和平板式同时振捣,保证混凝碎石浇捣的密实,并减少侧面气泡的产生。浇捣混凝碎石时,应注意以下几点:

1）振捣器拔出时速度要慢,以免产生空洞;

2）振动时应把握尺度,防止漏振和过振,以彻底捣实混凝碎石,但时间不能太久,以至造成离析不允许在模板内利用振捣器使混凝碎石长距离流动式运送混凝碎石;

3）使用插入式振捣器不能达到的地方,应避免碰撞模板、钢筋及预埋件等,不得直接地通过钢筋施加振动;

4）模板角落以及振捣器不能达到的地方,应辅以插钎插捣,以保证混凝碎石表面平滑和密实;

5）混凝碎石捣实后 24 小时之间,不得受到振动;

6）浇捣过程中应密切注意模板变形及漏浆,有发生现象应立即纠正;

8）模板拆除:混凝碎石达到一定强度后,才能拆除模板。模板拆卸后,铲净钢模表面,涂钢模油后,再进行下次模板安装。

（6）混凝土路面的抹面

吸水完成后立即用粗抹光机抹光。边角等局部抹光机打磨不到之处可用微型手动抹光器抹光,将凸出石子或不光之处抹平。最后用靠尺板检查路面平整度,符合要求后用铁抹子人工抹光。

（7）养护

压槽完成后设置围挡,以防人踩、车碾破坏路面,阴雨天还应用草袋覆盖。混凝土浇注完成

12 小时后,可拆模进行养生,养生选择浇水、覆盖草袋喷撒养生剂等方法,养生时间与施工季节有很大关系。

(8)混凝土路面的切缝

横向缩缝切割:横向施工缝采用锯缝,缝深 6cm,宽 5mm。切割时必须保持有充足的注水,在进行中要观察刀片注水情况。

(9)灌缝

在锯缝处浇灌聚氯乙烯胶泥。灌缝前应清除缝内的临时密堵材料,缝顶面高度与路面平齐施工

3.3.6　质量保证措施

3.3.6.1　建立完善的质量保证体系

建立项目质量体系和工程项目经理部质量责任制,明确从项目经理、项目总工程师到各级管理、质检、试验、技术、操作人员的质量责任,明确各职能部门的质量职责,明确项目施工全过程中的质量监控环节及质量监测点,制定具体的监控措施,明确执行者和检验者,用工序质量保证项目质量,以工作质量来保证工程质量,实现计划质量目标。

1. 项目经理部各职能部门和人员职责

(1)项目经理

1)领导实施公司质量方针和质量目标,建立质量保证体系,组织编制本工程项目质量计划,按照业主的总体质量目标和质量要求,明确质量职能分工,保证质量目标的实现。对工程管理和质量优劣负全责。

2)严格执行公司质量体系文件和各项管理制度。定期组织项目质量检查、评比和改进,行使质量否决权。

3)认真履行工程承包合同,同时强化项目管理的"四控制"、"三管理"、"一协调",保证兑现合同承诺。

4)对进入项目的人力、资金、材料、施工设备等资源按时段进行优化配置,合理安排施工进度,保证均衡生产,做到文明施工。

5)组织项目质量成本预测、控制、分析和考核,用好项目资金,精打细算,节约开支,降低成本消耗,提高效益。

6)及时组织项目质量分析会,对质量问题和不合格品按"三不放过"的原则进行分析,审核批准职能部门制定的纠正和预防措施。

7)组织、动员项目全体人员积极配合内外质量审核,对审核发现的不合格项,领导制定切实可行的纠正措施,限期整改,避免或减少不合格项的重复出现。

8)负责审核、批准购买符合质量要求的原材料和半成品。

9)领导制定、实施具有质量否决权的经济责任制,监督检查本项目岗位技能和质量意识教育培训,并考核和评价其工作。

(2)项目总工程师

1)组织项目专业技术人员进行施工图纸审核,参加业主或设计单位组织的施工图纸会审和技术交底,并做好会审和交底记录。

2)组织编制项目质量计划、实施性施工组织设计和关键工序及特殊工序作业指导书,并按有关规定报批。

3）审核项目材料需用计划和加工定货计划,使材料采购和购件、半成品加工及检验工作符合质量体系要求,满足工程需要,符合设计和相关规范要求。

4）组织重要部位和特殊过程的工程检查验收,对发现的不合格或潜在不合格及时采取纠正和预防措施,并验证措施的实施情况。

5）推广应用新工艺、新技术、新材料,努力提高施工工艺水平和操作技能。

6）定期组织质量分析会,检查质量体系进行的适应性和有效性,及时研究、处理质量活动中的重大技术问题。对质量问题持有否决权。

7）定期组织项目工程质量检查,主持单位工程质量评审,仲裁内部质量争议。

8）负责组织、监督材料和过程的检验及试验工作。

9）密切配合内、外审工作,对在审核过程中出现的不合格项,分析原因,制定纠正措施,并组织实施。

（3）行政办公室

1）负责业主、监理工程师、上级部门下发的质量文件、资料的收发和本项目质量文件的管理等工作,保证项目部内使用有效的质量文件。

2）负责其他文件的收、发、管工作。

3）对项目部管理人员、业务人员、操作人员的资质进行综合管理,根据工程项目需要制定培训计划,并组织适时培训,保证各岗位由具备资质的人员持证上岗。

4）积极完成与质量体系有关的其他工作,为质量体系内、外审人员提供食宿、交通、通信方便,保证内、外审工作的顺利展开。

（4）工程处

1）负责编制实施性施工组织设计,并制定特殊过程和关键工序的施工方案、技术措施。负责按工程合同要求组织技术、调度工作,对施工的全过程进行控制。建立施工日志,督促并检查有关人员在施工过程中做好特殊过程、关键过程的施工记录和检验、试验状态的记录。负责编制项目质量计划及项目安全施工计划,具体筹划安全控制重点、安全控制网络、安全预防措施、安全作业过程。

2）负责指导、检查、监督、执行国家有关技术质量规范、规程、标准及上级、甲方指定的规章制度的施行。负责按照《进货检验和试验程序》、《过程检验和试验程序》和《最终检验和试验程序》组织施工全过程的检验、试验,并做好记录。参加隐、预检和工程验收,对每一项、分项工程进行质量检查和评定并记录。

3）负责项目经理部范围内的技术性文件和资料的统一管理。负责竣工文件的编制、组卷、移交工作,保存各种施工记录。

4）负责所施工工程的现场安全质量管理,落实现场安全质量责任制,强化施工生产安全质量管理。

5）负责对工程中出现的不合格品进行评审,并对纠正和预防措施的实施效果进行验证。对业主提供的产品技术性能进行确认,发现业主提供产品不合格时,组织评审,提出方案。

6）负责编制材料设备需要计划,协助物资保障部做好材料设备的选型、定货工作。负责重要物资、工程设备、构配件、新型材料的试验检验。

7）负责工程的控制测量工作,并按照《检验、测量和试验设备控制程序》做好各种检验、测量和试验设备的使用、校准、维修和保养,并按合同要求向业主提供有关资料。

8）负责组织新技术、新材料、新工艺、新设备的推广应用。

9)负责组织工程成品和半成品的防护,履行合同要求的工程交付后的维修、保养工作。

(5)质检处

1)负责本工程项目的试验工作,为施工提供准确、可靠的试验数据。

2)负责组织实施《检验和试验状态控制程序》,确保未经检验证实合格的产品不转入下道工序。

3)负责试验、计量设备的按期检定,并做好维修、保养工作,建立试验、计量设备台账,并监督、检查、指导项目试验员的工作。

4)搞好施工现场的计量控制,确保混凝土、砂浆严格按设计配合比施工。

(6)计划财务处

1)负责工程施工中内部承包、劳务队伍的管理。

2)负责承包合同、劳务合同及租赁合同的起草、洽谈、报批工作,负责项目经理部合同的管理。

3)负责监督施工承包合同的履行情况,变更时做好洽谈记录,并按公司《合同评审程序》规定,组织有关职能部门进行合同评审,保存评审资料。

4)负责合同和预、决算文件及资料的控制。

5)负责项目的计量支付、索赔工作。

6)负责建立和实施成本核算制,编制和考核责任成本,组织签订责任成本责任状。

7)负责工程项目施工的资金供应、账务核算和决算。

(7)物资装备处

1)负责工程施工所需物资的供应工作,执行物资采购供应控制程序,采购供应施工所需材料。负责汇总和编制材料采购计划,明确采购产品的技术标准的性能。

2)负责调查材料分供方,并向单位物资设备管理部门提出建议,在本单位公布的合格材料分供方名录范围内采购材料,在有关部门取得一致意见后签订合同。

3)负责对进场材料的验证工作,按《产品标识和可追溯性程序》对现场材料进行产品标识,对其检验和试验状态进行有效性标识。

4)负责安排、组织产品的现场搬运、贮存工作,并做好记录。

5)负责及时收集、整理相关的材料证明文件。

6)负责项目经理部库存产品的接收、标识、存放、发放和记录。

7)负责现场机械设备的检查和保养工作,建立台账,做好设备状态记录和标识工作,制定操作规程,明确责任制。

8)负责施工过程中所需周转材料的组织供应和机械设备的进、退场以及与施工的配合工作。

(8)内业技术员管理职责

1)充分熟悉图纸,参加图纸会审,整理纪要,参与施工组织设计编制,做好室内施工准备,编制预算(内部用)提出材料、半成品、构件等加工计划。

2)编制月、旬、作业计划,统计填报有关报表。

3)负责工程图纸领发,办理竣工图。

4)协助工长解决施工现场技术问题,办理技术核定。

5)负责工程档案资料的收集、整理、保管,按质检站及《建筑工程文件归档整理规范》要求提供完整交工验收资料、归档资料。交付业主和公司存档。

(9)项目部人员质量职责

项目施工队长、质检员、技术员、资料员、预算员、试验员、计量员、材料员、测量员、设备管理员、劳资员、计划统计员、安全员、施工员、班组长的质量职责均在项目质量计划中明确规定，项目经理审批后执行。

2. 为保证本标段顺利实施和兑现投标文件确定的工程质量目标。根据 ISO9001 质量管理体系标准和我公司质量管理体系文件规定，结合我公司以往从事类似工程的经验，从思想教育、组织机构、技术管理、施工管理以及规章制度等五个方面建立符合本标段实际的质量保证体系。

3. 建立以公司领导，各科室和项目三级质量保证体系。由项目技术负责人负责，安排指导项目组织施工，定期召开施工质量会议；以工程部牵头，各科室配合，定期对工程质量进行检查，并上报公司领导，作出相应处理措施；项目经理部负责质量措施的实施，保证施工质量。

4. 质量检验流程

我公司在开工后三日内由总工程师制定整个工程的创优规划，开工后七日内制定出各单位工程的质量检验流程制度，并将视施工情况编制分部、分项工程的质量检验流程，随进度计划报送总监和驻地监理审批。

3.3.6.2　从施工组织上予以保证

1. 建立以项目经理为组长、项目技术负责人为副组长，经理部相关部门负责人、管理人员为组员的全面质量管理领导小组，根据工程情况在各职能部门建立以负责人为组长的 QC 活动小组，并隶属项目经理部全面质量管理领导小组领导，小组成员分工职责表如下。

全面质量管理领导小组成员分工职责表

职务	小组中职务	在小组中的职责
项目经理	组长	协调组内成员关系，决定重大质量问题处理方案，对本工程质量负总体责任。
项目技术负责人	副组长	组织经理部技术干部作好技术工作，制定重难点工程的施工方案，制定重大质量问题的处理措施，制定本工程创优规划。
工程处处长	组员	协助总工程师作好技术工作，制定主要工程的施工方案，收集整理好日常质量记录。
质检处处长	组员	组织经理部质量工程师具体实施质量自检，协助监理工程师作好质量管理工作，制定季度质量检验计划。
行政办公室主任	组员	负责经理部的全面质量管理教育的宣传发动，总体组织对有关质量管理的各种规章制度的学习、收集相关资料。
物资装备处处长	组员	负责工程物资的采购工作，收集材料的出厂合格证。机械设备的调转、购买、租凭、维修、养护工作，确保机械设备正常运转。
计划财务处处长	组员	负责工程成本核算、资金调配，预算、财务管理，控制资金合理利用。
实验室主任	组员	负责工程材料的质量检验，收集实验检验报告单。
施工队队长	组员	对施工队范围内的工程质量总体负责。

2. 由质量管理领导小组制定质量管理机构及人员的质量职责。将质量管理细化分工到个人，做到职责明确，工作内容清楚，形成质量工作人人肩上有责任的工作氛围。

3. 全面按照公司确定的具有丰富的类似项目工程施工经验的施工队伍和技术、管理人员投入本工程，以保证施工顺利进行和质量得到保证。

4. 由全面质量管理领导小组建立健全各种质量管理的规章制度,并由小组成员分头负责,根据各单位工程的具体情况制定质量计划、质量标准及操作工艺,并通过质量监督检查工作确保贯彻落实。

5. 每半月组织全面质量管理领导小组成员召开总结会,总结前一阶段质量管理工作,制定下一阶段工作内容。

6. 对材料供应商的选择和物资的进场管理

涵道工程的管材、混凝土原材料、钢筋原材料等均要采取全方位、多角度的选择方式,以产品质量、价格合理、施工成品质量优良为入围标准。同时要建立合格材料供应商的档案库,并对其进行考核评价,从中定出信誉最好的材料供方,常规材料优先选择和公司多年合作信誉好的供应商。材料、半成品及成品进场后要按规范、图纸和施工要求严格检查,不合格的立即退货。材料进场后,对材料的堆放要按照材料性能、厂家要求进行规划,对易燃、易爆材料要单独存放。

7. 采用积极有力的措施,抓好工程建设质量,贯彻落实五个到位。

(1)领导力量落实到位

为确保工程质量,我们将单独成立以主要领导、分管领导、各级管理人员组成的项目部,把主要精力投入到工程中来,认真落实,切实加强领导,科学决策,精心组织,集中力量,实干、苦干争创"精品"工程。

(2)质量责任落实到位

严把资金运作关、工程质量关、工程进度关、同步配套建设关、工程材料关,把"质量责任重于泰山"落实到每一个工序,每一个环节。将目标责任与经济效益挂钩,一视同仁,奖惩分明。谁出了质量事故,不仅要追究当事人的责任,还要追究当事人部门的责任。

(3)管理人员落实到位

我公司将实行,现场管理人员全部挂牌,持证上岗的制度,明确责任、明确任务,建成以施工队伍自检、市质检站和公司质检部门双重监督,及监理工程师现场监理相结合的质量体系。按规定组织工序检验,做到不优不签,不签则不进行下一道工序。

(4)目标分解落实到位

做到质量落实到人,找准问题,研究对策,明确措施,狠抓落实。一旦发现问题质量事故,无论大小,都必须认真对待。按上级要求,查找事故原因,落实整改措施,明确事故责任及责任人,对有关责任人进行批评教育,扣发奖金,必要时进行严肃查处。

(5)协调工作落实到位;

正确处理好质量与工期的关系,在确保优质工程的同时,尽量缩短工期,做到质量进度两不误。

3.3.6.3　从施工技术上予以保证

1. 建立并实行项目总工程师为首的技术负责制,同时建立技术人员的岗位责任制,健全技术责任奖罚制度,做到分工明确,责任到人,使施工程序和方法符合施工技术管理制度的要求。以此确保工程质量。

2. 认真编制施工组织设计

运用统筹法、网络计划技术等现代管理方法在周密调查研究取得可靠数据的基础上,由总工程师组织工程部编制切实可行的实施性施工组织计划,并报业主或监理工程师批准。在严格按网络计划组织实施的同时,实行动态管理,根据变化了的情况及时作出必要调整,使整个施工过程处于受控状态。

认真编制施工技术方案,单项工程由施工队技术主管牵头,在本项目投标文件的基础上,根据深入的现场调查,提出两个以上的施工技术方案,提交项目总工程师,由总工程师组织有关人员,对所提出的技术方案进行对比分析、比选、优化,最后确定方案,报请业主或监理工程师批准后实施。

3. 做好施工前的技术准备工作

由总工程师组织有关部门进行图纸会审。认真核对设计文件和图纸资料,切实领会设计意图,查找是否有差、错、漏现象,及时会同设计部门和建设单位解决发现的问题。

对本工程设计内容、质量要求、施工工艺认真进行技术交底。图纸会审后,由项目总工程师、工程处长、施工队技术主管、单项工程技术人员、质量工程师、班组长、逐级进行书面及口头技术交底,确保作业人员掌握各项施工工艺及操作要点、质量标准。

由工程处处长牵头组织工程处和施工队的测量工程师交接桩。测量工程师必须认真进行复测,补齐桩橛,施工队测量工程师应搞好施工常规放样测量和复核。

4. 认真进行材料检查,把好材料、构件进场关

对钢材、水泥等材料必须提供材质证明,并按规定进行抽检,对抽检不合格的材料坚决不收;对砂、石等材料,其成分、颗粒级配、最大粒径等要严格检查,不符合要求的材料,坚决不用;对预制构件应逐件检查,尺寸误差不符合要求和有裂缝的预制构件应坚决退回,堆放时不同型号的原材料不得混装。

5. 加强各工序之间组织和衔接,做好成品保护工作

土方开挖后应及时进行下一道工序施工。基础和预埋管线隐蔽验收后及时回填土方,避免增加排水措施影响土方施工,土方经监理抽检合格后,应立即对基层进行封闭处理。

在项目部统一布置下,加强与排水施工班组的联系,做好交叉作业协调工作,所有地下管网应在道路基层施工前埋设或预埋套管,并与设计配合采用切实可行的加强措施。

6. 加强试验及计量管理,保证工程施工质量

计量和试验工作是保证工程质量的基础管理工作,贯穿于施工的全过程。原材料进场后及时抽样,配合材料员把好收料关;土方分层、分段回填后,及时取样抽检,达到设计密实度后,方可进行隐蔽验收;混凝土、砂浆严格按规定试配确定施工配合比,在后台设专人按确定的配合比计量上料,并按规定分层、分段取样进行强度试验。

3.3.6.4　从施工管理上予以保证

1. 施工实施阶段

控制源头,把住材料采购关。按照公司质量管理体系文件要求,从物资采购、供应商提供产品、产品标识和追溯性。不合格产品控制、纠正和预防以及质量记录等六个环节由各部门负责人分头组织进行控制。各种材料到达工地必须由质量工程师进行验收,投入使用前必须按规范进行试验并将材料的质量检验结果报送监理工程师审查。

搞好技术交底,坚持按章操作。每道工序开始前都进行由专业工程师或质检工程师会同工班长对作业人员进行详细的技术交底,交清设计要求、规范要求、质量要求和操作工艺标准,作业人员严格按照技术交底要求和标准施作,质量工程师和工班长随时进行自检,并纠正违规行为。

抓过程控制,建立工程质量动态管理办法。中标后,由工程处处长拟定报监理工程师批准《项目部质量动态管理办法》,随时将材料及工程质量检验和试验报告主要成果录入计算机,建立工程质量数据库,并将各项检测结果逐日绘制工程质量指标管理图,同时随施工的进展分阶段绘制施工质量直方图和正态分布曲线,并送监理工程师审查。

在施工工艺中,我们优先考虑使用新技术、新工艺、新材料、新设备"四新"技术,达到节省材料、提高工效、提高工程质量的目的,并在规模施工运用前经监理工程师同意后用于试验段和试验工序中,运用成熟并经监理工程师同意后才推广运用于规模施工中。

2. 施工过程监督及检查

建立健全项目经理部监督检查和项目队、班组自检的质量监督检查制度,强化以项目质量检查工程师为核心的工程质量监察系统,并绘制出每个分部、分项工程的质量管理体系图报送监理工程师审查。

建立工序交接制度,实行工序质量考核负责制。上道工序完成后,须由下一工序工班长会同上一工序工班长、质量工程师对照质量标准进行检查,达到质量标准后,三方签认后,才可进行下一工序的施工,三人均对已签认工序的质量负责。同时无论监理工程师检查与否,隐蔽工程均应对将覆盖或掩蔽的工程进行拍照,以备存查,并作为竣工资料的一部分。

对管基等关键工序项目,实行旁站监督,施工整过程都将置于质量工程师和试验工程师的现场监督之下。

我公司所有现场施工人员都将在力所能及的情况下主动配合支持监理工程师的工作,积极征求监理工程师的意见,并坚决执行监理工程师决定,共同把好质量关。

3. 工程信息及软件管理措施

在本工程中,我们将运用已经较为成熟的系统信息管理方法,以施工项目信息为管理对象,有计划地进行收集、处理、储存、传递、应用工作。

(1)工程信息管理

1)工程信息的收集

信息的收集,应按信息规划,建立信息收集渠道的结构,即明确各类项目住处的收集部门、收集者采集方法所收集信息的规格、形式,何时进行收集等。信息的收集最重要的是必须保证所需信息的准确、完整、可靠和及时。

2)信息的传递

①应按信息规划规定的传递信息,将项目信息在项目管理有关方、各个部门之间及时传递。信息传递者保持原始信息的完整、清楚,使信息接收者能准确地理解地接收所需信息。

②项目的组织结构与信息流程有关,决定信息的流程渠道。在一个工程项目中有三种信息流:自上而下的信息流;自下而上的信息流;横向间的信息流。

3)信息的加工

①数据要经过加工以后才能成为信息,信息与决策的关系是:数据→预信息→信息→决策→结果

②数据加工以后成为预信息或统计信息,再经过处理、解释才成为信息。

③对于不同管理层次,信息加工者应提供不同要求和不同浓缩程度的信息。工程项目的管理人员可分为高级、中级和一般管理人员,不同等级的管理人员所处的管理水平不同,他们实施项目管理的工作、任务、职责也不同,因而所需的信息也不同。在项目管理班子中,由上向下的信息应逐层浓缩,而由上向下的信息则应逐层细化。

4)信息的储存

信息储存的目的是将信息保存起来应用,同时也是为了信息的处理。

5)信息的维护

信息的维护是保证项目处于准确、及时、安全和保密的合用状态,能为管理决策提供帮助。

信息的及时性是能够高速度、高质量地把各类信息、各种信息报告提供到使用者手边。

（2）工程项目软件管理

工程项目文件资料包括各类有关文件、项目信件、设计图纸、合同书、会议纪要、各种报告、通知、记录、签证、单据、证明、书函等的文字、数值、图表、图片以及音像资料。

1）项目文件资料的传递流程

作为负责项目文件资料的管理人员，必须熟悉各项项目管理的业务，通过研究分析项目文件资料的特点和规律，对其进行科学的管理，使文件资料在项目管理中得到充分利用，提供有效的服务。

2）项目文件资料的登录和编码

为便于登录和归档，利用计算机对项目文档进行管理，需要对文件资料进行统一编号，建立编码系统，确定分类归档存放的基本框架结构。

3）项目文件资料的存放

为作好项目建设档案资料的管理工作，全面、完整地反映工程建设和项目管理的工作活动和成果，客观记录项目建设的整个历史过程，充分完善文件资料整理归档，立卷、装订成册。工程项目信息资料经过科学地组合和排列，才能成为系统的、完整的文档。项目文档可以按照项目的各个阶段以及工程内容进行不同的分类，在各卷文档中要归集汇总在相应各个阶段的工作活动中产生的全部文字材料、图纸和计算机材料文件资料。

（3）计算机辅助项目管理

高水平的项目管理，离不开先进、科学的管理手段。在项目管理中应用计算机作为手段，可以辅助发现存在的问题，帮助编制项目计划，辅助进行控制决策，帮助实时跟踪检查。

3.3.6.5　各分部分项工程的质量保证措施

1. 保证测量精度与准确的措施

（1）本工程测量人员是具有丰富施工经验，又有扎实的理论基础的专业人员，曾在多个大型工程施工中任专业测量。因此能胜任本工程的测量工作。

（2）我公司在本工程中使用目前先进的测量仪器，如自动安平水平仪，铅垂仪均为进口仪器，设备先进，精度高。

（3）施工前编制详细的施工方案。经研究同意后实施。

（4）坚持技术复核制度，对于工程主轴线、标高基准点在放线完成后，由项目技术负责人复核，对于一般轴线，标高由技术负责人指定专人负责复核。确保无误后，方可继续施工。

2. 混凝土施工质量保证措施

（1）把好原材料质量关，对用于工程的钢筋要求进行严格把关验收，不合格的材料决不使用。

（2）把好模板安装关，模板安装质量的好坏直接影响混凝土浇筑后的外观质量，因此必须严格要求，对模板的质量、安装的质量必须全数验收，尤其对模板接头更必须引起高度重视。

（3）把好钢筋绑扎关，钢筋绑扎必须要注意的是对于钢筋接头、钢筋搭接长度、钢筋弯钩长度等必须满足规范或规程的要求，绑扎顺序必须正确，保护层大小必须一致。

（4）把好混凝土浇筑关，要振捣密实，防止漏振，振捣过程必须按规范要求进行，顺序必须按施工方案要求。

（5）把好混凝土养护关，混凝土养护是混凝土施工的重要组成部分，一定要高度重视，绝不能为了进度而忽视混凝土的养护工作，应指定专人负责，养护方法必须按施工方案确定的方法。

3. 钢筋施工质量保证措施

（1）质量管理点的设置：包括钢筋品种的质量、钢筋规格、形状、尺寸、数量、间距、钢筋的锚固长度、搭接长度、接头位置、弯钩朝向、焊接质量、预留洞孔及预埋件规格、数量、尺寸、位置、钢筋位移、钢筋保护层厚度及绑扎质量。

（2）预控措施：应检查出厂质量证明书及试验报告，必须保证材料指标的稳定；加强对施工人员的技术培训，使其熟悉施工规范要求和基本常识；认真执行工艺标准，严格按技术交底要求施工；严格按照图纸和配料单下料和施工，弯钩朝向应正确；施工前应预先弹线，检查基层的上道工序质量，加强工序的自检和交接检查；对使用工具经常检测和调整，并检查焊接人员有无上岗证；正式施焊前须按规定进行焊接工艺试验，同时检查焊条、焊剂的质量，焊剂必须烘干。对倾斜过大的钢筋端头要切除，焊后夹具不宜过早放松，根据钢筋直径选择合适的焊接电流和通电时间；每批钢筋焊完后，按规定取样进行力学试验和检查焊接外观质量。

（3）相关人员的质量保证措施：技术人员出具复试报告和作业指导书，制定纠正和预防措施，在施工中监督执行情况，把住翻样质量关；材料人员必须出具出厂质量证明，材料入场必须检查有无腐蚀和变形，并查对数量和尺寸；质检员要跟班检查质量，监督班组自检、互检和交接检查，发现问题及时处理，把住质量关；工长监督施工，合理安排人力，协调各工种的配合；操作人员应按作业指导书精心施工，技术交底要求做好自检。

（4）成品保护措施：设专人看护，严禁踩踏和污染成品，浇筑混凝土时设专人看护和修整钢筋，焊接前配备看火人员和灭火设备。

（5）做好管理点的质量记录。

4. 砌体工程施工质量保证措施

（1）砌体工程的位置、标高、形式、尺寸和坡度均现场放样，经监理工程师批准后放线施工。严格控制砌筑材料质量，砌筑条石应符合设计要求。

（2）各砌体基础处理严格按设计图纸和有关规定要求进行施工，基底平面位置、尺寸、标高及地基强度必须满足设计要求，经监理工程师验收合格后方可进行下一道工序施工。

（3）砌筑作业选有一定实践经验的石匠进行施工，并不断提高施工工艺水平。保证砌体坚实牢固，勾缝饱满平顺，表面整洁美观。

（4）砌筑砂浆由试验室确定，施工时试验室现场取样以便控制砂浆强度。

（5）砌体沉降缝和排水孔设置严格按设计图纸和有关规范要求进行施工。

（6）严格执行施工验收三检制（自检、复检、终检），发现问题及时处理，坚决杜绝质量事故发生。

3.3.7　安全保证措施

3.3.7.1　安全管理体系

建立完善安全管理体系，贯彻实施国家和省、市有关安全生产的方针、政策、法规、标准、规范、规程，在施工中认真执行"安全第一，预防为主"的方针，结合本工程的施工特点和具体情况，制定严密的安全管理制度，以保证安全生产。针对本工程的特殊情况，公司对项目经理部实行安全生产目标管理，将本工程安全生产责任目标，纳入公司对项目经理的年度考核。拟安排专职安全员1名，负责施工现场安全工作的监督，24小时跟班检查。对于安全隐患做到发现一个消除一个。

3.3.7.2　施工安全制度的实施

1. 编制安全技术措施制度

施工中采用的任何安全措施，均编制有针对性的安全措施和方案，如《十项安全技术措施》、

《气割、电焊"十不烧"规定》、《施工临时用电安全规定》、《施工现场十不准》等等；并制定各项安全施工规程，如《电焊机安全操作规程》、《污水泵安全操作规程》、《夯土机械安全操作规程》等等，同时按程序批准后，认真组织实施。采用新技术、新工艺、新材料、新设备时，制定有针对性的安全措施并落实。

2. 层层落实安全责任制

要求各级管理干部和各职能部门做好本职范围内的安全工作，各负其责，做到涉及生产安全的事有人管。

3. 检查与跟踪检查相结合的检查制度

公司定期与不定期地组织安全生产大检查，检查安全生产的组织措施，技术措施，安全防护的落实与执行情况，指导安全生产活动的开展，解决生产中的问题，项目部设立安全领导小组，每天跟班巡回检查，及时发现和消除事故隐患，制止违章作业和违纪行为。检查重点围绕电气线路，机械动力等方面进行，防止发生触电、机械伤人等事故，执行书面整改通知单制度，并做好书面记录。

为了保证安全生产，使施工条件及安全技术措施自始至终都处于完善和持续改进的状态下，特制定如下制度：

(1)开工前，本工程项目必须进行一次系统的安全生产条件检查，检查结果经监理单位、项目经理、专职安全员签字认可后，方可开工。

(2)施工中，对施工现场临时用电、土方开挖、土方运输、工程防护、防尘治噪、防火措施、机械装备管理、库房等危险点源，以及直接影响工程质量、环境、职业健康安全的因素，除参工人员每天例检之外，项目部每月集中检查一次。公司质安部每季度抽查一次。检查结果填表备案。

(3)竣工后，加强工程成品防护和检查，确保工程在保修期内完好无损。

(4)安全生产检查由项目经理负责组织，项目安全生产领导小组成员参加，项目部专职安全员记录填表。检查结果一式三份，项目部和受检方各持一份，上报公司质量安全部一份。

(5)检查中发现的安全隐患，应立即组织相关人员分析隐患产生的原因，定人、定时间、定措施、定计划予以整改。项目部专职安全员应紧盯隐患，直至隐患消除。

(6)安检后，对安全隐患拒不整改的单位和个人，公司将追究领导责任。造成严重后果者，将送有关部门处理。

4. 坚持执行安全技术交底制度

分部工程施工前应由项目安全负责人对全体施工人员进行施工技术安全交底，分部工程或每个工种施工前有专职安全员对班组作业人员进行安全技术交底，班组履行签字手续后方可施工。

5. 坚持进场安全教育制度

(1)对入场的施工技术人员进行严格的三级安全教育，使其熟知安全技术操作规程，了解施工安全的特点。

(2)经常组织班组学习安全技术操作规程，教育工人不违章作业，提高工人的自我保护意识。

(3)项目坚持每周召开一次安全会议，班组每天在施工作业前进行安全活动教育，并有记录。

(4)坚持持证上岗，新入场的工人进行严格的三级安全教育、对应熟知的安全技术操作规程进行考核，不合格不能上岗。做到全部施工人员持证上岗，特种作业人员持特种作业证上岗。

6. 坚持准用证上岗

施工现场的机械设备、临时电气线路均应组织检查验收，合格后由主管部门发给准用证，并挂牌运行。

7. 坚持使用安全"三宝"制度

进入施工现场必须戴好安全帽,坚持使用安全"三宝"禁止穿半高跟、高跟鞋进入施工现场,现场指挥、质量、安全等检查人员须佩带明显的袖章或标志。危险施工区挂警示牌和挂警示灯,施工现场悬挂醒目的安全标语和安全色标。

3.3.7.3　施工安全保证措施

针对本工程特点,施工安全重点放在"施工用电、机械伤害、交通、边坡稳定"和"消防"等项目的控制。施工前进行安全交底,特殊工种持证上岗。

1. 现场组织管理

(1)成立由项目经理为首的各施工管理人员、班组长组成的"安全生产管理小组",组织领导施工现场的安全生产管理工作。

(2)项目经理主要负责与各施工负责人签订安全生产责任书,使安全生产工作责任到人,层层负责。

(3)管理制度

1)半月召开一次"安全生产管理委员会"工作例会,总结前一阶段的安全生产情况,布置下一阶段的安全生产工作。

2)各施工班组在组织施工过程中,必须保证做到有本单位的施工人员施工作业,就必须有本单位领导在现场值班,不得空岗、失控。

3)严格执行施工现场安全生产管理的技术方案和措施,在执行中发现问题应及时向有关部门汇报。更改方案的措施时,应经原设计方案的技术主管部门领导审批签字后实施,否则任何人不得擅自更改方案和措施。

4)建立并坚决贯彻安全生产技术交底制度,要求各施工项目必须有书面安全交底,安全技术交底必须具有针对性,并有交底人与被交底人签字。

5)建立并坚决贯彻班前安全生产讲话制度。

6)建立并执行安全生产检查制度。由项目经理部每半月组织一次由各施工单位安全生产负责人参加的联合检查,对检查中发现的事故隐患问题和违章现象,开出"隐患问题整改通知单",各施工单位在收到"隐患问题整改通知单"后,应根据具体情况,定时间、定人、定措施予以解决,项目经理部有关部门应监督落实问题的解决情况。若发现重大不安全隐患问题,检查组有权下达停工指令,待隐患问题排除,并经检查组批准后方可施工。

7)建立机械设备、临时供电设施完成后的验收制度,未经过验收和验收不合格的严禁使用。

(4)行为控制

1)进入施工现场的人员必须按规定戴安全帽。

2)参加现场施工的所有特殊工种人员必须持证上岗,并将证件复印件报项目经理部安全生产领导小组备案。

(5)劳务用工管理

1)各施工人员,必须接受建筑施工安全生产教育,经考试合格后方可上岗作业,未经建筑施工安全生产教育或考试不合格者,严禁上岗作业。

2)每日上班前,班组负责人,必须招集所辖全体人员,针对当天任务,结合安全技术交底内容和作业环境、设施、设备状况、本队人员技术素质、安全意识、自我保护意识以及思想状态,有针对性地进行班前安全活动,提出具体的注意事项,跟踪落实,并做好活动记录。

3）强化对外施工人员的管理。用工手续必须齐全有效,严禁私招乱雇,杜绝违法用工。

2. 施工用电管理

1）建立现场临时用电检查制度,按现场临时用电管理规定,对现场和各种线路和设施进行定期检查和不定期抽查,并将检查、抽查结果记录存档。

2）现场采用双路供电系统,确保电源供应。临时配电线路必须按规范搭设,架空敷设的线必须采用绝缘导线,不得采用塑料软线,不得成束架空敷设,也不得沿地面明敷。

3）施工机具、车辆及人员,应与内、外电线路保持安全距离。达不到规范规定的最小距离时,必须采用可靠的防护措施。

4）配电系统必须实行分级配电。现场内所有电闸箱内部设置必须符合有关规定,箱内电器必须可靠、完好、其选型、定值要符合有关规定,开关电器应标明用途。电闸箱内电器系统统一式样、统一配制,箱体统一涂桔黄色,并按规定协调围栏和防护棚,流动箱与上一级电闸箱的联接,采用外插联接方式。

5）独立的配电系统必须按部颁标准采用三相五线制的接零保护系统,非独立系统可根据现场实际情况,采取相应的接零保护方式。各种电气设备和电力施工机械的金属外壳、金属支架和底座必须按规定采取可靠的接零或接地保护。

6）在采用接地和接零保护方式的同时,必须设两级漏电保护装置,实行分级保护,形成完整的保护系统。漏电保护系统装置的选择应符合规定。

7）电动工具的使用应符合国家标准的有关规定,工具的电源线、插头和插座完好无损,维修和保管应由专人负责。

8）施工现场的临时照明一般采用 36V 安全电压照明。

9）电焊机应单独设开关。电焊机外壳应做接零或接地保护。施工现场内所有使用的电焊机必须加装电焊机触电保护器。电焊机一次线长度应不小于 5 米,二次线长度不小于 30 米。接线应压接牢固,并安装可靠防护罩。焊把线应双线到位,不得借用金属管道、金属脚手架、轨道及结构钢筋作回路地线。焊把线无破损,绝缘良好。电焊机设置地点应防潮、防雨、防砸。

10）施工各细节注意事项

施工现场的移动配电车有专职电工进行挪动,挪动前必须断电禁止带电移动,平板振动器、电动打夯机工作时,必须有专人整理电缆,防止电缆被压在振动器下面,造成漏电或短路伤人。

施工生活区的用电安全必须严格遵守,严禁在生活区内使用电炉,电水壶等大功率用电设备。

3. 施工机械管理

(1)机械设备旁悬挂安全操作规程牌和安全警示牌,坚持班前检查、班后保养制度,不准带病运转。机械设备固定专人指挥和操作,非本机械操作人员严禁使用。检修时要切断电源,有人监护。

(2)机器操作人员上岗前对机器进行打油润滑,以保障机械的正常的运转和使用寿命。每次工作前必须进行试运转,一切正常方可施工。

(3)运转中出现异常现象必须立即停机进行检查,直到排除故障方可继续进行。

4. 现场交通管理

(1)施工现场各种车辆较多,驾驶人员必须服从现场指挥,按指定线路行驶。夜间施工应有足够照明,车辆倒车要鸣喇叭。

(2)上下班时不能用载货汽车拉运施工作业人员,距离较远时要用专车接送,消除安全隐患。

5. 消防保卫管理

(1)严格遵守有关消防、保卫方面的法令、法规,配备专门、兼职消防保卫人员,制定有关消防管理的制度,完善消防设施,消除事故隐患。

(2)现场设有手提式干粉灭火器、泡沫灭火器,并有专人负责,定期检查,保证完好备用。

(3)坚持现场用火的审批制度,电气焊工作要有灭火器材,操作岗位上禁止吸烟,对易燃、易爆物品的使用要按规定执行,指定专人设库存放,分类管理。

(4)新工人进场要和安全教育一起进行防火教育,重点工作设消防保卫人员,施工管理现场值班人员昼夜值勤,搞好"四防"工作。

(5)在此项目上把消防安全、保卫工作提高到政治影响的高度上去考虑,现场杜绝任何可能出现的安全隐患,这是我们进入现场施工压倒一切的重要工作。

3.3.8　文明施工及环境保护措施

3.3.8.1　文明施工措施

文明施工目标:创建省、市"标准化施工工地"。

1. 现场总平面管理

(1)本工程材料及周转材料多,故增设专人进行平面管理,材料进出场设专人指挥、协调,加强施工机械的管理及临设工程的布置,合理的进行总平面布置,对维护现场场容场貌,搞好文明施工生产,提高现场管理水平,提高社会信誉都极为重要。

(2)根据施工部署和施工总进度计划,将各项必须的有关施工生产设施和生活设施,结合现场特点在总平面上进行周密规划分阶段布置。

(3)按照国家有关环保规定,进场后及时与所在区域环保部门联系,按要求控制各种粉尘、废气、废水、噪音等环境源,并将环境卫生纳入日常管理议事日程。

2. 现场文明施工管理

(1)现场成立文明施工领导小组,统一指挥、统一协调、严格按省、市建设施工现场监督管理规定,结合该工地实际制定具体办法,提高基础上施工的综合管理水平提高工程质量,消除污染,美化环境,完善安全防护和消防设施,搞好治安联防工作,保证社会信誉和经济效益的提高。

(2)严格执行建筑施工标准化管理

项目加强建筑标准化工作,包括项目健全各级标准化组织机构和完善建筑标准化体系,力争达到"标准化工地",为此,做到以下几点:

1)正确贯彻执行《××市××路道路改造工程施工及验收规范》和《××市××路道路改造工程质量检验及评定标准》,维护及检修规程,安全技术规程。

2)为新工艺新产品编制特定的工艺卡,用图文并茂的形式编制在工艺卡上,作为操作依据。

(3)场容做到标准化

在施工过程中,只有建立文明安全的施工现场,工程产品才能创优。开工前准备工作应做到:

1)现场施工总平面布置要建立管理标准。

2)现场系统管理标准化,建立各种规章制度。

3)现场机械等分阶段布置。

4)依据施工现场特点,在队伍进场后,逐步建立文明施工标准化模式,做到施工现场设施井然有序,室内外整洁、卫生、卫生用具分点成线放置。

5)保护施工成果,不能随意损坏施工成品及机具设备,对钢模、滚筒、振动器使用后及时清理,集中放置做到工完场清。

6)施工现场大门整齐,门上及施工围墙上有本企业的宣传标语,出入口有门卫。

3. 民工及宿舍文明管理

民工是建筑企业的一支重要力量,充分发挥这支队伍的作用将企业获得较好的经济效益和社会效益,根据我公司多年来对民工的管理经验,本工程我们将进一步做好以下工作:

1)持证上岗(项目经理部颁发工作证),进入施工现场必须佩戴工作证,不佩戴工作证及安全帽不允许进入施工现场。

2)工作证上注明姓名、年龄、籍贯、工种便于施工管理人员在工作面上随时检查质量、安全文明施工,发现问题针对个人及班组及时处理。

3)发挥工会组织的作用在生产班组中建立工会小组,开展工会日常工作,工会要维护职工利益,协调班组与项目的关系。

4)按季度组织优秀班组评选活动,并在职工大会公开进行物质和精神奖励,以增加项目内部凝聚力。

(5)实行按劳计酬,多劳多得原则,民工的经济收入要公开,工资要如实发到工人手中。

(6)提高职工居住条件,修建宽敞、明亮、整洁和职工简易宿舍。

3.3.8.2　环境保护措施

1. 环境保护体系

施工环境的保护随着社会的进步、经济高速发展日益显示出其重要性。施工环境的保护直接影响施工的进展,必须引起高度的重视。在施工过程中,施工现场良好的作业环境、卫生环境和施工秩序有利于施工进展。国家现已颁布了环境保护的法律、法规,所以要求施工项目保护和改善作业环境。控制现场的各种粉尘、废水、废气、固体废弃物、噪声、振动等对环境的污染和危害,环境保护也是文明施工的重要内容之一。

本工程所处地段居民量较多,根据"以人为本"的原则,最大限度地减少施工活动给周围群众造成的不利影响,保护资源和文化遗产,本工程施工环保的重点确定如下:

(1)制定合理的分段施工和交通疏导方案,保证施工期间交通的顺畅。

(2)制定适宜的方案对工程沿线影响范围内的地下管线进行有效保护,对地面建(构)筑物等进行监测和保护。

(3)遵守《施工期环境保护行动计划》,对施工期间的噪声、振动、废气和固体废弃物进行全面控制,使之满足国家和市有关法规的要求,并尽量减少这些污染排放所造成的影响。

2. 建立环境保护相关机构

建立以项目经理为负责人的环境保护领导小组和环保体系,明确各部门在施工期间环境保护工作中的职责。

(1)项目经理的环保工作职责

1)对本工程的环保工作负全部领导责任。

2)认真领导、贯彻、执行有关的环保法律与法规、《施工期环境保护行动计划》和业主提出的施工环境要求,领导审定施工方案中各项环保措施,审批本项目环保规定。

3)领导组织对职工进行施工环保的宣传教育,提前安排环保培训,经常总结推广施工环保先进经验。

4)负责按规定设置施工环保机构,配齐称职的专、兼职施工环保员,并对施工环保员的工作经常予以支持、督促、检查。

（2）项目总工程师的环保工作职责

1）协助项目经理抓好本项目施工环保管理工作。

2）组织编写施工方案中的环保措施，组织编写项目环保规定。

3）组织环保法律、法规和环保技术知识的普及教育及专、兼职环保员的培训。

4）施工过程中执行指导、检查、监督的职责。

（3）施工工长的环保工作职责

1）学习施工方案中的环保措施方案和项目环境规定，并向全体操作人员逐条详细交底。

2）对施工机械设备、工具和辅助设施等保证达到环保的要求。

3）负责对所属人员的安全教育，安排好环保培训，坚持环保人员持证上岗。

4）领导本队定期环保检查，对隐患问题及时制定整改措施并实施。

（4）环保员的职责

1）协助制定、审查、修订项目环保规章制定，并督促职工严格执行。

2）佩戴标志上岗，检查、督促作业人员做好环保工作。

3）跟班进行检查，对于违反环保规定的作业及时制止，遇到不听劝阻者，有权先停止其工作，并立即向领导汇报。

3. 环境保护措施

在国家环保总局、国家技术监督局的监督下，公司正在推行 ISO14000 环境保护体系，公司计划将这一体系运用到本工程中去。创造文明工地、绿色工地，以干净、整洁、优美的施工环境展现在大众面前。

在施工中，注意在施工区、办公区和生活区三个场所从以下几个方面做好环境保护工作，使各项环保指标符合公司的环保体系要求。

（1）防噪声扰民控制措施

施工期间主要的噪声来源是施工机械，采取的控制措施为：

1）施工场界噪声按《建筑施工场界噪声限值》的要求控制。

2）采取措施，保证在各施工阶段尽量选用低噪声的机械设备。并且在满足施工要求的条件下，尽量选择低噪声的机具。

3）在距居民较近的施工现场，对主要噪声源如搅拌机、压路机等采用有效的吸声、隔音材料，施做封闭隔声或隔声屏，使其对居民的干扰降至规定标准。

4）夜间施工经批准领取"夜间施工许可证"。

5）噪声超标时一定采取措施，对超标造成的危害，要向受此影响的组织和个人给予赔偿。

6）确定施工场地合理布局、优化作业方案和运输方案，保证施工安排和场地布局尽量减少施工对周围居民生活的影响，减小噪声的强度和敏感点受噪声干扰的时间。建立必要的噪声控制设施，如隔声屏障等。

7）自备发电机时将作隔声处理，有电力供应时不使用自备发电机。

8）合理安排施工计划，在特殊时间段不进行有噪声的作业。

（2）防振动扰民控制措施

产生振动的主要来源是施工机械的作业。采取的控制措施为：

1）施工振动对环境的影响按《区域环境振动标准》的要求控制。

2）根据敏感点的位置和保护要求选择施工机械和施工方法，最大限度地减少对周边的影响。

（3）防水污染控制措施

施工期间的水污染来源主要是施工泥浆水、车辆冲洗水、施工人员生活污水、雨季地表径流等，容易污染水体、堵塞排水系统等。采取的控制措施为：

1）废水排入自然水体，悬浮物执行《污水综合排放标准》中的二级标准 150mg/L。

2）根据不同施工地区排水网的走向和过载能力，选择合适的排口位置和排放方式。

3）在工程开工前完成工地排水和废水处理设施的建设，并保证工地排水和废水处理设施在整个施工过程中的有效性，做到现场无积水、排水不外溢、不堵塞、水质达标。

4）泥浆水产生处设沉淀池，沉淀池的大小根据排水量和所需沉淀时间确定。

5）在季节环保措施中制定有效的雨季排水措施。

6）根据施工实际，考虑降雨特征，制订雨季排水方案，避免废水无组织排放、外溢、堵塞排水道等污染事故的发生，并在需要时实施该方案。

7）施工现场设置专用油漆料库，库房地面作防渗漏处理，贮存、使用、保管由专人负责，防止油料跑、冒、滴、漏、污染土壤、水体。

（4）防大气污染控制措施

大气的主要污染来源有运输、开挖、燃油机械、炉灶等。采取的控制措施为：

1）对易产生粉尘、扬尘的作业面和装卸、运输过程，制定操作规程和洒水降尘制度，在旱季和大风天气适当洒水，保持湿度。

2）合理组织施工、优化工地布局，使产生扬尘的作业、运输尽量避开敏感点和敏感时段（如室外多人群活动的时候）。

3）严禁在施工现场焚烧任何废弃物和会产生有毒有害气体、烟尘、臭气的物质，熔融沥青等有毒有害物质要使用封闭和带有烟气处理装置的设备。

4）水泥等易飞扬细颗粒散体物料应尽量安排库内存放，堆土场、散装物料漏天堆放场要压实、覆盖。弃土等各项工程废料在运输过程中，作遮盖，不使其散落。

5）为防止进、出现场的车辆轮胎夹带物等污染周边公共道路，在现场出入口设立冲刷池，清除车轮携土，以免污染路面。

6）拆除构筑物时要有防尘遮挡，在旱季适量洒水。

7）使用清洁能源，炉灶符合烟尘排放规定。

8）施工现场要在施工前做好施工道路的规划和设置，临时施工道路基本要夯实，路面要硬化。

（5）固体废弃物的管理措施

固体废弃物的主要来源是工程弃土、建筑废料和生活垃圾，会对环境卫生造成影响。采取的控制措施为：

1）合理选定堆土场位置，对于弃土进行洒水覆膜封闭，防止扬尘污染，堆土场周围加护墙、护板。

2）制订泥浆和废渣的处理、处置方案，按照法规要求选择有资质的运输单位，及时清运施工弃土和余泥渣土，建立登记制度，防止中途倾倒事件发生并做到运输途中不洒落。

3）选择对外环境影响小的运输路线及运输时间。

4）剩余料具、包装及时回收、清退。对可再利用的废弃物尽量回收利用。各类垃圾及时清扫、清运，不得随意倾倒，尽量做到每班清扫、每日清运。

5）施工现场内无废弃砂浆和混凝土，运输道路和操作面落地料及时清运，砂浆、混凝土倒运时应采取洒落措施。

6) 教育施工人员养成良好的卫生习惯,不随地乱丢垃圾、杂物,保持工作和生活环境的整洁。

7) 严禁垃圾乱倒、乱卸。施工现场设垃圾站,各类生活垃圾按规定集中收集,由环卫部门及时清理、清运,一般要求每班清扫、每日清运。防遗洒措施如下。

①运输车辆进、出场时,派专人对装运物进行检查,保证车辆装运物牢固,易飞溅物品有覆盖。

②外运土方车辆进行严密遮盖,出场时设专人清洗轮胎和车厢挡板。

③废泥浆外运采用专用车辆,指定专人管理,检查车辆的密封性能,并严禁在中途排放。

3.3.9 施工现场配合协调处理措施及承诺

由于本工程具有涉及范围广、综合性强等特点,因此涉及到大量的对外事宜。如何协调与政府有关部门的关系是确保工程顺利完成的关键环节。对于在工程施工中遇到的可能影响工程安全、进度和质量的因素,在可能的情况下尽量自行与有关各方进行协调和解决,减少可能对业主造成的压力,同时在施工中积极配合业主及监理工程师的工作,为工程营造良好的施工环境。

3.3.9.1 处理好与当地政府的配合措施

1. 尊重地方政府

(1)施工准备阶段和进场初期,及时走访各级地方政府,熟悉政府及其部门的职责和业务范围,了解办事程序和习惯做法,掌握当地政府的政策规定,建立联系,进行必要的调查研究,为施工队伍进场顺利开工奠定基础。

(2)谦虚谨慎,主动服从各级地方政府的指导,以取得地方政府的配合和支持。根据需要,邀请当地政府及其有关部门参加施工例会、施工调度会,加强沟通联系。

2. 依靠地方政府

(1)结合工程的实际特点,有大量的地方部门需要进行协调,施工需要大量的施工用水,因此必须协调与当地的水利部门和环保部门的关系,制订方案和措施,保证当地的水利设施不被破坏,水质和周边环境不受污染。

(2)施工可能会对已有道路上的行车造成一定影响,在交通导流和安全防护方面必须与当地的交管部门进行协调,以保证行车畅通和安全。

(3)施工用电方面也应与当地的电力部门协调,及时了解当地的电力供应情况,制订应急方案,确保工程施工安全、顺利。

(4)工程施工在施工用水、用电及用地等方面或多或少会影响居民生活,因此工程上场后,积极做好当地政府部门及居民的思想工作,使当地人民支持工程建设。对于一些涉及到当地居民利益的,公司将积极与之协调,并适当补偿,从而保证工程顺利进行。

(5)施工过程中,若发生受阻,一方面及时控制事态;另一方面报请地方政府,取得地方政府的支持,由地方政府协调解决。退场前,及时向地方政府通报、协商退场撤点方案,确定移交事项,取得地方政府的理解和支持,帮助顺利撤点退场。

3. 说话算数、取信于人

凡是地方政府委办的事情,都尽力办妥;凡是答应了的事情,都应信守承诺。若确实无力解决的问题,及时说明缘由,解释清楚。

3.3.9.2 处理好与当地人民群众的关系

1. 在内部管理上,思想教育和严格管理双管齐下,堵塞漏洞,防止违反群众纪律的现象发生。一旦发生,从严从快处理,不姑息迁就。

2. 施工进场前搞好社情、乡俗调查,对职工进行教育,使职工尊重当地风俗习惯,主动与群众搞好关系,增进团结。

3. 配合地方政府,充分利用当地的广播、电视、报刊等新闻媒介,大力宣扬人民群众积极支援工程建设的先进典型,引导群众关心和支持施工建设。

4. 利用施工间隙为群众兴办公益事业,取得群众的信任。

3.3.9.3　处理好与设计单位的配合措施

1. 搞好驻地建设。在管理人员租住生活区,同时提供设计代表的生活用房,并按照业主招标文件要求配备充足的相应设施,生产区设置办公用房,保证设计人员具有良好的工作和生活条件。

2. 施工图到位后,及时组织技术人员进行图纸会审,及时反馈会审意见,并派项目总工程师和现场相关技术人员参加由设计单位组织的设计交底,领会设计意图。

3. 在充分了解设计要求和施工图的基础上,针对设计存在的遗漏问题,提出合理化修改意见,确保产品质量优良。

4. 涉及重点和难点部位的技术方案以及重大的设计变更,提前提出并请业主、设计单位、监理工程师进行论证,确定后严格遵照执行。

5. 对每周和每月召开的工程例会,坚持由项目经理和项目总工程师参加,及时通报施工进度、安全、质量、文明施工等情况,让设计单位掌握工程进展情况。

6. 项目部根据工程进展情况,规定由项目总工程师牵头,并组织要求设计工程师参加对已完工程进行的评审和验收。

7. 施工监测成果及时反馈给设计单位,作为设计单位指导施工和修改设计的依据。

8. 通过施工组织设计、项目质量计划、施工方案的报批充分与设计单位沟通,解决施工中的问题,形成记录并保存。沟通方式包括收集设计单位提出的意见、会议纪要、设计变更、合同规范要求、隐蔽记录、分项工程验收、交付、竣工资料移交等。

9. 对排水沟渠等其他相关设计接口部位,加强对设计图纸的阅读理解和相互对照,发现矛盾或理解不明确时,及时与设计单位进行沟通,确认处理意见,防止在后续施工中发生问题。

3.3.9.4　处理好与监理工程师的配合措施

1. 搞好驻地建设。在管理人员租住生活区,同时提供驻地监理工程师的生活用房,并按照业主招标文件要求配备充足的相应设施,生产区设置办公用房,保证监理人员具有良好的工作和生活条件。

2. 施工过程中积极配合监理工程师的工作,全面接受监理工程师的监督与检查,提前制定关键部位质量事故易发生点的预防措施,通过监理工程师的检查,一旦发生问题及时纠正。

3. 严格执行合同进度计划,按合同文件要求提前上报监理工程师,并将完成情况及时报请监理工程师审核。

4. 对每周和每月召开的工程例会,坚持由项目经理和项目总工程师参加,及时通报施工进度、安全、质量、文明施工等情况,请业主、监理工程师掌握工程进展情况。

5. 在隐蔽工程报验前,坚持进行工班交接检、队内自检、项目部初检的三级自查自验工作,确保一次验收通过率满足质量目标要求。自查自验通过后,报驻地监理工程师检查验收,并适当清理作业面和场内施工通道,为驻地监理工程师创造较好的检查验收条件。夜间需要监理工程师检查验收时,提前提出预约申请。

6. 项目部根据工程进展情况,规定由项目总工程师牵头,并组织要求监理工程师参加对已完工程进行的评审和验收。

7. 服从监理工程师的指令,对监理工程师关于隐蔽工程检查或例行检查提出的问题立即整改处理,确认落实彻底后,向监理工程师报送改正落实联系单,请监理工程师验收问题的处理情况,以保证工程质量、安全和文明施工等要求。

8. 涉及重点和难点部位的技术方案以及重大的设计变更,提前提出并请业主、设计单位、监理工程师进行论证,确定后严格遵照执行。

9. 通过施工组织设计、项目质量计划、施工方案的报批充分与监理工程师沟通,解决施工中的问题,形成记录并保存。沟通方式包括收集设计提出的意见、会议纪要、设计变更、合同规范要求、隐蔽记录、分项工程验收、交付、竣工资料移交等。

附表一   投入本标段的主要施工设备表

序号	设备名称	型号规格	数量	国别产地	制造年份	额定功率（KW）	生产能力	用于施工部位	备注
1	挖掘机	宜化165	3台	中国徐州	2008年	0.5m³	良好	土石方	利用率92%、完好率92%
2	装载机	ZL50	2台	中国柳工	2008年	2.5m³	良好	土石方	利用率92%、完好率92%
3	推土机	DH220	2台	中国徐州	2008年	2.5m	良好	土石方	利用率93%、完好率93%
4	平地机	PY180	1台	中国天津	2009年	7.5m	良好	道路施工	利用率96%、完好率96%
5	吊车	QY20	1台	中国徐州	2008年	20T	良好	管件吊装	利用率92%、完好率92%
6	洒水车	L6000	1辆	中国二汽	2008年	6m³	良好	道路施工	利用率94%、完好率94%
7	砂浆搅拌机	JS350	2台	中国成都	2011年	0.35m³	良好	搅拌砂浆	利用率98%、完好率98%
8	混凝土搅拌机	JS500	2台	中国成都	2009年	0.5m³	良好	搅拌混凝土	利用率98%、完好率98%
9	自卸汽车	EQ140-1	5辆	中国二汽	2008年	8T	良好	材料运输	利用率96%、完好率96%
10	渣土运输车	EQ-930	8辆	中国二汽	2007年	9.3T	良好	渣土运输	利用率91%、完好率91%
11	冲击夯	HC70	2台	中国湖北	2009年	2.3kw	良好	土方夯实	利用率96%、完好率96%
12	蛙式打夯机	20KG	2台	中国成都	2009年	3.2kw	良好	土方夯实	利用率96%、完好率96%
13	污水泵	DN100	4台	中国成都	2006年	4kw	良好	现场排污	利用率91%、完好率91%

续表

序号	设备名称	型号规格	数量	国别产地	制造年份	额定功率（KW）	生产能力	用于施工部位	备注
14	电焊机	A/3-300	1 台	中国成都	2009 年	13kw	良好	现场焊接	利用率 98%、完好率 98%
15	发电机	120kw	1 台	中国扬州	2011 年	120kw	良好	现场发电	利用率 98%、完好率 98%
16	钢筋切断机	WS40-1	1 台	中国成都	2011 年	7.5kw	良好	钢筋施工	利用率 98%、完好率 98%
17	钢筋弯曲机	GJ7-45	1 台	中国成都	2010 年	5.5kw	良好	钢筋施工	利用率 96%、完好率 96%
18	空压机	3.5LP	3 台	中国徐州	2011 年	9m³	良好	石方	利用率 98%、完好率 98%
19	凿岩机	ZB353	2 台	中国湖北	2011 年	4kw	良好	石方	利用率 96%、完好率 96%
20	混凝土振动棒	HZ50A	4 台	中国成都	2010 年	1.1kw	良好	混凝土施工	利用率 96%、完好率 96%
21	混凝土平板振动器	ZB2.2	3 台	中国成都	2008 年	2.2kw	良好	混凝土施工	利用率 91%、完好率 91%
22	葫芦吊	/	4 台	中国成都	2009 年	/	良好	管道施工	利用率 92%、完好率 92%
23	热熔对接机	BZ3.3	3 台	中国扬州	2009 年	1KW	良好	管道施工	利用率 92%、完好率 92%
24	回旋钻机	/	2 台	中国太原	2009 年	/	良好	打井进尺	利用率 92%、完好率 92%

附表二　　　　　　　　　　　配备本标段的试验和检测仪器设备表

序号	仪器设备名称	规格型号	数量	国别产地	制造年份	已使用台时数	用途	备注
1	塌落度测定仪	10 * 20 * 30	1	成都	2009 年	120	测量	利用率 92%、完好率 92%
2	经纬仪	TDJE	1	苏州	2009 年	180	测量	利用率 92%、完好率 92%
3	钢卷尺	30m	2	湖北	2009 年	120	测量	利用率 92%、完好率 92%
4	三米直尺	0-300mm	5	重庆	2010 年	100	测量	利用率 94%、完好率 94%
5	水准仪	S3	2	重庆	2009 年	60	测量	利用率 92%、完好率 92%
6	全站仪	SET-2110	1	重庆	2009 年	150	测量	利用率 92%、完好率 92%
7	红外测距仪	DM-S2	1	重庆	2010 年	50	测量	利用率 96%、完好率 96%
8	水准塔尺	/	4	济南	2010 年	10	测量	利用率 96%、完好率 96%
9	万能试验机	WE-1000B	1	成都	2009 年	110	测量	利用率 92%、完好率 92%

续表

序号	仪器设备名称	规格型号	数量	国别产地	制造年份	已使用台时数	用途	备注
10	计算机	联想	2	成都	2011年	140	测量	利用率98%、完好率98%
11	复印机	东芝207	1	成都	2011年	160	测量	利用率98%、完好率98%
12	重型触探仪	63.5kg	1	济南	2009年	60	测量	利用率98%、完好率98%
13	放样花杆	FSY-150B	6	济南	2010年	70	测量	利用率98%、完好率98%
14	轻型触探仪	10kg	1	济南	2009年	70	测量	利用率96%、完好率96%
15	雷氏沸煮箱	F2-31	1	苏州	2010年	100	检验	利用率98%、完好率98%
16	电动混凝土抗折仪	DK2-500	1	成都	2009年	100	检验	利用率96%、完好率96%
17	混凝土试件振动成型台	1m²	1	成都	2009年	50	检验	利用率96%、完好率96%
18	土工击实仪	TLD-140	1套	苏州	2008年	211	检验	利用率91%、完好率91%
19	打印机	HP	2台	成都	2011年	0	测量	利用率98%、完好率98%
20	水压试验仪	PB-33	4台	成都	2009年	0	试验	利用率93%、完好率93%

附表三　　　　　　　　　　　　　　　　劳动力计划表

单位：人

工种	按工程施工阶段投入劳动力情况				
/	准备与测量施工阶段	各类水池施工阶段	管网及管道安装施工阶段	电力、设备施工阶段	其他附属工程阶段
测量人员	4	2	2	2	2
材料人员	2	2	2	2	2
试验人员	2	2	2	2	2
机修人员	2	2	2	2	2
后勤人员	2	2	2	2	2
水电工	2	2	2	2	2
普工	10	22	48	20	22
机操工	6	10	8	10	2
钢筋工	2	4	12	4	1
模板工	0	14	10	8	1
石工	2	10	5	4	16
砌筑工	6	12	7	8	2
钻井工	/	2	/	/	/
抹灰工	/	6	4	2	8
混凝土工	2	10	10	2	14

附表四

施工进度计划网络图

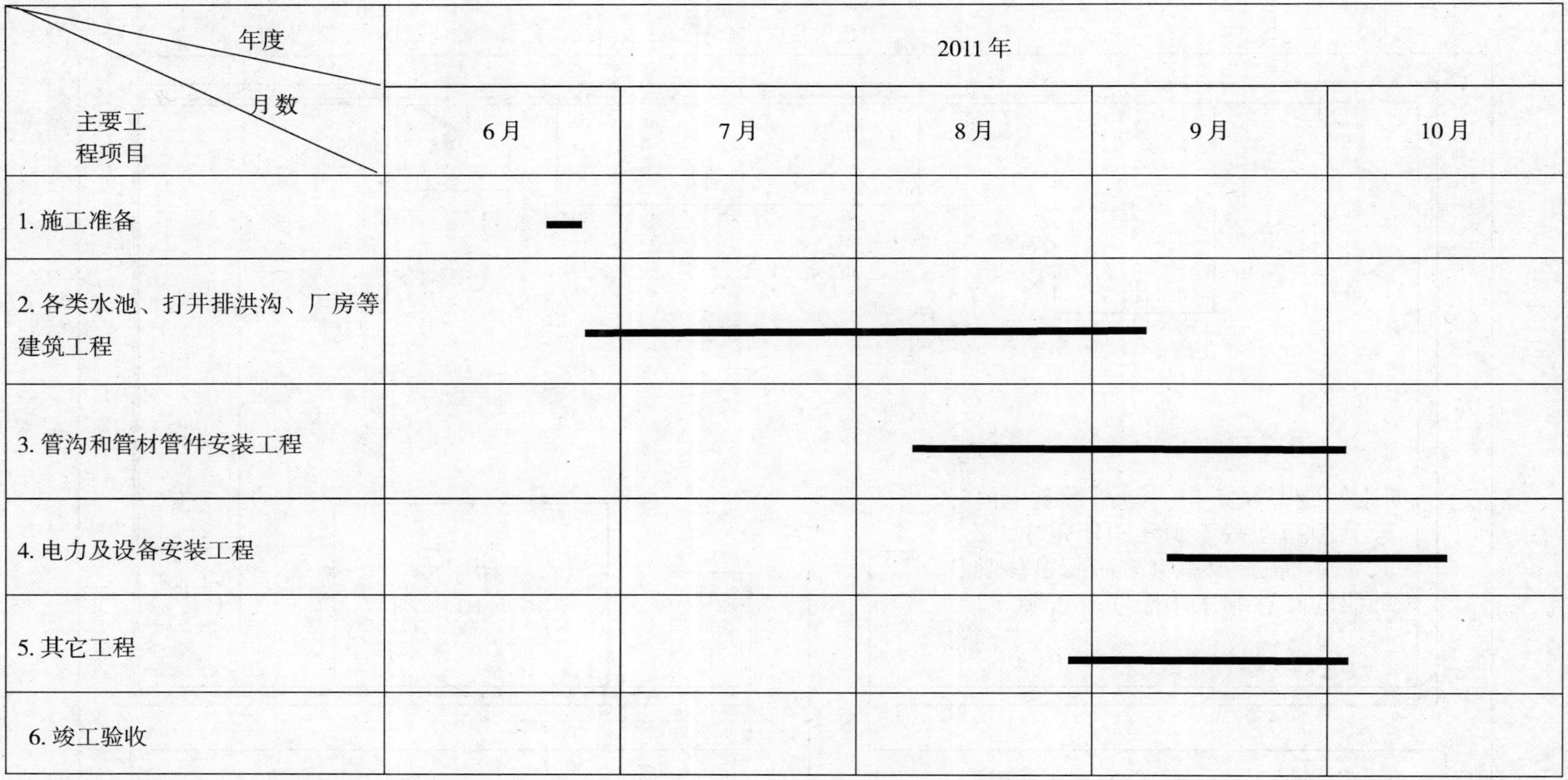

主要工程项目	2011 年				
年度　月数	6 月	7 月	8 月	9 月	10 月
1. 施工准备	▮				
2. 各类水池、打井排洪沟、厂房等建筑工程		▮▮▮▮			
3. 管沟和管材管件安装工程			▮▮▮▮		
4. 电力及设备安装工程				▮▮▮▮	
5. 其它工程				▮▮▮▮	
6. 竣工验收					

注:1. 总工期 120 日历天,计划 2011 年 6 月 22 日开工,2011 年 10 月 17 日竣工。

　　2. 具体开工日期以总监理工程师发出的开工令为准。

施工总平面布置图

项 目 部 布 置 图

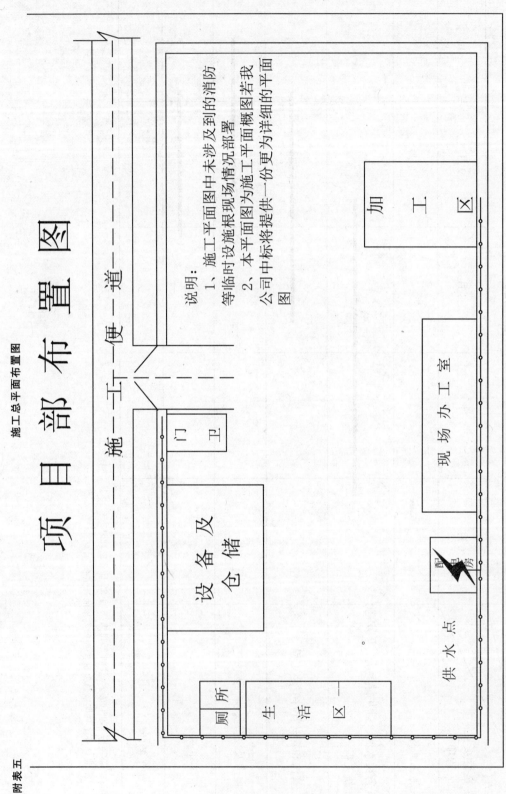

施　工　便　道

门卫

设备及仓储

供水点

配电房

加工区

现场办公室

生活区

厕所

说明：

1、施工平面图中未涉及到的消防等临时设施根据现场情况部署

2、本平面图为施工平面图概图若我公司中标将提供一份更为详细的平面图

备注：1. 施工用水就近从河道抽取，进行处理后达到质量要求即可使用。

2. 施工用电从就近电网拱接。

3. 施工现场防火与消防：配备一定数量灭火器材，如干粉灭火器、砂桶、砂坑、铁锹、高压喷水管等。

附表五

附表六　　　　　　　　　　　　　　　　临时用地表

用途	面积(平方米)	位置	需用时间
项目部办公室	100	项目营地内	120 日历天
职工宿舍	150	项目营地内	120 日历天
食堂	50	项目营地内	120 日历天
厨房	30	项目营地内	120 日历天
实验室	50	项目营地内	120 日历天
机修场及加工场	200	项目营地内	120 日历天
材料堆放场及仓库	300	项目营地内	120 日历天
停车场	100	项目营地内	120 日历天
油库	20	项目营地内	120 日历天
厕所	20	项目营地内	120 日历天
值班室	20	项目营地内	120 日历天
消防	30	项目营地内	120 日历天

第4章 桥梁工程实施性施工组织设计

4.1　道路高架桥工程施工组织设计实例

封面　（略）

目　录

4.1.1　工程概况

　　××市××路桥为 54m＋128m＋54m 预应力混凝土系杆拱连续梁桥,上部结构主纵梁为箱形断面的预应力混凝土连续梁,系杆拱采用圆端形钢管混凝土拱结构,吊索采用预应力高强钢丝。系杆拱设于中跨,通过吊索与主纵梁组成整体受力结构。拱肋上设 6 道一字形横撑和两道 K 形横撑。在拱脚处设两道加强横梁,边墩处设端横梁,两边孔各设 6 个小横梁,中孔设 16 个小横梁,各横梁间在每个钢轨下设小纵梁,桥面板与主纵梁侧面翼板以及纵横梁顶面相连接,形成正交异性板的整体结构,钢拱每侧设有 14 根吊杆。下部结构为直径 1m 的钻孔灌注桩,最大深度 66m;承台最大为 16.9×7.5×2.5m;墩身为矩形抹圆双立柱加帽梁,最高立柱 14.5m,参见××路桥布置图(图 4-1)。本工程建设单位是××市轨道交通管理有限公司,设计单位是××设计院,承建单位是××城建集团有限公司。

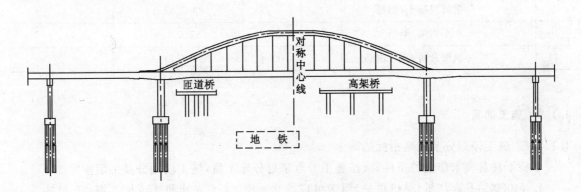

图 4-1　××市××路桥布置图

4.1.1.1　交通情况

　　该桥位于××市西南部,是××市的城市交通枢纽之一。桥址地下有××市地铁一号线及大量的管线,地面有主干道××路,地上有内环线××路立交桥及××路高架桥。××路是一条南北向的道路,其西侧地下设有雨水管、污水管箱涵,东西走向的高架桥以东地下有通信、电力电缆,自来水管、箱涵和煤气管道。地铁一号线在××路和匝道间穿过,呈西南-东北走向。地面、地下构造和设施纵横交叉,布设复杂,对本工程的施工产生一定的干扰。

4.1.1.2　工程特点

　　1. 在软土地基上采用连续梁支架现浇混凝土梁,如何控制全桥的线形是一大难点。

　　2. 施工跨越 80m 的交通干道的大跨度桥梁,利用交通通道间隙,采用墩梁式连续梁支架并采用上承式悬吊模板系统,解决了采用军用梁作下承式支架净空不足的难题。

　　3. 交通繁忙,并受地下管线的影响,因此,临时支架的设置、支架梁的架设以及钢管拱的拼装是本桥施工的难点。

　　4. 主纵梁的纵向预应力钢束采用 19×7×φ5 钢绞线,全桥通长束最长达 236m,穿束张拉是一大难点。

　　5. 大截面、大跨度的钢管混凝土拱,采用"顶升法"进行钢管拱肋内微膨胀混凝土的压注是本桥施工的最关键节点。

4.1.1.3　主要工程量(见表 4-1)

表 4－1　　　　　　　　　　　　　主要工程量汇总表

序号	工程项目	单位	工程量	备注
1	C25 混凝土/钢筋	m³/t	2 974/214	钻孔灌注桩
2	C30 混凝土/钢筋	m³/t	845.2/63.44	承　台
3	C40 混凝土/钢筋	m³/t	695.4/64.91	立　柱
4	C40 混凝土/钢筋	m³/t	10.76/1.23	系梁（盖梁）
5	C55 混凝土/钢筋	m³/t	1 420/292.4	主纵梁
6	波纹管/钢绞线/锚具	m/t/套	9 648.6/183.8/600	全　桥
7	钢管拱肋/混凝土	t/m³	289.6/529.3	
8	吊杆	t	6.4	
9	拱脚混凝土/钢筋	m³/t	83.7/47.1	
10	小横梁/钢筋	m³/t	69.5/7.9	
11	小纵梁及桥面板/钢筋	m³/t	391/171.9	

4.1.2　施工部署

4.1.2.1　施工段划分及工期指标的确定

本桥不具备流水作业的条件，故按施工节点来划分施工段，施工段划分及工期指标如下：

1. φ1000 钻孔灌注桩（单机单桩）每天可成桩 0.8 根。2 台钻机每天成桩 3 根，50 根桩需 18 个工作日完成。考虑其他因素，实际每台开动率定为 70%，则工期为 26d。

2. 承台包括钢板桩防护、挖土及浇筑垫层、立模、绑扎钢筋、浇筑承台混凝土、养护及拆模回填土方，一个承台完成需 15d，考虑施工率为 80%，两个工班平行作业，工期定为 36d。

3. 立柱及盖梁（系梁）包括钢筋绑扎、支架搭设、模板安装、浇筑混凝土、养护、模板及支架拆除，一对立柱完成需 14 个工作日，考虑施工率为 80%，两个工班平行作业，工期定为 35d。

4. 主纵梁墩梁式支架的架设包括钢筋混凝土基础、支墩安装（360t）、军用梁、地面拼装、起吊安装、支架搭设需 41 个工作日，考虑施工率为 75%，则工期为 55d。

5. 主纵梁混凝土的浇筑及预应力张拉包括悬吊式模板安装、防护系统、立主纵梁外模、钢筋绑扎、波纹管、预埋件、立内模、浇筑混凝土及预应力张拉等需 75 个工作日，考虑施工率为 75%，则工期为 100d。

6. 钢管拱肋的加工、安装、焊接及拱内顶升混凝土等需 79 个工作日，考虑施工率为 70%，则工期为 113d。

7. 吊杆安装共需 32 个工作日，考虑施工率为 90%，则工期为 35d。

8. 主纵梁膺架的拆除包括拆除悬吊系统、军用梁等需 15 个工作日，考虑施工率为 75%，则工期为 20d。

9. 小横、纵梁及桥面板的施工共需 28 个工作日，考虑施工率为 80%，则工期为 35d。

4.1.2.2　施工总体安排

1. 组织机构

针对本标段的工程规模及工程特点，本着有利于施工组织管理的原则，实行项目法管理，组建项目指挥部,组成矩阵式施工管理体系,实行项目经理负责制,全面履行合同。项目部配员×人,设项目经理、项目副经理、总工程师、总调度各 1 人,设职能部室 7 个,具体负责施工管理工作。

项目经理部施工组织机构　(图略)。

2. 劳动力配置

根据本工程施工特点,决定配置 5 个专业施工队:

第一队,负责施工钻孔灌注桩　　　　　　　　　　　　　　　　×人。

第二队,负责施工各类支架及全部临时设施　　　　　　　　　　×人。

第三队,负责施工模板安装、钢筋绑扎、混凝土浇筑、预应力张拉 ×人(吊索购买成品)。

第四队,负责钢结构的制作、安装、焊接、涂装　　　　　　　　×人。

第五队,综合施工队负责其他施工内容

3. 主要施工机械设备一览表(见表 4—2)

表 4—2　　　　　　　　　　　　　主要施工机械设备一览表

序号	机 械 名 称	规 格 型 号	数量	单 位	备　注
1	旋转钻机	85P—64A	2	台	
2	钢筋调直机	DJ 40—2	4	台	
3	钢筋切断机	DJ 40—1	4	台	
4	钢筋弯曲机	WJ—40	4	台	
5	对接焊机	2—1	4	台	
6	电焊机	75	8	台	
7	插入式振捣棒	ZN 50	15	台	
8	平台式振捣器	ZB 2.2	3	台	
9	木工锯床、刨床等		4	套	
10	预应力张拉设备	OVM	3	套	
11	碳刨机		2	台	
12	吊车	35/50t	2/2	台	
13	潜水泵		5	台	
14	自卸汽车		2	辆	
15	装载机	ZL 50	1	台	
16	挖掘机	反铲	1	台	
16	蛙式打夯机	HW 60	5	台	
17	平板车		2	辆	

4.1.3　施工准备

4.1.3.1　施工便道

本桥被××路分隔为东西两部分,需分别修建施工便道。修建标准为:宽度 4.5m,路面结构为 15cm 碎石垫层 10cmC20 混凝土。东边便道长 60m;西边根据现场实际情况,将生活区至施工现场全部铺筑混凝土地坪,可大量增加施工场地面积,方便行车,今后还可作为军用梁及钢管拱肋地面预拼、堆放的场地。

4.1.3.2　施工用电

建设单位在施工现场中段已提供一处变电所,用 95mm² 电缆线引至附近配置的总电箱(桥面施工完毕后移至桥面),支线用 35mm² 电缆线引入各作业面,生活用电采用三相五线架空线路把电接入生活区。

在钢管拱肋焊接施工期间为用电高峰期,动力机械主要有:

直流电焊机　　　　　　　8 台×30kW/台=240kW

交流电焊机　　　　　　　2 台×40kW/台=80kW

碳刨机　　　　　　　　　2 台×80kW/台=160kW

$P=1.1×(240+80+160)×85\%=448.8kW$

生活用电 $P=448.8×10\%=44.88kW$

合计 $S_{总}=448.8+44.88=493.7kW$

配电站有能力供应 500kW 电力,可以满足施工要求。

4.1.3.3　施工用水、临时排水

施工、生活用水从××路边用 50mm 管引入工地,埋入地下 50cm,因桥面较高,需使用高压水泵确保施工用水能压至桥面。

临时排水采用在施工场地周边设置排水沟的方法进行排水,排水沟截面 40×40cm。排水方向均为从北向南排入既有污水井。

4.1.3.4　技术准备

技术准备工作分为内业技术准备和外业技术准备。

1. 内业技术准备

(1)认真阅读、审核施工图纸和施工规范,编写审核报告。

(2)临时工程设计。

(3)编制实施性施工组织设计及质量计划。

(4)编写各种施工工艺标准、保证措施及关键工序作业指导书。

(5)结合工程施工特点,编写技术管理办法和实施细则。

(6)备齐必要的参考资料。

(7)对施工人员进行上岗前的培训。

2. 外业技术准备

(1)现场详细调查与地质水文踏勘。

(2)与设计单位办理现场控制桩交接手续,并进行复测与护桩。

(3)各种工程材料料源的调查与合格性测试分析并编写试验报告。

(4)各种仪器设备的测试计量和检验,并办理合格证书,进行状态标示。

(5)施工作业中所涉及的各种外部技术数据搜集。

技术准备按时间进程分前、中、后三个阶段,前期打基础,中期搞强化,后期完善。技术准备工作坚决做到:准备项目齐全、执行标准正确、内容完善齐备、超前计划布局、及时指导交底、重在检查落实。

4.1.3.5　地下管线位置确认

在开工以前,要对地下管线具体位置进行确认,其主要方法为:

1. 从市测绘院获取相关地段的地下管线布置图。查出通过施工区域的管线。

2. 用超声波物探设备将基坑开挖区域探测一次,将探出的各类管线分类。

3. 分别和管线单位联系,召开协调会由管线单位现场指定管线详细位置及走向。

4. 地下管线位置确定后,根据实际情况制定管线保护方案,请管线单位签字认可,并按规定办理管线保护卡。

在办好以上 4 点后,方能开始施工,在承台土方开挖前,仍要挖样沟检查,确保不发生损坏管线事故。

4.1.4　施工总进度计划

本工程要求开工日期为 2002 年 3 月 30 日前,竣工日期为 2002 年 12 月 15 日。经认真研究,确定总工期为 9 个月零 10 天,比要求工期提前 20d。具体进场日期以建设单位通知的开工令为准,施工总进度计划见表 4－3。

表 4－3　　　　　　　　　　　　　　施工总进度计划

序号	项目名称	持续时间 (d)	2002 年										2003 年	
			3 月	4 月	5 月	6 月	7 月	8 月	9 月	10 月	11 月	12 月	1 月	2 月
1	钻孔灌注桩施工	26	—											
2	承台施工	36		—										
3	立柱及盖梁(系梁)施工	35			—									
4	主纵梁支架的架设	55		—										
5	主纵梁预应力混凝土施工	100					—							
6	钢筋拱的制造、安装、焊接、混凝土顶升	113						—						
7	吊杆的制造、安装	35									—			
8	主纵梁膺架的拆除	20										—		
9	小横、纵梁及桥面板施工	35											—	

4.1.5　施工总平面图

××路西侧场地较狭小,入口位于××路,材料由此入场。××路东侧有 1 000m² 的施工场地,将此场地满铺混凝土地坪,其中 400m² 用于生活设施,生活设施除食堂、浴室外,全部建造 2 层简易活动房屋。在东北角搭设钢筋间、木工间、工具间,其余作为大型机械停放点及军用梁支架、钢管拱肋预拼装场地。配电所在内环高架匝道下,可从总电箱直接引入作业面,生活用电用三相五线架空线引入。

施工总平面图　(略)。

4.1.6　主要施工方法

4.1.6.1　钻孔灌注桩

1. 施工工艺流程

采用正循环泥浆护壁成孔、二次循环清孔、导管灌注水下混凝土成桩的施工方法,工艺流程见图 4-2。

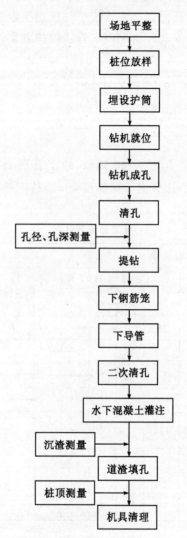

图 4-2 钻孔灌注桩施工工艺流程

2. 施工方法

(1) 施工准备

开工前,将地面硬化,设置两个沉淀池,为防止钻孔产生的废浆污染环境,沉淀池内套钢套箱。

(2) 测量定位

基准点必须浇筑混凝土固定牢靠,并做好保护装置。选用高精度电子经纬仪和钢卷尺测量,保证桩位的准确。从绝对标高点引入临时水准点,测出护筒口标高,并做好测量记录。

(3) 埋设护筒

护筒是保护孔口、隔离杂填土的必要措施,也是控制桩位、标高的基准点。因此,每个桩孔均必须埋设护筒。埋设深度必须能隔离杂填土层,护筒四周间隙用黏土回填并捣实,以确保护筒的稳定。

(4) 钻机就位

钻机就位时,转盘中心对准定位标志,校对水平,并校对天车中心、转盘中心与桩位中心(三心)成一直线。

(5) 成孔钻进

1) 钻进

采用正循环回转钻进方法,钻头选用三翼条形刮刀。钻杆安装导向钢丝绳,并在钻头上部带扶正器,以增加钻头在孔底回转的稳定性,使钻进平稳、孔壁完整、钻孔垂直。

钻进参数范围如下:钻压:6~15kN,转速:40~124rpm,泵量:600~1200L/min。

钻进中应根据地层情况,合理选择钻进参数,一般开钻宜轻压慢转,正常钻进时钻进速度控制在 5m/h 以内,终孔前的钻进速度放慢以便及时排出钻屑,减少孔底沉渣。

2) 护壁

钻孔形成自由面时,由于受地层覆盖土压力的作用,使自由面产生变形,泥浆使用得当可以抑制变形的产生,根据泥浆物理性能和不同的地层情况,选用不同的泥浆性能参数,来平衡地层的侧压力,以抑制孔壁的缩颈、坍塌。

泥浆性能参数指标控制范围如下:漏斗黏度:18~25s,泥浆相对密度:1.05~1.25,含砂率:4%。

泥浆性能参数一般选择原则是:易塌孔地层选用较大值,不易塌孔地层选用较小值。

(6) 清孔

清孔是钻孔灌注桩施工的一道重要工序,清孔质量的好坏直接影响水下混凝土浇筑、桩身质量与承载力的大小。为了保证清孔质量,采用两次正循环清孔,在保证泥浆性能的同时,必须做到终孔后清孔一次和浇筑前清孔一次。第一次清孔利用成孔结束时不提钻慢转正循环清孔,调制性能好的泥浆替换孔内稠泥浆与钻屑。第二次清孔利用导管进行,并在第二次清孔后 25min 内及时注入第一斗混凝土。否则,需要重新测量沉渣或清孔。

(7) 钢筋笼

1) 选用具有质量证明书、并通过抽样复检合格的钢筋由专职钢筋工和持证电焊工上岗制作,并对钢筋搭焊质量抽样送检,抽检数量为同牌号、同直径钢筋焊接接头 300 个为一验收批。

钢筋笼在预制模中点焊成型,做到成型主筋直、偏差小,箍筋圆顺、直观效果好。钢筋笼的制作偏差范围控制如下:主筋间距:10mm,箍筋间距:20mm,钢笼长度:100mm,钢笼直径:10mm,焊接长度:10d。

2) 钢筋笼保护层

为使钢筋笼主筋有一定的保护层,在钢筋笼上设置混凝土垫块。垫块采用水泥砂浆通过特制的模型制成,直径为100mm,厚度为50mm,中心穿一直径15mm的小孔,以便固定在钢筋笼的箍筋上,每隔 2m~4m 设置一组垫块,每组垫块设置 4 块。

3) 钢筋笼入孔固定

根据设计笼顶标高与孔口标高,计算好钢筋笼的吊筋长度,吊筋采用 2 根直径 20mm 的钢筋固定在孔口机架底盘上,使钢筋笼准确的下入孔中位置。在水下混凝土浇筑过程中,当混凝土面上升至钢筋笼底部附近时,应放慢浇筑速度,以免钢筋笼随混凝土面上升而造成钢筋笼的上浮。

(8) 水下混凝土浇筑

采用 C25 预拌混凝土。导管采用直径 $\phi219mm\times3.5mm\times2.5m$ 无缝钢管，游轮丝扣连接，密封性好，刚性强，不易变形。在使用前必须检查丝扣的好坏和导管内是否有残物；使用后应将导管清洗干净，涂油保护丝扣并堆放整齐。

根据孔深配置导管长度，并按先后次序下入孔内，导管口距孔底控制在 400mm～600mm 范围内，当第二次清孔结束时，在 25min 内注入足够的初灌量，以满足初灌导管埋入深度超过 2000mm 之后，连续不断浇筑水下混凝土，导管埋深一般控制在 2m～6m 的范围内，不允许少于 1.50m 和超过 10m。为了保证桩顶质量，混凝土灌注面应比设计桩顶标高高出至少 2.50m，一般控制在 3.0mm 左右。

现场随机对混凝土取料，每桩一组试块，按规定要求制作，隔日拆模后现场养护，定期送试验室做抗压强度试验。

4.1.6.2　承台

1. 承台施工工艺流程（见图 4—3）

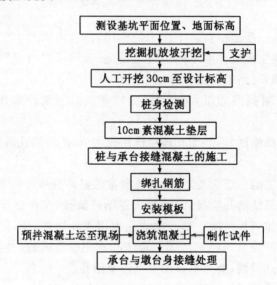

图 4—3　承台施工工艺流程

2. 基坑开挖

顺桥向由挖掘机放坡开挖，基坑边坡为 1∶1.25，横桥向及不能放坡开挖地段，采用钢板桩防护，人工开挖，当挖至离基底标高 30cm 时，全部由人工挖至设计标高，并在基坑四周挖排水沟、集水井，尽量保证基底土壤保持原状且不泡水，并观察基底地质情况是否符合设计要求（参见图 4—4）。

3. 在桩基检测合格后，浇筑 10cm 素混凝土垫层，按图绑扎桩身与承台接缝钢筋，并浇筑桩芯填充混凝土。

4. 钢筋、模板

绑扎承台钢筋及承台与墩台身接缝处连接钢筋，并安装立柱模板加固预埋件，支立承台模板。承台模板采用组合钢模。如基坑过小时，可采用砖模，但应保证砖模牢固可靠，不变形。

5. 浇筑混凝土

采用预拌混凝土，由混凝土搅拌运输车运至现场后，泵送至工作面。混凝土终凝后即覆盖白色土工布并湿水养护，由专人负责实施。混凝土试块必须在同等条件下进行养护。

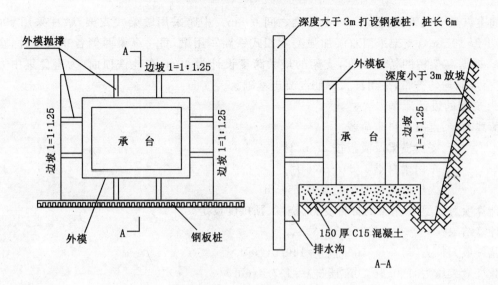

图 4－4　承台开挖支撑图

4.1.6.3　立柱及系梁（盖梁）

墩身分为矩形抹圆双立柱加帽梁和矩形抹圆双立柱中间加系梁，最高立柱为 14.5m。墩身模板采用定型加工的整体钢模，按每节 4m 加工，模板下部用承台上预埋件加固，上部用缆风绳加固。墩台身混凝土均采用预拌混凝土，由混凝土搅拌运输车运至现场后，经泵送至模板内，采用插入式捣固棒振捣密实（参见图 4－5）。

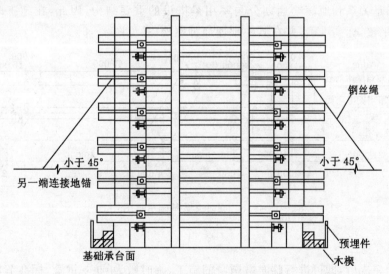

图 4－5　桥墩立面支模示意图

4.1.6.4　现浇箱梁支架

1. 支架设计

根据施工场地和该处的交通条件，主纵梁的支架采用两种形式：

两边跨为满堂钢管支架，布置为桥轴向，边跨直线段钢管间距为 0.6m，变高段间距为 0.5m；

横桥向主纵梁下钢管间距 0.6m,主纵梁之间 0.8m。中跨采用墩梁式支架,墩柱采用 $\phi900$mm(钢管壁厚 20mm),支架采用双层加强型六四式铁路军用梁,每一纵梁两侧各布置 3 片,全桥共 12 片。根据高架桥的桥面宽度,支架的最大跨度设计为 40m,在地铁顶面,为避免集中力的作用,使荷载能均匀分布,采用扩大钢筋混凝土基础。

2. 支架的设计计算

荷载确定:混凝土自重荷载

              支撑横梁及横板按 2t/m 计

              军用梁自重 1.64t/m(6 片)

              人员机具等施工荷载 0.75t/m

计算项目:4 组军用梁的杆件受力、挠度、预拱度设定。

计算结果:

弦杆最大拉力:118.4t<(N 拉)=140.0t(可)

弦杆最大压力:110.6t<(N 压挠)=133.4t(可)

斜杆最大压力:44.2t>(N 斜)=42.0t 采用加强措施

40m 跨中挠度 $f=50$mm。满足《公路桥涵施工技术规范》(JTJ 041-2000)临时钢结构 L/400 的挠度要求。

3. 墩梁式支架施工

(1) 临时墩基础

在交通主管单位的允许下,按设计进行临时墩的基础施工。临时墩基础为 64cm 厚的 C25 钢筋混凝土,为保护原有路面,在其下设置一层隔离物。

临时墩基础是关系到地面交通划分与军用梁搭设的重要结构,因此,在施工时务必精确放样,并保证顶面平整,标高准确,并在其中预埋地脚螺栓(参见图 4-6)。

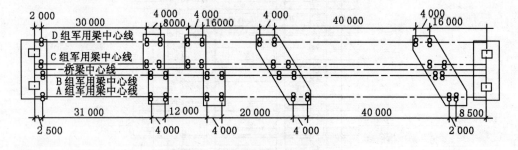

图 4-6 临时支墩基础示意图

(2) 临时墩墩身

临时墩基础完成后,即可进行临时墩墩身的施工,临时墩为 $\phi900$ 钢管,标准节段为 4m,根据墩高的不同,另外加工调整段,钢管之间用法兰连接,底节和基础预埋钢板采用间断焊接进行固定,立柱之间加焊角钢横撑和斜撑,上置 2[30b 垫梁。

(3) 军用梁吊装

单片军用梁支架全长 128m,在地面拼装为四段进行吊装,其难点集中在 44m 一段,该段要跨越 41m 宽的××路高架。对此,我们采用了在××路高架两侧各摆 1 台 150t 汽车吊,分别起吊 20m、24m 军用梁,吊至××路高架上方在空中完成对接,然后 2 台吊机各吊着拼接好的 44m

军用梁一端,放在临时支墩上。

4.1.6.5　安全防护措施

主纵梁支架横跨××路及 2 座高架桥,在施工过程中对过往车辆、行人的安全必须绝对保证,采取如下防护措施确保安全:

1. 在军用梁支架下缘吊挂两层密目安全网。

2. 在军用梁支架底槽钢上搭设小钢管,上铺七合板,用铁丝固定在钢管上。

3. 军用梁顶设立围栏,围栏上绑扎安全网。

4. 两组军用梁间搭设行走通道,通道也由七合板铺成。

5. 专人负责定期检查安全网及七合板,发现问题及时加固,并及时清除七合板上坠落物(参见图 4－7)。

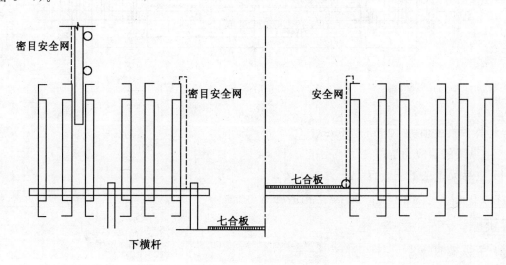

图 4－7　安全防护措施图

4.1.6.6　主纵梁

1. 模板支撑系统

经充分分析主纵梁模板支撑系统在受力、施工难度等因素后,决定采用悬吊法。

在军用梁顶端安装一组[32b 槽钢,每组 2 根,间距 5cm,用螺栓连接,槽钢长均为 7.8m,间距为主梁变截面段每 1m 一组,在一般地段每 2m 一组。在主纵梁横轴线两侧 2m 各穿 1 根 $\phi25$ 圆钢作为吊杆,吊杆螺母下用 2cm 钢垫板。底模支撑采用[32b 槽钢,长度为 4.2m,底模支撑和军用梁之间标高调整至设计标高后用木楔顶紧,保证吊模系统不会左右移动。在军用梁下弦杆每隔 8cm 设一道 2×[16 槽钢参与受力分配。

支撑系统安装完毕后,纵向铺Ⅰ16 工字钢,间距 30cm。工字钢上铺带肋九合板作底模。见图 4－8。

2. 设置预拱度

为保证梁体的线形,底模设置了正确合理的预拱度。预拱度的设置考虑了以下几个因素:

(1) 支架梁的弹性变形。

(2) 墩柱接缝之间的非弹性变形。

(3) 底模非弹性压缩。

(4) 临时支墩的沉降。

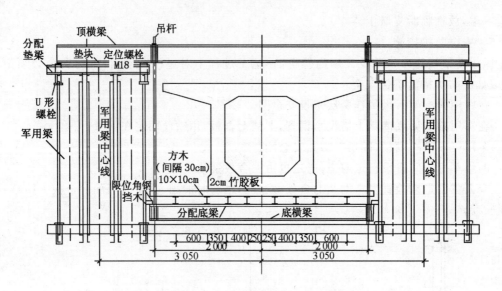

图 4—8　悬吊体系支撑图

经计算预拱度值为 10mm~60mm。

3. 主纵梁的预应力混凝土

(1) 主纵梁施工工艺流程

搭设支架梁 → 悬吊模板 → 绑扎钢筋及预应力管道 → 分段浇筑混凝土 → 穿预应力索、张拉

→ 压浆、封锚

(2) 主纵梁的分区

主纵梁为预应力混凝土箱形连续梁结构,设计要求分五区浇筑混凝土和预应力张拉。施工时间长,地基的沉降难以控制,长期将未张拉的主纵梁搁置在支架上,很容易因临时墩基础的沉降造成梁体开裂。经优化主纵梁设计,建议将五区合并成三区,其中中跨128m 是原一、二区合并为一个区,并按临时支架跨度两边向中间依次浇筑混凝土,在临时支墩位置预留 2m 的湿接头,这样,才能保证军用梁连续支架受力合理,不产生反弯。

1) 按照支架的跨度进行分段浇筑混凝土,在临时墩顶位置设置 2m 湿接缝,这样就避免了因临时墩基础的下沉造成梁体开裂。

2) 在分段浇筑混凝土后,将对临时墩基础进行长期跟踪沉降观测,为确保主纵梁的线形和军用梁的受力,采取在临时墩顶军用梁节点位置设置调整千斤顶,当沉降超过 3cm 时,就用千斤顶调整支架的标高。

3) 浇筑湿接头实际就是主纵梁由简支梁向连续梁体系转化的过程,也是对梁体质量影响较严重的过程。为尽量降短这一过程,拟采用早强混凝土浇筑湿接头的措施,使梁体混凝土能尽早达到强度进行张拉,以改善主纵梁的受力。

(3) 预应力混凝土

1) 主纵梁混凝土施工工艺流程

立底、侧模 → 绑底、腹板钢筋和预应力管道 → 立内侧模板 → 浇筑底板、腹板混凝土 → 养生 →

接缝处理 → 立内顶模 → 绑顶板钢筋 → 灌筑顶板混凝土 → 养生

2）主纵梁混凝土施工工艺

①钢筋

钢筋牌号、规格要符合设计要求，力学性能符合规定并具有质量证明书。钢筋进场后，同一厂别、同一炉罐号、同一规格、同一交货状态每≤60t 为一验收批，每一验收批取 1 组试件（拉伸、弯曲各 2 个）。钢筋连接采用闪光对焊和电弧焊。闪光对焊接头：在同一台班内，由同一焊工完成的同牌号、同直径 300 个接头为一验收批（或一周内累计＜300 个接头的亦可按一批计算），每批 3 个拉力试件，3 个弯曲试件；电弧焊接头：同牌号钢筋、同型式接头 300 个接头作为一验收批，每批取 3 个拉力试件。

钢筋在制作成型后进行现场绑扎，等底板和侧模立好后，绑扎底板和腹板钢筋，立好内模后再绑扎顶板钢筋，在绑扎钢筋的同时，按要求位置固定预应力管道。

铺设钢筋位置与预应力管道发生矛盾时要保证管道位置正确。相差较大时，要由设计认可。

②波纹管

波纹管外观应清洁无油渍，无引起锈蚀的附着物，无孔洞和不规则褶皱，接口无开裂，无脱口。波纹管必须严格按照设计位置安装，应在侧模上放出波纹管曲线大样图，施工时，确保波纹管走向和大样图吻合，每 0.5m～1.0m 安设一个井字架控制其位置。安装过程中尽量避免反复弯曲，以防止管壁开裂，波纹管的相互套接采用大一号的波纹管，接口重叠长度大于 20cm，外露接头采用两层胶布紧紧缠绕 5cm。

波纹管由钢带螺旋折叠而成。应注意波纹方向和穿束方向一致，避免发生钢绞线端头毛刺在穿束时挂裂波纹管。安装波纹管时，万一波纹管破裂，要用胶布认真缠好，严防漏浆；排气孔采用直径为 8mm～10mm 的钢管，一般设置在钢束起弯点，并不超过 50m～60m 的间距。钢管与波纹管接缝处应严密牢固，在排气孔附近用红油漆做好标记，此标记应与该束波纹管设计代号相符，以便压浆时确认。

管道和锚垫喇叭口的接头必须做到密封牢固，不易脱掉和漏浆；波纹管安装后，要进行位置、数量、稳固情况及密封情况等检查验收。

③预埋件

主纵梁上的预埋件主要有：支座上盖板、吊杆预埋套管、主纵梁之间横向连接预埋钢板等。

考虑到主纵梁在张拉过程中受压缩的数值较大，在安装预埋件时要预留偏心值，经计算，偏心值预留见表 4-4、表 4-5。

表 4-4　　　　　　　　支座偏心预留值一览表（方向与预应力施加方向相反）

支 座 编 号	1	2	3	4
偏心值（cm）	3.5	0	6	5

表 4-5　　　　　　　吊杆预埋套管偏心预留值一览表（方向与预应力施加方向相反）

套管编号	1	2	3	4	5	6	7
偏心值（cm）	0	1	1.5	2	2.5	2.5	3.0
套管编号	7′	6′	5′	4′	3′	2′	1′
偏心值（cm）	3.5	4.0	4.0	4.5	5.0	5.5	6.0

④浇筑混凝土

采用泵送预拌混凝土,浇筑底板混凝土时采用串筒,以防离析。

为防止不同支架的挠度,采用分区分段浇筑混凝土,每个区段分两次浇筑,第一次浇筑底板和腹板上梗肋以下1.5cm,并要求该段混凝土在初凝时间内浇筑完毕,以防混凝土开裂。

混凝土采用插入式振捣棒振捣,振捣棒选用ϕ50mm和ϕ30mm两种形式。混凝土振捣时要特别注意防止"虚实"现象,即表面看似密实,但波纹管底仍是空的。振捣操作人员要认真熟悉管道位置,严禁振捣棒接触波纹管,避免管道受伤;下料时不得在管道上堆积大量混凝土,操作人员不得在管道上走动,防止管道因重力而下垂,导致预应力孔道摩阻系数增大。

在浇筑混凝土时要经常用橄榄形的通孔器在波纹管内来回拉动,防止漏浆堵塞孔道,造成穿束失败。

混凝土的施工缝按有关技术规范要求认真处理。

(4)预应力张拉

1)预应力张拉的难点是:

①预应力束管道长,穿束难度大(最长索为235.689m)。

②预应力束张拉吨位高,伸长量大,分级倒顶次数多,设计为19×7ϕ5钢绞线组成的大束,每束重达5t。

③两束同时张拉,4台千斤顶需对称同步,张拉控制较难。

2)准备工作

预应力材料及张拉机具设备的进场要求:

①钢绞线进场前应有出厂质量证明书和试验报告单。外观检查:钢绞线表面不得带有降低钢绞线与混凝土黏结的润滑剂、油渍等物质,允许有轻微的浮锈,但不得锈蚀成肉眼可见的麻坑,钢丝表面不得有裂纹、小刺、机械损伤、氧化铁及油渍,回火成品表面允许有回火颜色。钢绞线进场复验,必试项目为拉伸试验、屈服试验、松弛试验;验收批应由同一牌号、同一规格、同一生产工艺的钢绞线组成,每批重不大于60t;取样从每批钢绞线中任取3盘,并从每盘所选的钢绞线端部正常部位截取1根试样进行试验,如每批少于3盘,则逐盘进行试验,试验合格后方可收货。

②施加预应力所用的机具设备及仪表应由专人使用和管理,并应定期维护和校验。千斤顶与压力表应配套校验,以确定张拉力与压力表之间的关系曲线,校验应在经主管部门授权的法定计量技术机构定期进行。

张拉机具设备应与锚具配套使用,并应在进场时进行检查和校验。对长期不使用的张拉机具设备,应在使用前进行全面校验。使用期间的校验期限应视机具设备的情况确定,当千斤顶使用超过6个月或200次或在使用过程中出现不正常现象或检修以后应重新校验。弹簧测力计的校验期限不宜超过2个月。

3)预应力束下料和穿束

钢绞线下料长度严格按设计图执行。钢绞线切断前的端头用铁丝绑扎紧,切割时要保证切割面垂直。钢绞线编束后要按设计图纸编号,每隔1m～1.5m绑扎铁丝,使编束顺直不扭转。编束后的钢绞线应顺直按编号分类存放。钢绞线束搬运时,支点距离≯3m,端部悬出长度≯1.5m。穿束前必须用高压水洗净波纹管,在穿束时注意不能让钢绞线毛刺挂破波纹管。穿束用卷扬机牵引,并在束后设导向滑轮以便穿束顺利。

当混凝土强度达到90%开始进行张拉。混凝土浇筑时,做5组试件,其中3组随箱梁一起养护,在6d、9d、11d试压,以保证混凝土强度达到设计要求。

4）预张拉

钢束设计伸长是一种理论数据，在实际施工中由于孔道实际位置与设计位置误差、摩阻系数变化、钢绞线实际弹模 E 值的变化以及其他原因会造成一定的计算偏差，故在施工前宜对钢绞线伸长值进行修整。修整公式为：

$$\Delta L = \Delta L_1 \times E_Y / E_S \qquad\qquad (4-3)$$

式中　ΔL——施工控制延伸量；

　　　ΔL_1——设计控制延伸量；

　　　E_Y——设计弹模；

　　　E_S——实测弹模。

张拉前除对设计伸长值修整外，对通长束还应进行预张拉，主要是因为孔道曲线变化大，摩阻系数不一，加之施工误差积累，如果草率的直接张拉至 100% 控制应力会加大施工风险，易造成张拉质量事故。因此将对通长束进行 50% 控制应力的预张拉，并根据伸长量反算出孔道摩阻系数和重新修正伸长量，确保预应力满足设计要求。

5）预应力张拉施工程序

①对同条件养护试块强度进行检验。

②强度达到要求后进行摩阻检测。

③按预应力筋编号安装工作锚，不得出现预应力筋绞结现象。

④安装千斤顶。

⑤安装工具锚。

⑥施加预应力：张拉程序应满足设计要求，设计无要求时，可按以下步骤进行：

普通松弛力钢绞线 $0 \to$ 初应力 $\to 1.03\sigma_{con}$（锚固）；

低松弛力钢绞线 $0 \to$ 初应力 $\to \sigma_{con}$（持荷 2min 锚固）。

注：1. σ_{con} 为张拉控制应力，包括预应力损失值。

　　2. 初应力宜取 10%～20%σ_{con}。

6）张拉顺序

①先张拉腹板束，后张拉顶、底板束。

②对称中轴线张拉，每次同时张拉不少于 2 束。

③立面上从截面中性轴位置向上，向下依次张拉。

④当纵梁混凝土强度达 90% 时，先张拉横向预应力筋，再张拉纵向预应力钢束。

7）张拉操作注意事项

①张拉时要对称张拉，严格按设计院提供的顺序张拉。两端张拉时，必须同步进行。

②千斤顶、锚圈和孔口必须在同一个同心圆内。

③割丝时，严禁使用电焊。当使用砂轮锯切割有困难时，也可使用气割，但火焰应离开锚具 20cm～30cm，并用破布包住锚具，不断浇水降温，以免因过热损伤预应力筋。

④在操作过程中出现故障应立即停止张拉，出现断丝时要请设计到场，共同研究提出处理意见后再施工。

8）张拉质量保证措施

①严把材料关，张拉材料必须有出厂合格证、质量证明书，并抽样复验合格后，方可使用。

②各种张拉设备一定要认真标定、检验，并严格按技术规程操作。

③每道工序要进行自检、复检及监理检验，如有缺陷，不得进入下一道工序施工。

④施工中各类原始资料及工序检查表、隐蔽工程检查记录必须及时填写,认真保管存档。

⑤项目部技术人员,质检人员跟班作业,杜绝操作出误。

9)张拉安全措施

①不得踩踏攀附油管,油管如有破损要更换。

②千斤顶内有油压时,不得拆卸油管接头,防止高压射出伤人。

③油泵电源必须接地避免触电。

④要保持安全阀的灵敏可靠。

⑤张拉时,千斤顶后面严禁站人,张拉人员只能在千斤顶两侧操作。

⑥张拉时,设立警戒线,和施工无关人员严禁走入警戒线内。

⑦张拉完成而未注浆时,要设立警戒示牌,施工人员要注意绕行。

10)预应力孔道压浆

压浆设备主要有高速拌浆筒、低速拌浆筒、活塞式压浆泵等。

①孔道压浆程序及方法

a. 切除预应力筋锚固后的外露部分,但外露长度不宜小于30mm。

b. 用高强度等级砂浆将锚头封严。

c. 用高压水冲洗孔道。

d. 按配合比要求配制灰浆。

e. 压浆。

f. 依次封闭排气孔,保持一定稳压时间(不少于2min,压力0.5~0.7MPa)。

g. 封闭灌浆孔。

②孔道压浆施工要求

a. 预应力张拉完毕后及时进行压浆,一般不宜超过14d。

b. 预应力筋切割采用手提砂轮切割机,严禁使用电焊或氧气—乙炔切割。

c. 水泥浆的强度应符合设计规定,不低于30MPa,对截面较大的孔道,水泥浆中可掺入适量细砂;水泥采用P·O 52.5普通水泥。

d. 水泥浆的水灰比为0.40。

e. 水泥浆的泌水率最大不得超过3%,拌和后3h泌水率宜控制在2%,泌水应在24h内重新全部被浆吸回。

f. 通过试验后,水泥浆中可掺入适量膨胀剂,但其自由膨胀率应小于10%。

g. 水泥浆的稠度宜控制在14~18s之间。

h. 波纹管管道必要时应进行冲洗,若孔道内可能存在油污等污物,可采用对预应力筋及孔道无腐蚀的中性洗涤液或皂液用水稀释后进行冲洗,然后用不含油污的压缩空气将积水冲出。

i. 压浆时,对于曲线孔道应从最低点的压浆孔压入,由最高点的排气孔排气和泌水;当孔道有多层时,压浆顺序宜先压注下层管道。

j. 压浆应从灌浆孔压入并应达到孔道另一端饱和出浆、从排气孔流出与规定稠度相同的水泥浆为止。

k. 压浆应缓慢均匀进行,不得中断并应排气通畅,在压满孔道后封闭排气孔及灌浆孔。

l. 不掺膨胀剂的水泥浆,宜采用二次压浆以提高压浆的密实性,第一次压浆后,间隔30min左右再由另一端进行二次压浆。

m. 当气温高于35℃时,孔道压浆宜在夜间进行。

n. 压浆时,每一班组应留取不少于 3 组的 $70.7 \times 70.7 \times 70.7mm$ 立方体试件,并按有关规定进行养护及试验。

o. 孔道压浆的其他要求执行现行《公路桥涵施工技术规范》(JTJ 041)。

4.1.6.7 拱脚

全桥一共四处拱脚,分别位于主跨墩身附近,拱脚为全桥应力集中的部位。

拱脚长为 12m,宽 1.3m,拱脚上端预埋 1.5m,钢管拱拱脚钢筋随主纵梁钢筋一起绑扎到位。为了施工方便,可先行浇筑主纵梁混凝土,但必须保证混凝土施工缝垂直于拱轴线。为了固定拱脚处的预埋钢管拱,采取在先一步浇筑的主纵梁混凝土内预埋两组 30b 槽钢。然后把经过预拼装的拱肋精确放样,利用预埋槽钢焊接横联固定的同时,进行钢筋穿孔、焊接、绑扎。立拱脚模板,最后浇筑拱脚混凝土。在强度达 100% 后,割除预埋槽钢的外露部分。

拱脚混凝土分两次浇筑,可能造成混凝土抗剪力受损,要求在前期浇筑的混凝土中,每平方面积预埋一根 1m 长的钢轨,在第二次浇筑拱脚混凝土前,为了使两次浇筑的拱脚混凝土紧密结合起来,在浇筑拱脚上部混凝土前,把表面锯毛、冲洗、按施工缝要求进行处理,详见图 4-9。

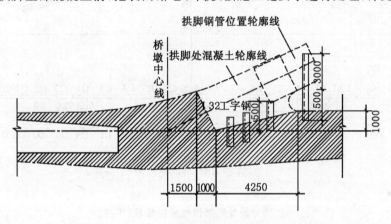

图 4-9　拱脚混凝土施工示意图

4.1.6.8 钢管拱

钢管采用两片圆端型钢管结构,拱肋轴线长 121.33m,宽 1.2m,高 2.0m,矢跨比为 8:1。拱肋上设六道一字形横撑和两道 K 形撑,总重 318.4t。理论拱轴线采用二次抛物线,其方程式为:$Y = 16 - (64 - X)^2 / 256$。拱肋钢管为 16mm 厚的 Q235 钢板。

1. 钢管拱制作

(1) 原材料

1) 钢材

16mmQ235 钢板净重 230t,10mmQ235 钢板净重 16t,40mmQ235 钢板净重 60t,角钢∟100×100×8、∟75×75×8,共净重 4.5t,总重为 310.5t。此外,还有各种规格钢管。

进场的原材料除必须有生产厂的质量证明文件外,应按合同要求和有关现行标准进行检验和验收。

2) 焊接材料

自动钢丝:H08A;自动焊剂:HJ431;手工焊条:E4303。

3) 焊接试验

按母材 $\delta=16mm$ 钢板做常规性能试验。

取样:母材纵向 2 组,每组 3 块;母材横向 2 组,每组 3 块。试焊方式:自动焊:母材纵向、横向各 1 组;手工焊:母材纵向、横向各 1 组。

提供焊接试样常规性能试验报告。

原材料进场后,根据施工工艺进行工艺评定,焊接施工按工艺评定执行。

(2)放样

根据制作及运输能力,并综合考虑吊杆位置、横撑、K 形撑位置,每片钢管拱肋分为 17 段,除跨中合龙段为 1.4m 外,其余各段均为 5m～7.5m 不等。拱肋放样线形用 AutoCAD 绘图得出后,对局部进行光顺性修正。根据分段原则得出各分段点 X、Y 坐标,作为施工放样的依据。分段坐标值见图 4—10、表 4—6。

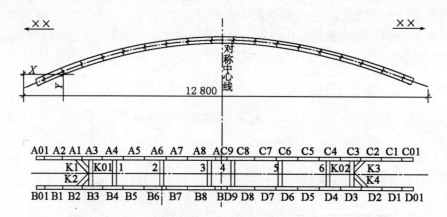

图 4—10 拱肋分段图

表 4—6 拱肋分段处底部拱轴线坐标表(半拱)

编号	1	2	3	4	5	6	7	8	9	10
X(m)	5.399	8.441	13.306	21.004	28.08	35.262	42.72	50.053	57.430	63.273
Y(m)	1.493	2.863	4.912	7.771	9.942	11.835	13.322	14.355	14.964	15.132

2)横梁、K 形撑

①按图进行放样。

②划出箱体内部加强筋。

③划出两端接头位置线。

④加放装焊余量两端各 5mm。

(3)下料

1)按下料零件图进行下料。

2)有余量线的零件应按余量线下料。

3)利用自动割刀进行下料。内部板条利用剪板机下料。

(4)加工

1)拱梁上下弧板,使用三星轧滚机按加工样板进行轧制,直到线形符合要求为止。同时适当考虑放出轧头余量。

2）对接焊缝开剖口利用自动割刀或刨边机进行加工。

（5）制造

1）拱肋装配与焊接（见图 4－11）

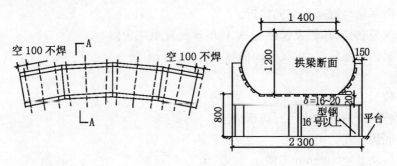

图 4－11　拱肋胎架图

①按放样线形样板划线组合胎架。

②安装底板，底板拼板对接用自动焊完工、校平上胎架后，把底板与胎架定位焊牢。然后安装侧板（上下弧板）与胎架定位焊牢。

③安装内部构件，内部构件安装后，应尽快焊接，先焊角焊，后焊对接焊。

④平直度校正。

⑤安装顶板校平后上胎架安装，与底板同。

⑥安装顶板构件：与两侧板定位焊牢。

⑦焊接：内外剩余焊接全部结束。

⑧分段总体校正。

2）内部构件制造

将拱肋划分为 15 个吊装分段，每个吊装分段长约 8m，8m 拱板由 4 个直线段按拱形进行装焊制作。每个吊装分段根据编号对内部构件进行安装焊接。

内部构件应在工厂制作，包括有横隔仓、A、B 型加强劲箍、吊杆锚座、灌注管、出气管、横梁及 K 形梁接头等按顺序制造及组装。

3）半拱预拼装

①竖立半拱预拼装胎架。

②预拼装分段 1～8 段，每段竖立 3 道模板，模板高度×宽度为 800×1200mm，共 24 道模板。

③分段按编号排列上胎架，进行逐段预拼装。

④拉线测量半拱线形，并做测量记录。

⑤拉线测量半拱拱度值，原则按吊杆中心线位置测量竖向坐标值，并做记录。

⑥拉线测量半拱 X 向水平长度值，并做记录。

4）焊缝检查与验收

①对所有焊缝进行外观检查，不得有裂纹、未溶合、夹渣、未填满弧坑、气孔及咬边等缺陷，如发现应及时修补。

②对接焊缝 100% 进行超声波探伤。

③对角焊缝按图纸要求焊接，不进行探伤检查。

④工厂出示超声波探伤报告，并优先按《铁路钢桥制造规则》（TBJ 212）及《钢管混凝土结构

设计与施工规范》验收,未作规定时,则按《钢结构工程施工质量验收规范》(GB 50205)验收。

5) 灌注管、出气管安装

①灌注管与出气管直径改为同一直径,设在隔仓旁。

②管的方向尽量与混凝土流向接近。

③适当修改隔仓位置,但要保持与 A、B 型箍位置距离相同。

④据设计提供的灌注孔、出气孔的位置及数量进行安装。

6) 涂底漆

在构件验收后进行。

①拱梁、横撑、K 形撑外表进行防锈清洁。

②涂防锈底漆一度。

③每个分段两端空 100mm 不漆。

④分段按吊装程序进行编号。

7) 分段编号发运

①分段编号按序由两端向中间逐段编号,发运亦按编号顺序进行,首先发运拱脚。

②发运应安排在夜间按指定线路运往工地。

③分段卸下位置,应考虑吊装程序,按先后吊装分段(小编号开始)排列整齐,以缩短吊装路线为原则,排放好每个分段,避免翻动碰撞,使分段损坏。

④分段装车应排放整齐、拉紧固定。运输中不得将分段移动碰撞,设置必要的安全标志。

2. 钢管拱吊装

(1) 支架搭设

钢管拱满堂支架搭设在主纵梁梁面上,每段钢管拱只考虑两端受力,中间不设支撑。在拱肋端头位置支架纵、横距均为 40cm,其余位置纵、横间距为 120cm,两片拱肋之间用钢管连成整体,以增加稳定性,并按相应规范搭设剪刀撑。

在支架上搭设钢拱及吊杆安装平台。横撑及剪刀撑也采用两头支撑的方法,保证每头有受力竖杆 15 根。在支架两边各拉三道各 5 根 ϕ16 钢丝绳。揽风绳锚至地面或军用梁上。支架外侧用安全网全封闭,以保证施工安全。

(2) 拱肋吊装

吊装选用××型 250t 履带式起重机。

该吊机技术参数:

主臂长度 L＝45m;

副臂长度 t＝24m;

安装角 a＝30°;

主钩 65t 级,副钩 12.5t 级;

工作半径: R＝10m～42m;

初定起重量:99.3t。

钢拱重量参数:

编号	长度(mm)	重量(t)	取重(t)
01 段	3 380	3.116＋0.25	3.5
1 段	5 340	4.624＋0.25	5.5
2 段	8 320	7.671＋0.25	8.5

3 段	7 520	6.933＋0.25	7.5
4 段	7 520	6.933＋0.25	7.5
5 段	7 720	7.118＋0.25	7.8
6 段	7 520	6.933＋0.25	7.5
7 段	7 520	6.933＋0.25	7.5
8 段	5 940	5.477＋0.25	6.0
9 段	739×2＋400＝1 878	1.732	2.0
II(横撑)	9 400	7.2	7.5
K(K 形撑)	9 400	11.3	11.8

1/2 拱总长:61 519mm＝61.519m

(3) 技术措施

1)吊装准备

在制定吊装方案前,会同吊装单位详细研究施工现场,并认真参与了钢管拱的预拼装,了解钢管拱的结构特性。

根据吊车的定位位置,划出了吊车具体的停车位置及行走路线。经研究认为吊车重达 207t,在施工中可能会压坏地下管线,计划采取的措施主要是:在吊车履带下有管线时,横向铺设 4cm 厚的钢板,有重要管线则铺设路基箱作为防护措施,吊车在行走中遇管线则吊车下纵向铺 4cm 厚钢板,无管线位置则铺设橡胶垫,以保护路面。召开所有管线单位和交警部门参加的施工配合会,要求管线单位对管线进行现场交底并审核、批准管线保护方案,交警部门通过交通配合方案。吊装的前期工作就基本完成。

2)吊装顺序

安装施工总的原则,由西、东两侧往中间安装施工,先吊北侧,后吊南侧施工。

吊机根据施工需要及现场地形条件在××路桥南侧共安排 3 个停机位置。

3)交通配合

吊车在安装及施工位置 1 时,需封闭××路一条机动车道。在安装及施工位置 2、3 时,需封闭××路××方向一条机动车道,非机动车道也只能间歇性通行。

4)吊装时间

考虑到××路交通繁忙,施工时间安排在 23:30~次日 5:30。

吊装施工时,每次安排 4~5 个构件,粗调好后即放在托架上。然后用 2d 时间精调到位,进行焊接施工。再继续吊装,循环流水作业。

5)安装工艺

每节钢管拱吊装就位后,放在拱肋的托架上进行调整。托架的主要特点是可以横向、纵向、竖向三维可调,又能保障拱肋的稳定性。具体施工方法为:每一段单元体后端通过定位钢板与后一单元体连接拼缝时,用丝杆收紧拱肋,而前端通过全站仪精确测量到位。在每段拱肋下部两边各设三个千斤顶,两个可升降,一个可水平移动。通过千斤顶水平移动调整拱肋的横轴向偏差,通过升降千斤顶调整拱肋高程及纵轴线,并用倒链葫芦辅助移位。

每段拱肋的安装步骤为:起吊→运输→就位→销接→点固→焊接→探伤。焊接采用手工焊。焊接时,在焊区下铺设防火材料,防止焊渣落下引起火灾。

6)测量控制

全桥在 K4＋070 和 K4＋298 里程拱轴线外侧 1m 处设 A、B、C、D 四个控制点,以此为准进行拱肋轴线放样。并进行拱轴线的贯通测量,确保吊装过程中拱轴线不出现偏差。

拱脚精确安装就位后,每安装一节钢管拱按标高、垂直度、拱顶轴线对钢管拱位置精确定位。

标高控制:每节钢管拱安装好后,即用全站仪测出拱轴线前端上任一点 X 坐标及 Y 坐标,据 X 值查表得出设计 Y 值。设计值和实测值之差再微调到位。

垂直度控制:每节钢管拱安装好后,在钢管拱两侧腹板吊垂球的方法进行垂直度控制。

拱顶轴线控制:每节钢拱安装好后,用全站仪检测。

精度控制:轴线横向偏差 $[f]=20mm$;

轴线竖向偏差 $[f]=20mm$;

铅垂度 $[f]=3mm$。

为了消除日照温度造成误差,测量时间均选在日出前和日落后。

3. 钢管拱焊接

(1)焊接顺序:先焊接拱肋,后焊接横撑,拱肋从低向高焊接,合龙段位于跨中。

(2)焊接方法

1)为减少焊接收缩,在焊缝位置加设定位码。

2)焊缝内坡口打磨光洁,包括清除坡口两侧 50mm～80mm 范围内氧化皮、锈迹、油污等。

3)检查合格后进行焊接,全部采用手工焊,使用焊条为 E4 303。

焊接电流:$\phi4$:140～190A;$\phi5$:180～240A。

4)拱肋焊缝要求双数焊工对称焊接。

5)上述工序完成后,用碳刨刨外部焊缝,清根出白后进行外侧焊缝的焊接,要求同上。

(3)注意事项

1)所有分段定位后都须交检查员、监理验收。

2)每焊完一个环缝,应测量相应分段的 X、Y 值,并做记录,以便与理论值(或定位值)作比较,必要时采取纠正措施。

3)焊接工作未完之前,分段的下部托架不得拆除。

4)焊接外观应无裂纹、飞溅物、气孔、夹渣、咬口等缺陷,焊工先作自查,发现上述缺陷时,应立即予以修正。

5)狭小仓室内施焊,应加强通风降温措施,加强专人监护,确保施工安全。

6)待左、右半拱焊接工作全部完工后,再进行一次检查验收,测量端部的 X、Y 值及端面的扭曲情况,偏差过大时,采取纠正措施。

7)吊装最后一只分段(9 分段),测量、定位,准确无误后,切除余量,提交验收,装配焊接;并焊接横撑 3、4 与拱肋的环接角焊缝。

(4)整体验收

1)外观检查,包括外形、焊缝外观,需整改者,予以修正。

2)按要求对新焊接的所有大接头进行 100% 的超声波探伤,并拍片。

3)探伤、拍片不合格者,进行返修;返修后,再行补探或补拍;但返修次数不应大于 2 次。

(5)完工修整:清除所有外部马脚,修补电焊缺陷,并打磨光洁。

4. 钢管拱混凝土的顶升

(1)方案的确定

由于拱肋分为五个隔仓,高差相对较小。另外,拱肋内侧加劲肋和构造钢筋较多,采用高位抛落法难以保证拱肋混凝土的密实,因此决定采用泵送顶升法浇筑钢管混凝土。

（2）顶升前的准备工作

混凝土的顶升关键是准备工作做的是否细致到位，因此，在拱肋混凝土顶升前，应做好如下几项准备工作：

1）钢管拱的脱架

混凝土顶升作业前一天脱架，脱架顺序从中间 1/4 跨对称向两端进行，左右线对称，脱架距离为 20cm 左右，然后切除与钢管拱连接的托架。

2）钢管拱的检测准备

在混凝土压注过程中，需对钢管拱在混凝土压注过程中的应力应变情况进行检测。具体做法是在钢管拱 1/8、1/4、1/2 跨腹板及底板和进料孔位置贴应变片检测。

3）做好各种机具设备的安装调试工作

在混凝土顶升前，对顶升混凝土所用的固定泵进行调试和检修，根据压注口的位置，在拱肋支架上安装铺设混凝土输送管道。对输送管逐节检查，尽可能降低爆管的可能性；检查各管节接口及管节安装的稳固性，杜绝混凝土顶升过程中发生脱管现象；对备用管道的更换要先行试验，熟练掌握。

4）做好技术交底和培训动员

混凝土的顶升是较难控制的主要工序，因此，要做到万无一失。为此，施工前应会同设计、监理对施工操作人员、各相关配套部门进行详细的技术交底和相应的培训和动员，定职定岗，杜绝人为因素造成的质量事故。

（3）混凝土顶升设备的选型

混凝土顶升的成功与否，在很大程度上取决于混凝土泵的选型。由于拱肋中加劲肋比较密集，对其造成的压注阻力无法精确计算。为此，我们对混凝土泵的选型，主要取决于对同类型桥的模拟试验和实际应用经验，结合本桥的实际情况和设备状况，经研究决定采用××牌××型号泵进行混凝土的压注。

（4）混凝土的配合比试验

钢管混凝土为 C55 泵送微膨胀混凝土，共 ×× m³，其膨胀率为 0.01％，自应力范围 0.2～0.7MPa，属特种混凝土。经多次试配，确定了配合比（混凝土配合比表略）。

设计坍落度：　　　　　　　210±20mm；

初凝时间：　　　　　　　　6h；

终凝时间：　　　　　　　　10h；

试配测定微膨胀率：　　　　1.06×10^{-4}

5．混凝土的顶升

（1）压注顺序

每侧拱肋用隔仓板对称分成五段，下部、中部各 2 段，每段混凝土方量为 47m³ 左右，上部 1 段混凝土方量为 74m³ 左右，总量为 529.5m³。考虑压注时钢管拱的变形和受力，应对称进行，使桥跨均匀受载。两拱肋混凝土的压注顺序为：下段→上段→中段。

（2）压注口及排气孔的设置

在拱肋的中段和下段各设三个压注口，一个排气孔。主压注孔设在每段的下部，拱肋内侧，和拱轴线夹角45°，另两个压注孔设于拱轴线的顶部作为备用孔，不用时作为排气孔，主排气孔设于每段的最高点。上段拱肋设四个压注孔，一个排气孔，两主压注孔设于两端下部，排气孔设于拱肋的最高点。压注孔及排气孔均为 φ125mm，排气孔用钢管接长 1.5m 左右，以增加顶部混凝土的密实度。

（3）泵的设置

将 4 台××牌××型泵由 50t 吊车分别吊至桥面，置放于距中横梁 4m 左右处，混凝土由 4 台对应位置的汽车泵分别泵入××型固定泵中，并采用多节直管和一个或数个 45°、90°弯管将混凝土输送管、进料管与固定泵连接起来。

（4）混凝土输送车辆配备：每台汽车泵配备 6 台混凝土输送车。

（5）压注施工要点

1）压注前，连接进料闸阀和输送管道，并拧紧法兰螺栓，检查各接头的密封情况，如密封较差，应垫橡胶垫圈，防止法兰漏气导致泵送压力损失。

2）在混凝土输送车第一次装料之前，用 1∶1 水泥砂浆或净水泥浆润滑输送车、泵、管，避免损失混凝土坍落度。该水泥浆在拱外输送管排出，不得压入钢管拱内。

3）压注混凝土采用匀速对称、慢速低压的原则，确保两对称段混凝土同时压注，其顶面高差不大于 1m。压注速度以 10～15m³/h 为宜，于后续混凝土车到达后再压完上一车，尽量压缩停顿时间，保持压送畅通及连续性，两台泵的压注速度应尽量一致。

4）每仓压注到排气孔 2m 前，控制压注速度，待排气孔排出气体和孔口冒出混凝土为止。压注上段时，当混凝土压至顶部后，由两泵同时压注改为两泵交替压注，确保钢管拱内混凝土的密实度。

5）压注过程中，随时注意 2 台泵的压力情况，如高度一致，而泵压差异较大时，应检查原因，或换高压端的压注孔。待压注至备用压注孔冒出混凝土后，用闸阀封闭。

6）混凝土顶升作业完成后，关闭进料闸阀，避免混凝土倒流形成空洞。

7）由排气孔插入软管进入隔仓顶部排气，排气孔冒出混凝土后，将插入式振动器插入排气孔振捣混凝土，使顶部气体逸出。

（6）顶升混凝土质量检测方法及标准

1）方法：采用小锤敲击检查法和超声波无损检测法。

2）标准：钢管拱混凝土充实率≥98%。

在混凝土压注过程中，混凝土初凝前，由于受高压泌水的影响，钢管顶部可能有空孔（泌出的水），需采取辅助措施进行排水，如振捣、φ5mm 钻孔排水等。混凝土压注完成后发现空洞时，在空洞处钻孔。当钢管拱肋内混凝土孔洞深度超过 3mm 时，用压浆法压入水泥砂浆进行处理。

（7）混凝土顶升工艺流程

准备工作（机械设备、材料、人员到位）→ 压注水泥砂浆 → 连续压注混凝土 → 间歇 → 压注混凝土 →

关闭进料闸阀 → 拆除转换混凝土泵至另一段

4.1.6.9　吊杆安装

主跨两片主纵梁上共设吊索 28 根，每片主纵梁 14 根。吊索锚具采用墩头锚和冷铸墩头锚，吊索采用挤包双护层大节距扭绞型拉索，规格为××，钢丝标准强度 1 670MPa。吊索双护层均为高密度聚乙烯护层。每根编号自拱脚开始至跨中止，为 1～7 号，共 7 种长度，对称部分为 7′～1′号，吊索及锚具购买成品。

吊索安装流程：

准备工作 → 实测并提供吊索的加工长度 → 穿入并调整吊索 → 吊索张拉 → 拱、梁孔口封闭复原

1. 准备工作

（1）检查清理预留孔，对拱、梁所有预留孔进行全面清查，清除管孔内的焊渣、混凝土黏附物

及管壁内的锈迹,然后用直径 14cm 的柱状物进行穿孔检查,自检合格后请监理检查验收。

(2)检测锚垫板的平整度及水平情况,锚垫板的平整度及水平情况直接影响吊索的受力,要求锚垫板的水平高差 $\not> $2mm。

2.实测并提供吊索的加工长度

在钢管混凝土压注完成后,立即测量各吊索的实际长度,并向制索单位提供吊索的实测资料。根据吊索的张拉顺序,要求全部吊索分两批进场。第一批吊索于顶升混凝土后 8d 前送到工地安装,隔 4d 再送第二批吊索。

第一批　3、3′;4、4′;5、5′号 3 种长度吊索;

第二批　1、1′;2、2′;6、6′;7、7′号 4 种长度吊索。

3.穿入并调整吊索

吊索由钢管拱上锚孔自上而下穿出,再穿过主纵梁上预留孔。穿索过程中,要先拧上拱上冷铸墩头锚的螺母,墩头锚穿过主纵梁上预留孔后再拧上墩头锚的螺母,并根据需要进行调整。整个穿索过程需小心仔细,不得擦伤挤保护层及墩头锚的丝口。

4.吊索张拉

按设计要求,吊索施加预应力时,必须等钢管拱内压注的混凝土达到设计强度的 90% 方可进行。所有吊索安装时均需施加 10t 预应力,可不做应力调整。

预应力施加时宜由 1/4 跨向两端施加,按下列顺序进行对称张拉:

4、4′号→3、3′号→5、5′号→2、2′号→6、6′号→1、1′号→7、7′号

两条拱肋的吊索在施加预应力过程中,宜交叉、对称地进行张拉。

吊索张拉时应有监理旁站检查,张拉结束经自检合格后由监理工程师验收签证。

5.复原拱上封口

吊索张拉结束后,按设计要求,拱上 ϕ240mm 锚孔用原拱肋钢板进行焊接复原封口、打磨平整、油漆涂装,以保持钢管拱外观形状饱满、圆顺,防止上锚头锈蚀等。

主纵梁上的锚头及相应的 ϕ210mm 锚孔,用环氧树脂水泥砂浆填满、封闭、抹平。为方便施工,减小对后续工序的影响,该项工作宜在拆除膺架前完成。

为确保墩头锚的耐疲劳性和索的可靠性,吊索和钢管预留孔的间隙内用环氧铁砂进行填充,之后安装减振器及点焊小挡块。

4.1.6.10　主纵梁膺架拆除

吊索的预应力全部施加后,即可拆除两片主纵梁的整个悬吊系统和防护系统及六四式军用梁,拆除顺序如下:

拧松吊模系统的吊杆→拆除吊模系统及底模→拆除防护系统→拆除内侧军用梁→拆除外侧军用梁

在拆除工作开始前,为防止主纵梁发生失稳现象,已在主纵梁混凝土内预埋了钢板,用来焊接固定临时横撑。临时横撑共设 8 道,是由 2 根工字钢向背焊接在预埋钢板上,然后,再用钢管桁架固定而成。

1.拧松 ϕ25 吊杆

由主跨 1/4 跨向两端对称拧松吊杆,一次拧松 1cm~2cm,全部吊杆松一次作为一道工序,该工序须重复数次,直至 ϕ25 吊杆已不承受主纵梁的重量时,再将吊杆由中间向两端全部拧松 5cm。

2.拆除吊模系统及底模

按照计划安排的拆除方向进行拆卸,其拆除顺序基本与安装时相反。

3. 拆除防护系统及连接槽钢

在吊模系统拆除一个长度段后,该长度内的防护系统及连接槽钢均采用卷帘拆卸方式,将防护用脚手杆、七合板,安全网和连接槽钢拆卸,并由主纵梁与军用梁间隙处吊到主纵梁上整齐堆码。

拆除防护系统时需特别注意安全保护工作,施工人员必须系安全带,各种物品必须捆扎牢固方可起吊,严禁物品脱落或滑落。同时,注意操作顺序,按照安装时相反的步骤逐项拆除。防护系统拆除后,军用梁拆除前由专人负责 24h 看管,严防主纵梁上的杂物滑落,杜绝不安全事故苗子。

4. 拆除内侧军用梁

在吊模系统及防护系统拆除一个段落之后,逐段拆卸军用梁,基本拆除流程如下:

悬挂军用梁 → 倒链吊起军用梁节间 → 纵移 → 吊车卸落 → 堆码整修

用自制的简易门式起吊工具将军用梁节间吊出,见图 4-13。

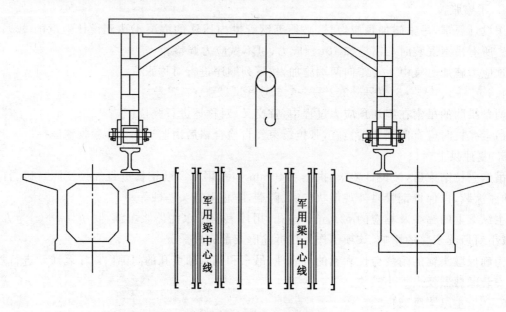

图 4-13　简易门式吊装图

5. 拆除外侧军用梁

由吊车分段逐片进行拆除,基本方法与内侧军用梁相同,不同之处是将一个节间改为数个节间作为一段,倒链起吊改为吊车起吊,并在吊车起吊的状态下取出销钉,将军用梁分解为数段进行吊放作业。为保证外侧军用梁的稳定性,在拆除内侧军用梁的同时,将两个外侧军用梁相互连接或与主纵梁捆绑。

4.1.6.11　小纵、横梁及桥面板的施工

小纵、横梁及桥面板施工前,须先行设立悬吊防护系统及支撑系统,然后安装支架模板。

1. 悬吊系统

每拆除一段内侧军用梁后,即可进行全封闭防护系统和支撑系统的安装。

(1) 设立安全网

将安全网固定在两片主纵梁的内侧钢筋上，兜设牢固后，其上随时铺设细密安全网，以确保作业人员的安全和防止小件物品的下落。

（2）设置横梁

用原悬吊系统中小横梁吊模系统，横跨两片主纵梁。横梁每 7.8m 长度设三道，间距 2.9m＋2.9m＋2.0m。

（3）设置纵梁

用原顶横梁作纵梁，通过吊杆将纵、横梁连接起来，每 7.8m 纵梁上设 3 根吊杆，位置为1.0m＋2.9m＋2.9m＋1.0m。

（4）铺设钢管网等防护及支撑系统

封闭的防护及支撑系统，在纵梁上铺设钢管网、其上再铺方木横梁，方木横梁上满铺七合板或竹胶板，组成全封闭系统。

2．小纵、横梁及桥面板施工

小纵、横梁及桥面板施工时，严格按设计要求进行。

（1）立支架、模板

由 12～18 根短钢管和 2 根 6.0m 长钢管组成横向钢管网，与 15 根以上的纵向钢管连接成钢管支架，横向钢管网间距 0.9m，钢管支架支撑点应落在方木横梁上。参见图 4—14。

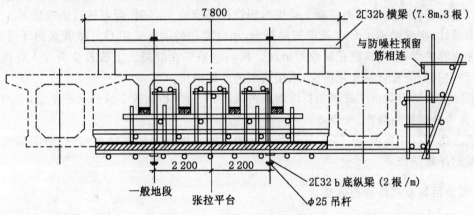

图 4—14　小横、纵梁模板系统

底模由 2 根 10×10cm 方木（或 7.3×13.5cm 带木）上钉设竹胶板构成，底模应落在钢管支架中的钢管横梁上。

侧模及顶模由竹胶板与带木组成，侧模的带木垂直于地面，顶模的带木横桥向设置，带木的断面尺寸为 7.3×13.5cm，间距 35cm～40cm。经实测，每平方米侧模重 25kg 以上。两片侧模由 4 根钢管通过拉筋和压筋将其固定，并由支架顶紧以防其横移。

（2）小横梁的施工流程

小横梁钢筋绑扎、波纹管安放完毕 → 自检合格 → 监理检查签证 → 立侧模 → 自检合格 →

监理检查签证 → 小横梁混凝土浇筑 → 强度符合设计后进行预应力张拉、压浆、封锚

（3）小纵梁及桥面板的施工流程

小纵梁钢筋绑扎 → 自检合格 → 监理检查签证 → 立侧模 → 自检合格 → 监理检查签证 →

立桥面板底模 → 检查合格 → 绑扎桥面板钢筋 → 监理检查签证 → 签发浇筑令 →

浇筑小纵梁及桥面板混凝土 → 强度符合设计后进行预应力张拉、压浆

　　3. 压重的设置

　　根据设计文件、图纸的要求,小横梁张拉完毕,小纵梁浇筑混凝土前在中孔主纵梁中间108m范围内施加压重,由于顶板的承载力有限,宜尽量压在主纵梁的腹板附近的顶板上。

　　设计要求,每片主纵梁压重2.3t/m,可沿主纵梁腹板附近的顶板上放置,同时还须对称于两吊杆间中心位置,压重必须足量,不集中于一处,并能使每根吊杆的受力大小基本一致。

　　由于悬吊系统与支撑模板系统的重量合计1 080kg/m以上,折合每片主纵梁已设压重0.54t/m,每片主纵梁另需增设压重1.76t/m。拆除主纵梁吊模系统时,留在主纵梁上作压重的型钢有:

　　　[32b 槽钢　　　　　　60.4t

　　　I 16 工字钢　　　　　48.7t

　　　[16b 槽钢　　　　　　23t

　　　合计　　　　　　　　132t 欠压重物 248t

　　计划所欠压重248t由袋装黄砂(或碎石及土等物品)补充,每袋重50kg,共计4 960袋,每片主纵梁上平均每延米23袋,按1.8m宽108m长满布压重物,压重物高约0.42m。实施压重时,根据现场的实际情况逐段核实补充。

　　小纵梁及桥面板的混凝土浇筑必须在小横梁预应力全部张拉完成后进行。

　　按设计要求,小纵、横梁的混凝土强度达到设计强度的90%时,即可进行张拉施工。

　　根据设计,小横梁采用C50微膨胀混凝土,小纵梁和桥面板采用C50微膨胀钢纤维混凝土,需特别注意养护保湿工作,防止裂纹的出现。我们将采取在混凝土上覆盖草袋专人昼夜不停浇水养护,同时我们将视气温变化情况,采用适当的养护措施。

　　模板及支架的拆除由主跨两端桥墩附近搭设爬梯,进入桥面板下面的防护系统,自两端向中间拆除,并由两端卸落地面。

　　混凝土达到设计强度90%后,方可逐步拆卸压重和拆除吊模系统,并进行桥面防水层的施工和全桥的外观整修。

4.1.7　质量目标及质量管理体系

4.1.7.1　质量方针、目标

　　1. 质量方针　(略)

　　2. 质量目标:合格

4.1.7.2　实施规划

　　建立强有力的项目管理班子,项目经理为第一质量负责人,项目部设专职质检员,监督整个工程过程中的质量,各专业施工队均设专职质量员来控制施工质量。

　　1. 质量管理体系　(略)

　　2. 建立并认真实施以下各项有关技术、质量的规章制度

　　(1) 图纸会审、设计交底制度。

　　(2) 制配翻样图审批制度。

　　(3) 设计变更、设计核定制度。

　　(4) 施工组织设计编制、审批、执行制度。

　　(5) 工程关键点技术交底制度。

　　(6) 工程标高及定位符合确认制度。

（7）工程定期沉降观测制度。

（8）混凝土浇筑令制度。

（9）混凝土、砂浆级配、试块制作、养护、试压制度。

（10）工程质量检验与验收制度。

（11）工程质量奖罚制度。

（12）竣工图编制、审核、移交制度。

（13）工程资料管理制度。

3．具体实施

（1）施工物资质量控制。

（2）施工准备阶段的质量控制。

（3）施工过程中的质量控制。

（4）试验和检验控制。

（5）质量文件记录控制。

（6）不合格项控制。

（7）现场标识的控制。

4.1.8 职业健康安全管理体系

1．认真贯彻落实《建设工程安全生产管理条例》（国务院令第 393 号），并结合本单位和本工程的特点，依据 GB/T 28001—2001 标准和公司管理手册、程序文件建立健全职业健康安全管理体系并进行有效策划、运行和控制，通过体系实施保证安全目标实现。组织项目部进行危险源辩识和重大危险源评价并制定相应职业健康安全管理方案。

本工程安全目标 （略）。

2．落实安全生产责任制，明确各级、各部门安全生产责任，多形式开展安全生产宣传教育，包括新进工地人员三级安全教育、变换工种人员安全教育，根据季节、施工特点进行有针对性教育，根据分部分项工程特点进行有针对性的安全技术交底，建立施工现场安全检查制度，对检查中发现的事故隐患，做到定人、定措施、定时间如期整改完毕并完成书面反馈。并实现无安全事故的目标。

3．主桥上部结构施工前，对参与本工程施工的全体职工，进行安全生产的宣传教育，提高职工的安全意识。

4．工程实施前，对投入本工程使用的机电设备和施工设施进行全面的安全检查，未经有关人员验收的设备和设施不准使用，不符合安全规定时立即整改完善。并在施工现场设置必要的护栏，安全标志和警告牌。

5．工程实施时，每周组织一次安全活动，检查生产措施的落实情况，研究施工中存在的安全隐患，及时补充完善安全措施。

6．加强用电管理，保证变电配电达到"四防"要求，输电线路，配电箱漏电开关的选型正确，设计符合规定要求，电气设备和照明灯要有良好的接地、接零保护。

7．重视个人自我保护，进入工地按规定佩戴安全帽，进行高空作业和特殊作业前，先要落实防护设施，正确使用攀登工具，安全带或特殊防护用品，防止发生人身安全事故。

8．为确保跨越高架及匝道的行车安全，将采取以下措施：

（1）成立专门安全检查小组，在××桥上部结构施工期间进行 24h 的防护检查。

(2) 布置全封闭隔离防护栏,杜绝任何可能坠物的漏洞。

(3) 高空电焊时,要注意风向,并且尽量安排在过往车辆、行人较少时施工,同时配备专人进行监护。

9. 施工操作面及登高防护措施

(1) 脚手架在盖梁底面必须做好封头,形成外立杆高于里立杆 1m,施工面工作平台四周必须设安全防护栏杆,其高度为 1.2m,用两道栏杆,踢脚高度为 40cm,上栏杆高度 1.2m,并用竹笆围护全封闭。

(2) 脚手架施工面工作平台走道应四周贯通,必须用竹笆满堂铺设,并用 18# 铁丝四点扎牢,防止竹笆滑动。

(3) 脚手架高度 $h \leqslant 8m$ 时,外登高梯可采用 $\phi 48 \times 3.5mm$ 钢管垂直搭设,梯子踏步距为 34cm;当垂直梯 $h > 5m$ 时,应设登高梯外围护或做成登高斜梯设立两侧扶手,上人孔两侧必须设扶手。脚手架 $h > 8m$ 高度时,应按规定搭设外登高脚手架,搭成"之"字形上人坡(坡度为 2：1)或架体内每步设挂钩式角铁登高梯,但必须做好登高防护。

10. 其他

(1) 立柱脚手架搭设完毕应按要求验收,经验收合格后挂牌方可立模施工。

(2) 脚手架四周必须设置醒目的安全警示标牌。

(3) 夜间施工必须配足照明灯光。

(4) 脚手架拆除,应按规定进行,必须自上而下,逐步下降进行。

4.1.9 地下管线保护措施

1. 详细阅读和熟悉掌握设计、建设单位提供的地下管线图纸资料,并在工程实施前召开各管线单位配合会议,进一步收集管线材料。在此基础上,对影响施工和受施工影响的地下管线开挖必要的样洞(开挖样洞时通知管线单位监护人员到场),核对弄清地下管线的确切情况(包括标高、埋深、走向、规格、容量、用途、性质、完好程度等),做好记录。

2. 在编制工程施工组织设计时,把保护地下管线工作列为施工组织设计的主要内容之一,并在施工总平面图上标明影响施工和受施工影响的地下管线。

3. 工程实施前,向有关管线单位提出监护的书面申请,办妥地下管线监护手续。

4. 工程实施前,把施工现场地下管线的详细情况和制定的管线保护措施向现场施工技术负责人、工地主管、班组长直至操作人员做层层安全交底,明确各级人员的责任。

5. 工程实施前,落实保护地下管线的组织措施,委派管线保护专职人员负责本工程地下管线的监护和保护工作,项目部、施工队和各班组设兼职管线保护负责人,组织成地下管线监护体系,严格按照施工组织设计和经管线单位认可的保护管线措施的要求落实到现场,并设置必要的管线安全标志牌,悬挂"地下管线无事故日数牌"和保护地下管线安全的《十个不准》。

6. 工程实施前,对参加本工程施工的全体职工(包括外包工)进行"保护公用事业管线重要性及损坏公用管线危害性"的宣传教育,并要求职工在施工中严格遵守有关文件规定。

7. 工程实施前,对受施工影响的地下管线设置若干数量的沉降观测点,工程实施时,定期观测管线的沉降量,及时向建设单位和管线单位现场监护人提供测点布置图与沉降观测资料。

8. 成立由建设单位、各管线单位和施工单位有关人员参加的现场管线保护领导小组,定期开展活动,检查管线保护措施的落实情况及保护措施的可靠性,研究施工中出现的新情况、新问题及时完善保护方案。

9. 工程实施时,严格按照施工组织设计和地下管线保护技术措施的要求进行施工,各级管线保护负责人深入施工现场监护地下管线,督促操作(指挥)人员遵守技术规程,制止违章操作、违章指挥和违章施工。

10. 在煤气管区域施工前,事先按动火作业审批制度提出"动用明火报告",办妥审批手续,并落实消防设施,否则不准施工。

11. 施工过程中发现管线现状与交底内容、样洞资料不符或出现直接危及管线安全等异常情况时,立即通知建设单位和有关管线单位到场研究,商议补救措施,在未作出统一结论前,不擅自处理或继续施工。

12. 施工过程中对可能发生意外情况的地下管线,事先制定应急措施,配备好抢修器材,以便在管线出现险兆时及时抢修,做到防患于未然。

13. 一旦发生管线损坏事故,及时报告上级部门和建设单位,特殊管线立即上报,并立即通知有关管线单位要求抢修,积极组织力量协助抢修工作。

14. 对人为原因造成损坏地下管线事故,要认真吸取教训,并按"三不放过"的原则进行处理。

15. 在进入现场进行调查后,将制定详细的保护及应急措施,经管线单位确认。

4.1.10　交通配合　(略)

4.1.11　环境管理体系及文明施工

4.1.11.1　环境管理体系

1. 依据 GB/T 24001－ISO 14001 标准、公司管理手册、程序文件,建立健全本项目部环境管理体系,并对体系进行有效策划、运行和控制,通过体系实施保证环境目标、指标的实现。

2. 环境目标、指标　(略)。

3. 组织项目部进行环境因素识别和重要环境因素的评价,并制定相应环境管理方案。

4.1.11.2　文明施工措施

1. 建立创建"文明工地"领导小组,全面开展创建文明工地活动,做到"两通三无五必须",即:施工现场人行道畅通、施工工地沿线单位和居民出入口畅通;施工中无管线高放、施工现场排水畅通无积水、施工工地道路平整无坑洞;施工区域与非施工区域严格分隔、施工现场必须挂牌施工、管理人员必须佩卡上岗、工地现场施工材料必须堆放整齐,工地生活设施必须文明、工地现场必须开展以创文明工地为主要内容的思想政治工作。本工地为创建市级文明工地。

2. 健全以项目指挥长领导、文明施工员具体指导、各分队具体落实的管理网络,增强管理力量。

3. 在工程正式开工前召开工程沿线单位及邻近居民座谈会,征求对文明施工的意见与建议,取得他们的谅解、理解和支持。

4. 为加强施工人员文明施工意识,组织学习文明施工条例及有关常识,进行上岗教育,讲职业道德、扬行业新风。为此必须努力做到以下各条:

(1) 对进场施工的队伍签订文明施工、保护地下管线协议书,建立健全岗位责任制,把文明施工责任落实到实处,提高全体施工人员文明施工自觉性与责任性。

(2) 按市政局规定挂牌施工,标明工程名称、范围、开竣工期限、工地负责人,明确监督电话、接受社会监督。

5. 施工区域采用隔离墙与道路分离,或采用统一、连续的护栏隔离,实施全封闭施工。

6. 采取有效措施解决生产、生活排水,确保施工现场无积水现象。在多雨季节应配备应急的抽水设备与突击人员。现场布局合理,材料、物品、机具、土方堆放符合要求。

7. 组建近 10 人的文明施工专业小分队对施工现场、环保、疏导交通、护栏的整理及邻近通道进行监察,以及排除通道积水及路障,确保平整、畅通、清洁。经常开展适合本工程特点的便民利民活动。

8. 施工资料齐全、有效,符合要求,办公室内按要求布置各类图表(牌),及时反映现场状况及工程进度状况。

9. 加强夜间的安全保卫工作,设夜间巡逻。

10. 生活垃圾要集中堆放,统一搬运至指定地点废弃。

11. 车辆在运料过程中,对易飞扬的物料用篷布覆盖严密,且装料适中,不得超限;车辆轮胎及车外表用水冲洗干净,保证市政道路的清洁。

4.1.11.3 消防治安

1. 木工间、易燃易爆仓库内严禁烟火,动用明火必须要有项目主管经理和安全负责人在现场验收签字后方可进行。操作人员必须持证上岗,乙炔和氧气两瓶使用时其间距在 5m 以上,存放时必须封闭隔离木加工间、油库、仓库、宿舍、伙房、动火现场、吸烟室及木料堆放场等场所,必须配全备足各类相应有效的灭火器材。

2. 加强分包单位及队伍的全面管理,接收外来人员时做好登记注册和上岗前业务培训、安全培训,订立安全生产合同。严禁接收三无盲流人员。做好防盗窃工作,落实防范措施,各类违法行为和暴力行为要及时制止,同时报告公安部门。尊重所在地区防委会和社区中各行政管理部门的意见和建议,积极主动地争取居委会和各行政管理部门支持,自觉遵守社区中各项行政管理制度和规定,搞好社区文明共建工作。

4.1.12 技术管理措施

1. 健全组织,健全质量管理体系及相关人员的质量责任制

中标后,我们成立以项目经理为组长的质量管理小组,明确项目经理、总工程师、质检工程师等相关人员的质量责任。管理小组负责质量工作计划的制定与实施,工程质量例行检查,并及时发现问题,提出改进措施。

2. 实行三级质量管理制度和三检制

为了确保工程质量,在项目经理部实行三级质量管理制度。项目经理部设专职质检工程师 2 人,每个施工队配专职质检员 1 人,每个班组设兼职质检员 1 人。质检工程师直接对项目经理和总工程师负责,行使监督权、检查权和质量检查否决权。在施工过程中,自觉接受监理和建设单位的质量监督,进行自检、专检、交接检,并定期、不定期地组织质量大检查,严格奖罚制度,奖优罚劣,确保质量目标的实现。

3. 认真贯彻 ISO 9001 标准要求

强化领导,提高认识,有计划、有步骤、有目标地开展贯标工作,在管理上下工夫,努力提高施工工艺水平。严格按设计图纸、质量标准和规范、实施性施工组织设计进行施工,不得采用过期、失效的标准。在施工中做到每个作业环节都处于受控状态,每个过程都有《质量记录》,施工全过程有可追溯性,技术质量管理、质量控制资料翔实,能够反映施工全过程并和施工同步。

4. 坚持图纸会审制度及资料复核制

施工图到位后,要求所有参与施工的技术人员进行图纸的自审和会审,让大家都能熟悉图纸,领会设计意图,不机械地照图施工,发现问题及时与设计单位联系,技术交底资料必须经复核签字后再签发。

5. 精心制定施工方案,编制作业指导书,并进行阶段性施工总结

组织有关专业人员编制科学、经济、合理的实施性施工组织设计,报上级部门审批后实施。在实施的过程中,根据实际情况再细化、优化,针对特殊作业要编制详细作业指导书,让所有施工人员有章可循。施工后进行阶段性施工总结,推广经验,吸取教训。

6. 严格材料和设备采购制度

项目经理和采购人员要对采购的材料和设备质量负责。要严格按照 ISO 9000 系列标准和公司管理手册、程序文件的规定,公开、公平、择优选择供方,质检人员要把好各种材料的进场验收关。

7. 严格试验计量工作

试验、计量人员持证上岗,设备、仪器定期检定,无自动计量装置不准混凝土施工。

8. 工程进度、工作效益、经济核算要服从工程质量。

9. 施工方案和质量措施没有确定、施工准备没有完成、没有进行技术交底不能施工。

10. 质量不合格坚决返工。

4.1.13 冬、雨期施工措施 (略)

4.1.14 降低成本措施 (略)

4.2　人行天桥工程施工组织设计实例

封面（略）

目　录

4.2.1　工程概况及编制依据

4.2.1.1　工程概况

本工程为××天桥施工。位于××市。学府路是哈尔滨的一条交通主干道,过往行人穿越道路,影响交通,同时存在很严重的安全隐患。本工程是为了缓解这一路段的交通状况,以实现这一路段车辆的顺利通行,改善该地区行人和车辆的交通状况。

本工程主桥为钢结构,跨径73.4m,三跨简支钢箱梁,梁高1.8m;桥面宽4m,桥梯宽2.4m;下部结构为钢筋混凝土框架结构,墩下设承台,采用钻孔灌注桩,单桩承载力特征值按600kpa设计,桩径600mm,桩长15m。

4.2.1.2　编制依据

编制本施工组织设计主要依据招标文件、投标图纸及以下施工规范与验收标准:

1.《中华人民共和国建筑法》、《建设工程质量管理条例》及强制性文件

2.《工程测量规范》GB50026－2007

3.《建筑桩基础技术规范》JGJ94－2008

4.《桥涵施工技术规范》JTG/TF50－2011

5.《建筑机械使用安全技术规程》JGJ33－2012

6.《公路桥涵施工技术规范》JTG/T F50－2011

7.《建设工程项目管理规范》GB/T 50326－2006

8.《城市桥梁工程施工与质量验收规范》(CJJ2－2008)

9.《钢结构工程施工质量验收规范》(GB50205－2001)

10.《建筑工程施工质量验收统一标准》GB50300－2013

11.《施工现场临时用电安全技术》JGJ46－2005

4.2.2　项目总体施工方案

根据招标图纸,本工程地处的××路是哈尔滨一条交通主干道,过往车辆和行人都很多,严重限制了施工现场的大小。由于场地十分狭小,基本没有施工机械设置场地和各种材料堆放场地,给施工带来很大困难。

由于该路段车流量较大,本项目中桩基础施工、浇筑混凝土、钢箱梁吊装等很多工作环境的影响无法在白天施工,严重影响工程进度。

根据本项目特点,我公司制定施工方案的原则是:要尽量扩大工厂化施工范围,努力提高机械化施工程度,减轻劳动强度,提高劳动和产率,保证工程质量,降低工程成本。

4.2.2.1　施工工序

本工程总体施工顺序为:施工准备→桩基础施工→土方开挖→基础承台施工→支墩及混凝土柱施工→钢结构安装→装饰工程施工。

4.2.2.2　施工进度目标

根据招标文件要求,本工程将于2013年8月17开工,在2013年10月12日完成全部施工任务,并开始竣工验收工作。

计划本工程的主要分部分项工程工期如下:

基础工程:2013.8.17至2013.8.30

钢结构安装:2013.9.7至2013.9.15

装饰工程：2013.9.16 至 2013.10.12

4.2.2.3　质量目标

我公司将全面执行图纸、招标文件规定的所有规程、规范和标准,工程质量验收标准。

4.2.2.4　安全文明施工目标

安全施工目标:工程实施过程中,杜绝死亡事故、重伤事故和重大机械、设施损坏事故,不发生火灾事故及其他重大事故,一般事故频率小于 3‰。

文明施工目标:创造一个整齐、清洁、方便、安全和标准化的施工环境,始终保持施工现场有一个良好的施工秩序。在施工中实施 ISO14001 环境管理体系标准。

4.2.3　施工方案与技术措施

4.2.3.1　施工测量

1.测量准备

(1)开工前须请设计人员进行现场测量交底,按设计图确认实地水准基点、导线桩和控制桩,并做好桩位记录,对位于施工范围内的测量标志,必须采取措施妥善保护,以免由于施工不慎而受损坏。

(2)核准施工测量仪器,工程开工前,全站仪、水准仪、经纬仪、钢卷尺必须送计量检测部门检测,所有仪器及工具均必须经过计量检测,并有检测证书,并交监理备案后方可使用

(3)仪器及人员配备

1)本工程现场测量配备一台全站仪、1 台 DJ2 激光经纬仪,1 台 DS$_3$ 水准仪,50m 钢卷尺 2 把,5m 塔尺 2 根,5m 钢卷尺 10 把。其它如对讲机、建筑弦丝、墨斗等辅助工具若干。

2)人员配备

现场项目部设测量负责工程师 1 名,测量员 2 名,测量辅助人员 2 名,做到定人定机定线路测量。

(4)本工程测量工作由专职测量工程师按照规范及设计要求正确测量,配置计算机进行数据处理。

2.控制测量

(1)本工程的测量要点是控制支墩中心点位的精度和相邻两支墩中心点位的相对精度。只有保证了支墩中心点位的精度,才能精确定位支撑点,从而确保整个工程的精度。

(2)工程测量控制点各施工段设 3 个控制点。每次放样时必须对控制点的三维坐标值进行确认,并与相邻控制点进行联测,发现问题及时纠正。

(3)因相邻墩位中心线的距离偏差精度要求高。所以,如何保证施工段之间相邻两墩位的相对精度满足要求就成为一个难点。根据交桩、交点情况这里我们采用不同控制点设站对相邻墩柱中心点进行联测,计算出两次测量的点位误差,并进行偏心改正以保证墩柱的相对精度。

(4)在全部的墩桩控制点放样完成后,按照系统复测、校核每个墩位的桩号、坐标和方位角。

3.建立测量控制网

(1)根据业主提供的平面高程控制网,接受业主提供的工程原测设的所有永久性标桩的测量资料及成果,进行详细检查核对,实地踏勘并复测,若发现有数据确实不符或标桩有遗失现象,应按招标文件测量的技术要求及时通知监理工程师,且根据监理工程师提供的测量资料和测量标志,重新测量,并将复测结果提交监理工程师,经过复测,对持有异议的原地面标高,应向监理工程师提交一份列出有误的标高和相应的修正标高表,在监理工程确定正确标高之前,不得擅自扰

动有争议的标高的原有地面。

（2）复测结果准确无误或复测结果经监理工程师认可后，就应将施工中所有标桩包括转角桩，起讫点，控制点以及监理工程认为对放样和检验用的标桩等进行加固保护。并对水准点、三角网点等树立易于识别的标志。并对永久性测量标志进行保护，直至工程竣工验收后，完整地交监理工程师。

（3）仅仅根据业主提供的测量基准点进行施工测量远远不够的，而且也不便。为此需根据现场情况布设施工控制网，包括平面控制和高程控制。

（4）建立次级控制网：

1）根据业主提供的测量控制点引测次级测量控制点。平面控制通常采用附合导线的方法，导线点宜选在土层良好，便于观测，易保存的地方，导线点间距以能够直接放样墩位来确定。

2）为业主提供的已知控制点，为首级控制网点或加密导线点。其测角可用全站仪进行盘左、盘右测量，具体测回数根据精度要求确定，边长取对向观测平均值，导线点坐标可采用最小二乘法平差原理进行平差计算，并评定精度，使之符合轨道交通测量规范要求。

3）高程控制测量采用水准测量方法，把上述的平面控制点兼作水准点，作为施工时引测高程的依据。具体需要现场灵活决定。

4）水准控制测量可采用精密水准仪进行往返多余观测，并按最小二乘法原理平差计算结果，并评定精度使之符合测量规范要求。

5）上述平面和高程控制点应根据需要埋设标石，标石埋设应符合相关测量规范要求。

6）记录成果保监理复测认可后作为放样的控制点。

4. 轴线测量

（1）**桥梁结构的测设**

本工程的桩基、承台、立柱、箱梁均采用坐标法测定。为了确保桥梁结构的测设精度，尽量从控制点直接测设墩位，只要控制点能通视放样位置，尽量不设中间点，宁可计算时多算几个点，在放样时就减少了需要转点来测设桥墩位置的出现频率。

1）桩基放样

根据施工图计算桥墩上桩位的坐标，从控制点直接测设桩位坐标，并用钢尺复核每只桥墩中桩与桩的相对位置，再填写桩基轴线和桩位标志记录。

2）承台放样

根据施工图计算承台纵横轴线上某点坐标，确保承台放样速度不受因基坑开挖大小，场地堆物等因素的影响，同样地也减少了利用转点测设承台要素的出现，测设完毕后用混凝土保护承台轴线桩。

3）立柱放样

根据承台轴线桩测设立柱纵横轴线。如发现承台轴线桩被破坏或位移迹象，从控制点复测轴线桩。立柱纵横轴线用红三角标注在已浇完毕的承台上。

4）箱梁放样

箱梁是控制跨径和桥面标高的重要项目，因此箱梁测设时要确保精度。具体测设时可根据桥墩控制点测试箱梁的各控制点，圆曲线和转弯曲线段则应回密测设，一般加密到两米左右测试一个点，每隔 2 米测试出两个边线坐标点和中线坐标点，再将各点用直线段连接起来。

（2）**桥面铺装测设**

采用坐标法和常规测设方法相结合的手段来测设。首先根据平面线型要素表用坐标法测设要素点位置（中线和边线），即测设直线和曲线的起讫点，然后用常规测设方法根据要素点位置，按照施工需要测设线上各点，直线可采用经纬仪、曲线可用偏角法进行复核。

（3）标高测设

1）按照施工规范加密引测临时水准点，并根据不同的施工阶段定期复测。

2）根据施工图纸计算和测设桥墩标高。

3）桥面铺装标高测设必须按照纵断面图、横断面图来进行放样工作，必须充分考虑坡道线型是直线坡还是曲线坡（竖曲线），横坡是单线的还是双向的，落水方向如何，两侧是否对称等因素来选择标高点的位置和密度，标高点的选择还须根据结构工程的特点和施工工艺方法来测设。

4.2.3.2　钻孔灌注桩施工

本工程采用螺旋钻孔灌注桩，单桩承载力特征值 600kpa，桩径 600mm，桩长 15m；共 32 根桩。

根据现场实际情况，本工程选用 CFG25 型履带式桩机，本桩机功率完全满足本工程需要，而且移动方便，能更快的从道路两侧移动。

1. 主要设备机具

主要施工机具一览表

名称	规格型号	数量	功率（kW）
长螺旋钻机	CFG25	1 台	110
混凝土输送泵	HTB60	1 台	55
泵输送管		200m	
混凝土搅拌机	JS500	1 套	45
电焊机	DN-300	2 台	35×2＝70
混凝土试模	150×150×150	6 套	
全站仪	索佳 2110	1 台	
水准仪	S3	1 台	
钢筋切割机	202kW	2 台	4.4
装载机	200	1 辆	

2. 施工工艺流程图

3. 灌注桩施工

（1）钻孔

长螺旋钻孔法是用一种大扭矩动力头带动的长螺旋中空钻杆快速干钻法，钻孔中的土除一部分被挤压外大部分被输送到螺旋钻杆叶片上，土在上升时被挤压致密与钻杆形成一土柱，土柱与与钻孔间隙仅几毫米，类似于一个长活塞，土柱使钻孔在提钻前不坍塌。即使在有地下水的地层，因土柱与钻孔间隙小，钻孔速度快，钻孔内渗出并积存的水很少，因此孔内不会坍塌。

（2）压灌混凝土

1）本工艺应用的超流态混凝土是在泵送混凝土和流态混凝土基础上配制的，其和易性、流动性好、坍落度大，便于泵送和长钢筋笼的下入。

2）混凝土输送泵通过高压管路与长螺旋钻杆相连，中空的螺旋钻杆把搅好并储备的超流态混凝土通过泵管以约 30Kpa 的压力压至钻头底部，此时单向阀打开，混凝土压出并推动钻杆上升，随钻杆土柱的上升，孔内混凝土压满，由于孔内积聚高压，并有钻杆的抽吸作用，在软土地段

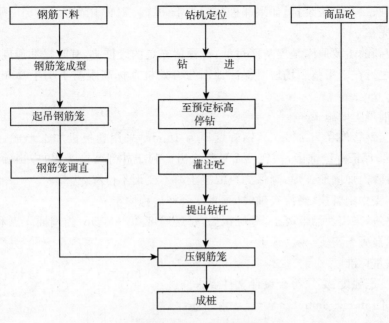

钻灌注施工工艺流程图

混凝土会充盈较多形成扩径桩,对提高桩承载力很有好处。

(3)后压钢筋笼

1)混凝土经加压泵随着螺旋钻上升将桩孔灌满后,随即吊装钢筋笼。安装钢筋笼时要求操作平稳,防止钢筋笼发生变形;下放钢筋笼时对准孔位中心轻放、慢放,严禁高起猛落、强行下放,防止倾斜、弯折或碰撞孔壁。

2)经过点焊成型的钢筋笼吊起居中后靠自重即可插入混凝土一定深度,笼较长靠自重或无法压入时,可加振动器振捣。

4.常见质量问题及防治措施

(1)堵管

长螺旋钻孔钻头两边设计有两个钻门,在施工过程中钻门关闭防止钻屑进入钻杆内造成钻杆堵塞。当泵混凝土时随着泵压增加两钻门打开,由此将混凝土灌入孔内。一旦提钻时钻门打不开,直接导致钻孔内无混凝土,后果严重。所以要求每次开钻前后均应检查钻门是否卡死。如果出现塑性高的粘性土层,则采用钻具回转泵混凝土法,就是在泵混凝土的同时使钻具在提拉下正向回转,使挤压在钻门的泥松动或脱落,从而在泵压下打开钻门。

(2)卡钻

长螺旋钻机钻进过程中如果钻具下放速度过快,致使钻出的钻屑来不及带出孔外而积压钻杆与孔壁之间,严重时就会造成卡钻事故。如果事故轻微,应立即关掉回转动力电源,将钻具用最低提升速度提起后重新施钻即可;如果事故严重首先应将钻机塔下大梁用机枕木垫好,再用最低提升速度拉钻具。

(3)断桩、缩径和桩身缺陷

出现该问题的主要原因是由于钻杆提升速度太快,而泵混凝土量与之不匹配,在钻杆提升过程中钻孔内产生负压,使孔壁塌陷造成断桩,而且有时还会影响邻桩。解决此类问题的方法一是合理选择钻杆提升速度,通常为 1.8～2.4m/min,保证钻头在混凝土里埋深始终控制在 lm 以上,保证带压提钻;二是隔桩跳打,如果邻桩间距小于 5d 时,则必须隔桩跳打。

(4)桩头不完整

造成这一问题的主要原因是停灰面过低,没预留充足的废桩头,有时提钻速度过快也会导致桩头偏低,解决之道在于平整工场地时保证地面与有效桩顶标高距离不小于 0.6m,停灰面不小于有效顶以上 0.6m。

4.2.3.3 钢管混凝土墩施工

1.钢管加工:钢管外径为 630mm,钢管壁厚为 16mm,采用卷板机加工形成,焊接边缘切成 45 度角斜面焊接,保证焊缝饱满,达到表面平整光滑。利于外部装饰美观,应当确保钢管不变形不位移。认真对管内加固筋施焊,确保浇筑混凝土时不变形不位移。

2.采用吊车支立钢管模,经检查轴线、垂直度合格后稳固牢靠。

3.混凝土浇筑,采用商品混凝土,分层振捣,每层厚度 30~50cm,控制插入点和振捣时间,不漏振、过振,确保混凝土密实。

4.钢管柱质量标准

(1)混凝土抗压强度:必须符合设计文件要求

(2)断面尺寸:5mm~8mm

(3)长度:0~10mm

(4)顶面高程:±10mm

4.2.3.4 钢结构制作

1.工艺流程

钢结构制造工艺流程图如下图所示:

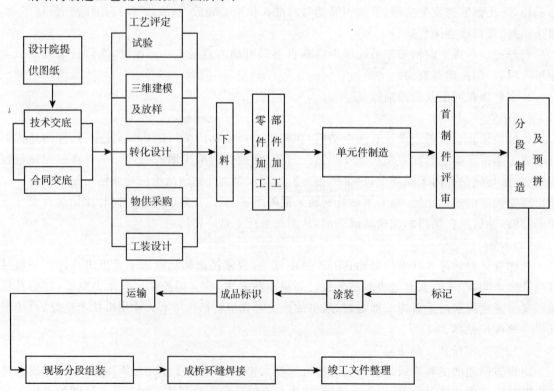

钢箱梁制造工艺流程图

2. 放样、下料、切割

(1)放样

1)放样是钢结构制作工艺的第一道工序,只有放样尺寸精确,方可避免以后各加工工序的累计误差,才能保证整个工程的质量,因此对放样工作必须注意以下几个环节:

2)放样前必须熟悉图纸,并核对图纸各部尺寸和有无不符合之处,与土建及其他安装有无矛盾,核对无误后方可按施工图纸上的几何尺寸,技术要求,按照 1:1 的比例画出构件相互之间的尺寸及真实图形。

3)样板制出后,必须在上面画上图号、零件名称、件数、位置、材料牌号、规格及加工符号等内容,以便下料工作不致发生混乱,同时必须妥善保管样板防止折叠和锈蚀,以便进行校核。

4)放样、测量交验的量具,用计量部门检定的统一钢卷尺。

5)钢结构放样是保证产品精度和制作质量的关键。桥面板、主梁腹板采用样棒划线下料,翼板切割全部采用数控多头方法切割,保证零件尺寸的一致性。

(2)下料

1)下料是根据图纸的几何尺寸、开始制成样板,利用样板计算出下料的尺寸,直接在板料上画出零构件相关的加工界线,采用剪切、冲裁、锯切、气割等工作的过程

2)检查对照样板及计算好的尺寸是否符合图纸要求。

3)检查所用钢材是否符合设计要求。

(3)拼板

1)拼板前应检查材料的材质,板厚是否符合图纸要求

2)采用最佳排料方案绘制拼板下料图。

3)拼板使用的长钢尺必须经过计量测定的钢尺,并将测定的偏差标记入钢尺明显部位,以便画线时调整。

4)拼板应按图纸对焊缝等级质量要求进行,焊接前应清除焊缝口锈蚀、油渍等,按要求开好坡口。

(4)切割

1)检查拼板与下料工程项目,构件号的规格尺寸是否与图纸相符。

2)按下料图要求制作角度样板,经检查无误后方可使用。

3)切割时应考虑割切、焊接的收缩余量及组装误差,长度一般应放 20~30mm,切割宽度误差控制在 1mm 以内。

4)排板时焊缝与构件,对接缝与角焊缝除图上注明外,应互相错开,不得小于 100mm。

5)切割过程中,随时控制割矩的摆动,调整断面垂直度及坡口角度。

6)清除切割件熔渣和飞溅物。

(5)拼装

1)检查腹板、上下盖板及横隔板下料尺寸是否与图纸相符。

2)翼腹板有对接焊缝时,组立应注意翼腹板焊缝错开 200mm 以上。

(6)校正

1)钢板用平板机校正。

2)冷作弯曲,环境温度不低于−5 度,弯曲后边缘不得产生裂纹。

3. 构件制作

(1)主梁的制作要求:腹板号料前先拼板整体划线号料,并划出检验校核直线,切割好坡口再

与上下翼缘板拼装。焊后探伤合格,装焊垂直加筋,并校正腹板平整度及主梁整体拱值。

(2)横梁制作时先将腹板、翼板直线度校正好,再组装工字梁,焊后再校正。

(3)零部件在加工过程中如发现原材料有缺陷,必须会同监理提出处理意见。

(4)钢板不平及焊后变形,随时进行校正。

(5)定位焊所用焊接材料型号,应与正式焊接材料相同,定位焊焊脚高度不超过焊脚高度2/3。且不大于8mm,焊缝长度不大于80mm,并应由合格证的焊工施焊。

(6)火工校正在操作过程中,应保持加热嘴移动的速度均匀一致,加热温度在800～900℃间,加热速度4～10mm/秒,当温度自然冷却到600℃时,方可允许浇水冷却。

4.焊接

(1)凡参加焊缝的焊工应持证上岗进行施焊,为控制焊接变形,严格按焊接工艺顺序施焊。

(2)严格参照工厂的焊接工艺评定的具体参数实施焊接,对一些无工艺评定的焊接工艺,工厂将编制工艺评定大纲,按规范要求进行焊接工艺评定。

(3)环境温度低于5℃时,用氧乙炔火焰或电热板加热至表面温度80～100℃进行施焊。

(4)环境温度大于80％时,不得施焊。

(5)施焊时,检查定位焊是否有裂缝,在清除缺陷后方可施焊。

(6)坡口焊缝采用分层多道焊,分层多道焊起点与终点相互叉开,不允许用阔道焊的方式。

(7)焊接时采用双数焊工由中向四周对称进行,以保证构件的自由均匀收缩。

(8)焊后检验

1)焊缝焊后检验外表质量,不允许有裂纹、气孔、夹渣、焊瘤等缺陷,并清除焊渣及飞溅物。

2)焊缝出现裂纹时,焊工不得擅自处理,应申报技术人员负责查清原因,订出修补措施后方可处理,在同一处的返修不得超过两次,返修记录作好。

4.2.3.5　钢梁吊装拼接

1.材料要求

(1)钢梁所用材料均采用Q345qD钢材。应符合设计文件要求和现行标准的规定,除必须有出厂合格证外,还应进行复试,复试合格后方可投入使用

(2)材料进厂后应检查钢材质量。钢材表面的锈蚀、麻点或划痕深度不得大于该钢材厚度负偏差值的一半。钢材表面不应有裂纹、气泡、结疤、折叠、分层、夹渣等缺陷,如有上述表面缺陷允许清理,清理深度从实际尺寸算起,不应大于钢材厚度公差之半,并保证最小厚度,清理处应平滑无棱角。

(3)原材料入库,仓库管理应做好入库签收工作,严格核对牌号、规格、炉批号、数量,确认与质量保证书相符合后方可入库,并用红色油漆做出标记。

(4)制作方将对入库材料按板厚规格炉号数的一定百分比进行复验,并积极配合监理做好原材料抽检。

(5)本工程所有材料专料专用,材料的发放和回收均由专人负责,剩余材料做好规格、材质移植标记,并按规格、种类、材质分类堆放,记入台帐,妥善保管,工程结束后纳入材料结算工作。

(6)原材料工作边缘及切割断口处如发现分层、夹渣等缺陷,应会同有关研究解决并积极采取必要的措施进行防范并停止制作流转。

(7)制作过程中如发现排版图用料与实际供料不符时,车间施工人员不得私自串用或挪用,及时向相关人员提出并与有关部门联系解决。

(8)焊接材料对焊丝、焊条、按批量进行抽样复检化学成份,涂装材料进行常规性复检。

(9)下料及加工时如发现钢材有异常,应立即反馈给技术部门,技术部门应立即进行研究,对有异常的该批钢材进行隔离处理。

(10)钢梁在制造及验收中,必须使用计量验收核校过的计量器具,按规定的操作程序进行测量。

(11)技术部门应对设计图进行工艺审查,当需要修改设计时,必须取得原设计单位同意,并由原设计单位出具设计变更文件,设计变更文件应留存归档。

2.焊料

(1)焊材入厂应具有质量证明书,焊材仓库应具有良好的通风环境,焊材应按种类、规格、牌号、入库时间分类堆放,并作好明显标记,不得混放。

(2)焊材不得沾染灰尘,油污,焊剂、药芯焊丝使用前不得开包。

(3)妥善保管焊丝、焊条,防止受潮。焊剂在施焊前需经 1—2 小时烘焙,然后在 100～150℃ 恒温箱中存放,随用随取,防止受潮。

(4)焊条领用时,一次领用量应以四小时用完为限,以防受潮;否则必须重新把焊条交回仓库烘焙。若被水、油玷污和药粉脱落的焊条,应从现场收走,作报废处理。

3.钢结构加工

(1)叠合梁

1)厂内制造时,将叠合梁的主梁和内横梁划分成焊装单元。主梁腹板接拼成总长,按线型进行切割;上下翼缘板均采用数控切割,确保精度要求。

2)主梁成型设水平胎架,将腹板放置在水平胎架上,与上下翼缘板进行合拢组焊。

3)腹板与翼板在组焊时,将工字梁放置在焊接胎架上,用埋弧自动焊机焊接。

4)校正工字梁腹板并放置在水平胎架上,装焊垂直加筋。

5)运输安装单元组拼时,设置全长的组拼胎架,调整好工字梁的垂直度后,依次安装内横梁,并焊妥。

6)按技术要求进行涂装,发送出厂。

(2)钢箱梁

1)厂内制造划分原则:工厂制造时以主跨、边跨平台及扶梯三个部分为制造单元分别制造成型。

2)主跨制造(分主梁、桥旁桁架、横梁桁架三个部分)

①旁桁架组装焊接设水平胎架进行装焊(主梁长度分两段在厂内流转装焊)。

②装合拢时,设全长组装胎架。首先将单侧主梁桁架放置在胎架上,定位固定并调整好垂直度;再将桥面横梁桁架放置在胎架上,水平横向移动与主梁合拢;组成整体框架。

③组装施焊前应先对尺寸进行检查,再设临时支撑来确保主梁与桥面的角度,并防止焊接变形。焊妥横梁与桥旁节点后,铺设桥面板并焊妥。

4.钢构件吊装

(1)吊装前期准备工作

1)熟悉图纸,尽量在安装前发现问题和差错,以便能及时处理。通过熟悉、掌握图纸内容,做到准确按图施工。图纸会审可以对专业工程之间相关工序、尺寸预先结合,消除矛盾和隐患,并且安装、制造及设计单位之间的图纸会审可使三方面互相沟通和了解,从而使问题得到协调解决。

2)技术交底到施工负责人员及主要操作工人。交底内容为工程任务、施工进度、技术要点、工艺方法、质量安全措施等。

3)根据施工场地及地面交通、运输要求及接点处理等情况,确定合理的分段及组装划分制作工艺、吊装时间、封闭交通方法、现场施工安全防护及作业计划方案。

4)踏勘施工现场,安排吊装机械进场及出场和运输进出路线。

5)安排钢构件进场计划。

(2)测量

1)会同业主,甲方有关资料交接和数据复测,交底做好基础复测处理工作,配合工作以免误差。

2)根据墩柱复测的尺寸,给每只墩柱编号划线。

3)吊装前应先参照相关图纸对各立柱顶面标高、中线及各主梁跨径(支座中心距离)进行复核,各数据不能超过允许偏差。如有问题,应及时会同监理、甲方等有关方面进行协商并及时解决。

4)支座安装时,中线应与主梁纵轴平行,并严格按方向放置,不得反向。

(3)钢构件运输

1)装运结构件时,下面的构件应垫以足够数量的方木,防止下面的构件受上面构件重量的影响而发生下垂或弯曲。同时,要用镀锌钢索进行固定捆扎。

2)连接板等小零件,应堆放在构件的净空范围内,使在运输时不发生变形和丢失。

(4)吊装

1)吊装顺序

整个钢桥吊装总的顺序为:桥墩柱→主梁→梯道

主梁吊装顺序为:中间主单元→两边辅单元

梯道吊装顺序为:按顺时针方向进行

2)吊装方案及施工部署

主梁分主、辅单元,主单元重约30T,每一辅单元重10T,主单元构件尺寸2.5m×30.0m×1.3m,吊装高度8.0m,拟选用25t汽车吊两面同时进行吊装,吊装时汽车吊臂长18m,起吊半径6.0m,起吊高度16m,起重量38t。

墩柱单件最重不超过5.0t,根据构件重量及起吊半径要求,拟选用16t汽车吊进行吊装。

梯道总长较长,截面尺寸4.5m×0.8m。根据现场安装条件,选用25t汽车吊进行吊装,从下往上吊装梯道构件,每节梯道构件间必须设置临时支撑设施。

3)吊装前的准备工作及安装精度要求

吊装前应对基础轴线、标高及地脚螺栓进行复查,做好复查记录,发现问题及时与土建施工人员或监理工程师联系,提出处理方法和建议,

根据复查结果,及设计要求来配置各墩柱的垫板,由于主梁标高是由墩柱来控制的,因此墩柱的标高一定要严格控制,垫板配置要求应使墩柱标高公差为正,以保证主梁净空要求。

墩柱安装前应将预埋地脚螺栓清理干净,用螺帽先拧过一遍,并将歪斜的地脚螺栓校直,以便于构件顺利就位。

结构吊装时,测量人员要配合施工,采用两台经纬仪从不同方位对吊装构件进行检查,同时施工人员采用吊线坠的方法进行检查,发现安装偏差过大,立即进行校正,主梁安装要按设计要求起拱和预留伸缩缝。

　　4)吊装时的交通维护

　　主梁吊装时需占用主车道,故在吊装时需将一边主车道全部封住,禁止车辆通行,车辆临时由另一边主车道通行,主梁吊装约需 6 个小时左右。

　　吊装梯道及墩柱时,吊车靠近路边,需占用主车道一部分,吊装时应在吊车前方及侧面设置路障,吊装时间应尽量选择在中午或晚上进行,避开上、下班高峰时间。

　　(5)补漆

　　整个工程安装完后,除需要进行修补漆外,还应对以下部位进行补漆:

　　1)接合部的外露部位和紧固件等;

　　2)安装时焊接及烧损的部位;

　　3)组装符号和漏涂的部位;

　　4)运输和安装时损伤的部位。

　　5.钢构件堆放、运输、装卸

　　(1)钢构件厂内堆放时,应以单位工程构件分组垂直堆放,堆放时应考虑到安装运出顺序。

　　(2)钢构件的下表面要以方枕木垫平,防止变形和玷污构件表面涂层。方枕木之间的距离,应以不使钢结构产生残余变形为限。

　　(3)构件出厂验收时,要严格执行 JTJ041—2000 应符合现行《公路桥梁工程施工技术》和图纸规定的技术要求,并采用市政质监站提供的验收单样式填表,要求所有构件全面验收,由监理及总包方签字后发运到现场。

　　(4)钢构件装车时,尽量考虑构件的吊装方向,以免运抵工地重新翻转。

　　(5)钢构件的装卸、运输必须在涂漆干燥后进行。

　　(6)钢结构运输出厂时,应对其进行临时加固,切实防止钢梁箱体及接口变形。

　　(7)钢结构在装卸、运输、堆放过程中应保持完好,防止损坏和变形。

　　6.吊装安全措施

　　(1)参加现场工作的人员,根据各工种进行安全教育。

　　(2)健全安全制度,现场配备专职安全员,各工种各自遵守安全操作规程,定期进行安全检查。

　　(3)为保证各起重设备的安全行驶和工具的使用,使用前应做好全套检查。所有吊重索具应满足规定要求的安全系数。

　　(4)根据本工程钢结构特点,认真做好各项准备工作。掌握物体形状、结构、重量、重心、角度、钢性及外形尺寸,选择和配备好各类吊具及捆扎专用绳索,并根据理论计算出起吊重心位置,以防变形。

　　(5)遇六级大风、大雨及大雾天,能见度不够,不得进行吊装工作。

　　(6)持证上岗,专人指挥,统一信号。

　　(7)本工程指派一名有实际经验的专职安全员,负责安全教育、安全监督、安全检查。

　　(8)严格执行《焊割工种的安全技术操作规程》。无证人员不得操作;未穿戴防护用品者不得操作;严禁擅自动火;施工场地周围应清除易燃物品;气割用的压力表、表管、焊割矩、接头应按规定检查,阀门及紧固件应可靠,不能有松阀漏气;利用氧乙炔校正构件时,皮管接头处必须扎紧,无漏气现象,并配备氧乙炔回火防止器,严格做到"三不焊"。

　　(9)坚决贯彻执行"五同时"的规定,即在计划布置、检查、总结和评比生产同时,做好检查总结和评比安全工作,保证在安全的前提下组织生产、吊装。

7.除锈涂装工艺

(1)钢板表面处理

1)施工前将表面油污用溶剂或清洗剂除污。

2)表面处理采用喷砂除锈方法,钢结构外表面处理等级达 Sa3.0,钢结构内表面处理等级达到 Sa2.5,(表面粗糙度要求控制在 40～80um 范围内)

3)经除锈冲砂后的表面应控制在一定的时间内进行施工,以免过久生锈。

4)磨料为棱角状的粒度为 0.8～1.2mm 的钢渣砂或粒度为 0.4～0.8mm 的钢砂,空气压力在施工中应保持在 0.54MPa 喷射角为 75～90°,喷射距离为 100～130mm。

5)施工过程中损坏部位和拼接焊缝处,采用风动工具,二次除锈,经除锈后的表面质量应达到 Sa3 级或相当于这一级。

(2)涂装工艺

1)涂装的表面,在每次涂装时,必须对所有手工焊及"R"孔,型钢反面以及无气喷涂和不能保证膜厚的部位进行手工预涂。

2)涂装方案:涂装方法采用高压无气喷涂,手涂和滚涂,大面积和面漆必须用无气喷涂。

焊缝两侧 50mm 范围内,底漆厚度不超过 25 微米,便于保证焊缝质量,且在焊缝两侧 100mm 范围内粘贴胶带,不做过渡漆及中间漆。待焊缝全部施焊完毕,焊缝表面处理结束,并经检测合格后再对焊缝进行底漆、过渡漆、中间漆和一道面漆的修补工作,最后留一道面漆。

(3)施工注意事项

1)除锈等级需达标。

2)在涂装过程中,必须根据涂装的种类、道数及膜厚进行施工。

3)涂装时,当湿度大于 85%,或者钢板表面温度低于露点温度 3℃时涂装工作应停止。

4)涂层厚度的测定应在涂装工作全部完工后进行整修涂层应在 85% 以上的测定点达到规定膜厚,其余 15% 的测定点达到膜厚的 85%。

5)在施工中应注意保护,避免损坏涂层。

6)涂膜不应存在龟裂、流挂、鱼眼、漏涂、片落和其它弊病。

4.2.3.6　桥面附属施工

1.桥面防水混凝土施工

(1)桥面细石混凝土施工在主钢箱梁完成后进行,首先将桥面用清水冲洗干净。

(2)绑扎梁端接缝钢筋网及桥面钢筋网。

(3)桥面混凝土采用混凝土搅拌运输车运输,泵车泵送入模。人工摊铺混凝土。先用振捣棒振捣,再用平板振捣器振捣,紧接着用提浆滚筒提浆,用刮平板配合人工精平,最后拉毛压纹。以上工序平行作业,顺次向前推进。待混凝土初凝后用麻袋覆盖洒水养护,或喷洒养护剂养护。

(4)施工桥面细石混凝土时按图纸设计位置预留好伸缩缝的工作槽。待混凝土强度达到设计强度的 80% 后进行铺装防滑地砖的施工。

2.铁艺护栏

(1)技术准备

技术准备在施工前由技术负责人主持对各项施工负责人进行施工方案技术交底,并由专业人员施工队长编写安全技术交底,对施工人员进行培训及现场作业指导。

(2)材料准备

根据施工图纸和设计要求,采购工程所需各种原材料。栏杆确定材料符合图纸设计要求无误后,才得进入加工车间加工制作,确保不合格材料不得使用。

(3)制作工艺

1)下料:各项栏杆按照图纸设计要求并根据图纸所示图样和现场实际规格尺寸进行材料下料,定位尺寸要准确到0.1mm,切口要磨口,斜口角度要精准。

2)焊接、打磨:进行焊接时,焊接部位要焊平,对接部位要严密,保证平整度横平竖直。焊接部位的焊口必须满焊,做到焊口无断缝,无沙眼,焊口要打磨光滑,平整度达标。

3)抛丸打砂:栏杆焊接成型打磨后进入打砂房进行抛丸打砂除锈、去油并进行粗化处理。

4)喷锌防腐:栏杆进行除锈去油处理后4小时内进入喷锌车间进行喷锌防腐处理,喷锌时保证锌层厚度均匀,达到防锈防腐要求。

5)补灰、磨平:每个焊接口补原子灰、打磨,要求焊口无缝、光滑、平整。

6)油漆处理:在油漆车间喷防锈漆两层;面漆两层。

7)完工检验:制作完成后检验员根据图纸要求进行检验,成品要求表面光滑清洁度强,整体效果美观大方。

8)包装:用塑料包装纸进行整体包装,以免运输及安装过程中的擦伤损坏。

(4)安装工艺

1)产品到达施工现场后按图纸上所规定的位置及尺寸准确安装就位,确定好标高及垂直平整度。应按照甲方要求与图纸设计要求进行定位,确保达到设计要求与验收规范。

2)埋件安装根据图纸设计要求和施工现场的实际情况准确无误的定位,避免造成不在一条平行线上。

3)安装偏差必须符合国家规定和设计要求,达到验收标准。

4)埋件、铁艺栏杆安装必须牢固,安装偏差根据国家规定和设计要求:扶手直线度小于3mm,垂直度小于3mm,栏杆间距误差小于3mm,对角线误差小于3mm,预埋件垂直误差小于3mm,水平误差小于3mm。

5)防护栏杆安装完成后,接部位打磨光滑,刷两道环氧富锌防锈漆,两道面漆,经验收后再做表面一致处理。

6)防护栏杆安装运输过程中,为防止防护栏杆的擦伤损坏,应做包装防护。

(5)质量要求:

1)材料要求,所有材料及成品进场,必须有材质单,合格证。

2)施工人员上岗前,根据其不同工作岗位,进行专业技术与安全文明施工的教育。

3)在施工过程中由技术人员进行检查,及时纠正施工现场违章操作等问题。提出质量更改单及质量问题更改措施,保证工程质量达到设计要求及验收规范。

4)严格执行工程质量标准,材料的品种、规格、型号、厚度必须符合工程和设计要求,焊口满焊,打磨光滑平整。喷漆时做到无泪点,光亮度强,表面清洁干净,做到表面美观,制作尺寸准确,产品做到横平竖直,符合设计要求及验收标准。

3.石材铺装

(1)施工准备

1)材料要求

①大理石块的品种、规格、质量、颜色应符合设计要求,其色差应符合施工验收规范要求。

②天然大理石、花岗石的技术等级、光泽度、外观等质量要求应符合国家现行业标准《天然大

理石建筑板材》JC79、《天然花岗石建筑板材》JC205 的规定。

③板材不得有裂缝、掉角、翘曲和表面缺陷。

④水泥：硅酸盐水泥、普通硅酸盐水泥或矿渣硅酸盐水泥，其强度等级不宜小于 32.5，并准备适量擦缝用白水泥。

⑤砂：粗砂或中砂，并应符合国家现行行业标准《普通混凝土用砂质量标准及检验方法》JGJ52 的规定。

⑥矿物颜料、蜡、石材清洁剂，石材表面防护剂。

2）主要施工机具

手推车、铁锹、靠尺、浆壶、水桶、铁抹子、木抹子、墨斗、钢卷尺、尼龙线、橡皮锤、水平尺、弯角方尺、台钻、合金钢钻头、扫把、砂轮、砂轮切割机、钢丝刷。

（2）施工工艺流程

弹线→试拼、编号→试排→刷水泥浆结合层→铺砂浆→铺石材→灌缝、擦缝→打蜡。

（3）操作工艺

1）熟悉图纸：以施工大样图和加工单为依据，熟悉了解各部位尺寸和做法，弄清洞口、边角等部位之间的关系。

2）基层清理：将地面垫层上的杂物清净，用钢丝刷刷掉粘结在垫层上的砂浆并清扫干净。

3）弹线：在房间的主要部位弹相互垂直的控制十字线，检查和控制石材板块的位置，十字线可以弹在混凝土垫层上，并引至墙面底部。并依据墙面＋50 线，找出面层标高在墙上弹好水平线，注意要与楼道面层标高一致。

4）试拼：在正式铺设前，对每一个房间的石材板块，应按图案、颜色、纹理试拼，试拼后按两个方向编号排列，然好编号码放整齐。

5）试排：在房内的两个相互垂直的方向，铺两条干砂，其宽度大于板块，厚度不小于 3cm。根据图纸要求把大理石板块排好，以便检查板块之间的缝隙，核对板块与墙面、柱、洞口等的相对位置。

6）刷水泥浆结合层：在铺砂浆之前再次将混凝土垫层清扫干净，，然后用喷壶洒水湿润，刷一道素水泥浆（水灰比 0.5），随刷随铺砂浆。

7）铺砂浆：个别水平线，定出地面找平层厚度，拉十字控制线，铺 1：3 找平层干硬性水泥砂浆（干硬程度以手捏成团不松散为宜）。砂浆从里往门口处摊铺，铺好后用大杠刮平，再用抹子拍实找平。找平层厚度宜高出石材底面标高 3～4mm。

8）铺石材板块：一般房间应先里后外沿控制线进行铺设，即先从远离门口的一边开始，安装试拼，编号，依次铺砌，逐步退至门口，铺前应将板材预先浸湿阴干后备用，先进行试铺，对好纵横缝，用橡皮锤敲击木垫板，振实砂浆至铺设高度后，将石材掀起移至一旁，检查砂浆上表面与板材之间是否吻合，如发现有空虚之处，应用砂浆填补，然后正式镶铺。

在水泥砂浆找平层上满浇一层水灰比 0.5 的素水泥浆结合层，再铺石材板块，安放时四角同时往下落，用橡皮锤轻击木垫板，根据水平线用水平尺找平，铺完第一块向侧后退方向顺序镶铺，石材板块之间，接缝严密，一般不留缝隙。

9）擦缝：在铺砌后 1～2 昼夜进行灌浆擦缝。根据石材颜色，选择相同颜色矿物颜料和水泥拌和均匀调成 1：1 稀水泥浆，用浆壶徐徐灌入石材板块之间缝隙（分几次进行），并用长把刮板把流出的水泥浆向缝隙内喂灰。灌浆 1～2 小时后，用棉丝团蘸原稀水泥浆擦缝，与板面擦平，同时将板面上的水泥浆擦净。然后面层加覆盖层保护。

（4）质量标准

1）主控项目：

石材面层所用的板块的品种、质量应符合设计要求。面层和下一层应结合牢固，无空鼓。

2）一般项目：

石材面层的表面应洁净、平整，无磨痕，且应图案清晰、色泽一致、接缝均匀、周边顺直、镶嵌正确、板块无裂纹、掉角、缺棱等缺陷。踢脚线表面应洁净，高度一致，牢固，出墙厚度一致。

楼梯踏步和台阶板块的缝隙宽度应一致，齿角整齐，楼层梯段相邻踏步高度差不应大于10mm，防滑条应顺直、牢固。面层表面的坡度应符合设计要求，不倒泛水、无积水；与地漏、管道结合处应严密牢固，无渗漏。石材面层的允许偏差应符合下表要求。

石材面层的允许偏差

项次	项目	允许偏差（mm）		检验方法
		石材	碎拼	
1	表面平整度	1.0	3.0	2m靠尺和楔型塞尺检查
2	缝格平直	2.0	—	拉5m线和钢尺检查
3	接缝高低差	0.5	—	用钢尺和楔型塞尺检查
4	踢脚线上口平直	1.0	1.0	拉5m线和钢尺检查
5	板块间隙宽度	1.0		用钢尺检查

（5）成品保护措施

1）存放石材板块，不得雨淋、水泡、长期日晒。一般采取板块立放，光面相对。板块的背面应支垫松木条，板块下面应垫木方，木方与板块之间衬垫软胶皮。在施工现场内倒运时，也应按上述要求。

2）运输石材板块、水泥砂浆时，应采取措施防止碰撞已做完的墙面、门口等。

3）铺设地面用水时防止浸泡，污染其他房间地面、墙面。

4）试拼应在地面平整的房间或操作棚内进行。调整板块的人员宜穿干净的软底鞋搬动、调整板块。

5）铺砌石材板块及碎拼石材板块过程中，操作人员应做到随铺砌随擦干净，擦净石材表面应用软毛刷和干布。

6）新铺砌的石材板块应临时封闭。当操作人员和检查人员踩踏新铺石材板块时要穿软底鞋，并轻踏在一块板材中。

7）在石材地面或楼梯踏步上行走时，找平层砂浆的抗压强度不得低于1.2MPa。

8）石材地面完工后，房间进行封闭，粘贴层上强度后，应在其表面加以覆盖保护。

（6）施工中应注意的质量问题

1）板面与基层空鼓：混凝土垫层清理不干净或浇水湿润不够，刷水泥素浆不均匀或刷完时间过长已风干，找平层用的素水泥砂浆结合层变成了隔离层，石材未浸水湿润等因素都易引起空鼓。因此，必须严格遵守操作工艺要求，基层必须清理干净，找平层砂浆用干硬性的，随铺随刷一层素水泥浆，石材板块在铺砌前必须浸水湿润。

2）端头出现大小头：铺砌时操作者未拉通线或不同操作者在同一行铺设时掌握板块之间缝

隙大小不一造成。所以在铺砌前必须拉通线,操作者要根据线铺砌,每铺完一行后立即再拉通线检查缝隙是否顺直,避免出现大小头现象。

3)接缝高低不平、缝隙宽窄不匀:主要原因是板块本身有厚薄、宽窄、窜角、翘曲等缺陷。预先未严格挑选。房间内水平标高线不统一,铺砌时未严格拉通线等因素均易产生接缝高低不平、缝子不匀等缺等陷。所以应预先严格挑选板块,凡是翘曲、拱背、宽窄不方正块材挑出不予使用。铺设标准块后应向两侧和后退方向顺序铺设,并随时用水平尺和直尺找准,缝隙必须拉通线不能有偏差。房间内的标高线要有专人负责引入,且各房间和楼道的标高必须一致。

4)过门口处石材活动:铺砌时没有及时将铺砌门口石材与相邻的地面相接。在工序安排上,石材地面以外的房间地面应先完成。过门口处石材与地面连续铺砌。

5)踢脚板出墙高度不一致:在镶贴踢脚板时必须要拉通线加以控制。

(7)石材变形缝要求:

1)大面积地面石材的变形缝应按设计要求设置,变形缝应与结构相应缝的位置一致,且应贯通建筑地面的各构造层。

2)沉降缝和防震缝的宽度应符合设计要求,缝内清理干净,以柔性密封材料填嵌后用板封盖,并应与面层齐平。

(8)石材六面防护剂涂刷时需注意的事项:

1)涂刷石材的防护必须待石材的水分干透后方可涂刷。如水分还未干透,工期赶紧的情况下,可先刷五面防护剂,正面待项目完成后石材面水分完

2)全蒸发后才做最后一道的正面石材防护剂处理,最后石材打蜡。

3)石材防护剂的涂刷如处理得不好,会把石材的水分封闭在石材里跑不出来,造成石材里保留水影,一旦形成水影后,此类质量问题就非常难处理和修复了。

4.2.4　工程进度计划与措施

4.2.4.1　详细工期安排计划

详细施工进度计划见附表四。

4.2.4.2　人员、材料、设备计划

1. 人员

本工程定为我公司重点工程,并成立"××天桥施工项目经理部",公司指定公司资深领导代表公司对项目进行全面控制,并在全公司内精选有同类工程施工经验的工程技术人员组成项目管理班子。项目管理机构如图:

项目经理部对下属工段实施组织、指挥、协调管理,编制实施性施工组织设计、质量计划、关键工序作业指导书,编制年、季、月施工计划、资金计划、材料计划,制定施工方案、工期目标、安全质量目标,负责督促检查各分项工程的工程进度、安全质量、成本效益、环保、文明施工等工作,推行先进的施工工艺和方法,解决生产过程中出现的问题,与业主、监理工程师、设计单位密切配合,搞好组织和协调工作。

2. 材料

(1)按各节点计划、结合工程进度,编制材料、设备进场计划及采购申请汇总表。

(2)现场布置施工材料、仓库和收发点,集中管理,订立材料收发制度,使资源得到充分利用。

(3)如业主需要,总承包商单位与甲供设备、材料,协调供货期限与施工工期的衔接。

(4)按规范要求对时进场取样,并在专职人员监督下实施。

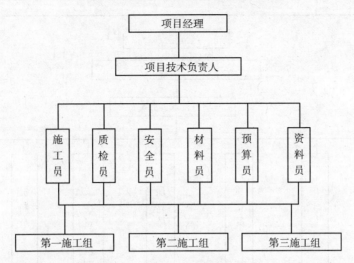

（5）制定设备保管制度,保证各项设备能做到定期保养、突击检查,确保各项设备运行正常。

（6）做好施工阶段材料、设备的保护工作并随时检验。

3.机械设备

配备本工程的机械设备详见附表。

（1）现场施工设备的设置

根据本工程的规模、大小及施工进度的要求,科学合理的安排各种施工机械设备进场的先后时间,工作台班。

（2）现场施工设备的管理

1）机械设备应统一调度,科学安排、合理使用。

合理组织机械设备流水作业施工,做好机械设备的综合利用,施工中要为施工机械创造良好的条件,安全作业,防止在施工中出现窝工现象,加大成本浪费。

2）机械设备的保养和维修

施工过程中要做好机械设备的保养和维修工作,使机械设备保持一个良好的技术状态,提高设备运转的使用可靠性和安全性,提高机械设备的使用经济效应。

4.2.5　质量管理体系与措施

4.2.5.1　质量保证体系

质量保证体系包括组织保证、制度保证和施工保证。项目经理为本项目质量管理第一责任人,落实质量责任终身制要求和规范操作,实施质量计划。

4.2.5.2　质量管理组织机构

4.2.5.3　质量管理措施

按横向到边、纵向到底的顺序实行对施工过程进行全面质量管理,明确责任,保证工程按计划优质、快速、顺利地完工,根据国家建设部颁发和××市有关规定,针对本标段工程特点制定本质量保护措施。

1.加强施工技术管理,严格执行以总工程师为首的技术责任制,使施工管理标准化、规范化、程序化。认真熟悉施工图纸,深入领会设计意图,严格按照设计文件和图纸施工,吃透设计文件和施工规范,施工人员严格掌握施工标准、质量检查及验收标准和工艺要求并及时进行技术交底,在施工期间技术人员要跟班作业,发现问题及时解决。

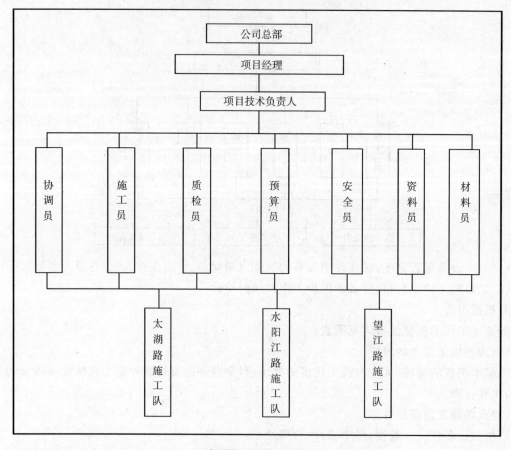

质量管理组织机构图

2. 严格执行工程监理制度,施工队自检、经理部复检、合格后及时通知监理工程师检查签认,隐蔽工程必须经监理工程师签认后方能施工。

3. 经理部:作业设专职质检工程师、班组设兼职质检员,保证施工作业始终在质检人员的严格监督下进行。质检工程师有质量否决权,发现违背施工程序、不按设计图、规则、规范及技术交底施工,使用材料半成品及设备不符合质量要求者,有权制止,必要时下停工令,限期整改并有权进行处罚,杜绝不合格成品。

4. 制定施工计划的同时,编制详细的质量保证措施,没有质量保证措施质量保证体系和措施不完善或没有落实的应停工整顿,达到要求后再继续施工。

5. 建立质量奖罚制度,明确奖罚标准,做到奖罚分明,杜绝质量事故发生。

6. 严格施工纪律,把好工序质量关,上道工序不合格不能进行下道工序的施工,否则质量问题由下道工序的班组负责。对工艺流程的每一部工作内容要认真进行使施工规范化。

7. 制定工程创优规划,明确工程创优目标,层层落实创优措施,责任到人。

8. 坚持三级测量复核制,各测量桩点要认真保护,施工中可能损毁的重要桩设好护桩,施工测量放线要反复校核。认真进行交接班,确保中线、水平及结构尺寸位置正确。

9. 施工所用的各种计量仪器设备定期进行检查和标定,确保计量检测仪器设备精度和准确度,严格计量施工。

10. 所有工程材料应事先进行检查,严格把好原材料进场关,不合格材料不准使用,保证使用的材料全部符合工程质量的要求。每项材料到工地应有出厂检验单,到现场进行抽查,来历不明的材料不用,过期变质的材料不用,消除外来因素对质量的影响。

11. 做好质量记录:质量记录与质量活动同步进行,内容要客观、具体、完整、真实、有效、字迹清晰,具有可追溯性,各方签字齐全。由施工技术、质检、测试可施工负责人按时收集记录并保存。确保本工程全过程记录齐全。

12. 坚持文明施工,创造良好的施工环境。为优质、安全、高效创造良好的施工条件。做到道路平整,排水通畅,机械车辆停放和材料堆放有序。

4.2.5.4 隐蔽工程质量保证要点

凡需覆盖的工序完成后即将进入下道工序前,均应进行隐蔽工程验收。项目经理部设质量监查工程师和专职质检人员,跟班检查验收,按程序向监理工程师报检。每道需隐蔽的工序未经监理工程师的批准,不得进入下一道工序施工,确保监理工程师对即将覆盖的或掩盖的任何分项分部工程进行检查、检验分部工程施工前对其基础进行检查,监理工程师认为已覆盖的工程有必要返工检查时,质检工程师和施工员应积极配合并作好记录。

4.2.5.5 保证工程质量技术组织措施

为确保该工程达到优良等级,根据工程规模特点,依据建设单位招标文件的精神,特制定以下质量保证措施:

1. 加强组织、健全机构、分清责任

项目经理部组建以总工程师为道的质量保证体系,负责制定质量管理方案,对重要技术问题作出决策。项目分部成立质量管理领导小组,对工程实施质量管理,对一般技术问题作出决策。工程队成立以队长为首的质量管理小组,负责本队质量管理和试验检测工作。

2. 派工程技术人员随监理进驻钢箱梁加工厂,跟踪检查拼装焊接质量,达不到规范要求不得出厂。

3. 钢箱梁加工工程中除了加工单位作探伤检测外,我们委托焊接研究所进行擦伤复检,确保焊接工程质量,现场拼口焊接采用同样方法,严格控制合拢在15度左右。

4. 为确保墩柱垂直度,采用拉紧器控制,使其不发生位移。

5. 加强试验检测、提高工程内业管理水平

施工现场设有专职质检、化验员,对于原材料、成品、半成品的二次试化验以及其它质量指标跟踪检测控制。整个工程的每道工序严格按甲方或监理工程师提供的质量要求进行记录,表格形式清晰、准确、填写齐全。从原材料进场到每道工序的完工,均有其原始记录,试验数据检测结果及时、准确,做到用数据说话,隐蔽工程及关键工序都留有照片和录像,并将其归纳整理备案,以确保工程质量达到优良等级标准。

6. 狠抓质量薄弱环节,进一步提高施工技术水平,大胆采用先进施工工艺、施工技术。

4.2.6 安全管理体系与措施

4.2.6.1 组织机构

设置组建单位工程项目经理部,公司选派施工经验丰富,技术全面,工作责任心强,善打硬仗的优秀管理人员组成项目管理班子,严格按"项目法"规定要求,项目经理全权负责单位工程的经营、技术、质量、安全、进度和规范化、标准化文件施工职责,公司各职能部门应与工程项目部直接对口,进行监控指导管理,项目班子成品,施工作业班组中的特种工,应具有相应的资格证书,持证上岗,定期组织质量安全技术学习,保证工程质量,确保工期顺利完成。

4.2.6.2 安全文明施工技术措施

1.安全生产管理措施

(1)本工程实行三级安全管理,公司安全处、项目安全部,各分包安全领导小组分别按其职能对本工程实行全面安全管理,从而形成安全保证体系。坚决贯彻新标准,加大安全监督检查力度,公司组织月检。项目经理部开展日检,及时消除施工中的不安全隐患。

(2)加强安全生产宣传教育,工人要实行三级安全教育,使其掌握安全生产常识。

(3)班组施工前,由施工员进行安全技术交底并坚持签字手续。

(4)对现场人员进行安全防火知识教育,现场设置防火机构。配全消防器材。

(5)施工现场设有门卫,收发管理二十四小时不间断,进出各种车辆及材料进行登记,设专人负责现场保安工作,防止偷盗行为发生。管道口、预留洞口要有定型防护架。

(6)加强四口、五邻边的防护,在主入口处搭设安全通道,楼梯口及施工中的一切临边,均及时安设钢管防护栏杆,并且设置警戒标志。

(7)临时用电按规范架设。并采用 TN-S 系统(即三相五线制),实行两级保护,做到一机一箱一闸一保护,电闸上锁,挂牌作业。非本工种人员、无证人员严禁作业。

(8)加强大型设备的安全管理,塔吊的安全保险装置必须齐全、灵敏可靠,加强日常维护保养。

(9)施工现场设专职用电管理人员,负责施工用电,制定用电制度、规范设置用电线路及设施,检查施工用电、设备完好。

(10)所有操作机械设备人员,必须持证上岗,并熟悉掌握触电紧急救护知识。

2.安全生产保证措施

(1)开工前的准备工作

编制的施工组织设计或施工方案中必须有安全措施措施方案,对重点部分应编制专项安全技术措施;根据需要,安全部应针对任务特点、施工条件、工作环境编制各个施工阶段的安全教育、安全技术交底、重点防护、开展安全生产活动的工作计划;制定专项施工用电方案,并建立用电管理制度,各方均应认真执行;配备专职安全员,建立安全管理制度和安全保证体系。

(2)施工队伍的安全教育

施工队伍进场后各单位要组织全体施工人员进行三级安全教育,劳动纪律,项目管理制度教育,未经教育者严禁上岗。

项目施工负责人和施工员在工程施工前(分部分项工程)应对施工人员进行安全技术交底;项目应同施工队签订安全生产责任合同书或与生产工人签订安全誓约书明确责任,规定奖罚条款。施工人员在接受安全教育后,应在教育记录上签字;特殊工种应持证上岗。证书统一由项目部管理。

(3)安全设施与劳保用品的管理

现场施工用的安全设施(包括脚手架、安全网、"四口"、"五临边"防护、安全通道的设置和防护、堆料场地等)由项目工程部安排,并负责管理维护,以满足生产安全的需要;现场施工用的供电、避雷、供水、消防、机械设备及其应有的安全防护措施由项目安全部和工程部按规定进行定期检查、维修保养,并按施工组织设计,结合工程的需要进行管理维护,确保机械设备正常运转,不得超负荷作业;现场人员个人使用的安全用品(如安全帽、安全带及必要的劳保品)由项目安全部监督现场人员按规定佩戴使用;脚手架、塔吊等机械设备安装调试完毕,应在机械专业人员和安全部门检验合格并办理验收手续移交后,才能投入使用,使用的维护保养按有关规定执行。

（4）施工现场的安全管理

安全部门负责做好施工现场的安全检查和标识工作。安全人员应每天巡视，对安全设施、安全防护措施、安全保护用品、现场文明卫生、现场人员遵守安全规定的情况进行检查和实施有效的监督，发现不合格状态，应及时发出整改通知书，责令限期整改。整改不积极或在限期内没有整改完毕要采取停工、罚款等强制手段进行处理；各施工队工长或班组长应在每项工作开始前，向工人作安全技术交底，接受人应在交底记录上签字；根据工地实际情况制定防暑降温措施并落实执行；积极开展安全月（周）活动，对职工进行安全意识、遵章守纪、安全技术教育，对安全生产工作进行检查、整改。

（5）安全检查制度

每个月组织一次安全生产大检查，每周组织一次安全周检；安全检查按建设部发《建筑施工安全检查评分标准》进行评分；建立安全巡视制度规定，每天早上 7:30 由项目专职安全员进行巡视，对巡视中发现的安全隐患，发出限期整改通知单，并督促检查整改；各整改责任人须按整改通知单，在规定的期限内完成整改，并将整改措施和整改情况在规定的期限内书面反馈给下发整改通知单的安全部，由安全部对其复查。

3. 工程具体安全防护措施

（1）钢筋工程

绑扎边柱、边梁钢筋应搭设防护架。多人合运钢筋，起落、转停动作要一致，人工传送不得在同一垂直线上，钢筋堆放要分散、稳当、防止倾倒和塌落。绑扎 2m 以上梁、柱钢筋，禁止在骨架上攀登和走钢筋上行走，应搭设操作架。绑扎边梁钢筋，必须在有外防护架的条件下进行，外防护架高度不低于作业面 1.2m，无临边防护、不系安全带不得从事临边钢筋绑扎作业。

（2）脚手架搭拆

钢管有严重锈蚀、弯曲、压扁或压纹的不准使用。扣件应有出厂合格证明，发现有脆裂、变形、滑丝的不得使用。钢管脚手架的立杆应垂直稳放在金属底座或垫木上。立杆间距不得大于 2m；大横杆间距不得大于 1.2m，小横杆间距不得大于 1.5m。钢管立杆、大横杆接头应错开。脚手架两端，转角处以及每隔 6～7 根立杆应设剪刀撑和支杆。剪刀撑和支杆与地面的角度应不大于 60 度，支杆底端要埋入地下不小于 30cm，脚手架必须同建筑物连接牢固。

脚手架板须满铺，离墙面不得大于 20cm，不得有空隙和探头板。脚手板搭接时不得小于 20cm，对头接时应架设双排小横杆，间距不大于 20cm，在架子拐弯处，脚手板应交叉搭接。拆除脚手架，周围应设围栏或警戒标志，并设专人看管，严禁人员入内。拆除应按顺序由上而下，一步一清，不准上下同时作业。拆除脚手架大横杆、剪刀撑，应先拆中间扣，再拆两头扣，由中间操作人往下顺杆子，严禁乱扔。拆下的脚手杆、脚手板、钢管，扣件、钢丝绳等材料，应向上传递或用绳吊下，禁止往下扔。

（3）"四口、五临边"防护

1）基本规定

①项目经理应对工程的高处作业安全技术负责并建立相应的责任制。施工前，应逐级进行安全技术教育及交底，落实所有安全技术措施和人身防护用品。

②高处作业的工具、仪表、电气设施和各种设备，必须在施工前加以检查，确认其完好，方能投入使用。

③攀登和悬空高处作业人员以及搭设高处作业安全设施的人员，必须经过专业技术培训及专业考试合格，持证上岗，并必须定期进行体格检查。

④施工中对高处作业的安全技术设施,发现有缺陷和隐患时,必须及时解决;危及人身安全时,必须停止作业。

⑤施工作业场所有坠落可能的物件,应一律先行撤除或加以固定。高处作业中所用的物料,均应堆放平稳,不准妨碍通行和装卸。作业中的走道、通道板和登高用具,应随时清扫干净;拆卸下的物件及余料和废料均应及时清理运走,不得任意乱放或向下丢弃。传递物件禁止抛掷。

⑥雨天进行高处作业时,必须采取可靠的防滑措施。

⑦因作业必须临时拆除或变动安全防护设施时,经施工负责人同意,并采取相应的可靠措施,作业后立即恢复。

⑧防护棚搭设与拆除时,应设警戒区,并应派专人监护。严禁上下同时拆除。

2)临边作业

①基坑周边,尚未安装栏杆或栏板的阳台边,料台与挑平台周边,无外脚手架的屋面与楼层周边等处,都必须设置防护栏杆。

②无外脚手架的高度超过 3.2m 的楼层周边,必须在外围架设安全平网 53 一道。

③分层施工的楼梯口和梯段边,必须安装临时护栏。顶层楼梯口应随工程结构进度安装正式防护栏杆。

④脚手架等与建筑物通道的两侧边,必须设防护栏杆。地面通道部应装设安全防护棚。窗笼井架通道中间,予分隔封闭。

⑤各种垂直运输接料平台,除两侧设防护栏杆外,平台口还应设置安全门或活动防护栏杆。

⑥搭设临边防护栏杆时,必须符合下列要求。防护栏杆应由上、下两道横杆及栏杆柱组成,上杆离地高度为 1.2m,下杆离地高度 0.6m。坡度大于 1:22 的屋面,防护栏杆应高 1.5m,并加挂安全立网。

⑦1.5m×1.5m 以下的孔洞,应预埋通长钢筋网或加固盖板。1.5m×1.5m 以上的孔洞,四周必须设两道护身栏护,中间支挂水平安全网。

⑧楼梯踏步及休息平台处,必须设两道牢固防护栏杆或用立挂安全网做防护。阳台栏板应随层楼安装。不能随楼层安装的,必须设两道防护栏杆立挂安全网封闭。建筑物楼层临边四周,无维护结构时,必须设两道防护栏杆或立杆安全网加一道防护栏杆。

3)洞口作业

①板与墙的洞口,必须设置牢固的盖板、防护栏杆、安全网或其它防坠落的防护设施。施工现场通道附近的各类洞口与坑槽等处,除设置防护设施与安全标志外,夜间还应设红灯示警。楼板、屋面和平台等面上短边尺寸小于 25cm 但大于 2.5cm 的孔口,必须用坚实的盖板盖没。盖板应能防止挪动移位。边长在 150cm 以上的洞口,四周设防护栏杆,洞口下张设安全平网。

②悬空进行门窗作业时,必须遵守下列规定:在高处外墙安装门、窗,无外脚手架时,应张挂安全网。无安全网时,操作人员应系好安全带,其保险钩应挂在操作人员上方的可靠物件上。进行各项窗口作业时,操作人员的重心应位于室内,不得在窗台上站立。必须时应系好安全带进行操作。

③支模、粉刷、砌墙等各种进行上下立体交叉作业时,不得在同一垂直方向上操作。下层作业的位置,必须处于依上层高度确定的可能坠落范围半径之外。不符合以上条件时,应设置安全防护层。

④钢模板、脚手架等拆除时,下方不得有其他操作人员。钢模板部件拆除扣,临时堆放处离楼层边沿不应小于 lm,堆放高度不得超过 lm。楼层边口、通道口、脚手架边缘等处,严禁堆放任

何拆下物件。

⑤结构施工自二层起,凡人员进出的通道口,均应搭设安全防护棚。高度超过2m的层次上的交叉作业,应设双层防护。由于上方施工可能坠落物件或处于起重机拔杆回转范围之内的通道,在其受影响的范围内,必须搭设顶部能防止穿透的双层防护棚。

⑥建筑施工进行高处作业之前,应进行安全防护设施的逐项检查和验收。验收合格后,方可进行高处作业。验收也可分层进行,或分阶段进行。安全防护设施,应由单位工程技术负责人验收,并组织有关人员参加。安全防护设施的验收,应具备下列资料。施工组织设计及有关验算数据;安全防护设施验收记录;安全防护设施变更记录及签证。

⑦安全防护设施的验收应按类别逐项查验,并作出验收记录。凡不符合规定者,必须修整合格后再进行查验。施工期内还应定期进行抽查。

4.高空作业安全措施

(1)高处作业的安全设施必须经过验收通过方可进行下道工序的作业。

(2)重点把好高空作业安全关,有高处作业人员必须经过体检合格,工作期间,严禁喝酒、打闹。小型工具、焊条头子、高强螺栓尾部等放在专门工具袋内。使用工具时,要握持牢固。手持工具应系安全绳,应避免直线垂直交叉作业。

(3)吊装方面的作业必须有跟随的水平安全网,按施工方案及时进行临边防护安装。

(4)梁、柱焊接时,要制作专用挡风斗,对火花采取接火器接取火花严密的处理措施,以防火灾、烫伤等,下雨天不得露天进行焊接作业。

(5)吊装作业应划定危险区域,挂设安全标志,加强安全警戒。

(6)施工中的电焊机、空压机、气瓶、打磨机等必须采取固定措施存放于平台上,不得摇晃滚动。

(7)登高用钢爬梯必须牢牢固定在钢柱上,不得晃动。

(8)紧固螺栓和焊接用的挂篮必须符合构造和安全要求。

(9)起重指挥要果断,指令要简洁、明确,吊装作业必须按"十不吊"操作规程认真执行。

(10)当风速达到15m/s(6级以上)时,吊装作业必须停止。做好大风雷雨天气前后的防范检查工作。高空作业人员务必系挂安全带,并在操作、行走时即刻扣挂于安全缆绳上。

(11)高处作业中的螺杆、螺帽、手动工具、焊条、切割块等必须放在完好的工具袋内,并将工具袋系好固定,不得直接放在梁面、翼缘板、走道板等物件上,以免妨碍通行,每道工序完成后柱边、梁上、临边不准留有杂物,以免通行时将物件踢下发生坠落打击。

(12)禁止在高空抛掷任何物件,传递物件用绳拴牢。气瓶需有防爆防晒措施,且远离电焊、气割火花及发热物体。

(13)作业人员应从规定的通道和走道上下来往,不得在柱上等非规定通道爬攀。如需在梁面上行走时,则该梁面上必须事先挂设好钢丝缆绳,且钢丝绳用花篮螺栓拉紧或梁下面安设网兜确保安全。

(14)走道板设置,在安装人员行走的桁架顶部均设置走道,以保障安装人员的安全。

(15)高空施工人员在脚手架上行走时必须把安全带挂在安全绳上。施工人员使用钢梯、绳梯、吊篮等要与钢构件连接牢固。高空作业人员携带的手动工具、螺栓等必须放在工具包内。上下传递时要使用绳子,严禁扔掷。

(16)各种用电设备要用接地装置,并安装漏电保护器。使用气割时,乙炔瓶必须直立并装有回火装置。氧气瓶与乙炔瓶间距大于8m,远离火源并有遮盖。风力大于5级及雨天停止高空钢结构安装作业。夜间施工要有足够的照明。统一高空、地面通讯、联络一律用对讲机,严禁在高空和地面互相直接喊话。

5.消防安全措施

(1)建立消防制度、措施,配备足够的灭火器材,现场设置防火水源。

(2)对现场施工作业人员进行防火教育,增强防火意识,成立义务消防队,组织基本训练。

(3)宿舍内用电遵守电路设计,严禁任意拉线接电,严禁使用电炉和明火烧煮食物。

(4)施工现场内的油漆、稀料、乙炔、氧气等易燃易爆物品,设专库专人保管,并订立专项防护措施。

(5)木工棚、仓库、电机房、职工住房及施工现场配备一定数量灭火器材,设置消防池,且张贴醒目的防火标志。制定用火管理制度,制定明火管理规定,不准随便用火,用火要申请,申请要有措施,批准要检查措施落实。制定用电管理制度,不准使用电炉、煤油炉、电热毯、电熨斗等及带有明火的各类电热取暖,或擅自使用高能耗灯具取暖、烘烤物品及在禁火区吸烟等,生活区、仓库区、办公室不准私自使用电炉及大电器设备,生产必须在安全措施落实后实施。

(6)电焊要有防火措施,电焊工位要设火花挡板,不准电焊火花随便飞。并设有专人在焊烧区巡视监护。易燃油料、油漆、气瓶,要专库、专人保管,分开隔离存放,要有专项措施和足够消防器材。

6.施工用电安全措施

(1)现场采用三相五线制,使用总公司规定的标准电箱,三级电箱二级保护,一机一闸一保护,严禁一闸多机。

(2)操作电工必须持证上岗,一般作业必须两名以上电工。

(3)用电的机械设备必须接地接零保护,设置漏电保护。

(4)操作人员要配带齐全符合要求的劳动保护设备。

(5)进行触电抢救基本知识和要领教育及训练。

7.施工机械安全管理制度

(1)进场的各类机械设备必须完好,零配件齐全,安全防护装置完善,运转正常。

(2)机械操作人员要事先培训,经考核合格持有操作证的才允许上岗操作。严禁无证开机或违章作业,严格执行《操作规程》,实行定机定人责任制和机组负责制。

(3)机械设备使用前,应先细致检查各部件和防护装置是否齐全灵敏、可靠,然后进行试车运转。

(4)使用过程要经常注意运转情况,发现零部件损坏或运转不正常时,要立即停机,并报请专业人员修理,在未修好前,不得开机使用。

(5)台班任务完毕,机械停止作业后,要及时做好机械的清洁润滑、紧固、防腐等工作,以保证下次作业的正常运转。

4.2.6.3　创建安全质量标准化工地方案

为了加强安全生产、质量管理和文明施工工作,实现安全生产标准化、规范化,促使在施工中安全质量生产工作方面建立起自我约束、持续改进的安全生产长效机制,以"三个代表"为指导思想,以科学发展观统领安全质量工作,坚持安全生产、预防为主的方针,加强领导,大力推进安全生产法规、标准的贯彻实施。以对施工现场的综合评价为基本手段,落实各级安全质量生产责任制,全面实现施工现场的安全生产工作标准化,统筹规划、分步实施、树立典型、以点带面,稳步推进施工安全质量标准化工作。

1. 工作目标

通过在施工现场实行标准化管理，实现市场行为的规范化、安全管理流程的程序化、场容场貌的秩序化和施工现场安全防护的标准化，促进在施工过程中建立运转有效的自我保障体系。

2. 工作要求

提高认识，加强领导，积极开展施工安全质量标准化工作。

安全质量标准化工作是加强施工现场的一项基础性、长期性的工作，是安全生产工作方式方法的创新和发展。借鉴以往开展创建文明工地和安全达标活动经验的基础上，督促施工中的各个环节、各岗位建立严格的安全生产责任制，使安全生产各项法律法规和强制性标准落实到实处。要以落实科学发展观和构建和谐社会的高度，充分认识安全质量标准化的工作重要性，加强组织领导，认真做好安全质量标准化工作的宣传及先进经验的总结和推广工作，积极推动安全质量标准化工作的开展。

3. 采取有效措施，确保安全质量标准化工作取得实效

制定符合本工程的安全质量标准化实施办法，进一步细化工作目标，建立各级管理人员参加的工作小组，指导施工现场安全质量标准化工作。

注重实体安全防护的检查，加强安全自保体系和运转情况的检查拓展和深化，不断查找管理缺陷，堵塞管理漏洞，形成"执行—检查—改进—提高"的封闭循环链，形成制度不断完善、工作不断细化、程序不断优化的持续改进机制，提高职工自我防范意识和防范能力，实现施工现场安全规范化、标准化。

4. 建立激励机制，进一步提高安全质量标准化的积极性及主动性

建立激励机制，加强监督检查工作，定期对施工现场安全质量标准化工作情况进行检查通报，对成绩突出的班组和个人给予表彰，树立一批安全质量标准化"模范班组"，充分发挥典型示范作用，以点带面，带动施工现场安全质量标准化工作的全面开展。

5. 坚持"四个结合"，使安全质量标准化工作与安全生产各项工作同步实施、整体推进

一是要与深入贯彻建筑安全法律法规相结合。要通过开展安全质量标准化工作，全面落实《建筑法》《安全生产法》《建设工程安全生产管理条例》等法律法规。要建立健全安全生产责任制，健全完善各项规章制度和操作规程，将施工现场安全质量行为纳入法律化、制度化、标准化管理的轨道。

二是要与改善农民工作业、生活环境相结合，牢固树立"以人为本"的理念，将安全质量标准化工作转化为管理方式和管理行为，逐步改善农民工的生产作业、生活环境，不断增强农民工的安全生产意识。

三是要与加大对安全科技创新和安全技术改造的投入相结合，把安全生产真正建立在依靠科学进步的基础上，要积极推广应用先进的安全科学技术，在施工中采用新技术、新设备、新工艺和新材料，逐步淘汰落后的、危及安全的设施、设备和施工技术。

四是要与提高农民工职工技能素质相结合。加强对农民工的安全技术知识培训，提高从业人员的整体素质，加强对作业人员特别是班组长等业务骨干的培训，通过各种学习形式，把对从业人员的职业技能、职业素养、行为规范等要求贯穿于标准化的全过程，促使农民工向现代产业工人过渡。

6. 组织策划

合理利用有利条件，使现场管理达到合理化、标准化、规范化强化施工现场的实效性，使现有

条件充分的得以利用。

通过安全质量标准化工作的创建和实施,对现场进行合理布置、分区管理,落实区域安全生产及文明施工责任到人,并定期进行检查考核。加大现场监管力度,制订一系列行之有效的安全管理体制,彻底杜绝以人管人的管理体制,做到以制度管理。

7.统一规划、合理布局

对施工现场统一进行规划,项目部制定以项目经理为组长的文明施工管理组织机构,对施工现场进行规划,并设立专用资金进行完善,保证各方工作的顺利进行。同时借助创建文明城市及卫生城市的契机,确实把工作落实到实处,责任分解到人。

施工现场按照施工平面布置图进行分区,确实改变以往脏、乱的格局,使现场管理规范化。

4.2.7　文明施工与环境保护措施

4.2.7.1　文明施工目标

达到"××市安全文明示范工地"。

4.2.7.2　文明施工管理体系

文明施工管理体系如图。

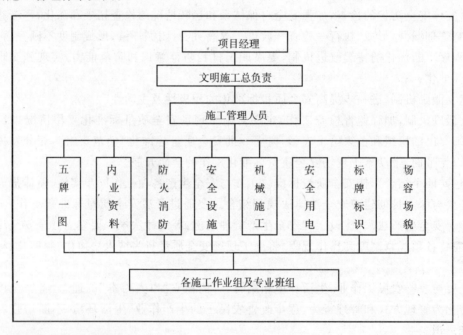

4.2.7.3　确保文明施工措施

1.服从招标项目交通组织,服从交通部门和重点办安排。

2.施工现场采用一类围挡进行围护,一类围挡的规格及要求不得小于招标文件中所述的规格及要求。一类围挡的规格形式如下:

(1)立柱采用ϕ63或2∟75＊5角钢焊接而成,间距2.5米;

(2)立面板0.5mm以上的彩钢板组装而成,颜色以蓝色基调为主,可以搭配其它装饰色,清洁美观;

(3)围挡总高为2.3米,下部为370＊300外罩1∶2水泥砂浆的砖砌挡墙,上部挡板高2.0米。

3.现场明显位置悬挂尺寸不小于1.6＊2.2米的施工平面图、工程概况图、消防器具位置图、安全生产牌、文明施工牌、工程项目组织机构人员名单及监督电话牌。

4. 施工照明

(1)所有围挡顶部同一高度上均设置红色警示灯 1 个,间距 20 米;

(2)沿围挡同一高度设置通告照明,一类围挡按间距 5 米设置,二类围挡按间距 20 米设置;

(3)施工现场自备满足夜间施工的照明;

5. 现场设施:办公用房、宿舍、等用房采用就近租用民房。厕所:尽量利用周边原有公厕,需要设置厕所时必须采用轻钢结构拼装活动房或砖砌,不得采用彩条布围挡式,并进行定期清掏。

6. 施工现场的环境

(1)现场原材料堆放应分品种分别堆放,并做标识,不得各乱堆乱放。

(2)对现场不能及时清运的弃土,应集中堆放,加以覆盖,防尘飞扬。

(3)施工现场应具备足够的洒水设施,防止现场尘土飞扬,保证环境清洁,达到文明施工要求。

7. 施工便民通道

(1)施工便民通道设置应方便施工及周围企业、商服、百姓的出入,必要处设置道口。

(2)原有辅道或人行道有道口的,施工时仍然保留道口,其余道口应根据施工进展情况随时增设。

(3)施工便民通道不能完全为土路,应设一定的铺装以防止雨天泥泞导致人、车无法行驶。

(4)施工便民通道应有排水设施,有利雨水的排放。

8. 必须达到××市市重点工程建设办公室有关《城市基础设施重点工程文明施工管理办法》中的所有条款,并有相应的具体落实措施。

9. 外运土方的车辆必须是箱式带盖的封闭型车辆,运土车辆驶出施工场区时,不得将车轮上的泥土带入市区。

10. 施工仅在施工范围内进行,不得占用交通用地。

4.2.7.4　确保文明施工具体方法

按照施工平面图,对施工现场进行合理规划。在场地中做到场地平整,材料堆放整齐,道路畅通,照明充足,无长流水、无长明灯。建筑垃圾做到日产日清、集中堆放、专人管理、统一清运,能做到"工完料尽",竣工时恢复周围环境。

1. 执行××市文明施工及现场管理的有关规定。

2. 为防止现场灰土飞扬,本工程特准备一台洒水车和两名专职清洁员。

3. 项目经理组织定期对施工现场进行文明施工检查,专人做好检查记录并保留,报送经营计划处复查评定。

4. 暂设办公地点,布局合理,道路平坦,排水通畅,有利于生产,方便生活。

5. 各种材料计划周密,堆放整齐,井然有序,残土、余料及时运出,做到"工完料尽,人走场清"。

6. 施工便道通畅,施工工地及生活区无积水垃圾。

7. 项目经理直接抓现场文明施工,做到责任明确、奖罚分明。

8. 施工现场设立文明生产,文明施工标志及文明施工宣传板。

4.2.7.5　环境保护总体措施

1. 由于本工程地处环境复杂的特点和众多对象需保护的特点,因此,必须采取各种有效措施,做好协作,增强抗干扰能力。做好调研工作,掌握周边情况的第一手详细资料,制订相应对策。

2.在跨越各种主干道地区,交通繁忙、人员流量大,采取"避峰填谷"式运输计划,并运用现代化的手段,进行实时动态调度,使物资、材料的进出场运输满足施工所需。采取各种行之有效的针对性措施,减少施工阶段时外界的噪声、粉尘、光辐射等污染,将施工对外界的干扰降至最低程度。

3.搞好警民共建、社区共建、军民共建工作,争取社会各界对本工程施工的理解和支持,形成对施工作业较为有利的社会环境和舆论导向。

4.做好周边居民和行人的安抚工作,在力所能及的情况下帮助他们解决一些实际困难,以取得周边居民和单位对施工所产生的不可避免的一些影响的理解和支持,使施工周边环境的干扰降至最低限度。

4.2.8　季节性施工措施

4.2.8.1　雨季施工技术措施和保护措施

根据施工总进度计划,本工程涉及雨季施工的工作有桩基础工程、土方开挖、基础承台施工。我公司将从以下几个方面来保证雨季施工。

1.技术措施

(1)由专人负责收听天气预报并公示现场;

(2)有雨情时,雨天施工的要做好防雨措施,提前备好防雨工具;

(3)如遇有大雨等险情,要提前把排水设备安置到位,提前作好应急方案;

(4)建立抢险组织机构,以便发生问题时能及时解决;

(5)施工现场排水:雨季到来前,距建筑物周边 2～2.5m 设排水沟及排水井,四周向排水沟排水井 3% 偏坡,以防地面雨水侵入地基基础或入地下室,做好日常排水沟加固,保证流水畅通。

(6)现场备好塑料布、苫布、五彩布等防雨工具如遇雨将把当日施工作业及水泥库房覆盖。

2.施工措施

(1)桩基础工程:对施工场地进行平整,并设置集水坑,当大雨来临时可以及时将雨水排出场外,以免积水影响桩机的正常工作。

(2)土方开挖:土方开挖一般不宜在雨季进行,否则工作面不宜过大,应逐段、逐片分期完成。

(3)雨期施工,在开挖基坑(槽)时,应注意边坡稳定,经常对边坡、支撑、土堤进行检查,发现问题要及时处理。

(4)为防止雨水进入基坑,基础开挖后应在基坑上设彩条布进行防雨;并在基底四周设置排水沟及集水井。集水井为 1m×1m,井深 1.5m,四周用红砖码砌,排水沟做成 300mm×500mm,内填渣石滤水。及时用潜水泵将水排出槽外,经沉淀后排入场外污水管网。

(5)雨施时,应有防雨措施或方案,要防止地面水流入基坑和地坪内,以免边坡塌方或基土遭到破坏。雨前应及时压完已填土层表面压光,并做成一定坡度,以利排水。

3.保证措施

(1)由项目总工程师根据工程进度组织制定详细的雨季施工措施,认真组织有关人员分析雨季施生产计划,根据雨季施工情况项目部编制雨季期施工措施,提出详细的材料、设备计划,劳动力需用计划,设专人负责。

（2）雨天浇筑混凝土应配好塑料布，遇有阵雨应将施工缝留置在规范要求的位置，并将新浇混凝土及时用塑料布盖严。

（3）配备雨季防雨防潮材料和设备。包括潜水泵、帆布、塑料薄膜、油毡等。

（4）在大雨天时，严禁进行焊接施工。焊接接头未冷却之前，严禁雨水冲刷，以免发生脆断。

（5）现场所有用电设备、闸箱、输电线路进场安装时均应考虑防雨防潮措施并符合用电安全规则，保证雨季安全供电。

（6）砂子应在雨后及时检测含水率，根据实测情况随时调整配合比加水量，保证砂浆水灰比满足设计要求。

（7）在雨季来临前，由项目经理组织人员对仓库进行检查，修复，确保雨季来临房子不漏雨，对室外堆放的材料针对情况进行防雨措施，同时配备好必要的草袋，防雨布做好防洪准备。

（8）电缆工程主要考虑在晴天进行敷设，并将没有敷设的电缆放在雨蓬中以免阳光曝晒或雨淋使绝缘老化。

（9）对管子、构件进行防腐处理时，尽量在雨棚中进行，以免处理一半就下雨。

（10）暴雨过后，应及时检查脚手架、缆风绳等临时设施，有变形、下沉现象时，应及时处理。同时，对电器设备进行检查，确定各种性能处于良好状态后方可再次使用。

4.2.8.2　夜间施工技术措施和保护措施

本工程工期较紧，夜间施工不可避免，为保证夜间正常施工，采取下列措施：

（1）根据现场情况，夜间施工尽量安排噪音小的工作，避免影响邻近居民休息。当因工程需要连续施工时，应提前征得居民的谅解。

（2）夜间施工时，应保证有足够的照明设施，能满足夜间施工需要，并准备备用电源。

（3）施工现场设置明显的交通标志、安全标牌、警戒灯等标志，标志牌具备夜间荧光功能。保证施工机械和施工人员的施工安全。

（4）在人员安排上，夜间施工人员白天必须保证睡眠，不得连续作业。

（5）施工处经理部各部门建立夜间施工领导值班和交接班制度，加强夜间施工管理与调度。在施工处经理部设置夜间值班室；在施工现场安排现场值班室。

（6）充分考虑施工安全问题，不安排交叉施工的工序同时在夜间进行。

（7）施工现场设置明显的交通标志、安全标牌、护栏、警戒灯等标志。保证行人、施工机械和施工人员的施工安全。

（8）做好夜间施工防护，在作业地点附近设置警示标志，悬挂红色灯，以提醒行人和司机注意，并安排专人值守。

（9）夜间施工用电设备必须有专人看护，确保用电设备及人身安全。

（10）夜间气候恶劣的情况下严禁施工作业。

（11）夜间施工时，各项工序或作业区的结合部位要有明显的发光标志。施工人员需穿戴反光警示服。

（12）各道工序夜间施工时除当班的安全员、质检员必须到位外，还要建立质量安全主管人员巡查制度，发现问题必须立即解决。

（13）实施具有重大危险源的工程项目时，必须根据重大危险源的应急救援预案措施，做好随时启动应急预案的准备。

4.2.9 附表

附表一:拟投入本工程的主要施工设备表

序号	设备名称	型号规格	数量	国别产地	制造年份	额定功率(kW)	生产能力	用于施工部位	备注
	小型挖掘机	Wj220	1	山东	2010	190			基础
	小型装载机	Z1350	1	济南	2009	300			基础
	汽车吊	25T	2	徐工	2011			主体	
	汽车吊	50T	2	徐工	2013			主体	
	混凝土泵车	47m	1		2010			基础主体	
	蛙式打夯机	20kg	2	沈阳	2009			基础	
	混凝土振动器	50	3	沈阳	2012			基础主体	
	套丝机	TS-200	1	河南	2012			基础主体	
	交流电焊机	BX3-300	7	江苏	2011			基础主体	
	小型运输车	958	5	山东	2012			基础主体	
	钢筋弯曲机	Jcg-40	1	南京	2010			基础主体	
	钢筋调直机	QJ-40	1	南京	2012			基础主体	
	桩机	CFG25	1	苏州				基础	

附表二:拟配备本工程的试验和检测仪器设备表

序号	仪器设备名称	型号规格	数量	国别产地	制造年份	已使用台时数	用途	备注
1	全站仪	莱卡TS09	1	瑞士	2010		测量	
2	经纬仪	J2	1	南京	2009		测量	
3	水准仪	S3	3	南京	2012		测量	
4	钢尺	50m			2013		测量	
5	塔尺	LF-35	2	苏州	2010		测量	

续表

序号	仪器设备名称	型号规格	数量	国别产地	制造年份	已使用台时数	用途	备注
6	线锤	CJ-5056	2	长沙	2010		测量	
7	安培表	0.5 1/2,2.5/ 5.5/10	2	中国	2013		实验测量	
8	兆欧表	21C-38mm	2	中国	2013		实验测量	
9	靠尺	3m	1	桂林	2010		实验测量	
10	回弹仪	SC1200KN	1	中国	2012		实验测量	
11	万用表	V-201	4	中国	2013		实验测量	

附表三:劳动力计划表

单位:人

工种	按工程施工阶段投入劳动力情况						
	基础	主体	钢结构	装饰			
力工	12	12	7				
木工	9	11					
钢筋工	7	7					
水泥工	1	1					
抹灰工	2	2		9			
架子工	3	3	6				
机械工	1	1	1				
油工	0	1	8				
防水工	0	1					
电焊工	1	1	7				

附表四:计划开、竣工日期和施工进度网络图

标识号	任务名称	开始时间	完成时间
7	土方回填	2013年8月31日	2013年9月4日
8	钢结构制作	2013年8月29日	2013年9月8日
9	钢梯安装	2013年9月9日	2013年9月14日
10	钢筋架安装	2013年9月12日	2013年9月17日
11	干挂理石安装	2013年9月15日	2013年9月21日
12	扶手安装	2013年9月18日	2013年9月22日
13	防水混凝土施工	2013年9月23日	2013年9月26日
14	石材铺装	2013年9月27日	2013年10月3日
15	油漆施工	2013年10月4日	2013年10月6日
16	现场地面恢复	2013年10月7日	2013年10月11日
17	围档拆除	2013年10月12日	2013年10月13日
18	竣工验收	2013年10月14日	2013年10月15日

附表五:施工总平面图

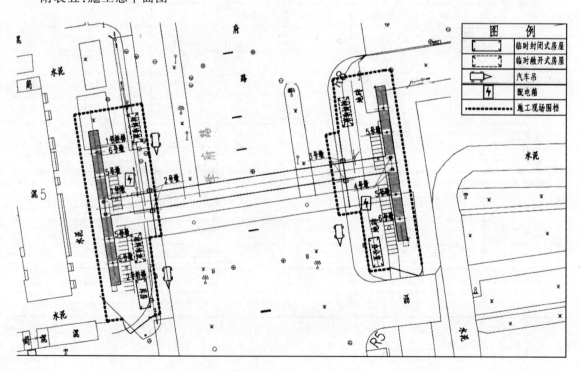

附表六:临时用地表

用　途	面积(平方米)	位　置	需用时间
办公室	36 平方米	施工现场	59 天
库房	54 平方米	施工现场	59 天
门卫	16 平方米	施工现场	59 天
宿舍	120	现场外	59 天
食堂	24 米	现场外	59 天

第5章 管道及厂站工程实施性施工组织设计

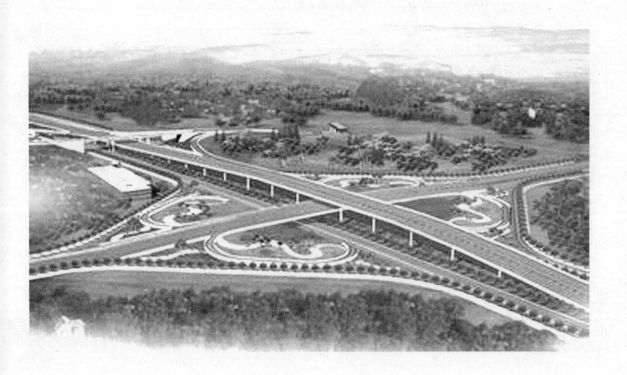

5.1　道路排水管线工程施工组织设计实例

封面　（略）

目　录

5.1.1　工程概况

××路长距离顶管工程是××市污水治理一期工程××标中的一个单位工程,由2座顶管井和2条φ2400mm钢筋混凝土管顶管组成,北起B路,南至A路,全长605m。

5.1.1.1　工程数量

××路长距离顶管工程主要工作内容为7.4×11.5×14m工作井一座,5.5×11.5×13.4m接受井一座,以及长度为1 210m的φ2400mm钢筋混凝土管顶管。主要工程量为:水泥土搅拌桩1 349m³,插入50号H型钢48根,地下连续墙580m³,钢筋混凝土650m³,φ2400mm"F"型混凝土加强管484只。

5.1.1.2　施工工期

本工程的工期是根据××标总体工期进行安排的,总工期为8个月,其中工作井和接受井施工工期共为4个月,顶管工期为4个月。

5.1.1.3　地质概况

(略)

5.1.2　施工部署

5.1.2.1　施工作业段的划分

根据施工的性质和内容划分为如下作业段:

1. 工作井的SMW围护的施工。
2. 工作井逆作法的施工。
3. 接受井的地下连续墙施工。
4. 接受井的开挖、钢筋混凝土圈梁和支撑的制作。
5. 顶管分两个作业面进行,即两根管道前后相差75m左右同时顶进。

5.1.2.2　总体施工安排

1. 工程进度安排:根据××标总体工期要求,本工程的工作井和接受井的制作安排在××年3月1日~6月30日,顶管安排在××年7月1日~10月31日。
2. 施工流程安排见图5-1。
3. 关键工序:本单位工程的进度关键在于,工作井的SMW围护施工→工作井的逆作法施工→第一顶的工作井布置→管道顶进→第二顶的工作井设备撤场。

5.1.2.3　施工管理

根据本单位工程的特点成立以顶管为主的单位工程项目经理部,在××标项目管理部的领导下,负责本单位工程的工作井、接受井和顶管施工。项目经理部由项目经理、项目技术负责人、项目副经理、质量员、测量员、安全文明施工员、材料设备员等组成。项目经理部的主要职责是对具体的施工项目在施工进度、技术、质量、安全、文明施工进行全方位的管理,项目经理部在总体施工安排下,对本项目每道工序的施工时间、人员、设备、材料安排;对施工过程中的安全、文明施工措施的制定和落实负责。

5.1.3　施工准备

由于本单位工程位于市区,地下管线复杂,无明确的地下管线图,对工作井和接受井的定位带来困难。另由于工作井和接受井受地下管线影响,不能采取正常的沉井施工法,只能采取逆作

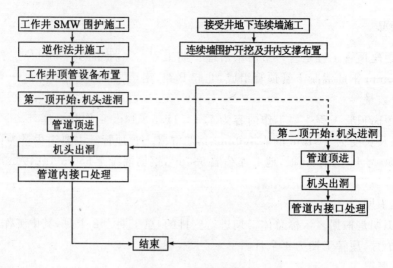

图 5—1　施工流程图

法和地下连续墙作为围护的施工工艺,以确保周围的地下管线的安全,尤其是 φ1200 水厂出水总管的安全,施工技术难度较大;φ2400 双管同时顶进而且一次顶距长达 605m 以及埋深达 13m,同样也存在着很大的施工难度。针对上述问题,必须做好以下施工准备工作。

5.1.3.1　掌握××路上各类地下管线的类别、管径、走向,由于施工图上所表明的管线与实地样洞开挖和公用管线单位提供都有较大的差别,因此经建设单位、监理单位同意,对工作井和接受井所在的部位采取超声波探测仪探测地下管线的类别、管径、走向,根据地下管线的分布情况,布设工作井和接受井的实地位置,见图 5—2、图 5—3。

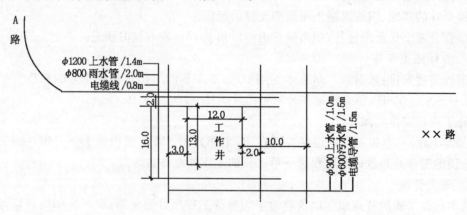

图 5—2　A 路地下管线平面示意图

5.1.3.2　施工测量、放样

由于××路上各类地下管线较多,而且没有准确的管线走向图,因此对该段顶管的接受井和工作井的具体位置的设定主要以现场为准。根据超声波探测仪对地下管线的探测以及现场样洞开挖的情况,确定接受井的位置和工作井的位置。由于该两座井的距离为 605m,因此在机头定位时,采用红外线测距仪进行定位。该单位工程所使用的临时水准点为 M_{10}、M_{11},由××标顶管部提供。

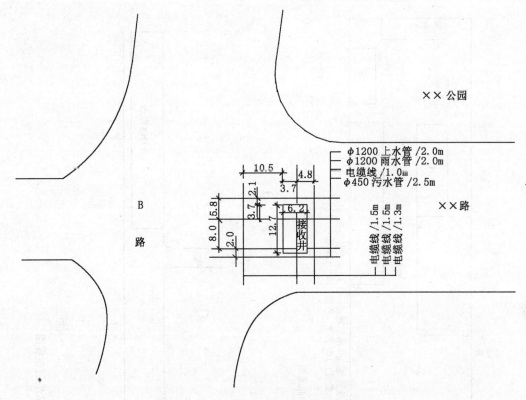

图 5－3　B 路顶管接收井地下管线布置图

5.1.3.3　生活设施根据施工需要,生产和生活的临时设施地点设在 B 路、××路及 A 路、××路两处,共占地 1 000m² 和 4 000m² 的生活和生产临时设施点。其中 A 路处的 4 000m²(简称 3 号临设点)主要用于安排工作井和顶管作业人员生活、施工机械设备、临时堆土场地等。B 路处的 1 000m² 主要用于接收井的施工场地和机头进出洞的施工准备及临时堆放场地,参见施工总平面布置图(图 5－4)。

5.1.3.4　施工便道和交通便道

1. 施工便道安排:根据工作井和接收井以及顶管的施工特点,施工便道安排在井的四周,由于工作井和接收井均设在现有的道路上,因此施工便道也利用现有的道路,施工便道的宽度为 5m。

2. 交通便道安排:由于本单位工程位于市区,因此在施工中要确保现有道路的安全、畅通。在工程开工前会同建设单位、监理、当地交通部门,共同确定施工期间现有交通维持方案。根据市区文明施工的有关规定,施工区与非施工区的分隔均采用玻璃钢作为围护材料。为了交通管理,在临时占路地段设立标准的交通标志,以提示过路车辆和行人注意安全。

5.1.3.5　施工用电、用水

1. 施工用电:在 3 号临设点处有 1 个变压器房,由建设单位提供,可供电 250kW,根据顶管设备要求约需 200kW,可满足施工用电。另外考虑到顶管机头在顶进过程中不能停电要求,所以在工作井处安排了 1 台 200kW 的发电机以防停电。由于接受井用电量较小,仅需施工照明和混凝土浇筑时施工用电,因此考虑从路东的绿化部门借电 15kW。

2. 施工用水:3 号临设点距工作井较近,因此该处的施工用水既要考虑生活用水,也要考虑生产用水。从生产和生活总体用水量考虑,向建设单位申请 φ50 自来水管的用量。接受井处由于施工用水量很少,仅为一些生活用水,因而同样向路东的绿化部门借用自来水。

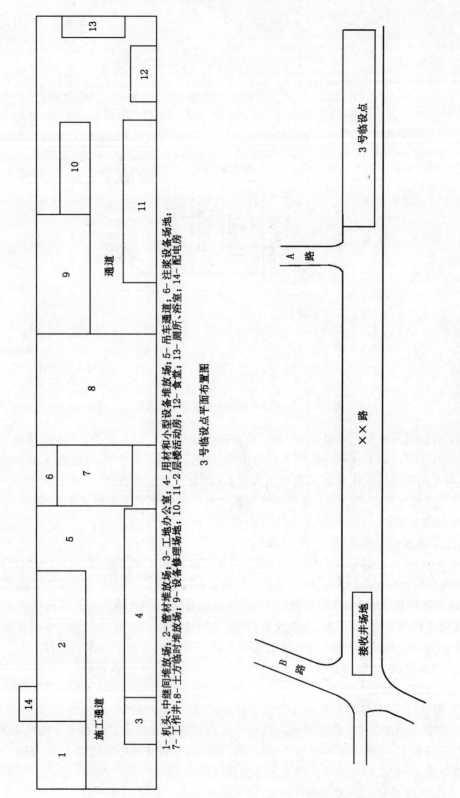

3 号临设点平面布置图

1-机头、中继间堆放场；2-管材堆放场；3-工地办公室；4-用材和小型设备堆放场；5-吊车通道；6-注浆设备场地；7-工作井；8-土方临时堆放场；9-设备修理场地；10、11-2层楼活动房；12-食堂；13-厕所、浴室；14-配电房

图 5-4　施工总平面布置图

5.1.3.6　临时排水：施工现场的临时排水主要利用现有的雨污水管道。在接受井处利用原有的 $\phi450$ 污水管来排放施工现场积水；工作井和生活区的排水利用改排后 $\phi800$ 雨水管道。

5.1.3.7　技术准备：工作井采用 SMW 工法作为围护结构进行逆作法施工、接受井采用地下连续墙替代原设计的沉井方案、顶管一次顶进长度为 605m，上述三种施工方案都是比较复杂的。因此在施工前组织各作业段的施工负责人、技术负责人及有关操作人员共同学习施工图纸、技术规程、质量标准，编制切实可行的施工方案，对图纸上存在的问题会同监理、建设单位和设计人员共同商讨。针对本单位工程的特点，在施工技术上主要存在着以下几个问题：

1. SMW 工法搅拌桩的长度及型钢插入深度的计算：由于 A 路工作井受四周地下管线的限制，不能采取正常的沉井方案，只能采取逆作法施工，而设计未对逆作法的围护形式进行设计，因此在施工前要对围护的形式进行设计。逆作法施工的常规围护结构是地下连续墙，由于地下连续墙成本高，而且对周围及地下环境造成污染，采用钻孔灌注桩同样也存在上述的施工问题，经与建设、监理、设计单位商定，采用 SMW 工法作为围护，与上述两种方案比较，它具有造价低、对周围及地下环境污染少等优点。

2. 逆作法井分节制作的设计：设计图上的工作井是按正常开挖后的钢筋混凝土井的制作设计的，未考虑采用逆作法施工后每节井制作时，其内力工况的不同，因此要对逆作法井的施工工况进行设计，并采取相应的施工措施。

3. 长距离顶管的方案考虑：一次顶进长度达 605m，在××市除穿越××河外，在陆地上还是较少的，尽管在施工技术上其施工难度要低于穿越××河，但在陆地上要考虑各类地下管线的安全。除此之外，与所有的长距离顶管一样，要考虑中继间的设置、出土方式、管道内的通风和通信等问题。由于工作井、接受井的四周均有地下管线，管道的进出洞方案要详细、周密地考虑，以确保井的四周管线的安全。

5.1.3.8　地下管线的保护：本单位工程从井的制作到顶管施工始终都存在着地下管线的保护问题，由于管线分布在井的四周以及顶管的上方，因此在施工中除要采取切实可行的施工方案外，还要对重要管线如：$\phi1200mm$ 上水管、$\phi300mm$ 上水管、$\phi1200mm$ 雨水管、$\phi1200mm$ 煤气管、$3200\times2400mm$ 雨水箱涵等，采取跟踪观测，管线的沉降观测由建设单位指派有专业资质的单位承担。

5.1.3.9　人员、设备、材料准备：根据本单位工程施工作业面特点，人员、材料、设备进场分为两个阶段：第一阶段是两座井的施工，第二阶段为顶管，分为两个作业段。两个阶段所需的主要机具设备、主要材料和劳动力见表 5-1～表 5-3。

表 5-1　　　　　　　　　　　　　　主要机具设备计划表

序号	机 具 设 备 名 称	规 格 型 号	单 位	数 量
1	电动履带抓斗起重机	W0-40 型 5-10t	台	2
2	履带式挖掘机	YW100	台	1
3	空压机	$6m^3$	台	1
4	空压机	$0.9m^3$	台	1
5	双头深层搅拌机		台	1
6	振动锤		部	1
7	液压式履带吊	TL-500E 型 50t	台	1

序号	机 具 设 备 名 称	规 格 型 号	单 位	数 量
8	装载机	2m³	台	1
9	成槽机	MHL 800	台	1
10	自卸车	20t	台	2
11	轻型井点		套	1
12	汽车吊	15t	台	1
13	汽车吊	25t	台	1
14	多刀盘土压平衡顶管掘进机	φ2400	组	2
15	中继间(包括液压动力站)	φ2400	套	8
16	等推力千斤顶	200t	只	12
17	离心式通风机	5kW	台	4
18	钢筋对焊机		台	1
19	电焊机		台	4
20	钢筋切断机		台	1
21	注浆泵	HB－3	台	2
22	注浆泵	SYB50/50X	台	2
23	全站仪		台	1
24	电子经纬仪		台	2
25	水准仪		台	1
26	泥浆泵		台	7
27	钢筋弯曲机		台	1
28	插入式振动器		套	6
29	变速液压动力源	30kW	台	2
30	发电机	200kW	台	1

表 5－2　　　　　　　　　　　　　主要材料计划表

序号	材 料 名 称	规 格	单 位	数量
1	预拌混凝土		m³	1 230
2	F 型钢筋混凝土加强管	φ2400	只	484
3	水泥	P·O 52.5	t	500
4	钢筋	φ6～φ28	t	190
5	H 型钢	50 号	m	912
6	双组分密封膏		m³	7.3

表 5-3				劳动力计划表					单位：人
月　份　　　工　种	3月	4月	5月	6月	7月	8月	9月	10月	备　注
钢筋工	10	10	15	15	2	2	2	2	
混凝土工	10	10	10	10	4	4	4	4	
特种工	10	10	10	10	20	20	20	10	须持资格证书
普工	50	50	50	50	80	80	80	80	
合计	80	80	85	85	106	106	106	96	

5.1.4　施工总体进度计划

由于本单位工程的施工进度快慢直接影响到整个工程的竣工时间，也就是说本单位工程是整个××标工程后阶段的关键路线，因此对单位工程所需要的人员、材料、设备将根据施工进度充分安排，确保工程如期完成。

5.1.4.1　工作井和接受井的进度安排：工作井采取深层搅拌桩插 H 型钢作为围护，待 28d 后再开挖进行井的逆作法施工，地下连续墙也需有 28d 的养护期才能开挖。因此在 3 月份安排井的 SMW 和地下连续墙的施工，4 月份安排养护，5 月份和 6 月份安排井的逆作法施工和接受井开挖、圈梁和支撑的施工。

5.1.4.2　顶管施工安排：7～10 月安排顶管施工，完成 1 210m 的 φ2400 顶管，为此在作业面上安排 2 支施工队伍，进行同时顶进。第一顶安排在 7 月 15 日，第二顶安排在 7 月 25 日；第一顶结束时间为 9 月 15 日，第二顶结束安排在 9 月 25 日；10 月 31 日工完场清，为下道工序施工提供条件。

5.1.4.3　工程施工进度阶段划分：本单位工程将分为四个阶段。

1. 第一阶段是井的围护施工，由于 SMW 工法和地下连续墙均需有 28d 的养护期，因此安排在 3 月份进行施工。

2. 第二阶段是井的制作，由于工作井是工期的关键路线，为了缩短逆作法的施工时间，当搅拌桩养护期达 14d 时，进行基坑开挖及圈梁混凝土的浇筑，从而提早进行井壁的制作。此外，最后一节井壁混凝土由 C30 改为 C40，使井壁混凝土提前达到设计强度。工作井底板混凝土浇筑完毕 7d 后，进行顶管工作井的布置，在后靠背井壁混凝土强度达到设计强度后，立即进行管道的顶进，整个工作井布置时间控制在 10～15d 内。

3. 第三阶段是管道的顶进，对长距离顶管来讲，影响工期的主要因素是管道内的土方运输，为确保长距离顶管速度保持在 15m/d，在施工方案中将对出土方案重点进行考虑。

4. 第四阶段是管道内的接口处理，本管道内接缝采用双组分密封膏，由于双道顶管共有 484 个接口，工作量较大，因此采取多个作业组同时施工，以确保接缝工作在工程竣工前完成。

5.1.4.4　施工总进度计划见表 5-4。

5.1.5　主要施工方法

××路长距离顶管施工主要分为工作井、接受井和顶管三个部分。

5.1.5.1　工作井施工

表5-4　　施 工 总 进 度 计 划

序号	项 目	工期(天)	开始时间	完成时间	3月 下旬	4月	5月 下旬	6月	7月 下旬	8月	9月 下旬	10月 下旬
1	工作井围护	20	××.3.1	××.3.28								
2	逆作法围护施工	65	××.3.29	××.6.29								
3	接受井地下连续墙	20	××.3.1	××.3.28								
4	接受井开挖施工	31	××.5.30	××.7.10								
5	第一项工作井布置	8	××.7.1	××.7.11								
6	第一项顶管施工	40	××.7.12	××.9.5								
7	第一项顶管进洞	7	××.9.7	××.9.15								
8	第一项顶管道内接缝处理	20	××.9.16	××.10.12								
9	第二项工作井布置	8	××.7.12	××.7.21								
10	第二项顶管施工	40	××.7.22	××.9.15								
11	第二项顶管进洞	7	××.9.16	××.9.26								
12	第二项顶管道内接缝处理	20	××.9.27	××.10.23								

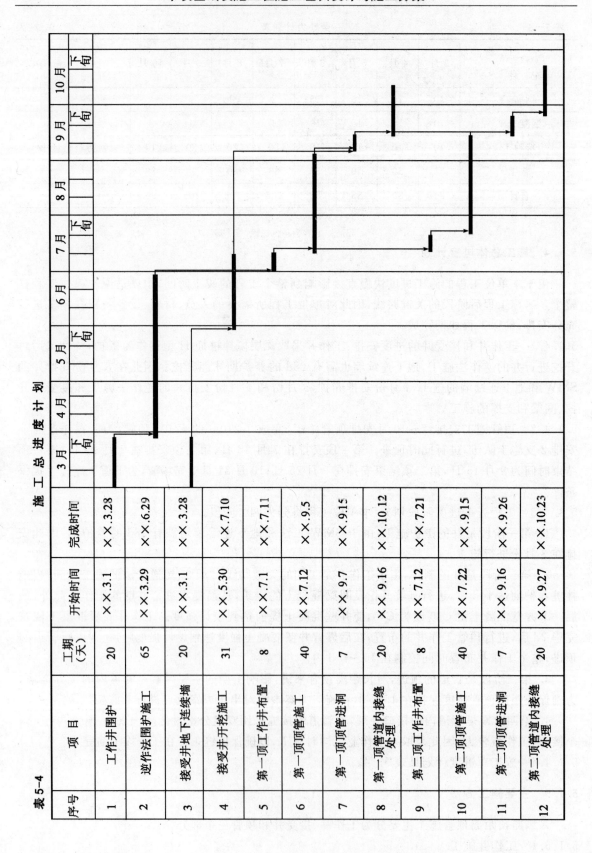

　　工作井位于××路和 A 路交叉口,该工作井因原井位遇 2 只铁路桥墩及原场泥塘,不能进行井的制作,经与有关部门商定,将 A 路工作井向南移 40m 左右,即由原来 1+690 移至 1+733,顶管管位设定时避开桥墩,顶管标高向下降低 3.2m。移位后的工作井东侧有 $\phi 1200$ 的上水管(距井边 3m),西侧为××路(距井边 4m),北侧有一根 $\phi 300$ 上水管(距井边 4m),以及西侧有一排 2.5 万 V 的高压线,鉴于上述情况,该井采用逆作法制作,逆作法井的施工围护采用水泥土搅拌桩加 H 型钢(简称 SMW 工法),围护桩深度为 21m。当围护桩达到设计强度后(即水泥桩的强度 $q_u \geq 0.8MPa$),进行围护内的土方开挖和井的制作。

　　A 路的工作井深为 14m,工作井的内净尺寸为 $7.4 \times 11.5m$,井壁厚为 0.8m。

　　1. SMW 工法围护施工:采用长为 21m 双孔 $\phi 700$ 深层搅拌桩,每隔 1m 插长为 19mH 型钢作为逆作法井的围护。

　　(1) SMW 工法工艺流程(见图 5—5)。

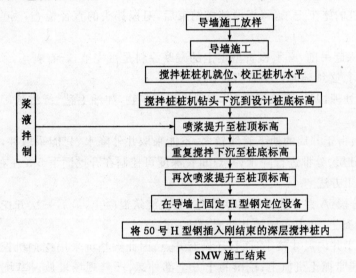

图 5—5　SMW 工法工艺流程图

　　(2) 导墙施工:原场地上凿去施工区域表面硬层,开挖搅拌桩施工场地,进行导墙的放样,导墙宽为 2m,深为 2.5m,采用 C20 钢筋混凝土。

　　(3) SMW 工法施工:导墙混凝土强度达到 70% 后,可进行搅拌桩的施工。

　　1) 首先进行桩位的定位放样,然后进行桩机的就位和校核桩机的水平和垂直精度,确保成桩的垂直度。

　　2) 开动搅拌机搅拌至桩底标高,然后边喷浆边提升搅拌头至设计桩顶标高,停止喷浆,校核桩机的垂直度,再次开动搅拌机进行搅拌至桩底。

　　3) 搅拌桩施工结束后,用振动锤将就位好的 50 号 H 型钢插入到搅拌桩内。

　　(4) 施工技术措施

　　1) 主要技术参数控制:

　　①水泥浆液配比　(略)

　　②水泥掺入比:15%

　　③搅拌桩喷浆范围:-21m～-2m(以地面相对标高为 0.000)

　　④供浆流量:45L/min

⑤搅拌头提升速度：0.31 ± 0.05m/min

⑥搅拌桩的强度指标：28d 搅拌桩的强度指标为：

$$q_u=0.8\sim1.0\text{MPa}$$

2）搅拌桩冷接头处理

对搅拌桩的冷接头处理采用在接缝处进行分层注浆，注浆孔的深度与搅拌桩相同，注浆量为250kg/m，浆液的主要成分为：

①水泥浆液配比　（略）。

②水玻璃：为中性水玻璃，其掺量为：

水泥浆：水玻璃＝1：（0.8～1.2）（体积比）

3）施工过程控制

①做好搅拌桩和型钢的放样、定位和复核工作。

②做好每根桩的施工记录，每根搅拌桩结束后，对搅拌头的直径检查，当直径不足 69cm 时，更换钻头。

③H 型钢插入起吊前，必须检查型钢上的减摩涂料是否完整，若有剥落，须补涂。

④型钢插入时，必须随时调整垂直度。

4）特殊部位处理：基坑圈梁施工时，必须设置隔离物，如油毛毡、纤维板等，便于以后型钢的拔除。

2. 施工降水：由于井周的地下管线较多，不能采取井外降水，只能采取井内降水。井内降水可采取轻型井点分层、分批进行降水，井点布置深度可控制在开挖面下 5m 左右。

3. 逆作法施工方法

（1）逆作法分段：A 路工作井分四次开挖、五次浇筑混凝土，最后一次开挖，先浇筑混凝土底板，后浇筑井壁混凝土，井内隔墙随井壁混凝土一起浇筑。

（2）挖土：由于井内尺寸较小，而且还设有井点，因此除基坑采用挖掘机挖至圈梁底标高外，其余土方均采用履带抓土机抓土；挖出的土方全部外运，严禁现场堆放。基坑应分层开挖、分层修边，每层开挖高度应控制在 1m 左右。井内挖土时，应注意保持抓斗与 H 型钢的距离，避免抓斗抓土时将 H 型钢暴露在外。

（3）井身制作：分为圈梁制作、井壁和隔墙制作、底板制作，隔墙和井壁混凝土同步进行。

1）圈梁：采用挖掘机开挖基坑土面至 3.2m 标高时，进行圈梁制作。

圈梁制作时，应先将搅拌桩顶面的浮土清除并整平，然后用纤维板将 50 号 H 型钢间隔，用黄砂将其中的空隙填实，以防止圈梁混凝土浇筑时，混凝土浆液流向工字钢的表面。

当圈梁混凝土强度达到 70％时，进行第一节井壁和隔墙的制作。

2）第一节井壁混凝土制作：该段用履带抓土机抓土至第一节井壁的土基面−1.30m，然后采用人工对围护四周进行修整，并沿围护内周开挖一条深 70cm、宽为 80cm 的沟槽，在该沟槽中回填黄砂，接着进行第一节井壁和隔墙的钢筋、模板制作。

第一节井壁的钢筋制作时，应预留出第二节井壁制作时的钢筋，其长度应满足施工技术规程的要求，受拉主筋的连接均采用焊接；同一断面焊接的数量≯50％；两个焊接断面间距＞30cm；预留出的钢筋均插入黄砂中，并确保垂直。

井身混凝土浇筑时，每层混凝土的高度控制在 50cm 内。

第一节井壁立模时，在侧模上口设一杯形投料口，高出上下段接缝 30cm，宽出井内壁 25cm，混凝土浇筑从投料口入料。为使连接处有良好的密实度，在施工中采取二次振捣，即第一次振捣后,稍停 30～60min,在混凝土初凝前再进行第二次振捣。

3) 第二节井壁和隔墙制作:第二节井内挖土标高至－4.40m,井壁和隔墙制作以及井内土方、沿井内的沟槽开挖、黄砂回填、钢筋制作、模板制作和混凝土浇筑均与第一节相同。

为确保第一节井身混凝土与第二节井身混凝土联结密实,在第二节井身钢筋绑扎前,应对前一节井壁底面的浮砂、石进行凿除,对所预留出的钢筋进行表面浮物清除。

4) 第三节井壁和隔墙制作:第三节井内挖土标高至－7.60m,施工方法与前述相同。

5) 第四节井壁、隔墙和底板施工:当第三节井壁混凝土强度达到设计强度的 70% 时,进行第四段的土方开挖,开挖深度至底板的十基面(－10.05m),用人工进行土基面的平整、清理和围护桩表面的平整,铺设 15cm 的 C15 混凝土垫层,底板钢筋的制作和混凝土浇筑;在底板钢筋制作时,要注意预留的井壁和隔墙钢筋;当底板混凝土浇筑完成后,再进行井壁和隔墙的钢筋、模板安装及混凝土的浇筑,其施工方法与第二节井壁施工相同。

(4) 为增加井壁与围护之间的摩擦力,在井内挖土时,沿深层搅拌桩围护四周左右上下每隔 1m 做一个深 20cm、高和宽均为 25cm 的浅洞,以后与井壁混凝土一起浇筑。

(5) 根据井壁制作高度划分,每节井壁浇筑高度在 4m 左右,为确保混凝土浇筑密实,尤其是在洞口周围的混凝土密实,因此每节井壁模板制作时,应开设门洞,用于操作人员进出。

4. 当整个逆作法井完成后,要对顶管出洞预留孔采取一砖半墙进行封洞口。当所砌砖墙达到强度及整个井的混凝土达到设计强度的 80% 后,开始进行围护桩内的 50 号 H 型钢的拔除。

5. 设置沉降观测点:由于采用逆作法施工,井身的重量全部由水泥搅拌桩承担,因此为了掌握和了解井的制作过程中搅拌桩的受压状况,在圈梁上设置沉降观测点和位移观测点。

6. 由于圈梁顶低于地面约 2m,为避免井周围的土体流入到井内,在圈梁施工前,应沿井四周砌砖墙至地面,并在砖墙外侧的地面上,挖一条排水沟,避免水流入井内。

5.1.5.2　接受井施工

B 路地下连续墙为 B 路钢管顶管和 A 路混凝土顶管双向接收井,该井位于 B 路和××路交叉路口,井的内净尺寸为 5.5×11.5m,井深为 13.4m,连续墙深为 24.3m。B 路双向接收井位于地下管线和架空线密布的位置,在该井的东侧有一根 φ1200 的上水管和一根 φ1200 的雨水管,井的南侧有一排地下电力电缆和一根架空光缆,井的西侧有一根 φ450 的污水管和一根改排的 φ800 雨水管,井的北侧有一根地下电力电缆和一排 3.5 万 V 的架空电线,其中污水管与井壁净距仅为 70cm,整个井位于管线包围之中。

1. 地下连续墙施工:接收井地处 B 路和××路交叉处,施工中考虑成槽机吊车和运输车辆的通行,利用现有道路作为施工便道,在××路上设置钢筋笼制作场地约 300m²。

(1) 地下连续墙施工工艺流程(见图 5－6)

(2) 主要施工方法

1) 导墙施工:导墙形式采用倒"L",现浇钢筋混凝土,由于该接受井四周均有地下管线,因此导墙在地下连续墙中对周围管线保护起着十分重要的作用。

①导墙放样、开挖:经复核无误后实地放样,确定导墙的中心线,导墙开挖以人工开挖为主,以免破坏不明管线。

②导墙绑扎筋、立模:沟槽开挖后,进行钢筋绑扎,钢筋纵向连成整体,竖向钢筋钩住地面,模板以大型钢模板为主,小型钢模板相辅,模板间支撑要牢固,并加设剪力撑。

③导墙混凝土浇筑:模板完成后需对截面、垂直度及支撑是否牢固进行检查,合格后才能浇筑混凝土,混凝土浇筑时要两边同时进行,以防走模;导墙采用 C20 混凝土,宽度为 65cm。

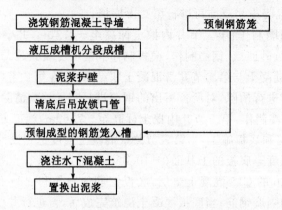

图 5-6　地下连续墙施工工艺流程

④导墙拆模：导墙拆模后，为防止导墙内挤，要及时加设支撑，支撑每 2m 一道，上下各一根呈梅花形错开；在混凝土养护期间，防止任何重型设备在导墙附近作业或停留，以防导墙位移或变形、开裂。

⑤连续墙放样：导墙完成后，在导墙顶划分连续墙的幅线，标出幅号，并测定墙顶标高。

⑥导墙内必须洁净，严禁堆放杂物，以防污染泥浆。

2）泥浆配置：泥浆原材料采用钠土和高效化降失剂、纯碱，每进一批原材料，须经试验，性能达到指标后方能使用。新鲜泥浆（指成槽时所用泥浆）主要性能指标为：

①相对密度：1.04～1.08。

②黏度：23～30s。

③pH：7～9。

④失水重：<20mL/30min。

⑤切力：被切/终切：$1～5P_a/2～20P_a$。

施工过程中要加强泥浆性能指标的控制，随时根据槽壁稳定情况及时调整泥浆的各项指标，确保成槽的质量，特殊地段泥浆指标另行调整。

3）单元槽段成槽：挖槽是地下连续墙施工中至关重要的一个环节，槽壁形状决定了墙体外形，如成槽精度达不到要求，钢筋笼下放将受到影响，严重的将无法完成，影响地下连续墙的施工质量。

①挖槽准备工作：挖槽前应备足泥浆，泥浆量应为挖土量的 1.5 倍（每槽段）；机械设备应根据图纸分幅进行设备的就位。

②挖槽机定位：应使抓斗平行于导墙面，抓斗中心线和导墙中心线重合。

③挖槽：挖槽过程中要随时观察垂直度显示仪，随挖随纠，保证成槽精度；抓斗抓土时不宜抓满斗，防止在软土中使抓斗飘移，影响下挖精度；抓斗上、下提升速度不宜太快，以免造成涡流刷壁，引起坍方；导墙中泥浆液面低于导墙顶 50cm 时应停止开挖，待补充泥浆后再开挖。

④挖槽标高控制：在同一槽段中，每一孔抓挖到设计槽底标高以上 50cm 时停挖，待全槽达到此标高时，再由一端向另一端用抓斗细抓清底到设计标高，槽段超挖深度≯30cm。

⑤挖槽及刷壁完成后，取槽段不同的泥浆进行检验，当槽底泥浆相对密度>1.20，黏度>35s，含砂量>8％时，应置换底部泥浆，当相对密度>1.30、黏度无法测定、pH>14 时应废弃。

4）刷壁

①后续槽段成槽后,用刷壁器清刷先行幅接头,刷壁器上、下≮10 次。

②采用自制刷壁器,刷壁过程中,若刷壁器钢刷上泥土量大,须先清理,再进行刷壁,或边刷边清理。

③刷壁须保证刷壁器与先行幅接头充分接触,宜采用偏心吊刷的办法,刷壁必须保证到槽底,以确保连续墙的连续性。

5) 钢筋笼制作与吊装

①钢筋笼整体制作入槽(接收井视情况而定,如要搭接则需增接长筋为 45d)。

②钢筋笼在制作平台上制作,纵、横钢筋均要顺直而且互成 90°,钢筋笼成型后,用对角线检查是否方正。

③结构焊接及四周钢筋交叉点应 100％点焊,其余各处采用 50％点焊。

④钢筋笼纵向起吊桁架及其他加强筋应按吊装方法,合理布置,一般纵向桁架按 1m 间距布置。

⑤预埋件须按设计定位并考虑 20mm 施工误差。

⑥为保证保护层厚度,在钢筋笼内、外必须焊定位钢板垫块,按钢筋笼规范及要求布置,一般采用纵横向间距 2m 布置。

⑦先吊放钢筋笼,采用主、副钩起吊,采用专门的起吊用具,防止钢筋笼变形。

⑧钢筋笼下放前,应保持垂直度和平整度,下放中遇到阻碍时,不准强行下放,应及时向有关方面反映,分析研究,采取措施。

⑨槽段钢筋笼的位置应准确分幅,如有偏位立即纠正。

⑩钢筋笼就位时必须用水准仪来确定标高。

6) 水下混凝土浇筑

①浇筑前应检查槽段深度,计算混凝土量,判断有无塌方。

②导管接口必须加橡胶垫圈,导管采用法兰接头连接,必须作水密性试验。

③导管入槽后,导管底部距槽底 30cm～50cm。

④在浇筑过程中,导管埋入混凝土深度 $1.5m < h < 6m$,槽段内混凝土浇筑上升速度≮2m/h,混凝土面高差≯0.5m。

⑤混凝土在导管中不能畅通时,可将导管上、下略作提升,一般不超过 30cm,一定要严防脱管。

⑥随时注意混凝土上升高度和混凝土量,推算有无塌方,掌握导管下口和混凝土面关系,严防导管下口脱离混凝土面,造成混凝土质量事故,严防混凝土从槽口掉入泥浆中,以防污染泥浆。

⑦混凝土浇筑应超出标高 30cm～50cm,并随时做好混凝土浇筑记录。

7) 锁口管提拔:采用 φ600 圆形接头管。

①采用 200t 电动液压千斤顶或 50t 履带吊提拔。

②提动锁口管时间,应视气温而定,一般在混凝土浇筑后 3～5h。

③拔出锁口管应满足的条件是:锁口管底部混凝土已达到终凝,否则只能松动而不能拔出。

(3) 主要施工措施

1) 为了内衬圈梁施工方便,在钢筋笼外侧圈梁预埋钢筋部位垫泡沫板。

2) 采用锁口管处注浆和锁口管先挖后拔法:为确保接头处的质量,除加强刷壁工作外,还采取:

①在锁口管接头处外侧进行注浆,每一接头处采用 3 个注浆孔。

②前一段地下连续墙施工完毕,锁口管不必完全拔出,待相邻下一槽段全部开挖完后,再拔出上一槽段的锁口管,以减少泥土依附在已施工的墙体上。

2. 开挖

(1) 井的开挖:当连续墙混凝土的强度达到设计强度的 70％时,进行井的开挖。井分成四次开挖、四次浇筑混凝土。井内的土方,均采取抓斗机进行挖土,由于井的尺寸仅为 5.5×11.5m,而且中间还有一道隔墙,因此在挖土时,严禁在挖土的仓隔内站人,并且还要设专人指挥。

(2) 圈梁、底板和隔墙混凝土的浇筑:该井共分为三道圈梁,圈梁的断面高为 0.4m,宽为 0.5m,第一、二、三次开挖施工圈梁和隔墙,第四次开挖后,先施工底板后施工隔墙。圈梁、底板和隔墙施工前,应根据设计图纸要求,将预埋在连续墙中的钢筋和墙与墙间的预埋钢板凿出,然后进行钢筋的绑扎和接口处的钢板焊接;每次井的开挖必须待圈梁混凝土的强度达到 70％后方可进行;隔墙施工时,为确保混凝土浇筑密实,在隔墙立模时,在侧模上口设一杯形投料口,高出上下段接缝 30cm,宽出井内壁 25cm,混凝土从投料口入料。为使连接处有良好的密实度,在施工中采取二次振捣,即第一次振捣后,稍停 30~60min,在混凝土初凝前再进行第二次振捣。

3. 井内降水:由于该井开挖较深为 −9.1m,位于 4_1 层土,该层土夹不规则粉砂,上部砂性重;在 −1.5m~−4.5m 为 3_1 层,即灰色砂质粉土。鉴于该井处于上述土层中,因此在施工中采取轻型井点在井内降水。

5.1.5.3 顶管施工

本工程长距离顶管位于××路路面下,由 A 路工作井向 B 路接收井顶进,顶管管材采用"F"型钢筋混凝土加强管,管径为 $\phi2400$,平行双排管,两管中心距为 6m,平均覆土深度 10.5m,工作井与接收井的距离约为 605m。

在顶管的上方有 6 条地下管线。为了在 4 个月中完成二顶长为 1 210m 的顶管施工,采用并排双管同时顶进,两管前后保持 75m 左右的距离。

1. 顶管施工工艺流程(见图 5—7)

2. 施工准备

(1) 顶管掘进机选用

根据地质情况在原地面 10m 以下为灰色淤泥质黏土选用多刀盘土压平衡顶管掘进机。

(2) 测量放样

1) 地面测量:由于工作井和接受井两井通视,故采用 2″ 级全站仪直接布置地面控制桩。在顶管施工期间必须对控制桩进行复测,每顶 100m 对控制桩复测一次。

2) 井内测量:通过控制桩用仪器定出井下管道顶进轴线测量仪器的位置;同时在测量仪器的对面井沿口与井壁上分别设置测量仪器的复测校核点与线,以便在管道顶进轴线测量过程中对仪器自身位置的位移进行监察;仪器位置的复核为每隔 6h 一次。

3) 管道顶进轴线测量:在井内设固定的测站,根据设计纵坡,经纬仪调好垂直角度,在机头处设置控制管道轴线和标高的光靶;当因距离过长,不能采用一镜测量时,则增设中转测量站测量。

顶管掘进机内垂直面设置顶进轴线灯箱型光靶。

顶管掘进机内水平面设置坡度板,测量掘进机的倾斜和旋转。

在顶进过程中要经常对顶进轴线的测量,每顶进 250mm~300mm 测量 1 次,并记录 3 次/节管子,顶进轴线与设计轴线一旦发生偏差,要及时采取纠偏措施,减少偏差数值。

在出洞、进洞及纠偏过程中,适当增加测量次数。

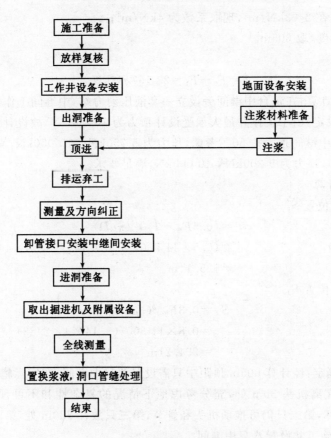

图 5—7　顶管施工工艺流程图

4）设置对工作井位移与倾斜的监察点，实行不定时监察，随着顶力的增加而增加对工作井位移与倾斜监测频率。

5）在两顶管掘进机前后同时顶进时，对先顶的管道进行监察，并及时将有关数据反馈给在后面的掘进机施工技术人员，以便及时调整施工参数，确保顶管施工质量。

（3）土压力值的设置：控制土仓压力值：P_{min}、P_{max}。

1）经计算被动土压力 P_P 为 294.551kPa。

2）经计算主动土压力值 P_a 为 137.681kPa。

3）设定土舱压力 P_0 为 200kPa，即 $P_P > P_0 > P_a$，土舱压力控制值：

$$P_{min} = P_0 - 20 = 180 \text{kPa}$$
$$P_{max} = P_0 + 20 = 220 \text{kPa}$$

（4）顶管总推力值计算

1）此同时掘进机迎面阻力 F_0。

$$F_0 = \pi/4 D^2 P_{max} = 1\,453.14 \text{kN}$$

式中：　D——顶管掘进机外径，取 2.9m。

2）管道的综合阻力 F_1

$$F_1 = \mu \pi D L = 4 \times 3.14 \times 2.88 \times 605 = 21\,714.69 \text{kN}$$

式中：　μ——管壁与土的摩擦系数，根据本标段前几次顶管经验（同样深度、土质与注浆材料）计

算 μ 值在 $2\sim3kN/m^2$，现取系数为 $4kN/m^2$；

L——顶管长度，取 605m。

3）总推力 F

$$F=F_0+F_1=23\ 167.83kN$$

（5）中继间设置计算：在每台中继间旁设立一套液压动力站，中继间工作时单独运行。

1）中继间顶力设定：由于工作井最大承受设计顶力为 10 000kN，故设计中继间的最大顶力为 11 500kN，第一只中继间顶力按 50％考虑，顶力为 5 750kN＜10 000kN，满足要求；以后的中继间顶力按 80％考虑，顶力为 9 200kN＜10 000kN，满足要求。

2）中继间数量计算

第一只中继间的位置 S_1

$$\begin{aligned}S_1 &=(0.5F_{中}-F_0)/(\pi\mu D)\\&=(0.5\times11\ 500-1\ 453.14)/(3.14\times4\times2.88)\\&=125.11m\end{aligned}$$

第二只中继间的位置 S_2

$$\begin{aligned}S_2 &=0.8F_{中}/(\pi\mu D)\\&=0.8\times11\ 500/(3.14\times4\times2.88)\\&=254.21m\end{aligned}$$

3）中继间数量确定：经计算 605m 顶距中只需设置两只中继间，在实际施工中设置 4 只中继间，第一只中继间放在离机头 30m 处，充分考虑地下情况的复杂性和不可预见性；第二只放在 70m 处，若第一只损坏，第二只仍可推动机头和管节，第三只放在 230m 处，第四只放在 390m 处。两个 605m 顶程顶管施工共设置八只中继间。

3. 主要施工方法

（1）工作井地面设施安装

1）工作井壁加高：工作井顶部与地面相差 1.8m～2.0m，故在井壁上口加砌宽为 500mm 的砖墙，直至与地面标高相同，然后再在上面砌宽为 200mm，高为 150mm～200mm 的挡坎，起到挡水、挡泥作用。

2）起吊设施：每节混凝土管重 13.5t，需要用 50t 履带起重机吊运管材；5t 履带起重机 2 台，用于吊运弃土。

3）供电设施：顶管掘进机功率 53kW，辅助设备及照明需 35kW，需配两套供电线路，另备用 200kW 发电机组 1 台。

4）供水设施：供水管接到润滑浆池边。

5）注浆设施：在工作井附近搭建储存注浆材料膨润土的防雨棚，储存量为 10t。拌浆桶、盛浆桶、注浆泵布置在工作井的东西两侧。

6）顶管材料：管材，橡胶密封圈，木衬垫。

①顶管前对混凝土管成品进行检查：管接头的槽口尺寸是否正确，光滑平整，钢套环上刃口无疵点，焊接处平整，肢部与钢板平面垂直。

管材现场堆放整齐、搁平。

②橡胶密封圈外观和任何断面都必须致密均匀，无裂缝、孔隙或凹痕等缺陷。橡胶密封圈保持清洁，无油污，堆放在避阳遮雨处。

③本衬垫采用胶合板材加工，厚度及环的间隙应符合要求。

④用管时,对管材钢套环滑动部位均匀涂薄层硅油,槽口上涂胶水,再装橡胶密封圈,承插时外力均匀,橡胶圈不移位,不反转,不露出管外。

(2) 井内设备安装

1) 铺设顶进导轨:工作井底标高较低,距导轨枕架有 50cm 左右,先用砌块按顶管轴线的纵轴方向砌宽为 80cm 的墙身,导轨铺设后再用 C15 混凝土固定导轨的枕梁。左右、前后用 22# 槽钢与井壁支撑稳定。

根据地质资料显示,顶管所处的土层土质较软,故导轨安装时,其标高要比设计标高提高 2cm～3cm,以减少机头出洞后的下沉。

在井壁的出洞孔内加设延伸导轨,防止机头出洞后磕头。

2) 承压板安置:承压板采用钢板,钢板与工作井壁之间用 C15 混凝土填实;承压板的中心应与主顶油缸的合力中心重合,并垂直于导轨平面。

3) 安置主顶油缸:6 只主顶油缸的合力中心比管道中心下移 8mm;油缸的轴线与管道轴线平行。油缸支架下部要实,左右、后端要撑紧。

4) 搭设操作平台:操作平台上放置主顶油缸用的液压动力站、储油箱、配电箱、操作设施等,同时操作平台也是施工人员使用扶梯上、下井的中转平台;平台设置在井内的一半高度上,利用井中的钢筋混凝土八字角安装平台,为确保操作人员的安全,平台四周安装护栏,护栏高度为 1.2m。

5) 掘进机就位:掘进机重 22t,沿井口边铺设路基箱板,用 50t 履带起重机,把掘进机从井边吊到井下就位。

6) 安装洞口止水圈:先将止水圈装置初步就位,临时固定在出洞孔井壁上,然后推进掘进机至止水圈,根据掘进机外圆与止水圈板内圆的周边等距离来固定止水圈,确保止水圈中心与管道纵轴线一致。止水圈里平面与井壁要密实,以防漏浆,影响注浆效果。

7) 井内排水设施:工作井底与地面有 13.5m～12m 高差,故要选用 15m 扬程的水泵用于井内排水。

8) 安装测量仪器:必须在井内的所有设施安装完毕后才能安装测量仪器,以保证测量的精确性,仪器架下部用混凝土固定在井底板上。

(3) 机头出洞:A 路工作井采用 SMW 工法围护施工的工作井,出洞前要做好以下工作:

1) 洞口钢封门采用钢板桩在井壁第二排搅拌桩外壁用振动式桩机插入长度为 15m、宽度比洞口直径大 1m 的钢板桩。

2) 破除洞口处 600×800×3100mm 钢筋混凝土横梁及洞口外的水泥搅拌桩,以顶管轴线为中心挖掘出 ϕ3000 孔,孔底标高与管子外壁底标高一致。

3) 拔除 H 型钢,然后将掘进机徐徐推进,直至掘进机前缘离开钢板桩还有 200mm 左右时停止推进,拔掉作为钢封门的钢板桩后再继续推进。

4) 用钢支架固定机头防止在管子安装时机头后退。

(4) 管道顶进

1) 测定实际土层中的压力值:顶管掘进机徐徐推出洞口 0.8m～1.0m 的土层后停止顶进,静等 20h 后,观察顶管掘进机土层压力表上的值,若此时值与计算值不符时,以实际测定值为准,对原来计算的推进压力控制值和总推力值进行相应的调整。

2) 出洞时管道顶进方向控制:机头后的两节混凝土管与掘进机头采用刚性连接以提高顶进时的直线度。

3) 顶进控制参数

①出土控制:顶进时出土率控制值 95%～98%,根据实际情况及时调整,用顶进油缸的伸出长度来计量出土,即顶进油缸伸出 75mm,出土约 0.48m³。

②轴线控制:管道每顶进 250mm～300mm 时测一次中心轴线,若一发现偏移趋势就进行纠偏,当偏移量≥20mm 时,立刻停止顶进,查明原因有措施保证后再顶进,确保顶管轴线的正确,勤测勤纠。

③土压力值控制:为实测土压力值的±20kPa。

④沉降控制:根据地面沉降监察反馈信息及时调整土压力控制值、出土量与顶进速度,若发现沉降值超标,立即停止顶进,查明原因,采取相应措施后才能重新顶进,确保地下管线与地面建筑物安然无恙。

(5)注浆减摩:为了减少顶进过程中的阻力,除在顶管掘进机外壳上涂抹仿瓷材料外,在顶进时对管子外壁周围注入润滑浆,注浆施工方法如下:

1)注浆材料选用××地矿部门生产的膨润土粉,其配比为:粉：水＝1：9(重量比)。

2)为了防止注出的润滑浆和土砂倒灌,在注浆孔放入一只单向阀。

3)注浆混凝土管的安排:在掘进机头后连续放四节有注浆孔的混凝土管子,然后每隔两节管子放一只有注浆孔的管子,放设 4 只带注浆孔的管子,以后每隔 6 节管子安放一只有注浆孔的管子。

4)注浆量:每顶进 1m 压入 0.18m³ 润滑浆液,注浆压力 0.15～0.25MPa。顶进过程中按具体情况适当地调整浆量与注浆压力。注浆量视具体顶力大小而定。

(6)弃土运输:长距离土压平衡掘进机顶管施工,可采用输土泵运输弃土。

(7)通信:由于长距离顶管施工,地下和地面信息交流困难,因此设立小型交换机系统,使顶管掘进机工作面、轴线测量点、操作平台、工作井地面、顶管指挥部门及有关部门可以随时相互联络。

(8)进洞:B 路接收井是地下连续墙施工的接收井,没有顶管进洞的预留孔。由于顶管进洞处的上方路面下埋设了上水、市话、电缆、污水、雨水等 6 条市政公用管线,而且在接收井进洞区域土层为灰色淤泥质黏土夹有粉砂土,为防止接收井壁上凿孔到顶管掘进机进洞。这段时间内,可能引起的水土流失而造成的掘进机磕头、管子扭曲变形、地下管线和地面沉降,故采取以下进洞方案:

1)对洞口区域的土体进行注浆加固,见图 5-8。

①由于该加固区域内以淤泥质黏土为主,因而加固方法采用分层劈裂注浆法,注浆孔以梅花型方式布孔,孔距 1.5m。注浆材料采用双液,其中 A 液为水泥浆,B 液为浓度 38 的水玻璃,两种浆液以体积比 1：1 混合。

②加固范围和加固区:对洞口 8m 的范围内土体进行加固,洞口上 5m、下 3m 及左右各 4m 作为上、下和左、右的加固范围。

③主要施工参数

注浆压力:0.1～0.6MPa;

注浆流量:10～12L/min;

相对密度:1.4～1.5;

黏度:30～40s。

土体进行注浆加固的过程中要对管线地面进行跟踪沉降监测。顶管掘进机进入注浆土体加固区域内,要密切观察出土和顶力变化情况,一旦发现出土减慢,出土中含有被加固的土体,即可打开掘进机前的人孔,或障碍物排除孔,将较大的凝结土块排除掉。

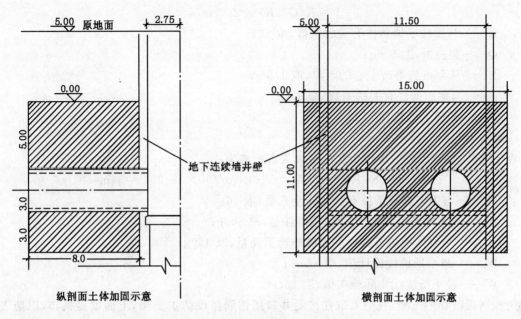

纵剖面土体加固示意　　　　　横剖面土体加固示意

图 5－8　接收井土体注浆加固示意图

顶管掘进机在顶至离接收井约 10m 处停止对管壁外注润滑浆,防止在进洞时浆液流入到接收井内。

2）对连续墙井壁进行控制爆破开孔

①爆破设计参数:爆破孔径为 3 100mm,在该范围内,布置 5 圈水平装药孔,布孔直径、孔距、孔深分别为 $\phi60\times38\times60$cm、$\phi140\times50\times50$cm、$\phi201\times50\times50$cm、$\phi260\times50\times50$cm 和 $\phi300\times20\times50$cm,每圈的炸药消耗量分别为 1000g、1000g、900g、800g 和 400g。每圈装药孔的用药量 Q 计算:

$$Q=qv$$

式中:　Q——每圈的装药量(g);

　　　　q——单位体积岩石的炸药消耗量(g/m³);

　　　　v——被爆破的混凝土体积(m³)。

经计算,并考虑混凝土结构中有钢筋,因此实际用药量在参考同强度的岩石基础上进行调整,见表 5－5。

表 5－5　　　　　　　　　　　　　　装药孔用药量

布孔直径(mm)	计算用药量(g)	调整用药量(g)	装药方式	装药量(g)	
$\phi600$	28.26	42	单药包	42	
$\phi1\,400$	135	189	双药包	内 89	外 100
$\phi2\,010$	94.5	123	双药包	内 58	外 65
$\phi2\,600$	60	72	双药包	内 30	外 42
$\phi3\,000$	14	16	单药包	16	

圆洞布孔、爆破延时及药包分布图　(略)。

②爆破引起的振动计算

$$V = K(Q^m/R)^a = 2.0 \text{cm/s}$$

式中：　K——与爆破场地条件有关的系数，取 50；

　　　　Q——装药量，取 500g；

　　　　R——从测点到爆破中心的距离，取 1.6m；

　　　　a——与地质条件有关的系数，取 1.6；

　　　　m——装药量指数，取 1/3。

③爆破引起的飞石计算

在不加防护的条件下，爆破引起的最大飞石距离为：

$$R_s = K_s(K/K_0 \times W_0/W)^2 = 16(800/450 \times 18/20)^2 = 54\text{m}$$

式中：　K_s——与爆破岩石条件有关的安全系数，取 16；

　　　　K——单位体积岩石的实际炸药消耗量，取 800g；

　　　　K_0——单位体积岩石的松动爆破炸药消耗量，取 450g；

　　　　W_0——最小抵抗线设计值，取 18cm；

　　　　W——最小抵抗线实际施工值，取 20cm。

为控制爆破物的飞溅，我们采取在接受井口用钢筋搭设防护支架，上面覆盖帆布，以防飞石逸出。

④起爆警戒：爆破时间待爆破协调会后确定，宜选择人流、交通较少时进行，爆破声响、振动不致引起居民惊恐。因在地下 12m 的井内进行爆破，环境较好，拟在××路沿线范围内设立 5 个警戒点，每个警戒点设立 2 名爆破公司安全员，配备无线对讲机。

⑤起爆内容及信号

爆前 30min 清场，将爆区周围人员，撤至安全区内。

爆前 15min 警戒人员到位，作好警戒准备，起爆员接起爆导爆管。

爆前 5min 发预备警报，开始警戒、各警戒点汇报情况。

爆前 1min 发起爆警报，起爆器充电。

零时起爆。

经计算控制爆破对混凝土连续墙的影响范围可控制在 5cm～7.5cm 以内。

⑥爆破清场：爆破结束，由爆破专业人员对爆破处进行检查，是否有哑炮，如有则立即排除，然后再由爆破专业人员用风镐对洞孔进行稍加修凿到预留孔尺寸，并用气割切断钢筋网。

3）机头进洞：顶管掘进机在顶至离接收井约 10m 处停止对管壁外注润滑浆，防止在进洞时浆液流入到接收井内。

①将掘进机徐徐顶入接收井内已铺设好的接收导轨上，直至混凝土管出井壁 150mm 为止。

②用 50t 履带起重机从接收井中吊出掘进机。

（9）管壁外浆液置换，管缝处理

1）顶管完成后立即对管子端头进行处理，用混凝土将管头固定在工作井与接收井的孔位中。

2）凿除接收井中多余的管子，立模将钢板封头一起浇筑成型。

3）用水泥、粉煤灰等配制的浆液从管线中部向两边置换出润滑浆液。

4）对管节接缝的处理用双组分聚硫密封胶嵌缝。

（10）障碍物的处理：若遇到障碍物的粒径≤ϕ100mm 的砖块及朽木等可直接从螺旋输送机内排出；若遇到比较大的障碍物，则应对掘进机前方进行物探，以查明障碍物的大小、形状、分布以及初步确定其性质，而后根据物探等资料综合制定排除障碍物的详细施工文件报请建设单位审批后再实施。

4. 沉降估算

(1) 土体损失 $V_{总}$

1) 开挖面损失 V_K

$$V_K = \pi r^2 \times 1\% = \pi \times 1.45^2 \times 1\% = 0.066 \text{m}^3$$

式中：r——顶管工具管半径，为 1.45m。

2) 纠偏引起的土层损失 V_L

$$V_L = \frac{\pi D^2}{4} aL = \frac{2.9^2}{4}\pi \times 2.2 \times 2\% = 0.100 \text{m}^3$$

式中：D——工具管外径，取 2.9m；

$\quad\quad L$——工具管长度，取 2.2m；

$\quad\quad a$——工具管轴线与管道轴线的夹角，取 2%。

3) 掘进机外径与管道外径不同引起的地层损失 V_{c1}。

$$V_{c1} = \pi Dak = \pi \times 2.9 \times 0.01 \times 0.6 = 0.055 \text{m}^3$$

式中：a——掘进机外周半径与管道外周半径之差，取 0.01m；

$\quad\quad k$——注浆未充满度，取 0.6。

4) 混凝土管节不平整引起的地层损失 V_{c2}

$$V_{c2} = \pi D_P a_P k_P n = 3.14 \times 2.88 \times 0.005 \times 0.6 \times 24 = 0.003 \text{m}^3$$

式中：D_P——管道外径，取 2.88m；

$\quad\quad \alpha_P$——相邻管节的管道外周半径的差值，取 0.005m；

$\quad\quad k_p$——注浆不足率，取 0.6；

$\quad\quad n$——为穿过某处地层的管节半径差值 >10mm 的次数，取 $n = (605/2.5) \times 10\% = 24$。

5) 土体总损失 $V_{总}$

$$V_{总} = V_k + V_L + V_{c1} + V_{c2} = 0.224 \text{m}^3$$

(2) 顶管上方最大沉降量

$$S_{上\max} = \frac{V_{总}}{2.5i} = \frac{0.224}{2.5 \times 4.059} = 0.049 \text{ m}$$

式中：$V_{总}$——土体总损失，取 0.224m³；

$\quad\quad i$——$\phi 2400$ 顶管沉降槽宽度系数：

$$i = (Z/2R)^{0.8} \times R = (10.5/2 \times 1.45)^{0.8} \times 1.45 = 4.059$$

(式中：Z——地面至管顶深度 10.5m，R——掘进机半径，取 1.45m)

(3) $\phi 1200$ 上水管最大沉降量 $S_{上\max}$

$\phi 1200$ 上水管沉降槽宽度系数 i

$$i = (Z/2R)^{0.8} \times R = (9.5/2 \times 1.45)^{0.8} \times 1.45 = 3.746$$

式中：Z——上水管至顶管深度为 9.5m。

$$S_{上\max} = \frac{V_{总}}{2.5i} e(-x^2/2i^2) = 0.004 \text{m} = 4 \text{mm}$$

式中：x——上水管距顶管管道的中心距离，取 7m。

(4) $\phi 1200$ 雨水管最大沉降量 $S_{雨}$

$\phi 1200$ 雨水管沉降槽宽度系数 i

$$i = (Z/2R)^{0.8} \times R = (9/2 \times 1.45)^{0.8} \times 1.45 = 3.588$$

式中： Z——雨水管至顶管深度为 9m。

$$Sx_1 = \frac{V_{总}}{2.5i}e(-x^2/2i^2) = 0.024m$$

$$Sx_2 = \frac{V_{总}}{2.5i}e(-x^2/2i^2) = 0.0095m$$

（其中： X1 为第一道顶管距雨水管的距离，取 1m；X2 为第二道顶管距雨水管的距离，取 5m）

ϕ1 200 雨水管的最大沉降值 $S_{雨}$：

$$S_{雨} = S_{X1} + S_{X2} = 0.024 + 0.0095 = 0.0335m = 3.35cm$$

5.1.6 质量与技术管理

5.1.6.1 技术规范及验收标准：设计图纸、××标招标文件中的技术规范、市政工程施工及验收技术规程、标准等。

5.1.6.2 质量目标：合格工程。

5.1.6.3 质量管理体系

项目经理部依据 ISO 9001 标准、公司质量手册、程序文件建立健全质量管理体系（图略），并组织有效实施与运行，确保其符合性、有效性。明确各部门职责、权限及相互接口关系，严格制度狠抓落实。在质量管理工作中，坚持贯彻执行下列制度，即：技术交底制度、工程测量复核制度、隐蔽工程检查签证制度、质量责任挂牌制度、质量检验验收奖罚制度、质量定期检查制度、质量报告制度、重点工序把关制度等。努力做到质量管理工作规范化、制度化，使工程质量始终处于受控状态。

5.1.6.4 水泥土搅拌桩加型钢作为逆作法施工围护技术应用

由于设计图上的工作是按正常开挖后的钢筋混凝土井的制作设计的，既未对围护进行设计，也未对逆作法井分段施工的内力变化进行加固考虑，因此在采用 SMW 工法及逆作法施工前，首先要进行围护设计和井在不同工况下的加固设计，即 A 路逆作法井围护、井身强度计算。

逆作法围护采用 SMW 工法，是在深层搅拌桩内插入 50 号 H 型钢，该井土基开挖深度为 15m，型钢长度为 19m，深层搅拌桩长度为 21m，逆作法围护计算主要有：抗滑计算、抗隆起验算和深层搅拌桩桩身强度验算。井身强度计算主要有分段施工时设计井身钢筋混凝土强度施工体系转化计算。

1. 土压力值计算

分段墙外土压力值，见表 5—6。

表 5—6　　　　　　　　　　　分段墙外土压力值

序号	分段标高（m）	开挖深度 h（m）	P_{a1}（kPa/m）	P_{a2}（kPa/m）	q（kN/m）
1	3.2～2.7	2.3			
2	2.7～-1.3	6.3	1.22	41.42	30.46
3	-1.3～-4.4	9.4	41.42	71.26	121.04
4	-4.4～-7.6	12.6	71.26	102.83	202.2

注：1. q 值为基坑开挖后，井身底面所受到的土压力值

$q = P_{a1} \times 1 + P_{a1} \times h'/2 + (P_{a2} - P_{a1}) \times h'2/3$，$h'$ 为基坑面至井身底面的高度。

2. 主动土压力值 $P_a = \gamma h tg^2(45° - \varphi/2) - 2ctg(45 - \varphi/2)$，式中：$\gamma$ 为土的密度。

3. P_{a1} 和 P_{a2} 分别为基坑开挖后井身底面处的土压力和基坑面的土压力值。

2. 逆作法围护计算

(1) 基坑抗隆起的稳定计算

抗隆起安全系数 K_s 计算：

$$K_s = \frac{\gamma D N_q + c N_c}{\gamma(h+D)+q}$$

式中：　D——桩入土深度，为 4.3m；

　　　　c——坑底土体的内聚力，为 12kPa；

　　　　h——基坑开挖深度，为 12.9m；

　　　　q——地表超载，为 32.4kN/m²；

　N_q、N_c——地基承载力系数，采用 Prandtl 公式：

$$N_q = \mathrm{tg}^2(45° + \varphi/2)e^{\pi \mathrm{tg}\varphi} \qquad N_c = (N_q - 1)/\mathrm{tg}\varphi$$

(式中：　φ 为坑底土体的内摩擦角，为 15°)

　　经计算，K_s 为 1.28，安全系数偏小，不能满足井周围管线沉降控制要求，因此需对基坑底土体进行压密注浆，确保安全系数在 2.0 以上。

　　由于在 −17.2m～−19.0m 土层为灰色砂质粉土，隔水层厚度仅为 8.1m，不能满足 1.25H 隔水层厚度的要求，为防止井内涌砂和井大量下沉，给井周围的管线带来危害，所以须采取井底土体加固或对承压水层降低水位，考虑到采取降低水位措施，会带来井周围地面的大面积下沉，给井周围的地下管线带来破坏，故采取对井底土体进行压密注浆，提高土体的 c、φ 值。经注浆后，c、φ 值都将提高一倍，即 c 为 24kPa，φ 为 30°。

　　(2) 抗隆起验算，经对土体注浆加固后，抗隆起安全系数 K_s 为：

$$K_s = \frac{\gamma D N_q + c N_c}{\gamma(h+D)+q}$$

式中：　c 为 24kPa；N_q 为 18.38，N_c 为 30.12。

　　经计算 K_s 值为 5，满足抗隆起要求。

　　(3) 隔水层厚度验算：

$$c \times u \times H' + F \times \gamma_\pm \times H' \geqslant F \times \gamma_w \times H_w$$

式中：　F——井的底部面积，为 117.9m²；

　　　　H'——计算隔水层厚度 m；

　　　　u——井周长，为 44.2m；

　　　　H_w——井底不透水层下面透水砂层中的承压水头高度，为 20.8m。

　　经计算，实际的隔水层厚度为 8.1m，大于计算隔水层厚度 H' 为 7.7m，满足隔水层厚度要求。

　　(4) 桩身强度验算

　　深层搅拌桩的无侧限抗压强度为 $q = 800$kPa，本围护桩身所受到的最大抗压强度 σ：

$$\sigma = N/A$$

式中：　N——桩身所受到的压力，取开挖最后一节井身的土体，为 492kN/m；

　　　　A——深层搅拌桩断面，为 1.42m²/m。

　　经计算桩所受到的抗压强度为 347kPa，小于桩身设计抗压强度，满足要求。

　　3. 井身强度计算

（1）井的框架内力计算见图 5—9。

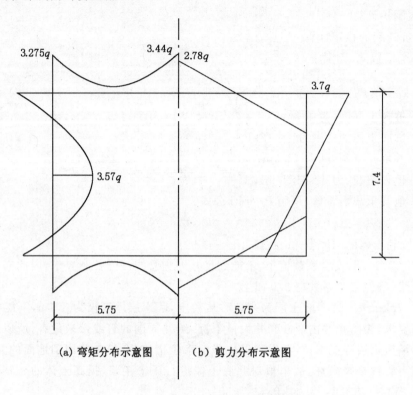

（a）弯矩分布示意图　　（b）剪力分布示意图

图 5—9　井的内力分布示意图

（2）分段施工井身底面所受到的内力值，见表 5—7。

表 5—7　　　　　　　　　　　　　　井身底面工况内力值

序号	分段标高	M_{1-1}(N·mm)	M_{2-2}(N·mm)	M_{3-3}(N·mm)	Q_{2-2}(N)	Q_{3-3}(N)
1	2.7～−1.3	108.74×10^6	99.76×10^6	104.78×10^6	112.7×10^3	84.68×10^3
2	−1.3～−4.4	432.11×10^6	396.41×10^6	121.04×10^6	447.85×10^3	336.49×10^3
3	−4.4～−7.6	721.85×10^6	662.21×10^6	695.57×10^6	647.04×10^3	562.12×10^3
4	−7.6～−9.7	778.44×10^6	714.1×10^6	750.09×10^6	697.76×10^3	606.18×10^3

（3）井身底面钢筋混凝土暗梁设计

由于原井内钢筋配筋设计仅按成型后的井的整体受力进行设计，未考虑井身分段施工时的受力变化，因此在施工时，对井身底面设置暗梁，并根据井身底面的受力情况，进行暗梁的钢筋布置和验算。

1）−1.3m 处暗梁设计：根据井身厚度，暗梁的断面尺寸为 800×600mm，受拉和受压钢筋分别为 6 根 $\phi22$，箍筋均采用 4 肢 $\phi8@250$，则暗梁能承受的最大弯矩和剪力为：

$$M_{\max}=507.48\times10^6\mathrm{N\cdot mm}$$

$$Q_{\max}=670.39\times10^3\mathrm{N}$$

根据上述配筋满足−1.3m 处井身受力要求，并能满足规范的构造要求。

2）－4.4m 和－7.6m 处暗梁设计：暗梁的断面尺寸仍取 800×600mm，受拉和受压钢筋均取 10 根 ϕ22，箍筋取 4 肢 ϕ10@250 则暗梁能承受的最大弯矩和剪力为：

$$M_{max} = 845.8 \times 10^6 \, N \cdot mm$$

$$Q_{max} = 778.46 \times 10^3 \, N$$

根据上述配筋能满足－4.4m 和－7.6m 处井身受力要求，并能满足规范的构造要求。

3）井转角钢筋配置

由于井四周转角处负弯矩和剪力最大，因此需对暗梁处的转角进行特殊钢筋配置，见图5－10。

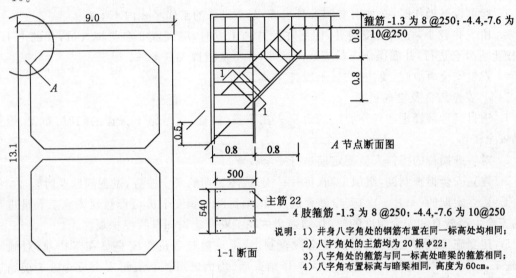

图 5－10　井身八字角布置示意图

5.1.7　安全生产保证措施

5.1.7.1　安全目标

本单位工程是地下结构工程，其中井的深度在 14m 左右，顶管埋设深度为 13m，施工风险很大，这给安全生产管理带来很多困难，本单位工程的安全目标为：重大伤亡事故为零；轻伤率控制在 3‰ 以下。

5.1.7.2　职业健康安全管理体系

为了确保工程安全顺利进行，实现安全管理目标，在本单位工程施工过程中建立健全职业健康安全管理体系并对其进行有效策划、运行和控制，保证安全目标通过实施体系加以实现。

5.1.7.3　安全责任制

为确保工程安全如期进行，特针对本工程的特点，制定如下安全责任制：

1. 每道工序或每个作业面施工前，项目经理部经理、作业段施工负责人及安全员除向施工人员进行常规的施工安全操作交底外，还应根据施工内容进行针对性的安全操作交底，并做好记录。

2. 本工程的特点是施工机械设备多，用电量大，因此操作人员和电工必须经过专业培训，考试合格并取得主管部门颁发的特种作业人员资格证后方可上岗操作。

3. 起重机械必须严格按有关安全规程进行操作，所有起吊索具必须具有 6 倍以上的安全系数;捆绑钢丝绳必须具有 10 倍以上的安全系数。

4. 电力线路和设备的选型应符合国家标准限定安全载流量,所有电力设备的金属外壳做到具备良好的接地或接零保护,所有的临时电源和移动电具要设置有效的漏电保护装置。安全员及电工应经常对现场的电气线路、设备进行安全检查。

5. 由于本工程属地下结构,上下扶梯应坚固、稳定,制作井时,上下通道采用预埋 $\phi16$ 钢筋在井壁上,成垂直爬梯,并在爬梯周围用 $\phi6$ 钢筋制成围圈;顶管工作时,扶梯采用拼装钢梯。

6. 在井的周围、上下及施工区域内设置安全警示牌,任何进入施工现场人员必须戴好安全帽。

7. 起重设备操作时,必须由专职人员指挥;起重设备的工作半径内不得站人。

8. 由于井较小,尤其是接受井,因而在挖井内土方时,应设置 2 名指挥人员,井的上下各 1 名,挖土应分仓进行,井底操作人员应远离抓斗,并听从指挥人员指挥。

9. 发生安全事故时,要按照"三不放过"的原则处理。

5.1.7.4　安全教育及检查制度

1. 项目经理部经理和各作业组的负责人在布置、检查、总结施工工作的同时,布置、检查和总结安全工作。

2. 对特殊岗位的操作人员要定期进行安全教育。

3. 建立安全检查制度,组织定期(每月一次)或不定期的安全检查,发现问题及时整改。

4. 建立定期的(每月一次)安全教育制度,由项目部专职安全员负责对现场施工人员进行定期的安全生产教育和安全制度的学习,增强全体职工安全意识和自我保护观念。

5. 建立施工班组工前、工后的安全检查制度,由班组长和班组安全员在工作前,对施工环境、施工工具、施工用电进行检查。当天工作结束后,仍由班组长和班组安全员对施工现场进行安全隐患检查,以防接班人员和其他施工人员发生安全事故。

5.1.7.5　安全技术措施

1. 架空高压线保护:工作井的东侧有一排 3.5 万 V 的高压线,高度在 10m 左右,距井边仅为 4m,由于本工程从井的制作到顶管施工,其中钻机的高度在 25m,起重机的起重臂高度在 23m,尽管按照有关规定,4m 的水平距离是能够满足安全要求,但为了确保施工安全,经与供电部门协商,在高压线与井之间设置了一排用毛竹搭设的安全屏障。

2. 长距离顶管管道内的通风:由于长距离顶管施工时间比较长,人员在管道内要消耗大量的氧气,管内易出现缺氧,而且在顶进过程中,土层内的有害气体逸入管道内(如沼气等),必须用大量的新鲜空气来稀释和排出管道内的混浊气体,以确保施工人员工作环境。根据向管内的输送空气量为 $30m^3/(h \cdot 人)$,采用 $\times\times$ 型离心通风机通过 $\phi300$ 专用管道向掘进机处输送新鲜空气,安装通风机的数量以确保输送量的指标而定,通风机采取串联形式。

3. 管道内的有害气体的监测:由于井和管道埋设较深,根据本标段其他沉井施工所遇到的问题,在挖土深度达到 12m 以后,会出现沼气现象,因此在顶管施工中,管道内安装有害气体监测仪,随时都可直观地测量出管道内有害气体的含量,及早预警,杜绝管道内有害气体超标。

4. 安全施工:由于两座井均在道路上施工,而且井开挖深度较深,因此在施工中要注意交通安全和地下作业安全。

(1) 在井的周围做好隔离围护,隔离围护采用彩钢板和硅酸盐砌块;井的四周设置醒目标志,并设置夜间警示标志;交通变道标志清楚、醒目。

(2) 基坑开挖时,要有专人指挥。由于工作井内设有隔墙,因此采用抓斗机进行挖土时,应分仓挖土,在挖土的基坑内一般不站人,抓斗机操作半径内,严禁站人。

(3) 基坑内的脚手架的搭设和拆除,严格按技术规程进行;上下基坑的扶梯应安全、牢固。由于逆作法井壁混凝土施工,模板全部靠内脚手支撑,因此,内脚手施工时要合理、安全、牢靠,避免因脚手不牢固引起事故。

5.1.8　公用管线保护措施

本单位工程是××标工程中公用管线最多也是最复杂的一段,尽管在井的制作前已作了一部分管线的改线工作,但仍有管线在施工中要采取保护措施,如工作井和接受井施工时要对地下的 $\phi1200$ 上水管、$\phi300$ 上水管、$\phi450$ 污水管、$\phi600$ 雨水管、$\phi1200$ 雨水管、多孔电力电缆、3 根电力电缆、电话电缆等,架空的 1 万 V 和 3.5 万 V 电缆、电话线等保护;顶管施工时,要对管道上方的 $\phi300$ 上水管、$\phi1200$ 雨水管、$\phi1200$ 上水管、多孔电力电缆以及架空线的保护。

5.1.8.1　地下管线的临时搬迁:由于工作井和接受井所在位置的地下管线较多,不能满足井的布置,因此为使该工程按设计意图顺利进行,经与有关单位、建设单位、监理等多次协商,除 $\phi1200$ 上水管不能移动并确保安全外,对在接受井处的地下 $\phi1200$ 雨水管、$\phi450$ 污水管、电力电缆进行搬迁或临时改线,待顶管完成后再恢复原管位。对工作井处的 $\phi800$ 做临时改位,以确保两座井的最小施工范围。

5.1.8.2　井四周管线的保护:由于工作井和接受井的开挖深度均要达到 14m 以上,而上述井四周的管线都在距井 1m~5m 左右,因而采用常规的沉井施工方法是不可行的,经与监理、建设单位和设计单位多次讨论,从管线保护的效果和成本的大小出发,针对工作井和接受井所处的位置,一致同意工作井采用 SMW 工法作为井的围护,井的制作采用逆作法施工;接受井采用地下连续墙替代原沉井。

5.1.8.3　架空线的保护:工作井处东侧一排 3.5 万 V 的高压电采用搭设毛竹支架作为隔离屏障;在接受井南边 6m 处有 1 根 1 万 V 的高压线,高度约在 8m 左右,在接受井北侧约 2m 处有 1 万 V 和电话架空线,高度在 6m 左右,该两处线之间的距离约为 13m。由于接受井采取的是地下连续墙施工方法,其中连续墙中的钢筋笼长度 21m,受高压线影响因而钢筋笼放设不能按正常进行,只能采取分节放设钢筋笼,以确保架空线的安全。

5.1.8.4　顶管过程中的地下管线保护:顶管施工过程中,受施工土体扰动影响,在管道周围和上方管线和地面建筑物将发生隆起或沉降。本 605m 顶管管道沿线上方有六条地下管线,其中对土体扰动最为敏感也是本工程主要保护的管线是 $\phi1200$ 上水管及 $\phi1200$ 雨水管。由于 $\phi1200$ 上水管是从水厂出来的供水总管,它的任何差错都将影响到整个地区的生产和生活用水,因而也是本单位工程最主要的保护管线;$\phi1200$ 雨水管由于正处于整个管道轴线上方,因而受影响最大,而且雨水管接口也易因沉降不均匀引起错口,从而导致漏水。对这些管道,建设单位将派有资质的单位,在单位工程施工过程中进行全过程监测,确保管道处于受控状态。

顶管施工对管线的保护主要措施就是控制顶管过程和顶管结束后的地面隆起和沉降,而地面隆起和沉降主要因素有:顶管掘进机土压舱土压力值的选定;掘进机纠偏引起的土体扰动;管道周围注浆填充引起的土体扰动;顶管掘进机机头顶取土引起的土体扰动;管道在顶进过程中与土体的摩擦而引起的土体扰动;管道接缝及中继间接缝中泥水流失而引起的土体扰动。

针对上述引起土体扰动的因素,在本工程中主要对土压力值的选定、中继间密封圈的选定、注浆压力等方面进行控制。

1. 机头土压舱土压力值的选定:在机头出洞口前方间隔埋设沉降观测标志掘进机出洞后的

60m 内,做到每顶进一节管子(2.5m)观测两次,根据观测资料,制定出顶进速度与出土量的关系,调整和选定顶管掘进机土压舱中的适当土压力值,使正面土体处于良好的平衡状态。顶进60m 以后,每天观测 4 次,并根据观测数据随时修正顶管施工参数。

2. φ1200 雨水管观测保护:利用现有的 40m 一只雨水窨井,在井内设置沉降观测桩,顶进过程中,观测并记录桩的沉降变化,观测桩的观测:

(1)顶进前原始标高。

(2)机头到达前 15m、10m、5m 和机头到达时的沉降值。

(3)机头通过后的沉降值。

(4)机头通过 1~3 日后的沉降值,计算沉降速率。

(5)机头通过 10 日后的沉降值,计算沉降速率。

(6)顶管全线结束后的沉降值。

当沉降值接近规定值时,立即停止顶进,分析原因采取相应措施,如对上水管管底土体注浆加固,对雨水管分段封井进行抢修等。

3. 其他:顶进过程中严格控制出土量、顶进速度、注浆量及注浆压力等施工参数;顶管轴线偏差越小越好,要勤测、勤纠,纠偏角度控制在 2°以内;顶管掘进机外壳涂仿瓷涂料,减少机头带土。

5.1.9　交通配合组织方案

(略)

5.1.10　文明施工措施

由于据本工程处于市区,周围居民、厂家较多,而且在交通道路上施工,因此做好文明施工是十分必要。

5.1.10.1　工程开工前,做好各项施工准备工作,包括落实交通临时改道和占地的手续,办理地下管线保护申请和监护交底卡和向施工班组进行保护措施的施工交底卡,沿线厂家、居民的施工协调会等。

5.1.10.2　对 A 路与 B 路范围内的××路在施工期内,确保车辆和行人的道路交通,保证道路平整,无坑塘和积水。

5.1.10.3　施工现场布置要按总平面图进行材料、设备、土方的堆放,生活区、施工区应该分明,生活区整齐,施工区建材、机具设备堆放整齐。施工结束后,及时做到工完场清。

5.1.10.4　做好施工区域和生活区域内的临时排水工作;在施工区域沿线,特别是开放交通的通道,指派专职班组打扫落实养护管理措施,保证道路处于平整、畅通、无坑塘积水等良好状况;由于施工期间正遇汛期,因此要协助沿线单位做好汛期的排水工作在施工中做好排水、严禁将水排到道路上,在汛期或遇暴雨时,应积极配合做好防汛排水工作。

5.1.10.5　施工生活区内,做到"五小设施"齐全,即食堂、医务室、浴室、厕所、更衣室齐全,并建立卫生值日制度。

1. 按照卫生标准和环境卫生作业要求设置相应的生活垃圾容器,并落实专人管理,并按规定时间清理。

2. 按照卫生、通风和照明要求,设置更衣室和活动场所等必要的职工卫生设施,并在生活区内建立定期清扫制度。

3. 设置职工专用食堂，食堂内做到生、熟食品分开。食堂工作人员定期体检；工作时做到戴白帽子、白口罩和白围兜；食堂内尽量做到无苍蝇、老鼠和蟑螂。

4. 在工作井和接受井设置文明施工牌，接受社会监督。在工地的主要出入口设置施工标志牌，施工道路两端设置夜间警灯标志。

5.1.10.6　本工程项目经理对工程的文明施工负责，并设立以项目副经理为主的文明施工体系。

5.2 道路热力管线工程施工组织设计实例

封面 （略）

目 录

5.2.1　编制依据

5.2.1.1　××路(××路～××路)热力工程施工图(工程编号:×××)。

5.2.1.2　《××路(××路～××路)热力外线岩土工程勘察报告》(编号:×××)。

5.2.1.3　设计交底及图纸会审记录。

5.2.1.4　现行施工规范、标准

《城镇供热管网工程施工及验收规范》	(CJJ28—2004)
《地下工程防水技术规范》	(GB50108—2008)
《混凝土结构工程施工质量验收规范(2010 年版)》	(GB50204—2002)
《地下防水工程质量验收规范》	(GB50208—2011)
《钢结构工程施工质量验收规范》	(GB50205—2001)
《钢筋焊接及验收规程》	(JGJ18—2012)
《建筑地基基础设计规范》	(GB50007—2011)
《现场设备、工业管道焊接工程施工规范》	(GB50236—2011)
《无损检测金属管道熔化焊环向对接接头射线照相检测方法》	(GB/T12605—2008)
《混凝土强度检验评定标准》	(GB/T50107—2010)
《工程测量规范》	(GB50026—2007)
《锚杆喷射混凝土支护技术规范》	(GB50086—2001)
《地下铁道工程施工及验收规范(2003 版)》	(GB50299—1999)

5.2.1.5　我单位对现场的考察情况。

5.2.1.6　我单位 ISO 9001 质量管理体系文件、ISO 14001 环境管理体系文件和 GB/T 28001 职业健康安全管理体系文件。

5.2.2　工程概况

5.2.2.1　工程概况

　　××市××路(××路～××路)热力管线工程,工程编号:×××。本工程位于××市××区××路,起点(1)点接自××路拟建热力管线,终点(10)点至××路以南与现状热力管线相接,管线全长 998.1m,管径为 DN 800,设计路平行于××路永中,位于永中西侧 2.5m 的位置。全线共留有 3 处分支,分别是:(5)点向东 DN 400 分支、(5)点向西 DN 300 分支、(9)点向东 DN 250 分支。

5.2.2.2　设计形式

　1. 土建专业

　　全线均采用浅埋暗挖工艺进行通行沟敷设。隧道结构为马蹄形,直边墙,拱底板,采用复合衬砌结构。DN 800 干线隧道除(1)点～(3)点段内净尺寸为 3 600×1 800mm(宽×高)以外,其余内净尺寸均为 3 600×2 500mm;DN 400 支线隧道内净尺寸为 2 300×2 100mm;DN 300 支线隧道内净尺寸为 2 100×2 000mm;DN 250 支线隧道内净尺寸 2 000×2 000mm。隧道埋深约 8m～10m。全线共设小室 5 座,分别为(4)点、(5)点、(6)点、(8)点、(9)点。全线共设固定支架 11 处。

　　暗挖隧道、小室结构采用模筑 C30P8 防水混凝土,LDPE 防水板防水,敷设完成后,进行充气试验。一衬喷射混凝土采用 C20 早强混凝土。地沟伸缩缝间距约 25m,设橡胶止水带。

2. 热机专业

$DN\,800$ 管线全长 998.1m,除(2)点~(3)点段采用预制保温管以外,其余均为普通螺旋缝埋弧焊钢管。

设计参数:供/回水设计温度 150℃/90℃,设计压力 1.6MPa。

补偿方式:采用波纹管膨胀节补偿及自然补偿。

供回水方向:$DN\,800$ 干线东供西回,分支北供南回。

保温及防腐:$DN800$ 地沟内管道保温采用岩棉保温,保温厚度为:供水管 90mm,回水管 60mm。小室内保温采用珍珠岩瓦保温。(2)点~(3)点采用保温厚度 50mm 预制聚氨酯保温管。管道防腐采用无机富锌底漆和聚氨酯面漆防腐。

试压标准:分段试压 2.4MPa;总试压 2.0MPa。

5.2.2.3 工程地质及水文地质条件

根据××市地质工程勘察院提供的《××路(××路~××路)热力外线岩土工程勘察报告》(编号:×××),拟建场地内表层人工堆积层土质松散,结构性较差,隧道穿越土层主要以粉质黏土、黏质粉土、砂质粉土为主,地层分布不均且不连续。(1)点~(3)点段地面以下约9m~11m范围存在细砂、粉砂层,(9)点~(10)点段地面以下约5m~10m范围存在粉砂层。

拟建管线沿线勘察期间15m深度内发现两层地下水位:第一层地下水埋深1.80m~6.50m,属于上层滞水;第二层地下水埋深9.70m~10.60m,属于层间潜水。地下水水质对混凝土结构无腐蚀性。

5.2.2.4 工程特点

1. 本工程位于××市区,沿线分布有多家国家重点单位及居民小区,我单位将按照"文明施工,无噪声暗挖,创绿色环保工地"的要求组织施工,杜绝"扰民"和"民扰"现象发生。

2. 本工程地下水位高,地下水丰富,局部地段土质松散,是影响隧道开挖的不利因素。我单位将制定有效措施,确保施工安全,保证隧道施工质量。

3. 拟建隧道将穿越多种现况市政管线,隧道开挖前应摸清各管线的埋设深度,与拟建隧道顶部高程进行反复核算,制定管线保护措施,避免破坏,确保各条现况管线在施工期间正常运行。

4. 拟建管线位于现况××路西侧主路上,竖井开挖后将中断西主路交通,并少量侵占东侧主路,保证道路畅通,保证交通安全和施工安全为本工程的重点。

5. 本工程施工工期经过雨季,须制定好雨期施工措施,减少雨季对工程进度、质量的影响。

6. 加强安全生产监督检查力度,制定并贯彻落实安全生产责任制。

5.2.2.5 主要工程量和主要材料构件使用计划见表5—8、表5—9。

表5—8　　　　　　　　　　主要工程量

序号	项　目	材料及规格	单位	数　量	备注
1	小导管	直径 32×3.25mm 水煤气管	kg	62 466.30	
2	浆液	改性水玻璃	m³	1 428.27	
3	开挖	土方	m³	19 690.39	
4	井圈	C20 混凝土	m³	50.88	
5	喷混凝土	C20 混凝土	m³	4 947.66	
6	钢筋网	$\phi16$、$\phi6$	kg	183.89	

序号	项　目	材料及规格	单位	数　量	备注
7	钢格栅	A3、20MnSi	kg	813.89	
8	连结筋	ϕ18、ϕ20、ϕ22、	kg		
9	二衬混凝土	C30P6	m³	4 362.29	
10	预制盖板混凝土	C30 混凝土	m³	89.76	
11	井盖、座	ϕ760 铸铁加重	套	14	
12	支架、平台	A3 型钢	T	39.74	
13	回填土		m³	1 400.70	
14	背后回填注浆	1:1 水泥浆	m³	515.0	
15	滑动支墩混凝土	C20 混凝土	m³	39.1	
16	变形缝		m²	680.60	
17	LDPE 防水卷材	0.8mm 厚	m²	15 210.83	
18	锚杆	ϕ25	kg	5 664.0	

表 5—9　　　　　　　　　　主要材料构件使用计划表

序号	名　称　及　规　格	单位	数量	备　注
1	预制地沟保温管 ϕ820×10	m	60	
2	螺旋缝埋弧焊钢管 ϕ820×8	m	2100	
3	螺旋缝埋弧焊钢管 ϕ426×6	m	60	
4	螺旋缝埋弧焊钢管 ϕ325×7	m	72	
5	螺旋缝埋弧焊钢管 ϕ273×6	m	72	
6	蝶阀 L9C400 DN 400	套	2	P:2.5MPa
7	蝶阀 L9C400 DN 300	套	2	P:2.5MPa
8	球阀 104250 DN 250	套	2	P:2.5MPa
9	球阀 100080 DN 80	套	2	P:2.5MPa
10	球阀 Q11F—25 DN 25	套	6	P:2.5MPa 跑风
11	外压轴向型膨胀节 TWA 51604A—430 DN 800	套	2	L=3 600mm Kx=420N/mm²
12	外压轴向型膨胀节 WA51603A DN 800	套	2	
13	外压轴向型膨胀节 WA51602A DN 800	套	7	
14	外压轴向型膨胀节 WA51601A DN 800	套	3	
15	柱塞阀 DN 80	套	1	P:2.5MPa
16	柱塞阀 DN 65	套	4	P:2.5MPa
17	柱塞阀 DN 50	套	2	P:2.5MPa

序号	名 称 及 规 格	单位	数量	备　注
18	90 度机制弯头 $DN\,400$　$R＝1D$	个	2	
19	90 度机制弯头 $DN\,300$　$R＝1D$	个	2	
20	90 度机制弯头 $DN\,300$　$R＝1.5D$	个	2	
21	90 度机制弯头 $DN\,250$　$R＝1D$	个	2	
22	90 度机制弯头 $DN\,80$　$R＝1.5D$	个	4	
23	机制三通 $DN\,800/DN\,400$	个	2	
24	机制三通 $DN\,800/DN\,300$	个	2	
25	机制三通 $DN\,800/DN\,250$	个	2	
26	接管座 $DN\,250$	套	2	
27	接管座 $DN\,150$	m	2	
28	岩棉保温材料 $DN\,800×100$	m	1 050	
29	岩棉保温材料 $DN\,800×80$	m	1 050	
30	珍珠岩保温瓦保温材料 $DN\,800×90$	m	60	
31	珍珠岩保温瓦保温材料 $DN\,800×60$	m	60	
32	珍珠岩保温瓦保温材料 $DN\,400×70$	m	60	
33	珍珠岩保温瓦保温材料 $DN\,300×70$	m	72	
34	珍珠岩保温瓦保温材料 $DN\,250×70$	m	72	

5.2.3　施工总体部署

5.2.3.1　组织机构配置

根据本项目特点,我单位将选派具有多年热力管线施工经验的专业管理人员组成××路热力工程项目经理部,施工现场由项目经理部统一指挥,全面负责工程的综合管理。

项目部下设经营管理系统、技术质量系统和工程管理系统。通过各部门间的紧密配合,全面完成本工程的合同履约。工作中,做到目标明确,责任到人。

项目经理部组织机构　(略)。

5.2.3.2　工期安排

开工日期:2013 年 4 月 1 日;

竣工日期:2013 年 8 月 31 日;

总　工　期:153 天。

施工进度计划　(略)。

5.2.3.3　质量目标:合格。

5.2.3.4　施工指导思想

在确保现况道路畅通的前提下展开施工作业,分段施工、流水作业,加强安全生产监督检查,搞好文明施工与环境保护,优质高效完成施工任务。

5.2.3.5　施工阶段安排

1. 本工程共有竖井 5 座,全部为热力小室,暗挖隧道(包含分支)总长 1 085m。本工程拟于 2013 年 4 月 1 日开工,2013 年 8 月 31 日完工,总工期 153 日历天。另外,为了加快施工进度,保证施工安全和质量,拟于(3)点与(4)点之间增开 1 座临时竖井,临时竖井位于(4)点向南 80m 处。

2. 施工队施工任务划分

(1) 土建施工队负责小室、隧道的一衬、二衬结构施工。

(2) 热机施工队负责全线的热机安装。

(3) 防水施工队负责全线结构防水施工。

(4) 保温施工队负责热机保温施工。

(5) 钢筋加工场负责全线结构钢筋加工。

3. 施工步骤及工艺流程

(1) 降水、竖井开挖。

(2) 隧道开挖及初支施工。

(3) 隧道、小室防水及二衬。

(4) 热机安装、分段试压及设备安装。

(5) 冲洗、总试压、交验。

5.2.3.6　施工现场平面布置

1. 临时生活区、办公区

根据现场考察,线路终点附近华亭南街路口有大片空地,土地所有权为民族园,计划协商后租用其中 1600m², 搭建活动板房,作为项目经理部驻地。包括项目部办公区、生活区、监理办公室、业主办公室和现场试验室等,并保证分别向业主和监理提供不少于 3 间 20m² 以上的办公用房。

办公区平面布置图　(略)。

2. 材料加工场地

西侧主路封闭后作为施工区,拟于(8)点～(9)点和(4)点～(5)点之间设置两个钢筋加工厂,加工小室格栅、隧道拱架、小室及隧道二衬钢筋。固定支架、导向支架、爬梯平台的加工选择经业主和监理批准具有相应资质的专业加工厂家定制,以确保加工质量。

小室混凝土盖板选择经业主和监理批准具有二级以上资质的大型混凝土构件加工厂家预制。

3. 施工临时道路

拟建管线位于现况××路,施工期间需要占用西侧主路范围作为施工区。开工前我单位将与市政管理部门、路政部门、交管部门积极联系,在业主的协调下办理掘路手续,在规定的时间内按原状给予恢复,并请有关单位进行验收。

4. 临时用水

施工用水主要是生活区用水、喷射混凝土用水、养护用水、冲洗打压用水。全线沿线有一条现况上水管线,拟与自来水公司协商将其引至各施工工作面,报装专用水表后供施工使用。

5. 临时用电

单个竖井平均用电量:

按公式 $S_{动} = k_1 \cdot \sum P_1 / \eta\cos\varphi + k_2 \sum P_2 + \sum P_3$

$S_{动} = 0.6 \times 80 / 0.86 \times 0.75 + 0.5 \times 11 + 8 = 87$kW

全线竖井用电量: $S_{总} = k3nS_{动} = 0.7 \times 6 \times 87 = 365$kW

全线 6 座竖井最大用电量为 365kW,计划设 1 台 500kVA 变压器即可满足施工需求,设置于标段中点 6 号小室附近。

按照国家及××市对建筑行业临时用电的要求,施工采用三相五线制供电系统,设专门保护线和三级漏电保护开关,从变压器用电缆和移动式配电箱供给各负载。

5.2.3.7　劳动力组织

1. 劳动力组织原则

由于本工程施工工艺多,对各工种的专业技术水平要求较高。为保证工程质量,保证施工工期及作业安全,我公司在劳动力组织过程中,以精干、高效、专业化为组织原则,根据不同的作业内容安排具有相应工作经验的专业化施工队伍参与施工。

2. 劳动力组织安排

根据专业分工,组成初支队、防水队、二衬队、热机安装队四个专业施工队。

初支队:36 个班组,每班 15 人,共计 540 人。

防水队:60 人。

二衬队:20 个班组,每班 20 人,共计 400 人。

热机安装队:80 人

劳动力安排:本项目计划日平均用工 400 人,高峰期用工人数为 700 人。

详见劳动力计划表 (略)。

5.2.3.8　主要机械设备及材料试验、测量仪器设备见表 5－10～表 5－12。

表 5－10　　　　　　　　拟投入主要施工机械设备机具表

序号	名　称	型　号	数量(台)	用电量(kW/台)	备　注
1	龙门架	自制	6		自有
2	电葫芦	$CD_1 5T$	12	16	自有
3	电焊机	BX1	24	40	自有
4	喷射机	ZP－IV	12		自有
5	混凝土搅拌机	JW－250	6	9.0	自有
6	注浆机	UB－3	12		自有
7	空压机	$12m^3$	6		自有
8	压力泵	165F－1	4	3	自有
9	道面切割锯		2		自有
10	潜水泵	QY40－38	15	2	自有
11	砂轮切割机	4 000C	1	2.2	自有
12	角向磨光机	GWS6－125	4	1.1	自有
13	轮胎吊车	25T	1		自有
14	运输车	斯太尔	4		自有
15	铲车	厦工 50L	6		自有

5.2.3.9　交通导流

拟建管线位于现况××路道路永中以西 2.5m,竖井开挖后,将中断西半幅主路交通,并少量侵占东半幅主路。根据竖井与道路的位置关系,并结合现况道路交通量较小的特点,东、西半幅道路交通计划分别安排。详见交通导流方案及交通导流示意图 (略)。

表 5－11　　　　　　　　　拟配备本工程主要材料的试验仪器设备表

序号	仪器设备名称	规格型号	单位	数量	备注
1	烘干箱	CS101－2DSD	台	2	重庆
2	万能材料试验机	WE－600	台	1	德国
3	水泥抗折试验机	DKZ－5 000	台	1	无锡
4	压力试验机	WE－2 000	台	1	无锡
5	水泥净浆搅拌机	SJ－160	台	1	沈阳
6	水泥胶砂搅拌机	JJ－5	台	1	无锡
7	水泥胶砂振动台	ZS－15	台	1	无锡
8	混凝土强制式搅拌机	50L	台	1	济南
9	电动击实仪	DJ－1	台	1	北京
10	振动台	$1m^2$	台	1	北京
11	混凝土标养设备	HBS－2	套	1	北京
12	水泥安定性沸煮箱	ZF	台	2	沈阳
13	泥浆比重计	JS－1	台	4	北京
14	混凝土坍落度筒	京申 JS	套	4	北京
15	水泥凝结时间测定仪	NST	台	1	南京
16	混凝土抗渗试验仪	HS－40	台	1	天津
17	电动脱模器	路达	台	3	北京
18	台秤	100kg	台	3	唐山
19	切割机	500	台	1	北京
20	案秤	10kg	台	3	石家庄
21	架盘天平	1000g	台	3	北京
22	石子筛	$\phi30$	套	1	浙江
23	砂子筛	$\phi20$	套	1	浙江
24	振筛机	XSB－88	台	1	济南
25	环刀容重测定仪	京申 50－60kN	套	20	北京
26	混凝土强度试模	$100\times100\times100mm$	组	54	北京
27	混凝土强度试模	$150\times150\times150mm$	组	40	北京
28	混凝土抗渗试模	$175\times185\times150mm$	组	20	北京
29	砂浆试模	$70.7\times70.7\times70.7mm$	组	9	北京

西半幅:竖井主要侵占西半幅主路,为保证车辆通行,计划经交管部门、路政部门批准后在 9

号小室北侧机非分隔带上开设临时出口,将西侧主路车辆全部引导至西辅路,用标准围挡板将西侧主路封闭后作为施工区。在交通导流的起止点设交通标志、标牌,配备交通协管员和安全员。

表 5－12　　　　　　　　　　　　拟配备本工程主要的测量仪器设备表

序号	名　称	型　号	主要技术指标	数量(台/个)	备　注
1	全站仪			1	配备相应数量棱镜、脚架
2	陀螺经纬仪			2	
3	电子经纬仪			3	配脚架
4	激光指向仪			10	
5	光学垂准仪			1	
6	精密水准仪			2	配钢瓦尺
7	自动安平水准仪			3	
8	钢卷尺			3	另配 5m 尺若干

东半幅:竖井开挖后,将侵占东半幅道路的井口部分用 20mm 钢板覆盖,采取部分盖挖法施工措施,保证施工期间东半幅道路交通正常。

5.2.4　施工准备

5.2.4.1　现场调查

1. 开工前,邀请专业物探公司探明工程位置范围内的地下障碍物,对探出的障碍物和图纸上已标明的障碍物现场挖探坑予以确定,并作好保护工作。

2. 注意保护好工程施工范围内地上的高压电、光缆线杆等,根据具体情况进行加固保护。

3. 拆迁施工竖井及施工需用场地所有障碍物。

5.2.4.2　技术准备

1. 工程开工之前,技术人员阅读图纸,学习施工规范、质量标准,在开工前做好各分项工程的技术交底。

2. 测量人员接桩后,按设计图纸做好测量控制和设置基准点,按设计位置进行工程定位放线。

3. 做好对上层预加固方案所需浆液的试配工作。

5.2.4.3　生产准备

1. 了解总体计划安排,制定详细的总体施工计划、特殊部位施工计划,指导施工顺利进行。

2. 本工程周边有企事业单位、居民区,切实做好交通疏导工作,并走访单位、居民区,做好扰民安抚协调工作。

5.2.4.4.　施工用水、用电准备

1. 对施工现场进行调查,确定进入现场的水、电接入口,办理有关手续,布置场内临电、临水走向。

2. 根据施工进度计划,及时协调做好劳动力、物资、设备的准备工作,制定现场管理、消防保卫和环境卫生管理措施。

3. 了解现场地上、地下障碍情况,向业主及监理提交拆迁报告和地下障碍的保护方案。

4. 调查联系渣土消纳场地,并办理渣土消纳手续。

5.2.4.5 "文明四区"建设

1. 采用我公司专用(CIS)施工围挡对施工现场暴露侧进行全封闭。严格依据"文明四区"要求设置施工区、办公区等。

2. 现场临时设施只供钢筋半成品和页岩砖等周转材料临时存放。利用社会现有设施排放污水、废物等。

3. 土方存放必须覆盖密目式安全网,防止扬尘。

5.2.4.6 物资准备

1. 根据材料需用量计划,材料人员同建材部门和生产厂家取得联系,对重要材料会同技术人员进行订货考察,以保证产品质量和厂家资质达到要求。

2. 分别与建设单位和经考察合格的物资供方签订物资供货协议,明确进货方式、供货型号、供货质量、供货数量、供货范围、供货日期等。

3. 根据工程的需用量计划,租赁或购置施工机具,签订租赁合同或订货合同。

4. 根据施工计划确定材料计划,合理安排各种物资的进场时间,组织物资进场。确定大型的机具设备运输方案,并提供施工场地,进行妥善的现场保护。

5. 做好机械设备的维修保养工作,以保证施工时能正常工作。

5.2.5 主要项目施工方案

5.2.5.1 施工测量方案

1. 人员和测量设备的配置

为保证整个工程测量的准确性,我公司选择业务能力强的人员组成测量队,负责整个工程的测量定位、加密控制桩的测设、施工测量放线等,不同班组间交叉复核。

测量队人员配备情况如下:①测量工程师 1 名,负责工程全线的测量方案设计;②技术员 2 名,配合测量工程师的技术工作;③资料员 1 名,负责资料收集、整理、保管工作;④队长 1 名,负责测量工作的全面开展;⑤测量工 2 名,负责测量仪器操作。

根据工程特点及精度要求选用仪器设备,工程中所用的测量仪器应定期送国家法定计量检定机构或经批准授权的检定机构进行确认、校准和调整。

2. 地面控制测量

(1) 复核验线

施工进场后,利用布设的导线、水准线路高程点对建设单位所交中线桩、高程点进行验桩。

复核验线完毕,对所有的测量桩位都必须设有明显的标志,并加以保护。对地面控制点根据现场情况砌池护桩,采用混凝土浇筑,砌砖围护,严防车辆碾压。同时引出栓桩,做好栓桩图,以便日后桩破坏后再恢复。

(2) 设置近井点

桩位复核完成后,根据竖井位置,在地面上测设施工竖井的近井点,布置原则为:1)便于井上下联系测量;2)近井点处地面稳定,不发生沉降及位移;3)有 2 个以上的后视点便于校测。同时布设复核水准路线,将高程引测到井口。点位做好以后,报请监理工程师验线。

3. 联系测量

联系测量是保证井下坐标及方位正确和全线顺利贯通的基础,是重中之重。由于井口较小、竖井深度较大,不便于用斜视线法投点,可采用竖井投点法和陀螺经纬仪定向法进行测量。

（1）竖井投点法

采用激光垂准仪，按 0°、90°、180°、270°四个方向投 4 点，边长≤2.5mm，投点误差≤±0.5mm，每次投点均独立进行。然后取其重心为最后位置，以传递井上下坐标及方向。

（2）陀螺经纬仪定向法

井上陀螺定向边为精密导线边或更高级边，井下定向边为靠近竖井长度大于 50m 的导线边，并避免高压电磁场的影响。每条定向边在两端点上独立定向，各一次为一测回，半测回连续跟踪 5 个逆转点读数。测量时，先在井上定向边测定一测回，接着在井下定向边测定两测回，最后在井上定向边测定一测回。上下半测回间互差≤±15″，测回间互差≤±8″，每条边的陀螺方位角采用两测回的平均值。

竖井联系测量及检测分别进行 3 次。第 1 次在隧道开挖正线时进行；第 2 次在正线开挖100m 左右时进行；第 3 次在正线开挖 250m 左右时进行。各次定向互差≤±10″时，可取平均值指导开挖。

井下控制点设置在竖井或隧道的底板上，采用 20×20cm 钢板，钻 φ2mm 深孔，镶入黄铜芯。测量控制点应做好保护，如有破坏时应及时补测并做好复核。

4. 井下控制测量和高程测量

（1）井下控制测量

竖井开挖进入隧道后，将中线点、水准控制点和方向引入隧道洞中。每个隧洞中配备 3 台激光指向仪，两侧的激光仪一般情况下高度与连接板或腰线高度等高，宽度距初支结构 20cm 左右。同时为保证施工及测量精度，每前进 100m 重新设置及调整激光仪。

（2）井下高程测量

测量时，将井下水准控制点引测至隧洞中，在洞壁定出合适的高程指导点（如连接板或拱肩），指导激光指向仪方向，依激光仪指向施工。精确定出隧道变坡点，到达变坡点后需重新安置激光指向仪。

5. 施工放样测量

本工程施工放样测量工作包括隧道中线测量、开挖轮廓标绘、初砌模板定位等，施工放样根据测量控制点进行，并交叉复核。在圆曲线段（转角处），根据设计图标绘出开挖边界和格栅的位置。

6. 贯通测量

当两相向开挖的暗挖段贯通前，及时进行平面、高程的贯通测量，在整个贯通段内进行统一平差，求出控制点平差后坐标及高程，以便对下一步施工提供精度更高的数据。贯通测量限差参照技术规定的要求，直线夹角不符值≤±6″，曲线上折角互差≤±7″。

7. 施工测量的要求

（1）对测量人员的要求：测量人员要有高度的责任心，施工前认真核对技术交底，明确放样内容，熟悉放线步骤，并画出放线草图。对于放线工作中的每一步骤必须坚持步步校核的原则，作到测必核，核必实。爱护仪器，禁止对测量器具的人为损坏，禁止坐压仪器盒、塔尺等，对各种器具定时进行检测、保养，使之处于良好状态，确保日常工作的正常使用。

（2）对操作的要求：测量人员放线时，必须严格遵守测量规范规定的操作步骤及要求，作到步步校核，避免出现错误。

（3）测量目标：测量放线合格率 100%，保证达到施工进度的要求。

（4）报验：每项工作完毕，均以书面形式上报监理，经检查合格批准后，方可进行下道工序。

8. 资料的整理与收集

测量队设有专职的资料员进行资料的整理、收集与管理。凡属放线数据、观测成果均要有书面计算记录及草图,每日做好《测量日志》。为保证工程竣工后资料能及时归档,要求施工时要及时填写《施工测量放线报验单》和《测量复核记录》,上报监理签批后立即归档,确保资料完整无缺。

测量成果做到步步有校核,正确无误后方可上报监理工程师。

5.2.5.2　施工监测方案

1. 监控量测是施工中的一个重要环节。本工程量测项目有:地表沉降、周边收敛、拱顶沉降三部分。

(1) 地表沉降

地表沉降量测是暗挖隧道稳定性观测最主要的监测项目。在重要管线处、道路、建筑物旁均要设置沉降观测点。

设置要点:施工前在地表埋设水准桩,基点桩埋设在施工影响范围以外。施工中用精密水准仪配合钢尺观测地面绝对沉降量,并做好记录。

(2) 周边收敛

洞内位移测试是检验初期支护刚度的重要手段。测点里程与地表沉降断面相对应。测点随施工进行及时埋设,以免位移损失。

测试要求:净空变形量测应尽早进行,初读值就在开挖后 12h 内读取数值,最迟不应大于24h,而且在下一循环开挖前必须完成初期支护变形值的读数。由于本工程采取台阶开挖方式,布置水平测线时,考虑在拱腰、边墙部分各布设一条。一个监测断面内需布设 6 条测线,每三条组成一个闭合的三角形,断面三角形顶部共用一个测点。每次量测时,用水准仪观测一下拱顶量测点相对水准基点的变形值。

(3) 拱顶下沉

拱顶下沉是衡量隧道稳定的另一重要指标,是在隧道施工中必需的常规项目,它反映了隧道开挖到二次支护前这段时间的拱顶围岩的变形情况,用于初期支护稳定性的判断和量测信息反馈。

2. 监测要求

测试工作应用统一原始数据报表,实行施测人员、量测技术负责人二级审核上报制度。每日测试数据及时记录上报。在整个监控量测工作结束后,提出一个具有分析意见的测试量测工作总结报告。

5.2.5.3　交通导流及拆迁方案

1. 交通导流方案

(1) 现场调查情况

1) 管线位于××路主路下,沿线无公交车辆,交通流量不大。

2) 重要的企事业单位、社区、商店、饭店。

3) 路面情况:

竖井主要位于××路主路上,竖井施工需破除沥青路面。

路面结构:沥青面层、二灰砂砾混合料基层、灰土底基层。

××路主路为双向四车道,宽度为 16m,辅路宽度为 7m,分机动车道与非机动车道。

(2) 施工原则:减小占路面积、缩短占路时间、保障道路畅通,尽可能减少施工对现况的影响。

交通导流总体思路:在9点小室以北西侧机非分隔带上开设临时出口,将西侧主路车辆导行至辅路,将西侧主路封闭(可通行的十字路口除外)作为施工区。竖井采取部分盖挖施工法,将占用东侧主路的井口部分用20mm钢板覆盖,保证东侧道路正常通行。

(3)交通导流方法

本工程共6座竖井,其中4#、6#、8#、9#竖井外控尺寸为6.7×12.7m,5#及临时竖井外控尺寸为7.5×7.8m。竖井中心位于××路永中以西2.5m,竖井圈梁东西向占东半幅路1.5m,占西半幅路6.5m。为了减少施工对交通影响,保证交通安全,对竖井占主路东半幅的部分拟采取盖挖法施工,完全不占用东侧半幅路,并且围挡搭设后,恢复主路分隔栏,保证东半幅车辆的正常行驶。

竖井大部分处于主路西半幅,为保证竖井能够正常井挖,拟与交通路政部门协商征得其同意:对于主路西半幅采取断路施工,断路期间,将由北向南行驶的机动车辆导入主路西侧的辅路机动车道内,辅路总宽7.0m,根据目前现场的车流量,完全能够保证车辆正常通行。由于9#竖井施工占据了××桥的第一个主路出口,为引导车辆由主路驶入辅路,拟将主路出口北移40m,拟征得交通与园林部门同意:拆除该段的绿化隔离带约8m,作为主路出口并且在该位置路上重新划线,设置交通辅助标志。

(4)交通导流期间的安全措施

1)施工中坚决贯彻"安全第一、预防为主"的方针。必须严格贯彻执行各项安全组织措施,切实做到管生产的同时管安全。

2)成立"施工交通管理领导小组",设专职"交通协管员"和"安全员",统一着装,并经相关部门进行专业培训后,持证上岗。

结合以往在市区道路施工经验,编制切实可行的交通导流方案,经交通管理部门审批后实施,由专职的"交通协管员"和"安全员"负责交通导流方案的落实,密切配合交管部门,在需要导行的路口设置交通标志牌和安全施工宣传牌并设专职交通协管员,指挥疏导行人及车辆,确保交通安全和施工安全。

3)施工管理人员必须对所有作业人员进行安全教育,纪律教育,不断提高管理人员对所有作业人员安全意识和自我安全防范意识;管理人员必须及时下达各道工序的书面安全交底。

4)施工现场迎车方向白天50m,夜间80m提前设置施工标志,闪灯。所有交通标牌按照交管局要求统一规格、形式。

5)在施工区域设置围挡,设消能筒、限速标志、导行标志牌。在机动车与非机动车的隔离线上码放红锥筒,夜间施工保证足够的照明灯、交通安全标志灯及交通专用闪光牌、红帽子,在施工区段内的所有施工人员均穿戴反光标志背心,围挡上边挂警示灯。

2.施工拆迁

根据施工图纸结合现场实际调查,查明地面障碍物主要有:

(1)5#竖井位于××路口,竖井上方距地面约4.5m处有4根电线,影响竖井施工,需与电力部门协商能否改移。

(2)××路上的各种电线杆距施工现场较远,隧道及竖井施工基本不影响沿线高压线杆,个别距竖井较近的路灯灯杆采取措施进行加固保护。

(3)因施工交通导流需要,拟破除⑩点小室向南40m处的长度约8m的一段绿地隔离带,对于隔离带内的绿地及树木,根据园林局和有关部门的要求,进行改移,施工完毕后,恢复绿地及树木。

(4)竖井施工前主路分隔栏需移位,待盖挖钢板铺设后恢复原位。

5.2.5.4　施工降排水

根据勘查报告可以看出,拟建管线沿线勘察期间 15m 深度内发现两层地下水:第一层地下水位标高 39.80m～44.85m,属于上层滞水,水量相对较小;第二层地下水位标高 35.80m～36.30m,属于层间潜水,水量较大;设计隧道结构底标高约 37m,第二层地下水(潜水)基本对隧道开挖不会构成太大影响。第一层地下水(上层滞水)对竖井开挖造成一定的影响,根据施工经验,采取开挖时设积水坑,利用水泵抽排的方式解决。在竖井角处和隧道开挖段靠左侧每隔 10m 设集水井,留设盲沟,盲沟坡向集水井,用水泵将积水排出。盲沟做法如下:

1. 盲沟底宽 300mm,上口宽 500mm,深度在隧道基底以下 300mm。

2. 盲沟坡度方向与隧道坡度一致。

3. 沟内填充 150mm 级配卵石,上填 100mm 厚粗砂。

隧道上坡施工时,工作面处的水顺隧道坡度方向流向竖井的集水井排出。

隧道下坡施工时,在隧道左侧挖排水沟,掌子面下挖集水坑,洞内水集中到掌子面,排水采用集水坑和横向挡水堤。集水坑靠近开挖面,水量大时,每 5m 设一集水坑,用小型潜水泵或污水泵将水抽到竖井的集水井,再排入地面雨水管道。

如果施工期间实际地下水量较大时,可采取以下方式处理:在竖井外四角采取管井降水,管井距离竖井初支不小于 2m,井深度 15m,直径为 φ300 无砂滤管,水位降至结构底板以下 0.5m。

5.2.5.5　供水、供电、通风、照明方案

1. 供水:由于施工线路较长,采用各施工点就近接自来水水源供水。

2. 供电:采用三相五线制供电。

3. 通风:采用轴流式风机、柔性风筒(φ500)打入式供风,风筒端部距工作面不得小于 8m,确保工作面空气流通。

4. 照明:采用 36V 低压灯泡照明。

5.2.5.6　竖井施工方案

1. 竖井局部盖挖施工方案

拟建管线位于××路西侧主路,竖井开挖后将占用东侧主路 1.5m 宽。为尽量减小施工对现况交通的影响,竖井拟采用部分盖挖施工法:对占用东侧主路的井口部分用 20mm 厚钢板覆盖,保证东半幅主路车辆正常通行。盖挖部分见施工总平面图　(略)。

首先,对东半幅主路进行局部围挡及交通导行,施做盖挖部分的圈梁。根据圈梁位置放出竖井圈梁开挖边线,先开挖盖挖范围的圈梁的基槽,在盖挖的一侧预留足够的圈梁钢筋的搭接长度。待圈梁混凝土达到 70% 的强度时,施做盖挖的横担,圈梁外侧各 2m 范围内密排纵横两排 200×200mm 方木,方木上面密排 I 50 工字钢并用角钢将其连成整体,同时预埋龙门架立柱的基础,放好预埋件。最后在工字钢上面满铺厚 20mm 的钢板。东半幅交通恢复后,施做剩余部分的竖井圈梁。

2. 竖井初衬

初衬施工工艺流程:

测量放线 → 开挖竖井圈梁土方 → 绑扎圈梁钢筋 → 支立模板 → 浇筑圈梁混凝土 → 立龙门架 →

砌围护墙、搭护栏 → 开挖竖井土方 → 安装钢格栅 → 喷射混凝土 → 加临时支撑 → 竖井底板

（1）圈梁施工

开挖前由测量人员放出井位的十字线,按设计图纸进行,圈梁高程根据各井位的障碍物、盖挖要求及小室顶板埋深等确定,其钢筋、模板、混凝土的施工技术要求均符合施工技术规范要求。同时设好龙门架混凝土支墩,待混凝土强度达到要求后立龙门架。

（2）龙门架支搭

预埋件采用 $\delta = 20mm$ 钢板,预埋尺寸准确无误,立柱基础尺寸:长 $\times$ 宽 $\times$ 高 $= 0.8 \times 0.8 \times 1.0m$;灌注 C20 混凝土,振捣密实。工字钢之间焊接牢固,保证在提升重物时,提升架整体稳定。工字钢之间用螺栓连接必须牢固,经常调整,防止螺栓松动。工字钢立腿之间用 $\llcorner 100 \times 75 \times 8$ 角钢连接。提升架安设防雷接地装置,且符合规定。

（3）初衬施工:采用逆作法施工,逐榀开挖,开挖时采用对角开挖,严禁整个墙体同时悬空。

竖井的纵向连接钢筋为 $\phi 18@500$,内外双层。纵向连接筋锚入圈梁长度不小于 800mm,格栅间距为 600mm,洞口上皮 1.0m 范围内设三榀,竖井四角两侧竖向连接钢筋各增设一根。竖井井壁与底板相接处设钢格栅一榀,临时支撑及锚杆设置严格按设计图执行,临时支撑用 2 $\lbrack$ 22a 对焊,沿竖向每隔一榀钢格栅设一道,最低一道临时支撑距竖井底不小于 1.75m。临时支撑与钢板之间焊接牢固。对于深度大于 8m 的竖井,须沿井四周打砂浆锚杆,锚杆单根长为 L=3m,锚杆间距 1m,梅花形布置。竖井施工时如遇到地下水量大时,可根据实际情况,将锚杆改为砂浆锚管注浆。

马头门施工:竖井开挖至马头门处,沿马头门拱部外轮廓线先打入 $\phi 32 \times 3.25$ 钢管作为超前导管(导管端部钻孔做成花管),在导管内注入化学浆液固结土层,导管间距 300mm,土质差可减小为 150mm。视土质情况采取不同的化学浆液,对于砂土采取改性水玻璃液对土体进行加固。如竖井施工至马头门拱顶标高后,开始预留马头门洞口,在预留马头门洞口处竖井格栅仍环向封闭,洞口两侧竖向连结钢筋各增设 4 根,但混凝土喷射厚度减小到 10cm～15cm。在马头门处隧道格栅要密排两榀,并加钢筋与被割断的竖井水平钢格栅焊接成整体,当马头门钢格栅封闭后,再继续向下施工竖井。竖井到底后,施工竖井底板,竖井底板为由纵向 $\phi 18@200$ 和横向 $\phi 22@200$ 组成的双层钢筋网格并喷射 C20 混凝土。

每个竖井垂直运输采用龙门架,用 5T 电葫芦 2 个,设料斗坑 2 个。

3. 竖井二衬

竖井二衬工艺流程:

$\boxed{准备工作} \rightarrow \boxed{小室初支防水施工} \rightarrow \boxed{防水保护层} \rightarrow \boxed{底板放线} \rightarrow \boxed{底板边墙钢筋绑扎} \rightarrow$

$\boxed{底板混凝土浇筑} \rightarrow \boxed{放线} \rightarrow \boxed{边墙模板支立加固} \rightarrow \boxed{边墙混凝土浇筑} \rightarrow \boxed{小室盖板安放(小室顶板浇筑)}$

（1）准备清理工作、放线

将底板边墙部位的杂物清理干净,由测量班放出底板边墙的尺寸线。

（2）按设计图中的钢筋间距,位置摆放底板钢筋,同时下垫砂浆垫块,间距 1m,梅花状放置。底板钢筋绑扎完,浇筑底板混凝土。底板混凝土达到一定强度后,钢筋遇洞口断开并与洞边加强钢筋焊接牢固。

（3）底板钢筋绑扎完后,检查预埋件、预留洞位置、洞口周围加固筋等是否符合要求,经检验合格后方可进行下道工序。

（4）底板混凝土浇筑

采用泵车泵送预拌混凝土,等级为 C30P8,底板浇筑高度由事先放出的底板标高线控制。浇筑过程中及时振捣密实,最后按设计标高将底板抹平、压光。

（5）边墙钢筋绑扎

搭简易脚手架绑扎边墙钢筋,双排筋之间按设计绑扎拉筋,另外需加钢筋支撑,其横纵间距不大于1m。在绑扎钢筋前给钢筋端部加上塑料套,防止钢筋头划破防水板。受力筋外皮绑扎垫块间距1m,梅花状布置。钢筋净保护层30mm。隧道内衬纵向钢筋插入小室内衬,插入深度不小于40d(d为钢筋直径）。

（6）放线、支立边墙模板

底板混凝土浇筑完并养护达到强度后放线支立模板,模板支立前预先涂刷隔离剂。支撑时,严格按测量控制线定位,垂直度、平整度要符合施工规范的要求,模板扣件必须上齐,立带及水平支撑均采用$\phi48\times3.5$mm钢管,间距750mm。支撑架子为满堂红脚手架,横竖向间距为600mm。在边墙端头处用可调顶托进行调整,为加强架子的整体稳定性,在架子纵横及水平方向每隔3m做一道剪刀撑。

（7）边墙混凝土浇筑

小室二衬分两次浇筑。小室底板至地沟洞口底板单独浇筑一次,余下部分浇筑一次。

立模前先将底板边墙外混凝土面凿毛并用清水冲净,墙体混凝土分层对称浇筑,并充分振捣,每层浇筑厚度不得超过300mm。振捣间距不大于700mm。混凝土浇筑时要经常观察模板、钢筋、预留孔洞和预埋件等有无移动、变形或堵塞情况,发现问题立即停止浇筑,并应在已浇筑好的混凝土凝结前修整完好。

（8）拆模及养护

常温下边墙混凝土强度大于1.0MPa（1周时间）即可拆模。拆模应按支撑→外楞→内楞→模板顺序进行,拆模后及时修整墙角边角。拆模后保温覆盖并喷水养护,并不少于14d。

5.2.5.7　隧道施工方案

1. 隧道初衬施工

工艺流程:

准备工作 → 打超前注浆小导管 → 喷止浆墙 → 注浆加固土层 → 上台阶土方开挖 → 拱顶格栅安装 →

打锁脚锚杆 → 喷射混凝土 → 下台阶土方开挖 → 下部格栅安装 → 喷射混凝土 → 背后注浆

（1）打超前注浆小导管

沿拱部外轮廓打入$\phi32\times3.25@300$,长3m的超前小导管。小导管位置和开挖边界由隧道内设置的三台激光仪确定。小导管一端加工尖形,管壁打$\phi8$孔,每10cm～20cm一个,成梅花形分布。利用风镐打入,仰角为8°～10°,前后两节超前小导管搭接长度不小于1m。

（2）对围岩进行加固

每隔2m左右先沿开挖工作面喷射厚度不小于100mm的C20混凝土作为止浆墙,经0.5h后将酸化的改性水玻璃液经小导管小孔注入周围土体之中,注浆压力控制在0.3～0.5MPa,全部导管注完0.5h后即可破除工作面止浆墙混凝土开始开挖。

（3）土方开挖

采用上下台阶法施工,视土质情况,留置核心土大小。施工时,先开挖上拱土方,喷射混凝土封闭后,再开挖边墙,核心土及底板土方。开挖时应遵循"注浆一段,开挖一段,封闭一段"的施工原则。由于地理位置重要,为确保安全,开挖间距控制在500mm以内,拱部开挖后尽早封闭,尽量减少顶部土方悬空时间,最前一步未封闭的上拱格栅与最后一步已封闭的拱腿的间距控制在

2m～2.5m,核心土应以1:3～1:5放坡,防止土方坍塌,下台阶土方如果松散,应加可靠的临时支护,防止工作面滑坡。

（4）格栅安装

分步土方开挖后及时架立安装格栅,安装前应将格栅下虚土及其他杂物清理干净,支立间距同每步开挖步距,格栅支立应根据激光导向仪或测量班在墙上和拱顶打的控制点支立,保证整榀拱架不扭曲,然后用ϕ22@1000的纵向连接筋把每步格栅连接起来。边角两侧处打入2m长的ϕ25锁脚锚杆（每侧两根）,格栅拱架各连接点先用螺栓连接,再满焊牢固,拱墙部挂ϕ6@100×100mm的钢筋网片,前后两片搭接不小于100mm。钢格栅主筋外净保护层3cm,内净保护层2cm。

（5）喷射混凝土

喷射混凝上按试验给定的配比通知单进行配料施工,喷射混凝土前应注意将施工缝用风冲净残留土。混凝土应分层喷射,每层7cm左右,喷射口至喷射面距离以0.8m～1.2m为宜,每层喷完后及时清理表面结构,使其平整度良好,禁止使用回弹料。

（6）背后注浆

隧道初期支护全断面形成后,及时背后注浆,将采用水灰比为1:1:0.5水泥砂浆,ϕ32注浆管每3m设一排,每排2根,每根长500mm。注浆压力控制在0.5MPa以内,每次注浆前需用不小于100mm厚的C20喷射混凝土将工作面封严,下次开挖时破工作面。

（7）有固定支架及导向支架处隧道施工

DN800隧道内有导向支架的位置,导向支架为中心左右各2.5m范围的隧道底部加深30cm,顶部抬高30cm,此范围内初支层钢格栅间距为0.5m,格栅直墙段加高0.6m。分支隧道内有固定支架的位置,固定支架为中心左右各3.5m范围的隧道底部加深25cm,顶部抬高25cm,此范围内初支层钢格栅间距为0.5m,格栅直墙段加高0.5m。

2. 隧道二衬施工

工艺流程：

准备工作 → 清理 → 防水 → 防水保护层 → 放线 → 绑扎底板钢筋 → 浇筑底板混凝土 → 放线 → 绑扎拱墙钢筋 → 支立拱墙模板 → 浇筑拱墙混凝土 → 清理 → 填充注浆 → 养护

（1）清理底板及放线

隧道初支和防水完工后,铺5cm厚C20豆石混凝土作为防水保护层,将表面杂物清理干净,然后放线弹出隧道二衬两边墙位置线。

（2）钢筋绑扎和混凝土浇筑

钢筋绑扎均按设计图纸施工,二衬钢筋净保护层为3.0cm,固定支架处按设计要求增设附加筋。

混凝土采用预拌混凝土,以伸缩缝为界,分段浇筑成型,混凝土坍落度控制在22cm～24cm。混凝土由输送泵通过ϕ125输送管送入模,浇筑过程中应及时将混凝土振捣密实,振捣间距不大于700mm,严格控制底板标高,混凝土浇筑应保持连续性,最大间隔时间不得超过2h,同时注意按设计要求埋设预埋件。

（3）支立模板

边墙模板采用组合钢模,用U型卡固定,安放立带ϕ48双排管进行竖向支撑,两端用可调千斤顶托将边墙模板调直调平。拱部模板采用异型钢模板,模板支撑采用异型钢拱架,拱架支撑间距 1200mm,并用钢管将拱架立柱连成一体。详见隧道二衬模板支撑图 （略）。

拱墙 25m 为一施工段,以变形缝为界。每 8m 在拱顶处留一 ϕ200 圆孔为投料孔,采用混凝土输送泵接输送管灌注混凝土,混凝土浇筑前,对模板和支撑体系进行预检,必须保证支撑体系牢固,同时每段至少预留 2 根 ϕ32 钢管(上端距防水层 1cm,下端伸出模以外 10cm,作为观察孔和放气孔),以确保混凝土模注密实,变形缝、注浆孔等关键部位确认合格后方可浇灌。灌注过程中和结束前应密切注意变化,防止浇筑不实或跑模。

(4) 施工缝和变形缝处理

暗挖隧道模注内衬层设置变形缝,小室洞外第一道变形缝除特殊注明外距小室外墙皮 1.5m,地沟及隧道洞内每隔 25m 左右设一道,并按设计要求避开固定支架、导向支架。

(5) 固定支架安装

1) 一般要求

固定支架一律满焊,焊缝高度不得小于较小焊件厚度,凡外露铁件均需刷防锈漆 2 道和调和漆 2 道。固定支架各钢件的对接焊缝的坡口形式、焊缝形式及基本尺寸等有关要求按《气焊、手工电弧焊及气体保护焊焊缝坡口的基本形式与尺寸》(GB/T 985)执行。小室盖底板钢筋应尽量避开固定支架立柱槽钢,若避不开时钢筋遇固定支架断开,并与支架焊牢($15d$)。

2) 小室固定支架

小室处固定支架加强筋随同小室底板筋一起绑扎好,把定型的固定支架型钢立柱按测量班放出的位置放好,垂直度调好后,按设计要求焊好,连接型钢,并且把加固钢筋和固定支架型钢立柱焊接在一起,经甲方和监理隐检合格后方可浇筑混凝土。

3) 隧道内固定支架

隧道内固定支架所受推力一般都比较大,所以固定支架安装要求很高。变形缝离固定支架的距离应满足设计要求。立模板之前,钢筋及型钢必须经甲方和监理隐检后才能进行下道工序,模注隧道底板混凝土时,固定支架两侧各留出设计要求,待固定支架两侧隧道底强度达到要求时,再将固定支架立柱运到预定位置,按设计要求安装立柱并固定好(经甲方和监理检查合格)后,再浇筑预留段底板混凝土。最后固定支架处拱墙混凝土同下段隧道一起模筑。

5.2.5.8　防水施工方案

隧道初支完成并待初衬混凝土达到设计强度后,对初衬混凝土基面进行处理,在初支混凝土表面铺设 PE 泡沫衬垫,并钉上圆垫片,再铺设 LDPE 防水卷材。防水卷材焊接后,应对其焊接质量进行检查,除保证焊缝平整顺直外,沿线进行焊缝充气检查,在 0.1MPa 压力下保持 2min 不漏气,对不合要求的焊缝应进行修补,直到满足要求。

1. 基面处理要求

(1) 将基面上外露注浆管全部割掉,并堵以水泥砂浆。

(2) 基面如有明显水渗漏,必须先进行刚性防水封堵。

(3) 基面平整度控制在 1/8 以内。

(4) 喷射混凝土到设计强度。

2. 防水卷材铺设

在隧道拱顶正确标出纵向中线,再使 PE 泡沫的横向中心线与喷射混凝土上的这一标志重合,LDPE 防水卷材从拱顶部开始向两侧下垂铺设,边铺边用圆垫片热熔焊接,搭接余量不小于 100mm。

3. 防水层保护

（1）设专人负责防水层保护。

（2）防水层施工完毕后，禁止任何人在防水层表面上穿有钉子的鞋行走，严禁将钢筋、钢管、测量用三角架等有可能破坏防水的物体直接接触 LDPE 防水层，如必须在防水层表面放置以上物体，必须在其下部采取保护措施。

（3）底板防水层铺设完毕，打一层 5cm 厚豆石混凝土保护层；二衬边墙钢筋绑扎前，给钢筋两端带上塑料保护套，防止钢筋刺破防水层。放置混凝土垫块时应在撬棍与防水之间垫放木板，钢筋焊接的时候，应在防水表面放置纤维板以防止电火花对防水的破坏。若有破损部位立即进行修补。

5.2.5.9　热机安装

1. 主要施工工序

土建结构拆模 → 测量放线 → 材质检验 → 下管及设备 → 管道对口（先清膛） → 管道焊接 → 安装滑动支墩 → 管道附件安装 → 管道强度试压 → 波纹管、固定支架卡板等设备安装 → 管道保温 → 综合试压 → 管道冲洗 → 试运行

2. 主要施工方法

（1）准备工作

1）预制滑动支架管托及钢筋混凝土支墩、固定支架构件及卡板、导向支架立柱及导向板。

2）清理地沟，达到平整畅通。

3）在地沟底面上划出地沟中线和管道中心线。

4）确定固定支架位置后，按设计间距和规范要求稳放滑动支墩，并按管道坡度要求逐个复测预埋钢板面的高程，偏差 −10mm～0mm。

（2）下管

管道进场后先对管道外观进行检查，确定无重皮、裂纹、砂眼等缺陷后方可使用。

下管采用 25T 吊车下管，吊装时绳索必须牢固可靠，缓慢下放，不得急速下降以避免与井室墙壁、固定支架等碰撞。下管过程中要保护好管口及防腐层。管道沟内运输，采用自制手推车，吊车下管采用尼绒吊带，若采取钢丝绳时，钢丝绳与管的接触面需外套橡胶，自制手推车与管接触面也需设橡胶，以保护管道防腐层。沟内沿线卸管时，管下垫 100×100mm 的木方。管道沟内运输通过小室时，由于小室与地沟的标高不相同，需在小室内搭设支架铺通道，上铺 10mm 厚的钢板、如遇有障碍物，在障碍物上方加设滚轮通过。

（3）清膛扫线

管子对口前，应将管子内外附着的杂物、锈迹清除干净，并复查管口外形及坡口质量，不合格的管口必须修整。

（4）管子就位

1）用专用起重机具将管子吊起，按管道中心线和坡度对好管口。

2）对口处应垫置牢固，避免焊接时产生错位和变形，对正后沿管周以间距 400mm 左右交错进行定位点焊，每处长度 80mm～100mm，根部必须焊透。

3）对口时，两管的螺旋焊缝必须错开 100mm 以上，且焊缝端部不得进行定位焊接。

4）不得采用焊缝两侧加热延伸管道长度及夹焊金属填充物等方法对接管口。

5）管道标高允许在支架支承焊设金属垫片来调整。垫板必须焊接牢固。

6）管道安装允许偏差见表 5—13。

表 5—13　　　　　　　　　　　管道安装允许偏差和检验方法

序号	项　目	允　许　偏　差（mm）			检验频率		检验方法
					范围	点数	
1	△高程	±10			50m	—	水准仪测量，不计点
2	中心线位移	每 10m 不超过 5，全长不超过 30			50m	—	挂边线用尺量，不计点
3	立管垂直度	每 m 不超过 2，全高不超过 10			每根	—	垂线检查不计点
4	△对口间隙	壁厚	间隙	偏差	每 10 个口	1	用焊口检测器，量取最大偏差值，计 1 点
		4～9	1.5～2.0	±1.0			
		≥10	2.0～3.0	+1.0 −2.0			

注：△为主控项目，其余为一般项目。

（5）管道焊接

1）钢管采用焊条型号为 E43。

2）为提高焊口质量，本工程采用氩气保护焊打底、手工交流电弧焊跟层焊接工艺，电弧焊焊接两层。打底经检查合格后，应及时进行次层焊缝的焊接，以防止产生裂纹。若被迫中断，应根据工艺要求采取防止产生裂纹的措施（如缓冷保温等），再焊时应仔细检查无裂纹后，方可按原工艺要求继续施焊。

3）第一层焊缝根部必须焊透，但不得烧穿，各层焊头应错开，每层焊缝的厚度为焊条直径的 0.8～1.2 倍。不允许在焊接面上引弧。

4）每层焊完后，应清除熔渣、飞溅等附着物，并进行外观检查，发现缺陷必须铲除重焊。

5）不合格的焊接部位，应采取可靠的补焊措施进行返修，同一部位返修次数不能超过两次。

6）在未经水压试验合格之前，各接口处焊缝不得涂刷油漆和进行保温。

7）管道焊完后，清除内腔焊渣及其他附着物，并将内腔清扫干净。

（6）安装导向支架、滑动支架

管道焊接前结构施工时完成管道固定支架、导向支架立柱安装。滑动支架附件和导向滑板焊接时根据图纸所注规格不同，附件形式及数量不同。滑动支架安装前应按设计给定的间距尺寸摆放，同时对水平标高及轴线位置进行检查修正。滑动支架、导向滑板与管壁焊接应饱满，无欠焊漏焊现象。按设计给定的膨胀方向进行偏心安装。

（7）按要求将除污短管及放水阀门安装于设计位置，设计位置管道不得有焊缝。阀门型号必须符合设计要求，阀门经过四检所的严密性检测合格后安装。阀门的严密系统属关键部位且较为薄弱，必须做好妥善保护，不得有任何损坏。

3.管道强度压力试验

（1）管道在强度试压前，主管道已焊接完成，经探伤合格。放气阀、除污器、泄水、堵板已安装焊接完成。导向滑板、滑动支架已安装焊接完成。

（2）供回水作串联后进行试压，强度试压方案另行编制。

（3）试压标准符合《城市供热管网工程施工及验收规范》（CJJ 28—2004），打压过程中沿线分段设人检查各段的情况,发现问题及时汇报及时处理。

(4) 强度试压标准 2.4MPa。升压到试验压力稳压 10min 无渗漏、无压降后降至设计压力,稳压 30min 后无渗漏、无压降为合格。

4. 设备及附件安装

(1) 在强度试压合格后进行波纹管、阀门等设备的安装。波纹管、阀门等设备安装后进行固定支架卡板的安装,固定支架卡板安装应严格按设计尺寸摆放,固定支架的卡板与钢结构应紧密贴实,不得有间隙,每个焊缝应饱满,不允许漏焊、欠焊现象。然后按照设计图纸及设备说明书要求进行设备安装,并保证介质流动方向与设备要求相一致。同时应保证设备内外清洁,不得有焊渣、铁屑掉入设备内,应保证设备所有元件正常动作。

(2) 波纹管安装要在强压试验后断管安装,特别注意安装时保证补偿器与管道同心,补偿器套筒间隙保证均匀,严禁用补偿器伸缩的特性来调整安装管道上的误差。同时不得在补偿器前后出现折点。

(3) 为确保焊接式阀门的安装质量和使用性能。特做如下规定:

1) 焊条必须使用 J506 或 J507 型焊条,宜采用直流焊机。

2) 焊接安装时,焊机地线必须搭在同侧焊口的钢管上。禁止搭在阀体上,必须利用气体保护打底。并覆盖湿润麻布以降温。

3) 焊接蝶阀时阀板必须关闭,并在密封面处注满黄油,以防止焊渣落在密封面及阀板上。

4) 焊接球阀时必须用湿布将阀体裹住,用以降温保护密封面,将球阀全开,并在密封面处注满黄油,以防止焊渣落在球面上。

5) 焊接式阀门具有双向密封性,主流方向是从平阀板一侧进入。安装时应以操作方便为主。

6) 当阀门恰好安装在弯头后面时,阀门的轴应该与弯头的中心线一致。

7) 禁止交阀门轴垂直安装,必须在阀门轴成 ±60° 角范围内安装。

8) 阀门应放在原有包装中运输保管,安装时再摘下保护盘。

9) 进口阀门安装时须邀请监理旁站。

5. 管道无损探伤

(1) 钢管焊接缝 X 射线探伤检验数量及标准按规范要求如下:

1) DN<500mm 时,固定焊口检验数量为 8%,转动焊口 4%,合格标准为Ⅱ级。

2) DN≥500mm 时,固定焊口检验数量为 10%,转动焊口 5%,合格标准为Ⅱ级。

(2) 钢管与设备、管件连接处的焊缝应进行 100% 无损探伤检验。检验结果以Ⅱ级为合格。

(3) 焊缝返修后应进行表面质量及 100% 的无损探伤检验,其检验数量不计在规定检验数中。

(4) 焊缝的无损检验量,应按规定的检验百分数均布在焊缝上,严禁采用集中检验量来替代应检焊缝的检验量。

6. 防腐、保温

(1) 管道安装完毕,焊口探伤合格并经强压试验合格后,可进行防腐保温工作。防腐前应对管壁灰尘、油垢、铁锈等杂物除干净。

(2) 防腐油漆按设计应刷无机富锌—聚氨酯漆 2 遍,刷漆时应厚度均匀,不得有漏刷欠刷现象。

(3) 保温材料采用岩棉管壳及普通珍珠岩瓦,外抹石棉水泥保护壳。

(4) 管道保温材料进场后由四检所进行现场抽检合格后使用。小室内墙皮进沟 50cm 为两种材料分界线,管道强度试压合格后进行地沟的保温,在综合试压合格后进行小室保温,质量要求必须满足设计图纸及规范要求。

（5）珍珠瓦保温应拼砌严密，灰浆饱满，横缝及纵缝错开，采用 6# 镀锌铅丝及铅丝网绑扎牢固，外抹面应均匀光滑整齐，不得有凹凸麻面现象。

（6）岩棉瓦保温应横纵错开，采用 16# 镀锌铅丝绑扎牢固，绑扎后的岩棉瓦应整齐，不得有松动鼓包现象，外包玻璃丝油毡，用 16# 镀锌铅丝绑扎，绑扎后外表应均匀整齐，不得有凹凸现象。

（7）保温工作应注意在一定的间距留有膨胀缝，并填以石棉绳在伸缩节及滑动支架处。

7. 综合试压

（1）强压试压合格。所有回填土施工已完成。

（2）固定支架、导向支架强度已达到设计要求，固定支架卡板已安装焊接完成。

（3）波纹管补偿器、阀门已安装焊接完成，经 100% 探伤合格。

（4）轴向波纹管补偿器的安装拉杆已拆除。

（5）管道自由端已加固，并经设计核算可以满足总压时的推力。

（6）总试压方案审批。

（7）管道设备、附件焊接完成，经过相应的质量检查合格。

（8）在试压过程中各小室安排人员严密观察各小室管道、设备的情况，发现问题及时解决，经试压检验合格后进行下道工序。

（9）综合试压标准 2.0MPa。缓慢升压至设计压力并保持稳定，详细检查管道焊口有无渗漏、各支架有无变形及波纹管的位移情况。在 1h 的稳压期内，压力降不超过 0.05MPa 为合格。升压过程中，应加强对全线管道、设备及临时加固设施、支架的检查。发现异常时，及时通知中止试压。试压时发现的渗漏部位应做出明显标志并予以记录，待试压后处理，严禁带压整修，缺陷消除后应重新试压。试压合格后，填写《热力管道水压试验记录》，清除地沟及小室的积水。

8. 管道冲洗

根据本工程情况，管道冲洗在设备安装完毕、总试压完成后进行，冲洗采用密闭循环水力清洗方式，全部管线一次冲洗完成。冲洗水源取自附近给水水源，由排气阀处灌水，由各排污管排水，排出的水用泵抽出排入附近市政管线。

冲洗步骤为：打开排污管上的截止阀，关闭排水阀门→启动清洗水泵进行循环清洗 60min→检查水质情况、换水继续冲洗→水质合格前各排气、排水阀门打开清洗→水质合格后拆除冲洗设备及连接管，清除积水，填写《供热管网清洗记录》。

9. 试运行

试运行在工程全部竣工并经验收合格，管网总试压合格，管网清洗合格，热源工程已具备供热运行条件后进行。进行试运行前，制定试运行方案，上报热力公司相关管理部门，获得批准后方可进行。

10. 热机安装注意事项

（1）积水坑和爬梯平台抽水口采用 500×500mm。

（2）直爬梯高于 2m 以上的加护栏，地沟口有直梯的要加防护门，并只能向地沟内方向开。

（3）所有阀门高于 1.6m 的加操作平台。

（4）除污器泄水阀门出水口背向爬梯，不许垂直向下安装。

（5）除污器的底不许采用法兰连接，泄水口加法兰堵板。

（6）所有法兰石棉垫采用输配公司提供的。

（7）混凝土结构不许渗水、漏水，不许有钢筋头等杂物。

（8）没爬梯的设备安装孔采用承重盖板盖住，离地面 50cm～60cm。

（9）滑靴与支墩接触面清理后上机油不许刷油漆。

（10）泄水阀门采用柱塞阀。

（11）所有阀门的手轮、扳手配齐。放气门在灌软化水后加丝堵。

（12）施工过程中注意波纹管、阀门等管件的成品保护，并根据实际情况制定有效的成品保护措施。

5.2.5.10　雨季施工方案

1. 成立雨季施工领导小组

成立以项目经理为首的防汛领导小组，制定防汛计划和紧急预防措施。雨季施工前认真组织有关人员分析雨季施工生产计划，根据雨季施工项目编制雨季期施工方案；并组织相关人员对施工现场排水设施和各项雨施机具进行一次全面检查。

夜间设专职的值班人员，保证昼夜有人值班并做好值班记录，同时负责收听和发布天气情况，遇有恶劣天气提前做好预防措施。

防污领导小组成员　（略）。

2. 雨季施工技术措施

（1）暗挖隧道结构

在施工竖井上口沿周边做 360×500mm 挡水砖墙，并在挡水墙外侧挖好 300×500mm 排水明沟；明沟内侧抹 20mm 厚 1：2 水泥砂浆，抹灰层表面压光。施工过程中随时清理沟内杂物，保证排水畅通及排水设备运转正常，避免雨水灌入竖井作业面。

施工竖井龙门架安装须牢固稳定，基础持力层坚实平整，并做成一定坡势，确保排水顺畅，防雷接地装置安全有效，雨季前，由安全监督部门对龙门架安装作一次全面检查，并做好记录，确保防雷措施安全有效。

龙门架作业棚顶部满铺石棉瓦防雨，周边各立面除施工通道外满挂双层编织布挡雨，形成相对封闭的作业区，以确保竖井作业面不淋雨，无积水。

暗挖结构初衬混凝土全部采用现场搅拌成型，因此，水泥、砂石骨料一定要有足够的储备，以保证工程的顺利进行。砂石表面全部覆盖双层编织布挡雨，堆料场地全部采用混凝土硬化处理；水泥全部入库存放，并按规定要求垫方木及大板架空。现场设专职试验员在混凝土搅拌前随时测定砂石含水率，及时调整混凝土配合比，以确保混凝土拌和质量符合要求。

雨施期间加强对施工降水和已完结构的监控量测工作，确保施工降水设备工作性能良好，排水畅通，对于在监控量测过程中发现的重大问题，要及时向有关单位汇报并制定相应解决方案，严禁私自进行处理。

（2）土方工程

现场每座竖井基坑均配备 2 寸和 3 寸排水泵各 1 台，及时排除基坑及结构内积水。基坑沿槽底四周设 300×500mm 盲沟，四角设 1000×1000×1500mm 集水坑，基底内积水通过集水坑经沉淀后用潜水泵泵送至市政管道内。在基底清理前，首先施工基坑周边排水沟及集水坑，为后续工序的顺利进行创造有利条件。

土方回填时集中力量，分段施工，各工序连续作业，尽快完成，严防雨水浸泡基坑。施工中严格控制土料含水量，对于含水量过大的土料须翻松晾晒后方可使用。遇雨前及时压完已填土层并将表面做成一定坡势；雨中不得填筑土料。

雨施期间加强基坑边坡、周边地下管线的监测工作，发现的重大问题及时上报有关部门决策。

（3）结构工程

钢筋原材及已加工完的半成品堆放场地铺垫天然级配砂石，并用方木垫起，保证不积水，上面用编织布覆盖，防止表面生锈。钢筋投入使用前必须将钢筋表面浮锈、污物等清理干净，已绑扎成型的钢筋做好覆盖防雨措施，如因遇雨生锈，须在浇筑混凝土前用钢丝刷或棉丝将锈迹彻底除清干净。

模板堆放场地要碾压密实，防止因地面下沉造成倒塌事故，模板堆场搭设挡雨棚，除竖井井口外四周全部封闭。模板表面涂刷的隔离剂，须采取有效覆盖措施，防止因雨水直接冲刷而脱落流失，影响脱模效果和混凝土表面质量；因遇雨生锈的模板表面要在使用前用棉丝将锈迹彻底除清干净，并重新涂刷隔离剂。

浇筑混凝土前，注意收听天气预报，避免混凝土灌注中突然受雨冲淋而出现离析现象。混凝土浇筑完毕根据当时天气情况及时进行保湿保温养护，确保混凝土不出现干缩裂缝和温度裂缝。养护时在混凝土表面覆盖两层麻布片及一层塑料薄膜浇水养护，使其表面始终处于湿润状态，防水混凝土养护时间不少于 14d。夏季高温施工中，凡外露结构浇筑混凝土时须提前采用编织布搭好遮阳棚，以降温防晒，防止混凝土收缩过程中出现表面龟裂。

（4）施工现场的机械设备

施工现场各类机械设备实行两级漏电保护，所有电气设备的外露导电部分，均作保护接零。对产生振动的设备其保护零线的连接点不少于两处。电焊机须单独设开关，并设漏电保护装置。电焊机要放置在防雨、防砸的地点，下方不得有堆土和积水。

（5）防暴雨防洪水措施

暴雨时，加强监测监控，成立以项目经理为首的防洪领导小组，及时收集、分析观测数据，制订应急处理方案，随时与气象台保持联系，掌握天气变化情况，确保顺利渡过暴雨季节。

严格按施工组织设计的排水系统进行布设，施工中加强对排水系统的维护，暴雨季节增加人员，检查排水系统、设备的可靠性，随时疏通排水沟。必要时增设排水沟和抽水设备。

注意气象部门的天气预报，在暴雨来临前，停止受暴雨影响大的土石方开挖，防水层施工，混凝土灌注等作业，做好妥善安排，以保安全。

当土方开挖和结构同时施工时，在结构物和土方开挖分界处增设一道防洪围堰，防止雨水将泥土带入结构施工段。在围堰与土方开挖一侧设集水坑，将水抽至地面的沉淀池。

降雨过程中，停止野外作业，设专人巡回检查施工便道，料库，机修区和生活区段，并及时将水引至边沟或排水管道，必要时用草袋围堰，围护受洪水影响较大的区域。

采用可靠的手段围护水泥库，变、配电设备等，施工机械设备撤出基坑或停放在地形较高、排水顺畅的地方。对变、配电设备设置可靠的防雷装置，并派专人看守。

3. 雨季防汛材料、设备计划　（略）

5.2.6　质量保证措施

5.2.6.1　质量目标：合格。

5.2.6.2　总体质量保证措施

1. 施工管理保证措施

（1）项目经理部认真执行《建设工程质量管理条例》，实行工程质量负责人责任制和工程质量终身负责制。项目经理部根据工程质量目标制定本工程的质量管理制度，认真做好施工组织及各项制度、措施的落实。严格执行"工程质量一票否决制"。

（2）认真贯彻执行"百年大计、质量第一"的方针，加强对施工人员的质量教育，加强施工管理，强化质量意识。在施工中严格按照设计图纸、专用条款明确的规范和标准、国家及××市有关标准规定的要求组织施工。成立专业防水小组，加强防水施工及管理，保证隧洞不渗漏。

（3）严格执行国家、地方及相关方颁发的各项质量管理办法，接受××市建设工程质量监督总站、市政工程监督站等单位对建设工程质量实施监督管理。积极参加监理工程师组织的现场例会，认真落实会议纪要。

（4）定期召开内部生产协调会，总结和检查前一阶段工期、质量、安全情况，有针对性的采取改进措施，布置下一阶段工作重点，确保工程质量得到持续改进和提高。

（5）人员组织与安排

健全质量管理组织，完善质量管理体系。配齐配足施工管理、技术人员及技术工人，切实做到责任明确、工种齐全、奖罚及时，使每个人的切身利益与工程质量挂钩。

投入本工程的主要管理人员及施工技术人员，均参加过多项浅埋暗挖隧道施工建设，具有丰富的施工经验。为保证本工程的建设质量，成立以公司总工程师为组长，有地质、暗挖施工、防水、机械、工程试验等方面专家组成的专家组，定期或不定期深入现场，帮助现场优化施工方案、解决施工技术难题。

配备熟练的技术工人，如隧道工、电工、电焊工、木工、混凝土工、架子工、起重工、钢筋工、施工机械操作等技术工人，严格执行持证上岗制度，对规定持证上岗的人员全部进行岗前培训，考试合格、取得岗位证书后上岗。

具体标准如下：

1）本项目的管理人员，均由取得相应的专业技术职称或受过专业技术培训，并具有一定的施工及管理经验的技术、经济人员组成。

2）所有特殊工种人员、各种领班以上人员均具有符合有关规定的资质。专业工种人员均按照国家有关规定进行培训考核，获取上岗证及相应技术等级，持证上岗。新工人、变换工种工人上岗前将对其进行岗前培训，考核合格后上岗。

3）施工中采用新技术、新工艺、新材料、新设备前，编制施工工艺及具体要求，组织专业技术人员对操作者进行培训。

（6）物资、设备管理措施

1）甲方供应的材料在使用前将材料出厂质量合格证书、施工单位检验、试验合格证书等送交监理工程师审批，监理工程师批准后再复检，合格后进厂使用。

2）自行采购钢筋、土工布、防水板、止水带、水泥等材料，按采购程序文件和作业指导书对分供方进行评审，采购前向监理工程师报送产品合格证明和样本，按合同、技术规范或监理工程师的要求，对产品进行检验和试验，合格后进行采购。对不符合设计或标准要求的，禁止进入施工现场。对符合设计和标准要求的进场材料，进行标识，实现材料质量可追溯，确保工程材料不被混用。

3）所有进场材料分类分区保存，保证其整洁有序，不受天气及施工的影响，不影响周围设施的使用，不影响环境质量。

4）施工组织安排的主要施工机械（包括备用机械）按时到达施工现场，并定期进行维修、保养，在施工期间保持状态良好，保证满足施工质量的需要。

2．施工技术保证措施

（1）严格执行设计文件、图纸及施工设计复核签字制度。总工程师组织经理部技术人员详细熟悉、审核施工设计图纸及资料,发现问题,及时报告监理工程师,审核完成并由总工程师签字后交付使用。

(2)严格执行技术交底制度

1)将各分项工程的技术标准、质量标准、施工方法、施工工艺、保证质量及安全措施等向领工员、工班长书面交底。

2)施工技术交底,执行书面交底,包括结构图、表和文字说明。交底资料详细准确、直观,符合设计、施工规范和工艺细则要求,交底资料经第二人复核确认无误签字后,交付领工员、工班长签收。交底资料妥善保存备查。

3)工程开工前,项目经理部技术部门根据设计文件、图纸编制"施工手册",向施工管理人员进行工程内容交底。"施工手册"内容包括工程名称、工程范围、工程数量、技术标准、质量标准、工期要求、结构尺寸等内容。

(3)严格执行测量复核签字制度

1)控制测量、施工测量,分两级管理。遵守《地下铁道、轻轨交通工程测量规范》(GB 50308—1999)及招标文件有关规定。

2)工程范围内控制桩,由项目经理部精测组负责接收、使用、保管,并保护和保存好工程范围内全部控制网点、水准网点和自己布设的控制点。

交接桩时应在现场进行桩位标注,并做好标记,双方在交接记录上详细注明控制桩的当前情况、存在问题及处理意见,并进行签认。

总工程师组织复测,复测精度按有关规定执行,如误差超过允许值范围,及时报告业主、监理工程师。

3)根据监理工程师会同设计单位提供的工程范围内有关控制网点、水准网点,与控制桩点资料进行复测验算,施工测量放样前向监理工程师送施工测量报审表,放样后报监理工程师进行复测确认。

4)施工过程中,作业队负责施工测量,进行施工放样、定位、控制桩点护桩测设保护和工序间检查复核测量。

认真贯彻执行测量复核制度,外业测量资料由第二人复核,内业测量成果经二人独立计算,相互校对。

5)测量原始记录、计算资料、图表真实完整,并妥善保管。工程竣工后,按设计图纸进行竣工测量,确保达到设计要求,并绘制竣工图。

6)测量仪器按计量部门规定,定期进行标定,并做好日常保养工作,保证状态良好。

(4)编制实施性施工组织设计,按施工网络计划节点工期分段控制,实现均衡生产,保证工程质量。

(5)为了更好地建设好本工程,施工过程中不断地进行施工方案优化工作,以求得施工方案的先进、科学和保证工程质量。

(6)为适应信息化管理的要求,我单位将进行施工技术的信息化管理,即施工计划进度网络、工程质量、施工安全、资源管理、工况变化、设计变更、施工监测等全部进入计算机系统,采用先进的管理软件,对施工全过程进行控制,实现"一次调整,全盘优化"的目标。

(7)配备先进的试验检测仪器设备,按招标文件及有关技术规范要求对进场原材料、各种成品、半成品构件进行检验和试验。

(8)工程设计变更:施工中不擅自对工程设计进行变更。施工中提合理化建议涉及对设计图纸或"施工组织设计"的变更及对材料、设备的换用,报请监理工程师批准后实施。

(9)关键工序实施前编制详细的工艺细则及作业指导书,并有明确的技术要求和质量标准,并对有关人员进行培训和技术交底。

(10)严格执行隐蔽工程检查制度。工序完成后经自检、互检、质检工程师专检合格后,填写隐蔽工程检查证,报监理工程师,经监理工程师检查签认后,再进行下道工序施工。

(11)加强施工监测工作,利用监测数据分析施工现状,并采取相应的处理办法。

(12)由项目总工程师定期组织技术人员、质检人员、工班长、领工员等对施工现场进行检查,分析工程质量要点,制定预防措施。

(13)建立健全质量管理体系,开展 TQC 工作;成立质量 QC 攻关小组,围绕以下重点工序展开活动:

1)结构防水施工工艺。

2)信息化管理。

3)施工设计。

通过 QC 小组活动不断将其成果应用于施工当中,提高施工水平,保证工程质量。

3.原材料质量保证措施

(1)原材料的采购

1)做好市场调查,从中选择生产管理好、质量可靠稳定的厂家,作为待定的供方,按采购程序文件进行评审,建立质量档案。

2)从待定的供方产品中按规定取样,送建设单位认可的具有相应资格的试验室进行检验或试验。试验结果得出后,进行质量比较,从中选择最优厂家,报监理工程师批准后作为合格供方,建立供货关系。

3)建立供方档案,随时对材料进行抽样,保证供方所提供的产品合格。当材料质量出现变化时,加倍取样试验,试验结果报监理工程师,必要时按上述程序重新选择供方。

(2)原材料的运输、搬运和储存

1)原材料进场保证出厂质量证明文件齐全,包括质量合格证明文件或检验/试验报告、产品生产许可证、产品合格证、产品监督检验报告等。

2)对于易损材料,如止水带、防水卷材,运输和搬运时做好防护,防止变形和破损。

3)原材料进场后按指定地点整齐码放,并挂标牌标识,标明型号、进场日期、检验日期、经手人等,实现原材料质量的可追溯。

4)原材料进场后由专人保管,对水泥、钢材、防水材料、止水带等材料加盖或在室内保管,避免风吹日晒。

5)在运输、搬运过程损坏或储存时间过长、储存方式不当引起的质量下降的原材料,不准使用。对此种材料及时清理分类堆放并标识妥善处理。

4.为确保质量所采取的检测试验手段及措施

(1)认真贯彻执行国家、地方有关规范和要求,对建设工程使用的原材料、半成品及现场制作的混凝土、砂浆试块、防水层施工、钢筋连接试件等项目的检测,实行见证取样送检制度。

(2)项目经理部建立试验室

1)试验室:建立工程试验室。同时委托具有相应资质并经监理工程师批准的试验室进行现场工程试验室检测试验项目以外的检测试验工作。

试验工程师:长期从事试验工作,经验丰富并持有资格证书。

2）工程试验室所有仪器定期由计量部门标定，再由工程质量监督站对其进行技术资质审查合格并确定其试验范围后，进行试验检测工作。

3）确定现场试验室人员为工程质量检测取样员。

4）取样员在见证人员在旁见证下，按有关技术标准、规范的规定，从检验对象中抽取试样并采取有效措施封样。

5）工地试验填写检测委托单，监护送样的见证人员在委托书上签字。

（3）工程质量检测频率按相关规范、规程执行，配备交通车辆负责向质量检测单位送样。

混凝土试块养护管理方法：为确保混凝土试块强度的正确性，在现场试验室内建立符合规范要求的标准养生室。养生室的温度、湿度由专业人员管理。到养护日期后，由现场试验室进行试验。

（4）现场试验室完成的试验、检测项目，符合有关的规定。对试块、试件及有关材料，在监理工程师在场时进行检验和试验。

1）对所有原材料的出厂合格证和说明书进行检查，并登记记录。

2）对有合格证的原材料进行抽检，抽检合格者才能使用。

3）经抽检不合格的原材料，书面通知物资部门并做出标识，隔离存放，防止误用，及时退货。

4）对进场钢筋按规定进行抽检，抽检其焊接强度、脆性及韧性等，出具试验报告，符合设计及规范要求者方可使用。

5）安排专人负责预拌混凝土生产过程的质量检测，每次浇筑混凝土前，进行以下项目的检查（或按监理工程师要求），并做好记录。

①检查混凝土配合比，检查原材料（水泥、砂、石、外加剂、掺合料等）是否符合规范要求，如有变化要及时调整混凝土配合比。

②检查原材料数量（含外加剂、掺合料数量），每班抽查不少于 5 次。

③记录搅拌速度和搅拌时间。

④检查坍落度是否符合要求，随机抽样，每班不少于 3 次。

⑤记录运送时间和搅拌时的温度。

⑥检查监督试件制作的全过程。

⑦检查养护条件以及试验设备是否符合要求。

6）指定专人负责现场混凝土的检测、试件工作。

①混凝土灌筑时，跟班检测、检查。

②测量混凝土坍落度，每班不少于 5 次，如不符合规范要求，及时调整配合比并重新拌制。

③记录预拌混凝土运送时间并与搅拌站取得联系，防止使用停留时间过长的混凝土。

④按规定在现场留取试件，试件组数符合有关技术规定。

⑤混凝土灌注期间若因特殊原因造成灌注中断时，及时报告监理工程师及有关人员并采取相应措施。

5.2.6.3　加强管理措施

1. 在进场前，对所有参加施工人员再次进行质量意识教育，使大家牢固树立对用户负责的思想，以促进各项工作的开展。

2. 健全质量管理体系，落实质量责任制，实行质量一票否决制度。

3. 做好各项工序的设计、技术交底，未能参加技术交底的人员不准上岗，做到按图纸、按规范、按标准施工。

4. 严格工序预控,未进行三检的工序,不予验收,上道工序不合格的不进行下一道工序。

5.2.6.4　质量预控措施

1. 工程质量控制要点

针对本工程主要特点、难点及重点确定如下项目为本工程质量控制要点。

(1) 测量控制

暗挖施工首先要保证施工测量的准确,施工中必须采取有效的测量控制方法。坚持必要的放线、复核制度,测量仪器定期检测,勤测勤量,多点控制,重点控制格栅拱架安装位置。保证暗挖结构轴线位置、净空限界尺寸及高程。

开挖断面控制严格按照中线测量投点、引测高程桩控制开挖断面,防止控偏、欠挖使超挖控制在 10cm 以内,避免因开挖错误造成延缓初支喷护时间,保证初支结构位置正确及防止塌方的出现。

(2) 喷射混凝土的质量控制

根据初期支护结构喷射混凝土的施工特点,喷射混凝土采用现场拌制,必须首先严格控制其所用的水泥、砂、豆石、速凝剂及外加剂等原材料的质量。及时按规定做好进场材料抽检复试及见证取样工作。严把材料进场关。

喷射混凝土需随配制随使用,必须保证混凝土的拌制质量。施工现场要建立一套完整的混凝土拌制开盘计量检验制度,采用有效的计量设备和手段来保证混凝土的拌制质量。

(3) 格栅拱架加工及安装质量控制

在坚持材料进场验收的同时,格栅拱架加工前必须先放大样,样板经验收合格后方可大量组织加工,以保证尺寸的准确。对于拱架钢筋的焊接必须重点控制,保证焊缝的质量。现场安装必须在测量复核后就位。喷射混凝土前必须对拼装的接头进行验收。

(4) 二衬结构混凝土质量控制

二衬模筑混凝土结构施工,在保证结构成型尺寸的前提下,需采取有效的振捣措施,来保证混凝土的密实性。结构强度和抗渗等级。必须加强对预拌混凝土供货商的管理,特别是对于碱活性集料的控制,以保证小室及隧道结构工程的耐久性。

受施工条件的限制,分段分块浇筑的二衬混凝土结构,施工缝的处理尤为重要,施工中必须合理划分施工流水段,正确设置施工缝,在混凝土的浇筑振捣和下步混凝土接茬过程中,必须严格按规范和设计方案处理好施工缝,以提高结构混凝土的整体性和保证抗渗性能。

(5) 防水质量控制

小室及隧道施工防水工程质量尤为重要,防水材料的质量控制,施工过程焊缝质量的检验成品保护及分段施工甩茬部位的保护对防水层整体施工质量具有相当大的影响,在施工期间必须重点控制。

(6) 混凝土配合比设计与管理

本工程二衬结构混凝土全部采用预拌混凝土,初衬混凝土喷射混凝土采取现场自拌。

公司在现场建试验室,与预伴混凝土供应商及时取得联系,共同探讨设计符合工程需要的高性能混凝土,并对整个结构混凝土拌制过程实施全程监督管理。

根据本工程的混凝土施工技术性能、材料性能、泵送预拌混凝土的技术指标及结构浇筑、捣固施工工艺的需要,以及设计技术要求,试验配制多个不同部位的混凝土配合比,确保最优配合比设计,该配合比除满足技术规范、设计要求外,还应达到有关耐久性和防水技术的要求。

1) 喷射混凝土配合比控制

水泥采用 P·O 32.5 普通硅酸盐水泥,使用前须做强度复试,其性能指标须符合现行水泥标准。速凝剂的初凝时间须≤5min,终凝时间≤10min,掺量＜5％。同时在使用速凝剂前须做与水泥的相容性试验和水泥净浆凝结效果试验。喷射混凝土工艺采用湿喷法,配合比设计时,使用复合外加剂,速凝剂采用液体速凝剂。喷射混凝土的施工配合比通过试验确定。细骨料选用硬质洁净的粗中砂,细度模数大于 2.5,含水率控制在 5％～7％。所用砂石料须符合 JGJ 52、JGJ 53 规定的质量标准要求。粗骨料采用坚固耐久的碎石,粒径不大于 16mm,骨料级配须符合采用连续级配。

喷射机必须具有良好的密封性能,输料连续、均匀,附属机具的技术条件满足喷射作业要求。喷射作业时,须分段分片、分层,由上而下顺序进行,当岩面有较大凹洼时,须先填平。混合料须随拌随喷,不掺速凝剂的干混合料,存放时间不应大于 2h,掺有速凝剂的干混合料,存放时间不应大于 20min。混凝土坍落度控制在 12mm～15mm 的范围内。喷射混凝土 1 天强度应不小于 10MPa,28 天强度不小于 20MPa。喷嘴与岩面垂直,同时保持适当的距离和喷射压力,湿喷为 1.5mm～2.0m,风压保持在 0.1MPa 左右。喷射混凝土后进行初期养护,免受低温、干燥、急剧温度变化等有害影响。

2）二衬及结构混凝土配合比控制

水泥采用 P·O 42.5 普通水泥。适量掺加早强型外加剂。砂、石料符合 JGJ 52,JGJ 53 质量标准要求,石子最大粒径为 20mm。砂率控制在 35％～40％范围内,灰砂比为 1：2～2.5,水灰比不大于 0.6。混凝土 1d 强度须≥10MPa,28d 强度≥30MPa。混凝土配料计量允许偏差:水泥、水、外加剂为±1％,砂石为±2％。砂石骨料需进行碱活性检测,控制混凝土中总碱量防止发现结构混凝土碱集料反应。

3）自拌混凝土及预拌混凝土管理

①自拌混凝土管理

将标准配合比换算成施工配合比,并填写施工材料单,经项目总工程师签认后实施。当材料有变化时,须重新送样进行配合比设计。

严格控制各种材料的计量偏差,除试验人员外,任何人不得随意调整配合比。

根据规范规定检查混凝土的坍落度、含砂率,并留取试块做强度试验。骨料含水率须经常检测,据此调整水量和骨料重量,雨天施工时须增加检测次数。

喷射混凝土施工前 28 天,向监理提交场地布置图、机具、混凝土配合比资料,并附简要说明,报监理审批。

②预拌混凝土管理

项目部每月提供月生产计划,以书面形式向搅拌站提供混凝土需用量计划及混凝土浇筑形象进度计划。

计划内容包括但不限于:混凝土使用部位、混凝土强度等级及技术要求、使用时间及数量。

混凝土使用前 24h,向供应商提出具体用料计划。要求供应商必须按共同确定的配合比进行混凝土生产,并在使用前提供满足各项技术指标的混凝土的配合比。

每辆混凝土运输车必须有配料单和混凝土使用部位及性能的相关资料,到达施工现场后由项目部试验人员、监理工程师进行联合检查,确认合格后方可进入浇筑工作面。

同时要对每车混凝土的数量、坍落度、和易性、含砂率、混凝土运输时间及混凝土温度进行检查,若不能满足要求不予签收。定期对混凝土搅拌站的水泥、砂、石、外加剂及计量器具进行检查,确保原材料及计量的准确。根据规范及施工要求,制取混凝土试件做强度试验。

2. 混凝土工程质量控制措施

（1）成立以项目副经理为组长的混凝土浇筑施工管理组，主要负责实施混凝土浇筑施工的有关组织管理工作，保证混凝土连续供应和按施工工艺组织施工，保证混凝土浇筑质量。

（2）根据混凝土浇筑部位、工艺、数量合理安排人员及配备设备。成立混凝土浇筑作业班，并对作业人员的职责作明确分工。混凝土浇筑时，相关的质量、技术、机电、物资等部门派专人组成现场值班小组，专职负责落实混凝土供应、施工工艺、机电维修、浇筑质量控制等工作，监督关键部位如防水结构等细部浇筑，确保混凝土浇筑质量。及时进行技术交底，明确质量、安全注意事项。设专职混凝土试验人员进驻预拌混凝土拌合站，监督拌合站是否按配合比实施拌和，并协助组织运输。项目部派专人进行指挥预拌混凝土运输车辆进出施工现场，确保道路畅通、安全。实行终身质量责任制，项目部与混凝土供应商签订质量责任合同，混凝土的质量与浇筑施工有关人员的经济效益直接挂钩。

（3）混凝土施工过程控制

1）混凝土拌和及运输

将预拌混凝土拌合站质量管理纳入工程质量目标管理范围，督促拌合站根据混凝土的质量技术性能要求制定相应的控制措施。拌合站每次搅拌前，须检查拌和、计量控制设备的状态，保证按施工配合比计量拌和。同时根据材料的状况及时调整施工配合比，确保调整各种材料的使用量。制定切实可行的混凝土运输路线方案，根据使用情况编排好拌和、运输计划，保证在规定时间内及时运到现场，实现连续浇筑。

2）混凝土浇筑前的准备

对基岩、地基、旧混凝土做必要的清理。把好测量关，做好检查复核工作。做好电力、动力、照明、养生等准备工作。分别制定每一施工段的混凝土浇筑实施方案，制定设备、人员、小型施工机具、浇筑施工工艺交底及场地安排计划，配备适用的发电机以备急用。

3）混凝土的浇筑与振捣

浇筑工艺随不同部位予以相应调整，不能引起混凝土离析。应在合理时间内浇筑完毕，浇筑速度不能过快，否则易使模板侧向压力增大，捣固不充分，造成混凝土不密实。捣固人员应认真负责，不得漏捣，也不得振捣过度而引起混凝土翻砂和粗骨料下沉，混凝土振捣以混凝土表面浮浆光滑且不再沉落为止，插捣间距不大于捣固棒作用半径的1.5倍。底板混凝土初凝后至终凝前，人工进行提浆、压实、抹光，消除初凝期失水裂纹和渗水通道，提高底板的防水能力，增加与防水层的凝结力。防水构造的细部，如止水带两侧混凝土须振捣密实，以提高止水带的防水能力。

4）养护

编制详细的混凝土养护作业计划，报监理审核批准后实施。结构混凝土养护必须在浇筑完毕后12h以内进行。养护用水须采用与拌制用水一样的洁净水，养护时间不小于14d。浇水的次数以保持混凝土表面处于湿润状态为宜。

5）拆模

拆模顺序须后支的先拆、先支的后拆；先拆除非承重部分，后拆除承重部分。较复杂的模板拆除须制定相应的拆模方案。拆模时间须视混凝土强度情况及结构类型而定，遵照招标文件和有关设计规范。

6）混凝土质量检验、评定与验收

混凝土施工过程中，除按设计要求及相关技术规范要求进行质量评定及检查外，还应执行以下规定：原材料必须进行检查，如有变化及时调整混凝土配合比，并得到监理的批准和认可。在拌制和浇筑地点测定混凝土坍落度,每工作班不少于 2 次。检查配筋、钢筋保护层、预埋件、穿墙管等细部构件是否符合设计要求,合格后填写隐蔽工程验收单,报监理检验认可。

工程验收时须提供下列资料:原材料质量证明,进场检验与试验资料。混凝土强度、厚度、外观尺寸等检查和试验报告。

7)隐蔽工程检查记录;变更设计、工程重大问题处理文件;监控量测成果报告;其他业主、监理或城建档案馆要求提供的资料。

3. 防水工程质量保证措施

(1)建立专业防水组织管理机构

成立以项目经理为主的防水施工管理机构和专业防水作业组。

防水施工直接由防水施工技术负责人专职负责,防水技术负责人和各有关防水施工作业人员主要由其他类似工程中担任过施工和管理的人员组成。

工程施工前由项目防水专业负责人主持,对防水及相关作业人员进行加强防水质量意识的教育,认真学习本工程的防水设计、防水材料、施工方法及工艺流程,了解防水材料性能,各防水施工作业的相关人员必须经考试合格后持证上岗,无证者不得安排与防水有关的工作。

防水施工前,由专职防水技术人员负责对作业班组进行施工技术交底,让作业班组充分理解设计意图和施工方法,做到施工人员人人心中有数。

(2)实行旁站管理和验收制度

防水工程质量检查严格执行"三检"和旁站监理制。对每一道工序进行质量检查,做好记录。在经过自检合格→质检工程师检查合格→监理检查验收签认后,方可进入下一道工序施工,否则进行整改或返工。

(3)作好盲管排水系统

主体结构内衬之前,须做盲管排水系统,另在内衬混凝土施工时对盲管排水系统做好保护措施。

(4)混凝土结构自防水控制措施

混凝土结构自防水是结构防水的重要环节,施工时必须高度重视,充分认识混凝土防裂、抗裂的机理和重要性,按图纸要求,选用相应等级的防水混凝土。必要时,可采用防腐抗裂高性能混凝土,对与混凝土防裂抗裂密切相关环节,主要采取如下措施进行控制。

优选混凝土的原材料及外加剂,所有原材料及外加剂必须经过检验和试验,并符合有关规定标准。

优选混凝土配合比,综合分析水泥品种、水泥用量、外加剂、拌合料、水灰比对混凝土自防水的影响,控制水化热,防止内外温差裂缝,其抗渗等级应比设计要求提高 0.2MPa。

在不影响强度和抗渗性的前提下,掺入一定数量的磨细粉煤灰,降低水泥用量和水泥水化热,减少坍落度损失和内外部温差,最大程度地避免裂缝的出现,粉煤灰拌量不得大于水泥重量的 20%。

限制主体结构浇筑混凝土的分段长度,防止混凝土发生有害裂缝。通过合理的施工组织实现主体结构分段跳槽浇筑,每段长度控制在 8m～12m,后浇段采用微膨胀混凝土。

控制好混凝土的入模温度,减小温降收缩量,炎热季节施工时,尽量控制好砂、石料的温度,必要时对砂石料洒水降温。

混凝土分层浇筑,每层厚度不宜超过 30cm,分层振捣,振捣时间 10～30s,以混凝土开始出浆和不冒气泡为准,避免关键部位振捣不实。相邻两层浇筑时间间隔不超过 2h,确保上、下层混凝土在初凝之前结合好,不形成施工缝。

防水混凝土内部设置的各种钢筋或绑扎铁丝,不得接触模板。模板须具有足够的强度和刚度,表面平顺、光洁、接缝严密、不漏浆,支撑须牢固、可靠,具有足够的稳定性。

防止混凝土产生离析和漏浆,如发生显著泌水离析现象,应加入适量的原水灰比的水泥浆复拌均匀。精心养护,减缓收缩变形量的增长速率,采用喷淋、覆盖或洒水养护。控制拆模时间,防止过早拆模。

(5) 防水层防渗漏保证措施

防水层的原材料须有出厂证明文件、试验报告以及现场取样复检报告,其质量必须符合要求,并经监理工程师检验认证后,方可用于防水工程施工。

(6) 变形缝、施工缝防渗漏保证措施

按设计及规范要求留设施工变形缝,留置并处理施工缝及施工接口。变形缝的止水带、止水条、填充材料的性能和规格,必须符合设计要求和施工规范的规定。分次浇筑混凝土时,必须在原浇筑的混凝土达到规定强度要求后,方可再进行下次混凝土浇筑。在原混凝土表面再次进行混凝土浇筑前,须清除原混凝土表面的浮浆及脆弱表面,对混凝土表面进行凿毛,露出粗骨料,使其表面呈凹凸不平状。用高压水冲洗表面,彻底清扫原混凝土表面的泥土,松散骨料及杂物,让混凝土表面充分吸水、润湿。变形缝的沥青木丝板和止水带安装须顺直、密贴,安装位置和方法正确。混凝土浇筑前须对其有无破损、位置的正确性进行严格检查,在符合要求后方可进行混凝土浇筑。混凝土浇筑时,首先在接缝表面铺设一层 20mm～25mm 厚,其材料和水灰比与混凝土相同的水泥砂浆,接缝处混凝土浇筑应适当地进行重复振捣,保证混凝土的密实性,同时须采取措施防止沥青木丝板及止水带的位移和破损。模板拆除须根据不同结构部位模板的受力情况及其对混凝土强度的要求,分期、分批拆除。拆模时混凝土的表面温度与环境之间的温差不得超过 25℃。避免因模板拆除引发结构裂纹。拆除模板时应尽量避免在混凝土水化热高峰期进行,模板拆除后须立即采取适当的保温保湿措施对混凝土进行养护。

4. 热机安装工程质量控制措施

(1) 为保证管线运行安全,管道安装必须严格按设计和规范要求进行施工,并及时复核管线中心位置。

(2) 补偿器安装必须按设计位置,按照要求高标准、高精度地施工。

(3) 认真抓好测量放线工作,支架安装时要严格测量定位,经质量人员复核后才能安装,固定之前做就位检查,平面和垂直度合格时方能焊接。保证管线位置准确。

(4) 凡进场管材料,要严格执行进场检验制度,钢管的规格、材质应符合设计规定,并具有生产厂家的合格证明书,对不符合标准及资料不齐的坚决不得使用并做好标记,立即退场。

(5) 对、焊管时要首先排管,合理设计焊缝位置。

(6) 电焊工要持证上岗,严禁无证操作。

(7) 管道焊接严格按照操作工艺要求进行,加强过程检查,每一道工序验收合格后再进行下道工序。

(8) 钢管焊接焊缝应无气孔、夹渣、裂纹、熔合性飞溅等缺陷,焊缝尺寸应符合设计图纸与焊接工艺的要求。焊缝加强面宽度应焊出坡口边缘 2mm～3mm。

(9) 水压试验前应先校对试压用的压力表,以保证试验的压力准确和安全;试验中如发现渗漏,应将渗漏部位做出明显标记,待泄压后进行修补处理,不得带压修补,修补后应重行试压。

5. 管道保温质量控制措施

(1) 保温材料材质及保温厚度应符合设计要求。

(2) 缠裹保护层其压边应不小于 25mm,均匀缠紧,不得有开裂、皱纹和不平之处。

6. 钢筋混凝土构件质量控制措施

(1) 盖板安装后必须平稳,支点处必须严密、稳固。盖板支承面处座浆密实,两侧端头抹灰严实、整洁,邻板之间的缝隙必须用水泥砂浆填实。

(2) 井圈、井盖型号准确、安装平稳。

7. 回填土质量控制措施

(1) 必须按设计要求回填至设计路床顶标高。

(2) 回填土时槽内应无积水,不得回填淤泥、腐殖土、冻土及有机物质。

(3) 回填土压实度符合规范要求。

8. 隐蔽工程的质量保证措施

隐蔽工程、关键工序和特殊工序的检查验收坚持自检、互检、专检的"三检制"。以班组检查与专业检查相结合。施工班组在上、下班交接前须对当天完成的工程的质量进行自检,对不符合质量要求的及时予以纠正。各工序工作完成后,由分管工序的技术负责人、质量检查人员组织工班长,按技术规范进行检验,凡不符合质量标准的,坚决返工处理,直到再次验收合格。

工序中间交接时,必须有明确的质量交接意见,每个班组的交接工序都须严格执行"三工序制度",即检查上道工序,做好本工序,服务下道工序。

每道隐蔽工程、关键工序和特殊工序完成并经自检合格后,邀请监理工程师验收,做好隐蔽工程、关键工序验收质量记录和检查签证资料整理工作。

所有隐蔽工程、关键工序和特殊工序必须经监理工程师签字认可后,方可进行下一道工序,未经签字认可的,禁止进行下道工序施工。

5.2.7　工期保证措施

5.2.7.1　确保工期的管理措施

1. 严密施工组织,科学合理安排施工,工程项目实行网络管理、计算机管理,确保施工计划能够有效落实,保证工程按部就班、有条不紊地进行。

2. 搞好工前教育,抓好职工培训,制定周密的人员、物资、设备调动计划。

3. 做好各项施工准备,制定合理的施工计划,力争一开工便形成大干的局面。

4. 实行"项目法"施工,实行目标管理,建立岗位责任制,搞好内部经济承包,奖罚分明。

5. 加大投入,增加周转材料的数量。制定周密的人员、物资、设备调动计划。提前备料,保证各工序施工时决不出现"停工待料"现象。

6. 重视工程质量,严格自检,做到验收一次通过,加快施工进度。

7. 引进先进机械设备,提高施工生产力。搞好设备的保养工作,避免由此产生的停工、滞工。

8. 加强外部协调,改善外部环境,增强现场调度,减小施工干扰,协调好机械配合,班组间作业和工序的衔接。

5.2.7.2　确保工期的组织措施

1. 项目部实行分工负责,各职能部门进行目标管理,建立严格的奖惩制度,围绕总工期和阶段工期制定详细的工作计划,逐日检查落实,实施奖惩,以保证各项目目标的按时完成。

2. 建立每周工程例会,每日现场协调会制度,加强现场指挥调度工作,及时协调人力、财力、材料和机械设备,使工程保持正常有序的施工。

3. 开展劳动竞赛,掀起施工高潮。工程展开施工后,本着稳中求快的原则,在各施工队、各工班间开展比质量、比进度的劳动竞赛活动,调动广大施工人员的积极性和劳动的热情。

4. 对各施工队进行"图板"考核,将施工队进度、质量、文明施工、安全等情况进行当天检查当天公布于"图板"上,得分情况与施工队劳务费用挂钩,提高施工队的竞争意识。

5.2.7.3　确保工期的技术措施

1. 认真研究施工图纸、对现场深入调查,制定合理施工方案。对工程难点和重点,应提前做好施工准备工作,技术保证措施得力。以免因此影响工程进度。

2. 确定合理的施工工序,组织好工序的穿插搭接施工,充分利用施工作业面,加快施工进度,提前合同工期。

3. 配备足够的机械设备易损件和机械设备维修保养人员,定期进行设备维护,保证投入使用的机械设备正常工作,满足连续施工的需要。

4. 落实"三检制"和岗位质量责任制,保证工序质量的一次成活。

5. 做好施工准备工作,采取措施保证施工机械和材料的供应。

6. 隧道二次衬砌采用定型钢模板,对钢模支撑体系进行合理设计,有利于保证整个工程的工期。

7. 根据工程特点,协调好初支与二衬施工的交叉作业时间,提高二衬模板的利用率,是关键线路控制要点。

5.2.8　职业健康安全管理体系及措施

人才是企业发展的根本,职工的身心健康、安全直接关系到企业的生存。保证职工的健康安全,才能使职工有充沛的体力、饱满的热情投入到工作中,从而也会减少公司的医疗开支。项目部依据 GB/T 28001—2001 标准、公司管理体系手册、程序文件建立健全职业健康安全管理体系,辨识与本工程项目有关的危险源并评价重大危险源,制定本项目的职业健康安全目标、管理方案,并以此进行职责分工和资源配置,组织实施与运行,检查与纠正措施,保证体系的有效性、符合性。

项目部职业健康安全管理体系 (略)。

5.2.8.1　项目部职业健康安全目标

1. 杜绝死亡事故、重伤和职业病的发生。

2. 杜绝火灾、爆炸和重大机械事故的发生。

3. 轻伤事故发生率控制在 3‰ 以内。

4. 创建文明安全工地。

5.2.8.2　安全管理

1. 成立安全生产施工领导小组,实行安全生产责任制。各种施工、操作人员进场前必须经过安全培训,不得无证上岗,各种作业人员应穿戴相应的安全防护用具和劳保用品,严禁操作人员违章作业,管理人员违章指挥。

2. 施工中所使用的机械,电器设备必须达到国家安全防护标准,自制设备、设施通过安全检验及性能检验合格后方可使用。

3. 凡参与本工程施工的外包队,必须建立与项目部同样的安全管理体制,负责各项安全措施的具体落实工作,与本项目部共同搞好施工安全工作。

4. 各安全小组和管理人员一经成立和确定,必须保证相对稳定,并制定安全活动计划,以便该项工作的持续进展。

5. 项目部在进入施工现场前要制定出具有现场针对性的安全管理制度。

6. 施工现场必须按规定围挡,并建立进出现场的有关规定,确保施工现场内无与本工程施工无关的人员。

7. 认真落实岗前安全教育工作,使现场所有人员都了解,并执行本现场的安全管理制度,并能自觉遵守。

8. 现场内的竖井围栏、上下梯道、龙门架等均由技术人员设计、计算和编制搭设方案,经公司安全管理部门审批备案后方可搭设,并经现场验收后方可投入使用。

5.2.8.3　管理措施

1. 严格执行《中华人民共和国劳动法》、××市政府、建设单位有关职业健康安全的相关规定,对施工人员进行岗前、岗后和施工过程中定期检查,建立健康档案,随时掌握每个人的健康状况。

2. 按照劳动保护的有关要求,严格控制施工作业时间、劳动条件、劳动强度,为施工人员配备劳动保护用品,并由劳动保护人员检查施工中使用情况和使用效果。

3. 劳动保护人员对施工方案、施工工艺的选定、对施工机械状况的使用情况进行检查,对不符合劳保和健康要求的作业有权停止施工。

4. 医务人员在施工现场准备一定数量的药品和医疗器械,并与附近条件较好的医院签订接诊协议,保证施工人员能及时就诊。

5. 加强施工人员住宿条件管理,配备必要的娱乐设施,生活区种植花草,保持清洁,创造良好的休息环境,保证人员的休息效果。

6. 加强高空作业及特殊工种施工人员的健康和职业病检查,对有高血压、心脏病、恐高症等疾病人员,不安排其从事不适应的工作。所有特殊工种施工人员严格进行岗前培训,持证上岗。

7. 加强施工材料的管理,严格限制对身体、对环境有危害的材料进场,避免误用对人员身体造成伤害。根据作业环境,提供充分的劳动保护用品,保证作业环境达到健康要求。

8. 加强后勤保障工作,按照营养学的要求,为职工准备花样多、品种全、营养丰富的饭菜,保证职工体能消耗得到及时补充。

9. 坚决杜绝使用童工,积极保证未成年人的合法权益。

10. 无特殊原因不得延长职工的工作时间,保证职工的正常休息和休假日。

5.2.8.4　专项管理措施

1. 安全防护

(1) 设立专职安全员,建立严格的安全监控制度。

(2) 严格按照施工规范和安全操作规程施工,在作业地点挂警示牌,严禁违章操作。

(3) 专职安全员认真做好安全监督工作,逐日进行安全检查登记,对进入施工现场的机械及参施人员进行安全教育。

(4) 施工场地应做详细的部署和安置,出土、进料以及材料堆放场地应妥善布置,对风、水、电等设施作统一安排。

(5) 所有进入施工现场的人员,必须按规定穿戴安全防护用品,遵章守纪,听从指挥。

(6)各施工的班组间,应建立完善的交接班制度,并将施工、安全等情况记载于交接班的记录本中,工地值班负责人应认真检查交接班情况。

(7) 工程开工前,应核对地质资料,调查沿线地下管线、构筑物以及地面建筑物基础等,并制定保护措施。

（8）提升架和起重设备必须经过计算保证安全后方可使用。

（9）编制施工组织设计，组织技术人员认真研究施工过程中的安全隐患，并对施工人员进行安全技术培训。

2. 临时用电

（1）施工中定期检查线路、设施，并把检查结果存档备查。保证用电安全。

（2）临时配电线路按规范架设，架空线路采用绝缘导线，禁止用塑胶软线。

（3）配电系统采用分级配电、三相五线制的接零保护。配电箱内保证电器可靠完好，其线型、定值要符合规定，开关标明用途，开关箱外观完整、牢固。满足防雨、防砸的要求，统一编号，停用必须拉闸断电，锁好开关箱。

（4）各种电器设备及其电力施工机械的金属外壳、金属支架和底座采取可靠接零或接地保护，同时设两极漏电保护装置。

（5）手持电动工具的电源线、插头、插座保证完好，电源线不得任意接长或调换，工具的外缘线保持完好无缺，维修保养有专人负责。

（6）220V 照明电源按规定布设，装设灯具，并加装漏电保护器，行灯照明电源电压小于36V，灯体与手柄保证绝缘良好，电源线使用橡胶套电线，禁止用塑胶线，行灯有防潮、防雨水设施。

（7）电焊机设防触电装置，外壳做接零或接地保护，焊线保证双线到位、无破损。

（8）处理机械故障时，须使设备断电，施工设备送电前，应通知检修人员。

（9）各类用电人员必须掌握与安全用电有关的基本知识和所用设备的性能。使用设备前按规定配备好相应的劳动防护用品，严禁设备带病运转。

（10）用电人员各自保护好所用设备的负荷线、地线和开关箱，发现问题及时找电工解决。电工持证上岗，防护用品安全有效，非专业人员严禁乱动电器设备。

（11）施工中定期检查电源线路和设备的电器部件，确保用电安全。施工应备有双电源，并能自动切换，隧道内照明采用低压供电，电压不大于 36V，并保证亮度充足、均匀及不闪烁。隧道内电缆线路布设应符合下列规定：

1）成洞地段固定线路应采用绝缘线，施工工作面区段的临时线路宜采用橡套电缆。不得将电线挂在铁钉或其他铁件上，或捆扎在一起。

2）照明和动力电缆安装在隧道同一侧时，应分层架设，电缆悬挂高度应根据开挖断面的大小，施工工作面的位置做相应调整，但不许将电缆放在地上。

3）36V 变压器应设置于安全干燥处，机壳应接地。

4）动力干线的每一支线必须装设开关及保险丝具，不得在动力线上挂照明设施。

5）动力照明的配电箱应封闭严密，不得乱接电源，应设专人管理，并经常检查、维修保养。

6）在潮湿以及漏水隧道中的电灯应使用防水灯口。

3. 消防保卫

（1）实行消防保卫负责制，建立消防保卫领导小组，派专人负责。

（2）以现场施工便道为消防通道，保证消防通道畅通无阻。管廊内按工作面设置灭火器，预防火灾发生。

（3）建立门卫和巡逻护场制度，护场守卫佩戴值勤标志，非工作人员禁止进入现场，职工佩戴出入证。

（4）现场布设防火宣传标志，配备足够的消防设备。洞口、井口、洞内、工作面等处均应设置有效而数量足够的消防器材,并设明显的标志,定期检查、补充和更换,不得挪作他用。库房及居住房屋按防火要求搭建,保证良好的通风。

洞口 20m 范围内的易燃物必须清除,火源应距洞口至少 30m 以外,库房 20m 范围内严禁烟火。洞内严禁明火作业与取暖。井内和洞内严禁存放汽油、煤油等易燃物品。

(5) 从事电、气焊接作业时,须有"动火证",且人员持证上岗。

(6) 现场使用电热器具,要有批准手续,禁止吸烟。

(7) 施工材料的存放、保管符合防火要求,施工中防火器材不得挪作他用,并保证防火器材的有效性。

(8) 使用电器设备符合技术规范及操作规程,完善防火措施,施工作业用火时必须持有用火证。

4. 通风和防尘

(1) 隧道施工采用机械通风,通风满足各施工作业面需要,通风机运转中必要时应采取消音措施,并应定期测试风量风速风压,发现风门破损、漏风应及时更换或修理,定期测定粉尘和有害气体的浓度。

(2) 喷射混凝土作业人员工作时,采用防尘口罩、防尘帽、压风呼吸器等防护用具。

5. 施工场地和生活区卫生环境

(1) 建立现场各区域的卫生责任人制度,责任人名单上墙,定期搞好环境卫生,清理垃圾保持现场无臭味。

(2) 保持宿舍清洁、干爽、整洁有序,桌床、衣柜尺寸统一。

(3) 工地食堂要有卫生许可证,食堂工作人员须有健康证,食堂生、熟食操作须分开,熟食须设置防蝇罩,禁止将非食用塑料袋用作"食品容器"。

(4) 在现场设置医务室,随时为职工提供医疗服务。

(5) 施工现场坚持工完料清,施工面的废料必须做到随做随清,集中袋装,及时清运,并倒往有关单位指定的地点。

(6) 聘请专业的卫生防疫部门定期对现场和工程进行防疫和卫生专业检查和处理,包括消灭白蚁、鼠害、蚊蝇和其他害虫。

6. 预防传染病

为保证全体参施人员的身体健康,保证本项目顺利实施,不因传染病影响工程进度,让每一个员工远离传染病的困扰,制定如下传染病防控措施。

(1) 项目部成立由项目经理总负责的"传染病防控领导小组",在公司的统一领导下开展工作,确保各种传染病远离施工现场。项目部设 1 名专职医生,各作业队设防护人员,负责对现场传染病防控状况进行监控及督导。

(2) 项目经理与各职能部室、各劳务队签订传染病防控责任状,层层设立传染病防控机构,全面部署各项防控工作,确保项目部整个防控体系严密,不留死角。

(3) 认真贯彻执行《中华人民共和国传染病防治法》,深入学习国家和××市防止传染性疾病有关的政策、法规,提高传染病防范的政策、理论水平和基本技能。

(4) 向公司申请传染病防范专项资金,购置消毒药具、个人防护器具以及预防药物,做好充足的物资保障。购买《传染病防治手册》发放到每一个员工手中,提高全体参施人员的防范意识,掌握防范本领,共同构筑牢固的心理防护屏障。

(5) 施工生活区实行封闭管理,施工人员无特殊情况不得随意走出生活区,非施工人员谢绝入内,减少感染机会,切断感染途径。

（6）项目经理部设专职消毒员,定期对办公区、生活区进行全面消毒。

（7）改善工人居住条件,做到每间宿舍不超过 10 人,平均每人居住面积不小于 2m²;为每间宿舍安装排气扇,保证宿舍通风良好。

（8）监控施工工人体温情况,当发现有体温超过 37.5℃的人员时及时上报,根据具体情况采取相应的措施。

（9）施工现场设独立的隔离、观察室,配备完善的隔离措施,以便对个别疑似生病人员进行有效的隔离观察,防止疫情扩散。

（10）工地食堂是防控的重点部位,做到有独立的房间,并取得当地食监所颁发的"卫生许可证";工作人员持证上岗,穿戴整齐,具备健康证;食堂内清洁、卫生,食品加工机具生熟分开,使用前洗净消毒。

（11）一旦发现问题按照有关规定及时逐级上报,不漏报、不隐瞒,配合有关部门采取积极主动的措施,防止疫情扩散。

5.2.8.5 施工安全控制要点及措施

1. 竖井施工

（1）提升设备使用时应定期检修,并进行空载和重载的安全检验,严禁用吊桶升降人员。

（2）使用提升设备时不得超负荷作业,竖井上下设联络信号,并保证联络随时畅通。施工竖井设防雨棚,井口周围设防汛墙和栏杆。

（3）竖井井口和井底明显部位应设置醒目的安全标志。竖井下井口处设置牢固的活动门,由专人掌管启闭。井上工作人员应佩带安全带。

（4）施工用地竖井周围和材料、机械和施工人员生活区全部用围挡板封闭,并在出入口处设置"非施工人员禁止入内"的标志。

2. 土方开挖与竖井初衬施工

（1）开挖前首先检查工作面是否处于安全状态,检查支护是否牢固,顶板和侧墙是否稳定。

（2）人工开挖时,操作人员必须互相配合,并保持必要的安全操作距离。

（3）锚喷支护必须紧跟开挖工作面即作到挖、支、喷三环节紧跟。

（4）应先喷后锚,喷射混凝土的一次成活厚度不应小于 50mm,喷射作业中,有专人随时观察围岩变化情况。

（5）处理机械设备故障时,必须使设备断电、停风,向施工设备送电、送风前,应通知有关人员。

（6）喷射作业处理堵管时,将输料管顺直,必须紧按喷孔,疏通管路的工作风压不得超过 0.4MPa。

（7）喷枪、注浆管喷嘴严禁对人放置。施工中,喷头和注浆管前方严禁站人。

（8）施工操作人员的皮肤应避免与速凝剂、水玻璃、硫酸等有害化学物质直接接触,并注意易燃物品的防火工作。

（9）停止开挖时,以喷射混凝土封闭开挖面,在地质条件差的地段,工作面开挖后,应及时用喷射混凝土封闭。

（10）暗挖穿越道路及多条市政管线,设置沉降观测点,做好测量记录。

（11）隧道开挖面必须保持在无水的条件下施工,如果地下水位较高,必须进行降水。

（12）隧道内运输车辆距隧道壁不应小于 200mm。

（13）空压机站设置在竖井地面附近并应采取防水、降温、保温和消音措施。

3. 二衬施工

(1) 钢模、木材应堆放平稳,原木垛高不得超过 3m,垛距不得小于 1m,竖井作业场地应避开高压线。

(2) 下班或换班前应将隧道和竖井内的锯末、木材、刨花等易燃物清除干净,并要运出场地进行妥善处理。

(3) 向竖井内吊运材料和工具时,不得抛掷,提升架吊运应有专人指挥,料具要捆绑结实,竖井内的操作人员要避开吊送的料具。吊送时下方严禁站人。

(4) 支立模板时,底部固定后再进行支立,防止滑动倾覆。当支撑模板面积较大时应设立临时支撑,上下必须顶牢。

(5) 拆除模板时应制定安全措施,按顺序分段拆除,不得留有松动或悬挂的模板,严禁大面积拉倒模板。拆下带钉木料应随即把钉子拔掉。

(6) 钢筋施工场地应满足作业需要,机械设备的安装要牢固稳定,作业前必须对机械设备进行检查。

(7) 钢筋调直以及冷拉场地应设置防护挡板,作业时非作业人员不得进入现场。

(8) 钢筋切割机在使用前要检查其是否运转正常,切长料时应有专人把扶,切短料时要用钳子或套管夹牢,不得急速切割。

(9) 电焊和气焊操作时,操作人员必须持证上岗,并严格按电焊和气焊的有关操作规程进行操作。

5.2.8.6　特殊季节与夜间施工

1. 雨季施工应根据当地气象预报及施工所在地的具体情况,做好施工期间的防洪排涝工作。

2. 在雨季施工时,施工竖井周围和暗挖沿线地表应及时排除积水,上下竖井的爬梯应采取防滑措施,加强对土堆和开挖工作面的检查,防止坍塌。

3. 长时间在雨季中作业的工程,提升架上应搭设防雨棚。

4. 高温季节施工,应按劳动保护的规定做好防暑降温措施,适当调整作息时间,尽量避开高温时间。并搭设凉棚、供应冷饮,准备防暑药品。

5. 夜间施工时应在施工竖井周围悬挂红灯警示标志。并根据当地交通部门的要求指定交通疏导方案。

5.2.8.7　突发事件的应急预案措施

1. 土方坍塌事故应急救援预案

(1) 采取安全预案措施

严格落实安全技术交底和操作规程,设专职安全生产管理人员负责事故作业面监督。加强安全巡查监督。

(2) 事故应急救援

一旦出现事故,专职安全生产管理人员立即向项目部生产安全事故应急救援领导小组组长报告,并及时组织指挥现场施工人员进行挖救后保护事故现场。

施工工程土方坍塌,必须要根据现场实际情况采取合理的应对措施,路面以下的坍塌需要安排好路面塌口的周边防护,设置警告牌、警示灯,用临时围挡圈严,并设专人监护,疏导交通,以免另外再造成事故。

生产安全事故领导小组接到报告后立即向上级主管领导、部门汇报,并组织人力、物力、车辆赶赴事故现场。组织指挥救援,需要做人工呼吸的做人工呼吸,不需要的及时将伤员送往医院急救,所涉人员不准离开单位,为事故调查提供真实证据。

2. 物体打击事故救援预案

(1)采取安全预防措施

进入施工现场的作业人员以及其他相关人员必须戴好安全帽,以防地上物体打击造成伤害。上下物料严格遵守操作规程,以免造成伤害。

(2)事故应急救援

一旦出现物体打击事故,施工现场负责人要积极组织人员进行抢救,拨打120急救车抢救伤员,并向救援领导报告。

救援领导接到报告后立即组织人力、物力、车辆赶赴现场指挥抢救,并向上级领导、有关部门报告。

对伤员实行抢救。需要做人工呼吸的做人工呼吸,不需要作人工呼吸立即用车辆送往附近医院对伤员进行抢救。

保护好事故现场,以便对事故调查提供可靠证据。所涉人员不得擅自离开单位,随时积极配合事故调查,提供事实证据。

3. 触电事故应急救援预案

(1)采取的安全防触电措施

加强电工作业管理,电工必须持证上岗作业,严格遵守有关规范、安全技术交底和操作规程。对箱、棚、缆、设备严格按照规范要求安装。对电缆线使用时严格检查是否有裸露现象,如有要及时做好有效保护。对漏电保护器标明用途,达到一机一闸保护,并检查是否灵敏有效。教育非专业电工,严禁触动电器设施。

电工电焊及持电动机械作业人员必须穿戴好劳动防护用品。所使用电动机械必须防护到位。

(2)事故应急救援

一旦发生触电事故,施工现场负责人积极组织有关人员指挥抢救:切断有效电源;在来不及切断有效电源的情况下,采取有效措施:用绝缘物品将人、电拨离分开;采取有效措施抢救伤员,轻者直接搭车送往附近医院,重者及时做人工呼吸,或挤压配合人工呼吸抢救,醒后送往附近医院。

及时向单位领导、应急救援组长报告。单位领导、应急救援组长接到报告,立即组织人力、物力(担架、铺垫)、车辆、财力赶往事故现场,组织指挥紧急抢救,向120求救或直接将伤员送往附近医院并及时向上级有关部门领导报告。

保护好事故现场。所涉人员不得擅自离开单位,随时积极配合事故调查,提供真实证据。

4. 火灾伤害应急预案

(1)采取的安全防护措施

采取防护措施,确保万无一失。杜绝防火隐患进入施工现场,设专人负责将进入现场施工人员随身携带的火机、火柴统一收存。

严格控制电气焊作业,如需要,必须经过审批获准开具"用火证"。在施工点周围清除易燃物;严格检查焊把线是否有破损、裸露现象,如有,在焊前必须进行处理到位,确保绝缘完好,二次焊把线必须双线到位;必须设专人持灭火器看火。

施工现场设专人巡查监督,一旦有情况或是其他问题及时向领导汇报。施工现场重要住地摆放不少于2台完好的灭火器。

电工要按规范架设电缆电线,确保照明线路无破损、裸露现象,以防止有破损触及到钢筋上,产生火花酿成火灾。

加强对进入施工现场人员的教育,隐患险于明火,防范胜于救火,责任重于泰山,珍惜生命,注意安全,提高自我保护意识,确保防火,万无一失。

(2)事故紧急救援

一旦出现火情,专职巡视人员或者现场负责人及时组织现场人员启用现场灭火器材,将火灾消灭在萌芽状态,以免酿成大火,实行有效自救,并及时向有关领导、援救小组报告。

清点人数,保护现场,所涉及人员不得擅自离开单位,随时积极配合事故调查,提供事故原因的真实证据。

单位领导、应急援救组长接到报告后,立即组织人力、物力(担架、铺垫、车辆)、财力赶往事故现场,组织指挥紧急抢救,向 120 求救或直接将伤员送往附近医院,并及时向上级有关部门领导报告。

5. 地下管线保护应急预案

(1)采取的防护措施

在施工前做详尽的调查和实地物探,摸清地下管线的走向及埋深,并在其正上方测量打点,每隔 5m 打一木桩,每隔 10m 在桩顶插上小红旗,并注明"地下管线,施工危险"的字样。时刻提醒施工人员注意地下管线的保护。

(2)事故紧急救援

一旦出现危险,及时向相关单位报告,根据相应管线的具体情况采取措施。组织人员进行抢修,将损失降到最低。

5.2.9　文明施工与环境保护措施

5.2.9.1　依据 ISO 14001 标准、公司管理体系手册、程序文件建立健全环境管理体系,识别与本工程项目有关环境因素并评价重要环境因素,制定本项目的环境目标、指标及管理方案,并以此进行职责分工和资源配置并实施与运行、检查,保证体系的有效性、符合性。

项目部环境管理体系　(略)。

5.2.9.2　成立以项目经理为首的文明施工和环境领导小组,对施工现场进行全面的管理。小组成员　(略)。对施工人员加强环保教育,提高全体人员的环保意识。

5.2.9.3　施工扬尘控制

1. 施工现场周边设置本公司的铁围挡,实行封闭施工。

2. 为降低粉尘浓度,采用湿喷混凝土的施工工艺。

3. 施工场地及道路按规定硬化,适时洒水,减轻扬尘污染。

4. 对水泥、石灰和其他易飞扬的细颗粒散体材料,应安排在库内存放或采取严密遮盖。

5.2.9.4　施工噪声控制

1. 对空压机进行封闭,内墙使用吸声材料。

2. 电动葫芦设置隔声罩等消声设施。

3. 在噪声大的设备处设立隔声墙。

5.2.9.5　施工现场集中设垃圾站,严禁凌空抛洒垃圾、渣土,施工垃圾、渣土应及时清运,并洒水降尘。

5.2.9.6　施工现场处于现况市区道路上,施工土方用密目安全网覆盖,工地出入口设置冲洗设备,运输车辆驶出现场要将车轮与槽帮冲洗干净。

5.2.9.7　隧道与竖井土方开挖,尽量减少土方存留时间,围挡搭设牢固、严实,防止泥土流失污染路面。

5.2.9.8　施工现场设排水设施,保持场内无积水。

5.2.9.9　施工现场各种标语牌,字迹书写规范,工整完美,并经常保持清洁。

5.2.9.10　料具管理

1. 施工现场在指定地点存放材料并码放整齐,包括热力管道和管件。

2. 施工现场的材料保管,依据材料的性能采取必要的防雨、防潮、防晒、防火、防尘、防破坏等措施。易燃、易爆、易碎品及时入库,专库专管,并设明显标志。

3. 现场内的材料,不经有关人员的批准不得擅自动用。

5.2.9.11　环卫卫生

施工现场要经常保持整齐清洁,施工现场生活区、办公室应保持整洁有序,窗明几净,并设专人负责。

食堂、伙房要有1名工地领导主管卫生工作,并设有兼职或专职的卫生管理员,要严格执行《卫生管理法》和与食品卫生有关的管理规定。

现场食堂悬挂卫生许可证;食堂内外要整洁,炊具、用具必须干净,无腐烂变质食品,防止食物中毒。操作人员经体检合格后上岗,工作时,必须穿戴整洁的工作服并保持个人卫生。食堂、操作间、仓房要做到生、熟食分开操作和保管,有灭鼠、防蝇措施,做到无鼠、无蝇、无蛛网。

施工现场由专人负责清理,废物、杂品等不得随处乱扔;保持施工现场内的厕所卫生,按规定采取冲水或加盖措施,及时打药,防止蚊虫滋生。

5.2.10　施工资料目标设计

5.2.10.1　施工资料目标设计编制依据

1. 工程施工图纸。

2. 《市政基础设施工程资料管理规程》(DBJ 01—71)。

3. 国家、地方有关规范、规程、标准等。

5.2.10.2　施工资料编制数量

城建档案馆1套(原件);建设单位2套(其中1套原件);本公司1套。

5.2.10.3　施工资料编制要求和目标设计　(略)。

5.2.10.4　工程竣工验收备案　(略)。

5.2.10.5　施工资料管理部门职责

1. 主任工程师

对整个工程资料负领导责任,协调各部门关系,对施工资料的收集和编制整理负责督促、指导、检查,主持编制施工组织设计和工程档案,参与重要工程洽商项目的编写和签字。

2. 专职资料员

认真学习、熟悉有关规范及规定,随时检查各工程技术人员的资料编制情况,按有关规定检查资料内容,对不合格的退回重做。对各工程技术人员的资料及时收集、整理、编写、装订,妥善保管并进行交验。制定资料保管制度和奖罚条例。经常与技术质量部保持联系,每月定期按要求做好迎接技术质量部检查,对检查中提出的问题及时找相关负责人解决,负责有关施工资料的协调工作。

3. 工程技术员

　　负责本职工作范围内发生的所有资料的编制及相关资料收集,及时将汇集齐全的工程资料交资料员保管,按要求填写施工日志。

　　4. 试验、测量、质检、安全、材料及其他专业部门应按技术交底要求,结合本专业规范,及时编制、收集和提供符合要求的施工资料,交资料员保管,并保证其真实、准确、齐全、有效。

5.2.11　质量目标设计

　　质量目标设计见表 5-14。

表 5-14　　　　　　　　　　　　　　　质量目标设计

分项工程目标	竖井初支结构	隧道初支结构	防水工程	小 室	隧道二衬结构	回填土
	合格率 100%	合格率 100%	合格率 100%	合格率 100%	合格率 100%	合格率 100%

5.2.11.1　土方开挖质量检验标准见表 5-15。

表 5-15　　　　　　　　　　　　　土方开挖质量检验标准

工序名称	所处部位	检验项目	质量要求、检验频率、检验方法			
土方开挖	竖井(圈梁)隧道		质量要求			
			严禁扰动基土			
			基底平整、轮廓平直。隧道开挖轮廓应平直、圆顺			
		量测项目	允许偏差(mm)	检验频率		检验方法
				范围	点数	
	圈梁	中心位移	10	每个圈梁	1	用经纬仪测量
		基坑尺寸	+50,-20		4	用尺量,每边各计 1 点
		基底高程	±20		4	用水准仪测量,每边各计 1 点
	竖井	中线位移	10	竖向每 5m	1	用经纬仪测量
		基坑尺寸	+50,-20		4	用尺量,每边各计 1 点
		基底高程	±20		4	用水准仪测量,每边各计 1 点
	隧道	中线位移	10	每 5m	1	用经纬仪测量
		断面尺寸	+50,-20		1	每断面环向隔 2m 布 1 个检查点,用激光指向仪、尺量取最大偏差值,计 1 点
		槽底高程	±20		1	用经纬仪测量

5.2.11.2　钢筋网(钢架)制作(安装)质量检验标准见表 5-16。

表 5－16　　　钢筋网（钢架）制作（安装）质量检验标准

工序名称	所处部位	检验项目	质量要求、检验频率、检验方法		
钢筋网片及钢架制作和安装	竖井隧道	外观检查项目	质 量 要 求		
		钢筋、型钢、焊条	钢筋的品种和质量，焊条的牌号、性能及接头中的钢板和型钢均必须符合设计要求和有关标准的规定。钢筋和型钢的规格、形状、尺寸、数量、接头设置必须符合设计要求。钢筋和型钢表面必须洁净		
		钢筋焊接	电弧焊接头绑条沿接头中心线的纵向偏移≤0.5d，接头处钢筋轴线的曲折≤4°，钢筋轴线位移≤0.1d 且≤3mm；焊缝厚度≥0.05d，宽度≥0.1d，长度≥0.3d，咬肉深度≤0.05d 且≤1mm；在长度2d上气孔及夹渣平均不高于2处，且每处的直径≤3mm。无缺口、裂纹及较大的焊瘤		
		钢架安置	钢架脚或底部必须放在原状土上，调钢架脚或底部标高时，不得回填土，应放置垫板		

工序名称	所处部位	量测项目	允许偏差（mm）	检验频率		检验方法
				范围	点数	
钢筋网片及钢架制作	竖井隧道	网的长、宽	±10	每片网或骨架（同类型抽10%）	2	用尺量取最大偏差值，每边各计1点
		网眼尺寸	±10		1	用尺量取最大偏差值，计1点
		骨架长度	+5，−10		1	用尺量取最大偏差值，长、宽、高各计1点
		骨架宽、高度	0，−10		2	
		骨架箍筋间距	±10		1	用尺量取最大偏差值，计1点
		拼装后沿隧道周边轮廓尺寸	±30	每榀钢架（同类型抽10%）	1	在坚实地面放出标准隧道或竖井轮廓，用尺量取最大偏差值，计1点
		拼装后平面翘曲	20		1	用小线拉通线，尺量取最大偏差值
钢筋网片及钢架安装	竖井隧道	中心位移	10	每步	1	用激光指向仪、垂球和尺量计1点
		钢骨架间距	±30		1	用尺量取最大偏差值计1点
		拱脚标高	±15		1	用激光指向仪、尺量取最大偏差值，计1点
		隧道钢架倾斜度	≤2°		1	用垂球和半圆仪量测取较大值
		网片搭接	±20		1	用尺量取最大偏差值，计1点
		纵向筋间距	±20		1	
		保护层厚度	±20		1	

5.2.11.3　钢筋安装质量检验标准见表 5－17。

表 5－17　　　　　　　　　　　　　　钢筋安装质量检验标准

工序名称	所处部位	检验项目	质量要求、检验频率、检验方法			
钢筋安装	竖井（圈梁）隧道	外观检查项目	质 量 要 求			
		钢筋、焊条	钢筋的品种、质量、规格、形状、尺寸、数量、锚固长度、接头设置必须符合设计要求和施工规范的规定，钢筋表面必须清洁，焊条的牌号、性能必须符合有关标准的规定			
		钢筋绑扎	绑扎成型时，铁丝必须扎紧，其两头应向内，不得有缺口、松动、移位等现象			
		钢筋焊接	电弧焊接头绑条沿接头中心线的纵向偏移＜0.5d，接头处钢筋轴线的曲折＜4°，钢筋轴线位移＜0.1d，且＜3mm，焊缝厚度＞0.05d，长度＞0.3d，咬肉深度＜0.05d，且≤10mm，在长度 2d 上气孔及夹渣平均不高于 2 处，且每处的直径≤3mm，无缺口、裂纹及较大的焊瘤			
		量测项目	允许偏差（mm）	检验频率		检验方法
				范围	点数	
	圈梁	双层筋间距	±10	每个圈梁	4	用尺量取最大偏差值，每边各计 1 点
		受力筋间距	±10		4	
		箍筋间距	±20		4	
		保护层厚度	±5		4	
	竖井	双层筋间距	±10	每座	4	用尺量取最大偏差值，每侧墙各计 1 点
		受力筋间距	±10		5	用尺量取最大偏差值，每侧墙及底板各计 1 点
		保护层厚度	±5		5	
	隧道	双层筋间距	±10	每 5m	1	每断面环向每隔 2m 布 1 个检查点，用尺量取最大偏差值，计 1 点
		受力筋间距	±10		1	
		保护层厚度	±5		1	

5.2.11.4　模板安装质量检验标准见表 5－18。

5.2.11.5　喷射混凝土（模筑混凝土）质量检验标准见表 5－19。

5.2.11.6　结构防水质量检验标准见表 5－20。

表 5-18　　　　　　　　　　　　模板安装质量检验标准

工序名称	所处部位	检验项目	质量要求、检验频率、检验方法		
模板安装	圈梁竖井隧道	外观检查项目	质 量 要 求		
		模板支撑	模板安装支撑必须牢固,在施工荷载作用下不得有松动、跑模、下沉等现象		
		模板拼缝	模板拼缝必须严密,不得漏浆		
		其 他	模内必须洁净,模板面应满涂隔离剂		
		量测项目	允许偏差(mm)	检验频率	检 验 方 法
				范围　　点数	
	圈梁竖井	相邻两板表面高低差	2	每个圈梁或每座竖井　　4	用尺量取最大偏差值,每边各计1点
		表面平整度	3	4	用2m直尺检验,每边各计1点
		垂直度	0.1%H 且≤6	4	用垂球或经纬仪检验,每边各计1点
		模内尺寸	+3,-5	4	用尺量取最大偏差值,每边各计1点
		轴线位移	5	2	用经纬仪测量,纵、横向各计1点
		预埋件、预留孔位置	5	每件(孔)　　1	用尺量
	隧道	相邻两板表面高低差	2	每5m　　1	用尺量取最大偏差值,计1点
		表面平整度	3	1	用2m直尺检验,取最大偏差值,计1点
		模内尺寸	+3,-5	3	挂中心线,用尺量宽度,每侧计1点,用尺量高度,计1点
		轴线位移	5	1	用经纬仪测量,计1点
		预埋件、预留孔位置	5	每件(孔)　　1	用尺量

表 5-19　　　　　　　　喷射混凝土(模筑混凝土)质量检验标准

工序名称	所处部位	检验项目	质量要求、检验频率、检验方法
喷射混凝土模筑混凝土	圈梁竖井隧道	外观检查项目	质 量 要 求
		混凝土配合比	水泥混凝土配合比必须符合设计规定
		喷射混凝土表面	不得有漏喷、空鼓、露筋、裂缝
		模筑混凝土表面	不得有露筋、蜂窝、裂缝等现象
		伸缩缝	墙和拱圈的伸缩缝与底板伸缩缝对正,不得有渗漏现象

续表

工序名称	所处部位	检验项目	质量要求、检验频率、检验方法		
		量测项目	允许偏差 (mm)	检验频率	检验方法
				范围 / 点数	
喷射混凝土	竖井 隧道	△混凝土抗压强度	符合《铁路隧道喷锚构筑法技术规则》(TBJ 108)	每台班且不超过 100m³ / 1组; 隧道每20m / 不少于2组	见《铁路隧道喷锚构筑法技术规则》(TBJ 108) 喷射混凝土抗压强度质量检验标准
		中心线位移	20	每5m / 1	用经纬仪测量
		喷射混凝土厚度	平均值≥设计值 最小值≥85%设计值	每5m / 1	每5m检查1个断面,每断面环向每隔2m布1个检查点,用尺量取最大偏差值,计1点
		净空尺寸	+40,-20	/ 1	用尺量取最大偏差值,计1点
		洞底高程	±20	/ 1	用水准仪测量
模筑混凝土	圈梁、隧道	△混凝土抗压强度	符合 GB 50204 规范	每台班且不超过 100m³ / 1组	见《混凝土结构工程施工质量验收规范》(GB 50204)规定
		截面尺寸 高度	±10	每个圈梁 / 4	每断面环向每隔2m布1个检查点,用尺量取最大偏差值,计1点
		截面尺寸 宽度	±5	/ 4	
		净空尺寸	+20,-10	/ 2	用尺量,纵、横向各计1点
		轴线位移	20	/ 2	用经纬仪测量,纵、横向各计1点
		圈梁顶高程	±20	/ 4	用水准仪测量,每边各计1点
		平整度	8	/ 4	用2m靠尺检验,每边各计1点

表 5－20　　　　　　　　　　　　　结构防水质量检验标准

外观检查项目	质 量 要 求		
基面	基面应平整、圆顺、牢固,不得残留易损伤防水层的杂物		
铺设	防水层铺设应平整、舒展、铺钉牢固,不得有鼓包现象		
焊接	无漏焊、假焊、焊焦、焊穿等现象,焊缝处无褶皱等现象		
防水层	不得有破损及渗漏现象		
量测项目	允许偏差 (mm)	检验频率 范围 / 点数	检验方法
长边搭接	不少于 100	沿沓缝每20m / 1	用尺量取最小值,计1点
短边搭接	不少于 150	/ 1	
焊缝宽度	不少于 10	/ 1	

5.2.11.7 钢筋混凝土构件安装质量检验标准见表5—21。

表5—21 钢筋混凝土构件安装质量检验标准

外观检查项目	质 量 要 求			
构件安置	钢筋混凝土构件的安装位置必须符合设计要求,安装后必须平稳,支点处必须严密,稳固。盖板支承面处座浆密实,两侧端头抹灰严实、整洁			
相邻板间缝隙	相邻板之间的缝隙必须用水泥浆填实			
量测项目	允许偏差（mm）	检验频率		检验方法
		范围	点数	
轴线位移	10	每10件	1	每10件抽查1件,量取最大值,计1点
相邻两盖板支点处顶面高差	10		1	
△ 支架顶面高程	0,—5	每件	1	用水准仪测量
支架垂直度	0.5%且≤10			用垂线检验,不计点

5.2.11.8 小室检查井质量检验标准见表5—22。

表5—22 小室检查井质量检验标准

外观检查项目		质 量 要 求			
室壁		室壁砂浆必须饱满,灰缝平整、抹面压光,不得有空鼓、裂缝等现象			
室内底		室内底应平顺,坡向正确,踏步应安装牢固,位置准确,不得有建筑垃圾、杂物			
井圈、井底		型号准确,安装平稳			
量测项目		允许偏差（㎜）	检验频率		检验方法
			范围	点数	
井室尺寸	长、宽	±20	每座	2	用尺量
	高	±20		2	
井盖顶高程	路面	±5		1	用水准仪测量
	非路面	±20		1	

5.2.11.9 回填土质量检验标准见表5—23。

表5—23 回填土质量检验标准

外观检查项目			质 量 要 求			
土质及其他			回填土时槽内应无积水,不得回填淤泥、腐殖土、冻土及有机物质			
量测项目			允许偏差（mm）	检验频率		检验方法
				范围	点数	
路床以下深度（mm）	0~800	主干路	98	每1000m²	每层1组（3点）	环刀法
	800~1500	次干路	92			
	>1500	支路	90			

5.2.11.10　管道工程工序目标分解控制标准见表 5—24。

表 5—24　　　　　　　　　　　　管道工程工序目标分解控制标准

工序名称	项　目	质 量 标 准 及 允 许 偏 差 （mm）			检验频率	
					范围	点数
钢管除锈 及涂油	除　锈	铁锈全部清除干净,颜色均匀,露金属本色			50m	5
	涂　油	颜色、光泽、厚度均匀一致,无起褶、起泡、漏刷			50m	不计点
钢管安装	高　程	±10			50m	不计点
	中心线位移	每 10m 不超过 5mm,全长不超过 30mm			50	不计点
	主管垂直度	每 m 不超过 2mm,全高不超过 10mm			每根	不计点
	对口间隙	壁厚	间隙	偏差	每 10 个口	1
		4～9	1.5～2.0	±1.0		
		≥10	2.0～3.0	±1.0～2.0		
	对口错口	壁　厚	错　口		每 10 个口	1
		3.5～5.0	≤0.5			
		6～10	≤1.0			
		12～14	≤1.5			
钢管焊接	加强面高度	转动口	1.5～2.0,并不大于管壁厚的 30%		每 10 个口	1
		固定口	2.0～3.0,并不大于管壁厚的 40%			
	外观	表面光滑、宽窄均匀整齐,根部焊透,无裂缝、 焊瘤、咬肉,焊口附近要有焊工号码			每 10 个口	1
水压试验	分段 试压	1.5 倍工作压力	10min 不渗不漏		每个 试验段	每 10m 计 1 点
		工作压力	30min 不渗不漏,压力降不超过 0.02MPa			
	全段 试压	1.25 倍工作压力 并不小于 0.9MPa	60min 压力降不超过 0.05MPa		全段	
管道保温	保温层 厚度	瓦块制品	+5% δ		50m	5
		柔性材料	+8% δ			
	水泥保护壳厚度	±5　压实抹平			50m	不计点

5.2.12　试验目标设计

（略）

5.3　道路燃气管线工程施工组织设计实例

封面(略)

目　录

5.3.1　编制依据

5.3.1.1　业主提供的招标文件

(1)××高压燃气工程招标文件

(2)××高压燃气工程招标文件的修改和补遗

(3)××高压燃气工程施工图设计

5.3.1.2　工程应用的主要法规及文件(1)建筑法

(2)环境保护法

(3)中华人民共和国传染病防治法

(4)北京市政基础设施工程资料管理规程 DBJ01－71－2003

(5)关于印发《北京市建设工程施工试验实行有见证取样和送检制度的暂行规定》的通知京建法【1997】172 号

(6)关于印发《北京市建设工程施工试验实行有见证取样和送检制度的暂行规定》的补充通知京建法【1998】50 号

(7)关于印发《北京市城市道路与公用管线工程项目管理与施工配合实施办法》的通知京计基础字【2001】356 号

(8)北京市建设工程施工现场管理办法市政府令第 72 号

(9)关于进一步加强工程施工安全生产监督管理的通知京建法【2003】446 号

(10)质量管理体系要求 GB/T19001－2008

(11)环境管理体系规范及使用指南 GB/T24001－2004

(12)职业安全健康管理体系审核规范 GB/T28001－2011

5.3.1.3　工程有关规范、技术规程和质量评定标准

(1)工程测量规范 GB50026－2007

(2)混凝土结构工程施工及验收规范 GB50204－2002

(3)土工试验方法标准 GB50123－99

(4)混凝土强度检验评定标准 GB50107－2010

(5)现场设备、工业管道焊接工程施工规范 GB50236－2011

(6)工业金属管道工程施工及规范 GB50235－2010

(7)非合金钢及细晶粒钢焊条 GB/T5117－2012

(8)热强钢焊条 GB/T5118－2012

(9)城镇燃气输配工程施工及验收规范 CJJ33－2005

5.3.2　工程概况

5.3.2.1　工程简介

本工程管线改线起点位于现况××路与××相交丁字路口东北角现状 DN400 高压 B 天然气管线(原管网折点处),新建管线向东沿××路北侧至规划××东路西 24.5m 处后向北,沿规划××东路至××路西折向西北与现状通往××高中压调压站管道相接,管线全长 8181m。

本工程建设施工为一个标段,工程设计按两段划分,其中:由南岗路东侧起点向东至规划小中河西约 60m 处为第一段,该段长 2389m,设计工程编号为××－1,设计节点 1～30;剩余地段为第二段,设计工程编号为××－2,设计节点 1～50,外加预留段节点共计有节点 51 个。该工

程设计单位为××工程设计院有限公司;建设单位为××公司。工程的建设资金来源于××资金。工程计划开工日期为 2013 年 9 月 1 日,合同工期·92 天。工程质量标准为合格。

5.3.2.2　工程设计情况

1. 总体情况

本工程管材选用 L290 螺旋缝焊接钢管,规格为 Φ426.4×10,管道防腐采用三层结构聚乙烯及牺牲阳极的阴极保护联合做法加强级防腐。管道的敷设除穿越铁路、主要道路加设混凝土套管外,均采用直埋敷设方式,管道覆土(特殊地段除外)一般为 1.5m 左右。管道设计压力为 2.5Mpa 的高压 B 管道。

2. 过路套管

本设计管线穿越××专用铁路线和××东路采用钢筋混凝土套管内敷设。套管管径为 Φ2150,采用顶管施工。套管内底浇筑 250mm 厚 C20 素混凝土平基,管道安装每隔 14m 设有滑动支架,套管两端砌砖封口并安装检漏、检水管(其上端部设防护帽)。

3. 结构阀室

本工程沿线设有 DN400 燃气单管阀室 4 座。阀室净空尺寸为:3200mm×2400mm×2600m (长×宽×高),其底板、侧墙均为 250mm 厚 C25、S6 现浇钢筋混凝土结构,顶板为 C25 预制钢筋混凝土盖板。

5.3.2.3　主要工程数量

(1)DN426.4×10 螺旋缝焊接钢管敷设:8181m

(2)Φ2150 钢筋混凝土管顶管敷设:72m

(3)钢筋混凝土结构阀室:4 座

(4)阀室内设备安装:6 套

(5)绝缘接头安装:3 处

5.3.2.4　现场施工环境

1. 现场地上情况

根据现场实地勘察,本工程施工沿线地势较为平坦,绝大部分地段处于现况农田内,只有设计第一管段需要穿越若干企事业单位的建筑房屋和院落。除此之外,整个工程还需穿越现况铁路一处、主要交通道路两处、较大型排水渠六处、河道一处,具体情况分述如下:

(1)工程起点位于现况××路与××路相交路口东侧,与原有××路 D400 天然气管线相接后向南侧延伸 4.392m 后于 T2 点向东转折,折角为 90°。从折点 T2 向东约 265m(T3 东 40m)管道均在现况农田中敷设,管中距现况××北侧道路排水沟中约 6～7m。

(2)管线继续向东延伸,穿过一道农用排水渠后,随即穿行于现有多家企事业单位的院落中,该段管道长约 1835m。影响施工的建筑、院落隶属于北京××公司、北京××航空工程有限公司、××制衣有限公司、北京××租赁有限公司。

(3)管线穿越××专用铁路设计为顶钢筋混凝土套管作业,该铁路位于设计 T23～T24 之间,铁路两侧均有墓穴存在且位于顶管工作坑内,需提前与相关人员协调并做出妥善的迁移处理。除此之外,铁路两侧的输电线杆、树木也需要改移和移植。

(4)作为设计第二管段,管线几乎全部在农田内敷设。根据现场踏勘了解,该管段沿线需穿越新建小中河东路、小中河和七条现况排水涵渠及若干条田间土路。具体情况分述如下:

1)在设计管线 T5～T6 之间,管线需斜向穿越现状××河和一条排水暗涵,穿越长度约 200m。排水暗涵西端与排水明渠相接,东端与小中河沟通并设有闸板;所穿越河道部分是刚刚经过整治的一段,河道大堤内侧均用块石衬砌;管道东侧的小中河东路跨河桥已施工完毕。

2)除上述地段外,施工沿线还要穿越现况排水渠 6 条。目前,排水渠均在使用中,渠中均流淌着散发臭味、发黑的污水,管线施工中排水渠不能断流。

3)该设计管段 T2～T2'段需穿越新建××河东路,该道路为一幅路形式,为沥青混凝土路面结构,路宽 26.0m,两侧各有 1.5m 宽土路肩,道路东西两侧均为农田。

2. 现场地下情况

根据图纸文件所提供的情况及现场踏勘初步了解,与本工程施工沿线顺行、穿行的现有地下管线设施有:输油管、污水管、直埋电力管、给水管、铁路信号等,且埋深不一。现有地下管线主要集中在第一设计管段,由于未提供详尽的图例和标高,这些现有管线在很大程度上势必将影响本工程的正常施工,对此,在开工之前,要将工程沿线施工范围内的现有管线调查清楚,需要改移的要提前进行,需要保护加固的按照后续有关章节要求实施。

5.3.2.5　工程地质、水文情况

由于业主未提供工程沿线的地勘报告,故该工程管线所处地质、水文情况不详。根据现场踏勘了解的情况来看,由地表向下 1.0m 左右范围内多为人工回填杂土、耕种土,其下土质以粉质沙土为主,沿线地区地下水埋深不一,埋深较浅处不足 1.0m。为保证工程顺利实施,在开工前需对沿线工程地质、水文情况进行补探、验证,以便及时采取有效措施。

5.3.2.6　工程特点、难点、重点分析

1. 工程特点

(1)工程量大、工期紧

由于本工程管道敷设施工长达 8.2km,加之地下原有管线种类、位置、高程尚待进一步调查核实,沿线有碍管道施工的地上建筑物、线杆尚未拆迁和改移,无形中加大了工作量并需占用一定工期。另外,燃气管线的施工还受到雨、污水等管线施工的制约,致使工期较为紧张。要在规定的工期内,有限的工作面,保证质量、安全的前提下完成此次施工生产任务,进场施工时,要合理安排分段实施,形成大流水作业的局面,才有可能在较短的工期内完成全部工程量。

(2)拆迁、改移工作量大

施工占地范围内的地上房屋、杆线、树木、花草的拆护及地下管线的改移、保护工作量较大,特别是设计第一管段,管线穿越的房屋建筑、单位庭院较密集,他直接关系到工程能否按时顺利展开。需要早做准备,加大工作力度,与当地政府有关部门、单位密切联系、配合,尽快拿出详尽的方案并实施,以缩短施工准备周期,争取更多的时间进行正式结构的施工。

(3)地下水位高

根据现场了解,工程沿线地下水位较高,局部地段水位埋深不足 1.0m,施工时必须采取有效的降排水措施方能保证工程的顺利实施。对此工程沿线还需进行详细的地质勘探或坑探,以弄清地下土质及水位的分布情况,以此为依据,才能制定出符合实际、更趋合理、行之有效的排降水方案。

(4)施工配合单位多

除需配合地上房屋、树木、杆线的拆迁、砍伐移植项目外,其工程的实施还要与铁路、路政、交管、水务、环保、设计及各管线维护管理单位等有关执法、管理部门发生关系。要积极主动配合协调,切忌蛮干。

(5)季节性施工明显

本工程管段结构的施工、管道的安装儿乎全部处于雨期施工季节。因此,要做好雨期施工方

案,采取有效技术措施,才能按时、保质完成任务。

2. 工程难点部位

(1)本工程施工难点部位之一在于穿越现况××专用铁路线,该部位设计为钢筋混凝土外套管顶进施工。其难点在于:

1)管道顶进施工需在保证列车正常运营通过的条件下进行,为确保管道顶进顺利且安全实施,同时满足管道施工精度要求,穿越该段拟采用土压平衡顶管机施工作业,以解决铁路路基下的施工降水问题,最大限度地降低对铁路路基的影响。

2)顶管工作坑(竖井)位于铁道路基两侧现况土葬墓地中,墓穴的迁移需要占用较长时间。另外,根据设计套管的埋深、长度,其管端位置尚在铁路列车荷载向下传递安全受力范围之内,故施工竖井的降水、开挖过程必须在保证施工安全的同时,确保铁路的安全,要采取可靠的支护加固方案和信息工程技术,及时监测地面沉降变形,以利于及时采取应对措施。

(2)本工程施工难点部位之二在于穿越小中河(设计第二管段 T5~T6 之间,长度约 220m),该部位设计为明开直埋管道敷设施工。

1)该段管道斜穿小中河和一条排水渠,施工又处于汛期,其泄洪过水量不可估计,拆堤明开在汛期很难实现。

2)管道需穿越的河堤目前刚刚实施了河坡衬砌,旁侧的跨河桥已施工完毕。采用围堰倒段或安设渡管明开施工对河堤、桥梁保护极其不利,拆除河堤、排水渠暗涵再行恢复,不但加大工作量面且质量也不好控制。

3)根据上述情况,为保证安全度汛,估计水务部门将在汛期之后开挖此段管线,工期将因此延长。

3. 工程施工的重点部位

(1)由于本工程需穿越××专用铁路线 1 处、主要交通道路 2 处,势必对铁路、陆路交通产生一定影响,施工期间的交通疏导、维护在此显得很重要。

(2)穿越铁路、道路、河道段施工工序多,占用工期长。是本次施工计划安排的重点部位,也是工程质量控制的重点环节。其次通过加油站地段将成为此次施工安全防范重点区域。

(3)工程沿线的地勘补探、地上物拆迁、地下管线和构筑物的调查、改移等工作项目是本工程实施的重要基础保证,需要甲乙双方共同重视和努力。

5.3.3　施工部署

5.3.3.1　施工目标

1. 工期目标

响应业主的工期要求,保质保量地完成工程施工生产任务。并通过周密部署、合理安排,尽量提前工期,以提高社会效益。

我公司计划开工日期为 2013 年 9 月 1 日,完工日期为 2013 年 11 月 31 日,所用工期为 92 天。

2. 质量目标

本合同工程质量符合国家现行有关设计、施工及验收规范要求。

工程质量目标为:全部工程一次交验合格率 100%,工程优良率 85%,质量等级—合格。

3. 安全目标

严格遵守国家及北京市有关法律法规文件要求,做到施工全过程无违法事件、物工程事故和重大设备及人员伤亡事故;无重大传染疫情发生;杜绝施工过程中的扰民及民扰现象,轻伤事故率控制在 1‰。以内,确保达到北京市安全文明工地标准。

4. 环境保护目标

工程弃碴、污水排放、施工现场灰尘、生活垃圾处理及植被恢复均按现行有关环境管理办法执行,并积极响应业主提出的其它环保要求。施工过程中不发生有关方面的投诉。

5. 文明施工目标

执行北京市有关工地文明施工要求,配置各类施工告示牌和宣传标语,施工人员持证、挂牌上岗,统一行为规范,施工及生活场地整洁有序,创建文明生产施工现场。

5.3.3.2　项目部组织机构

根据业主和招标文件对本工程的施工要求,为确保工程质量、工期、安全及环保等管理目标的顺利实现,我单位将为本工程组成一套高效、精干、强有力的领导机构和装备先进、施工水平过硬的队伍。

1. 项目经理部人员构成

(1)为了高效优质的按期完成本工程,我公司选派对燃气工程具有丰富施工经验并获得业主、监理及各界好评的项目经理和项目总工程师全权代表公司进行项目管理。本工程设项目经理 1 人,项目副经理 2 人,总工程师 1 人。

(2)按照公司管理模式和建设工程项目管理规范要求,项目经理部由领导决策层、项目管理层、施工作业层三部分构成。项目经理、项目副经理、项目总工程师构成本工程项目的领导决策层(核心);在企业的支持下,由公司各职能部门抽调业务精、技术硬、善管理人员组建构成项目管理层,配备有测量工程师、试验员、会计师、施工员、技术员、计划员、质量员、安全员、材料员、行政管理员等人员,对本项目施工过程中的安全、质量、工期和文明施工等具体工作负责。

2. 项目经理部职能部门

项目经理部下设五个职能部门。即:工程计划部、技术质量部、物资设备部、经营财务部及行政保卫部(并下设对外协调小组,专门负责扰民和民扰事务),对本工程全面实行项目管理。

3. 施工作业层的组建

为便于管理,确保工程质量、安全和进度,在项目部统一指挥领导下,选拔技术能手组建专业施工队。该作业层由土方施工队、管道安装焊接施工队、顶管施工队、附属工程施工队构成。要求分工明确,责任到人,确保工程顺利完成。

4. 项目经理部组织机构图

项目经理部组织机构见图 5-11。

5.3.3.3　施工现场总平面布置

1. 施工临时设施建设

由于本工程为单一的高压燃气管线工程,在管线保护用地范围内无法实施临设区的搭建,只有在其占地以外另行择地搭建。根据现场实际情况,临设区搭建在小中河以南,××东路以东;主要用于停放施工机械、施工材料堆放和作业队住宿;项目经理部设在××路以南,富璧路以东,距路口 150 米的平房内,主要用于该工程项目经理部办公、生活及甲方、监理办公室;施工材料加工场紧邻作业队生活区搭建,主要用于小型库房、钢筋加工。管材随着生产进度需要直接运送至施工现场,所用大型机械设备一律在现场停放安排专人进行看管。

(1)临设区均用专用围挡进行围护与外界隔离,且在此范围内将生活区、材料加工库区予以隔离,消除相互干扰。

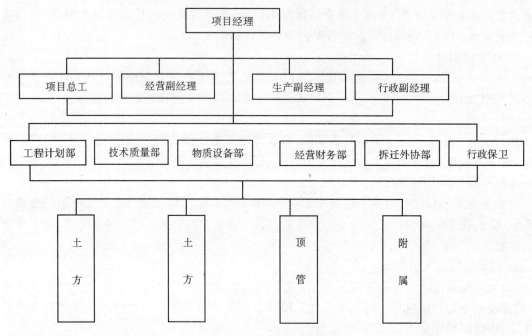

图 5-11　项目经理组织机构

（2）办公区、生活区分别设置带有冲洗、隔油、沉淀设备的厨房,可移动的环保厕所,按期定时进行清理,保持舒适优美的生活环境。

（3）临设区内道路需硬化,房前屋后修筑完整的排水系统,以利于排水和防汛。

2. 施工临时道路

根据施工现场的实际情况,结合雨期施工特点,为便于土方及物资设备等运输到位,施工临时路将按两种不同的情况进行布设与修建。作为设计第一管段,施工临时路布置在管线的南侧,以便于与现况××路衔接;然而作为设计第二管段,施工临时路则设置在管线的东侧（××东路西侧）,目的是为方便与××东路联通,以减少联络线的长度。其施工临时道路结构则根据不同地段的实际情况分别进行设计与修建。

（1）为减少工程建设投资并能满足施工需求,施工临时路设计路宽均为 4.0m,每 500m 设一个车辆掉头港湾或与现况路衔接的联络线。

（2）凡位于现况单位院落、拆迁房屋基地上的临时道路,均采用地表平整既可,不需作任何处理;但位于现况农田、树林等地段的施工临时路,除平整、碾压密实外,还需在其表面铺筑 30cm厚碎石碾压密实,以保障雨后各种运输车辆的安全畅行。

3. 施工临时用电

根据工程沿线的实际情况,施工用电采用两条腿走路的方法解决。一是借用电源;二是配备发电车。

（1）由于第一设计管段位于现况××路的北侧,沿线有现状高压输电线路和供电变压器可借用,故该段以借用电源为主,沿线借杆架设施工用 380V 输电线路,每 100m 设置一个二级闸箱,用电点设活动闸箱,两箱之间以橡胶绝缘缆线相连,活动闸箱按施工部位布放。全线路用电安全按三级漏电保护考虑,确保一机一箱一闸。

（2）由于第二设计管段位于新建××河东路西侧的农田内,沿线虽有高压输电线路,但距离较远且供电变压器较少,若借用该电源其线路电流、电压损失较大,不能满足施工的需要。对此,为在有限的工期内完成该段的施工生产任务,配备发多台电车满足施工降水和管道焊接的需要。

1)根据施工部署、计划安排、用电需求,每一施工段(作业面)配备两台 120KW 发电车,保证降水井成孔钻机、降水机组、电焊机等机械设备的用电。

2)施工用电如需过路时,采用铠装电缆直埋敷设,过路处加设套管保护。

(3)除上述布设外,在现场再配备 2 台 120KW 发电机,作为备用电源,以满足工程施工用电的需求。

(4)用电量计算

按照一个作业面施工用电高峰期计,用申机械设备数量、额定功率统计见表 5－25。

表 5－25　　　　　　　　　　　　　　用电量统计表

用途	机具名称	功率(kW)	数量	总计(kW)
管道焊接	直流电焊机	20	6 台	120
管道加工	角磨机	1	6 个	6
降水施工	钻机	40	2 台	80
井点降水	水泵	7.5	10 台	75
现场照明	灯具	1.0	10 盏	10

依据公式:$P=1.1\times(K_1\Sigma P_c+K_2\Sigma P_a+K_3\Sigma P_b)$代入所统计数值。

式中:P_c——全部动力用电设备额定用电量

K_1——全部用电设备同时使用系数(取 0.7)

P_a——室内照明设备额定用电量之和

K_2——室内照明设备同时使用系数(取 0.7)

P_b——室外照明设备额定用电量之和

K_3——室外照明设备同时使用系数(取 1.0)

$P=1.1\times(K_1\Sigma P_c+K_2\Sigma P_a+K_3\Sigma P_b)=1.1\times(0.7\times281+1.0\times10)=206.7\text{kW}$

4.施工用临时水

由工程性质所决定,本工程施工用水量极小,主要用于闸井结构施工缝的冲洗及环保用水,相比较之下为完成工程施工所耗费的生活用水反到占了较大的比例。对此,针对工期短的特点,采取本单位自备一台 8t 水车来解决上述问题。

(1)办公、生活区可借用相邻村民的饮用水源,解决饮用、洗浴用水。

(2)施工生产及环保用水需每日制定用水计划,确定用水部位、用水量,以便及时调配水车的运力,满足施工用水的需求。

5.3.3.4　施工准备

1.生产准备

生产准备是必不可少的,是十分重要的关键一环,它是施工企业优质、高效、顺利完成工程施工生产任务的前提保障。结合本工程项目内容及特点,具体准备工作如下:

(1)现场踏勘和环境调查

工程中标后,随即着手进行现场调查,熟悉了解现场情况及周围环境情况。调查联系渣土消纳场地及现场多余土方暂存点;为工程施工创造良好环境。上述工作须在开工前完成。

(2)现场"三通一平"

根据施工现场初步调查情况及临时水、电的设想方案。进入现场即刻向甲方提交水电供给申请,办理水源、电源的引接手续。争取在进入现场前完成水电临时线路的铺设工作,并在一周内完成首段施工部位的场地平整和道路的修筑,满足施工机械、材料进场需求。

(3)项目经理部的建立

接到中标通知书后3日内组建项目经理部,接到设计施工图的第2天项目部管理人员全部到位,组织学习,进行图纸会审,并着手做施工前期的各项准备工作。项目部主管人员在允许进场之日进入现场办公,做好各种开工前的组织工作,3日内全体人员到位进,同时进行技术培训。

(4)劳务队伍准备

因为劳务队伍流动性大,其组织形式各异,施工经验、能力差异较大。按照公司劳务管理制度,根据本工程项目的具体构成,项目部决定通过招标方式择优录用劳务队伍。具体要求如下:

1)落实劳务单位,选择有同类工程施工经验并有较强施工能力、工作效率高、肯吃苦、有良好信誉的整建制劳务队伍。

2)劳务队伍要配备相应工种人员,特殊工种按规定必须能够持证上岗。

3)根据开工日期和进度计划安排、劳动力需用量计划,提前3天组织劳务作业队进场,并对进场人员进行入场教育。

2. 技术准备

(1)工程开工前,组织施工技术人员及现场管理人员学习与本工程有关的施工规范、规程、工艺标准、招投标文件及甲方、监理下发的有关文件,熟悉、了解本工程的施工特点,掌握各工序的施工工艺和技术标准,同时组织专业技术工种人员进行培训、教育,为工程施工顺利进行创造条件。

(2)接到正式施工图纸后,即刻组织有关技术人员等学习设计施工图,3天内完成图纸会审、工程量计算、材料计划等工作。随后请示甲方、监理等部门组织图纸会审和设计交底。

(3)在接到正式施工图纸并进行图纸会审、设计交底工作后,结合现场实际情况,参照投标施工组织设计,完成实施性施工组织设计和安全生产预案的编制工作,且经公司有关部室审核、公司总工程师批准后上报监理审批,开工前完成前期施工各工序的现场施工技术交底工作。

(4)开工前完成工程测量桩位的交接、复核工作。开挖前完成施工测量方案的编制和控制网点测设成果报监理审批;同时完成管道中线及控制折点的施工定位放线,并经甲方、监理及设计勘测部门验线通过。

(5)开工前施工人员根据现场桩点定出沟槽中线、边线,以及各折点的位置,以使进场后能立即开展施工。

(6)调试安装好工程施工技术资料用软件,配齐试验、检验、测量器具。

(7)计量管理

测量器具必须在进场时按要求备齐到位。试验、检验用器具在正式开工前备齐到位。施工现场各种计量器具均由使用人员直接负责保管,达到定期保养,及时校核。所需的设备仪器见表5—26。

表5—26　　　　　　　　　　　　　　本工程投入的测量仪器表

序号	设备名称	型号	数量
1	全站仪	拓普康	1台
2	水准仪	S3	4台
3	经纬仪	J6	2台

续表

序号	设备名称	型号	数量
4	塔尺	5m	4 台
5	钢卷尺	YJ－50	4 把
6	架盘天平	1000g	2 台
7	火花仪	25kW	2 个
8	焊接检测尺	KH45 型	2 把

3. 材料准备

(1)开工前编制好工程用材料计划,并报材料供应部门及时备料。材料备料遵循"有计划、保质量、按进度"的原则,材料选择时遵循"货比三家,择优使用"的原则。所有外购产品、材料监理按照监理程序进行采购、检验和试验,根据施工进度计划的安排分期分批组织进场。

(2)各项周转材料要根据工程施工进度情况,随时组织材料进场。

(3)本工程的主要材料为管材,根据施工方案中的施工进度计划和施工预算中的工料分析,和所需材料用量计划,作为备料、供料和确定存放场地及组织运输的依据。材料进场要做好存放、保管工作,并认真进行标识。

(4)要严格按照施工规范、规程,对各种材料的质量提前进行试验验证。经试验不合格的材料,严禁进入施工现场,并退回供货厂家处理。

4. 机械准备与进场

(1)本工程施工用机械设备主要是土石方挖运、管道吊装、管道焊接、土方回填等机械,施工所用机械设备提前1天组织进场,并进行保养、调试,确保在施工中无故障。本工程所投入的主要机械、机具,在公司的统筹安排下,由项目经理部统一指挥、使用,随着工程进度情况逐步进出场。

(2)充分利用自有机械设备,以外租赁机械设备作补充合理配套。开工前,依据施工进度计划、工程量及机械台班定额,确定主要机械设备投入情况。

(3)允许上路的自行轮胎式机械,由驾驶员操作进入现场,不允许上路的履带式机械等一律由拖车托运进场。

5.3.4　主要施工方法

5.3.4.1　工程测量

所有测量仪器在启用前必须校验或者在检验有效期内,以确保工程中使用的测量仪器的误差控制在允许范围内,减少整个施工过程中的系统误差。本工程的测量流程如图5－12所示。

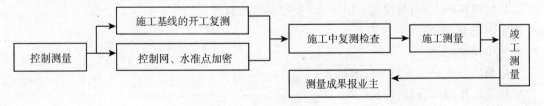

图 5－12　测量流程图

控制线测量采用全站仪、经纬仪,高程测量采用水准仪。测量前首先完成测量放样计算书。

控制网等级必须符合相关规范的要求进行,并及时整理测量成果,报送监理工程师认可。控制线、标高根据导线点和水准点单独测放,要避免产生测量的累积误差。

1. 施工前平面测量控制

(1)测量人员会同勘测单位进行测量控制及水准点的交桩手续,接桩后及时组织精干测量人员对平面控制点及高程控制点进行实地复测、校核,如果发现误差超过限差或控制点的精度,不能满足施工要求时,须及时上报有关部门。

(2)复测校核合格后,立即上报监理审批。并引测临时水准点,各点根据现场地形设保护装置并做好控制点记录。然后再结合工程的实际情况,建立测区的加密控制网,建立施工区内的首级平面、高程控制点,使之对整个施工现场形成一个完整的控制体系。加密控制点选择围绕测区布设成环状的导线点,其边长一般不大于 300m。选点时考虑不受施工作业的影响,并进行对测点的防碰撞保护。

(3)闭合导线的测量精度要依据国家标准《工程测量规范》中一级导线的有关要求进行,即边长不大于 300m;测角中误差 8″以内;两个测回数相对闭合差达到 1/1500。建立导线加密控制的标准是:既要满足精度要求又要分布均匀使用方便。加密控制导线测完后,要对测量成果进行整体平差,在满足精度要求的基础上,报监理审批后方可在施工中投入使用。

(4)施工中建立三级复测制度,工地测量人员均持证上岗,定期检查,做好施工的原始记录。

2. 施工过程中测量的主要工作

(1)施工中所使用的全站仪、经纬仪、水准仪、钢尺必须有鉴定合格证,超过鉴定周期的需重新进行鉴定方可进场。不准在工程中使用未鉴定的仪器设备。

(2)控制线测设必须经过二级复核合格后,填写测量复核记录上报驻地监理工程师报验。

(3)测量外业的操作严格遵守城市测量技术规范《工程测量规范》(GB50026-93)的要求。

(4)每天施工测量的外业资料及时进行整理、检核,避免对施工的误导。

(5)定期对控制点进行复核,以减少控制点的变化对施工的不利影响。施工中被破坏的控制点应及时补测。

3. 施工测量的内业工作

(1)接到设计图纸定线资料后,必须对设计资料数据进行核算,遇有疑问时,与工程业主、设计单位及监理单位及时联系,商讨解决办法。

(2)结合工程的设计文件,施工组织设计和施工技术规范,提前做好工程所需测量数据的计算准备工作,所提供的数据必须由第二人进行复核方可进行现场的施工放线。

(3)结合计算机技术的应用,使与工程测量有关的各种记录、计算表格的填写及竣工资料编制规范化。

(4)内业计算时,测量的精度为:

1)根据国标《工程测量规范》GB50026 规定平面控制测量精度:

测距中误差:±15mm

测角中误差:±8″

方位角闭合差:±n＊24″(n:测站数)

导线全长相对闭合差:1/10000

采用全站仪进行控制测量其精度远高于上述要求,其测角中误差为±1.5″,测距精度为 2mm＋2ppm。

2)高程控制测量按二等水准测量进行,其精度如下:

每公里偶然中误差:±1mm

每公里高差全中误差:±2mm

符合路线闭合差:±4Lmm(L:公里数)

4. 竣工测量

(1)竣工测量是整个工程中的重要组成部分,因此测量人员在施工过程中一定要注意积累原始资料,每一项测量工作完成后都要及时进行报验,报验资料一定要跟上,测量:报验资料要求准确、清晰、完整,所有资料需统一编号,并建立报验台帐,报验资料要求有去有回,每道施工工序的记录、复测、报验等资料一定要分门别类、分工期装订成册,妥善保存。,为竣工资料整理打下良好的基础。测量报验资料除上报监理工程师外,内部也要留底,以备以后查找。

(2)对已完成的分部、分项工程,特别是隐蔽项目要按规范要求及时竣测,保证竣测资料准确、齐全,未完成或即将完成的分项工程做到心中有数,随时完工随时竣工测量。

5.3.4.2　土方工程

1. 沟槽开挖

(1)管线开槽采用机械挖槽,人工清槽底与修槽。根据土质及周围构筑物的实际情况采用不同的放坡形式。

(2)测量人员根据管线走向、埋深放出沟槽上口线,并在现况管线两侧各1米处洒灰线,施工中灰线范围内采用人工作业,不得使用机械。为防止超挖槽底保留10cm土采用人工清槽。

(3)施工时,施工员对工人、机械司机详细交底,进行明确交底,交底内容包括挖槽断面、施工技术、安全要求等,并派专人指挥。并应指定专人与司机配合,测量人员到位盯槽,按设计图纸随时检查开槽高程和宽度,和测量定位的中心线,保证开槽合格,防止超挖。

(4)沟槽开挖后,要求槽底平直、边坡整齐,沟内无塌方、积水。在施工图中标明的或经电磁物探发现的障碍处,挖槽时先做坑探,掌握障碍的具体位置及高程。

(5)开槽过程中,道路材料等渣土全部外弃,好土在场地条件宽裕时堆放在沟槽一侧,场地条件不宽裕时在现场附近暂存。

(6)在现况管道上开槽时,注意不得破坏现有管道。

(7)堆土位置距槽上口边线1.5m以外,高度不超过2m,留出运输材料工作面。在未存土的槽边1m处沿沟槽走向设置1.2m高的红白漆护栏。

(8)沟槽施工过程中,应密切注意沟槽边坡的稳定,如果发现边坡有不稳定的迹象时,应立即撤出作业人员,并及时采取相应措施。

(9)沟槽形成后,施工员先自检,不符合设计标准处应及时修整,合格后报监理工程师验收,并办理签认手续。

(10)设计管线局部距离周边公司的围墙较近,为保证围墙及沟槽的安全,此段沟槽采用连续式水平支撑的支护方法保证稳定性。

(11)管线穿越主要路口时,使用导段快速施工的方法。将管子安装导段长度提前连接好,将沟槽开挖后,马上下管并回填。不能导段施工的路口,搭设承载15t的钢便桥,保证车辆通行。

2. 基底处理及验收

(1)在开挖过程中,若对原基础造成扰动,需要对基底进行处理。处理方式为:扰动深度小于15cm,回填粗砂,扰动深度大于15cm,下部回填级配砂石,上部回填5cm～10cm粗砂。

(2)沟槽见底后,约请监理单位验槽,现场确认,必要时作钎探试验,验槽合格后方可进行下步施工。

3. 土方回填

(1)管线回填必须符合施工技术规范要求,按规定轻、重型要求进行回填,沟槽内不得有积水、淤泥及其它杂物,所用填料严禁有砖头、混凝土块、树根、垃圾和腐殖土。

(2)沟槽的回填,先填实管底、胸腔、管子之间及管顶以上50cm范围,采用人工回填。每层回填虚土10cm左右。管顶50cm以上采用蛙夯回填,回填厚度为20cm,每层夯实不少于4遍。

(3)燃气管线按照设计位置在管顶以上50cm埋设标志带。

(4)闸井四周1m范围内采用12%灰土回填。

(5)回填施工前作好回填土的准备工作,以确保回填进度和回填质量。回填过程中,要经常检查土的含水量,控制在最佳含水量±2%以内,回填土中无大块砖、石、淤泥、腐质土、树根、草袋等杂物。

(6)还土前测含水量,过湿和过干的土均必须进行处理(灰土处理或洒水),回填过程中应注意控制回填土的含水量,以确保沟槽回填的密实度满足施工规范要求。

(7)回填密实度要求如图5—13、表5—27所示。

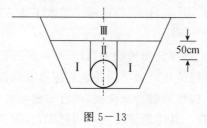

图5—13

表5—27

回填部位	要　求	备注
Ⅰ	回填土密实度≥95%	管道两侧同时回填, 高差不得大于200mm
Ⅱ	回填土密实度≥90%	
Ⅲ	回填土密实度≥95%,耕地≥90%	

5.3.4.3　施工降排水

本工程地下水位较高需要进行施工降排水,管线工程降水一般采用轻型井点进行降水。降水施工流程图如下:

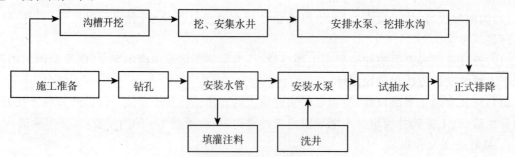

1. 轻型井点降水

施工降水目标是将现况地下水位标高降至沟槽底面标高以下至少50cm,保证施工作业面的干燥。施工降水采用轻型井点,施工方法钻孔下管法。

（1）钻孔前清理、平整场地，组装井点管。

（2）管井使用反循环钻机成孔，孔径300mm，孔深6m，成单侧布置，降水井的位置距沟槽边1m，间距2m。

（3）管材采用DN50mm钢管，花管长度2m，井壁管与孔壁间填充滤料，滤料为3～10mm的石屑，滤料分层填料，同时辅以竹竿插捣、晃匀。

（4）滤料填至路面以下2m后用黏土进行封堵。

（5）单根井点黏土封完后，平整稳定后，由井管灌水，清水注入应显示出水位迅速下渗，证明此点成功。

（6）检视完毕后，将弯管接到井点干管上，严密、牢固、甩向集水干管连接点方向，并临时封口。

（7）完成一组后，安装集水干管与连接管接头及闸阀，经单井试抽、校定，进行整组井点的试运行。

（8）抽出的水通过排水干管引入附近的排水管道内。

5.3.4.4　燃气管线施工

1. 施工工艺

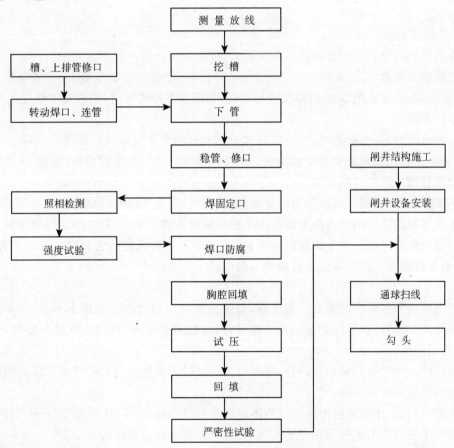

图5-14　天然气管道施工工艺流程框图

2. 管材检验

（1）管材必须具有制造厂的质量证明书，其质量不得低于设计标准的规定。

（2）管材的材质、规格、型号、质量要符合设计文件的规定，并按国家现行的标准进行外观检测,不合格者不得使用。

(3)管材的外观检验内容

1)无裂纹、缩孔、夹渣、折迭、重皮的缺陷;

2)不超过壁厚负偏差的锈蚀或凹陷;

3)螺纹密封面良好,精度及粗糙度应达到设计要求或制造标准。

3. 管道防腐

(1)管道防腐为三层 PE 及牺牲阳极的阴极保护防腐联合做法。

(2)钢管表面如有较多的油脂和积垢,先按照相关方法进行清理。

(3)喷(抛)射除锈,达到相关规范要求。表面粗糙度达到 40~50 微米。

(4)施工时,空气相对湿度应低于 80%,雨、雾、风沙等气候条件下,应停止进行防腐层的露天施工。

(5)为确保质量,管身防腐为专业厂家施工,出厂前、下管前和回填土前须对防腐层进行三次检测,使用 5KV 火花仪,发现漏点及时补防腐,固定口防腐由专业厂家施工。

(6)做好防腐绝缘涂层的管子,在堆放、拉运、装卸、安装时,必须采取有效措施,以保证涂层不受损伤。

4. 管子的堆放

(1)进入现场的管材必须逐件进行外观检验,破损和不合格产品严禁使用。

(2)管材整齐堆放,尽量单根码放,管端有保护封帽,堆放场地需平整,无硬质杂物,不积水,管下垫一层方木,方木上垫 2cm 厚草袋或编织袋,如需要多根堆放时,堆放高不超过 1.0m。

5. 管子吊装

(1)运输吊装时,采用起重机,使用宽度大于 50mm 的专用吊装带吊放管子,吊带吊点最大间距不大于 8m,严禁用铁棍撬动管子或用钢丝绳直接捆绑外壳。起吊时稳起、稳放,运输中采用方木支垫,保证管道不被砸、摔、滚、撞。

(2)下管吊装时,视情况可以采用机械吊装(起重机)或人工吊装(倒链)。管子可单根吊入沟内安装,也可多根组焊后吊入沟内安装。本工程尽量采用槽上多根组焊方式,以减少槽下固定口的焊接量,加快施工速度。当组焊管段较长时,可采用若干组倒链吊装架同时起吊下管,吊点的位置按平衡条件选定。严禁将管道直接推入沟内。

6. 钢管组对

(1)管道运输和布管在沟槽的一侧进行,管子边缘与沟槽边安全距离不小于 0.5m。管子首尾衔接,采用人工组对,相邻两管呈锯齿形错开,组对前对管口进行匹配,并进行编号,按照编号的顺序在沟槽边排列钢管。

(2)组对前对钢管进行清扫,管内不得有石头、泥、砂等杂物。焊接的管段下班前用临时盲板封堵管端,以防脏物进入管内。

(3)钢管组对时,使两对接面的错口值不超过管壁厚度的 10%,且不大于 1mm。若有较大错口时,转动管子使其均匀地分布在管子外圆周上,不得使用锤击等强行对口。

(4)为了防止减小内应力,不得采用任何方式强行组对。

(5)钢管对接的直焊缝错开 0.1m 以上,直管段两相邻环焊缝间距不小于 1 倍管径。直缝放置在管子上半部 45°角范围内。

7. 断管与坡口加工

(1)施工中短管切割和坡口采用热加工法施工。

（2）钢管切割采用热切割方法，切割采用气割。

（3）切割前需要预热，预热时间为 6～7s，预热火焰采用中性焰或轻微氧化焰。

（4）切割速度必须与切口金属氧化速度相适应，氧化速度快排渣能力强，可以提高切割速度。切割速度慢会降低生产效率，且会造成切口局部熔化，影响割口表面质量。本工程管道的切割速度以 160～200mm/min 为宜。

（5）气割钢管时，割嘴垂直于割件。

（6）钢管切割完毕后，必须将切割表面的淬硬层清除，清除厚度不小于 1～2mm。

（7）坡口加工采用气割热加工法，坡口为 V 型，坡口角度为 55～65°，钝边 1.0～1.6mm，间隙 1.0～1.6mm。

（8）切割后将表面的氧化皮去除，坡口进行打磨。切割面要平整，不得有裂纹，坡口面与管子中心线垂直，其不垂直偏差小于 1.6mm，毛刺、凹凸、缩口、熔渣、氧化铁、铁屑等清除干净。

8. 管道焊接

（1）焊条选择

1）管道根焊采用氩弧焊条，焊条直径为 3.2mm。填充、盖面焊采用结 507 焊条，焊条直径为 3.2～4.0mm。

2）焊条要具有出厂合格说明书，焊条的药皮无脱落和显著裂纹。使用前按照说明书进行保存，在使用过程中保持干燥。

（2）焊前准备

1）焊接前烘干先烘干焊条，烘干后的焊条用保温桶保温使用。

2）管道焊接前将管端 20mm 内的油污、铁锈、熔渣等清除干净。

3）组对后进行点焊，点焊数为 6～8 个，均匀分布在管周围。管口的组对完毕后便可施焊。

（3）管道焊接

1）管道采用多层焊接，根据管壁的厚度确定层数。根焊、填充焊、盖面焊焊接参数如表 5－28 所示：

表 5－28　　　　　　　　　　　　多层焊接参数

焊接层 名称	屋内焊 道数	焊条直径 (mm)	焊接电流 (A)	焊层厚度 (mm)	焊条类型
根焊	1	3.2	70/130	2.0/2.5	氩弧焊条
填充焊	1～2 或＞2	4.0	155	2.0～2.5	结 507
盖面焊	1～2 或＞2	4.0	150	2.0～2.5	结 507

2）焊接操作

①焊接时电弧长度不能太长，焊接熔池不要过大，否则都会造成焊缝成型不好或产生气孔。

②操作时一定要控制焊条运条角度，防止产生夹渣缺陷。熄弧时，电弧拉长直至熄灭，注意填满弧坑。

③为了减少残余应力，同一道环焊缝的根焊由两位焊工同时进行。

④两相邻层间焊道的起点位置应错开 20～30mm，焊接引弧在坡口内进行，严禁在管壁上引弧，层间焊道的引弧端用砂轮磨平。

⑤每道焊口必须连续一次焊完，焊道层间间隔时间、基层间温度要符合审定的焊接工艺规程

的要求。一般层间间隔时间不超过 5 分钟,温度在 100~250℃间。

⑥每个焊口焊完后,在气流方向上方距焊口 100mm 处标出施焊焊工的代号,不再采用钢印做标记。

⑦在雨天、风速超过 5m/s、相对湿度超过 90%、环境温度低于焊接工艺规程中规定的温度时,若无无效防护措施时不得施焊。

(4)焊口质量检查

1)焊缝在强度试验和严密性试验前,均需做外观检查和无损探伤。

2)所有焊缝均进行 100%射线检验,射线照相检查结果要符合《钢管环封熔化焊接对接接头射线透照工艺和质量分级》(GB/T12605-90)的要求,Ⅱ级为合格,合格后绘制焊口位置平面图,按编号标在图上,放在竣工资料中。

3)表面焊缝质量检查在焊后及时进行,检查前清除熔渣和飞溅,表面质量不合格不得进行无损探伤。焊缝质量检查要在第三方焊接权威机构质量监督下进行。

4)对不合格的焊缝进行质量分析,确定处理措施进行修复。同一部位只能修补一次,返修后仍按原规定方法进行检查。

(5)焊接接头外观质量检验内容及要求如下

1)对接焊缝表面严禁有气孔、裂纹、夹渣等缺陷。

2)Ⅰ、Ⅱ级对接焊缝表面严禁有四陷。

3)焊缝咬边深度不超过 0.5mm,每道焊缝咬边长度不超过焊缝全长的 10%,且小于 100mm。

4)对接焊缝的焊缝余高、外壁错边量、接头平直度要求见表 5-29。

表 5-29　　　　　　　焊缝余高、外壁错边量、接头平直度允许偏差

接头		壁厚≤10	壁厚的 1/5
平直度	钢管	10<壁厚≤20	2
		壁厚>20	3

9. 阀门安装

(1)阀门必须符合设计要求的型号。

(2)阀门必须有产品合格证,且经过有关部门鉴定合格。

(3)阀门安装位置符合设计要求。

(4)阀门在安装过程中不得使阀体承受意外应力,阀门的安装流程是:将阀门与法兰或调长器与管道上未焊的法兰临时连接一起,待阀门位置合适后,将管上的法兰"点"焊,再将阀门取下来,再正式焊法兰。法兰焊完后,放垫片、穿螺栓、拧紧螺栓。

(5)法兰使用的垫片应符合规程要求。

10. 波纹管安装

(1)检查阀体的外观尺寸及不得有粘砂、砂眼、裂纹等缺陷,阀门内外清洁无杂物。

(2)波纹管安装在阀门的后面,安装时内套短管的活口要向气流方向安装。拉紧螺栓安装前不要拉得太紧,安装完后将螺母松退 4~5 扣。

11. 牺牲阳极施工

(1)施工工艺流程

(2)牺牲阳极工艺要求

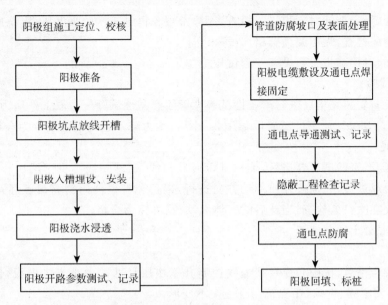

图 5-15　牺牲阳极施工工艺流程图

1)袋装阳极由天然棉纤维袋,填包料和牺牲阳极组成。单支阳极留电缆长度为2条共10m。

2)阳极与电缆之间采用锡焊连接,在焊点上涂覆环氧树脂,加缠电工胶布和绝缘胶布,再包覆热收缩套,并再缠胶带保护。

3)电缆与管道采用双点铝热焊。

4)通电点补口防腐应采用与管道涂层匹配的补口材料和技术。

5)牺牲阳极的埋设位置与管道外壁距离为1.5米左右。阳极之间相距1~3米。阳极可埋设在管道的侧方或侧下方。

6)牺牲阳极埋设时,应充分浇水润湿,并夯填细土。

(2)交叉处理

施工中,若发现管道与其它地下金属管道,电缆等交叉距离较近(小于50cm),应在管道与该构筑物之间增设绝缘板,以防止彼此干扰或搭接。绝缘板采用3240环氧层压板。

(3)非焊接接头处理

为保护阴极保护系统整体运行效果,使保证电位均匀,对管道沿线闸阀,法兰等非焊接接头,要求电阻不能大于0.005欧,否则应增加短路跨接设施。短路跨接采用电缆直接联接,均为双线联接,以增加安全可靠性,并对焊口作好防腐。

5.3.4.5　管道功能性试验

1. 强度试验

(1)强度试验采用空气作为介质,强度分段进行,每段不得超过2Km。

(2)本工程管道设计压力为2.5Mpa,试验压力为设计压力的1.5倍(3.75Mpa)。

(3)试压前对试压所用的管件、阀门、仪表等进行检查和校验,合格后方可使用。

(4)在试压管段首末端安装压力表,压力表精度不低于0.4级。

(5)气压试验设置临时泄压放空管,放空管设置在地势较高、人烟稀少的地点,并高出地面2m。

(6)试压分为三个阶段,先升至30%强度试验压力,稳压15分钟,再升至60%强度试验压力,稳压 15 分钟,稳定期间对管道进行检查,无异常现象再升至试验强度压力,稳压 6 小时,并对管道进行沿线刷漏检查,无渗漏为合格。

(7)强度试验时严禁带管道设备一起试压。

2. 严密性试验

全线管道设备安装完毕后进行严密性试验。管线严密性试验压力取工作压力的 1.15 倍,管线试压强度为 2.9Mpa。严密性试验以稳压 24 小后,压力降不超过规范规定为合格。

3. 通球扫线

各管段强度、严密性试压合格后,统一进行通球扫线,通球扫线不少于两次。通球扫线采用压缩空气推动通球进行,通球按介质流动方向进行,以避免补偿器内套筒被破坏,扫线结果用贴有白布的靶板放在吹口处检查,当球后的气体无铁锈、脏物为合格。

5.3.4.6 钢筋混凝土闸井施工

1. 垫层混凝土

在沟槽验收合格后,按中心线及高程线控制井室垫层尺寸的大小支搭模板,模板使用 10×10 方木,要求支安牢固、直顺,在浇筑混凝土中不变形。

2. 钢筋加工与绑扎

(1)钢筋加工场地选择在施工现场,加工成半成品后分类码放。

(2)钢筋在加工前对各类钢筋做母材试验。技术人员要对钢筋的使用类型,放样尺寸及根数做出交底记录。

(3)下料后的钢筋要分类码放,做出标识。钢筋在运输中保持不变形,运至绑扎现场不混放。

(4)绑扎时先在混凝土垫层上放线,分布排筋间距。钢筋绑扎时,搭接位置在受拉区时,同一断面搭接不得超过 50%,搭接长度不少于 35d,如果采取焊接搭接,单面焊接搭接长度不少于 10d,双面焊接搭接长度不少于 5d。

(5)钢筋绑扎采取梅花绑扎法,绑扎方向互相错向布置。钢筋绑扎后牢固,间距准确不变形。

(6)钢筋绑扎后按照设计位置安放预埋件,预埋件与钢筋焊接牢固,避免浇筑混凝土的过程中错位。

3. 模板施工

(1)模板采用木制清水模板。

(2)模板拼装要直顺严密、支撑牢固,防止跑浆、跑模。

(3)模板拆除时,必须达到混凝土的强度要求方可拆除。

(4)拆模时不要用力过猛,拆下来的材料要及时运走整理好,清扫干净,板面涂油,按规格分类码放整齐。

4. 闸井混凝土浇筑

闸井混凝土分两次浇注:第一次浇筑底板,第二次浇筑侧墙;两次施工的结合部为侧墙梯脚向上 10cm,第一次和第二次浇筑的结合部进行处理,将水泥浮浆悬浮面清除干净,必要时进行凿毛处理,凿毛后用空压机吹扫干净或用净水冲洗,也可采用门型槽的方法做接茬,待第二次浇筑时,在结合部先铺一层厚 3cm 砂浆,砂浆标号要与浇筑混凝土相同。本工程所使用的混凝土全部为 C25 商品混凝土。

(1)浇注前现场配备足量的振捣棒,及时振捣,振捣时快插慢拔,不得碰撞钢筋。

(2)浇筑混凝土时垂直高度大于 2m,需在墙体上口设置溜槽。

(3)预留洞处首先将混凝土浇至洞顶部,然后沿洞两侧同时振捣,以防止洞口位移。

（4）混凝土浇筑时不得随意挪动钢筋，以防止钢筋位移。混凝土浇筑后派专人检查钢筋的保护层和位置。

（5）浇筑墙体混凝土时，派专人随时用木锤轻击模板，检查混凝土振捣情况防止漏振。

（6）当混凝土浇筑完成后，以草帘洒水覆盖养护。

（7）注意事项

1）混凝土所用的原材料须经试验检验合格后方可使用，由混凝土搅拌站提供配合比及相关资料。

2）混凝土试块须按《混凝土强度检验规定标准》的规定取样、制作、养护和试验，强度符合规定和设计要求。

3）施工缝处无夹渣无露筋。

5. 盖板安装

盖板为预制钢筋混凝土盖板，由预制厂加工。盖板安装时要进行检查，符合设计规定，方可使用。盖板安装前，墙顶清扫干净，洒水湿润，再铺砂浆安装盖板。

5.3.4.7　穿越障碍物施工方法

1. 穿越沟渠的施工方法

本工程穿越的沟渠共 10 处，需要导流的沟渠共为 8 处，均位于小中河施工段内，具体情况见表 5—30。

表 5—30　　　　　　　　　　管沟穿越位置情况表

沟渠位置	上口宽(m)	下口宽	渠深(m)
桩号 0＋533	24	18	2.8
桩号 0＋901	8	4	1.5
桩号 1＋619	10	1.5	2.5
桩号 2＋194	16	11.5	2.5
桩号 2＋542	13	8.5	3

穿越沟渠时采用将沟渠水导流至下游的方法，以渠内渡管为主、渠上截流地面径流为辅的办法，导流方法如下：

（1）根据其沟渠断面及区内水量，沟渠底宽度＜10m 的沟渠选用 1 根 DNI000mm 的钢管，沟渠底宽度＞10m 的沟渠选用 2 根 DNI000mm 的钢管。施工前去实地充分了解沟渠的排水情况和天气情况，进行核算渡管的管径和根数。

（2）导流管采用明管敷设，直接将管子按照 1％的坡度敷设在现况沟渠的渠底。导流管距离新建燃气管线最近处为 1.5m，敷设方向以现况沟渠走向为准。

（3）导流的起止点处用草袋围堰将现况沟渠封堵。草袋围堰高 1.5m，下口与河岸同宽，与路面平高。草袋围堰与水接触面覆盖一层塑料薄膜，塑料薄膜底部压在围堰下。导流管探出围堰 1.0m。

（4）待管道安装完毕后，及时回填，拆除导流管和围堰。

2. 地上、地下障碍物处理加固、保护措施

（1）障碍物的调查与落实

1）从业主、设计提供的情况入手，根据业主及设计提供的施工占地范围内的地上、地下障碍

物有关情况。组织技术、测量、施工等有关人员了解现场地上、地下障碍物的种类、位置、高程,并进行详细的现场勘查和标注,并坑探核对,以掌握现有障碍物的具体情况,避免工作中失误。

2)刊登施工布告、召开配合会、产权单位指认对于业主、设计未提供施工现场有关障碍物的情况时,可由业主刊登施工布告,写明工程所在地区、范围。以此通知该范围内,尤其是地下障碍物的产权管理单位,于开工前召开施工配合会,让各产权管理单位到现场指定、确认其设施所在位置,提供有关设施的种类、规格、埋深及使用情况,并以此进行坑探核对。

3)电磁、超声波物探,为避免遗漏地下障碍物必须实施电磁、超声波物探,并根据物探结果,有重点地进行坑探核实。

(2)施工前坑探

1)为了证实上述三种情况下所提供资料的准确性,必须进行坑探。不可轻信其它方法所提供资料的准确性。

2)对于横穿地下设施的坑探,要在开挖断面的两侧顺行挖沟寻找。按照已掌握的情况确定坑探范围,在坑探过程中,一时未找到不要放弃,要扩大范围或深度找到为止。对于即刻施工范围已探明的设施,要采取相应的保护措施;对于暂缓施工范围已探明的设施,要做出永久标识(含施工图上或现场),注明种类、断面、高程。

3)对于相邻顺行的地下设施,要横向挖沟寻找。以便确定其具体位置、埋深;确定新建设施基础的开挖方法。其坑探的要求同上。

4)对于不易发生位置及高程变化的管沟,如排水管道、电力、热力方沟、通讯水泥管块等,可通过实测相邻检查井位置及井内管沟断面、标高推算确定;但对于易发生水平位置、高程变化的设施,如:燃气、给水、直埋电力、通讯等管线,不仅要进行详细的坑探,还要加密探坑,必要时,将在施工范围地段内的管线全部亮出,并采取临时保护措施。

(3)地下障碍物的保护、加固处理

1)根据对地下设施调查、落实所掌握的第一手真实资料,在工程施工中,其所在位置的土方开挖,则根据其断面大小,首先确定开挖长度,在此长度范围内均采用全断面人工开挖,并准备好支固、吊架保护用材料。

2)对于直埋通讯,电力电缆,必须小心开挖,挖至其上方警示带(块)后,严禁使用镐刨。将电缆亮出采取包裹、吊架保护后,再开挖其下方土方。

3)对于任何地下设施处的土方开挖,均采用全断面水平分层开挖。挖至设施基础后,先将两侧土方下挖适当高度,以便于安装吊架底部托板,横托梁为准。待吊架支固后,方可开挖下部土方。

(4)地下设施的保护

1)单根电缆:以内径大于电缆外径的塑料管或毛竹包裹,先将塑料管、毛竹纵向剖开,毛竹去掉竹节,然后将电缆置于其中,以非金属绑扎材料按一定间隔距离绑扎封闭。最后在开挖上口设置方木,再以数道铅丝将方木与已包裹好的电缆连接紧固。

2)双根以上电缆:可根据排列型式采用大夹板法与槽上木或钢梁以铅丝连接紧固或加设上下横梁长螺栓连接固定。

3)包裹电缆的材料两端必须进入沟槽边坡内不少于 50cm。

4)施工中,不得在被吊电缆上悬挂物品,更不得砸压。

5)对于给排水管道、热力、电力方沟等较大断面的地设施,均采用钢梁爛制挂梁＋托梁＋双头螺栓吊架保护。

6)吊架钢梁等规格、根数要依据管沟悬吊长度的荷载经过力学计算确定,以保证施工中的安全。

7)对于有外防腐层的管道,其底托梁可采用木梁或钢托梁上加胶皮方法,其余同上

8)对位于新建管道上方原有电信管块结构的土方开挖,按照新建管道结构开挖沟槽断面、全断面分层开挖。在开挖的同时,依照事先掌握的情况,备齐吊架所用材料。当开挖至管块基础底的同时,进行吊架主梁、枕木的敷设安装。由于过去电信管块基础多为素混凝土结构,故在挖除基础两侧以下土方(适宜安装底托梁)时,先按计算托梁间隔掏挖孔洞,安装托梁,然后沿基础底、托梁上向基础下内侧分别掏挖约 20cm 深的纵向凹槽,安装 5cm 厚木板,以增强基础混凝土的刚度,随后安装螺栓吊索,拧紧固定后,再行掏挖基础下土方至新建管道基础底。

5.3.5　施工工期计划及保证措施

5.3.5.1　施工总体计划

1. 施工工期

拟定开工日期为 2013 年 9 月 1 日,完工日期为 2013 年 11 月 30 日,所用工期为 92 日历 58 天。

2. 施工原则

根据本工程的项目组成内容、现场施工条件及工期、质量目标,工程实施按以下原则组织安排:

(1)开工后同时进行××东路段和××路段的施工,管线施工的同时进行施工工序时间长的工作,如混凝土闸井施工、顶管段施工,××东路段施工由南向北进行,××路段施工由西向东进行。

(2)施工现场场地宽的地段,好土堆放在沟槽一侧,渣土外弃;施工场地窄的地段,好土在场区内暂存,渣土外弃。

(3)防腐管在开工前提前加工制作,根据需要分批进入现场。工程所有混凝土采用商品混凝土。

(4)管道在沟槽上尽量连接,然后由多台倒链下到沟槽内。

(5)管道的强度试验分段进行,××东路分 2 段进行,××路段分 1 段进行。管道总试压、吹扫待每个施工段管道全部安装后统一进行。

(6)本工程管线施工要充分利用空间,流水施工,并结合雨期施工的特点,综合考虑施工工艺等因素,进行周密部署施工。在施工计划安排上做到资源平衡、均衡生产、流水施工。

3. 施工阶段的划分与阶段控制工期

(1)施工准备阶段:其控制日期在 2013 年 9 月 1 日～2013 年 9 月 7 日,共 7 日历天;主要完成的工作内容有:技术准备、现场准备、机械材料设备和人员准备,并完成施工现场临时水电、临设的敷设与搭建,开始进行施工降水工作等。

1)燃气管线工程各控制点位,坐标点、水准点的交接、复测闭合与栓桩,测设加密控制网。

2)施工临设区的搭建;施工用水,电的铺装与架设;

3)设计、监理交底,实施性施工组织设计的编制与审批。

4)各种预制构件加工厂家的选定,并签订供货合同;

5)主要材料的订货,检验与试验;

6)销纳与暂存土源点的选择、确定及相应的试验;

7)各种施工机械的维修、保养、试运行；

8)各类施工操作人员的上岗培训。

(2)××东路段施工阶段：2013年9月8日～2013年11月27日，共计81日历天。本段工程施工方向为由南向北。

1)施工降水施工，2013年9月8日～2013年9月30日，共计23日。使用4个钻孔机，分4个工作面同时进行降水工作，管道施工完成后即可撤除。

2)管道施工，2013年9月8日～2013年11月27日，共计81日历天。主要工作内容：沟槽开挖、管道安装、闸井施工、分段试压、附件安装、严密性试验、管道回填等。

a. 管道开槽，2013年9月10日～2013年11月2日，共计54日历天。

b. 闸井施工，2013年9月8日～2013年10月26日，共计48日历天。主要工作内容：闸井钢筋加工、土方开挖、垫层、基础、侧墙、盖板、防水层施工。

3)管道安装，2013年9月13日～2013年11月5日，共计54日历天。工作内容：管道组对、打连接、下管、焊接、探伤、与顶管段焊接等。

4)严密性试验，2013年11月19日～2013年11月20日，共计2天。

5)通球扫线，2013年11月21日～2013年11月22日，共计2天。

6)管道回填，2013年11月21日～2013年11月30日，共计10天。

(3)××路段工程施工：2013年9月8日～2013年11月24日，共计78天。本段施工方向为由西向东。

1)施工降水施工，2013年9月8日～2013年9月27日，共计20天。

2)管道施工，2013年9月10日～2013年11月24日，共计76天。主要工作内容：沟槽开挖、管道安装、闸井施工、强度试验、附件安装、严密性试压、勾头、管道回填等。

a. 管道开槽，2013年9月10日～2013年9月30日，共计21天。

b. 闸井施工，2013年9月8日～2013年10月7日，共计30天。

c. 燃气管道安装，2013年9月13日～2013年10月12日，共计30天。

3)管道强度试验，2013年10月13日～2013年10月15日，共计3天。

4)附件安装，2013年10月16日～2013年10月17日，共计2天。

5)严密性试验，2013年11月19日～2013年10月20日，共计2天。

6)通球扫线，2013年11月22日，共计1天。

7)管道回填，2013年10月20日～2013年11月21日，共计31天。

8)清理现场、竣工验收阶段，2013年11月23日～2013年11月25日，共计3天。

9)管道勾头，2013年11月25日～2013年11月27，共计3天。

5.3.5.2　劳动力、主要机械设备、材料计划

1. 劳动力需求量计划

在开工前，根据签订的工程施工合同要求以及本工程特定的专业技术分工，落实劳务单位，以招标形式选择，确定有同类工程施工经验并有较强施工能力，工作效率高、肯于吃苦、敢打硬仗，有着良好信誉的整编制施工队伍，且各工种人员配置齐全，特殊工种人员持证上岗。并根据开工日期及施工进度计安排调配所需要的劳动力。劳动力需求计划见表5-31。

2. 主要材料计划

各种材料选择信誉好、质量过关的厂家，根据需要分批运至现场。无论何种材料都必须按照施工进度计划编制切实可行的材料供货计划，并按计划及时供料。主要材料使用计划见表5-32。

表 5－31　　　　　　　　　　　　　　　　劳动力需求计划表

工　种	2013 年		
	6 月	7 月	8 月
管道工	15	15	10
瓦工	2	2	2
壮工	70	80	70
混凝土工	6	4	2
木工	2	2	3
测量工	3	3	3
试验工	3	3	3
电工	3	3	3
钢筋工	20	10	
电焊工	20	20	20
锚喷工	6	6	
日用工	150	148	115
月用工	4500	4588	3565
合计	12653		

表 5－32　　　　　　　　　　　　　　　　主要材料计划表

序号	材料名称	规格型号	单位	数量	首批进场时间
1	焊接钢管	L290φ406.4×9.5	m	8181	2013.6.7
2	球阀	PN4.0 DN400	个	6	2013.6.25
3	球阀	PN4.0 DN80	个	12	2013.6.25
4	球阀	PN1.6 DN25	个	4	
5	波纹管	PN4.0 DN400	个	6	
6	热煨弯头	5°～36° DN400	个	6	
7	热煨弯头	90° DN400	个	1	
8	绝缘接头	4.0MPa DN400		3	
9	三通	DN400		1	
10	钢筋混凝土套管		m		
11	标志带		m	8106	
12	砂	精	t	4724	
13	水泥	425♯	43	43	
14	商混	C15	m³	8	
15	商混	C25	m³	71	
16	钢筋	Ⅰ、Ⅱ级	t	7	

5.3.5.3　主要机械设备计划

施工机械设备在工程建设中是不可少的。实现机械化施工,降低劳动强度,提高施工速度。本工程施工所需的机械设备主要有:顶管机、挖掘机、压路机、自卸载重汽车、装载机、吊车等。主要机械设备见表5-33。

表5-33　　　　　　　　　　　　主要机械设备表

序号	设备名称	规格型号	单位	数量	首进场时间
1	挖掘机	PC220(带锤)	辆	2	
2	挖掘机	轮胎	辆	1	
3	装载机	ZL50	辆	1	
4	自卸汽车	太脱粒	辆	15	
5	洒水车	EQ140	辆	1	
6	蛙夯	HW-20	台	20	
7	发电机	120kvA	台	6	
8	吊车	16t	辆	2	
9	电焊机	直流	台	10	
10	钻孔机		台	4	
11	电葫芦	5t	个	6	
12	打压泵	5.5MPa	台	1	
13	角向磨光机	回S1MJ-100	个	10	
14	插入式振捣器	ZX50	个	2	
15	平板式振捣器	ZN50	个	2	
16	土压平衡顶管机	T1950	套	1	
17	切缝机	电动	台	1	
18	压路机	8-10t	台	2	
19	井点设备		组	2	

5.3.5.4　用款计划

保证工程有序的顺利实施,开工前的各项准备工作是基础,工程的资金到位是关键。俗话讲:"巧妇难做无米之炊",没有资金工程的开工与实施将是一句空话。有了资金不控制、无计划、随意支出,"好钢用不到刀刃上"也将会使工程半途而废。对此,根据工程工期、施工进度计划安排,本工程月度资金使用计划见表5-34。

表5-34　　　　　　　　　　　　月度资金使用计划表

项目 ＼ 月份	预付款	9月	10月	11月	保修
用款额(占造价%)	30%	30%	25%	10%	5%
累计用款额(占造价%)	30%	60%	85%	95%	100%

5.3.5.5　工期保证措施

我单位将根据施工现场具体情况优化施工组织设计,从新调整制定工程施工进度总计划,并在此基础上制定旬分日计划。在满足业主工程质量和约定工期的基础上,尽量缩短工期。保证工期的具体措施如下:

1. 组织保证

(1)设立强有力的现场指挥调度体系是我公司的优良作风,我公司利用激励与约束的管理机制,可以充分合理的调配各种资源,为工程施工提供了物质、财力、人力等资源保证,也是工程施工的坚实后盾。

(2)充分发挥项目决策层作用,我公司拟派具有丰富燃气工程施工经验的人员担任项目经理和项目总工。项目经理、项目总工等构成的领导决策层人员自投标阶段开始至工程结束的整个施工过程中保持稳定不变。

(3)施工作业层实行集约化管理,根据本工程性质及工程特点,施工作业层以公司下属的一直从事燃气工程施工任务的项目经理部为主要施工队伍,同时,由各专业分公司抽调优秀的施工班组及精良设备组成专业作业队,充分发挥各自优势,以保证各项施工任务的实施紧凑有序。

(4)施工中要加强整个阶段进度计划的动态控制和管理,收集施工现场进度信息,实际进度和计划进度进行比较,发现进度拖后,并系统地分析原因,提出修改意见,以保证项目按期完成。同时贯彻企业的计划管理,以竣工工期为目标,以施工总进度为基础,计划为龙头,实行长计划、短安排,通过月、旬计划的布置和实施,强化动态管理,加强调度职能,维护计划的严肃性,实现按期完成竣工的目标。

2. 资金保证

(1)我单位拟从人员、设备、材料、资金、管理方面,投入足够的资源,特别是施工的前期投入、施工中期的施工机械、材料、工力配备,要求准备充足并留有余地。

(2)我单位拥有良好的银行信誉,具有雄厚的资金储备,施工中可根据工程所需,投入必备的生产流动资金。对该工程设立专用帐号,专款专用。按月结付劳务队伍人员工资,解除其后顾之忧,发挥更大潜能。

3. 技术保证

(1)利用计算机网络技术和网络进度计划技术,制定详细的工期计划,充分利用空间,合理部署,合理配置资源,确保重点、关键部位,合理安排流水作业,及时调整计划,加强控制和管理,达到加快施工进度的目的,同时提高工效,引入先进的施工技术和科学的管理方法,把总工期控制在合同工期之内,以保证按规定工期完成。

(2)细化施工方案,合理地投入劳力、材料和机具设备,提高机械化程度,科学地安排施工进度,实现质量、效益、工期、安全各项工作指标。

(3)采用先进的管理技术,加快施工进度,根据人力、物力、材料、设备及其它客观条件的变化,做好工程进度的综合平衡。

(4)保持与设计人的沟通联系,对施工过程中发生的重大设计变更、技术洽商,及时进行传达与交底,避免误操作造成返工浪费。

(5)抓好日常施工资料的填报、审批,确保与施工同步。

4. 科技保证

施工过程中积极推广使用新工艺、新技术、新设备、新材料;混凝土结构均采用商品混凝土,同时选用高效、质量稳定的外加剂确保混凝土提前达到规定强度,及时进行下道工序施工。

5. 质量保证

组织技术质量人员学习招标文件、技术规范与施工监理程序,准确掌握本工程的施工技术和验收标准要求。提前做好各分项工程的施工方案与材料试验,及时申报开工。同时加强工序管理,杜绝因工作失误造成返工而影响正常的施工进度。认真贯彻落实、狠抓人的工作质量,实现工序质量一次到位,杜绝返工,保证工程按计划进行。

6. 人力保障

我公司在多次项目施工中锻炼培养出一大批专业的施工技术人员和专业施工队伍。在多次参与燃气工程的施工过程中锻炼、培养出一批富有施工经验的中青年技术人员。我公司各类专业施工队伍齐全,完全有能力满足本工程各部位、各工序的施工要求,确保施工总计划的工期安排。

7. 材料、机械设备保证

(1)我公司拥有数十台(套)保养良好的施工机械,做好设备的使用、维修工作,保证各种设备的正常运转,并提高其完好率、利用率。保证各项计划目标的实现,对物资、设备等实施动态管理、调配,以满足不同施工阶段的要求。

(2)根据生产计划编制材料供应计划,提前订货加工。同时严把原材料质量关,防止因不合格材料而影响工期。保证料源充足,提前考察各种材料的货源、储量、运距等,详细制定出进料计划,保证各种物资的供应。

8. 协调配合保证

(1)积极配合建设、监理、设计、等部门的工作,尽快完善设计和前期工作,同时与各管理部门、当地政府、沿线单位及周边居民搞好关系,提供方便,避免各种干扰,保证工程顺利实施。

(2)本工程将严格按照施工计划安排,均衡组织生产,但若因重大设计变更、自然灾害或其它不可抗拒因素影响了计划施工工期,我们将采取如下措施调整和追赶工期,确保总工期最终实现。

(3)挖掘潜力,优化施工方案

通过科学分析并结合施工实际情况,挖掘潜力,优化施工方案,调整施工工序,使施工作业更科学、更合理,达到缩短工期的目的。

(4)增加人力、物力、机械和资金的投入

适当增加劳动力,积极做好职工工作,搞好材料、物资储备,减少节假日对施工的影响。合理增加施工机械设备、材料、机具的投入,充分发挥机械化施工的效率。

(5)加强施工管理,确保资金更好的用于施工生产,保障施工生产顺序进行。

5.3.6 质量保证措施

5.3.6.1 质量目标

根据我公司的技术实力,结合本工程的具体情况,严格按照质量标准及 ISO9001 质量体系的要求建立施工质量保证体系,确保各项工程质量均达到优良水平,保证该工程为精品工程。我公司对本工程确定的质量目标为:

(1)单位工程竣工验收合格率达 100%;

(2)单位工程优良级品率达到 85% 以上;

(3)工程无重大质量事故发生;

(4)质量等级:合格。

5.3.6.2 质量保证体系

为达到相应的质量目标,现制定出相关质量保证体系框图。具体见图 5—16、图 5—17。

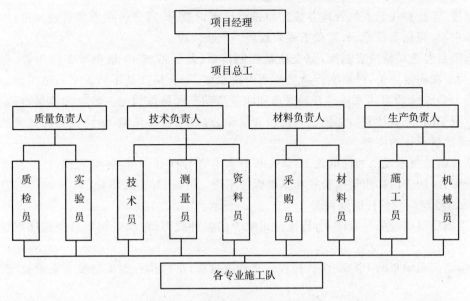

图 5-16　质量保证人员体系

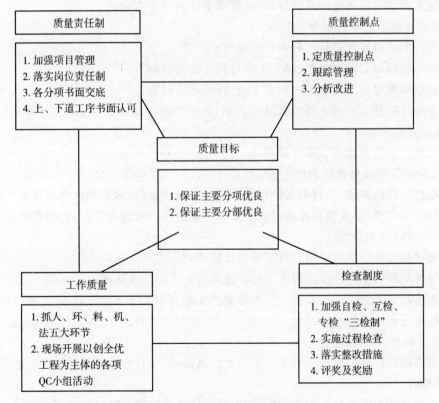

图 5-17　质量目标管理网络图

5.3.5.3　执行全员质量控制

建立建全施工现场项目经理部的质量保证体系,坚持质量第一的指导思想,设置专门的质量检查机构,配备专职的质量检查人员,高标准的质量要求,严格的质量检查制度,分工明确,各负其责。以质量目标为核心,建立健全"全员质量控制"领导机构和配备各级质量管理人员,坚持持证上岗制度,实行责任到人的管理办法。加强质量意识教育,遵守各项质量管理制度;以提高技术素质为中心,强化质量意识,带动工程质量到一个新阶段。

推行项目经理质量负责制度,健全质量控制体系,做到谁施工,谁负责工程质量;有职就有权,层层为工程质量把关,严格实行质量一票否决制度,不合格产品不转入下一道工序。施工中根据公司 ISO9001 质量体系标准开展管理和质量活动。严格按照施工验收规范进行施工验收,严格执行编制的"质量计划",加强进货检验和试验、过程检验和试验、最终检验和试验的质量控制,以保证质量目标的实现。

严格按施工技术规范和标准施工,认真按有关监理程序办事,同驻地监理、监督及管理部门人员积极配合,加强内部质量检验收和基础管理工作,共同搞好工程质量。

1. 项目经理质量责任制度

(1)工程项目质量第一责任人,行使公司赋予的各种权力,组织策划项目经理部质量体系的建立、完善、实施。

(2)推动公司颁布的 ISO9001 各种程序文件的执行,贯彻执行国家的技术质量政策、法规和制度。

(3)组织制定项目质量计划,并保证使其有效运行,确保本工程实现既定的质量目标。

(4)定期主持对项目质量体系的评审,保证质量体系持续有效。

2. 项目副经理质量责任制度

(1)负责协助项目经理进行工程项目的管理

(2)组织工程部编制月度生产计划、工程材料计划的编制

(3)负责组织项目经理部施工过程中工力协调,进度调整。

(4)负责项目经理部内部大型机械统一调动,负责外购混凝土的定购管理,所承担工作满足生产和工程质量的要求。

(5)组织竣工项目验收和工程保修回访。

3. 项目总工程师质量责任制度

(1)在项目经理的领导下,对项目经理部承担的工程质量、技术管理负全面技术责任。

(2)推行科学管理,协助项目经理贯彻国家和企业的技术质量政策、法规和规章制度,执行公司颁布的 ISO9001 体系文件。

(3)协助项目经理组织建立项目经理部质量体系。

(4)领导编制项目经理部在工程中"四新"技术的开发应用及取晰攻关计划。

(5)组织编制施工组织设计及报批。参加重大质量事故的分析、评定,组织编制有关的纠正和预防措施,为管理评审提供依据。

4. 技术员质量责任制度

(1)负责贯彻执行有关质量法规和规章制度的执行,按现行的检验评定标准对施工全过程实施质量监督检查。

(2)负责项目经理部承接工程的检验、试验及不合格品的控制管理工作,负责检验、测量和试验设备的管理和计量工作,负责检验和试验状态的管理和控制。

(3)参加各工序及部位的验收,签发混凝土开盘证,负责与驻地监理联系验收及质控资料报审。

(4)负责项目经理部全部工程竣工资料的收集、检查及报出,负责优质资料检查整理。

(5)负责测量交接桩。负责施工过程的测量实施和管理,做好测量复核并对结果负责。

(6)组织编制工程施工方案、各单项工程施工方案,履行报批手续。

(7)负责监督检查工程成品保护措施的落实情况。

(8)负责填报监理要求的各种表格。

(9)负责图纸的发放、管理;负责技术洽商办理、发放和管理。

(10)负责新工艺、新材料、新设备的推广及应用,组织技术攻关。

5. 质控员质量责任制度

(1)听从领导、树立服务意识,配合各施工工点进行全施工过程中的质控把关工作。

(2)根据《市政工程施工技术资料管理规定》及工程监理规程做好各项内业工作,负责工程施工各道工序的质量检验评定、隐蔽验收工作。负责在施工过程中竣工资料所需进行的各项试验及检测项目(如试块制作送试、混凝土浇注记录、土壤密实度等)。

(3)配合工点与工程师做好报验工作,提供齐全的报验资料。

(4)负责日常施工资料的完善、整理,每日做单位工程的日汇总表,并附各项资料,交资料管理员。

(5)负责收集工点的技术交底单及商品混凝土配比。

(6)负责每部位混凝土浇筑记录的填写。

6. 施工员质量责任制度

(1)确保所负责施工的工程满足项目经理部质量目标的要求。

(2)根据施工组织设计、施工方案及有关规范、规程、标准,编制技术交底单、安全交底单,并履行签字手续。

(3)深入现场,解决施工中出现的问题;负责对技术难度较大、操作班组不太熟悉的工序,进行施工前技术讲解及施工过程中技术示范工作。

(4)组织作业班组、质检员对施工完毕的工序进行检查,填写《工序质量评定单》。

(5)坚持每天填写施工日志,记录当天的施工进度、施工质量、安全文明施工工作等情况。

7. 材料员质量责任制度

(1)熟悉工程概况(项目、数量、结构和用料计划)和单项工程的材料耗用定额。

(2)负责临时发生的小批材料,周转材料及低值易耗品的采购。采购材料时,在《合格分包方名册》中选择供方。

(3)根据工程进度计划和月度采购计划,与供方联系具体的供料时间和数有合理的储备量。

(4)对进场的材料进行验收,严格执行验收手续,验收后加盖收料章,保存所有收料单据。

(5)收集材料的质量证明,对材料的质量进行检验,核对材料的规格型号、数量;,对不合格材料拒绝验收。

(6)对顾客提供物质按照《顾客提供物资管理办法》进行管理。

(7)负责施工现场的材料管理,严格领料制度,材料先进先出,实行限额领料制度。

(8)负责对检验出的不合格材料进行处理。

8. 施工队质量责任制度

(1)施工工人自觉执行各项生产操作规程、技术交底、安全交底。

(2)严格按操作规程作业,服从施工管理人员的管理。

(3)明确有生产经验、责任心强的人员任质量干事,协助搞好本队生产施工管理。接受质量控制部门或人员的监督检查,签认各级质量控制系统签发的检查通知单,并定人、定时、定措施解决。

（4）认真做好工序施工过程中自检、作业队施工过程中互检以及工序施工交接检。

5.3.6.4　质量保证措施

1. 施工组织设计、施工方案编制及审批制度

在工程施工开始前,结合工程实际,在项目经理领导下,由项目总工程师负责组织编写本工程施工组织设计。该施工组织设计的编制做到技术可行、经济合理、工艺先进,有利于施工操作、提高质量、加快进度、降低成本。

在工程开工前 3 天,将编制完成施工组织设计,分别报我公司技质部及总工程师审批。审批通过后的该施工组织设计即成为指导整个工程施工的纲领性文件。

在每个单位工程施工开始前 3 天,将由项目总工程师主持,由项目部技术部负责编写单位工程施工方案编写完成,分别报项目经理和工程师审批。审批通过后的施工方案即成为该单位工程施工的指导文件。

2. 依靠过程控制保证工程质量

施工过程控制见图 5—18。

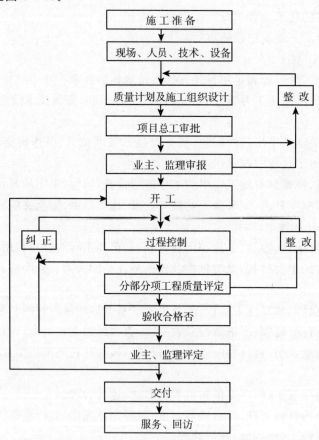

图 5—18　施工过程控制流程图

（1）施工准备

1）项目经理或项目总工参加设计交底和图纸会审,提出意见;

2）组织项目经理部人员学习设计文件、图纸,学习监理规程有关规定,了解现场环境,做好技术交底工作;

3)接收现场测量控制桩、水准点并制定相应的保护措施和文字记录；

4)建立各种形式的质量攻关小组，对技术、工艺、质量等攻关项目进行研讨，开展"QC"活动。

（2）施工过程

1)坚持"过程精品"控制，特殊部位、特殊交底，实施"目标考核"，严格奖惩。

2)严格作到"交底清楚"，并组织施工生产。

3)严格执行"三检"制度：自检、互检、专检。

自检：一道工序结束后，由班组质量员按质量标准对本班组的质量进行检查，填写工序自检单，如发现问题整改后再进行检验。

互检：施工班组之间对彼此的质量情况进行对照检查，奖优罚劣，起到督促作用并帮助整改。

专检：项目部专职质量员对各道工序按《设计文件》、《施工规范》、《验收标准》进行验收，同时对工序质量的好坏予以评价。

4)严格施工过程中的质量管理，用工序质量来保证工程质量。每道工序完成后由班组进行自检，然后由施工员组织交接检，合格后由质检员填写质量记录，并报请监理工程师进行隐蔽验收或分项、分部验收，验收合格后方可转入下道工序。

5)严把材料进货关，未经检验、试验的材料不得在工程中使用。

6)加强施工过程中的质量监控，以工序施工过程为质量控制点，监控每个部位、每道工序、每项工艺，使施工的全过程均在质量监控之下。

7)执行项目经理与作业队负责人质量负责制度，做到谁施工，谁负责工程质量。

8)严格实行质量一票否决制度，质量合格后转入下一道工序。

9)严格按监理停止点、见证点设定的要求执行，未经监理验收，不得进入下道工序。

3. 建立质量奖罚制度

做到奖优罚劣，运用经济手段，针对本工程特点，加强对重点部位、重点项目和技术难点及薄弱环节的施工质量控制，抓检查，抓落实，对质量通病采取"预先控制"并落实到控制负责人，从而确保各道工序合格达标，保证施工质量和质量目标的实现。

4. 现场材料质量管理

材料管理控制流程见图 5—19。

工程施工所需的原材料、构配件等是工程施工的组成部分，材料质量是工程质量的基础，对施工全过程中使用的各种原材料，半成品，施工工序，做好各种资料及质量记录的填写收集，整理归档工作，做到真实、齐全、准确。对于材料质量着重从以下几方面控制：

（1）掌握材料信息，优选供货厂家；合理组织材料供应，按质、按量、如期满足工程需要，确保施工正常进行；

（2）严格控制外加工、采购材料的质量；加强材料检查、验收，严把材料质量关；各类建筑材料到场后组织有关人员进行抽样检查，发现问题立即与供货商联系，不合格者坚决退货。

（3）合理组织材料使用，加强运输、仓库、保管工作，避免材料变质，减少材料损失，确保材料质量。搞好原材料复试工作，进入现场的各种原材料，由质量检测科负责在使用前严格按有关国家规定进行复试，复试不合格产品不得应用于工程中。

（4）对工程中使用的管材、混凝土，混凝土制品（预制件、混凝土管材等）要求按 ISO9001 选择合格的分供厂家。同时，做好各种材料的进场验收及标识工作。不合格的原材料，半成品禁止在工程中使用。

5. 人员培训制度

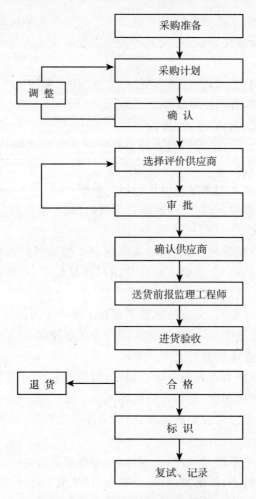

图5-19　材料管理控制流程图

全体施工人员在施工开始前先经技术素质和质量意识培训；管理人员培训时间不少于72小时；特殊工种，如电工、焊工、质控工、测工、钢筋工、混凝土浇筑工等，培训时间不少于48小时；其他人员培训时间不少于24小时。培训完毕并考试合格后竞争上岗。

加强劳务队的资质审查和管理工作，对其负责施工的工程质量，项目经理部要进行检查、验收及控制，不达到质量要求的劳务队伍不能使用。按照公司ISO9001标准工作程序，选择合格的、履约能力强的劳务作业队伍。

积极开展群众性的技术比武，观摩学习，经验交流，质量攻关活动，提高技术素质和操作水平，加强对职工的质量意识教育，依靠广大职工，全面保证和提高工程施工质量。

6. 施工前交底制度

在每道工序施工前，施工员依据施工图纸、施工方案对有关施工队组进行技术、质量、安全书面交底，交底内容包括：操作方法、操作要点及质量标准等。技术、质量、安全书面交底经有关人员签字生效，做到交底不明确不操作，无签字不操作。

7. 严格检验和试验

对进场物资必须进行检验和试验，防止不合格品用于施工生产。不使用未经检验的产品、不合格产品及废品，不合格的分项工程不准进行下道工序。每道工序完成后由班组进行自检，然后由施工员组织交接检,合格后有质检员填写质量记录,并报请监理工程师进行隐蔽验收或分项、分部工程验收,验收合格后方可转入下道工序。

检验与试验控制流程见图 5—20。

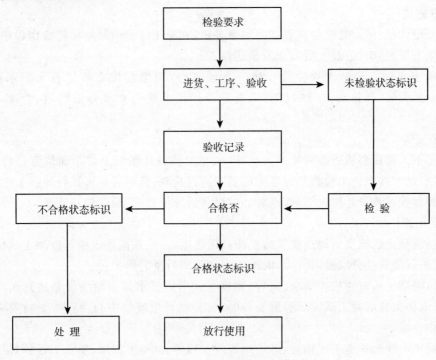

图 5—20　检验与试验控制流程图

8. 隐蔽工程检查验收制度

隐蔽工程的检查验收是防止质量隐患和质量事故的重要措施。凡某一工序的施工结果被后道施工工序所覆盖,该工序进行隐蔽工程验收。隐蔽验收由施工员主持,请工程师及有关人员参加。隐蔽验收的结果及时填写《隐蔽工程验收记录》,并请相关人员签认。

9. 严格制度,狠抓落实

施工中始终坚持"六不施工"和"三不交接"制度,"六不施工"包括:未见监理工程师批准的开工报告不施工;未进行技术交底不施工;图纸和技术要求不清楚不施工;测量结果未经复核不施工;未进行隐蔽验收下道工序不施工;重点部位无技术保障措施不施工。

"三不交接"包括:无自检记录不交接;未经专业人员验收合格不交接;施工记录不全不交接,切实把好施工质量关。

制度落实是创优达标的主要途径,应贯彻以下几项制度

(1)工程测量双检复核制度

(2)隐蔽工程检查验证制度

(3)质量责任挂牌制度

(4)质量奖罚制度

(5)质量定期检查制度

(6)工序施工质量签认制度

(7)质量报告制度

(8)重点工程把关制度

(9)加强现场施工管理,把质量工作的管理规范化、制度化。

5.3.6.5　重点工序质量控制要点

1. 土方施工

(1)从开挖沟槽开始,对线位高程加强测量复核,在施工过程中严格招待操作程序,做好施工记录,做好动态控制,确保现饶、混凝土质量达标。

(2)回填土工序在隐蔽工程验收合格后方可进行,回填前检查槽底有无积水和杂物,测定回填土的含水量,合格后方可回填。检查是否按施工规范要求分层回填、夯实,并做压实度试验。

2. 管道安装

(1)管子下入槽后要检查防腐层是否损坏,安装时按设计图纸上的平面位置进行排管,管口的坡口形式和尺寸按照施工验收的标准中的要求进行检测,合格后方可进行焊接工序。

(2)钢管焊接时要设置防风棚,焊条要经过烘烤后方可施焊,确保焊口质量。

3. 混凝土施工

(1)商品混凝土运至浇筑地点浇筑时要测其坍落度,并按规范要求留置混凝土试件。混凝土浇筑要分层进行浇筑并分层振捣密实,混凝土浇筑完毕后及时养护。

(2)浇筑混凝土前时要检查模板、高程、宽度。成活后要求其表面质量要达到光滑、平整,并按规定要求取样留置混凝土试块。管道安装时,要控制管道就位中心、高程,安装完毕后复测管道的坡度、中心线。

(3)混凝土运输到达施工现场后,必须由监理工程师、试验工程师、质量工程师对规范要求的各项技术指标进行质量检查,确认符合要求后才能投入使用。

(4)混凝土浇筑、捣固控制

1)浇注工艺应随不同部位根据现场实际情况予以相应调整。

2)不能引起混凝土离析,自落高度控制在 2 米以内,大于 2 米应用串筒、斜槽后溜管等方式浇注。

3)不做冷接缝:一次浇注厚度控制在捣固棒长度 2/3 以内,防止浇注厚度过大,水泥浆流动远而造成冷接缝,混凝土间隙浇注时间不超过 1 小时。

4)在合理的时间内浇注完毕,时间不能过快,否则易使模板侧向压力增大、捣固不充分、表面泛浆及沉降过大。

5)捣固人员应随浇注随捣固,并认真捣固混凝土的自然流动部位混凝土。防水构造的细部应加强捣固,以保证节点处混凝土的质量。

6)插入振捣器应尽量避免碰撞钢筋。振捣机头开始转动后方可插入混凝土内,快插慢拔,不能过快或停转后再拔出。振捣靠近模板时,插入式振捣器机头必须与模板保持 5～10cm 距离。

4. 顶管施工

(1)顶进管段的施工外观质量符合下列规定:

1)目测顺直、无返坡、清洁、不积水,管节无裂缝。

2)管道内接口填料饱满、密实,且与管接内侧表面齐平。

(2)顶管工作完成后,管内清扫帚干净,被碰坏的部分修复完好。

(3)土壤加固、触变泥浆及注浆置换

1)在顶管施工时,可根据现场水文地质情况,采用加固土壤、减少阻力的措施。土壤加固可用用注浆的方法；为减少顶进阻力，可采用触变泥浆为管外壁润滑剂。

2）保证泥浆搅拌器能充分搅拌泥浆。

3）事先将注浆孔的布置及孔径提交预制管厂。下管时应检查管子是否有注浆孔。

4）用水泥砂浆（掺入适量粉煤灰）置换触变泥浆，置换后管道上的注浆孔应封闭严密。

5）在置换触变泥浆后应将全部设备清洗干净

5.3.7　成品保护措施

5.3.7.1　组织措施

将成品保护工作实行包干制，纳入施工队工作成果的考核范围，因保护不当引起的返工，不予验工计价，予以罚款处理。对所有人员进行成品保护教育，制定成品保证责任制，划分责任区。施工区域内禁止闲杂人员、社会车辆入场，防止人为破坏情况发生。

开工前应熟悉图纸，如发现结构位置冲突，提前制定变更方案，并征得有关部门认可，防止后道工序破坏前道谢工序成果。专业队伍进场施工时，派专人负责指挥，让其了解现场情况，避免破坏成型结构。结构施工完毕后，抓紧报验，抓紧回填。

施工管理人员要加强监督和检查，如有问题及时解决。要合理安排工序，各工种减少交叉作业，杜绝各工种相互损坏。对于一些重要部位部件要提前作好防护工作，避免发生损坏。

5.3.7.2　技术措施

1. 材料方面

（1）材料进场后，搬运时轻拿轻放，码放整齐，对混凝土预制件等防止碰撞出现掉角凹陷等现象。

（2）堆放构件的场地整平夯实，并选择合理线路开挖边沟以利于排除积水，防止沉陷。

（3）材料部门制定材料的搬运存储措施，对重点材料在措施中明确要求。

2. 管道工程

（1）在管道的安装全过程中，管材到货后的卸货、吊装、堆放以及搬运，采取安全可靠的措施，保护管材及其包装不被损伤。

（2）在吊装、卸货时选用合适的柔性的吊锁，吊锁使用橡胶皮等柔性材质保护，避免将管材的管口钩豁或损伤。对于供应商提供的管材在运输中临时性保护包装、外包或板条箱妥善保护好，直至管材安装。

（3）管材运输、下管过程中不得破坏防腐层，如有破坏情况及时修补。

（4）沟槽回填，分层对称回填、夯实，每层回填高度不大于 0.2m，对中管顶 0.5m 范围内不得用夯实机具夯实。回填时，不得将土直接砸在管子上。

（5）回填土时，注意铲运压实机械行走路线，避免碰撞已建成的结构物。

（6）钢筋加工完成后，在运输过程中轻拿轻放。在绑扎钢筋及支模时，不得踩踏钢筋和模板，保证钢筋、模板无错位或变形。

（7）混凝土未达到设计强度的 75% 不准拆模。混凝土拆模时注意棱角的保护，防止碰撞。

5.3.8　文明施工及环保措施

5.3.8.1　文明施工、环保体系

在施工过程中实行项目经理为第一负责人的文明保证体系。文明施工做到组织落实、责任落实，形成体系。项目部经常进行文明施工检查，将文明施工管理列入施工议事日程，做到常抓不懈。

对广大职工，特别是民工进场前进行文明安全施工教育培训。利用各种形式，板报、快讯宣传

表扬施工的先进作法,努力提高文明施工的意识和自身素质。文明施工、环保体系见图 5—21。

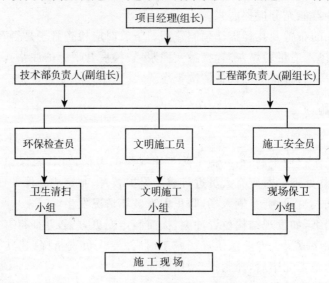

图 5—21 文明施工、环保体图

5.3.8.2 文明施工措施

1. 现场管理措施

(1)教育职工学习和严格执行施工现场文明施工的管理规定,推行现代管理方法,科学组织施工,使职工有较高的文明施工意识,较强的责任感和集体荣誉感。

(2)施工工地在围挡入口处设置统一式样,统一规格的施工标牌,标牌写明工程名称、施工范围、施工单位、项目负责人、联系电话、开竣工日期等。标牌设置高度距地面不低于 1.2m。

(3)在施工工地入口处设统一规格标准的四图一板,内容详细,有针对性。

(4)现场管理人员、操作人员着装整洁、大方,说话文明有礼。

(5)现场设专职环保管理人员。

(6)施工现场所设各种警告标志灯、牌和护栏齐全、有效、规范、标准。

(7)建立文明生活区,丰富职工业余文化生活,设娱乐室、电视间;对住宿职工进行思想道德文明礼貌教育,抵制不健康活动。

(8)设立板报栏、企业内部报纸,宣传党的方针、政策、企业内部文明施工典型单位和个人,树正气、立新风。

(9)与施工区域周边地区的单位保持经常的联系,随时听取各方面的意见,纠正与防止违反规定事情的发生,提高企业的声誉。

(10)整个施工区域划分出责任区,设标志牌,分包到人,并建立个人岗位责任制度。

(11)施工现场设有施工日志和施工管理各方面专业资料,其中对现场管理中所发生的各种问题有记录,有处理措施和处理结果。

(12)对施工现场文明施工情况,每月由项目部统一组织检查,检查结果张榜公布并与各工号经济利益挂钩。

2. 材料、机具管理措施

(1)现场材料管理

1)进入施工现场的工程材料由项目材料设备部必须进行验收,并索要材料合格证,建立材料入库台帐。

2)项目材料设备部对于投入使用的材料严格执行《质量环境管理手册》中监视、测量的条款，以及《监视、测量控制程序》。

3)凡涉及到外加工件时，由项目部向材料设备部以书面形式提出具体的规格、技术、加工图纸、进度要求，材料设备部依据项目部的要求寻求外加工，并代表公司与外加工方签订加工合同。必要时项目部要随同材料设备部一同到厂家，进行技术交底。

4)工程结束时，各项目部必须把工程所用的剩余材料按要求退回公司材料库，方可结算。

5)工程中遇到的不合格产品严格执行《不合格品控制程序》。

6)施工现场的料具按施工平面图指定的位置码放整齐。

7)水泥入库保管，分类码放，设有明确的标识，做好防潮工作。

8)木材、模板等码放整齐，下垫 100mm×100mm 方木，码放高度不超过 1.5m。用后及时清退，不可长期堆放在现场

9)砖的码放要成丁成行，高度不超过 1.5m。砂石成堆，做到不混不串，清底使用。

(2)自有机具管理

1)自有机具由材料设备部派专人负责建立"自有机具管理台帐"进行管理，并确定相应人员对库内机具进行维护、维修与保养。确保机具处于良好状态。建立机具档案，保存好所有机具设备的说明书、合格证、维修卡及技术资料。为设备打字编号，做到进出库登记，维修做记录。

2)当有需求时，按企业内部租赁价格进行租赁。

3)工地退回损坏机具及设备，不可搁置不管，要转交给维修组及时进行维修。

4)因机械设备已超出其使用寿命，无再维修价值，要及时向科内领导汇报，经批准后注销该设备档案。对新购设备需按公司审批程序，经市场寻价后方可购置。

(3)外租机具管理

1)当项目部所需机具，公司无法满足需求时，由材料设备部统一进行租赁，办理租赁手续，费用记入工程成本。

2)机具租赁合同按材料采购合同管理条款执行。

(4)使用机具需遵守的规定

1)小型机具本着谁使用谁保管的原则，由项目部自行负责，以避免丢失和损坏。

2)小型机械在使用中出现故障，由材料设备部修理工及时检修，以保证工程的进行。

3)机械设备及小型机械不得随意拆卸，要由专人负责，避免丢失零件，造成浪费。

4)机具材料的丢失、损坏，经分析属于个人所为的，要照价赔偿。

(5)机具安全管理

1)定期到工地传授安全操作法规，在现场严传身教，并考察每个操作员的操作程序，发现问题及时纠正。

2)随时到工作现场对设备的安全性进行检查，有问题及时处理，确保设备不勉强使用，不盲目操作。

5.3.8.3　环境保护措施

1. 管理措施

(1)严格执行岗位责任制，主要管理人员要佩带证卡，施工现场及办公区必须设置醒目的标识；

(2)办公区、施工区以及特定区域要搭设围挡，围挡整齐；

(3)严格按照施工平面图的规定搭建临时设施、码放材料和停放机械设备；

（4）各种交通警示标志齐全、明显，并设专人维护疏导；

（5）严格按照操作规程施工，严禁野蛮操作；

（6）项目部每周组织一次文明施工检查，并召开专题会议；

（7）对存在隐患部位提出整改意见，限期整改，报公司工程部备案；

（8）作好施工现场周边单位、人员的宣传及协调工作；

（9）由公司工程部组织按政府部门要求每月进行安全生产及文明施工大检查。同时做好相应纪录；

2. 技术措施

（1）开挖土方根据扬尘情况采取必要的苫盖措施，施工现场全天候 24 小时洒水，施工道路硬化路面处理。做到施工现场不泥泞、不扬尘。

（2）合理组织流水施工，合理组织材料进场，减少现场材料的堆放量，对已到场的各种材料、机械设备严格按照施工平面图位置码放整齐，停放到位，施工中做到活完料净。

3. 控制扬尘措施

（1）四级（含四级）以上大风禁止产生扬尘的作业施工。施工场地内经常用洒水车洒水降尘，防止尘土飞扬。现场土方采用网格布等设施覆盖，做到施工现场不扬尘。四级以上天气不进行土方回填、转运等施工。

（2）回填土施工时，掺拌白灰与回填时禁止抛撒，以免产生扬尘。

（3）沟槽开挖土方要及时清运并覆盖。遇风时要淋水降尘，土方需长期存放时可进行绿化或覆盖。

（4）施工现场要制定清扫洒水制度，配备设备，并指定专人负责。

（5）施工现场保持 H 测扬尘高度不超过 1m，并严禁凌空抛洒垃圾、渣土。

（6）工地出入口设冲洗设施，车辆出场要清洗干净，出场时必须将车辆和槽帮清理干净，不得将泥砂带出现场。

（7）运土方、渣上车辆不得超载，运载工程上方最高点不得超过车辆增帮上沿 10cm，装载建筑垃圾最高点不得超过槽帮上沿，且现场要有专人将土方或渣上压实，并进行覆盖、封闭，以防沿途遗撒、扬尘。

（8）现场搅拌站进行封闭使用，配备有效的降尘防尘装置。

（9）水泥和其他易飞扬的细颗粒物放入库内保存，施工现场存放的松散材料都要加以覆盖，运输和装卸时要防止遗撒、飞扬。

（0）施工垃圾的控制，对于可回收的施工垃圾由项目部制定控制措施，项目部设专人分门别类的进行分拣，放入分拣站并标出名称，以便回收利用。对不能回收的施工垃圾要及时清运。垃圾清运时，要进行苫盖，以防遗撒。

（11）工程部对施工现场扬尘、施工垃圾及施工污水的控制进行日常检查，填写《检查记录表》，并以施工日志的形式上报公司工程部。

（12）施工机械进场前进行环保检查，尾气排放超标的不予使用。

4. 防止水污染措施

（1）施工临时污水排放系统采用暗排，建立符合排放标准的临时沉淀池和化粪池等。

（2）现场存放油料，对库房进行防渗处理，防止油料泄露，污染土壤和水体。

（3）施工现场设置的食堂设置隔油池，定期清理，防止污染。

（4）工地厕所定期派人清掏，定期喷洒药物，进行灭蚊蝇和消毒处理。

（5）生活垃圾封闭管理。

5.3.8.4　预防传染病专项措施

积极开展工地和施工人员预防传染病的活动，认真执行《中华人民共和国传染病防治法》和国家、北京市防止传染病有关的政策法规，采取专项措施，切实加强施工工地的管理，保证正常生产，积极改善施工人员的生活和居住条件，施工工地做到：

（1）严格实行封闭管理。

（2）民工宿舍达到每人 $2m^2$，床铺横向间距大于 30cm，每间不超过 10 人且通风良好。

（3）食堂必须有卫生许可证，炊事员必须有健康证明。就餐食堂要做到：

1）食堂有独立房间，有专人负责；

2）食堂有"卫生许可证"；

3）食堂工作人员认真贯彻执行《食品卫生法》，努力搞好食堂卫生；

4）食堂工作人员设专人，有上岗证和健康证；

5）食堂环境及设备做到：设置简易有效的隔油池，加强管理，专人负责定期掏油，防止污染。

5.3.8.5　防止噪音污染措施

1. 各级区域噪声等效声级（Leq）控制标准见表 5—35。

表 5—35　　　　　　　　　　　　　　　噪声控制标准表

区域类别	噪声限值（dB）		备　注
	昼间	夜间	
项目部办公区	60	50	按 2 类标准控制
施工机械队	60	50	按 2 类标准控制
施工现场	70	55	按 2 类标准控制

2. 噪声的测量方法

（1）测量条件

1）测量仪器：采用精度为 2 型以上的积分声级计或环境噪声自动检测仪器，在测量前后要对声级计进行校准，自动检测仪的动态范围不小于 50dB，以保证测量仪器的准确性。

2）传声器的设置：测量时声级计或传声器可以手持，也可以固定在三角架上，传声器处于距地面高 1.2m 的边界线敏感处。如果边界处有围墙，为了扩大监测范围也可将传声器置于 1.2m 以上的高度，但要在测量报告中加以注明。

3）气象条件：测量选在无雨、无雪的气候时进行。当风速超过 1m/s 时，要求在测量时加防风罩，如风速超过 5m/s 时，停止测量。

4）测量时间：分为昼间和夜间两部分。

（2）测量方法

1）采用环境噪声自动监测仪进行测量时，采样时间间隔不大于 Is。白天以 20min 的等效 A 声级表征该点的昼间噪声值，夜间以 8h 的平均等效 A 声级表征该点夜间噪声值。

2）测量期间，各施工机械处于正常运行状态，并包括不间断进入或离开场地的车辆，以及在施工场地上运转的车辆。

（3）噪声监测的一般规定

1）噪声监测的管理部门为项目技术部；

2)噪声监测部门的职责:保管使用噪声监测仪器,实施噪声监测,提供测量记录,对违反操作噪声规定的,提出整改措施并进行整改,对整改后的效果进行验证,直至符合要求,同时报项目经理,必要时上报公司技质部。

3.控制措施

(1)采用降噪设施。

(2)夜间施工严禁大声喧哗,装卸材料及码放时要轻拿轻放。

(3)在夜晚 10:00 以后至次日早 6:00 尽量不进行噪音污染严重的工作。

(4)加强工人的管理和教育,不得扰民。

5.3.9　安全生产措施

5.3.9.1　安全管理制度

1.责任分解制度

(1)各项目部必须加强安全生产的领导工作,坚持"谁主管谁负责"的原则,不同层次的安全检查,必须有不同层次的主管领导负责;

(2)彻执行"预防为主,防消结合"的方针,认真落实责任制,加强安全教育和安全检查;

(3)项目部必须设立安全员,安全员必须认真执行安全检查工作,发现问题及时处理并报项目经理,必要时报公司工程部;

(4)各工种必须明确其安全责任,熟悉本岗位工作标准及安全操作技能;

(5)项目各级管理人员要明确责任,建立安全目标责任制,层层把关,坚决杜绝安全责任事故;

2.教育交底制度

(1)项目部对新入厂人员必须进行安全"四级"教育。

(2)根据施工内容分别认真执行安全交底,且必须交到施工人员;

(3)定期对职工和施工队伍进行安全生产知识考核,将考核成绩归入档案;

(4)坚持交底单制度。施工中,每道工序由施工员向班组进行有针对性的书面和口头安全交底,安全交底单,交接手续齐全,切实起到对班组安全生产的指导作用。

(5)坚持班前会制度。各生产班组每天坚持召开班前会。坚持班组长每日自检,项目部经常抽查和定期检查,公司每半个月检查,以及安全员的每日巡查的检查制度,发现问题及时整改,以确保每项安全管理制度的落实。

3.特殊环境施工保护制度

(1)项目部按季度分别制定抗风、防风、防洪、防雷电、防冻等安全措施,确保工程施工及人身的安全。

(2)施工期间如发生安全意外事故,立即采取措施阻止事态发展,将损失减小到最低点。

(3)易燃、易爆、有毒作业场所,必须采取防火、防爆、防毒措施,严格执行用火审批程序和制度,同时要设专人进行保护;

(4)开工前制定详细的安全生产技术措施方案,并报审后,申办"安全生产许可证",否则不允许开工,施工组织设计、施工方案的编制要把各工序的安全注意事项明确。

(5)加强工程成品的现场保护,严格按有关规定做好成品及半成品产品的标识工作;

5.3.9.2　安全生产组织措施

1.安全技术保证体系

为了保证本工程施工中的安全,由公司、项目部及班组三级分别成立安全小组,以便加强安全管理工作。安全保障体系见图 5-22。

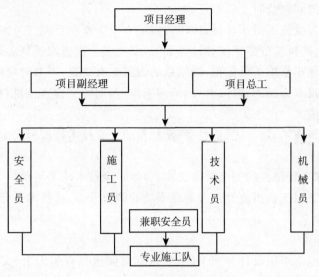

图 5-22　安全保障体系图

2. 安全管理目标

积极开展安全达标工作,切实贯彻安全生产责任制,强化安全意识,本工程杜绝重伤亡和死亡事故,轻伤事故频率控制在 1‰以下。

3. 明确安全岗位职责

为确保现场文明安全工作目标明确、职责明确,项目经理部从项目经理到施工员、作业队层层落实岗位安全责任制。

(1)项目经理安全职责

1)认真执行国家、北京市、本公司安全生产、劳动保护的法规及规章制度。对本单位在生产项目总工项目副经理对经营活动中的安全健康负全面领导责任。

2)建立、健全安全生产保证体系,领导组织实施本单位安全生产工作目标,督促、检查各职能部门人员执行安全生产责任制。

3)落实施工组织设计、施工方案中各项安全技术要求,严格执行安全技术措施审批制度及设备、设施交验、验收、使用制度,保证安全技术措施及劳动保护用品经费的落实。

4)随时掌握安全生产动态,监督并保证安全生产保障体系的正常运转,认真执行 ISO9001"安全生产管理程序",开展定期和不定期地组织安全生产检查,及时消除事故隐患与不安全因素,制止违章指挥和违章作业。严禁职工在工作中间休息或就餐时饮酒。

5)严格遵守特殊工种及民工的安全管理规定。领导组织职工及外包工队的各项安全生产教育。

6)发生因工伤亡及重大未遂事故,要做好抢救伤员、保护现场、及时上报,并协助事故调查组参加事故的调查处理,制定、落实各项防范措施,认真吸取教训,对事故责任者提出处理意见,报上级审批。

(2)总工程师安全职责

1)组织有关人员认真学习和贯彻执行安全生产和安全技术管理规定,对本项目工程生产经营中的技术工作负安全责任。

2)主持制定、审批、上报安全技术措施,并监督落实。及时解决施工生产中的安全生产技术问题。对执行中发现的问题及时予以纠正。

3)在组织编制和报批施工组织设计、施工方案或专业工程项目施工方案以及大型临时设施、特殊施工设施、自制生产机具的施工或设计方案时,要把安全措施渗透到各个环节中去,使方案、措施成为科学地全面地指导施工的依据,确定后的方案如有变更,要及时修定、上报。

4)负责领导安全技术方面的宣传、教育、培训工作,参加安全检查,对检查出的隐患要从技术措施方面提出改进办法。

5)主持制定采用新技术、新工艺、新设备、新材料的安全技术措施和安全操作方法,报上级审批后负责实施。

6)主持重要、特殊工程部位的安全技术交底,领导安全技术攻关活动。

7)参加本单位职工因工伤事故及重大未遂事故的调查分析,从技术上分析事故的原因,提出防范措施。

(3)专职安全员职责

1)负责编制审查施工组织设计和施工方案,认真贯彻执行有关安全、文明生产技术及安全、文明生产操作规程。

2)在编制年、季、月生产计划时,组织保证安全、文明工作与生产任务协调一致。

3)贯彻执行涉及企业安全工作的有关法规及规定,协助项目副经理负责工程施工、生产安全管理,负责安全检查工作,制定项目部安全管理规定。

4)组织安全生产活动,组织系统进行安全检查。

5)参加审查施工组织设计中有关安全技术措施的制订,并对执行情况进行检查。

6)组织特殊工种培训、考核和管理。负责对项目部全体职工(包括农民工)进行安全教育、考核。

7)负责职工劳保管理及工程事故的调查处理。

8)在建设单位统一领导下,做好施工现场及临时生活区、办公区的治安保卫工作。

(4)施工员安全职责

1)在工号经理的领导下,认真贯彻执行有关的各项安全、文明生产法规、规程、措施方案。

2)在布置生产任务的同时,必须下达书面的安全技术交底。安全交底须经工号经理、施工员、安保科、班组长共同确认签字方才有效。

(5)作业队安全职责

1)班组长是本班组安全、文明生产第一责任人,认真贯彻执行有关的安全、文明生产管理制度、安全技术交底、安全操作规程。做好班组安全、文明教育,不违章指挥,坚决制止违章作业。

2)作业工人自觉执行各项安全、文明生产操作规程、安全交底、安全、文明劳动纪律。不违章作业,服从安全人员的管理。有权拒绝违章指挥。

(6)各部室负责人安全职责

项目部各部室负责人是该部门安全、文明生产第一责任人。积极宣传、贯彻有关安全、文明生产与劳动保护的法规制度,领导和组织本部门做好有关安全、文明工作。

4. 安全防护措施

(1)各种施工、操作人员须经安全培训,不得无证上岗,各种作业人员配带相应的安全防护用具和劳保用品。严禁操作人员违章作业,管理人员违章指挥。

(2)现场照明设施齐全,配置合理,经常检修。

（3）加强施工的监控测量，确保施工安全及结构物安全。

（4）施工现场设置专职安全员，对施工人员经常进行安全教育，提高安全意识，每周开一次安全例会。

（5）工地内设置安全标语牌，施工人员配戴安全标志帽。

（6）施工现场在施工区域范围内进行围挡，要求围挡直顺、整齐，外观符合要求。在临时进出门处设置专职人员进行看护，与施工无关人员禁止入内。

（7）在距离加油站近的地段施工时，加油站两侧各 50m 范围内不得使用明火，本公司任何人不得吸烟，并且限制使用手机，焊接施工时搭设防火棚。

5. 安全技术措施

（1）作业时，设专人统一指挥，相互配合，特别是土路基施工多种机械和运土车辆作业，由机械现场调度员统一指挥，配合机械作业人员，要密切注意路床作业机械、车辆的行走方向，合理避让以发挥机械作业的效率。

（2）吊装作业设专职人员指挥，持证上岗。作业中遇特殊情况，将重物落在地面上，不得悬停在空中。起吊作业的下方不得站人或有车辆通行。

（3）起吊机械作业停放在土质坚硬的地方，在吊车回转半径内不得有人员停留。

（4）夜间施工必须保障现场有足够的照明条件，夜间在重点防护部位悬挂红色警示灯。

（5）使用电动手持工具的操作人员必须戴好绝缘手套，穿绝缘鞋。

（6）做好安全防火工作，严禁在施工现场点火或吸烟，执行施工用火证审查制度。

（7）现场材料严格按种类规格码放，严禁超高、超范围靠近沟槽码放，以防堆料倒塌。

（8）工人工作中按安全技术交底操作，上班时不得做与本职无关的工作。

（9）沟槽下管时必须有专人指挥，下管前要向工人做安全交底。

（10）上下沟槽走安全梯。

6. 安全用电措施

（1）所用施工人员掌握安全用电的基本知识和所用设备性能，用电人员各自保护好设备的负荷线、地线和开关，发现问题及时找电工解决，严禁非专业电气操作人员乱动电器设备。

（2）高压线引至施工现场的变压器，变压器四周设高防护栏，上锁并由专人负责，人员不得随便进入，变压器安设位置，接地电阻符合规范要求。高压线离施工建筑物的水平距离不小于10m，与地面的垂直距离不小于 6m，与过顶物体的垂直距离不得小 2.5m。

（3）配电系统分级配电，配电箱、开关箱外观完整、牢固、防雨防尘、外涂安全色、统一编号。其安装形式必须符合有关规定，箱内电器可靠、完好，选型、定值符合规定，并标明用途。

（4）现场内支搭架空线路的线杆底部要实，不得倾斜下沉，与坑槽边及临近建筑要有一定安全距离，且必须采用绝缘导线，不得成束架空敷设，达不到要求必须采取有效保护措施。

（5）所有电器设备及其金属外壳或构架均要按规定设置可靠的接零及接地保护。

（6）施工现场所有用电设备，必须按规定设置漏电保护装置，要定期检查，发现问题及时处理解决。

（7）现场内各用电设备，尤其是电焊、电热设备、电动工具，其装设使用符合规范要求，维修保管专人负责。

（8）凡是使用电器的工人必须持证上岗。

（9）施工现场架设的临时电线，有专人负责，做到经常检查。

（10）电焊机的一次线长度不得大于 5m。交流电焊机的二次侧把线不准露铜，保证绝缘良好。对移动式电气设备和和手持电动工具均要在配电箱内装设漏电保护装置,漏电保护装置符合相关要求。

(11)现场的临时电闸箱有专人管理,并加锁。

5.3.9.3　安全防护重点

1. 防触电伤害

(1)施工现场严格执行三相五线制要求,配电系统实行三级配电两级漏电保护,严格电工当班及值班制度。线路敷设严格按规范要求。

(2)各种电器设备均采取接零或接地保护,不在同一系统中接零接地两种保护同时混用。每台机械和电器设备采用单独开关和熔断保险,严格按"一机一闸一漏一箱",严禁一闸多用。

2. 防机械伤害

(1)各种机械(含中小型机具)要当期检查,定期保养,施工前要对操作人员进行交底,严禁无证上岗,违章驾驶。

(2)各种机械要有专人负责维修、保养,并经常对机械的关键部位进行检查,预防机械故障及机械伤害的发生。机械安装时基础必须稳固,吊装机械臂下不得站人,操作时,机械臂距架空线要符合安全规定。

(3)各种机械设备视其工作性质、性能的不同搭设防尘、防雨、防砸、防噪音工棚等装置,机械设备附近设标志牌、规则牌。运输车辆服从指挥,信号要齐全,不得超速,过岔口、遇障碍物时减速鸣笛,制动器齐全,功能良好。

(4)所有起重机械在使用前,认真检查限位控制系统的灵活性,不合格者不得使用。起重机操作人员和指挥人员必须经考核持证上岗。

3. 防有害气体中毒

在调查旧井和已使用过的管线时,要通过气体检测仪检测为安全值后方可下井,严禁冒险蛮干。

4. 预防物体打击伤害

凡进入施工现场的人员,必须头戴安全帽。对施工现场内的信道和建筑物出入口,都要搭设护头棚。在进行吊装作业时,要注意避开吊物下方的人员。

5. 预防土方坍塌

挖土深度达到放坡规定值时,依不同土质进行放坡。若不能放坡则立即设立支撑。

6. 对易燃、易爆物品的保管和使用的安全措施

(1)凡易燃、易爆物品分开保管,且相互之间间隔5m以上。易燃、易爆的库房远离工地临时设施,并保持干燥、通风。

(2)对易燃、易爆物品设专人看管,严格领发放制度。

7. 预防工伤事故的安全措施

(1)各机械操作工在作业前,一定检查机械的安全控制系统,凡不合格立即上报,经处理后方可使用。

(2)工地临时用电由电工负责统一处理,禁止其他人员擅自随便拉接。在工人宿舍内,严禁烟火,以防引起火灾。

5.4　污水处理厂工程施工组织设计实例

封面　（略）

目　录

5.4.1　编制依据

5.4.1.1　本工程招标文件。

5.4.1.2　质量管理体系标准及文件

1. GB/T 19001《质量管理体系　要求》(idt ISO 9001)。

2. 公司质量管理体系手册。

3. 公司质量管理体系程序文件。

5.4.1.3　有关技术规范、规程

1.《建筑工程施工质量验收统一标准》(GB 50300—2013)。

2.《建筑地基基础工程施工质量验收规范》(GB 50202—2002)。

3.《砌体工程施工质量验收规范》(GB 50203—2011)。

4.《混凝土结构工程施工质量验收规范》(GB 50204—2002)。

5.《钢结构工程施工质量验收规范》(GB 50205—2001)。

6.《屋面工程质量验收规范》(GB 50207—2012)。

7.《地下防水工程质量验收规范》(GB 50208—2011)。

8.《建筑地面工程施工质量验收规范》(GB 50209—2010)。

9.《建筑装饰装修工程质量验收规范》(GB 50210—2001)。

10.《地下工程防水技术规范》(GB 50108—2008)。

11.《工程测量规范》(GB 50026—2007)。

12.《混凝土质量控制标准》(GB 50164—2011)。

13.《钢筋焊接及验收规程》(JGJ 18—2012)。

14.《混凝土外加剂应用技术规范》(GB 50119—2013)。

15.《混凝土泵送技术规程》(JGJ/T 10—2011)。

16.《建筑施工安全检查评分标准》(JGJ 59—2011)。

5.4.2　工程概况

本工程是××省××市××污水处理厂工程,本工程是××年××省重点建设项目,工程总投资××万元。

本施工组织设计仅适用于Ⅱ标段。

5.4.2.1　工程名称:××市××污水处理厂。

5.4.2.2　工程地址:××市××村东。

5.4.2.3　建设单位:××市排水工程有限公司。

5.4.2.4　建设规模:日处理 15 万 t 城市污水。

5.4.2.5　施工范围:包括二沉池(2 座),配水集泥井(1 座),涡流沉砂池(2 座),细格栅间(2 座),污泥泵房 1 座。上述工程的全部结构和装饰工程,土方工程,地下降水等。

5.4.2.6　场地及地基情况

本工程场地地貌单元层属黄河冲积平原,原为耕地,地势平坦、开阔,场地地面绝对标高71.7m。地震基本烈度 8 度,场地内地下水为潜水,地下水位埋深约 2.7m 左右,地下水对混凝土无腐蚀。地下水位标高及基础底标高见表 5—36。

表 5—36　　　　　　　　　　　　　　地下水位标高及基础底标高

地下水位 (m)	污泥泵房 (m)	细格栅间 (m)	涡流沉砂池 (m)	二沉池		配水集泥井	
				中心筒基底 (管基)(m)	中心筒外围 (m)	基础底 (m)	管基底 (m)
69.1±1～2	67.6	68.9	69.4	66.1	68.2	66.7	64.6

5.4.2.7　建筑概况

本工程按使用功能及紧密的连接关系分为 3 个群体工程:细格栅间(2 座)、涡流沉砂池(2 座);二沉池(2 座)、配水集泥井(1 座);污泥泵房。

1. 建筑设计

(1)细格栅间涡流沉砂池工程:细格栅间涡流沉砂池以沉降缝为界,沉降缝处设有橡胶止水带。

(2)二沉池和配水集泥井:二沉池内径 45m,储水量 5884m³。集泥井为二沉池的配套设施,为一外径 16m,储水量约 530m³ 的小型水池。

(3)污泥泵房:污泥泵房为二层建筑,其地上、地下各一层;地下室层高 4.5m,首层层高 5.750m,室外地坪－0.30m 总高 6.55m。

Ⅱ标段各项目由于结构特点不同,它们的±0.000 与绝对高程的相对关系设计如下:

配水集泥井/二沉池工程:±0.000 相对绝对高程 68.950m。

污泥泵房工程:±0.000 相对绝对高程 72.500m。

细格栅间、涡流沉砂池工程:±0.000 相对绝对高程 69.800m。

2. 结构设计

本工程结构形式:钢筋混凝土构筑物。

(1)细格栅间、涡流沉砂池建筑结构特点见表 5—37。

表 5—37　　　　　　　　　　细格栅间、涡流沉砂池建筑结构特点

部　位	厚度(mm)	强度等级	抗渗等级	标高(m)
水池壁	300/350	C25	P6	＋3.600～＋5.200
水池底板	300	C25	P6	＋2.350～＋3.600
钢筋混凝土柱	300×300	C20	/	
柱下条形基础	300×1600	C20	/	
垫　层	100	C15	/	
装　饰	池内、外壁、池底抹 20mm 厚 1:2 防水砂浆。地上部分(＋3.250m 以上部分)外池壁贴白色面砖			

(2)二沉池建筑结构特点见表 5—38。

表 5-38　　　　　　　　　　　　　二沉池建筑结构特点

层　次	部　位	厚度(mm)	强度等级	抗渗等级
地上结构	水池壁/后浇带	400	C25/C30	P6
	中心筒	300	C25	P6
地下结构	底板/后浇带	600	C25/C30	P6
	垫层	100	C15	
	管道包裹混凝土		C15	
装　饰	1. 池内、外壁抹 20mm 厚 1：2 防水砂浆。地上部分(＋3.250m 以上部分)外池壁贴白色面砖。 2. 走道板及楼梯地面贴灰色防滑地砖			

　　(3) 配水集泥井建筑结构特点见表 5-39。

表 5-39　　　　　　　　　　　　配水集泥井建筑结构特点

部　位	厚度(mm)	强度等级	抗渗等级	标高(m)
井壁	300/350	C25	P6	$-1.810 \sim +4.400$
底板	500	C25	P6	$-2.310 \sim -1.810$
垫层	100	C15	/	
装饰	池内、外壁、池底抹 20mm 厚 1：2 防水砂浆。地上部分(＋3.250m 以上部分)外池壁贴白色面砖			

　　(4) 污泥泵房结构特点见表 5-40。

表 5-40　　　　　　　　　　　　　　污泥泵房结构特点

层　次	部　位	厚度(mm)	强度等级	抗渗等级
首层	楼板	120	C20	/
	柱		C20	/
	填充墙	240	MU10	/
地下室	顶板	140	C25	/
	外围混凝土墙	450	C25	P6
	内柱		C25	P6
	底板	500	C25	P6

　　(5) 污泥泵房装饰做法见表 5-41。

5.4.2.8　工程特点

　　1. 各工程构筑物布局比较分散,机械、设备及人工工作效率低。

　　2. 本工程地下水位比较高,地下水储量大,二沉池、集泥井局部和污泥泵房基坑基底位于最高水位以下,基础施工过程中需考虑排水。

表 5—41　　　　　　　　　　　　　污泥泵房装饰做法

部　位 层　次	顶　棚	内墙面	踢脚板	地　面
首层	1. 抹混合砂浆 2. 刷白色乳胶漆	1. 抹混合砂浆 2. 刷白色乳胶漆	1. 抹混合砂浆 2. 水泥砂浆	水磨石地面
地下室	1. 抹混合砂浆 2. 刷白色乳胶漆	1：2 防水砂浆压光面	水泥砂浆	水泥砂浆

外装饰:外墙面贴白色面砖,浅灰蓝色装饰线,灰色仿石面砖勒脚。屋面防水:高聚物改性沥青防水涂膜

3. 本工程结构复杂,多以曲面和不规则的平面结构为主,异型模板、钢管龙骨、曲线钢筋需用量大,加工制作需放 1：1 大样确定。测量定位工作量大。

4. 直径 45m 二沉池结构超长,控制池体混凝土受温度影响而产生的收缩裂缝以及施工缝的处理为本工程的重点所在。

5. 本工程为大型水工构筑物,水池满足抗渗要求。

6. 结构施工过程中,工艺管道、预留洞、预埋件工程量大,而且精确度要求高。

7. 本工程建设单位要求施工工期 200d,我方计划工期 180d,相对于其复杂的工程结构和工程量,180d 的施工工期相当紧迫。

8. 本工程建筑体量比较大,涉及部门、专业多,专业性极强;需组织多专业队伍配合施工。

9. 本工程为大型水工构筑物,内外装饰比较简单。

5.4.3　施工部署

5.4.3.1　施工总体目标

1. 质量目标:合格。

2. 工期目标和阶段性控制

(1) 本工程工期目标:施工总工期为 180d,比建设单位要求的施工工期再提前 10%,本工程计划开工日期为××年 4 月 1 日,竣工日期为××年 9 月 27 日。

(2) 施工阶段控制:根据本工程总的工期目标,确定各施工阶段完工的施工工期目标见表5—42。

表 5—42　　　　　　　　　　　各施工阶段施工工期目标

分　部　工　程 项　　目	基础工程	主体结构工程	装饰工程
污泥泵房	××.6.12	××.6.28	××.8.11
细格栅间	××.5.29	××.7.8	××.9.15
污泥沉砂池			
二沉池	××.5.8	××.6.14	××.9.3
配水集泥井		××.6.8	××.8.11

5.4.3.2 项目工程施工组织

1. 由于本工程的建筑规模比较大、施工任务比较重,根据公司制定的《项目经理部组建办法》及其他相关文件的要求组建本工程项目经理部。项目经理具有国家一级建造师资质,项目经理部的管理成员为本公司具有较高专业素质和施工经验的技术人员。

项目经理部组织机构图 (略)。

2. 施工任务划分

根据本工程的建筑结构特点、工程位置情况和公司生产实际情况,本工程安排 3 个土建专业队分别完成细格栅间和涡流沉砂池、二沉池和配水集泥井、污泥泵房项目的施工。各项目分别组织流水施工。

5.4.3.3 施工程序(见图 5—23)。

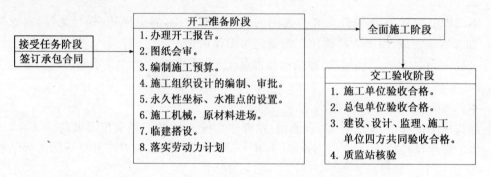

图 5—23 施工程序

5.4.3.4 施工原则

在本工程施工中,为保证工程质量,根据建筑施工的客观规律制定以下施工程序:先地下,后地上;先主体,后围护;先结构,后装修;先土建,后设备;先干线,后支线的施工原则。

5.4.3.5 施工流水段的划分

施工流水段的划分原则:以后浇带、沉降缝、施工缝为界划分流水段。

1. 细格栅间和涡流沉砂池以沉降缝为界划分为两个流水段,如图 5—24 所示。

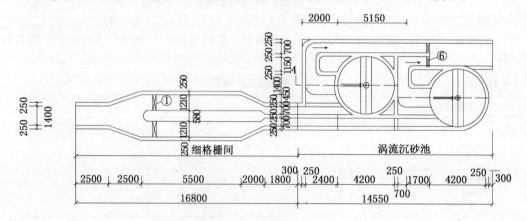

图 5—24 流水段划分图

2. 细格栅间和涡流沉砂池竖向施工段的划分以施工缝为界划分为 3 个流水段,如图 5—25

所示。

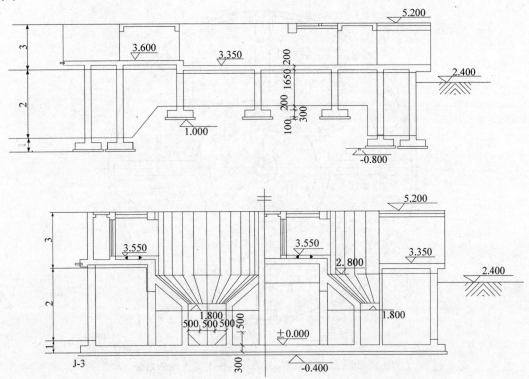

图 5—25　细格栅间和涡流沉砂池竖向施工段的划分

　　3. 二沉池底板、外墙水平施工流水段的划分：以设计施工后浇带为界，划分为 1、2、3、4、5 流水段，如图 5—26 所示。

　　4. 二沉池底板、中心导流筒、外池壁竖向施工流水段的划分：为便于施工又能保证工程质量，以水平施工缝为界划分 4 段如图 5—27。

　　5. 配水集泥井平面面积比较小，仅竖向划分施工流水段，为便于安排施工，结构工程划分成 3 个流水段如图 5—28 所示。

　　6. 污泥泵房施工流水段的划分：为保证地下室结构的整体性和抗渗性能，在水平面内，地下室外墙作为一个整体的施工流水段，地下室内柱墙作为一个流水段。以水平施工缝为界划分为 5 个流水段如图 5—28。

5.4.3.6　分项工程施工总体思路

　　1. 混凝土工程

　　根据本工程结构特点以及施工流水段划分后，二沉池底板和污泥泵房地下室一次浇筑混凝土量比较大，每施工段浇筑混凝土量约 60m³/次，其他各施工段一次浇筑混凝土数量都在 20m³/次以内，基于以上情况，进行以下安排：

　　本工程各项目混凝土，均由现场自备搅拌站统一供应。其中，二沉池底板及污泥泵房地下部分一次浇筑混凝土用量大，用汽车泵送至工作面；其余均采用混凝土输送车运输到浇筑工作面，履带吊车吊运入模的方法。

　　2. 模板工程

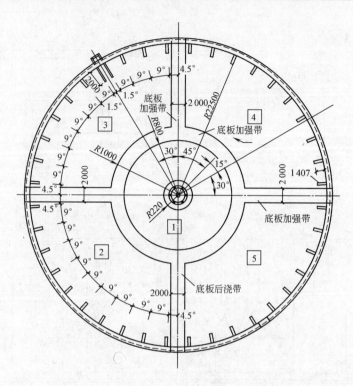

图 5-26 二沉池底板、外墙水平施工流水段的划分

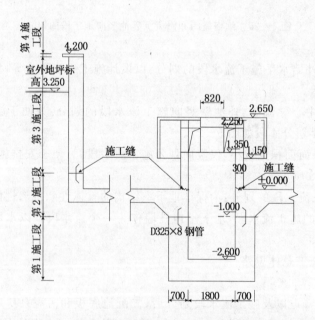

图 5-27 二沉池底板、中心导流筒、外池壁竖向施工流水段的划分

结构工程质量要求很高,而结构外观质量取决于模板的质量;模板的设计体现大型化、系列化、通用性、整体刚度大、易操作、施工方便快捷的特点,能保证混凝土具有较高的外观质量。为此除二沉池池内外模板采用全钢大模板外,其余构筑物基础、池(墙)壁、柱梁以 600 系列新型组合钢模板为主局部配少量的小钢模和木模板,所有顶(底)板模板选用竹胶模板,碗扣式脚手架支

承体系。

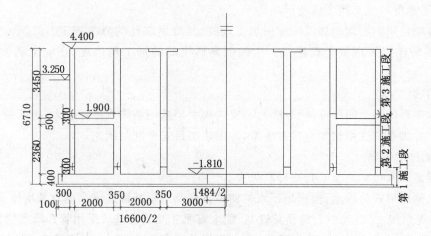

图 5－29　配水集泥井施工流水段划分

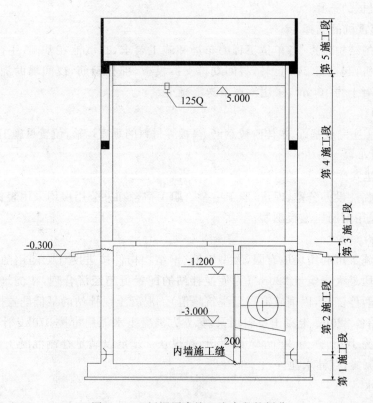

图 5－30　污泥泵房施工流水段的划分

本工程所用大模板由金属结构厂设计加工,现场安装调试。小异形木模板均现场制作。

3. 钢筋工程

根据钢筋工程总用量不大,但规格比较多,施工现场比较小的特点,钢筋的供应按计划分批进场,钢筋加工机械的选择体现快捷、高效原则。

例如钢筋冷拉机械选用钢筋冷拉调直机,它集冷拉、调直、下料于一体,精度高,降低人工,无废料,用本机加工钢筋占地面积小等优点。为最大限度降低半成品在现场积压,钢筋的进场速度、钢筋加工速度与施工速度保持同步。

所有各项目用钢筋均由加工厂统一加工,各项目分别绑扎的方法施工。二沉池池壁及底板环形钢筋现场连接采用钢套筒连接。为保证异形钢筋的加工精确度,在加工场放 1∶1 大样确定。

4. 脚手架工程

由于本工程结构空间构件体积比较大,室内脚手架选用结构刚度比较大,施工快捷的碗扣式支承体系。外脚手架选用钢管双排脚手架,外围用密目安全网封闭。

5. 基坑排水工程

本工程地下水位标高及基础底标高见表 5－36。

地下水储藏形式为潜水,根据地下水的储藏特点及工程基础底标高确定基坑排水方法:

(1)污泥泵房、二沉池中心筒及其管基、配水集泥井及其管基坑采用管井降水的方法。

(2)细格栅间、涡流沉砂池、二沉池、配水集泥井底板以上部分,底板较高,预计基坑涌水量很小,可采用基坑明排水。

5.4.3.7　施工机械的选择

1. 二沉池起重机的选择

根据本工程的结构特点、各单位工程的布局和施工要求,二沉池在基础、主体阶段布置 1 台××型履带起重机,起重机 24h 运转,昼间安排支拆模板,绑扎钢筋,夜间辅助浇筑池墙混凝土。底板一次浇筑混凝土约 400m³,采用汽车泵送混凝土。

2. 污泥泵房

选用龙门架 1 座完成基础、主体阶段钢筋、模板等材料的垂直运输,位置见施工平面图 (略)。

3. 施工平面布置

(1)现场临建安排

本工程现场临建设办公室、库房、职工宿舍。职工宿舍和办公用房均采用轻钢结构复合保温板房;临建围墙采用钢制压型板围墙。

(2)现场材料储备

由于本工程施工可利用场地有限,大型钢筋、钢结构构件按进度计划随用随进,本工程二沉池底板每一施工段最大浇筑量 220m³(为使搅拌站的配置更趋经济合理,在浇筑二沉池底板时,其他项目混凝土暂停浇筑,以削减混凝土浇筑峰值)。混凝土搅拌站的最低配置按预设混凝土需用量计算,现场储备 220m³ 混凝土材料用量,每立方混凝土水泥用量按 370kg 计算,需水泥 82t,实际水泥储存量为 100t,砂为 200t,碎石 300t,粉煤灰 25t 足以满足拌制混凝土需要。现场设 2 个储量 50t 的水泥罐,存储水泥。

(3)现场排水

施工污水主要是混凝土搅拌站产生的。在搅拌站外侧设计一套污水处理系统——三级沉淀池,经处理的水可再利用。

(4)现场临时道路规划

由于本工程现场狭窄,在基础、主体施工期间,为便于大型车进出场,混凝土搅拌站、砂石料场区、钢筋加工厂区和现场主路采用硬化地面。地面做法为素土夯实,铺 C15 混凝土,以便于大型重载车进出场。

为便于钢筋的 1∶1 放样,钢筋加工场区安排钢筋放样场——长×宽＝30×20m;钢筋放样场地面浇 100mm 厚 C10 混凝土,表面抹平压光。

　　结构施工阶段组合模板、柱模板均在施工部位就近存放,以避免占用施工场区地面、道路。室外回填土前,地坪以下管线在基础施工阶段同时安装、预埋,避免施工场区的重复开挖,占用施工场区。施工现场原材料的进场、存放按施工进度计划有序进场,按施工平面图布置要求存放,大型构件最大限度地避免二次搬运。

　　(5)施工平面图　(略)。

　　4. 施工进度计划　(略)。

5.4.3.8　资源配置

　　1. 各施工阶段劳动力需用量计划　(略);各阶段劳动力数量峰值(见图 5-31)。

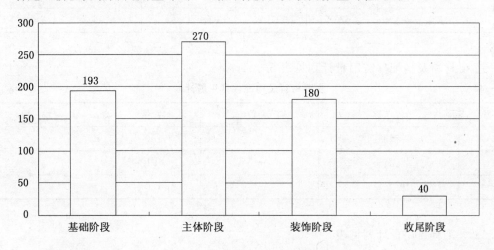

图 5-31　各阶段劳动力数量峰值

　　2. 施工机械需用量计划见表 5-43。

表 5-43　　　　　　　　　　　　　施工机械需用量计划

序号	机械名称	型号	功率	基础	主体	装饰	进出场日期
1	履带起重机	QUY50	128kW	1 台	1 台	/	××.4.11～××.7.10
2	龙门架		13kW	1 台	1 台	1 台	××.6.1～××.8.11
3	混凝土搅拌机	JS500	13.5kW	2 台	2 台	2 台	××.4.1～××.9.15
4	配料机	PLD500	5.5kW	2 台	2 台	2 台	××.4.1～××.9.15
5	装载机	ZL15A	80kW	1 台	1 台	1 台	××.4.1～××.9.15
6	弧形钢筋成型机	$\phi 12～\phi 25$		1 台			××.4.1～××.9.15
7	钢筋调直机	$\phi 6～\phi 12$	10kW	2 台	2 台		××.4.1～××.9.15
8	钢筋切断机	$\phi 6～\phi 32$	5.5kW	2 台	2 台		××.4.1～××.9.15
9	钢筋对焊机	UL100	100kVA	1 台	1 台		××.4.1～××.9.15
10	电焊机	BX300	30kVA	4 台	4 台		××.4.1～××.9.15
11	木工机床		4.5kW	2 台	2 台	2 台	××.4.1～××.9.15

续表

序号	机械名称	型号	功率	基础	主体	装饰	进出场日期
12	全站仪	TPC-1S		1台	1台		××.4.1～××.9.15
13	无线对讲机				6部	6部	××.4.1～××.9.15
14	蛙式打夯机			6台	6台		××.4.1～××.7.10
15	混凝土汽车输送泵				1台		××.4.1～××.7.10
16	混凝土运输车	MR45型		1台	1台		××.4.1～××.7.10
17	发电机		200kVA	1台	1台		××.4.1～××.7.10
18	水泵	φ75	5.5kW	3台			××.4.1～××.7.10

3. 主要材料及构配件需用量计划见表5-44。

表 5-44　　　　主要材料及构配件需用量计划

序号	名　称	单位	数量	备　注
1	钢筋	t	180	
2	混凝土	m³	4 912	
3	板方材	m³	120	

4. 三大工具需用量计划见表5-45。

表 5-45　　　　三大工具需用量计划

序号	工具名称	规格	基础	主体	装饰	进出场日期
1	组合钢模板	GZB60系列	2 800m²	2 000m²		××.4.10～××.7.10
2	木模板			702m²		××.4.10～××.7.10
3	大钢模板	86系列		280m²		××.4.10～××.6.14
4	竹胶模板	12mm	500m²	500m²		××.4.10～××.7.10
5	快拆脚手架		300t	300t		××.5.1～××.7.10
6	钢架管		300t	500t	100t	××.5.1～××.9.13

5. 施工总用电量计算

由于本工程在基础阶段用电量最大，施工电源的配置应以满足此阶段用电量为标准进行计算。

说明:2台钢筋对焊机不同时使用，以降低总负荷量。室内外照明用电量按40kW计算。

施工用电总功率计算:

$P = 1.1 \times \{[0.7 \times (13 + 13.5 \times 2 + 5.5 \times 2 + 10 \times 2 + 5.5 \times 2 + 4.5 \times 2 + 2.2 \times 6 + 60)/0.65 + 0.6 \times (100 + 30 \times 2) + 40]\} = 324kVA$

选用324kVA的供电电源可满足现场施工用电要求。

6. 现场临时用水方案

（1）施工用水量的计算　（略）。

（2）给水系统管网设计：施工用水水源由建设单位提供至施工现场 ϕ150 市政给水管，可满足施工生产、消防和职工生活用水要求。施工现场设 ϕ75 环形消防管网，沿建筑物周围设地下式消火栓。生活区设 ϕ32 的给水支管可满足职工生活用水要求。

排水系统：现场设 ϕ200 铸铁排水管，将生产生活用水排入市政排水管网。

混凝土搅拌站设 1 个三级沉淀池，污水经沉淀处理后再利用，或排入市政管网。

5.4.3.9　施工准备

1. 技术准备

（1）编制施工组织设计与主要分项工序的施工方案，明确关键部位、重点工序的做法；对有关人员做好书面技术交底。

（2）认真核对结构坐标点和水准点，办理相关交接桩手续，并做好基准点的保护。

（3）完成结构定位控制线、基坑开挖线的测放与复核工作。

（4）根据工程具体要求，完成混凝土的配合比设计。

（5）完成各项施工材料计划单及其订货与加工工作。

2. 生产准备

临建施工完成，劳动力、材料设备进场。其中，基础施工阶段的施工机械进场并完成安装、调试。

5.4.4　主要分部分项工程施工方法

5.4.4.1　施工放线

1. 二沉池和集泥结合井工程，采用全站仪以极坐标法测量放线定位；污泥泵房、涡流沉砂池和细格栅间工程均采用直角坐标法测量放线定位。平行于建筑物主轴线建立平面控制网，作为施工放线的依据，在控制网上用直角坐标法，测定建筑物轴线位置。

2. 建立高程控制网：根据建设单位提供的高程点引至施工现场，设立 3 个高程控制点，每次引测闭合差在允许偏差范围内。

3. 放线程序

$$\boxed{\text{轴线控制线}} \rightarrow \boxed{\text{墙、柱、池壁外边线}} \rightarrow \boxed{\text{支模控制线}} \rightarrow \boxed{\text{自检}} \rightarrow \boxed{\text{报验复检}}$$

4. 楼层竖向标高传递程序

$$\boxed{\text{墙身 0.5m 水平控制线}} \rightarrow \boxed{\text{板底模控制线}} \rightarrow \boxed{\text{混凝土板上口控制线}} \rightarrow \boxed{\text{自检报验}}$$

5. 轴线网竖向投测

每层轴线基准控制网上设 4 个控制点，用经纬仪投测到施工层，建立轴线矩形控制网，每层放线时，首先校核轴线网闭合差，闭合差满足要求，再放建筑细部轴线。

6. 高程的竖向传递：楼层高程的传递，用钢卷尺从 ±0.000 基准线量取 4 个点到作业层，当 4 个点的高差小于 3mm，以其平均点高程作为基准线。

5.4.4.2　结构工程施工方法

1. 基础工程施工顺序

$$\boxed{\text{基础放线、验线}} \rightarrow \boxed{\text{基础降水}} \rightarrow \boxed{\text{基槽开挖}} \rightarrow \boxed{\text{地基钎探}} \rightarrow \boxed{\text{验槽地基处理}}$$

2. 主体工程施工顺序

$$\boxed{\text{水池底板绑筋}} \rightarrow \boxed{\text{支模板}} \rightarrow \boxed{\text{浇筑混凝土}} \rightarrow \boxed{\text{养护}} \rightarrow \boxed{\text{试水}} \rightarrow \boxed{\text{回填土}} \rightarrow \boxed{\text{抹防水砂浆}} \rightarrow \boxed{\text{外装饰}}$$

3. 基坑降水

二沉池、集泥井和污泥泵房基坑降水,采用管井降水方法,管井深度根据实际地下水位和预埋管基底标高确定,二沉池、集泥井由于降水面积较小,井深以低于预埋管基底设计标高1m~1.5m为宜。污泥泵房降水面积较大,井深以低于基底设计标高2m~3m为宜。

4. 土方开挖和护坡

土方开挖量:污泥泵房×m³,二沉池×m³,配水集泥井×m³,涡流沉砂池×m³,细格栅间×m³,共计×m³。

土方开挖采用2台反铲挖掘机开挖,4台20t汽车外运土方;全部土方运抵现场指定存储处,以便回填土方;每天开挖土方按1000m³计算,需约14d完成土方开挖工作。基坑边坡控制采用1∶0.5放坡,以机械开挖为主,人工清理基槽辅修边坡,根据工程的基坑的设计深度,拟一次开挖到设计基底标高以上0.2m,以下0.2m土方由人工开挖。开挖过程中,测量人员全程跟踪挖掘机测量,控制其开挖深度,防止漏挖和超挖。

由于本工程基础和主体跨雨期施工,并且年降水量大、多集中在6~7月份,为提供一个良好的施工环境,所有基坑边坡采用配筋网喷射混凝土护坡,钢筋ϕ6@300,喷射混凝土30mm厚。

5. 钢筋工程

本工程钢筋用量比较大,大多数为异形钢筋,需通过放1∶1大样确定实物形状,因此所有钢筋均现场集中加工,运抵施工作业面绑扎。

(1) 钢筋连接

在钢筋加工场,钢筋直径>ϕ16时,钢筋连接采用闪光对焊接长;钢筋直径<ϕ16时,钢筋的接长按绑扎搭接的方法接长配料。

施工作业面钢筋的连接:柱、墙钢筋直径>ϕ16时,采用电渣压力焊连接;二沉池池壁环形钢筋采用钢筋套筒连接。钢筋直径<ϕ16时,钢筋的接长按绑扎搭接的方法连接。

(2) 钢筋绑扎

钢筋绑扎前,须仔细阅读施工图纸,检查成型钢筋的种类、型号、尺寸,完全满足图纸及绑扎作业面要求时方可进行绑扎。绑扎钢筋时,按控制线要求,先绑扎结构钢筋特征部位(暗柱、角柱、预留洞口等),此部位钢筋在三维空间的位置准确时,方可绑扎一般部位的钢筋。钢筋绑扎完成后,于柱、墙、梁钢筋上安装与保护层厚度相对应的塑料限位卡,限位卡纵、横向900mm,经小组自检、专检、交接检合格后,完成隐蔽验收,方可进入下一施工段。

6. 模板工程

模板体系分为以下三种类型:

(1) 二沉池外墙模板采用新型全钢大模板。配模板按每个池的1/4用量配制模板,因使用大模板,池壁上的39根挑梁不能与池墙同时支模浇筑,为此需在大模板上预留挑梁安装口,用于预埋挑梁钢筋。全钢大模板及预留安装挑梁模板如图5-32。

全钢大模板板面为6mm厚钢板,边框、次梁用8mm槽钢制作,主梁—加固用主桁架用L 45×5角钢。大模板用ϕ16螺栓固定。池外挑檐板用木模板另行配制。中心筒体采用一次性木模板。木模板板面包0.75mm厚黑薄钢板。

二沉池第一水平施工缝以下池壁采用特制定型钢模板,ϕ48×3.5mm钢管"U"形卡固定。模板下安装"H"形托架,以保证模板底标高准确。如图5-33。

(2) 涡流沉砂池、细格栅间、污泥泵房和配水集泥井均采用60系列组合钢模板支模,ϕ48×3.5mm钢管龙骨,M12螺栓紧固。涡流沉砂池锥形漏斗部分支模如图5-34所示,模板均为30mm厚木模板外加50×70@300木龙骨对拉螺栓布置M12@600。

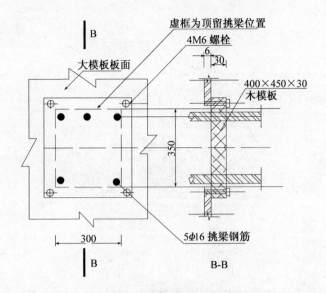

图 5-32　全钢大模板及预留安装挑梁模板

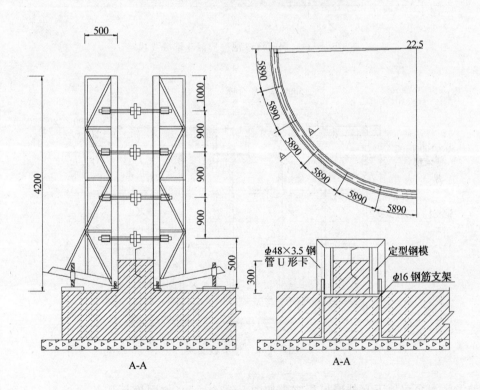

图 5-33　二沉池壁模板平面图

　　梁模板：本工程梁模板采用木框竹胶模板；模板根据梁的高度定制。

　　楼层板模板：楼层板支模采用 15mm 竹胶合板支模；模板次肋采用 50×100mm 木楞，间距 300mm～450mm，主肋采用 100×120mm 木楞，布置间距 900mm，主、次肋选取优质松木。楼板支撑采用碗扣式脚手架支撑体系，如图 5-35 所示。

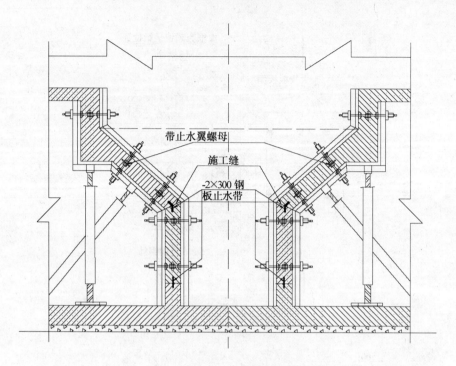

图 5—34 涡流沉砂池锥形漏斗部分支模

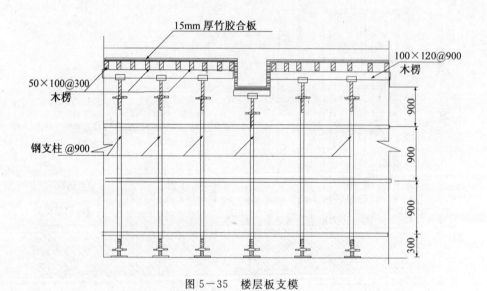

图 5—35 楼层板支模

水池及污泥泵房地下室外墙模板支模如图 5—36 所示,加固模板用的螺栓为 2M12,机制梯形螺纹,中间盲螺母设 φ80×2 止水翼环。

7. 混凝土工程

混凝土的各项技术指标见表 5—46。

(1)二沉池底板及池墙混凝土浇筑顺序

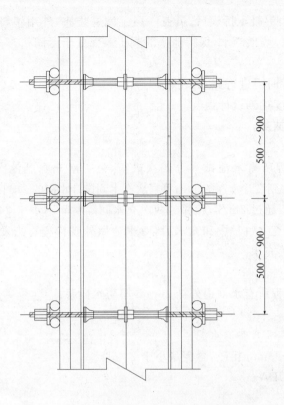

图 5-36 水池及污泥泵房地下室外墙模板支模

表 5-46 混凝土的各项技术指标

种 类	强度/抗渗 等 级	坍落度 (mm)	初凝时间 (h)	水泥种类	掺合料	膨胀剂(UEA-3) 掺 量	碱含量 (kg/m³)
泵送混凝土	C25/P6	120~140	≥6	≥32.5	Ⅱ级	12%~14%	≤2.1
混凝土	C20/C25/P6	60~80	≥3	≥32.5	Ⅱ级	/	

底板及池墙以后浇带为界共划分为 5 个施工流水段,底板及池墙混凝土浇筑顺序为 $\boxed{1}$ → $\boxed{2}$ → $\boxed{3}$ → $\boxed{4}$ → $\boxed{5}$

(2)混凝土的浇筑

二沉池底板及污泥泵房地下室选用汽车混凝土输送泵的 $R=37\text{m}$ 加长布料杆布料。

因二沉池底板每一施工段浇筑量 400m^3,采用混凝土输送泵分段浇筑。混凝土产量 $30\text{m}^3/\text{h}$,需浇筑约 14h。混凝土初凝时间理论值 6h,因受气候的影响,实际凝结时间约 3h。选用 1 台混凝土输送泵,每段浇筑总长度按 12m 计算,底板混凝土折算厚度按 0.65m 计算,每段混凝土浇筑的最大宽度:$30×3/(12×2×0.65)≤5.76\text{m}$;各流水段中当每浇筑一小流水段混凝土的浇筑宽度不超过 5.76m 时,不会出现施工冷缝。

(3)混凝土的养护

混凝土终凝前,用木抹抹压两遍,最后一遍用铁抹压光;混凝土浇筑 12h 后开始养护。

底板混凝土养护,可沿底板后浇带或边沿围堰 150mm 高蓄水养护,蓄水深度不少于 50mm,养护期限不少于 14d。

池/墙混凝土的养护:混凝土拆模后,覆盖一层湿润麻袋布,外用塑料薄膜封闭,养护期限不少于14d。养护期内在池/墙顶洒水,保持池壁混凝土表面处于湿润状态。

8. 水池试水

(1)当具备以下条件时可进行充水试验:

1)当水池混凝土强度达到设计强度。

2)池内防水砂浆未抹灰。

3)外围土方回填前。

(2)水池充水:本工程所有水池试水分四次进行,第一次充水到池底第一水平施工缝以上100mm。当无渗漏时,充水到设计水深的1/3;第三次充水到设计水深的2/3;第四次充水到设计水深。

充水水位上长速度不超过2m/h,相邻的两次充水间隔时间不小于24h。充水测读24h的水位下降值计算渗水量,在充水过程中和充水后,对水池做外观检查。当发现渗水量较大时,停止充水。待处理后方可继续充水。

9. 外防水工程

防水砂浆抹灰:本工程所有水池内外抹20mm厚防水砂浆。

(1)原材料

1)水泥:选用P·O 32.5普通水泥。

2)砂:粒径0.5mm～3mm粗砂,含泥量小于2%。

3)外加剂:膨胀剂UEA-3。

(2)施工方法

本工程防水砂浆应用刚性外加剂多层做法防水层施工方法。施工顺序:

| 基层处理、修补 | → | 素灰层2厚 | → | 水泥砂浆层5厚 | → | 刷水泥浆 | → | 洒水养护 |

配合比:(水泥＋UEA-3):砂＝1:2(UEA-3占水泥重量的3%)。基层修补:在水池墙内外壁上剔出止水螺栓限位卡,经充分湿润后,用同强度等级的干硬性细石混凝土嵌填密实,表面抹平。防水层的养护方法同水池混凝土的养护方法。

5.4.4.3 装饰工程施工方法

1. 屋面工程施工顺序

| 屋面保温层 | → | 水泥砂浆找平层 | → | 屋面防水层 | → | 屋面蓄水试验 | → | 屋面保护层 | → |

| 二次屋面蓄水试验 |

2. 污泥泵房外墙工程施工顺序

| 外檐装饰安装 | → | 门窗安装 | → | 外墙刮腻子喷涂料 | → | 室外散水、台阶 |

5.4.5 质量保证措施

5.4.5.1 工程质量目标

本工程严格按照《建筑工程施工质量验收统一标准》(GB 50300)及各专业工程施工质量验收规范、标准等的规定进行施工质量验收。质量目标:合格。

(具体工程质量标准见各专业工程施工质量验收规范、标准)。

5.4.5.2 质量管理体系

公司依据GB/T 19001(idt ISO 9001)标准建立健全质量管理体系,制定了质量方针、目标,编写质量管理体系文件并组织实施,通过认证机构认证,保持体系运行的有效性、符合性。本项目部依据公司质量手册、程序文件,建立质量管理体系。在施工中精心组织、精心施工,创一流的管理,一流的施工质量,强化过程控制。本工程质量管理体系 (略)。

5.4.5.3　特殊过程及关键工序

项目部依据公司质量管理体系文件和设计要求,确定本工程的基础混凝土自防水为特殊过程;定位放线、模板工程、钢筋工程、混凝土工程和屋面防水为关键过程。项目部在质量管理工作中进行严格的质量预控和监控。

5.4.5.4　质量保证措施

1. 质量管理程序

(1) 过程控制程序(见图 5-37)。

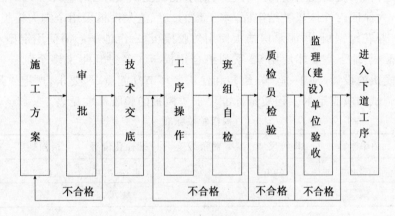

图 5-37　过程控制程序

(2) 质量管理程序(见图 5-38)

方案	经审批可以操作	实施中优化	方案保证	产品质量保证
人员	基本要素质量	执行岗位责任制	人员素质保证	
材料	原材料半成品检验	技术资料保证	原材料质量保证	
操作	按工艺标准要求	熟悉掌握图纸	操作过程保证	
机具	检验合格后再使用	定期检修保养	机械机具保证	

图 5-38　质量管理程序

(3) 质量预控程序

本工程的模板、钢筋、混凝土工程的质量预控程序见图 5-39~图 5-41。

准备工作 → 技术交底 → 钢筋下料成型 → 钢筋安装 → 质量验收 → 资料整理

图 5-39　钢筋工程质量预控程序

准备工作 → 技术交底 → 支　模 → 质量验收 → 拆　模 → 资料整理

图 5-40　模板工程质量预控程序

准备工作 → 技术交底 → 申请浇筑令 → 浇筑混凝土 → 养护 → 质量验收 → 资料整理

图 5—41　混凝土工程质量预控程序

2.组织管理保证措施

在工程施工过程中,依据质量管理体系要求进行职责分工和资源配置,建立各级岗位责任制,落实各项质量管理措施,明确质量控制点,严格过程控制和"三检制"。

5.4.5.5　技术保证措施

1.模板工程技术保证措施

为达到质量目标,使混凝土结构外观达到清水混凝土的要求(内坚外美)。在满足结构抗渗要求的前提下,为保证内外抹灰黏结牢固,本工程的二沉池大模板采用全钢大模板并且大模板的板面选用 6mm 厚花纹钢板;污泥泵房楼板使用竹胶模板,二沉池中心筒使用定型木制筒模,楼梯使用定型全钢模板,地下室墙体使用 60 系列组合钢模板。经过几年来多个工程的实践,全钢大模板和组合钢模板的设计、加工、运输、组装和使用各环节高起点、严要求,严把质量关;模板的设计、加工组装、调试均应满足本工程质量标准要求。模板的验收标准见表 5—47。

表 5—47　　　　　　　　　　　　　模板验收标准

项　目	曲率半径	几何尺寸	对角线差	螺栓孔位置	板面高度	板面翘曲
允许偏差	+2mm	−2mm	+3mm	±1.5mm	±3mm	2/1000
测量工具	钢尺	钢尺	钢尺	钢尺	钢尺	对角拉线

全钢大模板选用 6mm 厚钢板加工制作,便于加工和拼装,便于清理和支拆,而且接缝严密,不错台、不漏浆、混凝土表面光洁。模板拆除后,要及时将表面清除干净,进行修理,刷机油进行保养。

竹胶模板选用加厚 12mm 竹胶模板,刚度较好。竹胶模板要在裁口处涂刷封边漆进行保护,以防裁口处生毛边,或者吸水膨胀、松散变形,从而影响模板拼缝质量,缩短模板的使用寿命。

预留洞口采用自制定型木模板,外罩竹胶模板,框内加固定撑,防止模板变形。预留洞口模板和竹胶板,拆除以后,要及时清理表面,涂刷隔离剂。

为保证涡流沉砂池与细格栅间橡胶止水带的安装位置准确,保护橡胶止水带采取以下措施(如图 5—42 所示)。

(1)沿止水带安装 $\phi12$ 固定支架,并用钢线沿止水带外缘绑扎。

(2)外露止水带用木板保护。有水池池壁的模板均使用如图 5—43 所示的螺栓,它是一种可重复利用的工具式紧固件,具有紧固、限位、防水于一体,安装拆除方便,不需切割螺栓,螺栓只有带止水翼的中心螺母留在已浇筑的混凝土中,为保证其优良的止水性能,在中心螺母上焊接 $\phi80\times2$ 的止水板。水池上拆除螺栓后,用 1∶2 干硬性水泥砂浆嵌填密实,表面压光,并随池体养护。

本工程吊模均采用"H"形固定支架见图 5—43,它具有加固、支撑控制模板底标高,又能对池(墙)两侧模板限位的三重作用。

2.钢筋技术保证措施

(1)钢筋存放和试验

钢筋进场要严把质量关,钢筋品种、规格和技术性能等应符合国家现行标准规定和设计要

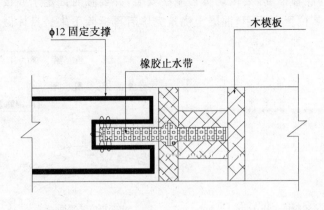

图 5—42

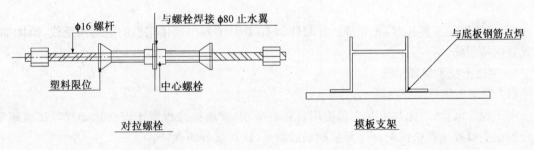

图 5—43

求,有质量证明书及检测报告,进场后进行复试,确认合格后使用。钢筋在加工过程中,如有发生脆断、焊接性能不良或力学性能显著不正常等现象时,应对该批钢筋进行化学分析或其他专项检验。钢筋料场要分批量、分牌号、分规格堆放,垛底用木方垫起,每垛钢筋前立标识牌,标明钢筋的牌号、直径、厂家、复试报告编号。

(2) 钢筋连接

结构楼板的梁板钢筋下铁接头应设在梁板一端,上铁应设在跨中部位;对于墙体及暗柱钢筋,接头应设在板上。受力钢筋的接头要相互错开,对于绑扎接头任何一个接头中点至 1.3 倍搭接长度范围内,有接头的受力钢筋截面面积占受力钢筋总截面面积的允许百分率:受拉区 25%,受压区 50%。钢筋的搭接长度不小于钢筋直径的 $45d$,且搭接长度不小于 300。

电渣压力焊接头,从任一接头中点至长度为 $45d$ 且不小于 500mm 的区段范围内,有接头的受力钢筋的截面面积占受力钢筋总截面面积的允许百分率,应符合要求:受拉区不大于 75%,受压区不限制。

(3) 防止钢筋位移措施

底板钢筋:底板钢筋绑扎前,先要在底板垫层上弹出各轴线、墙体边线、柱边线、梁边线,然后弹出底板钢筋双向间隔线,钢筋绑扎时,依线摆放,以保证其位置和间距准确。

底板下层筋绑扎完后,钢筋下加 35mm 厚的水泥砂浆垫块,然后,摆放支撑上层钢筋的马凳,马凳采用 $\phi16$ 钢筋制作,双向间距 1 000mm,以保证能支撑上层钢筋处于准确的位置,上层钢筋摆放时,先在已绑扎完的钢筋上划出底板双向钢筋间距,以保证钢筋的位置和间距。

墙体钢筋:墙体的底板插筋,要依墙体控制线安装,并要临时固定于底板筋上,浇筑混凝土时采用水平定距框固定其位置和间距,混凝土浇筑完毕后再拆除下来。具体做法见图5-44。

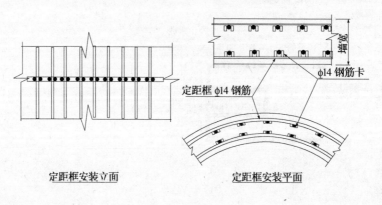

定距框安装立面　　　　定距框安装平面

图 5-44

池/墙体钢筋在绑扎时,先要绑扎好暗柱钢筋,在其上划出墙体钢筋的竖向间距线,墙体部位设置竖向梯子筋。

3. 混凝土技术保证措施

（1）混凝土供应保证措施

本工程二沉池、污泥泵房等全部使用自拌混凝土,要求抗渗混凝土配合比必须经试验确定。后台混凝土搅拌站严格按配合比要求配制混凝土,认真履行职责。

（2）混凝土泵送运输

混凝土使用泵送运输,严格控制混凝土的坍落度,保证混凝土泵送的顺利进行。现场由专人负责进行挪、接泵管的工作,做到混凝土及时供应。现场准备1台备用输送泵,保证浇筑混凝土过程中,不因输送泵损坏而影响施工顺利进行。

（3）混凝土浇筑振捣

混凝土浇筑质量,是确保混凝土工程内部质量和观感质量的关键工序,在浇筑过程中要严格执行规范规程,落实"三检制"。浇筑混凝土前,要认真检查模板、钢筋是否合格,做好预检和隐检,检查预留、预埋的情况是否符合要求。对施工中容易产生漏浆、错台、接茬处夹杂物、门窗洞口变形移位、钢筋保护层过大或者露筋等地方,要有专人负责处理,并在浇筑过程进行监控。

混凝土浇筑入模方式采用泵管直接入模,当浇筑墙体混凝土,自由高度超过2m时,混凝土要经串筒注入模板内,保证混凝土拌合物下落高度不大于2m,防止根部混凝土产生离析现象。

混凝土采用分段分层浇筑,应有专人负责进行监控,使用标尺杆控制下料厚度,浇筑过程保证均匀布料。

施工前要对振捣手进行认真的技术交底,施工中有专人负责对混凝土振捣的监控,切实保证混凝土的振捣时间、振点位置、振捣移动顺序符合要求,不发生漏振、过振或振不密实的现象。由于是泵送混凝土,在混凝土振捣完30min后,初凝前进行二次振捣,以提高混凝土的密实度。

（4）混凝土试验

每次浇筑混凝土时,试验员要对混凝土拌合物做坍落度试验,确保混凝土的和易性,并及时留制试块,每次开盘浇筑混凝土,不同强度等级的混凝土都要留置试块,在一次浇筑中,每浇筑100m³混凝土,至少留置1组标准养护试块,以及各种同条件试块,有抗渗要求的要留置抗渗标养试块。现场设立标准养护试验室,存放标养试块。同条件试块留在相应结构部位。试验员要及时对所做试块做好标记,不能混淆,并按照技术要求将试块分类保存,及时送到试验室进行抗压或抗渗试验,及时向技术部门提供试验结果和数据。

(5) 防止混凝土碱集料反应措施

本工程选用低碱活性集料配制混凝土,混凝土碱含量控制在 $3kg/m^3$ 以内,进一步防止混凝土的碱集料反应,从而提高混凝土的耐久性。

(6) 混凝土抗渗性能施工技术保证措施

本工程为水工构筑物,水池底板大部分厚度为 400mm～600mm,已接近大体积混凝土的下限标准,要防止混凝土在硬化过程中,释放的大量的水化热导致内外温差不一致使混凝土产生裂缝,进一步达到抗渗和提高结构混凝土的耐久性是本工程中一个重点也是本工程的难点所在。尤其是二沉池底板和池壁混凝土结构厚实,混凝土方量大、工程条件复杂、对施工技术的要求高,由于水泥产生大量水化热,造成混凝土结构内部温度升高,结构内外温差大,内部和外部存在温差应力,而使结构混凝土表面受拉,当温度应力超过混凝土的受拉应力极限时,表面就会产生裂缝;水泥在硬化的过程中需要大量的水,混凝土表面温度达到 30℃ 以上,使混凝土内部温度升高,水分大量蒸发,从而使结构混凝土干缩变形,在混凝土表面产生很多的裂缝。

因此,在本工程基础底板混凝土施工中,采取综合措施,混凝土外保温法,减小结构内外部温差;调整混凝土表面湿度,杜绝表面干裂就成为施工中的重点。

在本工程混凝土施工中采取以下措施:

1) 混凝土配合比设计

地下室外墙和二沉池底板混凝土设计强度等级为 C25/P6,要求混凝土优选配合比。

2) 对混凝土原材料的要求

混凝土搅拌站应对所用原材料采取以下控制措施:

水泥:采用 P•O 32.5 普通水泥,减缓早期强度上升过快,避免因产生的大量水化热造成结构温度骤然升高,从而达到配制高强度、低水化热混凝土的要求。

石:采用粒径为 5mm～20mm 连续级配碎卵石,含泥量控制在 0.5% 以下,其他技术指标满足施工规范要求。

砂:中砂,含泥量控制在 1% 以下,其他技术指标满足规范要求。

外加剂:选用具有膨胀、减水、缓凝特性的复合型外加剂。在混凝土硬化阶段产生微胀自应力,用于补偿混凝土因自身失水而产生的干缩,消除产生混凝土裂缝的可能性。掺加混凝土缓凝剂,为延缓混凝土的凝结,使混凝土产生的水化热均匀释放,降低混凝土内外温差,消除混凝土因内外温差而产生裂缝的可能性,在混凝土中掺入缓凝剂,可满足浇筑工艺要求,避免出现人为的施工冷缝,从而达到抗渗的目的。

掺合料:为满足施工工艺的要求,使混凝土具有优良的流动性、和易性、可泵性,延缓混凝土水化速度,在混凝土中掺入 Ⅱ 级粉煤灰,从而使混凝土内部最高温度进一步降低,达到防渗抗裂的目的。

碱含量:本工程混凝土强度高,水泥、粉煤灰、外加剂用量大,在优选混凝土配合比时,采用低碱活性集料,防止混凝土产生碱集料反应。

3) 采用合理的浇筑方法

混凝土的浇筑采用分段斜面层法连续作业,使混凝土在硬化过程中产生的水化热得到均匀释放。

4）合理的振捣方法

浇筑混凝土的过程中，实施"二次振捣"和适度振捣相结合的方法，可提高混凝土的密实度，提高混凝土的强度、防裂性能、抗渗性、耐久性。

5）混凝土的表面成活

混凝土浇筑成形后、终凝前，用木抹子抹 3 遍，表面搓平，消除混凝土表面因失水而出现裂缝。合理地布置混凝土后浇带：通过合理地设置后浇带，使混凝土的表面温度应力控制在其抗拉强度下限。

6）后浇带的处理

本工程水池底板及外墙混凝土强度在达到 100％后，方可进行后浇带的施工；水池墙壁及底板后浇带的施工顺序为：

混凝土界面处理 → 支模 → 浇筑混凝土 → 养　护

底板及后浇带两侧混凝土界面处理如图 5—45 所示。

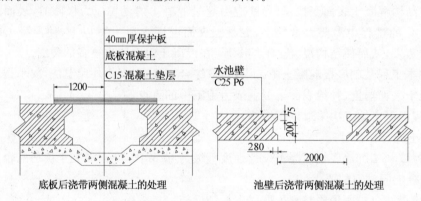

图 5—45

底板后浇带未浇筑混凝土前，用木板封闭，防止异物落入后浇带内，难以清理。为保证后浇带的抗渗性能，后浇带两侧接茬部位混凝土界面剔凿成"【】"形。

后浇带混凝土的浇筑：后浇带混凝土采用比后浇带两侧混凝土高一级的 C30 混凝土浇筑；混凝土内掺 UEA-3 膨胀剂（掺量：水泥重量的 10％～12％），以保证后浇带两侧新老混凝土结合紧密。

7）混凝土的养护

混凝土终凝前，用木抹抹压 2 遍，最后一遍用铁抹压光；混凝土浇筑 12h 后开始养护。

底板混凝土养护，可沿底板后浇带或边沿围堰 150mm 高蓄水养护，蓄水高度不小于 50mm，养护期限不少于 14d。池/墙混凝土的养护：混凝土拆模后，覆盖一层湿润麻袋布，外用塑料薄膜封闭，养护期限不少于 14d。养护期内在池/墙顶洒水，保持混凝土表面湿润。

（7）防水工程质量保证措施

防水工程由具有专业施工资质的防水公司施工，操作人员持证上岗；防水材料由市建委备案的厂家供应，质量证明文件必须齐全，材料进场后先进行外观检查，合格后抽样复试，试验合格后，才能使用。

1）屋面防水

屋面防水层采用一道高聚物改性沥青涂膜，要求按屋面的排水坡度，确定铺贴顺序，按坡度自低处向高处进行涂刷。屋面的特殊部位（如女儿墙、出屋面的管道、设备基础、雨水口等部位）

要增设附加层。收口处理按屋面规范要求认真操作。防水层做完后,进行外观检查,合格后,做 2h 的淋水试验,不渗漏为合格。

　　2) 水池内防水砂浆

　　为增强水池混凝土后浇带及水池施工缝处混凝土的防水性能,在其两侧增设防水砂浆加强带(如图 5－46)。防水砂浆配合比:(水泥＋UEA－3)∶砂＝1∶2(其中,UEA-3 占水泥重量的 6％～8％)。

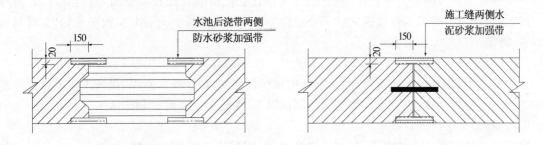

图 5－46

　　4. 雨期施工技术措施

　　由于本工程基础和主体跨雨期施工,本地区年降水量大、多集中在 6～9 月份,为给项目施工提供一个良好的施工环境,防止基坑边坡被雨水冲刷坍塌影响施工,所有基坑边坡按 1∶0.5 放坡后采用配筋网喷射混凝土护坡,钢筋 $\phi6@300$,喷射混凝土 30mm 厚。

　　雨期施工前,对施工现场的物料存放区域、构件存放区、临建、现场施工区域进行彻底检查,做好以下防雨措施:

　　(1) 水泥库地面高出自然地区地坪 30cm,四周向外做 70mm 厚混凝土散水,排水坡度 $i＝5％$,水泥库地面用架板垫起 30cm,底铺塑料薄膜,水泥库窗户不得敞开,屋顶做好防水措施。

　　(2) 竹胶模板加工区域在雨期时,要搭设防护棚,尽量避免露天作业,防止底部板肋受潮变形,或竹胶模板受潮膨胀变形,缩短模板使用寿命。

　　模板存放时要面板向上,底部不得接触地面。

　　(3) 现场临建四周要做好散水,并有专人管理,负责每天清扫,保持临建卫生整洁。现场设排水明沟将雨水排入市政下水管网。排水设施专人管理,严禁挪用。

　　(4) 现场施工区域

　　龙门架、脚手架要做好防雷保护措施,接地电阻 $R＜4\Omega$,施工用电机械均采用“一机、一闸、一保护”。临时砂、石料场应拍成方,不得零散堆放,施工道路排水坡度 $i＝3％$。施工道路不得任意占用,保持道路处于畅通无阻。

　　(5) 钢筋电渣压力焊不能在雨天进行,如工程要求在雨天进行,施工时要采取遮雨措施。

　　(6) 钢筋加工区域内的施工机械,用石棉瓦和塑料薄膜覆盖,雨天不得露天作业,以防触电。

　　(7) 钢筋绑扎时,施工人员的鞋底冲洗干净,方可到钢筋网上作业。不可将泥砂带入现场模板内,影响施工质量。

　　(8) 混凝土浇筑尽量避免雨天施工,提前要掌握好天气预报。雨天浇筑混凝土时,准备好塑料薄膜,随打随盖,防止雨水冲刷,作业人员配备雨衣和塑料布。

　　(9) 主体结构施工时,利用结构钢筋作避雷引下线,停用的设备拉闸断电,锁好开关箱,搬移用电设备前,由电工切断电源。

5.4.6　工期保证措施

合同工期为:××年4月1日至××年9月27日,共计180个日历天。为保证工程施工能够按照工期计划进行,项目采取以下管理措施:

5.4.6.1　编制切实可行的施工准备工作计划

开工前制定周密的施工准备计划,对准备工作建立严格的责任和检查制,做到有计划、有分工、有布置、有检查,确保工程按期完成。公司全力保证优先安排人力、物力,做好劳动力、材料进场部署,确保工程按计划完成。

5.4.6.2　加强质量管理

在项目部中,建立周密的质量计划,推行质量责任制度,加强质量意识,保证工程质量。分部分项工程一次验收合格,避免工程因质量问题而返工,保证施工进度计划的落实。

5.4.6.3　推动全面计划管理

根据施工总进度计划制定详细的月、周计划;切实保证计划的科学性、严肃性。在编制计划时要充分考虑到各种不利因素的影响,以保证计划的有效性、可行性及经济科学性;发现月、周计划与总控进度计划相比有滞后现象时,及时采取相应的补救措施,制定详细的工期补救计划,以保证总进度的实现。采用网络计划跟踪技术和动态管理的方法,坚持周计划内每日工作量保持平衡,周生产协调会、周技术协调会,保证施工计划的实施。精心组织指挥得力,加强现场的控制协调工作,超前预测并及时解决好施工过程中可能发生的劳动力、机具、设备、工序交接、材料和资金等方面的矛盾,使施工紧张、有序、有条不紊地进行。

为保证计划的实施,各部门密切配合协调一致,材料、设备供应、劳动力调配,外加工订货提前安排,专业施工队伍的配合等。开工前要认真做好施工前的准备工作,全部临时设施、材料堆放、机械停放位置要充分考虑各阶段施工需要,最大限度避免二次搬运。项目部、施工班组严格按施工程序、施工进度计划和施工规范要求安排施工,上道工序验收合格后,方可进行下道工序,防止出现不合格品后层层返工的现象。

5.4.6.4　选用经济、适用的先进施工机械,采用先进的施工工艺,为实现工期目标积累时间。

5.4.6.5　基础和主体结构各施工流水段在施工环节中互相配合,确保工程施工的连续性。

5.4.6.6　为加快施工进度,顶板模板支撑体系采用施工方便、操作简便的碗扣式支撑体系。

5.4.6.7　在项目的施工中,二沉池工程量最大,决定本工程的施工期,采用全钢大模板施工技术,加快周转速度,从而保证整个项目施工按期完成。

5.4.6.8　施工进度网络计划　(略)。

5.4.7　安全生产、文明施工

5.4.7.1　工程管理目标

××市文明安全工地。

5.4.7.2　安全生产、文明施工管理体系　(略)。

5.4.7.3　安全管理制度及现场保证措施

1. 建立健全施工现场的安全保卫制度,严格执行公司安全岗位责任制。

2. 本工程由项目经理兼安全生产负责人,下设专职安全员1名,负责检查督促安全施工检查。

3. 健全施工现场安全施工设施,"三宝"利用及"四口"防护落实到操作者的心中,工程施工方案的选择等将"安全生产"放在首位。

4. 针对本工程的特点,制定出安全管理制度、安全生产教育制度、安全生产检查制度、电气安全生产管理制度、治安、防火、防爆制度、安全交底制度、安全技术措施等。

5. 由项目经理组织安全人员及各职能部门定期抽查安全生产情况,发现隐患,及时定人员、定措施、定时间落实解决并复查验证。

6. 吊车进场后,经主管部门验收合格后方可投入使用,使用前进行试运行须合格。

7. 现场临电系统按三相五线制,3 级漏电保护系统配置,在装修阶段,室内施工照明采用36V 安全电压供电。

8. 施工现场有从事明火操作的人员,事先经主管领导批准开具"用火证",并制定防火措施。

9. 施工现场严禁吸烟,进入现场必须佩戴安全帽。

10. 从事各项施工的操作人员一律遵守本岗位安全职责,特种作业人员必须持证上岗。

11. 污泥泵房地下室顶板设备安装口处,沿外围设防护栏杆用安全网封闭。

12. 做好安全生产教育及其检查工作,提高职工安全意识。

5.4.7.4　安全防护措施

现场安全防护严格按《建设工程安全生产管理条例》和有关安全方面的法律、法规、规范、规程的规定要求执行。

严禁在现场吊车回转半径内停留。外围搭设双立管双排钢管脚手架,外面用密目式安全网进行封闭。深基坑外围搭建封闭的护身栏杆,夜晚施工现场有足够的照明亮度。

5.4.7.5　消防保卫措施

1. 现场消防系统布置

在本工程现场施工平面图布置时,充分考虑现场的防火要求,如施工平面图所示,配置数量足够的消防器材。

施工用水水源由建设单位提供至施工现场 ϕ100 市政给水管,可满足施工生产、消防用水要求。施工现场设 ϕ80 环形消防管网,沿建筑物周围设 6 个 ϕ65 地下式消火栓。

2. 消防人员配备

工程建立消防安全保障体系,成立消防小组,小组由义务消防队员组成,公司和本工程项目部定期对义务消防队员进行培训,经常组织消防小组进行模拟演练,加强快速反应能力。施工现场消防工作由专人负责,易燃物资存放的库房由专人负责看管,现场严禁烟火。现场昼夜 24h 有人轮流值班,遇有火情迅速进行现场救援和报警。

3. 现场保卫

项目部成立现场保卫小组,由项目经理直接领导。现场主要出入口均由专人看管,实行 24h 昼夜值班制。夜间增加值班人员,负责夜间的保卫工作。

5.4.7.6　文明施工措施

1. 为确保施工现场干净整洁,现场设 2 名执勤人员每日对现场内外做彻底清扫。各施工段划分责任区,各段负责人对各自的环境卫生负责。

2. 项目部协调管理部门与建设单位、周围村委会、机关单位建立联系,并不断走访听取相关方的意见和建议,对相关方意见虚心加以改正,创造良好的社会氛围,取得良好社会关系。

3. 在施工现场西侧主要出入口设立便民服务标志牌,并公布联系人及服务电话,以便发生问题时,及时取得联系,方便群众。

4. 现场噪声的控制

(1) 所有施工机械优先选用低噪声的施工机械,对职工做好教育,杜绝人为噪声污染。装卸模板及拆除架管时轻拿轻放,浇筑混凝土时,混凝土振捣器严禁贴靠模板和钢筋振捣,晚 22 时至次日 6 时期间严禁进行高噪声的施工作业。

(2) 现场木工棚、搅拌站采取全封闭措施屏蔽噪声。

(3) 本工程二沉池池壁使用全钢大模板,其污泥泵房顶板使用竹胶板模板,模板安装和拆除时可降低噪声。

(4) 信号工指挥吊车作业时,除吹哨控制外,同时使用专业旗语指挥。

5. 施工现场粉尘控制

(1) 现场道路硬化处理,利用设计正式道路的同时,其他临时道路做半永久性细石混凝土路面。

(2) 施工现场内实施适度绿化,设专人定时对施工现场进行水力降尘。

(3) 装饰工程外脚手架采用密目式安全网封闭,防止施工粉尘外扬污染环境。

(4) 现场设垃圾房,垃圾集中存放,不能任意抛洒。

6. 污水的控制

(1) 生产污水

主体施工阶段生产污水主要是由混凝土运输车辆、混凝土输送泵管道冲洗产生;装修施工阶段也产生一定的污水。污水排入市政管网前经过沉淀处理,在现场西侧出入口设立三级沉淀池,所有生产污水经处理后,才能排入市政管网,或者现场回收,用于降尘等工作。

(2) 生活污水

临时厕所污水全部排入现场化粪池,并经化粪池处理后,排入市政污水管道。食堂污水要经过简易有效的隔油池过滤后,再排入市政污水管道。现场设置临时隔油池,隔油池要定期、定人掏油,保证下水管道疏通。

沉淀池、隔油池的液面经目测及检验合格,才能排入市政管网,防止水体污染。

5.4.8 降低造价措施

5.4.8.1 运用计算机智能网络系统编制网络计划,可以跟踪施工操作中工序间的各项主要矛盾,能在多方案中优选出最佳方案,能明确出各工种间的相互制约、相互依赖的关系,能在计划中找出决定进度的关键工作,利用时间储备进行人力、物力的调配,以达到降低成本的目的。

5.4.8.2 利用大模板的刚度和整体性,使清水混凝土墙面减少抹灰量,施工现场减少湿作业,为文明施工创造了有利条件。同时,由于大模板自身的周转使用,为施工组织流水作业提供了保障,各流水段在施工环节中能利用时间的储备进行弥补,确保了计划实施的严肃性,从而节省了工期,使项目成本达到了和谐统一。

5.4.8.3 施工中按施工预算严格控制,实行限额领料制度,节约原材料。

5.4.8.4 部分钢筋连接采用电渣压力焊及套筒挤压连接工艺,节约钢材。

5.4.8.5 利用钢筋下脚料制作各种预埋件,节约钢筋。

5.4.8.6 使用碗扣式脚手架支承体系,节约人工,加快模板周转,节约模板租用量,提高施工速度。

5.4.8.7 预留洞采用定型模板,重复利用可节约费用。

5.4.8.8 大模板板面采用凸花纹,在抹灰前减少了水池壁毛化处理工作量。

第6章　轨道交通工程实施性施工组织设计

6.1　地铁区间及厂站工程施工组织设计实例

封面　（略）

目　录

6.1.1　施工组织设计概述

6.1.1.1　编制说明

1. 编制依据

(1) ××市地铁×号线土建工程 03♯ 合同段施工招标文件。

(2) ××市地铁×号线土建工程 03♯ 合同段施工合同文件。

(3) ××市地铁建设管理有限责任公司文件:《关于下发"××市地铁×号线工程管理程序"的通知》(地津工程字〔2002〕93 号)。

(4) ××市地铁×号线工程设计(A 站～B 站区间,B 站)。

(5) 现场踏勘所采集的资料。

(6) 地铁施工有关的施工技术规范、规程、标准。

(7) 我单位编制××市地铁×号线土建工程 03♯ 合同段技术标书等。

2. 编制原则

(1) 实施性施工组织设计要严格执行国家及××市政府所制定的法律、法规和各项管理条例,并做到模范守法、文明施工。

(2) 要针对城市中心区施工的特点,科学安排、合理组织、严格管理、精心施工,以减少对周围环境及居民正常生活的影响。

(3) 以成熟的施工技术及先进的设备和施工工艺,确保施工安全和工程质量,按期为业主提供一个优质的工程产品。

(4) 以切实有效的技术措施和先进工艺,防止坍塌,控制地面沉陷,确保建(构)筑物及地下管线等不受损坏,维持正常使用功能,做到不断、不裂、不漏、不渗。

(5) 在原技术标书施工组织设计的基础上,根据现场的实际施工条件,优化施工安排,均衡生产,保证工期。

(6) 以企业诚信、服务为宗旨,以安全为保证,以质量为生命,以管理为手段,实现本工程安全、优质、快速的目标。

3. 编制范围

本实施性施工组织设计的编制范围为:××市地铁×号线 03 标段土建工程,即 A 站～B 站区间隧道土建工程、B 站土建工程,不含建筑装修、设备安装。编制内容包括:上述工程项目的施工方案、施工方法、工程重、难点及应对措施、施工总平面布置、进度计划、劳材机的供应计划、施工管理及相关保证措施等。

6.1.1.2　工程概述

1. 地理位置

××市地铁×号线 03 标段处于××市××环路以内,沿××路向北穿玉蜓桥、南二环路、京沪铁路、南护城河以及南护城河桥后,沿××东路进入××市旧城区。在××公园东门口南侧即体育馆路南侧设 B 站,位于××东路与体育馆路丁字路口南侧,车站主体与××东路走向一致,站址周围主要有××公园、××体育宾馆、××中学等建筑物。

2. 规模

A 站～B 站区间起讫里程为 K3+104～K4+794.850,全长 1690.5m,包括停车线、单渡线、联络通道、迂回风道和风井等。

B 站起讫里程为 K4+794.850～K4+981.15,中心里程 K4+900,全长 186.3m,总宽度

23.776m,为地下双层岛式车站,主体为三拱两柱双层结构(图6-1)。B站还包括2座风井、4个出入口。B东站平面示意图见图6-2。

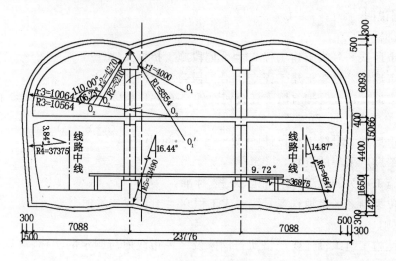

图6-1　B车站主体结构横断面

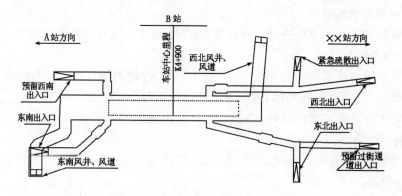

图6-2　B车站平面示意图

(1) 区间

根据全线布局,在K4+480.799~K4+786.735段设置停车线及单渡线。

在区间内设置两处(右线K3+700和K4+450)联络通道,其中K4+450处兼作泵房,泵房上设管道井,通过管道连接至地表排水系统。

在区间两端距车站30m左右各设有两个面积15m²的迂回风道,总面积30m²。其中B站南端单渡线兼作第二个迂回风道。

另外,在A站的北端、B站的南端(对应的右线中心里程为K3+150,K4+400设置双向防护密闭隔断门,防护段长9.9m。

在区间隧道K3+695处设置1座风井,兼作施工竖井。

(2) 车站

车站共设4个人行通道、出入口(其中西南出入口为预留),在××公园东门售票处南侧的平房处设置紧急疏散出入口,以满足疏散要求;东北出入口设在体育馆路南侧,预留一个过街通道与出入口连通,兼顾体育馆路北侧客流(见图7—2)。

车站设 2 个风道及风亭,分设在车站的西北角和东南角。两端风亭各设 2 个通风口。冷却塔设置在车站东南角的风亭附近。

3. 环境状况

(1) 地表建筑物

区间和车站沿线地表构筑物较多,有高层建筑、人行天桥、文物设施等,其中××公园为国家重点保护文物。主要构筑物分布情况见表 6—1。

表 6—1　　　　　　　　　区间和车站沿线主要构筑物分布情况表

施工区段	里　程	构筑物名称	构 筑 物 特 点
区　间	K3+350~K4+000	玉蜓立交桥	25# 墩桩基距离隧道结构边缘仅 1.05m
	K3+756.217	京沪铁路	
	K3+803.645(右线)	南护城河	
	K3+808(左线)	南护城河桥	3 排 5 根桩伸入隧道内
	K4+090	公寓天桥	桩基距隧道较近
	K4+418	中医院天桥	桩基距隧道较近
车　站	K4+806.388	××中学天桥	桩基穿过车站中层板
		××公园坛墙	紧急疏散道穿过坛墙

其他两侧影响范围的建筑物还有××高层住宅(18 层,与地铁距离 35m)、××广场(4 层,与地铁距离 29m)、××棋院(6 层,与地铁距离 22m)等,另外还有××公园的房屋及坛墙文物设施等。

(2) 地面交通状况

××路及××东路均为城市主干道,道路红线宽度均为 65m,快慢车道分行,快车道宽度 24m,慢车道宽度 7m,中间隔离带 1m~2m,有多条公交线路通过。

(3) 地下构筑物、管线

1) 区间通过地段市政管线、人防等地下设施参见表 6—2。

表 6—2　　　　　　　　区间通过地段市政管线、人防等地下设施汇总表

序号	名　称	里　程	管内底标高(m)	距拱顶垂直距离(m)	备　注
1	雨水管(φ1 000)	K3+335	36.30	10.38	
2	热力(3 800×2 200)	K3+356	32.12~31.73	6.273~5.883	
3	热力(3 800×2 200)	K3+650	35.24	10.275	
4	电力(2 000×2 000)	K3+710	34.10	9.255	
5	电力(2 000×2 000)	K3+880	36.34	10.985	
6	雨水管(φ600)	K3+980	37.44	11.845	
7	人防(1 500×2 000)	K4+017	34.49	8.955~9.006	
8	电信管线	2#竖井	施工场地处	改移	××大厦处
9	污水管(φ1 000)	K4+082	35.86	10.571	

序号	名　称	里　程	管内底标高(m)	距拱顶垂直距离(m)	备　注
10	电力(2 000×2 000)	K4+188	35.20	10.229	
11	人防(1 500×2 000)	K4+473	33.60	9.346	
12	人防(1 500×2 000)	K4+759	33.01	7.898(6.731)	折返线处

2) 车站区域地下管线较多,主要顺××东路,少数横穿。见表6—3。

表6—3　　　　　　　　车站区域市政管线、人防等地下设施汇总表

序号	穿越位置	名　称	底标高(m)	距拱顶垂直距离(m)	备　注
1	车站主体	雨水管(φ600)	37.50		对应里程K4+900处
2		电信管沟(79×74)	38.42		
3	东侧通道	污水管(φ1 000)	34.82		对应里程K4+800东南风道处,东南出入口情况类似
4		人防(1 500×2 000)	33.00	2.55	
5		上水管(φ400)			
6		电力管沟(2 000×2 000)	31.45	1.0	
7		电信管沟(79×74)	37.63		
8		电信管沟(52×36)	38.07		
9		污水管(φ1 500)		需改移	东北出入口
10	西侧通道	煤气管(φ600)	38.30	距通道较近,且平行	对应里程K4+975.9西北风道处,西北出入口情况类似
11		上水管(φ300)	38.30		
12		电力管沟(2 200×2 000)	34.23		
13		上水管(φ1 200)	38.01	需悬吊	西北出入口明挖段
14		煤气管(φ400)	37.91	需悬吊	
15		上水管(φ300)		需悬吊	紧急疏散口

4. 气候状况

××市地区地处中纬度欧亚大陆东侧,属暖温带半湿润—干旱季风气候,夏季比较炎热,冬季比较寒冷,近10年平均气温为12.5℃～13.7℃。多年平均降水量568.3mm,6～8月降水占全年的80%以上。××市冻结线深度为0.8m。

5. 工程地质及水文地质

(1) 工程地质

A站～B站区间及B站位于××河冲积扇南部地带,场址地形基本平坦,地面标高为40m左右。场址地层由上至下依次为:

1) 人工堆积层

杂填土①$_1$层:半干硬—硬塑,厚度为1.60m～2.60m,层底标高为36.39m～37.64m。

2) 第四纪全新世冲洪积层(Q_4^{al+pl})

粉土③层:褐黄色,硬塑,稍湿—潮湿,厚度 4.0m~5.7m,层底标高为 32.19m~33.21m,局部夹粉细砂③$_2$ 透镜体。

粉细砂③$_2$ 层,褐黄色,潮湿,密实,厚度为 1.9m~3.5m,层底标高为 29.81m~30.29m。

中粗砂④$_3$ 层,褐黄色,饱和,密实,颗粒不均匀含砾石,厚度为 3.7m~4.75m,层底标高为 26.11m~25.49m,局部夹④$_1$ 透镜体。

3) 第四纪晚更新世冲洪积层(Q_3^{al+pl})

粉质黏土、黏土⑥层,褐黄色,可塑—硬塑,厚度为 6.8m~7.90m,层底标高为 19.14m~18.21m。在木层中部夹有厚度 1.50m 的粉土⑥$_1$ 层,局部地方夹有细中砂⑥$_2$ 透镜体。

细中砂⑥$_2$ 层,褐黄色,饱和,密实,厚度为 0.9m~1.4m,层底标高为 17.79m~16.81m,其下为粉土⑧$_1$ 层。

(2) 水文地质

1) 上层滞水:水位标高为 31.94m,水位埋深为 6.86m。含水层为细砂③$_2$ 层及粉土③层,主要接受大气降水和绿地灌溉水垂直渗透补给和管沟渗漏补给。

2) 潜水:水位标高为 27.17m~28.11m,水位埋深为 11.63m~12.84m。含水层为中粗砂④$_3$ 层,地下水径流方向为自西向东,与地铁×号线方向近于直交。

3) 承压水:水头标高为 24.78m~25.01m,水头埋深为 14.02m~15.94m。含水层为细中砂⑥$_2$ 层,地下水径流方向为自西向东,与地铁×号线方向近于直交。

4) 本段沿线上层滞水及潜水对混凝土结构无腐蚀性,对钢筋混凝土中的钢筋具弱腐蚀性,对钢结构具弱腐蚀性。承压水对混凝土结构无腐蚀性,对钢筋混凝土中的钢筋无腐蚀性,对钢结构具弱腐蚀性。

5) 历年最高水位:1959 年水位标高:39.00m~42.00m,1971~1973 年水位标高:34.00m,水位每年变化幅度 1.5m~3.0m。

暗挖地段地质以粉质黏土、细中砂、粉细砂等为主,局部夹透镜体;地下潜水和承压水为影响工程施工的主要因素。

6. 主要工程数量

本工程开挖土石方 262 900m³,回填土方 3 465m³,混凝土圬工 121 006m³,钢材 19 058t,防水板 133 484m²。主要工程量见表 6-4。

6.1.1.3　工程特点、重点、难点及应对措施

1. 工程特点

(1) 区间隧道施工工期紧

本工程区间隧道为双线单洞,双线长 1690.85m,合同工期仅 24 个月。地上、地下建(构)筑物多、管线多,地质条件复杂,区间隧道折返线段断面变化及工序转换多、开挖断面大(14.4m)。区间 1# 竖井担负 772.2m 的施工任务;区间 2# 竖井担负了约 878.5m 的施工任务,其中还包括 253.27m 的站后折返线,任务重、难度大、工期紧迫。

(2) 地面、地下环境复杂

本工程位于市区××环路以内,要穿越玉蜓立交桥、京沪铁路、南护城河、南护城河桥、公寓天桥、中医院天桥、109 中学天桥,地下管线密布,都需采取不同措施确保构(建)筑物和管线的安全。

(3) 结构复杂、技术要求高、施工难度及风险大

1) 区间隧道在玉蜓立交桥下桩间穿过,施工中必须保证桥的安全和车辆的正常运行。

2) 区间隧道穿越南护城河,且需要对南护城河桥基础桩进行洞内托换。

表6-4

主要工程量表

序号	工程项目		单位	区间	车站			附属工程			合计
				暗挖区间	暗挖主体结构	围护结构	竖井	横通道联通道、泵房	暗挖风道出入口	明挖风道出入口	
1	土石方	挖方	m³	136 331.60	66 272.40		9 249.20	2 657.60	42 730.60	5 658.44	262 899.84
		填方	m³				1 316.90	483.55		1 664.87	3 465.32
2	超前小导管		t	709.34	203.48			11.09	150.98		1 074.89
3	大管棚		t	12.40	314.10			13.55	51.77		391.82
4	超前支护注浆		项	1	1			1	1		4
5	喷射C20混凝土		m³	25 450.98	10 442.30	136.36	1 035.24	621.88	7 147.01		44 833.77
6	砂浆锚杆		t	1.20			23.94				25.14
7	格栅拱架		t	2 601.73	2 137.00		146.14	50.60	738.82		5 674.29
8	钢筋网		t	289.62	194.00		27.984	8.09	64.85		584.544
9	掌子面喷射混凝土		项	1	1			1	1		4
10	拆除钢筋混凝土		m³	1 820.60	5 439.70		394.08	102.53	1 835.63		9 592.54
11	C30防水混凝土		m³	31 280.40	14 051.60		1932	511.63	11261.38		59 037.01
12	C20混凝土		m³	22.60	84.00		40.00	195.39	657.99		999.98
13	钢筋		t	3 909.40	2 476.80	444.13	409.21	71.63	2 131.28	221.18	9 663.45
14	预埋件		t	31.04	48.00		12.00		39.50		130.54
15	防水卷材		m²	69 526.00	12 980.30		3 818.52	1 146.85	17 314.66		104 786.33
16	变形缝		m	278.00	151.40			22.98	190.79	72.20	715.37
17	施工缝		项	1	1		1	1	1	1	6
18	钢筋接驳器		t	3 905.40	2 476.80						6 382.20
19	临时钢支撑		项			1					2

续表

序号	工程项目	单位	区间	车站			附属工程			合计
			暗挖区间	暗挖主体结构	围护结构	竖井	横通道联通道、泵房	暗挖风道出入口	明挖风道出入口	
20	衬砌背后注浆	项	1	1			1	1		4
21	C30混凝土	m³		3 202.74		221.75			1 169.57	4 594.06
22	钢管柱C40混凝土	m³		252.00						252.00
23	C25混凝土	m³		113.20					280.00	393.20
24	砖砌体	m³		832.00						832.00
25	钢管柱	t		212.90						212.90
26	C25钻孔桩混凝土	m³			2 892.40					2 892.40
27	混凝土桩顶帽梁	m³			181.53					181.53
28	混凝土锁口	m³			53.12					53.12
29	C15混凝土	m³							130.51	130.51
30	防水	m²							2 053.56	2 053.56
31	风亭	座							2	2
32	出入口上部	座							4	4

3）站后折返线段施工断面变化多、跨度大、工法转换频繁,施工复杂。

4）B站主体结构暗挖采用中洞法,由于跨度大、分块多,工序干扰大,车站暗挖施工中防水及沉降控制是重点,特别是风道进入主体交接处施工难度很大。

2. 工程重点及主要应对措施

（1）车站主体开挖支护及结构施工

车站主体结构开挖断面大（开挖跨度23.766m,开挖高度15.066m）,车站为三拱两柱双层结构形式,施工工艺复杂,中洞部分结构浇筑底纵梁、底板、中纵梁、中板、顶纵梁、拱顶,钢管柱安设并浇筑钢管混凝土,结构复杂、工序多、标准高、难度大。

主要应对措施:

1）采用"中洞法"施工,以达到有效减跨的目的。

2）中洞采用CRD法施工。在中洞内先施做中洞部分主体结构,钢管柱和顶纵梁、顶板、底纵梁、中纵梁共同形成稳定结构,提前发挥了此稳定结构的承载作用,增加了侧洞施作的安全性和稳定性。

3）安排两侧洞同步施工,以消除对中洞的偏压力。

4）制定详细的底板、底梁、顶纵梁、顶拱浇注、钢管焊接实施细则,严格按设计、规范和实施细则施做。

（2）通风道与正洞主体交接段施工过程中受力体系转化

通风道与正洞主体交接段施工转化,工序多、受力复杂,特别是车站风道与主体交接处,断面向大跨度直边墙断面过渡,施工工艺复杂、难度较大。

主要应对措施:

1）车站风道与主体交接处,由通道断面向大跨度直边墙断面过渡。采取风道一直向前施工至通道端头,由中隔壁法（双横联六分部）施工的风道进入车站主体时,拱部施作密排注浆小导管,断面上挑、下挖采用中隔壁法（三横联八分部）施工,然后施做底板、底纵梁,施做中层板下部车站钢管柱和扶壁柱,再进行中层板暗梁施工,向上接长钢管柱,施做顶纵梁,然后施做中层板和顶板及该段衬砌。

2）制定相应施工方案,特别是不同断面、不同施工方法转换措施。

3）加大组织力度,切实落实施工方案。

4）实行信息化施工,加强监控量测,及时反馈、分析信息,指导施工。

（3）站后折返线段区间隧道施工

站后折返线开挖断面除标准断面外,还有7种断面形式,跨度5.8m～14.4m,高度6.28m～9.795m,分别采用台阶法、中隔壁法、双侧壁导坑法施工,工法转换频繁。给施工安全、沉降控制、施工进度带来较大困难。

主要应对措施:

1）站后折返线几种断面形式,分别采用台阶法、中隔壁法、双侧壁导坑法施工。由区间2#竖井施工折返线段时,左线隧道超前施工,其施工原则为"巩固两端,先小后大,划大为小"。"巩固两端"即折返线两端区间标准断面先做好二衬,再进行折返线的扩挖;"先小后大"即折返线开挖从小断面向大断面扩挖;"划大为小"即每个断面开挖时,将大断面划分成小块,分块开挖,分块支护封闭。

2）其他措施参照"（2）通风道与正洞主体交接段施工过程中受力体系转化"。

（4）××公园及邻近建筑物的保护

车站西北出入口、紧急出入口、风井、风道施工影响到××公园的房屋和坛墙,其他出入口及暗挖施工也影响到邻近建筑物的安全。

主要应对措施:

1)施工前进行详细的调查,取得建(构)筑物的第一手资料。

2)严格按设计施工,必要时加大支护措施。

3)与文物等有关部门联系,制定更详细的施工方案。

4)加强量测工作,进行动态施工管理,地表沉降控制在允许范围之内。

(5)暗挖车站施工时各工序的衔接质量

车站结构复杂、工序多且干扰大。做好各工序的衔接,除保证结构本身质量外,对控制地表沉降、缩短工序施工时间都有重要作用。

主要应对措施:

1)采取中洞法施工方案,并制定合理可行工艺流程,减小工序干扰,做好各工序的衔接。

2)合理配置人员、材料、设备,保证各项工序的顺利进行。

3)加大施工管理力度,保证方案的有效落实。

(6)监控量测

监控量测是地铁施工关键工序之一,对于及时了解隧道及周围环境影响信息、及时分析反馈、及时调整设计和施工方案、指导现场施工,确保工期和安全有着不可替代的作用。

主要应对措施:

1)根据对各施工工况的模拟分析结果,制定合理的监控量测方案,明确必测项目和选测项目,做好洞内、地表布点工作。

2)按照要求频率及时、准确获取数据信息。

3)加大监控量测人员和设备的配备,加强技术管理力度。

(7)降水施工

本工程位于××河冲积扇南部地带,地质(由上至下)为杂填土层,粉土层、局部夹粉细砂透镜体,粉细砂层,中粗砂层、局部夹④$_1$透镜体,粉质黏土,黏土层且中部夹有厚度 1.50m 的粉土层、局部夹有细中砂透镜体,细中砂层、其下粉土层。该段隧道下半部分已处于承压水含水层,地质及水文地质条件决定了施工降水是暗挖及竖井施工的前提,特别是区间隧道穿越南护城河段,必须保证降水效果和时间要求,即暗挖至该处时降水必须达到预期效果。另外,隧道施工中,残留水特别是污水管等部位附近土体可能软化,极易造成涌泥、涌砂现象,从而造成地面塌陷。

主要应对措施:

1)降水施工由专业降水队伍进行施做,我们将加强配合,保证效果。

2)制定合理周全的降水方案,确保降水的时效性。

3)隧道开挖前,超前钻孔了解前方地质,特别是前方有污水管等可能存在水囊地段。

4)对于重点关注地段进行超前预注浆加固处理。

5)穿越护城河地段洞内必要时进行帷幕注浆处理。

3.工程难点及主要应对措施

(1)主体结构及渡线结构防水

地铁防水质量要求高,区间防水等级二级,车站为一级。车站及渡线段衬砌分块多,结构防水体系施做是确保工程质量的关键环节之一。

主要应对措施:

1) 加强结构防水设计的施做,科学安排、合理组织、严格管理、精心施工,并做到不渗、不漏。

2) 以钢筋混凝土结构自防水为根本,施工缝、变形缝等接缝防水为重点,柔性全包防水层施工工艺为关键。

3) 加强防水材料的管理,严格进货渠道,确保材料质量满足设计要求。

4) 针对不同工序、不同部位制定相应的技术措施。

5) 加大特殊部位(变形缝、施工缝、接地电极、穿墙管等)的防水措施。

6) 完善注浆防水措施,单液浆、双液浆配合使用。

7) 组织专业施工队伍,制定施工细节,按设计要求施工。加大施工管理力度,确保施工工艺质量。

(2) 地表沉降控制及地下管线保护

主要应对措施:

在暗挖隧道施工时,需要以理论计算为指导,超前考虑合理稳妥的施工方案及防坍塌、防沉降的施工技术措施。施工时以监控量测为手段,以信息化管理为基础,以防止坍塌和控制沉降为目标,确保对地表建筑物和地下构筑物的影响降低到最小程度。

1) 严格遵循"管超前、严注浆、短开挖、强支护、早封闭、勤测量"的施工原则。

2) 站后折返线和车站暗挖段成立攻关组,组织专题研讨会,制定相应的开挖方法和支护措施。

3) 超前进行管棚注浆,加固前方土层。

4) 初期支护及时封闭,拱部格栅扩大拱脚,拱脚处打设锁脚锚杆(锚管)。

5) 及时进行初支拱背注浆,确保拱顶密实。

6) 及时施做二次衬砌。及时进行二次注浆。

7) 区间相邻洞室向同一方向施工时,要相互错开一定的距离,减少沉降的叠加效应。

8) 交叉口设置加强环框,各个开口分别错开施工,使交叉口段的最大地表沉降、洞室变形和支护受力控制在允许范围内。

9) 对于地下管线,首先应明确其准确位置,超前探明前方地质,采取不同的施工方法和措施予以保护(详见"第 6.1.5.3 条第 3 款隧道穿越地下管线的施工方法及技术措施")。

10) 加强监控量测,及时反馈、分析信息,指导施工。

(3) 穿越南护城河段施工

南护城河河底距隧道拱顶约 7.6m,护城河桥有三排桥墩中 5 根桩基贯穿区间左线隧洞。该段施工难点主要有护城河的围堰降水、穿越护城河的洞内加固、护城河桥的桩基托换。

主要应对措施:

1) 对于护城河的围堰降水由相关单位进行,××市地矿降水部门提出的降水方案是先做围堰封河,抽水,施做降水井,待降水井施做完毕联管后,恢复河道。

2) 如果降水未达到预期效果,建议进行洞内全断面帷幕注浆处理。

3) 穿越护城河段,必须制定详尽的施工方案,采取导管超前注浆加固,然后按"短开挖、强支护、快封闭"的原则组织施工。开挖前,首先应超前探明前方地质。

4) 护城河桥的桩基托换。第一步植筋,从标准开挖断面外轮廓外扩 0.75m 为本段托换桥基范围的开挖轮廓,施做 300mm 厚的初期支护,在初期支护与桩基相交部分向桩内植筋,所植钢筋与格栅主筋焊接,使之形成整体;第二步切桩,凿除部分桩身混凝土(留核心桩,大约 30cm),施做全封闭的模筑衬砌;第三步断桩,待上步模筑衬砌达到设计强度后,凿除隧道断面范围内的桩基,施做 300mm 厚的模筑衬砌(代替标准断面的初期支护);第四步施做防水层,然后浇筑二次衬砌(标准断面的)。

5) 加大组织力度,切实落实施工方案。

6) 加强监控量测,及时反馈、分析信息,指导施工。

(4) 穿越京沪铁路的施工

区间隧道穿越京沪铁路,隧道埋深 17m 左右,必须保证大动脉的安全运营。

主要应对措施:

1) 严格遵循"管超前、严注浆、短开挖、强支护、早封闭、勤测量"的施工原则。

2) 采取洞内注浆加固措施,必要时采取密排小导管注浆或与大管棚配合施工,减少地表沉降量。

3) 缩小初期支护格栅间距,初期支护拱脚打设锁脚锚杆(锚管)。

4) 及时进行初支拱背注浆,确保拱顶密实。

5) 及时施做二次衬砌,尽早封闭成环。及时进行二次注浆处理。

6) 区间相邻洞室向同一方向施工时,要相互错开一定的距离,减少沉降的叠加效应。

7) 密切与铁路部门联系,进行备查工作,必要时申请对列车限速处理。

8) 加强监控量测,及时反馈、分析信息,指导施工。

(5) 穿越玉蜓立交桥的洞内施工

玉蜓桥跨越南二环路、京沪铁路、南护城河和××东路,匝道与××环路等相接。区间隧道从桥桩基间穿行,其中右线隧道结构边缘距桥 25♯墩桩基仅 1.05m。必须保证此交通要道的安全。

主要应对措施:

1) 采取洞内注浆加固措施,必要时采取密排小导管注浆或与大管棚配合施工,减少地表沉降量。

2) 右线隧道结构边缘距桥墩桩基较近。对该段隧道进行径向拱墙长导管注浆加固。

3) 缩小初期支护格栅间距,初期支护拱脚打设锁脚锚杆(锚管)。必要时变钢筋格栅为型钢拱架。

4) 其余措施同"(4)"中相关内容。

(6) 穿越人行天桥的洞内施工

区间穿越公寓天桥和中医院天桥,桩基距隧道边墙较近;车站穿越 109 中学天桥,天桥两根桩基伸入车站结构中层板以下。

主要应对措施:

1) 对于公寓天桥和中医院天桥,采取同穿越玉蜓立交桥的洞内处理应对措施。

2) 对于 109 中学人行天桥,为保证其使用功能,不中断天桥并保证车站主体施工安全,采用在地面进行桩基托换,即在地面桥墩承台下,采用把既有承台扩大、加深,在新承台下既有桩的南北侧各施作一根 $\phi1200$ 新桩(桩底位于主体结构上边),由新桩承担原来桩基的荷载。然后在车站施工到该部位一定距离处,采用超前支护并注浆加固地层,采取"短进尺,快封闭"施工,对伸入开挖面内的桩基,在其桩周围植筋,与格栅焊接在一块,同时在地面天桥处加强监控量测,待初期支护变形稳定后,就可把主体结构范围内的既有桩凿除。

6.1.2　施工总体部署

6.1.2.1　施工总体方案

1. 总体施工指导思想

本项目施工指导思想：以网络计划为指导，抓好重、难点施工，以 ISO 9001 质量管理体系进行全过程、全方位控制，以"精心施工、科学组织、合理安排、严格管理，安全、优质、按期完工"的指导思想，以"干一项工程，树一方信誉"为战略目标，兑现合同承诺，为××市地铁建设大发展增光添彩。

2. 总体施工目标

（1）质量目标

确保市级或部级优质工程，争创国优工程。分部分项工程合格率 100％，优良率 95％以上；单位工程合格率 100％，优良率 100％。

（2）安全目标

杜绝职工因工死亡事故和安全等级事故，年负伤率控制在 5‰以内，杜绝重伤事故，争创安全生产先进单位。

（3）工期目标

统筹规划，合理安排，优化方案，确保工期，计划施工时间 2002 年 12 月 28 日至 2004 年 12 月 12 日，总工期为 716 天。

（4）文明施工目标

树样板工程，建标准化现场，做文明职工，争创"××市文明施工样板工地"。

3. 总体部署

（1）工区任务划分和队伍安排

1）依据工程特点按"两区段、四工区"组织施工，"两区段"即 A 站～B 站区间和 B 站两个区段，"四工区"即区间 1♯竖井工区、区间 2♯竖井工区、车站东南竖井工区、车站西北竖井工区。具体划分见图 6－3。

2）区间 1♯竖井工区承担 1♯竖井、风机房、风道、左线 K3＋104.3～K3＋844、右线 K3＋104.3～K3＋876.5 段区间隧道开挖、支护、衬砌任务；区间 2♯竖井承担 2♯竖井、施工通道、左线 K3＋844～K4＋734、右线 K3＋876.5～K4＋722.5 段区间隧道开挖、支护、衬砌任务；车站东南竖井工区承担东南竖井、施工通道、区间隧道左线 K4＋794.85～K4＋722.5、右线 K4＋794.85～K4＋722.5、车站主体 K4＋794.85～K4＋891 段开挖、初支、衬砌任务及东南出入口、西南预留出入口的施工任务；车站西北竖井承担西北竖井、施工通道、车站主体 K4＋970～K4＋891 段开挖、初支、衬砌及东北出入口、紧急疏散口、西北出入口施工任务。在上述区段划分基础上，合理调配人、材、机，制定界面接口方案，统一调度、科学管理、文明施工。

3）由区间 1♯竖井分别向 A 站、B 站南、北两端组织施工，其中向 B 站端区间地面、地下建（构）筑物较多，施工时须严密监视，必要时降低施工进度以确保安全。区间 2♯竖井拐入正线后，向 A 站端施工，同时主攻 B 站端区间，该段站后折返线断面变化多、开挖跨度大、施工方案转换频繁。区间隧道主要采用台阶法开挖，折返线采用中隔壁法、双侧壁导坑法和台阶法施工。2♯竖井段施工时应优先保证 B 站端区间的资源配置，保证该段区段能按计划工期完成。

4）利用车站西北风井、风道和东南风井、风道作为主体结构施工的竖井、横通道，由南北两端向中间施工，同时为减轻 2♯竖井 B 站端区间施工的压力，车站东南竖井施工车站主体结构同时,继续转入南端区间隧道的施工,考虑到车站东南竖井需同时施工车站主体结构及区间隧道折返线段的影响,车站东南竖井向南区间隧道施工的里程为区间隧道左线 K4+794.85～K4+722.5、右线 K4+794.85～K4+722.5。待车站主体结构贯通后,即可从主体结构向出入口通道端施工,同时可进行出入口明挖段的施工。

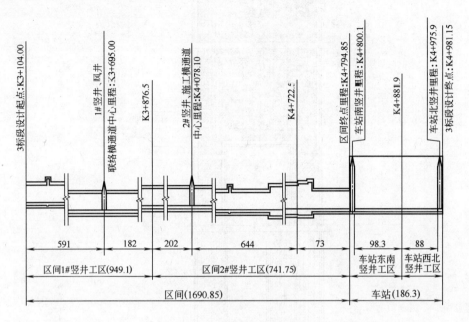

图 6-3　工区划分示意图

5) 在隧道施工过程中,保证施工安全及质量的重要措施为降水效果,必须保证隧道在无水条件下施工。同时由于区间隧道左、右线线间距较小,左右线隧道在同一方向掘进时,为了减小沉降的叠加效应,左右线错开一定的距离掘进。

6) 区间隧道标准断面采用全液压式模板台车衬砌,折返线段及车站采用衬砌台架配组合钢模板施作,预拌混凝土,输送泵灌注。

7) 为保证施工的进度及开挖、初支过程中出渣、进料的方便,在 1# 竖井与 2# 竖井之间开挖初支完成之后进行二次衬砌,该段衬砌完成之后,模板台车可调往 1# 竖井施工区段南端,此时 1# 竖井南端开挖已经结束,可连续进行二次衬砌的施工,这样既可以减少台车费用的投入,而且可以保证在合同工期内按时完工。

2# 竖井向北施工段首先保证在左线开挖及衬砌,以便保证施工右线 K4+480.73 起的折返线段施工的安全。

8) 东南竖井既承担车站主体结构的施工,又承担区间隧道部分折返线的施工,是本工程施工的关键工序,任务重,必须加强资源配备及施工管理。

(2) 主要施工方法及支护措施

各区段的主要施工方法见图 6-4,本工程的主要施工方法和支护措施见表 6-5。

4. 施工流程

(1) 总体施工流程

总体施工流程见图 6-5。

(2) 各工区施工流程

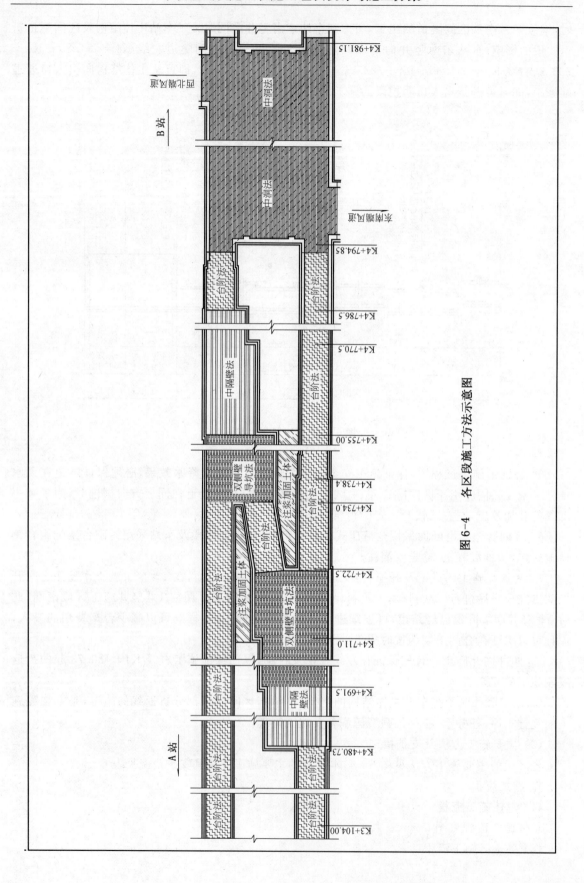

图 6-4　各区段施工方法示意图

表 6—5　　　　　　　　　　　　　03 标段施工方法及支护措施明细表

工程名称		开挖方法	超前支护	初期支护	二次衬砌	防水	出渣方式
区间	标准断面	台阶法	Φ42 小导管注浆(拱部),特殊地段采用大管棚超前支护或双侧壁导坑法护小导管注浆	25cm 厚 C20 喷射混凝土加格栅,格栅间距 1.0m	30cm C30 防水钢筋混凝土,F8	防水混凝土,ECB 防水板,背贴式止水带、中埋式橡胶止水带,初期支护背后注浆,二次衬砌背后注浆等	掘载机挖装、装载机出渣、洞渣自轨道运输、汽车洞外卸车、二倒运
	折返线	中隔壁法	小导管支护,注浆加固地层	30cm C20 网喷混凝土加钢格栅	40 或 45cm C30 防水钢筋混凝土,P8		
		双侧壁导坑法	密排小导管与大管棚联合支护加固地层	30cm C20 网喷混凝土加钢格栅	50cm C30 防水钢筋混凝土,P8		
		台阶法	小导管支护,注浆加固地层	25cm C20 网喷混凝土加钢格栅	40cm C30 防水钢筋混凝土,P8		
	竖井	明挖	马头门处小导管与大管棚联合支护加固地层	30cm 喷混凝土加格栅内支撑体系固结	C30 防水钢筋混凝土,P10		
	横通道	中隔壁法	小导管注浆,马头门采用大管棚与小导管支护	格栅喷混凝土	C30 防水钢筋混凝土,P10		
车站	主体	中洞法	Φ115 大管棚注浆(拱部,需要时设置);Φ42 小导管支护(拱部)	格栅间距 0.5m,钢筋网 15×15cm,喷混凝土 30cm	C30 防水钢筋混凝土(二次砌顶、底板、顶板、底纵梁、侧墙);顶纵梁采用型钢混凝土组合结构;钢管内混凝土为 C40 微膨胀混凝土;站台板及站台柱支撑墙为 C30 钢筋混凝土;垫层为 C15 混凝土		
	出入口	明挖段　明挖		钻孔桩内支撑体系围护或土钉墙支护、喷锚支护	C30 防水钢筋混凝土,P8		
		暗挖段　台阶法 中隔壁法	Φ42 小导管注浆加固或大管棚超前支护		C30 防水钢筋混凝土,P8		
	风道	中隔壁法	Φ42 小导管注浆加固或大管棚超前支护	C20 网喷混凝土加钢格栅	C30P10 防水钢筋混凝土中层板,C25 钢筋混凝土桩		
	风井(竖井)	明挖		喷混凝土格栅或钻孔桩内撑体系围护	C30 防水钢筋混凝土,P10		

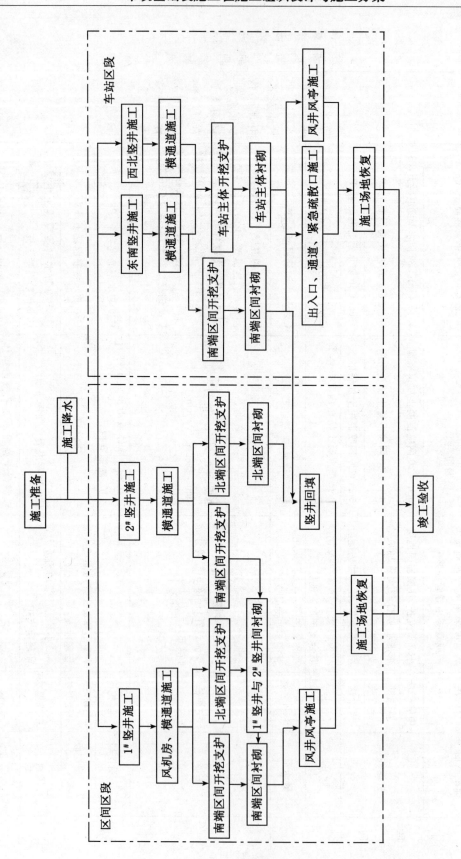

图 6-5　总体施工流程图

1）区间 1♯竖井工区施工流程,见图 6—6。

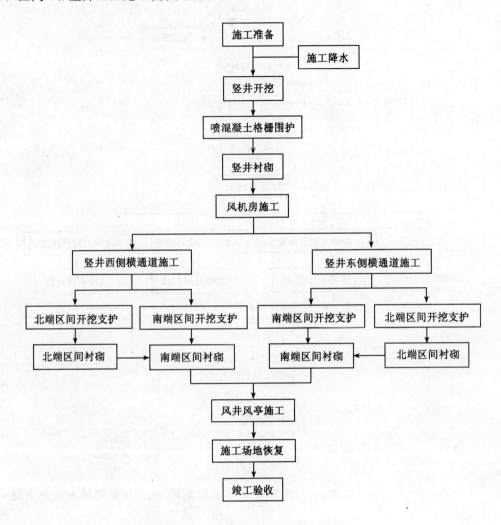

图 6—6 区间 1♯竖井工区施工流程图

2）区间 2♯竖井工区施工流程,见图 6—7。

3）车站东南竖井工区施工流程,见图 6—8。

4）车站西北竖井工区施工流程,见图 6—9。

5．主要施工接口的处理

本标段施工接口主要包括标段间的接口和标段内的接口。其中标段间的接口在业主统一协调下解决,在施工过程中对测量工作及时互通信息,对中线控制桩和水准点的贯通测量和控制测量相互闭合,以确保工程顺利进行。这里主要叙述标段内主要施工界面接口的处理。

标段内的主要施工接口包括暗挖区间施工接口、区间与车站暗挖接口以及车站主体暗挖接口:

（1）暗挖区间接口

暗挖区间接口主要有区间 1♯竖井工区和 2♯竖井工区分界点、2♯竖井工区与车站东南竖井工区分界点。由于 2♯竖井向南施工,1♯竖井向北端施工,在两个掌子面掘进距离约 10m～

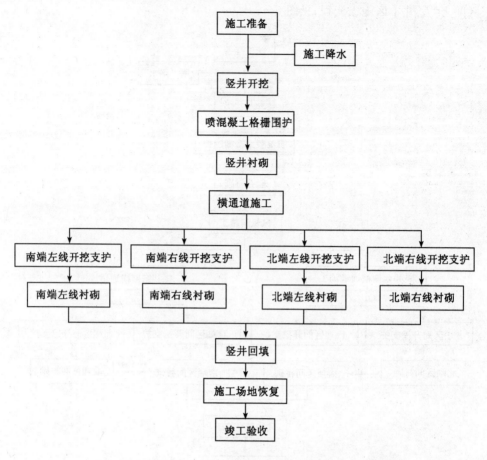

图 6—7 区间 2♯竖井工区施工流程图

20m 时,2♯竖井先开挖至分界里程,然后把开挖面分台阶封闭,由 1♯竖井单头掘进贯通,确保施工安全。见图 6—10。

2♯竖井与车站东南竖井在 K4+722.5 分界点处,东南竖井先开挖至分界里程,然后把开挖面分台阶封闭,由 2♯竖井单头掘进贯通。

(2)车站主体暗挖接口

为避免主体结构贯通时同时掘进的情况,当两端中洞掌子面最近距离大于或等于 20m 左右时,停止北侧主体掘进,掌子面平面成中洞超前状,立面中洞及侧导成台阶状,并进行封闭。另一侧继续施工。见图 6—11。

6.1.2.2 施工平面场地布置及说明

1.施工场地布置原则

施工平面布置及场地规划遵循以下原则:

(1)满足正常施工作业和生产管理的需要。

(2)少占地、少拆迁、少扰民。

(3)对城市交通干扰少。

(4)满足文明施工和安全生产的要求。

2.施工场地布置总平面图及说明

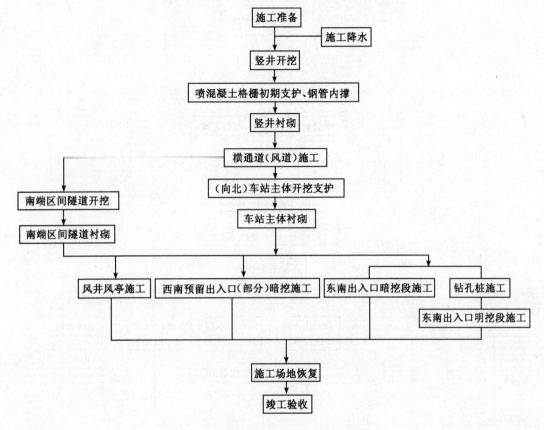

图 6—8　车站东南竖井工区施工流程图

施工总平面布置图　（略）。

（1）区间

1）区间 1♯竖井场地规划

区间 1♯场地位于玉蜓桥下，京沪铁路东南角，现为绿地，场地东侧有路。1♯竖井施工场地平面布置图　（略）。

2）区间 2♯竖井场地规划

区间 2♯竖井位于××大厦边生活垃圾场处，该处施工前需进行电信管线改移。2♯竖井施工场地平面布置图　（略）。

（2）车站

1）车站东南竖井场地规划

该施工场地位于××中学与××中学之间，××中学南侧平房处。东南竖井施工场地平面布置图　（略）。

2）车站西北竖井场地规划

该施工场地位于××公园内旅游服务部院内。西北竖井施工场地平面布置图　（略）。

3）车站出入口及紧急疏散口

车站东南出入口位于车站东南竖井场地范围内，其他出入口需另行围护，可作为施工期间场地布置的调配补充使用。其位置参见施工总平面布置图。

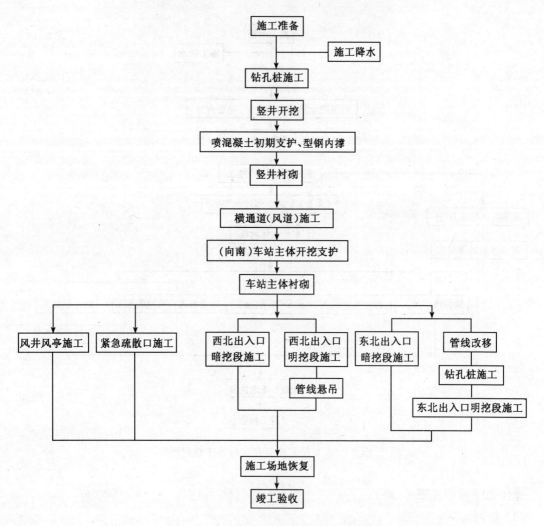

图 6—9　车站西北竖井工区施工流程图

3. 围护结构说明

围护结构和材料首先应符合××市建设行政主管部门的规定,及时维护,并征得业主和监理的同意。

围护分两期设置。一期设置四个施工竖井处的四处围挡;二期增加东北、西北出入口及紧急疏散口、过街通道出入口四处围挡。施工场地围护结构沿路侧采用钢围墙,确保钢围墙的连续、整齐、牢固和美观。施工场地的其余侧面采用砖砌围护结构进行全封闭,围墙高 2.3m,厚 0.24m,每隔 3.0m 设 0.37×0.37m 砖柱。围墙内外均用砂浆抹面,并涂刷绿色环保型涂料,大门采用钢制电动推拉门,与钢围墙保持一致。大门外侧悬挂标牌告示,写明工程简介,开竣工日期和工程建设、设计、监理、承包单位等名称,围墙和大门设置充足的照明设施,符合安全、美观、文明施工的要求。

4. 临时设施安排

(1)场地临时设施

1)场地硬化

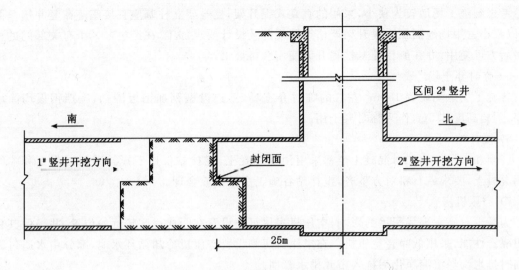

图 6—10 暗挖区间接口处理示意图(立面)

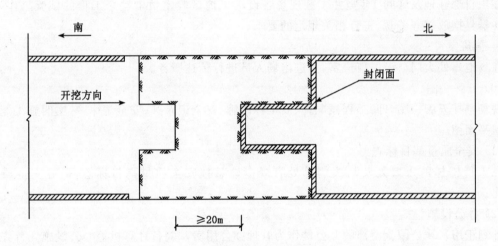

图 6—11 车站主体暗挖接口处理示意图(平面)

施工围挡场地内,除竖井位置外,其余场地全部硬化处理。场地内道路部分,采用铺设 20cm 厚 C20 混凝土,其余部分采用 10cm 厚 C20 混凝土硬化地面,机械平整,混凝土表面平顺,控制好标高,预留 5% 的坡度,使雨水、生产用水能及时排到水沟,做到排水畅通,场地内无积水。

2)竖井围栏

施工竖井口部四周设 45cm 高混凝土挡水栏,并安装 1.2m 高的钢管围栏,钢管围栏利用红、白相间的油漆涂刷,做到醒目、安全。并在竖井人行步梯上方,安装安全防护网,防止地面物体坠落,确保施工人员安全。

3)洗车槽

在施工现场围挡的大门内侧设冲槽和沉淀池,所有驶出现场的车辆必须冲洗干净,场地内部水沟均通向沉淀池。施工场地内的生活污水及冲洗水流经沉淀池沉淀处理后,排入市政水管道。

4)竖井提升架

考虑到施工场地较为狭小,采用的直立式提升架,提升架立柱基座直接座落在竖井锁口圈口上,以减小占用场地面积。提升架严格按照规范及设计要求加工,在经过××市有关部门的检定合格后方可使用,并在醒目处悬挂提升架使用合格证书。

5)临时弃土场

各施工场地均设置 150m² 左右的临时弃土场,三边设型钢加钢板围挡,围挡钢板均涂刷防锈漆,围挡高度 3.5m,作为临时弃土用。

6)搅拌站

区间和车站结构二衬混凝土全部采用预拌混凝土,搅拌站仅用于搅拌喷射混凝土和临时工程用混凝土,要求砂石料对方整齐,搅拌站各施工用具摆放合理。

7)空压机房

为减少对施工现场居民的影响,空压机房尽可能设置在距居民区较远的位置,并确保其良好密闭隔音性能,采用低噪音空压机。在空压机房侧设置空压机冷却循环水池,部分用水通过设置的临时排水沟经沉淀净化后排入市政排水管网。

8)工地试验室

在项目部驻地及区间 1♯竖井工区现场各设一工地试验室负责整个工程的试验工作,试验室内各器具摆放整齐美观,符合相关规定的要求。

9)值班室

在场地每处大门口设一值班室,为进出场人员进行传达服务。

10)五牌一图

现场置挂五牌一图,即:工程概况牌、安全标语牌、安全记录牌、安全纪律牌、文明施工制度牌和施工平面图。

11)安全质量醒目标志

在人行楼梯的入口处及马头门等处有规律地悬挂安全质量醒目标志,做好安全质量宣传工作。

(2)办公设施

计划租用××公园旅游部的办公楼作为管理办公用房。配备计算机等办公设施。首先满足业主、监理及设计代表办公及住宿所要求的用房和设施,并保证管理人员、技术人员等办公需要。

(3)生活临时设施

在 4 个施工现场内,设置部分生活区(工区用房),并与施工区分离。食堂内布置合理、配备食堂各种器具,并符合××市有关卫生部门的要求,最大限度地降低环境污染。

结构形式采用 2 层组合板房,空压机房旁设浴室、厕所。生活区产生的生活垃圾按照规定每天集中,纳入城市垃圾处理系统,大部分员工生活住宿在××市郊区租房解决。

(4)临时道路

场地内的临时道路采用 20cm 厚 C20 混凝土,道路设置 5％坡度,以利于雨水及时排向水沟,道路无积水。

(5)场地内照明

在生活区、办公区、施工区安装路灯,确保夜间施工作业有足够的亮度。

(6)临时设施工程数量

临时设施工程数量见表 6—6。

5．施工用电、用水、用风说明

表 6-6　　　　　　　　　　　　　　　临时设施工程数量表

序号	项　　目	单　　位	数　　量
1	工区办公用房	m²	700
2	项目部办公用房	m²	400
3	空压机房	m²	154
4	配电室(发电机房)	m²	102
5	值班室	m²	67.5
6	砂石料场(搅拌站)	m²	180
7	水泥库	m²	120
8	材料加工区	m²	130
9	材料堆放区	m²	210
10	机修房	m²	100
11	机具堆放	m²	280
12	厕所	m²	40
13	临时渣场	m²	600
14	试验室	m²	20
15	配件房	m²	32.5
16	拌合站	m²	160

（1）施工用电

在 A 站~B 站区间及 B 站施工现场内，业主将电源接入点引至施工围挡内，我单位将在电力部门许可的位置修建配电房，用电缆接入工地配电箱，计划区间 1# 竖井、区间 2# 竖井各配置一台 700kVA 变压器；车站东南竖井、车站西北竖井各配置一台 800kVA 的变压器。施工现场供电线路采用架空电缆和部分埋设电缆，埋设电缆均采用钢管保护。为防止意外停电对工程施工造成影响，在每个工区各备 1 台 240kW 低噪音发电机，在意外事故造成停电时，确保施工安全和部分工作面正常施工。

（2）施工用水

业主将水源接入点引至施工围挡内，我单位将采用埋设 φ100 主供水管路，分别接入施工现场和生活用水区。

（3）施工用风

在 4 个施工现场场地内修建空压机房，各配备 2 台 20m³ 和 1 台 10m³ 低噪音空压机。空压机房采取防水、降温、防噪声措施。高压风采用 φ125 钢管引到作业面，主管设总风阀，支管每隔 50m 设分闸阀和出风口。

6. 施工期间的临时通信设施

在每个工区安装 2 部程控电话，项目部设 3 部，业主代表及监理各安装 1 部，并配备一定数量的移动电话，以便于施工生产和对外联络。为方便洞内、外信息的联系，在洞内各施工掌子面附近、现场技术室、队部各工班、现场监理办公室、业主办公室各设置内部电话，以利于洞内施工的信息快速反应。

7. 施工期间的排水和防洪设施

（1）排水设施

所有施工场地均进行硬化处理，以利排水，沿施工竖井周围设置排水沟。围挡四周布设排水系统，确保施工期间场地内的生产、生活、雨水不流到施工现场外，汇集、沉淀后排入市政污水管道。排水沟断面尺寸为 0.3×0.3m，沟底设 1% 的排水坡，并用水泥砂浆抹面。排水沟通至洗车槽下的沉淀池。水沟、沉淀池上方采用角钢与钢筋焊接成盖板，保证美观、整齐。机械维修等油污水运至规定的地点，经净化处理后排入市政污水管道。在竖井内设集水井，将渗透出的地下水引入集水井，并派专人负责抽排水至地面沉淀池内，经沉淀处理后，排入市政污水管道。

（2）防洪设施

根据现场的施工条件及城市排水系统的布置，严格按制定设计的排水系统进行布设。施工中加强对排水系统的围护，暴雨季节增加防洪抢险人员，做好防洪物资的储备和检查，并加强对现场施工情况的监测和观察，及时收集、分析观测数据，制定应急处理方案，检查排水设施，随时疏通排水系统，增加抽水设备等方法来进行防洪排水。

8. 施工期间的交通疏解方案和运输线路规划

交通疏解方案充分考虑施工车辆对原有交通状况的影响，尽量不改变原有的交通状况；在条件允许的情况下车辆进出场地单向行驶，减小挤占公用车道的时间，同时在满足施工情况下缩小施工场地的面积，尽量少侵占公用道路。

交通疏解见地铁×号线 A 站～B 站区间施工期间交通组织图　（略），地铁×号线 B 站施工期间交通组织图　（略）。

（1）区间 1# 竖井

区间 1# 竖井场地东邻××路，路宽 8m，该道路车辆较少，由××路出入场地。

（2）区间 2# 竖井

区间 2# 竖井场地非常狭小，为满足施工需要，2# 竖井施工场地需占用 6.5m 宽人行道及 3.6m 的辅道，场地围挡后，剩余辅道宽 4.3m；同时原有小区道路需向北改移，改移后的道路宽度为 7.2m。建议将此处主辅道绿化隔离带向北拆除 2.5m，以扩大通行宽度，提前进行行人车辆的分流，并方便改移后小区道路进出。场地北侧距天桥下公交汽车站仅有 10m，施工车流易与之产生干扰，建议将公交汽车站北迁 20m，减小运行时的相互干扰。靠××东路侧围挡西端开一大门，西围挡北段开一大门，靠××东路驶入场地东门内，穿行场地出西门拐弯经由小区改移道路驶入××东路向南驶离现场。

（3）车站东南风井

B 站东南风井位于××中学与××中学之间，场地西侧围挡紧邻人行道外缘，场地不占用人行道及辅道。在西围挡的南北两端各开一大门，此处主辅道绿化分隔在南 20m、向北 120m 开口相通，施工车辆自南开口有主道进入辅道，经南大门进入施工场地内，再由北大门进入辅道，由北开口驶入主道内。

（4）车站西北风井

B 站西北风井位于××公园旅游服务部院内，坛墙上现开有一大门，大门限高 3.5m，经通勤道路可通至该场地。道路两端为一停车场，受施工场地限制该场地只能利用旅游服务部现有大门作为进出场地的出口，施工车辆自××东路驶入××公园南通勤道路后，由于道路狭窄，无法转向，至场地大门处倒车进入场地内，装卸完成后再出大门沿通勤路向西驶入××公园停车场内,转向调头,再向东经由通勤路驶出××公园进入××东路。混凝土搅拌输送车高3.8m,无法通过通勤口大门,因此须与××公园相关部门协商,由其售票口处大门进入场地内。建议此处相邻的紧急疏散口场地早日征用,以使两场地连成一片,便于车辆畅通行驶。

(5)车站东南出入口

东南出入口与东南风井位于同一场地内,交通流向相同。

(6)车站东北出入口

东北出入口施工场地占用体育馆路南端侧11.8m的苗圃及人行道,在体育馆路侧围挡东西南端各开一门,东端用于出土,西段用于进料,施工车辆自××东路拐至体育馆路,倒车进入场地内,完成装卸后,自辅道进入体育馆路向东驶出。

(7)预留过街通道出入口

过街通道出入口位于体育馆路与××东路交叉口的东北角,占用××东路6.0m人行道及4.0m辅道;拟在西侧围挡及北侧围挡各开一门,施工车辆自西门进入场地内,由北门经辅道驶入××东路内;围挡后,由我方派专人负责指挥交通,基本满足辅道通行要求。

(8)车站西北出入口

B站西北出入口施工场地需占用××公园的东北侧××东路的人行道及辅道各7.2m,在北侧围挡及靠××东路辅道东侧围挡上各开一门,施工车辆自××东路主车道进入辅道,经北门进入场地,再出东门驶入××东路。

(9)车站紧急疏散出入口

紧急疏散出入口位于××公园售票房及小广场内,因此只在其围挡开一大门,施工车辆由××东路进入××公园小广场内,经由此门进出场地,对××东路交通影响较小。

(10)确保交通有序的措施

1)施工场地进、出口设立警示标牌,围挡顶部安装警示灯,并在交通线路上布设限速、禁停等标志标牌。

2)在施工场地进出车辆时,安排专职交通指挥员,在路口疏解汽车、行人交通。

3)施工前,组织施工人员进行技术交底和安全教育。

4)施工场地围挡施工时,所有人员均佩戴安全帽,穿反光衣,在围挡前方、后方200m处设立施工缓行标志,用拉绳(带三角彩旗)进行简单围挡,并有专人指挥车辆。

5)监控量测地表测量项目在车辆较少的夜间进行时,安排一人指挥交通,所有人员必须穿反光衣。

6)施工机械停放在施工围挡内,不得停放在围挡外面和道路旁边,以免造成交通堵塞。

7)出土、进料安排在夜间进行。

8)密切与交管等部门的联系,加强协调工作。

9)行人的交通导向及安全容易被忽视,且行人往往难以被顺利地导入预期的行走线路中,因此在交通疏导过程中要特别注意加强行人的疏导工作。

9.施工辅助系统

(1)风井(竖井)提升系统和提升吊斗布置

区间隧道和暗挖车站的施工进度受提升能力的制约,为保证及时将开挖土方运至地面,保证每日进度安排,经过慎重考虑和对多种方案的认真比选,在施工中我们将采用提升架进行提升作业。

1)B站东南风井、西北风井和A站~B站区间1#竖井场地

B站东南风井、西北风井和A站~B站区间1#竖井提升架布置示意见图6—12。

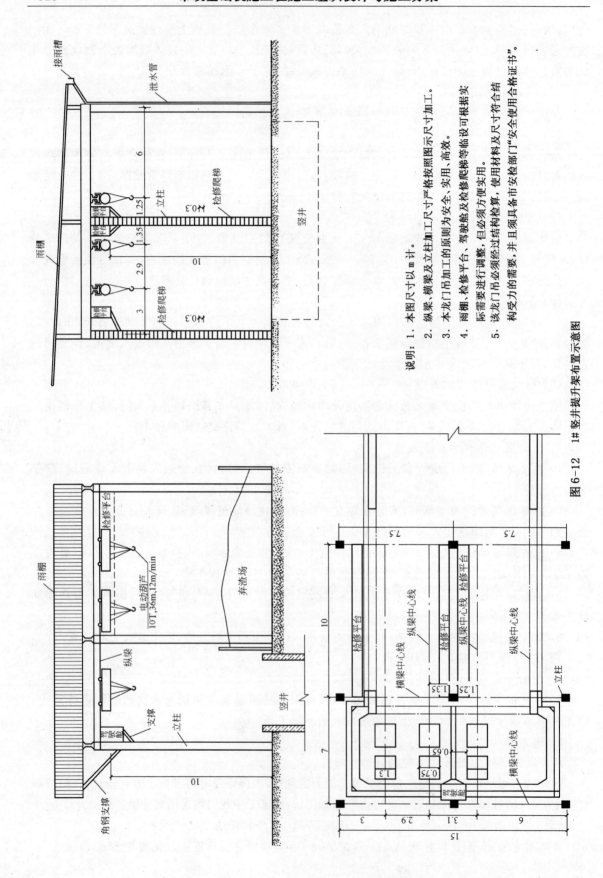

说明： 1. 本图尺寸以 m 计。

2. 纵梁、横梁及立柱加工尺寸严格按照图示尺寸加工。

3. 本龙门吊加工的原则为安全、实用、高效。

4. 雨棚、检修平台、驾驶舱、检修爬梯等临设可根据实际需要进行调整，但必须方便实用。

5. 该龙门吊必须经过结构验算，使用材料及尺寸符合结构受力的需要，并且须具备市安检部门"安全使用合格证书"。

图 6-12 1# 竖井提升架布置示意图

提升架采用三道导梁,3 台 10T、QH 型电葫芦进行提升作业,井窝布置 6 个提升吊斗,旁边布置 2 条轨道,每个吊斗尺寸为:1.5m(长)×1.3m(宽)×1.5m(高)。

2) A 站～B 站区间 2♯竖井

A 站～B 站区间 2♯竖井提升架采用两道导梁,2 台 15T、QH 型电葫芦进行提升作业,井窝布置 4 个提升吊斗,旁边布置 2 条轨道,每个吊斗尺寸为:1.5m(长)×1.5m(宽)×1.5m(高)。

2♯竖井提升架布置示意见图 6－13。

3) 车站出入口和紧急疏散出入口

车站出入口和紧急疏散出入口暗挖部分的土方则利用既有风井的提升吊斗运土;明挖部分的土方则利用汽车吊提升出土,暂存于明挖施工场地内,夜间外运弃土。

(2) 地面和洞内运输

区间洞内运输采用有轨运输。采用 0.75m³ 矿车,38kg/m 的钢轨,隧道内布设单线,每 50m～100m 设置一处错车点。1♯竖井、2♯竖井轨道布置示意见图 6－14、图 6－15。车站洞内运输则采用人工手推车进行出渣等运输作业。地面运输严格按照××市有关规定执行,出渣、进料均安排在夜间进行,出渣车辆驶离场地和卸渣地点时必须冲洗干净,方准上路。

(3) 施工通风

考虑到及时排出洞内电焊、喷混凝土作业产生的粉尘和有害气体,防止掌子面的温度过高,根据施工场地地处闹市区的实际情况,为有效防止通风时产生的噪声污染,所有通风机均设于洞内,不在地面布置风机,具体的施工通风方案为:

1) B 站东南风井、西北风井场地

由于 B 站总长度为 186.3m,独头掘进的最大距离约 100m,故 B 站东南风井、西北风井施工通风采用局扇,每个掌子面设置 1 台。

2) A 站～B 站区间 1♯竖井、2♯竖井场地

A 站～B 站区间 1♯竖井、2♯竖井采用吸出式机械通风。通风机布置于移动支架上,每开挖支护 20m～30m 前移一次,风管采用软式风筒,悬挂于拱顶,在横通道处汇合采用钢风筒,钢风筒通过竖井伸出地面,将污浊气体排出。1♯竖井、2♯竖井各布置 4 台风机,风机功率 22～30kW,风机布置示意图　(略)。

6.1.3　施工计划及工期保证措施

6.1.3.1　施工进度计划和保证措施

1. 工期安排总说明

(1) 工期目标

合同工期为 2002 年 12 月 28 日～2004 年 12 月 28 日,工期 24 个月;我单位根据类似工程的施工经验,结合本工程的特点,拟于 2002 年 12 月 28 日开工,2004 年 12 月 12 日竣工,历时 716 天,比合同工期提前 16 天。

(2) 工期安排原则

1) 执行合同文件 24 个月的工期要求,工期安排比合同工期略有提前。

2) 以关键性工程的施工工期和施工程序为主导,协调安排其他各单项工程的施工进度。

3) 根据本项目"两区段四工区"的安排,××市地区的气候特征、地质条件,考虑资源优化,也考虑了各分项工程的搭接作业,以及各工序的流水作业所需占用的工期,分别对区间和车站进行工期安排。

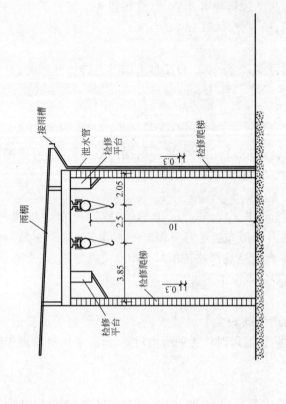

说明：1. 本图尺寸以 m 计。

2. 纵梁、横梁及立柱加工尺寸严格按照图示尺寸加工。

3. 本龙门吊加工的原则为安全、实用、高效。

4. 雨棚、检修平台、驾驶舱及检修爬梯等临设可根据实际需要进行调整，但必须方便实用。

5. 该龙门吊必须经过结构检算，使用材料及尺寸符合结构受力的要求，并且须具备市安监部门"安全使用合格证书"。

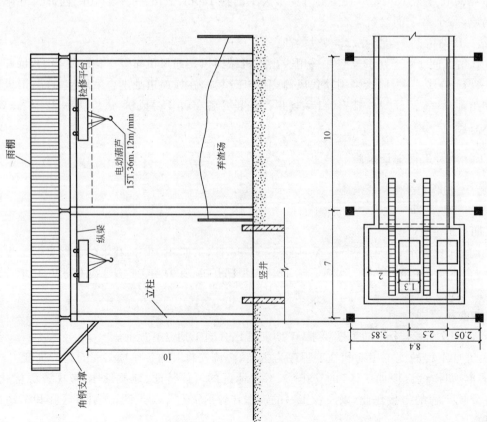

图 6-13　2# 竖井提升架布置示意图

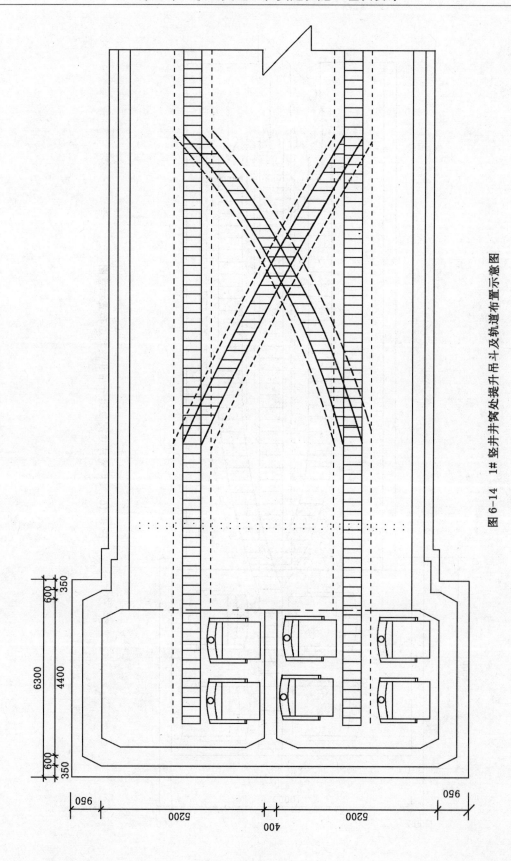

图 6-14　1#竖井井筒处提升吊斗及轨道布置示意图

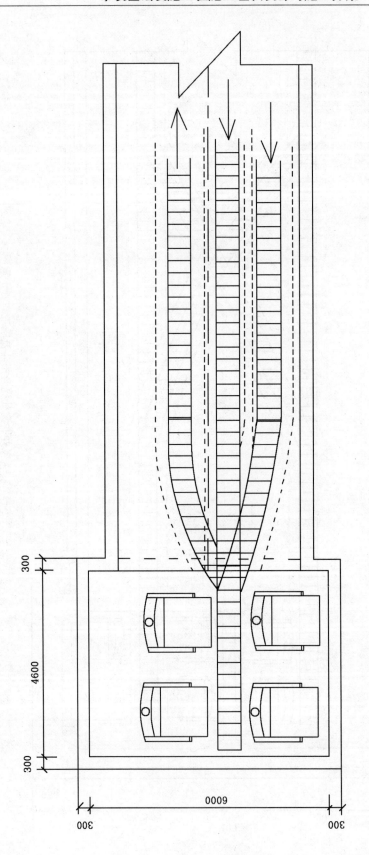

图 6-15　2# 竖井井窝处提升吊斗及轨道布置示意图

4）采用先进施工技术、设备，最大限度地组织均衡施工，同时考虑一些不可预见因素，实事求是的在工期和施工强度安排上适当留有余地。

5）优化施工方案，及时调整资源配置，确保工程按期完工。

（3）主要工序作业循环时间分析

1）区间隧道

①开挖支护（见表 6—7）。

表 6—7　　　　　　　　　　　　区间隧道开挖支护作业循环时间分析表

项　目	时间（h）	备　注
测量放线、超前支护	4.5	开挖与出渣平行作业，下台阶与上台阶施工平行作业
上台阶开挖	3.5	
上台阶支护（含拱架喷混凝土）	3	
下台阶开挖	3	
下台阶支护	2.5	
合　计	11	
月生产能力	30×24÷11×1m/榀＝65.5m/月	

②衬砌（含防水）（见表 6—8）。

表 6—8　　　　　　　　　　　　区间隧道衬砌作业循环时间分析表

项　目	时间（h）	备　注
初期支护面处理	1	此 3 项可以与衬砌浇筑平行作业
铺设防水板	6	
绑扎钢筋	8	
测量、立模、安设预埋管	8	
混凝土浇筑	10	
养护	48	
拆模下一循环	6	
合　计	72	
月生产能力	30×24÷72×9m/模＝90m/月	

2）车站

①开挖支护（见表 6—9）。

②衬砌（含防水）（见表 6—10）。

3）实际采用进度指标的确定

以上计算为理论计算值，实际应考虑的因素有：出渣设备的影响，考虑有效作业时间 28 天/月，通道、竖井出渣干扰，工序转换等问题，以及不同地段各自的影响因素，确定实际采用的进度指标，见表 6—11。

表 6—9　　　　　　　　　　车站主体隧道开挖支护作业循环时间分析表

项　目		时间（h）	备　注
中洞	测量放线、超前支护	5	开挖与出渣平行作业
	分部开挖	4	
	测量、分部初期支护	3	
	合计	12	
	月生产能力	30×24÷12×0.5m/榀＝30m/月	
侧洞	测量放线、超前支护	5	开挖与出渣平行作业
	分部开挖	4	
	测量、分部初期支护	3	
	合计	12	
	月生产能力	30×24÷12×0.5m/榀＝30m/月	
平均月生产能力		30m/月	

表 6—10　　　　　　　　　　车站主体隧道衬砌作业循环时间分析表

项　目		时间（h）	备　注
中洞	底板防水处理	4	
	绑扎钢筋	4	
	底板、底纵梁混凝土施工（含立模、预埋管件等）	5	
	底板、底纵梁混凝土养护	22	
	钢管柱（中层板下）及微膨胀混凝土浇筑、养护	30	
	部分中层板、中纵梁混凝土浇筑、养护（含绑扎钢筋）	30	
	接长钢管柱、微膨胀混凝土浇筑、养护	30	
	架设芯梁	10	
	顶纵梁混凝土现浇（含防水）、养护	30	
	剩余衬砌、板（含防水）、养护（含绑扎钢筋）	36	
	拆模、整修	5	
	合计	206	
	月生产能力	30×24÷206×6m/模＝21m/月	

续表

项　　目	时间（h）	备　　注
侧洞　底板防水层（含基面处理）	4	
绑扎钢筋	4	
底板混凝土施工、养护	20	
下部边墙防水处理	4	
下部边墙立模（含绑扎钢筋）	6	
下部边墙混凝土浇筑、养护	20	
中层板立模、浇筑、养护（含绑扎钢筋）	28	
上部边墙防水处理	4	
上部边墙立模、混凝土浇筑（含绑扎钢筋）、养护	30	
剩余顶部衬砌（含防水、钢筋）、养护	30	
拆模下一循环	4	
合计	154	
月生产能力	30×24÷154×6m/模＝28m/月	
平均月生产能力	28m/月	

2. 区间隧道施工进度计划

（1）横道图

A 站～B 站区间隧道施工进度计划横道图见图 6－16。

（2）网络图

A 站～B 站区间隧道施工进度计划网络图见图 6－17。

表 6－11　　　　　　　　　　　　　主要进度指标

区段	项　　目		进度指标（m/月）	考虑因素
区间	1♯竖井工区	竖井开挖	30	地质因素等
		横通道开挖	36	地质因素、地下管线、与正洞交接口施工难度
		南侧区间隧道开挖	60	地下管线等
		北侧区间隧道开挖	45	地下管线、人防、玉蜓桥、京沪铁路等
	2♯竖井工区	竖井开挖	30	地质因素、地下管线等
		横通道开挖	36	地质因素、地下管线、与正洞交接口施工难度等
		南侧区间隧道开挖	36	地质因素、南护城河、护城河桥等
		北侧区间隧道开挖	48	地下管线、人防、人行天桥（2 座）等
		站后折返线	30	地下管线、跨度大、施工方法转换频繁等
	衬砌		1♯竖井与 2♯竖井开挖完成后，开始衬砌 1♯竖井与 2♯竖井之间区段。衬砌完成之后开始衬砌 1♯竖井向南段。施工进度按 90m/月计算	

区段	项目		进度指标（m/月）	考 虑 因 素
车站	西北竖井工区	竖井开挖	60	地质因素等
		横通道开挖	36	地质因素、地下管线、与主体交接口施工难度
		出入口	30	地质因素、地下管线、与主体交接口施工难度
		紧急疏散口	30	地质因素、地下管线、与出入口交接处施工、地表××公园
	东南竖井工区	竖井开挖	36	地质因素等
		横通道开挖	30	地质因素、地下管线、与主体交接口施工难度
		出入口	30	地质因素、地下管线、与出入口交接处施工难度
		站后折返线	10	地下管线、跨度大、施工方法转换频繁、与车站施工存在相互干扰问题（保证该竖井车站施工进度）等
	主体开挖		30	断面大、施工分块多、地质因素、地下管线、××中学天桥
	主体衬砌		中洞开挖完成后，衬砌中洞，进度21m/月；衬砌完成中洞后，开挖两侧洞，侧洞开挖完成，衬砌侧洞，进度21m/月	

3. 车站工程施工进度计划

（1）横道图

B站施工进度计划横道图见图6—18。

（2）网络图

B站施工进度计划网络图见图6—19。

4. 关键工期说明

本工程区间施工的关键线路为：

施工准备→区间1♯竖井开挖衬砌→区间1♯竖井风机房施工→区间1♯竖井左线横通道及交叉口施工→1♯竖井南侧区间右线隧道（K3+104.3～K4+700）段开挖、支护→1♯竖井南侧区间右线隧道（K3+104.3～K4+700）段二次衬砌→1♯竖井风亭施工、恢复场地、竣工验收→施工结束。

本工程车站施工的关键线路为：

施工准备→东南竖井施工→东南横通道（风道）施工→东南风道与车站交叉段→南端车站（K4+805～K4+891）段中洞开挖支护→南端车站中洞衬砌→南端侧洞开挖支护→南端车站侧洞二次衬砌→风亭、施工收尾、竣工验收→施工结束。

5. 工期安排节点

按照总体筹划依据及总工期安排，我单位计划总工期716天，比招标文件工期要求提前16天，其主要时间节点见表6—12。

6. 进度计划保证措施

（1）组织保证措施

1）成立精干的项目经理部，实行项目经理负责制，项目部内设置强有力的工程管理系统，实施工程的全面宏观管理。

表 6-12   主要时间节点表

区段		工序名称	施工时间	备注
区间	1#竖井工区	竖井、横通道开挖、衬砌	2003.1.18～2003.7.2	
		南侧区间隧道开挖	2003.5.15～2004.4.25	
		南侧区间隧道衬砌	2004.3.5～2004.11.9	
		北侧区间隧道开挖	2003.5.15～2003.10.6	
		北侧区间隧道衬砌	2003.9.13～2004.2.13	
	2#竖井工区	竖井、横通道开挖、衬砌	2003.1.18～2003.4.19	
		南侧区间隧道开挖	2003.4.19～2003.8.10	
		北侧区间隧道开挖	2003.4.19～2004.8.11	
		北侧区间隧道衬砌	2003.12.1～2004.10.16	
车站		钻孔桩	2003.2.28～2003.4.19	
	西北竖井工区	竖井开挖	2003.4.19～2003.5.27	
		横通道开挖	2003.5.27～2003.10.29	
		出入口	2004.5.15～2004.10.14	
		紧急疏散口	2004.8.1～2004.10.10	
	东南竖井工区	竖井开挖	2003.2.28～2003.4.14	
		横通道开挖	2003.4.14～2003.10.20	
		出入口	2004.7.1～2004.10.10	
		主体开挖	2003.10.20～2004.8.10	
		主体衬砌	2004.1.14～2004.11.11	

2) 进场施工的各个工程队,建立健全各级岗位负责制,强化一线组织领导和指挥。项目部建立工期岗位责任制,确保工期的顺利实现;制定详细而又科学合理的施工作业计划,保持均衡生产,实现计划的最终时间目标。

3) 我们将把该工程列为本单位重点工程,施工人员也由从事地下与隧道工程的专业队伍组成,从人员、设备、物资上优先考虑,满足工期需要,力争在××市地铁施工中创造良好信誉。

(2) 控制工程的工期保证措施

1) 本标段区间 1#竖井向南施工、车站东南竖井工区施工为工程控制工期的关键。在区间施工中,保证上足机械设备,提高机械化作业程度。

2) 加强与科研单位、高等院校的横向联合,对隧道穿越护城河、玉蜓桥等地下和地表建(构)筑物施工、折返线施工、隧道快速施工方法等关键工程与技术人员进行科研超前研讨,制定完备的施工方案,提前解决各种技术难题。

(3) 劳动管理措施

1) 加强用工的计划性,实行定额用工。

2）加强劳动定额管理,确保定额水平的完成。

3）组织好昼夜倒班工作制度的正常落实,做到各工序的连续施工。

4）领导跟班作业,及时发现并解决问题。

5）合理组织调配,实行轮休制,保持均衡生产。

（4）技术保证措施

1）优化施工组织设计,做到科学施工;信息反馈及时,适时高速和优化施工计划,确保工序按时或提前完成。

2）组织好一条龙的施工作业线,保证一环扣一环的施工程序。

3）专业技术工作者,要深入一线跟班作业,及时搞好技术交底,并做到发现问题及时解决。

4）加强项目总工程师技术岗位负责任,对技术负总责,并行使技术否决权。确保技术上可靠、工艺上先进、工序上合理,从而保证施工的正常进行。

（5）物资保障措施

1）加强物资采购人员的选配。

2）加强材料计划的超前提出,并按施工计划安排,确保按时到位。

3）把握建筑的旺淡季特点,超前调查和预测市场供应情况,特别是季节性施工要做材料的适量储备。

4）严把材料质量关,杜绝劣质材料进场。

（6）设备保障措施

1）设备管理人员,要选配具有较好的技术素质、较强的事业心和责任感的人员担任。

2）加强设备的维修与保管,确保完好率和出勤率。

3）加强现场和工作面设备的协调使用。

4）根据工程进展,购置新设备时,应超前考虑,专人落实,做到随用随上,不误时间。

（7）加强财务管理,使有限的资金直接用于工程施工

1）选配财务经验丰富的会计师,主持工程资金的筹集和合理使用。

2）根据工程进度计划,提出资金需求计划,以满足工程施工需要,并根据工期进度情况进行调整。

3）从简生活设施开支,压减办公用品的不必要支出和压减非正常的招待费等不合理花销,全力保障有限的资金用于工程和职工的工资发放上。

4）积极与建设单位联系,确保工程进度拨款不滞后,力争早到位,以便资金用于工程上的周转。

（8）处理好各种外部关系,争取一个良好的施工环境

对外主动搞好团结,尊重地方政府领导,尊重、依靠建设单位,与现场监理密切配合,并将积极协助建设单位搞好协调工作,为按期完工创造一个积极的外部环境,确保施工顺利进行。

6.1.3.2　劳动力及材料需求计划

1. 劳动力需求计划

（1）劳动力计划说明

根据本标段总体施工部署和工程进度安排,计划标段高峰期上场劳动力总人数1170人（含管理人员）。其中区间1♯竖井工区高峰期上场劳动力总人数310人,区间2♯竖井工区高峰期上场劳动力总人数240人,车站南竖井高峰期上场劳动力总人数360人,车站北竖井高峰期上场劳动力总人数260人。

本标段项目经理部设管理和服务人员 32 人。

（2）劳动力计划表（见表 6-13）。

（3）劳动力动态分布直方图（见图 6-20）。

2. 主要材料需求计划

除甲供材料外，我单位有能力在市场上择优选购材料进场，并按总工期的计划安排，超前做出材料计划，做好周密的进场计划和周期性储备计划与落实，以满足各阶段工程进度的需求，为此采取以下措施：

（1）物管人员选配素质高、业务精，责任心强，且有丰富的市场经验的同志担任，严把物资材料关。

（2）紧密结合工程计划、市场价格和市场供需形式，并认真把握季节性、灵活性的特点，认真做好本工程的物资供应与保障。要做好节假日的供应和保障，特别是春节期间，各行各业停业休息，要提前做好各项物资储备，满足工程需求。

（3）要针对××市地区有雨季集中的特点，要备足各项抢险等特殊物资，在场地布置时要考虑这些物资储存的库房，要出入方便。洞内、基坑支护材料、雨季排水等材料进场后应备足，并随耗随补充。

（4）保证现场需求量最大，同时也是控制整个工程进度关键材料——预拌混凝土和钢材的供应。

主要材料需求计划见表 6-14。

3. 施工供水、供电计划

施工用水计划见表 6-15、图 6-21。

施工用电计划见表 6-16、图 6-22。

6.1.3.3　土石方开挖及混凝土浇筑计划

1. 土石方开挖强度曲线

土石方开挖强度曲线见图 6-23。

2. 混凝土浇筑强度曲线

混凝土浇筑强度曲线见图 6-24。

6.1.3.4　分包计划和管理措施

1. 分包计划

本工程原则上无分包项目。

如确需分包，须事先征得业主同意，我单位将对分包商一并纳入项目管理之中，拟采用以下措施进行控制：

（1）与分包单位签订分包协议，要求分包单位严格遵守施工协议中的各项条款，严格执行地铁公司合同文件中的规定要求。

（2）和分包单位签订文明、安全施工协议，要求分包单位严格按文明、安全施工协议中的有关条款组织现场施工，确保施工过程中安全生产、文明施工。

（3）对分包单位从施工进度、施工质量、施工安全、文明施工等方面定期进行检查。发现问题限期整改，并要求分包单位作出书面答复和上报处理结果。

（4）对分包单位的施工资料定期汇总、收集、整理和归档，对于一些隐蔽工程必须经分包单位主管技术人员自检合格后，会同我方质检人员报请监理进行联合检查签认后，方可以进入下道工序施工，如果联检不合格则立即返工，直到合格为止。

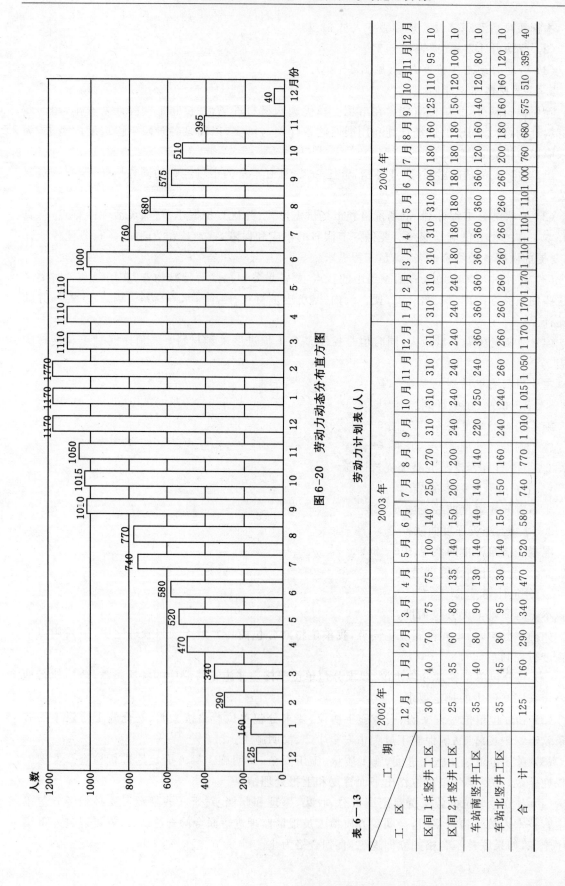

图6-20　劳动力动态分布直方图

表6-13　　劳动力计划表（人）

工区 \ 工期	2002年	2003年												2004年											
	12月	1月	2月	3月	4月	5月	6月	7月	8月	9月	10月	11月	12月	1月	2月	3月	4月	5月	6月	7月	8月	9月	10月	11月	12月
区间1#竖井工区	30	40	70	75	75	100	140	250	270	310	310	310	310	310	310	310	310	310	200	180	160	125	110	95	10
区间2#竖井工区	25	35	60	80	135	140	150	200	200	240	240	240	240	240	240	180	180	180	180	180	180	150	120	100	10
车站南竖井工区	35	40	80	90	130	140	140	140	140	220	250	240	360	360	360	360	360	360	360	120	120	140	120	80	10
车站北竖井工区	35	45	80	95	130	140	150	150	160	240	240	260	260	260	260	260	260	260	260	200	180	160	160	120	10
合　计	125	160	290	340	470	520	580	740	770	1 010	1 015	1 050	1 170	1 170	1 170	1 110	1 110	1 110	1 000	760	680	575	510	395	40

表 6—14　主要材料需求计划表

材料名称	2002年 12月	2003年 1月	2月	3月	4月	5月	6月	7月	8月	9月	10月	11月	12月	2004年 1月	2月	3月	4月	5月	6月	7月	8月	9月	10月	11月	12月	合计
预拌混凝土(m³)			1 500	1 500	730	1 800	1 800	1 800	1 800	4 600	6 620	4 630	4 630	4 900	4 900	4 600	4 600	4 600	4 600	4 600	2 610	2 610	605			70 035
水泥(t)	50	100	850	1 100	1 200	1 200	1 200	1 200	1 800	2 200	2 500	2 700	2 800	2 800	2 800	2 800	2 700	2 700	2 700	1 500	1 500	1 000	1 000	245		40 645
钢材(t)	30	30	320	330	400	400	400	420	800	800	1 200	1 300	1 400	1 500	1 500	1 300	1 300	1 300	1 300	1 300	600	600	500	28		19 058
防水卷材(m²)	2 000	2 000	2 200	2 000	2 200	2 200	2 800	3 600	8 000	12 000	8 800	8 800		9 400	9 400	8 200	8 200	8 000	8 000	8 200	6 100	6 100	4 100	2 984		133 084

表 6—15　施工用水计划表

时间	2002年 12月	2003年 1月	2月	3月	4月	5月	6月	7月	8月	9月	10月	11月	12月	2004年 1月	2月	3月	4月	5月	6月	7月	8月	9月	10月	11月	12月	合计
数量(×10³ m³)	0.7	1	1	3	4	5	5	6.5	6.5	7	8	8.4	9	9	9	9	9	8.5	6.5	5.5	5.5	5.5	5.5	2.019		140.119

表 6—16　施工用电计划表

时间	2002年 12月	2003年 1月	2月	3月	4月	5月	6月	7月	8月	9月	10月	11月	12月	2004年 1月	2月	3月	4月	5月	6月	7月	8月	9月	10月	11月	12月	合计
数量(万度)	0.5	1	1	1.5	2	3	3	3.5	3.5	4	5	6	6	6	6.5	6	6	5.5	5	4.5	4	3.5	3	2.13		92.13

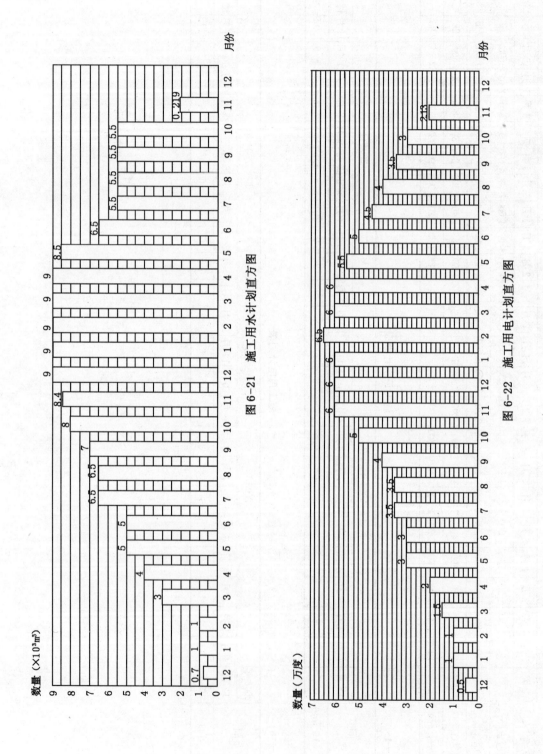

图 6-21 施工用水计划直方图

图 6-22 施工用电计划直方图

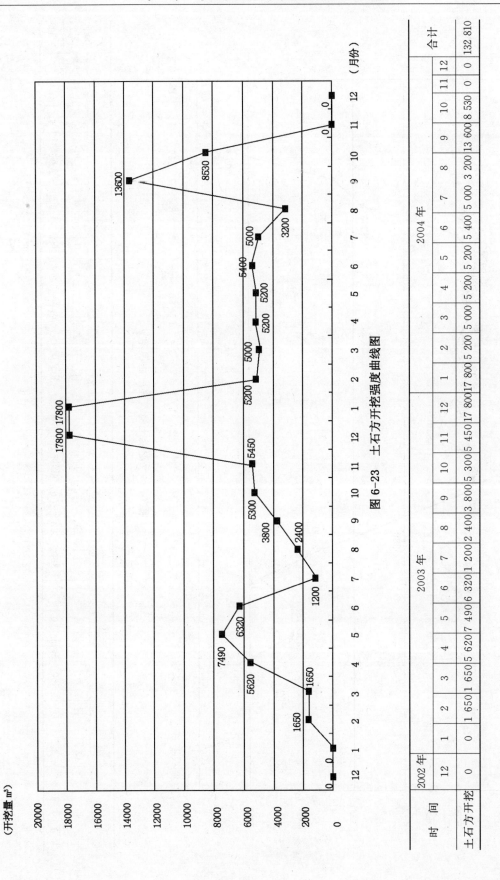

图 6-23　土石方开挖强度曲线图

时　间	2002 年		2003 年												2004 年												合计
	12	1	2	3	4	5	6	7	8	9	10	11	12	1	2	3	4	5	6	7	8	9	10	11	12	
土石方开挖	0	0	1 650	5 620	7 490	6 320	1 200	2 400	3 800	5 300	5 450	17 800	5 200	5 000	5 200	5 000	5 200	5 200	5 400	5 000	3 200	13 600	8 530	0	0	132 810

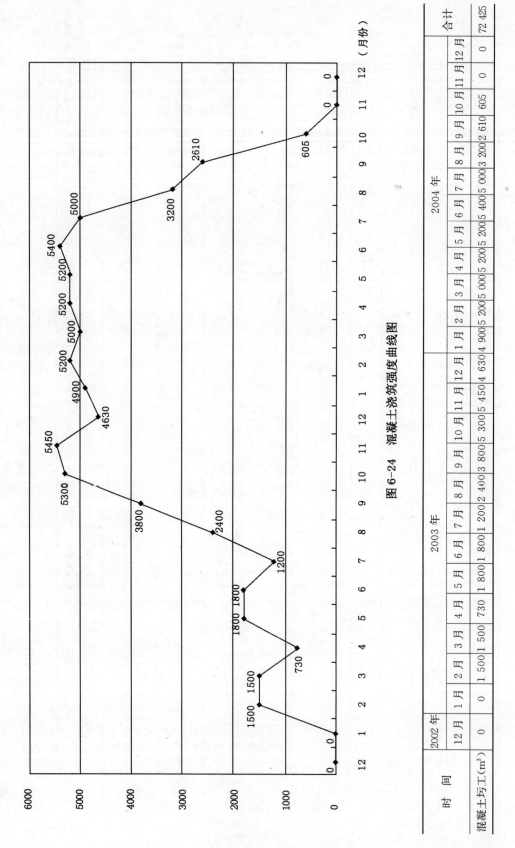

图6-24 混凝土浇筑强度曲线图

时 间	2002年		2003年												2004年											合计
	12月	1月	2月	3月	4月	5月	6月	7月	8月	9月	10月	11月	12月	1月	2月	3月	4月	5月	6月	7月	8月	9月	10月	11月	12月	
混凝土浇工(m³)	0	0	1 500	1 500	730	1 800	1 800	1 200	2 400	3 800	5 300	5 450	4 630	4 900	5 200	5 000	5 200	5 200	5 400	5 000	3 200	2 610	605	0	0	72 425

（5）定期召开工程例会，向分包单位传达业主和监理的指示，并对工期和质量作进一步安排。同时听取分包单位的意见，对施工现场就进度、工期、质量、水、电和场地等方面进行协调，以便工程顺利进行。

（6）我方和分包单位均设 1～2 名现场协调员，以便能更迅速及时地协调解决施工生产中出现的各种问题。

（7）无论是施工、保修期间，本投标人独立承担本合同的全部责任与义务。

2. 工程管理措施

（1）工程管理的目标

本工程规模大、工期紧、质量要求高、管理要求严，为了充分理解并实现业主的意图，除了投入必要施工设备及人员外，关键的是抓好现场管理。工程现场管理的水平，反映了一个单位的整体素质，决定了工程各项目标的实现。本工程的管理模式采取两种形式，即责任目标管理和网络管理。

（2）工程施工信息采集

工程施工信息采集主要通过现场施工情况调查、工程例会、业主要求和意见、监理施工签认、××市相关部门及××市民的反映、有关媒体报道等渠道进行采集。

将施工中产生的各种数据及时输入计算机中，对工程施工信息进行分类和整理，随时掌握施工动态，并对需要注意的问题作出提醒，为施工决策提供依据。

（3）网络管理

为了提高项目的管理工作效率，及时提供详细准确的现场施工动态，增强各部之间的相互协作，迅速及时地传达管理指令，整个项目部实行网络管理，对施工现场实行全面监控。同时各业务部门之间可在局域网上加强部门之间的合作，实现资源共享。项目经理可随时了解各业务部门的工作状况，通过互联网向业主与监理部门上报与传送数据。另外本项目还可通过互联网，把有关信息传达到总部，以便总部了解该工程的进展。

（4）责任目标管理

把工程管理的责任目标进行层层分解、逐级落实，使所有参加施工的管理层人员及现场作业层人员，人人有职责，个个有目标。施工中所发生的和遇到的各项事件做到事事有人管，层层受控制。在管理中，制定切实可行的各项规章制度，明确各层的管理权限，并与工资奖励挂钩，做到责、权、利相结合。具体内容见表 6—17。

6.1.3.5　资金需求计划

1. 资金需求计划　（略）

2. 资金保证措施

（1）完善资金使用及财务管理制度，建立健全资金的计划、审批、拨付及报销制度。

（2）本工程的资金仅限用于本工程，不以任何理由挪用。

（3）单位总部作为本工程的资金后备来源保障，在必要时对本工程的资金进行支持，确保本工程的资金能顺利周转。

（4）加强资金使用监控制度，追踪资金使用的过程，确保全部资金都正确地用于本工程。

（5）资金的使用必须满足国家、地方及本单位的有关法律、法规及制度要求。

（6）强化领导干部及财务人员的思想意识，随时提高警惕，确保资金的正确使用。

（7）完善出纳管理制度，大综资金运输及提取必须有专车运输及保安人员陪同，并加强保密工作。

（8）加强资金的保卫工作，出纳室的现金存放符合有关规定，夜晚有人值班看守。

（9）财务资料、账目符合规范要求，严格财务审查制度。

（10）资金的使用应有严格的资金使用计划，资金的使用计划合理，并经过讨论及审批。

（11）资金的使用分阶段进行，资金收支平衡，并充分考虑到各种突发事件的可能性，资金的使用留有一定的余量，确保各阶段人、机、料及管理费用的支出。

6.1.4 组织机构及资源配置

6.1.4.1 组织机构

我们将成立××市地铁×号线项目经理部，设项目经理 1 名，对工程质量、安全、工期总负责；项目副经理 1 名，负责组织本项目的施工生产、材料供应、设备管理等工作，确保本项目正常运作；设项目总工程师 1 名，具体负责本项目的施工技术、安全、质量工作，负责与设计单位、监理单位及业主的有关技术、质检部门的业务联系。本项目业务部门设"6 部 1 室"，即工程技术部、安全质检部、物资设备部、计统合约部、交通环保部、财务部和综合办公室。组织机构见图 6—25。

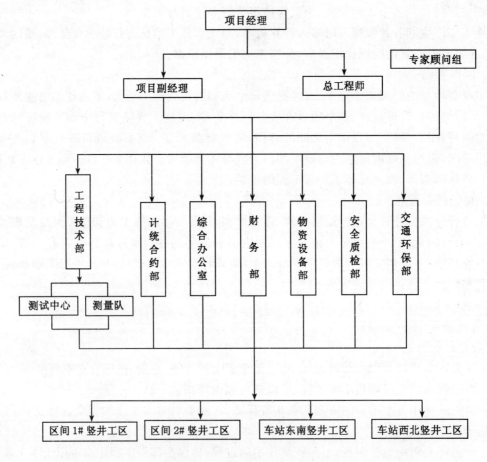

图 6—25　××集团公司××地铁×号线项目经理部组织机构图

工程技术部主要负责施工技术、工程调度、测量、试验、量测及施工进度安排等工作；安全质检部负责项目的安全、质量、贯标等工作，设专职质检员和安全长；物质设备部负责项目的物资设备的采购、管理等工作;计统合约部主要负责现场计划、统计、合同履约等工作;交通环保部负责交通疏解、环境管理及处理相关事宜工作;财务部负责项目的财务管理和资金保障工作;综合办公室负责日常项目管理、后勤保障、对外接待等工作。

设立专门的专家顾问组,邀请大专院校、科研院所地质、结构、防水、量测等方面的专家、教授,定期对本工程的实施方案、工程重难点进行"会诊",以确保工程按期、优质、安全完工。

施工队伍成立 4 个工区。即区间 1♯竖井工区、区间 2♯竖井工区、车站东南竖井工区、车站西北竖井工区。工区划分参见图 6-3。

6.1.4.2　投入的管理与施工技术人员说明

组织强有力的管理和技术人员上场,确保工程施工需要。配置原则:

1. 以《资格预审文件》承诺的人员为基础。

2. 以保证工程需要,满足合同要求为目的。

3. 项目经理、总工程师及主要技术人员由从事多年地下工程与隧道工程专业的人员担任,其他主要部门人员由相关专业毕业且从事本工作多年、经验丰富的人员担任。

4. 施工过程中如有需要,将由后方调派补充人员。

人员具体安排另行报送。

6.1.4.3　主要机械、设备配置计划

1. 配置原则

(1) 机械设备选型配备,是按照施工组织设计安排的施工进度和月高峰强度而定的,同时考虑了特殊情况下的应急设备、备用设备,以确保施工工期和工程质量,满足工程施工的需要。

(2) 以现有设备为主,部分施工机械设备新购。

(3) 确保上场设备的机械性能完好、设备数量充足,保证工程的施工,满足业主的要求。

2. 主要机械设备配置计划见表 6-18。

6.1.4.4　主要测量、试验及监测设备配置计划

1. 机构设置

为实现我单位在××市地铁创精品、树名牌的战略目标,切实做好管区的测量、监测、试验检测工作,保证工程项目质量管理体系有效运行,使工程质量处于受控状态,降低工程成本,促进科技进步,本项目部下设测试中心和测量队,分别负责检测、试验和测量、监测工作,业务属工程技术部领导。

(1) 测试中心

1) 正确贯彻执行国家有关规定、规范和规程,正确执行设计和施工有关技术要求,解决试验工作中发生的有关问题。

2) 参与料源调查,取样试验,为选定料场提供科学的技术依据。

3) 负责本标段各种原材料的复试,配合比优化设计,外加剂、掺合料试验,土工试验,砂浆、混凝土试件力学性能试验等室内试验,并提出试验报告。

4) 负责试验仪器设备的购置、验收、安装与使用,做好检定和自校工作,建立仪器设备台账。

5) 分析掌握各阶段试验工作,列出重难点试验项目计划,制定实施细则,并组织实施。

6) 指导工区试验人员做好材料取样、试件制作、养护、施工质量检验控制等工作,并负责现场混凝土厚度、背后填充密实度等项目的检测工作。

7) 施工现场大宗物料的计量工作和现场拌合计量进行检查管理,加强现场计量器具的标定和自校。

表 6－18　　　　　　　　　　　主要机械设备配置计划表

序号	作业名称	设备名称	规格型号	主要性能参数	厂家或产地	数量（台套）		进场时间	备注
						区间	车站		
1	开挖	风镐	C11－A		烟台	48	48	2002.12	
		凿岩机	TY28	φ34－42	天水	10	10	2002.12	
		湿喷机	TK－961	5m³/h	岩峰	8	8	2003.12	
		注浆泵	PF－40A	双浆双压	重庆	8	12	2003.1	
		注浆泵	ZTG2－60/210		重庆	4	8	2003.1	
		混凝土喷射机	P2－5	4m³/h	成都	4	6	2002.12	
		滚筒搅拌机	JS350	斗容350L	韶关	4	4	2002.12	
		冲击钻机	CZ－22		辽阳		2	2002.12	
		回旋钻机	XJ100		无锡		2	2002.12	
	支护	地质钻机	DK－150		石家庄	2	2	2003.4	
		管棚钻机	MK－5	26kW	西安	4	4	2003.4	
		排污泵			济南	4	4	2002.12	
		注浆机	BW－250		衡阳	4	4	2003.3	
		注浆机	BW－120		济南	2	2	2003.3	
		灰浆泵	UBJ－4	4m³/h	温州	3	3	2003.2	
		泥浆泵	13W250/50G		上海	2	2	2003.3	
		高压油泵	SY－60	60MP	柳州		4	2003.4	
		穿心式千斤顶	YC－60	85L/min	柳州		4	2003.4	
		油压千斤顶	YQ－100	100T	上海	3	7	2003.3	
2	装运	装载机	ZL50C	2.7m³	成工	2	2	2002.12	
		装载机	ZL40B	2.0m³	柳工	2	2	2002.12	
		自卸汽车	XC3320A/6×6	7m³	东风	6	6	2002.12	
		挖掘装载机	LWL－150	150m³/h	江矿	4	2	2003.4	
		太脱拉自卸车	T－815	载重15T	捷克	8	8	2003.1	
		铲斗装渣机	ZCY－60	120m³/h	德国	1	1	2003.3	
		沃尔沃自卸车	VOLVO－BMA20	载重18.5T	瑞典	2	2	2003.1	
		矿斗车		斗容0.75m³		30	24	2002.12	
		挖掘机	PC－60	0.36m³	日本	2	2	2002.12	
		挖掘机	PC－220	0.8m³	济宁	1	1	2002.12	
		挖掘机	DH55	0.36m³	韩国	1	1	2002.12	
3	轨道系统	钢轨	38kg/m			7 000	800	2003.1	
		道岔	8♯			26	10	2003.1	

序号	作业名称	设 备 名 称	规格型号	主要性能参数	厂家或产地	数量（台套）		进场时间	备注
						区间	车站		
4	起重设备	提升架				4	4	2003.1	新购
		液压汽车吊	QY－25	25T	泰安	1	2	2003.1	
		电动葫芦		10～15T	江苏	9	8	2003.1	
5	通风	通风机		30～75kW	同创	6	2	2003.2	新购
		局扇		10kW	侯马		10	2003.5	
6	供风	电动空压机	4L－20/8		无锡	4	4	2002.12	
		电动空压机	L－10/7		无锡	2	2	2002.12	
7	供水	多级泵	LS100/20	80m³/h	淄博	2	2	2003.1	
8	衬砌	混凝土拌合站	JS500－PL800	25m³/h	山工	2	2	2003.1	
		滚筒拌合机	JDY－350L	14m³/h	山工	2	2	2003.2	
		装载机	ZL40	2m³	柳工	2	2	2002.12	
		混凝土衬砌台车		9m		6		2003.8	新购
		混凝土输送泵	HBT60.7.75ZA	60m³/h	中联	6	2	2003.5	
		混凝土输送泵	HBG60.7.75	60m³/h	中联	1	1	2003.6	
		混凝土运输车	JQC6B	6m³		3	2	2003.6	
		混凝土运输车	JCGY6	6m³		2	2	2003.7	
		插入式插动器	B－75	功率2.2kW	深圳	16	16	2002.12	
		平板式振动器	ZW7－90－2		济南	12	12	2003.1	
		热合机	TH－1		温州	2	2	2003.5	
		热风焊机	DSH－B		温州	4	4	2003.5	
		电钻	PR－38E			3	3	2003.4	
		防水板台车			自制	6	4	2003.7	自制
9	土石方施工	推土机	T180H	功率75kW	济宁		1	2003.2	
		压路机		20T	济宁		1	2003.10	
		打夯机	HW－60	功率30kW	河北	2	2	2003.5	
10	钢筋混凝土施工设备	交流电焊机	BX3－300	额定24.5kVA	江苏	8	8	2002.12	
		钢筋弯曲机	GJBT－40	最大钢筋直径φ44mm	广东	2	2	2003.1	
		钢筋切断机	GJQD－40		广东	2	2	2003.1	
		钢筋调直机	GT4/10	φ4～10mm	广东	2	2	2002.12	
		直流电焊机	AX－300		上海	2	2	2003.1	
		钢筋对焊机	LP－100		上海	2	2	2003.4	
		砂轮切割机	J2G－400		济南	3	3	2003.4	
		型钢冷弯机	LW－25		韶关		1	2003.3	

序号	作业名称	设备名称	规格型号	主要性能参数	厂家或产地	数量（台套）		进场时间	备注
						区间	车站		
11	变配电工程	变压器	S7－700	700kVA	涪陵	2		2002.12	
		变压器	S7－800	800kVA			2	2002.12	
		发电机	12V135－250G	250kVA		2	2	2003.1	
12	其他	潜水泵	QD		威海	5	5	2003.1	
		钻床	ZSK－25		济南	1	1	2003.2	
		水钻	D250		德国	2		2003.2	

8）积极推广应用和研究新材料、新技术、新工艺，以促进工程质量的提高，降低工程成本。

9）负责贯标工作中相关职责的落实，认真做好各项工作实施记录，接受质量体系审核。

10）定期向工程部汇报，每月 25 日统计分析和处理工程试验情况（报表），并上报。

（2）测量、量测工作详见"6.1.5.7　施工测量"、"6.1.5.8　监控量测"。

2．试验、测量、监控量测设备配置计划见表 6－19。

表 6－19　　　　　　　　　试验、测量、监控量测设备配置计划表

序号	仪器名称	规格型号	数量（台套）	制造厂家
1	万能试验机	WE－600	1	长春试验机厂
2	压力机	NYZ－2000D	1	无锡建筑材料仪器厂
3	混凝土抗折装置	550×150A	1	无锡建筑材料仪器厂
4	钢筋打点机	BJ5－10	1	沈阳建工研究中心
5	电动抗折机	KZJ－500	1	沈阳合兴机械电子有限公司
6	水泥净浆搅拌机	SJ－160	1	沈阳市北方检测仪器厂
7	水泥胶砂搅拌机	NRJ4118	2	沈阳市精华分析仪器厂
8	行星式胶砂搅拌机	JJ－5	1	无锡市锡山建材设备厂
9	胶砂振实台	ZT96	1	无锡市锡山建材设备厂
10	胶砂振动台	JZT－85A	1	沈阳建化建材设备厂
11	雷氏沸煮箱	CF－A	1	天津市新元达试验仪器厂
12	雷氏夹测定仪		1	沈阳市北方测试仪器厂
13	标准稠度凝结时间测定仪	CIIN－1	1	沈阳市北方测试仪器厂
14	负压筛析仪	FSY－150B	1	北京市建强仪器厂
15	水泥抗压夹具	40×40mm	2	无锡建筑材料仪器厂
16	电动跳桌	TZ－345	1	沈阳建化建材设备厂
17	标准养护箱	YH－40B	1	天津市路达公司仪器公司
18	标养室自动控制仪	BYS	1	无锡华南实验仪器公司
19	混凝土振动台	HZJ－A	2	天津祥瑞工程仪器厂

序号	仪器名称	规格型号	数量(台套)	制造厂家
20	锚杆拉力仪	ML—150B	1	北京市动力机械修配厂
21	混凝土搅拌机	HT—50	1	沈阳建材试验机械厂
22	砂浆稠度仪	SZ145	1	天津京润建筑仪器厂
23	混凝土压力泌水仪	ST—2	1	天津京润建筑仪器厂
24	混凝土贯入阻力仪	0—1200N	1	南京土工仪器厂
25	混凝土渗透仪	NS40	1	天津市试验仪器设备厂
26	混凝土含气量测定仪	HC—7L	1	南京土壤仪器分厂
27	坍落度桶		4	河北献县
28	电动锯石机	DKJ—Ⅱ	1	江苏试阳建筑仪器设备厂
29	电动磨平机	DK—Ⅱ	1	江苏试阳建筑仪器设备厂
30	烘箱	101B—2	1	沪南实验仪器厂
31	轻型两用击实仪	SJL—1	1	天津祥瑞工程仪器厂
32	光电液塑限测定仪	GYS—2	1	南京土壤仪器厂
33	等应变直剪仪	EDJ—1	1	南京土壤仪器厂
34	动力触探仪	轻型	1	南京土壤仪器厂
35	环刀	200m³	1	河北献县
36	灌砂筒	φ200	1	河北献县
37	高压固结仪	TG32	1	南京土壤仪器厂
38	高温炉	GW—1200	1	无锡华南实验仪器厂
39	水泥胶砂试模	40×40×160mm	3	沧州三星试验仪器厂
40	混凝土试模	150×150×150mm	28	沧州三星试验仪器厂
41	混凝土试模	100×100×100mm	10	沧州三星试验仪器厂
42	混凝土抗渗试模	175×185×150mm	16	沧州三星试验仪器厂
43	砂浆试模	70.7×70.7×70.7mm	10	沧州三星试验仪器厂
44	石子压碎仪	标准	1	华联试验厂
45	砂子压碎机	标准	1	华联试验厂
46	针片状规准仪	标准	1	华联试验厂
47	砂石筛	φ200	1	上虞试验筛厂
48	石子筛	φ300	1	昆明赛智科仪器公司
49	砂含水量快速测定仪	PW—1	1	津乐工程仪器厂
50	静水力学天平	8SJSFg—1	1	上海第二天平仪器厂
51	架盘天平	JPT—10	1	常熟衡器厂
52	架盘天平	JPT—1	1	常熟衡器厂

续表

序号	仪 器 名 称	规 格 型 号	数量（台套）	制 造 厂 家
53	案秤	TGT－10	1	上海永昌衡器厂
54	台秤	TGT－100	1	昆明安宁衡器厂
55	分析天平	TG－928A	1	成都天平仪器厂
56	电子天平	JA21002	1	上海精科天平厂
57	泥浆比重计	NB－1	1	上海昌吉地质仪器有限公司
58	泥浆含砂量	NA－1	1	上海昌吉地质仪器有限公司
59	有害气体检测仪	EL463－020	1	
60	读数放大镜		1	昆明云光科教仪器厂
61	秒表	608	1	上海秒表厂
62	钢直尺	0－100cm	1	宁波德力集团有限公司
63	烧杯	50－1000ml	1	贵阳玻璃仪器厂
64	量筒	10－1000ml	1	贵阳玻璃仪器厂
65	量杯	5－1000ml	1	贵阳玻璃仪器厂
66	容量瓶	500ml	1	贵阳玻璃仪器厂
67	移液管	25.5ml	1	贵阳玻璃仪器厂
68	广口瓶	1000ml	1	贵阳玻璃仪器厂
69	波美度比重计	0－70	2	贵阳玻璃仪器厂
70	桩基检测仪	FD－204	1	中科院岩土所
71	超声波检测仪		1	中科院岩土所
72	隧道衬砌厚度检测仪		1	冶金研究总院
73	全站仪	SET2B	1	日本
74	经纬仪	J2	4	北光
75	精密水准仪	NI004	2	苏光
76	自动安平水准仪	DZS3－1	4	北光
77	周边界限测定仪	BJSD－2	1	北京
78	水位计	EL123－1757	2	上海
79	收敛计	JSS30A	12	北京
80	测斜仪	BC－10	1	上海
81	土压力仪	JXY－4	15	上海
82	空隙水压力仪	JXS－1	16	上海
83	钢筋仪	JXG－1	5	丹东
84	喷射混凝土压力盒	GE4800C	30	长春
85	地下管线测定仪	BK－6A	1	北京

续表

序号	仪 器 名 称	规 格 型 号	数量（台套）	制 造 厂 家
86	计算机		1	联想
87	扫描仪		1	
88	数码摄像机		1	
89	数码照相机		1	
90	打印机		1	

6.1.5　主要施工方案、方法、工艺及技术措施

6.1.5.1　车站结构工程的施工方案及技术措施

1. 施工总体方案及工艺流程

（1）施工总体方案

B站为双层三跨地下车站，采用浅埋暗挖法施工，车站设有 2 个风道，6 个出入口（其中西南出入口为预留），在车站南端设有站后折返线。

施工总体安排：利用车站西北风井、风道和东南风井、风道，作为车站主体结构的施工竖井、横通道，从车站南北两端向中间施工。主体结构全部贯通后，即可从主体结构向出入口通道端施工，同时可进行出入口明挖段的施工。在进行开挖初支的同时，根据施工的可行性及时施作防水及二次衬砌。

风道及与主体结构的交叉口段开挖采用中隔壁法、主体结构开挖采用中洞法，衬砌采用衬砌台架配组合钢模板施作，预拌混凝土，输送泵灌注。

整个工程重点控制地表沉降、管线保护，加强与降水施工单位密切配合，采取不同的施工方法，以小导管或大管棚超前支护、注浆加固地层为主要手段，及时施作支护体系，施工方法及支护措施参见表 6—5。

（2）工艺流程

总体施工流程见图 6—5。车站东南竖井工区和西北竖井工区施工流程见图 6—8、图 6—9。

2. 竖井的施工方法及工艺流程

车站施工竖井利用东南风道及西北风道。西北风井明挖采用 $\phi800$ 钻孔灌注桩加型钢内支撑围护。如图 6—26 所示。

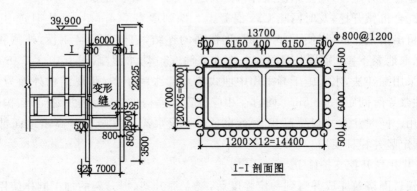

图 6—26　西北风井结构示意图

（1）西北竖井先施做 $\phi800$ 钻孔桩，钻孔灌注桩施工工艺后面章节有专门论述。

（2）竖井施工工艺流程（见图 6-27）。

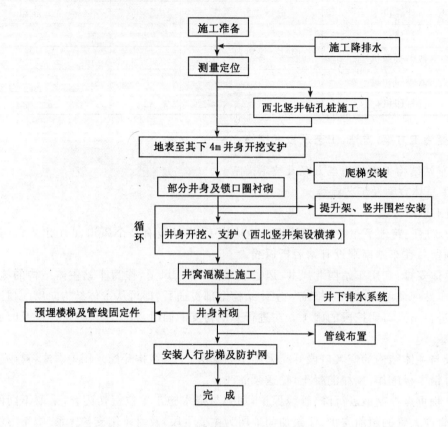

图 6-27　竖井施工工艺流程图

（3）施工方法简介

竖井施工前，首先进行降水施工，以使竖井在无水条件下开挖支护。竖井施工分为锁口圈施工、井身施工和马头门施工三部分。

1）锁口圈及部分井身施工

首先进行竖井定位，用全站仪放样，标出锁口圈的具体平面位置。

人工配合机械开挖，及时网喷 C20 混凝土。挖到地表下 4m 后，绑扎钢筋，其中井壁竖向连接钢筋预留出搭接长度，以便下部与井身连接筋的连结，内侧立组合钢模，外侧利用初期支护作为模板，采取地表下 4m 范围井身衬砌一次性灌注 C30 防水混凝土，其中含 1.0m 锁口圈。混凝土浇筑时采用漏斗法，水平施工缝采用中埋式遇水膨胀腻子条（距离结构外缘为 100m），并预埋注浆管，注浆导管间距 4m～5m。同时在相应位置预埋构件，作为竖井龙门架、护栏、人行步梯及竖井提升用。同时注意井口要高出地面 50cm，防止水流进入竖井。高出地面部分预埋 $\phi32$ 钢管，作为固定竖井栏杆使用。

2）竖井井身开挖支护施工

竖井锁口圈浇筑完成并达到一定强度后，架立提升架，提升架的加工制作使用必须具备以下几个条件：

①竖井提升架必须经过计算,使用中经常检查维修和保养。

②提升设备不能超负荷工作,运输的速度应符合该提升架的技术要求。

③竖井上下通过电铃作为联络信号。

④提升架顶部搭设彩钢瓦作为防雨棚,设置一定的坡度,使雨水汇集到一起通过雨水管排入临时排水沟。架立完成提升架之后,开始向下开挖土体,开挖方法见图6-28。每次开挖进尺视地质条件开挖,如施工期间降水不成功或降水有所改变向设计部门及时进行设计变更。西北竖井开挖完成后及时喷射15cm厚的C20混凝土,根据设计要求架设工字钢横撑。东南竖井开挖完成后及时挂设钢筋网、架立格栅钢架(间距0.5m~0.75m),沿井壁打设砂浆锚杆(ϕ22、2.5m长、斜下倾角10°),环向间距1.0m,纵向间距随格栅梅花形布置。在竖井通过粉细砂、细中砂层时,用(ϕ42、δ=3.25mm厚、2.5m长)普通水煤气管代替ϕ22砂浆锚杆,环向间距0.3m,小导管外插角8°,每两榀格栅打设一次。喷射35cm厚混凝土后注浆,小导管注浆时采用CS(水泥水玻璃双液浆)浆液,注浆压力控制在0.4~0.6MPa。

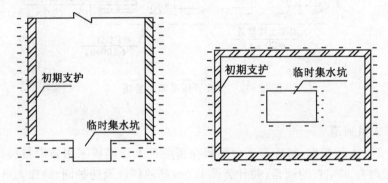

图6-28　竖井开挖示意图

在竖井开挖初支期间预埋引排水管,以利于引排上层含水层(填土、粉细砂层)中的滞水。考虑到竖井井壁要进行施工通道开口施工,在竖井开挖支护到马头门相应开口部位加设格栅开口加强框。

竖井开挖至井底设计标高时,及时进行基底清理整平,先网喷35cm C20混凝土封闭基底。

3)竖井井身二次衬砌施工

在完成井窝、集水坑、底板等井底设施后,即转入竖井防水、二次衬砌施工。风井、风道的防水等级为一级,风井的施工防水采用全包防水,防水板铺设采用无钉孔铺设双焊缝施工工艺,缓冲层采用400g/m²的土工布,水平施工缝采用中埋式遇水膨胀腻子条,竖向施工缝采用中埋式橡胶止水带,在灌注二次衬砌之前,严格检查防水板有无损坏,发现之后及时修补。铺设完成防水板后根据施工图纸的要求绑扎竖井井身钢筋,要求搭接长度及位置满足规范的要求,在钢筋绑扎过程中注意保护防水板,经检查合格之后才能灌注二次衬砌。混凝土施工时自下而上分三段进行衬砌。在马头门处按施工通道断面尺寸预留出与马头门衬砌搭接防水板及钢筋,以与后来施作的马头门衬砌的防水板及钢筋进行搭接。竖井井身上的预留孔洞或预埋套管,均在混凝土施工完成之前预埋好。

4)竖井进料出渣

竖井、施工通道及隧道正线出土及钢格栅、网片等吊入竖井通过安装在竖井提升架上电葫芦的提升斗来完成。开挖运出的土方弃入临时堆土场,待夜间通过出渣车运出市区。提升斗的数量、容量及提升能力直接关系到施工的进度,因此在车站的西北风井及东南风井各设置3个井窝,以提供3～5个吊斗出渣或进料。其他如混凝土喷射料等由井边安设的串筒供给。模筑混凝土则通过混凝土输送管、混凝土输送泵泵送至衬砌面。

　　5)管线布置

　　在竖井内安设通风管、高压风管、高压水管、动力线、照明线、排水管、进料管等。供水主管管径$\phi150$mm,通风管用$\phi1200$刚性主管,进料管用$\phi320$mm的钢管。其设备布设见图6-29。

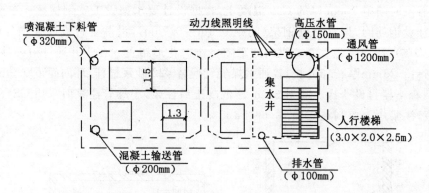

图6-29　竖井管线平面布置图

　　6)竖井施工人员通道

　　在竖井一角安设人行步梯,将转弯平台焊接在预埋件上。踏板采用防滑材料(花纹钢板)制作,安装防滑踏板时有5°左右的倾角,并且装设1.2m高的栏杆及防护网,确保人员人身安全。

　　3.风道(施工通道)的施工方法及工艺流程

　　利用车站风道作为施工通道进入车站主体结构,风道施工采用中隔壁法。

　　(1)马头门施工

　　预留马头门处,先在拱部根据管棚具体位置(车站西北竖井需破除钻孔桩)安装导向管,网喷混凝土作为止浆墙,利用做竖井二次衬砌时的脚手架搭设管棚施工平台,打设18m长管棚($\phi108,\delta=5$mm),环向布置每米3根,管内用水泥砂浆充填。大管棚在18m开挖范围内抬高20cm,抬高超挖部分采用与二衬相同的同级混凝土回填,为保证回填密实,不留空隙,在灌注混凝土内预留注浆管,待灌注完混凝土后,再压注水泥砂浆,压浆管环纵向间距3m～5m。超前小导管采用外径42.3mm、壁厚3.25mm,$L=3.0$m的普通水煤气花管并注水泥水玻璃双液浆加固地层。马头门开挖后在开洞处连续架立两榀格栅、中隔墙、横联,并与原竖井格栅及钻孔桩钢筋焊连,喷射C20混凝土,施做格栅开口框,然后割断开挖断面内的竖井初期支护及钻孔桩钢筋,采用中隔壁法分步进行开挖,每开挖0.5m架设一榀格栅支撑,并用素喷混凝土封闭一次掌子面。各台阶间隔按3m～5m,中横联采用I16a。开挖过程中严格按照"管超前、严注浆、短开挖、强支护、早封闭、勤量测"的施工原则严格要求,确保施工的安全。

　　(2)风道(施工通道)施工

　　施工通道段超前支护采用外径42.3mm、壁厚3.25mm、$L=2.5$m的普通水煤气花管并注水泥水玻璃双液浆加固地层。开挖采用中隔壁法(双横联)分步进行施工,每开挖0.5m架设一榀格栅支撑,并喷素混凝土封闭一次掌子面。及时对初期支护背后及二次衬砌注浆。施工流程见图6-30。

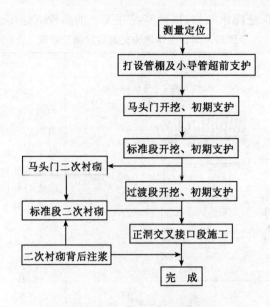

图 6－30　施工通道施工工艺流程图

　　施做风道下穿电力管沟段。按中隔壁（双横联）法施工。为保护电力管沟，开挖进尺为 0.5m；加强本段支护手段，初期支护喷射混凝土厚度由 30cm 增加至 35cm，格栅间距为 0.35m/榀；采用密排小导管超前支护，并注浆加固地层；由于该部位为了躲避电力管沟，拱部变为近似平拱，除加强初期支护外，应及时施做该段二衬及暗梁，并加强二次衬砌，由 500mm 调整为 550mm。

　　风道施工至断面变化点前后各 5m 处，支护采用全环型钢拱架、间距 50cm，喷射混凝土，并及时施做该段衬砌，作为断面变化加强锁口框，作为后序渐变段初支拱架落脚点。拱部施做双层 $\phi42$ 的注浆小导管，但应注意保护电力管沟。

　　在马头门及施工通道开挖施工过程中，须严格对各监测项目进行监控量测，发现异常及时反馈，根据具体情况修改设计参数。尤其在分部拆除格栅，施做二衬前，须严密监视各监测项目的变化情况。

　　（3）风道进入车站主体交接段施工方法及技术措施

　　风道进入车站主体交接段是一个受力极为复杂的特殊结构，是由风道相对较小断面进入大跨度直边墙断面的过渡。在施工中要确保结构的稳定性、控制地表沉降，顺利实现不同断面的转换过渡。

　　1）总体施工方案

　　车站风道与主体交接处，通道由标准断面向大跨度直边墙断面过渡。总体方案为：风道在将进入车站主体时，断面要上挑、下挖，为此在拱部施做双层密排注浆小导管，采用中隔壁法（三横联八分部）施工，各分部到达车站主体侧墙（直墙）后，完成了断面过渡，满足了车站主体结构的断面要求，在该空间内先施做底板、底纵梁、中层板下部车站钢管柱和扶壁柱，再进行中层板暗梁施工，向上接长钢管柱，施做中层板、顶纵梁和顶板等结构。

　　2）施工方法

　　①风道及车站主体结构交叉口段施工步骤见表 6－20（以东南风道为例）

　　②注意事项

a. 施工该段时,必须保证降水效果,以使开挖在无水的条件下施工。

表 6—20　　　　　　　　　　风道及车站主体结构交叉口段施工步骤

序号	项目	施工步骤示意图	技术措施
1	上挑开挖1～2部	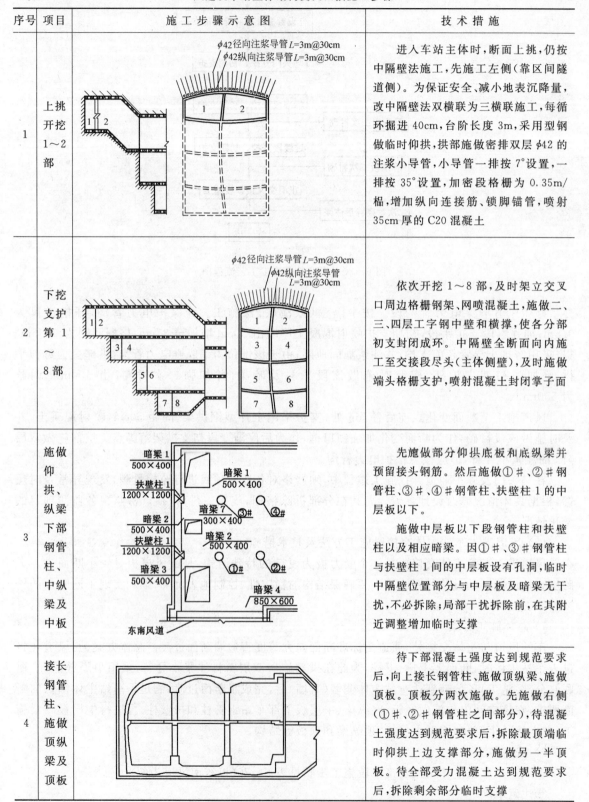	进入车站主体时,断面上挑,仍按中隔壁法施工,先施工左侧(靠区间隧道侧)。为保证安全、减小地表沉降量,改中隔壁法双横联为三横联施工,每循环掘进 40cm,台阶长度 3m,采用型钢做临时仰拱,拱部施做密排双层 $\phi42$ 的注浆小导管,小导管一排按 7°设置,一排按 35°设置,加密段格栅为 0.35m/榀,增加纵向连接筋、锁脚锚管,喷射 35cm 厚的 C20 混凝土
2	下挖支护第1～8部		依次开挖 1～8 部,及时架立交叉口周边格栅钢架、网喷混凝土,施做二、三、四层工字钢中壁和横撑,使各分部初支封闭成环。中隔壁全断面向内施工至交接段尽头(主体侧壁),及时施做端头格栅支护,喷射混凝土封闭掌子面
3	施做仰拱、纵梁下部钢管柱、中纵梁及中板		先施做部分仰拱底板和底纵梁并预留接头钢筋。然后施做①#、②#钢管柱、③#、④#钢管柱、扶壁柱 1 的中层板以下。 施做中层板以下段钢管柱和扶壁柱以及相应暗梁。因①#、③#钢管柱与扶壁柱 1 间的中层板设有孔洞,临时中隔壁位置部分与中层板及暗梁无干扰,不必拆除;局部干扰拆除前,在其附近调整增加临时支撑
4	接长钢管柱、施做顶纵梁及顶板		待下部混凝土强度达到规范要求后,向上接长钢管柱、施做顶纵梁、施做顶板。顶板分两次施做。先施做右侧(①#、②#钢管柱之间部分),待混凝土强度达到规范要求后,拆除最顶端临时仰拱上边支撑部分,施做另一半顶板。待全部受力混凝土达到规范要求后,拆除剩余部分临时支撑

b. 交叉段开挖采用中隔壁法从上向下分四层八部开挖,每循环进尺为 0.5m;对断面变化点前后 5m 范围内,拱墙注浆加固土体。

c. 施工中,及时施做两端进入区间隧道和车站主体的格栅开口框及环向注浆导管。

d. 边墙衬砌随扶壁柱施工及时施做,预留出车站和区间位置不灌注混凝土。

e. 风道与车站交叉段是个复杂力学转换体系,施工时加强监控量测,密切注意支护体系的变化。

f. 施工时严格按照"管超前、严注浆、短开挖、强支护、早封闭、勤量测"的原则施工。

4. 车站主体结构的施工方法及工艺流程

(1) 主体结构施工工艺流程见图 6—31。

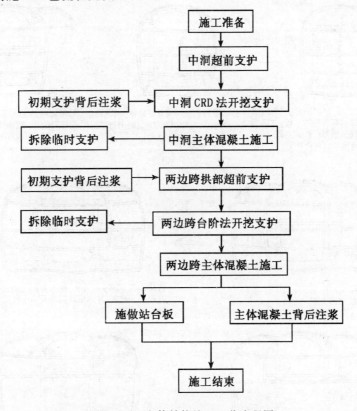

图 6—31 主体结构施工工艺流程图

(2) 主体结构施工方法

车站采用中洞法施工,中洞按 CRD 法施做,先施工中跨洞室,拱部施做大管棚超前支护,小导管注浆加固地层,中洞按 CRD 法开挖。①～④步同侧台阶长度 3m～5m。按顺序施做中洞底板、底纵梁、钢管柱、中纵梁、中层板、拱部顶纵梁及衬砌。

中洞主体衬砌施做完成后,两侧侧洞拱部施做大管棚超前支护,小导管注浆加固地层,对称开挖两边跨洞室。按 4 部台阶法施工,台阶长度 3m～5m,超前支护等方式同中洞。施工程序如图 6—32。

施做钢管柱,拆除临时支护,原则上以一个柱间距 6m 为拆除长度,在监控量测等基础上,如地表沉降允许,按两个柱间距 12m 施工。

1) 施工步骤

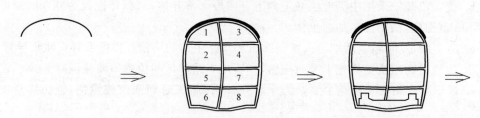

A. 进行中洞拱部大管棚超前支护、小导管注浆加固地层。

B. 中洞采用CRD法，按图中顺序进行开挖，及时封闭初期支护。

C. 拆除部分竖向临时支护，铺设底部部分防水层，施做部分底板、底纵梁，预留钢筋及防水板接头。

D. 恢复底部临时竖向支撑，施做钢管柱、中纵梁及部分中层板、铺设拱部分防水板，并施做顶纵梁部分拱部衬砌，预留好钢筋及防水板接头，钢管柱顶部增设临时横向连接。

E. 拆除竖向临时支护，铺设拱部剩余防水板，施做拱部、中板剩余衬砌。

F. 两边跨拱部施做大管棚超前支护及小导管注浆加固地层，对称开挖边孔上导坑，及时施做封闭初期支护。

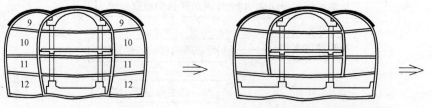

G. 按图中顺序对称开挖两侧边跨，及时施做封闭初期支护。

H. 拆除中洞下部临时支护，铺设两侧边跨底板及部分边墙防水层，施做二次衬砌，并预留好钢筋及防水板接头，必要时在中隔壁下加临时支撑。

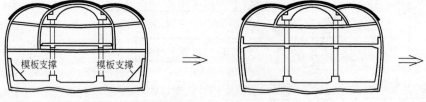

I. 拆除下部临时仰拱及中洞部分临时支护，铺设两侧部分边墙防水层，施做二次衬砌，并预留好钢筋及防水板接头，必要时加临时支护

J. 拆除中部临时仰拱及中洞部分临时支护，铺设两侧边墙防水板，施做两侧边墙及两边跨中层板二次衬砌，并预留好钢筋及防水板接头。

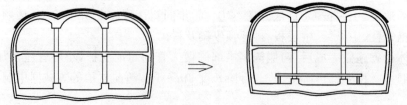

K. 拆除剩余临时支护，施工边墙部分及拱部防水层，与顶纵梁上的防水层搭接好，灌筑剩余衬砌。

L. 施做站台板，完成全部主体结构。

图 7-32　××市地铁×号线 A 站～ B 站区间及 B 站中洞法施工程序示意图

主体隧道的开挖步序主要为两大部分,即把车站断面分为一个大中洞(含车站中跨的拱部、中层板、底板,两根钢管柱、两根底纵梁及中纵梁,两根顶纵梁的大部分)和两个小侧洞(含车站主体两侧跨的二次衬砌、中层板以及顶纵梁的小部分),先施工中洞(开挖、支护,施做梁、板、柱以及二次衬砌),然后施工两侧洞(开挖、支护,施做底板、中层板、二次衬砌,凿掉中洞临时支护,封闭二次衬砌)。

①采用大管棚护顶辅以小导管注浆加固地层后,按照"小分块、短台阶、多循环、快封闭"的原则,将中洞分为八个小洞室施工,自上而下分块成环,随挖随撑。

②中洞开挖支护完成后,进行基底处理,铺设底板防水层,施做结构底板梁,预留防水层和钢筋搭接长度。

③施做钢管混凝土柱、中层板及中纵梁。

暗挖段钢管混凝土柱是结构中的主要承载构件,在中洞开挖中,其受力相当复杂,钢管混凝土柱的质量关系到整个结构的安全与稳定。

a. 钢管混凝土柱的施工工艺流程

钢管混凝土柱的施工工艺流程见图6—33。

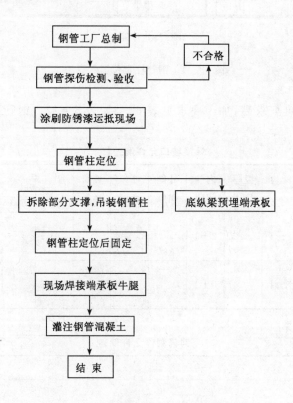

图6—33 钢管混凝土柱施工工艺流程图

b. 钢管混凝土柱施工组织

在中洞内通过自行加工的小跑车运输。钢管吊装通过预埋初支拱架上的吊钩完成,采用手拉葫芦提升满足要求。

在测量定位后,拆除1~2榀临时支撑,在底纵梁浇筑时,预埋下部端承钢板。安装钢管柱,用肋板固定于下部端承板。

c. 钢管混凝土柱施工要点

(a)钢管柱定位

规范要求钢管柱的垂直精度要达到柱长的 1/1000,并且不超过 15mm,钢管柱的位置偏移不超过±5mm。为保证精度,施工中采用了独特有效的对中定位装置——钢管柱定位器,如图 6-34 所示。底梁施工后,在其上安装钢管柱下端定位器,然后可以吊装钢管使管下端套入定位器内定位,随后将钢管上端用上端定位器调整至桩中心位置,安装完后,再复查一次钢管的垂直度、桩中心位置及管顶的标高,无误后即可进入下道工序。

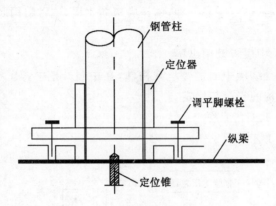

图 6-34　钢管柱定位器示意图

(b)钢管的加工精度要求高,加工要求见表 6-21、表 6-22。钢管柱吊装允许偏差见表 6-23。

表 6-21　　　　　　　　　　焊接坡口允许偏差(mm)

坡口名称	焊接方法	厚度 d	钝边 a	板厚度 b	内侧间隙	外侧间隙	坡口高度	坡口半径	坡口角度	坡口形式
V 型坡口	手工焊	18	2±1		2±1				60±5	
	自动焊	18	7±1		0±1				60±5	

表 6-22　　　　　　　　　　钢管制作允许偏差

序号	偏差名称	示意图	允许值
1	纵向弯曲		$f<1/1000$ $f\leqslant10mm$
2	椭圆度		$f/D=3/1000$

续表

序号	偏差名称	示意图	允许值
3	受端不平度		$f/D = 1/1500$ $f \leqslant 0.3\text{mm}$
4	管肢组合误差		$\dfrac{\Delta_1}{h} \leqslant \dfrac{1}{1000}$ $\dfrac{\Delta_2}{h} \leqslant \dfrac{1}{1000}$
5	腹杆组合误差		$\dfrac{\Delta_1}{L_1} \leqslant \dfrac{1}{1000}$ $\dfrac{\Delta_2}{L_2} \leqslant \dfrac{1}{1000}$

表 6—23　　　　　　　　　　　　　钢管柱吊装允许偏差

序号	检查项目	允许偏差
1	立柱中心线和基础中心线	±5mm
2	立柱顶面标高和设计标高	0，—20mm
3	立柱顶面不平度	±5mm
4	各柱之间的距离	柱间距的 1‰
5	各立柱不垂直度	长度的 1‰，最大不超过 15mm
6	各立柱上下两平面相应对角线差	长度的 1‰，最大不超过 20mm

（c）为防止管内混凝土收缩，管内灌入 C40 微膨胀混凝土，其掺入量由设计确定，并由试验室确定最佳的配比。原则是使混凝土的收缩量与膨胀量大体相抵消。如果膨胀剂掺量过大，将会使管壁过早环向受力，影响钢管混凝土柱的承载膨胀力。

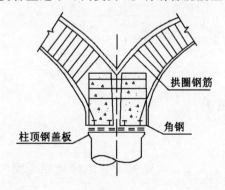

图 6—35　型钢钢筋混凝土组合梁构造图

管内混凝土浇筑采用抛落振捣，采用插入式振动器振捣，一次振捣时间 30s 左右。灌注过程需排气通畅，加强振捣，保证混凝土的密实度。钢管柱内混凝土灌注到钢管顶部（稍低于管内），等混凝土强度达到设计强度的 50% 后，再用同强度等级的水泥砂浆填满，按规定一次焊完端部封板。

④铺设拱部防水层，施工拱部结构及顶纵梁，预留防水层和钢筋搭接长度，拆除中洞内临时支护，中洞形成一个强有力的支撑。

⑤型钢钢筋混凝土顶纵梁形式见图 6—35，该梁由两片芯梁组成，芯梁骨架安装到钢管混凝土柱上后，将两片芯梁的钢板焊成整体。芯梁与钢管柱用的螺栓连接起来，以便更好地传力和承载。钢筋混

凝土框架结构中,梁柱节点的结构型式和构造措施是影响整个结构安全的关键因素之一,在此处钢管柱和梁板为两种不同材质,承受荷载较大,因而非常重要,将根据详细设计制定具体操作方案。

⑥两侧洞再同步用正台阶法自上而下分步掘进成环,及时做好初期支护,并采用大管棚辅以小导管注浆加固地层。

⑦在两侧洞内铺设底板及下边墙防水层,浇筑底板及下边墙结构。

⑧施工两侧洞内中板,与中洞内中板连接、封闭。

⑨继续施做两侧洞内边墙及拱部防水层及结构,与中洞内拱部结构连接,二次衬砌封闭,拆除所有临时支护。

⑩拆除支撑施做底板及钢管柱时,拆除长度以 6m～7m 为宜,当监控量测地表沉降和拱顶沉降允许的情况下适当放大拆除长度,按 6m～12m 施做。

2)初期支护参数(见表 6－24)

表 6－24　　　　　　　　　　　　　车站初期支护设计参数表

断面形式			车　站	附　注
围岩类别			I	
初期支护	喷射混凝土厚度(mm)		300	内部临时横向支撑厚度减 50mm
	φ115mm 大管棚		根据需要设置在拱部	
	φ42 超前小导管	设置范围	拱部	
		长度(mm)	3000	
		环向间距	3 根/m	
		纵向间距(mm)	1000	
	钢筋网	设置范围	拱部、边墙	
		间距(mm)	150×150	
	格栅	纵向间距(mm)	500	

3)车站主体结构材料

二次衬砌顶、底板、顶、底纵梁、侧墙:C30、抗渗等级为 P8;

顶纵梁结构采用型钢混凝土组合结构;

中层板、中纵梁及楼梯:C30;

立柱:钢管混凝土柱,钢管内混凝土为 C40 微膨胀混凝土;

站台板及站台板支撑墙:C30;

垫层:C15。

4)钢筋混凝土工程及防水工程的施工工艺参见"6.1.5.4　主要施工方法的程序说明"、"6.1.5.6　结构防水工程的施工组织及方法、程序说明"。

5. 车站附属结构的施工方法

(1)出入口及紧急疏散口的施工方法和工艺流程

B 站台有西北出入口(底板与西北风道拱顶相连)、紧急疏散出入口(于西北出入口暗挖段开洞相连)、东南出入口、东北出入口及西南出入口(预留)。

1) 出入口明挖段

①西北出入口及紧急出入口如图6-36所示。

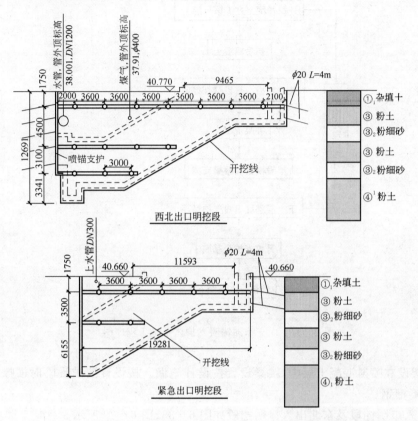

图6-36　西北出入口及紧急出入口明挖施工示意图

a. 施工程序

施工程序如图6-37所示。

b. 注意事项

(a)在基坑喷锚支护开挖施工之前,进行测量放样,确定基坑开挖线,轴线定位点、水准基点、变形观测点等,并在设置后、施工过程中加以妥善保护。

(b)喷锚支护及内撑应按规定的分层开挖深度,按作业顺序施工,在完成上层作业面的喷锚支护及支撑架设之后,进行下一层深度的开挖。基坑开挖采用中间部分小型挖掘机开挖,周边部分人工开挖配合汽车吊提升出土,开挖时注意防止边坡出现超挖或造成边壁土体松动。基坑开挖时采用小型机具人工清理边壁。

(c)按照设计要求,施做L=4m的斜向锚杆,锚杆采用梅花形布置,间距1m。

(d)在每步开挖后及时进行架立格栅,锚杆施做及喷射混凝土面层的施工。喷射混凝土面层主要包括初喷、挂网、二次喷射混凝土等工序。具体做法为:先喷射一层混凝土,一般喷射层厚度为5cm~7cm,然后架立格栅,挂网,施做锚杆,按照设计要求完成二次喷射混凝土。

(e)在完成分层喷锚支护后,待支护达到强度后,按设计要求架设纵向的[40c 槽钢型钢腰

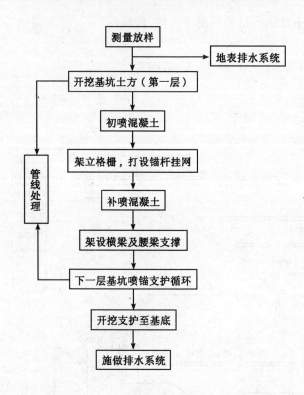

图6-37　内支撑加锚喷支护体系施工程序图

梁,型钢腰梁架设在喷射混凝土层中,腰梁设置按设计施做。按设计要求设临时横撑,竖向间距图示,采用[40c槽钢。

②东南出入口明挖段及东北出入口明挖段如图6-38、图6-39所示。

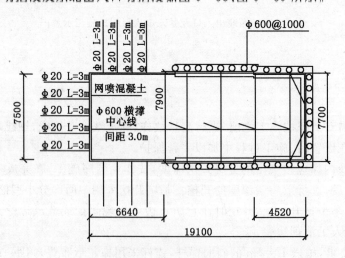

图6-38　东南出入口明挖段结构示意图

其施工方法及步骤基本同西北出入口,区别在于:

a. 东南出入口及东北出入口基坑开挖前,先行施做钻孔桩围护体系。

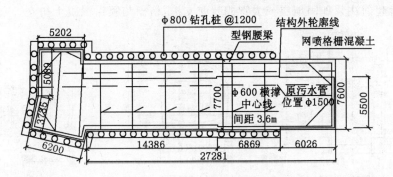

图 6－39　东北出入口明挖段结构示意图

b. 东北出入口需进行 $\phi1500$ 污水管的改移。

③明挖段防水及衬砌

出入口明挖段采用 U 形或箱形结构，待与暗挖段贯通后，即可进行该段的衬砌混凝土及防水施做。出入口施做防水层和防水保护层后，回填恢复原有地面结构。

④出入口上部结构施工

出入口地面亭的施工，按钢筋混凝土工程相关规范要求进行施做。在挖好基槽并验槽合格后，开始基础混凝土的立模、钢筋绑扎和浇筑。设计要求的洞口、管道、沟槽和预埋件于浇筑时正确留出，预埋件做防腐处理。最后搭设模板支架，浇筑并完成地面亭的边墙、立柱及顶板钢筋混凝土。在完成混凝土结构工程后，按建筑设计要求进行装饰工程的施工，完成出入口地面亭工程，并进行出入口处工地清理。

⑤回填及恢复

出入口基坑回填在结构混凝土施工完成并达到设计强度后进行，回填之前先进行侧墙和顶板的外包防水层封闭和保护层的施做。回填料选择应严格控制，在结构顶板采用每层厚度小于 0.5m 的黏土回填，回填前对各类回填土进行密度及含水量试验，确定其铺土厚度及压实密度等。

基坑回填沿纵向分层，对称同时进行，每层厚度小于 0.5m，回填时避免机械碰撞结构及防水保护层，在结构两侧和顶板 50cm 范围内采用人工使用小型机具夯填；采用机械碾压时做到薄填、满行，先轻后重，反复压碾，并按机械性能控制行驶速度，压碾时的搭界长度应大于 20cm。人工夯填时夯底重叠，重叠宽度不小于 1/3 夯底宽度。

2）出入口及紧急疏散口暗挖段施工

车站出入口及紧急疏散口暗挖段，采用台阶法和中隔壁法施工，超前小导管注浆加固地层或采用大管棚超前支护等辅助手段。

3）车站出入口的人防问题

车站出入口及区间隧道的人防结构的施工方法在此一并介绍。

①区间隔断防护

A 站～B 站区间隧道于 K3＋150.0、K4＋400 两处人防双向防护密闭隔断门，结构如图 6－40 所示。该段施工方法按中隔壁法施工支护，衬砌采用衬砌台架与组合钢模板施工。

②出入口及风道孔口人防工程

本标段在 B 站出入口、风道及 A 站～B 站区间风道口设置人防工程。

a. 车站出入口及区间风道防护段采用单跨拱型结构，复合式衬砌，采用台阶法或中隔壁法施工,以小导管超前注浆加固地层或大管棚超前支护,格栅与喷射混凝土初支。

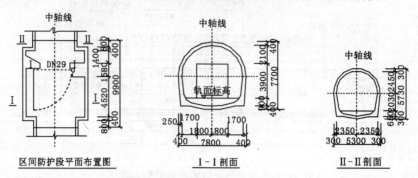

图 6—40　人防双向防护密闭隔断门结构图

b. 车站风道采用双层单跨拱形断面,复合式衬砌,采用中隔壁法施工,以小导管注浆加固地层或大管棚超前支护,格栅喷射混凝土初支。

c. 车站出入口防水等级为一级,其他为二级防水要求。

d. 衬砌采用 C30 防水混凝土。

e. 开挖方式参见相关内容。

(2) 风井、风亭施工

车站利用通风竖井作为施工竖井。

风亭施工安排在车站主体结构及风井内部结构全部施作完成之后进行,按设计图纸要求砌筑风井上部结构。砌筑材料与设计相符,砌筑标准达到相关规范要求。

(3) 出入口施工对××公园设施的保护

1) ××公园内旅游服务部的房屋,在暗挖法施工房屋下边的风道、明挖施工竖井期间,要严格施做辅助施工技术措施(大管棚护顶、小导管超前注浆加固地层),并加强监控量测,地面沉降要控制在 15mm 以内,房屋变形(差异沉降)要控制在规范允许范围内,一旦发现异常情况,立即采取补救措施。

2) ××公园售票处的排房,在施工西北紧急疏散出入口时,严格按设计措施施工,并加强监控量测,一旦发现异常情况,立即采取补救措施;××公园的坛墙(文物),在施工西北出入口通道时,要控制坛墙不裂、差异沉降满足规范要求。

3) 施工前,对××公园与施工相关的设施进行详细勘察,并邀请文物保护部门提出保护意见和加固措施,制定方案,确保安全、万无一失。

6. 车站施工辅助措施

(1) 地面和地下运输

地下运输:开挖施工通道时,采用手推车出土;待施工通道开挖衬砌完成之后,在施工通道内布轨,采用有轨运输。在开挖车站的主体结构时,利用小推车及溜槽先把渣倒入矿斗车,在通过有轨运输运至施工竖井的提升吊斗内,用提升架运至地面弃渣场。

地面运输:由于东南竖井及西北竖井均处于××东路,交通繁忙,因此土方外运严格按照××市市区弃土外运有关规定,只在夜间出土。出渣车辆在出施工场地时必须严格经过冲洗方可驶入市区。

(2) 车站内管线布置

车站施工主要需要供水主管 φ75 钢管、供高压风主管 φ130 钢管、供应通风主管硬质，φ1200 的刚性风管，主管在每个开挖面处设置分管，以供开挖、喷锚、注浆、钻孔机通风等使用。三管两线严格按照技术规范和安全规章要求布设，电力线必须配备自动保护装置，且布置整齐、合理、美观。

（3）车站的施工通风及排水

为降低洞内粉尘及有害气体含量，促进空气流通，拟采用大功率多挡变速通风机进行通风，采用压入式通风，从竖井经横通道进正洞采用 φ1200 的刚性风管，在交叉口处分叉，采用 φ400mm～φ600mm 软管将风送到各工作面，通风管挂在隧道边墙上，随掌子面掘进而跟进，距工作面 10m -15m。通风管安装平顺、接头严密，弯管半径不小于风管直径的 3 倍。穿衬砌拱架；采用铁皮串筒通过。

洞内排水采用设置集水井的方式，由潜水泵接力逐级抽至地面排水系统经过沉淀后排入市政排水管网。

6.1.5.2　区间隧道的施工方案及技术措施

1. 施工总体方案及工艺流程

（1）施工总体方案

A 站～B 站区间工程的特点主要是区间比较长，全长 1690.85m，共设置 2 个施工竖井，区间隧道需要穿越南护城河（左线段要截断南护城河桥的三排桥墩中的 5 根桩），右线区间隧道结构边缘距玉蜓桥的 25 号桥墩的桩基相距 1.05m；该区间含有一个站后折返线，断面变化多，施工复杂。该折返线距 B 站较近，施工由 B 站东南竖井与区间 2# 施工竖井共同负责。

由区间 1# 竖井向南、北两侧组织施工，其中北侧地面、地下建（构）筑物较多。区间 2# 竖井进入正线后，向南北两侧施工，主攻北侧区间施工。该段主要控制点为站后折返线，开挖断面高度较高、跨度大、施工方法转换频繁。区间隧道主要采用台阶法开挖，折返线根据其断面变化，采用中隔壁法、双侧壁导坑法和台阶法施工。施工方法及支护措施参见表 6-5。

施工总体安排：两个施工竖井同时开始施工，按均衡、合理的原则，区间 1# 竖井负责施工范围为右线 K3+104.3～K3+876.5，左线 K3+104.3～K3+844，单线长 1511.9m；区间 2# 竖井负责施工范围为右线 K3+876.5～K4+722.5，左线 K3+844～K4+734，单线长 1734m（含站后折返线段）。工区划分见图 6-3。

由于区间隧道左右线间距较小，左右线隧道在同一方向掘进时，为了减小沉降的叠加效应，左右线错开 20m 的距离掘进。

区间隧道标准断面采用模板台车衬砌，折返线段采用衬砌台架配组合钢模板施做，预拌混凝土，输送泵灌注。

（2）总体施工流程

总体施工流程参见图 6-5。区间 1# 竖井及 2# 竖井工区施工流程参见图 6-6、图 6-7。

2. 竖井的施工方法及工艺流程

竖井结构见图 6-41、图 6-42。1# 竖井截面尺寸为 11×4.6m，井深 25.9m，2# 竖井截面尺寸为 6×4.6m，井深 25.116m。施工方法参见第 6.1.5.1 条第 2 款。

3. 施工通道工艺流程及施工方法

（1）施工通道施工工艺流程参见车站部分。

（2）施工通道的施工方法

1）马头门施工参见车站部分。

2）施工通道施工

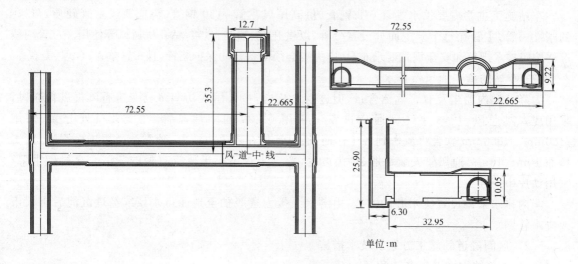

图6-41 1#竖井结构示意图

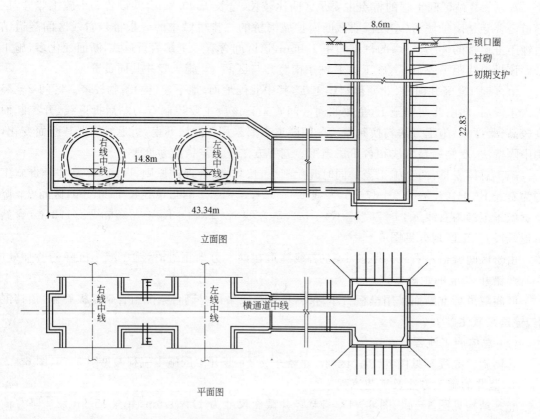

图6-42 2#竖井结构示意图

施工通道开挖采用中隔壁法施工。

3）过渡段施工

从施工通道进入正洞部位，需将断面上挑。其过渡段采用单横联（四个分部）中隔壁法向双横联（六个分部）中隔壁法过渡，逐步上挑、下挖，直至过渡到大断面开挖轮廓。

4）横通道进入风机房与正洞的施工方法

进入风机房与正洞断面如图 6－43 所示。这些地段是一个受力较为复杂的结构,在施工中既要确保立体交叉结构的安全稳妥和控制地表沉降,又要在进入正线破除初期支护开口时确保结构和内力的平衡与顺利转换,为此,制定以下措施:

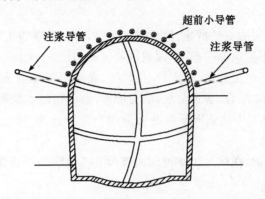

图 6－43　施工横通道过渡交接段施工
方法示意图

①沿正线开口轮廓线施做格栅开口框,沿正线开口拱部打设超前小导管注浆加固前方土体,并将小导管尾部与通道加强环钢筋焊接,使加强环结构与正洞形成整体。

②结构上加强处理,在正线开口处紧排两架通道初期支护格栅,形成两道加强环。

4. 区间隧道主体结构施工工艺流程及方法

（1）区间隧道主体结构施工工艺流程

区间隧道主体结构施工工艺流程见图 6－44。

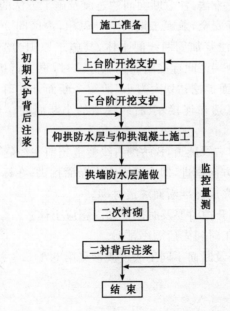

图 6－44　区间隧道主体结构施工工艺流程图

（2）区间隧道主体结构施工方法

1) 在区间施工过程中,按如下原则进行施工:

①地面场地内装吊存放系统与地下出渣进料运输系统配套,开挖体系、支护体系、量测体系必须紧密结合。

②施工方法的选择原则是在确保安全的前提下,快速、优质完成土建工程,压缩工期,尽量降低成本。

③不同的地层采取不同的支护措施,优化施工顺序,保证洞室施工安全,减小地表沉降,最大限度减少对地表建筑、地下构筑物的影响,做到稳妥可靠,万无一失。

④遵循"管超前、严注浆、短开挖、强支护、快封闭、勤量测"的施工原则。

⑤采取"以防为主、刚柔结合、多道防线、综合治理"的结构防水原则,做到不渗不漏。

2) 正洞标准断面的施工方法正洞标准断面采用台阶法施工,参见第 6.1.5.4 条第 1 款,台阶长度以 5m～6m 为宜。

①先施做拱部超前支护,在拱部 120°范围内施做 ϕ42 超前小导管注浆,导管长 3.5m,环向 3 根/m,纵向间距 2.0m。

②台阶法开挖,及时架设格栅,挂网喷 25cm 厚 C20 混凝土,格栅间距 1.0m。

③采用人工辅以小型机具开挖,出渣采用短臂挖掘机械装渣,有轨运输。

④施做拱墙防水层,绑扎钢筋,浇灌 C30 防水混凝土。

⑤初期支护及时进行背后注浆,采用衬砌台车进行二次衬砌,及时施做二衬后注浆。

5. 站后折返线的施工方法

(1) 总体思路

根据全线布局,在 K4+480.799～K4+786.735 段设置停车线及单渡线。该段结构复杂,开挖断面除标准断面外,有 7 种断面形式,跨度 5.8m～14.4m,高度 6.28m～9.795m,分别采用台阶法、中隔壁法、双侧壁导坑法施工,见图 6-45。该段工法转换频繁。断面转换多,施工难度大,因此必须采取不同的施工方法,注意断面间的过渡及施工方法的过渡。

本着控制地表沉降,确保安全,兼顾工期的指导思想,由区间 2♯竖井向 B 站方向施工折返线段时,左线隧道超前施工、注浆加固两线间土体,其施工原则为"巩固两端,先小后大,划大为小"。"巩固两端"即折返线两端区间标准断面先做好二衬,再进行折返线的扩挖;"先小后大"即折返线开挖从小断面向大断面扩挖;"划大为小"即每个断面开挖时,将大断面划分成小块,分块开挖,分块支护封闭。贯通点选在连接左、右线隧道的小断面处。具体施工步骤如图 6-46 所示。几点说明:

1) A 站侧左线隧道超前右线隧道,B 站侧右线隧道超前左线隧道。

2) 左、右线隧道分别单方向掘进,即小断面向大断面掘进,在标准断面贯通。

3) 施工大跨断面之前,完成标准断面隧道衬砌。

4) 图示 a(A) 及 D(d) 部开挖时要及时注浆加固相应土体。

5) 图示为左、右线按施工时间先后顺序排列。

6) 隧道多断面过渡方法及断面不同工法过渡参见第 6.1.5.3 条第 1 款、第 2 款。

(2) 施工方法及顺序

1) 左线施工

①施工方法

根据折返线段开挖断面的大小,将左线折返线区间分成 a、b、c 和 d 四段施工。a 段为 K4+480.73～K4+734,长度 253.27m,开挖宽度 5.8m,高度 6.28m,采用台阶法施工;d 段为 K4+

734～K4＋755，长度 21m，开挖宽度 13.5m，高度 9.822m，采用双侧壁导坑法施工；c 段为 K4＋755～K4＋786.5，长度 31.5m，开挖宽度 8.20m～10.08m，高度 7.17m～7.99m，采用中隔壁法施工；b 段为 K4＋786.5～K4＋794.85，长度 8.35m，开挖宽度 6.1m，高度 6.28m，采用台阶法施工。

②施工顺序

a. b 段开挖支护，采用注浆小导管加固 K4＋711～K4＋734 段左侧土体，以提高右线开挖时的安全性；完成二次衬砌。

b. 进行 c 段采用壁导坑的开挖和初期支护。

c. 进行 d 段采用中隔壁法开挖和初期支护。

d. 完成 e 段的开挖和初期支护。

e. 衬砌施工采用衬砌台架与加工订制弧形模板进行。

2）右线施工

①施工方法

由于开挖断面多变，右线也分 A（标准断面），B、C 和 D 三段施工。B 段为 K4＋480.73 以南的单线标准段，仍用台阶法施工；C 段为 K4＋480.73～K4＋691.5 折返段双线地段，长度 217.77m，开挖宽度 11.9m，开挖高度 8.812m，采用中隔壁法施工；D 段为 K4＋691.5～K4＋722.5，长度 31m，开挖宽度 13m～14.4m，高度 9.361m～9.795m，采用双侧壁导坑法施工。

②施工顺序

参照左线施工顺序。

（3）注意事项

1）该段应加强防水措施，特别是对防水板的保护及施工缝的处理。

2）出渣采用人工配合机械方式出渣，有轨运输。

3）衬砌采用衬砌台架与组合钢模板施工。

4）加强该段监控量测工作。

6. 区间隧道附属工程的施工方法

（1）迂回风道的施工方法

迂回风道一处设在 A 站北部（K3＋127.85，K3＋138.15），另一处以 B 站站后折返线单渡线兼做。第一处迂回风道开挖断面较小，采用台阶法施工，具体施工方法参照本条第 4 款（2）项及第 6.1.5.4 条第 1 款操作。迂回风道平面示意图 （略）。

施工时注意以下几点：

1）迂回风道中线（K3＋127.85，K3＋138.15）相距仅 10.3m，开挖断面边缘净相距 4m 左右，对此部分土体采用全断面注浆加固措施。并采用对拉锚杆加固。

2）该段格栅间距加密，喷混凝土加厚。

3）先施做 K3＋138.15 处洞室，再施做 K3＋127.85 处洞室。

（2）人防结构的施工方法

人防结构已在车站部分一并介绍。

（3）泵房的施工方法

根据设计，在区间 K4＋450 处通道兼作泵房。

在联络通道初期支护完成后，考虑到后续施工方便，待隧道二衬结束后，再进行泵房集水池施工。先测量放样定出泵房集水池位置，然后用风镐破除联络通道底部初期支护；向下开挖泵房集水池。先施做泵房集水池一侧边墙，然后再施做另一侧边墙，最后清除该部土体，完成封底，对集水池两头采用横向格栅进行封端处理。其施工流程见图6—45。

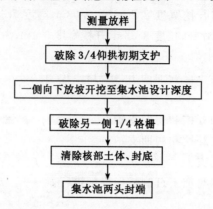

图6—45　泵房施工流程图

7. 区间隧道的施工辅助措施

（1）地面和地下运输

隧道内运输采用矿斗车有轨运输方式为主，辅用手推车等小型运输设备，将隧道内弃土运至井窝提升斗，通过提升塔架将土运卸至堆土场。单线钢轨接至掌子面，在距离掌子面3m～4m处设岔道，以便错车。

整个隧道内布轨原则：每隔100m设置一个岔道。施工通道内设置单轨，大断面布置双轨。

地面运输：本区间竖井位于繁华地区，土石方外运严格按××市弃土外运有关规定，只在夜间出土。弃土车驶出场地或弃土场时必须经过冲洗车槽及轮胎。

（2）洞内管线布置

三管两线严格按照技术规范和安全规章要求布设。如图6—46所示。

洞内供水主管选用$\phi75$mm管，供风主管采用$\phi125$mm，通风管采用$\phi800～\phi1\,000$mm管布置在拱顶。

8. 施工通道和竖井的回填

区间2#竖井为临时施工竖井，竖井及井口到沉降缝以内部分横通道在区间正线及联络通道二次衬砌施工完成后即进行回填，回填之前敷设防水层，然后用M7.5浆砌片石封堵，拱顶埋设小导管注浆，然后分层回填黏土。如图6—47。

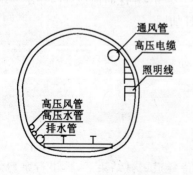

图6—46　区间隧道管线布置图

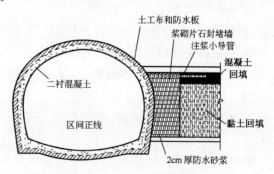

图6—47　施工通道回填示意图

回填时对回填料严格控制,要经过试验检验容重、含水量及填料级配等项目,同时对铺土厚度及压实密度也要检验,合格后方能填筑。回填土每层厚度不大于 0.3m,采用人工使用小型机械夯填,夯底重叠,其宽度不小于 1/3 的夯底宽。井口地面以下 3m 范围内竖井结构凿除,回填原土。

6.1.5.3　困难地段的施工方法及技术措施

1. 隧道变断面过渡段的施工方法及技术措施

（1）断面转换施工方法

断面转换施工是本工程的一大特点,本工程有十几种不同的衬砌断面类型,断面变化点较多。这些断面变化处有的尺寸相差不大,直接过渡即可;对断面尺寸相差较大的,须采用一些技术措施才能实现安全过渡。根据本工程特点,将这些断面转换分为三类:一类是由大断面向小断面的转换过渡;一类是由小断面向大断面的转换过渡;一类是折返线段有由小断面向大断面的转换过渡。

1）大断面向小断面转换施工方法

常规的做法是将大断面全部施做到设计位置后,先施做封端,再破除混凝土进入小断面施工。这样施做工期长,破除量大。当大断面或大断面的某一分部开挖至设计位置,自上而下架设格栅挂网喷混凝土封端,同时架设小断面或小断面的某一分部的格栅,作为开口的环框,逐渐过渡到小断面或小断面的某一分部,如图 6—48 所示。为方便架设,将小断面格栅分成若干片,作为开口圈梁,用焊接方式连接在一起,喷射混凝土封闭。

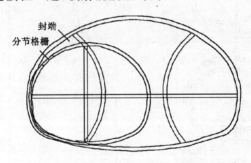

图 6—48　大断面向小断面转换施工示意图

2）小断面向大断面转换施工方法

小断面过渡到大断面,通过上挑、拓宽实现。当两断面相差不大或处于硬质围岩的情况下,直接采取错台方式实现断面转换;当断面尺寸相差较大时,采取转换施工方案、配合超前支护手段、利用格栅喷射混凝土逐渐加高加宽断面的渐变形式实现,上挑坡度按 1∶2 设置(如有设计按设计施工)。在大小断面间架设不同大小的异型格栅并喷混凝土支护,逐渐过渡到大断面或大断面的某一分部;在大小断面变化点,增设锁口或过梁,注浆加固该段拱墙土体。

3）折返线段断面转换过渡施工参见第 6.1.5.2 条第 5 款。

（2）断面过渡技术措施

断面转换施工是本工程的重难点之一,为确保安全过渡,在施工中需按不同类型考虑应力集中及洞室之间力学效应,紧扣浅埋暗挖法基本原则,根据断面间相互关系和采用工法情况,合理设置变坡坡度,充分利用超前支护手段加固岩,利用格栅挂网喷射混凝土实现断面过渡,及时模筑混凝土。具体技术措施如下:

1）合理安排施工顺序,包括开挖顺序、二衬施做顺序等。

2）合理设置变坡坡度。

3）充分利用超前支护手段加固围岩，在断面转换地段，密排注浆小导管。对渡线区洞室间围岩间距薄的地段注浆加固土体，必要时施做对拉锚管（ϕ42 钢管），锚管长按洞室间土体厚度加两侧洞室初期支护厚度考虑，梅花形布置，并与初期支护格栅焊接在一起。

4）适当调整洞室台阶长度，在上挑时，延长台阶，以便于施工和支撑稳定掌子面，在洞室施工时，缩短洞室台阶长度，实现初期支护尽早封闭。

5）保持格栅拱脚稳定性，采取加大拱脚，并施打锁脚锚杆（管）注浆，以减小沉降。

6）及时进行拱背注浆。

7）减小格栅间距，增加纵向连接筋，以增加初期支护刚度。

8）加强监控量测，及时反馈、分析信息、指导施工。

2. 典型断面不同工法过渡施工说明

（1）台阶法向中隔壁法过渡施工程序（见表 6—25）。

表 6—25　　　　　　　　　　　　台阶法向中隔壁法过渡施工程序

序号	图　　示	施工程序	技术措施
1		开挖支护小断面	延长台阶长度
2		开挖支护小断面，外扩进入过渡Ⅰ断面	施打超前小导管，上挑、拓宽，径向注浆加固交接段拱墙土体
3		继续外扩，进入过渡Ⅱ断面	施打超前小导管支护，上挑、拓宽，径向注浆加固交接段拱墙土体
4		由过渡断面Ⅱ进入中隔壁一侧导坑	网喷封闭中隔壁另一侧导坑掌子面
5		外扩进入中隔壁另一侧导坑	当中隔壁一侧导坑开挖 3m～5m 后，再开挖另一侧导坑

（2）中隔壁法向台阶法过渡施工程序（见表 6—26）。

表 6—26　　　　　　　　　　　中隔壁法向台阶法过渡施工程序

序号	图　　示	施工程序	技 术 措 施
1		开挖支护中隔壁一侧导坑上部，进入小断面上台阶	在架设大断面格栅的同时，架设小断面格栅作为开口环框，然后施做封端，施做小断面超前小导管注浆支护，径向注浆加固交接段拱墙土体
2		中隔壁一侧导坑下部跟进，进入小断面	小断面环框封闭成环，径向注浆加固交接段拱墙土体
3	封端	开挖支护中隔壁另一侧导坑，施做大断面封端	用格栅网喷混凝土施做封端

（3）中隔壁法向双侧壁导坑法过渡施工程序（见表 6—27）。

表 6—27　　　　　　　　　　中隔壁法向双侧壁导坑法过渡施工程序

序号	图　　示	施工程序	技 术 措 施
1		台阶法开挖支护中隔壁一侧导坑	延长台阶长度
2	I	进入过渡 I 断面中隔壁另一侧导坑，并适当拓挖	施打超前小导管，上挑、拓宽，径向注浆加固交接段拱墙土体，缩小格栅间距，加强支护措施
3	II I	进入过渡 II 断面中隔壁一侧导坑	施打超前小导管，上挑、拓宽，径向注浆加固交接段拱墙土体，缩小格栅间距，加强支护措施

序号	图　　示	施工程序	技术措施
4		过渡可视断面大小增加过渡次数，最终过渡到双侧壁另一侧导坑，并逐渐过渡到大断面	网喷混凝土封闭掌子面，逐步开挖支护大断面各分部

（4）双侧壁导坑法向中隔壁法过渡施工程序（见表6－28）。

表6－28　　　　　　　　　双侧壁导坑法向中隔壁法过渡施工程序

序号	图　　示	施工程序	技术措施
1		开挖支护大断面一侧导坑	开挖支护一侧导坑，导坑分上下两步施工，适当延长台阶长度
2		由大断面的一侧导坑过渡到小断面的一侧导坑	施打超前小导管，外扩逐渐过渡到中隔壁一侧导坑，径向注浆加固交接段拱墙土体
3		开挖支护大断面另一侧导坑	开挖支护到设计位置后用格栅挂网喷混凝土施做封端，径向注浆加固交接段拱墙土体
4		开挖支护大断面中间导坑土体，过渡到小断面中隔壁另一侧导坑	自上而下封端

（5）双侧壁导坑法向台阶法过渡施工程序

双侧壁导坑法向台阶法过渡施工程序基本同双侧壁导坑法向中隔壁法过渡施工程序（表6－28），不同点是在2～4步施工时，"由大断面的一侧导坑过渡到小断面的一侧导坑"变为"由大断面的一侧导坑过渡到小断面的上导坑"。

（6）台阶法向双侧壁导坑法过渡施工程序

台阶法向双侧壁导坑法过渡施工程序类似中隔壁法向双侧壁导坑法过渡施工程序（表 6—27），区别是在 2～4 步施工时，第 1 步"台阶法开挖支护中隔壁一侧导坑"变为"台阶法开挖支护小断面上导坑"，2～4 步中"过渡可视断面大小增加过渡次数，最终过渡到双侧壁到另一侧导坑，并逐渐过渡到大断面"变为"增加过渡次数，最终过渡到双侧壁导另一侧导坑，并逐渐过渡到大断面"。

3. 隧道穿越地下管线的施工方法及技术措施

（1）地下管线等设施基本情况　（略）。

（2）处理措施

1）施工前的调查

在基坑开挖前，必须根据设计图纸，并咨询相关部门，详细了解地下管线的布置情况及准确位置，超前探明前方地质，以便采取及时有效的方法处理。首先应明确地下管线限制转角控制值：

①铸铁管、钢筋混凝土管、承插式接头，两接头间局部倾斜值不大于 0.0025。

②焊接接头水管，两接头间局部倾斜控制值不大于 0.006。

③焊接接头煤气管，两接头间局部倾斜控制值不大于 0.002。

绝对沉降控制值不大于 30mm。

2）管线的改移

一些直接影响到车站主体结构的管线（如区间 2# 竖井施工场地处的电信管线、车站东北出入口的 $\phi1500$ 污水管），必须做永久性改移，在施工前与相关部门联系，密切配合，尽可能少地影响市民生产、生活秩序，并在不影响其性能的前提下进行合理地改移。

3）管线的支托（悬吊）保护

①在基坑开挖地段，对一些不可改移且允许有较大变形的管线，在施工前及早与相关部门联系，确定该管线的准确位置后，用人工将其挖出，采用支托（悬吊）保护，如果施工中确需进行小范围移动时，在取得相关部门同意后再移动，否则支托（悬吊）保护后绝不准移动，在支护保护的地方做好标识，如"危险，请勿靠近"等字样，以引起全体人员的高度重视，防止意外事故的发生，其支托方案见基坑开挖管线支托方案示意图　（图略）。

为确保安全，桁架材料均采用∟80×80×10mm 角钢焊接，下用 U 形螺栓将保护的管线固定牢固，桁架两头采用 100×100×50cm，C20 混凝土基础，并预埋螺栓使其连接牢固，基础距开挖基坑的距离不小于 100cm 作为安全距离。施工完毕后，当回填到保护线标高时方可拆除支托保护。

②对另一些允许变形量较小的管线，在支托保护时要慎之又慎，采用桁梁悬吊方案，见基坑开挖管线悬吊方案示意图　（略）。

在支托保护时重点解决以下几个问题：

a. 混凝土管管壁较脆弱，悬吊时防止局部应力过大而破坏，采用抱箍悬吊，抱箍采用 5mm 厚的钢板按保护管外半径加工成圆弧形，打眼与上悬吊钢丝绳连接，抱箍与保护管之间加 3cm 厚麻片保护。

b. 悬吊时从一头向另一头悬吊，每挖出抱箍长的一段管线，即施放抱箍并悬吊，将钢丝绳紧到该段管线重量的 1.1 倍即可，此时对管线起到预拉力，完成后再向前开挖直到管子完全露出在基坑开挖范围内为止,这样就解决了因桁架的挠曲变形造成的管线下沉问题。

c. 在施工完毕后,管下回填土夯实后才可释放支托保护。

4) 管线等设施的施工保护

①对一些靠近开挖基坑的管线,又不便于迁移的,要重点在施工中加强保护,采取措施为:

a. 提高全体施工人员对管线保护重要性的认识,在施工中自觉保护管线。进行施工前的技术交底,及时通知相关人员,并做好完工后的复查工作。

b. 施工方案中加强管线保护措施,在基坑内对管线下部注浆加固地层,并注意管线附近不打锚杆等。

c. 对管线附近设点,进行地表沉降(位移)等项目的监测,提高量测频率,采取必要加固措施抑制土体位移。

②东南风道下穿电力管沟部位处理方法

该段风道采用加强初期支护办法,即喷射混凝土厚度由 300mm 增加至 350mm;采用密排小导管超前支护,并注浆加固地层(注浆时应严格控制注浆压力);格栅间距为 0.35m/榀;开挖进尺为 0.5m。由于该部位为了躲避电力管沟,拱部变为近似平拱,故对二次衬砌加强,由 500mm 变为 550mm。

③由于结构距大部分管线等设施较远,施工时对管线不会产生直接影响,但施工中应加强监测,尤其是对距结构顶较近的管线,严格施做辅助施工技术措施(大管棚护顶、小导管超前注浆加固地层、扩大拱脚、施做锁脚锚杆等),严格控制暗挖隧道顶部沉降量以避免管线发生过大变形而影响其使用,一旦发现问题应立即停止施工加以补救。

3. 管道渗漏水应急处理措施

(1) 对上水管、雨水管、污水管等进行详细的管线调查,特别是年代、材质和接头情况。对可能发生渗漏的管道进行认真的分析研究,标明该管线与线路的位置关系。

(2) 如在施工时发现拱部、掌子面有异常渗水,加强监控量测的同时,及时上报监理、业主,并向有关部门反映情况,共同研究原因,采取措施,必要时进行地面钻孔,钻设探孔,对地质条件进行认真核对。

(3) 如地质勘测结果反映拱部土体因受水的长期浸泡而呈饱和状态,则在洞内相应位置和前后各 10m 影响区范围内打设 $\phi42$、长 4m~6m 注浆导管,对土体进行注浆加固,以确保施工安全。

4. 隧道穿越玉蜓桥的施工方法及技术措施

(1) 工程状况

玉蜓桥跨越××环路、京沪铁路、南护城河和××路,匝道与××环路等相接。区间隧道从桥桩基间穿行,其中右线隧道结构边缘距桥 25# 墩桩基仅 1.05m。必须保证此交通要道的安全。

(2) 施工方法及技术措施(如图 6—49 所示)

1) 严格遵循"管超前、严注浆、短开挖、强支护、早封闭、勤测量"的施工原则。

2) 采取洞内注浆加固措施,采取密排小导管注浆施工,减少地表沉降量。

3) 对桥墩桩基距隧道结构边缘较近段,该段隧道进行超前径向拱墙长导管注浆加固桩基周围土体。采用 $\phi42$ 注浆导管,管长 5m,间距 0.3m,梅花形布置。

4) 缩短开挖进尺,初期支护格栅间距缩小为 0.5m,初期支护拱脚打设锁脚锚杆(锚管),及时喷射混凝土。

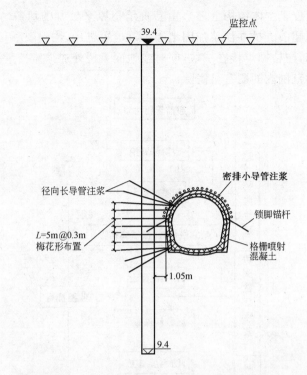

图 6—49　区间隧道穿越桩基洞内加固示意图

5）及时进行初支拱背注浆，确保拱顶密实。

6）区间相邻洞室向同一方向施工时，要相互错开 20m 的距离，减少沉降的叠加效应。

7）加强监控量测，及时反馈、分析信息，指导施工。

（3）施工流程（见图 6—50）。

5．隧道穿越人行天桥的施工方法及技术措施

区间隧道穿越公寓天桥和中医院天桥，即 K4＋418 中医院天桥，K4＋090 公寓天桥，桩基距隧道边墙较近，天桥的基础均为桩基，钻孔灌注桩的桩底标高为 21.22m、23.0m，区间隧道的拱顶标高为 24.251m、25.115m。车站穿越××中学天桥，天桥两根桩基伸入车站中层板以下。

（1）对于公寓天桥和中医院天桥，采取同穿越玉蜓立交桥的洞内处理应对措施。

（2）车站主体穿××中学天桥施工

109 中学人行天桥中心里程为 K4＋806.388，平面上位于车站主体结构的南部，距离车站南端施工横通道很近，该桥采用桩基，每个桥墩下面有一根摩擦桩，桩基底标高为 23.59m～23.8m，已经进入主体结构站台层（中层板下 1.6m～1.8m 左右）；该天桥在××东路共 4 跨，跨度从西到东分别为 10.0m、15.75m、15.75m、10.0m，主桥墩沿××东路为梯形状，下部尺寸为 1.0m，上部尺寸为 2.1m，承台尺寸为 2.0×1.8×1.2m，桩径为 1.2m；该桥梁为 400 号预应力混凝土空心板，每个桥墩顶上由两块 400 号预应力混凝土空心板组成，预应力混凝土空心板为简支。影响车站暗挖隧道的为 1♯、2♯桩。

桩基托换的核心技术是新桩和原桩荷载转换，要求在转换的过程中托换结构和新桩的变形限制在上部结构允许的范围内。为不中断天桥通行并保证车站主体施工安全，采用在地面进行桩基托换，即在地面桥墩承台下，采用把既有承台扩大、加深，在新承台下既有桩的南北侧各施做

一根 ϕ1200 新桩（桩底位于主体结构上部），由新桩承担原来桩基的荷载。然后在车站施工到该部位一定距离处，采用超前支护并注浆加固地层，采取"短进尺，快封闭"施工，对伸入开挖面内的桩基，在其桩周围植筋，与格栅焊接在一块，同时在地面天桥处加强监控量测，待初期支护变形稳定后，就可把主体结构范围内的既有桩凿除。

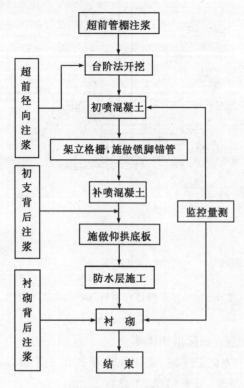

图 6—50　区间隧道穿越玉蜓桥段施工流程

　1）地面托换

　①对开挖基坑进行围挡，对天桥做临时支撑，以保证安全。

　②人工配合机具开挖基坑，扩大、加深即有承台面积。按分层开挖方式，随挖随护，采用锚杆网喷混凝土 30cm 护壁，并增加一道腰梁和横撑、采用[40c 槽钢。开挖过程应注意对临道热力管沟（2 200×2 000mm）及 ϕ600 雨水管进行保护。

　③当开挖到设计标高后，施做基坑排水系统。

　④人工开挖桩基，桩基设计直径 1.2m。开挖分层为 50cm，开挖第一层施做锁口混凝土，依次向下开挖并及时施做护壁混凝土，混凝土护壁采用 30cm 厚。

　⑤当开挖到设计标高后，安放钢筋笼，浇筑桩身混凝土。

　⑥而后施做托换后承台，当混凝土强度达到要求后，拆除临时支撑。

　⑦施工中对既有承台掏空，应挖随用混凝土预制块予以支顶。

　⑧注意雨季施工问题，避免雨水浸泡基坑，降低地基承载力。

　2）隧道地下加固及截桩

　施工方法参见本条第 7 款第（3）项。

　①按中洞法施做车站主体时，当两侧跨洞室施工至距离桩基 4m 时，沿纵向施做超前小导管

注浆加固桩基周围土体,继续按中洞法短进尺、快封闭施工。

②当上台阶开挖露出桩身,采用在初期支护与桩基相交部分,向桩内植筋,并使所植筋与支护格栅焊在一起,使之成为整体。

③进行地面天桥处监控量测,待初期支护稳定后,进行主体结构范围内桩基凿除。

（3）施工流程

1）地面托换(图 6-51)。

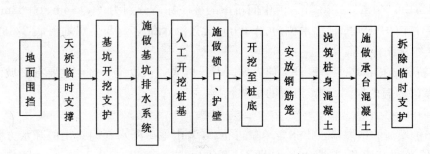

图 6-51　天桥地面托换施工流程图

2）车站洞内加固及截桩(图 6-52)。

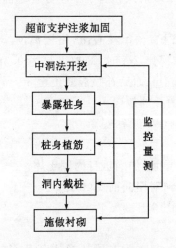

图 6-52　洞内加固及截桩施工流程图

6. 隧道穿越京沪铁路的施工方法及技术措施

区间隧道穿越京沪铁路,隧道埋深 17m 左右,必须保证大动脉的安全运营。区间隧道与京沪铁路平面示意图 （略）。

（1）严格遵循"管超前、严注浆、短开挖、强支护、早封闭、勤测量"的施工原则。

（2）采取洞内注浆加固措施,采取密排小导管施工,减少地表沉降量。

（3）区间相邻洞室向同一方向施工时,要相互错开 20m 的距离,减小沉降的叠加效应。开挖采取台阶法。

（4）初期支护格栅间距为 80cm,初期支护拱脚打设锁脚锚杆(锚管)。

（5）及时进行初支拱背注浆,确保拱顶密实。

（6）密切与铁路部门联系，进行备查工作，必要时申请对列车限速处理。

（7）加强监控量测，及时反馈、分析信息，指导施工。

7. 隧道穿越护城河、护城河桥的施工方法及技术措施

护城河河底距隧道拱顶约 7.6m，南护城河桥是一座跨护城河的四孔（5m＋15m＋15m＋5m）普通桥，位于玉蜓桥的西侧，该桥主要功能是连接护城河南北两侧的××公园，现状已经被××公园施工单位封闭围挡。该桥的桥台为扩展基础，基础南北向为 1.7m，东西向为 16.0m，基底标高分别为 39.501m、39.285m。河中间桥墩的桩底标高分别为 14.446m、14.03m、14.327m，桩径为 0.8m。南护城河的日常水位为 34.89m，设计洪水位 37.08m，规划河底 32.80m，冲刷线 32.80m。左线从该桥下面穿过。

护城河桥有 3 排桥墩中 5 根桩基伸入区间左线隧底。该段施工难点主要有护城河的围堰降水、穿越护城河的洞内加固、护城河桥的桩基托换。

（1）围堰降水

1）对于护城河的围堰降水由指定单位进行，××市地矿降水部门提出的降水方案是先做围堰封河，抽水，施做降水井，待降水井施做完毕联管后，恢复河道。

2）如果降水未达到预期效果，进行洞内全断面帷幕注浆处理。

（2）洞内加固

1）当开挖距离河岸 10m 时，采取双层密排 $\phi42$ 小导管超前注浆加固，按"短开挖、强支护、快封闭"的原则组织施工。

2）台阶法开挖，上台阶环形开挖，预留核心土，格栅离河岸 10m，格栅间距为 80cm，短台阶长度至 3m，开挖进尺为 1m。当距河岸 2m 时，开挖进尺为 0.5m。初喷混凝土，加立钢筋格栅，拱脚施做锁脚锚管并注浆，锚管长 4m，而后补喷混凝土至 30cm，格栅间距为 50cm。区间相邻洞室开挖，要错开 20m，以减小沉降的叠加效应。

3）及时进行初支拱背注浆，确保拱顶密实。

4）开挖暴露桩身。

5）对暴露桩身施做径向注浆导管，加固桩身周围土体。

6）上述加固措施施工至护城河对岸向前 10m 处。

（3）护城河桥的桩基托换（见图 6—53）。

1）植筋

从标准断面开挖外轮廓外扩 0.75m 为本段托换桥基范围的开挖轮廓，施做 300mm 厚 I 部的初期支护，在初期支护与桩基相交部分（阴影区）向桩内植筋，所植钢筋与格栅主筋焊接，使之形成整体。

植筋是桩基托换工程施工的关键工序，植筋的质量直接影响到工程施工质量和桥的安全。种植的钢筋主要承受剪切力，它起着连接桥原桩的作用。一般植筋长 400mm～600mm，锚入深度 200mm～300mm。

①定位

为了保证植筋与桩的牢固连接，在定位之前需将原桩护壁混凝土凿除。凿除护壁混凝土后按设计图纸要求沿圆周均匀布置植筋孔位。

②钻孔

采用风钻钻孔，孔径 42mm。钻孔遇到桩结构内部钢筋时，孔位做一定的调整以避开钢筋。

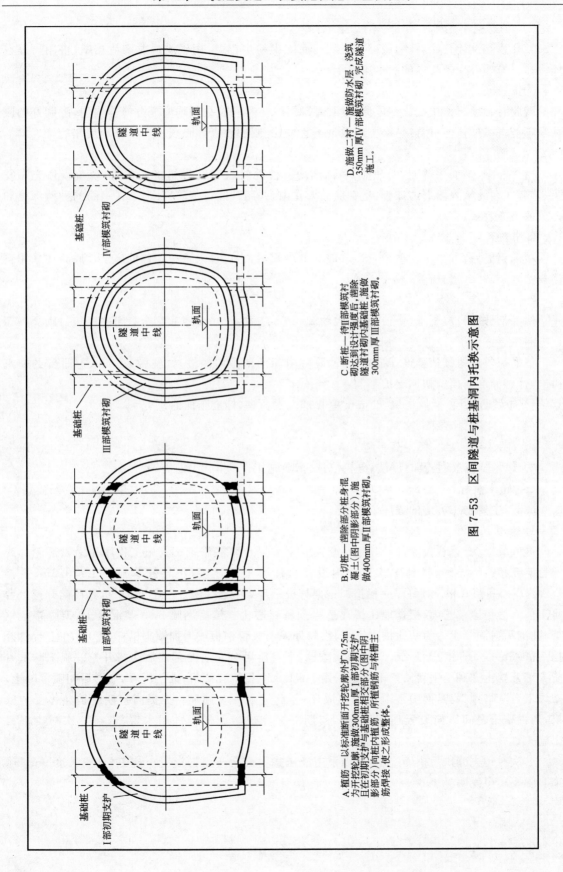

A. 植筋——以标准断面开挖轮廓为开挖轮廓外扩 0.75m，施做 300mm 厚 I 部初期支护，且在初期支护与基础桩相交部分（图中阴影部分）向桩内植筋，所植钢筋与格栅主筋焊接，使之形成整体。

B. 切桩——凿除部分桩身混凝土（图中阴影部分），施做 400mm 厚 II 部模筑衬砌。

C. 断开桩——待 II 部模筑衬砌达到设计强度后，凿除隧道衬砌内基础桩，施做 300mm 厚 III 部模筑衬砌。

D. 施做二衬——施做防水层，浇筑 350mm 厚 IV 部模筑衬砌，完成隧道施工。

图 7-53　区间隧道与桩基洞内托换示意图

③清孔

钻孔达到设计孔深后,用压缩空气从孔底吹出粉尘,然后用硬质尼龙刷清孔壁,再用压缩空气清孔。另外必须把孔内的积水排除干净。

④配胶

配胶时必须严格按配比称取原料配制胶凝体,主料和胶黏剂均应充分搅拌均匀,配制好的胶黏剂不能再掺加任何材料,每次配胶数量不宜多,配制的胶凝体必须在 20min 内使用完毕。

⑤植筋

植入圆钢,钢筋无锈蚀、无油渍、表面洁净。植筋时先把胶凝体挤入孔内,使胶凝体充满孔洞,然后在钢筋植入段周边抹胶,把钢筋插入孔内,并用铁锤将钢筋打入,确保钢筋的种植深度和孔隙的填充效果。

⑥养护

植入钢筋后 6h 内不得碰撞,待 6h 胶黏剂凝固后,方可进入下一工序的施工。胶凝体采用自然养护。

2)切桩

凿除部分桩身混凝土(留核心桩,大约 30cm),施做 400mm 厚Ⅱ部全封闭的模筑衬砌。

3)断桩

待Ⅱ部模筑衬砌达到设计强度后,凿除隧道断面范围内的桩基,施做 300mm 厚Ⅲ部的模筑衬砌(代替标准断面的初期支护)。

4)施做防水层,然后浇筑 350mm 厚Ⅳ部二次衬砌(标准断面的)。

(4)监控量测与组织管理

1)加大组织力度,切实落实施工方案。

2)加强监控量测,及时反馈、分析信息,指导施工。

(5)施工流程(见图 6—54)

6.1.5.4　主要施工方法的程序说明

1. 台阶法

区间隧道(折返线段除外)、其他小断面洞室采用台阶法施工。其施工程序先沿拱部轮廓线施打 φ42 超前小导管(拱部 120°范围内设置),注浆加固地层,小导管单根长 L＝3.5m,搭接 1.5m,环向间距 3 根/m,每隔一榀格栅钢架打设一环,然后采用人工配合小型机具环向开挖上台阶土体。为稳定掌子面,根据地质情况适当预留核心土。然后网喷 5cm 厚混凝土,架立格栅钢架,挂网喷射混凝土。为防止拱脚下沉,拱脚处采用放置钢板或增加锁脚锚杆(管)。在上台阶开挖 3m～5m 后,开始下台阶施工,视地质条件,下台阶可分左右两部前后交错开挖。施工时上台阶人工开挖土方翻至下台阶。下台阶采用 LWL 150 挖掘装载机,人工配合,成形后初喷混凝土,架设下台阶格栅钢架,网喷混凝土封闭成环,至此完成一个循环。为提高初期支护整体受力效果,两榀格栅之间纵向设置连接钢筋。初期支护完成后施做柔性防水层,进行二次衬砌混凝土施工。

二次衬砌先仰拱后拱墙施工,拱墙采用液压式衬砌台车泵送混凝土施工,分段长度 9m。施工步骤及程序说明见表 6—29。

围堰降水

超前导管注浆加固

台阶法开挖,预留核心土

初喷混凝土

架立格栅,施做锁脚锚管

补喷混凝土至设计厚度

暴露桩身

施做径向注浆导管

植筋,施做初期支护

切桩,施做全封闭衬砌

断桩,施做模筑衬砌

施做防水层,二次衬砌

图 6—54　隧道穿越护城河及桩基施工流程图

表 6—29　　　　　　　　　　台阶法施工程序表

序号	图　　　示	施工步骤说明
1	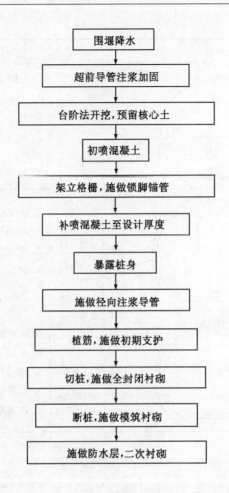	沿区间隧道拱部打设 $\phi42$ 小导管注浆加固地层
2		上台阶开挖支护 1. 开挖上部土体(预留核心土),并网喷 5cm 厚混凝土; 2. 架立格栅钢架并打设边墙锁脚锚杆; 3. 挂网喷混凝土

序号	图　示	施 工 步 骤 说 明
3		下台阶开挖支护 1. 开挖下部土体,并网喷 5cm 厚混凝土; 2. 架立格栅钢架并打设边墙下部锚杆; 3. 挂网喷混凝土
4		施做仰拱 1. 基面处理; 2. 铺设防水层及防水层保护层; 3. 绑扎钢筋; 4. 浇筑混凝土
5		施做拱墙衬砌 1. 基面处理; 2. 铺设防水层; 3. 绑扎钢筋; 4. 浇筑混凝土

2. 中隔壁法

先施工①部,沿①部拱部开挖轮廓线以上施打 $\phi42$ 小导管注浆加固地层,开挖①部土体,网喷 5cm 混凝土后架立格栅钢架及中隔壁型钢钢架与横联,设置边墙锁脚锚管,挂网喷射混凝土封闭,向下开挖②部,①、②之间错开 3m～5m。另一侧采用同样方法施工。施工时根据监控量测结果,分段施做二次衬砌。中隔壁法施工程序见表 6—30。

表 6—30　　　　　　　　　　　　　中隔壁法施工程序

序号	图　示	施 工 步 骤 说 明
1	①　③ ②　④	开挖初期支护完成后的中隔壁断面
2	I	施做Ⅰ部(仰拱)衬砌,架设临时支撑

续表

序号	图　示	施工步骤说明
3	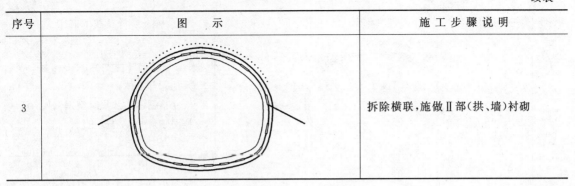	拆除横联,施做Ⅱ部(拱、墙)衬砌

3. 双侧壁导坑法

沿拱部施打 $\phi42$ 小导管超前注浆加固地层或与大管棚联合超前支护,开挖支护两侧侧壁导坑。先开挖侧壁导坑的①部,①部开挖后初喷5cm厚混凝土,架立格栅钢架及临时支护钢拱架,两榀格栅施打小导管一排,施打边墙锁脚锚管,挂网喷混凝土支护,①部向前开挖3m~5m后再开挖支护②部。左右两侧壁导坑相错15m~20m,两侧壁导坑形成后,相错20m~30m开挖⑤部土体,架立拱部格栅钢架及临时仰拱,挂网喷射混凝土支护。依次向下开挖⑦部,完成整个断面初期支护施工。

整个断面在施做二次衬砌时,根据监控量测结果,分段拆除临时支护,设置型钢临时竖撑,分段施做仰拱、拱墙二次衬砌混凝土。加强监控量测,必要时调整衬砌方案。施工程序见表6-31。

表6-31　　　　　　　　　　双侧壁导坑法施工程序

序号	图　示	施工步骤及技术措施
1		右侧导坑①部开挖支护 1. 超前小导管注浆加固地层; 2. 开挖①部土体; 3. 架立格栅钢架及临时型钢钢架,并设置锁脚锚管; 4. 挂网喷射C20混凝土
2		右侧导坑②部开挖支护 1. 开挖②部土体; 2. 架立格栅钢架及临时型钢钢架; 3. 挂网喷射C20混凝土
3		左侧导坑③部开挖支护 1. 超前小导管注浆加固地层; 2. 开挖③部土体; 3. 架立格栅钢架及临时型钢钢架,并设置锁脚锚管; 4. 挂网喷射C20混凝土

序号	图　示	施工步骤及技术措施
4		左侧导坑④部开挖支护 1. 开挖④部土体； 2. 架立格栅钢架及临时型钢钢架； 3. 挂网喷射 C20 混凝土
5		⑤部开挖支护 1. 超前小导管注浆加固地层； 2. 环形开挖⑤部土体； 3. 架立格栅钢架； 4. 挂网喷射 C20 混凝土； 5. 开挖⑥部土体同步跟进，施做临时仰拱
6		⑦部开挖支护 1. 开挖⑦部土体； 2. 架立格栅钢架； 3. 挂网喷射 C20 混凝土
7		Ⅰ部衬砌施工 1. 拆除下部型钢支撑； 2. 基面处理； 3. 防水板施工； 4. 绑扎钢筋； 5. 施做Ⅰ部衬砌混凝土，架设临时型钢竖撑
8		施做Ⅱ部衬砌 1. 拆除临时仰拱、临时支撑； 2. 基面处理； 3. 铺设防水层； 4. 设置防水板保护层； 5. 绑扎钢筋； 6. 浇筑Ⅱ部混凝土 7. 架设临时横、竖支撑
9		施做剩余衬砌 1. 基面处理，铺设防水层，绑扎拱部钢筋，立模，浇筑Ⅲ拱部混凝土 2. 拆除临时支撑

6.1.5.5　分项工程的施工方法及工艺

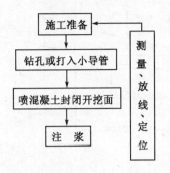

图 6—55　小导管施工工艺流程图

1. 超前小导管施工

在软弱围岩地层中施工,采用小导管超前支护预加固地层技术,通过注浆,使小导管周围土体固结成承载壳,在小导管及承载壳的棚架作用下开挖下部土体既安全又稳妥,此时小导管起到悬臂支撑的作用可有效地控制拱顶坍塌。

(1) 施工工艺流程(见图 6—55)

(2) 施工方法

1) 单液注浆

① 施工准备

a. 熟悉设计图纸。

b. 调查分析地质情况,按可灌比或渗透系数确定注浆类型。

c. 通过试验确定注浆半径、注浆压力、间距及浆液配比。

d. 加工导管,准备及检修施工设备器材。

e. 施工人员培训。

f. 工作面测量、放线、定孔位。

② 小导管加工制作

小导管采用 $\phi42$ 无缝焊管加工而成,小导管前端加工成锥形,以便插打,并防止浆液前冲。小导管中间部位钻 $\phi8mm\sim\phi10mm$ 溢浆孔,呈梅花形布置(防止注浆出现死角),间距 20cm,尾部 1.0m 范围内不钻孔防止漏浆,末端焊 $\phi6$ 环形箍筋,以防打设小导管时端部开裂,影响注浆管联接。小导管加工成形见图 6—56。

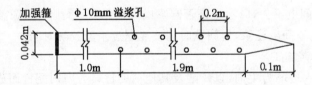

图 6—56　小导管加工示意图

③ 注浆加固范围及小导管布设

隧道开挖采用 $\phi42$ 超前注浆小导管加固地层。小导管单根长度根据不同的衬砌结构断面采取不同的长度,环向间距 3 根/m,从拱部格栅中穿过,仰角及外插角 $7°\sim12°$(角度过小影响下榀格栅的架设,极易造成侵限,角度过大,易出现超挖现象)。布设范围大部分在拱部 120° 角范围内,纵向每两榀格栅打设一次,前后两次小导管搭接长度不小于 1.0m。小导管布设详见图 6—57。

④ 小导管安装

用手持风钻钻孔,并将小导管打入孔内,如地层松软也可用游锤或手持风钻将导管直接打入。

对于砂类土,如有堵孔,用 $\phi20mm$ 钢管制作吹风管,将吹风管缓缓插入土中,用高压风射孔,成孔后将小导管插入,并用 CS 胶泥将管口密封。

小导管采用风镐打入或风枪钻孔,插孔时用气动锤振入。

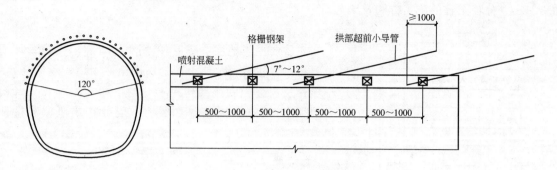

图6-57 小导管布设示意图

⑤注浆

注浆以注水泥浆为主。首先将掌子面用喷射混凝土封闭,以防漏浆,并对小导管内的积物用高压风进行清理。

注浆顺序由下而上,注浆可以单管也可以多管并联注浆。多管并联注浆需加工一个分浆器即可。

浆液水灰比可为1.5:1.0,1.0:1.0,0.8:1.0三个等级,浆液由稀到浓逐级变换,即先稀后浓。

注浆完后,立即堵塞孔口,防止浆液外流。

⑥注浆异常现象处理

a. 注浆中如发生与其他孔串浆应将串浆孔堵住,轮到注该孔时,拔出堵塞物,用高压风或水冲洗,如拔出堵塞物时,仍有浆液外流,则可不冲洗,立即接管注浆。

b. 压力突升则可能发生堵管,应立即停机检查处理。

c. 如果压力长时间上不去,应检查是否窝浆或流往别处,否则将应调整浆液配比,缩短胶凝时间,进行小泵量低压或间歇注浆,但间歇时间不能超过浆液胶凝时间。

2)改性水玻璃注浆施工

改性水玻璃是以水玻璃为主剂,以硫酸及其他辅助材料为副剂配置而成,作为细粉砂层的注浆材料。当水玻璃溶液浓度为10~20Be′,硫酸溶液浓度10%~30%时,在弱碱性粉细砂地层中,两和溶液体积比为(1~5):(1~2.5),配置后的浆液呈弱酸性,每立方浆液平均需料量为:

水玻璃(40Be′)　　　　　380~410kg
工业硫酸(98%)　　　　　110~120kg
水　　　　　　　　　　　400~600kg
促进剂　　　　　　　　　3~6kg

小导管注浆工艺流程见图6-58。

3)双液浆施工

①浆液的选择

如工程需要,采用水泥——水玻璃双浆液。

②浆液的配制

水泥浆液和水玻璃浆液分别在两个容器内,按一定的配比配制好待用。

③注浆参数的选择

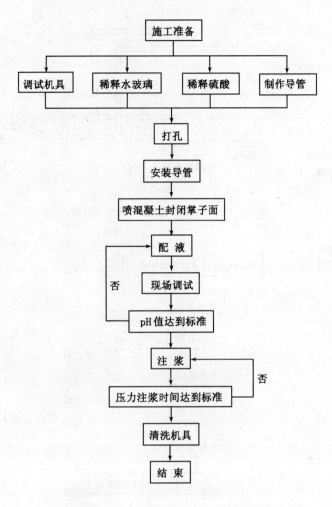

图 6—58 小导管注浆施工工艺流程图

双浆液配比根据现场试验确定,一般情况下水泥:水玻璃＝1:1～1:0.8(体积比)。凝胶时间根据实际情况确定,一般为 8～10min。

注浆初压拟为 0.3MPa,终压为 0.6MPa。注浆压力不宜超过 0.6MPa,否则浆液损失过大,造成浪费。

④注浆工艺及设备

注浆管连接好后,注浆前先压水试验管路是否畅通,然后开动注浆泵,通过闸阀使水泥浆与水玻璃浆液在注浆管内混合,再通过小导管压入地层,注浆工艺详见图 6—59、图 6—60。

2. 湿喷混凝土施工

(1) 湿喷混凝土的施工方法

1) 喷射机械安装好后,先注水、通风、清除管道内杂物,同时用高压风吹扫岩面,清除岩面尘埃。

2) 保证连续上料,严格按施工配合比配料,严格控制水灰比及坍落度,保证料流运送顺畅。

3) 操作顺序:喷射时先开液态速凝剂泵,再开风,后送料,以凝结效果好、回弹量小、表面湿润光泽为准。

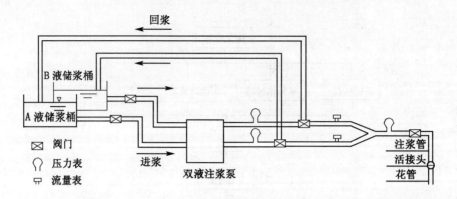

图6-59　注浆施工工艺及设备示意图

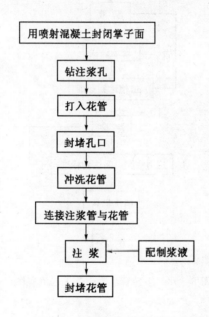

图6-60　双液注浆施工工艺流程

（2）原材料的要求

水泥：采用不低于42.5级普通硅酸盐水泥，使用前做复验，其性能符合现行的水泥标准。

细骨料：采用硬质、洁净的中砂或粗砂，细度模数大于2.5。

粗骨料：采用坚硬耐久的碎石，粒径不大于15mm，级配良好。使用碱性速凝剂时，不得使用含有活性二氧化硅的石料。

水：采用不含有影响水泥正常凝结与硬化有害杂质的自来水。

速凝剂：使用前与水泥做相容性试验及水泥凝结效果试验，其初凝时间不得大于5min，终凝时间不得大于10min。掺量根据初凝、终凝试验确定，一般为水泥用量的5%左右。

（3）湿喷混凝土特殊技术要求

喷射混凝土采用湿喷工艺，喷射设备采用TK961型湿喷机，人工掌握喷头直接喷射混凝土。

喷射混凝土作业在满足《锚杆喷射混凝土支护规范》有关规定的基础上，增加以下技术措施：

1）搅拌混合料采用强制式搅拌机，搅拌时间不小于 2min。原材料的称量误差为：水泥、速凝剂±1%，砂、石±3%；拌和好的混合料运输时间不得超过 2h；混合料应随拌随用。

2）混凝土喷射机具性能良好，输送连续、均匀，技术性能满足喷射混凝土作业要求。

3）喷射混凝土作业前，清洗受喷面并检查断面尺寸，保证尺寸符合设计要求。喷射混凝土作业区有足够的照明，作业人员佩带好作业防护用具。

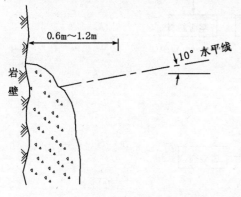

图 6—61　喷射混凝土施工工艺示意图

4）喷射混凝土在开挖面暴露后立即进行，作业符合下列要求：

①喷射混凝土作业分段分片进行。喷射作业自下而上，先喷格栅钢架与拱壁间隙部分，后喷两钢架之间部分。

②喷射混凝土分层进行，一次喷射厚度根据喷射部位和设计厚度而定，拱部宜为 5cm～6cm，边墙为 7cm～10cm，后喷一层应在先喷一层凝固后进行，若终凝后或间隔 1h 后喷射，受喷面应用水清洗干净。

③严格控制喷嘴与岩面的距离和角度。喷嘴与岩面应垂直，有钢筋时角度适当放偏，喷嘴与岩面距离控制在 0.6m～1.2m 范围以内，详见图 6—61。

④喷射时自下而上，即先墙脚后墙顶，先拱脚后拱顶，避免死角，料束呈螺旋旋转轨迹运动，一圈压半圈，纵向按蛇形喷射，每次蛇形喷射长度为 3m～4m，详见图 6—62。

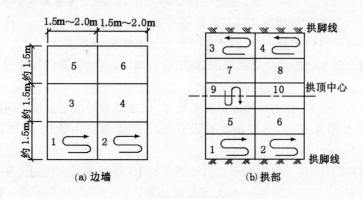

(a) 边墙　　　　　　　　　(b) 拱部

图 6—62　喷射混凝土施工工艺示意图

⑤正常情况采用湿喷工艺，混凝土的回弹量边墙不大于 15%，拱部不大于 25%。

⑥喷射混凝土终凝 2h 后开始洒水养护，洒水次数应以能保证混凝土具有足够的湿润状态为度；养护时间不得少于 14d。

⑦喷射混凝土表面应密实、平整，无裂缝、脱落、漏喷、空鼓、渗漏水等现象，不平整度允许偏差为±3cm。

（4）湿喷混凝土机具及工艺流程

喷射混凝土采用罐式喷射机湿喷工艺，减少回弹及粉尘，创造良好隧道施工条件。混凝土在洞外拌和，由竖井下料管下到运料车运至喷射工作面，速凝剂在作业面随拌随用。混凝土配合比由现场试验室根据试验确定。喷射混凝土施工工艺流程见图 6-63。

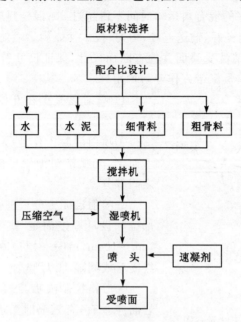

图 6-63 喷射混凝土施工工艺流程

(5) 保证喷射混凝土密实的技术措施

1) 严格控制混凝土施工配合比,配合比经试验确定,混凝土各项指标都必须满足设计及规范要求,混凝土拌合用料称量精度必须符合规范要求。

2) 严格控制原材料的质量,原材料的各项指标都必须满足要求。

3) 喷射混凝土施工中确定合理的风压,保证喷料均匀、连续。同时加强对设备的保养,保证其工作性能。

4) 喷射作业由有经验、技术熟练的喷射手操作,保证喷射混凝土各层之间衔接紧密。

5) 喷混凝土紧跟掌子面,复喷前先按设计要求完成超前小导管、钢筋网、格栅钢架的安装工作。

6) 渗漏水地段的处理:当围岩渗水无成线涌水时,在喷射混凝土前用高压风吹扫,开始喷射混凝土时,喷射混凝土由远而近,临时加大速凝剂掺量,缩短初凝、终凝时间,逐渐合龙喷射混凝土,有成线涌水时,斜向窜打深孔将涌水集中,再设软式橡胶管将水引排,再喷射混凝土,最后从橡胶管中注浆加以封闭。止住后采用正常配合比喷射混凝土封闭。

7) 喷射混凝土由专人喷水养护,以减少因水化热引起的开裂,发现裂纹用红油漆作标记,进行观察和监测,确定其是否继续发展,若再继续发展,找出原因并做处理,对可能掉下的喷射混凝土撬下重新喷射。

8) 坚决实行"四不"制度:即喷射混凝土工序不完、掌子面不前进,喷射混凝土厚度不够不前进,混凝土喷射后发现问题未解决不前进,监测结构表明不安全不前进。以上制度由现场领工员负责执行,责任到人,并在工程施工日志中做好记录以备检查,项目监理负责监督。

(6) 喷射混凝土安全技术和防尘措施

1) 严禁将喷管对准施工人员,以免突然出料时伤人。

2）喷射作业时，喷管不出料并出现往复摆动时，可能有大石块堵住送料管，此时应立即停机处理，切勿将大石块强行吹出。

3）用振动疏通的方法处理堵管石，喷射手和辅助操作人员要紧握喷管，以免送风时喷管甩动伤人，处理堵管时，料罐风压不能超过 0.4MPa。

4）处理堵管和清理料罐时，严禁在开动电机、分配盘转动的情况下将手伸入喷管和料罐。

5）喷射手应配戴防护罩或防护眼镜、胶布雨衣和手套。

6）适当增加砂石的含水率，是减少搅拌、上料、喷射过程中产生粉尘的有效方法。砂的含水率宜控制在 5%～7%，石子含水率宜控制在 2%左右。

7）加强通风和水幕喷雾，对降尘有显著效果。一般通风管距作业面以 10m～15m 为宜。

8）严格控制工作压力，在满足工艺要求的条件下，风压不宜过大，水灰比要控制适当，避免干喷。

3. 超前大管棚施工

（1）施工工艺

在隧道穿越特殊地区时采用 φ115 钢管作为大管棚进行超前支护，拱部 120°范围内布设，大管棚施工的准备工作主要包括钻机保养和试运转、封闭掌子面、测量放样布孔和孔位插钎标记，以及铺设钻机走行轨等，大管棚施工工艺流程见图 6-64。

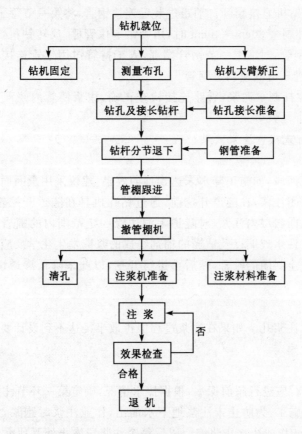

图 6-64　大管棚施工工艺流程图

考虑钻机施做的工作条件、低头影响和施钻精度，钢管布置在初期支护轮廓线以外，须创造一个 60cm～80cm 左右的高出初期支护外的操作空间（工作室）。前后排管棚搭接长度为 3m。

(2) 施工机具及施工参数

1) 施工机具：MK－5 型钻机，TBW－250 型注浆泵，灰浆拌合机，电焊机、管钳、钻头、钢管连接套等。

2) 管棚设计

钢管：热轧无缝钢花管，外径 ϕ115mm，壁厚 6mm；每间隔 30cm 设 1 对 ϕ10 花孔，尾部 4.0m 不设；

管距：环向 40cm；

倾角：3°～5°；

水泥浆：水灰比 0.8 左右；

注浆压力：1～2MPa。

(3) 管棚施工

1) 按设计在拱部施做混凝土导向墙。导向墙宽、厚各 1.0m，并在导向墙内按间距预埋孔口管。

2) 先用钻机钻深孔，达到设计要求，钻杆用连接套接长，直至钻至比设计孔深长 0.5m。

3) 钻孔达深度要求，依次拆卸钻杆。

4) 顶管作业：采用钻机连接套管自动跟进装置连接钢管，将第一节管子推入孔内。

5) 接管。钢管孔外剩余 30cm～40cm 时，用管钳卡住管棚，反转钻机，使顶进连接套与钢管脱离，人工安装下一节钢管，对准上一节钢管端部，人工持管钳用钢管连接套将两节钢管连在一起，再以冲击压力和推进压力低速顶进钢管。

6) 注浆。按配合比拌制水泥浆，管路连接检查正确，注浆使管内浆液充填密实。注浆采用后退式注浆工艺，以保证注浆效果。

7) 采用钻孔取芯方式检查注浆效果。

4. 帷幕注浆施工

区间隧道穿越护城河段，如施工降水未达到预期效果，建议采用全断面帷幕注浆施工。

帷幕注浆又称全封闭注浆，在隧道开挖前，通过钻孔机具在隧道开挖轮廓边缘超前钻孔，再利用注浆机具通过钻孔向岩层内注浆，对隧道毛洞边缘一定范围内的围岩进行全封闭注浆。灌入地层后的水泥浆或改性水玻璃以及适当的辅剂组成的浆液发生化学反应，固结松散地带，在隧道开挖断面外形成一个全封闭的帷幕，然后再进行开挖，以此来降低渗透性并固结土体，达到堵水的目的。

(1) 注浆技术参数

在隧道全断面布置注浆孔。如果在注浆过程中扩散半径达不到设计要求，可增加注浆孔数。具体施工参数现场试验确定。

(2) 注浆工艺

1) 注浆工作开始前，应进行超前探水，根据探水情况，确定第一环节注浆止水盘的位置。

2) 止水、止浆墙的施工：为防止未注浆地下水涌出，作业注浆时跑浆，注浆地段的起始处掌子面应喷射混凝土 20cm 作成止水止浆墙。以后每个注浆段终止处要预留 3.0m 厚的止水盘。

3) 平整钻机施工场地，准确定出钻孔位置。为了保持上下短台阶施工，钻眼和注浆分上、下台阶进行，根据台阶高度调整上下台阶钻眼数量。

4) 钻孔：钻机就位后，开始钻孔，钻孔时应注意钻机的大臂必须紧顶在掌子面上，以防止过大颤动。钻机低速开孔,孔深达 30cm,后转入正常钻速。钻孔时要控制好进水量,防止坍孔。

5)受钻杆自重的影响,钻杆钻孔方向(特别是拱顶和拱脚处)要有一定的仰角,根据施工设计要求,钻孔应有外插角。

6)安装注浆管:注浆管应事先在管上钻好 $\phi6mm$ 间距 15cm 梅花形布置的出浆孔。注浆管与钻孔之间采用锚固剂封堵。

7)压水试验:检查机械进行运行情况、各管路封闭情况和进浆管的进浆情况,试验压力一般不低于 1.2～1.5 倍的注浆终压,也可以根据施工现场酌情处理。压水试验进行 3 次,每次 5min。压水试验完后,要把水放掉。

8)注浆:压水试验结束后,在不停泵的情况下开始注浆,注浆时应先注入一定量的稀浆后再逐步加大浆液的浓度。浆液配合比根据土体类型通过试验取得最佳的配合比。

9)观测并记录泵的排量和注浆压力的变化情况,如出现问题,应根据现场实际情况进行调整,以期达到预期的压注浆效果。

注浆工艺流程见图 6-65。

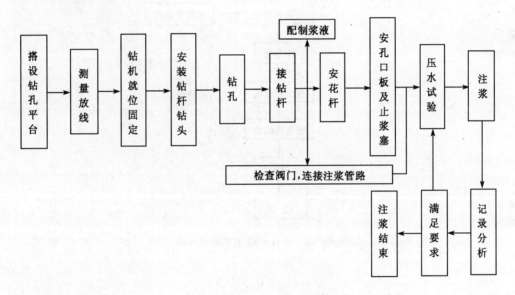

图 6-65　注浆工艺流程图

5.钻孔灌注桩施工

(1)施工工艺流程(见图 6-66)

(2)施工方法

1)测量

测量采用全站仪,先复核控制桩,无误后放出桩位及导墙边线。

2)导墙制作

桩施工之前,先做导墙,具体结构如图 6-67 所示。根据本工程钻孔桩主要用于明挖围护结构、且桩位连续布置、净间距 40cm 的特点,为使泥浆循环使用及减小环境污染,采取导向墙精确定位。

导墙中间回填黏土,回填高度略低于导墙顶板使导墙中间形成一道溢泥沟,便于施工泥浆的排放。

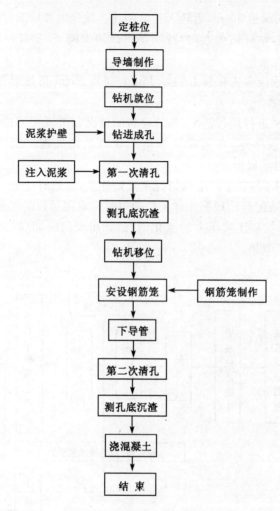

图 6—66　钻孔桩施工工艺流程图

3）成孔

为了保证成孔的垂直精度要求,采用 XJ 100 型钻机,钻孔采用回转钻进成孔,正循环两次清孔,自制泥浆结合原土造浆进行护壁。

4）桩孔质量检测

桩孔质量参数包括:孔径、孔深、钻孔垂直度和沉渣厚度。

①孔深:孔保留误差保证在±30cm 以内;

②沉渣厚度以第二次清孔后测定量为准;

③孔径用孔径仪测量,出现缩径现象,立即进行扫孔,符合要求后方可进入下一工序。

5）护壁

泥浆护壁在桩孔穿过沙层时,注意将泥浆密度控制在 1.2～1.3 之间,以便携带砂子保证孔壁稳定。在钻进过程中随时测定泥浆性能指标。

6）清孔

①第一次清孔,桩孔成孔后,进行第一次清孔,清孔时将钻具提离孔底 0.3m～0.5m,缓慢回转同时加大泵量,每隔 10min 停泵一次,将钻具提高 3m～5m,来回串动几次,再开泵清孔,确保

第一次清孔后孔内无泥块,相对密度达 1.20 左右。

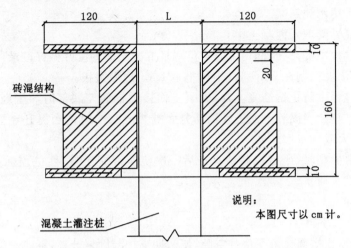

图 6—67　钻孔桩施工导向墙结构示意图

②第二次清孔,钢筋笼导管下好后,要用导管进行第二次清孔,第二次清孔时间不少于 30min,测定孔底沉渣小于 10cm 时,即停止清孔。

清孔结束后,尽快灌注混凝土,控制间隔时间不大于 30min;第二次清孔注浆相对密度为 1.10,漏斗黏度 18～25s,第二次清孔后泥浆相对密度控制在 1.15 左右,不超过 1.20。

7) 泥浆的维护与管理

现场泥浆池每个 150m³,废浆池 1000m³,确保每天造孔钻进的需要,泥浆池及循环系统,主泥浆循环槽规格为 0.5×0.6m,成孔过程中,泥浆循环系统定期清理,确保文明施工。泥浆池实行专人管理、负责。对泥浆循环和沉淀池的渣土(砂性土),专门配备一台抓斗机进行打捞,处理后的渣土经数次翻晒后作干土外运。

8) 钢筋笼的制作与吊放

①钢筋笼按设计图纸制作,主筋采用单面焊接搭接长度≥10d. 加强筋与主筋点焊牢固、制作钢筋笼时在同一截面上搭焊接头根数不得多于主筋总根数的 50%。

②发现弯曲、变形钢筋要作调直处理,钢筋头部弯曲要校直。制作钢筋笼时用控制工具标定主筋间距,以便在孔口搭接时保持钢筋笼垂直度,为防止提升导管时带动钢筋笼,严禁弯曲或变形的钢筋笼下入孔内。

③钢筋笼在运输吊放过程中严禁高起高落,以防弯曲扭曲变形。

④每节钢筋笼用焊 3～4 组钢筋护壁环,每组 4 只,以保证混凝土保护层均匀。

⑤钢筋笼吊放采用活吊筋;另一端固定在钢筋笼上;另一端用钢管固定于孔口。

⑥钢筋笼入孔时,对准孔位徐徐轻放,避免碰撞孔壁。下笼过程中如遇阻,不得强行下入,查明原因处理后继续下笼。

⑦每节钢筋笼焊接完毕后补足接头部位箍筋方可继续下笼。

⑧钢筋笼吊筋固定好,以使钢筋笼定位准确,避免浇筑混凝土时钢筋笼上浮。

⑨如有桩身应力或结构位移监测装置时,注意加强保护。

9) 混凝土浇筑

①浇筑采用导管法,导管下至距孔底 0.5m 处,导管直径为 φ200mm。导管使用前须经过通

球和压水试验,确保无漏水,无渗水时方能使用,导管连接处加密封圈并上紧丝扣。

②导管隔水塞采用水泥塞。

③初浇量要保证导管埋入混凝土中 0.8m~1.3m。

④浇筑混凝土过程中提升导管时,由质检员测量混凝土面高度并做好记录,严禁将导管提离混凝土面;导管埋入深度控制在 2m~4m 不得小于 1m。边灌边拔。

⑤混凝土浇筑过程中防止钢筋笼上浮,混凝土面接近钢筋笼底部时导管埋深控制在 3m 左右,并适当放慢浇筑速度,当混凝土面进入钢筋笼底端 1m~2m 时适当提升导管,提升时保持平稳,避免出料冲击过大或钩带钢筋笼。

⑥灌注接近桩顶标高时,严格控制计算最后一次浇筑混凝土量,使桩顶标高比设计标高高 0.5m 左右,以保证桩头质量。

6. 隧道拱背注浆

(1)初期支护背后注浆

初期支护施工时,在拱部会留下部分空隙,使初期支护与围岩分离,不能一起承受荷载,这样就与施工原理相违背,对结构的安全性和控制地表沉降很不利,特别是车站顶纵梁初支背后更应注意,因此隧道全断面初期支护封闭并达到设计强度后,须及时对初期支护混凝土实施拱背回填注浆。

在初期支护施工时,拱部预埋 $\phi 42$ 小导管,小导管长 0.5m,一般 3m~5m 埋设 1 排,每排 3 根,初期支护封闭成环后,及时用注浆泵压注浆,充填初衬背后孔隙。

(2)二次衬砌拱背注浆

复合式衬砌结构在初期支护与二次衬砌之间设有一层全封闭的防水层,由于二次衬砌混凝土在隧道拱部与初期支护之间无法做到严密无缝,因此拟在二衬混凝土施工时在拱部预埋小导管,二衬混凝土结束后,通过预埋小导管压注 1∶0.4~0.5 水泥浆,填充初期支护与二次衬砌之间的空隙。区间在每模衬砌拱部和两侧边墙设置;车站在三跨拱部及两侧边墙设置其间距纵向 6m,注浆管底部孔口紧贴防水层,为确保注浆管不被堵塞以及不刺破防水层,采取措施见图 6—68。

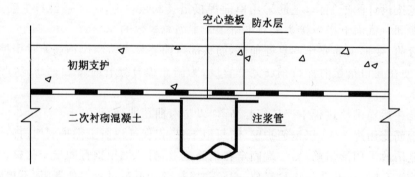

图 6—68　预留注浆孔措施示意图

(3)工艺流程(见图 6—69)

7. 钢筋混凝土工程施工

(1)钢筋工程

1)材料要求

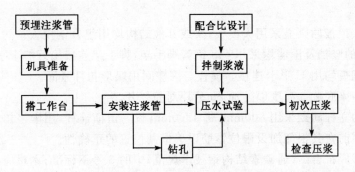

图 6-69　拱部注浆施工工艺流程图

①钢筋的各种规格、型号、物理性能等各项指标均要符合设计图纸及规范要求。

②钢筋进场后务必复检,待复检合格后方可使用。

2) 钢筋的加工与绑扎

①钢筋加工在施工场地钢筋加工场进行,并根据施工进度计划分期分批进场加工、堆放,并且要做好钢筋的维护工作,避免黏上油污。

②钢筋绑扎顺序应根据每段的施工特点严格按顺序执行。

③钢筋绑扎时应将混凝土垫块(保护层)随之绑扎上,与防水层接触的垫块应采取加一层软皮垫以免防水层被破坏。

④所有钢筋交叉点,应用铁丝全部绑扎,接头位置、搭接长度,间距应严格按图及规范施工。

⑤受力主筋必须采用焊接接头,且设置在同一构件内的焊接接头应相互错开,错开距离为钢筋直径的 $35d$ 且不小于 $500mm$,在该区段所有接头的受力钢筋截面面积占受力钢筋总截面面积的百分比为:受拉区不宜超过 50%;受压区不受限制。

⑥板内双排钢筋间距用"S"形 $\phi8$ 钢筋控制。每 m^2 不少于 1 根,板内上下钢筋间距用 $\phi16$ 钢筋马凳控制,每 m^2 不少于 1 只。

3) 质量要求

①钢筋的品种和质量必须要符合设计要求和有关标准规定。

②钢筋的规格、形状、尺寸、数量、间距、长度、接头位置必须符合设计及规范要求。

③钢筋绑扎允许偏差必须控制在规范允许以内。

④钢筋绑扎最外侧钢筋距模板必须有足够的保护层厚度。混凝土结构迎水面钢筋保护层厚度不小于 $50mm$。

⑤钢筋弯曲成型,应在常温下进行,不能热弯曲,也不能锤击或尖角弯折。

4) 技术措施

①钢筋成品、半成品进场必须有出厂合格证及物理试验报告,进场后必须挂牌,按规格分别进行堆放。

②对钢筋要有重点的验收,验收重点为控制钢筋的品种、规格、数量、间距、绑扎牢固、搭接长度(逐根验收)、预留件、预留孔洞、

注意穿墙管处的钢筋绑扎质量,并认真填写隐蔽工程验收单交监理工程师验收。

(2) 模板工程

区间隧道(特殊部位除外)采用模板衬砌台车施工,其他部位及车站采用小模板钢拱架衬砌。这里主要介绍后者。

1) 材料要求

①侧墙、中板、顶板原则上采用大模板,梁或其他结构均用组合钢模板。

②板及梁、墙的竖挡及围墙均采用 φ48 钢管脚手架,脚手架连接用万能十字扣件。

③梁等组合钢模均用 U 形卡连接。模板与围檩间用蝶形扣件紧固。

④梁模板上距梁底 2/3 高度以外加 2mm 厚对拉铁片。

⑤支撑脚手的立杆间距采用 800mm,每 1800mm 设一道横连杆,用十字扣件连接。

⑥墙模板安装前在其根部加设限位钢筋以确保其位置的正确性。

⑦模板用钢材应符合《普通碳素结构钢技术规范》中的 3 号钢标准;木材应符合《木结构设计规范》中的承重结构选材标准。

2) 质量要求

①模板及支架必须具有足够的强度、刚度和稳定性。

②模板的接缝不大于 2.5mm。

③对拉螺栓、穿墙套管处的模板安装不得有大空隙。

④所有钢筋及绑扎用铁丝均不能接触模板。

⑤具体安装偏差符合规范要求。

3) 技术措施

①由于工期紧,且需分流水段作业,模板配备两套,以满足流水翻转。

②模板安装由下而上,可先设临时支撑稳住模板,待安装完毕准确无误后,再进行固定。

③模板安装应与钢筋绑扎、水电、通风等预留孔洞、预埋铁件及管道密切配合。

④模板的下脚必须留有清理孔,便于清理垃圾。

⑤为便于拆模,模板在安装之前,涂抹隔离剂,严禁用废油。

⑥模板工程验收重点控制刚度、垂直度、平整度,特别应注意柱模、竖板墙外围模板、楼梯间、预留孔洞等处模板的位置正确性。

4) 模板的拆除

①非承重模板拆除时,结构混凝土强度要大于 1.2MPa。

②承重模板拆除时,应严格按规范要求混凝土强度百分比达到要求时方可拆除。

③拆模顺序应为后支先拆、先支后拆、先拆非承重模板、后拆承重模板的原则进行。

④拆除跨度较大的纵梁底模时,应先从跨中开始分别拆向两端。

⑤拆模时不能用力过猛,严禁抛掷,拆下的要及时清理,按规格堆放整齐以备下次使用。

(3) 防水混凝土工程

1) 材料要求

①根据招标文件要求,主体结构混凝土均采用预拌混凝土。混凝土为防水补偿收缩性混凝土。

②混凝土入模坍落度控制在 15cm～18cm。

③水泥、砂、石料及外加剂质量,均应符合设计及有关规范要求。

水泥选用强度等级不低于 42.5 级普通硅酸盐水泥,性能指标符合现行国家标准规定;砂选用洁净的中粗砂,含泥量不大于 2%;泥块含量不大于 1%;石子最大粒径不大于 40mm,含泥量不大于 1%,泥块含量不大于 0.5%,所含泥土不呈块状或包裹石子表面,吸水率不大于 1.5%;水应采用 pH 值在 4～9 之间不含有害物质的水;外加剂、粉煤灰掺量不大于水泥重量的 20%;补偿收缩性混凝土中掺入的混凝土抗裂防水剂也符合有关规定。

2）混凝土的浇筑

①浇筑前应对模板、支架钢筋预埋件、预留孔洞，认真检查，并应清除模内的垃圾、泥土和钢筋上的油污等杂物

②混凝土泵管用 φ125mm 快速接头式合金管，并用钢管脚手支架架空，泵管出口处接一长 2m～3m 的软管，以利左、右、上、下调整出料位置。

③浇筑时混凝土自高处坠落的自由高度不得大于 2m，如大于 2m 时，应用溜槽串筒或软管。

④浇筑混凝土时应安排专人拆卸泵管。

⑤混凝土入模处每处配备 5 只插入式振捣器。

⑥振捣时确保快插慢拔，振动时间以不冒气泡为止，一般为 10～30s，且振捣时振捣棒尽量避免碰撞模板，靠近模板时应与模板保留 5cm～10cm 的距离。板混凝土浇筑时应用插入式振捣器与平板式振捣器相配合。

⑦浇筑过程中严禁向混凝土内任意加水，并要及时排走混凝土的泌水。

⑧浇筑板墙混凝土时，应分层由两边向中间方向浇筑，每 30cm～40cm 一层，分层、分台阶斜面浇筑但两层混凝土浇筑面之间时间间隔不能超过 2h。

⑨当不同抗渗等级或强度等级的混凝土共同浇筑时，应注意区分，并就高不就低。

3）防水处理

详见第 6.1.5.6 条。

4）养护

①混凝土浇筑后 12h，即可进行养护工作。

②洞内采取自然养护，洞外养护一般采用覆盖草包的办法养护，冬季和雨季时用塑料薄膜养护，尤其是地下工程防水外墙要保证不少于 14d 的养护时间，底板混凝土采用蓄水养护；其余结构混凝土养护时间不少于 7d。

③养护用水的质量应与拌制混凝土相同。

5）混凝土试件的制作

①按规定要求制作试件。

②制作试件时，同时要测定混凝土坍落度，其次数与试件制作组数相同。

③试件制作完成后应送入试验室标养，另外加做一组留在现场与结构同条件养护作为承重模板拆除及支撑拆除的强度依据。

6）质量要求

①混凝土强度必须符合现行规范规定及图纸要求。

②表面无空洞、蜂窝、麻面、施工缝无夹渣现象。

③实测质量偏差符合现行有关规范要求。

7）技术措施

①由于该工程所用混凝土属防水混凝土，根据一般级配水泥用量高，可能会产生水泥收缩裂缝，特别是大体积混凝土的混凝土配合比，应掺入一定数量的混凝土抗裂防水剂和粉煤灰，以减少水泥用量和改善混凝土的和易性。

②每次浇筑前均应认真计算混凝土浇灌量，并详细布置泵车、泵管摆放位置、浇筑方向、顺序、浇筑时间等。

③浇筑混凝土前，应配备足够的泵车，并应有一定数量的备用泵车，混凝土输送车的运输能力要比泵车泵送能力大 20%。

④浇筑混凝土时,应连续施工,浇筑前一天应认真听取天气预报,并分析混凝土输送车运送路线,多准备几条线路,即万一其中一条路线发生堵塞,从其他路线还可以保障供给。

⑤高温季节浇筑混凝土时,泵管上应覆盖草包洒水降温,混凝土运输车应有遮盖措施。

⑥大体积混凝土浇筑前应编制详尽的施工方案,并设置测温点。

（4）大体积混凝土的浇筑

为减少施工缝数量保证防渗漏效果,部分区段采用大体积混凝土施工。虽采用预拌混凝土,但必须提出严格要求,并要制定详尽的措施。

1）原材料的要求

水泥：根据本招标文件要求,水泥尽量采用抗水性能好、泌水性小、水化热低的水泥,并利用混凝土的后期强度,尽量减少水泥用量以降低水化热减少温度应力。严格控制水泥用量：C30 高性能混凝土配合比的单位水泥用量一般不大于 320kg/m³,但胶体用量不小于 250kg/m³。

砂：选用洁净的中粗砂,含泥量控制在 2％以下。

石：选用 5mm～40mm 级配碎石,含泥量控制在 1％以下。

宜采用非碱活性骨料；当使用碱活性骨料时,混凝土中的最大碱含量为 3.0kg/m³。

外加剂：采用双掺技术,车站大体积浇筑的混凝土避免采用高水化热水泥,混凝土优先采用双掺技术（掺高效减水剂加优质粉煤灰）,改善混凝土的和易性及可泵性,降低混凝土的水化热及减少混凝土的收缩。车站顶、底板、侧墙应采用高性能补偿收缩防水混凝土。为保证混凝土良好的密实性,掺入适量的具有补偿收缩作用的混凝土抗裂防水剂。

限制水胶比：水胶比的最大限值为 0.45。

混凝土中的最大氯离子含量为 0.06％。

2）加快浇筑速度,避免产生裂缝。

为了避免产生裂缝,浇筑时应采用分层、分条、分段连续不断地浇筑施工。为保证连续施工,应将混凝土运输车的每小时运输能力在泵车每小时所需混凝土量的基础上增大 20％,同时备用两台泵车,以保证泵车发生故障时使用,混凝土采用分层施工,每层厚度控制在 30cm～40cm 以内,分段、分层按流水控制,保证上下两层混凝土浇筑时间间隔,不超过下层混凝土初凝时间。

3）降低混凝土入模温度

选择较适宜的气温浇筑混凝土,入模温度≤30℃,洞外尽量避开炎热天气,也可采用低温水搅拌混凝土,可对骨料喷冷水雾进行预冷,对骨料进行护盖,混凝土输送车应搭设遮阳措施；在混凝土输送管上覆盖草包进行降温；在混凝土入模时改善和加强模内的通风,加速模内热量的散发。

4）加强混凝土的测温与养护

为了及时掌握混凝土的内外温差,并采取控制措施将温差控制在 25℃以内,应在浇筑混凝土前编制测温点平面布置图,并在浇筑混凝土时布置好。在混凝土升温阶段（3～6d）期间每 2h测量一次,6d 之后降温阶段每 6h 测温一次,测温包括大气温度、混凝土入模温度、混凝土表面温度及混凝土不同深度的温度四种类型。

5）混凝土试块的制作

除正常制作混凝土试块外,还应增加 R3、R7、R60 3 组试块,并留 1 组备用放在同等环境条件下养护,为及时了解混凝土强度增长提供数据。

6.1.5.6　结构防水工程的施工组织及方法、程序说明

1. 结构防水标准及原则

（1）防水标准

1）区间

区间隧道和辅助线隧道及联络通道的结构防水等级定为二级，结构不允许漏水，隧道顶部不允许滴水，侧墙表面允许有少量、偶见的湿渍，总湿渍面积不应大于总防水面积的 6/1 000，任一湿渍的面积不应大于 0.2m。

2）车站

地下车站及人行通道均按一级防水等级要求设计，车站和通道结构不允许出现渗水部位，结构表面不得有湿渍。

车站的风道、风井等部位均按二级防水等级要求设计，结构不允许有漏水，结构表面可有少量、偶见的湿渍，总湿渍面积不大于总防水面积的 6/1 000，单个湿渍的最大面积不大于 0.2m²。

（2）防水原则

1）结构防水遵循"以防为主、刚柔结合、多道防线、综合治理"的原则。

2）确立钢筋混凝土结构自防水体系，即以结构自防水为根本，施工缝（包括后浇带）、变形缝等接缝防水为重点，辅以柔性全包防水层，防水层兼作隔离层。

2. 隧道结构防水

区间隧道防水结构如图 6-70。二衬采用防水混凝土，抗渗等级不小于 P8。隧道采用 ECB 防水板进行全包防水处理。防水板厚 1.5mm，采用无钉孔铺设双焊缝施工工艺，要求土工布缓冲层为 400g/m²。仰拱防水层表面增设一层土工布保护层，再浇筑 7cm 厚细石混凝土保护层。

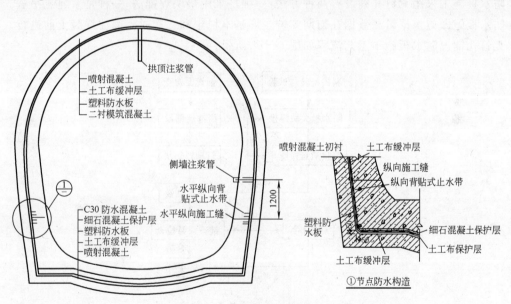

图 6-70 区间隧道防水结构图

3. 车站结构防水

车站防水结构如图 6-71。拱顶初期支护施工完成后，应对初衬背后进行压浆处理，防止背后形成积水区。二衬同样采用防水混凝土，抗渗等级不小于 P8。初衬和二衬之间设全包防水层，采用无钉孔铺设双焊缝施工工艺。仰拱防水处理方法同区间。

4. 防水板施工工艺流程

（1）无钉孔防水板施工

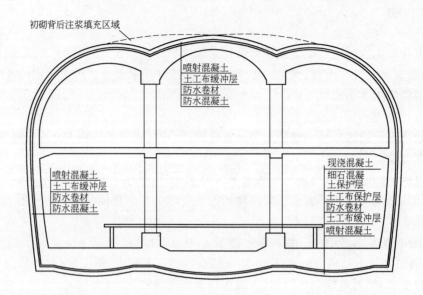

图 6—71 车站防水结构图

地下工程尤其是城市地铁工程对防水的要求很高,防水板铺设的质量,是地铁防水的关键环节。防水板施工采用无钉孔铺设有两种方法:一种是采用垫块焊铺法;一种是系绳悬吊法。

防水板施做应根据量测数据在初期支护变形基本稳定和二次衬砌灌注混凝土前进行。

无钉孔铺设防水板施工工艺流程如图 6—72 所示。

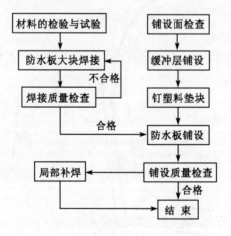

图 6—72 防水板铺设施工工艺流程图

1) 施工操作

①材料的检验和试验

采购的防水卷材进场后,要随机取样委托有资质的鉴定单位进行原材料的检验和试验,对防水卷材的密度、厚度、拉伸强度、断裂伸长率等主要物理性能进行检查,能否满足设计要求。

②防水板的大块焊接

由于出厂的防水卷材受到幅宽的限制,所以在使用时首先根据衬砌混凝土施工循环段长度

来确定焊接大块防水板的尺寸,具体步骤如下:

a. 找一块用混凝土硬化过的平整场地,清扫干净,把防水板按幅平铺在场地上,使复合在一起的无防布面向上,光面向下接触地面,每幅搭接不小于 10cm。

b. 对平铺好的防水板进行检验,无质量缺陷后准备焊接。

c. 将接头待焊接处的水及杂物擦洗干净,采用双焊缝焊机进行焊接。

d. 焊接质量检查,双缝焊接后,应进行充气试验,一般要求在 0.1MPa 的气压下保持两分钟不漏气,否则进行修补。

③铺设面检查:利用工作平台将初期支护裸露的锚杆、钢筋头等铁件割除,使铺设面大致平顺,以防其刺破防水板。

④缓冲层铺设:用 φ80 塑料垫圈和射钉将无纺布固定于初期支护上,钉距:拱部 500×500mm,边墙 1 000×1 000mm,底部 1 500×1 500mm,梅花形布置。

⑤防水板铺设:将防水板吊运到作业平台上,从上到下对称地将防水板焊接到固定垫圈上。采用电热压焊器,黏合要牢固,且不烧穿防水板。

⑥铺设质量检查:防水板施工完成后,应对施工质量进行检查,自检合格经监理工程师检验认可后,方可进行下道工序的施工。若检查出质量问题应进行补焊,使之达到验收标准。

2) 操作要点

①固定点的布置,在满足固定间距的前提下,应尽量固定在喷射混凝土面较凹处,使得防水板尽量密贴混凝土喷射面。

②固定点间的防水板长度应视初期支护面的平整情况留一定的富余量,本着宁松勿紧的原则,以防止二次衬砌时被挤破。

③防水板应全环铺设。

④每一循环的防水板铺设长度应比相应衬砌段多出 1.0m～1.5m,目的是便于循环间的搭接,并使防水板接缝与衬砌工作错开 1.0m～1.5m,以确保防水效果。

3) 施工注意事项

①铺设防水卷材,是一项很细致而又关键的工序,因而必须专人负责,成立专业工班,工班组成人员上岗前必须经过严格培训,施工前必须进行技术交底,施工中必须按照操作规程操作,不允许违章作业。

②初期支护表面应尽量平整,以防将防水板挤破,如果表面凹凸太大,或围岩异常破碎,造成较大超挖而使支护壁面严重不平时,则酌情采用模喷(灌)混凝土找平。

③在进行二次衬砌的钢筋绑扎和焊接时,应注意保护防水板,在焊接点与防水板之间,应临时附设一木板隔离,以防烧坏防水板。

④在地下水发育地段,应采用注浆封堵措施。

⑤防水板铺设好后,应尽快对称灌筑二次衬砌将其保护起来,以避免损伤防水扳,影响防水效果。

(2) 悬吊式铺设工艺

该工艺采用背挂式防水卷材,即塑料防水板上自带一层缓冲层(土工布),且按一定间距设置背带。铺设前,在铺设面按一定距离钻孔,打入木楔,然后用长 15cmφ10 钢筋打入木楔中,外露部分向岩石弯卷,以防刺破防水板,弯钢筋时同时将铁丝固定在弯钩内,采用铁丝与防水卷材背带相系,将防水板铺设于拱墙部位。

5. 防水主要技术措施

（1）初期支护

加强施工管理，确保喷射混凝土的均匀密实性，初期支护拱背采用注浆回填，混凝土表面低洼处用防水砂浆填平，外露钢筋头、钢管头切掉后用砂浆补平，对混凝土表面局部渗漏采用堵漏灵堵漏，确保在防水板施工时无水作业，格栅钢架钢筋的外保护层厚度不小于 40mm。

（2）防水层防水

除结构自防水外，在喷射混凝土初衬和模筑混凝土二衬之间设置柔性防水层（即复合式衬砌夹层防水），防水层兼做隔离层。柔性防水层采用 ECB 防水板，区间防水板的厚度不得小于 1.5mm，车站防水板的厚度不得小于 2.0mm。铺设防水层前需在喷射混凝土衬砌表面铺设缓冲层，缓冲层采用单位质量不小于 $400g/m^2$ 的土工布。防水层铺设完成后应采取必要的成品保护措施。

对选用的防水材料做进货检验，检验其抗微生物和耐腐蚀性能，避免采用施工性能差、防水质量受施工操作影响大的材料。

防水层施做见图 6—73、图 6—74。

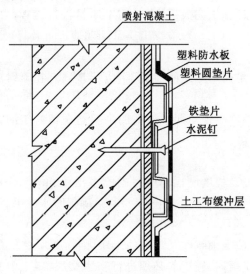

图 6—73　车站防水卷材固定方法示意图

（3）混凝土结构防水

1）地下区间隧道主体结构，应全部采用防水混凝土进行结构自防水，车站的顶板、侧墙和底板采用防水混凝土进行结构自防水，防水混凝土的抗渗等级根据结构的埋置深度确定，但不得小于 P8；防水混凝土的环境温度不得高于 30℃。

2）防水混凝土结构的厚度不得小于 25cm；裂缝宽度不得大于 0.2mm，并且不得出现贯通裂缝。

3）防水混凝土结构迎水面钢筋保护层的厚度不应小于 50mm。

4）结构自防水混凝土在设计和施工过程中，要求采取切实有效的防裂、抗裂措施，掺入适量的具有补偿收缩作用的混凝土抗裂防水剂，并保证混凝土良好的密实性、整体性，减少结构裂缝的产生，提高结构自防水能力。

采用矿山法施工的车站二次衬砌采用抗渗等级不小于 P8 的防水混凝土。

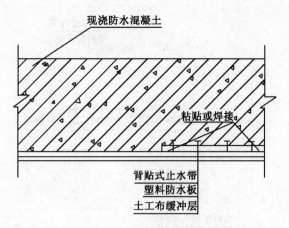

图 6—74 防水板收口做法示意图

（4）施工缝、变形缝防水

1）施工缝防水

如图 6—75、图 6—76。矿山法施工区间隧道、车站分段浇筑的混凝土施工缝分为纵向施工缝和环向施工缝两种，两种施工缝部位均采用背贴式橡胶止水带进行加强防水，同时在背贴式止水带两翼固定注浆管进行后续填充注浆，保证止水带与模筑混凝土之间的密贴。引出的注浆导管间距 4m～5m。

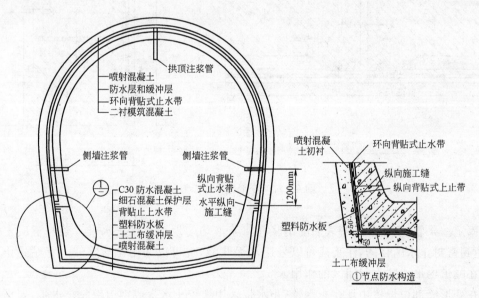

图 6—75 区间隧道环向施工缝防水示意图

2）变形缝防水

如图 6—77。区间隧道的变形缝一般设置在区间隧道和车站、区间隧道和联络通道的接口部位，车站的变形缝一般设置在车站和区间、车站和出入口以及车站和风道的接口部位，变形缝的宽度一般为 20mm～30mm。变形缝一旦出现渗漏水后较难进行堵漏维修处理，因此变形缝部位的柔性防水层除了要求连续铺设外，还需采取以下四道防线进行加强防水处理。

①在变形缝部位的模筑混凝土外侧设置背贴式止水带，利用背贴式止水带表面突起的齿条与模筑防水混凝土之间的密实咬合进行密封止水，同时在背贴式止水带两翼的最外侧齿条的内

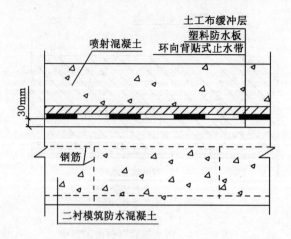

图 6-76 纵向施工缝防水平面图

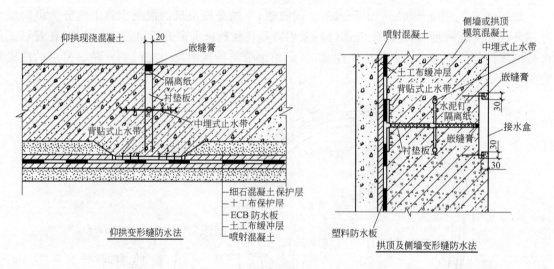

图 6-77 变形缝防水示意图

侧根部固定注浆管,利用注浆管表面的出浆孔将浆液均匀地填充在止水带齿条与混凝土的空隙部位,达到密封止水的目的,注浆液可以采用水泥浆液,也可以采用化学浆液。背贴式止水带同时起到在隧道内形成防水封闭区的作用。

②在变形缝部位设置中埋式止水带,止水带采用橡胶止水带或钢边橡胶止水带,要求在止水带的表面现场黏贴缓膨胀型遇水膨胀腻子条。

③变形缝内侧采用密封膏进行嵌缝密封止水,密封膏要求沿变形缝环向封闭,任何部位均不得出现断点,以免出现蹿水现象。

④结构施工时,在顶拱和侧墙变形缝两侧的混凝土表面预留凹槽,凹槽内设置镀锌钢板接水盒,便于渗漏水时将其直接排到道床的排水沟内。

(5)穿墙管处的防水

如图 6-78。穿墙管件穿过防水层的部位需进行防水密封处理,这些部位通常可以采用止水法兰和双面胶黏带以及金属箍进行处理。止水法兰焊接在穿墙管件上,然后浇筑在模筑混凝土中,必要时在止水法兰根部黏贴遇水膨胀腻子条;双面胶黏带先黏贴在管件的四周,然后再将塑料防水板黏贴在双面胶黏带表面,将防水板的搭接边密实手工焊接,最后用双道金属箍件箍紧。

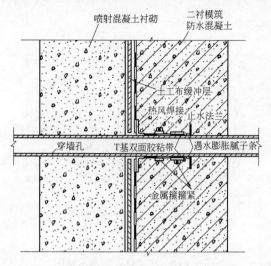

图 6-78　穿墙管处防水示意图

(6) 注浆防水

1) 初期支护背后注浆

铺设防水层的初期支护表面不得有明水流,否则应对喷射混凝土初衬背后进行注浆堵漏处理(超前管棚支护段或漏水量较大段)或表面刚性封堵处理(一般渗漏水部位);底板喷射混凝土基面上如有积水,可在初支表面的最低处设置排水盲管进行引排。

对车站顶纵梁初支背后进行注浆处理,防止此部位形成积水区域。

2) 二次衬砌背后注浆

在二衬模筑混凝土中预埋注浆管,注浆管固定在防水层表面,便于后续注浆堵漏处理;注浆材料选用水灰比为 1:0.4~0.5 的水泥浆,水泥浆中添加 2%~3% 的微膨胀剂,注浆压力根据实际情况确定,但不得小于 0.2MPa。

车站顶拱部位的模筑混凝土不易浇筑密实,为避免在此部位产生积水,应对拱顶结构背后(防水层和二衬模筑混凝土之间)进行二次注浆处理。区间于每模衬砌混凝土(9m)拱顶及两边墙各设一个注浆管;车站同样于三跨拱顶及侧墙设置注浆管,间距纵向 6m。车站预埋注浆管安装及布置示意图 (略)。

6. 特殊、重点结构部位的防水处理

(1) 区间隧道与施工通道交叉口处的防水

区间隧道施工线路是由竖井通过施工通道然后进入区间正线,施工通道按设计要求封堵完后,在 M7.5 浆砌片石封堵墙表面涂抹一层 2cm 厚的防水砂浆,施工通道与隧道交叉口处的防水层与区间隧道洞身防水层一起施做,封闭成环,见图 6-79。

(2) 区间隧道与联络通道交叉口处的防水

为确保该交叉口处的防水质量,防水层的铺设方法及保护十分重要。

1) 在区间正线开口部位铺设双层 400g/m² 无纺布和防水板。

2) 在防水层与初期支护之间铺设 0.6mm~1mm 厚钢板保护层,以防止联络通道初支破除时,损坏防水层。

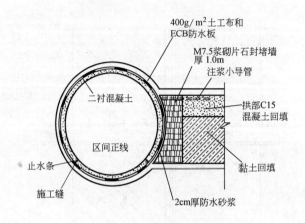

图 6-79　交叉口处防水示意图

3）施工缝设置严格按设计要求施做。

（3）区间隧道变断面段防水处理

鉴于截面变化部位结构复杂,断面变化的特点,在变断面处宜设双重防水层。先施做两侧断面结构,然后由截面较大的一侧向截面较小的一侧铺设。外防水层无法直接过渡连接时,可采用背贴式止水带的方法形成封闭区。变断面向两侧各延伸 1m 左右范围按先仰拱后拱墙的程序整体浇筑,保证其结构整体性和防水效果。

（4）区间隧道两端与车站连接处防水处理

区间隧道与车站接头处设置变形缝,先施工变形缝一侧防水层,并铺设双层,施工时预留出足够的搭接长度,以便后施工车站一侧防水层搭接,保证防水层封闭,接头处防水处理见图 6-80。

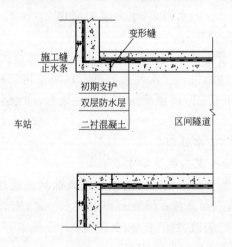

图 6-80　区间隧道与车站接头处防水示意图

（5）车站顶、底纵梁部位的防水

矿山法施工的车站采用分步开挖的施工方法,防水层和模筑混凝土均需要分步施工,在破除导洞和临时支撑以及预埋钢筋时,对防水层的预留搭接部位的破坏比较严重,因此采取如下措施对防水层进行保护。车站底纵梁防水处理参照顶纵梁部位防水处理施做。

1)设缓冲层和防水板前,先铺设 0.6mm～1mm 厚的外侧钢板保护层,钢板保护层用水泥钉直接固定在基面上,但要求水泥钉头部不得凸出,避免硌破防水层。外侧钢板要求能够压在模筑混凝土中至少 20cm,未压入的部分宽度不得小于 60cm。

2)按要求铺设缓冲层材料和防水板,缓冲层和防水板的预留搭接宽度不大于 60cm。

3)在防水板表面固定内侧保护钢板,固定时不得采用水泥钉穿透防水板,采取措施将钢板固定在结构的外侧钢筋上,但要求内侧钢板紧贴在防水层表面,必要时在防水板和保护钢板之间增设一道土工布保护层。

4)二衬模筑混凝土拆模后,将内外侧保护钢板和防水层以及缓冲层均向洞内弯起并固定在二衬模筑混凝土上,防止后续施工对防水板的破坏。

5)导洞或临时支撑拆除后,进行防水板的搭接铺设。

6.1.5.7 施工测量

1. 测量方案

(1)明挖段可在线路两边的硬化路面上,加密导线点,把直线段的中线平移出来,把曲线段的五大桩或三大桩的护桩定出。

(2)明暗挖交界处的竖井洞内导线、中线、高程起算数据从明挖段引入。

(3)竖井洞内中线、导线和高程可以从竖井内传入。

(4)为了加强暗挖隧道的测量精度,采用竖井导线定向,竖井联系测量将方向引入;隧道开挖一定长度后,采用地面钻孔投点定向。

(5)地面布设加密导线网和加密高程网,洞内布设地下导线网和地下高程网。

(6)洞内、洞外布设点位必须根据环境条件、施工条件和测量方法而定,控制点设于不受地层变形影响的稳定处。

2. 施工控制测量

(1)接桩与复测

1)接桩后 7 日内必须对设计单位所交的测量桩点进行复测,并将复测成果报告上交监理单位、设计单位和业主。

2)若导线网和高程网精度分别能够满足工程测量规范中的四等导线测量和三等水准测量的技术要求,则对各测量桩点进行标识和保护。

(2)暗挖段控制测量

1)暗挖段通过竖井传递坐标点、中线点和高程点。由于暗挖隧道是相向开挖或单头掘进,对隧道的测量精度要求较高,必须布设地面和地下导线网及高程网,以保证隧道的贯通精度。暗挖隧道横向贯通允许中误差在 ±50mm 以内,高程贯通允许误差在 ±25mm 以内。

2)竖井趋近导线控制测量

竖井趋近导线应附合在精密导线点上,近井点应与 GPS 点或精密导线点通视,并使定向具有最有利的图形。趋近导线应布设一条闭合或附合导线,近井点必须纳入网中,参与导线网的严密平差。近井点的点位中误差应在 ±10mm 之内。竖井趋近导线全长不宜超过 350m,平均边长 60m。趋近导线应满足四等导线测量技术要求。

3)竖井导线定向测量

向竖井内传递中线点必须进行竖井联系测量,拟利用有双轴补偿的全站仪(如图6－81),且全站仪配有弯管目镜,从竖井口向洞内采用导线测量的方法进行定向。导线定向的距离必须进行对向观测,定向边中误差应在±8″之内。

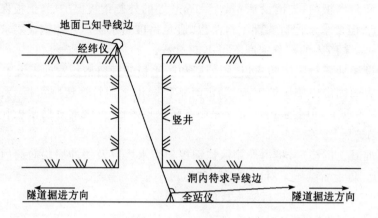

图6－81　竖井导线定向示意图

4)高程传递测量

测定近井水准点高程的地面趋近水准路线应附合或闭合在地面相邻精密水准点上。精度满足三等水准测量的技术要求,高程传递测量采用在竖井内悬吊钢尺的方法进行(如图6－82),地上和地下安置两台水准仪同时读数,并应在钢尺上悬吊与钢尺检定时相同质量的重锤。传递高程时,每次应独立观测三测回,每测回应变动仪器高度,三测回测得地上、地下水准点的高差较差应小于3mm,三测回测定的高差应进行温度、尺长改正后取平均值。

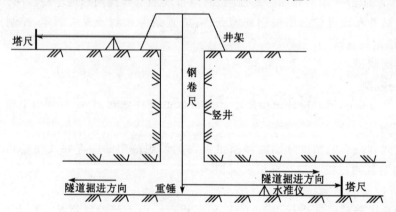

图6－82　竖井高程传递示意图

5)地下施工控制导线测量

地下施工控制导线是隧道掘进的依据,直线隧道掘进大于200m时,曲线隧道掘进到直缓点时,应埋设洞内导线控制点,直线隧道施工控制点平均边长150m,特殊情况下,不短于100m。曲线隧道施工控制导线点宜埋设在曲线五大桩(或三大桩)点上,一般边长不应小于60m,导线测量采用全站仪施测,左、右角各测二测回,往返观测平均值较差应小于7mm,每次延伸施工控制导线测量前,应对已有的施工控制导线前三个点进行检测。检测点如有变动,应选择另外稳定的施工控制导线点进行施工控制导线延伸测量。施工控制导线在隧道贯通前应测量 3 次,其测量时间与竖井定向同步。重合点重复测量的坐标值与原测量的坐标值较差小于 10mm 时,应采用逐次的加权平均值作为施工控制导线延伸测量的起算值。根据本标段的特点,拟在洞内布设 3 条地下控制导线。3 条导线点间进行附合或闭合导线检测。

6)地下高程控制测量

地下高程控制测量起算于地下近井水准点,每 200m 设置一个,也可以利用地下导线点作水准点,水准测量采用往返观测,其闭合差在 $\pm 20\sqrt{L}$ mm(L 以 km 计)之内,水准测量在隧道贯通前独立进行 3 次,并与地面向地下传递高程同步,精度同地面精密水准测量,重复测量的高程点与原测点的高程较差应小于 5mm,并应采用逐次水准测量的加权平均值作为下次控制水准测量的起算值。根据本标段的工程特点,拟在车站洞内布设 3 条地下控制水准路线。3 条水准路线水准点间进行水准校核。

(3)明挖段控制测量

明挖段可根据施工的需要,布设 1 条附合导线和附合水准路线,观测方法与精度要求同地面导线控制测量和水准控制测量。

3. 施工放样测量

(1)内业资料复核与计算

施工放样前,必须复核设计图纸的线路坐标值、曲线要素值、竖曲线要素值、里程和断面尺寸等,如复核无误,则依据这些资料进行线路的 10m 桩点坐标和 10m 轨面高程计算,以及用切线支距法或弦线支距度进行曲线放样资料的计算。

(2)极坐标法放样

极坐标法放样是指已知两个导线点的坐标,其中选定一个为置镜点,另一个为后视点,放样点的坐标可根据内业计算资料查找出来,然后分别计算置镜点至后视点,置镜点至放样点的坐标方位角,后者坐标方位角减前者坐标方位角即为放样点的顺拨角度,如角度小于 0°,加 360°得出的角度即为顺拨角度,这种放样方法是明、暗挖隧道利用导线点放样中线点或其他点的最常用、最普通的方法,放样距离采用两点间距离公式计算出来的置镜点与放样点间的距离。为了加强放样点的检核条件,可用另两个已知导线点作起算数据,用同样方法来检测放样点正确与否,也可用另两个已知导线点来检测放样点的坐标,当放样中线点全部出来后,用全站仪串线,检查这些中线点的相互关系正确与否,如放样点理论坐标与检测后的实测坐标 X、Y 值分别相差在 $\pm$ 3mm 以内,可用这些放样点指导隧道的开挖工作。

(3)暗挖隧道施工放样测量

暗挖隧道施工放样测量主要是标定隧道的设计线路中线、里程、高程和同步线,直线隧道施工测量,可在线路中线上或隧道中线上安装激光指向仪,激光指向仪调节后的激光束代表线路中线或隧道中线的方向及线路纵断面的坡度。曲线隧道施工测量可把激光指向仪安装在线路切线或弦线上,调节后的激光束代表线路切线或弦线的方向及线路纵断面的坡度。利用内业计算资料的切线偏距或弦线偏距及里程、标高为依据来指导施工,每个洞的上部开挖可用激光指向仪控制标高,下部开挖采用放起拱线标高来控制,要经常检测激光指向仪的中线和坡度,抄平时应往返或变动两次仪器高度进行水准测量,在隧道初支过程中,钢格栅的架设要较严地控制中线、垂直度、同步线,其中格栅中线和步线的测量允许误差为 ± 20mm,格栅垂直度允许误差为 3°。竖井放样同样采用极坐标法。

4. 贯通测量

贯通测量误差包括隧道的纵向、横向和方位角贯通测量误差以及高程贯通测量误差,隧道贯通后应利用贯通面两侧的平面和高程控制点进行贯通误差测量。隧道的纵向、横向贯通误差,可根据两侧控制导线测定的贯通面上同一临时点的坐标闭合差确定,也可利用两侧中线延伸在贯通面上同一里程处各自临时点的间距确定。方位角贯通误差可利用两侧控制导线测定与贯通面相邻的同一导线边的方位角较差确定。实测纵、横向贯通误差应分别投影到线路和线路的法线方向上。隧道高程贯通误差应由两侧控制水准点测定贯通面附近同一水准点的高程较差确定。

5. 测量人员、仪器配置

(1) 项目部设测量队,设测量主管 1 人,现场设测量工程师 2 人,测量技术员 2 人,测量工 8 人,以满足现场施工测量及放样的需要。

(2) 测量仪器详见第 6.1.4.4 条。

6. 测量技术保证措施

由于工程工期的限制,区间有曲线段,车站只有衬砌了中洞的中墙后,方才开挖侧洞,要形成流水作业,必须提前衬砌中洞,而不是等到贯通后调整中线和标高时,这使得施工测量不允许出现任何测量误差超出限差的情况,在施工中,必须高度重视测量工作,为达到中线和标高的测量误差均在限差内的目的,特制定以下技术措施:

(1) 本工程测量采用三级复核制,工区测量为一级;项目部精测组定期对工区测量结果进行复核为二级;单位后方精测队定期对测量结果进行复核为三级。

(2) 开工前对测量人员进行工程情况、技术要求、测量规范、测量操作规程、测量方案、测量基本知识、测量重要意义的培训。

(3) 定期把测量仪器送到有检定资格的单位检校,确保测量结果的有效性。

(4) 计划在隧道的中线方向上,离开竖井约 100m 左右,钻孔投点定向,把地面的导线点或中线点和高程均通过投点孔传到洞下,与隧道内的导线点和高程点联测,减少洞内测量误差,确保贯通误差在限差范围内。

(5) 本工程和邻近工程接头处进行中线和标高的联测,联测结果在测量误差允许范围内方可据以施工,如超出误差允许范围应查明原因,并经调整或改正后,方可据此施工。

(6) 积极和监理方测量工程师联系、沟通、配合,满足测量监理工程师提出的测量技术要求及意见。重要部位的测量,请测量监理工程师旁站监理,并把测量结果和资料及时上报监理公司,测量监理工程师经过内业资料复核和外业实测确定无误后,方可进行下步工序的施工。

(7) 所有测量的内业资料计算,以及外业实测资料的整理和交底,都必须有计算人、复核人,确保资料的准确无误。现场施工测量要有检校条件,尽量形成闭合或附合导线和水准路线形式。或者换人走不同的路线,不同的测量方法重复测量来达到检核目的。

(8) 经常复核洞内有变形地方附近的导线点、水准点、中线点,随时掌握中线点、高程点、导线点的变形情况,关注量测信息,经常对地面导线点、地面水准点进行复测,并和洞内导线点、地下水准点进行联测,保证在测量工作中,随时发现点位变化,随时进行测量改正,严格遵守各项测量工作制度和工作程序,确保测量结果万无一失。

(9) 由于线路设计计算精度较高,在拨角测量放线时,方位角达不到设计计算的精度,因此,在放线过程中,直线段每隔 100m 左右与基本导线联系,用坐标成果表中标出的点坐标值进行校验,如有偏差,应修正直线方位角。

(10) 曲线转角、直线方位、线路长度、高程的测量精度控制,严格按地铁测量规程进行。施工中各种建筑物放样时与测量控制单位密切配合,避免出现不必要的偏差。

6.1.5.8　监控量测

1. 施工工况动态分析

工程施工工况动态分析主要采用有限单元法,按"连续体"模型进行数值计算。进行施工工况动态分析的目的在于了解工程施工中地层的动态变化,了解正常施工工艺条件下隧道施工引起的地表沉降及地层的应力变化情况,明确危险可能发生的部位、方式及应采取的施工对策,同时为现场监控量测提供管理基准值及依据。

本标段的车站和区间都采用暗挖法施工,所以在施工过程中控制地表及地层变形成为暗挖法施工成功与否的关键。尤其是区间折返段的断面大,隧道施工对地面沉降的影响必须严格控制。现以以下两个重点段进行分析:

区间折返段采用双侧壁导坑施工的地段;车站采用中洞法施工,分析中洞法施工过程中,各个主要的施工步骤对地表沉降变形的影响。

分析软件采用 Soft Brain 公司开发的 $2D-\sigma$ 有限元分析软件,目前有限元分析软件基本上可以分为基于地层—结构模型和基于连续介质模型,本分析软件基于连续介质模型。破坏准则采用 Mohr-Columb 准则。

(1) 区间折返段采用双侧壁导坑施工的地段施工分析

计算模型为:初衬、临时支撑采用梁单元模拟,二衬采用块体结构模拟,施工模拟分析计算模型见图 6—83 所示;施工模拟分析有限元网格见图 6—84 所示。施工顺序参见第 6.1.5.2 条第 5 款。由于图例较多,有的只作文字说明,相关图示略。

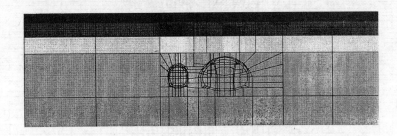

图 6—83　分析计算模型图

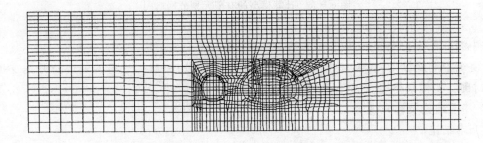

图 6—84　有限元分析网格图

1) 采用台阶法开挖小洞的上台阶并进行初期支护。

2) 开挖小洞的下台阶,进行初期支护。

3) 及时施做小洞二衬。此后才能施做大洞的右侧导洞,并进行初期支护;然后开挖大洞的左侧导洞,中洞的上部、中洞的下部,并进行初期支护。

4)依照第 6.1.5.4 条第 3 款施做大断面洞室二衬、拆除支撑。

(2)车站采用中洞法施工,对地表沉降变形的影响

图 6－85 为计算模型图,图 6－86 为计算模型的有限元分析网格图。

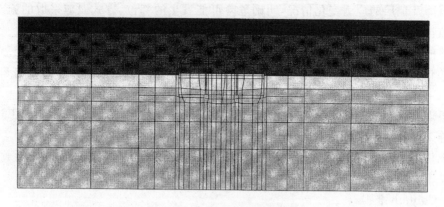

图 6－85　计算模型图

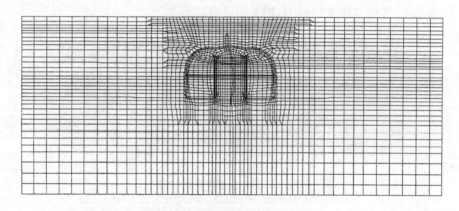

图 6－86　计算模型的有限元划分网格图

1)中洞开挖支护完成后,模拟地表变化 (图略)。

2)浇筑中洞底纵梁、底板、钢管柱、中板、顶纵梁及部分衬砌后,进行两侧边跨开挖支护并及时施做衬砌。模拟最终地表沉降 (图略)。

(3)基本结论及补充说明

1)基本结论

区间折返线最大断面的双侧壁导坑法施工,地表最大沉降为 22mm;B 站主体结构采用中洞法施工,在施工过程中,地表的最大沉降为 28mm。因此,对该段在施工中应加强监控量测,视具体情况加强支护措施、调整施工方案,进行动态信息施工管理,确保施工安全和地表沉降在允许范围内。

2)对计算的几点补充说明

①计算中需要地层物理力学参数按照初步设计提供的资料选取。

②目前所有的岩土有限元分析虽然都能给出定量的计算结果,但是由于土层的非均质性和土的结构的复杂性,结果的精确度尚不十分可信,尽管如此,用有限元工具进行地层沉降的分析,其趋势还是比较可靠的,计算结果也大致符合实际情况。

③更重要的是在施工中要加强对地层变形的监测,并及时调整施工步骤和支护参数。

2. 施工量测的目的

在本标段明挖区间隧道和暗挖区间隧道的开挖支护施工过程中,将不可避免地会对周围地层、地下管线、建(构)筑物等造成一定的影响。为了保证施工期间道路通畅,分析了解地层、支护及主体结构的安全稳定性,了解工程施工对周围环境的影响程度,确保地面建筑物及地下管线的正常使用,需建立专门的组织机构,在施工的全过程中进行全面、系统的监测工作,并将其作为一道重要工序纳入施工组织设计中去。

监测的主要目的包括:

(1) 通过监测了解明挖基坑周围土体在施工过程中的动态,明确工程施工对原始地层的影响程度及可能产生失稳的薄弱环节。

(2) 通过监测了解暗挖隧道施工中围岩与结构的受力变形情况,并确定其稳定性。

(3) 通过监测了解工程施工对地下管线、建筑物等周围环境条件的影响程度,并确保它处于安全的工作状态。

(4) 及时整理资料,对一系列关键问题进行分项分析,及时反馈信息,组织信息化施工。

3. 施工量测的设计

(1) 监测内容

根据工程的实际情况,对暗挖区间隧道、车站支护结构及受施工影响的周围地层、地下管线、建筑物等进行安全监测。监测项目以位移监测为主,同时辅以应力、应变监测,各种监测数据应相互印证,确保监测结果的可靠性。

区间隧道量测布置、手段等见表 6－32。

(2) 量测控制标准

在信息化施工中,监测后应及时对各种数据进行整理分析,判断其稳定性,并及时反馈到施工中去指导施工。计划建立Ⅲ级管理标准(监测控制标准表略)。

监测频率选择:一般Ⅲ级管理阶段监测频率适当放大一些;在Ⅱ级管理阶段则注意加密监测次数;在Ⅰ级管理阶段则密切关注,加强监测,监测频率可达到 $1\sim2$ 次/d 或更多。

4. 量测数据分析与预测

在取得监测数据后,要及时进行整理,绘制位移或应力的时态变化曲线图,即时态散点图。在取得足够的数据后,根据散点图的数据分布状况,选择合适的函数,对监测结果进行回归分析,以预测该测点可能出现的最大位移值或应力值,预测结构和建筑物的安全状况。

典型的动态回归曲线示意图如图 6－87。

采用的回归函数有:

$U = A\lg(1+t) + B$

$U = t/(A+Bt)$

$U = Ae^{-B/t}$

$U = A(e^{-Bt} - e^{-Bt_0})$

$U = A\lg[(B+t)/(B+t_0)]$

式中:　U——变形值(或应力值);

A、B——回归系数；

t、t_0——测点的观测时间（day）。

表 6—32　　　　　　　　　　测点布置、监测手段与监测频率表

类别	序号	观测名称	方法及工具	断面距离	量 测 频 率				备　注
					1～7d	7～15d	15～30d	30d以后	
A类观测（必测）	1	地层及支护情况观察	现场观测地质描述	每次开挖后立即进行	2次/d				
	2	地表、地面建筑、地下构筑物与管线的变化观测	精密水准仪	每次开挖后立即进行	2次/d	1次/d	1次/2d	1次/3d	大断面采用中隔壁法或双侧壁导坑法施工拆撑时频率适当加密
	3	拱顶下沉	精密水准仪	每次开挖后立即进行	2次/d	1次/d	1次/2d		开挖后立即进行或大断面采用中隔壁法或双侧壁导坑法施工拆撑时频率适当加密拆撑后立即进行
	4	净空收敛	收敛计	每次开挖后立即进行	2次/d	1次/d	1次/2d		开挖后立即进行或大断面采用中隔壁法或双侧壁导坑法施工拆撑时频率适当加密拆撑后立即进行
	5	底部隆起	精密水准仪	每次开挖后立即进行	2次/d	1次/d	1次/2d		开挖后立即进行或大断面采用中隔壁法或双侧壁导坑法施工拆撑时频率适当加密拆撑后立即进行
B类观测（选测）	1	土层位移	多点位移计	每30m～40m设1个量测面	2次/d	1次/d	1次/2d	1次/3d	
	2	格栅内衬主筋内力	钢筋计、频率仪	每30m～40m设1个量测面	2次/d	1次/d	1次/2d	1次/2～3d	
	3	围岩压力	压力盒传感器	每30m～40m设1个量测面	1次/d	1次/d	1次/2d	1次/2～3d	

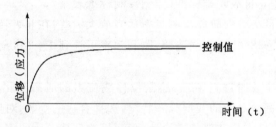

图 6—87　动态回归曲线示意图

为确保监测结果的质量，加快信息反馈速度，全部监测数据均由计算机管理，每次监测必须有监测结果，及时上报监测日报表，并按期向施工监理、设计单位提交监测月报，并附上相对应的测点位移或应力时态曲线图，对当月的施工情况进行评价并提出施工建议。

5．监控量测管理体系的保证措施

（1）针对本工程监测项目的特点建立专业组织机构，组成监控量测小组，成员由工程技术部和测量队人员组成。设组长1名，由具有丰富施工经验和较高结构分析和计算能力的技术人员担任，负责监测工作的组织计划，外协工作以及监测资料的质量审核。监控量测流程见图6—88。

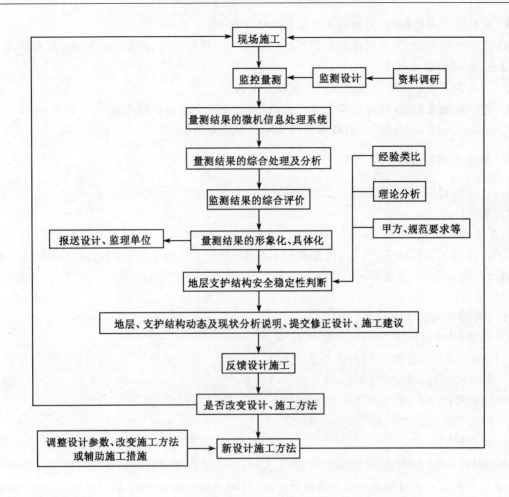

图 6－88　监控量测流程图

为保证量测数据的真实可靠及连续性,特制定以下各项质量保证措施:

1) 监测组与监理工程师密切配合工作,及时向监理工程师报告情况和问题,并提供有关切实可靠的数据记录。

2) 制定切实可行的监测实施方案和相应的测点埋设保护措施,并将其纳入工程的施工进度控制计划中。

3) 量测项目人员要相对固定,保证数据资料的连续性。

4) 量测仪器采用专人使用、专人保养、专人检校的管理。

5) 量测设备、元器件等在使用前均应经过检校,合格后方可使用。

6) 各监测项目在监测过程中必须严格遵守相应的实施细则。

7) 量测数据均要经现场检查,室内两级复核后方可上报。

8) 量测数据的存储、计算、管理均采用计算机系统进行。

9) 各量测项目从设备的管理、使用及资料的整理均设专人负责。

10) 针对施工各关键问题开展相应的 QC 小组活动,及时分析、反馈信息,指导施工。

(2) 量测数据发生突变的处理对策

施工过程中如发生量测数据突变:

1）立即停止开挖掘进，对掘进面采取加强支护措施。

2）立即上报项目部，由项目总工程师组织技术人员进行分析，制定相关措施，并将情况及时上报业主、监理和设计单位。

3）对突变发生地表道路和建筑物等实施 24h 监控。

4）如涉及地表安全，立即请相关部门协助，采取疏解交通等有效措施。

5）请业主组织设计、施工、监理等部门共同制定应对措施。

6.1.6 管理体系及措施

6.1.6.1 质量目标、质量管理体系及措施

1. 质量目标

（1）质量目标

分部、分项工程合格率 100％，优良率 95％以上，单位工程合格率 100％，优良率 100％，确保市级或部级优质工程，争创国优工程。

（2）质量目标分解

本工程分解的具体质量目标如下：

1）初期支护：合格率 100％，优良率 95％。

2）二次衬砌：合格率 100％，优良率 96％。

3）防排水工程：合格率 100％，优良率 96％。

4）明挖围护工程：合格率 100％，优良率 95％。

5）附属工程：合格率 100％，优良率 95％。

2. 质量管理体系

依据 ISO 9001 标准、公司管理手册、程序文件，建立健全本项目部质量管理体系并进行有效策划、运行和控制。项目部设立安全质检部，并设专职质检工程师，各工区设专职质检员，在施工过程中坚持工班自检、质检人员专检、监理工程师终检的方法，实施工程质量全员、全方位、全过程、全要素的管理，实行主要领导对工程质量终身负责制。编制项目质量计划，开展日常质量活动，并通过内部和外部质量审核，保证质量管理体系有效实施。

本项目的质量控制重点是：主体结构混凝土施工（含车站钢管柱、顶纵梁）、结构防水施工以及暗挖支护施工质量控制。

（1）质量管理体系 （略）

（2）质量职责

1）项目经理

①认真贯彻本单位质量方针，对质量管理体系在本工程有效实施负总责，建立并落实本单位质量责任制；

②对本工程最终达到符合设计，满足合同要求，符合验评标准和本项目的质量目标负责；

③配备足够的人力、物力资源，保证整个工程项目的质量符合要求；

④对上级管理评审意见负有在本单位贯彻、执行、落实、检查的责任；

⑤对项目全体员工质量教育和培训负责。

2）项目副经理

①贯彻实施质量管理体系，对项目部的工程质量、安全生产负直接领导责任；

②合理组织、协调施工力量，确保工程质量和工期；

③主持定期的安全、质量大检查,就安全、质量方面的问题同上级领导、业主、监理及地方主管部门接口协调。

3)项目总工程师

①是本项目技术工作的总负责人,对本工程的技术管理、新工艺、新材料、新设备的应用、技术规范、规程和作业指导书的正确使用等负全面技术责任;

②在项目经理领导下,具体负责质量管理,组织质量计划的编制、检查、督促质量体系文件的实施;

③负责本工程主要技术方案、施工方法的确定,确定本项目的特殊过程和关键过程,组织制定特殊过程控制措施,并确定作业指导书的编写分工和工艺标准、工法的引用;

④负责不合格品的控制以及纠正和预防措施的实施;

⑤负责掌握有关质量技术标准和办理变更设计等事宜。

4)质检工程师

①具体负责安全质检部日常质量检查工作;

②制定项目质量计划,并协助项目领导组织实施;

③收集、保管质量档案,参与质量体系文件和资料的控制,及时反馈各种质量信息,协助领导分析质量状况;

④经常深入现场,掌握质量动态,对不合格产品及时加以制止,提出纠正和预防措施,进行监督实施,并做好质量记录;

⑤组织开展质量培训工作,指导参加 QC 小组活动。

5)专家顾问组

①作为项目部的技术顾问,专家组负责对技术难题的选定和技术方案的咨询、科研与攻关,以指导施工;

②负责风井、风道、车站主体及过渡段、站后折返线以及穿越玉蜓立交桥、护城河、护城河桥、人行天桥等项目的施工方案、施工方法、施工工艺及措施。

6)工程技术部

①在总工程师领导下,负责项目部科技工作,编制实施性施工组织设计、质量计划、作业指导书或技术交底书,并组织实施;

②负责项目部技术指导、技术攻关,开展质量教育,保证各项质量管理活动的有效运行;

③负责施工过程控制的具体落实;

④负责制定产品的防护措施并予以实施,并负责工程的交付;

⑤制定工程质量服务技术保证措施,并予以实施;

⑥负责项目部仪器台账的建立,仪器的校准,保证测试结果的准确性、有效性。

7)安全质检部

①负责做好每道工序检查、签证和组织质量评审等工作;

②负责实施不合格品的纠正与预防措施;

③参加定期的安全、质量大检查及 QC 小组活动,对存在的问题提出整改措施;

④负责现场的安全工作的具体落实;

⑤负责本项目质量记录的保管和归档工作。

8)物资设备部

①负责物资采购、进货检验和试验、搬运、储存的检查、指导和监督;

②负责物资和设备采购计划的编制和实施工作;

③负责组织对供方的评价,制定合格供方名录;

④负责对采购的物资产品实施有效地控制;

⑤认真贯彻执行设备管理规定,负责现场施工机械设备的管理、使用、维修、保养等工作,确保设备完好率和利用率;

⑥组织设备人员培训,坚持持证上岗,确保机械设备的施工质量,满足工程要求;

⑦负责质量记录的收集、整理、归档和移交工作,并及时上报各类报表和资料。

9）计统合约部

①负责项目施工承包合同的修订、补充和管理;

②负责编制施工计划和年、季、月报表,并监督、检查进度计划的落实情况。

10）综合办公室

①负责文件和资料控制;

②负责培训工作;

③负责项目部日常管理;

④负责日常对外交往联系工作。

11）交通环保部

①负责施工期间与相关部门联系,做好交通疏解工作;

②负责施工期间工区的环境保护工作,并负责制定相关方案、措施。

12）施工工区

①对所承担工程的质量负责深入进行质量教育,使每个员工都理解本工程的质量要求;

②贯彻落实项目质量计划和作业指导书或技术交底书,严格按照设计图纸和有关施工技术规范,规程、标准及施工程序组织施工;

③支持有关检验、试验人员和技术人员做好施工过程中的检验和质量记录工作,确保施工管理工作标准化、科学化、程序化、文件化;

④建立和完善班组人员工作职责和工作范围,并亲自参与全员运作,确保质量管理体系运行的有效性、符合性;

⑤落实各项职责和制度,组织开展各项管理活动;

⑥发现质量问题应立即报告,并及时按规定要求实施纠正。

3. 质量活动的内容及要求

（略）

4. 施工质量控制程序

（1）施工计划控制程序

为了使施工过程有一个明确的导向,根据施工组织安排的总体布置。编制年度、季度、月计划,对工区班组编制旬计划。施工计划控制见图6-89。

（2）施工过程质量控制程序

具体程序如图6-90。

（3）竣工验收控制程序

竣工验收是工程项目建设的最后一个阶段,其具体程序如图6-91。

5. 质量保证措施

（1）组织保证

为加强对质量管理工作和创优活动的组织领导,成立以项目经理为组长,总工程师为副组长

的质量管理和创优领导小组,办公室设在安全质检部。工区成立以主管领导任组长的质量管理
与创优领导小组,并建立相应的组织,配齐质量管理人员。

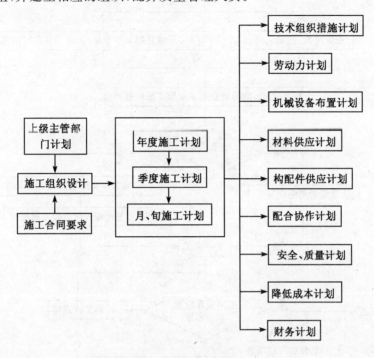

图 6—89　施工计划控制程序

（2）制度保证

1）工程质量责任制

实行工程质量终身负责制,建立层层负责的质量责任制,对所有施工项目明确领导责任人,
所有参与施工的有关负责人,按职责分工,承担相应的质量责任。

2）质量包保责任制

采取质量包保责任制,签订承包合同,将质量目标分解到每个人,使每个人的质量责任与经
济利益挂钩。

3）质检工程师监督制

设立专职质检工程师。以制度化管理确保现场质检工程师对工程质量检查监督的有效性;
同时以行政手段赋予质检工程师对工程质量实施奖惩权威性。项目部对工区的验工计价,必须
经监理、质检工程师签字,项目经理审批后,财务部才能支付。

4）优质优价计价制

合同项目,由项目部统一按投资的 1‰ 提取优质优价基金,凡被项目部评为优质项目的,将
提取的 1‰ 予以返还,否则不予返还。

5）质量教育培训制

根据本工程的施工特点、技术措施、质量要求等,充分利用一切机会,通过全面质量管理教
育,组织技术业务学习、岗前培训等形式,提高全员质量意识和技术素质。

6）QC 小组活动制

按贯标质量计划要求,在各工区成立一定数量的 QC 小组,并随工程进展开展活动。

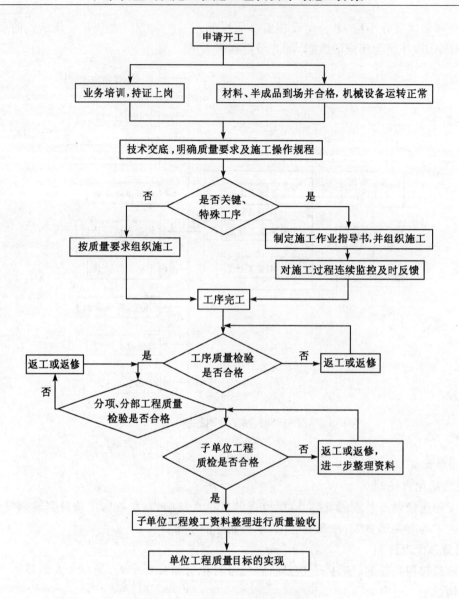

图 6-90　施工过程质量控制程序

7）质量检查制

施工期间,各工区必须严格建立各种检查制度,坚持定期和不定期的质量自查、自检、自评和抽查制度,并对检查结果予以真实记录,发现问题及时制定整改方案、措施,限期改正。

定期检查:项目部在每月末,由质量管理小组组织实施,各工区领导、质检工程师并邀请监理工程师参加。

不定期检查:主要对验工计价项目进行抽检。

8）建立与监理工程师联系制度

项目部、各工区的质检工程师为与监理工程师的联络员,及时听取监理工程师对本工程质量工作的意见,特别对监理提出的改进意见、措施应及时组织有关人员进行落实。

（3）技术保证

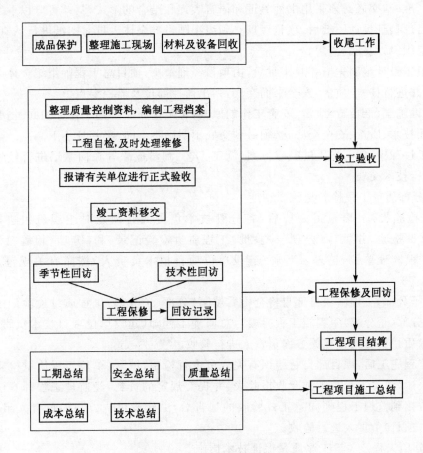

图 6—91　竣工验收控制程序图

　　本工程的技术管理除了按管理权限及工作内容进行详细的分解并落实到所有技术管理人员外,我们还将实行如下的管理制度:

　　1) 施工组织设计审批制度

　　①施工组织设计必须要有项目经理、主管施工生产的项目副经理、项目总工程师、项目部其他业务主管人员的签字。

　　②施工组织设计必须在开工前 15 天报项目总监理工程师审批并上报上级主管部门。

　　③施工组织设计必须经各级审批并按审批意见进行修改完善,并经业主批准后方可进行施工。

　　2) 技术复核,隐蔽工程验收制度

　　①技术复核应在施工组织设计中编制技术复核计划,明确复核内容、部位、复核人员及复核方法。

　　②技术复核结果应填写《分项/分部工程技术复核记录》作为施工资料归档。

　　③凡分项工程的施工结果被下道施工所覆盖,均应进行隐蔽工程检查验收并填写《隐蔽工程检查记录》,作为档案资料保存。

　　3) 技术、质量交底制度

　　技术、质量的交底制度是技术管理的一项基本工作,通过技术交底,使得技术工作传递信息

时,做到全面、准确,交底必须采用书面签证和语言表述相结合的形式,具体可分以下几种情况:

①当项目部接到设计图纸后,项目经理必须组织项目部全体人员对图纸进行认真学习,并联系业主尽快组织设计交底会。

②施工组织设计编制完毕并经审批后,由项目经理牵头,项目总工程师组织全体人员认真学习施工方案,并进行技术、质量、安全书面交底,列出监控部位及监控要点。

③本着"谁施工、谁负责"质量、安全工作的原则,各工区在安排施工任务的同时,必须对施工班组进行书面技术、质量、安全交底,必须做到交底不明确不上岗、不签证不上岗。

④在施工过程中,所有发生的技术方案、施工工艺、测量成果等在向基层进行信息传达的时候,都必须进行技术交底。

4) 分项分部质量工程检验与验收制度

①分项(检验批)工程施工完毕后,各分管技术负责人必须及时组织班组进行分项(检验批)工程质量检验,并填写《分项(检验批)工程质量检验记录》和《分项(检验批)工程施工报验表》报工程监理单位,监理工程师(建设单位项目技术负责人)按照有关规范、标准的规定进行验收。

②分部(子分部)工程由项目部自检合格后填写《分部(子分部)工程质量检验记录》,并向监理单位报送《分部(子分部)工程施工报验表》,总监理工程师(建设单位项目技术负责人)组织本项目部的技术质量负责人及有关方面负责人进行验收。

③单位工程完工后,项目部自行组织有关人员进行检验,填写《单位工程质量检验记录》,并向监理单位报送《单位工程竣工预验收报验表》并提交规定的资料,经监理工程师签认并同意验收。建设单位接到监理工程师同意正式验收的报告后,由建设单位(项目)负责人组织施工、设计、监理单位(项目)负责人进行验收。

6. 主要分项工程及关键工序质量保证技术措施

(1) 混凝土质量保证措施

混凝土质量的保证通过以下两种控制措施:

1) "混凝土浇灌令"制度

①混凝土浇筑必须严格执行签署施工准可令制度。

②工区负责填写"混凝土浇灌令"的填表送签工作。

③"混凝土浇灌令"的签发权限:

a. 大体积混凝土浇筑,500m³ 以上的混凝土浇筑,其浇灌令均由项目经理签发。

b. 30m³ 以上、500m³ 以下一般性结构混凝土浇筑,其浇灌令均由项目总工程师签发。

c. 30m³ 以下一般结构混凝土浇灌令由工区主管和工区技术主管签发。

④"混凝土浇灌令"申请签发的条件:

a. 模板的支撑系统按施工方案施工完毕;

b. 模板、钢筋及其支架质量符合规定,验收合格;

c. 技术复核,隐蔽工程验收、监理检查确认签证;

d. 施工范围内安全设施落实;

e. 施工机具准备就绪且能正常运转;

f. 材料、预拌混凝土联系准备完毕。

2) 混凝土工程质量过程控制

现场浇筑混凝土的来源主要是预拌混凝土,根据现场的供需计划签订供应合同,并制定详细的进场验收制度。

①配合比检验:根据工程特点、组成材料的质量、施工方法等因素,通过理论计算和试配来确定合理的配合比。

②为保证混凝土质量,在检验中,应控制混凝土的最大水泥用量、最小水泥用量。

③泵送混凝土的配合比应符合下列规定:

a. 碎石最大粒径与输送管内径之比,宜小于或等于 1:3,卵石宜小于或等于 1:2.5,通过 0.315mm 筛孔的砂应不小于 15%,砂率宜控制 40%~50%。

b. 混凝土坍落度宜为 8cm~18cm;

c. 混凝土内宜掺加适量的外加剂。

④计量的控制:混凝土的拌制根据配合比,对水泥、砂、石、水、外加剂严格计量,主要控制内容为:

a. 拌制混凝土时,必须设置磅秤,并定期校核磅秤的准确性。

b. 每盘过磅:防止磅秤虚设,或用体积比代替过磅。水泥、水、外加剂重量允许偏差±2%;粗细骨料允许偏差±3%。

c. 适时调整配合比:由于气候干湿的变化和气温高低的变化,应适时测定砂、石的含水率和调整施工配合比。

⑤拌制过程的控制:拌制混凝土必须采用机械拌和,另外必须控制拌合时间,通常情况下,利用强制式拌合机,拌合混凝土的时间不应小于 60s。

⑥混凝土的运输控制

a. 运输混凝土应采用搅拌运输车,容器应严密,内壁平整光洁;

b. 延续时间:混凝土自搅拌机出来到灌注完毕的时间应严格控制,在隧道内灌筑封顶混凝土时,必须保证输送工作区的混凝土不能离析,或者有凝固现象。

c. 泵送混凝土:泵送混凝土的供应必须保证混凝土泵能连续工作,混凝土泵受料斗内应充满混凝土,以防止吸入空气形成阻塞,混凝土泵允许中断时间不得超过 45min。

⑦混凝土浇筑过程的质量控制

a. 浇筑前的准备

对模板、支架、钢筋、预埋件、预留孔的位置逐一检查,并做好记录。

与混凝土直接接触的模板、地基基土、未风化的岩石,应清除淤泥和杂物,用水湿润,地基基土应有排水和防水措施,模板中的缝隙和孔洞应堵严。

混凝土的自由倾落高度不应超过 2m。

b. 浇筑过程中的控制

混凝土浇筑应分层连续进行,分层浇筑厚度,应根据工程结构特点,配筋情况,捣实方法而定,车站基础大体积混凝土浇筑时,要采取有效的质量保证措施。

c. 施工缝设置和继续浇筑

施工缝的位置宜留在结构受剪力较小且便于施工的部位。柱应留水平缝,梁、板、墙留垂直缝。其施工缝的具体位置应符合规定要求。

在施工缝处继续浇筑混凝土,应按规定对施工缝进行必要的防水处理和表面清除后进行。

⑧混凝土的养护控制:为使混凝土达到设计强度要求和防止收缩裂缝,对浇筑好的混凝土应进行养护。在混凝土浇筑完毕后,应在 12h 内加以覆盖和浇水,使混凝土保持足够的湿润状态。但在平均气温低于 5℃时,不得浇水,厚大体积混凝土的养护,在炎热气候条件下,还应采取降温

措施。

（2）结构防水技术措施

防水是地铁工程施工的一道最重要的工序之一，必须组织专业施工班组进行施工，并有技术人员专门负责，对防水材料进行认真验收，施工中严格施工管理，建立检查验收制度。

结构防渗漏重点抓好防水混凝土的施工工艺及防水层施做的施工工艺。

1）防水混凝土结构施工时，固定模板用的铁丝和螺栓不宜穿过防水混凝土结构。结构内部设置的各种钢筋以及绑扎铁丝，均不得接触模板。如固定模板用的螺栓必须穿过防水混凝土结构时，应采取止水措施，一般采用在螺栓或套管上加焊止水环，止水环必须满焊，环数应符合设计要求。

固定设备用的螺栓等预埋件，应在浇灌混凝土前埋入。如必须在混凝土中预留锚孔时，预留孔底部须保留至少 150mm 厚的混凝土。

2）施工缝位置不应留在剪力与弯矩最大处或底板与侧壁交接处，一般宜留在高出底板上表面不小于 200mm 的墙身上。墙体设有孔洞时，施工缝距孔边缘不宜小于 300mm。

3）防水混凝土凝结后，应立即进行养护，并充分保持湿润，养护时间不得少于 14d。

4）防水层施做时，要求基层必须牢固，无松动、起砂现象。同时基层表面应清洁干净。基层的阴阳角处，均应做成圆弧形或钝角。

5）防水层施做采用"无钉孔"铺设法，防水层接缝的搭接长度不少于 100mm，如果是焊接，应不少于 2 道焊缝。

6）防水层覆盖之前一定要进行严格的检查，是否有被损坏之处，发现破损及时修补，确保防水层的质量。

7）对已铺设的防水板，特别是一些接口、通道与隧道连接处先铺的防水板，要采取保护措施；防水板在施工过程中要严格保护，在其内、外侧设置保护层。

8）严格按图纸要求做好排水设施的施工。

（3）隐蔽工程的质量保证措施

由于隐蔽工程在施工完毕后，往往被下道工序所掩盖，如出现质量问题，不容易被发现，即使发现了问题，也难以治理，因此搞土建施工，确保隐蔽的质量是整个工程质量的重点，计划采取以下几种手段来保障隐蔽工程的质量。

1）实行严格的隐蔽工程检查验收制度

隐蔽工程在施工完成后，一定要通过严格的"三检"程序，直到监理工程师签字认可，才能进行下道工序的施工，否则要进行返工处理。

2）质量举报制度

在项目部驻地和施工现场，挂设质量举报箱，所有不按规范要求作业，尤其是在隐蔽工程的施工中弄虚作假的，经发现，人人都可举报。凡举报属实者，给举报人一定的物质及精神奖励。被举报的单位和有关责任人，将视情节严重程度，给予相应的处罚。

3）旁站制度

为了保证隐蔽工程的施工质量，在关键部位、关键工序和一些特殊工序实行技术人员旁站制度，例如钢筋的绑扎、防水板的铺设，大体积混凝土的浇筑、地面建筑物的加固等工序，都要求现场技术人员实行 24h 值班，进行旁站监督。

4）利用局域网，实行网上监视，拓宽管理视野

对于重要部位的隐蔽工程施工，除进行必要的旁站监督外，我们还可利用布置在工地上的摄

像头来采集信息,通过局域网进行网上监督,值班人员坐在调度室里就可以同时对工程的各个部位进行监视。对于违反作业规程的工序可以随时录下图像作为处理的证据。

5)实行质量终身制,建立单位工程质量卡片制度

根据"谁施工、谁负责"的原则,实行质量问题终身负责制所承建的每个单位工程,都建立质量卡片等可追溯记录。每个工程的项目负责人、技术负责人、质量负责人、安全负责人、工班长以及特殊作业工序的有关作业人员的名字,都登记在卡片上,并且随竣工文件一起存档。在交付使用以后,发生何种质量问题,可随时找到有关责任人。

6)实行无损检测

除了对隐蔽工程的施工加强质量监督外,我们还利用现代化的无损监测技术对重要部位进行检查。例如对隧道工程的衬砌厚度、配筋的检查,对车站主体结构混凝土的质量检查,对围护结构的桩体检查等,确保隐蔽工程的施工在各阶段均处于受控状态,从而保证隐蔽工程的施工质量。

(4)预埋件、预留孔的保证措施

1)认真研究图纸,对预埋件、预留孔作独立的施工组织设计

根据设计院提供的施工图纸及有关设备安装及装修标准,综合考虑预埋件和预留孔的有关特殊要求,单独进行编制详细的施工组织设计,并在设计图纸上进行重点标识,以便和其他工程配套施工。

2)指定专人负责,安排专业队伍

为了便于整个工程全部预埋件和预留孔的控制,项目部设专人负责,每个工区也指定专人负责,并且安排经验丰富的专业队伍来负责预埋件的安装与预留孔的布设。

3)严格技术交底

每次在预埋件或预留孔施工之前。技术人员要组织有关人员进行口头和书面的技术交底,把操作注意事项、监控点交代清楚,以便大家在工作时得心应手,少走弯路,保证施工一步到位、保证质量。

4)施工时,严格测量定位,确保位置准确

为保证预留孔、预埋件的位置准确,在测量定位时,一定要多测量几次,换手测量,互相校核,确保位置准确无误,并用牢靠的方式进行固定,防止在施工过程中发现移位。

5)加强检查

预埋件和预留孔在施工过程中,要加强检查,遇到问题及时处理,同时注意预埋件和预留孔部位混凝土的质量,确保振捣密实。

6)注意保护

预埋件和预留孔部位在拆模后,要注意保护,尤其是对预埋件露在外面的部分,要防止碰坏,必要时应采取其他特殊保护措施。

(5)成品保护措施

对已经施工完成的结构物,要采取必要的保护措施,防止受损,造成浪费,以保证结构物的质量和工程的工期。

1)加强养护,使成品尽快达到设计强度

2)加强覆盖,以免成品受损

对于暴露在外部的结构物,如条件允许的话,最好予以覆盖,以防邻近施工的其他工序污染成品结构件或操作不慎损坏成品。

3）设档保护

在工区周围施工人员较多，或行车密度较大的地方，尤其是拐角处，应设档进行保护，以防车辆违章驾驶或通视条件太差，造成对成品的破坏。

4）增设标识

在需要保护的成品周围，设立标识牌，提醒施工人员或其他外界车辆的注意，标识牌可以根据所要保护成品的特点，采用不同的颜色和标识符，但要简明易懂。

5）尽早回填、保护成品

对于明挖的主体结构完成后，具备回填条件时，应尽早安排回填。注意在回填时，首先通过监理工程师的签字认可；其次在回填时，注意对称回填，以防造成偏压，影响成品的稳定；另外，在成品未达到设计强度回填时，注意避免重载车辆在其上方通行。

6）建立责任区，落实到人，实行损坏赔偿制度

对已施工完成的结构物，根据施工场地的位置，来划分成品保护责任区，落实到责任人和班组，使大家都有责任来保护成品。同时实行损坏成品赔偿制度。如本责任区内的成品受到损坏，根据损坏的程度，除对有关损坏者进行处罚外，还对责任区内的有关人员予以处罚。

（6）暗挖、初支质量保证措施

1）暗挖段开挖前采用小导管注浆超前支护预加固地层。为了保证注浆质量，对超前注浆管进行定时抽查，注浆允许偏差见表 6—33。

表 6—33　　　　　　　　　　　注浆允许偏差

序号	项　　目	允许偏差	检验频率		检验方法
			范　围	点　数	
1	管长	±40mm	每20m	5	用钢尺量
2	排管间距	±15mm		5	用钢尺量
3	注浆量	±50ml		5	试验容器

2）暗挖段开挖采用人工配合机械开挖，接近开挖轮廓时，禁止用机械开挖而用人工修整从而控制超挖，同时还要控制开挖台阶间距。开挖允许偏差见表 6—34。

表 6—34　　　　　　　　　　　开挖允许偏差

序号	项　目	允许偏差	检验频率		检验方法
			范　围	点　数	
1	进尺间距	±50mm	每20m	5	用钢尺量
2	净空	+50mm，0		10	用钢尺量
3	台阶间距	+0，−1m		5	用钢尺量

3）钢格栅工程

①隧道开挖初期支护的钢格栅，其原材料必须符合设计要求和施工规范要求。

②加工厂加工的钢格栅应有出厂质量证明,现场加工格栅应分批进行验收,合格后方可用于施工。

③钢格栅用于工程前应进行试拼,架立应符合设计要求,连接螺栓必须拧紧,数量符合设计,节点板密贴对正,钢格栅连接应圆顺。其拼装及架设允许偏差分别见表 6－35、表 6－36。

表 6－35　　　　　　　　　　　　格栅试拼装允许偏差

序号	项　　目	允许偏差（mm）	检验方法
1	周边	±30	尺量
2	平面翘曲	20	尺量

表 6－36　　　　　　　　　　　　钢格栅架设允许偏差

序号	项　　目	允许偏差（mm）	检验频率	检验方法
1	中线	20	每榀格栅	用钢尺量
2	标高	＋20,0		水准仪
3	同步	±50		用钢尺量
4	环向闭合	±100		用钢尺量
5	垂直度	20		锤球、钢卷尺量

4）喷射混凝土

①所用材料的品种和质量必须符合设计要求和施工规范的规定,其中水泥需先进行复试符合有关规定后方可使用。

②喷射混凝土原材料配合比、计量、搅拌、喷射必须符合施工规范规定。

③喷射混凝土强度必须符合设计要求。

④对喷射混凝土的结构,不得出现脱落和露筋现象。

⑤仰拱基槽内不得有积水淤泥和虚土杂物、喷射混凝土结构不得夹泥夹渣,严禁出现夹层。

⑥钢格栅间喷射混凝土厚度应满足设计要求,无大的起伏凹凸,表面应平整圆顺。其允许偏差见表 6－37。

表 6－37　　　　　　　　　　　　喷射混凝土允许偏差

序号	项　　目	允许偏差	检验频率		检验方法
			范　围	点　数	
1	厚度	±30mm	每20m	5	钻孔量测
2	混凝土强度	符合设计要求		1组	查试验记录
3	平整度	≤1/6 矢跨比		10	用钢尺量
4	净空	＋30mm,0		2	测量仪器

6.1.6.2　文明施工、环境管理体系及措施

我单位在××市地铁工程文明施工的目标是:树样板工程,建标准化现场,争做文明职工,争创"××市文明施工样板工地"。

1. 文明施工保证措施

在地铁施工期间,将给靠近施工现场的沿线居民带来诸多不便。我们将发施工告示,取得沿线居民的支持和谅解,坚持文明施工。

(1)施工现场场地管理

施工现场的场地是企业文明施工的窗口,创造一个良好的施工环境是工程质量、安全、管理、施工进度的保证。

1)施工现场根据业主的要求及××市有关管理的规定设置围蔽设施。围蔽要整洁、美观、大方,根据情况可以设置必要的灯光、绿树进行美化。

2)本工程的施工围蔽采用两种形式即砖墙结构和专用金属结构,可根据工程的工期和施工场地的不同位置来选择。为防止施工区内污水外流及基础的牢固,内设排水明沟。

3)施工现场主要出入口都设置大门,大门设置要简朴、规整、密闭,非车辆进出时间应关闭,实行封闭施工。

4)对施工区内影响工程施工的市政管网和部分重要建筑物应采取保护措施,保护方法严格依照监理工程师批准的施工组织设计方案进行。

5)施工现场严格按照施工现场平面布置图定位设置,做到图物相符,同时根据工程进展,适时对施工现场进行整理和整顿,或进行必要的调整。

6)施工场区的临时便道要进行硬化,其厚度和强度应满足施工和行车需要,在生活区的周围也应进行地面硬化,施工场区的出入口都应设置冲洗槽,确保施工车辆不污染城市道路。施工便道畅通无阻,并经常洒水,防止尘土飞扬。

7)临时用房必须采取砖砌墙体或活动房墙体。屋顶采用防火材料铺盖,室内做到通风、光亮、无异味。各种材料的布置应符合防火安全和工地卫生的规定,修建前报消防及有关部门审批同意,入住前还要邀请有关部门验收。

8)施工现场要布置整齐的"五牌一图"。

9)施工现场设置连续、顺畅的排水系统,沟渠成网,经常检查,避免堵塞。施工及生活污水在流入城市管网前进行沉淀,净化处理,征得有关部门的同意并办理有关手续后方可排入。

10)现场建筑材料的堆放,要按照平面图上设定的位置进行堆放。散体材料如砂石料要砌池筑围堆放,杆料要立杆设栏堆放;块料要堆起交错叠放高度不得超过 1.6m,材料应码放整齐,做到横成排、竖成行。

11)施工现场必须做到挂牌施工和管理人员佩卡上岗。

(2)制度保证

1)积极开展现场文明施工达标活动,开展以创建文明工地为主要内容的思想教育工作。以醒目的标志封闭施工区域,并在区界挂醒目、整洁的环保标语和企业精神等标牌。

2)严格按规范施工,克服违章作业现象。

3)建立奖惩制度,对现场文明施工好的工区和个人实施奖励,对较差的工区和个人进行处罚。

4)积极与当地政府、环保等部门协作,共同抓好环保工作。

5)与当地政府和沿线群众广泛开展路地共建活动,尊重当地风俗习惯,积极推进两个文明建设。

6)根据文明施工要求,做好各类施工记录和原始资料,建立文明施工技术、管理档案。

7)办公室布置有关的施工图表。

8) 定期举行文明施工检查评比活动,发现问题及时整改,并做好记录。

2. 环境管理体系及措施

随着人类文明的发展,环境保护工作越来越受到全社会的普遍关注,搞好环境保护工作是我们施工企业义不容辞的责任。为此,我们根据国家、地方有关的环境法律、法规、ISO 14001 标准、公司管理手册、程序文件并结合本工程的特点建立健全环境管理体系。制定本项目的环境目标、指标;组织项目部进行与本工程有关的环境因素的识别和重要环境因素的评价。确定了重要环境因素(如噪声、振动、废水、粉尘、固体废弃物、城市生态等)。对本项目部环境管理体系进行有效策划、运行和控制,通过体系实施保证环境目标、指标的实现。

(1) 环境管理体系　(略)

本项目部成立环境保护领导小组。领导小组由项目副经理任组长,交通环保部长任副组长,各工区主管、业务主管为组员,负责抓好环境工作。

(2) 环境目标、指标　(略)

(3) 环境保护措施

1) 噪声

施工期间主要的噪声来源是施工机械等。采取的控制措施为:

①施工场界噪声按《建筑施工场界噪声限值》的要求执行。

②采取措施,保证在各施工阶段尽量选用低噪声的机械设备和工法。并且在满足施工要求的条件下,尽量选择低噪声的机具。

③在本区间特别是距居民较近的施工现场,对主要噪声源如空压机、铲车、卷扬机等采用有效的吸声、隔音材料施做封闭隔声或隔声屏,使其对居民的干扰降至规定标准。

④夜间施工经批准领取“夜间施工许可证”。

⑤噪声超标时一定采取措施,并按规定缴纳超标准排污费。对超标造成的危害,要对受此影响的组织和个人给予赔偿。

⑥确定施工场地合理布局、优化作业方案和运输方案,保证施工安排和场地布局考虑尽量减少施工对周围居民生活的影响,减小噪声的强度和敏感点受噪声干扰的时间。建立必要的噪声控制设施,如隔声屏障等,或将高噪声设备尽量放在隧道内。

⑦自备发电机时将做隔声处理,在有电力供应时不使用自备发电机。

2) 振动

产生振动的主要来源是施工机械等施工活动。采取的控制措施为:

①施工振动对环境的影响按《城市区域环境振动标准》的要求执行。

②根据敏感点的位置和保护要求选择施工方法,最大限度地减少对周边的影响。

③对本工程施工有可能会对地层产生扰动,引起建筑变形或沉陷。对邻近建筑物要事先详查、做好记录,对可能的危害采取加固等预防措施。

④其余控制措施与“噪声”基本相同。

3) 水污染

施工期间的水污染来源主要是施工泥浆水、车辆冲洗水、施工人员生活污水、雨季地表径流等。采取的控制措施:

①废水排入城市下水道,悬浮物执行《污水综合排放标准》中的三级标准 400mg/l;废水排入自然水体,悬浮物执行《污水综合排放标准》中的二级标准 150mg/l。

②根据不同施工地区排水网的走向和过载能力,选择合适的排口位置和排放方式。

③施工单位要在工程开工前完成工地排水和废水处理设施的建设,并保证工地排水和废水处理设施在整个施工过程的有效性,做到现场无积水、排水不外溢、不堵塞、水质达标。

④回填土堆放场、泥浆水产生处设置沉淀池,沉淀池的大小根据排水量和所需沉淀时间确定。

⑤生活污水的主要污染物都是易生物降解的有机物,考虑到施工期间的生产与管理的条件,故选择较易操作控制的以生物接触氧化为主体的处理工艺,具体工艺流程见图6—92。

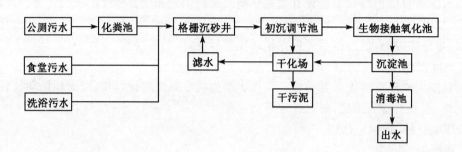

图6—92　污水处理工艺流程图

⑥生产废水包括施工机械设备清洗的含油废水、洗车槽污水和混凝土养护冲洗水、砂石料冲洗与开挖土石方排水。含油废水和含砂、石废水分别进行处理,含油废水用隔油池去油污,含砂、石废水则由沉淀池将其中固体物料沉淀,严禁任意排放。

进行水沉淀处理措施为:施工场地的生产废水,经过滤网过滤,通过污水管输入池中沉淀,并做除油处理。经业主和环保部门认可后排放。

⑦在季节环保措施中制定有效的雨季排水措施;钻孔桩等的施工现场配备有效的废浆处理设备。

⑧根据施工实际,考虑××市降雨特征,制定雨季、特别是暴雨期,避免废水无组织排放、外溢、堵塞城市下水道等污染事故发生的排水应急响应工作方案,并在需要时实施。

⑨施工现场设置专用油漆料库,库房地面做防渗漏处理,储存、使用、保管专人负责,防止油料"跑、冒、滴、漏",污染土壤、水体。

4) 大气污染

大气的主要污染来源有:运输、开挖、燃油机械等。采取的控制措施:

①对易产生粉尘、扬尘的作业面和装卸、运输过程,制定操作规程和洒水降尘制度,在旱季和大风天气适当洒水,保持湿度。

②合理组织施工、优化工地布局,使产生扬尘的作业、运输尽量避开敏感点和敏感时段(室外多人群活动的时候)。

③工程使用预拌混凝土。

④水泥等易飞扬细颗粒散体物料应尽量安排库内存放,堆土场、散装物料露天堆放场要压实、覆盖。

⑤车辆出场须经洗车槽冲洗后方能出场。

⑥拆除构筑物时要有防尘遮挡,在旱季适量洒水。

⑦使用清洁能源,炉灶符合烟尘排放规定。

5) 固体废弃物

固体废弃物的主要来源是工程弃土、建筑废料，会对城市环境卫生造成影响。采取的控制措施：

①减少回填土方的堆放时间和堆放量，堆土场周围加护墙护板。

②制定泥浆和废渣的处理、处置方案，按照法规要求选择有资质的运输单位，及时清运施工弃土和淤泥渣土，建立登记制度，防止中途倾倒事件发生。

③选择对外环境干扰小的出土口，运土车辆严禁多装、超载，并有专人管理，需由棚布覆盖后方能上路，防止运输途中撒落。

④剩余料具、包装及时回收、清退。对可再利用的废弃物尽量回收利用。各类垃圾及时清扫、清运，不得随意倾倒，尽量做到每班清扫、每日清运。

⑤保证回填土的质量，不得将有毒有害物质和其他工地废料、垃圾用于回填。

⑥施工现场内无废弃砂浆和混凝土，运输道路和操作面落地料及时清运，砂浆、混凝土倒运时应采取防撒落措施。

⑦教育施工人员养成良好的卫生习惯，不随地乱丢垃圾、杂物，保持工作和生活环境的整洁。

6）城市生态

①对城市绿化，在施工范围内严格按有关法规执行。临时占用绿地要报批、交费并及时恢复；砍伐或迁移树木要报批并交费，不得随意修剪树木；古树、名木按要求进行特殊保护。

②对地上和地下的文物要防震、防毁和避让，不污染和破坏文物，不危及文物安全。发现地下文物，应保护现场，及时报告。

③在施工前做好各类市政管线的调查，施工中做好防护，防止施工破坏管线。市政管线的迁移和保护按法规要求进行，履行报批手续并付费。同时采取措施并建立应急程序、做好应急准备，避免停水、停电等事故的发生，一旦发生事故可及时响应。

④施工照明灯的悬挂高度和方向要考虑不影响居民夜间休息。

⑤在施工策划时考虑减少施工占地的措施和方法。

⑥严格履行各类用地手续，按划定的施工场地组织施工，不乱占地、不多占地。

⑦在招标文件中明确施工场地的恢复要求和具体的实施时间表，保证施工结束后及时撤场、尽快恢复。

⑧在施工场地周围出安民告示，以求得附近居民的理解和配合。

⑨在施工工地场界处设实体围栏，不得在围栏外堆放物料、废料。

6.1.6.3　职业健康安全管理体系及措施

1. 职业健康安全管理体系

为控制影响工作场所内员工、临时工作人员、合同方人员、访问者和其他有关部门人员健康和安全的条件和因素。考虑和避免因使用不当对使用者造成的健康和安全的危害。本项目部依据 GB/T 28001—2001 标准、公司管理手册、程序文件建立健全本项目部的职业健康安全管理体系。设专职安全长，严格各项制度、系统管理，保证令行禁止。

（1）职业健康安全管理体系　（略）。

（2）安全目标

杜绝职工因工死亡事故和安全等级事故，年负伤率、重伤率分别控制在 5‰ 和 0.6‰ 以内，争创安全生产先进单位。

（3）安全保证措施

1）组织保证

成立安全领导小组,由项目经理任组长,副经理、安全长任副组长,组员由各有关部门组成;工区成立相应组织,设专职安全员,工班设兼职安全员,负责各项安全工作的落实,做到有组织、有计划地进行预测,预防事故的发生。

2)制度保证

①安全生产责任制

根据施工单位法人代表负总责,各级管理和技术人员负相应法律责任的规定,全面建立并实行责任终身制和安全逐级负责制。把安全责任目标层层分解,横向到职能部门,纵向到各级领导和每个职工,并逐级签订安全责任状。

②安全技术交底制

针对本工程交通运输和人身安全风险大等特点,在每一工程开工前,均应做好详细的安全施工方案和安全技术措施,每道工序及时做好安全技术操作规程交底。

③安全教育制度

加强全员的安全教育,使广大职工牢固树立"安全第一,预防为主"的意识,克服麻痹思想,组织职工有针对性地学习有关安全方面的规章制度和安全生产知识,做到思想上重视,生产上严格执行操作规程。对特殊工种和对施工安全有特殊影响的作业人员,必须经专门安全操作技术培训,考试合格后方可持证上岗。各级各部门要经常进行有针对性的安全教育,使全体人员牢固树立"安全第一"的观念和提高自我保护能力。做到"三不伤害"(即我不伤害我自己,我不伤害别人,我不被别人伤害)。

④安全检查制度

坚持经常检查和定期检查相结合的形式,及时发现事故隐患,堵塞安全漏洞。项目部组织月检查,工区、工班经常检查和职工相互监督。坚持以自查为主,互查为辅,边查边改的原则,主要查组织落实、制度落实、人员落实、安全隐患和现场施工安全管理。定期召开安全例会,分析安全生产形势,研究改进措施。

⑤施工现场安全管理制度

施工驻地布置符合安全规定,施工现场组织有条不紊。机械设备定期检查、保养、维修,并保证安全装置完备、灵敏、可靠。施工用电必须符合用电安全规程,施工现场电力线与其所经过的建筑物或工作地点保持安全距离,同时加大电线的安全系数。各种电动设备,必须有可靠的接地和防雷装置,严禁非专业人员动用。火工材料要有专人负责管理,严格领发、清退手续。

⑥安全员跟班作业制度

安全人员要佩戴"安全员"标志,只要现场有施工就必须有安全员在场,认真贯彻岗位责任制,查出问题及时报告、及时处理。

⑦安全警示制度

禁止进入危险场所的措施,要用适当的警示等表示,使有关人员遵守。凡进入施工现场,必须戴安全帽,严禁穿拖鞋、光脚,且服从值班员指挥,遵守各项安全生产管理规定。

⑧落实事故处理报告制度

发生事故必须及时报告,及时处理,坚持"三不放过"的原则,即事故原因分析不清不放过,事故的责任者和群众没受到教育不放过,事故的责任者不得到严肃处理不放过。同时要找出事故原因,总结教训,制定出切实可行的防范措施。

3)技术保证

①施工现场

a. 各个工区分别设安全员,各班作业都要有安全员跟班作业,以确保隧道施工安全。

b. 严格按施工组织设计施工,优化具体施工方案。特别对重点地质问题的施工方案、安全措施、制度等进行优化比选。

c. 建立配套的监测系统。加强监控量测工作,做到项项段段有记录、有分析、有结论、有专人管理。始终把安全置于受控状态。

d. 加强检查。重点检查掌子面及未衬砌地段;观察出水量情况,防止突涌水发生。支护地段的锚杆是否被拉断;喷射混凝土是否产生裂隙剥离和剪切破坏;隧道是否有底鼓现象等。还应注意围岩的稳定性,当围岩变形无明显减缓或喷射混凝土层产生较大剪切破坏,应停止开挖,及时采取辅助措施加固围岩以确保安全。

e. 重视竖井及车站出入口施工,保证洞内安全和周围建筑物安全。

f. 锚杆(管)施工。要严格按设计打眼,保证设计长度、锚固力,防止锚杆脱落导致人身伤亡事故,应指定专人定期检查锚杆的抗拔力。

g. 喷射混凝土。在喷射前,同时要有专人仔细检查管路、接头等,防止喷射时因软管损坏、接头断开等引起事故。

h. 加强区间隧道及暗挖车站洞内有轨运输的安全控制工作,设专职调度员统一协调。

②交通安全

本标段位于××市区,交通繁忙,抓好交通安全相当重要。因此,我们应积极与有关交管、城管等部门进行协商,共同抓好交通安全。

a. 认真调查当地的气象、汛期及车辆的运营情况,制定可行的安全保护措施。

b. 对交通运输车辆定期进行检修,保证交通运输车辆状况、性能良好,雾天行驶时宜缓行,信号明显。

c. 施工现场及施工与交通相干扰地段,设标语、标志牌。

d. 部分地段进行交通疏解。

③高空作业安全措施

a. 搭设脚手架使用的材料必须牢固耐用,绑扎结实。立杆和横杆大小、间隔根据材料和施工规定。脚手板之间不能有超过 3cm 的空隙,并注意采取防滑措施。

b. 用于垂直运输的提升架,必须经专业部门检测合格,并由专人进行搭设,按规定设置缆风绳,塔架地脚螺栓、缆风绳地锚要牢固。

c. 运送人员和物件的各种升降设备应有可靠的安全装置,严禁人员乘坐运送物件的吊篮。

d. 高空作业必须设置安全网,作业人员必须系好安全带、戴好安全帽,架子工必须身挂保险绳。

e. 从事高空作业的人员要定期或随时体检,发现有不宜登高的病症(如高血压、心血管病等),不得从事高空作业。

④施工机械作业安全措施

所有施工设备和机具使用时必须由专职人员负责进行检查和维修,确保状况良好。各技术工种必须经过培训考核取得合格证,方可持证上岗操作,杜绝违章作业。大型机器的保险、限位装置、防护指示器等必须齐全可靠。

a. 驾驶、指挥人员必须持证上岗,必须按规程要求进行操作,并做好作业记录。

b. 各类安全(包括制动)装置的防护罩、盖等要齐全可靠。

c. 机械与输电线路(垂直、水平方向)须按规定保持距离。

d. 作业时,机械停放稳固,臂杆幅度指示器灵敏可靠。

e. 电缆线绝缘良好,不得有接头,不得乱拖乱拉。

f. 各类机械配挂技术性能牌和上岗操作人员名单牌。

g. 必须严格定期保养制度,做好操作前、操作中和操作后设备的清洁润滑、坚固、调整和防腐工作。严禁机械设备超负荷使用、带病运转和在作业运转中进行维修。

h. 机械设备夜间作业必须有充足的照明,夜间施工现场要有良好的照明设备。

i. 冬、雨季车辆行驶时要防冻、防滑。

j. 区间、车站施工土石方数量大且夜间集中运输,机械、车辆较多,在施工中要做好统筹安排及平面规划,进、出场道路分离,统一调度指挥。

⑤用电作业安全措施

a. 现场照明:照明电线绝缘良好,导线不得随地拖拉或绑在脚手架上。照明灯具的金属外壳必须接零。室外照明灯具距地面不低于 3m,室内距地面不低于 2.4m。

b. 配电箱、开关箱:使用 BD 型标准电箱,电箱内开关电器必须完整无损,接线正确,电箱内设置漏电保护器,选用合理的额定漏电动作电流进行分级匹配。配电箱设总熔丝、分开关,动力和照明分别设置。金属外壳电箱作接地或接零保护。开关箱与用电设备实行一机一闸保险。同一移动开关箱严禁有 380V 和 220V 两种电压等级。

c. 架空线:架空线必须设在专用电杆(水泥杆、木杆)上,严禁架设在树或脚手架上,架空线装设横担和绝缘子。架空线离地 4m 以上,离机动车道 6m 以上。

d. 接地接零:接地采用角钢、圆钢或钢管,其截面不小于 $48mm^2$,一组两根,接地间距不小于 2.5m,接地符合规定。电杆转角杆、终端杆及总箱、分配电箱必须有重复接地。

e. 用电管理:安装、维修或拆除临时用电工程,必须由电工完成,电工必须持证上岗,实行定期检查制度,并做好检查记录。

⑥防洪安全措施

a. 针对本工程实际情况,汛期施工要立足于"防"字,坚持"防重于抢"的方针,要在大汛期来临之前,对防洪组织机构、动员教育、措施落实、抢险预案进行全面检查,把防洪所需的资金、设备、物资、人员重点作出安排并予以保证。检查中发现问题或隐患,必须立即采取措施进行整改。

b. 施工过程中要加强与地方气象部门的联系,及时获取准确的水情,确保防洪工作的主动权。

c. 加强竖井口防洪措施,竖井锁口圈要高出地面 50cm,防止水流入竖井。

d. 临时设施布置时,严禁将设备、物资等随意堆放,特别是临时住地要加强防范,重点对待,必须确保安全。

e. 施工弃土(渣)要严格按设计要求进行,以免影响泄洪。

2. 消防措施

(1) 加强领导,建立项目部、工区、班组三级防火责任制,明确职责。

(2) 加强对职工的防火教育,根除麻痹大意及侥幸心理。

(3) 与当地政府、消防部门及附近的居民加强联系,群策群力,共同防火。

(4) 重点部位(如仓库、木工间)配置相应消防器材,一般部位(如宿舍、食堂)设常规消防器材。

(5) 施工现场用电,严格执行有关规定,加强电源管理,防止发生电器火灾。

(6) 焊、割作业点与氧气瓶、乙炔气瓶等危险物品的距离不得少于 10m,与易燃易爆物品的距离不得少于 30m。

（7）严格按有关规定安装线路及设备，用电设备都要安装地线，不合格的电气器材严禁使用。库房、油库严禁烟火，油库要安装避雷装置，备足防火器材。

（8）在大风季节，应提高警惕，施工区杜绝明火。

（9）设专职巡视员，对整个标段进行巡逻，做好记录，发现问题及时解决，杜绝火灾的发生。

3. 保卫工作的计划安排及措施

（1）综合办公室具体负责与地方公安等部门联系，加强保卫工作。

（2）施工现场设安全监督岗，实行 24h 站岗值班，搞好交接，做好记录。

（3）施工人员佩戴工作卡。卡上有本人照片、姓名、单位、工种或职务，管理人员和作业人员的卡应分颜色区别。

（4）进入施工现场的人员一律要戴安全帽，遵守现场的各项规章制度。

（5）建立来访制度，不准留宿家属及闲杂人员。

（6）经常对工人进行法纪和文明教育，严禁在施工现场打架斗殴及进行黄、赌、毒等非法活动。

4. 健康保障措施

（1）明确施工现场各区域的卫生责任人。

（2）建筑垃圾必须集中堆放并随时清理，当天运走；不用的料具和机械应及时清退出场，保持场内整洁。

（3）生活区内设置垃圾容器，不得将垃圾及杂物乱丢乱弃。生活区内水沟应派专人定时清扫，确保畅通。路面整洁、无黑污及异臭味。

（4）现场设茶水亭和茶水桶，并做到有盖、加锁和有标志。夏季施工应有防暑降温措施。

（5）现场应落实各项除"四害"措施，严格控制"四害"滋生。

（6）生活区内根据人员情况，设置厕所及淋浴室，并在距离食堂 30m 外设置。厕所应设有盖化粪池，大小便池应有冲洗设备。厕所及淋浴室墙壁贴 1.5m 高白瓷片，便沟底及两侧贴白瓷片，厕台铺贴马赛克等材料和脚踏砖。墙面、天花板刷白。地面水泥砂浆找平。厕所应有专人一日数次定期清洗，保证无臭味。

（7）食堂必须申领卫生许可证，并应符合卫生标准，生、熟食操作时应有防蝇间或防蝇罩。禁止使用非食用塑料制品作熟食容器，炊事员和茶水工需持有效的健康证明上岗。

（8）食堂灶台、洗涤台、案板台、售饭窗口内外窗台应表贴瓷片，厨房墙壁贴 1.5m 高白瓷片，并经常保持清洁，厨房人员均穿白工作服、戴白工作帽和口罩。

（9）工地上设医务室，配备保健医药箱。并负责工地上的卫生宣传及传染病防治工作。

5. 突发事故的防范措施

为了预防本工程突发事件的发生，减少财产及经济损失，以及使某些不可抗拒的事件发生后，能够有充分的技术措施和抢险物资的储备，使损失减少到最低限度，特编制本款内容，以便在施工组织时遵照执行。

（1）对地表沉降的预防及处理措施

针对本区段地质情况，在竖井、施工通道、区间隧道及车站开挖过程中，将采取以下措施控制沉降：

1）建立沿线的地面沉降观测点，在隧道开挖前取得初始数据，并将所有的监测点清晰地标在线路平面图上。

2）在隧道开挖时对量测结果进行整理，以获得开挖参数与沉降点的关系，以便在施工中调整各项参数。

3）在开挖过程中，必要时对地面建筑物进行加固处理，运用优化施工参数的方法，进一步控制地面沉降曲线的特性指标，满足环境保护要求。

4）地面沉降变化值较大时，加密观测和主要人员现场值班是非常重要的。

5）建立严格的沉降量测控制网络，及时定期进行监测，以掌握隧道施工时和建成后对周围环境及对隧道结构本身的影响，以备必要时采取措施来确保区间的安全运行和减少对周围环境的影响。

6）加强初期支护施工质量，必要时增加支护措施。

（2）对管线的预防及处理措施

1）严格按照施工组织设计确保管线路不断、不裂、不渗漏水。

2）根据监测结果及时反馈，指导施工。

（3）对隧道塌方的预防及处理措施

1）隧道开挖必须制定切实可行的施工方案和安全措施，根据"管超前、严注浆、短开挖、强支护、勤量测、紧衬砌"的施工原则，对不同施工段，采取不同施工方法。

2）采用探孔对地质情况或水文情况进行探察，定期不定期的观察洞内围岩受力及变形状态，及时发现塌方的可能性及征兆，及时制定应对措施。

3）加强初期支护，预防塌方。开挖出工作面后，及时进行锚喷支护，防止局部坍塌，提高隧道围岩的整体稳定性。

4）由各工班抽调精明强干的工人成立抢险小组，项目经理任组长，提前做好教育工作和培训工作。熟悉抢险程序，一旦隧道发生塌方，迅速、果断、有条不紊地进行解决和处理，详细观测塌方范围、形状、塌穴的地质构造，查明塌方发生的原因和地下水活动情况，认真分析，制定处理方案，并及时迅速处理。

5）材料准备：在现场准备一定数量的编织袋、工字钢、方木等。

6）若塌方较严重，可能会危及到洞室的稳定，立即用方木或工字钢将洞室支撑起来，拱部用方木做扇形支撑架，加强监控量测，待结构稳定后，用喷锚回填处理并预留注浆管，注浆加固。若塌方较轻，清理干净后，回填注浆加固。

（4）对停电的预防及处理措施

本工程施工工期较长，如不注意，施工过程中出现停电是可能的，因此，在工地上配置发电机，一旦停电立即启动发电机临时供电。加强施工现场用电线路检查和维护，对老化的电线路及时更换，确保不因施工线路问题导致停电。现场配电房、配电箱均设置遮雨设备。

6.1.6.4 冬、雨季施工措施

××市地区地处中纬度欧亚大陆东侧，属暖温带半湿润——半干旱季风气候，夏季比较炎热，冬季比较寒冷，近 10 年平均气温为 12.5℃～13.7℃。多年平均降水量 568.3mm，6～8 月降水占全年的 80％以上。××市冻结线深度为 0.8m。

1. 冬季施工质量保证措施

××市地区极端最低气温−15℃，对隧道外工作有影响，施工质量保证措施如下：

（1）冬季施工应按工程进展情况编制实施细则，施工资料应认真记录，及时回收妥善整理归档。

（2）现场作业时，道路和高空作业要注意防滑。

（3）在冬季施工前，现场水管必须全部做好保温工作，水平管入地下 0.8m 以下，立管用保温材料包裹。

（4）汽车、翻斗车、吊机加好防冻液，不用或停滞的土方工程机械水箱内的水必须放掉。搅拌机抽水泵必须抽空，橡皮管内有水也应全部放掉，并将其存放好。

（5）砂、石料中不得夹有冰块、积雪。混凝土和砂浆搅拌出料后，应尽量减少运输过程，缩短混凝土从出料到入模的时间，控制混凝土入模温度在 10℃ 以上。

（6）混凝土施工时，按规范要求进行，严格控制混凝土的水灰比和坍落度。

（7）合理选择放置搅拌机的地点，缩短运距，选择最佳运输路线，缩短运输时间。

（8）减少装卸次数并合理组织装入、运输和卸出混凝土的工作，防止混凝土的热量散失。

（9）混凝土浇筑完毕后，用草帘或篷布覆盖，以防受冻。当气温降至 -2℃ 以下时模板处必须覆盖草帘。

2. 雨季施工质量保证措施

（1）雨季施工的管理目标

1）雨季施工主要以预防为主，采用防雨措施及加强截、排水手段，确保雨季正常的施工生产，不受季节性气候的影响。

2）雨季的重点放在出入口明挖深基础工程施工和混凝土的灌筑，对基坑施工中易出现的土方塌陷、护坡塌方、桩孔灌水等要采取有效措施，做到大雨后能立即复工。

3）加强信息反馈，确保施工安全。

（2）雨季施工的准备工作

1）技术准备：工程技术部编制雨季施工组织设计，对于在雨季施工的工程要做到技术上可行，工艺上先进，安全有保障，工期不延误。要明确雨季施工的技术、质量监控点。对施工中可能发生的问题或灾害要有充分的对策，不至于对工程造成较大的损失。

2）组织的准备：项目部成立抗洪领导小组，同时成立抗洪突击队。抗洪领导小组的组长由项目经理担任，副组长由副经理担任，组员要有各业务部门、施工队伍的主管参加。抗洪突击队的队员要挑选年轻力壮、责任心强、勇于吃苦的同志参加。要做到"来之能战，战之能胜"。

3）施工场地的布置：对施工现场及构件生产基地应根据地形对场地排水系统进行疏通，以保证水流畅通，不积水，并要防止四邻地区地面水倒流进入场内。场地内的施工便道要进行硬化，并做好路拱。道路两旁要做好排水沟，保证雨后通行不陷。

4）物资准备：雨季施工所需要的各种物资、材料都要有一定的库存量，尤其是一些外加剂、水泥库要做好保管与防潮工作。确保雨季的物资供应。同时还应储备一些必要的抗洪抢险物资，例如编织袋、防雨棚、彩条布、铁锹及必要的雨具，一旦哪里有危险，可立即组织抢险。另外，还要了解掌握本市有关抗洪抢险物资的供应商的联系电话，以便于应急联系使用。

5）机械、机具的准备：在雨季来临之前，对机电设备的电闸箱要采取防雨、防潮等措施，并应安装接地保护装置。对竖井提架附近要安装避雷针。同时要备足抗洪用的抽水机、泥浆泵，加强井点降水等设备的检查。

6）大小型临时设施的检修及停工维护

①临时设施检修：对现场临时设施，如职工宿舍、办公室、食堂、仓库等应进行全面检查，对危险建筑物应进行全面翻修加固或拆除。

②对停工工程要进行检查并做好维护，对竖井井口、车站出入口，在雨季施工期间加以遮盖，防止雨水灌入。

③对一般不列入雨季施工的工程,力争雨季到来前完成到一定部位,同时也考虑防雨措施。

(3) 主要管理措施

1) 基坑开挖:车站出入口的深基坑应防止雨水浸泡后而造成塌方,桩基塌孔、槽底淤泥等。

①深基坑边要设挡水埝,坑内增设集水井并配足水泵。坡道部分应备有临时截水措施(草袋挡水)。

②对围护结构局部渗漏水处要进行加固处理,防止加剧变形造成坍塌。

③钻孔桩完成钻孔后,应做到当日灌好混凝土。基底四周要挖排水沟。

2) 混凝土工程

混凝土工程在雨季施工时易造成坍落度偏大,以及雨后模板及钢筋接茬淤泥太多,影响混凝土质量,大体积混凝土由于措施不当,降温不好,易形成混凝土收缩裂缝。

①混凝土开盘前根据砂、石含水率调整施工配合比,适当减少加水量。

②雨后应将模板及钢筋上的淤泥积水清除掉。

③大体积混凝土施工应采取综合措施,如掺外加剂、控制每立方水泥用量、选择合理砂率,加强水封养护等。

3) 隧道工程:隧道工程在雨季施工时,主要考虑地层被雨水长期浸泡,承载力降低,掌子面自稳时间减小,洞内渗水量增大等。所以在组织施工时,要加强掌子面的支护,缩短开挖进尺,加大洞内排水。

4) 加强监控量测:在雨季施工期间,要加大监控量测的监测频率,对重要部位施工时,要做到 24h 监测,及时反映雨季对施工的影响,确保雨季施工安全。

6.1.6.5　与建设、监理、设计及其他单位的配合

1. 与建设单位的配合

加强与业主的联系,密切配合,理解、贯彻业主意图,满足合同要求。工程施工期间,坚决服从业主统一协调和有关指令。

(1) 进场后尽快与建设单位取得联系,熟悉业主管理部门人员和工作权限,项目部各部室迅速与建设单位对口部门建立工作关系,展开施工前期准备。

(2) 根据合同要求,配合搞好建设单位安排的各项任务。

(3) 对业主提出的书面、口头要求和指令负责解决落实并做好记录,并将处理结果及时反馈给业主。

(4) 对需要建设单位协助解决的问题以书面形式提出,确保工程正常运行。

(5) 对工程接口界面,服从业主的统一协调并认真执行接口工作的有关指令。

2. 与监理单位的配合

加强同监理单位的配合,对于保证工程质量有着重要作用。项目部各业务部门及工区技术部门作为同监理联系的单位,主动征求其意见,最大程度满足监理的要求。

(1) 尽快与监理部门取得联系,尽早将施工计划、方案报监理部门,争取早日批复,尽快开工。

(2) 服从监理工程师的统一指挥,以大局为重,在监理工程师的统一协调和指挥下,实现与相邻承包商的密切配合,确保顺利完成工程项目的施工。

3. 与设计单位的配合

加强同设计单位的配合,对于理解设计意图、严格执行设计文件有着不可替代的作用。

(1) 根据工程进展,邀请设计单位到现场指导工作;制定重大方案,邀请设计单位予以指导

或审定;对于监控量测信息,及时与设计人员沟通,便于及时调整设计,保证工程安全、质量。

(2) 进场后组织有关技术人员认真学习设计文件,充分领会设计意图,并将图纸中不清楚的地方以书面形式提交设计单位,积极组织技术人员参加技术交底会,确保设计意图在施工中顺利贯彻。

(3) 与设计单位加强联系,积极协助设计单位做好施工中的信息反馈工作,为优化设计提供原始资料,确保工程质量与工程安全。

(4) 当现场施工情况与设计情况不符时,及时向设计单位提出变更申请,以确保工程的顺利进行。

4. 与降排水作业队的配合

地质及水文地质条件决定了施工降水是暗挖及竖井施工的前提,特别是区间隧道穿越南护城河段,必须保证降水效果和时间要求,即暗挖至该处时降水必须达到预期效果。

该项工作如由业主指定单位予以实施,期间请业主协调,我们将全力配合,确保暗挖隧道施工安全进行。

5. 与××市有关部门的配合

本标段施工位于××市区内,与××市政府各职能部门加强联系和沟通,他们将指导我们做好建(构)筑物、管线保护、交通疏导、环境保护以及其他施工协调工作,对于我们工程的顺利实施将起到积极的推动作用。

(1) 与当地交管部门取得联系,将现场交通情况了解清楚,并将施工交通导流方案报审,取得交管部门同意后共同进行交通疏导。

(2) 与当地市政部门取得联系,共同调查、商讨管线改移事宜。

(3) 与当地银行、税务部门、民政部门、公安部门联系,尽快办理信贷、税务和人员暂住证、临时户口等事宜,为项目部施工队尽早进场做好准备。

(4) 积极配合各有关单位的专项活动。

(5) 经常进行信息沟通,取得各部门的理解和支持。

第7章 市政基础设施工程施工方案实例

7.1　道路螺旋桥工程预应力施工方案

××市××路螺旋桥工程

预 应 力 施 工 方 案

编制人：

审批人：

编制单位(盖公章)：＿＿＿＿＿＿＿＿＿＿＿＿＿＿＿＿＿＿＿＿

编制日期：＿＿＿＿年＿＿月＿＿日

目　录

7.1.1　编制依据

7.1.1.1　××市××路道路及排水工程设计图(桥施)和其他相关设计文件。

7.1.1.2　本工程施工组织设计。

7.1.1.3　现行施工规范和验收标准

1.《公路桥涵施工技术规范》(JTJ 041－2000)。

2.《混凝土结构工程施工质量验收规范》(GB 50204－2002)。

3.《预应力筋用锚具、夹具和连接器应用技术规程》(JGJ 85－2002)。

4.《预应力混凝土钢绞线》(GB/T 5224)。

5.《VLM预应力锚具体系设计施工手册》(2002年版)。

6.其他。

7.1.2　工程概况

7.1.2.1　工程简介

××市××路工程位于××市××区,设计为双层螺旋式坡道桥。

本工程桥长643.885m,桥宽19m,平面曲线半径55m,设计荷载A级,桥面2×9.39m,双向四车道。采用预应力混凝土连续箱梁结构,横截面为抗扭刚度大的分离式双箱单室结构。单箱单室桥宽9.39m,梁高1.8m,翼缘悬臂长度2.445m,箱梁顶板厚0.25m,底板厚0.2m,腹板厚0.4m。全桥由0~4号(4×31m)、4~7号(31+35.575+31m)、7~0号(4×31m)、二层的0~4号(4×31m)、4~13号(31+35.81+2×35+31m)共5联桥组成。0~10号墩为门形桥墩,其中0~6号为双层,7~10~0号为单层,由盖梁GL1(其中6号墩盖梁为GL2)将a、b墩柱连接,盖梁采用预应力混凝土结构。6号上层、11号、12号墩柱采用单支座,箱梁中横隔梁处设置预应力筋束。

预应力连续箱梁、盖梁、单支座处中横隔梁按部分预应力A类构件设计。箱梁、盖梁和横隔梁上布置抗拉强度1860MPa,ϕ15.24的钢绞线共327束,预应力张拉应力1339~1395MPa。采用9孔锚具72套、12孔锚具168套、14孔锚具8套、15孔锚具40套、19孔锚具318套、15-12P固定端锚具48套。最长束5跨通长174.36m。全桥合计钢绞线用量×t。

7.1.2.2　主要工程施工项目及数量(见表7－1)。

7.1.3　施工总体计划

7.1.3.1　本工程预应力施工的特点和难点

本工程为双层螺旋式坡道桥,箱梁预应力束纵向为多个曲线同时沿桥成弧形布置,实际孔道为空间曲线,最长的5跨连续预应力束为174.36m,最短束也有90m,全部为通长束,无论从混凝土结构还是从预应力钢束结构看,都属超长结构。预应力施工时存在钢绞线布筋就位难度大,张拉施工延伸率长,千斤顶需反复倒顶,摩阻损失大,孔道摩阻测试困难、孔道压浆长度长等特点。同时,连续跨接口处的后浇带宽度仅0.9m,张拉时的延伸量有0.5m,张拉空间狭窄,施工时需每张拉一行程,就倒顶一次,同时割除多余的钢绞线一次。预应力束为超长束,孔道成环形空间曲线布置,操作空间小加上工期紧是本工程的特点也是难点。

7.1.3.2　计划投入本工程的主要施工机械、设备及试验仪表

根据本工程的特点和工期要求,计划投入本预应力分项工程的施工机械和设备见表7－2。

表 7-1　　　　　　　　　　　　　　　　主要工程施工项目及数量

序号	工程项目	位　置	工程数量		梁长（宽）	工程内容
1	盖梁	0 号墩 GL1 型盖梁 1 根	VLM15-19	9 束	25.3m	孔道布置及定位、挤压锚制作、预应力筋下料、穿束及张拉、孔道压浆，以及相关的材料采购、试验和资料整理
		1～5 号墩 GL1 型盖梁 2×5＝10 根	VLM15-19	90 束	25.3m	
		6 号墩 GL2 型盖梁 2 根	VLM15-19	24 束	27.132m	
		7～10 号墩 GL1 型盖梁 1×4＝4 根	VLM15-19	36 束	25.3m	
2	中横隔梁（单端张拉）	6 号墩上层 2×1＝2 根	VLM15-12	16 束	4.5m	
		11 号墩 2×1＝2 根	VLM15-12	16 束		
		12 号墩 2×1＝2 根	VLM15-12	16 束		
3	箱梁	0～4 号内幅桥上下二层	VLM15-9	24 束	113.392m	
		0～4 号外幅桥上下二层	VLM15-12	24 束	134.608m	
		4～7 号内幅桥	VLM15-12	12 束	89.228m	
		4～7 号外幅桥	VLM15-15	12 束	105.922m	
		7～0 号内幅桥	VLM15-9	12 束	113.392m	
		7～0 号外幅桥	VLM15-12	12 束	134.608m	
		4～13 号内幅桥	VLM15-12	12 束	162.662m	
		4～13 号外幅桥	VLM15-14	4 束	172.957m	
			VLM15-15	8 束		
合计		预应力钢束：327 束；各类预应力锚具：654 套				

表 7-2　　　　　　　　　　　　　　　主要施工机械、设备及试验仪表

序号	设备型号、规格	数量（台/套）	用　途
1	大砂轮切割机	2	下料
2	手提砂轮切割机	2	割钢绞线封锚
3	GYJ500 型挤压机	1	制作固定端锚
4	YDC2500B-200 型千斤顶	5	9～12 孔锚具张拉，1 台备用
5	YDC4000B-200 型千斤顶	5	14～19 孔锚具张拉，1 台备用
6	YDQ260B-160 型千斤顶	1	预紧和事故处理
7	ZYB22-80 型高压油泵	6	张拉动力源，1 台备用
8	VLM15-9G(X)工具锚、限位板	4	张拉配套用
9	VLM15-12G(X)工具锚、限位板	4	张拉配套用
10	VLM15-14G(X)工具锚、限位板	4	张拉配套用
11	VLM15-15G(X)工具锚、限位板	4	张拉配套用
12	VLM15-19G(X)工具锚、限位板	4	张拉配套用
13	压浆泵	2	孔道压浆

续表

序号	设 备 型 号、规 格	数量(台/套)	用　　途
14	搅拌机	2	孔道压浆的水泥浆搅拌
15	电焊机	2	焊接波纹管固定支架用
16	3t 卷扬机及配套滑轮	2	孔道穿索用
17	9、12、14、15 穿束连接器	各1	孔道穿索用
18	长短限位顶套	各2	
19	张拉滑轮组件	4	张拉吊千斤顶用
20	1t 手拉葫芦	6	
21	2BV2070 真空泵	2	箱梁灌浆用
22	G40-3 螺杆式灌浆机	2	箱梁灌浆用
23	真空灌浆阀门、管路等附件	2	箱梁灌浆用

7.1.3.3　计划投入本工程的人员

本工程预应力由具备专业施工资质的××预应力有限公司分包,施工队分为张拉班组和孔道布置班组,张拉班组×人,孔道布置班组×人,总计×人。

7.1.3.4　计划投入本工程的材料

本工程预应力施工部分需投入的材料包括锚具、钢绞线、波纹管、排气管、水泥、减水剂、膨胀剂等材料由我公司在本工程业主认可的供应商处采购。具体材料情况如材料见表7-3。

表 7-3　　　　　　　　　　　　材　料

序号	项　目	规　格	数　量
1	预应力钢绞线	ϕ15.24,1860MPa,低松弛	288.5t
2	VLM15-9 工作锚	1860MPa 级	72 套
3	VLM15-12 工作锚	1860MPa 级	168 套
4	VLM15-14 工作锚	1860MPa 级	8 套
5	VLM15-15 工作锚	1860MPa 级	40 套
6	VLM15-19 工作锚	1860MPa 级	318 套
7	VLM15-12P 固定端锚	1860MPa 级	48 套
8	HDPE 塑料波纹管	内径 ϕ95	12 129m
9	铁皮波纹管	内径 ϕ100	7 441m
10	HDPE 塑料接头管	内径 ϕ110	606m
11	铁皮接头波纹管	内径 ϕ105	372m
12	塑料排气管	与波纹管匹配	360 个
13	灌浆水泥	525	150t
14	普通减水剂	FDN	1.2～1.5t

续表

序号	项　目	规　格	数　量
15	膨胀剂	铝粉	15kg
16	排气胶管	与塑料排气管配	240m
17	特快硬高强水泥(封锚用)		1.2t
18	其他辅助材料	细钢丝、胶带纸、海绵等	

注:1. 表中材料数量未计损耗,钢绞线实际采购应考虑直径变化造成的重量变化。

　　2. 表中为按每根波纹管 6m,接头管长度 300mm 计算的接头管数量,如实际长度有变化,接头管数量应随之变化。

　　3. 锚具数量应考虑试验用数量的增加部分。

7.1.3.5　材料采购要求

1. 钢绞线

根据设计要求本工程采用 ASTMA416－92a 标准 270 级钢绞线,直径 $\phi15.24$mm,强度 1860MPa,弹性模量 $1.95\times105\pm10$MPa 的低松弛钢绞线作预应力筋。订货时应注意以下事项:

钢绞线在订货时除应考虑生产厂家的质量和信誉外,还应与本工程采用的锚具相匹配,定购钢绞线的实际强度不得高出一个强度等级(2000MPa)。

钢绞线进场时应附产品质量证明书,每盘上挂标牌,分批堆放,并采用适当的防雨、防潮措施,防止锈蚀。

钢绞线在开盘使用时应进行外观检查,其表面不得有裂纹、机械损伤和其他标准规定不允许有的缺陷。

钢绞线使用前应根据《预应力混凝土钢绞线》(GB/T 5224)的要求进行屈服强度、极限强度、硬度、弹性模量、极限延伸值、截面面积等检测,检测结果合格后方可使用。

2. 波纹管

本工程预应力筋预留孔采用内径 $\phi90$ 和 $\phi100$ 的铁皮波纹管成型,具有一定的抵抗变形能力、不渗浆性能和较好的弯曲能力,性能符合《预应力混凝土金属螺旋管》(JG/T 3013)。

波纹管进场时应有质量证明书,并对每根进行检查,检查项目包括外形尺寸、表面质量,不得有标准规定不允许有的缺陷。

波纹管随进随用,存放应有可靠的防护措施。

波纹管的性能检测项目包括抵抗集中荷载试验、抵抗均布荷载试验、竖向抗渗试验、弯曲抗渗试验和轴向拉伸试验等。本工程预应力成孔材料对预应力施工顺利与否起着重要作用,具体检测项目和检测频率在与业主、监理单位协商后确定。

3. 锚具

锚具是预应力工程中最重要的部件之一,必须为符合国家标准《预应力筋用锚具、夹具和连接器》(GB/T 14370)的产品,本工程设计上选用了 9、12、14、15 孔和 12P 等多种型号的群锚。

为保证施工的顺利和设备的配套,方便管理,本工程采用××预应力有限公司的 VLm 锚具。

锚具进场时应附有产品质量证明书,核对锚固性能类别、型号、规格及数量等,应设置专用库房,分类堆放,并有可靠防护措施。

锚具进场前应根据《预应力筋用锚具、夹具和连接器》(GB/T 14370)的要求进行外观、硬度和静载抽检试验,试验抽检的数量和试验方法根据国家标准的有关规定进行。试验应在有检测资质的检定单位进行,合格后方可使用。

4. 水泥浆

预应力孔道灌浆采用素水泥浆压注,要求浆体强度等级不得低于结构自身的混凝土强度等级,所以本工程采用 42.5R 级水泥,要求水灰比为 0.40,不得掺入各种氯盐,可掺入一定比例的减水剂和 1/10000 铝粉膨胀剂,以增加孔道压浆的密实性。具体配合比经试验比选确定。水泥浆应进行泌水率、膨胀率和流动度试验,水泥浆试件 28d 强度不得低于结构自身的混凝土强度等级。

7.1.3.6 施工前期准备工作

施工前期准备主要包括以下项目:

1. 计算消化有关设计参数,编制施工方案和作业指导书报审。

2. 组建施工班组,进行进场教育。

3. 做好预应力施工所用材料、设备、工具和防护用品的采购计划,签订采购合同,确保能按期运送到工地。本工程需采购设备见表 7-2,需采购材料见表 7-3,需准备工具和防护用品见表 7-4。

表 7-4　　　　　　　　　　　　　　　　准备工具和防护用品

序号	工具和防护用品名称	数　量
1	安全帽	50 个
2	帆布手套、胶手套、口罩	
3	活动扳手、固定扳手、内六角扳手、钳子、螺钉旋具等工具	4 套
4	退锚灵、棉纱等	
5	防护眼镜	

4. 做好施工现场和临时设施准备工作,主要包括项目施工队办公场地及布置、施工人员生活住房、材料(钢绞线、波纹管、锚具等)堆放库房、下料场地清理、张拉施工承力架等。

5. 准备各种施工记录表格。

6. 千斤顶等计量设备的检定,根据检定报告进行张拉控制应力与油压读数换算。

7. 对施工所用材料根据有关标准的要求进行进场检测。本工程需进行的材料检测项目和数量表 (略)。

8. 进行孔道摩阻测试,并将试验数据报设计,对预应力筋伸长量及应力状态进行复算。摩阻测试委托有检测资质的专业单位进行。

9. 进行安全、技术交底。

7.1.4　主要施工方法

7.1.4.1　全桥总体预应力张拉顺序

1. 张拉顺序流程(见图 7-1)

2. 张拉顺序说明

(1) 预应力张拉顺序根据设计图确定,未指明张拉顺序的根据两端对称、先张拉靠近截面中心、尽可能不使混凝土产生过大拉应力的原则,并考虑作业效率而确定。

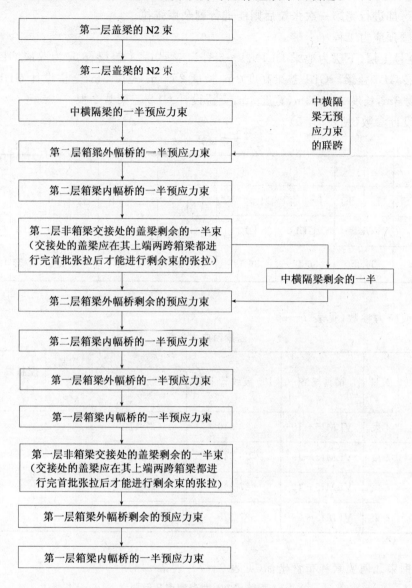

图 7-1　张拉顺序流程

（2）本工程总的张拉顺序：

盖梁一半 → 中横隔梁一半 → 本跨全部箱梁(包括内幅和外幅)的一半 → 盖梁剩余部分 → 中横隔梁剩余部分 → 箱梁剩余部分

（3）盖梁的首批张拉必须在箱梁混凝土施工完后才能进行,因相互独立,盖梁与盖梁之间不分顺序,视张拉作业效率而定。

（4）联跨与联跨之间,张拉不分顺序,每联跨的内幅桥与外幅桥之间,先外幅后内幅。

（5）联跨与联跨之间接合处的盖梁必须等该盖梁上两联跨箱梁都进行完第一批张拉后才能进行剩余束的张拉。

（6）每联跨之间盖梁的二次张拉按照由箱梁中心往外的顺序进行,比如 0~4 号联跨上层盖梁的二次张拉顺序为:2 号墩盖梁→3 号墩盖梁→1 号墩盖梁;0 号和 4 号墩盖梁则需等 4～13 号跨和 7～0 号跨都进行完第一次张拉后则能进行剩余束张拉。

7.1.4.2 盖梁预应力工程

本工程 0 号上层(下层为地梁 DL1)、1～5 号为双层 GL1 盖梁;6 号为双层 GL2 盖梁,7、8、9、10 号为单层 GL1 盖梁。GL1 盖梁高度 3m,长度 25.3m,宽度 3m,全桥设计 GL1 盖梁 15 根。GL2 盖梁高度 3m,长度 27.123m,宽度 3m,全桥设计 GL2 盖梁共 2 根。

1. 盖梁设计参数(见表 7-5)

表 7-5　　　　　　　　　　　　　盖梁设计参数

墩号	0		1		2		3		4		5		6		7	8	9	10
位置	上	下	上	下	上	下	上	下	上	下	上	下	上	下				
类型	GL1	/	GL1		GL1		GL1		GL1		GL1		GL2		GL1	GL1	GL1	GL1
19 孔锚具	18 套		36 套		36 套		36 套		36 套		36 套		48 套		18 套	18 套	18 套	18 套

2. 盖梁预应力参数(见表 7-6)

表 7-6　　　　　　　　　　　　　盖梁预应力参数

盖梁类型	束号	数量	锚具规格	100 波纹管下料	钢绞线下料长度	控制应力(MPa)	控制力(kN)	设计伸长量	
								左端	右端
GL1	N1	4 束	VLM15-19	25 510	27 110			78.2	78.2
	N2	5 束	VLM15-19	25 546	27 146	1 339	3 562	69.6	69.6
GL2	N1	6 束	VLM15-19	27 318	28 918			83	83
	N2	6 束	VLM15-19	27 378	28 978			73.7	73.7

3. 盖梁钢束几何要素和布管坐标(见表 7-7～表 7-14)

表 7-7　　　　　　　　　　GL1 型盖梁 N1 型束钢束几何要素

N	X	Y	R	B	T	A
1	0.3	2.7	0	0	0	0
2	3.5	2.7	4	0.069	0.748	21.17146
3	9.8	0.26	8	0.139	1.459	21.17146
4	15.5	0.26	8	0.139	1.459	21.17147
5	21.8	2.7	4	0.069	0.748	21.17147
6	25.0	2.7	0	0	0	0

表 7-8 GL1 型盖梁 N1 型束钢束布管坐标

N	X	Y	N	X	Y	N	X	Y
1	0.3	2.7	18	8.65	0.71	35	17.15	0.899
2	0.65	2.7	19	9.15	0.553	36	17.65	1.093
3	1.15	2.7	20	9.65	0.431	37	18.15	1.286
4	1.65	2.7	21	0.15	0.342	38	18.65	1.48
5	2.15	2.7	22	10.65	0.286	39	19.15	1.674
6	2.65	2.7	23	11.15	0.261	40	19.65	1.867
7	3.15	2.68	24	11.65	0.26	41	20.15	2.061
8	3.65	2.598	25	12.15	0.26	42	20.65	2.255
9	4.15	2.448	26	12.65	0.26	43	21.15	2.448
10	4.65	2.255	27	13.15	0.26	44	21.65	2.598
11	5.15	2.061	28	13.65	0.26	45	22.15	2.68
12	5.65	1.867	29	14.15	0.261	46	22.65	2.7
13	6.15	1.674	30	14.65	0.286	47	23.15	2.7
14	6.65	1.48	31	15.15	0.342	48	23.65	2.7
15	7.15	1.286	32	15.65	0.431	49	24.15	2.7
16	7.65	1.093	33	16.15	0.553	50	24.65	2.7
17	8.15	0.899	34	16.65	0.71	51	25.0	2.7

表 7-9 GL1 型盖梁 N2 型束钢束几何要素

N	X	Y	R	B	T	A
1	0.3	2.1	0	0	0	0
2	3.0	2.1	4	0.159	1.138	31.75948
3	6.15	0.15	5	0.198	1.422	31.75948
4	19.15	0.15	5	0.198	1.422	31.75948
5	22.3	2.1	4	0.159	1.138	31.75948
6	25.0	2.1	0	0	0	0

表 7-10 GL1 型盖梁 N2 型束钢束布管坐标

N	X	Y	N	X	Y	N	X	Y
1	0.3	2.1	18	8.65	0.15	35	17.15	0.15
2	0.65	2.1	19	9.15	0.15	36	17.65	0.15
3	1.15	2.1	20	9.65	0.15	37	18.15	0.168

N	X	Y	N	X	Y	N	X	Y
4	1.65	2.1	21	10.15	0.15	38	18.65	0.236
5	2.15	2.09	22	10.65	0.15	39	19.15	0.357
6	2.65	2.022	23	11.15	0.15	40	19.65	0.534
7	3.15	1.887	24	11.65	0.15	41	20.15	0.776
8	3.65	1.678	25	12.15	0.15	42	20.65	1.079
9	4.15	1.388	26	12.65	0.15	43	21.15	1.388
10	4.65	1.079	27	13.15	0.15	44	21.65	1.678
11	5.15	0.776	28	13.65	0.15	45	22.15	1.887
12	5.65	0.534	29	14.15	0.15	46	22.65	2.022
13	6.15	0.357	30	14.65	0.15	47	23.15	2.090
14	6.65	0.236	31	15.15	0.15	48	23.65	2.1
15	7.15	0.168	32	15.65	0.15	49	24.15	2.1
16	7.65	0.15	33	16.15	0.15	50	24.65	2.1
17	8.15	0.15	34	16.65	0.15	51	25.0	2.1

表 7—11　　　　　GL2 型盖梁 N1 型束钢束几何要素

N	X	Y	R	B	T	A
1	0.3	2.7	0	0	0	0
2	3.5	2.7	4	0.67	0.736	20.85446
3	9.8	0.3	8	1.34	1.472	20.85446
4	17.332	0.3	8	1.34	1.472	20.85446
5	23.632	2.7	4	0.67	0.736	20.85446
6	26.832	2.7	0	0	0	0

表 7—12　　　　　GL2 型盖梁 N1 型束钢束布管坐标

N	X	Y	N	X	Y	N	X	Y
1	0.3	2.7	20	9.566	0.484	39	19.066	0.961
2	0.566	2.7	21	10.066	0.391	40	19.566	1.151
3	1.066	2.7	22	10.566	0.331	41	20.066	1.342
4	1.566	2.7	23	11.066	0.303	42	20.566	1.532
5	2.066	2.7	24	11.566	0.3	43	21.066	1.722
6	2.566	2.7	25	12.066	0.3	44	21.566	1.913

续表

N	X	Y	N	X	Y	N	X	Y
7	3.066	2.689	26	12.566	0.3	45	22.066	2.103
8	3.566	2.619	27	13.066	0.3	46	22.566	2.294
9	4.066	2.482	28	13.566	0.3	47	23.066	2.482
10	4.566	2.294	29	14.066	0.3	48	23.566	2.619
11	5.066	2.103	30	14.566	0.3	49	24.066	2.689
12	5.566	1.913	31	15.066	0.3	50	24.566	2.7
13	6.066	1.722	32	15.566	0.3	51	25.066	2.7
14	6.566	1.532	33	16.066	0.303	52	25.566	2.7
15	7.066	1.342	34	16.566	0.331	53	26.066	2.7
16	7.566	1.151	35	17.066	0.391	54	26.566	2.7
17	8.066	0.961	36	17.566	0.484	55	26.832	2.7
18	8.566	0.772	37	18.066	0.61			
19	9.066	0.610	38	18.566	0.772			

表 7－13　　　　　　　　GL2 型盖梁 N2 型束钢束几何要素

N	X	Y	R	B	T	A
1	0.3	2.1	0	0	0	0
2	3.0	2.1	4	0.159	1.138	31.75948
3	6.15	0.15	5	0.198	1.422	31.75948
4	20.982	0.15	5	0.198	1.422	31.75948
5	24.132	2.1	4	0.159	1.138	31.75948
6	26.832	2.1	0	0	0	0

表 7－14　　　　　　　　GL2 型盖梁 N2 型束钢束布管坐标

N	X	Y	N	X	Y	N	X	Y
1	0.3	2.1	20	9.566	0.15	39	19.066	0.15
2	0.566	2.1	21	10.066	0.15	40	19.566	0.15
3	1.066	2.1	22	10.566	0.15	41	20.066	0.176
4	1.566	2.1	23	11.066	0.15	42	20.566	0.252
5	2.066	2.095	24	11.566	0.15	43	21.066	0.382
6	2.566	2.038	25	12.066	0.15	44	21.566	0.57
7	3.066	1.915	26	12.566	0.15	45	22.066	0.824
8	3.566	1.719	27	13.066	0.15	46	22.566	1.131
9	4.066	1.44	28	13.566	0.15	47	23.066	1.44

续表

N	X	Y	N	X	Y	N	X	Y
10	4.566	1.131	29	14.066	0.15	48	23.566	1.719
11	5.066	0.824	30	14.566	0.15	49	24.066	1.915
12	5.566	0.57	31	15.066	0.15	50	24.566	1.038
13	6.066	0.382	32	15.566	0.15	51	25.066	2.095
14	6.566	0.252	33	16.066	0.15	52	25.566	2.1
15	7.066	0.176	34	16.566	0.15	53	26.066	2.1
16	7.566	0.15	35	17.066	0.15	54	26.566	2.1
17	8.066	0.15	36	17.566	0.15	55	26.832	2.1
18	8.566	0.15	37	18.066	0.15			
19	9.066	0.15	38	18.566	0.15			

4. 盖梁预应力施工顺序

本工程预应力结构整体施工顺序：

二层盖梁 → 二层箱梁 → 一层盖梁 → 一层箱梁

盖梁预应力部分施工顺序：

施工前期准备 → 预应力筋下料、编束 → 人工穿入预应力筋 → 预应力孔道安装、定位 →

安装锚垫板、螺旋筋 → 检查孔道标高和孔道质量 → 浇筑混凝土 → 锚头孔道清理 → 安装锚板 →

安装夹片 → 安装限位板、千斤顶和工具锚 → 按程序张拉、测量和放张 → 锚头封锚 → 孔道灌浆 →

切除外露钢绞线余长 → 浇筑封锚混凝土

预应力盖梁共用 VLM15-19 孔锚具 318 套，采用 4 台 YDC4000 千斤顶双向双控张拉，根据设计要求，张拉顺序为先全部张拉完 N2，再全部张拉完 N1。具体顺序为：GL1 型盖梁先单独张拉 N2 中间束，再按由中向外的顺序将 N2 型束全部张拉完，然后张拉 N1 的中间 2 束，再张拉 N1 的剩余 2 束。GL2 型盖梁则按照先 N2 再 N1、先中间后外侧的原则，每次 2 束同时进行。

GL1 盖梁预应力钢束张拉顺序（图 7-2）。

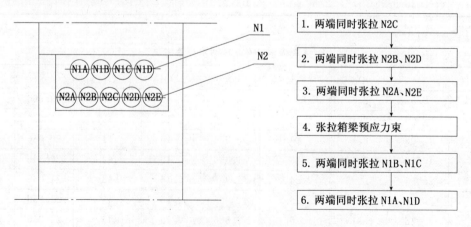

图 7-2　GL1 盖梁预应力钢束张拉顺序图

GL2 盖梁预应力钢束张拉顺序（图 7-3）。

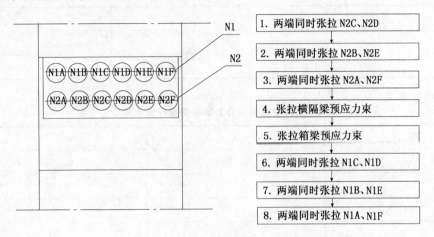

图 7-3　GL2 盖梁预应力钢束张拉顺序图

7.1.4.3　单支座横隔梁预应力施工

单支座中横隔梁设计在 6 号墩第二层、7a、11b、12 号墩处连续箱梁上横桥方向，长度 4.5m、宽度 3m。全桥设计共 6 根。

1. 单支座中横隔梁设计参数（见表 7-15）

表 7-15　　　　　　　　　　　单支座中横隔梁设计参数

墩号	6a	6b	7a	11b	12a	12b
VLM15-12	8 套	8 套	8 套	8 套	8 套	8 套
VLM15-12P	8 套	8 套	8 套	8 套	8 套	8 套
类型	N1 N2	N1 N2	N1 N2	N1 N2	N1 N2	N1 N2

2. 单支座中横隔梁预应力参数（见表 7-16）

表 7-16　　　　　　　　　　　单支座中横隔梁预应力参数

束号	数量	锚具规格	90 波纹管下料长度	钢绞线下料长度	控制应力（MPa）	控制力（kN）	设计伸长量	
							左端	右端
N1	4 束	VLM15-12	4 293	5 893	395	2 343	13.2	13.7
N2	4 束	VLM15-12	4 293	5 893			13.7	13.2

3. 单支座中横隔梁钢束几何要素和布管坐标（见表 7-17~表 7-20）

表 7-17　　　　　　　　　　单支座中横隔梁 N1 型束钢束几何要素

N	X	Y	R	B	T	A
1	2.645	-0.65	0	0	0	0
2	3.645	-0.25	4	0.074	0.77	21.80141
3	5.515	-0.25	4	0.134	1.045	29.29136

续表

N	X	Y	R	B	T	A
4	6.745	−0.94	0	0	0	0
角度合计	51.09277°			钢束总长	4.293m	

表 7—18　　　　　　　　　单支座中横隔梁 N1 型束钢束布管坐标

N	X	Y	N	X	Y	N	X	Y
1	2.645	−0.65	5	4.195	−0.256	9	6.195	−0.641
2	2.695	−0.63	6	4.695	−0.256	10	6.695	−0.912
3	3.195	−0.441	7	5.195	−0.316	11	6.745	−0.94
4	3.695	−0.315	8	5.695	−0.442			

表 7—19　　　　　　　　　单支座中横隔梁 N2 型束钢束几何要素

N	X	Y	R	B	T	A
1	2.645	−0.94	0	0	0	0
2	3.875	−0.25	4	0.134	1.045	29.29136
3	5.745	−0.25	4	0.074	0.77	21.80141
4	6.745	−0.65	0	0	0	0
角度合计	51.09277°			钢束总长	4.293m	

表 7—20　　　　　　　　　单支座中横隔梁 N2 型束钢束布管坐标

N	X	Y	N	X	Y	N	X	Y
1	2.645	−0.94	5	4.195	−0.316	9	6.195	−0.441
2	2.695	−0.912	6	4.695	−0.256	10	6.695	−0.63
3	3.195	−0.641	7	5.195	−0.256	11	6.745	−0.65
4	3.695	−0.442	8	5.695	−0.315			

4. 单支座中横隔梁预应力施工顺序

单支座中横隔梁因固定端采用 P 型锚具，钢绞线只能采取预埋的形式，其施工顺序相对盖梁稍有不同，具体如下：

施工前期准备 → 预应力筋下料、编束 → 挤压和按要求制作固定端锚具 → 预应力束穿入波纹管 →

安装预应力孔道 → 安装锚垫板、螺旋筋 → 检查孔道标高和孔道质量 → 浇筑混凝土 → 锚头孔道清理 →

安装锚板 → 安装夹片 → 安装限位板、千斤顶和工具锚 → 按程序张拉、测量和放张 → 锚头封锚 →

孔道灌浆 → 切除外露钢绞线余长 → 浇筑封锚混凝土

预应力张拉共用 VLM15—12 孔锚具 48 套和 VLM15—12P 固定端锚具 48 套。采用

YDC2500B 千斤顶单向双控张拉,根据设计要求,横隔梁的预应力张拉与现浇箱梁交错进行:张拉顺序为先张拉横隔梁钢束数量的一半,再张拉主梁钢束数量的一半,第三步张拉横隔梁钢束剩余的一半,第四步张拉主梁钢束剩余的一半。横隔梁的具体张拉顺序为:按照由内向外的顺序,第一批用 4 台 YDC2500B 千斤顶分别张拉中间 4 束(每边各 2 束),待主梁钢束张拉好一半后,第二批再用 4 台 YDC2500B 千斤顶分别张拉剩余 4 束(每边各 2 束)。

横隔梁预应力钢束张拉顺序见图 7—4。

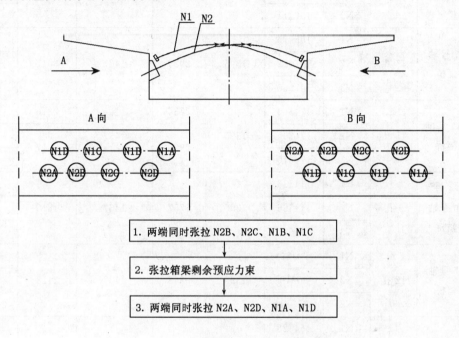

图 7—4　横隔梁预应力钢束张拉顺序图

7.1.4.4　箱梁预应力工程

本工程 5 联桥有六种类型的箱梁共 10 段,分别是:

(1) 0～4 号上层外幅、0～4 号的下层外幅和 7～0 号的外幅处 4×33.652m 连续箱梁 3 段。

(2) 0～4 号上层内幅、0～4 号的下层内幅和 7～0 号的内幅处 4×28.348m 连续箱梁 3 段。

(3) 4～7 号下层外幅 33.652+38.618+33.652m 连续箱梁 1 段。

(4) 4～7 号下层内幅 28.348+32.532+28.348m 连续箱梁 1 段。

(5) 4～13 号上层外幅 33.652+38.859+34.446+35+31m 连续箱梁 1 段。

(6) 4～13 号上层内幅 28.348+32.76+35.554+35+31m 连续箱梁 1 段。

每段箱梁高 1.8m,宽度 9.39m,两边翼缘悬臂宽度 2.445m,单箱双室结构。每段箱梁布置钢绞线 12 束,分布于两侧腹板,每侧设置 6 束,分三层由上至下通长布置为 N1、N2、N3。

张拉控制应力参数见表 7—21。

因箱梁设计计算长度为沿桥梁中线的平均长度,并包括张拉端工作长度各 0.8m,实际下料长度应考虑桥梁弯曲引起的长度变化值(4～13 号跨为曲线和直线,投影时只投影曲线部分)。设计钢束坐标表中的 X 坐标以桥梁中线为基准,施工管道放样应根据孔道在腹板中的平面位置作相应的投影计算。为便于区分,箱梁预应力钢束从桥梁外向内分别编号 A、B、C、D。具体技术参数和投影计算坐标如下:

表 7—21　　　　　　　　　　　张拉控制应力参数

序号	跨号	锚具	钢束号	钢束长（mm）	控制应力（MPa）	控制力（kN）	超张拉应力（MPa）	超张拉力（kN）	延伸量（mm）
1	0～4 号 7～0 号轴 外幅桥	12 孔	N1	135838	1395	2343.6	1437	2413.9	752
			N2	135961					746.2
			N3	136111					733.4
2	4～7 号轴 外幅桥	15 孔	N1	106976	1395	2929	1437	3017	636
			N2	107022					635.2
			N3	107060					631.8
3	4～13 号轴 外幅桥	15 孔	N1	174360	1395	2734	1437	2816	977.9
			N2	174295		2929		3017	969.9
			N3	174310					958.8
4	0～4 号 7～0 号轴 内幅桥	9 孔	N1	114533	1395	1757	1437	1810	635.2
			N2	114566					634.2
			N3	114676					631.2
5	4～7 号轴 内幅桥	12 孔	N1	90159	1395	2343	1437	2413	539.2
			N2	90319					529.8
			N3	90324					527.2
6	4～13 号轴 外幅桥	12 孔	N1	164428	1395	2343.6	1437	2413.9	919.5
			N2	164387					930.1
			N3	164443					887.7
7	中横隔梁	12 孔	N1	5893	1395	2343.6	1437	2413.9	26.9
			N2						
8	GL1	19 孔	N1	27110	1339	3562	1379	3668.9	156.4
			N2	27146					139.2
9	GL2	19 孔	N1	28918	1339	3562	1379	3668.9	166
			N2	28978					147.4

1. 连续箱梁 4×33.652m

该型箱梁分布在 0～4 号上层外幅、0～4 号的下层外幅和 7～0 号的外幅处，共 3 段。每段布置 VLM15—12 预应力钢绞线 12 束，每段用锚具 24 套，每束张拉控制应力 1395MPa，控制力 2343kN。

（1）设计技术参数（见表 7—22）。

（2）4×33.652m 跨钢束实际技术参数（见表 7—23）。

（3）4×33.652m 跨钢束实际布管坐标　（略）。

表 7－22　　　　　　　　　　　　设计技术参数

部　位	钢束号	锚具规格	中心束波纹管长（m）	桥梁中心束长（m）	角度总和	控制应力（MPa）	控制力（kN）	设计伸长量	
								左端	右端
0～4 号外幅上层	N1		134.238	135.838	91.15555			376	376
0～4 号外幅下层	N2	VLM15－12	134.361	135.961	119.1709	1395	2343	373.1	373.1
7～0 号外幅	N3		134.511	136.111	161.9657			366.7	366.7
中心线弧长（m）			134.608						
本跨平面曲线半径（m）			59.705						

表 7－23　　　　　　　　　　**4×33.652m 跨钢束实际技术参数**

部　位	钢束位置	投影系数	曲线半径	波纹管下料长（m）	钢绞线下料长（m）	计算伸长量	
						左端	右端
0～4 号外幅上层 0～4 号外幅下层 7～0 号外幅	A （R=61755）	1.03434	N1A	138.847	140.447	388.91	388.91
			N2A	138.974	140.574	385.91	385.91
			N3A	139.130	140.730	379.29	379.29
	B （R=61455）	1.02931	N1B	138.173	139.773	387.02	387.02
			N2B	138.299	139.899	384.04	384.04
			N3B	138.454	140.054	377.45	377.45
	C （R=57955）	0.97069	N1C	130.303	131.903	364.98	364.98
			N2C	130.423	132.023	362.16	362.16
			N3C	130.568	132.168	355.95	355.95
	D （R=57655）	0.96566	N1D	129.628	131.228	363.09	363.09
			N2D	129.747	131.347	360.29	360.29
			N3D	129.892	131.492	354.11	354.11

2. 连续箱梁 4×28.348m

该型箱梁分布在 0～4 号上层内幅、0～4 号的下层内幅和 7～0 号的内幅处，共 3 段。每段布置 VLM15－9 预应力钢绞线共 12 束，每跨用锚具 24 套。每束张拉控制应力 1395MPa，控制力 1757.7kN。

(1) 设计技术参数（见表 7－24）。

(2) 4×28.348m 跨钢束实际技术参数（见表 7－25）。

(3) 4×28.348m 跨钢束实际布管坐标　（略）。

3. 连续箱梁 33.652＋38.618＋33.652m

该型箱梁分布在 4～7 号的外幅，共 1 段。布置 VLM15－15 预应力钢绞线共 12 束，共用锚具 24 套，每束张拉控制应力 1395MPa，控制力 2929.5kN。

表 7-24　　　　　　　　　　设计技术参数

部　位	钢束号	锚具规格	中心束波纹管长(m)	桥梁中心束长(m)	角度总和	控制应力(MPa)	控制力(kN)	设计伸长量	
								左端	右端
0~4 号内幅上层	N1		112.933	114.533	114.9109			317.6	317.6
0~4 号内幅下层	N2	VLM15-9	112.966	114.566	123.4486	1395	1757.7	317.1	317.1
7~0 号内幅桥	N3		113.076	114.676	155.4767			315.6	315.6
中心线弧长(m)				113.392					
本跨平面曲线半径(m)				50.295					

表 7-25　　　　　　　　　　4×28.348m 跨钢束实际技术参数

部　位	钢束位置	投影系数	曲线半径	波纹管下料长(m)	钢绞线下料长(m)	计算伸长量	
						左端	右端
0~4 号内幅上层 0~4 号内幅下层 7~0 号内幅桥	A (R=52345)	1.04076	N1A	117.536	119.136	330.55	330.55
			N2A	117.570	119.170	330.02	330.02
			N3A	117.685	119.285	328.46	328.46
	B (R=52045)	1.034795	N1B	116.863	118.463	328.65	328.65
			N2B	116.897	118.497	328.13	328.13
			N3B	117.010	118.610	326.58	326.58
	C (R=48545)	0.965205	N1C	109.003	110.603	306.55	306.55
			N2C	109.035	110.635	306.07	306.07
			N3C	109.142	110.742	304.62	304.62
	D (R=48245)	0.95924	N1D	108.330	109.930	304.65	304.65
			N2D	108.362	109.962	304.18	304.18
			N3D	108.467	110.067	302.74	302.74

(1) 设计技术参数(见表 7-26)。

表 7-26　　　　　　　　　　设计技术参数

部　位	钢束号	锚具规格	中心束波纹管长(m)	桥梁中心束长(m)	角度总和	控制应力(MPa)	控制力(kN)	设计伸长量	
								左端	右端
4~7 号外幅	N1		105.376	106.976	56.41857			318.1	317.9
	N2	VLM15-15	105.422	107.022	66.55580	1395	2929.5	317.6	317.6
	N3		105.460	107.060	76.55556			315.9	315.9
中心线弧长(m)				105.922					
本跨平面曲线半径(m)				59705					

（2）33.652＋38.618＋33.652m 跨钢束实际技术参数（见表 7－27）。

表 7－27　　　　　　　　　**33.652＋38.618＋33.652m 跨钢束实际技术参数**

部　位	钢束位置	投影系数	曲线半径	波纹管下料长(m)	钢绞线下料长(m)	计算伸长量	
						左端	右端
4～7号外幅	A (R＝61755)	1.03434	N1A	108.995	110.595	329.02	328.82
			N2A	109.042	110.642	328.51	328.51
			N3A	109.081	110.681	326.75	326.75
	B (R＝61455)	1.02931	N1B	108.465	110.065	327.42	327.22
			N2B	108.512	110.112	326.91	326.91
			N3B	108.551	110.151	325.16	325.16
	C (R＝57955)	0.97069	N1C	102.287	103.887	308.78	308.58
			N2C	102.332	103.932	308.29	308.29
			N3C	102.369	103.969	306.64	306.64
	D (R＝57655)	0.96566	N1D	101.757	103.357	307.18	306.98
			N2D	101.802	103.402	306.69	306.69
			N3D	101.839	103.439	305.05	305.05

（3）33.652＋38.618＋33.652m 跨钢束实际布管坐标 （略）。

4. 连续箱梁 28.348＋32.532＋28.348m

该型箱梁分布在 4～7 号的内幅，共 1 段。布置 VLM15－12 预应力钢绞线共 12 束，共用锚具 24 套，每束张拉控制应力 1395MPa，控制力 2343.6kN。

（1）设计技术参数（见表 7－28）。

表 7－28　　　　　　　　　　　　**设计技术参数**

部　位	钢束号	锚具规格	中心束波纹管长(m)	桥梁中心束长(m)	角度总和	控制应力(MPa)	控制力(kN)	设计伸长量	
								左端	右端
4～7号内幅	N1	VLM15－12	88.559	90.159	67.48476	1395	2343.6	269.6	269.6
	N2		88.719	90.319	99.56718			264.9	264.9
	N3		88.724	90.324	110.5947			263.6	263.6
中心线弧长(m)				89.228					
平面曲线半径(m)				50295					

（2）28.348＋32.532＋28.348m 跨钢束实际技术参数（见表 7－29）。

（3）28.348＋32.532＋28.348m 跨钢束实际布管坐标 （略）。

5. 连续箱梁 33.652＋38.859＋34.446＋35＋31m

该型箱梁分布在 4～13 号的外幅，共 1 段。布置 VLM15－14 预应力钢绞线 4 束、VLM15－15 预应力钢绞线 8 束，每侧腹板设置 6 束，分 3 层通长布置 N1、N2、N3，其中 N1、N2 为 15 孔，N3

为 14 孔,张拉控制应力 1395MPa,15 孔控制力 2929.5kN,14 孔控制力为 2734.2kN,本跨共用锚具 24 套(VLM15－14,8 套;VLM15－15,16 套)。

表 7－29　　　　　　　28.348＋32.532＋28.348m 跨钢束实际技术参数

部　　位	钢束位置	投影系数	曲线半径	波纹管下料长 (m)	钢绞线下料长 (m)	计算伸长量	
						左端	右端
4～7 号内幅	A (R=52345)	1.04076	N1A	92.169	93.769	330.55	330.55
			N2A	92.335	93.935	330.02	330.02
			N3A	92.340	93.940	328.46	328.46
	B (R=52045)	1.034795	N1B	91.640	93.240	328.65	328.65
			N2B	91.806	93.406	328.13	328.13
			N3B	91.811	93.411	326.58	326.58
	C (R=48545)	0.965205	N1C	85.478	87.078	306.55	306.55
			N2C	85.632	87.232	306.07	306.07
			N3C	85.637	87.237	304.62	304.62
	D (R=48245)	0.95924	N1D	84.949	86.549	304.65	304.65
			N2D	85.103	86.703	304.18	304.18
			N3D	85.108	86.708	302.74	302.74

(1) 设计技术参数(见表 7－30)。

表 7－30　　　　　　　　　　　　设计技术参数

部　　位	钢束号	锚具规格	中心束波纹管长(m)	桥梁中心束长(m)	角度总和	控制应力 (MPa)	控制力 (kN)	设计伸长量	
								左端	右端
4～13 号外幅	N1	VLM15－15	172.76	174.36	129.6024	1 395	2 929.5	496.8	481.1
	N2	VLM15－15	172.695	174.295	119.1983		2 929.5	494.8	475.1
	N3	VLM15－14	172.71	174.310	128.646		2 734.2	510.6	448.2
中心线弧长(m)	172.957								
平面曲线半径(m)	59 705								

(2) 33.652＋38.859＋34.446＋35＋31m 跨钢束实际技术参数(见表 7－31)。

(3) 33.652＋38.859＋34.446＋35＋31m 跨钢束实际布管坐标　(略)。

6. 连续箱梁 28.348＋32.76＋35.554＋35＋31m

该型箱梁分布在 4～13 号的内幅,共 1 段。布置 VLM15－12 预应力钢绞线 12 束,共用锚具 24 套,每束张拉控制应力 1395MPa,控制力为 2343.6kN。

(1) 设计技术参数(见表 7－32)。

(2) 28.348＋32.76＋35.554＋35＋31m 跨钢束实际技术参数(见表 7－33)。

(3) 28.348＋32.76＋35.554＋35＋31m 跨钢束实际布管坐标　(略)。

表7-31　　　　33.652+38.859+34.446+35+31m跨钢束实际技术参数

部　位	钢束位置	投影系数	曲线半径	波纹管下料长（m）	钢绞线下料长（m）	计算伸长量 左端	计算伸长量 右端
4～13号 外幅	A （R=61755）	1.03434	N1A	175.2422	176.842	503.94	488.01
			N2A	175.1776	176.778	501.91	481.93
			N3A	175.1923	176.792	517.94	454.64
	B （R=61455）	1.02931	N1B	174.8786	176.479	502.89	487.00
			N2B	174.8139	176.414	500.87	480.93
			N3B	174.8287	176.429	516.86	453.70
	C （R=57955）	0.97069	N1C	170.6414	172.241	490.71	475.20
			N2C	170.5761	172.176	488.73	469.27
			N3C	170.5913	172.191	504.34	442.70
	D （R=57655）	0.96566	N1D	170.2778	171.878	489.66	474.19
			N2D	170.2124	171.812	487.69	468.27
			N3D	170.2277	171.828	503.26	441.76

表7-32　　　　　　　　　设计技术参数

部　位	钢束号	锚具规格	中心束波纹管长(m)	桥梁中心束长(m)	角度总和	控制应力（MPa）	控制力（kN）	设计伸长量 左端	设计伸长量 右端
4～13号 内幅	N1	VLM15 -12	162.828	164.428	117.055	1 395	2 343.6	441	478.5
	N2		162.787	164.387	109.0017			447.1	483
	N3		162.843	164.443	147.8586			423	464.7
中心线弧长(m)			162.662						
平面曲线半径(m)			50 295						

7. 箱梁预应力施工中的难点

箱梁预应力束纵向为多个曲线同时沿桥成弧形布置，实际孔道为空间曲线，最长的预应力束为174.36m，最短束为90m，全部为通长束。如此长的空间曲线预应力束在施工过程中可能会存在如下问题，致使预应力施工结果难以达到设计要求。

（1）钢绞线布筋就位困难

15根174.36m长的钢绞线自重就有2 882kg，重量较重，布置时如果通过机械牵引进行，用卷扬机将钢绞线牵引进孔道，可能会因桥面为弧形，起弧较多，牵引时存在容易弄坏波纹管壁和定位变动等问题，施工风险比较大。如采用浇筑混凝土后再穿束的方式，因孔道长摩阻大，较难穿入。因此，只能在浇筑混凝土前，将穿好钢绞线的波纹管通过人工穿入腹板钢筋就位固定。

（2）张拉施工摩阻损失大，钢束延伸量难以保证设计要求

本工程的孔道为空间曲线，长度超长，根据设计说明，张拉前需进行孔道摩阻测试，因预应力

筋的延伸量近 1000mm,测试时需 1 台 400t、1200mm 以上行程的千斤顶或用 6 台常规的 400t 千斤顶串连,这还需由足够的施工操作空间才行,测试的难度较大。

表 7—33　　　　　　28.348＋32.76＋35.554＋35＋31m 跨钢束实际技术参数

部　位	钢束位置	投影系数	曲线半径	波纹管下料长 (m)	钢绞线下料长 (m)	计算伸长量	
						左端	右端
4～13 号内幅	A (R=52345)	1.04076	N1A	165.308	166.908	447.72	485.79
			N2A	165.369	166.969	454.19	490.67
			N3A	165.3158	166.916	429.42	471.76
	B (R=52045)	1.034795	N1B	164.945	166.545	446.73	484.72
			N2B	164.991	166.591	453.15	489.54
			N3B	164.9539	166.554	428.48	470.72
	C (R=48545)	0.965205	N1C	160.711	162.311	435.27	472.28
			N2C	160.583	162.183	441.05	476.46
			N3C	160.7321	162.332	417.52	458.68
	D (R=48245)	0.95924	N1D	160.348	161.948	434.28	471.21
			N2D	160.205	161.805	440	475.34
			N3D	160.3702	161.970	416.6	457.67

因钢束延伸量已达到 1m 以上,张拉时每端至少需倒顶 3 次,锚具需反复锚固与松锚,对锚具的要求相当高。特别是该工程为空间曲线,张拉时按照规范选取摩擦系数理论计算的摩阻与实际的摩阻差别可能会较大,如出现较大的预应力损失,跨中部的预应力值较小,难以满足设计要求,对结构的安全也不利。同时预应力损失较大会造成延伸量低于设计计算值,再处理措施将相当困难,对工期也会造成较大的影响。

(3)孔道压浆质量较难保证

因孔道较长,弧度较多,采用普通灌浆的方法,对孔道的填充密实性和饱满性的保证有较大的难度。

8. 箱梁预应力施工方法

(1)箱梁施工按照原设计要求,仍为多跨通长束的形式进行,但为了减小孔道摩阻损失,箱梁的预应力孔道采用内径为 95mm 的单壁高密度聚乙烯塑料波纹管成型。该种波纹管能保证孔道的畅通,且其与钢绞线的摩阻系数仅为 0.14,能较好地保证预应力的建立。

(2)箱梁孔道的压浆采用真空辅助灌浆,能保证孔道的填充密实性和饱满性(真空灌浆的施工方案见附录二)。

(3)根据本桥的结构特点,因箱梁翼缘无预应力束布置,如不拆除翼缘支架进行预应力张拉,因翼缘板进入工作状态后会变形,但受到支架的约束也有可能会开裂。因此在箱梁预应力张拉前,需拆除翼缘板下部支架。

(4)另外,本工程在翼缘板没有设计预应力,由于桥面呈弧形,腹板进行张拉后受压,翼缘板可能会因受拉形成径向裂缝,而且本桥梁为超长混凝土结构,沿桥向内外曲线长度相差较大,预应力张拉前可能会出现早期温度、收缩裂缝。为减少上述裂缝产生,在箱梁混凝土中掺加一定掺量的杜拉纤维(具体掺量由试验确定),提高混凝土的抗裂能力。

9. 箱梁预应力施工顺序

箱梁预应力部分施工顺序:

施工前期准备 → 安装预应力孔道 → 预应力筋下料、编束 → 牵引穿入预应力筋 →

安装锚垫板、螺旋筋 → 检查孔道标高和孔道质量 → 浇筑混凝土 → 锚头孔道清理 → 安装锚板 →

安装夹片 → 安装限位板、千斤顶和工具锚 → 按程序张拉、测量和放张 → 锚头封锚 → 孔道灌浆 →

切除外露钢绞线余长 → 浇筑封锚混凝土

按照设计图纸,10 段箱梁共用 9 孔锚具 72 套、12 孔锚具 168 套、压缩剪切应力,现浇箱梁的预应力张拉顺序采取先外排后内排,每排按照 N2→N3→N1 的顺序进行。6 号、7a、11b、12 号墩处的连续箱 14 孔锚具 8 套、15 孔锚具 40 套。9、12 孔预应力束采用 YDC2500B 千斤顶,14、15 孔预应力束采用 YDC4000B 千斤顶,双向双控 4 台千斤顶同时对称进行张拉。根据设计要求,为了不使翼缘产生较大的梁与横隔梁交错进行:张拉顺序为先张拉横隔梁钢束数量的一半,再张拉主梁钢束数量的一半,第三步张拉横隔梁钢束剩余的一半,第四步张拉主梁钢束剩余的一半。主梁钢束第一批张拉外排 6 束,顺序为 N2→N3→N1。考虑到箱梁成弧线布置,外半径预应力束始终领先 1 束建立预应力,具体每跨见图 7—5。

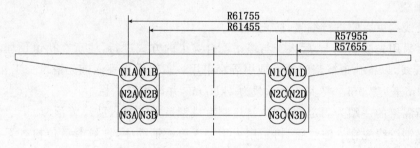

图 7—5　外幅桥箱梁截面图

内幅桥箱梁截面见图 7—6。

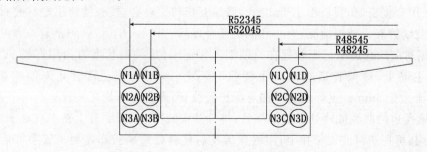

图 7—6　内幅桥箱梁截面图

箱梁张拉顺序详见图 7—7。

7.1.4.5　施工操作要点

1. 预应力筋的下料和穿束

(1) 钢绞线按要求采购后,应根据标准要求检测合格后方可使用。

(2) 钢绞线的下料长度根据本方案的计算值进行,计算值中未包括每个张拉端工作长度 800mm。

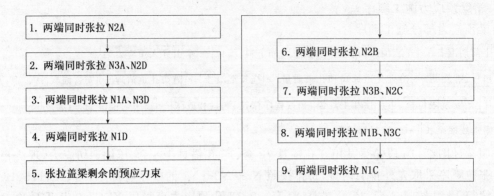

图 7－7　箱梁张拉顺序

（3）钢绞线的下料采用砂轮切割，全长度段上不得有任何机械损伤，下料区域应远离有电焊的地方。

（4）钢绞线下料后进行编束，每隔 3m 绑扎一道钢丝，钢丝扣向里，确保每根钢绞线的顺直，尽量不相互缠绕。

（5）钢绞线编束后应进行编号，防止混乱。

（6）盖梁采用先浇混凝土，后人工与塔吊配合穿束的方式进行，注意在孔道预理时应每孔先穿入一根钢绞线，以备孔道漏浆时通孔或引导穿束用。盖梁钢束穿入前先搭设一工作平台：沿盖梁长度方向 4m 长，宽 3m。要求平台承载力 4kN/m²，并设安全护栏。

（7）中横隔梁的一端为固定端锚具，挤压制束成型后人工穿入波纹管预埋。

（8）箱梁钢绞线先穿入波纹管，再采用人工穿入腹板钢筋中，波纹管就位检查无误后浇筑混凝土。

2. 孔道安装定位

（1）预应力钢束的成孔采用金属波纹管，波纹管必须符合设计要求，接缝数量尽可能保持最少，其接头采用套接法，套管长不小于 30cm，管纹互相转接吻合，接头处使用塑料胶布缠绕紧密，并仔细检查波纹管有无破损情况，有小孔洞的修补好后，再投入使用，以防止漏入水泥浆。

（2）根据对应的孔道坐标用粉笔在钢筋架上标记定位，并沿长度方向用直径 $\phi12$ 的井字型钢筋电焊在主筋上，确保管道在混凝土浇筑时不上浮，不变位。管道允许偏差纵向不大于 10mm，横向不大于 5mm。点焊钢筋时注意保护波纹管，避免焊渣烧坏波纹管。

（3）箱梁孔道的曲线波峰处设置排气管，排气管安装前，在波纹管上钻一直径 $\phi20mm$ 的孔，放上一块海绵，再把塑料波纹管扣上，用钢丝绑扎后接缝处塑料胶布密封。安装好后，用塑料胶管将排气孔引出，并高出箱梁顶板 200mm。

（4）箱梁穿束、定位的顺序为：先穿 N3 波纹管→N3 波纹管定位并焊接定位钢筋→穿 N2 波纹管→N2 波纹管定位并焊接定位钢筋→穿 N1 波纹管→N1 波纹管定位并焊接定位钢筋→穿 N3 钢绞线束→穿 N2 钢绞线束→穿 N1 钢绞线束，同一排波纹管先外侧后内侧。

（5）浇筑混凝土前派专人检查波纹管有无破损情况，发现破损即进行修补至满足要求后，再进行下一工序的施工。

3. 张拉预埋件的安装

（1）钢束定位后,箱梁应绑扎底板上层钢筋,中横隔梁钢筋,端部钢筋,安装侧板、内模,安装端头模板时进行张拉端预埋件的安装。

（2）盖梁张拉端预埋件在孔道定位后,钢筋骨架、侧板安装后,与端头模板同时进行安装。

（3）张拉端安装时,先安装螺旋筋,再安装锚垫板,锚垫板的端部平面应与钢束轴线垂直,必要时可将螺旋筋、锚垫板与周围钢筋焊接在一起。锚垫板安装时注意灌浆孔应朝上布置。

（4）锚垫板与波纹管连接处用海绵或棉纱将缝隙填充密实,并用塑料胶布缠绕密封,防止水泥浆漏入。

（5）中横隔梁 P 锚的固定参照张拉端的施工工法进行。

4. 混凝土浇筑

（1）预应力孔道、钢束、锚垫板、排气管、螺旋筋以及钢筋、模板等全部安装完毕后,先进行自检,填写《隐蔽工程检查记录》,向监理工程师报验,监理工程师签字认可后,方可浇筑混凝土。

（2）混凝土振捣时,振捣棒不能接触波纹管和预埋件,以防止波纹管变形或破裂。

（3）构件混凝土的振捣应密实,特别应注意梁端预埋件下的混凝土密实度,要求混凝土停止下沉,不再冒气泡,表面平坦,泛浆。

（4）箱梁、盖梁的混凝土浇筑时间较长,张拉时的混凝土强度以最后一次混凝土浇筑部位取样试件混凝土强度为准,早期强度混凝土试件不少于 2 组。

5. 预应力钢束的张拉

（1）张拉作业前应将千斤顶配套压力表送有资质的单位进行检定,检定的范围和频次满足施工规范要求。

（2）张拉前进行锚头孔道的检查,人工清理有漏浆的孔道、钢绞线上的铁锈和油污。

（3）箱梁在张拉之前,应根据设计要求进行孔道摩阻测量,交设计院复算每根预应力钢绞线的理论伸长值。

（4）在混凝土强度达到 90% 的设计强度后,即可进行预应力张拉。

（5）根据《VLM 预应力设计施工手册》的有关要求安装锚板、夹片、限位板、千斤顶工具锚板、工具夹片,各部分应止口对准,轴线同心。

（6）张拉程序

将钢绞线略微予以张拉,以消除钢绞线松弛状态,并检查孔道轴线、锚具和千斤顶是否在一条直线上,注意使钢绞线受力均匀。

张拉根据设计图纸提供的程序按图 7—8 进行。

考虑到预应力钢束为低松弛钢绞线,在实际张拉过程中,除非实测孔道摩阻系数大于设计值、孔道延伸量小于设计要求或孔道出现漏浆等现象的情况下,才采取超张拉应力控制,否则不需超张拉。

预应力加至设计规定值并经监理工程师同意后,锚固钢绞线,并在锚具和钢绞线不受振动的方式下解除千斤顶的压力。张拉过程中密切观察,发现异常情况及时报告,尽快处理。

（7）特长预应力束张拉前先用单孔千斤顶逐根预紧调平衡,预紧应力为 10%～20% 控制应力。

（8）箱梁的延伸量较长,而后浇带处只有 900mm 的张拉空间,张拉时每张拉一次行程倒顶重新安装后,需切除一次外露钢绞线,以保证下一行程张拉的空间要求。

（9）在张拉过程中,边张拉边测量伸长值,在取得监理工程师同意的总张拉力的作用下,钢绞线的伸长值与同意的计算伸长值相差不应超出 ±6%。如果计算伸长值与实际伸长值有明显的出入,及时通知监理工程师确定处理方案后才可继续张拉施工。

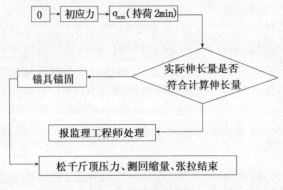

图 7—8　张拉程序

6. 孔道压浆

(1) 本工程除箱梁采用真空辅助灌浆外(真空灌浆方案见附录二),其余预应力结构采用普通压浆,压浆在张拉后 48h 内进行。

(2) 孔道压浆材料应按规定的要求采购,并经验收合格,压浆前应已进行水泥浆配比试验,实际搅拌时应严格按照配比计量。

(3) 配比后的水泥浆应符合下列要求:

1) 水灰比为 0.40,可按规定掺入适量的减水剂和膨胀剂。

2) 水泥浆的泌水率最大不超过 3%,拌和后 3h 泌水率宜控制在 2%,泌水应在 24h 内重新全部被浆吸回。

3) 水泥浆中掺入适量膨胀剂后的自由膨胀率应小于 10%。

4) 水泥浆稠度宜控制在 14~18s 之间。

(4) 压浆前应对孔道、排气孔和灌浆孔进行清洁处理,必要时可用水冲洗后再压浆。对孔道清洁较好的情况可直接压浆。

(5) 压浆前应将孔道两端锚头部分用特快硬高强水泥封锚,覆盖层厚度≥15mm,防止压浆时浆体漏出。

(6) 压浆按照先下层、后上层的顺序,平缓、均匀的连续进行,并将所有最高点的排气孔依次一一放开和关闭。

(7) 本工程压浆采用一次压浆法,压浆使用活塞式压浆泵,压浆的最大压力为 0.5~0.7MPa,孔道较长的可为 1.0MPa。压浆应达到孔道另一端饱满和出浆,并应达到排气孔排出与规定稠度相同的水泥浆为止。为保证孔道中充满灰浆,关闭出浆口后应保持不小于 0.5MPa 的一个稳压期,该稳压期不少于 2min。水泥浆自拌制至压入孔道的延续时间一般应控制在 30~45min,水泥浆在使用前和压注过程中应连续搅拌。为保证孔道一次灌注完毕,储浆罐体积要大于预应力孔道所需浆体的体积,储浆罐上应放一个 1.2mm 筛网过滤浆体。本工程预应力孔道最大的所需浆体体积为 1.1m³。

(8) 压浆时每一工作班应留取 3 组 70.7×70.7×70.7mm 的立方体试件,标准养护 28d,其抗压强度不应低于结构自身的混凝土强度。

7. 封锚

压浆后将锚头多余的钢绞线切除,并用水冲洗干净锚端部分,凿毛梁端混凝土,设置钢筋网片,浇筑封锚混凝土。

8. 施工中可能出现的问题及处理方法

(1)张拉过程中,预应力钢绞线的伸长值与理论伸长值的偏差应在±6%范围内,否则应:

测试钢绞线实际弹性模量;

根据标准规定的方法测试孔道摩阻值;

按公式复算理论伸长值;

必要时可灌注对预应力筋和管道无腐蚀的中性洗涤剂或皂液。

(2)张拉后锚固时发生滑丝现象,则先放松钢绞线,待采取以下措施后再重新张拉、锚固:

用汽油清洗该股钢绞线内侧,以防因油污填塞齿缝间隙而影响锚固;

用钢丝刷或细砂纸打磨钢绞线表面,以防锈蚀层影响锚固性能;

对该股钢绞线的夹片硬度测试,如因硬度太低而导致夹片齿纹磨平,则更换夹片。

(3)张拉过程中发生滑丝现象,如某股钢绞线中的某一根或几根钢丝,其断丝总数未超过每孔一根钢丝,且同一个截面断丝总数未超过该截面钢丝数的1%,则视为允许。

(4)灌浆后若发现端部锚具处内部波管段内有因水泥浆泌水引起的空段,可用硅胶枪等挤压工具将水泥净浆从压浆孔压入,以使空段被填充密实。

(5)灌浆过程中,若压浆泵发生故障或遇停电,如 30min 内不能恢复压浆,则将清水注入压浆孔,以使孔内部冲洗干净,待恢复压浆时,再压入水泥浆,赶出清水,使整条孔道充满水泥浆。

7.1.5　施工进度计划安排

预应力张拉工程进度按主体施工进度计划实施,预应力工程施工列入钢筋和混凝土工种进行,除箱梁主梁穿束外,其余部分不单独占用工期。预应力施工总工期计划 130 天。具体分项工期安排如下。

7.1.5.1　盖梁预应力施工工期安排(按一根盖梁考虑)(见表 7—34)

表 7—34　　　　　　　　　　一根盖梁预应力施工工期安排

序号	项　目	计划工期(天)	备　注
1	下料编束	1	在盖梁施工前准备
2	布管、定位	2	与盖梁钢筋绑扎同步
3	预埋件安装、孔道检查	1	与盖梁模板安装固定同步
4	孔道清理和穿束	1	不单独占用工期
5	张　拉	2	不单独占用工期
6	孔道压浆	1	不单独占用工期
合计		8	

7.1.5.2　箱梁预应力施工工期安排(按一幅箱梁考虑)(见表 7—35)

7.1.5.3　横隔梁预应力施工工期安排(按一幅箱梁考虑)(见表 7—36)

表 7-35　　　　　　　　　　　　一幅箱梁预应力施工工期安排

序号	项　目	计划工期（天）	备　注
1	下料编束	3	在箱梁施工前准备
2	布管、定位	4	在底板底层和腹板钢筋绑扎后进行
3	钢绞线穿束	3	在底板底层和腹板钢筋绑扎后进行
4	预埋件安装、孔道检查	1	与箱梁模板安装固定同步
5	张　拉	2	不单独占用工期
6	孔道压浆	2	不单独占用工期
合计		15	

表 7-36　　　　　　　　　　一幅箱梁横隔梁预应力施工工期安排

序号	项　目	计划工期（天）	备　注
1	下料编束	1	在施工前准备
2	穿束、布管、定位	2	在钢筋绑扎后进行
3	预埋件安装、孔道检查	1	与箱梁模板安装固定同步
4	张　拉	2	不单独占用工期
5	孔道压浆	1	不单独占用工期
合计		7	

7.1.6　质量保证措施

7.1.6.1　本分项工程质量目标：合格。

7.1.6.2　严格按照设计文件和国家现行规范、规程要求施工，各道工序经检查合格，报请监理工程师验收签认后，方能进行下一道工序施工。

7.1.6.3　预应力施工准备期间，组织施工人员熟悉图纸，了解设计意图，掌握施工要点。

7.1.6.4　严格按照规范规定和公司质量管理体系文件要求进行材料的采购和进场验收。

7.1.6.5　按照 ISO 9001《质量管理体系　要求》、公司质量管理体系文件及有关规定做好各项质量记录。

7.1.7　安全保证措施

7.1.7.1　一般规定

1. 施工前，由项目负责人进行安全交底；进场后，由项目负责人对全体施工人员进行具体的施工要求交底。

2. 项目部制定详尽的安全管理条例和奖惩制度并定期进行安全总结；各班组确定兼职的安全责任人。

3. 电工、电焊工、机械操作工必须持证上岗，并熟悉本专业安全操作规程，严格按照安全防护要求进行施工。未经培训合格的混凝土真空灌浆操作人员不得上岗作业。

4. 加强防火教育,杜绝火灾隐患;规范用电管理,做到人走电断。

7.1.7.2　安全操作要求

1. 脚手架上防护栏杆应高出平台顶面 1.2m 以上,并用防火阻燃密目网封闭。脚手架作业面上脚手板应固定牢固,并设挡脚板。

2. 支搭和拆除模板应设专人指挥,模板工与起重机驾驶员应协调配合,做到稳起、稳落。在起重机机臂回转范围内不得有无关人员。

3. 高处作业时,上下应走马道(坡道)或安全梯。马道宜设挡脚板,梯道上防滑条宜用木条制作。

4. 暂停拆模时,必须将活动件支稳后方可离开现场。

5. 采用吊斗进行混凝土浇筑时,吊斗升降应设专人指挥。落斗前,下部的作业人员必须躲开,不得身倚栏杆推动吊斗。严禁吊斗碰撞模板及脚手架。

6. 张拉过程中严禁操作人员正对张拉设备操作,在张拉设计的正对面设木制挡板,以免飞锚伤人。张拉现场严格控制人员出入,闲杂人员禁止入内。

7. 压浆时胶皮管必须与灰浆泵连接牢固,堵灌浆孔时应站在孔的侧面。

8. 下料和切除钢绞线及压浆工人工作时须戴防护眼镜,防止眼睛受伤害。

9. 严禁穿拖鞋上班,进入现场必须佩戴安全帽,高空临边作业必须正确使用安全防护用品。

7.1.8　文明施工及环境保护措施

7.1.8.1　文明施工措施

1. 教育进场全体职工服从项目部安排,与各班组之间搞好团结协作。

2. 教育进场职工遵守法律法规,遵守现场各项施工管理制度。

3. 搞好办公室及寝室、库房的清洁卫生,做到床铺和物品布置整齐有序。

4. 礼貌待人,文明用语。

5. 爱护现场设备设施,损坏照价赔偿。

6. 做好 CI 策划和实施,建立企业形象。

7.1.8.2　环境保护措施

1. 施工垃圾及污水的清理排放处理

(1) 施工垃圾按可回收和废料分类处理,对于可回收利用的物品再分类码放,交回材料库集中处理,废料集中堆放后运至渣土场或垃圾站处理。

(2) 混凝土浇筑遗洒或余下的混凝土须集中堆放,凝固后按渣土消纳处理。

(3) 预应力孔道灌浆流出的水泥浆待其凝固后做渣土消纳处理。

(4) 进行现场搅拌作业的,必须在搅拌机前台及运输车清洗处设置排水沟、沉淀池,废水经沉淀后方可排入市政污水管道。

2. 施工噪声的控制

(1) 要杜绝人为敲打、叫嚷、野蛮装卸等产生噪声现象,最大限度减少噪声扰民。

(2) 电锯、电刨、搅拌机、空压机、发电机等强噪声机械必须安装在工作棚内,工作棚四周必须严密围挡。

(3) 对所用机械设备进行检修,防止带故障作业,噪声增大。

3. 施工扬尘的控制

（1）对施工场地内的临时道路要按要求硬化或铺以炉渣、砂石，并经常洒水降尘。

（2）对离开工地的车辆要加强检查清洗，避免将泥土带上道路，并定时对附近的道路进行洒水降尘。

（3）水泥和其他易飞扬的细颗粒散体材料，应安排在库内存放或严密遮盖。

（4）运输水泥和其他易飞扬的细颗粒散体材料和建筑垃圾时，必须封闭、包扎、覆盖，不得沿途泄漏遗撒，卸车时采取降尘措施。

附录一　箱梁预应力孔道摩阻测定

1. 试验目的

为了更加准确地提供预应力束张拉的控制应力和预应力束的延伸量,验证设计数据并积累施工经验,测定预应力孔道的摩阻。

2. 试验设备(见表 7-37)

表 7-37　　　　　　　　　　　　　　　　试验设备

序号	设备名称	型号	数量	备注
1	千斤顶	YDC 2500-200B	5 台	
2	轴力传感器	CYL-3000	2 台	
3	数字应变仪	SC-4	2 台	
4	高压电动油泵	YBZ 2-80	5 台	
5	其他辅助工量具		1 套	

3. 试验依据

(1)《公路桥涵施工技术规范》(JTJ 041-2000)。

(2)××路道路及排水工程设计图(桥施)(编号:××)。

4. 试验方法

根据本工程的施工特点,本次测试取 0~4 号联跨外幅上层箱梁的 N2A 和 N2D 两个孔道进行测试,预应力钢束都为 1860MPa 级钢绞线 12 根,张拉控制应力 1395MPa。N2A 孔道长 139m,平面曲率半径 61.8m;N2D 孔道长 130m,平面曲率半径 57.7m,均为空间曲线束。

根据图 7-9 所示的方法安装测试设备,根据测试步骤首先对 N2A 进行测量,孔道两端各反复张拉测试 3 次,然后将两次压力差平均值再平均,即为 N2A 孔道摩阻力的测定值。同样的方法对 N2D 孔道进行测试。通过测定的摩阻值计算预应力钢筋与孔道壁的摩擦系数并提交设计院审核。

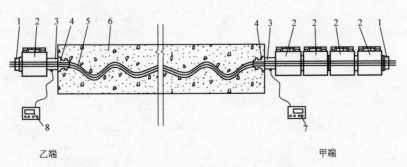

图 7-9　孔道摩阻测试试验设备安装示意图

1—工具锚;2—YDC 2500-200B 千斤顶;3—CYL 3000 传感器;4—锚垫板;

5—预应力束;6—箱梁构件;7—数字应变仪 A;8—数字应变仪 B

5. 测试步骤

（1）先将预应力钢束在孔道内预先拉动，然后在两端依次按图7－9安装传感器、千斤顶、工具锚，注意各部件应定位准确，轴线同心。然后在传感器上连接好SC－4型应变仪，将各台千斤顶与对应的YBZ 2－80型高压电动油泵连接好。

（2）检测设备安装就位后，先将乙端的千斤顶进油空顶运行油缸行程12cm，然后将钢绞线装于千斤顶上，再同时张拉两端千斤顶，每台千斤顶至少伸出10mm，并保持压力数值4MPa。

（3）在进行张拉时，乙端将回油阀锁死保持持荷状态，甲端操作油泵进行张拉。用张拉端传感器的数字荷载表读数控制加载过程，按张拉控制应力的0.2、0.4、0.6、0.8分级，逐级加载到控制应力，每级加载后，同时记录两端传感器的数据，当加荷载达到1.0张拉控制应力时，持荷5min，在持荷时保持力值不低于控制应力值，也应不高于超张拉值，同时记录两端传感器的读数。

（4）张拉过程中一台千斤顶行程完后（保留10mm），接着用第二台千斤顶进行张拉，直至要求的应力为止。

（5）按照上述步骤，反复进行3次，并记录。

（6）甲乙两端掉头安装，重复上述步骤，张拉并记录每级数据。

6. 试验数据计算整理

摩擦系数μ按下式计算：式中假定一个k值，再根据假定的k值代入公式推算出μ值。

$$\mu = \frac{-In(F_2/F_1) - kX}{Q} \qquad (7-1)$$

式中：　F_1——张拉端拉力(kN)；

　　　　F_2——非张拉端拉力(kN)；

　　　　Q——预应力束曲线段所包的圆心角(rad)；

　　　　X——预应力束的总长(m)。

7. 记录试验结果　（略）。

附录二　预应力混凝土真空灌浆施工

1. 概述

（1）简介

真空灌浆是后张预应力混凝土结构施工中的一项新技术，其基本原理是：在孔道的一端采用真空泵对孔道进行抽真空，使之产生－0.1MPa 左右的真空度，然后用灌浆泵将优化后的特种水泥浆从孔道的另一端灌入，直至充满整条孔道，并加以≤0.7MPa 的正压力，以提高预应力孔道灌浆的饱满度和密实度。采用真空灌浆工艺是提高后张预应力混凝土结构安全度和耐久性的有效措施。

××市××路桥箱梁预应力钢束使用塑料波纹管与真空辅助灌浆的工艺。最长束 5 跨通长 174.36m，其余也多数为 90m 以上的通长束，如采用传统的金属波纹管为成孔管道材料的压浆技术存在着成孔材料摩阻力大、成孔材料不易施工、在施工过程中易漏浆、压浆不密实等众多弊端，易造成张拉延伸量难以满足要求。真空辅助灌浆利用真空泵先行清除孔道中的空气，使孔道内达至负压状态，然后再用灌浆泵以正压力将水泥浆注入预应力孔道，由此排除了孔道中的气泡，提高了孔道内压浆的饱满度，使孔道质量和灌浆质量都上一个新台阶。

（2）塑料波纹管的优点

采用塑料波纹管具有以下优点：

1）提高预应力筋的防腐保护，可防止氯离子入侵而产生的电腐蚀。

2）不导电，可防止杂散电流腐蚀。

3）密封性好，不生锈。

4）强度高、刚度大、柔性好，不怕踩压，不易被振捣棒凿破。

5）减少张拉过程中预应力的摩擦损失，其摩阻系数仅 0.14。

6）提高了预应力筋的耐疲劳能力，解决了传统金属波纹管的弊端。

（3）真空辅助灌浆的优点

真空辅助灌浆的水灰比可达 0.40，在可灌性、管道密实性、浆体强度等方面均比普通压力灌浆要好。其优点体现为：

1）在真空状态下，孔道的空气、水分以及混在水泥浆中的气泡被消除，减少孔隙、泌水现象。

2）灌浆过程中孔道良好的密封性，使浆体保压及充满整个孔道得到保证。

3）工艺及浆体的优化，消除了裂缝的产生，使灌浆的饱满性及强度得到保证。

4）真空灌浆过程是一个连续且迅速的过程，内径为 ϕ92 的 15m 管道抽真空只要几秒钟，灌浆只要 3～4min，而普通压力灌浆约需 20min，它可提供均匀、密实不透水的灰浆保护层，密实度在 99% 以上，缩短了灌浆时间。

（4）采用螺杆式灌浆泵的优点

1）结构简单：螺杆式灌浆泵的特征部件在于螺杆与螺套。螺杆是钢件，螺套内衬橡胶外包钢壳，容易密封。螺杆在螺套内转动时，一端将浆体吸入，另一端将浆体压出，不需任何阀类。由于结构简单，可靠性大为提高，使用维护也十分方便。

2）压力无级可调：由于螺套内衬橡胶外包钢壳，用夹套将螺套收紧，就可以提高出口压力。

3）自吸力强：螺杆在螺套中转动时，不断将空气排出，从而使吸浆口及管道具有很低的压力，水泥浆的吸程可达 9m。

4)压力平稳:活塞式压浆泵工作时,活塞往复运动,吸浆压浆,出口处压力波动大;螺杆式灌浆泵工作时,螺杆将浆体连续不断地送出,出口处压力平稳,有利于灌浆密实度。

2. 施工工艺

(1)施工准备

1)技术准备

①对所选材料分不同规格、品种、批次已进行抽检验收合格。

②水泥浆的强度应符合设计规定,设计无具体规定时,应大于或等于30MPa。施工前已进行水泥浆材料试配,确定水泥浆配合比。

③根据设计要求及施工环境,按灌浆方案对操作工人进行书面交底。

2)材料要求

①成孔材料:高密度聚乙烯塑料波纹管、连接接头等,壁厚不得小于2mm,管道的内横截面面积至少应是预应力筋净截面面积的2.0~2.5倍。出厂有合格证,进场后应按要求进行检验,其材质应符合设计和有关规范规定。

②压浆材料

a. 水泥:应采用硅酸盐水泥或普通水泥,水泥强度等级不宜低于42.5级,有出厂合格证和质量检验报告。水泥进场后应按有关规定复试,各项性能指标符合国家现行标准的规定。

b. 外加剂:应有产品说明书、出厂检验报告及合格证,宜采用具有低含水量、流动性好、最小渗出及微膨胀性等特性的外加剂,不得含有对预应力筋或水泥有害的化学物质。外加剂的用量应通过试验确定,进场后应取样复试。

c. 水:宜采用饮用水。当采用其他水源时,其水质应符合国家现行标准《混凝土拌合用水标准》(JGJ 63)的规定。

3)机具设备

①真空灌浆主要设备见表7-38。

表 7-38　　　　　　　　　　真空灌浆主要设备

序号	项　目	型　号	数　量	备　注
1	水环式真空泵			
2	螺杆式灌浆泵			
3	强制式搅拌机			
4	储浆桶			
5	真空压力表			
6	阀门			
7	连接管路			
8	锚具盖帽			
9	空气滤清器			
10	负压容器			

②工具:水桶、耐高压胶管(承压$\sigma \geqslant 1.5$MPa)根据现场需要长度置备控制阀、工具扳手、手锯等。

4）作业条件

①现场梁体钢筋骨架基本绑扎完成,塑料波纹管钢筋固定架依据设计安装完毕,并经过检查验收合格。

②真空灌浆前应具备以下条件:

a. 根据确定的配合比,将外加剂按每包水泥重量 50kg 的掺量秤量袋包,以便使用。水泥按需要量储备,水引至使用部位。

b. 真空灌浆设备已进场,并调试完毕。

（2）操作工艺

1）工艺流程

梁体钢筋绑扎 → 固定波纹管支架筋 → 波纹管安装 → 锚垫板固定、穿钢绞线 → 安装排气管

→ 梁体浇筑混凝土、钢绞线张拉 →

搅拌水泥浆

锚具端头封闭 → 孔道灌浆 → 设备清理 → 封锚

制作试块

2）操作方法

①梁体钢筋绑扎

按设计图及施工规范要求进行施工。

②固定波纹管支架筋

应按设计图给出的钢绞线束控制点坐标,在梁体内定出相应位置,塑料波纹管的固定采用定位焊接钢筋托架,沿梁长方向横向钢筋托直线段间距 800mm,曲线段 500mm 设置,见图 7-10。

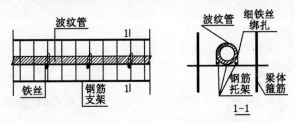

图 7-10　塑料波纹管固定示意图

③波纹管安装

塑料波纹管安装应与支托架用铁丝绑牢,确保混凝土浇筑期间不产生位移。当普通钢筋与预应力钢束发生矛盾时,可适当调整普通钢筋位置。管道铺设前,应清理管内杂物,管道口先用塑料胶布封堵待安装时取开。塑料波纹管接长时,应采用专用套管接头,长度宜为被连接管道内径的 5～7 倍,接口应用胶带缠裹严密。

④锚垫板、梁端模板固定、穿钢绞线。

⑤灌浆、排气孔的设置与安装

所有管道均应设压浆孔和排气孔,在开孔处应覆盖一块长约 300mm 的专用包管,包管应与塑料波纹管吻合密贴,中央开口设一圆形管嘴,管嘴与塑料波纹管开口重合并外接排气或压浆管,所有接口应用胶带缠裹严密。排气管或压浆管应是 $\phi15$、$\phi20$ 的金属管或塑料管,管长应能引

出结构物顶面 300mm 以上,并在管端设阀门。

连续梁时的设置方法应在曲线波纹管波峰部位设排气孔,波谷部位处可设压浆孔。

⑥混凝土浇筑、养护、钢绞线张拉。

⑦锚具端头封闭:待张拉控制阶段完成后,卸落工具锚和千斤顶,随后切除多余钢绞线至露出锚具不宜小于 30mm。为防止锚具端在灌浆时水气流通,使管内达到较好的真空。一般用干硬性水泥浆在锚具端封闭,其封闭厚度应大于等于 15mm,并用 $\phi16$ 的光圆钢筋在钢绞线间将水泥浆压实赶光。封闭锚具端头后,要待水泥干硬而又未产生裂缝时(一般需 24～48h)进行灌浆。

⑧塑料波纹管孔道真空灌浆

a. 灌浆准备

(a)检查清理抽真空端,安装引出管、阀门和接头,并检查其功能。

(b)搅拌水泥浆使其水灰比、流动度、泌水性达到技术指标要求。

(c)压浆前对孔道进行清洁处理。水泥浆自拌制至压入孔道的延续时间,视气温情况而定,一般在 30～45min 时间内。水泥浆在使用前和压注过程中应连续搅拌,对于因延迟使用导致的流动度降低的水泥浆,不得通过加水来增加其流动度。

(d)压浆时,对曲线孔道和竖向孔道应从最低点的压浆孔压入,由最高点的排气孔排气和泌水。压浆顺序宜先压注下层孔道,后压注上层孔道。真空压浆设备连接见图 7-11。

图 7-11　真空灌浆施工设备连接示意图

h. 塑料波纹管真空压浆

(a)关闭阀 1、阀 3、阀 4、阀 5,打开阀 2,启动真空泵抽真空,使塑料波纹管内真空度达到 -0.06～$-0.1MPa$ 并保持稳定。

(b)打开阀 1,启动灌浆泵,当灌浆泵输出的浆体达到要求稠度时,将泵上的输送管接到锚垫板或桥面上的灌浆孔管上,开始灌浆。

(c)压浆应缓慢、均匀地进行,不得中断,并应将所有最高点的排气孔(如阀 4、阀 5),在抽真空时均关闭,使孔道内排气通畅。待抽真空端的透明波纹管中有浆体经过时,关闭空气滤清器前端的阀 2 及抽真空泵,稍后打开排气阀 4、阀 5、阀 3。当水泥浆从排气阀 4、阀 5、阀 3 顺畅流出,且稠度与输入的浆体相当时,依次逐一关闭阀 4、阀 5、阀 3。

(d)灌浆泵继续工作,在压力不小于 0.5MPa 时,持压 2min。

(e)关闭灌浆泵及灌浆端阀 1,完成灌浆。

(f)较集中和邻近的管道,宜尽量连续压浆完成,不能连续压浆时,后压浆的孔道在压浆前应用压力水冲洗,使孔道通畅。

(g)压浆后应从检查孔抽查压浆的密实情况,如有不实,应及时处理和纠正。压浆时,每一工作班应留取不少于 3 组边长为 70.7mm 的立方体试件,标准养护 28d,检查其抗压强度,作为评定水泥浆强度的依据。

⑨设备清理

a. 拆卸外接管路、附件、清洗空气滤清器及阀门等。

b. 完成当日灌浆后,必须将所有沾有水泥浆的设备清洗干净。

c. 安装在降压端及出浆端的阀门,应在浆体初凝后,及时拆除并进行清理。

⑩封锚

孔道压浆完毕,清理施工面并对梁端混凝土凿毛,然后绑封锚区钢筋,支封锚区模板,经监理验收合格后即可进行封锚混凝土施工。封锚混凝土强度等级应符合设计要求。混凝土洒水养护时间不少于 7d。

（3）质量标准

1）基本要求

①预应力筋孔道安装位置应正确,孔道成形圆滑、通顺、洁净。

②孔道压浆的水泥浆强度必须符合设计要求,压浆时排水孔应有水泥浓浆溢出。

2）实测项目

见表 7－39。

表 7－39　　　　　　　　　　　后张预应力管道安装实测项目

项次	检 查 项 目		规定值或允许偏差	检 查 方 法 和 频 率
1	管道坐标 （mm）	梁长方向	30	尺量:抽查 30％,每根查 10 个点
		梁高方向	10	
2	管道间距 （mm）	同　排	10	尺量:抽查 30％,每根查 5 个点
		上下层	10	

（4）成品保护

1）塑料波纹管安装就位过程中,应防止电焊火花烧伤管壁。

2）振捣工事前应了解波纹管、芯模在梁体内的位置,振捣混凝土时,严禁触及波纹管或芯模,以防破坏管道或芯模。

（5）应注意的质量问题

1）塑料波纹管应储存在干燥通风的地方,不得靠近热源和长期受日光暴晒,防止腐蚀性气体对管材的腐蚀。

2）塑料波纹管搬运时应轻拿轻放,不得抛甩或在地上拖拉。要防止尖锐物戳伤管壁。

3）波纹管安装后应检查其位置、直线（曲线）形状是否符合设计要求,塑料波纹管的固定是否牢靠,接头是否完好,管壁有无破损等。防止波纹管安装位置不准,连接不牢和漏浆现象。

4）防止灌浆不饱满,应采取下列措施:灌浆前波纹管孔道必须密封、清洁、干燥;输浆管应选用高强橡胶管,抗压能力大于等于 1.5MPa,连接要牢固,不得脱管;中途换管道时间内,继续启动灌浆泵,让浆液循环流动;储浆罐的储浆体积必须大于所要灌注的一条预应力孔道体积。

7.2　道路给水管道明挖土方工程施工方案

封面　（略）

目　录

7.2.1　编制依据

7.2.1.1　××市××路给水管道工程设计图纸和其他相关设计文件。

7.2.1.2　本工程施工组织设计。

7.2.1.3　现行施工规范和验收标准等。

7.2.2　工程概况

7.2.2.1　工程简介(见表7—40)

表7—40　　　　　　　　　　　　　工程简介表

工程名称	工程地址	起止桩/井号	管线长度(m)	管径(mm)	断面 $b×h$ (mm)	材质
××市××路给水管道工程	××市××路(××路~××路)	××	××	$DN400~$ $DN1000$	××	钢管
计划开工日期	××年×月×日		计划竣工日期		××年×月×日	
备　注						

7.2.2.2　工程项目建设实施相关单位名录　(略)

7.2.2.3　工程承包范围及工程量

　　本标段内的测量桩位交接和管线开挖及回填过程测量、沟槽土方开挖、回填、施工作业带的清理、施工场地和施工临时道路的清理及地貌恢复、与管道安装单位的施工配合。

　　本工程土方开挖量为××m³,回填量为××m³。

7.2.2.4　施工场地自然条件及社会依托　(略)

7.2.3　施工准备

　　为按期保质完成本项目,工程开工后立即按计划组织机械、材料、人员进场;并和业主、监理及设计单位各方联系,进行图纸会审,协助设计单位完善施工设计图纸;对进场的成品、半成品、设备、材料进行自检、专检,并向监理工程师提交产品合格证和质保书。同时完成临时设施工程,积极快速地投入正常的生产中。

7.2.3.1　技术准备

　　1.进行现场踏勘、收集有关资料,了解作业现场情况

　　(1)调查现场的交通情况,掌握各交叉路口交通转向及车流量,便于交通组织,并可确定材料、机械、土方运输路线。

　　(2)调查水源、电源情况:调查施工水源、电源的供应能力及接驳地点、线路距离;本工程由施工方解决用水、用电。

　　(3)收集气象资料,以便更好地组织施工,制定讯期、雨季施工措施;本工程施工期虽处于旱季,在施工组织上应充分考虑雨天的影响,合理组织施工,对受雨季影响较大的土方工程集中各方面的资源及力量,尽量缩短土方工程的工期,减少受雨水的影响。

　　(4)联系管线部门以取得地下管线的资料,并与现场仪器探测结果互相核对,掌握本标段地

下管线资料。

(5) 了解本标段周围的物资供应情况:调查物资供方的供应能力、价格、品种、质量、信誉等情况,并评价确定物资供方。

2. 开挖前认真审核设计图纸和说明,已做好图纸会审和施工方案,确定开挖断面和堆土位置,并经上级批准。

3. 对有关人员做好书面技术交底工作,并已签认。

4. 对接入原有管线的平面位置和高程进行核对,并办理手续。

5. 已做好施工管线高程、中线及永久水准点的测量复核工作。

6. 已测放沟槽开挖边线、堆土界限,并用白灰标识。

7.2.3.2 施工队伍准备

根据设计文件或招标文件及本项目的具体情况建立项目经理部,选派项目经理和专业技术管理人员及富有施工经验的施工队伍进行该工程的施工。项目部人员均具备相应资格持证上岗。

对进场的专业技术管理人员、工人进行必要的技术、质量、环境、安全岗位培训和法制教育,提高其质量、环境、安全意识并遵守相关法律、法规。

7.2.3.3 物资准备

1. 材料准备

物资部根据施工组织设计的材料需用量计划编制材料采购计划或材料生产计划,并根据质量计划及物资供方评审材料确定合格供方。

2. 机械准备

(1) 根据施工组织设计中确定的施工方法、施工机具、设备的要求和数量以及施工机械的进场计划组织落实机械设备。

(2) 施工前项目机材组对本项目即将使用的机械进行全面的检修维护,对拟用仪器进行送检校准,确保其完好状态。

(3) 施工测量仪器设备

1) 主要测量设备:全站仪(测角精度不低于 $6''$,测距精度不低于 $5mm+5ppm \cdot D$)。

2) 经纬仪(不低于 J_6)、水准仪(不低于 S_3)。

3) 工具及材料:水准尺、钢尺、盒尺、大锤、水泥钉、小钉、木桩、白灰、混凝土标桩、标志牌、红漆。

4) 全站仪、经纬仪、水准仪、钢尺等必须经有资质的计量检测部门检定合格。

(4) 明挖土方机具设备

1) 机械:推土机、挖掘机、装载机、自卸汽车、机动翻斗车等。一般常用土方机械的特性和适用范围见表 7—41。

2) 机具:手推车、铁锹(尖、平头)、大锤、铁镐、撬棍、钢卷尺、梯子、坡度尺、小线等。

3. 资金准备

根据本工程合同文件的要求及施工组织设计中的资金需用量计划,资金准备为××万元人民币。开工时由本公司及时安排到位使用。

7.2.3.4 建立并贯彻落实项目管理制度

根据公司质量、环境、职业健康安全管理体系手册、程序文件规定,本项目建立并贯彻落实的管理制度有:

1. 项目经理部组织管理制度。

表 7—41　　　　　　　　　　　　一般常用土方机械的特性和适用范围

名　称	机械特性	作业特点	适用范围	辅助机械
推土机	操作灵活，运转方便，需工作面小，可挖土送土，行驶速度快	1. 推平； 2. 运距 80m； 3. 开挖浅基层； 4. 回填、压实； 5. 助铲； 6. 牵引	1. 找平表面，平整场地； 2. 短距离移挖作填； 3. 开挖深度不大于 1.5m 的基坑；4. 堆筑高 1.5m 内的路基、堤坝； 5. 羊足碾	土方挖运时需配备装土、运土设备；推挖三～四类土需用松土机预松土
铲运机	操作简单灵活，不受地形限制，不需特设道路，能独立工作，不需其他机械配合能完成铲土、运土、卸土、压实等作业，行驶速度快，生产效率高	1. 整平； 2. 开挖大型基坑； 3. 运距 800m 内的挖运土； 4. 填筑路基、堤坝； 5. 回填压实土方	1. 大面积场地整平压实； 2. 运距 100m～800m 的挖运土方	开挖坚土时需用推土机助铲；开挖四类土需用松土机预松土
正铲挖土机	装车轻便灵活，回转移位方便，能挖掘坚硬土层，易控制开挖尺寸，工作效率高	1. 开挖停机面以上土方； 2. 挖方高度 1.5m 以上； 3. 装车外运	1. 大型场地整平土方； 2. 大型管沟和基槽； 3. 独立基坑； 4. 边坡开挖	土方外运应配备自卸汽车，工作面应有推土机配合平土，集中土方
反铲挖土机	操作灵活，挖土、卸土均在地面作业，不用开运输道	1. 开挖停机面以下土方； 2. 挖土深度随装置而定； 3. 可装车和甩土	1. 管沟和基槽； 2. 独立基坑； 3. 边坡开挖	土方外运应配备自卸汽车；工作面应有推土机配合
拉铲挖土机	可挖深坑、挖掘半径及卸载半径大，操作灵活性较差	1. 开挖停机面以下土方； 2. 可装车和甩土； 3. 开挖断面偏差较大	1. 管沟、基坑、槽； 2. 大量外借土方； 3. 填筑路基、堤坝； 4. 挖掘河床； 5. 不排水挖取土	土方外运需配备自卸汽车；配备推土机创造施工条件
抓铲挖土机	钢绳牵拉、灵活性较差，工效不高，不能挖掘坚硬土	1. 开挖直井或沉井土方； 2. 装卸和甩土； 3. 开挖断面偏差较大	1. 深基坑、基槽； 2. 水中挖取土； 3. 桥基、桩孔挖土； 4. 散装材料装车	土方外运时，按运距配备自卸汽车
装载机	操作灵活，回转移位方便，可装卸土方和散料，行驶速度快，可进行松软表层土剥离、整平	1. 开挖停机面以上土方； 2. 轮胎式只能装松散土方，履带式能装普通土方； 3. 要装车运走	外运多余土方	土方外运需配备自卸汽车；作业面需经常用推土机平整，并推松土方

2. 项目现场标准化管理制度。

3. 项目技术管理制度。

4. 项目信息管理制度。

5. 项目环境管理制度。

6. 项目职业健康安全管理制度。

7. 项目生产管理制度。

8. 项目质量管理制度。

9. 项目机械设备管理制度。

10. 项目料具管理制度。

11. 项目试验管理制度。

12. 项目计量管理制度。

13. 项目施工资料管理制度。

14. 项目现场保卫及治安管理制度。

7.2.3.5　现场施工条件准备

1. 施工测量作业条件

(1) 给定的测量平面控制点不得少于 3 个,高程控制点不得少于 2 个。

(2) 具有施工设计图纸及与测量有关的设计变更。

(3) 施工测量人员应具有职业资格证书,持证上岗。

2. 明挖土方作业条件

(1) 土方开挖前,根据设计图纸和施工方案的要求,将施工区域内的地下、地上障碍物清除完毕。

(2) 各种现状管线已改移或加固,对暂未处理的地下管线及危险地段,做好明显标志。

(3) 沟槽有地下水时,已根据当地工程地质资料采取降低地下水位措施,水位降至沟槽底 0.5m 以下。

(4) 施工区域内供水、供电、临时设施满足土方开挖要求,道路平整畅通。

(5) 做好土方开挖机械、运输车辆及各种辅助设备的维修检查和进场工作。

7.2.4　工程施工方案

7.2.4.1　工程测量

1. 测量、试验室设置

(1) 根据本标段工程特点和设计文件要求,项目部在现场设置测量队和试验室,以满足设计和施工需要。

(2) 测量队由队长、测量工程师、测量工等 5 人组成。

(3) 试验室由主任、试验工程师、试验员等 4 人组成。

注:施工期间,根据工程需要和监理工程师要求进行增加和调整。

2. 弃土场布置

本合同弃方共计××m³,平均每公里弃方数量××m³,全段共设弃土场 2 处,弃方平均运距 20km。1 号弃土场设于××,占用地×亩,拟堆弃方××m³;2 号弃土场设于×,占用地×亩,拟堆弃方××m³,在沿弃土场边缘设 30m 的顺水墙,墙平均高 6m。

3. 施工测量

（1）工艺流程

测量桩位交接 → 桩位复测 → 控制网测设 → 管线开挖测量 → 回填过程测量

（2）操作方法

1）测量桩位交接

测量桩位交接由建设单位主持,在现场由勘测单位向项目部测量队进行交桩,测量队由测量主管人员负责接桩,依照资料在现场指认移交;交接桩时,各桩位应完整稳固,交接桩测量资料必须齐全,现场标桩应与书面资料相吻合;如与相邻施工段相接时,应在相邻施工段多交接一个平面控制点和一个高程控制点;接桩后应做好护桩工作,同时做好标识便于寻找。

2）桩位复测

接桩后,应立即组织测量人员进行内业校核及外业复测,平面控制点复测采用附合导线测量方法进行,高程控制点复测采用附合水准测量或三角高程测量方法;复测的技术要求不应低于原来控制桩的测量精度等级;如发现问题,应及时与业主及交桩单位研究解决;复测合格后及时向监理工程师或业主提交复测报告,以使复测成果得到确认后使用。

3）控制网测设

①控制网布设形式

a. 平面控制网布设形式:管线工程平面控制测量方法采用附合导线方法。

b. 高程控制网布设形式:高程控制测量宜采用附合水准测量方法,高程控制点每 100m 左右布设一点,施工期间应定期复测。

②控制网测量

a. 选点、埋石:加密控制点应选在距沟槽边 20m～50m,点位应通视良好、便于施测和长期保存,控制点应埋设混凝土桩或现浇混凝土,中心预理 $\phi6$ 钢筋作为中心点(钢筋中设十字中心线),如控制点在现况沥青混凝土路面上也可直接钉水泥钉作为点位。

b. 外业观测:控制网测设应符合国家控制测量相应等级及相关技术要求。

c. 内业计算

（a）计算所用全部外业资料与起算数据,应经两人独立校核,确认无误后方可使用。

（b）各级控制点的计算,可根据需要采用严密平差法或近似平差方法。

（c）平差时,使用程序必须可靠,对输入数据进行校对,输出数据应满足相应精度要求。

4）管线开挖测量

①开挖前测量

a. 沟槽开挖前根据设计图纸及施工方案进行中线定位,采用极坐标方法测放管线中线桩时,应在起点、终点、平面折点、竖向折点及直线段的控制点等位置测设中心桩。

b. 管线中线桩每 10m 一点,桩顶钉中心钉,并应在沟槽外适当位置设置栓桩;根据中线控制桩及放坡方案测放沟槽上口开挖位置线,现场撒白灰线标注。然后在上口线外侧对称钉设一对高程桩,每对高程桩上钉一对等高的高程钉。高程桩的纵向间距宜为 10m。

②开挖过程测量:开挖过程中,测量人员必须对中线、高程、坡度、沟槽下口线、槽底工作面宽度等进行检测,并在人工清底前测放高程控制桩。

③人工清底后测量:沟槽捡底后,采用极坐标方法或依据定位控制桩采用经纬仪投点法向槽底投测管线中线控制桩;采用水准测量或钢尺悬吊法将地面高程引测至沟槽底。

④井室开挖测量:井室开挖与沟槽开挖同时进行,根据井室桩号坐标及控制点坐标采用极坐标方法测放结构中心位置,依设计或相应图集测放结构开挖上口线及开挖高程控制桩,同时进行

栓桩。

5）回填过程测量

根据设计要求或规范规定测放回填不同区域及分层高程控制桩，标出每层回填土压实厚度。

4. 质量标准

（1）导线测量的主要技术要求见表 7－42。

表 7－42　　　　　　　　　　　　导线测量的主要技术要求

等级	导线长度（km）	平均边长（km）	测角中误差（″）	测距中误差（mm）	测距相对中误差	测回数			方位角闭合差（″）	相对闭合差
						DJ$_1$	DJ$_2$	DJ$_6$		
三级	1.2	0.1	10	15	≤1/7000	—	1	2	$24\sqrt{n}$	≤1/5000

注：n 为测站数。

（2）水准测量的主要技术要求应符合表 7－43 中的规定。

表 7－43　　　　　　　　　　　　水准测量的主要技术要求

等级	每千米高差全中误差（mm）	水准仪的型号	水准尺	观测次数		往返较差、附合或环线闭合差
				与已知点联测	附合或环线	
三等	6	DS$_3$	双面	往返各一次	往返各一次	$12\sqrt{L}$

注：1. 结点之间或结点与高级点之间，其路线的长度，不应大于表中规定的 0.7 倍。

2. L 为往返测段、附合或环线的水准路线长度（km）。

3. 三等水准测量可采用双仪器高法单面尺施测。

（3）管线高程允许偏差应符合表 7－44 的规定。

表 7－44　　　　　　　　　　　　管线高程允许偏差

类　型	点位允许偏差（mm）
自流管	±3
压力管	±10

7.2.4.2　明挖土方

1. 工艺流程

沟槽开挖 → 边坡修整 → 人工清底 → 验槽

2. 施工方法

（1）沟槽开挖

1）管道沟槽底部的开挖宽度

①管道沟槽底部开挖宽度应按设计要求留置，若设计无要求时，可按下列方法确定：

$$B = D_1 + 2(b_1 + b_2 + b_3) \qquad (7-2)$$

式中：　B——管道沟槽底部的开挖宽度（mm）；

D_1——管道结构的外缘宽度（mm）；

b_1——管道一侧的工作面宽度（mm）；

b_2——管道一侧的支撑厚度，可取 150mm～200mm；

b_3——现场浇筑混凝土或钢筋混凝土管渠一侧模板的厚度（mm）。

②管道一侧预留工作宽度为 300mm～400mm。

2）沟槽边坡的确定

当地质条件良好、土质均匀,地下水位低于沟槽底面高程,且开挖深度在 5m 以内边坡不加支撑时,在设计无规定情况下,沟槽边坡最陡坡度应符合表 7－45 的规定。

表 7－45　　　　　　　　　深度在 5m 以内的沟槽边坡的最陡坡度

土的类别	边坡坡度（高∶宽）		
	坡顶无荷载	坡顶有静载	坡顶有动载
中密的砂土	1∶1.00	1∶1.25	1∶1.50
中密的碎石类土（充填物为砂土）	1∶0.75	1∶1.00	1∶1.25
硬塑的轻亚黏土	1∶0.67	1∶0.75	1∶1.00
中密的碎石类土（充填物为亚黏土）	1∶0.50	1∶0.67	1∶0.75
硬塑的亚黏土、黏土	1∶0.33	1∶0.50	1∶0.67
老黄土	1∶0.10	1∶0.25	1∶0.33
软土（经井点降水后）	1∶1.00	—	—

3）机械开挖

①开挖沟槽时,应合理确定开挖顺序、路线及开挖深度,然后分段开挖,开挖边坡应符合有关规范规定,直槽开挖必须加支撑。

②采用机械挖槽时,应向机械司机详细交底,其内容包括挖槽断面、堆土位置、现有地下构筑物情况和施工要求等;由专人指挥,并配备一定的测量人员随时进行测量,防止超挖或欠挖。当沟槽较深时,应分层开挖,分层厚度由机械性能确定。

③挖土机不得在架空输电线路下工作。如在架空线路下一侧工作时,与线路的垂直、水平安全距离,不得小于表 7－46 的规定。

表 7－46　　　　　　单斗挖土机及吊车在架空输电线路一侧工作时与线路的安全距离

输电线路电压（kV）	垂直安全距离（m）	水平安全距离（m）
<1	1.5	1.5
1～20	1.5	2.0
35～110	2.5	4.0
154	2.5	5.0
220	2.5	6.0

④挖土机沿挖方边坡移动时,机械距边坡上缘的宽度一般不得小于沟槽深度的 1/2。土质较差时,挖土机必须在滑动面以外移动。

⑤开挖沟槽的土方,在场地有条件堆放时,一定留足回填需要的好土;多余土方应一次运走,避免二次挖运。

⑥沟槽设有明排边沟时,开挖土方应由低处向高处开挖,并设集水井。

⑦检查井应同沟槽同时开挖。

4）人工开挖

人工开挖沟槽时,其深度不宜超过 2m,开挖时必须严格按放坡规定开挖,直槽开挖必须加支撑。

5）堆土

①在农田中开挖时,根据需要,应将表面耕植土与下层土分开堆放,填土时耕植土仍填于表面。

②堆土应堆在距槽边 1m 以外,计划在槽边运送材料的一侧,其堆土边缘至槽边的距离,应根据运输工具而定。

③沟槽两侧不能堆土时,应选择堆土场地,随挖随运,以免影响下步施工。

④在高压线下及变压器附近堆土,应符合供电部门的有关规定。

⑤靠近房屋、墙壁堆土高度,不得超过檐高的 1/3,同时不得超过 1.5m。结构强度较差的墙体,不得靠墙堆土。

⑥堆土不得掩埋消火栓、雨水口、测量标志、各种地下管道的井盖等。

6）沟槽支护

沟槽支护应根据沟槽的土质、地下水位、开槽深度、地面荷载、周边环境等因素进行方案设计。沟槽支护型式主要有槽内支撑、土钉墙护坡、桩墙护坡。

①槽内支撑:支撑材料可以选用钢材、木材或钢材和木材混合使用。

a. 单板撑:一块立板紧贴槽帮,撑木撑在立板上,如图 7—12。

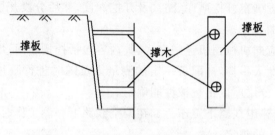

图 7—12　单板撑

b. 横板撑:横板紧贴槽帮,用方木立靠在横板上,撑木撑在方木上,如图 7—13。

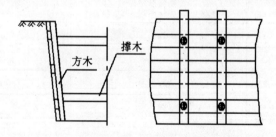

图 7—13　横板撑

c. 立板撑:立板紧贴槽帮,顺沟方向用两根方木靠在立板上,撑木撑在方木上,如图 7—14。

d. 钢板桩支撑:钢板桩支撑可采用槽钢、工字钢或定型钢板桩。钢板桩支撑按具体条件可设计为悬臂、单锚,或多层横撑的钢板桩支撑,并应通过计算确定钢板桩入土深度和横撑的位置。

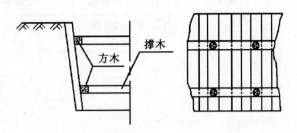

图 7—14　立板密撑

②槽内支撑基本要求:槽内支撑材质、大小及支撑密度应经计算确定。

③支撑的安装

a. 槽帮应平整,撑板应均匀紧贴槽帮。

b. 撑板的安装应与沟槽槽壁紧贴,当有空隙时,应填实。横排撑板应水平,立排撑板应顺直,密排撑板的对接应严密。

c. 撑木支撑的高度,应考虑下步工序的方便,避免施工中拆卸。

d. 钢板桩支撑采用槽钢作横梁时,横梁与钢板桩之间的孔隙应采用木板垫实,并应将横梁和横撑与钢板桩连接牢固。

e. 用钢管支撑时,两端需安装可调底托,并与挡土背板牢固连接。

④支撑拆除:支撑拆除应与沟槽土方回填配合进行,按由下而上的顺序交替进行。拆除钢板桩支撑,应在回填土达到计算要求高度后,方可拔除钢板桩。钢板桩拔除后应及时回填桩孔。当采用灌砂填筑时,可冲水助沉;当控制地面沉降有要求时,宜采取边拔桩边注浆的措施。

7)现况管道处理

①开挖沟槽与现况管线交叉时,应对现况管线采用悬吊措施,具体悬吊方案应经计算确定,并取得管理单位同意。

②当开挖沟槽与现况管线平行时,需经过设计和管理单位制定专门保护方案。

(2)边坡修整

开挖各种浅坑(槽)和沟槽,如不能放坡时,应先沿白灰线切出槽边的轮廓线。开挖放坡沟槽时,应分层按坡度要求做出坡度线,每隔 3m 左右做出一条,进行修坡。机械开挖时,随时开挖随时人工修坡。

(3)人工清底

人工清底按照设计图纸和测量的中线、边线进行。严格按标高拉线清底找平,不得破坏原状土,确保基槽尺寸、标高符合设计要求,机械开挖配合人工进行清底。

(4)验槽

基底标高、轴线位置、边坡、坡度、基底土质或地基处理经验槽后,沟槽开挖质量符合国家现行标准《给水排水管道工程施工及验收规范》(GB 50268)的规定,并满足设计要求。槽底宽度应由设计确定,包括管道结构宽度及两侧工作宽度。

3. 质量标准

(1)基本要求

管沟基底的土质必须符合设计要求,并严禁扰动。

(2)管道明挖土方工程允许偏差项目见表 7—47。

表 7-47　　　　　　　　　　　　　明挖基坑、土方工程允许偏差项目

项次	检查项目	规定值或允许偏差 （mm）	检查方法
1	槽底高程(有管道基础)	±10	用水准仪检查
2	槽底高程(无管道基础)	±20	用水准仪检查
3	宽度	0	用尺量
4	边坡	不陡于规定	用坡度尺量

7.2.4.3　沟槽回填

1. 回填前应具备的条件

（1）管道加固

1）为防止钢管在回填时出现较大变形，在管内采取临时竖向支撑。

2）在管道内竖向上、下用 50×200mm 的大板紧贴管壁，再用直径大于 100mm 的圆木，或 100×100mm、100×120mm 的方木支顶，并在撑木和大板之间用木楔子背紧，每管节 2～3 道。支撑后的管道，竖向管径比水平管径略大 1%～2%DN。

3）回填前先检查管道内的竖向变形或椭圆度是否符合要求，不合格者可用千斤顶预顶合适再支撑方可回填。

（2）回填时应清除槽内积水、砖、石等杂物。

（3）水压试验前除接口外，管道两侧及管顶以上回填高度不应小于 0.5m，水压试验合格后，再回填其余部分。

2. 作业要求

（1）土料处理

1）填土应严格控制含水量，施工前应检验，当土的含水量大于最优含水量范围时，应采用翻松、晾晒、风干法降低之，或采取换土回填，均匀掺入干土或其他吸水材料等措施来降低，若由于含水量过大夯实时产生橡皮土，应翻松晾干至最佳含水量时再回填夯实。如含水量偏低，可采用预先洒水润湿。若铺土后发现含水量小于最优含水量时，可洒水湿润。

2）当用喷水器润湿前，先用秒表测量单位时间喷水器的流量，然后确定 1m³ 及整个润湿地段的洒水时间。当含水量小时，亦可采取增加压实遍数或使用大功能压实机械等措施。

3）在气候干燥时，须采取加速挖土、运土、平土和碾压过程，以减少土的水分散失。

（2）虚铺厚度：回填土压实的每层虚铺厚度根据设计要求进行，如设计无要求，铺土厚度可参照表 7-48 执行。

表 7-48　　　　　　　　　　　　　　回填土每层虚铺厚度

压实工具	虚铺厚度(mm)
木夯、铁夯	≤200
蛙式夯	200～250
压路机	200～300
振动压路机	≤400

（3）压实度：回填土的压实遍数应根据回填土的要求压实度、采用压实设备、回填土虚铺厚度和含水量经现场试验确定。回填压实应逐层进行，回填土的压实度应符合设计规定，如设计无规定时，可参照表 7-49 执行。

表 7-49　　　　　　　　　　回填土压实度标准表

序号	项目		压实度（%）	检验频率		检验方法
				范围	点数	
1	胸腔部分	钢　管	≥95	两井之间	每层1组（3点）	用环刀法检验
2	沟槽在路基范围外	管顶以上 500mm，宽度为管道结构外轮廓	≥85			
		其余部分	≥90 或按设计规定			
		农田或绿地范围，表层 500mm 范围内	不宜压实，预留沉降量，表面整平			
3	沟槽在路基范围内	管顶以上 250mm 内	≥87			
		其他部位，由路槽底算起的深度（mm） 0~800	按道路标准执行			
		800~1500				
		>1500				

注：1. 回填土的压实度，除设计文件规定采用重型击实标准外，其他皆以轻型击实标准试验获得最大干密度为 100%。

　　2. 土的最佳密实度测定方法见《土工试验方法标准》（GB/T 50123）。

　　3. 回填土压实度应根据管材强度及设计要求确定。

（4）土方回填：填土前应检查管底两侧三角处砂是否密实，缺砂或不密实的要补填密实。沟槽底至管顶以上 500mm 的范围应采用人工填土，超过管顶 500mm 以上采用机械还土。还土时应分层铺设夯实。

1）人工填土

用手推车送土，人工用铁锹、耙、锄等工具进行填土，由场地最低部分开始，由一端向另一端自下而上分层铺填。

边角人工夯填上一般用 60~80kg 重的木夯，由 4~8 人拉绳，2 人扶夯，举高不小于 0.5m，一夯压半夯，按次序进行。

2）机械还土

①推土机还土

推土机还土须分层铺填。大坡度推填土应分层推平，不得居高临下，不分层次，一次推填。推土机运土回填，可先在路线上的某中间点逐步分段集中成一个大堆，再分为若干次运送至卸土地点，分段距离约为 10m~15m，以减少运土的漏失量。填土程序一段采用纵向铺填顺序，从挖土区段至填土区段，以 40m~60m 距离为宜。

②铲运机还土

铲运机还土，铺填土区段的长度不宜小于 20m，宽度不宜小于 8m。填土程序一般尽量采取横向或纵向分层卸土，以利行驶时初步压实。

③自卸汽车还土

用自卸汽车运来的填土，卸下常是成堆的，需用推土机推开摊平。由于汽车不能在虚土上行驶,因而卸土推平和压实工作采取分段交叉进行,并可利用汽车行驶做部分压实工作。

(5)胸腔回填:胸腔两侧填土必须同时进行,两侧回填高度不要相差一层(200mm～300mm)以上。胸腔填土至管顶以上时,要检查管道变形与支撑情况,无问题时再继续回填。

(6)夯实:回填土的夯实采用人工夯实和机械夯实相结合的方式。采用木夯、蛙式夯等压实工具时,应夯夯相连,人工回填至管顶500mm以上后方可采用压路机碾压,碾压的重叠宽度不得小于200mm。测量、控制土的最佳含水量和摊铺厚度,以达到设计压实度。

(7)回填土至设计高度后,拆除管内临时支撑,应再次测量管子尺寸并记录,以确定管道填土后的质量。

3. 质量标准

管道回填土:在管顶以上500mm之内,不得回填大于100mm的土块及杂物。管道胸腔部位回填土的压实度不小于最佳压实度的95%,管顶以上500mm至地面,为路基时,按道路结构技术要求回填,穿越绿地其压实度为最佳压实度的85%。管沟回填土的压实度检查为50m检测2点,每侧1点,管顶以上500mm为100m检测1点。

7.2.5　质量管理点及控制措施

我公司是质量、环境、职业健康安全一体化管理体系认证企业,项目部依据 ISO 9001、ISO 14001、GB/T 28001－2001标准、公司管理体系手册、程序文件建立健全本项目的质量、环境、职业健康安全管理体系,制定目标、指标并组织实施,确保体系运行的有效性、符合性。

项目部质量、环境、职业健康安全管理体系 (略)。

为保证土方工程质量,其质量管理点及控制措施如下。

7.2.5.1　明挖土方及回填工程

1. 成立精干、高效的项目领导班子,选派具有丰富施工经验的队伍,加强岗位培训和质量意识教育。坚持"三检"(自检、专检、交接检)制度和隐蔽工程检查签证制度。土方施工中严格控制每道工序、每一部位,做到不经监理工程师检查签认不进行下道工序施工。

2. 土方开挖时,为防止邻近已有建筑物或构筑物、道路、管线等发生下沉和变形,与有关单位协商采取保护措施,在施工中进行沉降或位移观测。

3. 为避免平面位置、高程和边坡坡度出现偏差,施工中加强测量复核。

4. 为防止槽底土壤被扰动或破坏,机械开挖时,应距设计槽底高程以上预留不小于200mm土层配合人工清底。

5. 严格控制回填土的压实度。首先做好回填土的碾压处理,尤其是软土地基段,其次做好回填的填料质量,凡作为回填土填料的土石必须通过试验来确定。土的压实控制在接近最佳含水量时进行,在施工过程中对土含水量必须严格控制,及时测定、随时调整。

6. 雨期施工

(1)土方开挖一般不宜在雨期进行,必须开挖时,应尽量缩短开槽长度,逐段、逐层分期完成。

(2)沟槽切断原有的排水沟或排水管,如无其他排水出路,应架设安全可靠的渡槽或渡管,保证排水。

(3)雨期挖槽,应采取措施,防止雨水进入沟槽;同时还应考虑当雨水危及附近居民或房屋安全时,应及时疏通排水设施。

(4)雨期挖土时,留置土方不宜靠近建筑物。

7.2.5.2　成品保护措施

1. 应定期复测和检查测量定位桩和水准点,并做好控制桩点的保护。

2. 开挖沟槽如发现地下文物或古墓,应妥善保护,并应及时通知有关单位处理后方可继续施工,如发现有测量用的永久性水准点或地质、地震部门的长期观测点等,应加以保护。

3. 在地下水位以下挖土,应在基槽两侧挖好临时排水沟和集水井,先低后高分层施工以利排水。

4. 在有地上或地下管线、电缆的地段进行土方施工时,应事先取得有关部门的书面同意,施工中应采取措施,以防止损坏管线,造成严重事故。

7.2.6　安全、文明及环境保护措施

现场切实做好安全、文明及环境保护措施。

7.2.6.1　安全管理措施

1. 一般规定

(1) 对人员要求

1) 作业时必须执行安全技术交底,服从带班人员指挥。

2) 配合其他专业工种人员作业时,必须服从该专业工种人员的指挥。

3) 作业时必须根据作业要求,佩戴防护用品。

4) 作业时必须遵守劳动纪律,不得擅自动用各种机电设备。

(2) 土方开挖、存土、运土、弃土应统筹安排有序进行,保障道路畅通,不得互相干扰。

(3) 挖、运、填土机械进退场前,察看行驶道路上的架空线路、桥梁、涵洞、便桥、地下管线等构筑物,确认安全。必要时应对道路上的设施、地下构筑物等进行验算,确认安全。当危及其安全时,应采取相应的安全技术措施,并经验收合格形成文件后,方可通行。

(4) 沟槽穿越道路时,开工前应制定交通疏导方案,并经交通管理部门批准后,方可实施。施工中应在社会道路与施工区域之间设围挡和安全标志,并设专人疏导交通。需设临时交通便线、便桥时,应设专人经常维护,保持完好。

(5) 施工机具应完好,防护装置应齐全、有效。使用前应检查、试运转,确认合格。

(6) 上下沟槽必须走马道、安全梯。马道、安全梯间距不宜大于 50m。

(7) 拆除支撑前,应对沟槽两侧的建筑物、构筑物和槽壁进行安全检查,并应制定拆除支撑的实施细则和安全措施。

(8) 机械开挖土方时,应按安全技术交底要求放坡、堆土,严禁掏挖,履带或轮胎应距沟槽边保持 1.5m 以上的距离。

2. 沟槽开挖

(1) 挖土必须自上而下分层进行,严禁掏洞挖土。

(2) 挖土时应按施工设计规定的断面开挖。当土质发生变化边坡可能失稳时,必须采取保护边坡稳定的措施后,方可继续开挖。

(3) 开挖中对沟槽影响范围内的已建地下管线和建(构)筑物应采取保护措施,并经常维护,保持完好。

(4) 在有支护的沟槽内挖土时,采取防止碰撞支护的措施。

(5) 施工中发现危险物、文物和其他不明物时,必须停止作业,保护现场,不得随意搬动、敲击,并按有关规定办理。

（6）挖掘机挖土应遵守下列规定：

1）挖掘机挖土应按土方开挖标志线和施工设计规定的开挖程序作业。

2）在距直埋缆线 2m 范围内必须人工开挖，严禁机械开挖，并约请管理单位派人现场监护。

3）在各类管道 1m 范围内应人工开挖，不得机械开挖，并约请管理单位派人现场监护。

4）挖土时应设专人指挥。指挥人员应在确认周围环境安全、机械回转范围内无人员和障碍物后，方可发出启动信号。挖掘过程中指挥人员随时检查挖掘面和观察机械周围环境状况，确认安全。

5）配合机械挖土的清槽人员必须在机械回转半径以外作业；需在回转半径以内作业时，必须停止机械运转并制动牢固后，方可作业。

（7）使用推土机推土应遵守下列规定：

1）在深沟槽或陡坡地区推土时，应有专人指挥，其垂直边坡高度不得大于 2m。

2）2 台以上推土机在同一地区作业时，前后距离应大于 8m，左右相距应大于 1.5m；在狭窄道路上行驶时，未经前机同意，后机不得超越。

（8）人工挖槽应遵守下列规定：

1）槽深超过 2.5m 时应分层开挖，每层的深度不宜大于 2m。

2）多层沟槽的层间平台宽度，未设支撑的槽与直槽之间不得小于 80cm，安装井点时不得小于 1.5m，其他情况不得小于 50cm。

3）操作人员之间必须保持足够的安全距离，横向间距不得小于 2m，纵向间距不得小于 3m。

3．土方堆运

（1）土方运输前应根据土方调配方案、车辆和环境状况，确定运输道路。道路应坚实，沿线桥涵、地下管线等构筑物应有足够的承载力，能满足运输要求。穿越桥涵、架空管道、架空线路的净空应满足运输安全要求。

（2）土方运输中，遇机械、车辆、作业人员繁忙和道路较狭窄路段，应设专人指挥交通，确保安全。

（3）存土场应遵守下列规定：

1）存土场应避开建（构）筑物、围墙和电力架空线路等。

2）存土高度不得超过地下管道、构筑物的承载能力，且不得妨碍地下管线和构筑物等的正常使用与维护，不得遮压和损坏各类检查井，消火栓等设施。

3）存土场应选择在地势较高的地方，不得积水。

4）存土场应征得管理单位的同意。

5）存土场周围应设护栏，并设安全标志，非施工人员不得入内。

6）现场应设专人指挥机械、车辆。

7）存土场应采取防扬尘措施。

8）存土取走后应恢复原地貌。

（4）弃土场的堆土应及时整平。作业时尚应遵守（3）项的有关规定。

4．管道交叉处理

（1）管道交叉时，应按设计文件的规定进行管道交叉处理；设计文件未规定时应建议设计单位根据管道交叉的实勘资料，对管道交叉部位的加固补充设计。

（2）加固结构，应根据交叉管道的种类、断面、荷载、槽宽等通过计算确定，宜采用单梁、复合梁吊架或支墩等加固。

（3）管道加固措施应征得管理单位的签认。重要的管道加固，作业时应邀请管理单位现场监护。

（4）采用吊梁加固，吊梁应水平，两端应支垫牢固，悬吊应垂直；采用支墩加固，支墩支承层应坚实。

（5）施工中应经常检查、维护加固结构，保持管道安全运行。

（6）作业中，严禁在加固的管线上行走和置物。

（7）拆除加固设施应遵守下列规定：

1）管道结构施工完成后，回填土之前应在被悬吊管道下方，用支墩或其他措施将管道支牢，方可拆除吊架。

2）拆除吊架前，应邀请管理单位到现场，检查验收，确认被悬吊管道下方支垫牢固，符合要求并形成文件。

3）吊架拆除后，管道下的空间，应及时回填夯实。

5. 沟槽回填

（1）人工回填土

1）用小车向槽内卸土时，槽边必须设横木挡掩，待槽下人员撤至安全位置后方可倒土。倒土时应稳倾缓倒，严禁撒把倒土。

2）取用槽帮土回填时，必须自上而下台阶式取土，严禁掏洞取土。

3）人工打夯时应精神集中。两人打夯时应互相呼应，动作一致，用力均匀。

4）蛙式夯手把上的开关按钮应灵敏可靠，手把应缠裹绝缘胶布或套胶管。

5）蛙式夯由两人操作，一个扶夯，一人牵线。两人必须穿绝缘鞋、戴绝缘手套。牵线人必须在夯后或侧面随机牵线，不得强力拉扯电线。电线绞缠时必须停止操作。严禁夯机砸线。严禁在夯机运行时隔夯扔线。转向或倒线有困难时，应停机。清除夯盘内的土块、杂物时必须停机，严禁在夯机运转中清掏。

6）人工抬、移蛙式夯时必须切断电源。

7）作业后必须拉闸断电，盘好电线，把夯放在无水浸危险的地方，并盖好苫布。

8）回填沟槽时，应按安全技术交底要求在构造物胸腔两侧分层对称回填，两侧高差应符合规定要求。

（2）采用自卸汽车、机动翻斗车向槽内卸土时，车辆与槽边的距离应根据土质、槽深而定，且不得小于 1.5m；车轮应挡掩牢固。

7.2.6.2 文明施工管理措施 （略）。

7.2.6.3 环境保护措施

1. 现场堆放的土方应遮盖；运土车辆应封闭，进入社会道路时应冲洗。

2. 对施工机械应经常检查和维修保养，保证设备始终处于良好状态，避免噪声扰民和遗洒污染周围环境。

3. 对土方运输道路应经常洒水，防止扬尘。

7.3 矿山法隧道工程施工方案

封面 （略）

目 录

7.3.1　编制依据

7.3.1.1　××工程矿山法隧道设计图纸和其他相关设计文件。

7.3.1.2　该段隧道工程的地质条件及所处环境、施工现状,结合我单位类似工程的施工经验。

7.3.1.3　合同条款。

7.3.1.4　现行施工规范和验收标准。

7.3.1.5　业主批复的相关施工方案及会议精神。

7.3.2　工程概况

7.3.2.1　工程范围及工程数量

1. 左线 ZDK0+645.801~ZDK0+726.815,计 81.014m 的矿山法隧道施工,右线 YDK0+645.8~YDK0+728.118,计 82.318m 矿山法隧道施工。

2. 该段里程地表加固:施喷桩、袖阀管、摆喷桩等施工管理。

3. 工程数量见工程数量表　(略)。

4. 本施工方案的重点是实施 B 断面,里程为 YDK0+729.418~694.365。

7.3.2.2　工程地质条件

××客运站~××客运站区间北段矿山法隧道穿过花岗石残积土层,隧道顶部为淤泥质土和砂层。砂层为主要含水层,透水性强。根据地质钻孔资料及始发井开挖揭露的地层情况,该段隧道的地质情况比较复杂。

1. 隧道左线洞口段地质情况从上往下依次为:

①人工填土层<1>,为杂填土,厚 2m~3m。

②河湖沉积层<4-2>,为淤泥质土,厚 2m~3m。

③冲积-洪积砂层<3-2>,为中砂层,厚 3m~5m。

④花岗石残积土<5H-2>,为砂质黏性土,厚 7m~10m。

⑤下部为花岗石全风化层<6H>。

2. 隧道右线洞口段地质情况从上到下依次为:

①人工填土层<1>,为杂填土,厚 4m~5m。

②冲积-洪积土层<4-1>,主要为粉质黏土,厚 3m~4m。

③冲积-洪积砂层<3-2>,为细砂层,厚 1m~2m。

④花岗石残积土<5H-2>,为砂质黏性土。

⑤下部为花岗石全风化层<6H>,该段地下水丰富,更为不利的是隧道拱顶约 1m 进入冲积-洪积砂层,稳定水层埋深 1.45m~3.30m,冲积-洪积砂层更为饱含水层。岩土<5H-1>、<5H-2>、<6H>等地质残积土遇水极易软化崩解,甚至发生流砂现象。由于上层地质砂层为饱含水层,下伏的残积土会受到地下水的浸泡而软化,施工时易发生崩解和流砂,甚至塌方,造成地表下沉,施工过程中要引起高度重视,同时施工前要采取必要加固措施。

3. 钻孔地质柱状图　(略)。

7.3.2.3　隧道设计

本矿山法工程为××客运站~××客运站区间北段矿山法土建工程(支 YDK0+645.80~支 YDK0+728.118),长度 82.318m;隧道埋深 7.0m~7.8m,按浅埋暗挖法原理进行设计,采用复合式衬砌结构,即以大管棚注浆和超前注浆小导管、注浆导管、钢筋网、喷射混凝土和钢架为初期支护,二衬模筑钢筋混凝土,初期支护与二次衬砌间设全包防水隔离层。隧道为双线单洞矿山法隧道,有两种断面,即 A 型断面、B 型断面,其中 A 型断面左线长 47.238m,右线长 48.565m,B 型断面左线长 33.776m,右线长 33.753m。A 型断面开挖尺寸宽×高＝12.900×9.308m,B 型断面开挖尺寸宽×高＝14.700×10.007m,两种断面之间采用错台变换。具体详见图 7-15、图 7-16(未详尽处略)。

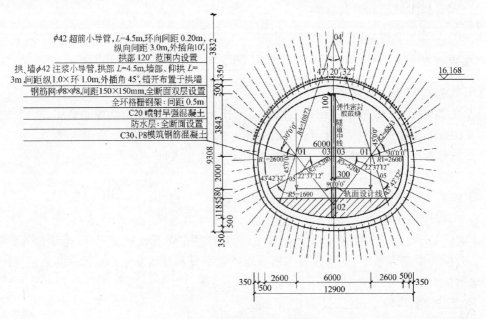

图 7-15　A 型隧道结构断面图

7.3.2.4　隧道施工环境

　　本段隧道北端与××客运站连接,南端与盾构始发井连接,地面上方有××高速公路的×× 立交桥桥墩基础和××公路,桥墩基础底距隧道开挖顶部仅为 3.823m,××公路共 12 个车道,进出城各 6 车道,交通繁忙,人流量大。地下管线比较多,埋置深浅不一。具体详见隧道上方行车道状况图 (略)、地下管线状态图 (略)。现场水电已通,施工场地与盾构共用,较狭小,需合理布置场地。

7.3.2.5　现场的施工现状

　　1. 北段矿山法 B 断面隧道工程地面摆喷墙止水帷幕已施工完毕,现正在帷幕部位用旋喷桩止水补强,A 断面暂未施工。在地面止水帷幕内外侧设置并施工了 3 组水位观测孔及内侧施工了 2 个垂直降水井。管棚施工现已完成了 25 根,并注浆完成。从提供资料显示,管棚施工时从管棚内带出的土体一共有 230 多 m³,而从管棚浆液喂入量达到 310 多 m³,从地面沉降监测数据来看,管棚周围的空虚土体基本回填加固。引起重视的是,在剩余的 15 根管棚施工过程中,严格控制注浆质量,对已注浆的管需要进行抽检或补注,直到空虚土体全部充填满为止。

　　2. 由于该隧道所处地理环境特殊,跨越××立交桥、××公路和十余道给排水、通信及煤气等管线,且所处地质较为复杂,穿插人工回填土、淤泥质土、粉质黏土、洪积砂层、砂质黏性土,且地下水位较高,地层水较饱和。前期为保护××大桥、地表管线、××公路采取了一系列的加固措施,部分已施做完毕,剩余的正在进行实施。

　　3. B 断面管棚共 40 根,单根长度 35m,共 1 400m,受始发井施工影响,分两次打设完成。现已施工完毕 25 根,但注浆有可能需补注完成。

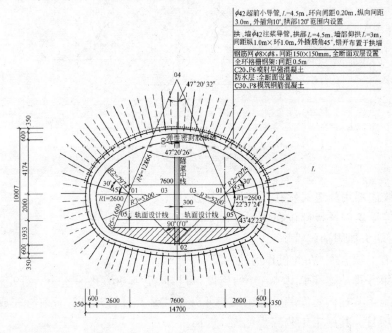

图 7－16　B 型隧道结构断面图

4. 洞口袖阀管施工正在进行,已钻孔完毕,并开始着手注浆。

5. 管线加固的旋喷桩施工尚未进行,正在准备施工。

6. 受地表加固及始发井圈梁施工影响,矿山法隧道施工尚未进行。

7.3.3　施工总体安排及施工方案

施工原则:重地上,管超前,严注浆,短开挖,强支护,快封闭,紧衬砌,勤量测,速反馈。该段隧道施工,把地表工程措施放在第一位。即进洞前保质保量完成 B 断面地表措施工程。施工时,结合现场实际情况将本段分为以下几个片区。

7.3.3.1　止水帷幕施工

止水帷幕施工已完毕,有其专项施工方案,在此不详述。

1. 根据水位观测及管棚施工时的涌水量,目前止水帷幕渗水量比较大,原因如下:

(1) 施工场地内地下树根较多,树根深度多在 3m～6m,摆(旋)喷高压水无法穿透树根,使一部分摆喷的喷射半径受到影响,造成桩与桩之间的连接效果不好。

(2) 地下管线较多,管径较大,B 断面隧道有三个位置的摆(旋)喷孔距大于 1.6m 达到 2m,喷射距离过大影响止水墙的质量。

(3) 在与连续墙交接部位,在连续墙背后易形成集水通道,在摆喷桩施工时,亦出现漏浆和喷射过程中冒浆中断的现象,导致摆喷墙在施工时与混凝土墙的交接效果不好,所以该部位是个薄弱点。

2. 止水帷幕补强措施

(1) 树根的分布规律难以把握,现设在摆喷墙轴线两桩心中部,用旋喷桩补强,桩深 23m(见图 7－17)。

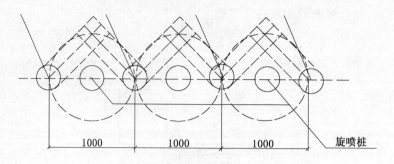

图 7-17　摆喷墙进一步旋喷补强措施图

（2）地下管线底部用骑缝式斜孔压密注浆补强；

（3）摆喷与连续墙的搭接部位在两侧分设 2 个压密注浆孔，孔深 23m。

7.3.3.2　B 断面端头加固袖阀管施工

袖阀管施工有专项方案，在此仅作简述。

袖阀管施工第一排从连续墙 0.4m 开始施做，每排间距 1.0m，孔深 8.5m～19.5m，呈梅花形布置。现袖阀管施工队袖阀管安装已施工完毕并开始注浆。预计×月×日前将完成 B 断面端头加固袖阀管施工项目。其施工工艺流程见图 7-18。

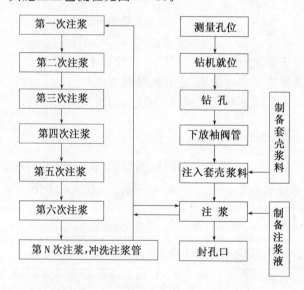

图 7-18　袖阀管注浆施工工艺流程图

1. 钻孔。根据各组注浆参数表要求，各孔钻进深度 8.5m～19.5m 不等，用泥浆护壁，一次钻孔到底，提出钻具。

2. 当砂层较厚，孔内塌孔时，用 φ91 套管护孔到底，待孔内注入套壳料，下入注浆外管后，才将 φ91 套管提出孔外。用 PW-120 泥浆泵，向孔内注入套壳料，注满为止。套壳料配方：水泥：黏土：水＝1：1.5：2（重量比，配方由现场试验最后确定）。向孔内下注浆袖阀管，长度 19.50m。注浆用 PW-150 注浆泵，根据各组注浆参数表要求，从孔底自下而上分段注入注浆液。注浆次序，每次都必须跳开一个孔进行注浆。以此类推，进入下一工作循环。

7.3.3.3　地表管线加固施工

由于隧道顶面管线较多，管径较大，特别是 $\phi1200$ 的混凝土给水管和 $\phi1500$ 的排水管，在施工时容易由于地表沉降而引起破坏，所以隧道开挖前对这些管线的地层进行加固保护，具体措施如下：

1. 采用旋喷桩。

2. 沿管线两侧布置，桩径 $\phi1000$，间距 1000mm。

3. 保护的重点为给水管和排水管等管线。

4. 管线加固预计从开工之日起 40 日完工。

7.3.3.4　对××大桥桥基临时加固的预备措施

B 断面隧道虽然不在××大桥桥基底下，但是与 50 号、51 号、52 号桥基比较近，在管棚和隧道施工时的疏水的地面沉降会影响到该范围内，所以需要对其进行有效的保护。

首先对桥基加强监测，结合水位监测，掌握疏水对桥基沉降的影响程度。同时对桥基采用以下保护措施。

1. 在桥基附近设的水位观测井做成直径为 500mm 大的灌水井，在必要时回灌水对地下水及时补充。

2. 为保证施工安全，拟在桥基附近各设 3～5 排袖阀管，间距 1m，进行注浆加固，形成幕墙，避免隧道开挖时引起地面沉降。

7.3.3.5　管棚施工

大管棚施工有专项方案，在此不详述。

1. 洞内管棚在拱部 120°范围布置，环向间距 40cm，管棚孔口位置沿隧道开挖线外 200mm 布置。根据以往管棚施工经验，钻杆钻进过程中约有 2‰的挠度，考虑施工及机械偏差，为确保管棚不侵入隧道开挖断面，且尽量减小管棚与开挖轮廓线之间的高度，减少拱顶坍塌，大管棚外插角控制在 1°～2°之间。

2. B 断面管棚共 40 根，管棚单根长度 35m，共 1400m。受始发井施工的影响，分两次打设完成。管棚采用直径 108mm，壁厚 6mm 的无缝钢管，分节安装。每节长度 3m～6m，每两节之间用丝扣连接。相邻两根钢花管的接头错开不小于 1m。无缝管上钻孔注浆，呈梅花形布置。

3. 管棚注浆采用水泥浆—水玻璃浆液，注浆压力采用 0.6～1.0MPa，水泥浆水灰比为 0.6:1～0.8:1，水玻璃浓度控制在 30～35Be′，浆液扩散半径为 0.6m～0.8m。施工中应根据实际地质情况，在现场对浆液配合比适时调整。

4. 由于管棚施工时存在流水涌砂现象，管棚钻孔采用跟管钻进，并在管棚孔口设置止砂阀，防止砂从管内涌出造成地面沉降。管棚注单液浆，使隧道拱部的砂层固结，防止开挖时出现顶部漏砂现象。

7.3.3.6　加强地面监测，实行信息化施工

1. 加强沉降收敛观测，依据沉降收敛的动态变化及时反馈信息情况和调整监测频率，依据沉降收敛信息及时调整支护参数和注浆参数，这样对洞内的岩层稳定和水的治理提供了科学的依据，有关地下管线、桥基、路面的变化，可依据沉降状态信息，采取对策，达到确保洞内和地面系统的安全。

2. 利用降水井和水位观测井的监测，及时掌握地下水位的动态及其分布规律，利用水位信息分析与地表监测值在时间、空间的关系，分析井下疏水、地面降水与地面、洞内主要建（构）筑物

系统安全可靠的关系。

3. 投放荧光剂。在不同的时间段分别在水位观测孔内投入荧光剂,在降水井和出水点进行水样采集分析,以利掌握水的流向、径流速度,水力梯度的信息,掌握地层水力联系信息与沉降的关系,预测水的变化,实现对即将发生沉降值的预测。

4. 了解社会信息,对有助于矿山法施工和地面建(构)筑物的保护措施以资有效的利用。

7.3.3.7　A、B 断面隧道施工

方法:全封水施工,人工配合小型挖机掘进,龙门吊出渣,大管棚、小导管超前支护,注单、双液浆,格栅钢架喷混凝土,初期支护,人工挂设防水板,自制混凝土衬砌台车衬砌,混凝土输送泵浇筑混凝土。

目的:减少地层疏水沉降,达到对××公路、地下管线及××大桥 50 号、51 号、52 号桥基少受疏水沉降影响。

1. 左、右侧上导洞施工

根据现场实际情况,根据盾构的始发顺序,左线导洞先行,首先破除连续墙,即在连续墙的上导洞中位开口,逐渐扩大,随时检查工作面的土体稳定情况和地下水的情况,根据掌子面开挖的实际情况确定是否增加加固措施。加固措施为打小导管注双液浆封闭。

开挖的土体利用 25t 龙门吊由始发井提升出洞,提升的土斗的高度与隧道底板有一定的高差,施工时在土斗指定摆放位置做成固定斜坡道,确保出渣车辆将渣顺利倒进土斗中。

土方开挖与初期支护:破连续墙后,土方开挖进尺 0.5m,并进行临时支护,喷护工作面,按照里程与角度准确安设格栅钢架,以保证与右导洞的格栅钢架准确对接,同临时支护的工字钢安装成环。施做锁脚注浆导管、安装钢筋网片、连接筋,施工侧壁注浆导管及喷护好混凝土,创造成正式循环的条件。

上侧导洞正常开挖循环作业:φ42 小导管超前注浆支护,小导管长 4.5m,循环进尺 3m,环向间距(避开管棚)0.2m,外插角 10°。每次开挖一榀,进尺 0.5m,打设径向注浆小导管,小导管长 4.5m,间距 1.0×1.0m,外插角 45°,依次推进。如工作面有较大压力水时,根据掌子面开挖的实际情况确定是否增加加固措施。加固措施为钢筋网喷射混凝土封闭工作面,打纵向小导管双液注浆。在每 3m 开挖段长内必须用风钻进行探水,经探水认定工作面前方无水时,这段开挖才能进行,探水眼如果有较大压力水,就需要进行双液注浆堵水。

附加工作:在下导洞开挖时,根据掌子面开挖的实际情况确定是否增加加固措施。加固措施为:在左、右侧上导洞底板进行下导洞未破连续墙前的注浆封水工作。在上导洞格栅钢架前 3m 范围内,向下导洞施作,向下注浆管注浆,每导洞环向下施工 7 根,排距 500mm,共 6 排。

每 3m 进尺持续时间见表 7—50,施工工艺流程见图 7—19。

2. 左、右侧下导洞施工

在上导洞推进不小于 8m 时才可施工下导洞。连续墙破除:破除顺序自上而下。破完连续墙后按照里程与角度准确安装靠连续墙的两榀格栅钢架,喷射混凝土,并用网喷混凝土厚度 200mm 封堵工作面。

根据掌子面开挖的实际情况确定是否增加加固措施。加固措施为:加设超前小导管,长度 4.5m,循环进尺 3m,外插角 10°,间距 40cm,并打径向注浆小导管。如前方掌子面压力水较大时,沿隧道轴向打设土体改造注浆小导管,长度 3m～4.5m,间距 1.0m。

每 3m 进尺持续时间见表 7—51,施工工艺流程见图 7—20。

表 7－50　　　　　　　　　　　　　每 3m 进尺持续时间表

工　序	项　目	时间（h）	时间小计（h）
①、④	测量放样	3	61
	超前小导管	8	
	开　挖	10	
	初喷混凝土	6	
	径向小导管	10	
	挂　网	6	
	测量校核	3	
	立格栅及型钢钢架	6	
	喷射混凝土	9	

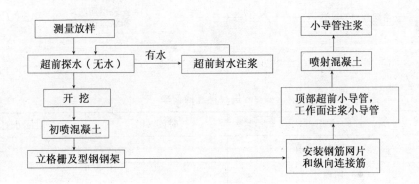

图 7－19　施工工艺流程

表 7－51　　　　　　　　　　　　　每 3m 进尺持续时间表

工　序	项　目	时间（h）	时间小计（h）
②、⑤	测量放样	3	51
	开　挖	6	
	初喷混凝土	6	
	打注浆导管	9	
	挂　网	6	
	立格栅及型钢钢架	9	
	测量校核	3	
	喷射混凝土	9	

3. 中上导洞施工

上导洞施工必须在右线上导洞（即后开的上导洞）开挖推进不小于 8m 后才可进行。连续墙的破除分两次进行,第一次沿格栅钢架一半的位置往下 1.6m～1.8m 范围之内先予破除,以开挖上导洞土体和安装格栅钢架喷混凝土。土体开挖进尺0.7m,初喷混凝土,安装两榀格栅钢架打注浆小导管等。打顶部超前小导管,喷混凝土封闭上部工作面,超前小导管注浆。根据掌子面开挖的实际情况确定是否增加加固措施。加固措施为:按1.0×1.0m间距打土体胶结注浆小导管,并注双液浆,开挖过程探水前进,在保持导洞上台阶工作面平台的基础上,抓紧破除连续墙并施工上导洞下台阶,安装中横联。视工作面压力水情况,可分段2m~4m间距从左、右侧上导洞向中洞上台阶打截水小导管1~2排并注浆,达到保护上台阶工作面无水施工的效果。

　　每3m进尺持续时间见表7-52,施工工艺流程见图7-20。

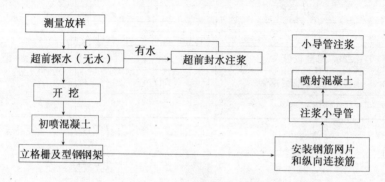

图7-20　施工工艺流程

表7-52　　　　　　　　　　　　　　　每3m进尺持续时间表

工　序	项　目	时间（h）	时间小计（h）
⑦	测量放样	3	62
	超前小导管	10	
	开　挖	10	
	初喷混凝土	6	
	注浆小导管	9	
	挂　网	6	
	立格栅及型钢钢架	6	
	测量校核	3	
	喷射混凝土	9	

　　4. 中下导洞施工

　　在上导洞推进6m~8m时,破除连续墙,分上下台阶开挖。首先安装前两榀格栅钢架,安装网片、连接筋和打底板小导管,小导管间距0.4m,ϕ42,长度4.5m,与格栅焊接,喷射完混凝土后注浆。根据掌子面开挖的实际情况确定是否增加加固措施。加固措施为:如前进掌子面压力水较大时,进行工作面封水:沿左、右下导洞每隔2m~4m向中下导洞打截水小导管2排,并注双液浆。

　　每3m进尺持续时间见表7-53,施工工艺流程见图7-20。

表 7－53　　　　　　　　　　　每 3m 进尺持续时间表

工　序	项　目	时间（h）	时间小计（h）
⑨	测量放样	3	60
	开　挖	9	
	初喷混凝土	6	
	注浆小导管	9	
	挂　网	6	
	立格栅钢架及竖撑	9	
	测量校核	3	
	喷射混凝土	9	
	基面处理	6	

5. 基面处理

在中下导洞施工了 6m 之后，即准备施工二次衬砌。二次衬砌施工前，首先检查已有基面有否侵限，对侵限部位凿除处理，对其他未侵限部位，割除尖锐物并用砂浆喷护一层找平，边墙部位平整度（矢高与弦长比）$D/L \leqslant 1/6$，拱部部位平整度（矢高与弦长比）$D/L \leqslant 1/8$。

6. 防水板铺设

防水板进场在其检验合格后，按照施工方便程度焊接成片，在自制台车架上进行铺设，防水板用无钉施工法，即土工布用射钉固定在基面上，套上 PVC 垫片，然后将 PVC 板热黏在垫片上。用专用热焊机将防水板与其焊牢，片与片用双缝焊焊接牢固，预留足够搭接量。施工工艺流程见图 7－21。

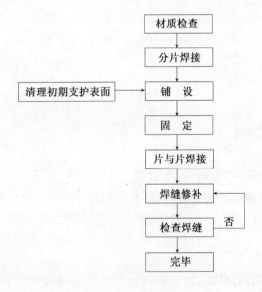

图 7－21　防水板施工工艺流程

7. 钢筋制安

钢筋加工主要在钢筋加工厂弯制成型,现场在自制台车上焊接就位,按设计位置,焊接预埋件、钢板止水带等,钢筋制安应严格按照施工技术规范执行。

8. 混凝土衬砌

仰拱及回填混凝土施做完毕后,混凝土自制台车就位,加固。按设计位置预留孔洞,根据监控情况,支立 3m～5m 钢模板,封头支立封头板,涂刷隔离剂,混凝土一次泵送到位,混凝土按照从低到高对称、分层浇筑。拱部停 0.5～1.0h 后,要反泵一次。混凝土衬砌施工工艺流程见图7－22。

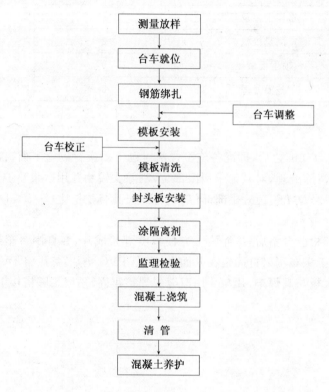

图 7－22　混凝土衬砌施工工艺流程

9. 双侧壁导坑法工艺流程

具体见表7－54。

7.3.3.8　施工总平面布置图和洞内开挖示意图

施工总平面布置图　(略),洞内开挖示意图　(略)。

7.3.4　主要的施工工艺

7.3.4.1　喷射混凝土

隧道喷射混凝土施工采用湿喷工艺以降低粉尘含量,设备使用 TK－961 湿喷机。

预拌料在洞外以强制式搅拌机拌和,前期经龙门吊吊送混凝土,运输车运至洞内。喷射混凝土时喷嘴与受喷面大致垂直,并应保证约 0.7m 距离,为减少喷射粉尘和回弹量,喷射机风压控制在 0.5MPa 左右,并合理选择喷射混凝土配合比。

表 7－54　　　　　　　　　　双侧壁导坑法工艺流程

序号	图　　示	施工步骤及技术措施
1		一、①部位开挖支护 1. 顶部施做管棚 2. 连续墙往北 3m 范围内往下打小导管,每排 7 根,注单液浆,共 6 排(导管焊接加长) 3. 开挖①部位土体 4. 初喷混凝土 5. 立格栅及型钢钢架 6. 打注浆导管,挂网 7. 喷混凝土 C20P6 8. 如果开挖侧壁地质情况较差,则每推进 2m～4m,打中上导洞截水注浆小导管 2×5＝10 根,2 排,管长 4.5m
2		二、②部开挖支护 1. 开挖②部位土体 2. 初喷混凝土 3. 立格栅及型钢钢架 4. 施做注浆导管加固土体 5. 打导管,挂网 6. 喷混凝土 C20P6 7. 每推进 2m～4m,打中下导洞截水注浆小导管 2 排,管长 4.5m 8. 如果开挖前方掌子面地质情况较差,则在工作面封闭后,打前方工作胶结堵水注浆小导管,长 4.5m,10 根
3		三、③部位开挖支护 1. 小导管注浆加固地层 2. 开挖③部位土体 3. 初喷混凝土 4. 立格栅及型钢钢架 5. 打小导管,挂网 6. 喷混凝土 C20P6(要求两侧导坑相距不小于 8m) 7. 连续墙往北 3m 范围内往下打小导管,每排 7 根,注单液浆,共 6 排(导管焊接加长) 8. 如果开挖前方掌子面地质情况较差,每推进 2m～4m,打中上导洞截水 2×5＝10 根注浆小导管 2 排,管长 4.5m
4		四、④部位开挖支护 1. 开挖④部位土体 2. 初喷混凝土 3. 立格栅及型钢钢架 4. 小导管注浆加固地层 5. 打小导管,挂网 6. 喷混凝土 C20P6(要求两侧导坑相距不小于 8m) 7. 推进 2m～4m,打中下导洞截水注浆小导管 2 排,管长 4.5m 8. 如果开挖前方掌子面地质情况较差,工作面封闭,打前方工作胶结堵水注浆小导管,长 4.5m,10 根

序号	图　　示	施工步骤及技术措施
5		五、⑤部位开挖支护 1. 土体已注浆隔水 2. 开挖⑤上台阶部位土体 3. 初喷混凝土 4. 挂网、立格栅钢架，打超前小导管 5. 喷射混凝土 6. 开挖下部台阶土体 7. 架中横联、架竖撑
6		六、⑥部位开挖支护 1. 开挖⑥部位土体 2. 初喷混凝土 3. 挂网、立格栅钢架，打底拱围岩加固小导管 4、喷射混凝土
7		七、⑦底拱混凝土二衬 1. 换撑；先施做Ⅰ18斜撑，后拆除下部临时支撑 2. 底拱基面处理 3. 铺设土工布，防水板 4. 做防水板砂浆保护层 5. 绑扎钢筋，安装施工缝铁板 6. 浇筑底板混凝土
8		八、⑧侧墙拱部混凝土二衬（在底拱混凝土二衬完成后） 1. 拆撑，拆斜撑，临时横竖支撑 2. 基面处理 3. 铺土工布防水板 4. 立模 5. 绑扎钢筋，安装施工缝铁板 6. 混凝土浇筑
9		九、浇筑中隔墙 1. 绑扎钢筋 2. 支模 3. 混凝土浇筑 4. 墙顶封闭

操作顺序为先开外加剂，后开风，再送料，以易黏结，减少回弹量保证喷射混凝土质量。

湿喷混凝土工艺流程见图 7—23。

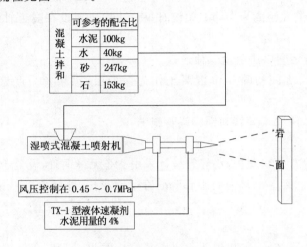

图 7—23　湿喷混凝土施工工艺流程

7.3.4.2　钢筋网安设

钢筋网网格间距 150×150mm，喷射混凝土将钢筋全部覆盖，喷射混凝土保护层厚度为 30mm，并与导管端头牢固焊接。

7.3.4.3　格栅拱架加工与架立

1. 钢筋加工

钢筋加工前，应严格按预留沉落量（即拱顶 100mm，边墙和底部 50mm）重新设计细部尺寸，曲线变化段要单独设计格栅细部尺寸，并在加工场进行预拼（尤其是曲线部分的拱架，每片在加工场均需预拼），以使加工后的格栅拱架在架设时能够闭合成环；运至现场的每批钢筋，应按规定进行机械性能的试验；钢筋运输和储存应设置标牌，并分批堆放整齐，不得锈蚀和污染；钢筋在工厂加工、焊接应严格按操作规程进行，并按要求进行试验；钢筋加工的允许偏差应符合表 7—55 的规定；所有格栅的钢筋交叉位置均按规范要求焊牢，以使每节格栅拱架在运输和架立时不致变形。

表 7—55　　　　　　　　　　　钢筋加工的允许偏差

项　　目		允许偏差（mm）
调直后局部弯曲		$d/4$
受力钢筋顺长度方向全长的净尺寸		±10
弯起成型钢筋	弯折位置	±20
	弯起高度	0，−10
	弯起角度	2°
	箍筋宽度	±10
箍筋内净尺寸		±5

2. 架立格栅

（1）格栅拱架架设前，计算每一节的横纵坐标（即以到隧道中线的距离为横坐标，以到隧道轨面设计线的距离为纵坐标），以便架设时对每一节进行测量定位，使之能形成一个完整的闭合环，保证每榀格栅之间最大距离为50cm，架设时每一片均要架设在隧道轴线垂直面内，纵向以φ22钢筋焊接连成一体。

（2）格栅拱架分节之间以法兰盘螺栓连接。

（3）钢拱架与围岩之间初喷5cm混凝土作为保护层，拱架背后严禁填加片石、木材等杂物。

7.3.4.4　超前小导管、注浆小导管和锁脚锚管施工

1. 超前小导管

全洞采用超前小导管注浆支护，小导管设计采用φ42无缝钢管，设置于开挖轮廓上方120°范围内，长度4.5m，纵向间距3m，环向间距0.2m，管壁钻花孔，外插角10°，钢管管头加工成尖状，按设计位置打入。

2. 注浆小导管

在隧道全断面设注浆小导管，在拱部和边墙部位长度为4.5m，在仰拱部位长度为3.0m，间距纵向和环向均为1.0m，外插角45°，梅花形布置。

3. 在隧道临时施工支护和永久支护时，上导洞施工时应于格栅拱架和型钢钢架底脚部位设置锁脚锚管，在每榀格栅拱架和型钢钢架均设置4根，两侧各2根。

4. 小导管施工工艺流程见图7—24。

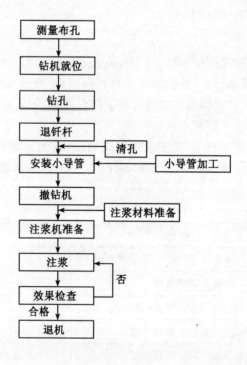

图7—24　小导管施工工艺流程

5. 压注CS双液浆配合比由现场试验确定。可参照如下配比进行试验。

双液浆配合比：

水泥浆 W：C＝(0.5~1)：1；

水泥浆与水玻璃体积比 C：S＝1：（0.5～1）。

其中：水玻璃：浓度为 35～45Be′，模数 n＝2.4～2.8；水泥：32.5 级普通硅酸盐水泥；缓凝剂：磷酸氢二钠；砂：最大粒径小于 2.5mm。

双液注浆工艺流程见图 7－25。

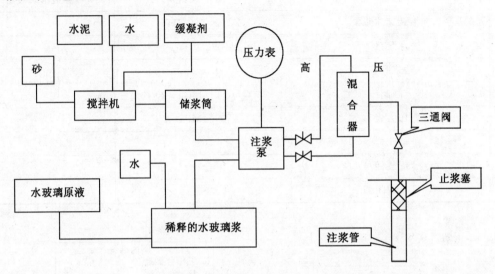

图 7－25　双液注浆工艺流程

（1）注浆系统试运转：准备工作完成之后，连接好管路系统及水、电等，进行试运转。用 3～5MPa 的压力对系统进行压水试验，以检查管路系统是否漏水和管路连接是否正确、设备状况是否正常，试运转时间一般为 20min。

（2）制浆：按现场试验所得的配比，将水泥、水玻璃和附加剂，分别放在搅拌机内拌和和稀释，然后放在各自的储浆筒内待用。

（3）注浆顺序：从拱脚向拱顶逐根注浆。

注浆结束标准：注浆量达到设计的 80% 或注浆压力达到设计终压。

6. 注浆效果检查

（1）检查方法：泄水试验、取岩芯试验、超声波探测。

（2）检查内容：堵水率、结石体强度、浆液扩散范围及帷幕厚度。

7. 施工注意事项

（1）小导管与钢支撑之间应焊接牢固。

（2）每一循环开挖之后，在架设钢支撑并初喷混凝土后进行导管施做。

（3）每一循环小导管之间搭接长度应按设计进行。

（4）钢拱支撑要尽快形成闭合环，在拱、墙脚设临时仰拱或横撑。

（5）在钢支撑拱角处打锁脚锚管并注浆，并将钢支撑与锚管焊接在一起，使之形成整体受力。

（6）如个别部位要爆破，应按松动爆破进行，认真施做，确保不塌方。

8. 主要材料、机具设备（见表 7－56）

7.3.4.5　防水层施工

1. 初期支护处理平顺后，采用自制防水板台车铺设防水层，防水卷材为 1.5mm 厚 PVC 复合防水板,衬砌施工缝按要求设置止水钢板。防水板施工程序见图7－26。

表 7－56　　　　　　　　　　　　　注浆机具设备表

序号	设 备 名 称	规 格 型 号	备 注
1	钻机	7655 风钻	隧道凿岩设备
2	双液调速注浆泵	ZTG－120/150	
3	注浆泵	BW250/50	
4	输浆胶管	DN 25	
5	闸阀	Q11SA－16Dg－25	
6	压力表	0－4MPa	
7	储浆桶	自制	
8	配浆桶	自制	
9	孔口封闭器	自制	

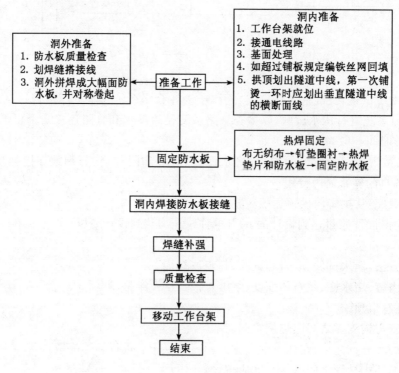

图 7－26　防水板施工程序

2. 防水板铺设要求

（1）防水板从拱顶向两侧铺贴,采用铆钉加胶垫固定无纺布,固定点间距拱部为 0.5m～0.7m,边墙为 1.0m～1.2m,梅花形布置。

（2）防水板热黏在 PVC 垫片上,搭接处采用双焊缝焊接,焊缝宽度为 10mm,且均匀连续,不得有假焊、漏焊、焊焦、焊穿等现象。

（3）防水板搭接宽度：短边大于 150mm，长边不小于 100mm。

（4）接缝做充气试验，用 0.15MPa 压力检验，时间持续 3min 压力其下降值不得大于 0.03MPa，则为合格。

（5）防水板铺设时要预留一定空间，以保证二衬混凝土施工时不被拉坏。

7.3.4.6 仰拱施工

仰拱施工为避免与前方掘进施工产生干扰，选用防干扰仰拱平台进行施工，一次施做长度 8m，平台示意见图 7—27。

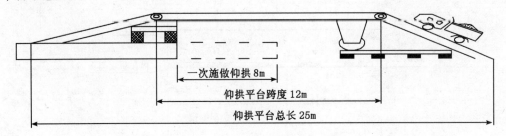

图 7—27 防干扰仰拱平台示意图

7.3.4.7 二次衬砌施工

1. 二次衬砌全部采用 C30P8 预拌混凝土，经现场监控量测，围岩和支护变形基本稳定后施做二次衬砌。在初期支护和防水板施做后，在自制钢筋台车上绑扎钢筋，输送泵泵送混凝土灌筑，衬砌钢模台车全断面衬砌，插入捣固器捣固。一次砌筑长度 6m。灌注混凝土时，预埋件、预留孔按设计位置施做。二次衬砌施工工艺流程见图 7—28。

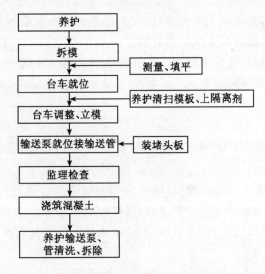

图 7—28 二次衬砌施工工艺流程

2. 混凝土浇筑及振捣要求

（1）混凝土灌筑前应对模板、钢筋、预埋件、预留孔洞、端头止水带等进行检查，清除杂物。

（2）混凝土振捣采用插入式振捣器分层振捣，振捣时间 10～30s，移动距离不大于作用半径 1 倍，插入下层混凝土深度不小于 5cm，振捣时不得碰钢筋、模板、预埋件和止水带。

（3）混凝土灌注从低处向高处分层连续进行，每层灌注厚度不超过其作用部分长的1.25倍，表面振捣不超过200mm。

7.3.4.8　衬砌背后注浆

为防止二次衬砌与防水层之间形成空隙，采用在二次衬砌背后压浆的施工措施进行充填。

1. 压浆孔设在拱顶，每5m隧道预留3个注浆孔。

2. 压浆管底部孔口挨近防水板，为确保压浆孔不被堵塞以及不刺破防水板，采用措施见图7－29。

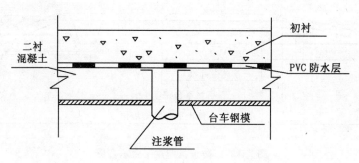

图7－29　预留注浆孔措施图

3. 二次衬砌混凝土灌筑56d后，从注浆管逐孔压入1：1水泥浆液，注浆压力为0.5～0.8MPa，充填二次衬砌与防水层之间的间隙。

7.3.4.9　进洞3m前的井点降水

1. 现状

在隧道施工准备阶段，为实现无水开挖，已在B断面两侧的轮廓线外3.5m部位施做完摆喷墙止水帷幕，后又增设一排旋喷桩止水帷幕补强。A、B断面交接处施做了旋喷桩止水帷幕。端头施设地下连续墙及3排袖阀管注浆加固。最外排袖阀管距连续墙2.4m，故在进洞3m时考虑进行降水。此帷幕深度在隧道底板下4.0m左右，止水帷幕已成环状，切断了止水帷幕内外水力联系。

2. 降水方案

止水帷幕内采用管井井点降水的方法进行降水。在开挖到A井后，主要靠B井降水。A井深度为9m，B井深度为23m。

降水施工前需在地表布设沉降监控点，降水施工时随时对沉降进行监控，并及时上报，以便及时采取措施减少沉降。降水要分层分段进行，这样可以控制降水适宜深度。进洞后，要在掌子面设立水平探水孔，以观测水的压力、流量等，决定下步是否降水和降水深度。

3. 降水井结构

降水井内径600mm，管井采用内径为400mm的钢筋笼，外包两层过滤网，井管采用300mm的塑料管，水泵为深井潜水泵。

4. 施工注意事项

（1）水位随降水下降，停止降水后，水位上升较慢或不上升，则止水帷幕效果较好，这种情况可分段降水，随时观测地表沉降情况。

（2）当地表沉降不超过规定限值30mm时，可继续降水，直至设计要求；如果出现地表沉降陡然增大时，应立即停止降水，或在回灌孔用水进行回灌，以阻止沉降的继续增加，并进行连续地表沉降观测。

（3）根据掌子面打探水孔观察涌水情况，如不需降水，则停止降水，如水压、水量较大，必须降水，则应增加回灌孔，采用降水与回灌相结合的方法，减少地层沉降，使降水井点的影响范围不超过回灌井点的范围，形成一道隔水屏幕，保证隧道正常掘进。

（4）回灌采用清水，可用抽出的降水经过滤后的水。

（5）降水水位恢复或上升较快，或掌子面探水孔涌水压力、流量较大，则说明止水帷幕效果差，未将帷幕内外水力系统完全隔断，则需重新设计其他技术方案。

7.3.5 工程测量与监控量测

7.3.5.1 施工测量

1. 基本控制

地面平面控制利用井口附近已有 GPS8 和加密导线点 TY、ⅢJ53，盾构始发井内的 JZ、JY、KZ、KY4 个井下平面控制点。控制点示意见图 7－30。这些控制点均已经过与地面导线网进行统一平差，其精度符合《工程测量规范》（GB 50026）、《地下铁道、轻轨交通工程测量规范》（GB 50308）的要求。

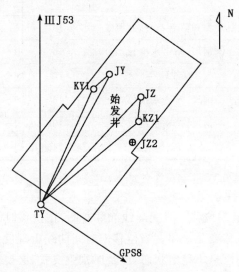

图 7－30 控制点示意图

高程控制利用井下高程控制基点 JZ2，该基点经由地面水准基岩点Ⅱ地 3－28 用三等水准测量引测至井口，再由井口吊钢尺，井上下三次引测取中数而得。

2. 洞内施工控制

根据本矿山法隧道长约 82m，隧道处在曲线上的这一特点，在隧道内拟布设 2 个点的施工控制支导线，使用 1″级全站仪施测，按四等导线测量要求，水平角 4 测回，边长往返各 2 测回。高程控制使用精密水准仪和铟钢水准尺按三等水准要求施测。

在隧道施工中，开挖、格栅钢架的坐标放样，通过线路中心来控制其尺寸、点位的偏差，使其在规范限差要求内准确的定位（其中包括开挖断面，钢架步距等），在曲线段施工时，应另设临时导线点进行控制。在开挖支护等工序中，线路中心坐标放样与水准测量紧密结合才能使施工测量顺利准确地得以完成。

在整个施工测量中,我们还要不定时地检测复核控制点,如发现变动超限时应马上重新布设并复核最近的测量成果。最终贯通中误差达到横向小于±50mm,竖向小于±25mm。为确保贯通精度,必须将井口控制点同车站控制点进行联测。

7.3.5.2　监控量测

本隧道的最大特点是采用与围岩密贴的喷射混凝土、锚杆、钢筋网等,并积极利用围岩本身的支承能力。量测工作是监视隧道围岩稳定性的重要手段,始终伴随着施工的全过程。因此,量测工作在本工程的施工中的作用是很大的。

1. 量测目的

通过对围岩、地表沉降、管线和××大桥桥基及水位的平衡动态的观测监视,来判断支护构件的效果及施工方法的妥否,并把该过程科学地反馈到施工中去,以修建安全、经济的隧道。

2. 量测项目、仪器、断面间距、量测频率

量测项目根据施工需要选择必测项目,主要内容见表7—57。

表 7—57　　　　　　　　　　　　　　量测项目表

序号	量测项目	控制值	仪　器	断面间距 (m)	量　测　频　率		
					<5m	5~15m	>15m
1	观测		肉眼观测和罗盘,地质锤测绘	10	每个循环		
2	地面沉降	30mm	钢钢尺,精密水准仪	10	1~2 次/d	1 次/d	1 次/2d
3	洞周收敛	74mm	收敛计	10	1~2 次/d	1 次/d	1 次/2d
4	拱顶下沉	50mm	钢钢尺,精密水准仪	10	1~2 次/d	1 次/d	1 次/2d
5	管线沉降	20mm	钢钢尺,精密水准仪	10	1~2 次/d	1 次/d	1 次/2d
6	水位		水位计	每个观测井	1~2 次/d	1 次/d	1 次/2d

3. 位移量测

(1) 根据现场量测数据绘制位移—时间曲线或散布图,在位移时间趋于平缓时,应进行回归分析,以推算最终值和掌握位移变化规律。当位移—时间曲线出现反弯点,即位移出现反常的急骤增加现象,表明围岩和支护已呈不稳定状态,应及时加强支护,必要时停止掘进,采取各种安全措施。

(2) 根据位移变化速率来判断:当净定变化速率大于10~20mm/d时需加强支护,当净定变化速率小于0.2mm/d时,认为围岩达到基本稳定。

4. 北段矿山法隧道施工监测图;区间地表监测布点示意图;区间桥墩监测布点示意图;区间管线、水位监测布点示意图。

(图略)

7.3.6　工期、进度及劳动力、机械的安排

7.3.6.1　A、B断面施工总体安排

B段施工工期拟定为××年8月21日~××年11月10日,A段面施工在××大桥桩基托换后,工期拟定为3~4个月。袖阀管施工到7月25日结束;地表管线加固自7月25日~8月20日结束;止水帷幕施工到8月5日结束,管棚施工在8月20日结束。

7.3.6.2　工期计算

该隧道全长 82.318m,其中 B 断面 33.753m,A 断面 48.565m,进度要求 B 断面为紧前控制工期,必须在 80 天之内全部施做完毕。根据时标网络图所示,施工最后一道工序⑥与施工第一道工序①之间的距离为 32m,施工每循环 0.5m 进尺,每天 2.4 个施工循环,正常施工间距 32m 需 29 天(此时最后一道工序还未开始);而掘进 33.753m 需 31 天,则掘进时间应为 29+31＝60 天。

其中 B 断面施工仰拱混凝土需 22 天,边墙及拱部衬砌混凝土 20 天,考虑流水作业 B 断面衬砌结束时间应为 76 天。A 断面根据实际施工情况具体调整工期。

7.3.6.3　施工总进度计划横道图及时标网络图

(略)

7.3.6.4　施工组织机构及劳动力组织

1. 项目部组织机构　(略)。

2. 防水组织机构　(略)。

3. 施工任务划分及劳动力组织

施工任务划分见表 7-58,劳动力组织表　(略)。

表 7-58　　　　　　　　　　　施工任务划分

施工队伍	人数（人）	任 务 划 分	备 注
隧道队	180	负责隧道内部各工序施工	
管棚队	30	负责管棚的施工	
袖阀管队	35	负责袖阀管的施工	
旋喷桩队	40	负责旋喷桩的施工	

7.3.6.5　材料计划表　(略)

7.3.6.6　机械、设备进场表(见表 7-59)

表 7-59　　　　　　　　　　　机 械 设 备 表

序号	设 备 名 称	规 格 型 号	数量（台）	备 注
1	管棚机		2	
2	小型挖掘机	DH55-V	1	
3	装载机	ZLC40L	1	
4	小型自卸汽车	川路 3T	2	
5	搅拌机	JS350	2	
6	衬砌台车	自制	1	
7	混凝土输送泵	HB50	1	
8	插入式振动器	ZX-60	15	
9	电动空压机	4L-20/8	3	
10	锚杆钻机	FS60	2	
11	混凝土喷射机	TK-961	2	

序号	设 备 名 称	规 格 型 号	数量（台）	备 注
12	灰浆搅拌机	310	3	
13	灌浆机	UB3	4	
14	双液注浆机	2FG－60/250	2	
15	凿岩机	7655	20	
16	风镐	G10A	15	
17	通风机	JBT61－1	2	
18	电焊机		6	
19	型钢、钢筋加工设备		2	
20	木工设备		1	
21	潜水泵	DQB15	6	
22	水泵		10	
23	车床		1	

7.3.6.7 测量、监测设备表（见表7－60）

表 7－60 测量、监测设备表

序号	设 备 名 称	规 格 型 号	数量（台）	备 注
1	全站仪		1	
2	经纬仪	J_2	1	
3	精密水准仪	DS_1	1	
4	钢钢尺	2m	2	
5	收敛计		1	
6	水位计		1	
7	钢筋应力测计		1	
8	压力计		1	

7.3.7 应急准备及处理

隧道施工时，为加强对不可预见情况的预防和解决，特成立应急领导小组：由项目经理任组长，各安全员、施工技术人员、施工工长任组员。隧道队成立应急抢险队，实行24小时领导值班制度，发现紧急情况立即开始抢险。

施工过程中，要加强监测工作和现场观测工作，对有关失稳征兆时，及时采取措施，防患于未然，将失稳消除在萌芽之中。

应急处理状态及方法：应急处理的状态，主要是工程的土体局部失稳和局部穿水，地表下沉，往往是几种情况同时发生。

7.3.7.1　洞内塌方

1. 为预防洞内塌方情况的发生,项目部成立专门的洞内防塌方领导小组,由项目部经理任组长,组员由项目部技术人员和施工队队长及队技术人员担任。施工时根据不同的土质进行进尺长度的试挖,但应严格按 0.5m 的施工进尺,一般情况下不能大于该长度。在开挖时实行短进尺、强支护、严注浆、快封闭的施工原则,使施工部分的土体快速被支护起来,以避免洞内塌方情况的出现。在施工队经常进行教育培训,提高对洞内塌方的预防,并设专门的人员值班,把现场的情况及时反馈到项目部。加强监控量测工作,按规范要求指导施工。

2. 洞内塌方分为大面积塌方和局部小塌方两种,塌方的种类不同,外治方案亦不同。当出现大面积塌方时,首先应支立护顶排架和护掌子面排架,并在排架上喷射不少于 20cm 的混凝土,封闭所有掌子面,打入超前小导管,注浆小导管,稳定土体,小导管和径向小导管对失稳区进行双液注浆,同时在洞外 5 倍塌方区域内进行竖向小管棚注浆,争取时间差,避免进一步塌方和地表沉降。在该部位的格栅钢架要加密安设,工程施工中要杜绝大面积塌方的发生。

3. 开挖过程中,当出现局部小塌方时,基本不影响施工,为避免扩大塌方面积,要及时增设格栅钢架,加强支护,喷射混凝土封闭掌子面,增设超前小导管和径向小导管注双液浆,工程中将及时处理,认真地控制小塌方的发生和扩大。

7.3.7.2　洞内穿水

出现强涌水情况时,首先应喷射混凝土进行封闭,打注浆小导管进行注浆,如果水量较大,喷射混凝土不起作用时,要支立排架护顶和护掌子面。将水集中一处先排,并用草袋防砂流出。其他部位喷混凝土封闭,纵向、径向打设小导管进行双液注浆,最后将水封住。再进行初期支护,加密格栅间距,加强地面监测。

如有超标沉降或沉降较显著的情况,再进行洞外、洞内联合注浆的方法加固,注浆压力为 $0.7 \sim 1.0$MPa。

7.3.7.3　出现流砂

开挖过程中,出现涌水,并伴有流砂现象时,马上进行木排架支立,排架内侧铺挂草席,防止砂的大量流失,并对排架进行喷混凝土封闭掌子面。同时沿纵向和径向打设注浆小导管,注双液浆,使其迅速固结,最大限度地减少砂的流失,避免地表沉降。同时,加大监测的频率,如有异常,马上采取洞内、洞外联合注浆的措施。

7.3.7.4　基坑上鼓

基础上鼓,主要是地下水变化或竖向小导管注浆引起。后者可不做处理,若是前者引起,就要加密注浆小导管的施工,向外加大小导管的角度和长度注双液浆,同时监控地表的沉降量,必要时,对地表进行补注浆液。

7.3.7.5　路面塌洞

在隧道施工过程中,若出现路面下塌或塌陷出空洞,应立即用砂和碎石进行回填,然后注水泥浆充填,并在空洞处上加钢板,以使车辆行走正常。

7.3.7.6　现场应急准备常备物资如下:

1. 直径 100mm 的小圆木 100 根,长度 2m~4m。

2. 草袋 150 只。

3. 直径 40mm~100mm 钢管(含管卡)50 根。

4. 棉纱 50kg。

5. 木板厚 5cm,长 2m~4m,宽 30cm,不小于 20 块。

6. 水泥 5t。

7. 水玻璃 500kg。

8. 8# 铁线 50kg。

9. 电气焊设备 1 套。

10. 双液注浆机 2 台。

11. 锚杆钻机 1 台。

总之,应急物资准备要充分,现场出现问题时,值班人员要及时发现,不管是洞内还是地面,都要果断处治,迅速组织处理,将其影响减小到最低范围。

7.3.8　施工注意事项

7.3.8.1　重地上,严地下,洞外洞内各分项工序必须引起高度重视,严格规范操作。

7.3.8.2　加强地表监控量测工作,适当加大量测的频率,确保管线、××公路、××大桥等在允许范围内沉降。

7.3.8.3　注意施工涌水的初探,确保地下水分布得到有效掌握,以便采取相应技术措施。

7.3.8.4　按照设计参数进行地表加固施工,以便加固土体,按照设计意图固结,利于施工。

7.3.8.5　对管线位置放线准确,以使管线得到有效加固。

7.3.8.6　对××大桥加固后的量测频率加倍,一有异常,便于采取紧急措施。

7.3.8.7　开挖过程中,严格遵守"重地上,管超前,严注浆,先探水,短开挖,强支护,快封闭,紧衬砌,速反馈"的施工原则。

7.3.8.8　本隧道主要采用挖掘机配合人工开挖,施工用风主要是喷射混凝土等。洞口安装 $20m^3/min$ 和 $10m^3/min$ 压风机各 1 台供高压用风,风管采用 $\phi100mm$ 钢管。为改善洞内通风条件,在洞口设置 1 台轴流式风机,通风筒采用 $\phi1000mm$ 的胶质风筒。施工用电、用水均按规定安设。在导洞部分用水电风的支线送进。见图 7-31。

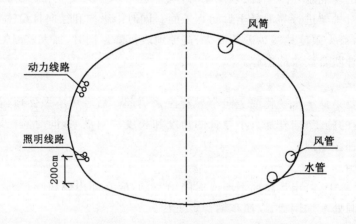

图 7-31　隧道内管线布置示意图

7.3.8.9　格栅支立和模板衬砌要严格确定里程和隧道轴线的夹角,便于格栅圆顺成形,使模板缝对齐整。

7.3.8.10　隧道断面开挖轮廓线拱部加大 10cm,边墙和底部加大 5cm,作为施工预留量。

7.3.8.11　小导管施工时,要集中施做,及时注浆。必要时,小导管在注浆前要安设止砂阀,注浆时掌握注浆速度和次数,确保注浆压力,反复注浆,以使注浆饱满。

7.3.8.12　根据量测数据,绘制曲线,适当调整工序间的间隔距离。

7.3.8.13　专人监测降水井水位、洞内和地下水位的数据,绘制水力坡度曲线,找出施工过程中与地表沉降的规律曲线,以便调整注浆参数。

7.3.8.14　所有钢支撑要专人检查,避免因施工造成松动,引起洞内收敛。

7.3.8.15　喷射混凝土每层厚度不得超过 5cm,要反复分层喷射,选用效果明显的速凝剂,确保初喷混凝土的质量。

7.3.8.16　拱部衬砌混凝土完成后,要认真做好拱部注浆工作,反复充注,确保拱部混凝土密实。

7.3.9　保证措施

7.3.9.1　质量保证措施

1. 施工准备阶段

(1) 设计文件会审

在施工合同签订后,按合同要求,由项目部总工程师组织工程师、技术主管熟悉图纸,进行设计文件的会审工作,设计文件会审要签字齐全。

(2) 施工技术交底

施工技术交底分为设计单位对施工单位的技术交底(即设计交底)和施工单位内部进行的技术交底。

施工单位收到施工设计文件后,及时向设计单位联系,进行技术交底,并填写《技术交底记录》。

工程开工前,由项目部总工程师主持,对所属施工队伍进行技术交底;项目部或队分管技术人员,在各项工程开工前要向队长或工班长进行技术交底。

施工技术交底的内容做到施工方法正确,各项措施针对性强,重点工序和重要控制点明确,并符合实际。

(3) 交接桩和施工复测

开工前,项目部总工程师委派主管测量人员约同勘测设计部门进行交接桩,并进行施工复测。

(4) 编制工程项目质量计划

1) 在施工合同签订后,项目部及时牵头组织有关部门进行施工现场踏勘。根据踏勘情况及设计文件和合同要求,组织编写质量计划,质量计划要对各道工序控制方法和参数及重点工序控制手段作出明确规定。

2) 质量计划在开工前完成,符合技术规范、操作规程和验评标准的要求,内容全面详实,能满足指导施工的需要,对一些特殊工序、关键部位及新技术、新工艺、新材料、新设备的施工操作,提出确保工程质量的具体要求。

3) 项目部各职能部门和承担施工任务的施工单位根据批准后的工程质量计划,结合本部门、本单位工作特点在施工前和施工中编制阶段性工作计划报上级主管部门备案。

(5) 施工场地布置

由项目部按照项目质量计划要求,做好施工场地的围挡和临时设施的搭建工作。

(6) 资源配置与管理

1) 配备必要的人员和机械设备及工程材料。

2) 所有进场的计量、检验、测量和试验设备由项目部试验员、测量人员检验其精确程度,做好记录,确保在施工过程中的工作状态和工作环境符合《检验、测量和试验设备控制程序》的相关要求。

(7) 申请开工

项目部根据合同要求,在具备开工条件的前提下,填报《工程动工报审表》,及时向业主或监理单位递交开工报告,经批准同意后,即正式开工。

2. 施工过程阶段质量控制

(1) 测量控制

测量工作由项目部、施工队分级管理,测量人员要经培训持证上岗,不得随意更换,更换必须经监理批准。

(2) 施工现场管理

1) 施工现场管理按实施性施工组织设计或作业计划进行;采取必要的检测手段,对施工过程全面控制;随时收集施工中的有关数据、与计划目标和技术标准规范对照分析,一旦出现不合格,及时找出原因,采取纠正措施;进行施工检查,根据结果分析原因,制定调整措施;对施工全过程实施调度,使整个施工过程处于受控状态,保证按照原定计划目标的方案进行。所有施工过程的实际情况都要指定技术人员填写《施工日志》。

2) 项目部、施工队建立负责现场的技术、人员、设备管理责任制,使整个施工过程职责明确、权责相符。

3) 项目部、施工队加强施工现场的场容、物资、料具、临时设施、环境卫生等的管理;切实做好施工现场的保卫、消防、环境保护和安全防护工作;根据季节性施工要求,按照有关规范、规程的要求,在项目质量计划中明确有关具体要求的技术措施。对特殊工序的施工环境及条件进行专门控制。

(3) 施工调度管理

项目部、施工队设专职调度人员,及时收集并逐级反映施工现场信息,确保施工生产有序进行。

(4) 施工工序质量管理

由项目部质量部门、试验部门、施工队和监理单位负责工序质量的检验和验收,工序质量不合格不准进入下一工序施工。

1) 班组自检和专检

施工人员要严格按有关规范和技术交底进行施工。本道工序完成后,操作人员按要求进行自检,发现不合格的情况,及时处理,不留质量隐患。

自检完成后,由质检员进行检查,符合规定要求后才能进入下一道工序施工,并认真填写检验记录。

2) 隐蔽工程检查

隐蔽工程在隐蔽前必须进行隐蔽工程质量检查,由施工项目负责人组织施工人员、质检人员并请监理(建设)单位代表参加,必要时请设计人员参加,其中,基础/主体结构的验收,应通知质量监督站参加。

隐蔽工程的检查内容、记录格式应符合相应规程及程序文件的规定。

3) 巡检或抽检

安质部门将对重点工程、关键部位和容易发生质量通病的施工项目做定期的巡检或抽检,并将检查结果以书面形式递交项目部负责人。对查出的问题,项目负责人要积极组织人员进行整改,并将整改结果上报安质部门备案。

由项目部、施工队技术负责人、技术、安质部门对施工工序、施工部位等提出抽检项目,以验证分部工程质量检验的准确性,并做记录。

(5) 计量与试验

项目部、施工队试验员要将试验室认可的混凝土、外加剂等配比要求明确展示在搅拌现场,确保搅拌现场有经过检验合格的计量器具。施工人员必须严格保证计量的准确性,按配合比的要求进行混凝土施工。

项目部、施工队试验员要根据《过程检验和试验控制程序》的有关规定及时将送检的试块、试件准备好,送交试验室,及时取回试验报告并检查其是否合格,有无未了事项。

(6) 设计变更、工程洽商

1) 设计单位变更,并经批准的。

2) 业主以专项发文的方式变更,具以实施。

3) 业主、监理单位主持的会议变更,以会议纪要为依据,具以实施。

4) 施工单位提出的变更和技术洽商,经设计单位、施工单位和监理(建设)单位等有关各方代表签认后具以实施。

(7) 工程质量问题处理

按现行有关法律、法规、规范、规程的规定执行。

(8) 工程质量检验与验收

按现行有关技术规范和标准的规定执行。

3. 特殊过程的控制

(1) 本工程中常见的特殊过程

隧道开挖与支护、初期支护、软防水工程、二次衬砌、弃渣处理及环保。

(2) 控制要求

项目部要对特殊过程的操作人员的资格进行审查,配备具有一定专业水平的技术力量和经过专业考核合格的专业工人,使用受控的设备、仪器和仪表,按经过评审批准实施的施工方案进行作业施工。

特殊工序在施工前,对操作人员进行技术交底,必要时制定切实可行的作业指导书或上岗方案,对施工方法和质量标准作出明确规定,经评审批准后方可实施。

施工时设专职人员进行监控,施工人员资格及设备状态有记录。质量部门负责按合同规定的要求及相关技术规范、标准,会同技术人员监督检查和验收特殊过程实施效果,严格控制工序质量,检验不合格的工序不准进入下一工序施工。

施工过程中出现的特殊过程和关键工序要及时记录,填写《特殊过程和关键工序施工记录》。

7.3.9.2　安全保证措施

1. 树立"安全第一,预防为主"的思想,抓生产必须抓安全,以安全促生产。项目部成立以项目经理为首的安全领导小组,配备专职安全工程师,负责全面的安全管理工作;队建立健全安全领导小组,配备专职安全员,负责各项安全工作的落实。做到有计划、有组织地进行预测,预防事故的发生。

2. 建立健全安全生产责任制,从项目经理到生产工人,明确各自的岗位责任,各专职机构和业务部门要在各自的业务范围内对安全生产负责。

3. 加强全员的安全教育,使广大职工牢固树立"安全第一,预防为主"的意识,克服麻痹思想,组织职工有针对性地学习有关安全方面的法律法规、规章制度和安全生产知识,做到思想上重视,生产上严格执行操作规程。各类机械设备的操作工、电工、架子工、焊工等工种,必须经专门安全操作技术训练,考试合格后方可持证上岗。严禁酒后操作。

4. 坚持经常和定期安全检查,及时发现事故隐患,堵塞事故漏洞,奖罚当场兑现;坚持以"自查为主,互查为辅,边查边改"的原则;主要查思想、查制度、查纪律、查领导、查隐患,结合季节特点,重点防触电、防坍塌、防机械车辆事故、防汛、防火等措施的落实。

5. 技术部门要严格按照安全生产的要求编制安全技术措施;对采用的新技术、新结构、新工艺、新材料、新设备,要认真编制安全技术操作规程。

6. 通过改进施工方法、施工工艺,采用先进设备等措施,不断改善劳动条件,搞好劳动保护,定期对职工进行体检,预防疾病的发生。

7. 生产、生活设施的现场布置要结合防汛考虑,并在汛期到来前做好各项防范措施。

8. 施工现场设围墙和门卫,做好防盗、防火、防破坏工作;施工现场入口及危险作业部位设安全生产标志、宣传画、标语,随时提醒职工注意安全生产;场内各种安全设备、设施、标志等,任何人不准擅自拆动。

9. 施工用电执行"三相五线制",做到"一机、一箱、一闸、一漏"的安全用电保护工作,电线路设施必须符合用电安全规程。

10. 加强对设备的检查、保养、维修,保证安全装置完备、灵敏、可靠,确保设备的正常安全运转。

11. 文明施工,对施工便道的定期维护,尤其是雨季加强养护整修,杜绝交通事故。

12. 对进场人员进行经常性的法律、法规教育,防止施工扰民及治安、刑事案件发生。

7.3.9.3　进度保证措施

鉴于本工程施工的特点和施工能力,为了保证优质、快速的完成本合同施工任务,采取以下措施:

1. 组织精兵强将,强化施工管理。

2. 科学组织、精心施工。

3. 应用高效先进的生产设备及采用先进合理的施工工艺。

(1) 应用先进的施工机械,提高施工工效,加快施工进度。

(2) 合理安排作业层次,适当增加机械作业工序,利用有利季节加快施工进度。

4. 抓好协调,减少干扰

项目部成立专门协调小组,下大力度加强和有关部门联系协作,主动配合,力争在每个工序开始前把干扰减少到最低程度,使工程顺利进行,只有做到这点才能确保工期。

5. 抓住时机,掀起施工高潮

施工时开展劳动竞赛活动,发扬前无险阻和特别能打攻坚战的好传统。适时掀起施工高潮,振奋精神,加快施工进度。

6. 做好工程资源保障工作

严格资金管理,科学合理使用资金。坚决执行合同文件中的计量与支付,及时办理验工结算,保证工程所需资金。保证原材料的供应,协调内部各业务部门的协作关系,与监理工程师密切配合,及时交验。

7.3.9.4　文明施工保证措施

1. 按照地方政府规定,结合本合同段工程特点,制定文明施工内部管理措施,切实做到文明施工,争创文明施工现场。

2. 与当地政府和当地群众广泛开展共建文明活动,积极推进两个文明建设,把工程做到那里,把文明带到那里。

3. 施工现场场容整洁,交通通畅,排水系统良好,各种材料分类堆码整齐,各类施工设备按规定位置停放,认真搞好生活区环境和室内卫生,做到场内无垃圾、污水,室内窗明整齐清洁。施工及生活垃圾、污水及时处理,按监理工程师指定位置弃置排放。施工现场和生活区要有防火和消防设施,特别是在油库、器材库要配备一定数量灭火器(灭火器经校验合格)。

4. 积极开展文体活动,活跃职工业余生活,陶冶情操,锻炼身体、增强体质。

5. 施工现场设立明显的标志牌(如警告与危险标志、指路标志等),为群众提供安全方便。

6. 施工期间确实需要破坏既有道路时,应先采取措施确保其畅通后,再进行施工。采取措施保证本合同段工程沿线和附近的建筑物、地上和地下管线设施、树木等免遭损坏。

7. 施工中认真做好古文化遗址的保护工作,发现情况及时向监理工程师和有关部门反映,并大力配合,妥善处理。

8. 施工过程中,保证做到完成一项工程,及时清理现场,工完场清,尽量恢复原貌。本合同段工程全部完成撤离现场前,再组织全段清理现场,做好一切善后工作。

7.4　地铁二次衬砌施工方案

封面　（略）

目　录

7.4.1　编制依据

参加"6.1　××市地铁×号线 03 标段 A 站~B 站区间及 B 站工程"第 6.1.1.1 条第 1 款。

7.4.2　工程概况

东南风道为单心圆曲墙双层单跨拱型结构,衬砌为复合式衬砌,见风道复合衬砌断面图(略)。风道初支结构采用"CRD"工法施工,分三横联八分部,开挖跨度 11.7m,开挖高度标准段 13.1m,施工长度 80.98m。初期支护采用早强网喷 C20 混凝十十钢筋格栅,格栅间距 0.5m。二次衬砌采用 C30 防水混凝土,混凝土抗渗等级 P10,施工混凝土厚度 500mm。

7.4.3　总体施工方案

风道作为车站主体结构施工通道,平面和结构纵断面见图 7—32、图 7—33,其中加高段为风道和车站主体进洞的交叉段,为空间结构,受力复杂。风道开挖初支完成后从里往外分段施工二次衬砌。风道二衬施工按顺序分为三个部分:风道仰拱施工、下层边墙及中层板施工和上层边墙及拱部施工。风道二次衬砌施工缝留设示意　(图略)。风道二衬总体施工方案如下:

首先对东南风道进行检查验收,然后从里到外采用跳衬的方式施工风道仰拱,竖撑一次性拆除长度为 7m,仰拱浇筑段长度 6m,仰拱施做完后及时做换撑处理。仰拱施工完后采用简易台架模板施做风道下边墙及中层板,利用施做好的仰拱作为铺轨平台,浇筑段长度为 5m,施工顺序从里向外跳衬施做。风道拱部及上边墙的衬砌采用简易台架模板,浇筑段长度为 6m,从里向外连续衬砌完成,以施做好的中层板为铺轨平台。在衬砌施工过程中,同时要加强监控量测,以及时调整衬砌施工参数。

7.4.3.1　施工流程

根据以上风道衬砌施工方案,确定如下施工工艺流程,见图 7—34。

7.4.3.2　实施方案

1. 施工准备

(1)技术准备

1)首先完成风道净空检查。

2)结合施工设计图纸和相关资料编制风道二衬施工作业书,编制每道工序施工技术交底。

3)对东南风道测量控制点进行复测,并做好测量交底,保证衬砌时控制点准确无误,能够用于衬砌施工。

4)采用西北风道衬砌时监控量测施工方案,拆撑时需加强对风道拱顶及竖撑的沉降情况,可及时调整二衬施工参数,以保证东南风道二衬施工期间的施工安全。

5)对作业工人进行技术教育培训,提高操作人员的质量意识。

(2)劳、材、机准备

1)东南风道衬砌在项目部指导下,由项目部二分部直接统一管理,每道分项工序选择专业的施工队伍,成立防水板分队、钢筋绑扎分队、模板及混凝土分队。组织机构图　(略)。

2)材料准备

编制材料计划,把所需二衬材料用量提供给物资部门,所需衬砌材料见表 7—61。

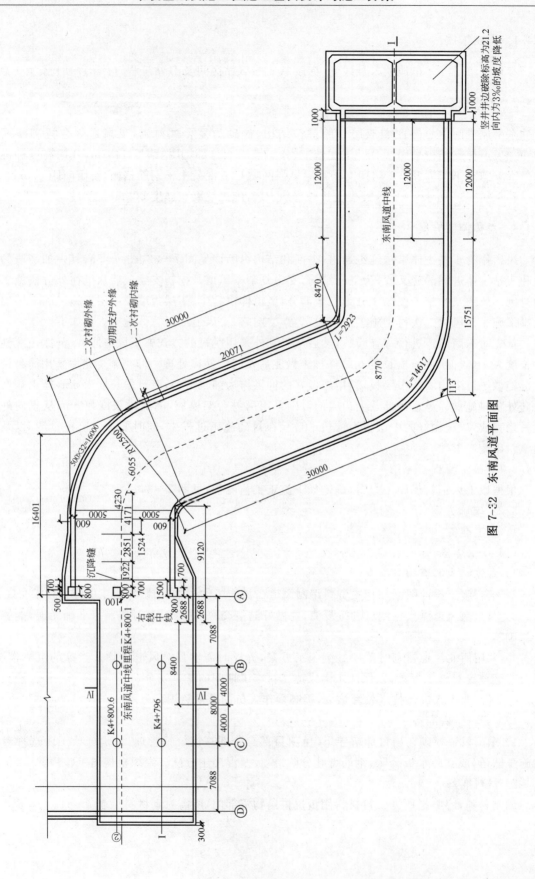

图 7-32　东南风道平面图

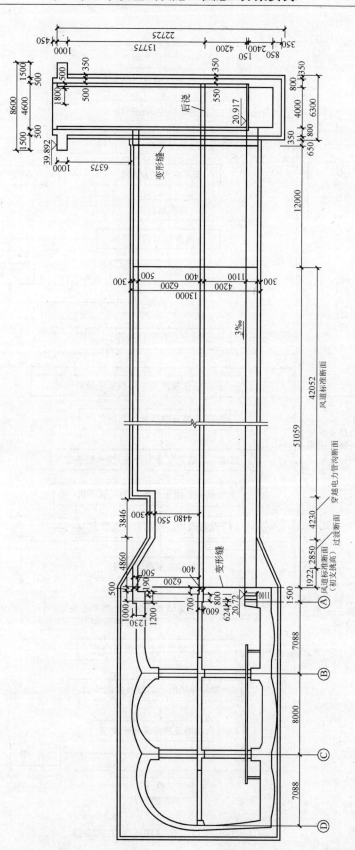

图 7-33　东南风道结构纵断面图

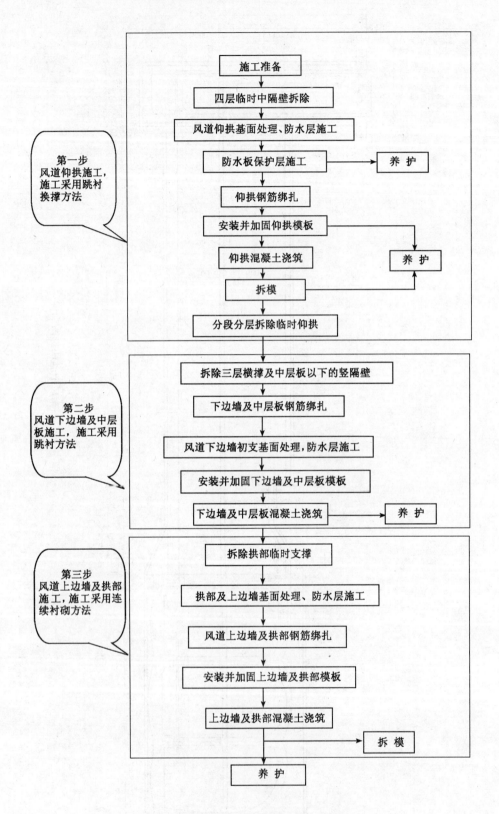

图 7-34　风道二次衬砌施工工艺流程

表 7—61　　　　　　　　　　　东南风道二次衬砌材料用量计划

项　目	材 料 及 规 格	单位	数 量	备　注
混凝土	防水混凝土 C30P10	m³	2 052	暗　挖
	混凝土 C30	m³	341	中层板
钢筋	HRB 335 25	t	133	
	HRB 335 22	t	92	
	HRB 335 20	t	25	
	HRB 335 16	t	46	
	HPB 235 8	t	27	
背后注浆	水泥浆	m³	16	
环向施工缝	止水带	m	560	每 6m 1 道
纵向施工缝	止水带	m	486	纵向 4 道
变形缝	止水带	m	56	
防水卷材	ECB 防水板　2mm	m²	3 289	
土工布	400g/m²	m²	3 289	
保护层	细石混凝土 C20	m³	73	

3）施工机具

东南风道二次衬砌所需的机具见表 7—62。

表 7—62　　　　　　　　　　东南风道二次衬砌所需机具一览表

机 具 名 称	规 格 型 号	数 量（台或套）
搅拌机	JZ—350	1
注浆机	BW—250	1
局　扇	10kW	2
插入式振动器	B—75/ZX—50	8/6
平板式振动器	ZW7—90—2	4
热合机	TH—1	4
热风焊机	DSH—B	2
风　镐	G10	10
交流电焊机	BX3—300	6
钢筋弯曲机	GJW—40	4
钢筋切断机	GJQD—40	2
混凝土输送泵	HBT80/13/110S	1

2. 风道仰拱施工

（1）基底处理

底板二衬施做前要由测量人员放样底板中线、标高点，并进行书面和现场技术交底；底板每5m一个断面，需3个点控制高度；施工前要检查基面标高和侧墙净空，对超限部位用风镐进行凿除、抹平处理。标高、净空检查完毕，根据测量给出标高点，进行基面找平，找平过程由技术人员进行现场同步尺寸检查，基面处理质量检查。

（2）施工分段情况

风道仰拱采用跳衬方式完成，跳衬中间留设6m的竖撑不破除，竖撑两侧仰拱混凝土达到设计强度75%后，同时衬砌完的仰拱做好换撑处理，然后拆除保留竖撑，施做两仰拱之间剩余的仰拱底板。仰拱底板纵向分段施工长度为6m，拆撑长度为7m，底板施工缝留设在底板上20cm处的上边墙位置。

（3）换撑处理

拆除风道竖撑时，破除竖撑的下端面距仰拱顶面混凝土20cm以上，混凝土浇筑达到3d强度后，用Ⅰ20工字钢块顶紧竖向格栅，工字钢块间距随格栅间距，接触面不密实的可通过焊塞钢板片以实现接触密实，具体见图7-35所示。

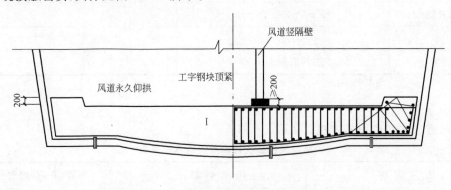

图7-35　风道竖撑换撑处理示意图

（4）模板

风道仰拱堵头模板采用5cm厚木模，以便预留纵向连接筋，边墙采用25cm宽的钢模。

3. 风道下边墙及中层板施工

（1）施工顺序

风道下边墙及中层板的施工采用跳衬形式，施工顺序从里向外衬砌，分段施工长度为6m，拆除三层横撑和中层板处的竖撑纵向拆除长度为7m。对浇筑好的中层板的部位同样按仰拱做法对竖撑进行换撑处理，以减少风道拱顶沉降。

（2）模板施工

中层板及下边墙施工采用组合钢模板和竹胶板相结合的模板支撑体系。组合钢模板用在下边墙和中层板倒角处，竹胶板用于中层板平板处，中层板上20cm边墙采用25cm宽的钢模。

组合钢模板的支撑骨架采用简易台架形式，分左右两部分，以浇筑好的风道仰拱为行走平台，具体见风道中层板及下边墙施工模板支撑体系示意图（图略）。简易台架模板用于浇筑风道下边墙及中层板倒角处，模板支撑通过丝杠调整，台架骨架采用Ⅰ36工字钢，两台架之间设支撑拉撑杆，以保证整体受力。

风道中层板平直部分底模板采用 2cm 厚的竹胶板,模板以两台架为支撑点,在台架顶沿纵向铺设 120×120mm 的方木,横向间距 1.0m;方木上横向铺设 50×100mm 的木条,木条纵向间距为 30cm,木条上方铺设 2cm 厚竹胶板。

4.风道上边墙及拱部施工

(1)施工顺序

风道上边墙及拱部的施工采用连续衬砌形式,施工顺序从里向外连续衬砌,分段施工长度为 6m,拆除上两层横撑和风道上部剩余的竖撑纵向拆除长度为 7m。

具体施工顺序:开始前两浇筑段(两模)所对应的风道竖撑和横撑同时破除,第一模割除上两层横撑和竖撑的格栅钢筋,施做防水板和绑扎钢筋,第二模破除混凝土但保留拱部横撑和竖撑的格栅骨架,在第一模立模浇筑混凝土的同时,割除第二模所保留格栅拱架,施做防水层和绑扎钢架,同时破除第三模的所对应的格栅混凝土,以实现连续浇筑。

(2)风道拱部支撑

风道上边墙及拱部模板采用台架式组合钢模板,施工前对模板进行拼装和质量检查验收;拱部分段浇筑施工。拱部衬砌台架以风道中层板作为支撑平台,为了满足拱部衬砌时中层板的承载力要求,中层板采用碗扣式脚手架支撑,支撑以风道永久仰拱作为基础,风道上边墙及拱部模板支撑体系　(图略)。

衬砌简易台架:由两部分拼装组成,台架在过风道转弯段可左右分离。台架钢模板采用 8mm 钢板,模板支撑通过升降千斤顶和丝杠进行调整,台架骨架为Ⅰ36 工字钢。

中层板下支撑:为了保证拱部衬砌台架在中层板上正常使用和满足承载力的要求,避免引起中层板产生破坏,对中层板进行支撑加固。中层板下支撑采用碗扣式脚手架支撑,支架立杆间距为 1.2×1.2m,中层板方木及模板布置同中层板混凝土浇筑时的模板支撑。为了保证支架的整体稳定,碗扣式支架设横向和纵向剪刀撑,剪刀撑采用 $\phi42$ 钢管。考虑到拱部衬砌长度,支架纵向布置长度为 20m,碗扣式支架随拱部衬砌台架的移动不断向前拼装。

7.4.4　主要分项工程施工工艺

7.4.4.1　结构防水施工

风道防水等级为二级,风道采用分区防水施工,防水采用 2mm 厚 ECB+400g/m² 无纺布,施工缝采用背贴式止水带和钢边橡胶止水带。风道标准断面防水布置见图 7-36。

1.施工工艺流程(见图 7-37)

2.卷材防水施工准备

(1)基面处理

铺设防水层前对初期支护找平处理,具体要求及处理要点如下:

1)基面处理前对原有初支结构进行净空检查,对影响净空部位进行处理。

2)平整度要求:边墙及底板:$D/L\leqslant1/6$,拱顶 $D/L\leqslant1/8$(L:喷射混凝土相邻两凸面间的距离;D:喷射混凝土相邻两凸面间凹进去的深度)。否则要采用 1:2.5 的水泥砂浆顺平,直到达到要求。

3)基面上不得有钢筋、铁丝和钢管等尖锐突出物,否则应从根部割除,在割除部位用水泥砂浆抹成圆曲面,以防止防水板被扎破。

4)断面变化或转弯时的阴阳角应抹成 $R>50mm$ 的圆弧。

5)底板基面要求平整,无大的明显的凹凸起伏。

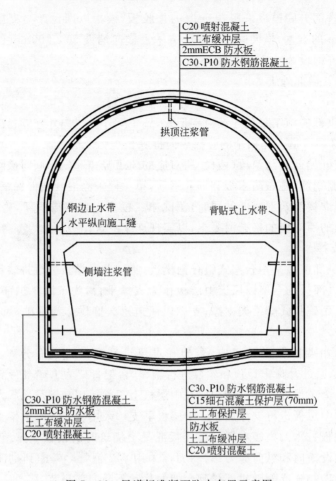

图 7-36　风道标准断面防水布置示意图

6）喷射混凝土的强度要求达到设计强度。

7）防水层施工时基面不得有明水，如有明水采取注浆堵水或引排，并保持基面干燥。

（2）洞外防水卷材检验

1）外观检查：检查卷材是否有变色、波纹、斑点、刀痕、撕裂、小孔等外观缺陷；卷材品种、规格是否与设计要求相符。

2）取样复试：按规定取样检查卷材物理力学性能。

（3）其他准备工作

1）超挖部分铺钢筋网喷混凝土回填。

2）工作台架及供电线路就位。

3）测量洞内温度，保证防水板铺设时环境温度不低于 5℃。

3. 防水板铺设

（1）防水板缓冲层铺设

1）本工程防水板缓冲层采用 400g/m² 土工布。

2）土工布采用水泥钉和塑料圆垫圈固定于已达到要求的喷射混凝土基面上，固定点之间呈梅花形布设，固定点之间的间距为：拱顶 500mm～800mm，边墙 800mm～1000mm，底板 1500mm～2000mm。

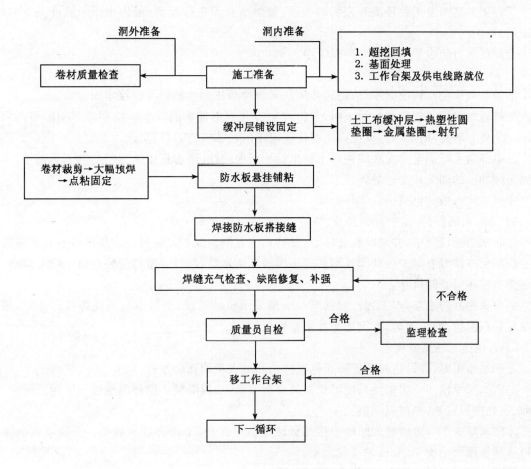

图7-37　防水层施工工艺流程

3）土工布的搭接宽度为50mm。

4）铺设缓冲层时沿隧道环向进行铺设，不得拉得过紧，以免影响防水卷材的铺设，同时在分段铺设的缓冲层连接部位用预留不少于200mm的搭接余量。

（2）防水卷材铺设

初衬和二衬之间设置柔性全包防水层，风道标准段防水层采用400g/m² 土工布＋2mm 厚ECB防水板。单位质量不小于400g/m² 的土工布保护层，底板防水板铺设完毕，浇筑厚度不大于7cm的细石混凝土垫层，必要时在保护层内设置 $\phi 4@300$ 的铁丝网片；按照设计要求采取无钉法铺设。风道边墙与仰拱相交处用砂浆施做5×5cm倒角，以保证防水板铺设顺直。

1）卷材裁剪

裁剪卷材，要考虑搭接，预留搭接长度不小于500mm。

2）防水板接缝焊接

①焊缝采用双焊缝热合机将相邻两幅卷材进行热熔焊接，卷材之间的搭接宽度为100mm，接缝为双焊缝，中间留出空腔以便进行充气检查。

②当纵向焊缝与环向焊缝成十字相交时（十字型焊缝），事先须对纵向焊缝外的多余搭接部分在齐根处削去，将台阶修理成斜面并熔平，削去的长度≥130mm，以确保焊接质量和焊机通过顺利。

③焊接温度与电压及环境有密切的关系,施焊前必须进行量测,绘出电压—温度关系曲线,供查用。

④焊接前将防水板的接头处擦拭干净。

3) 防水板的固定

①防水板固定与铺设同步,边铺边使用热风焊枪与热塑性圆垫片焊接牢固。

②将卷材固定于塑料圆垫片上时,不得拉得过紧或出现大的鼓包。特别注意阴阳角部位的卷材一定要与转角部位密贴,以免影响灌注混凝土的尺寸或将卷材拉破。

③拱部防水板固定前先在缓冲层上标出结构纵向中线,防水板由拱顶向两侧下垂铺设,边铺边固定缓冲层的圆垫片并热黏焊接牢固。

④拱墙防水板铺设前搭设工作台架。

4) 防水板的保护

①防水层铺设完毕,并经验收合格后,要特别注意严加保护。底板防水层做好后及时施做混凝土保护层。在没有保护层处绑扎钢筋时不得破坏防水层,严禁穿带钉的鞋在防水层上走动,发现层面有损坏时及时修补。

②为保护好防水层,本工程二衬钢筋接头拟采用机械连接;杂散电流钢筋焊接作业时,采用移动保护板保护;洞内搬运时,钢筋头加塑料帽保护。

5) 其他施工注意事项

①钢筋施工时,要设临时挡板防止机械损伤和电火花灼伤防水板。

②防水层纵横向一次铺设长度可根据隧道断面带、二衬混凝土循环灌注长度等因素确定,铺设前,宜先进行试铺,并加以调整。

③防水层在下一阶段施工前的连接部分注意加以保护,不得弄脏和破损。分段铺设的卷材的边缘部位预留至少 500mm 的搭接余量。

④防水板收口做法采用"外防内贴法"铺设防水板。

4. 防水板的质量检查

防水板的质量检查见表 7—63。

表 7—63　　　　　　　　　　　　防水板质量检查

检查方法	检查内容	适用范围
直观检查	1. 用手托起塑料板,看是否与喷射混凝土层面密贴; 2. 看塑料板是否有被划破、扯破、扎破、养损现象; 3. 看焊缝宽度是否符合要求,有无漏焊、假焊、烤焦等现象; 4. 外露的锚固点(钉子)是否有塑料片覆盖	一般防水要求的工程
焊缝检查	1.1~4 项同上; 2. 每铺设 20~30 延 m,剪开焊缝 2~3 处、每处 0.5m,看其是否有假焊、漏焊现象	有较高防水要求的工程
漏水检查	1.1~4 项同上; 2. 焊缝采用双焊缝,进行水压(气)试验,看其有无漏水(气)现象	有特殊防水要求的工程

5. 防水板铺设质量标准

(1) 固定点间距

固定点间距应符合规范要求，一般拱部 0.5m～0.8m、边墙 0.8m～1.0m、底板 1.5m～2.0m。凹凸变化点应增加固定点。

（2）与基面密贴

用手托起塑料板，各处均应与基面密贴，不密贴处小于 10%。

（3）焊接质量

防水板焊缝宽度≮1.0cm，搭接宽度≮10cm，焊接应平顺、无波纹、颜色均匀透明、无焊焦、烧糊或夹层。

进行充气检查时，充气压力为 0.25MPa，稳定时间≮15min，允许压力下降≯10%。否则应进行补焊，直到达到要求为止。

焊接 1000 延 m 抽检一处焊缝，每天、每台热合机应至少抽取 1 个试样。

6. 施工缝施工

（1）防水材料

施工缝采用中埋式钢边橡胶止水带进行防水处理。止水带纵向轴线与施工缝偏差不得大于 2cm。止水带两侧埋入混凝土中任何部位的厚度不得小于 20cm。

（2）纵向施工缝处理

施工缝继续灌注混凝土前保证已灌混凝土强度不低于 1.2MPa，并将已硬化的混凝土表面浮浆、松动砂石清除干净，将表面凿毛，用水冲洗干净并保持湿润无积水，在接茬面铺一层 30mm 厚水泥砂浆，水泥砂浆的水灰比与混凝土保持一致。

（3）环向施工缝处理

与纵向施工缝处理基本一致，灌注前保证已灌混凝土强度不低于 2.5MPa。

7. 变形缝的施工

风道变形缝采用三道设防，采用背贴式止水带、中埋式钢边橡胶止水带和背水面变形缝内密封胶嵌缝进行防水处理。风道仰拱和边墙变形缝做法见图 7－79。

东南风道共设置两条变形缝，一条设置在竖井马头门加强段与风道衬砌过渡处，另一条设置在风道衬砌与车站交叉段衬砌过渡处。

7.4.4.2　风道二衬钢筋工程施工

1. 准备工作阶段要求

核对半成品钢筋的规格、尺寸和数量等是否与配料单相符，准备好绑扎用的 20#～22# 镀锌铁丝、工具等，并按各部位保护层的厚度准备好垫块。当保护层厚度小于或等于 20mm 时，采用水泥砂浆垫块，垫块平面尺寸为 30×30mm；当保护层厚度大于或等于 25mm 时，采用细石混凝土垫块，垫块平面尺寸为 50×50mm。垫块中埋入 20# 铁丝，模板上钢筋垫块网格间距 700×700mm。

2. 钢筋加工要求

（1）所有加工好的钢筋，一律按牌号、规格挂牌标识，分类存放，做好防锈工作，并设专人负责。

（2）钢筋用切断机切断，所有弯钩用弯曲机成型。

（3）特殊部位的钢筋须放大样。

（4）钢筋在加工弯制前调直，须符合下列规定：

1）钢筋表面的油渍、漆污、水泥浆和用锤敲击能剥落的浮皮、铁锈等已清除干净。

2）钢筋平直，无局部折曲。

　　3）加工后的钢筋表面不应有削弱钢筋截面的伤痕。

　　（5）钢筋的弯制和末端弯钩均严格按设计要求加工，设计无要求时应符合下列规定：

　　1）弯起钢筋弯成平滑曲线，曲率半径 r 不小于钢筋直径的 10 倍（HPB 235 钢筋）或 12 倍（HRB 335 钢筋）。

　　2）箍筋末端设弯钩，弯钩的弯曲内直径大于受力钢筋直径，不小于箍筋直径的 2.5 倍，弯钩平直部分长度不小于箍筋直径的 10 倍。

　　（6）钢筋加工允许偏差应符合施工规范的规定。

　　3. 钢筋焊接要求

　　（1）焊接过程中及时清渣，焊缝表面光滑平整，加强焊缝平滑过渡，弧坑应填满。

　　（2）搭接焊的钢筋搭接长度及焊缝长度满足规范要求。

　　（3）钢筋接头设置在钢筋承受力较小处且应避开钢筋弯曲处，距弯曲点不小于 10 倍的钢筋直径。

　　4. 施工步骤

　　（1）根据施工安排，按照图纸设计加工底板、中层板、风道拱部钢筋。

　　（2）先穿底板内横向钢筋，调匀钢筋间距，架立底板纵向钢筋；再架立底板外层钢筋及钩筋；顶板钢筋同底板。

　　（3）底板和中层板先内层主筋，将外层架立筋按设计间距分布好；内层架立筋预先附着在外层主筋上，待内层主筋架立好，垂直度调整完毕，再把内层架立筋绑扎在内层主筋上。

　　（4）调整主筋、架立筋间距，使间距符合设计要求；受力筋应按照 1.0×1.0m 间距、梅花形布置垫块（或塑料卡），主筋间可通过架设马镫控制间距。

　　（5）箍筋弯钩角度为 135°，平直部分长度为 10d。

　　（6）钢筋的搭接：受力钢筋连接采用搭接焊接，接头不宜位于构件最大弯矩处，受拉区域内 HRB 钢筋可不做弯钩。接头位置应相互错开，在规定接头长度的任一区段内由接头的受力钢筋截面面积占受力钢筋总截面面积的百分率，受拉区不大于 50%。

7.4.4.3　风道二衬混凝土施工

　　风道衬砌分段分层施工，先拆除部分临时支护，再自下而上施工二次衬砌，风道混凝土采用 C30P10 防水混凝土。混凝土施工必须严格组织，避免因施工组织不当造成混凝土堵管、混凝土跑模、混凝土产生冷缝和浇筑段之间产生错台等影响混凝土质量的问题。

　　1. 施工方法及技术措施

　　（1）模板隔离剂采用××型号隔离剂。

　　（2）浇筑顺序先底板后侧墙、中板、拱部，浇筑过程应分层浇筑并用插入式振捣器充分振捣。

　　（3）底板及边墙混凝土浇筑条件：宜采用较小的坍落度，一般为 120mm～140mm，拱部采取坍落度为 180mm～200mm。

　　2. 混凝土施工前的准备

　　（1）浇筑前，检查模板控制线位置是否准确无误，水平断面尺寸和净空尺寸是否符合设计要求。

　　（2）模板架立做到板缝顺直、通畅。

　　（3）模板应涂刷隔离剂。结构表面需做处理的工程，严禁在模板上涂刷机油。

　　（4）各种连接件、支撑件及加工配件必须安装牢固，无松动现象。模板拼缝须严密。各种预埋件、预留孔洞位置要准确，固定要牢固。

3. 混凝土浇筑

(1) 每段衬砌的灌注工作应从离开混凝土泵的最远处开始,这样有利于连续作业,在本标段衬砌完成前无须接长管路。

(2) 为使混凝土输送管路安设后不再移动,靠近灌注工作面的输送管要接软管,以及必须要漏斗(或串桶)和滑槽等,以便将混凝土送到拱部。

(3) 灌注拱部混凝土时要分层对称施工,浇筑应将软管出口端设于隧道中部并置于高处固定,侧墙施工中设滑槽伸入模板。

(4) 每灌注一层,用插入式振捣器捣固密实,按照"快插慢拔"的原则进行振捣。

(5) 二次衬砌混凝土浇筑时,安排有经验的技术员和技术工人值班,加强对支撑系统的检查,确保混凝土充满拱顶部位,又不压垮模板。

4. 模板的拆除

(1) 现浇结构的模板及其支架拆除时混凝土强度符合设计要求;在混凝土强度能保证其表面及棱角不因拆除模板而受损伤。

(2) 模板拆除的顺序和方法,应按照配板设计的规定进行,遵循先支后拆,后支先拆,先非承重部位后承重部位以及自上而下的原则,拆模时严禁用大锤和撬棍硬砸硬撬。

(3) 拆模时,操作人员应站在安全处,以免发生安全事故。待该段模板全部拆除后,将模板和支架等运出堆放。

(4) 拆下的模板等配件,严禁抛扔,要有人接应传递,按指定点堆放。并做到及时清理、维修和涂刷好隔离剂,以便下一循环使用。

5. 二次衬砌混凝土灌注时注意事项

(1) 在衬砌工作开始前,要进行中线和水平测量,检查断面尺寸是否符合设计要求,预埋件是否正确,钢筋规格、数量、安装位置是否正确,模板支撑系统是否牢靠,模板是否平顺、连接是否紧密。

(2) 混凝土灌注前清除边墙基地的虚渣和垃圾,排净积水。

(3) 混凝土灌注前,将防水层表面的尘粉除去并洒水润湿。灌注混凝土应振捣密实,防止收缩开裂,振捣时不得损伤防水层。

(4) 灌注混凝土时,混凝土的自由下落高度不宜超过 2m,以防止混凝土产生分层离析。

(5) 灌注混凝土时,经常观察模板、支架、钢筋、预埋件和预留孔洞的情况,当发现有变形、移位时,应立即停止浇筑,并应在已浇筑的混凝土凝结前修整完好。

(6) 灌注前和灌注过程中,要分批做混凝土的坍落度试验,如坍落度与原规定不符时,予以调整配合比。

6. 混凝土养护

(1) 为保证混凝土有良好的水化条件,防止早期干缩产生裂纹,应在浇筑完毕后的 12h 以内对混凝土加以覆盖并保湿养护,防水混凝土养护不少于 14d。

(2) 底板和中层板采用麻袋覆盖洒水或蓄水养护。边墙和拱部采用自制喷水设备不间断洒水养护。

(3) 混凝土养护工作应专人负责,轮流值班。

7. 预埋件和预留孔洞施工

(1) 竖向构件预埋件的设置

1) 焊接固定。焊接时先将预埋件的外露面紧贴钢模板,锚脚与钢筋骨架焊接,当钢筋骨架刚度较小时,可将锚脚加长,顶紧对面的钢模,焊接不得咬伤钢筋。

2)绑扎固定。用铁丝将预埋件锚脚与钢筋骨架绑扎在一起,为了防止预埋件位移,锚脚应尽量长一些。

(2)水平构件预埋件的设置

1)梁顶面预埋件。可采用圆钉加木条固定。

2)板顶面预埋件。将预埋件锚脚作成八字型,与板钢筋焊接。用改变锚脚的角度调整预埋件的标高。

(3)预留孔设置

1)梁、墙侧面。采用钢筋焊成的井字架卡住孔模,井字架与钢筋焊牢。

2)板底面。可采用底模上钻孔,用铁丝固定在定位木块上,孔模与定位木块之间用木块塞紧。

预埋件和预留孔洞的允许偏差见表7－64。

表7－64　　　　　　　　　　　　预埋件和预留孔洞的允许偏差

序号	项　　目		允许偏差（mm）
1	预埋钢板中心线位置		3
2	预留管、预留孔中心线位置		3
3	预埋螺栓	中心线位置	2
		外露长度	+10,0
4	预留洞	中心线位置	10

7.4.5　风道二衬特殊部位施工

东南风道二衬施工共有三段特殊部位,从洞口起依次为:竖井马头门加强段衬砌、风道转弯段衬砌和风道人防段衬砌。现对这三段衬砌的施工方法简要叙述如下:

7.4.5.1　竖井马头门加强段衬砌

风道进口段1m与竖井马头门一起衬砌,此处留设沉降缝。风道进口段1m可与竖井井身一起衬砌,施工不存在问题。

7.4.5.2　风道转弯段衬砌

风道转弯段角度为90°,风道中线转弯半径为7.5m,中心长度为11.78m。由于此段转弯急,衬砌台车无法使用,此段风道仰拱施工不存在问题,此处的边墙及拱部施工需采用根据风道线路弧形所加工的工字钢简易台架进行施工,模板为小钢模,此段分三段进行施工。

7.4.5.3　风道人防段施工

风道人防段长12m,人防结构图参见设计图××××,人防门框墙施工是此段施工难点。人防段采用先浇筑风道标准二衬结构同时预留人防门框墙钢筋然后施工人防门框墙的施工顺序,人防段风道标准段二衬施工的模板采用组合钢模台架和组合木模相结合的模板支撑体系。

风道人防段施工缝留设示意图　(略)。

风道人防段分三段施工,每段施工长度为3.6m、3.8m和7m,每段木模板长度占1m。模板根据风道堵头台架模板弧形加工而成,放在衬砌好的上一模堵头与台架模板堵头之间,在木模上打眼预埋人防门框墙的钢筋,考虑到木模周转要用 3 次和施工缝止水带的预埋,木模纵向宽度为 1m。

7.4.6　安全、文明施工及环境保护措施

7.4.6.1　安全措施

1. 施工人员应按要求正确使用防护用品,施工时应做好安全防护工作以防落物伤人。

2. 运送钢筋时,应上下协调配合,防止伤人。

3. 在钢筋焊接过程中,加强劳动防护,必须佩戴专用安全手套、防护镜等。

4. 严防烧伤、火灾、触电、爆炸、烧坏焊接设备、钢筋扎伤等各种事故的发生。

5. 施工时注意做好施工监测,发现有大的变形,及时加强支护,根据监测信息及时调整施工参数。

6. 衬砌使用的脚手架、工作平台、跳板、梯子等应安设牢固,其承重不得超过设计能力,并应在现场标明;靠轨道的应有足够的净空,保证车辆、行人安全通行;脚手架、工作平台应搭设不低于 1m 的栏杆,底板应满铺,模板端头必须搭在支点上,严禁出现探头板;不得以模板架兼做脚手架。工作台与跳板上不得有露头的钉子;跳板宽度应不小于 60cm,自由长度不应大于 3m,并钉防滑木条,高度大于 2m 时,外侧应有栏杆;上下平台的梯子一侧应有扶手。

7. 混凝土输送管就位按照要求进行,转弯处固定牢固,最前端软管由专人负责掌握,防止伤人事故发生。

8. 台车上不得堆放料具,无关人员不得随意上下。

9. 灌注混凝土前,应先检查挡头板是否稳定和严密,灌注时必须两侧同时进行,不使台车受到偏压;拆除混凝土输送管时,必须停止混凝土泵的运转;台车停止工作时,应及时切断电源,以防漏电、触电。

10. 铺底衬砌应尽量安排超前,以利拱墙衬砌加快和保证运输安全,做到文明施工。

11. 吊装和拆除模板宜用小型机具,设专人指挥、监护,以防事故发生。

12. 混凝土施工照明线路和振捣设备线路应确保无损,并且在施工时注意随时检查,以免发生漏电事故。

7.4.6.2　文明施工及环境保护措施

参见“6.1　××市地铁×号线 03 标段 A 站~B 站区间及 B 站工程”第 6.1.6.2 条。

7.5　地铁工程施工测量方案

封面　（略）

目　录

7.5.1　编制依据

7.5.1.1　××市地铁×号线×标段工程设计图纸和其他相关设计文件。

7.5.1.2　本工程施工组织设计。

7.5.1.3　《××市地铁新建线路控制测量总体技术要求》(××地铁建设管理公司工程部)。

7.5.1.4　现行测量规范、标准

1.《地下铁道、轻轨交通工程测量规范》(GB 50308—1999)。

2.《城市测量规范》(GJJ 8—99)。

3.《新建铁路工程测量技术规范》(TB 10101—99)。

4.《工程测量规范》(GB 50026)。

5.《全球定位系统(GPS)测量规范》(GH 2001.92)。

7.5.2　工程概况

见"6.1　××市地铁×号线 03 标段 A 站～B 站区间及 B 站工程"第 6.1.1.2 条。

7.5.3　施工准备

7.5.3.1　技术准备

1. 编制地铁施工测量方案并经审批。

2. 按《计量法》的规定进行测量仪器的检定和检校。检定合格的仪器若经过长途运输或存放 3 个月以上,使用前应按精度要求自行检验校正。

3. 熟悉设计图纸,了解设计意图。审核各专业图纸中的隧道线路、车站及出入口的平面位置和高程、轴线关系、几何尺寸,并掌握有关设计变更,确保定位条件准确可靠。

4. 组织测量人员进行地铁工程现场踏勘,熟悉施工现场。

5. 依据施工测量方案和设计图纸计算测放数据,并绘制草图。所有数据与草图均应独立校核,并应及时整理成册,以便妥善保管。

7.5.3.2　测量人员、仪器设备配置

1. 项目部设测量队,设测量主管 1 名,现场设测量工程师 2 名,测量技术员 2 名,测量工 8 名,上述人员均经过专业技术培训考试合格具备资质并持证上岗,富有观测经验、精通仪器操作和校验,满足现场施工测量工作的需要并在整个工期内保持稳定。

测量人员表及其资质证书　(略)。

2. 仪器设备

(1) 全站仪(测角精度不低于±2″,测距精度不低于 3mm＋2ppm・D),水准仪(不低于 DS_1 级,±1mm/km),陀螺经纬仪(一次定向误差不大于±20″),投点仪及其他设备。

(2) 对所配备的测量仪器应按《计量法》的规定进行周期性检定,所使用测量仪器应在检定的周期内。

测量仪器配置见"6.1　××市地铁×号线 03 标段 A 站～B 站区间及 B 站工程"第 6.1.4.1 条第 4 款。有关仪器检定证书　(略)。

(3) 辅助工具和材料

1) 混凝土标桩、木标桩、标志牌、红漆、白漆、墨汁、钉子、小线、白灰。

2) 钢卷尺、盒尺、对讲机、大锤、斧头、木锯、墨斗、画笔。

7.5.3.3　作业条件

已从设计单位及勘测单位接收平面和高程控制网点实地桩及相关测量成果资料。

7.5.4　操作工艺

7.5.4.1　工艺流程

控制桩交接 → 控制桩复测 → 施工控制网加密测量 → 施工竖井联系测量 → 地铁隧道掘进测量
→ 隧道线路中线调整测量 → 隧道结构断面测量 → 竣工测量

7.5.4.2　操作方法

1. 控制桩交接

（1）交接桩工作一般由建设单位组织，由设计或勘测单位向项目部交桩。交桩应有桩位平面布置图，并附坐标和高程成果表。交接桩后办理交接手续。

（2）交接的地铁工程测量 GPS 控制点、精密导线点、精密水准点的数量应覆盖所施工的车站、隧道线路区段，并注意两端与另外施工段衔接的控制点。

（3）项目部派测量工程师和有经验的测工参加接桩，查看点位是否松动或被移动，并根据测量需要和现场通视情况，决定是否向交桩单位提出补桩加密的要求。

（4）交接桩应在现场点交。项目部应逐一记录现场点位，并做好桩位点标记，以便于以后寻找使用。

2. 控制桩的复测

（1）接桩后测量主管先对交桩成果进行内业校核，检查各项计算是否合格，各点的坐标和高程是否有误。发现问题和不明之处及时与交桩单位联系解决。

（2）复测平面及高程控制点。由于受施工和地面沉降等因素的影响，地面控制点可能发生变化，所以应进行复测确定其可靠性。平面坐标复测一般用全站仪，采用附合导线测法进行，高程复测采用附合水准路线法进行。

（3）复测合格后向监理工程师或建设单位提交复测报告，复测成果得到确认后使用。

3. 施工控制网加密测量

（1）施工平面控制网加密测量：通常地面精密导线点的密度不能满足施工测量的要求，因此根据现场的实际情况，应进行施工控制网的加密。

施工平面控制网加密采用Ⅰ级全站仪进行测量，测角四测回（左、右角各二测回，左、右角平均值之和与 $360°$ 的较差应小于 $4''$），测边往返观测各二测回，用严密平差进行数据处理。

（2）施工高程控制网加密测量：根据实际情况，将高程控制点引入施工现场，并沿线路走向加密高程控制点。水准基点（高程控制点）必须布设在沉降影响区域外且保证稳定。

水准测量采用二等精密水准测量方法和闭合差为 $\pm 8\sqrt{L}$ mm（L 为水准路线长，以 km 计）的精度要求进行施测。

4. 施工竖井联系测量

联系测量是将地面测量数据传递到隧道内，以便指导隧道施工。具体方法是将施工控制点通过布设趋近导线和趋近水准路线，建立近井点，再通过近井点把平面和高程控制点引入竖井下，为隧道开挖提供井下平面和高程依据。

联系测量是联接地上与地下的一项重要工作，为提高地下控制测量精度，保证隧道准确贯通，应根据工程施工进度进行多次复测，复测次数应随贯通距离的增加而增加，一般 1km 以内进行 3 次。

（1）趋近导线和趋近水准测量：地面趋近导线应附合到 GPS 点或施工控制点上。近井点应与 GPS 点或施工控制点通视，并应使定向具有最有利的图形。

趋近导线测量执行 3 款（1）项技术要求，点位中误差小于 ±10mm。

地面趋近水准测量是为测定趋近近井水准点高程，趋近水准测量路线应附合到地面相邻的精密水准点上。趋近水准测量执行 3 款（2）项技术要求。

（2）竖井定向测量：地铁隧道内基线边采用吊钢丝联系三角形法或投点仪和陀螺经纬仪定向方法为主要手段进行定向。

1）联系三角形定向

①联系三角形定向均应独立进行三次，取三次的平均值作为一次的定向成果。"独立进行"是指每测回完成后，变更两条钢丝位置重新进行定向测量，而不是钢丝位置不动连续三次观测数据，目的是为检核粗差，保证成果可靠。

②井上、井下联系三角形应满足下列要求：

a. 两悬吊钢丝间距不应小于 5m。

b. 定向角 α 应小于 3°。

c. a/c 及 a'/c' 的比值应小于 1.5 倍。

③联系三角形边长测量应采用检定过的钢尺，并估读至 0.1mm。每次应独立测量三测回，每测回往返三次读数，各测回较差在地上应小于 0.5mm，在地下应小于 1.0mm。地上与地下测量同一边的较差应小于 2mm。

④角度观测应采用 Ⅱ 级全站仪，用全圆测回法观测四测回，测角中误差应在 ±4″ 之内。

⑤各测回测定的地下起始边方位角较差不应大于 20″，方位角平均值中误差应在 ±12″ 之内。

2）投点仪和陀螺经纬仪定向，见图 7－38。

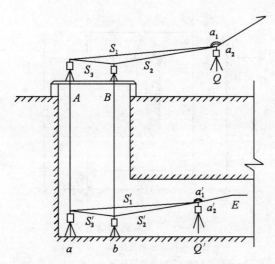

图 7－38　投点仪和陀螺经纬仪定向

A,B,Q,a,b,Q' 表示竖井联系测量控制点的点号；

$S_1,S_2,S_3,S_1',S_2',S_3'$ 表示竖井联系测量控制点的测距边长；

$\alpha_1,\alpha_2,\alpha_1',\alpha_2'$ 表示竖井联系测量控制点的观测角度

①定向应满足下列要求:

a. 全站仪标称精度不应低于 $2''$,3mm＋2ppm・D;

b. 陀螺经纬仪一次定向误差应小于 $20''$;

c. 投点仪投点中误差应在±3mm 之内;

d. 全站仪测定铅垂仪纵轴坐标的中误差应在±3mm 之内;

e. 从地面近井点通过竖井定向,传递到地下近井点的坐标相对地面近井点的允许误差应在±10mm 之内。

②投点仪投点应满足下列要求:

a. 投点仪的支承台(架)与观测台应严格分离,互不影响作业;

b. 投点仪的基座或旋转纵轴应与棱镜旋转纵轴同轴,其偏心误差应小于 0.2mm;

c. 全站仪三测回测定投点仪的纵轴坐标互差应小于 3mm。

③陀螺经纬仪定向应符合下列规定:

a. 独立三测回零位较差不应大于 0.2 格,绝对零位偏移大于 0.5 格时,应进行零位校正,观测中的零位读数大于 0.2 格时应进行零位改正;

b. 测前、测后各三测回测定的陀螺经纬仪两常数平均值较差不应大于 $15''$;

c. 三测回间的陀螺方位角较差不应大于 $25''$;

d. 两条定向边陀螺方位角之差的角值与全站仪实测角较差应小于 $10''$;

e. 每次独立三测回测定的陀螺方位角平均值较差应小于 $12''$;

f. 独立三次定向陀螺方位角平均值中误差应在±$8''$之内。

(3) 高程传递测量

1) 在竖井中悬吊挂有 10kg 重锤并检定过的钢尺,井上井下 2 台水准仪同时读数,将高程传递至井下的水准控制点。在井下应建立 2～3 个水准控制点。高程传递测量见图 7－39。

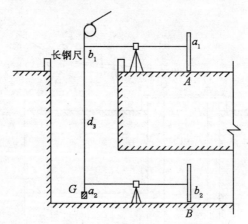

图 7－39　高程传递测量

A,B 表示高程传递测量控制点的点号;

a_1,b_2 分别表示地上、地下测量控制点水准尺的读数;

b_1,a_2 分别表示悬挂钢尺地上、地下的读数;

d_3 表示悬挂钢尺地上、地下的读数差值;G 表示悬挂的重锤

2) 传递高程时,每次应独立观测三测回,每测回应变动仪器高度,三测回测得地上、地下水准点的高差较差应小于 3mm。

三测回测定的高差应进行温度、尺长改正。

5. 地铁隧道掘进测量

（1）隧道内平面控制点测量

1）隧道内控制导线点应在通视条件允许的情况下，每 100m 布设一点。以竖井定向建立的基线边为坐标和方位角起算依据，观测采用Ⅰ级全站仪进行测量，测角四测回（左、右角各两测回，左、右角平均值之和与 360° 的较差应小于 4″），测边往返观测各二测回。施工控制导线最远点相对于起始点的横向中误差应小于 ±25mm。

2）为提高测量精度，考虑到井下观测条件差，短边多，在测量工作中应采用多次对中和长短边分开测量的方法减弱测量误差影响。另外，地下施工场地不稳定，埋设在其上面的测量控制点稳定性必然受到影响，因此，随着导线的延伸应进行重复测量，以便确定数据可靠性。如重复测量验证数据稳定，则取其平均值作为最终成果。

3）隧道内导线点宜采用 100×100×10mm 的钢板，埋设在底板上，在上面钻 2mm 小孔镶铜丝作为点的标志。导线点如设置在结构边墙上，应安装放置仪器的支架。

（2）隧道内高程控制测量

1）隧道内水准测量以竖井高程传递水准点为起算依据，采用二等精密水准测量方法和闭合差为 $\pm 8\sqrt{L}$mm 的精度进行施测。

2）地下水准点可与导线设在一起，在设置导线点的钢板上焊一突出的金属标志，作为水准点，也可以在边墙上设置水准点。

（3）暗挖隧道施工测量

1）车站隧道施工测量

①车站采用分层开挖施工时，在各层测设施工控制点或基线，各层控制点或基线的测量允许误差为 ±3mm，方位角测量允许误差为 ±8″。有条件时各层间还应进行贯通测量。

②采用导洞法施工，上层边孔拱部隧道和下层边孔隧道两侧各开挖到 100m 时，应进行上下层边孔的贯通测量，其上下层边孔贯通中误差应在 ±30mm 之内。贯通测量后必须进行上、下层线路中线的调整，并标定出隧道下层底板上的线路左、右线中线点和站中心点。

③采用眼镜法、桩柱法等施工时，应根据施工导线测设桩柱的位置，其测量允许误差为 ±5mm。

④车站钢管柱的位置，应根据车站线路中线点测定，其测设允许误差为 ±3mm。钢管柱安装过程中应监测其垂直度，安装就位后应进行检核测量。

⑤进行车站隧道结构二衬施工测量时，应先恢复上、下层底板上的线路中线点和水准点，下层底板上恢复的线路中线点和水准点应与车站两侧区间隧道的线路中线点进行贯通误差测量和线路调整。

⑥车站站台的结构和装饰施工应使用已调整后的线路中线点和水准点。站台沿边线模板测设应以线路中线为依据，其间距误差应为"正号"，最大不大于 +5mm。站台模板高程测设误差宜低于设计高程，最大不小于 -5mm。

2）区间隧道施工测量

①直线隧道施工安置激光指向仪指导隧道掘进，曲线隧道施工视曲线半径的大小和曲线长度及施工方法，选择弦线支距法测设线路中线点。见图 7—40。

②以线路中线为依据，安装超前导管、管棚、钢拱架和边墙格栅，以及控制喷射混凝土支护的厚度。

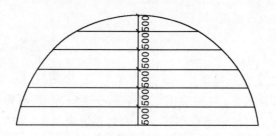

图 7—40　支距法画断面示意图

③采用弦线支距法测设曲线时,弦线与相对应的曲线矢距不超过下列数值时可以弦线代替曲线:

a. 混凝土结构施工,矢距不应大于 10mm。

b. 开挖土方和进行导管、管棚、格栅等混凝土支护施工,矢距不应大于 20mm。

④隧道施工使用的高程点利用施工水准点用普通水准测量方法测定,水准测量应往返或两次仪器高观测,其两次测量的高程较差不应大于 10mm。

⑤用台车浇筑隧道边墙结构二衬混凝土,台车长度与其相应曲线的矢距值不大于 5mm 时,台车长度可代替该段的曲线长度。台车两端的中心点与线路中心点定位允许误差在 ±5mm 之内。台车两端隧道结构断面中心的高程,应采用直接水准测设,与其相应里程的高程较差不应大于 5mm。

(4) 隧道贯通误差测量

1) 隧道贯通前约 50m 左右应增加施工测量的次数,并进行控制导线的全线复测。贯通测量包括平面贯通测量和高程贯通测量。暗挖隧道贯通后及时进行贯通误差测量,以证实所有测量工作是否满足精度要求,地铁隧道是否按设计准确就位。

2) 隧道的纵、横向贯通误差可根据隧道两侧控制导线测定的贯通面上同一临时点坐标闭合差确定,也可利用两侧中线延伸在贯通面上同一里程处各自临时点的间距确定,方位角贯通误差可利用两侧控制导线测定与贯通面相邻的同一导线边的方位角较差确定。实测的贯通面上同一临时点的坐标闭合差应分别投影到线路和线路的法线方向上,计算纵、横向贯通误差值。

3) 隧道高程贯通误差应由两侧控制水准点测定贯通面附近同一水准点的高程较差确定。

(5) 地下控制网的联测

随着隧道的贯通,相向测量的地下支导线和支水准路线,可以联测成附合导线和附合水准路线。为提高测量精度,增加路线检核条件,以竖井定向建立的陀螺基线边、车站等处的坚强点作为已知数据,进行统一平差,平差成果可作为下一步结构二衬施工的依据。

6. 隧道线路中线调整测量

(1) 施工完成后,车站和区间留有控制点或线路中线点,因此,以车站的施工控制导线点为依据,利用区间施工控制中线点组成附合导线,并进行左右线附合导线测量,一般中线点间距,直线上平均 150m,曲线上除曲线元素外不应小于 60m。

(2) 对中线点组成的导线应采用 Ⅱ 级全站仪左、右角各测二测回,左、右角平均值之和与 360° 较差小于 5″,测距往返各二测回,往返二测回平均值之差小于 7mm。

(3) 数据处理采用严密平差,各相邻点间纵横向中误差不应超过下述限值:直线:纵向为 ±10mm,横向为 ±5mm。曲线:纵向为 ±5mm,横向,当曲线段小于 60m 时为 ±3mm,大于 60m 时为 ±5mm。

（4）平差后的线路中线点依据设计坐标进行归化改正，归化改正后对线路中线各折角进行检测，中线直线上其与 180° 较差不应大于 8″，曲线折角与相应的设计值较差，中线点间距小于 60m 时不应大于 15″，中线点间距大于 60m，应在 15″～8″ 之间。线路中线点检测合格后，应钻 $\phi 2$ 深为 5mm 的小孔，并镶入黄铜心标志点位。

（5）利用车站控制水准点对区间水准点重新进行附合水准测量，水准测量按二等精密水准测量的方法及 $\pm 8\sqrt{L}$mm 的精度要求进行施测。

7. 隧道结构断面测量

根据隧道结构断面（图略），在断面上选择与行车密切相关的位置测定其与线路中线的距离。

（1）以调整的线路中线点为依据，直线段每 6m，曲线上包括曲线要素点，每 5m 测设一个结构横断面。

（2）断面方向必须与线路的法面方向保持一致。

（3）结构断面测量采用全站仪、断面仪进行，测量断面里程允许误差在 ± 50mm，断面测量精度允许误差为 ± 10mm，矩形断面高程误差应小于 20mm，圆形断面高程误差应小于 10mm。

（4）计算断面点与线路中线点的横向距离，编制净空断面测量成果表。

8. 竣工测量

（1）工程竣工后由承接竣工测量的单位进行竣工测量，编制《建设工程竣工测量成果报告书》，由建设单位留存并报送规划部门。

（2）竣工测量主要包括与线路相关的线路轨道竣工测量、线路轨道结构竣工测量、沿线线路设备竣工测量以及地下管线竣工测量。

（3）竣工测量的起始依据，地面应以控制测量的 GPS 点、精密导线点、精密水准点以及定测的中线控制点为依据；地下应以辅轨控制基标为依据。

7.5.5　质量标准

7.5.5.1　控制点坐标和高程复核的技术要求应不低于原控制点的精度等级。

7.5.5.2　地铁施工控制网的有关技术和精度要求

1. 平面控制网

（1）GPS 平面控制网主要技术指标应符合表 7—65 的规定。

表 7—65　　　　　　　　　　　GPS 平面控制网主要技术指标

平均边长 （km）	最弱点的点位 中误差（mm）	相邻点的相对点 位中误差（mm）	最弱边的 相对中误差	与原有控制点的 坐标较差（mm）
2	± 12	± 10	1/90000	<50

（2）GPS 平面控制测量作业的基本技术指标应符合表 7—66 的规定。

（3）精密导线测量主要技术要求应符合表 7—67 的规定。

（4）水平角方向观测法的技术要求应符合表 7—68 的规定。

（5）电磁波测距的主要技术要求应符合表 7—69 的规定。

表7-66　　　　　　　　　　　　GPS 平面控制测量作业的基本技术指标

项　目	要　求	项　目	要　求
接收机类型	双频或单频	观测时段长度(min)	短边≥60,长边≥90
观测量	载波相位	数据采集间隔	10～60
接收机标称精度	≤(10mm+2×10⁻⁶D)	几何图形强度因子(PDOP)	≤6
卫星高度角(°)	≥15	重复设站数	≥2
有效观测卫星数	≥4	闭合环或附合路线边数(条)	≤6

表7-67　　　　　　　　　　　　精密导线测量主要技术要求

平均边长(m)	导线总长度(km)	每边测距中误差(mm)	测距相对中误差	测角中误差(″)	测回数		方位角闭合差(″)	全长相对闭合差	相邻点的相对点位中误差(mm)
					DJ₁	DJ₂			
350	3～5	±6	1/60000	±2.5	4	6	5√n	1/35000	±8

表7-68　　　　　　　　　　　　水平角方向观测法的技术要求

仪器型号	光学测微器两次重合读数之差(″)	半测回归零差(″)	一测回中2倍照准差较差(″)	同一方向值各测回较差(″)
DJ₁	1	6	9	6
DJ₂	3	8	13	9

表7-69　　　　　　　　　　　　电磁波测距的主要技术要求

平面控制网等级	测距仪精度等级	观测次数		总测回数	一测回读数较差(mm)	单程各测回较差(mm)	往 返 较 差
		往	返				
三等	Ⅰ	1	1	4	≤5	≤7	≤2(a+b·D) a—标定精度中的固定误差(mm); b—标定精度中的比例误差系数(mm/km); D—测距长度(km)
	Ⅱ			6	≤10	≤15	
四等	Ⅰ	1	1	2	≤5	≤7	
	Ⅱ			4	≤10	≤15	

2. 高程控制网

(1) 精密水准测量主要技术要求,应符合表7-70的规定。

(2) 精密水准测量观测视线长度、视距差、视线高应符合表7-71的规定。

(3) 精密水准测量测站观测限差应符合表7-72的规定。

7.5.6　测量技术控制措施

7.5.6.1　控制措施

见"6.1　××市地铁×号线03标段A站～B站区间及B站工程"第6.1.5.7条第6款。

表 7－70　　　　　　　　　　　　精密水准测量主要技术要求

每千米高差中数中误差(mm)		路线长度(km)	水准仪型号	水准尺	观测次数		往返较差、附合或环线闭合差	
偶然中误差(mm)	全中误差(mm)				与已知点联测	附合或环线	平地(mm)	山地(mm)
±2	±4	2～4	DS$_1$	因瓦尺	往返各一次	往返各一次	$\pm 8\sqrt{L}$	$\pm 2\sqrt{n}$

注：1. L 为往返测段、附合或环线的路线长度(以 km 计)。

　　2. n 为单程的测站数。

表 7－71　　　　　　　　　　　　水准观测主要技术要求

水准尺	水准仪型号	视线长度(m)	前后视较差(m)	前后视累积差(m)	视线离地面最低高度(m)	
					视线长度20m以上	视线长度20m以下
因瓦尺	DS$_1$	≤60	≤1	≤3	0.5	0.3

表 7－72　　　　　　　　　　　　精密水准测量测站观测限差

基辅分划读数差(mm)	基辅分划所测高差之差(mm)	上下丝读数平均值与中丝读数之差(mm)	检测间歇点高差之差(mm)
0.5	0.7	3.0	1.0

7.5.6.2　成品保护措施

1. 产品标识

做好所属区域内技术产品和实物产品的标识,根据工程性质和类别进行统一编号,以便查找和使用。

2. 产品保护

(1) 技术类产品保护

1) 作业记录、测量手簿等由记录员妥善保存,工程外业结束后立即上交工程主持人。

2) 设计图纸文件、测绘技术报告、工程施工测量报告等在工程施工阶段应建立相应资料文件柜,由工程主持人妥善保存。工程结束后交资料员统一存档保管。

(2) 实物类产品保护

1) 首级测量控制桩点 GPS 控制点、精密导线点、精密水准点;平面及高程控制网加密测量控制点;地铁隧道掘进平面及高程测量控制点,在实地做好相应的点位标记,用水泥加固和砌砖围护,在标桩旁钉设标志牌,标注点号;特殊点位应钉设三角架或搭设围护栏进行保护。

2) 控制网应按检测周期做好复测工作,一般每年复测一次,雨水多的地区应增加复测次数。

3) 做好护桩教育,使所有施工人员高度重视。做到不碰撞点位、不在点位上堆压物品、不遮挡点位之间视线。

7.5.6.3　施工注意事项

1. 施工测量人员必须阅读地铁线路平面图、剖面图、明挖基坑的断面图、连续墙、支护桩和其他围护结构的图纸,并对线路里程、坐标、曲线、坡度、高程等以及设计图上的有关尺寸进行核算,改正错误,确保测量顺利进行。

2. 地铁测量控制网从开始修建到竣工相隔较长时间,有可能位移,因此应对原有控制点进行复测,检查其可靠程度。

3. 定向和高程传递,在隧道贯通前均应进行三次测量,以提高定向点和高程传递的精度。由于受隧道结构自身不稳定和施工的影响,隧道中的导线点易于变动,应注意对隧道内支导线的测量检核。

4. 铅垂仪、陀螺经纬仪定向中所采用的仪器、标牌和测距棱镜必须互相配套,否则应加工精度符合要求的异型连接螺杆。

5. 施工控制支导线成果应经平差和调整,方可用作隧道二衬结构施工的依据。

6. 地铁工程由多单位施工,各单位施工的隧道线路中线不会准确的在设计位置上,因此必须进行线路中线的调整测量。当线路中线实际位置与设计位置偏移量较小时,将其调整到设计位置即可;当偏移量超限时,调整后往往入侵限界,影响行车安全,必须进行隧道线路平面和剖面的设计变更。

7.5.7　安全措施

7.5.7.1　城市道路上测量

1. 作业员应穿戴橘黄色衣帽,遵守城市交通规则。

2. 白天应打红、黄相间面料的遮阳伞,仪器周围 2m 范围内并应摆放红色安全标志。

3. 夜间作业,在红色安全标志上应安装黄色反光材料,在距测站 50m 远处摆放黄色反光安全标志,并设专人用红色信号灯指挥。

4. 请交通民警协助,做好交通疏导。

7.5.7.2　登高测量

1. 作业员应系安全带,冬天应戴防冻工作手套。

2. 高处作业,应先绑扎遮阳帆布后安置仪器;收工时应先将仪器装箱,后拆除遮阳帆布。

7.5.7.3　进入隧道内测量

1. 作业人员应戴安全帽,穿安全鞋。

2. 照明电压应低于 36V 或用手电筒照明。

3. 作业员和仪器不得乘提升罐笼上下,仪器必须人背沿着扶梯上、下竖井和出入隧道。

4. 防止机械碰撞作业人员和仪器。

7.5.7.4　地下管线检查井测量

1. 打开井盖后,井周围应设红色防护标志,并设专人看管,作业完后,盖好井盖方可离去。

2. 下井或进入地下巷道前,应进行通风,污水或工业管道应测量有害气体浓度,超标时需进行处理后方可入内。

3. 地下照明宜用安全灯,禁止用明火。

4. 严禁在易燃、易爆管道上进行直接作业和充电法探测。

5. 地下作业的电气外壳应接地,仪器工作电压超过 36V 时,作业人员应使用绝缘防护用品,雷电时禁用电气和仪器作业。

6. 作业人员应具备安全用电,触电(或中毒)急救的知识。

7.5.7.5　测量仪器安全操作要求

　　1. 测量仪器应专人使用和专人保管。使用中的仪器禁止离人,危险地区另设专人负责指挥交通和险情观察。

　　2. 仪器在使用前应仔细阅读说明书,了解仪器各部位的性能和使用要求;使用中应采取防撞、防雨和防晒措施;远距离或复杂地区迁站时应装箱搬运。

7.6　地铁暗挖施工监控量测方案

封面　（略）

目　录

7.6.1　编制依据

7.6.1.1　××市地铁×号线×标段工程设计图纸和其他相关设计文件。

7.6.1.2　本工程施工组织设计。

7.6.1.3　《××市地铁新建线路控制测量总体技术要求》(××地铁建设管理公司工程部)。

7.6.1.4　现行测量规范、规程、标准

1.《地下铁道工程施工及验收规范》(GB 50299—1999)(2003 年版)。

2.《地下铁道设计规范》(GB 50157—2013)。

3.《城市轨道交通工程测量规范》(GB 50308—2008)。

4.《城市测量规范》(CJJ/T 8—2011)。

5.《工程测量规范》(GB 50026—2007)。

6.《建筑变形测量规程》(JGJ 8—207)。

7.《国家一、二等水准测量规范》(GB/T 12897—2006)。

7.6.1.5　××市地铁×号线×标段沿线建筑、市政管线调查资料。

7.6.2　工程概况

7.6.2.1　工程简介

见"6.1　××市地铁×号线 03 标段 A 站～B 站区间及 B 站工程"第 6.1.1.2 条。

7.6.2.2　监控量测的目的

见"6.1　××市地铁×号线 03 标段 A 站～B 站区间及 B 站工程"第 6.1.5.8 条第 2 款。

7.6.3　施工总体安排

7.6.3.1　现场踏勘现状

1.区间地下管线设施(见表 7—2)。

2.车站地下管线设施(见表 7—3)。

3.本工程沿线地表建(构)筑物较多,有高层建筑、人行天桥、文物设施等。

7.6.3.2　技术准备

1.隧道施工前,根据隧道规模,场地的工程地质和水文地质条件,支护类型和参数,施工方法,依据规范和设计对监控量测工作的要求并结合本标段工程的实际情况,对施工竖井、暗挖区间隧道、车站支护结构及受施工影响范围内的地下管线、建(构)筑物等进行监测,编制监控量测方案并经审批,本标段工程监控量测项目见表 7—73。

2.监控量测方案主要包括:工程概况,监控量测的项目、手段、方法和量测频率;选定量测断面,绘制测点布置图和细部做法详图;监控量测数据的整理和分析;围岩和支护稳定性评价;信息反馈。

监控量测方案应纳入隧道施工组织设计,作为隧道施工的重要组成部分。

3.相关附图

(1)地铁区间隧道量测断面图。

(2)地铁车站量测断面图。

(3)施工竖井量测断面图。

(4)地铁区间隧道地表沉降监测点布置图。

表 7－73　　　　　　　　　　　　　监 控 量 测 项 目

类别	量测项目	施工方法	量测仪器和工具	要 求 掌 握 的 内 容
应测项目	观察	浅埋暗挖法	地质描述现场观测	1. 了解和掌握施工方法； 2. 开挖面围岩的自立性(无支护时围岩的稳定性)； 3. 土层、岩层、地下水情况，核对与勘察报告的相符性； 4. 支护衬砌变形、开裂情况； 5. 地表建筑物变形、下沉、开裂情况
应测项目	地表、地面建筑、地下管线和构筑物沉降	浅埋暗挖法	精密水准仪、经纬仪、水准尺	判断隧道开挖对地表产生的影响及防止沉降措施的效果，判断对地面建筑、地下管线及构筑物的影响，推测作用在隧道上的荷载范围
应测项目	净空变形	浅埋暗挖法	收敛计	根据变形值、变形速度、变形收敛情况等用以判断： 1. 围岩稳定性； 2. 初期支护设计和施工的合理性； 3. 模筑二次衬砌的时间
应测项目	拱顶下沉	浅埋暗挖法	水准仪、钢尺等	监视拱顶的绝对下沉值，了解断面变化情况，判断拱顶的稳定性，防止塌方
选测项目	隧底隆起	浅埋暗挖法		了解衬砌变形情况，判断衬砌稳定性和仰拱的效能
选测项目	围岩压力和两层衬砌间压力	浅埋暗挖法		了解围岩形变压力和围岩压力以及两层衬砌间的接触应力和分布规律，检验支护衬砌受力情况
选测项目	支护结构内力(衬砌混凝土和钢筋应力)	浅埋暗挖法		根据衬砌混凝土和钢筋应力情况，判断衬砌设计参数是否正确，进一步推求围岩压力的大小和分布情况

注：1. 地质描述包括工程地质和水文地质。

　　2. 量测频率见第 7.6.4.2 条。

(5) 地铁区间及车站监测点布置图等。

限于篇幅，此处略。

7.6.3.3　人员安排

针对本标段工程监控量测项目的特点建立专业组织机构，组成监控量测小组，成员由工程技术部和测量队人员组成。成员均经过专业技术培训考试合格具备相应资质并持证上岗。设组长 1 名，由具有丰富施工测量经验和较高结构分析和计算能力的测量工程师担任，负责监测工作的组织计划、外协工作以及监测资料的质量审核。

测量人员表及其资质证书　（略）。

7.6.3.4　材料、设备

1. 仪器设备：DS_1 水准仪、DJ_2 经纬仪、收敛计(净空位移计，精度 0.1mm)、可悬挂钢尺(精度 1mm)、铟钢水准尺、频率接收仪、振弦式土压力计、振弦式钢筋应力计、振弦式混凝土应变计等。

2. 辅助工具：三脚架、花杆、尺垫、钢尺、计算器、记录手簿、铅笔等。

3. 材料：水泥、砂、石、钢制沉降测点、钢制固定收敛和拱顶下沉测点、黏结材料等。

4. 监控量测开始前,对仪器进行必要的检校,保证仪器满足精度要求。监控量测所需的特殊设备和工具进行专门的设计和加工。监控量测所使用的仪器必须在检定周期之内,应具有足够的稳定性和精度,适于长期、连续监测工作的需要。

5. 材料、设备配置见"6.1　××市地铁×号线 03 标段 A 站～B 站区间及 B 站工程"第 6.1.4.1 条第 4 款。

有关仪器检定证书　(略)。

7.6.3.5　作业条件

项目部已取得施工隧道线路地面平面、高程控制网和线路定测资料,并与任务委托单位签订监测合同。

7.6.4　操作工艺

7.6.4.1　工艺流程

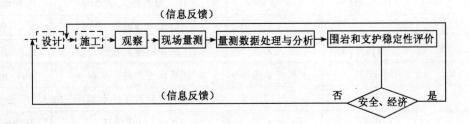

7.6.4.2　操作方法

1. 观察

施工期间认真了解和掌握施工方法,详细观察开挖面围岩稳定状况,已施工地段的支护衬砌情况和地表建筑物安全状况。按隧道里程,使用专用手簿记录观察内容。

(1) 开挖面观察内容

1) 岩层、地层种类和分布情况及变化;岩层强度、风化和变质情况;节理裂隙发育程度和方向性;填充物的状态;断层的位置、走向和破碎程度;土的类别,砂卵石粒径。

2) 开挖面稳定状态,拱部有无围岩剥落和坍塌现象。

3) 涌水位置、涌水量、涌水压力和水质。

4) 掌握隧道施工日进尺情况和初次衬砌施做时间。

5) 开挖面观察应在每次开挖后进行。

(2) 已施工地段观察内容

1) 有无锚杆拉断、托板松动或陷入围岩的现象。

2) 喷射混凝土是否产生裂缝、剥离和剪切破坏。

3) 钢架变形、压屈位置和状态,钢架和喷射混凝土黏结情况。

4) 衬砌变形、开裂和破坏情况;漏水大小范围,有无底鼓现象。

5) 对已施工地段观察每天应至少进行一次。

(3) 地表观察:对施工影响范围内的地面沉降、开裂、滑移,地表水渗透及地表建筑物安全状况进行观察。

2. 现场量测

（1）地面沉降监测

1）地面沉降监测网测设

①地面沉降监测网由水准基点和工作基点组成，须由 3 个以上水准基点构成。水准基点应远离施工影响区域（有条件应设立基岩点），埋设在冻土线以下的原状土层中，也可利用稳固建筑物，在其上面设置墙上水准基点。

本标段工程水准基点布设见表 7—74。

表 7—74　　　　　　　　　　　　　　　水准基点布设

施工区段	里　　程	构筑物名称	构 筑 物 特 点	点位布设
区　　间	K3+350～K4+000	玉蜓立交桥	25# 墩桩基距离隧道结构边缘仅 1.05m	桥台、桥墩上
	K3+756.217	京沪铁路		两侧路基
	K3+803.645（右线）	南护城河		
	K3+808（左线）	南护城河桥	3 排 5 根桩伸入隧道内	桥墩上
	K4+090	××天桥	桩基距隧道较近	桥台、桥墩上
	K4+418	××天桥	桩基距隧道较近	桥台、桥墩上
车　　站	K4+806.388	××中学天桥	桩基穿过车站中层板	桥台、桥墩上
		××公园坛墙	紧急疏散道穿过坛墙	坛墙墙角
竖　　井		××大厦	距 2# 竖井较近	建筑物拐角处
		××公园服务部	距西北风井较近	建筑物拐角处
		××中学教学楼	距东南风井锁口圈 13.0m	建筑物拐角处

地面沉降监测网应利用地铁隧道地面高程控制网，也可采用独立高程系。

②工作基点应离开隧道施工沉降区不小于 30m。

③地面沉降监测网 3～6 个月检测一次。

2）沉降观测点布设

①收集隧道定测成果，在地面明确表示隧道的平面位置。

②按监测方案要求在隧道施工影响范围内（$B+2H$，B：隧道开挖跨度，H：隧道底板到地面的距离），沿隧道中线 10m～50m，垂直线路中线布置沉降观测断面，每一观测断面布置 7～11 个测点，测点间距 2m～5m。净空收敛和拱顶下沉测点应与其在同一断面。

③隧道施工影响范围内建筑物沉降观测点布置：一般建筑物地基变形特征表现为建筑物基础的局部倾斜、整体倾斜、沉降差、沉降，根据不同建筑物的特点和地基变形允许值的要求，布置沉降观测点。

a. 对于整体刚度很好的多层和高层建筑、高耸结构物（倾斜值和平均沉降量），在测点布置时应考虑不同结构单元（可利用结构缝划分），在结构单元端部布置沉降观测点；观测点距离过大，可适当插入。

b. 框架结构和单层排架结构柱基处（相邻柱基沉降差）。

c. 砌体承重结构（局部倾斜值），观测点间距控制在 6m～10m 范围内。

d. 桥梁结构桥墩处。

④隧道施工影响范围内地下管线及构筑物沉降观测点的布置：对可进人的地下管线和构筑物应按每 10m 布置沉降观测点；对不可进人的地下管线和构筑物应在地面管线上方设置沉降观测点(间接)，对十分重要的地下管线可采用抱箍式或套筒式测点(直接)；对沉降特别敏感的地下构筑物应制定专门方案进行监测。

抱箍式：由扁铁做成抱箍固定在管线上，抱箍上焊一测杆，见图 7－41。测杆顶端不应高出地面，路面处布置阴井，既用于测点保护，又便于道路交通正常通行。抱箍式测点的特点是监测精度高，能如实反映管线的位移情况，但埋设时必须进行开挖，且要挖至管底，如高压煤气管、压力水管等。

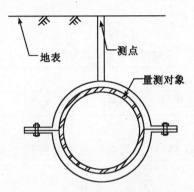

图 7－41　抱箍式量测示意图

套筒(直接)式：用敞开式开挖和钻孔取土的方法挖至管顶表面，露出管接头或闸门开关，利用凸出部位涂上红漆或黏贴金属物作为测点。套筒(直接)式测点主要用于沉降监测，适用于埋深浅、管径较大的地下管线。其特点是开挖量小，施工便捷，但若管子埋深较大，易受地下水位或地面积水的影响，造成立尺困难，影响测量精度。

3) 沉降观测方法：利用工作基点使用水准测量方法观测。将仪器架设在工作基点和观测点适中且通视良好位置，后视工作基点，前视观测点，待完成观测点观测后，再后视工作基点，完成此监测断面的观测。

4) 初始读数的确定和监测频率：在施工前(开挖面距离监测断面 5B 或未受施工影响)，以 2 次观测数据的平均值作为初始读数。监测频率见表 7－75。

表 7－75　　　　　　　　　　　　地面沉降监测频率

开挖面距量测断面	<2B	2B～5B	>5B
量测频率	1～2 次/d	1 次/2d	1 次/7d

开挖面远离监测断面(>5B)时，依据位移速率的变化和位移数据收敛时，可减少监测次数，做到 1 次/月，1 次/3 个月，当位移速率<0.1mm 时，可停止观测。

(2) 隧道净空变形量测

1) 隧道净空变形观测点布置与埋设：隧道净空变形观测点可选择单一测线(一般在拱脚处)，也可选择多测线观测。测点加工时应保证测点与量测仪器连接圆滑密贴，埋设时保证测点锚栓与围岩或支护稳固连接，变形一致，并制作明显警示标志，防止人为损坏。净空变形观测点应与地面沉降观测点在同一断面，测点应尽量靠近开挖面布置，其测点距开挖面不得大于 2m，应在每环初次衬砌完成后 24h 以内,并在下一开挖循环开始前,记录初次读数,以两次数据的平均值作为初始读数。

2) 观测方法:用于量测开挖后隧道净空变化的收敛计,可分为重锤式、弹簧式、电动式 3 种,多选用弹簧式收敛计,量测时粗读元件为钢尺,细读元件为百分表,钢尺每隔 10mm 打有小孔,以便根据收敛量调整粗读数,钢尺固定拉力由弹簧提供,由百分表读取隧道周边两点间的相对位移,量测精度为 0.1mm,借助端部球绞可在水平和垂直平面内转动,以适应不同方向基线的要求。观测时将收敛计固定套筒与测点用锚塞连接,选择合适的孔位固定,读取粗读数,旋转手柄拉紧弹簧,读百分表的细读数。

3) 监测频率和停止观测的时间

隧道净空变形监测频率见表 7-76。

表 7-76　　　　　　　　　　　　隧道净空变形监测频率

开挖面距量测断面	<2B	2B~5B	>5B
量测频率	1~2 次/d	1 次/2d	1 次/7d

隧道周边收敛速率有明显减缓趋势时,可减少观测次数到 1 次/月,1 次/3 个月,当收敛量小于 0.15mm/d 时,可停止观测。

(3) 拱顶下沉量测

1) 拱顶下沉观测点应与净空收敛观测点在同一断面内,埋设时保证测点锚栓与围岩或支护稳固连接,保证测点与悬挂钢尺连接圆滑密贴。

2) 工作基点应设置在车站、竖井、隧道结构上,保证基点稳定可靠。工作基点距观测点 20m ~30m。

3) 测点应尽量靠近开挖面布置,其测点距开挖面不得大于 2m,应在每环初次衬砌完成后 24h 以内,并在下一开挖循环开始前,记录初次读数,以两次数据的平均值作为初始读数。

4) 观测方法:利用工作基点使用水准测量方法观测。将钢尺悬挂于拱顶下沉测点位置,并保证其铅直下垂,仪器架设在工作基点和观测点适中且通视良好位置,后视工作基点,前视观测点,待完成观测点观测后,再后视工作基点,完成此监测断面的观测。观测精度 1mm。

5) 监测频率和停止观测的时间

拱顶下沉监测频率见表 7-77。

表 7-77　　　　　　　　　　　　拱顶下沉监测频率

开挖面距量测断面	<2B	2B~5B	>5B
量测频率	1~2 次/d	1 次/2d	1 次/7d

当位移速率有明显减缓趋势时,可减少观测次数到 1 次/月,1 次/3 个月,当变形量小于 0.1mm/d 时,可停止观测。

(4) 隧底隆起量测

1) 工作基点应设置在车站、竖井结构上,保证基点稳定可靠。

2) 观测点埋设在隧道底板,每个量测断面 3 个点,测点埋设稳固可靠。

3) 利用工作基点使用水准测量方法观测。

4) 监测频率和停止观测的时间

隧底隆起监测频率见表 7—78。

表 7—78　　　　　　　　　　　　隧底隆起监测频率

开挖面距量测断面	<2B	2B~5B	>5B
量测频率	1~2 次/d	1 次/2d	1 次/7d

当速率有明显减缓趋势时,可减少观测次数到 1 次/月,1 次/3 个月,当变形量小于 0.1mm/d 时,可停止观测。

(5) 应力应变测试:包括围岩及初次衬砌与二次衬砌界面间压力测试,支护结构内力测试。

1) 应力应变传感器的选择:传感器按变换原理可分为电阻式、电感式、振弦式、电容式、压电式、压磁式、光电式传感器等。振弦式传感器结构简单,测试结果稳定,受温度影响小,易于防潮处理,被广泛用于隧道测试项目中。选择过程中应根据被测物理量幅值范围确定传感器的量程,并适当留出余量。

2) 产品检验:检查传感器的出厂合格证、标定证书。

3) 标定:选择最接近现场实际埋设情况的方法对传感器出厂标定曲线进行复验。

4) 传感器的布置与埋设

①围岩及界面间压力计的布置和埋设

a. 每代表性地段设一个量测断面,每个断面 15~20 个测点。应根据围岩压力和围岩形变压力的分布情况,合理选择测点位置。

b. 埋设围岩压力计时,应保证压力计受力膜片与围岩密贴,避免施工因素的干扰,确保压力计与围岩黏结牢固。界面间压力计埋设时应保证压力计膜片与混凝土有效隔离,可在膜片表面涂抹黄油。

c. 将压力计的电缆线引出至观测集线箱内,按测点布置图编号,并测得初始读数。

②钢筋应力计的布置与埋设

a. 每 10~30 榀钢拱架设一个量测断面,钢筋应力计的埋设位置应根据支护结构受力状况,选择截面受拉、受压最大值及拐点部位埋设。

b. 先将所测的受力主筋相应部位截去与钢筋应力计等长的部分,采用帮条双面焊将钢筋应力计与主筋焊成一整体。应特别注意保证传感器的自由变形。必要时可在传感器膜片部位表面涂抹黄油或缠绕塑料胶布使之与混凝土隔离。

c. 将钢筋应力计的电缆线引出至观测集线箱内,按测点布置图编号,并测得初始读数。

③混凝土应变计的布置和埋设

a. 每代表性地段设一个量测断面,每个断面 11 个测点,混凝土应变计的埋设位置应根据支护结构受力状况,选择截面受压最大值及拐点部位埋设。

b. 利用先期安装的钢格栅拱架固定应变计,注意保证传感器的自由变形,必要时可在传感器膜片部位表面涂抹黄油或缠绕塑料胶布使之与混凝土隔离。

c. 将混凝土应变计的电缆线引出至观测集线箱内,按测点布置图编号,并测得初始读数。

5) 测试方法

①采用频率接收器观测,依据传感器编号,读取频率并做好记录。通过传感器标定曲线,换算出相应的测试物理量值,绘制相应变化曲线。

②监测频率见表 7—79。

3. 量测数据处理与分析

表 7-79　　　　　　　　　　　　　　　应力应变测试监测频率

开挖面距量测断面	<2B	2B～5B	>5B
量测频率	1～2 次/d	1 次/2d	1 次/7d

除参见"6.1　××市地铁×号线 03 标段 A 站～B 站区间及 B 站工程"第 6.1.5.8 条第 4 款外,还应符合下列要求。

(1) 处理方法:位移可采用因果分析法(非线形回归分析法)、时间序列分析法等方法对量测数据进行处理,了解围岩应力状态、变形规律和稳定程度。一般选用位移—时间曲线反映围岩和支护衬砌受力状态随时间变化规律,可选用对数、指数和双曲函数进行回归分析。观测数据不宜少于 25 个。对数函数适用于软弱围岩隧道开挖后初期变形的分析,指数和双曲函数可用来预估围岩变形最终值。时间序列分析法可用于围岩变形的短期预测。应力应变数据应结合隧道结构的受力特点,进行理论分析,对比测试数据,评价隧道设计和施工参数的合理性,必要时可进行反分析计算。

(2) 分析:将量测数据进行处理后,配合地质、施工各方面的信息,再与经验和理论所建立的标准进行比较,对于设计所确定的结构形式、支护衬砌设计参数、预留变形量、施工方法和工艺及各工序施做时间进行检验,如与原设计相符,则可继续施工,若差别较大,应立即修改设计,改变施工方法,调整作业时间,以求安全可靠,经济合理。

4. 围岩和支护稳定性评价

根据位移值、位移速度和位移加速度,对围岩和支护稳定程度,是否调整支护参数、变更施工方法、二次衬砌施做时间,提出明确的意见。

(1) 围岩和初期支护结构基本稳定应具备下列条件:

1) 隧道周边收敛速度有明显减缓趋势。

2) 收敛量已达总收敛量的 80% 以上。

3) 收敛速度小于 0.15mm/d 或拱顶位移速度小于 0.1mm/d。

(2) 隧道施工中出现下列情况之一时,应立即停工,采取措施处理:

1) 周边及开挖面塌方、滑坡及破裂。

2) 地面沉降超过 30mm 且有不断增大的趋势。

3) 收敛量和拱顶下沉量超过 15mm,且各测点位移均在加速,同时出现明显的受力裂缝且不断发展。

4) 其他量测数据有不断增大的趋势。

5) 建筑物地基局部倾斜和整体倾斜控制及总沉降量超过地基变形允许值。

5. 信息反馈

通过监测数据的整理和分析,对围岩和支护稳定性进行评价,并及时传递给施工组织者和设计人员,以便指导下一步施工和修改支护设计。

7.6.5　质量标准

7.6.5.1　监控量测测点、工作基点、基准点的埋设必须符合规范和监控量测方案的要求,并按监控量测方案规定的方法、精度和频率等进行观测。

7.6.5.2 监控量测测点位置依据地铁隧道平面施工控制点进行放样,其放样允许误差为±50mm。

7.6.5.3 净空收敛和拱顶下沉观测点应保证与围岩或衬砌连接牢固,其锚固长度应满足同直径钢筋在混凝土中锚固长度的要求。

7.6.5.4 地面沉降监测网测设应符合现行国家标准《地下铁道、轻轨交通工程测量规范》(GB 50308)精密水准测量的精度要求。

7.6.5.5 地面沉降量测精确至1mm,净空位移量测精确至0.1mm,拱顶下沉量测精确至1mm,隧底隆起量测精确至1mm。

7.6.5.6 围岩压力和两层衬砌间接触压力测试精度为0.001MPa,支护结构内力(衬砌混凝土和钢筋应力)精度为0.1MPa。

7.6.6 监控量测管理体系的保证措施

7.6.6.1 保证措施

见“6.1 ××市地铁×号线03标段A站~B站区间及B站工程”第6.1.5.8条第5款。

7.6.6.2 成品保护

1. 施工监控量测测点和基准点,应设立明显的警示标志和必要的防护措施,妥善保护。

2. 对施工人员进行保护监测桩点教育,在施工中不碰撞点位、不在点位上堆压物品、不遮挡点位之间视线。

3. 各类测点如在观测期间被损坏应及时恢复,保持监测工作的连续性。

7.6.6.3 施工注意事项

1. 每次观测前要对仪器和设备进行检查、校正,以降低仪器误差。

2. 每次观测前,应检查测点状况,确认测点与初试埋设时状况相同,注意测点的牢固性和稳定性,及时清理测点处的杂物。

3. 每次监测工作应采用相同路线和观测方法,使用同一仪器和设备,固定观测人员,外业记录和内业计算必须进行复核,并有复核人签字,以保证观测成果的正确性。

4. 密切注意施工方法和环境因素变化而带来监测数据的突变,及时分析原因并调整监测频率。

5. 必须以连续观测两次的平均数作为观测的初始值,并随时分析数据的合理性,确保数据的质量。

7.6.7 安全措施

7.6.7.1 进入施工现场人员必须进行现场安全教育,执行施工现场安全管理规定,配备必要的安全防护措施。

7.6.7.2 在交通和其他施工活动繁忙地段进行测试时,必须设专人防护。

7.6.7.3 密切注意围岩动态,监测工作开始前,应及时处理工作面危石和杂物。

7.6.7.4 高空作业必须系安全带。

7.6.7.5 监测仪器应架设在稳固位置,在使用过程中要严防磕碰和损坏,仪器架设后测量人员不得离开,确保仪器在可控制的范围内。

7.7 道路及立交段改造项目绿化工程施工方案

封面 （略）

目 录

7.7.1　编制依据

7.7.1.1　××市××道路及立交段改造项目绿化工程设计图纸和其他相关设计文件。

7.7.1.2　现场调查资料。

7.7.1.3　有关现行施工规范、标准。

1.《公路工程质量检验评定标准(土建工程)》(JTG F80/1－2004)。

2.《城市绿化工程施工及验收规范》(CJJ/T 82－1999)等。

7.7.2　工程概况

7.7.2.1　工程简介

1. 工程名称:××市××道路及立交段改造项目绿化工程。

2. 建设地点:××市。

3. 工程范围:绿化工程施工,包括场地清理、苗木、花卉、种植土等材料的采购、种植、保养期及管养配套工程施工等。××市××道路线路总长××km,立交段线路总长××km。

4. 承包方式:以综合单价(或合价或金额或费用)的合同形式实行总承包,即包工、包料、包工期、包质量、包安全文明施工、包成活、包保养期管养、包交(竣)工验收、包总体组织和协调。

7.7.2.2　工程重点、难点及解决办法

1. 工程重点、难点

(1) 本工程属市政道路改造工程,位于××市内交通流量较大的路段。道路交通发达,车流量及行人流量都较大,施工时比较难。

(2) 业主不提供临时施工用水、用电及临时施工用地。这些都需要项目部自行考虑。

(3) 工期短,工作量相对较大,宜组织合理的流水作业。

2. 解决办法

(1) 我公司建立项目经理部,施工现场进行屏蔽保护,采取有效的文明、安全、环保施工措施,保持环境卫生,保证道路安全畅通,杜绝环境污染以及噪声污染。为了确保采购的材料达到质量要求,原材料进场均须具备质量证明文件并经检验确认合格。

(2) 项目部自行做好临时用水、用电等的接驳,并自行解决施工现场内的水电管线设备。与绿化、供电、供水和电讯部门做好联系沟通。

(3) 项目部采取合理的施工阶段安排,施工前做好详细的施工进度计划,保证按时按质按量的完成本项目。

7.7.2.3　工程区域特征及气象情况

××市属亚热带海洋季节风气候,气候温暖,雨量充沛,夏季温热,冬季干燥。年平均气温21.80℃,年平均降雨量 1 617.9mm,雨季集中在 4～9 月,占年降雨量 82％,相对湿度 80％～83％。在施工时需做好防雨措施。

7.7.3　施工组织总体安排

7.7.3.1　组织机构(见图 7－42)。

本工程实行项目法施工,根据 ISO 9001 标准及本工程的特点,为便于管理和组织施工,我们组织精干的施工管理人员和技术人员,调集精良设备投入到本工程项目之中。建立以项目经理为核心的责权利体系,定岗、定人、授权,各负其责。

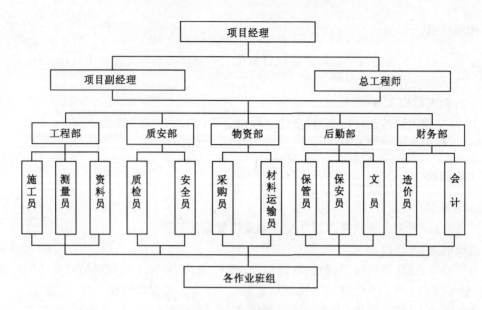

图 7—42　组织机构图

1. 为使施工现场各施工工序能有条不紊地开展,项目部在现场勘察后,科学制定施工总平面布置图(略),合理安排各工种的施工区域。做到施工现场整洁明朗、道路畅通,各工种工作进行顺利,不相互干扰与牵制。开工前,项目部做好临设工作,保证施工现场"三通一平",接驳施工用水源、电源,架设施工用电线路,埋设施工用水管道。

2. 对施工组织中计划使用的施工机械按计划进场时间经全面检测调试后再进场,以确保工程施工中的正常运转。施工用材料送有资质检(试)验单位进行检验,确认合格且相关质量证明文件齐全后再使用。

3. 按照劳动人员使用计划调配人员,安排劳动人员进场,并对参与工程施工的有关专业技术管理人员进行质量、环境、安全技能及意识教育,提高其施工技术管理水平和责任感。

4. 绿化苗木:由物资部负责按苗木清单选择合格供方,制定苗木采购计划,严格把好质量关。业主要求陪同号苗的,物资部应积极配合。绿化种植土应经有关部门检验,达到种植基质标准方可使用。一切未经鉴定并未得到业主认可的材料、产品,不得在本工程中使用。由业主指定供方的,项目部应跟踪验证供方产品是否合格,并及时反馈业主。

5. 项目部及时编制物资采购计划并交与业主审批,同时编制物资进场计划,确保物资进场后合理安排堆放保存点,并采取相应的保护措施减少物资损耗,同时做好标识,防止发生意外。部分提前进场的假植苗木特别要做好保护措施,并注意做好种植前的保养工作。

7.7.3.2　施工计划及工期保证措施

1. 工期目标

按施工合同规定工期完成该工程的全部内容。合同工期为:××市××道路段:××年×月;立交段:××年×月,共计×天。保养期为 1 年。

2. 施工计划

根据工期目标,项目部拟分两个施工队同时施工,分别从每工程段的施工起点开始施工。

施工进度计划　(略)。

3. 劳动力投入计划(见表 7—80)。

序号	名　称	数量（人）	备　注
1	土方工		
2	水工		
3	电工		
4	绿化工		
5	养护工		
6	杂工		
	合计（人）		

4. 资金使用计划 （略）。

5. 施工机械设备投入计划（见表 7-81）。

表 7-81　　　　　　　　　　　施工机械设备投入计划

序号	机械设备名称	型　号	数　量	备　注
1	推土机	70W	1	自有
2	挖掘机	$1m^3$	12	自有
3	自卸汽车	8T 以上	12	自有
4	机动翻斗车	12T	2	自有
5	发电机	15kW	1	自有
6	全站仪	GTS-311S	1	自有
7	经纬仪	DJ2	1	自有
8	水准仪	DZS3-1	1	自有
9	修剪车	12m	1	自有
10	喷药车	1500L	1	自有
11	洒水车	4000L 以上	4	自有
12	起重车	20T 以上	3	自有
13	剪草机	RV195PV	3	自有
14	绿篱剪	ETB-750	3	自有
15	压草机		3	自有

6. 工期保证措施

参见"2.2　××高校××校区路桥工程（技术标书）"第 2.2.6.4 条第 1 款的有关内容。

7.7.3.3　交通组织方案

1. 成立交通疏导小组，昼夜负责车辆、行人交通协调，疏导指挥交通。各交通要道两端、主要出入口设专人负责协调维持交通，加设警示灯。维持交通时交通协调员要佩戴红袖章，手执红旗。

2. 路上围蔽区两端头处，设置明显的交通导向标志牌，以疏导车辆的通过。

3. 合理的安排施工期间施工工序与时间，交通量高峰期间必须控制施工强度，做好施工安全监管工作，确保施工期间不至于因案例问题影响地面交通。

4. 配合交警部门，组织力量及时引导，疏解交通，保证所需交通标志、标线及时安装到位、投入使用，并设专人负责检查，维护交通设施，及时维修、更换、补充各种设施和标志，确保有效地实施交通安全管理。

5. 配合交通安全的宣传，派出纠察队协助维持交通秩序，把施工期间的交通有效疏解，争取早日还路于民。

7.7.4　施工方案及施工方法

7.7.4.1　绿化种植工程

1. 绿化种植的要求

（1）土壤

土壤中应含有有机质，土质内不应含太多的盐、碱及垃圾等对植物生长有害的物质。在缺少表土或厚度不足的表土层上种植时，项目部铺设经监理工程师批准的土壤，使土壤厚度达到植物生长所必需的最小土层厚度，见表7-82。

表7-82　　　　　　　植物生长最小土层厚度

种　别	最小土层厚度（cm）
短　草	15
小乔木	30
大灌木	45
浅根性乔木	60
深根性乔木	50

（2）苗木种植要求

1）苗木的选用符合图纸要求或监理工程师的指示。

2）树苗要发育正常，苗干粗而直，冠幅须达到2m以上，生长充实，上下均匀，有良好的顶芽，根系发达，有较多的须根短而直；苗茎未受虫害损伤。

3）单株植物，必须带上厚土栽植。土球直径一般为树木低径的8～12倍，用草袋包装牢固，树冠捆扎好，防止折断；假植的苗木必须使用假植苗。

4）单株植物应将根部浸入调制的泥浆中，待黏满浆后取出，衬以青苔或草类，用竹筐或草袋包装。

5）栽植苗木要规整，直线路线要求树干成一直线，如有弯曲要将弯曲部位朝向路线方向。一般在弯道外侧栽植乔木，弯道内侧为了不影响行车视距，应栽植低矮的灌木及花、草。在平交道口、丁字路口种植绿化时，必须符合道路停车视距的规定。在桥涵两端5cm距离之内不得栽植高大的乔木。

6）植树高度及株行距符合图纸规定，如无规定时，采用速生树种绿化道路时一般株距6m，行距2m；慢生树种单行栽植。

7）树木与其他设施最小距离见表7-83。

表 7－83　　　　　　　　　　　　树木与其他设施最小距离

设施名称	至乔木中心距离（m）	至灌木中心距离（m）
低于 2m 的围墙	1.0	—
挡土墙	1.0	—
路灯灯杆	2.0	—
电力/电信杆柱	1.5	—
消防栓	1.5	2.0
测量水准点	2.0	—

（3）树木质量标准

1）乔木

树干通直，生长健壮，树冠开展，树枝发育正常，根系苗壮，无病虫害。树干胸径不得小于 6cm～8cm，树分支点高不低于 2.3m；不得有直径为 2cm 以上的未愈合的伤痕和截枝。

2）灌木

树干直径 2cm 以上，植于坡脚或边缘以外的高度为 1.0m～1.5m，植于中间带的高度为 0.6m～0.7m。所以灌木应是常绿、根曼、树大、枝十丛生的阔叶灌木并且有本地区的生长特性。桥底种植的草本植物应具有耐阴和耐湿的特性，道路两侧绿带种植的灌木应具耐旱和观赏价值。

3）草本植物

草本植物应是耐旱强，容易生长，蔓面大，根部发达，茎低矮，多年生。桥底种植的草本植物应具有耐阴和耐湿，道路两侧绿带的花草具有耐旱及观赏价值。

所有苗木必须健康，符合设计和施工要求，其他材料进场前必须提供产品合格证、经有资质的检测单位出具的试验报告等资料。所有材料须经现场监理工程师全部检查合格后才能进场施工并做记录存档备查。对验收不符合要求的材料，监理工程师有权要求项目部更换合格材料。

2．绿化种植

（1）施工工艺流程（见图 7－43）

（2）施工方法

适时种植苗木，树坑的直径至少大于土球的直径或树木根部伸展高度 40cm。树坑深度至少为 80cm 的圆筒形或超过树木根深或土球深度至少 20cm。灌木树坑直径应大于土球直径或根部伸展宽度 30cm。灌木深度至少要超过灌木土球或根部的底部 15cm。

树坑在种植前应先灌透底水，等底水全部渗透后才可进行苗木的栽种，其埋深度应比在苗圃中深 10cm。当树坑土质不适宜树木、花草生长时，换填适宜的砂质土壤。所有树木的种植均大体上垂直竖立，根部土壤要压实，淋足定根水，并比原来生长的苗圃或采集地的种植深度深 2cm～3cm。

种植的行距和株距规格要求严格按设计图纸的规定执行。苗木放入坑内时苗根舒展，分次填土，先填表土，分层踏并注意提苗，避免塞根，填土要高于原地面。带土团树木的栽种，先从土团的上半部割掉或松开翻起包土团的麻袋布，然后回填土团上部的填土。植穴的树木整齐，并按设计加混凝土支架。

1）所有成片种植的植物，要树形丰满，花叶茂盛；总的原则是种植要紧凑，表面要平坦，在正常视距内俯视不应看见地表土。

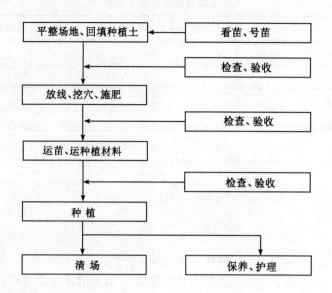

图 7-43　绿化种植施工工艺流程

2）除非另有规定应依乔木、灌木、地被植物及草花之顺序栽植，最后铺植草皮。

栽植穴应根据根幅范围或土球大小，加宽放大 50cm，加深 40cm。栽植穴上的杂草、石块必须清除，保持干净。

3）乔木种植须先平整挖坑，填腐殖土 30cm 经验收后方准植树。树苗必须带土球，稻绳绑扎坑内用预填土周边踩紧后再用不带石块的土回填拍紧，周边围留 3cm～4cm 的土堰后，余料清理干净，不得污染四周路面。种植完后，自测高度，不达标的自行种植，种后即灌养根水。

4）草皮应全面覆盖所有栽植区剩余之裸露土面，草皮铺植区内应先用锄头挖松表土至少 15cm 深，清除表土层内直径大于 3cm 之所有石砾、混凝土块、杂草根及其他有害草皮生长之杂物。

5）种植土要求 pH 值为 5.5～7.5 的土壤，疏松、不含建筑和生活垃圾；种植土深要求：草地大于 30cm；花灌木要求大于 50cm；乔木则要求在种植土球周围有大于 80cm 的合格土层。种植层须与地下土层连接，无水泥板、沥青、石层等隔断，以保持土壤毛细管、液体、气体的上下贯通。草地要求土深 15cm 内的土中含任何方向上大于 1cm 的杂物石块少于 3％，乔灌木要求土深 30cm 内的土中含任何方向上大于 3cm 的杂物石块少于 5％。在耕翻中，若发现土质不合要求，必须换合格土。换土后应压实，使密实度达到 80％以上。

6）针对土质的实际情况，要求施工时对各种花草树木均应施足基肥。

7）所有苗木移植时，对根部枝叶及树皮均应妥善保护，避免遭受损害及阳光直接暴晒。

8）苗木由苗圃掘起至种植完毕，不得超过 2 日。

9）采用人工浇水灌溉方式，植物需要早、晚或傍晚浇水，浇水量应控制在渗透到土层 80cm ～100cm 深处。

10）施工种植时应依设计认真配植；对自然丛植树，应高低搭配有致，反映树丛的自然生长景观；对密植花木，应小心树冠之间的连接、错落和裸土的覆盖，显示群落的最佳绿化效果。

7.7.4.2　绿化养护措施

1. 100％成活保证措施

（1）防止水土流失

经常检查，发现水土流失严重，则立刻采取措施填土堵漏。

（2）增加土壤肥力

每月结合浇水用打药机喷液肥 2 次，每季度撒施有机肥 1 次，如氮肥和复合肥。

（3）抗旱浇水

在连续干旱无雨时，每周浇 3 次水，每次至少浇湿浇透土层 20cm 以上，否则难以解除旱情。

（4）病虫害防治

以防为主，经常作病虫害预测预报，将病虫害控制在最低范围内，每半月喷药一次，当发现病虫害时，及时喷药。

（5）防止空秃

如发现空秃现象，立即检查原因，并及时以同类型的地被进行补秃，恢复美观。

（6）修剪平整

地被应每半月修剪一次，保持平整。

2. 养护管理方法及措施

（1）灌溉与排水

1）各类绿地，应有各自完整的灌溉与排水系统。

2）对新栽植的树木应根据不同树种和不同立地条件进行适期、适量的灌溉，应保持土壤中有效水分。

3）已栽植成活的树木，在久旱或立地条件较差、土壤干旱的环境中也应及时进行灌溉，对水分和空气温度要求较高的树种，须在清晨或傍晚进行灌溉，有的还应适当地进行叶面喷雾。

4）灌溉前应先松土。夏季灌溉宜早、晚进行，冬季灌溉选在中午进行。灌溉要一次浇透，尤其是春、夏季节。

5）树木周围暴雨后积水应排除，新栽树木周围积水尤应尽速排除。

（2）中耕除草

1）乔木、灌木下的大型野草必须铲除，特别对树木危害严重的各类藤蔓，例如菟丝子等。

2）树木根部附近的土壤要保持疏松，易板结的土，在蒸腾旺季须每月松土一次。

3）中耕除草应选在晴朗或初晴天气，土壤不过分潮湿的时候进行。

4）中耕深度以不影响根系生长为限。

（3）施肥

1）树木休眠期和栽植前，需施基肥。树木生长期施追肥，可以按照植株的生长势进行。

2）施肥量应根据树种、树龄、生长期和肥源以及土壤理化性状等条件而定。一般乔木胸径在 15cm 以下的，每 3cm 胸径应施堆肥 1.0kg；胸径在 15cm 以上的，每 3cm 胸径施堆肥 1.0 ～2.0kg。

3）乔木和灌木均应先挖好施肥环沟，其外径应与树木的冠幅相适应，深度和宽高均为 20cm ～30cm。

4）施用的肥料种类应视树种、生长期及观赏等不同要求而定。早期欲扩大冠幅，宜施氮肥，观花观果树种应增施磷、钾肥。注意应用微量元素和根外施肥的技术，并逐步推广应用复合肥料。

5）各类绿地常年积肥应广开肥源，以积有机肥为主。有机肥应腐熟后施用。施肥宜在晴天;除根外施肥,肥料不得触及树叶。

(4) 修剪、整形

1) 树木应通过修剪调整树形,均衡树势,调节树木通风透光和肥水分配,调整植物群落之间的关系,促使树木生长茁壮。各类绿地中乔木和灌木的修剪以自然树形为主。凡因观赏要求可根据树木生长发育的特性对树木整形,将树冠修成一定形状。

2) 乔木类:主要修除徒长枝、病虫枝、交叉枝、并生枝、下垂枝、扭伤枝以及枯枝和烂头。

行道树主杆要求 3.2m 高;遇有架空线者应按杯状形修剪(悬铃木按"三主六枝十二叉");树冠圆整,分枝均衡;树冠幅度,不宜覆盖全部路面,道路中间高空宜留有散放废气的空隙。

3) 灌木类:灌木修剪应使枝叶茂繁,分布匀称;花灌木修剪,要有利于促进短枝和花芽形成,修剪应遵循"先上后下,先内后外,去弱留新"的原则进行。

4) 绿篱类:绿篱修剪,应促其分枝,保持全株枝叶丰满;也可作整形修剪,特殊造型绿篱应逐步修剪成形。

5) 地被、攀援类:地被、攀援植物修剪应促进枝分,加速覆盖和攀缠的功能;对多年生的攀援植物要定期翻蔓,清除枯枝,疏删老弱的藤蔓。

6) 修剪时,切口都必须靠节,剪口应在剪口芽的反侧呈 45°倾斜;剪口要平整,应涂抹园林用的防腐剂。对过于粗壮的大枝应采取分段截枝法,防扯裂,操作时必须保证安全。

7) 休眠期修剪以整形为主,可稍重剪;生长期修剪以调整树势为主,宜轻剪。

8) 果木的修剪应按各类不同果木的修剪技术要求进行。

(5) 苗木保护措施

1) 在职工中开展"苗木有生命,人人应爱护"为主题的专项教育,并把此项工作贯穿于整个施工过程中,坚决杜绝乱砍、乱拆和乱踩等破坏苗木行为。

2) 在施工过程中需要移开的苗木应夹有原植被土,制定苗木移植措施并报绿化委员会审批,派专人对苗木进行浇灌培植。对不需迁移但可能影响施工的苗木,采用竹围栏、包裹或网兜进行保护。

施工完毕后,均按照原样原貌原则进行恢复。

3) 高大的树木,特别是带土球栽植的树木应当支撑,这在多风地方尤其重要。立好支柱可以保证新植树木浇水后,不被大风吹斜、倾倒或人为活动损坏。

支柱的材料,各地有所不同。北方地区多用坚固的竹竿及木棍;沿海地区为防台风也有用钢筋水泥桩的。不同地区可根据需要和条件运用适宜的支撑材料,既要实用也要注意美观。支柱的绑扎方法有直接捆绑与间接加固二种。直接捆绑是先用草绳把将与支柱接触部位的树干缠绕几圈,以防支柱磨伤树皮,然后再立支柱。并用草绳或麻绳捆绑牢固。立支柱的形式多种多样,应根据需要和地形条件确定,一般可在下风方向支一根,还可用双柱加横梁及三角架形式等。支柱下部应深埋地下,支点尽可能高一些。间接加固主要用粗橡胶皮带将树干与水泥杆连接牢固,水泥杆应立于上风方向,并注意保护树皮防止磨破。北方防风的直接捆绑的支柱,可于定植二三年,树根已经扎稳后撤掉,而防台风的水泥桩则是永久性的。

3. 日常维护保养制度

巡查是检查和及时发现情况的有效手段,在施工过程中,项目部组织专人 24h 巡查。

(1) 建立三级巡查制度:现场管养组每日巡查 2 次,技术负责人每日巡查 1 次,项目经理每周巡查 1 次。现场管养组将巡查结果交由项目经理,由项目经理提出整改措施。

(2) 同一路段其前后巡查间隔时间应不大于 12h,雨季和暴雨时应列为加强巡查的时间段。

（3）巡查中安排专职的专业技术人员,巡查车配备一般性的抢修、养护工具和施工人员。

（4）巡查工作建立巡查记录及交接班签字制度。

4. 应急事件的处理

（1）配备相应数量的专业技术人员、养护工人和设备随时处于待命状态。

（2）留意某气候变化,遇突发性的寒冷霜冻、暴风雨等恶劣气候时,提前做好预防准备。

（3）事后加强巡查,及时发现损毁苗木并进行补救,清理事故现场。

（4）对因意外突发事件而损毁的地段,在事故后 8h 内赶到现场进行抢修。

（5）对突发性的病虫害,一旦获知有同类树种发生疫情,立即加强巡查力度,及早发现,及早治疗,避免大面积疫情爆发。

5. 雨季施工措施

（1）掌握施工期间××市天气状况的通常变化规律,从施工管理上估计作业可能天数,扣除可能出现的恶劣天气等情况,首先从源头上确保施工质量和工期。

（2）经常确认临时排水措施和沉砂井状况,确保排水顺畅,防止水土流失。

（3）遇降雨时,根据雨量大小和工程进展情况,适时调整施工计划。

（4）在下雨时,派专人巡视工地;遇大雨,对苗木加强固定,防止倒伏;对陡坡地带,开挖排水沟,防止水土冲刷;对已经冲刷苗木露根地段加强补植。

7.7.5　质量管理体系及措施

7.7.5.1　质量目标

合格。保证工程竣工并在保养期结束后本项目施工范围内的植物呈现很好的绿化效果。

7.7.5.2　质量管理体系

项目部依据 ISO 9001《质量管理体系　要求》、公司质量手册、程序文件建立健全本项目部的质量管理体系,并组织实施运行,保证其有效性、符合性。

质量管理体系　（图略）。

7.7.5.3　质量保证措施

参见"2.2　××高校××校区路桥工程(技术标书)"第 2.2.6.4 条第 2 款第(1)项的有关内容。

7.7.6　安全、文明及环境保护措施

7.7.6.1　安全措施

1. 安全目标

（1）无重大施工安全事故。

（2）无交通死亡事故。

（3）无重大行车事故。

（4）无等级火警事故。

（5）负伤率控制在 5‰以内。

2. 安全文明生产管理体系

本工程安全文明生产管理体系参见图 2—45。

3. 安全文明生产责任制(见图 7—44)。

通过以上体系层层负责,责任到人,并与本项目违约罚款挂钩,同时也建立达到目标时的奖

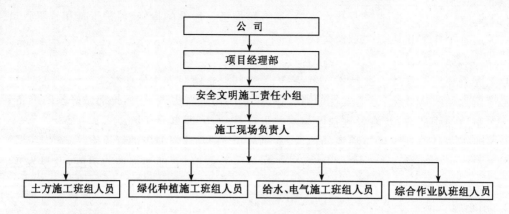

图 7—44　安全文明生产责任制

励制度,使整个项目部为实现安全、文明施工的目标而奋斗。

　　4. 施工安全技术措施

　　参见"2.2　××高校××校区路桥工程(技术标书)"第 2.2.6.4 条第 3 款的有关内容。

7.7.6.2　文明施工管理措施

　　1. 按照"适用、整洁、安全、少占地"的原则,合理利用征地红线内场地,有规则布置临设,避免到处开花。材料分类存放并标识明确,机械根据不同用途分类停放。

　　2. 施工现场车辆出入口设洗车槽,将出场车辆轮胎、底盘冲洗干净方允许上路行驶。

　　3. 进入现场的施工人员要佩戴工作胸卡,加强对进场人员管理工作,接收外来人员按公安部门规定办理相关手续。

　　4. 根据现场情况和道路网络,合理组织交通,确保原有道路畅通,提高场内运输效率。

7.7.6.3　环境保护措施

　　1. 环境保护管理制度

　　参见"2.2　××高校××校区路桥工程(技术标书)"第 2.2.6.3 条第 4 款的有关内容。

　　2. 环境保护措施

　　参见"2.2　××高校××校区路桥工程(技术标书)"第 2.2.6.4 条第 4 款的有关内容。

参 考 文 献

1 北京市政建设集团有限责任公司编 . CJJ 1—2008 城镇道路工程施工与质量验收规范 . 北京：中国建筑工业出版社，2009

2 北京市政建设集团有限责任公编 . CJJ 2—2008 城市桥梁工程施工与质量验收规范 . 北京：中国建筑工业出版社，2009

3 中华人民共和国建设部编 . GB 50268—2008 给水排水管道工程施工及验收规范 . 北京：中国建筑工业出版社，2009

4 城市建设研究院编 . CJJ 33—2005 城镇燃气输配工程施工及验收规范 . 北京：中国建筑工业出版社，2005

5 北京市热力集团有限责任公司编 . CJ 28—2004 城镇供热管网工程施工及验收规范 . 北京：中国建筑工业出版社，2005

6 北京市建设委员会编 . GB 50299—1999 地下铁道工程施工及验收规范 . 北京：中国计划出版社，2003

7 中国有色金属工业总公司编 . GB 50026—2007 工程测量规范 . 北京：中国计划出版社，2007

8 中国建筑科学研究院主编 . JGJ 85—2010 预应力筋用锚具、夹具和连接器应用技术规程 . 北京：中国建筑工业出版社，2010

9 中国建筑科学研究院主编 . JGJ 107—2010 钢筋机械连接通用技术规程 . 北京：中国建筑工业出版社，2010

10 陕西省建筑科学研究设计院主编 . JGJ 18—2012 钢筋焊接及验收规程 . 北京：中国建筑工业出版社，2012

11 黄兴安主编 . 市政工程施工组织设计实例应用手册 . 北京：中国建筑工业出版社：2001

12 中国建筑业协会筑龙网编 . 施工组织设计范例 50 篇 . 北京：中国建筑工业出版社：2003

13 中国建筑业协会筑龙网编 . 施工方案范例 50 篇 . 北京：中国建筑工业出版社：2004

14 中国建筑业协会筑龙网编 . 鲁班奖获奖工程施工组织设计专辑 . 北京：机械工业出版社，2004

15 北京统筹与管理科学学会编 . 建设工程项目管理案例精选 . 北京：中国建筑工业出版社，2005

16 中国投标网编 . 市政及景观工程技术标书实录 . 北京：知识产权出版社，2005